W0331497

Alfred Hösl · Roland Ayx

Die neuzeitliche und vorschriftsmäßige Elektro-Installation

Die neuzeitliche und vorschriftsmäßige

Elektro-Installation

Wohnungsbau Gewerbe Industrie

von

DR.-ING. ALFRED HÖSL
und
DIPL.-ING. ROLAND AYX

Mit 248 Bildern und 80 Tabellen

15., neubearbeitete Auflage

Hüthig Buch Verlag Heidelberg

Es wird keine Gewähr übernommen, daß die in diesem Buch veröffentlichten Schaltungen frei von Patentrechten sind. Von den in diesem Buch zitierten VDE-Vorschriften und Normblättern haben stets nur die jeweils letzten Ausgaben verbindliche Gültigkeit.

Die Deutsche Bibliothek – CIP-Einheitsaufnahme

Hösl, Alfred:
Die neuzeitliche und vorschriftsmäßige Elektro-Installation: Wohnungsbau, Gewerbe, Industrie ; mit 80 Tabellen / von Alfred Hösl und Roland Ayx. – 15., neubearb. Aufl. – Heidelberg : Hüthig, 1992
ISBN 3-7785-2134-9
NE: Ayx, Roland:

Das Werk ist urheberrechtlich geschützt. Die dadurch begründeten Rechte, insbesondere die der Übersetzung, des Nachdruckes, der Entnahme von Abbildungen, der Funksendung, der Wiedergabe auf photomechanischem oder ähnlichem Wege und der Speicherung in Datenverarbeitungsanlagen bleiben, auch bei nur auszugsweiser Verwertung, vorbehalten.

Bei Vervielfältigungen für gewerbliche Zwecke ist gemäß § 54 UrhG eine Vergütung an den Verlag zu zahlen, deren Höhe mit dem Verlag zu vereinbaren ist.

© 1992 Hüthig Buch Verlag GmbH Heidelberg

Printed in Germany

Vorwort zur 15. Auflage

Beide Verfasser des „Hösl-Ayx“ gehören der EBB Gesellschaft für technische Entwicklung, Beratung und Begutachtung an, der erste im Ruhestand, der zweite aktiv als Geschäftsführer. Der Gesellschafter der EBB ist der Technische Überwachungsverein Bayern (TÜV). Angehörige der EBB und des TÜV gehören maßgebenden Komitees des VDE an; überdies sind sie in zahlreichen einschlägigen Lehrgängen und Vorträgen tätig. Die treuen Leser der „Elektro-Installation“ im In- und Ausland haben zwei Jahre nach der 14. Auflage nunmehr die 15. Auflage nötig gemacht. Damit wurde seit 1961 eine Gesamtzahl von über 220 000 Buch-Exemplaren erreicht.

Allen Lesern sei herzlich gedankt, aber auch Herrn Chefredakteur Curt Rint, dem Hüthig Buch Verlag, dem Direktor Hermann Richter von der Landwirtschaftlichen Berufsgenossenschaft Oberbayern, der EBB, dem VDE und allen Firmen, die durch Bilder und Skizzen zum Erfolg wesentlich mitgeholfen haben.

Nach Untersuchungen des Instituts der deutschen Wirtschaft veralten die Kenntnisse eines Elektroingenieurs in nur 4 Jahren. Dies zeigt sich auch an der notwendigen wesentlichen Überarbeitung dieses Fachbuches, die etwa alle zwei Jahre ansteht. Diese 15. Auflage wurde nicht nur an den aktuellen Stand der anerkannten Regeln der Technik angepaßt, sie wurde zudem um eine Reihe von neuen Kapiteln und Abschnitten ergänzt; schwächer berücksichtigt wurden Themen, für die sich die Leser weniger interessierten. Das Ergebnis ist ein vom gesamten Umfang nicht erweitertes, jedoch vom Aufbau, von der Strukturierung und in weiten Bereichen vom Inhalt neues Werk. So wurden die 23 Kapitel der 14. Auflage auf 15 Kapitel reduziert. Dadurch konnten Themenkomplexe wie Stromversorgung, Verbraucheranlagen, Verteilungsnetze, Anlagen für Sicherheitszwecke und Vorbeugender Brandschutz sinnvoll vereint werden.

Aufgenommen bzw. zusammengefaßt wurden vor allem nachstehend aufgeführte Kapitel. In dem Kapitel 1 Gesetze, Verordnungen, Vorschriften und Richtlinien ist alles erläutert, was der Elektro-Installateur bei seinen Arbeiten an Vorschriften berücksichtigen muß, wie z.B. die DIN VDE-Vorschriften, Abkürzungen und Gesetzlichen Bestimmungen.

Sehr ausführlich wird in dem Abschnitt 11 Bereiche und Anlagen besonderer Art oder Nutzung auf Einzelheiten eingegangen, wie z.B. Anlagen im Freien, Geschäftshäuser, Fliegende Bauten, Räume für EDV-Anlagen usw.

Als eigenes Kapitel wird u.a. auf Blitzschutz und Überspannungsschutz hingewiesen.

ROLAND AYX

München, Frühjahr 1992 ALFRED HÖSL

Inhalt

1 Gesetze, Verordnungen, Vorschriften und Richtlinien

1.1 Vorbemerkungen

(VDE 0022; DIN VDE 0100 Teil 100)

In Vorträgen, die beide Verfasser vor dem Elektrohandwerk und anderen Fachkreisen hielten, wurde der Wunsch geäußert, man möge die weithin verstreuten Bestimmungen für die Installation elektrischer Anlagen wenigstens auszugsweise sammeln. Dieser Anregung will das Nachschlagewerk entsprechen. Es soll keineswegs den Installateur veranlassen, auf den für ihn notwendigen Wortlaut der Vorschriften, Bestimmungen und Normen oder auf ausführliche Fachbücher zu verzichten. Es soll ihm eine Gedächtnisstütze sein, sich an Vergessenes wieder zu erinnern, aber auch ein Wegweiser zum neuesten Stand der „anerkannten Regeln der Elektrotechnik".
Leitfaden sind die VDE-Errichtungs- und Betriebsbestimmungen insbesonders: DIN VDE 0100 Teil 100 bis 750, DIN VDE 0105 Teil 1, DIN VDE 0107, DIN VDE 0108, DIN VDE 0113, DIN VDE 0165, DIN VDE 0185, DIN VDE 0190, DIN VDE 0298 Teil 2 bis 4, DIN VDE 0660 Teil 500, DIN VDE 0800 Teil 1 und 2, DIN VDE 0883 Teil 1 bis 3 und DIN VDE 0855 Teil 2.
Im Interesse der Eindeutigkeit wurde möglichst oft der Wortlaut von Bestimmungen herangezogen. Verschiedentlich wurden auch Wiederholungen gebracht, damit der Installateur beim Nachschlagen eines Kapitels alle einschlägigen Bestimmungen gesammelt vor sich hat. Auf die VDE-Gerätebestimmungen, die der Installateur meist nicht besitzt, wurde eingegangen, soweit dies nötig erschien. Entwürfe zu VDE-Bestimmungen unterliegen noch dem Einspruchsverfahren und können dabei wesentlich geändert werden. Ihre Anwendung geschieht daher auf eigenes Risiko. Trotzdem erschien es hier und dort angebracht, sie zu zitieren, wobei im Text jedoch stets der Hinweis auf den „Entwurf" eingefügt ist. Ein solcher Notstand liegt vor, wenn im gültigen VDE-Text dringende Probleme noch nicht geregelt sind.
Die Technischen Anschlußbedingungen und die Technischen Richtlinien für Niederspannungs-Freileitungsnetze der VDEW, die einschlägigen Normenblätter des Deutschen Instituts für Normung (DIN), Firmenkataloge, Zeitschriften und Handbücher wurden zu Rate gezogen.

1.2 DIN VDE-Vorschriftenwerk

Die Deutsche Elektrotechnische Kommission (Fachnormenausschuß Elektrotechnik im DIN gemeinsam mit dem Vorschriftenausschuß des VDE, abgekürzt DKE) übernimmt die Normungs- und Vorschriftenarbeit, auch auf internationalem Gebiet. Die Ergebnisse der elektrotechnischen Normungsarbeiten werden in DIN-Normen niedergelegt, die, soweit zutreffend, gleichzeitig als VDE-Bestimmungen in das VDE-Vorschriftenwerk aufgenommen werden. DIN-Normen, die gleichzeitig VDE-Bestimmungen oder VDE-Leitlinien sind, werden z. B. mit DIN VDE 0100 Teil 410 bezeichnet. In diesem Buch werden der Kürze halber die DIN VDE-Bestimmungen und -Leitlinien wie bisher meist nur mit VDE aufgeführt.

Die Arbeitsgremien der Kommission sind Komitees (K), Unterkomitees (UK) und Arbeitskreise (AK). Zur besseren Koordinierung der Arbeiten und des Arbeitsablaufs wurden acht Fachbereiche gebildet, deren Aufgaben vom Lenkungsausschuß (LA) gesteuert werden. Im Lenkungsausschuß sind u. a. die Industrie, die EVU, das Handwerk, die Sachversicherer und Berufsgenossenschaften, die Überwachungsorganisationen und Behörden vertreten. Für die Installation ist der Fachbereich 2 zuständig, der sich mit Allgemeiner Sicherheit, Errichtung und Betrieb elektrischer Anlagen befaßt (DIN VDE 0100 = K 221).

Neue VDE-Bestimmungen werden im Bundesanzeiger sowie in der „Elektrotechnischen Zeitschrift" (etz) und im DIN-Anzeiger bekanntgegeben. Der Gesetzgeber (siehe 1.3.1) hat sie ausdrücklich als anerkannte Regeln der Elektrotechnik bestätigt. Sind die VDE-Bestimmungen eingehalten, so ist daher die Vermutung begründet, daß die gebotene Sorgfalt beachtet worden ist. Darüber hinaus sind einzelne VDE-Bestimmungen durch Rechtsverordnung für verbindliche erklärt worden.

Die VDE-Bestimmungen und VDE-Rahmen-Bestimmungen befassen sich mit Festlegungen für das Errichten und Betreiben elektrischer Betriebsmittel. Leib, Leben und Sachen sollen durch sie auf bestmögliche Weise geschützt werden. Die VDE-Bestimmungen geben den zur Zeit ihrer Aufstellung erreichten und allgemein anerkannten Stand der Technik wieder. (Rechtliche Bedeutung der VDE-Bestimmungen siehe auch 1.3).

Elektrische Anlagen, die bis zur Veröffentlichung einer neuen VDE-Bestimmung fertiggestellt sind, dürfen in Betrieb bleiben und mit entsprechendem Ersatzmaterial ausgerüstet werden, es sei denn, daß in neuen VDE-Bestimmungen ausdrücklich auf die Notwendigkeit einer Anpassung hingewiesen ist. Werden allerdings bei einer Prüfung der elektrischen Anlage Mängel festgestellt, dann obliegt dem Sachverständigen auch die Entscheidung über eine vielleicht notwendige Anpassung der Anlage an die neuesten VDE-Bestimmun-

gen. Maßgebend ist immer, ob die Belassung des bisherigen Zustandes die Sicherheit von Personen oder Sachen erheblich gefährdet.
Eine Anpassung ist immer erforderlich, wenn die Räume oder Arbeitsstätten wesentlich erweitert werden oder wenn sich die Nutzung der Arbeitsstätte wesentlich ändert.
Eine Hilfe für sein Urteil findet der Fachmann in VDE 1000 und VBG 4 (siehe 1.3.5).
Die VDE-Bestimmungen können grundsätzlich nicht alle möglichen Sonderfälle erfassen. In solchen Ausnahmefällen können weitergehende Maßnahmen geboten sein, um die elektrische Sicherheit zu gewährleisten. Andererseits erlaubt VDE 0022 unter besonderen Umständen von bestimmten Anforderungen in den VDE-Bestimmungen abzugehen, wenn dabei mindestens die gleiche Sicherheit gewahrt bleibt. Wer sich mit der Errichtung elektrischer Anlagen sowie mit dem Betrieb von Anlagen oder Betriebsmitteln befaßt, ist nach herrschender Rechtsauffassung in jedem Einzelfalle für die Einhaltung der „anerkannten Regeln der Elektrotechnik“ selbst verantwortlich.
Neben den VDE-Bestimmungen gibt es auch VDE-Leitlinien und Beiblätter. Die Leitlinien schildern den Stand der Technik in einem bestimmten Bereich. Sie können ein technisches Merkblatt oder eine Beispielsammlung sein. Beiblätter sind Ratschläge in allgemeinverständlicher Form über ein bestimmtes Anwendungsgebiet oder die Erklärung von VDE-Bestimmungen. Sie enthalten keine zusätzlichen Festlegungen mit normativem Charakter. Die bisherigen VDE-Richtlinien, -Vorschriften, -Merkblätter, Leitsätze und Druckschriften werden den ebengenannten Bestandteilen des VDE-Vorschriftenwerkes angepaßt.

1.3 Rechtliche Bestimmungen für die Installation

1.3.1 Zweite Verordnung zur Durchführung des Energiewirtschaftsgesetzes

(i.d. Fassung v. 14. 1. 1987, BGBl. I, S. 146)

Nach § 1 der Zweiten Durchführungsverordnung zum Energiewirtschaftsgesetz i.d.F. vom 12. Dezember 1985 sind bei der Errichtung und Unterhaltung von Anlagen zur Erzeugung, Fortleitung und Abgabe von Elektrizität die allgemein anerkannten Regeln der Technik zu beachten. Von den allgemein anerkannten Regeln der Technik darf abgewichen werden, soweit die gleiche Sicherheit auf andere Weise gewährleistet ist. Soweit Anlagen auf Grund von Regelungen der Europäischen Gemeinschaft dem in der Gemeinschaft gegebenen Stand der Sicherheitstechnik entsprechen müssen, ist dieser maßgebend. Die Einhaltung

der allgemein anerkannten Regeln der Technik oder des in der Europäischen Gemeinschaft gegebenen Standes der Sicherheitstechnik wird vermutet, wenn die technischen Regeln des Verbandes Deutscher Elektrotechniker (VDE) beachtet worden sind. Die Einhaltung des in der Europäischen Gemeinschaft gegebenen Standes der Sicherheitstechnik wird ebenfalls vermutet, wenn technische Regeln einer vergleichbaren Stelle in der Europäischen Gemeinschaft beachtet worden sind, die entsprechend der Richtlinie 73/23 EWG des Rates vom 19. 2. 1973 – Niederspannungsrichtlinie – (ABL EG Nr. L 77, S. 29) Anerkennung gefunden haben.
Durch diese Rechtsverordnung ist also jeder Installateur gesetzlich verpflichtet, bei der Installation alle innerhalb der maßgebenden Fachwelt bekannten handwerklichen Grundsätze und technischen Bestimmungen genau einzuhalten. Er ist weiterhin verpflichtet, sich ständig fortzubilden, so daß ihm diese „allgemein anerkannten Regeln der Technik“ auch wirklich bekannt sind. Tut er dies nicht, sondern verstößt er bei der Installation gegen solche Bestimmungen, dann ist regelmäßig Fahrlässigkeit sowohl im zivilrechtlichen wie im strafrechtlichen Sinne anzunehmen.
Sind die VDE-Bestimmungen eingehalten, so ist in Schadensfällen straf- und zivilrechtlich die gesetzliche Vermutung begründet, daß die im Verkehr erforderliche und zumutbare Sorgfaltpflicht als Pflicht hinreichend beachtet worden ist. Die VDE-Bestimmungen können grundsätzlich nicht alle denkbaren und möglichen Sonderfälle erfassen. In solchen Ausnahmefällen können weitgehende Maßnahmen geboten sein, um die elektrische Sicherheit zu gewährleisten. Andererseits kann es unter besonderen Umständen vertretbar sein, die VDE-Bestimmungen nicht in vollem Umfange einzuhalten, wenn dabei die notwendige Sicherheit gewährt bleibt.
Dasselbe gilt für die Einhaltung der sicherheitstechnischen Anforderungen in der Europäischen Gemeinschaft. Werden die von einer dem VDE vergleichbaren Stelle innerhalb der Europäischen Gemeinschaft erlassenen Regeln beachtet, wird vermutet, daß die Installation den sicherheitstechnischen Anforderungen der Europäischen Gemeinschaft entspricht. Diese Regeln müssen entsprechend der Richtlinie 73/23 EWG (siehe oben) Anerkennung gefunden haben (harmonisierte Normen).
Wer sich mit der Errichtung elektrischer Anlagen, der Herstellung elektrischer Betriebsmittel oder Geräte sowie mit dem Betrieb von Anlagen, Betriebsmitteln oder Geräten befaßt, ist nach herrschender Rechtsauffassung in jedem Einzelfalle für die Einhaltung der anerkannten Regeln der Elektrotechnik selbst verantwortlich.

1.3.2 Allgemeine Versorgungsbedingungen

Der Installateur ist aber auch nach den *„Allgemeinen Bedingungen für die Elektrizitätsversorgung von Tarifkunden“* (AVBEltV) vom 21. 6. 1979 verpflichtet, vorschriftsmäßig zu installieren. Es heißt dort u. a. wörtlich:

„§ 12 Kundenanlage

(1) für die ordnungsgemäße Errichtung, Erweiterung, Änderung und Unterhaltung der elektrischen Anlage hinter der Hausanschlußsicherung, mit Ausnahme der Meßeinrichtungen des Elektrizitäts-Versorungs-Unternehmens (EVU), ist der Anschlußnehmer verantwortlich. Hat der die Anlage einem Dritten vermietet oder sonst zur Benutzung überlassen, so ist er neben diesem verantwortlich.

(2) Die Anlage darf außer durch das EVU nur durch einen in ein Installateurverzeichnis eines EVU eingetragenen Installateur nach den Vorschriften dieser Verordnung und nach anderen gesetzlichen oder behördlichen Bestimmungen sowie nach den anerkannten Regeln der Technik errichtet, erweitert, geändert und unterhalten werden. Das EVU ist berechtigt, die Ausführung der Arbeiten zu überwachen.

Anmerkung: Die Voraussetzungen der Eintragung sind in den Grundsätzen für die Zusammenarbeit von EVU und Elektro-Installateuren festgelegt. Diese sehen insbesondere vor, daß in das Verzeichnis nur solche Installateure aufgenommen werden dürfen, die in die Handwerksrolle eingetragen sind und über die notwendige Werkstattausrüstung verfügen.

(3) ....

(4) Es dürfen nur Materialien und Geräte verwendet werden, die entsprechend dem in der Europäischen Gemeinschaft gegebenen Stand der Sicherheitstechnik hergestellt sind. Das Zeichen einer amtlich anerkannten Prüfstelle z. B. VDE-Zeichen, GS-Zeichen, bekundet, daß diese Voraussetzungen erfüllt sind.

(5) In den Leitungen zwischen dem Ende des Hausanschlusses und dem Zähler darf der Spannungsfall unter Zugrundelegung der Nennstromstärke der vorgeschalteten Sicherung nicht mehr als 0,5 vom Hundert betragen.

§ 13 Inbetriebsetzung der Kundenanlage

(1) Das EVU oder dessen Beauftragte schließen die Anlage an das Verteilungsnetz an und setzen sie bis zu den Haupt- oder Verteilungssicherungen unter Spannung (Inbetriebsetzung). Die Anlage hinter diesen Sicherungen setzt der Elektro-Installateur in Betrieb.

(2) Jede Inbetriebsetzung der Anlage ist beim EVU über den Installateur zu beantragen. Dabei ist das Anmeldeverfahren des Unternehmens einzuhalten.

(3) ...
(4) Der Anschluß von Eigenanlagen im Sinne von § 3 Abs. 1 ist mit dem EVU abzustimmen. Dieses kann den Anschluß von der Einhaltung der von ihm in den TAB festzulegenden Maßnahmen (§ 17) zum Schutze von Rückspannungen abhängig machen.

Anmerkung: Nach § 3 ist dem Kunden auch eine Bedarfsdeckung durch Eigenanlagen, wie Solarzellen, Kraft-Wärme-Kopplung, Betriebsabfälle, Notstromaggregate, Nutzung regenerativer Energiequellen, z. B. Wasser, gestattet.

§ 14 Überprüfung der Kundenanlage

(1) Das EVU ist berechtigt, die Anlage vor und nach ihrer Inbetriebnahme zu überprüfen. Es hat den Kunden auf erkannte Sicherheitsmängel aufmerksam zu machen und kann deren Beseitigung verlangen.
(2) Werden Mängel festgestellt, welche die Sicherheit gefährden oder erhebliche Störungen erwarten lassen, so ist das EVU berechtigt, den Anschluß oder die Versorgung zu verweigern; bei Gefahr für Leib oder Leben ist es hierzu verpflichtet.
(3) Durch Vornahme oder Unterlassung der Überprüfung der Anlage sowie durch deren Anschluß an das Verteilungsnetz übernimmt das EVU keine Haftung für die Mängelfreiheit der Anlage. Dies gilt nicht, wenn es bei einer Überprüfung Mängel festgestellt hat, die eine Gefahr für Leib oder Leben darstellen.

§ 15 Betrieb, Erweiterung und Änderung von Anlagen und Verbrauchsgeräten
Mitteilunggspflichten

(1) Anlagen und Verbrauchsgeräte sind so zu betreiben, daß Störungen anderer Kunden und störende Rückwirkungen auf Einrichtungen des EVU oder Dritten ausgeschlossen sind.
(2) Erweiterungen und Änderungen von Anlagen sowie die Verwendung zusätzlicher Verbrauchsgeräte sind dem EVU mitzuteilen, soweit sich dadurch tarifliche Bemessungsgrößen ändern. Stets mitzuteilen sind Geräte mit einem Anschlußwert von mehr als 4,4 kW mit Ausnahme von Elektroherden.

§ 17 Technische Anschlußbedingungen (TAB)

(1) Das EVU ist berechtigt, weitere technische Anforderungen an den Hausanschluß und andere Anlagenteile sowie an den Betrieb der Anlage festzulegen, soweit dies aus Gründen der sicheren und störungsfreien Versorgung, insbesondere im Hinblick auf die Erfordernisse des Verteilungsnetzes, notwendig ist. Diese Anforderungen müssen dem in der Europäischen Gemeinschaft gegebenen Stand der Sicherheits-Technik entsprechen. Der Anschluß

bestimmter Verbrauchsgeräte kann von der vorherigen Zustimmung des EVU abhängig gemacht werden. Die Zustimmung darf nur verweigert werden, wenn der Anschluß eine sichere und störungsfreie Versorgung gefährden würde.
(2) ...“

1.3.3 ARBEG-Prüfung

Die elektrischen Installationsanlagen und Geräte in landwirtschaftlichen Betrieben mußten gemäß § 2 der 2. Durchführungsverordnung zum Energiewirtschaftsgesetz nach der Inbetriebnahme laufend in bestimmten Zeitabständen durch einen Sachverständigen auf ihren ordnungsgemäßen Zustand geprüft werden. Diese (allgemeine) Prüfpflicht ist ab 1. 1. 1987 entfallen. Unabhängig davon besteht die Überwachungspflicht durch die Landwirtschaftlichen Berufsgenossenschaften im Rahmen ihrer Unfallverhütungsarbeit. Gegenstand dieser Überprüfung ist die Einhaltung der einschlägigen Unfallverhütungsvorschriften (vgl. 1.3.6). Ähnliches gilt für die Prüfberechtigung der Feuerversicherer (vgl. 1.3.8).

1.3.4 Gewerbeordnung

Nach *§ 24 der Gewerbeordnung* vom 29. 9. 1953 (BGBl. I S. 1459) in der Fassung vom 1. 1. 1987 werden Anlagen verschiedener Art als überwachungsbedürftig erklärt. Dazu zählen u.a.

a) Dampfkesselanlagen
b) Aufzugsanlagen
c) elektrische Anlagen in besonders gefährdeten Räumen
d) Getränkeschankanlagen und Anlagen zur Herstellung kohlensauerer Getränke
e) Azetylenanlagen und Kalziumkarbidlager
f) Anlagen zur Lagerung, Abfüllung und Beförderung von brennbaren Flüssigkeiten
g) medizinisch-technische Geräte.

Die Errichtung solcher Anlagen, ihre Inbetriebnahme und die Vornahme von Änderungen an bestehenden Anlagen sind anzeige- und genehmigungspflichtig. Sie werden regelmäßig, meist durch die Technischen Überwachungsvereine, überprüft. Die elektrischen Anlagen in diesen überwachungsbedürftigen Anlagen, z. B. in Dampfkesselanlagen, Aufzügen, fallen jedoch nicht unter diese Überwachung. Eine Ausnahme bilden elektrische Anlagen in besonders gefährdeten Räumen, insbesondere solche in explosionsgefährdeten Räumen

(Verordnung über elektrische Anlagen in explosionsgefährdeten Räumen – Elex V v. 27. 2. 1980; BGBl. I S. 173). Bei Nichtbeachtung der Bestimmungen der Elex V und der im Explosionsschutzrecht integrierten elektrotechnischen Normen kann ein Bußgeld erhoben werden. Bei Explosion, fahrlässiger Tötung oder fahrlässiger Brandstiftung wird nach dem Straftrecht geahndet.

1.3.5 Bürgerliches Recht und Strafrecht

1.3.5.1 Werkvertrag

Der Installateur ist laut Gesetz zu ordnungsmäßiger Arbeit verpflichtet. Der Kunde schließt mit dem Installateur einen sog. Werkvertrag. Das Bürgerliche Gesetzbuch (BGB) sagt dazu u.a.:

„§ 631 *(Wesen des Werkvertrages)*
Durch den Werkvertrag wird der Unternehmer zur Herstellung des versprochenen Werkes, der Besteller zur Entrichtung der vereinbarten Vergütung verpflichtet.
Gegenstand des Werkvertrages kann sowohl die Herstellung oder Veränderung einer Sache als auch ein anderer durch Arbeit oder Dienstleistung herbeizuführender Erfolg sein."

§ 633 *(Gewährleistungspflicht des Unternehmers)*
Der Unternehmer ist verpflichtet, das Werk so herzustellen, daß es die zugesicherten Eigenschaften hat und nicht mit Fehlern behaftet ist, die den Wert oder die Tauglichkeit zu dem gewöhnlichen oder dem nach dem Vertrage vorausgesetzten Gebrauch aufheben oder mindern.
Ist das Werk nicht von dieser Beschaffenheit, so kann der Besteller die Beseitigung des Mangels verlangen, § 476 a gilt entsprechend.[1)] Der Unternehmer ist berechtigt, die Beseitigung zu verweigern, wenn sie einen unverhältnismäßigen Aufwand erfordert.
Ist der Unternehmer mit der Beseitigung des Mangels im Verzuge, so kann der Besteller den Mangel selbst beseitigen und Ersatz der erforderlichen Aufwendungen verlangen."

„§ 634 *(Fristsetzung mit Ablehnungsandrohung)*
Zur Beseitigung eines Mangels der im § 633 bezeichneten Art kann der Besteller dem Unternehmen eine angemessene Frist mit der Erklärung

[1)] Ist der Installateur zur Beseitigung des Mangels verpflichtet, so hat er die erforderlichen Aufwendungen (insbesondere Transport-, Wege-, Arbeits- und Materialkosten) selbst zu tragen.

bestimmen, daß er die Beseitigung des Mangels nach dem Ablaufe der Frist ablehne... Nach dem Ablauf der Frist kann der Besteller Rückgängigmachung des Vertrages (Wandelung) oder Herabsetzung der Vergütung (Minderung) verlangen...

§ 635 *(Schadensersatz)*
Beruht der Mangel des Werkes auf einem Umstande, den der Unternehmer zu vertreten hat, so kann der Besteller statt der Wandelung oder der Minderung Schadensersatz wegen Nichterfüllung verlangen."

§ 638 *(Verjährung)*
Der Anspruch des Bestellers auf Beseitigung eines Mangels des Werkes, sowie die wegen des Mangels dem Besteller zustehenden Ansprüche auf Wandelung, Minderung oder Schadensersatz verjähren, sofern nicht der Unternehmer den Mangel arglistig verschwiegen hat, in sechs Monaten, bei Arbeiten an einem Grundstück in einem Jahre, bei Bauwerken in fünf Jahren. Die Verjährung beginnt mit der Abnahme des Werkes.
Die Verjährungsfrist kann durch Vertrag verlängert werden."

Soweit die Elektro-Installation nach der VOB vergeben wird, gelten die in dieser Verordnung bestimmten Verjährungsfristen.

1.3.5.2 Haftung aus Vertrag (Werkvertrag)

Der Handwerksmeister hat als „Schuldner" Schäden, die bei vorsätzlichen oder fahrlässigen Handlungen oder Unterlassungen entstehen, dem Kunden (Auftraggeber) zu ersetzen. Dies bestimmt das BGB:

„§ 276 *(Haftung für eigenes Verschulden)*
Der Schuldner hat, sofern nicht ein anderes bestimmt ist, Vorsatz und Fahrlässigkeit zu vertreten. Fahrlässig handelt, wer die im Verkehr erforderliche Sorgfalt außer acht läßt."
Der Meister muß aber auch für ein Verschulden seiner Lehrlinge, Gesellen und Monteure (Erfüllungsgehilfen) haften, die in seinem Auftrag Arbeiten ausführen. Würde jedoch z. B. ein Monteur nicht im Auftrag des Meisters, sondern ohne dessen Wissen auf Wunsch des Kunden eine Installation vornehmen, dann haftet der Meister für dabei entstehende Schäden nicht. Dies ergibt sich aus der folgenden Bestimmung des BGB:

„§ 278 *(Verschulden des Erfüllungsgehilfen)*
Der Schuldner hat ein Verschulden seines gesetzlichen Vertreters und der Personen, deren er sich zur Erfüllung seiner Verbindlichkeit bedient, in gleichem Umfange zu vertreten, wie eigenes Verschulden."

Von der Haftung für Schäden, die diese als sog. Erfüllungsgehilfen verursachen, kann sich der Meister nicht befreien.
Die Arbeiten von Lehrlingen müssen stets durch den Meister oder einen dazu befähigten Gesellen überwacht und nachgeprüft werden.
Wenn Lehrlinge, Gesellen oder Monteure, zwar in Verrichtung einer ihnen zugewiesenen Arbeit, aber nicht dem Kunden, sondern einem Dritten Schaden zufügen, haftet der Meister für sie nur als seine Verrichtungsgehilfen (siehe 1.3.5.3). Z. B. Installationsarbeiten in einem Mietshaus: ein anderer Hausbewohner als der Kunde wird beim Transport der Leiter verletzt; dem Vermieter gehörende Lampen im Treppenhaus werden beim Leitertransport zerstört (siehe auch 1.3.5.3).
Keine Haftung des Meisters tritt dann ein, wenn Lehrlinge, Gesellen oder Monteure außerhalb der ihnen zugewiesenen Arbeit einem Dritten einen Schaden zufügen, indem sie z. B. auf dem Weg zur Arbeit einen Passanten beim Schneeballwerfen verletzen. Dann sind sie weder Erfüllungsgehilfen noch Verrichtungsgehilfen des Handwerksmeisters. Dasselbe gälte, wenn sie z. B. nach der vom Meister angeordneten Installation dem Kunden auf dessen Bitte einen Spiegelschrank transportieren würden und diesen fallenließen. Handlungen dieser Art sind sogenannte unerlaubte Handlungen, für die die Verursacher selbst einzustehen haben.

1.3.5.3 Unerlaubte Handlungen

Sollte wegen Verschuldens des Installateurs und in ursächlichem Zusammenhang mit der von ihm ausgeführten Elektro-Installation ein Mensch tödlich verunglücken, ein Brand entstehen oder eine Sache beschädigt werden, so muß der Schaden vom Installateur ersetzt werden. In gewissen Fällen kann hierbei der Abschluß einer Haftpflicht-Versicherung sehr nützlich sein. Für Verrichtungsgehilfen braucht der Meister nicht immer zu haften.

„§ 823 *(Schuldhafte Verletzung ausschließlicher Rechte)*
Wer vorsätzlich oder fahrlässig das Leben, den Körper, die Gesundheit, die Freiheit, das Eigentum oder ein sonstiges Recht eines anderen widerrechtlich verletzt, ist dem anderen zum Ersatz des daraus entstehenden Schadens verpflichtet.. . . .

§ 831 *(Haftung für den Verrichtungsgehilfen)*
Wer einen anderen zu einer Verrichtung bestellt, ist zum Ersatze des Schadens verpflichtet, den der andere in Ausführung der Verrichtung einem Dritten widerrechtlich zufügt. Die Ersatzpflicht tritt nicht ein, wenn der Geschäftsherr bei der Auswahl der bestellten Person und, sofern er Vorrichtungen oder Gerätschaften zu beschaffen oder die Ausführung der Verrichtung zu leisten

hat, bei der Beschaffung oder der Leitung die im Verkehr erforderliche Sorgfalt beobachtet oder wenn der Schaden auch bei Anwendung dieser Sorgfalt entstanden sein würde...“

Der Nachweis des Meisters, daß er bei der Auswahl seiner Mitarbeiter ihre Befähigung eingehend überprüft und sie über neue Bestimmungen (z.B. VDE-Vorschriften) laufend unterrichtet hat, bietet keinen ausreichenden Schutz gegen Regreßansprüche. Erforderlich ist, daß er auch ihre Arbeiten mit der entsprechenden Sorgfalt laufend überwacht.

Kann der Meister den Entlastungsbeweis nicht führen, haftet er für seine Mitarbeiter. Trifft diese ein Verschulden, so können auch sie wahlweise in Anspruch genommen werden. Bei besonders gefahrgeneigter Arbeit gilt nach einem Urteil des Bundesarbeitsgerichtes vom 21. 11 59 folgendes: Der Arbeitnehmer hat von ihm grobfahrlässig verursachte Schäden in der Regel allein zu tragen, nicht grobfahrlässig verursachte Schäden sind zwischen Arbeitgeber und Arbeitnehmer zu teilen und nur bei geringer Schuld des Arbeitnehmers wird der Arbeitgeber Schäden allein zu tragen haben.

1.3.5.4 Strafrechtliche Würdigung eines Schadens

Nicht nur zivilrechtlich, auch strafrechtlich hat ein fahrlässig handelnder Installateur die Verantwortung für Schäden zu übernehmen. Dazu äußert sich das Strafgesetzbuch (StGB):

„§ 222 *(Fahrlässige Tötung)*
Wer durch Fahrlässigkeit den Tod eines Menschen verursacht, wird mit Freiheitsstrafe bis zu fünf Jahren oder mit Geldstrafe bestraft.

§ 230 *(Fahrlässige Körperverletzung)*
Wer durch Fahrlässigkeit die Körperverletzung eines anderen verursacht, wird mit Freiheitsstrafe bis zu drei Jahren oder mit Geldstrafe bestraft.

§ 309 *(Fahrlässige Brandstiftung)*
Wer einen Brand ... fahrlässig verursacht, wird mit Freiheitsstrafe bis zu drei Jahren oder mit Geldstrafe und, wenn durch den Brand der Tod eines Menschen verursacht wird, mit Freiheitsstrafe bis zu fünf Jahren oder mit Geldstrafe bestraft.

§ 310a *(Herbeiführung von Brandgefahr)*
Wer
1. feuergefährdete Betriebe und Anlagen, insbesondere solche, in denen explosive Stoffe, brennbare Flüssigkeiten oder brennbare Gase hergestellt oder gewonnen werden oder sich befinden, sowie Anlagen oder Betriebe der Land- oder Ernährungswirtschaft, in denen sich Getreide, Futter oder Streumittel,

Heu, Stroh, Hanf, Flachs oder andere land- oder ernährungswirtschaftliche Erzeugnisse befinden, ... in Brandgefahr bringt, wird mit Freiheitsstrafe bis zu drei Jahren oder mit Geldstrafe bestraft.
Bei fahrlässiger Verursachung der Brandgefahr ist eine Freiheitsstrafe von bis zu einem Jahr oder Geldstrafe vorgesehen."

§ 323 *(Baugefährdung)*
(1) Wer bei der Planung, Leitung oder Ausführung eines Baues oder des Abbruchs eines Bauwerkes gegen die allgemein anerkannten Regeln der Technik verstößt und dadurch Leib oder Leben eines anderen gefährdet, wird mit Freiheitsstrafe bis zu fünf Jahren oder mit Geldstrafe bestraft.
(2) Ebenso wird bestraft, wer in Ausübung eines Berufs oder Gewerbes bei der Planung, Leitung oder Ausführung eines Vorhabens, technische Einrichtungen in ein Bauwerk einzubauen oder eingebaute Einrichtungen dieser Art zu ändern, gegen die allgemein anerkannten Regeln der Technik verstößt und dadurch Leib oder Leben eines anderen gefährdet.
(3) Wer die Gefahr fahrlässig verursacht, wird mit Freiheitsstrafe bis zu drei Jahren oder mit Geldstrafe bestraft.
(4) Wer in den Fällen der Absätze 1 und 2 fahrlässig handelt und die Gefahr fahrlässig verursacht, wird mit Freiheitsstrafe bis zu zwei Jahren oder mit Geldstrafe bestraft.
(5) Das Gericht kann von Strafe nach den Absätzen 1 bis 3 absehen, wenn der Täter freiwillig die Gefahr abwendet, bevor ein erheblicher Schaden entsteht. Unter denselben Voraussetzungen wird der Täter nicht nach Absatz 4 bestraft."

1.3.5.5 Haftpflichtgesetz

Für Personen- und Sachschäden, die direkt oder indirekt durch Freileitungen verursacht wurden, gelten § 2 und § 4 des Haftpflichtgesetzes vom 4. Januar 1978, (BGBl. I S. 145). Diese lauten:

„§ 2
(1) Wird durch die Wirkungen von Elektrizität, Gasen, Dämpfen oder Flüssigkeiten, die von einer Stromleitungs- oder Rohrleitungsanlage oder einer Anlage zur Abgabe der bezeichneten Energien oder Stoffe ausgehen, ein Mensch getötet, der Körper oder die Gesundheit eines Menschen veletzt oder eine Sache beschädigt, so ist der Inhaber der Anlage verpflichtet, den daraus entstehenden Schaden zu ersetzen. Das gleiche gilt, wenn der Schaden, ohne auf den Wirkungen der Elektrizität, der Gase, Dämpfe oder Flüssigkeiten zu beruhen, auf das Vorhandensein einer solchen Anlage zurückzuführen ist, es sei denn, daß sich diese zur Zeit der Schadensverursachung in ordnungsgemäßem

Zustand befand. Ordnungsmäßig ist eine Anlage, solange sie den anerkannten Regeln der Technik entspricht und unversehrt ist.
(2) Absatz 1 gilt nicht für Anlagen, die lediglich der Übertragung von Zeichen oder Lauten dienen.
(3) Die Ersatzpflicht nach Absatz 1 ist ausgeschlossen,
1. wenn der Schaden innerhalb eines Gebäudes entstanden und auf eine darin befindliche Anlage (Absatz 1) zurückzuführen oder wenn er innerhalb eines im Besitz des Inhabers der Anlage stehenden befriedeten Grundstücks entstanden ist;
2. wenn ein Energieverbrauchgerät oder eine sonstige Einrichtung zum Verbrauch oder zur Abnahme der in Absatz 1 bezeichneten Stoffe beschädigt oder durch eine solche Einrichtung ein Schaden verursacht worden ist;
3. wenn der Schaden durch höhere Gewalt verursacht worden ist, es sei denn, daß er auf das Herabfallen von Leitungsdrähten zurückzuführen ist.

§ 4
Hat bei der Entstehung des Schadens ein Verschulden des Geschädigten mitgewirkt, so gilt § 254 des Bürgerlichen Gesetzbuchs[1]; bei Beschädigung einer Sache steht das Verschulden desjenigen, der die tatsächliche Gewalt über die Sache ausübt, dem Verschulden des Geschädigten gleich."

1.3.6 Unfallverhütungsvorschriften der Berufsgenossenschaften (UVV-VBG4 vom 1. 4. 1979)

Die Unfallverhütungsvorschriften (UVVen) gelten zwar unmittelbar nur im Verhältnis des (gewerblichen, bzw. landwirtschaftlichen) Unternehmers zu seiner Berufsgenossenschaft. Ein Verstoß gegen technische Anordnung in den UVVen bei der Elektro-Installation kann aber eine zum Schadensersatz führende Schlechterfüllung des (Werk-)Vertrages (vgl. 1.3.5.2) sein.
Auszug aus der UVV-VGB 4 vom 1. 4. 1979:

Begriffe
„§ 2. (2) Elektrotechnische Regeln im Sinne dieser Unfallverhütungsvorschrift sind die allgemein anerkannten Regeln der Elektrotechnik, die in den VDE-Bestimmungen enthalten sind, auf die die Berufsgenossenschaft in ihrem Mitteilungsblatt verwiesen hat.„
(In dem Anhang zu den Durchführungsanweisungen vom Oktober 1980 zur Unfallverhütungsvorschrift VBG 4 (Stand April 1985) sind diese VDE-Bestim-

---
[1] D. h. die Verpflichtung zum Schadensersatz hängt von dem Grad des Mitverschuldens des Geschädigten ab.

mungen aufgeführt, z. B. DIN VDE 0100, VDE 0105, VDE 0107, VDE 0108, VDE 0113, VDE 0160, VDE 0165, VDE 0170)

Grundsätze
„§ 3. (1) Der Unternehmer hat dafür zu sorgen, daß elektrische Anlagen und Betriebsmittel nur von einer Elektrofachkraft oder unter Leitung und Aufsicht einer Elektrofachkraft den elektrotechnischen Regeln entsprechend errichtet, geändert und instandgehalten werden. Der Unternehmer hat ferner dafür zu sorgen, daß die elektrischen Anlagen und Betriebsmittel den elektrotechnischen Regeln entsprechend betrieben werden ...
(Als Elektrofachkraft im Sinne dieser Unfallverhütungsvorschrift gilt, wer auf Grund seiner fachlichen Ausbildung, Kenntnisse und Erfahrungen sowie Kenntnisse der einschlägigen Bestimmungen die ihm übertragenen Arbeiten beurteilen und mögliche Gefahren erkennen kann.)

Prüfungen
§ 5. (1) Der Unternehmer hat dafür zu sorgen, daß die elektrischen Anlagen und Betriebsmittel auf ihren ordnungsgemäßen Zustand geprüft werden

1. vor der ersten Inbetriebnahme und nach einer Änderung oder Instandsetzung vor der Wiederinbetriebnahme durch eine Elektrofachkraft oder unter Leitung und Aufsicht einer Elektrofachkraft und
2. in bestimmten Zeitabständen.

Die Fristen sind so zu bemessen, daß entstehende Mängel, mit denen gerechnet werden muß, rechtzeitig festgestellt werden (siehe Durchführungsverordnungen).
(2) Bei der Prüfung sind die sich hierauf beziehenden elektrotechnischen Regeln zu beachten.
(3) Auf Verlangen der Berufsgenossenschaft ist ein Prüfbuch mit bestimmten Eintragungen zu führen.
(4)...“
Anmerkung: Die Landwirtschaftlichen Berufsgenossenschaften haben im Jahre 1980 eigene, von den VBG 4 teilweise abweichende UVV 1.4 herausgegeben.

Durchführungsanweisungen zur VBG 4 § 5 (1), letzter Satz
Diese Forderung ist bei normalen Betriebs- und Umgebungsbedinungen – z. B. bei den nachstehend aufgeführten elektrischen Anlagen und Betriebsmitteln – erfüllt, wenn die elektrischen Anlagen und Betriebsmittel ständig durch eine Elektrofachkraft überwacht oder folgende Prüffristen (siehe auch Tabelle auf Seite 16) eingehalten werden:

- Elektrische Anlagen und ortsfeste elektrische Betriebsmittel sind mindestens alle vier Jahre durch eine Elektrofachkraft auf ordnungsgemäßen Zustand zu prüfen;
- nicht ortsfeste elektrische Betriebsmittel, Anschlußleitungen mit Steckern sowie Verlängerungs- und Geräteanschlußleitungen mit ihren Steckvorrichtungen sind, soweit sie benutzt werden, mindestens alle sechs Monate durch eine Elektrofachkraft oder bei Verwendung geeigneter Prüfgeräte auch durch eine elektrotechnisch unterwiesene Person auf ordnungsgemäßen Zustand zu prüfen;
- Fehlerstrom- und Fehlerspannungs-Schutzeinrichtungen sind auf einwandfreie Funktion durch Betätigen der Prüfeinrichtung
  - bei nichtstationären Anlagen arbeitstäglich,
  - bei stationären Anlagen mindestens alle sechs Monate zu prüfen;
- Spannungsprüfer sind kurz vor der Benutzung vom Benutzer auf einwandfreie Funktion zu überprüfen; sie werden im allgemeinen an unter Spannung stehenden aktiven Teilen überprüft.

  Spannungsprüfer für Nennspannungen über 1 kV sind zusätzlich mindestens alle sechs Jahre auf Einhaltung der in den elektrischen Regeln vorgegebenen Grenzwerte durch eine Elektrofachkraft zu prüfen.

Als ständig überwacht gelten elektrische Anlagen und Betriebsmittel z. B. in stationären Betrieben oder Elektrizitäts-Versorgungsunternehmen, die jeweils dauernd Elektrofachkräfte beschäftigen, deren Aufgabenbereich auch die Instandhaltung und Überwachung der elektrischen Anlagen und Betriebsmittel umfaßt.

Ortsfeste Betriebsmittel sind festangebrachte Betriebsmittel oder Betriebsmittel, die keine Tragevorrichtung haben und deren Masse so groß ist, daß sie nicht leicht bewegt werden können.

Ortsveränderliche Betriebsmittel sind Betriebsmittel, die während des Betriebes bewegt werden oder die leicht von einem Platz zu einem anderen gebracht werden können, während sie an den Versorgungsstromkreis angeschlossen sind.

Stationäre Anlagen sind solche, die mit ihrer Umgebung fest verbunden sind, z. B. Installationen in Gebäuden, Baustellenwagen, Containern und auf Fahrzeugen.

Nichtstationäre Anlagen sind dadurch gekennzeichnet, daß sie entsprechend ihrem bestimmungsgemäßen Gebrauch nach dem Einsatz wieder abgebaut (zerlegt) und am neuen Einsatzort wieder aufgebaut (zusammengeschaltet) werden. Hierzu gehören z. B. Anlagen auf Bau- und Montagestellen, fliegende Bauten.

Tabelle: Prüfungen elektrischer Anlagen und Betriebsmittel und Beispiele für die Prüffristen

Anlage/Betriebsmittel	Prüffrist	Art der Prüfung	Prüfer
Elektrische Anlagen und Betriebsmittel allgemein	vor der ersten Inbetriebnahme	auf ordnungsgemäßen Zustand, falls keine entsprechende Bescheinigung des Errichters vorliegt	Elektrofachkraft oder unter Leitung und Aufsicht einer Elektrofachkraft
	nach einer Änderung oder Instandsetzung	auf ordnungsgemäßen Zustand, falls keine entsprechende Bestätigung des Reparaturunternehmens vorliegt	
Elektrische Anlagen und ortsfeste elektrische Betriebsmittel	mindestens alle 4 Jahre	auf ordnungsgemäßen Zustand	Elektrofachkraft
Nicht ortsfeste elektrische Betriebsmittel; Anschlußleitungen mit Steckern; Verlängerungs- und Geräteanschlußleitungen mit ihren Steckvorrichtungen	mindestens alle 6 Monate (soweit benutzt)	auf ordnungsgemäßen Zustand	Elektrofachkraft, bei Verwendung geeigneter Prüfgeräte auch elektrotechnisch unterwiesene Personen
Schutzmaßnahmen mit Fehlerstromschutzeinrichtungen bei nichtstationären Anlagen	mindestens einmal im Monat	auf Wirksamkeit	
Fehlerstrom- und Fehlerspannungs-Schutzeinrichtungen			
– bei stationären Anlagen	mindestens alle 6 Monate	auf einwandfreie Funktion durch Betätigung der Prüfeinrichtungen	Benutzer
– bei nichtstationären Anlagen	arbeitstäglich		
Isolierende Schutzkleidung	mindestens alle 6 Monate (soweit benutzt)	auf sicherheitstechnisch einwandfreien Zustand	Elektrofachkraft
	vor jeder Benutzung	auf augenfällige Mängel	Benutzer

Anlage/Betriebsmittel	Prüffrist	Art der Prüfung	Prüfer
Spannungsprüfer; isolierte Werkzeuge; isolierende Schutzeinrichtungen und Betätigungs- und Erdungsstangen	vor jeder Benutzung	auf augenfällige Mängel und einwandfreie Funktion	Benutzer
Spannungsprüfer für Nennspannungen über 1 kV	mindestens alle 6 Jahre	auf Einhaltung der in den elektrotechnischen Regeln vorgegebenen Grenzwerte	Elektrofachkraft

1.3.7 Das Geräte-Sicherheitsgesetz
(Gesetz über technische Arbeitsmittel)

Das „Gesetz über technische Arbeitsmittel" vom 24. 6. 1968 wurde 1979 neu gefaßt und trat am 1. 1. 1980 unter der neuen Bezeichnung „Geräte-Sicherheitsgesetz" in Kraft (BGBl. I, S. 1432). Die letzte Änderung erfolgte am 13. 8. 1980 (BGBl. I, S. 1310).
Das Gesetz gilt für technische Arbeitsmittel, das sind z. B. Arbeits- und Kraftmaschinen, Einrichtungen, die zum Beleuchten, Beheizen, Kühlen sowie zum Be- und Entlüften bestimmt sind, Hausgeräte. Es gilt nicht nur für den Verkauf, sondern auch für das Ausstellen solcher Arbeitsmittel. Diese müssen den allgemein anerkannten Regeln der Technik, sowie den Arbeitsschutz- und Unfallverhütungsvorschriften entsprechen.
Der Hersteller solcher Arbeitsmittel darf dieses mit dem Zeichen „GS = geprüfte Sicherheit" versehen, wenn es von einer Prüfstelle einer Bauartprüfung unterzogen worden ist. Dazu wurde die Gerätesicherheits-Prüfstellenverordnung (GS PrüfV!) i. d. Fassung vom 23. Febr. 1988 (BGBl.I, S. 200) erlassen, die in der Anlage ein Prüfstellenverzeichnis enthält. Solche Prüfstellen sind z. B.: Die Prüfstelle des Verbandes Deutscher Elektrotechniker (VDE), Technische Überwachungsvereine (TÜV), der Hauptverband der gewerblichen Berufsgenossenschaften, u. a. Es gibt z. Z. 82 derartige Prüfstellen.
Das Gesetz schafft keinen allgemeinen Prüfzwang. Lediglich für medizinisch-technische Geräte, z. B. Bestrahlungs- und Röntgengeräte, kann der Bundesarbeitsminister durch Rechtsverordnung eine Prüfpflicht begründen.
Links oberhalb des GS-Zeichens wird das Typenzeichen der Prüfstelle angegeben *(Bild 1-1)*.

Bild 1-1: Sicherheitszeichen mit Prüfstellen-Identifikationszeichen

Die Durchführung des Gesetzes liegt bei den nach Landesrecht zuständigen Behörden. Beim Bundes-Arbeitsministerium wird ein „Ausschuß für technische Arbeitsmittel" gebildet. Die Geschäftsführung ist dem Bundesinstitut für Arbeitsschutz in Dortmund übertragen.
Ein Vorteil des Gesetzes ist, daß sowohl den Herstellern und Importeuren der Vertrieb gefährlicher Geräte verboten werden kann, als auch ein entsprechendes Eingreifen der Gewerbeaufsichtsämter beim Handel möglich ist.
Am 11. 6. 1979 erließ der Bundesminister für Arbeit und Sozialordnung eine „Erste Verordnung zum Gesetz über technische Arbeitsmittel", die am 1. 1. 1980 in Kraft trat (BGBl. I, S. 629).
§ 1 dieser Verordnung regelt die Beschaffenheit elektrischer Betriebsmittel zur Verwendung bei einer Nennspannung zwischen 50 und 1000 V für Wechselstrom und zwischen 75 und 1500 V für Gleichstrom, soweit es sich um technische Arbeitsmittel oder Teile von technischen Arbeitsmitteln handelt. Sie gilt nicht für elektrische Betriebsmittel zur Verwendung in explosibler Atmosphäre, elektro-radiologische und elektromedizinische Betriebsmittel, elektrische Teile von Personen- und Lastenaufzügen, Elektrizitätszähler, Haushaltssteckvorrichtungen, Vorrichtungen zur Stromversorgung von elektrischen Weidezäunen. Sie gilt ferner nicht für die Funk-Entstörung elektrischer Betriebsmittel.
Nach § 2 müssen die Betriebsmittel insbesondere folgenden Sicherheitsgrundsätzen entsprechen:

1. Die wesentlichen Merkmale, von deren Kenntnis und Beachtung eine bestimmungsgemäße und gefahrlose Verwendung abhängt, sind auf den Betriebsmitteln oder auf einem beigegebenen Hinweis anzugeben.
2. Das Herstellerzeichen oder die Handelsmarke ist deutlich auf den Betriebsmitteln oder auf der Verpackung anzubringen.
3. Die Betriebsmittel müssen sicher und ordnungemäß verbunden oder angeschlossen werden können.
4. Zum Schutz vor Gefahren, die von elektrischen Betriebsmitteln ausgehen können, sind technische Maßnahmen vorzusehen, damit bei bestimungsgemäßer Verwendung und ordnungsgemäßer Unterhaltung
   a) Menschen und Nutztiere angemessen vor den Gefahren einer Verletzung oder anderen Schäden geschützt sind, die durch direkte oder indirekte Berührung verursacht werden können;
   b) keine Temperaturen, Lichtbogen oder Strahlungen entstehen, aus denen sich Gefahren ergeben können;
   c) Menschen, Nutztiere und Sachen angemessen vor nicht-elektrischen Gefahren geschützt werden, die erfahrungsgemäß von elektrischen Betriebsmitteln ausgehen;
   d) die Isolierung den vorgesehenen Beanspruchungen angemessen ist.

5. Zum Schutz vor Gefahren, die durch äußere Einwirkungen auf elektrische Betriebsmittel entstehen können, sind technische Maßnahmen vorzusehen, die sicherstellen, daß die elektrischen Betriebsmittel bei bestimmungsgemäßer Verwendung und ordnungsgemäßer Unterhaltung
   a) den vorgesehenen mechanischen Beanspruchungen so weit standhalten, daß Menschen, Nutztiere oder Sachen nicht gefährdet werden;
   b) unter den vorgesehenen Umgebungsbedingungen den nicht-mechanischen Einwirkungen so weit standhalten, daß Menschen, Nutztiere oder Sachen nicht gefährdet werden;
   c) bei den vorgesehenen Überlastungen Menschen, Nutztiere oder Sachen nicht gefährden.

Diese neue Verordnung verpflichtet neben den Herstellern und Verbrauchern insbesondere das Elektrohandwerk zu ordnungsgemäßer Installation. Dabei ist der europäische Stand der Elektrotechnik maßgebend. So weit CEE- oder IEC-Normen harmonisiert sind, werden diese in die VDE-Bestimmungen übernommen. Erstmals wird neben dem notwendigen Schutz von Menschen und Sachen auch der Schutz der Nutztiere ausdrücklich erwähnt. Nicht nur die Anwendung oder der Verkauf vorschriftswidriger Geräte wird verboten, sondern schon das Anbieten z. B. in einem Schaufenster. Um sich vor Haftungsansprüchen zu schützen, sollte daher der Installateur nur elektrische Betriebsmittel mit dem GS-Zeichen kaufen oder sich vom Hersteller schriftlich bestätigen lassen, daß das Betriebsnmittel den VDE-Bestimmungen entspricht.

Die „Zweite Verordnung zum Gerätesicherheitsgesetz" vom 26. 11. 1980 (BGBl. I, S. 2195) wurde am 7. 12. 1980 wirksam. Sie regelt den Vertrieb von sog. Glitzerleuchten. Leuchten dieser Art dürfen demnach keine Flüssigkeiten enthalten, die giftig, ätzend, explosionsgefährlich, entzündlich sind. Man sollte daher nur solche Leuchten erwerben, die das „GS"-Zeichen tragen.

1.3.8 Sicherheitsvorschriften der Feuerversicherer

Die Sicherheitsvorschriften sind im Sinne des § 7 der Allgemeinen Feuerversicherungsbedingungen (AFB) Bestandteil des Versicherungsvertrages. Es heißt dort u. a.: „Verletzt der Versicherungsnehmer gesetzliche, polizeiliche oder vereinbarte Sicherheitsvorschriften oder duldet er ihre Verletzung, so kann der Versicherer innerhalb eines Monats, nachdem er von der Verletzung Kenntnis erlangt hat, die Versicherung mit einmonatiger Frist kündigen. Er ist von der Entschädigungspflicht frei, wenn der Schadensfall nach der Verletzung eintritt und die Verletzung auf Vorsatz oder grober Fahrlässigkeit des Versicherungsnehmers beruht." Die einschlägigen Vorschriften sind im Formblatt 1012 des Verbandes der Sachversicherer, Köln, zu finden.

Die Feuerversicherer fordern eine jährliche Prüfung der von ihnen versicherten elektrischen Anlagen.

1.3.9 Elektroinstallations-Richtlinien des Freistaates Bayern für Gebäude

Eine Bekanntmachung der Obersten Baubehörde im Bayer. Staatsministerium des Innern vom 22. Nov. 1983 Nr. II A 9-4031.1-1 gibt Richtlinien für die Planung und Ausführung von elektrischen Kabel- und Leitungsanlagen, von Beleuchtungs-, Blitzschutz- und Antennenanlagen sowie von Transformatorenstationen in Gebäuden und Anlagen des Freistaates Bayern. Zu beziehen durch den Kommunalschriften-Verlag J. Jehle, 8000 München 34, Postfach.

1.3.10 Weitere Bundesverordnungen und -gesetze

Nach dem „Gesetz über Betriebsärzte, Sicherheitsingenieure und andere Fachkräfte für Arbeitssicherheit“ vom 12. 12. 1973 (BGBl. I, S. 1885 i. d. F. vom 2. 1. 1982) hat jeder Unternehmer, der mehr als 15 Personen hauptberuflich beschäftigt, Sicherheitsingenieure oder andere Fachkräfte für Arbeitssicherheit schriftlich zu bestellen.
Die Verordnung über Arbeitsstätten vom 20. 3. 1975 („Arbeitsstättenverordnung“, BGBl. I, S. 729) in der Fassung vom 1. 8. 1983 (BGBl. I, S. 1057) legt u. a. fest, daß in Arbeitsstätten nicht nur die allgemein anerkannten Regeln der Technik, sondern gemäß § 3 auch die „sonstigen gesicherten arbeitswissenschaftlichen Erkenntnisse“ bei der Errichtung der Arbeitsstätten zu beachten sind.

1.3.11 Verordnung über den Bau von Betriebsräumen für elektrische Anlagen (EltBau VO)

Vom 13. April 1977 (i. d. Fassung der Verordnung vom 20. 6. 1985 – GV Bl. 250 – Auszug –)

§ 1 *Geltungsbereich*

(1) Diese Verordnung gilt für elektrische Betriebsräume mit den in § 3 Abs. 1, Nummern 1 bis 3, genannten elektrischen Anlagen in
1. Waren- und Geschäftshäusern,
2. Versammlungsstätten, ausgenommen Versammlungsstätten in fliegenden Bauten,
3. Büro- und Verwaltungsgebäuden,

4. Krankenhäusern, Altenpflegeheimen, Entbindungs- und Säuglingsheimen,
5. Schulen und Sportstätten,
6. Beherbergungsstätten, Gaststätten,
7. geschlossenen Großgaragen und
8. Wohngebäuden.

(2) Diese Verordnung gilt nicht für elektrische Betriebsräume in freistehenden Gebäuden oder durch Brandwände abgetrennten Gebäudeteilen, wenn diese nur die elektrischen Betriebsräume enthalten.

§ 2 *Begriffsbestimmung*
Betriebsräume für elektrische Anlagen (elektrische Betriebsräume) sind Räume, die ausschließlich zur Unterbringung von Einrichtungen zur Erzeugung oder Verteilung elektrischer Energie oder zur Aufstellung von Batterien dienen.

§ 3 *Allgemeine Anforderungen*
(1) Innerhalb von Gebäuden nach § 1 Abs. 1 müssen
1. Transformatoren und Schaltanlagen für Nennspannungen über 1 kV Transformatoren und Kondensatoren mit polychlorierten Biphenylen (PCB) und einer Leistung von mehr als 3 kVA,
2. ortsfeste Stromerzeugungsaggregate und
3. Zentralbatterien für Sicherheitsbeleuchtung

in jeweils eigenen elektrischen Betriebsräumen untergebracht sein. Schaltanlagen für Sicherheitsbeleuchtung dürfen nicht in elektrischen Betriebsräumen mit Anlagen nach Satz 1 Nummer 1 und Nummer 2 aufgestellt werden. Es kann verlangt werden, daß sie in eigenen elektrischen Betriebsräumen aufzustellen sind.

(2) Die elektrischen Anlagen müssen den anerkannten Regeln der Technik entsprechen. Als anerkannte Regeln der Technik gelten die Bestimmungen des Verbandes Deutscher Elektrotechniker (VDE-Bestimmungen).

§ 4 *Anforderungen an elektrische Betriebsräume*
(1) Elektrische Betriebsräume für die in § 3 Abs. 1, Nummern 1 bis 3, genannten elektrischen Anlagen müssen so angeordnet sein, daß sie im Gefahrenfall von allgemein zugänglichen Räumen oder vom Freien leicht und sicher erreichbar sind und ungehindert verlassen werden können; sie dürfen von Treppenräumen mit notwendigen Treppen nicht unmittelbar zugänglich sein. Der Rettungsweg innerhalb elektrischer Betriebsräume bis zu einem Ausgang darf nicht länger als 40 m sein.

(2) Die Räume müssen so groß sein, daß die elektrischen Anlagen ordnungsgemäß erreicht und betrieben werden können; sie müssen eine lichte Höhe

von mindestens 2 m haben. Über Bedienungs- und Wartungsgängen muß eine Durchgangshöhe von mindestens 1,80 m vorhanden sein.

(3) Die Räume müssen ständig so wirksam be- und entlüftet werden, daß die beim Betrieb der Transformatoren und Stromerzeugungsaggregate entstehende Verlustwärme, bei Batterien die Gase, abgeführt werden.

(4) In elektrischen Betriebsräumen sollen Leitungen und Einrichtungen, die nicht zum Betrieb der elektrischen Anlagen erforderlich sind, nicht vorhanden sein.

§ 5 *Zusätzliche Anforderungen an elektrische Betriebsräume für Transformatoren und Schaltanlagen mit Nennspannung über 1 kV oder für Transformatoren und Kondensatoren mit PCB*

(1) bis (9)...

§ 6 Zusätzliche Anforderungen an elektrische Betriebsräume für ortsfeste Stromerzeugungsaggregate

(1) bis (3)...

§ 7 *Zusätzliche Anforderungen an Batterieräume*

(1) bis (6)...

§ 8 *Zusätzliche Bauvorlagen*

Die Bauvorlagen müssen Angaben über die Lage des Betriebsraumes und die Art der elektrischen Anlage enthalten. Soweit erforderlich, müssen sie ferner Angaben über die Schallschutzmaßnahmen enthalten.

1.4 Schrifttum

Mindestens folgende Bestimmungen und Nachschlagewerke sollte jeder Installateur besitzen oder wenigstens kennen:

1.4.1 Zu beziehen von der VDE-Verlag GmbH, 1000 Berlin 12, Bismarckstr. 33

VDE 0022/06.88 Satzung für das Vorschriftenwerk des Verbandes Deutscher Elektrotechniker (VDE) e. V.

VDE 0024/11.88 Satzung für das Prüf- und Zertifizierungswesen des Verbandes Deutscher Elektrotechniker (VDE) e. V.

DIN VDE 1000/03.79 Allgemeine Leitsätze für das sicherheitsgerechte Gestalten technischer Erzeugnisse.

DIN VDE 0100, Teil 100 bis 750 Errichten von Starkstromanlagen mit Nennspannungen bis 1000 V.
DIN VDE 0102/01.90 Berechnung von Kurzschlußströmen in Drehstromnetzen.
DIN VDE 0105 Teil 1/07.83 Bestimmungen für den Betrieb von Starkstromanlagen.
DIN VDE 0105 Teil 15/02.86 Sonderbestimmungen für den Betrieb von elektrischen Anlagen in landwirtschaftlichen Betriebsstätten.
DIN VDE 0106 Teil 100/03.83 Anordnung von Betätigungselementen in der Nähe berührungsgefährlicher Teile.
DIN VDE 0106 Teil 1/05.82 Schutz gegen elektrischen Schlag – Klassifizierung von Betriebsmitteln.
DIN VDE 0106 Teil 102/12.90 (Entwurf) Schutz gegen gefährliche Körperströme; Verfahren zur Messung von Berührungsstrom und Schutzleiterstrom.
DIN VDE 0107/11.89 Starkstromanlagen in Krankenhäusern und medizinisch genutzten Räumen außerhalb von Krankenhäusern.
DIN VDE 0108/Teile 1 – 8/10.89 Starkstromanlagen und Sicherheitsstromversorgung in baulichen Anlagen für Menschenansammlungen.
DIN VDE 0113 Teil 1/02.86 Bestimmungen für die elektrische Ausrüstung von Industriemaschinen – Allgemeine Festlegungen.
DIN VDE 0128/06.81 Vorschriften für Leuchtröhrenanlagen mit Spannungen von 1000 V und darüber.
DIN VDE 0131/04.84 Errichtung und Betrieb von Elektrozaunanlagen.
DIN VDE 0132/11.89 Merkblatt für die Bekämpfung von Bränden in elektrischen Anlagen und in deren Nähe.
DIN VDE 0165/02.91 Errichten elektrischer Anlagen in explosionsgefährdeten Bereichen.
DIN VDE 0170/0171 Teil 1 und weitere Elektrische Betriebsmittel für explosionsgefährdete Bereiche.
DIN VDE 0185 Teil 1 und 2/11.82 Blitzschutzanlagen.
DIN VDE 0211/12.85 Bestimmungen für den Bau von Starkstrom-Freileitungen mit Nennspannungen bis 1 kV.
DIN VDE 0293/01.90 Aderkennzeichnung von Kabeln und Leitungen.
DIN VDE 0298 Teil 2/07.90 (Entwurf) Empfohlene Strombelastbarkeiten für Kabel.
DIN VDE 0298 Teil 3/08.83 Allgemeines für Leitungen.
DIN VDE 0298 Teil 4/02.88 und Teil 4 A1/01.91 (Entwurf) Empfohlene Werte für die Strombelastbarkeit von Leitungen.
DIN VDE 0413 Teil 1 bis 7 Geräte zum Prüfen der Schutzmaßnahmen.
DIN VDE 0603 Teil 1/10.91 Installations-Kleinverteiler und Zählerplätze.

DIN VDE 0606 Teil 1/11.84 Installationsdosen.

DIN VDE 0660 Teil 500/04.91 und weitere Niederspannungs-Schaltgerätekombinationen.

DIN VDE 0680 Teil 1 bis Teil 7: VDE-Bestimmungen für Körperschutzmittel, Schutzvorrichtungen und Geräte zum Arbeiten an unter Spannung stehenden Betriebsmitteln bis 1000 V.

DIN VDE 0701 Teil 1 bis 260 Instandsetzung, Änderung und Prüfung elektrischer Betriebsmittel.

DIN VDE 0800 Teil 1/05.89 Fernmeldetechnik, Errichtung und Betrieb der Anlagen.

DIN VDE 0800 Teil 2/07.85 Erdung und Potentialausgleich.

DIN VDE 0800 Teil 10/03.91 Übergangsfestlegungen für Errichten und Betrieb der Anlagen.

DIN VDE 0855 Teil 1/05.84 und 11.90 (Entwurf) Bestimmungen für Antennenanlagen. Teil 1 Errichtung und Betrieb.

DIN VDE 0855 Teil 2/11.75 Funktionseignung von Empfangsantennen.

DIN VDE 0875 Teil 1/12.88 und Teil 14/09.91 (Entwurf) Funk-Entstörung von elektrischen Betriebsmitteln und Anlagen.

1.4.2 Zu beziehen von der Verlags- und Wirtschaftsgesellschaft Elektrizitätswerke mbH – VWEW, 6000 Frankfurt/M. 70, Stresemannallee 23

Erste Hilfe bei Unfällen durch elektrischen Strom ZH 1/403.

Technische Anschlußbedingungen für den Anschluß an das Niederspannungsnetz.

Technische Richtlinien für Niederspannungs-Freileitungsnetze. Teil II: Bau.

Technische Richtlinien zur Kabellegung.

Technische Richtlinien für die Aufstellung und den Betrieb von Leistungskondensatoren.

Technische Richtlinien für Erdungen in Starkstromnetzen.

Richtlinien für das Einbetten von Fundamenterdern in Gebäudefundamente.

Richtlinien für Planung, Errichtung und Betrieb von Anlagen mit Notstromaggregaten.

Richtlinien für den Parallelbetrieb von Eigenerzeugungsanlagen mit dem Niederspannungsnetz des EVU.

1.4.3 Zu beziehen von der VDE-Verlag GmbH, 1000 Berlin 12, Bismarckstr. 33

Band 6: Erläuterungen zu den Bestimmungen für Antennenanlagen.
Band 9: Schutzmaßnahmen gegen gefährliche Körperströme.
Band 11: Errichten von Starkstromanlagen mit Nennspannungen über 1 kV. Erläuterungen.
Band 12: Erläuterungen zur VDE-Bestimmung für Leuchten.
Band 13: Betrieb von Starkstromanlagen – Erläuterungen zu DIN VDE 0105 Teil 1.
Band 17: Starkstromanlagen in Krankenhäusern – Erläuterungen zu DIN VDE 0107.
Band 26: Elektrische Ausrüstung von Industriemaschinen – Erläuterungen zu DIN VDE 0113 Teil 1.
Band 28: Einführung in die DIN VDE 0660 Teil 500.
Band 29: Kurzzeichen für Kabel und isolierte Leitungen.
Band 32: Bemessung und Schutz der Leitungen und Kabel gegen zu hohe Erwärmung nach DIN VDE 0100 Teil 430/06.81 und Teil 523/06.81.
Band 34: Mechanismus der Gewitter und Blitze.
Band 35: Potentialausgleich, Fundamenterder, Korrosionsgefährdung.
Band 36: Prüfung der Schutzmaßnahmen.
Band 37: Erläuterungen zu DIN VDE 0838/10.76.
Band 44: Blitzschutzanlagen.
Band 48: Arbeitsschutz in elektrischen Anlagen.

1.4.4 Zu beziehen durch Carl Heymanns Verlag K. G., 5000 Köln 1, Gereonstr. 18-32

Unfallverhütungsvorschriften der gewerblichen und landwirtschaftlichen Berufsgenossenschaften.
Unfallverhütungsvorschriften für das Elektro-Installateur-Handwerk.
UVV 98.0 (VBG 109): Erste Hilfe bei Unfällen durch elektrischen Strom.
Richtlinien für die Vermeidung der Gefahren durch explosionsfähige Atmosphäre mit Beispielsammlung (Explosionsschutz-Richtlinien Ex-RL).
Richtlinien zur Verhütung von Gefahren durch elektrostatische Aufladungen.

1.4.5 Zu beziehen vom Hüthig Buch Verlag, 6900 Heidelberg 1, Postfach 102640

R. Ayx, Projektierungshilfe für den Elektroinstallateur – Berechnungsmethoden aus der und für die Praxis

P. Borstelmann, P. Rohne, Handbuch der elektrischen Raumheizung
W.-D. Fuhrmann, H. Schulte, H. Wilkens, U. Wilts, TEMEX-Leitstellen – Planung und wirtschaftlicher Betrieb
B. Liesenkötter, 12-GHz-Satellitenempfang – TV-Direktempfang für Praktiker
U. Markgraf, H. Fr. Wend, Erlaubt? Verboten? – Schulungsfragen für den Elektroinstallateur zu den wichtigsten Vorschriften und Normen DIN VDE, TAB, AVBEltV, Elex-V, GBN u. a.
C.-H. Zieseniß, Beleuchtungstechnik für den Elektrofachmann – Lampen, Leuchten und ihre Anwendung
H. Zwaraber/L. Starke, Praktischer Aufbau und Prüfung von Antennenanlagen
Aushangpflichtige Vorschriften Elektrohandwerke und Elektrohandel
Basisdaten Elektrohandwerke und Elektrohandel.

1.4.6 Zu beziehen vom Richard Pflaum Verlag KG, 8000 München 19, Postfach 19 07 37

Eiselt: Fehlersuche in elektrischen Anlagen und Geräten
Nowak: Normen und Schutzarten für die Elektroinstallation
Hasse, Wiesinger: Handbuch für Blitzschutz und Erdung.

1.4.7 Zu beziehen beim Hüthig & Pflaum Verlag München – Heidelberg, Postfach 19 07 37, 8000 München 19

de/der elektromeister + deutsches elektrohandwerk.

1.4.8 Zu beziehen beim VISTAS Verlag, Berlin, Postfach 22 00 03, 1000 Berlin 22

RGA Richtlinien für Planung, Aufbau, Übergabe, Wartung und Betrieb von Gemeinschaftsantennenanlagen/privaten Breitbandanlagen.
Herausgegeben vom Arbeitskreis Rundfunkempfangsantennen.

1.4.9 Zu beziehen von der HEA, 6000 Frankfurt a. M., Am Hauptbahnhof 12

HEA-Merkblätter M 1 bis M 6 Elektro-Installation in Wohngebäuden
HEA-Bilderdienst „Elektrizität und ihre Anwendung“.

1.4.10 Zu beziehen vom Verband der Sachversicherer, 5000 Köln 1, Postfach 10 20 24

Sicherheitsvorschriften und Merkblätter zur Brandverhütung.

1.4.11 Zu beziehen vom Curt R. Vincentz Verlag, 3000 Hannover 1, Schiffgraben 43

Arbeitsblätter der Arbeitsgemeinschaft Industriebau, z. B. J 11 – Bauliche Ausführung von Transformatorenstationen, J 12 – Räume für Schaltanlagen.

1.5 Abkürzungen

1.5.1 Allgemeine Abkürzungen

ABB Ausschuß für Blitzschutz und Blitzforschung, VDE-Haus, 6000 Frankfurt a. M. 70, Stresemannallee 15

ARA Arbeitskreis Rundfunkempfangsantennen, Bundespostministerium, Bonn

AVBEltV Verordnung über allgemeine Bedingungen für die Elektrizitätsversorgung von Tarifkunden

BAU Bundesanstalt für Arbeitsschutz und Unfallforschung

BG Gewerbliche Berufsgenossenschaften – Hauptverband, 5205 Sankt Augustin 2, Lindenstraße 78-80

CECC Europäisches Komitee für elektronische Bauelemente

CEE Europäische Kommission für Regeln zur Begutachtung elektrotechnischer Erzeugnisse. Ihr gehören 20 Länder im europäischen Raum an

CENELEC Europäisches Komitee für elektrotechnische Normung

CISPR Internationaler Sonderausschuß für Funkstörungen

DKE Deutsche Elektrotechnische Kommission (Fachnormenausschuß Elektrotechnik im DNA gemeinsam mit Vorschriftenausschuß des VDE), VDE-Haus, 6000 Frankfurt a. M. 70, Stresemannallee 15

DIN **D**eutsches **I**nstitut für **N**ormung
Normen sind zu beziehen von der Beuth-Vertrieb GmbH., 1000 Berlin W 30, Burggrafenstraße 4-10

DNA Deutscher Normenausschuß e. V., 1000 Berlin 15, Uhlandstr. 175

EVU Elektrizitäts-Versorgungs-Unternehmen

FTZ	Fernmeldetechnisches Zentralamt, 6100 Darmstadt, Rheinstraße 110
HEA	Hauptberatungsstelle für Elektrizitätsanwendung e. V., 6000 Frankfurt a. M. 1, Am Hauptbahnhof 12
IEC	Internationale Elektrotechnische Kommission. Ihr gehören 40 Länder aus aller Welt an, z. B. USA, Kanada, GUS ehem. UdSSR, China, Japan, Indien und fast alle Staaten Europas
PTB	Physikalisch-Technische Bundesanstalt, 3300 Braunschweig, Bundesallee 100
RKW	Rationalisierungs-Kuratorium der Deutschen Wirtschaft, 6000 Frankfurt a. M., Feldbergstraße 28/30
SEA	Aktionsausschuß Sichere Elektrizitäts-Anwendung, 6000 Frankfurt a. M., Stresemann-Allee 15
TAB	„Technische Anschlußbedingungen für Starkstromanlagen mit Betriebsspannungen unter 1000 V“ herausgegeben von der VDEW
VBG	Unfallverhütungsvorschriften der BG
VDE	Verband Deutscher Elektrotechniker, 6000 Frankfurt a. M. 70, Stresemannallee 21
VDEW	Vereinigung Deutscher Elektrizitätswerke e. V., 6000 Frankfurt a. M. 70, Stresemannallee 23
VdS	Verband der Sachversicherer e. V., 5000 Köln 1, Postfach 10 20 24
VOB	Verdingungsordnung für Bauleistungen
ZVEH	Zentralverband der Deutschen Elektrohandwerke, 6000 Frankfurt a. M. 11, Speyererstr. 9
ZVEI	Zentralverband Elektrotechnik- und Elektronikindustrie e. V., 6000 Frankfurt a. M. 70, Stresemannallee 19.

1.5.2 Technische Abkürzungen

Al	Aluminium
Cu	Kupfer
d	Durchmesser
E	Beleuchtungsstärke
E	Erde
f	Frequenz
F	Kraft
Fe	Eisen
FI	Kurzzeichen für Fehlerstrom
FU	Kurzzeichen für Fehlerspannung
g	Gleichzeitigkeitsfaktor

I	Kurzzeichen für den elektrischen Strom
i	Augenblickswert des Stromes
IP	Internationale Schutzartbezeichnung
L1, L2, L3	Außenleiter bei Wechselstrom
L +, L −	positiver bzw. negativer Leiter bei Gleichstrom
l	Länge
n	Drehzahl, Umlaufzahl
N	Neutralleiter (früher Mittelleiter Mp)
p	Leistungsverlust
PE	Schutzleiteranschluß (Protection)
P	Leistung (allgemein)
P_b oder P_q	Blindleistung (ersatzweise)
P_s	Scheinleistung (ersatzweise)
P_w	Wirkleistung (ersatzweise)
PEN	PEN-Leiter (früher Nulleiter SL/Mp)
PVC	Polyvinylchlorid (Art eines elektrischen Isolierstoffs)
Q	Blindleistung
r	Halbmesser (Radius)
R	Kurzzeichen für elektrischen Widerstand
RST	alte Bezeichnung der Drehstrom-Außenleiter, jetzt L1, L2, L3
s	Wanddicke
s	Wegelänge
S	Querschnitt
S	Scheinleistung
t	Kurzzeichen für die Einheit Tonne (Masseneinheit)
t	Temperatur (°C oder K)
t	Zeit
T	Periodendauer oder Temperatur (K)
u	Augenblickswert der Spannung
u	Spannungsfall
U	Kurzzeichen für elektrische Spannung
U	Umdrehung
v	Geschwindigkeit
W	Energie, Arbeit
$\varkappa$	(kappa) elektrische Leitfähigkeit
λ	(lambda) Leistungsfaktor bei nicht sinusförmigem Wechselstrom
ϱ	(rho) spezifischer Widerstand
φ	(phi) Phasenwinkel
Φ	(Phi) Lichtstrom in Lumen (lm)
Ω	Raumwinkel in Steradiant (sr)

1.6 Einheiten

A	Ampere (Einheit des elektrischen Stromes)
Ah	Amperestunde (Einheit der Elektrizitätsmenge)
bar	Bar (Einheit für den Druck, 1 bar = 10^5 Pa)
cd	Candela (Einheit für die Lichtstärke)
d	Kurzzeichen für die Einheit Tag
dh	Deutscher Härtegrad
F	Farad (Einheit der Kapazität)
g	Gramm (Einheit der Masse)
°C	Grad Celsius (eine Einheit für die Temperatur)
h	Kurzzeichen für die Einheit Stunde
H	Henry (Einheit für die Induktivität)
Hz	Hertz (Einheit für die Frequenz)
J	Joule (Einheit für die Arbeit, Energie, Wärmemenge)
K	Kelvin (Einheit für die Temperaturänderung)
kWh	Kilowattstunde (Einheit für die elektrische Arbeit)
l	Liter (Einheit des Volumens, Raumes)
lm	Lumen (Einheit für den Lichtstrom)
lx	Lux (Einheit der Beleuchtungsstärke)
m	Meter (Einheit der Länge)
m^2	Quadratmeter (Einheit der Fläche)
m^3	Kubikmeter (Einheit des Raumes)
min	Minute
N	Newton (Einheit der Kraft = 0,102 kp)
Pa	Pascal (Einheit des Druckes $p = \frac{1N}{1\ m^2}$
s	Sekunde
S	Siemens (Einheit für den elektrischen Leitwert)
T	Tesla (Einheit für die magnetische Flußdichte)
V	Volt (Einheit der elektrischen Spannung)
VA	Voltampere (Einheit für die Scheinleistung)
var	Voltampere réactif (Einheit für die Blindleistung)
W	Watt (Einheit der elektrischen Leistung)
Ws	Wattsekunde (Einheit der Wärmemenge = 1 J = 1 Nm)
Ω	(Omega) Ohm (Einheit für den elektrischen Widerstand)

1.6.1 Unterteilung der Einheiten

Zur Bezeichnung der dezimalen Vielfachen und Teile von Einheiten werden Abkürzungen (Vorsilben) verwendet.

Vielfache

10^1 = 10 = da = Deka
10^2 = 100 = h = Hekto (z. B. 100 l = 1 Hektoliter)
10^3 = 1000 = k = Kilo (z. B. 1000 W = 1 Kilowatt)
10^6 = M = Mega (z. B. 1 000 000 Ω = 1 Megaohm)
10^9 = G = Giga (z. B. 1 Milliarde Watt = 1 Gigawatt)
10^{12} = T = Tera (z. B. 1 Billion Ohm = 1 Teraohm)

Teile

10^{-1} = 1/10 = d = Dezi (z. B. 0,1 m = 1 Dezimeter)
10^{-2} = 1/100 = c = Zenti (z. B. 0,01 m = 1 Zentimeter)
10^{-3} = 1/1000 = m = Milli (z. B. 0,001 W = 1 Milliwatt)
10^{-6} = μ = Mikro (z. B. 0,000 001 F = 1 Mikrofarad)
10^{-9} = n = Nano
10^{-12} = p = Piko

1.6.2 Umrechnung von Einheiten

Leistungseinheiten

1 kW = 1 kNm/s
Zum Vergleich: Die Leistung eines Zündholzes beträgt etwa 1 W, die des menschlichen Herzens etwa 2 W.

Energieeinheiten

1 Ws = 1 J = 1 Nm
1 kWh = 3 600 000 Ws

Licht

1 cd = 1,11 HK (Hefner-Kerze = alte Einheit der Lichtstärke)
$I = \Phi/\Omega$ in cd (Lichtstärke)
$E = \Phi/S$ in lx
S = beleuchtete Fläche (in m^2)

Druckeinheiten

1 Pa = 1 N/m^2 = 0,01 mbar
1 bar = 1,02 at = 10^5 Pa

1.7 Prüfzeichen

SYMBOL	BEDEUTUNG
DIN	Verbandszeichen des DIN
VDE	VDE-Prüfzeichen
◁ VDE ▷	VDE-Kennfäden VDE-Kabelkennzeichen
	VDE-Funkschutzzeichen
VDE	VDE-Elektronik-Prüfzeichen (Gütebestätigte elektronische Bauelemente)
GS geprüfte Sicherheit	Sicherheitszeichen nach dem Gerätesicherheitsgesetz
	CECC-Prüfzeichen für Bauelemente der Elektronik (CECC: CENELEC-Komitee für Bauelemente der Elektronik)
CE 92	EG-Zeichen; Maschinen, die dieses Zeichen tragen, erfüllen die grundlegenden Sicherheits- und Gesundheitsanforderungen der EG. Dem Kennzeichen „CE“ folgen die beiden letzten Ziffern des Jahres, in dem das Zeichen angebracht wurde.

1.8 Begriffe

(siehe DIN VDE 0100 Teil 200)

Soweit Begriffe nicht als allgemein bekannt vorausgesetzt werden dürfen oder im Text erklärt sind, sollen sie hier erwähnt werden.

Ableitstrom ist der Strom, der in einem fehlerfreien Stromkreis zur Erde oder zu fremden leitfähigen Teilen fließt. Der Ableitstrom kann auch einen kapazitiven Anteil haben, z. B. bei Verwenden von Entstörkondensatoren.

Aktive Teile sind Leiter und leifähige Teile der Betriebsmittel, die unter normalen Betriebsbedingungen unter Spannung stehen. Hierzu gehören auch Neutralleiter, nicht aber PEN-Leiter und die mit diesen in leitender Verbindung stehenden Teile.

Arbeiten an elektrischen Anlagen sind Instandhalten (Reinigen, Warten, Überwachen, Prüfen, Instandsetzen, Auswechseln von Teilen, Probeläufe), Ändern (Erweitern und Verkleinern) und das Inbetriebnehmen.

Außenleiter sind Leiter, die Stromquellen mit Verbrauchsmitteln verbinden, aber nicht vom Mittel- oder Sternpunkt ausgehen.

Back-up-Schutz bedeutet das Zusammenwirken einer Sicherungskaskade vom Verbrauchsmitteln an bis zurück zur Stromquelle derart, daß bei Leitungskurzschlüssen an beliebiger Stelle das jeweils vorgeschaltete Überstrom-Schutzorgan in der Lage ist, den Kurzschluß gefahrlos abzuschalten.

Basisisolierung ist die Isolierung von aktiven Teilen, um den grundlegenden Schutz gegen gefährliche Körperströme zu gewährleisten. Sie ist nicht notwendigerweise mit der Betriebsisolierung identisch.

Bedienen elektrischer Betriebsmittel sind das Beobachten und das Stellen (Schalten, Einstellen, Steuern).

Bereichsschalter sind Schalter, durch die zu einem Arbeitsbereich gehörende Betriebsmittel spannungsfrei gemacht werden können. Arbeitsbereich ist ein in sich geschlossener Teil des Betriebes, wie Umkleideräume, Werkstätten.

Berührungsspannung ist die Spannung, die zwischen gleichzeitig berührbaren Teilen während eines Isolationsfehlers auftreten kann. Die vereinbarte Grenze der Berührungsspannung (U_L) ist der Höchstwert der Berührungsspannung, der zeitlich unbegrenzt bestehen bleiben darf.

Betrieb von Starkstromanlagen umfaßt das Bedienen und Arbeiten.

Betriebsmittel sind alle Gegenstände zum Erzeugen, Fortleiten, Verteilen, Speichern, Messen, Überwachen, Steuern, Regeln, Umsetzen und Verbrauchen elektrischer Energie, auch im Bereich der Fernmeldetechnik.

Direktes Berühren bedeutet die Möglichkeit des Berührens aktiver Teile elektrischer Betriebsmittel durch Personen oder Nutztiere (Haustiere). Der Schutz dagegen kann vollständig oder teilweise sein. Bei teilweisem Schutz besteht nur ein Schutz gegen zufälliges Berühren.

Erder ist ein leitfähiges Teil oder mehrere leitfähige Teile, die in gutem Kontakt mit Erde sind und mit dieser eine elektrische Verbindung bilden.

Natürlicher Erder ist ein mit der Erde oder mit Wasser unmittelbar oder über Beton in Verbindung stehendes Metallteil, dessen ursprünglicher Zweck nicht die Erdung ist, das aber als Erder wirkt, z. B. Rohrleitungen, Spundwände usw.

Fundamenterder ist ein Leiter, der in Beton eingebettet ist, der mit der Erde großflächig in Berührung steht.

Steuererder ist ein Erder, der nach Form und Anordnung mehr zur Potentialsteuerung als zur Einhaltung eines bestimmten Ausbreitungswiderstandes dient. *Bezugserde* ist die Erde außerhalb des Einflußbereiches eines Erders.

Errichten ist der Neubau, die Erweiterung oder der Wiederaufbau elektrischer Anlagen.

Ersatzstromversorgung gewährleistet bei Ausfall der allgemeinen Stromversorgung mindestens die Beleuchtung der Rettungswege und den Betrieb von Sicherheits- und Versorgungsanlagen.

Fachkraft (Fachmann) ist eine Person, die auf Grund ihrer fachlichen Ausbildung, Kenntnisse und Erfahrungen sowie Kenntnis der einschlägigen Bestimmungen und die ihr übertragenen Arbeiten beurteilen und mögliche Gefahren erkennen kann.

Flexible Leitung ist eine an beiden Enden beliebig angeschlossene Leitung, die zwischen den Anschlußenden bewegt werden kann.

Freischalten ist das allseitige Abschalten oder Abtrennen einer Anlage, eines Teiles einer Anlage oder eines Betriebsmittels von allen nicht geerdeten Leitern.

Fremdes leitfähiges Teil ist ein leitfähiges Teil, das nicht Teil der elektrischen Anlage ist, das jedoch ein elektrisches Potential, einschl. Erdpotentials, übertragen kann.

Funktionskleinspannung ist eine Schutzmaßnahme, bei der die Stromkreise mit Nennspannung bis 50 V Wechselspannung bzw. 120 V Gleichspannung betrieben werden, die aber nicht die an die Schutzkleinspannung gestellten Forderungen erfüllt und deshalb zusätzlichen Bedingungen unterliegt.

Handbereich ist ein Bereich, der sich von Standflächen aus erstreckt, die üblicherweise betreten werden, und dessen Grenzen eine Person in allen Richtungen ohne Hilfsmittel mit der Hand erreichen kann.

Haupterdungsklemme, Haupterdungsschiene ist eine Klemme oder Schiene, die vorgesehen ist, die Schutzleiter, die Potentialausgleichsleiter und gegebenenfalls die Leiter für die Funktionserdung mit der Erdungsleitung und den Erdern zu verbinden (Potentialausgleichschiene).

Hauptverteilung ist die erste niederspannungsseitige Aufteilungsstelle auf die Hauptverbrauchergruppen.

Hausinstallationen sind Starkstromanlagen mit Nennspannung bis 250 V gegen Erde für Wohnungen sowie andere Starkstromanlagen mit Nennspannungen bis 250 V gegen Erde, die in Umfang und Art der Ausführung den Starkstromanlagen für Wohnungen entsprechen, z. B. Büros.

Indirektes Berühren bedeutet die Berührung eines leitfähigen Körpers elektrischer Betriebsmittel, der im Fehlerfall unter Spannung steht (Körperschluß) durch Personen oder Nutztiere (Haustiere).

Körper sind berührbare leitfähige Teile von Betriebsmitteln, die nicht aktive Teile sind, jedoch im Fehlerfall unter Spannung stehen können.

Körperschluß ist eine durch einen Fehler entstandene leitende Verbindung zwischen Körper und aktiven Teilen elektrischer Betriebsmittel.

Kurzschluß ist eine durch einen Fehler entstandene leitende Verbindung zwischen betriebsmäßig gegeneinander unter Spannung stehenden Leitern.

Kurzschlußfest ist ein Betriebsmittel, das den thermischen und dynamischen Wirkungen des an seinem Einbauort zu erwartenden Kurzschlußstromes ohne Beeinträchtigung seiner Funktionsfähigkeit standhält.

Kurzschlußsicher und erdschlußsicher sind Betriebsmittel oder Strombahnen, bei denen durch Anwendung geeigneter Maßnahmen oder Mittel unter bestimmungsgemäßen Betriebsbedingungen weder ein Kurzschluß noch ein Erdschluß zu erwarten ist.

Neutralleiter (N) ist ein mit dem Mittelpunkt oder Sternpunkt des Netzes verbundener Leiter, der geeignet ist, elektrische Energie zu übertragen.

Ortsveränderlich sind Betriebsmittel, wenn sie nach Art und üblicher Verwendung unter Spannung bewegt werden.

PEN-Leiter ist ein geerdeter Leiter, der die Funktionen von Neutral- und Schutzleiter in sich vereinigt (bisher Nulleiter).

Potentialausgleich ist eine elektrische Verbindung, die die Körper verschiedener elektrischer Betriebsmittel und fremde leitfähige Teile auf gleiches oder annähernd gleiches Potential bringt.

Schutzleiter (PE) ist ein Leiter, der bei einigen Schutzmaßnahmen bei indirektem Berühren erforderlich ist, um die elektrische Verbindung herzustellen zu Körpern der elektrischen Betriebsmittel, fremden leitfähigen Teilen Hauptleitungsklemmen, Erdern, zum geerdeten Punkt der Stromquelle oder künstlichem Sternpunkt.

Spannungen sind bei Wechselspannung Effektivwerte, bei Gleichspannung arithmetische Mittelwerte.

Betriebsspannung ist die jeweils örtlich zwischen den Leitern herrschende Spannung, z. B. 394 V, 217 V.

Erderspannung ist die bei Stromfluß durch einen Erder zwischen diesem und der Bezugserde auftretende Spannung.

Nennspannung ist die Spannung, nach der das Netz benannt ist, z. B. 380 V, 660 V.

Reihenspannung ist die genormte Spannung, für die die Isolation der Betriebsmittel bemessen ist, z. B. 250 V.

Schrittspannung ist der Teil der Erderspannung, der von einem Menschen mit einer Schrittweite von etwa 1 m überbrückt werden kann.

Spannung gegen Erde ist in Netzen mit geerdetem Mittelpunkt die Spannung eines Außenleiters gegen den geerdeten Mittelpunkt; z. B. im 3 × 400-V-Netz 230 V; in den übrigen Netzen die Spannung, die bei Erdschluß eines Außenleiters an den übrigen Außenleitern gegen Erde auftritt, z. B. im 3 × 500-V-Netz 500 V.

Stromkreis ist die geschlossene Strombahn zwischen Stromquelle und Verbrauchsmittel. I. a. jedoch versteht man darunter die Strombahn zwischen der vorgeschalteten Überstrom-Schutzeinrichtung und dem Verbrauchsmittel.

Hauptstromkreise enthalten die Betriebsmittel zum Erzeugen, Umformen, Verteilen, Schalten und Verbrauch elektrischer Energie.

Hilfsstromkreise sind Stromkreise für zusätzliche Funktionen, z. B. Steuerstromkreise (Befehlsgabe, Verriegelung), Melde- und Meßstromkreise.

Stromschienensysteme (Schienenverteiler) sind blanke, starre Leiter, einschließlich der erforderlichen Isolier- und Befestigungsteile, Abdeckung oder Umhüllung außerhalb von Schaltanlagen und Verteilern zum Fortleiten und Verteilen elektrischer Energie. Sie können in fabrikfertiger oder nicht fabrikfertiger Ausführung errichtet werden.

Trockene Räume sind Räume oder Orte, in denen in der Regel kein Kondenswasser auftritt oder in denen die Luft nicht mit Feuchtigkeit gesättigt ist. Beispiele: Wohnräume (auch Hotelzimmer), Büros. Hierzu können gehören: Geschäftsräume, Verkaufsräume, Dachböden, Treppenhäuser, beheizte und belüftbare Keller.

Küchen in Wohnungen gelten in bezug auf die Installation als trockene Räume, da in ihnen nur zeitweise Feuchtigkeit auftritt.

Unterwiesene Person ist, wer über die ihm übertragenen Aufgaben und möglichen Gefahren bei unsachgemäßem Verhalten unterrichtet und erforderlichenfalls angelernt sowie über die notwendigen Schutzmaßnahmen belehrt wurde.

Verbraucheranlage ist die Gesamtheit aller elektrischen Betriebsmittel hinter dem Hausanschlußkasten oder, wo dieser nicht benötigt wird, hinter den Ausgangsklemmen der letzten Verteilung vor den Verbrauchsmitteln. Verteilung ist eine beliebige Schaltanlage, -schrank, -kasten, auch in der Form einer Steuer- oder Regelanlage, Schienenverteiler, Unterverteiler.

Verbrauchsmittel sind elektrische Betriebsmittel, die elektrische Energie in eine nichtelektrische Energie (mechanische oder chem. Energie, Wärme, Schall, Licht, Strahlung) umwandeln oder zur Übertragung dienen.

1.9 Schutzarten gegen Berührung, Fremdkörper und Wasser

Die Schutzarten der elektrischen Betriebsmittel werden nach DIN 40050 durch ein *Kurzzeichen* angegeben, das sich aus den Kennbuchstaben IP und zwei Kennziffern zusammensetzt, z. B. IP 32. In dem Beispiel wäre 3 die erste und 2 die zweite Kennziffer. Die erste Kennziffer zeigt den Schutz gegen das Eindringen von Fremdkörpern (also auch den Berührungsschutz), die zweite gegen das schädliche Eindringen von Wasser an.
Soll über eine der beiden Schutzarten keine Aussage gemacht werden, so steht dafür ein „X", z. B. IP 3 X.

1.9.1 Berührungs- und Fremdkörperschutz

Die erste Kennziffer gibt den Schutzgrad des Berührungs- und Fremdkörperschutzes an. Es bedeutet:

0 Kein Schutz, Eindringen von festen Fremdkörpern ist nicht verhindert.
1 Eindringen von festen Fremdkörpern über 50 mm Durchmesser ist verhindert.
2 Eindringen von festen Fremdkörpern über 12 mm Durchmesser ist verhindert. Dies bedeutet gleichzeitig Schutz gegen Berührung mit Fingern.
3 Eindringen von festen Fremdkörpern über 2,5 mm Durchmesser ist verhindert. Damit besteht gleichzeitig ein Schutz gegen Berührung mit Werkzeugen.

4 Eindringen von festen Fremdkörpern über 1 mm Durchmesser ist verhindert. Damit besteht gleichzeitig ein Schutz gegen Berührung mit Werkzeugen, Drähten oder ähnlichem.
5 Eindringen von Staub ist nicht vollkommen verhindert, er kann sich aber nur an nicht schädlichen Stellen ablagern. Vollkommener Berührungsschutz.
6 Eindringen von Staub ist vollkommen verhindert.

1.9.2 Wasserschutz

Die zweite Kennziffer gibt den Schutzgrad gegen schädliches Eindringen von Wasser an. Es bedeutet:

0 Kein Wasserschutz.
1 Schutz gegen senkrecht fallendes Tropfwasser.
2 Schutz gegen schräg (15° zur Senkrechten) fallendes Tropfwasser.
3 Schutz gegen Sprühwasser (Wasser bis 60° zur Senkrechten).
4 Schutz gegen Spritzwasser (Wasser aus allen Richtungen).
5 Schutz gegen Strahlwasser (Wasserstrahl aus einer Düse aus allen Richtungen).
6 Schutz bei Überflutung (vorübergehende Überflutung z. B. durch schwere Seen) oder gegen starken Wasserstrahl.
7 Schutz beim Eintauchen (das Betriebsmittel wird unter festgelegten Druck- und Zeitbedingungen in Wasser eingetaucht).
8 Schutz beim Untertauchen (das Betriebsmittel wird unter einem festgelegten Druck beliebig lange unter Wasser getaucht).

1.9.3 Neues Kennzeichnungssystem (Entwurf)

In Zukunft soll gemäß internationaler Festlegungen der Fremdkörperschutz und der Berührungsschutz mit je einem eigenen Kennzeichen charakterisiert werden. Die bisherige Kennzeichnung mit 2 Kennziffern weicht dann einer mit 3 Kennzeichen, die in der Reihenfolge Fremdkörperschutz/Berührungsschutz/Wasserschutz anzugeben sind.
Die Kennzeichnung des Fremdkörperschutzes und des Wasserschutzes erfolgt wie bisher mit Ziffern, die Kennzeichnung des Berührungsschutzes mit Buchstaben. Für den Schutzgrad gegen direktes Berühren sind folgende Kennbuchstaben vorgesehen:

B Handrückensicher	(Kugel 50 mm ∅)
F Fingersicher	(Prüffinger 80 mm lang)
P Stift	(konisch 3 zu 4 mm ∅, 50 mm lang)
T Draht	(1 mm ∅, 100 mm lang)

Beispiel: IP 3T4.
Durch diese klare Unterscheidungsmöglichkeit des Fremdkörperschutzes und des Brührungsschutzes werden unnötige Einschränkungen bei der Anwendung des IP-Systems vermieden.

1.9.4 Beispiele für einige übliche Schutzarten

Elektromotoren (DIN VDE 0530 Teil 5)

Vorzugsweise verwendete Motoren sind durch fettgedruckte Kennziffern bezeichnet.
IP 00, IP 02 für staubarme, trockene Luft, z. B. in abgeschlossenen Maschinen-Betriebsräumen (Krane, Bagger, Aufzüge usw.).
IP 11, **IP 12, IP 21, IP 22** für staubarme Luft, wo höchstens mit Tropfwasser zu rechnen ist. Beispiele: Kessel- und Maschinenhäuser, viele Antriebe in Gewerbe und Industrie in geschlossenen Räumen, Backstuben, Kühlräumen, Großküchen, nicht feuergefährdeten Stallungen, feuchten Kellern.
IP 13, **IP 23** für staubarme Luft, wo höchstens mit seitlichen Wasserspritzern zu rechnen ist. Beispiele: manche Antriebe in der chemischem Industrie, in Zuckerfabriken, Werften.
IP 44, IP 54 und IP 55 für staubige Luft und wo mit Wasserspritzen aus allen Seiten zu rechnen ist. Beispiele: Landwirtschaft, Naßwerkstätten, Brauereien, Metzgereien, Wagenwaschräume, Waschküchen, Bergbau über und unter Tage, Hütten- und Walzwerke, chemische Industrie, Zementfabriken, Werkzeugmaschinen, Baustellen.
IP 56 für staubige Luft und bei Gefahr vorübergehender Überflutung. Beispiele: Chemische Industrie, Zementfabriken.

Schalt- und Installationsgeräte, Leuchten

Schaltgeräte werden in sehr vielen Schutzarten ausgeführt, so daß es immer möglich ist, die geeignete Schutzart zu finden.
Installationsgeräte werden vorzugsweise in einer der folgenden Schutzarten ausgeführt: IP 00, IP 30, IP 31, IP 54, IP 68.
Leuchten gibt es bevorzugt in IP 23, IP 44, IP 55 und IP 65.
Statt der jetzigen IP-Kennzeichnung (DIN 40050) fand man bisher auf Installationsmaterial und Geräten für den Hausgebrauch und ähnliche Zwecke auch *Tropfen-Symbole* zur Kennzeichnung der Schutzart, Beispiele werden nachstehend aufgeführt, wobei die Bezeichnungsweise nicht in allen Fachkreisen eindeutig ist:

Abgedeckt: kein Wasserschutz, kein Kurzzeichen; entspricht der Schutzart IP 20 und ist für trockene Räume ohne besondere Staubeinwirkung geeignet. Beispiele: Wohnräume, Hotelzimmer, Büros, Geschäftsräume, Flure, Dachboden, beheizte und belüftete Keller, Treppenhäuser, Küchen und Baderäume in Wohnungen, Werkstätten, Verkaufsräume, z. B. für Schuhe, Textilien, Haushaltswaren, Uhren oder Apotheken.

Tropfwassergeschützt: Schutz gegen hohe Luftfeuchte, Wrasen und senkrecht fallende Wassertropfen; Kurzzeichen 1 Tropfen 💧; entspricht der Schutzart IP X 1 und ist für Installationsmaterial in feuchten und feuchtwarmen Räumen sowie bei Anlagen im Freien unter Dach geeignet. Beispiele: unbeheizte und unbelüftete Keller, Großküchen, Metzgereien, Backstuben, Kühlräume, Kesselhäuser, Kornspeicher, Stallungen, Düngerschuppen, Gewächshäuser.

Regengeschützt (sprühwassergeschützt): Schutz gegen von oben bis zu 30° über der Waagrechten auftreffende Wassertropfen; Kurzzeichen 1 Tropfen im Quadrat ⊡; entspricht der Schutzart IP X 3 und ist für *Leuchten* und Geräte in feuchten Räumen und für Anlagen im Freien ohne Dach geeignet. Beispiele wie vor.

Spritzwassergeschützt (abgedichtet): Schutz gegen aus allen Richtungen auftreffendes *Spritzwasser;* Kurzzeichen 1 Tropfen im Dreieck ⚠; entspricht der Schutzart IP X 4 und ist für Motoren und Geräte in feuchten Räumen und bei Orten im Freien geeignet. Beispiel: Baustellen, Landwirtschaft.

Strahlwassergeschützt: Schutz gegen aus allen Richtungen auftreffende Wasserstrahlen; Kurzzeichen 2 Tropfen in 2 Dreiecken ⚠⚠; entspricht der Schutzart IP X 5 und ist für nasse und durchtränkte Räume geeignet, in denen abgespritzt wird. Beispiele: *Leuchten* in Wasch- und Badeanstalten, Färbereien, chemischen Betrieben, Naßwerkstätten, Wagenwaschräumen, Abschmiergruben, Käsereien, Molkereien, Brauereien, Bier- und Weinkellern, Metzgereien, Schlachthöfen, Milchkammern, Futterküchen. Die Betriebsmittel dürfen jedoch nicht unmittelbar dem Wasserstrahl ausgesetzt werden (siehe 11.1).

Wasserdicht (eintauchbar) ist zu kennzeichnen: 💧💧 IP X 6. Beispiele: nasse Räume, Springbrunnen, Schwimmbäder, Aquarien.

Druckwasserdicht (unter Wasser betreibbar): Schutz beim Untertauchen; Kurzzeichen 2 Tropfen mit Angabe der zulässigen Wasserhöhe über dem Gerät in Metern durch den Zusatz „. . . bar“, z. B. 💧💧 0,3 bar. (3 m Wassersäule über dem Gerät), entspricht der Schutzart IP X 8.

Staubgeschützt: Schutz gegen Eindringen von Staub ohne Druck; Kurzzeichen Gitter ❋; entspricht der Schutzart IP 5 X und ist für Betriebsmittel in Räumen mit besonderer Staubentwicklung geeignet. Beispiele: Landwirtschaft, Holzbearbeitungsbetriebe, Mühlen, Textilfabriken.

Staubdicht: Schutz gegen Eindringen von Staub unter Druck; Kurzzeichen Gitter mit Umrahmung ❖; entspricht der Schutzart IP 6 X.

1.9.5 Auswahl der Schutzarten

Für *trockene Räume* reicht im allgemeinen die Schutzart IP 2 X aus. Die Schutzart für *besondere Bereiche* oder Raumarten, z. B. feucht, naß, feuergefährdet, ist jeweils angegeben. Siehe Kapitel 11.
Die Schutzarten müssen auch nach der Leitungseinführung in die Betriebsmittel erhalten bleiben.

1.10 Schutzklassen der Betriebsmittel
(DIN VDE 0106 Teil 1)

Die elektrischen Verbrauchsmittel wie Leuchten, Wärmegeräte, Geräte mit elektromotorischem Antrieb für den Hausgebrauch, Elektrowerkzeuge, elektromedizinische Geräte werden eingeteilt in:

1.10.1 Geräte der Schutzklasse 0

Das sind Geräte, die nur über eine Basisisolierung verfügen und die keine Möglichkeit für einen Schutzleiteranschluß besitzen. Derartige Geräte sind in Deutschland nicht zugelassen.

1.10.2 Geräte der Schutzklasse I

Das sind Geräte mit einfacher Basisisolierung und mit Schutzleiteranschluß Symbol ⏚ für Schutzleiteranschluß.

1.10.3 Geräte der Schutzklasse II

Das sind Geräte mit Schutzisolierung. Diese wird *zusätzlich* zur Basisisolierung angebracht und gewährt auch dann noch Schutz bei indirektem Berühren, wenn die Basisisolierung schadhaft werden sollte. Geräte dieser Art dürfen keinen Schutzleiteranschluß besitzen. Man erkennt sie an ihrem Symbol: ⧈, die Schutzisolierung kann sein:

Schutz-Isolierumhüllung

Ein dauerhaftes und im wesentlichen zusammenhängendes Gehäuse aus Isolierstoff umschließt alle Metallteile, ausgenommen kleine Teile, wie Leistungsschild, Schrauben und Niete, die von unter Spannung stehenden Teilen durch eine der verstärkten Isolierung mindestens gleichwertige Isolierung getrennt sind. Ein solches Gerät wird „isolierstoffumschlossenes Gerät der Schutzklasse II" genannt.

Schutz-Zwischenisolierung

Innerhalb eines im wesentlichen zusammenhängenden Gehäuses aus Metall wird die Schutz-Zwischenisolierung angewendet. Durch sie werden alle der Berührung zugänglichen leitfähigen Teile mit Hilfe von Isolierzwischenstücken von allen Teilen getrennt, die bei einem Versagen der Basisisolierung Spannung annehmen können.

Verstärkte Isolierung

Bei ihr ist die (einstufige) Isolierung mechanisch und elektrisch so kräftig und gut isolierend ausgeführt, daß sie der Schutz-Isolierumhüllung gleichwertig ist. Sie darf allerdings nur in Sonderfällen angewendet werden, wo dies unumgänglich und in den VDE-Bestimmungen ausdrücklich zugelassen ist.

Doppelte Isolierung

Doppelte Isolierung ist eine Isolierung, die sowohl Basisisolierung als auch zusätzliche Isolierung umfaßt.
Enthält ein Gerät mit verstärkter oder doppelter Isolierung eine Schutzleiter-Anschlußklemme oder einen Schutzkontakt, so gilt es als Gerät der Schutzklasse I.
Geräte der Schutzklasse II können mit Kleinspannung betriebene Teile enthalten.

1.10.4 Geräte der Schutzklasse III

Das sind Geräte zum Anschluß an Schutz-Kleinspannung, also an eine Nennspannung bis 50 V Wechselspannung bzw. 120 V Gleichspannung. Ihr Symbol ist: ⟨III⟩. Geräte der Schutzklasse III dürfen nicht mit Anschlußstellen für den Schutzleiter ausgestattet sein.

1.11 Bildzeichen der Elektrotechnik
(DIN 40 004, DIN 40 011, DIN 48 100)

Durch Bildzeichen werden in allen Gerätebereichen Strom, Spannung, Frequenz, Leitungen und Erdungsarten auf international vereinheitlichte Weise gekennzeichnet *(Tabelle 1-1)*. Weitere Bildzeichen sind in den Normen DIN 40 100 Teil 1 bis 19 enthalten

Einige wichtige Bildzeichen

Tabelle 1-1

Bildzeichen	Benennung	Bildzeichen	Benennung
	Gleichstrom, DC		Unterirdische elektrische Leitung
	Wechselstrom, AC		Oberirdische elektrische Leitung
	Gleich-und Wechselstrom, UC		Erde allgemein
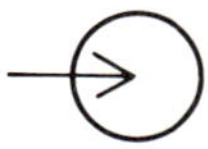	Eingang für Energie und Signale		Fremdspannungsarme Erde
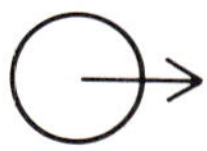	Ausgang für Energie und Signale		Schutzerde, Schutzleiteranschluß
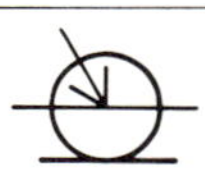	Koaxialer Eingang	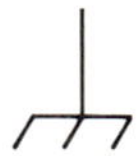	Masse
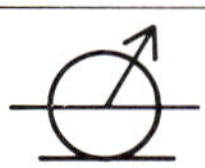	Koaxialer Ausgang		Äquipotential
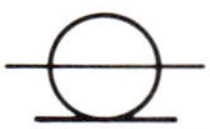	Koaxiale Leitung	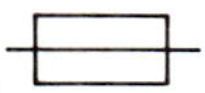	Stromsicherung
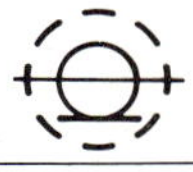	Koaxiale Leitung, abgeschirmt	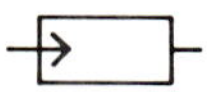	Überspannungsableiter, Spannungssicherung

1.12 Spannung und Strom

Werden die in *Tabelle 1-1* gezeigten graphischen Symbole oder Kurzbezeichnungen für Strom und Spannung mit weiteren Angaben kombiniert, so ist folgende Reihenfolge einzuhalten:

1. Anzahl der Außenleiter (z. B. „3").
2. Übrige Leiter (z. B. „N" [Neutralleiter], „PE" [Schutzleiter]).
3. Spannungs- oder Stromart (Symbole oder Kurzbezeichnung).
4. Frequenz (Zahlenwert und Einheit, z. B. „50 Hz").
5. Spannung oder Strom (Zahlenwert und Einheit, z. B. „400 V".

Der Zahlenwert kann bestehen aus einem einzelnen Wert, aus mehreren Werten in abfallender Reihenfolge durch Schrägstriche getrennt, z. B. 400/230 oder aus einem Bereich, z. B. 0···230. Beispiele zeigt *Tabelle 1-2*.

Tabelle 1-2 Beispiele	gekürzte Schreibweise mit graphischem Symbol	gekürzte Schreibweise mit Kurzbezeichnung
Drehstrom-Fünfleitersystem mit getrenntem Neutral- und Schutzleiter 400 V, 50 Hz	3/N/PE ~ 50 Hz 400 V	3/N/PE AC 50 Hz 400 V
Drehstrom-Vierleitersystem mit kombiniertem Schutz- und Neutralleiter 400 V	3/PEN ~ 400 V	3/PEN AC 400 V
Drehstrom-Dreileitersystem 245 kV	3 ~ 245 kV	3 AC 245 kV
Einphasen-Dreileitersystem mit 1 Außenleiter, 1 Neutralleiter, 1 Schutzleiter 230 V	1/N/PE ~ 230 V	1/N/PE AC 230 V
Gleichstrom-Dreileitersystem 230 V	2/M – 230 V	2/M DC 230 V
Gleichstrom 10 A	⎓ 10 A	DC 10 A
Einstellbare Gleichspannung 0 bis 440 V	⎓ 0···440 V	DC 0···440 V
Wechselspannung 400 V	~ 400 V	AC 400 V
Gleich- und Wechselspannung 250 V	≂ 250 V	UC 250 V

DIN IEC 38 behandelt die Normung von Spannungen, Strömen und Frequenzen. Im Niederspannungsbereich ist für die 50-Hz-Drehstromnetze mit Betriebsmittel international nur ein einziger Nennspannungswert 230/400 V vorgesehen. Bereits 1992 werden laut VDEW rund 97% aller westdeutschen Haushalte an die neue Netzspannung angeschlossen sein. Für eine Übergangszeit bis zum Jahre 2003 gelten für die Betriebsspannung von 230 V Toleranzen von + 6%/– 10%, also 244 V bis 207 V. Die für 220/380 V bemessenen Geräte können damit bis zum Ende ihrer Lebensdauer weiter verwendet werden, da sie für eine Spannungstoleranz von ± 10% ausgelegt sein müssen.

1.13 Schaltzeichen

1.13.1 Elektro-Installation

Zur lagerichtigen Darstellung elektrischer Einrichtungen für die Gebäudenutzung in Gebäudegrundrissen und deren Zuordnung zu den Stromkreisen dienen Elektro-Installationspläne, für die in *Tabelle 1-3* gezeigten Schaltzeichen zu verwenden sind. Diese Schaltzeichen finden auch Anwendung für Übersichtspläne, durch die in vereinfachter Darstellung die Arbeitsweise und Gliederung der elektrischen Einrichtungen für die Gebäudenutzung, wie Stromversorgung, Beleuchtung, Fernmeldeanlagen, gezeigt wird.

Leitungen **Schaltzeichen Elektro-Installation** Tabelle 1-3

	Leiter, allgemein
	Leiter, bewegbar
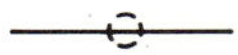	Leiter, geschirmt
	Schutzleiter (PE)
	PEN-Leiter
	PE-od. PEN-Leiter, wahlweise
	Neutralleiter (N)
	N-Leiter, wahlweise
	Signalleitung

	Fernmeldeleitung
	Rundfunkleitung
	Leiter im Erdreich, z.B. Erdkabel
	Leiter oberirdisch z.B. Freileitung
	Leiter auf Isolatoren
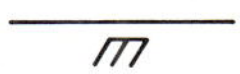	Leiter auf Putz
	Leiter im Putz
	Leiter unter Putz
	Leiter im Elektro-installationsrohr

Leitungen

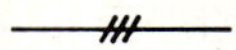	Leitung mit Kennzeichnung der Leiterzahl, z.B. 3 Leiter
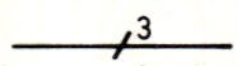	Vereinfachte Darstellung
NYM-J 3×1,5	Leitung, z.B. Mantelleitung mit Kurzzeichen
NYY-J1×10re 0,6/1kV	Kabel, z.B. Kunststoffkabel mit Kurzzeichen
Cu 20×4	Stromschiene
	nach oben führende Leitung
	nach unten führende Leitung
	nach unten und oben durchführende Leitung
	Leiterverbindung
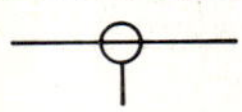	Abzweigdose, Darstellung falls erforderlich
	Dose
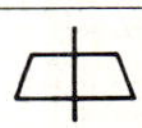	Endverschluß, Endverzweiger Kurze Seite = Kabeleinführung
	wahlweise Darstellung

Einspeisungen

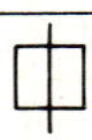	Hausanschlußkasten
	Verteiler, Schaltanlage
	Umrahmungslinie, nach DIN 40712

Stromversorgungsgeräte

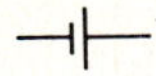	Element, Batterie, Akkumulator (Zelle)
	Transformator 220/8V
	Gleichrichtgerät z.B. Wechselstrom-Netzanschlg.
	Wechselrichtergerät z.B. Polwechsler, Zerhacker

Schaltgeräte

	Sicherung allgemein Schaltzeichen nach DIN 40 713
	Schraubensicherung z.B. 10A und Typ D II dreipolig
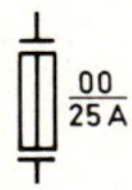	Niederspannungs-Hochleistungs-Sicherung(NH) z.B. 25A Größe 00
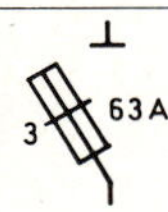	Sicherungstrennschalter, z.B. 63A, dreipolig
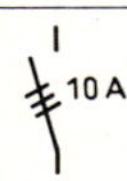	Schalter, z.B. 10A, dreipolig
	Fehlerstrom-Schutzschalter, vierpolig
	Leistungsschutzschalter
	Motorschutzschalter, dreipolig
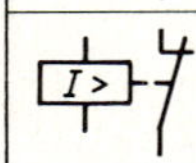	Überstromrelais, z.B. Vorrangschalter
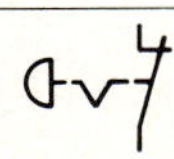	Not-Aus-Schalter

Installationsschalter

	Schalter, allgemein
	Schalter mit Kontrollampe
	Ausschalter einpolig
	Ausschalter zweipolig
	Ausschalter dreipolig
	Serienschalter einpolig
	Wechselschalter einpolig
	Kreuzschalter einpolig
	Zeitschalter
	Taster
	Leuchttaster
	Stromstoßschalter
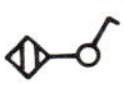	Näherungsschalter (Ausschalter)
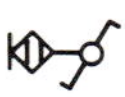	Berührungsschalter (Wechselschalter)
	Dimmer (Ausschalter)

Steckvorrichtungen

	Einfach-Steckdose ohne Schutzkontakt
	Schutzkontaktsteckdose
 3/N/PE	Schutzkontaktsteckd. für Drehstrom z.B. fünfpolig
	Schutzkontaktsteckdose abschaltbar
	Schutzkontaktsteckdose verriegelt
	Schutzkontaktsteckdose z.B. dreifach
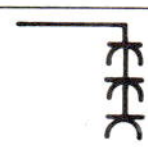	wahlweise Darstellung
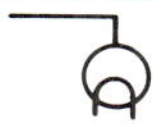	Steckdose mit Trenntrafo z.B. für Rasierer
	Fernmeldesteckdose
	Antennensteckdose

Leuchten

	Leuchte, allgemein
 5×60W	Leuchte m. Angabe der Lampenzahl u. Leistung z.B. 5 Lampen je 60W
	Leuchte mit Schalter
	Leuchte mit veränderbarer Helligkeit
	Sicherheitsleuchte in Dauerschaltung
	Sicherheitsleuchte in Bereitschaftsschaltung
	Scheinwerfer
	Leuchte mit Überbrükkung für Lampenketten
	Leuchte m. zusätzlicher Sicherheitsleuchte in Dauerschaltung

Leuchten

	Leuchte m. zusätzlicher Sicherheitsleuchte in Bereitschaftsschaltung
	Leuchte für Entladungslampe, allgemein
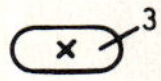	Leuchte für Entladungsl. m. Angabe der Lampenzahl z.B. 3 Lampen
	Leuchte für Leuchtstofflampen, allgemein
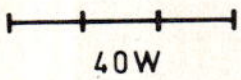	Leuchtenband z.B. 3 Leuchten je 40W
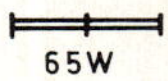	Leuchtenband z.B. 2 Leuchten je 2×65W

Relais, Meßgeräte

	Schaltuhr, z.B. für Stromtarifumschaltung
	Zeitrelais, z.B. für Treppenhausbeleuchtung
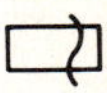	Blinkrelais, Blinkschalter
	Tonfrequenz-Rundsteuerrelais
	Meßgerät, z.B. Strommesser
	Zähler, nach DIN 40 716 Teil 1
	Spannungswandler
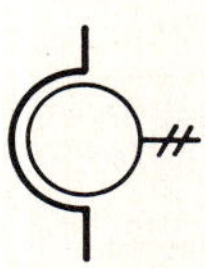	Stromwandler

Elektrogeräte

	Motor, allgemein
	Raumbeheizung, allgemein
	Speicherheizgerät
	Infrarotstrahler, nach DIN 40 704 Teil 1
	Lüfter
	Klimagerät
	Kühlgerät, z.B. Tiefkühlg. Anzahl der Sterne siehe DIN 8950 Teil 2
	Gefriergerät, Anzahl der Sterne siehe DIN 8950 Teil 2
	Elektroherd, allgemein
	Mikrowellenherd
	Backofen
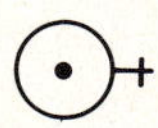	Heißwasserspeicher
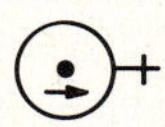	Durchlauferhitzer
	Waschmaschine
	Wäschetrockner
	Geschirrspülmaschine
	Händetrockner, Haartrockner

Fernmeldeverteiler

	Hauptverteiler
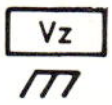	Verzweiger auf Putz
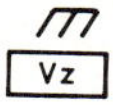	Verzweiger unter Putz

Fernsprechgeräte

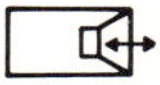	Wechselsprechstelle, z.B. Haus- od. Torsprechstelle
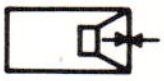	Gegensprechstelle, z.B. Haus- od. Torsprechstelle
	Fernsprechgerät, allgem. n. DIN 40700 Teil 10

Signalgeräte

	Wecker
	Summer
	Gong
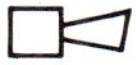	Hupe
	Sirene
	Türöffner
	Elektrische Uhr, z.B. Nebenuhr
	Hauptuhr

Zubehör

	Antenne
	Verstärker
	Lautsprecher

1.13.2 Schaltzeichen für Stromlaufpläne

Stromlaufpläne, auch Schaltpläne genannt, zeigen die Funktion einer elektrischen Schaltung. Sie müssen das Zusammenwirken der elektrischen Betriebsmittel mit einer Anlage und die Wirkungsweise eines Betriebsmittels auf möglichst einfache Weise erkennen lassen. Die Stromlaufpläne werden mit Hilfe der in *Tabelle 1-4* gezeigten Schaltzeichen ein- oder mehrpolig dargestellt. Weitere graphische Symbole für Schaltungsunterlagen sind DIN 40900 zu entnehmen.

Schaltzeichen (Auswahl) für Stromlaufpläne

Tabelle 1-4

Schaltglieder

	Schließer
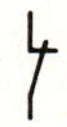	Öffner
	Wechsler mit Unterbrechung
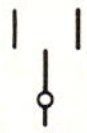	Zweiwegschließer mit Mittelstellung „Aus"
	Wechsler ohne Unterbrechung
	Zwillingsöffner
	Zwillingsschließer
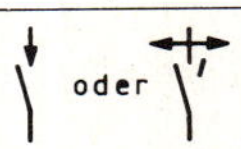	Wischer mit Kontaktgabe in beiden Richt.
	Wischer mit Kontaktgabe bei Betätigung
	Wischer mit Kontaktgabe ohne Betätigung
	Schließer, voreilend
	Schließer, nacheilend
	Öffner, nacheilend
	Öffner, voreilend

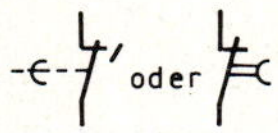	Öffner, öffnet verzögert
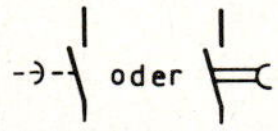	Schließer, schließt verzögert
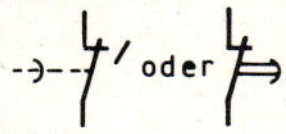	Öffner, schließt verzögert
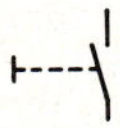	Schalter, handbetätigt
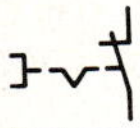	Stellschalter mit Öffner, handbetätigt d. Ziehen
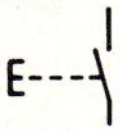	Tastschalter m. Schließer, handbetätigt d. Drücken
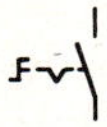	Stellschalter m. Schließer, handbetätigt d. Drehen
	Schließer mit selbsttätigem Rückgang
	Schütz, Schließerfunktion
	Schütz mit selbsttätiger Auslösung
	Trennschalter, Leerschalter
	Sicherungstrennschalter
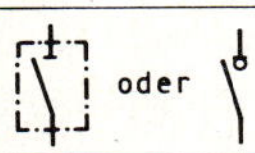	Lasttrennschalter
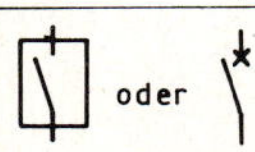	Leistungsschalter

Elektromechanische Antriebe

	Antrieb allgemein z.B. für Relais, Schütz
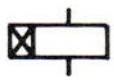	Elektromechan. Antrieb mit Anzugsverzögerung
	Elektromechan. Antrieb mit Abfallverzögerung
	Elektromechan. Antrieb z.B. mit Angabe einer wirksamen Wicklung
	Elektromechan. Antrieb mit zwei gleichsinnig wirkenden Wicklungen
	Elektromechan. Antrieb mit zwei gegensinnig wirkenden Wicklungen
	Schaltschloß mit elektromechanischer Freigabe

Schutztechnik

Form 1	Form 2	
		Elektromagnetischer Überstromauslöser
	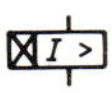	Elektromechanischer Überstromauslöser mit verzögerter Auslösung
		Unterstromauslöser
		Rückstromauslöser
		Fehlerstromauslöser
		Elektrothermischer Überstromauslöser
		Überspannungsauslöser
		Unterspannungsauslöser
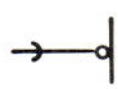		Unterspannungsauslöser mit verzögerter Auslösung
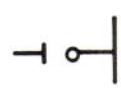		Fehlerspannungsauslöser

1.14 Kennzeichnung der Art eines Betriebsmittels
(DIN 40 719 Teil 2)

Durch die Kennzeichnung soll ein Betriebsmittel in der Schaltungsunterlage und in der Anlage eindeutig identifiziert werden können. DIN 40 719 Teil 2 enthält dazu einheitliche Regeln. Danach werden die Betriebsmittel je nach Anforderung durch 4 Blöcke gekennzeichnet. Kennzeichnungsblock 1 dient der übergeordneten Zuordnung, aus der die Wechselbeziehung mit anderen Teilen der Anlage im Hinblick auf Ort und Funktion hervorgehen muß. Der Ort des Betriebsmittels geht aus Kennzeichnungsblock 2, die Anschluß- und Leiterbezeichnung aus Block 4 hervor. Art, Zählnummer und Funktion des Betriebsmittels werden im Kennzeichnungsblock 3 beschrieben *(Tabelle 1-5)*.

Kennbuchstaben für die Kennzeichnung der Art eines Betriebsmittel (Block 3 A, Auswahl) Tabelle 1-5

Kennbuchstabe	früher	Art des Betriebsmittels	Beispiele
B		Umsetzer	Meßumformer, Thermoelemente, Drehzahlgeber
C	k	Kondensatoren	
E		Verschiedenes	Beleuchtungseinrichtungen, Heizung, Lüfter
F	e	Schutzeinrichtungen	Schmelzsicherungen, Überspannungsableiter, Schutzrelais
G		Generatoren	rotierende Generatoren, Batterien
H	h	Meldeeinrichtungen	Signalleuchten, Hupen, Wecker
K	c, d	Relais, Schütze	Leistungsschütze, Hilfsschütze, Hilfsrelais
L	k	Induktivitäten	Drosselspulen
M	m	Motoren	
P	g	Meßgeräte	Anzeiger, Schreiber, Zähler, Uhren
Q	a	Schalter	Leistungsschalter, Trennschalter
R		Widerstände	Regelwiderstände, Potentiometer
S	b	Schalter	Steuerschalter, Taster, Wähler
T		Transformatoren	Spannungswandler, Stromwandler
U	n	Umsetzer	Frequenzwandler, Gleichrichter

1.15 Einfache Rechenunterlagen

Das Ohmsche Gesetz für Gleichstrom: $U = I \cdot R$

Der Leiterwiderstand: $R = \frac{l \cdot \varrho}{S} = \frac{l}{\varkappa \cdot S}$

Die Wirkleistung:

Die Wirkleistung:	Gleichstrom	$P = U \cdot I$
	Wechselstrom	$P_w = U \cdot I \cdot cos\ \varphi$
	Drehstrom	$P_w = 1{,}73 \cdot U \cdot I \cdot cos\ \varphi$
	Wärmeleistung	$P_w = I^2 \cdot R$

1.16 Brandverhalten von Baustoffen und Bauteilen
(DIN 4102)

1.16.1 Baustoffe

Nichtbrennbare Baustoffe der Klasse A 1 und – wenn durch Prüfung bestätigt – A 2 sind z. B. Fibersilikate, Silikatasbeste, Mineralfaser, Zement, Kalk, Gips, Mörtel, Beton, Steine, Sand, Lehm, Ziegel, Glas, Metalle in nicht fein zerteilter Form (ausgenommen Alkali- und Erdalkali-Metalle), Materialien.
Brennbare Baustoffe der Klasse B werden unterteilt in:
Schwer entflammbare Baustoffe B 1 sind z. B. Asbestpappe, PVC-Bodenbeläge nach DIN 16951, Eichen-Parkett, Gipskartonplatten nach DIN 18180 mit geschlossener oder gelochter Oberfläche, Holzwolle-Leichtbauplatten nach DIN 1101, Rohre aus Hart-PVC, mindestens 3,2 mm dicke Wand.
Normal entflammbare Baustoffe B 2 sind z. B. PVC-Bodenbeläge nach DIN 16951 in verklebtem Zustand, Linoleumbeläge, Holz, Gipskarton-Verbundplatten nach DIN 18184 und Kunststoffe.
Leicht entflammbare Baustoffe B 3 sind brennbare Baustoffe, die weder in die Klasse B 1 noch in die Klasse B 2 einzuordnen sind. Sie dürfen nach den Landesbauverordnungen nicht für Bauteile verwendet werden.

1.16.2 Bauteile

Als Bauteile gelten Wände, Decken, Stützen, Unterzüge, Treppen usw. Das Brandverhalten von Bauteilen wird durch die Feuerwiderstandsdauer gekennzeichnet.
Die Kennzeichnung geschieht nach der Zeitdauer in Minuten, während der das Bauteil dem Feuer widersteht. Hinzugefügt wird das Brandverhalten der Baustoffe nach 1.16.1, aus denen das Bauteil besteht. Beispiel: F 30-A, F 60-AB, F 90-A, F 180-A. Baustoffe und Bauteile sind in ihrem Brandverhalten in DIN 4102 Teil 4 ausgeführt. Sind sie dort nicht genannt, dann ist ein Prüfzeugnis über Brandversuche nach DIN 4102 beizufügen.
Die einzelnen Bundesländer verwenden in ihren Bauordnungen z.T. auch die nicht genormten Begriffe, wie „feuerhemmend" für F 30 oder „feuerbeständig" für F 90. Die dann gültige Zuordnung zu DIN 4102 ist den Einführungserlassen der Bundesländer zu entnehmen.

2 Stromversorgung

2.1 Hochspannungsnetze

Großbauten werden aus wirtschaftlichen Gründen meist aus dem Hochspannungsnetz der Energieversorgungsunternehmen (EVU) gespeist. Diese Netze sind, abgesehen von wenigen Ausnahmen, meist Hochspannungsnetze mit Nennspannungen von 10 kV oder 20 kV. Während in den Großstädten in der Regel Hochspannungsnetze mit 10 kV betrieben werden, hat in der Regionalversorgung das 20-kV-Netz den Vorrang. In der Industrie werden für Hochspannungsmotoren eigene 6-kV-Netze errichtet, die Tendenz geht aber zu 10 kV.

In den VDEW-Richtlinien und in der Literatur werden die Nennspannungen von 3 kV bis 30 kV vielfach als Mittelspannung bezeichnet. Während VDE meist nur noch von Nennspannungen über 1 kV spricht, wird in diesem Buch der dafür allgemein übliche Begriff Hochspannung weiter verwendet.

Die Planung eines abnehmereigenen Hochspannungsnetzes sollte in enger Zusammenarbeit mit dem EVU erfolgen. DIN VDE 0101, die EltBauVO und die Auflagen des EVU müssen bei der Planung beachtet werden. Ein übersichtlicher Netzaufbau, Wirtschaftlichkeit durch hochspannungsseitigen Energietransport in die Lastschwerpunkte, Versorgungs- und Betriebssicherheit durch Selektivität und Redundanz, Wartungsfreundlichkeit und leichte Anpassung an Veränderungen, z. B. bei Laständerungen, sind weitere wichtige Planungsgrundsätze. Das *(Bild 2-1)* zeigt mehrere je nach Anforderungen brauchbare Varianten von Hochspannungsnetzen.

Der EVU-Teil der Übergabestation muß jederzeit schnell und sicher von außen zugänglich sein.

Beim Stichkabelanschluß soll die Strecke zwischen EVU-Übergabestation und Transformator 300 m nicht überschreiten.

Die meisten 10-kV- und 20-kV-Netze werden heute mit Erdschlußlöschung betrieben, d. h., der Sternpunkt des Netzes ist über eine Kompensationsspule mit Erde verbunden. Ausgedehnte verkabelte Netze besitzen auch eine Erdschlußkompensation mit vorübergehender niederohmscher Erdung. Durch die vorübergehende niederohmsche Erdung lassen sich Erdschlüsse in Schnellzeit abschalten.

Die Isolierung des Sternpunktes ist nur für Netze kleinerer Ausdehnung mit Betriebsspannungen unter 20 kV von Bedeutung.

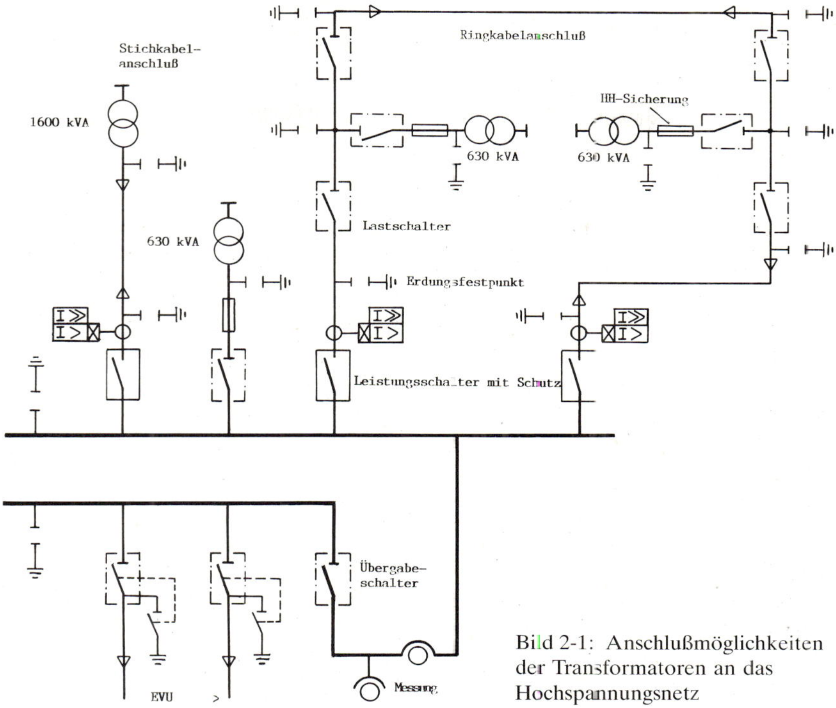

Bild 2-1: Anschlußmöglichkeiten der Transformatoren an das Hochspannungsnetz

Jedes galvanisch getrennte Netz mit isoliertem Sternpunkt oder mit Erdschluß-kompensation muß mit einer Erdschlußüberwachung versehen sein, die einen Erdschluß unverzüglich erkennen läßt.

2.1.1 Transformatorenstationen

Innerhalb von Gebäuden sollten aus brandschutztechnischen Gründen Transformatoren und Schaltanlagen für Nennspannung über 1 kV in jeweils eigenen elektrischen Betriebsräumen untergebracht werden. Transformatoren mit der Kühlmittelart O (Öltransformatoren) sind gegen Nachbarräume feuerbeständig, Türen feuerhemmend, zu trennen. In Gebäuden im Geltungsbereich der EltBauVO (siehe 1.3.11) gilt dies für alle Transformatoren. Länge und Breite eines begehbaren Transformatorenraumes richten sich nach den Abmessungen des Transformators zuzüglich einem allseitigen Kontrollgang von mindestens 70 cm. Die Größtmaße von Öltransformatoren betragen nach DIN 42 520:

Nennleistung	**Breite**	**Länge**	**Höhe**
630 kVA	1030 mm	1850 mm	1960 mm
1600 kVA	1400 mm	2200 mm	2850 mm

Für Transformatoren mit Nennleistungen unter 630 kVA sollten die Abmessungen des 630-kVA-Transformators zugrunde gelegt werden, um spätere Leistungserhöhungen zu ermöglichen. Analog dazu sollten die Stationen für Transformatoren mit Nennleistungen von 800 bis 1600 kVA nach den Maßen des 1600-kVA-Transformators bemessen werden. Die lichte Höhe des Betriebsraumes soll mindestens die Höhe des Transformators zuzüglich 500 mm sein.
Zuluft- und Abluftöffnungen führen die Verlustwärme der Transformatoren ab. Die Zuluft soll in Bodennähe zugeführt, die Abluft nach oben abgeführt werden. Natürliche Lüftung ist zu bevorzugen. Die erforderliche Abluftöffnung muß z. B. bei einem 630-kVA-Transformator etwa 1 m^2 betragen, bei einem Höhenunterschied zwischen Zuluft und Abluft von 2500 mm. Für die Zuluftöffnung gilt ein Abschlag von 10%, im vorliegenden Fall reicht eine Öffnung von 0,9 m^2. Sind die Öffnungen nicht nur mit einem Gitter, sondern mit Jalousien versehen, müssen sie bis um den Faktor 2 größer gewählt werden.
Transformatoren mit Isolier- bzw. Kühlflüssigkeit benötigen eine Auffangwanne. Bei höchstens drei Transformatoren mit je weniger als 1000 l Flüssigkeit ist als Auffangwanne ein undurchlässiger Fußboden mit entsprechend hohen Schwellen zulässig. Öldichte Auffangwanne bzw. Fußböden sind solche mit verdichtetem Beton oder einem Dichtungsputz aus Zementmörtel. Auffangwannen bzw. Sammelgruben für mehrere Transformatoren müssen nur die Flüssigkeit des größten Transformators aufnehmen können.
Weitere Hinweise über die bauliche Ausführung von Transformatorenstationen enthält das Arbeitsblatt J 11, herausgegeben von der Arbeitsgemeinschaft Industriebau (AGI) in Köln.

Transformatoren (VDE 0532)

Nach der Kühlmittelart werden die Transformatoren eingeteilt in Trocken-, Gießharz- oder Flüssigkeitstransformatoren. Als Kühlmittel für Trocken- oder Gießharztransformatoren dient Luft, Kurzzeichen A. Flüssigkeitstransformatoren werden unterteilt in solche mit Mineralöl oder synthetischer Isolierflüssigkeit mit Brennpunkt $\leqq$ 300 °C, Kennzeichen O, und solche mit Isolierflüssigkeit mit Brennpunkt $\geqq$ 300 °C, Kennzeichen K. Askarele bzw. polychlorierte Biphenyle (PCB) stehen als Kühlmittel nicht mehr zur Verfügung (Verbotsverordnung vom 18. Juli 1989).

Innerhalb von Gebäuden sollten aus Gründen des Brandschutzes vorzugsweise Transformatoren mit dem Kühlmittel A oder K verwendet werden.
Transformatoren mit dem Kühlmittel O (Öltransformatoren) dürfen sich in Gebäuden im Geltungsbereich der EltBauVO nicht in Geschossen befinden, deren Fußboden mehr als 4 m unter der festgelegten Geländeoberfläche liegt. Sie dürfen auch nicht in Geschossen über dem Erdgeschoß liegen.
Ansonsten wird die Auswahl der Transformatoren durch die Anforderungen des Netzes bestimmt. Für die Festlegung der Nennleistung ist der zu erwartende höchste Wirkleistungsbedarf maßgebend, der über einen zu ermittelnden Leistungsfaktor cos φ auf die benötigte Transformatornennleistung S_N hochgerechnet wird. Um den Spannungsfall niedrig zu halten, ist bis zu einer Nennleistung von 630 kVA eine Nennkurzschlußspannung von 4 % üblich. Zu bevorzugen sind Transformatoren mit der Nennleistung 100, 160, 250, 400 und 630 kVA. Bei größerer Leistung empfiehlt sich mit Rücksicht auf die sich ergebende Kurzschlußbeanspruchung eine Nennkurzschlußspannung von 6 %. Bevorzugt werden die Nennleistungen 1000 und 1600 kVA.

Abhängig von der Schaltung der Stränge der beiden Wicklungen und deren Phasenlage zueinander werden die Transformatoren in Schaltgruppen eingeteilt. Die bevorzugte Schaltgruppe für Verteilertransformatoren von Orts- und Industrienetzen ist:
Dyn5 bei einer Nennleistung von 250 kVA···2500 kVA und Yzn5 bis zu einer Nennleistung von 200 kVA.
Die Kurzzeichen bedeuten:

D Oberspannungsseite in Dreieck-Schaltung
y Unterspannungsseite in Stern-Schaltung
n herausgeführter Sternpunkt
5 Phasenverschiebung $5 \times 30° = 150°$ zwischen den Wicklungen
Y Oberspannungsseite in Stern-Schaltung
z Unterspannungsseite in Zickzack-Schaltung.

Zur Anpassung an die örtlichen Spannungsverhältnisse erhalten die Oberspannungswicklungen Anzapfungen, mit denen durch Umstellen oder Umklemmen die Nennspannung um z. B. ± 4 % verändert werden kann.
Schutz der Transformatoren gegen die Auswirkungen bei Kurzschluß und Überlast siehe 2.1.3.

2.1.2 Hochspannungs-Schaltanlagen

Die Räume sind so zu bemessen, daß die verbleibenden Gänge vor Schaltanlagen mindestens 1000 mm breit sind. Die Mindestgangbreite darf durch

festangebrachte Antriebe, Schaltwagen in Trennstellung oder dgl. nicht unterschritten werden. Vor gekapselten Anlagen genügt eine Gangbreite von 500 mm. Schaltfeldtüren müssen in Fluchtrichtung zuschlagen, wenn bei geöffneter Tür die verbleibende Gangbreite nicht mindestens 500 mm beträgt. Zugangstüren müssen grundsätzlich nach außen aufschlagen und über ein Panikschloß verfügen. Fenster sind z. B. zu vergittern, um einen Einstieg zu erschweren. Fremde Rohrleitungen sollen nicht durch die Räume geführt werden. Räume mit SF_6-Anlagen benötigen eine wirksame Querlüftung, befinden sie sich unter der Erdgleiche, ist eine technische Lüftung, die die gashaltige Luft in Bodennähe erfaßt, vorzusehen.
Für die bauliche Ausführung von Übergabe- und Unterstationen hat die Arbeitsgemeinschaft Industriebau (AGI), Köln, das Arbeitsblatt J 12 herausgegeben, das weitere wertvolle Hinweise enthält.

Als Schaltanlagen werden heute fast ausschließlich gekapselte, typgeprüfte Anlagen verwendet. Von den Wänden sollen diese mit einem Abstand von etwa 5 cm aufgestellt werden, um die Korrosionsgefahr zu vermindern. Für die Hoch- und Niederspannungsschaltanlagen empfehlen sich getrennte Räume. Oft fordern die EVU eine räumliche Trennung der Einspeisefelder von den übrigen Anlagen durch separate Zugänge. Für Hilfsanlagen, wie Batterien, Druckluft, sind geeignete Räume vorzusehen.

Für die vielfältigen Aufgaben der Schaltanlagen stehen verschiedene typgeprüfte und fabrikfertige Systeme zur Verfügung. Sie unterscheiden sich im Geräteeinbau, in der Isolierung und der Art der Umhüllung. Schaltanlagen mit festeingebauten Geräten bestehen aus mehreren aneinandergebauten Schaltfeldern, in die alle für eine Schaltanlage erforderlichen Betriebsmittel fest eingebaut sind. Im Gegensatz dazu tragen bei Schaltanlagen mit herausziehbaren Geräten die Leistungsschalter oder Lastschalter Einfahrkontakte, durch deren Lösen eine Trennstrecke hergestellt wird.

Anlagen für kleinere Installationsnetze werden mit Einfach-Sammelschiene aufgebaut. Umfangreiche Schaltanlagen können mit Doppel-Sammelschiene ausgerüstet werden. Dies bringt Vorteile in der Versorgungssicherheit, z. B. in Verbindung mit einer Eigenerzeugung, Lastabwurfschaltung, Trennung kritischer Verbraucher und dgl. Für den Sammelschienenwechsel ohne Unterbrechung der Energieversorgung ist dann eine Querkupplung erforderlich.

2.1.3 Schutz bei Kurzschluß und Überlast, Selektivität

Kurzschlußströme sind im allgemeinen durch Überstrom-Schutzeinrichtungen so zu begrenzen, daß alle Anlagenteile den thermischen und dynamischen

Beanspruchungen standhalten. Kabel und isolierte Leitungen, die nicht im Erdreich verlegt sind, müssen zudem einen Schutz gegen zu hohe Erwärmung erhalten, wenn mit einer Überlastung gerechnet werden muß. Transformatoren mit der Kühlmittelart K oder A, die in Gebäuden außerhalb von separaten feuersicheren Räumen untergebracht sind, sind mit schnellwirkenden Schutzeinrichtungen zu schützen, die das Abschalten im Fehlerfall bewirken.

Transformatorabzweige

Transformatorabzweige werden im Regelfall durch Hochspannungs-Hochleistungs-(HH)Sicherungen in Verbindung mit Lasttrennschaltern oder durch Leistungsschalter gegen die Auswirkungen bei Kurzschluß geschützt. Leistungsschalter wird man bei Transformator-Nennleistungen ab 800 kVA und wenn häufig geschaltet werden muß den Vorzug geben. Auch die Selektivitätsverhältnisse können Leistungsschalter erfordern. Für die Dimensionierung der HH-Sicherung gilt: Der kleinstzulässige Nennstrom der HH-Sicherungen wird durch die Rush-Ströme beim Einschalten des Transformators bestimmt. Er liegt beim etwa 2-fachen des Transformator-Nennstromes. Der größtzulässige Nennstrom der HH-Sicherungen hängt von der Höhe der Kurzschlußströme bei einem Kurzschluß unmittelbar vor den dem Transformator nachgeordneten Überstrom-Schutzeinrichtungen ab. In der Regel liegt der größtzulässige Nennstrom der HH-Sicherung beim etwa 5-fachen des Transformator-Nennstromes. Zwischen den genannten Grenzwerten kann der Sicherungseinsatz nach der Selektivität ausgewählt werden.

Bei den Leistungsschaltern als Schutz gegen die Auswirkung von Kurzschlußströmen ist zu unterscheiden zwischen solchen mit Primärauslösern und solchen mit Sekundärauslösern.
Den einfachsten Schutz bilden Primärauslöser, die direkt am Leistungsschalter angebaut sind und vom Kurzschlußstrom durchflossen werden. Mit Primärauslösern lassen sich Stichleitungen und Transformatoren gegen die Auswirkungen von Kurzschluß und Überlast schützen. Primärauslöser werden in der Regel nur für Leistungsschalter bis 630 A Nennstrom angeboten. Ihre Kurzschlußfestigkeit ist zudem eingeschränkt, so daß sie nur begrenzt Anwendung finden.
Sekundärauslöser verstärken die ihnen elektrisch oder mechanisch zugeführten Auslöseimpulse und geben diese an die Aus-Verklinkung weiter, die das Ausschalten des Schalters bewirkt. In Verbindung mit Schutzrelais, die an Stromwandler angeschlossen werden, können alle Schutzaufgaben, unabhängig von der Höhe der Kurzschlußströme und der Nennbetriebsströme der erforderlichen Leistungsschalter, erfüllt werden.

Mit derartig ausgestatteten Leistungsschaltern läßt sich dann auch leicht die Selektivität zu nachgeschalteten NH-Sicherung bzw. Leistungsschaltern auf der Niederspannungsseite herstellen. Bei Fehlern auf der Niederspannungsseite, die auf Grund der Transformatorimpedanz zu eng begrenzten Kurzschlußströmen auf der Hochspannungsseite führen, spricht der Hochspannungs-Leistungsschalter erst mit einer Verzögerung von z. B. 0,5 s an. Die dem Transformator nachgeordnete Schutzeinrichtung muß dagegen schneller reagieren. Kurzschlüsse auf der Hochspannungsseite führen zu höheren Fehlerströmen, die dann unverzögert abgeschaltet werden, um die Anlagenkomponenten thermisch geringer zu belasten. Der Überlastschutz kann bei Transformatoren erfolgen:

a) spannungsseitig, durch auf den Nennstrom des Transformators abgestimmte NH-Sicherungseinsätze oder durch thermisch verzögerte Überstromauslöser;
b) durch eine in den Transformator eingebaute Temperaturüberwachung, die zur Meldung bzw. selbsttätigen Auslösung eines Schalters bei Erreichen der zulässigen Grenztemperatur führt.

Flüssigkeitstransformatoren mit einer Nennleistung ab 250 kVA werden zudem meist mit einem Buchholzrelais ausgestattet, welches bei Störungen und Schäden, wie Gasentwicklung oder Flüssigkeitsverlust, Meldung gibt.

Kabel und Leitungen

Bemessung und Schutz der Kabel und Leitungen siehe auch 2.1.4.

In Reihe geschaltete Hochspannungs-Leistungsschalter entlang einer Stichleitung gewährleisten die Selektivität durch gestaffelte Kommandozeiten ihrer Überstromzeitschutzeinrichtung.
Bei Paralleleinspeisung und zum Schutz von Ringleitungen eignet sich besonders der Leitungs-Differentialschutz. Jeder Streckenabschnitt muß dabei beidseitig mit Leistungsschaltern und Stromwandlern versehen werden. Der Leitungs-Differentialschutz ist ein Stromvergleichsschutz mit außerordentlich kurzen Kommandozeiten (10 ms bis 20 ms), der bei einem Fehler in einem Streckenabschnitt diesen selektiv aus der Ringleitung herausschaltet.

2.1.4 Kabel in Hochspannungsnetzen

Auf der 20-kV-Ebene werden heute fast ausschließlich VPE-Kabel nach DIN VDE 0273 verwendet. Sie lösten auf breiter Front die Papier-Masse-Kabel ab. Lediglich auf der 10-kV-Ebene spielt aus Kostengründen das papierisolierte

Gürtelkabel noch eine gewisse Rolle. Die in den 50er bis 70er Jahren verwendeten PE-Kabeln konnten sich wegen des hohen elektrischen Verlustfaktors nicht durchsetzen. Sie zeigten im Laufe der Jahre Schwächen in Form geringer Beständigkeit gegen Teilentladungen und hoher Empfindlichkeit gegenüber Wasser.
Die heute erhältlichen VPE-Kabel nach DIN VDE 0273 weisen ein hohes Qualitätsniveau auf, sind zuverlässig und betriebssicher. Ihre Lebensdauer ist denen der Papier-Masse-Kabel gleichzusetzen.
VPE-Kabel nach DIN VDE 0273 haben zur Feldbegrenzung über dem Leiter eine innere und über der Isolierhülle eine äußere Leitschicht sowie einen Schirm aus Kupfer. Kabel für die Nennspannung 10 kV sind ein- und dreiadrig erhältlich. Der Querschnittsbereich geht von 25 bis 500 mm^2 bei Kupferleitern und von 35 bis 500 mm^2 bei Aluminiumleitern. Die Bezeichnung für das Kabel lautet z. B.:
NA2XS2Y 3 × 1 × 50 RM/16 6/10 kV.
Die Kurzzeichen stehen für:
Kabel nach Norm (N), Aluminiumleiter (A), Isolierung aus vernetzten Polyethylen (2X), Schirm aus Kupfer (S), Mantel aus thermoplastischem Polyethylen (2Y), drei einadrige verseilte Kabel mit Leiterquerschnitt 50 mm^2 (3 × 1 × 50), mehrdrähtiger Rundleiter (RM), Nennquerschnitt des Schirmes 16 mm^2 (16), Nennspannung U_0/U 6/10 kV (6/10 kV).

Kabel für die Nennspannung 20 kV sind nur einadrig erhältlich. Der Querschnittsbereich geht von 35· · ·500 mm^2 bei Kupferleitern und 50· · ·500 mm^2 bei Aluminiumleitern.
Kurzzeichen für ein Kupferkabel z. B.: N2XS2Y 1 × 35 RM/16 12/20 kV.

Bei Verwenden von VPE-Kabeln ist noch zu berücksichtigen:
Kunststoffkabel haben einen deutlich kleineren Blindleistungsbedarf als Massekabel. Das Schalten der kapazitiven Ströme leerlaufender Kabel kann zu hohen Überspannungen führen, wenn die Schalter zur Wiederzündung neigen. Durch moderne Vakuum- und SF_6-Schaltgeräte läßt sich die Gefahr verringern.
Bei Einlaufen einer Blitzüberspannungswelle zeigen Kunststoffkabel im Gegensatz zu Massekabeln eine nur geringe Dämpfung. Ein Ableiterschutz ist deshalb hier unumgänglich.

Bemessung der Kabel (DIN VDE 0298 Teil 2)

Die Wahl des Leiterquerschnittes ist für die Belastung im ungestörten Betrieb und im Kurzschlußfall zu treffen. Hierbei ist der größere der beiden ermittelten Querschnitte zu wählen. Für den Kurzschlußfall ist neben der thermischen

Kurzschlußfestigkeit auch die dynamische Kurzschlußfestigkeit zu berücksichtigen. Der Leiterquerschnitt ist hinsichtlich der thermischen Kurzschlußfestigkeit ausreichend dimensioniert, wenn für eine durch den thermisch wirksamen Kurzzeitstrom I_{th} und eine Kurzschlußdauer T_K bestimmte Belastung folgende Bedingung erfüllt ist:

$$I_{th} \leqq I_{thN} \sqrt{\frac{1}{\eta \cdot T_K}} \; .$$

I_{th} ist nach DIN VDE 0103 zu ermitteln.
I_{thN}, der Nenn-Kurzzeitstrom, ergibt sich aus dem Leiterquerschnitt multipliziert mit der Nenn-Kurzzeitstromdichte, diese beträgt für:

$$\text{VPE-Kabel mit Cu-Leiter } 143 \, \frac{\text{A}}{\text{mm}^2} \; ,$$

$$\text{VPE-Kabel mit Al-Leiter } 94 \, \frac{\text{A}}{\text{mm}^2} \; .$$

η, der Faktor für die Kurzzeiterwärmung, ist gleich 1 zu setzen, wenn keine zuverlässigen Werte bekannt sind.

T_K, die Kurzschlußdauer in s, ergibt sich aus der Auslösekennlinie der Überstrom-Schutzeinrichtung, für unverzögerte Auslöser lassen sich 0,05 s ansetzen.

Die dynamische Kurzschlußfestigkeit der Kabel erfordert in der Regel keine Maßnahmen, da mehradrige Kabel bis zu einem Scheitelwert von 63 kA kurzschlußfest sind. Einadrige Kabel müssen gegen die Auswirkungen von Stoßkurzschlußströmen lediglich sicher befestigt werden.

In der Regel bestimmt die thermische Kurzschlußfestigkeit den Leiterquerschnitt, was durch folgendes Beispiel gezeigt wird:
Ein Transformator, $S_N = 630$ kVA, wird über eine Stichleitung, $U = 10$ kV, versorgt. Vom EVU angegebene Anfang-Kurzschlußwechselstromleistung $S''_{kQ} = 250$ MVA.

Welcher Querschnitt ist dafür erforderlich?

a) Zu erwartende Strombelastung im ungestörten Betrieb

$$I_B = \frac{S_N}{\sqrt{3} \cdot U} = \frac{630 \text{ kVA}}{\sqrt{3} \cdot 10 \text{ kV}} = 36{,}4 \text{ A} \; .$$

Für die Strombelastung im ungestörten Betrieb würde ein Kabelquerschnitt von 2,5 mm² Cu ausreichen (in Anlehnung an DIN VDE 0298 Teil 2, Tabelle 9).

b) Thermische Kurzschlußfestigkeit

Annahme: VPE-Kabel 25 mm² Cu (kleinster erhältlicher Querschnitt), $T_K = 0{,}05$ s.

Forderung:

$$I_{th} < I_{thN} \sqrt{\frac{1}{\eta \cdot T_K}}$$

$$I_{th} = I''_K \sqrt{m + n} = 14{,}4 \sqrt{1{,}5 + 1} = 22{,}8 \text{ kA (nach VDE 0103)}$$

$$I''_K = \frac{S''_{kQ}}{\sqrt{3} \cdot U} = \frac{250 \text{ MVA}}{\sqrt{3} \cdot 10 \text{ kV}} = 14{,}4 \text{ kA}$$

$$I_{thN} \sqrt{\frac{1}{\eta \cdot T_K}} = 25 \cdot 143 \sqrt{\frac{1}{1 \cdot 0{,}05}} = 16 \text{ kA}$$

$$I_{th} > I_{thN} \sqrt{\frac{1}{\eta \cdot T_K}} \; .$$

Die thermische Kurzschlußfestigkeit ist nicht gegeben, es ist ein Querschnitt von 50 mm² Cu zu wählen, um den Schutz sicherzustellen.

2.1.5 Schutz gegen gefährliche Körperströme (DIN VDE 0101)

Während bei Spannungen bis 1000 V nur das direkte Berühren der Oberfläche von unter Spannung stehenden Teilen gefahrbringend ist, ist bei höheren Spannungen bereits bei Erreichen der sogenannten Gefahrzone mit einem Spannungsüberschlag zu rechnen. Die Gefahrzone beträgt bei 10-kV-Innenraumanlagen 115 mm, bei 20-kV-Anlagen 215 mm als Abstand in Luft von unter Spannung stehenden Teilen. Somit müssen z. B. Isolierkörper von Isolatoren gegen direktes Berühren geschützt werden, da ja ein Berühren derselben ein

Eindringen in die Gefahrenzone bedeutet und somit einem Berühren unter Spannung stehender Teile gleichkommt. Der Schutz gegen direktes Berühren von Hochspannungsanlagen erfordert somit weitergehende Maßnahmen als der bei Niederspannungsanlagen. So muß auch die Leiterisolierung von Kabeln und Leitungen, an deren Enden die leitfähige Umhüllung entfernt ist, in den Schutz einbezogen werden. Der Schutz gegen direktes Berühren kann durch Umhüllung, Abdeckung, Hindernis oder Abstand hergestellt werden.

Zum Schutz bei indirektem Berühren sind die nicht zum Betriebsstromkreis gehörenden leitfähigen Teile an eine Schutzerdung anzuschließen (siehe 2.1.6).

Für den Schutz bei Arbeiten an Anlagen ist DIN VDE 0105 zu beachten. In der Anlage müssen Einrichtungen zum Herstellen und Sicherstellen des spannungsfreien Zustandes vor Arbeitsbeginn vorhanden sein. Dazu sind erforderlich: Schalter zum Freischalten einzelner Anlagenteile oder der gesamten Anlage, Sicherungen gegen unbefugtes Wiedereinschalten, Spannungsprüfer, Erdschluß- und Kurzschlußvorrichtungen sowie Abdeckungen, um benachbarte, unter Spannung stehende Teile abzudecken.
Näheres regeln DIN VDE 0101 und DIN VDE 0105 Teil 1.

2.1.6 Erdung
(DIN VDE 0141)

In Transformatorenstationen und Hochspannungsschaltanlagen sind zum Schutz von Personen gegen zu hohe Berührungsspannung Metallteile zu erden, wenn sie bei Fehlern mit unter Spannung stehenden Teilen durch direkten Kontakt oder Lichtbogen in Verbindung kommen können (Schutzerdung). Dies gilt sowohl für Metallteile elektrischer Betriebsmittel als auch für Metallteile, die nicht zu elektrischen Betriebsmitteln gehören. Soweit vorhanden, sind die elektrischen Betriebsmittel an der dafür vorgesehenen und gekennzeichneten Anschlußstelle an die Erdungsleitung anzuschließen. Sind die Metallteile mit geerdeten Grundplatten oder Metallgerüsten elektrisch leitend verbunden, brauchen sie nicht gesondert geerdet zu werden. Zu erden sind auch die Mauerhaken von Abspannisolatoren und die Füße von Stützisolatoren.
Überspannungsableiter müssen auf möglichst kurzem Weg geerdet werden.
Kabelpritschen brauchen nicht geerdet zu werden, wenn die metallenen Schirme oder Mäntel der auf ihnen verlegten Kabel den Erdfehlerstrom führen können; in der Regel ist dies gegeben.
Die Schirme bzw. Mäntel der Kabel müssen jedoch mindestens an einem Ende mit der Erdungsanlage verbunden werden.

Sofern metallene Rohrleitungen in die Anlage führen, sollen diese mit der Erdungsanlage verbunden werden.

Erdungsleitungen

Erdungsleitungen, d.h. die Verbindungsleitung eines Erders mit einem zu erdenden Anlagenteil, sind mit Rücksicht auf die thermische und mechanische Beanspruchung zu bemessen. Im Hinblick auf die mechanische Festigkeit sind Mindestquerschnitte von 50 mm^2 bei Stahl, 16 mm^2 bei Kupfer oder 35 mm^2 bei Aluminium erforderlich.
Bezüglich der thermischen Beanspruchung gilt:
In den meist verbreiteten Netzen mit Erdschlußkompensation und in Netzen mit isoliertem Sternpunkt ist für die thermische Belastung der Erdungsleitung der Erdschlußreststrom bzw. der kapazitive Erdschlußstrom maßgebend. Diese sind in aller Regel so klein, daß die Mindestquerschnitte auf Grund der mechanischen Festigkeit völlig ausreichend sind. Ausnahmen gelten für die Erdungssammelleitung. Eine Erdungssammelleitung ist eine Erdungsleitung, an die mehrere Erdungsleitungen angeschlossen sind. Die Erdungssammelleitung muß bezüglich ihrer thermischen Belastung auf den Doppelerdschlußstrom ausgelegt werden. Für den Doppelerdschlußstrom (I''_{KEE}) dürfen 85 % des dreipoligen Anfangs-Kurzschlußwechselstromes (I''_K) eingesetzt werden. Aus Bild 7 der VDE 0141 kann nun die zulässige Kurzschlußstromdichte G für Erdungssammelleitungen in Abhängigkeit von der Dauer des Fehlerstromes t_F entnommen werden. Damit läßt sich dann der Mindestquerschnitt für die Erdungssammelleitung berechnen.
Beispiel: Anfangs-Kurzschlußwechselstrom I''_K soll wie im Beispiel (siehe 2.1.4) 14,4 kA betragen, die Ausschaltzeit der vorgeschalteten Überstrom-Schutzeinrichtung 0,2 s. Es interessiert der erforderliche Querschnitt bei Verwenden von Bandstahl:

$$I''_{KEE} = 0{,}85 \cdot I''_K = 12{,}24\ \text{kA},$$

$$G = 150\ \text{A/mm}^2 \text{ aus Bild 7 von VDE 0141}$$

$$A = \frac{12{,}24\ \text{kA}}{150\ \text{A/mm}^2} = 81{,}6\ \text{mm}^2\,.$$

Für die Erdungssammelleitung ist somit der nächste Normquerschnitt von 100 mm^2 (Bandstahl 30 mm × 3,5 mm oder 25 mm × 4 mm) erforderlich.

Für die Erdung der Sekundärkreise von Meßwandlern genügt grundsätzlich ein Querschnitt von 4 mm^2 Cu.

Erder

In Gebäuden mit eigenen Transformatorenstationen sollen die Hochspannungs-Schutzerdung und die Niederspannungs-Betriebserdung zu einer gemeinsamen Erdungsanlage zusammengeschlossen werden. In der Regel wird man den Gebäudefundamenterder für beide Zwecke benutzen.
In Netzen mit isoliertem Sternpunkt und in Netzen mit Erdschlußkompensation ist die höchste zulässige Berührungsspannung 65 V, die berührbare Metallteile der Anlage bei Erdschluß annehmen können. Dagegen gilt bei Niederspannungsanlagen als Grenze der dauernd zulässigen Berührungsspannung ein Wert von 50 V. Der scheinbare Widerspruch erklärt sich damit, daß in Hochspannungsanlagen bei einem Erdschluß in einem isolierten oder kompensierten Netz unverzüglich Maßnahmen getroffen werden, die zur Abschaltung der fehlerhaften Anlage oder zur Gefahrenbegrenzung führen.
Der zulässige Ausbreitungswiderstand R_A des Schutzerders errechnet sich nach DIN VDE 0141. Für den Planer einer 10-kV- oder 20-kV-Verteilerstation ist dieser jedoch von untergeordneter Bedeutung, da der erforderliche Erdungswiderstand durch Parallelschalten vieler Einzelerder in der Regel vom EVU gewährleistet wird.
Die mit Rücksicht auf mechanische Festigkeit und Korrosion erforderlichem Mindestabmessungen für Erder betragen bei Verwenden von feuerverzinkten Bandstahl 100 mm^2, bei Kupferseil 35 mm^2. Die üblicherweise für den Gebäudefundamenterder verwendeten Werkstoffe (Bandstahl 30 mm × 3,5 mm bzw. 25 mm ×4 mm) erfüllen also diese Bedingung.
Im Hinblick auf die thermische Beanspruchung brauchen Erder nur in Netzen mit niederohmscher Sternpunkterdung bemessen zu werden. In Netzen mit isoliertem Sternpunkt und in Netzen mit Erdschlußkompensation genügt das Einhalten der Mindestmaße bezüglich Korrosion und mechanischer Festigkeit.

2.2 Niederspannungsnetze

Den Bau von Starkstrom-Freileitungen mit Nennspannungen bis 1000 V regelt DIN VDE 0211.
Niederspannungs-Freileitungsnetze verlieren zugunsten von Kabelnetzen ständig an Bedeutung. Durch Kabelnetze wird nicht nur das Dorfbild verschönert. Die geringere Störanfälligkeit und damit die höhere Versorgungssicherheit sind mit entscheidende Vorteile.

Für Niederspannungs-Kabelnetze werden heute in erster Linie Kunststoffkabel, wie NYY *(Bild 2-2)* und NAYCWY *(Bild 2-3)* nach VDE 0271 oder N2XY bzw. NA2XY nach VDE 0272, verwendet.

Bild 2-2: Kunststoffkabel NYY (Werkbild: Siemens)

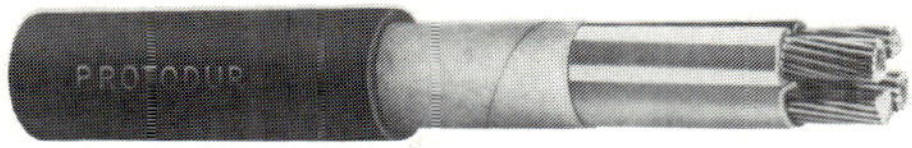

Bild 2-3: Kunststoffkabel mit konzentrischem Leiter NYCWY (Werkbild: Siemens)

Die Kabel sind so zu verlegen und zu betreiben, daß ihre Eigenschaften nicht gefährdet sind. Durch den Einsatz von Kabeln mit isolierendem Außenmantel wurden die Erdungsverhältnisse ungünstiger als bei den früher verwendeten Bleimantelkabeln mit leitender Außenhülle (NKBA, NAKBA). Deshalb sollte beim Verwenden von Kabeln mit isolierendem Außenmantel dadurch Ersatz geschaffen werden, daß die metallenen Verbindungs- und Abzweigmuffen mit dem PEN-Leiter verbunden werden und die Kabelverteilerschränke eigene Erder erhalten.
Der Mindestquerschnitt für die Kabel richtet sich nach der zu erwartenden maximalen Strombelastung. Für die im Erdreich verlegten Kabel ist die Strombelastbarkeit, die sich aus DIN VDE 0298 Teil 2 ergibt, aus *Tabelle 2-1* zu ersehen. Die Werte gelten nicht für Dauerlast, sondern für die sogenannte EVU-Lastkurve. Bei Verlegung in Rohrsystemen wird eine Reduktion der Belastbarkeit mit dem Faktor 0,85 empfohlen.

Belastbarkeit von Kabeln, Verlegung in Erde Tabelle 2-1

Querschnitt mm^2		10	16	25	35	50	70
Kupfer Vierleiter	A	75	98	128	157	185	228
Aluminium Vierleiter	A	–	–	99	118	142	176

Bettungs- und Abdeckungsarten, z. B. Abdeckhauben, haben keinen belastbarkeitsmindernden Einfluß.
Auf den Schutz bei Überlast und Kurzschluß darf für die im Erdreich verlegten Kabel verzichtet werden.

Kabel müssen in der Regel durch Ziegel- oder Formsteine zum Schutz gegen Pickel- und Spatenhiebe abgedeckt werden. Werden Ziegelsteine verwendet, sind die Kabel zunächst mit einer etwa 10 cm dicken Schicht, möglichst aus Sand, andernfalls aus steinfreiem Boden, zu bedecken. Die Ziegel werden sodann auf die Sandschicht aufgelegt.
Es gibt Kabelschutzrohre aus PVC von 5 bis 6 m Länge, die zusammengesteckt und mit PVC verklebt werden können. Sie sind gegen aggressive Stoffe im Boden beständig und werden bei Kabelverlegungen durch Bahndämme, unter Flußläufen, in Mooren und Sümpfen sowie für wasserfeste Mauerdurchführungen verwendet.
An den Netzknotenpunkten befinden sich Kabelverteilerschränke *(Bild 2-4)* in verschiedenen Baugrößen. Sie sind für vier bis zehn dreipolige Kabelabzweige gebaut und mit NH-Sicherungs-Unterteilen für 200 oder 400 A Nennstrom bestückt. Zu jedem Schrank gehört eine Kabelhalterung, die in den Betonsockel eintaucht. Die Kabeladern werden meist unmittelbar an den Anschlußstellen der NH-Sicherungs-Unterteile angeschlossen. Reserve-NH-Schmelzeinsätze, eine Schrank-Aufbauskizze und Netzpläne sollten im Schrank aufbewahrt werden.

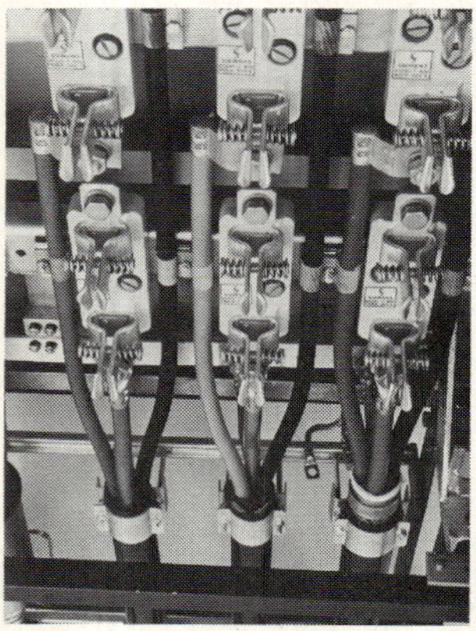

Bild 2-4: Kabelverteilerschrank

Kabelverteilerschränke sind in den Schutz vor indirektem Berühren einzubeziehen. Da sie aus Isolierstoff, also schutzisoliert, hergestellt werden, ist dies die einfachste Lösung. Bestehen sie aus Stahlblech auf Betonsteinen, so sollten die Abschaltbedingungen nach 9.3.3.3 erfüllt werden, andernfalls empfiehlt sich die Potentialsteuerung. Zu diesem Zweck ist ein Bandstahl mit dem Blechkasten zuverlässig zu verbinden und im Zickzack vor dem Verteilerschrank im Erdboden zu verlegen. Das Band muß seitlich etwa 1 m über den Schrank hinausragen und nach vorn sich über etwa 1,5 m erstrecken. Die einzelnen

Stufen des Zickzacks haben also etwa 0,5 m Abstand voneinander und werden außerdem vom Schrank weg zunehmend tiefer verlegt. Das Band liegt beim Schrank z. B. 0,5 m tief, während die äußerste Lage etwa 1 m tief verlegt wird. Es gibt schutzisolierte „Mini-Kabelverteilerschränke" aus Polyester, die auch als Hausanschlußkästen für Reihen- und Mehrfamilienhäuser verwendet werden können, da sie bis zu 10 dreipolige Abzweige der Größe 00 aufnehmen. Kunststoff-Fertigfundamente werden mit angeboten.

2.2.1 Hausanschlüsse in Freileitungsnetzen (DIN VDE 0211, AVBEHV und TAB)

Der Hausanschluß umfaßt die Hausanschlußleitung vom Verteilungsnetz, die Hauseinführungsleitung und den Hausanschlußkasten (*Bild 2-5*).

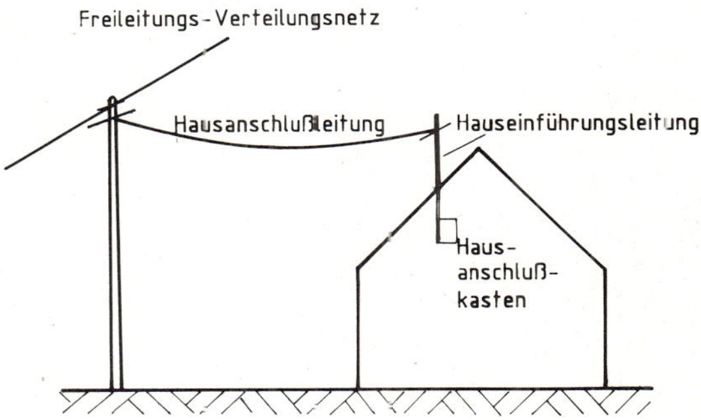

Bild 2-5: Hausanschluß in Freileitungsnetzen

2.2.1.1 Hausanschlußleitung

Für die Hausanschlußleitung gelten die allgemeinen Anforderungen für Freileitungen nach DIN VDE 0211. Es können je nach Umständen blanke Leiter, isolierte Freileitungsseile oder isolierte Leiter verlegt werden.
Sollen isolierte Freileitungsseile auch den Schutz gegen direktes Berühren aktiver Teile bieten, so muß dieser Schutz durch alle Bauteile (z. B. Klemmen) sichergestellt werden.
Blanke Leiter müssen einen gegenseitigen Abstand von mindestens 0,35 m horizontal und 0,5 m vertikal haben. Als Mindestabstände von Bauwerksteilen gelten für blanke Leiter:

- 2,5 m von Balkonen, Flachdächern (Neigung $\leqq 15°$) und dgl. nach oben
- 1,25 m von Fenstern, Balkonen, Laufstegen und dgl. nach unten und seitlich

- 0,4 m von Fenster- und Türöffnungen nach oben sowie von Bauteilen der Blitzschutzanlage
- 1 m von Antennen und Sirenen, wobei abknickende Bauteile der Antenne die Freileitung nicht berühren dürfen. Ein Abknicken des Standrohres braucht jedoch nicht berücksichtigt zu werden.

Von Bäumen ist ein Abstand von mindestens 0,5 m einzuhalten. Werden die Bäume, z. B. zum Einbringen der Obsternte, bestiegen, müssen die blanken Leiter mindestens 1 m entfernt sein.
Für isolierte Freileitungsseile und isolierte Leiter ist weder ein gegenseitiger Abstand noch einer von Bauwerksteilen vorgeschrieben.
Gegenüber dem freien Gelände müssen isolierte wie blanke Leiter einen Mindestabstand von 5 m aufweisen. Befindet sich die Hausanschlußleitung über nicht unterfahrbarem Gelände, so genügt ein Abstand von 4 m.

2.2.1.2 Hauseinführungsleitung

Die Führung der Hauseinführungsleitung bis zum Hausanschlußkasten wird vom EVU festgelegt. Wünsche des Abnehmers werden nach Möglichkeit berücksichtigt.
Je nach der Art des Anschlusses oder der Gestaltung des Hauses wird die Hauseinführungsleitung durch das Dach (Dachständeranschluß) oder durch die Wand (Wandanschluß) bis zu den Klemmen des Hausanschlußkastens geführt.
Der Mindestquerschnitt für Hauseinführungsleitungen oder -kabel ist nach *Tabelle 2-2* zu bemessen:

Mindestquerschnitt für Hauseinführungsleitungen und -kabel Tabelle 2-2

Nennquerschnitt Cu mm^2		10	16	25	35	50	70	95
Überstromschutzorgane								
mehradrige kunststoffisolierte Kabel- und Mantelleitungen	A	35	50	63	80	100	125	160
kunststoffisolierte Aderleitungen ohne Schutzabstand	A	50	63	80	100	125	160	–
mit Schutzabstand	A	63	80	100	125	160	200	–

Schutzabstand liegt vor, wenn die Leitungen so verlegt sind, daß sie auf ihrer gesamten Länge einen gegenseitigen Abstand von mindestens dem Leitungsaußendurchmesser haben.

Leitungen, auch isolierte Freileitungsseile und Kabel, müssen so angebracht sein, daß bei einem Lichtbogenkurzschluß das Leitungs- bzw. Kabelstück ausbrennen kann, ohne daß die Gefahr der Ausweitung des Brandes besteht. Hauseinführungsleitungen dürfen nicht durch explosionsgefährdete Bereiche geführt werden oder in ihnen münden.

Wandanschlüsse

Als Hauseinführungsleitung oder -kabel werden bevorzugt verwendet: NYM, NYY, N2XY, NFA2X oder NFYW. Mantelleitungen und Kabel müssen bei Verlegung auf Bauteilen aus brennbaren oder zum Teil brennbaren Baustoffen von diesen durch eine mindestens 300 mm breite lichtbogenfeste Unterlage getrennt sein. Als lichtbogenfeste Unterlage eignet sich eine mindestens 20 mm dicke Fibersilikatplatte.
Werden isolierte Freileitungsseile verwendet, müssen diese von brennbaren Bauteilen durch isolierende nicht brennbare Abstandschellen getrennt werden. Der Abstand der Leitungen voneinander und von der Wand muß mindestens 30 mm betragen. Leichtentzündliche Stoffe, z. B. Heu, dürfen nicht in der Nähe der Hauseinführungsleitungen oder -kabel gelagert werden. Gegebenenfalls ist durch bauliche Maßnahmen, wie durch eine Absperrung, sicherzustellen, daß ein Mindestabstand von 600 mm eingehalten wird.
Wanddurchführungen sind mit Gefälle nach außen auszuführen. Mantelleitungen und Kabel können ohne besonderen Schutz durch eine nichtbrennbare Wand geführt werden. Sind Teile der Wand brennbar, z. B. bei Fachwerkwänden, müssen die Leitungen und Kabel durch eine nichtbrennbare Füllung geführt werden und von den brennbaren Teilen allseits mindestens 20 mm entfernt sein.
Aderleitungen H07V oder gleichwertige sind einzeln in Rohren aus Kunststoff oder Keramik durch die Wand zu führen.
Leitungen der Bauarten NFYW oder NFA2X können gemeinsam durch ein Rohr geführt werden.
Bei brennbaren Wänden sind Aderleitungen einzeln in Elektroinstallationsrohren der Bauart CF oder in Keramikrohren zu führen. Mantelleitungen, Leitungen der Bauarten NFA2X oder NFYW oder gleichwertige, sowie Kabel der Bauarten NYY, NAYY oder NA2XY sind lichtbogenfest zu führen. Als lichtbogenfeste Durchführung gelten Rohre z. B. aus Fibersilikat, Keramik, Ton, deren Wanddicke mindestens 12 mm beträgt.

Dachständeranschlüsse

Bei Dachständeranschlüssen verläuft die Hauseinführungsleitung von den Klemmen der Freileitung bis zu den Klemmen im Hausanschlußkasten.

Die Einführungsleitung wird durch das Dachständerrohr geführt. Der Hausanschlußkasten wird unmittelbar an oder unter dem Dachständerrohr befestigt.
Es dürfen nur folgende Leitungen und Kabel oder gleichwertige Ausführungen verwendet werden:
Leitungen NFA2X oder NFYW
Aderleitungen H07V
Mantelleitungen NYM
Kabel NYY und NAYY, N2XY und NA2XY
Dachständerleitungen NYDY-J oder NYDY-0.

Dachständer in Normalausführung N nach DIN 48175 Teil 1

Der Hausanschlußkasten in Schutzart IP 40 nach DIN 43636 ist am Dachständerrohr angeschellt *(Bild 2-6)*.
Diese Normalausführung wird gewählt, wenn die Hauseinführungsleitungen in trockenen, nicht feuergefährdeten Räumen enden, sofern dort mit der Bildung von Kondenswasser in größerem Umfang nicht zu rechnen ist und außerdem die Dachhaut aus harter Bedachung besteht, z B. Ziegel, Beton. Das Dachständerrohr darf oberhalb der Hausanschlußsicherung nicht mehr als eine Balkenbreite an Holz anliegen.
Sind diese Bedingungen nicht zu erfüllen, dann muß ein Dachständer in Sonderausführung oder in einer dieser gleichwertigen Bauart gewählt werden. Dachständer und Hausanschlußkasten bilden bei der Sonderausführung „S" immer eine Einheit.
Verwendet werden Dachständer der Ausführung „S" in Getreidemühlen, Holzbearbeitungsbetrieben, Wohngebäuden mit Heu- und Strohlagern, wenn diese nicht durch eine Brandmauer vom Wohnhaus getrennt sind.

Schutzmaßnahmen bei Dachständern

Dachständer dürfen weder direkt noch indirekt, z. B. über den PEN-Leiter, geerdet werden, um die Brandgefahr durch Erdschluß zu vermindern. Als Schutzmaßnahme gegen gefährliche Körperströme eignet sich die Standortisolierung. In trockenen Räumen kann z. B. ein mit dem Fußboden fest verbundener Holzlattenrost gute Dienste tun.
Wird das Dachständerrohr in eine *Blitzschutzanlage* einbezogen, so ist es über eine allseitig geschlossene Schutzfunkenstrecke anzuschließen (DIN VDE 0185 Teil 1 und 2). Andernfalls ist zwischen Freileitungs-Dachständern samt ihren Verankerungen und der Blitzschutzanlage einen Mindestabstand von 1,25 m einzuhalten.

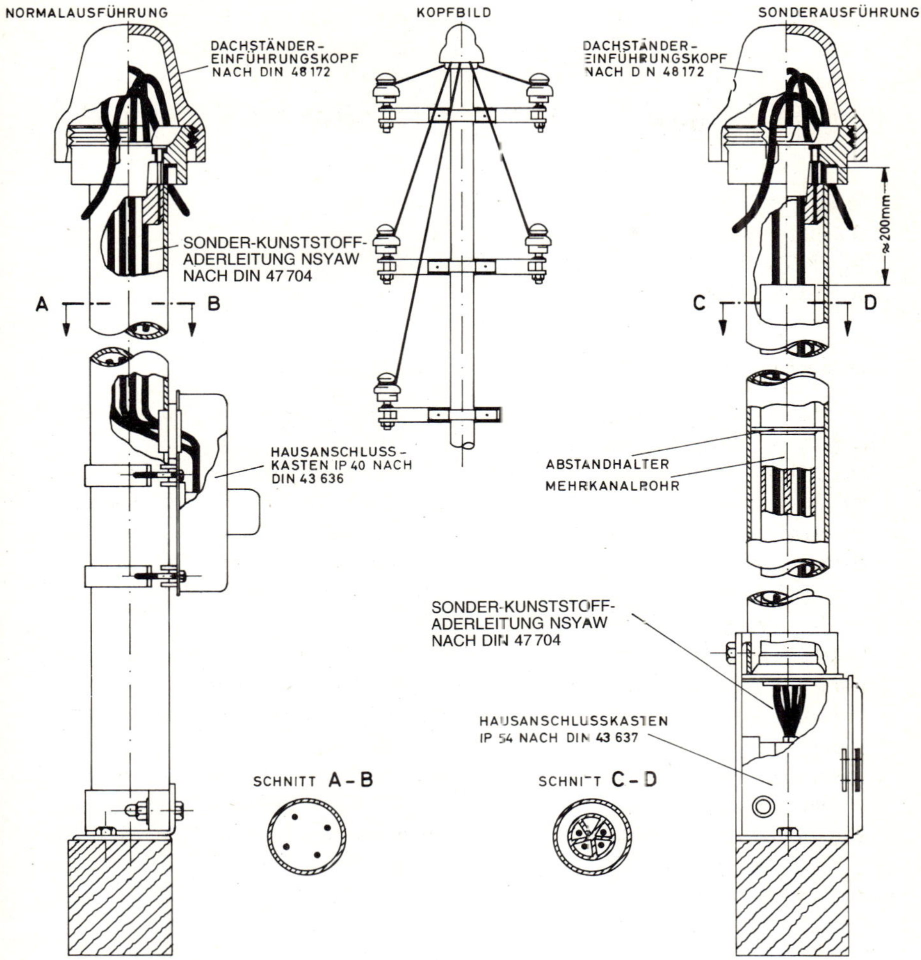

Bild 2-6: Dachständer-Normalausführung N und Dachständer-Sonderausführung S (Aus: Normblatt DIN 48 175, S. 1)

Installations-Dachständer innerhalb der Abnehmeranlage sind dagegen unabhängig vom Abstand über geschlossene Trennfunkenstrecken an eine etwa vorhandene Gebäude-Blitzschutzanlage anzuschließen.
Auf *Blechdächern,* auf Stahlkonstruktionen oder Stahlbetonkonstruktionen sowie auf wärmegedämmten Dächern mit metallener Dampfsperre sind das

Dachständerrohr und gegebenenfalls der Anker gegen elektrisch leitende Bauteile zu isolieren. Ein Warnschild am Dachständer, das vor einem gleichzeitigen Berühren des Dachständerrohres und des etwa geerdeten Blechdaches warnt, ist empfehlenswert. Am besten werden derartige Gebäude mit Erdkabeln angeschlossen.

Mastanschlüsse

Läßt sich die Verbindungsleitung nicht unmittelbar am Haus abspannen (z. B. niedriges Haus oder nicht genügend feste Wand), so empfiehlt es sich, einen Wandanschluß über einen Mast vorzusehen. Wenn die Außenwand aus Mauerwerk besteht, kann der Hausanschlußkasten *innerhalb des Hauses* angebracht werden.
Muß die Einführungsleitung durch Holz, z. B. bei Behelfsheimen, Baracken, Holzhäusern und dgl., hindurchgeführt werden, so kann der Hausanschlußkasten in Schutzart IP 54 *an einem Mast* außerhalb des Handbereiches angebracht werden.

2.2.1.3 Hausanschlußkasten
(DIN VDE 0211, DIN 18012)

Der Platz, an dem der Hausanschlußkasten angebracht ist, muß für Kontrollen und zur Auswechselung von Sicherungen ungehindert zugänglich sein. Der Hausanschlußkasten ist entsprechend der Art des Raumes oder des Platzes für eine Anbringung nach den Schutzarten IP 40 oder im Freien, in feuchten Räumen sowie in Kellern nach IP 54 zu wählen. Die entsprechenden Ausführungen sind nach DIN 43 636, 43 637 und 48 175 genormt. Hausanschlußkästen dürfen nicht in feuergefährdeten Räumen oder an feuergefährdeten Stellen angebracht werden, es sei denn, es handelt sich um die Dachständereinführung in Sonderausführung „S“. Zwischen Hausanschlußkasten und brennbaren Unterlagen, wie Holz, ist eine lichtbogenfeste Unterlage anzuordnen. Diese muß allseitig mindestens 150 mm überstehen. Hiervon ist die Sonderausführung „S“ ausgenommen. Als lichtbogenfest kann z. B. eine 20 mm dicke Fibersilikatplatte angesehen werden.
Nach den TAB dürfen in Garagen, nassen Räumen auch in Räumen, in denen die Funktion der Hausanschlußsicherung durch zu hohe Temperaturen beeinflußt werden kann, grundsätzlich keine Hausanschlußkästen oder Hauptverteiler angebracht werden. Das Verbot gilt auch für explosionsgefährdete Bereiche.
Als Schutzmaßnahme gegen gefährliche Körperströme ist – wenn nötig – ein schutzisolierter Hausanschlußkasten oder Schutz durch nichtleitende Räume zu

empfehlen. Hausanschlußkästen dürfen weder direkt noch indirekt, z. B. über den PEN-Leiter, geerdet werden. Von ihnen müssen andere Anlagenteile, die in eine solche Schutzmaßnahme einbezogen werden müssen, isoliert werden.

2.2.2 Hausanschlüsse in Kabelnetzen
(DIN VDE 0100 Teil 732)

Der Hausanschluß umfaßt das Hausanschlußkabel und den dazugehörigen Hausanschlußkasten *(Bild 2-7)*.

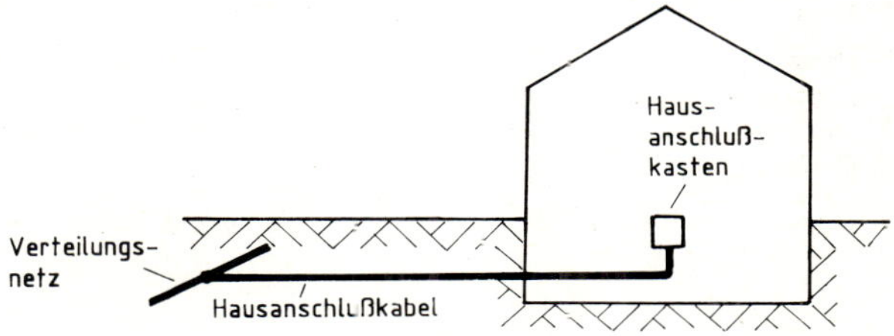

Bild 2-7:
Hausanschluß
in Kabelnetzen

Das Hausanschlußkabel ist die Verbindung zwischen dem Verteilungsnetz und dem Hausanschlußkasten. Der Mindestquerschnitt für Hausanschlußkabel ist entsprechend dem Nennstrom der Überstrom-Schutzeinrichtung im Hausanschlußkasten zu bemessen. Für die Strombelastbarkeit I_Z der Kabel gilt VDE 0298 Teil 2, Tabelle 4.
Unter der Bedingung, daß nur ein kurzes Stück des Hausanschlußkabels im Gebäude verlegt ist, gelten die Nennwerte der *Tabelle 2-3*.

Nennströme der Überstrom-Schutzeinrichtungen I_N für Hausanschlußkabel

Tabelle 2-3

	Querschnitt mm²	10	16	25	35	50	70	95	120	150
I_N	NYY, NYCWY	80	100	125	160	200	224	250	315	315
	NAYY, NAYCWY	–	–	100	100	125	160	200	250	250
A	N2YY	80	100	125	160	200	224	250	315	315
	NKBA	–	–	125	160	160	224	250	315	315

Wird das Hausanschlußkabel auf einer Länge von mehr als 6 m in Rohr oder Luft verlegt, so ist der Nennstrom der Überstrom-Schutzeinrichtung um mindestens eine Stufe zu reduzieren.

Hauseinführungen dürfen nicht durch explosionsgefährdete Bereiche geführt werden oder in ihnen münden. Das Kabel ist mit einem Gefälle von etwa 10° wasserdicht in einem Schutzrohr in das Gebäude einzuführen (Bild 2-10). Das EVU bestimmt Einzelheiten.

Kabel müssen so verlegt werden, daß bei einem Lichtbogenkurzschluß das Kabelstück ausbrennen kann, ohne daß die Gefahr der Ausbreitung des Brandes besteht. Dies ist erfüllt, wenn die Kabel auf nichtbrennbaren Gebäudeteilen verlegt werden.

Auf nicht feuerbeständigen Wänden, z. B. Holzwänden, blechverkleideten Holzwänden, müssen Kabel auf einer mindestens 300 mm breiten lichtbogenfesten Unterlage oder mit einem Luftabstand von mindestens 150 mm auf Halteschellen mit Isolierstoffeinlagen verlegt werden. Als lichtbogenfest kann z. B. eine 20 mm dicke Fibersilikatplatte angesehen werden. Durch eine Unterlage aus Blech oder Asbest ist die Lichtbogenfestigkeit im allgemeinen nicht zu erreichen.

Hausanschlußkästen müssen an leicht zugänglichen Stellen angebracht werden (*Bild 2-8*). Die Schutzart ist entsprechend der Art des Raumes oder der Anbringungsstelle auszuwählen. Sie dürfen nicht in feuergefährdeten Räumen oder an feuergefährdeten Stellen angebracht werden. Auf brennbaren Baustoffen, wie Holz, sind sie von diesen durch eine lichtbogenfeste Unterlage zu trennen. Sie muß allseitig mindestens 150 mm überstehen.

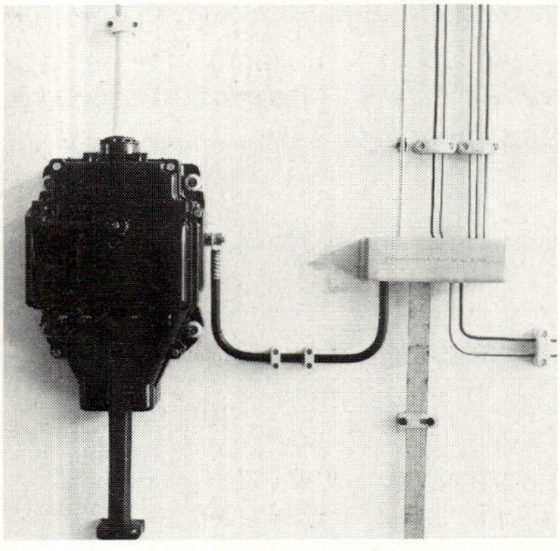

Bild 2-8: Hausanschluß und Potentialausgleichsschiene; Hausanschlußkästen müssen den Normen DIN 43627 Teil 2 und DIN VDE 0660 Teil 505 entsprechen

Hausanschlußkästen sind im allgemeinen nur für Umgebungstemperaturen bis 30 °C geeignet. Diese Temperaturen werden in Heizungsanlagen von Ein- und Zweifamilienhäusern in der Regel nicht überschritten.

Kabel-Hausanschlußkästen mit Isolierstoffgehäuse bis 125 A gibt es nach DIN 43 627. Zu Empfehlen sind NH-Sicherungsunterteile der Größen 00 und 0. In den EVU-Netzen darf bei Kabeln grün-gelb als Aderkennzeichnung auch dann für den N-Leiter verwendet werden, wenn er geerdet ist, nicht aber unbedingt den Bestimmungen für ein TN-Netz entspricht. Die Außenleiter sind dann blau, schwarz und braun gefärbt. Die grün-gelbe Ader ist an der Übergangsstelle zur Verbraucheranlage, z. B. im Hausanschlußkasten, dauerhaft so zu kennzeichnen, daß sie nicht als Schutzleiter angesehen werden kann. Diese Kennzeichnung muß die grün-gelbe Farbe der Ader verdecken und z. B. die Aufschrift erhalten: „Kein PE“.

2.2.3 Der Hausanschlußraum

(DIN 18 012) *Bild 2-9*

Soweit nicht zwingende bauliche Gründe dagegen stehen, müssen Hausanschlußräume an der Gebäudeaußenwand liegen, durch die die Anschlußleitungen geführt werden.

Alle Wände müssen mindestens der Feuerwiderstandsklasse F30 nach DIN 4012 Teil 2 entsprechen. Die Breite der Tür darf 0,65 m und die Höhe der Tür 1,95 m nicht unterschreiten. Türen müssen verschließbar sein. Der Zugang ist mit der Bezeichnung „Hausanschlußraum“ kenntlich zu machen. Die Raumtemperatur von Hausanschlußräumen darf 30 °C nicht überschreiten. Im Hausanschlußraum muß mindestens ein Beleuchtungsanschluß mit Schalter an der Tür sowie eine Schutzkontaktsteckdose für Wartungsarbeiten vorhanden sein. Die Potentialausgleichsschiene ist in der Nähe des Starkstromanschlusses vorzusehen. Dort ist ebenfalls die Anschlußfahne des Fundamenterders herauszuführen.

Anschluß- und ggf. vorhandene Betriebseinrichtungen, z. B. Zählerplätze der Starkstromversorgung, sollen nicht an der gleichen Wand wie die Einrichtungen für die Wasser-, Gas- und Fernwärmeversorgung angeordnet werden. Zwischen den Einrichtungen und Leitungen der einzelnen Versorgungsträger muß der Schutz- und Arbeitsabstand mindestens 0,3 m betragen. Falls im Hausanschlußraum auch Zählerplätze installiert werden sollen, ist wegen der Spritzwassergefahr für die Zählerplätze die Schutzart IP 54 erforderlich. Sind nur Wasserleitungen ohne Absperrventile und ohne Entleerungsmöglichkeiten vorhanden, besteht also höchstens Tropfwassergefahr, dann genügt die Schutzart IP 31.

Vor den Anschluß- und evtl. vorhandenen Zählerplätzen muß eine Bedienungs- und Arbeitsfläche mit einer Tiefe von mind. 1,2 m vorhanden sein.

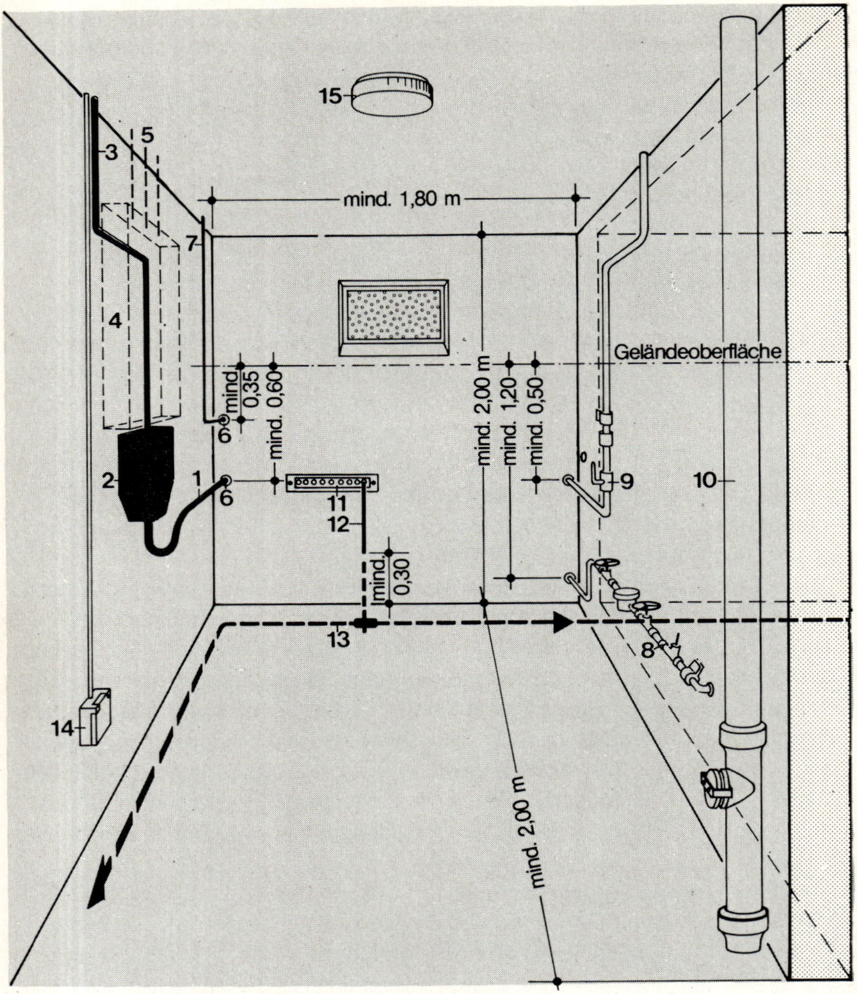

Bild 2-9: Hausanschlußraum (HEA); 1 Hauseinführungsleitung für Starkstrom, 2 Starkstrom-Hausanschlußkasten mit Hausanschlußsicherungen, 3 Starkstrom-Hauptleitung, 4 ggf. Zählerplätze, 5 Starkstrom-Ableitungen zu Stromkreisverteilern, 6 Kabelschutzrohr, 7 Hausanschlußleitung für Fernmeldeanlage, 8 Hausanschlußleitung für Wasserversorgung mit Wasserzählanlage, 9 Hausanschlußleitung für Gasversorgung mit Hauptabsperreinrichtung, 10 Entwässerung, 11 Potentialausgleichsschiene, 12 Anschlußfahne, 13 Fundamenterder, 14 Steckdose, 15 Leuchte

Lichte Maße für Hausanschlußräume

	Anschluß bis etwa	
	30 Wohneinheiten (10 Wohneinheiten bei Fernwärme)	60 Wohneinheiten (10 Wohneinheiten bei Fernwärme)
Länge	2,0 m	3,5 m
Breite	1,8 m	1,8 m
Höhe	2,0 m	2,0 m

Durch unter der Decke geführte Leitungen darf die freie Durchgangshöhe 1,8 m nicht unterschritten werden.
In der Gebäudeaußenwand sind zur Leitungseinführung Schutzrohre vorzusehen *(Bild 2-10)*. Folgende Tiefen unter der Gebäudeoberfläche sollen bei unterirdischer Einführung in den Hausanschlußraum eingehalten werden:
Starkstromversorgung 0,60 m · · · 0,8 m
Fernmeldeversorgung 0,35 m · · · 0,6 m.

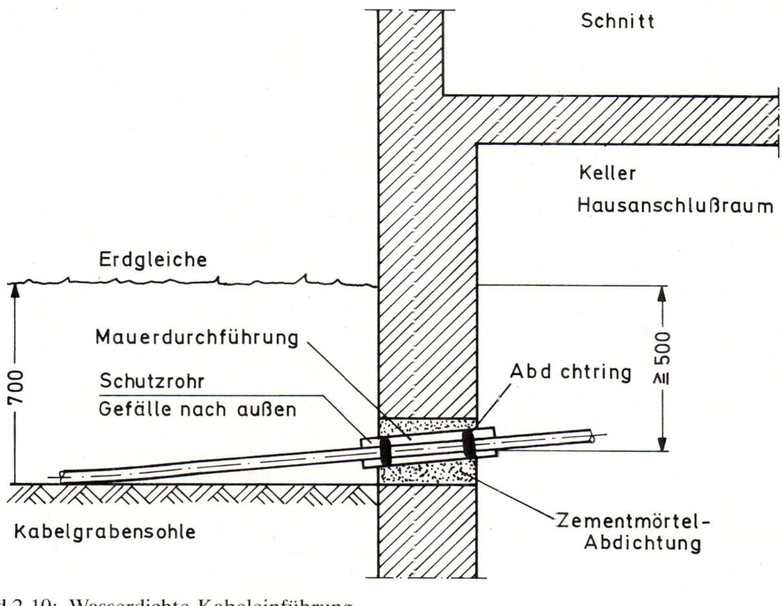

Bild 2-10: Wasserdichte Kabeleinführung

Bei Ein- und Zweifamilienhäusern sind keine gesonderten Hausanschlußräume erforderlich. Die Bestimmungen für die Leitungsanschlüsse sind jedoch sinngemäß einzuhalten. Unter der Kellertreppe sollte man jedoch auch hier keinen Hausanschlußkasten anbringen.

2.2.4 Hauptstromversorgungssysteme
(TAB, DIN 18015 Teil 1)

Hauptstromversorgungssysteme umfassen alle Hauptleitungen und Betriebsmittel hinter der Übergabestelle des EVU (Hausanschlußkasten), die nicht gemessene elektrische Energie führen. Die Hauptstromversorgungssysteme sind als Strahlennetz aufzubauen. Bei mehreren Hauptleitungen in einem Gebäude sind die zugehörigen Sicherungen in Hauptverteilern zusammenzufassen *(Bild 2-11)*.

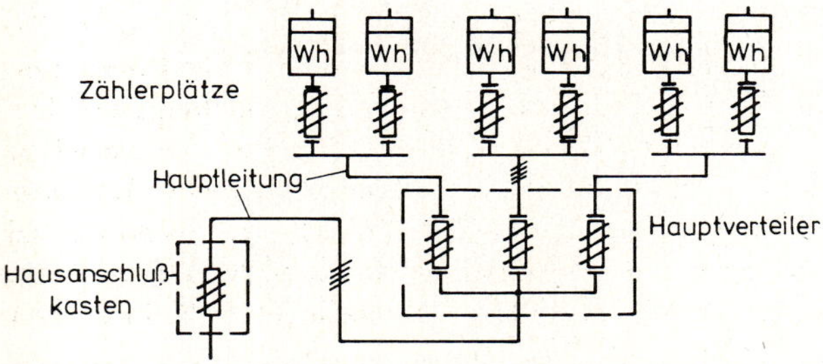

Bild 2-11: Hauptstromversorgungssystem mit Hauptverteiler

Im Hauptverteiler sind die einzelnen Abgänge so zu kennzeichnen, daß ihre Zugehörigkeit zur jeweiligen Kundenanlage eindeutig erkennbar ist. Ein Übersichtsplan in einpoliger Darstellung ist beim Hauptverteiler auszuhängen.

2.2.4.1 Hauptleitungen

Als Hauptleitung bezeichnet man die Verbindungsleitung zwischen dem Hausanschlußkasten (Übergabestelle der EVU) und der Zähleranlage eines Gebäudes. Eine Hauptleitung wird auch als Steigleitung bezeichnet, wenn sie als Zuleitung für mehrere auf verschiedene Stockwerke verteilte Zählergruppen dient.
Querschnitt, Art und Anzahl der Hauptleitungen sind in Abhängigkeit von der Anzahl der anzuschließenden Kundenanlagen und dem zu erwartenden Elektrifizierungsgrad festzulegen und mit dem EVU abzustimmen.

Die Hauptleitungen sind grundsätzlich als Drehstromleitungen auszuführen. Im allgemeinen verwendet man NYM-Leitungen oder NYY/NYCY-Kabel. In TN-Netzen können wahlweise vier- oder fünfadrige Leitungen verwendet werden, je nachdem ob ein PEN-Leiter oder ein getrennter Schutzleiter (PE) und Neutralleiter (N) bevorzugt wird. Verschiedene EVU fordern, daß der Schutzleiter (PE) nicht in dem System der Drehstromleitung mitgeführt werden darf. In TT-Netzen ist dies der Regelfall. Daher dürfen in TT-Netzen nur vieradrige Hauptleitungen ohne grün-gelbe Ader verwendet werden. Der Schutzleiter ist separat zu verlegen.
Fünfadrige Hauptleitungen werden in TT-Netzen nur in Ausnahmefällen erlaubt. Voraussetzung ist, daß die Leitungen in ihrem ganzen Verlauf kurzschlußsicher verlegt und alle eingebundenen Betriebsmittel (Hausanschlußkasten, Klemmkasten) schutzisoliert sind. Kurzschlußsicher ist eine mehradrige Mantelleitung dann, wenn sie zugänglich und gegen mechanische Beschädigung geschützt verlegt ist.
Die Hauptleitungen sind in neutrale, leicht zugängliche Räume zu legen. Sie sollten nicht in gemeinsamen Kanälen und Schächten mit anderen Rohrleitungen, z. B. Wasser-, Heizungsleitungen, verlegt werden. Bei Freileitungsanschlüssen ist vom Ende jeder Hauptleitung ein Leerrohr von mindestens 36 mm lichter Weite bis in den Keller zu führen, um später die Anlage auch über Kabelanschluß versorgen zu können. Nach der AVBEltV darf der Spannungsfall zwischen Hausanschlußkasten und Meßeinrichtung 0,5 % nicht überschreiten. Bei einem Leistungsbedarf von mehr als 100 kVA ist nach den TAB ein höherer Spannungsfall zulässig:

100 · · · 250 kVA	max. Spannungsfall 1,00 %
250 · · · 400 kVA	max. Spannungsfall 1,25 %
über 400 kVA	max. Spannungsfall 1,50 %

Hauptleitung in Wohngebäuden

Für Hauptleitungen in Wohngebäuden ist zudem DIN 18 015 Teil 1 zu beachten. Hauptleitungen sind danach von der Kellerdecke ab in Schächten, Rohren, Kanälen oder unter Putz zu verlegen. Zur Unterbringung einer Hauptleitung soll der Schlitz einen Querschnitt von 60 mm × 60 mm haben. Für mehrere Hauptleitungen ist das Breitenmaß entsprechend zu vergrößern.
Die Leiterquerschnitte sind so zu bemessen, daß sie mindestens mit den in der *Tabelle 2-4* enthaltenen Stromwerten belastbar sind. Die zugeordneten Mindestquerschnitte gelten für einzeln unter oder auf Putz verlegte Kabel und Leitungen und Verwendung von gL-Sicherungen mit $I_2 > 1{,}45 \cdot I_Z$.

Hauptleitungen in Wohngebäuden ohne Elektroheizung Tabelle 2-4

Anzahl der Wohnungen	mit elektr. Warmwasserbereitung		ohne elektr. Warmwasserbereitung	
	Nennstrom der Sicherungen	Querschnitt Cu, Gruppe c	Nennstrom der Sicherungen	Querschnitt Cu, Gruppe c
1	63 A	16 mm²	63 A	16 mm²
2	80 A	25 mm²	63 A	16 mm²
3	100 A	35 mm²	63 A	16 mm²
4–5	125 A	50 mm²	63 A	16 mm²
6–10	160 A	70 mm²	80 A	25 mm²
11	160 A	70 mm²	100 A	35 mm²
12–19	200 A	95 mm²	100 A	35 mm²
20–21	200 A	95 mm²	125 A	50 mm²
22–36	250 A	120 mm²	125 A	50 mm²
37–47	250 A	120 mm²	160 A	70 mm²
48–100	315 A	185 mm²	160 A	70 mm²

Die Werte der Strombelastbarkeit mit elektrischer Warmwasserbereitung sind immer dann anzuwenden, wenn für Bade- und Duschzwecke die elektrische Warmwasserbereitung in den Wohnungen erfolgt. In Gebäuden mit zwei und mehr Wohnungen, in denen die elektrische Warmwasserbereitung zentral für alle Wohnungen vorgenommen wird, gelten die Werte ohne elektrische Warmwasserbereitung der *Tabelle 2-4.* Allerdings muß diesen Werten der Anschlußwert der zentralen Warmwasserbereitung hinzu gerechnet werden. Bei Gebäuden mit Elektroheizung sind die Hauptleitungen in Abstimmung mit dem EVU zu dimensionieren.
Bei hohem Leistungsbedarf eignen sich einadrige Kabel als *Hauptleitung.* Der Abstand der einzelnen Kabel voneinander sollte 6 cm betragen. und der Schellenabstand längs der Kabel 70 cm nicht überschreiten. Als Befestigungsschellen müssen solche aus unmagnetischem Material verwendet werden. Bei Wand- und Deckendurchführungen müssen nichtmetallische Schutzrohre verwendet werden. Zum Abzweig je Geschoß gibt es Isolierstoff-Schutzgehäuse mit Hauptleitungs-Abzweigklemmen und angeflanschten NH-Sicherungs-Lasttrennern. Die Kabel können ungeschnitten von vorn eingelegt werden.

2.2.4.2 Hauptleitungsabzweige

Für die Hauptleitungsabzweige von der Hauptleitung bis zur Meßeinrichtung sind Leitungstypen, Querschnitt und Aderzahl wie bei den Hauptleitungen zu verwenden. Nach VDE 0606, Abs. 9.5.1 dürfen Hauptabzweigklemmen als Einzelklemme oder mehrpolig als Klemmleiste ausgeführt sein. Sie müssen

Befestigungsvorrichtungen haben und dürfen nur mit Werkzeug lösbar sein. Sie müssen getrennte Klemmstellen für eine Hauptleitung und für jede Abzweigleitung haben, wobei die Klemmstelle für die Hauptleitung auch für das Klemmen zweier Leiter eingerichtet sein muß. Genormt sind Nennquerschnitte für 25, 35 und 70 mm^2.
Für Verbindungen und Abzweige von den Hauptleitungen sind Hauptleitungsabzweigkästen nach VDE 0606 mit je zwei Klemmschrauben für Hauptleitung und Hauptleitungsabzweige zu verwenden. Für diesen Zweck können auch Zählereinbauklemmen benutzt werden, die den gleichen Bestimmungen genügen müssen. Es ist anzustreben, die Hauptleitung ungeschnitten durch die Abzweigkästen hindurchzuführen. Hauptleitungsabzweigkästen für Unterputzanordnung sind in der Mindestgröße 200 mm × 200 mm mit Putzausgleichdeckel vorzusehen. Bei Hauptleitungen NYM 5 × 16 mm^2 Cu müssen sie einen 5-poligen Reihenklemmstein in EVU-Ausführung enthalten.

2.2.5 Zähler und Steuergeräte
(DIN 18013)

Das EVU bestimmt den Zählerplatz sowie Art, Zahl und Größe der Zähler. Zu wählen sind leicht und jederzeit zugängliche Räume, wie Hausanschlußräume, besondere Zählerräume, Treppenräume (in Nischen), Vorräume von Gewerbebetrieben und landwirtschaftlichen Anwesen. Dachböden, Wohnräume, Küchen, Aborte, Bade- und Waschräume, feuchte Keller, Garagen, Öllager, Stellen mit Umgebungstemperaturen über 30 °C, über Treppenstufen, Heizungsräume, Betriebsräume, feuer- oder explosionsgefährdete Stellen und dgl. sind nicht geeignet.
Die Meßeinrichtungen und Steuergeräte müssen gegen Feuchtigkeit, Verschmutzung, Erschütterung und mechanische Beschädigung geschützt sein.
Bei Wochenendhäusern und ähnlichen, nur zeitweise benutzten Einzelgebäuden können die Zähler im Freien in einem Zähleranschlußschrank der Schutzart IP 44 ohne Fenster angebracht werden. Für die Meßeinrichtungen in diesem Schrank ist ein Gehäuse in der Schutzart IP 54 mit Klarsichtdeckel vorzusehen, d. h., mindestens die Zählerfelder der Zählerplätze müssen in der Schutzart IP 54 ausgeführt sein.
Für jede Kundenanlage ist mindestens ein Zählerfeld vorzusehen. Ein zweites Zählerfeld ist grundsätzlich erforderlich, wenn eine Elektro-Heizungsanlage eingebaut oder ein Gewerbe- und/oder Landwirtschaftsbetrieb angeschlossen werden soll.
Gemeinschaftsanlagen, wie die Beleuchtung für Treppenhaus, Keller, Dachboden und vielleicht auch die Waschanlage, erhalten einen besonderen Zähler.

Der Abstand vom Fußboden bis zur Mitte des Zählers soll nicht weniger als 1,10 m und nicht mehr als 1,85 m betragen. Die Plätze für Meßeinrichtungen und Steuergeräte sind dauerhaft so zu kennzeichnen, daß die Zuordnung zu der jeweiligen Abnehmeranlage eindeutig ersichtlich ist.
Für die Unterbringung der Zähler sind Zählerschränke zu verwenden. Diese müssen DIN 43 870 und DIN VDE 0603 entsprechen. Im unteren Anschlußraum des Zählerschrankes sollten Sammelschienen und je Zähler Überstrom-Schutzeinrichtungen mit strombegrenzender Eigenschaft vorgesehen werden. Die Selektivität zu den nachgeschalteten Überstrom-Schutzeinrichtungen ist zu gewährleisten.
Im oberen Anschlußraum sollten zum Freischalten der Stromkreisverteiler je Zählerfeld ein 3-poliger, in TT-Netzen ein 4-poliger Hauptschalter vorhanden sein. Näheres regeln die EVU in ihren TAB. Nach DIN VDE 0603 müssen Zählerschränke schutzisoliert sein. Die Möglichkeit zum Einbau eines Steuergerätes (Rundsteuerempfänger, Schaltuhr) ist zu berücksichtigen. In Mehrfamilienhäusern ist der Platz für das Steuergerät bei der Meßeinrichtung für die Gemeinschaftsanlagen vorzusehen.

Verbindungsleitung zum Zählerplatz

Gemäß DIN 18 015 Teil 1 ist die Verbindungsleitung zwischen Zählerplatz und Stromkreisverteiler als Drehstromleitung mit mindestens 10 mm^2 Cu (Mehraderleitungen oder -kabel) auszuführen. Der Querschnitt ist je nach Spannungsfall, Elektrifizierungsgrad, Häufung gegebenenfalls zu erhöhen. Die Verbindungsleitung sollte im TN-Netz vier- oder besser fünfadrig gewählt werden. Im TT-Netz ist der Schutzleiter bis zur Fehlerstromschutzeinrichtung getrennt zu verlegen.

2.3 Netzrückwirkungen
(DIN VDE 0838 Teil 1 und TAB)

Entsprechend der AVBEltV sind die elektrischen Anlagen und Verbrauchsgeräte so zu betreiben, daß Störungen anderer Kunden und störende Rückwirkungen auf Einrichtungen des EVU oder Dritter ausgeschlossen sind. Netzrückgewinnungen treten vornehmlich als Überlagerung von Oberschwingungsspannungen, als Spannungsänderungen oder als Unsymmetrien der Spannung im Drehstromnetz auf. Sie ergeben sich aus dem Betrieb von Stromrichtern, anlaufenden Motoren, Schweißmaschinen und Lichtbogenöfen. Die Folge davon können sein: Störungen der EDV- und Fernmeldeanlagen, Helligkeitsschwankungen von Lampen, zusätzliche Erwärmung von Transformatoren, Sperrdrosseln, Kondensatoren und Motoren.

Die TAB regeln für die an das Niederspannungsnetz des EVU angeschlossene Anlage, bei welchen Geräten Maßnahmen gegen Netzrückwirkungen mit dem EVU zu vereinbaren sind. Dies gilt u. a. für Wechselstrommotoren ab 1,4 kW, Drehstrommotoren ab 60 A Anzugsstrom, Schweißgeräte ab 2,0 kVA, Röntgengeräte, Einzelgeräte ab 12 kW und Geräte mit Phasenanschnitt- oder Schwingungspaketsteuerung, wenn die in DIN VDE 0838 bzw. TAB Abs. 8.9 festgelegten Grenzwerte überschritten werden. Anlagen, die aus dem Mittelspannungsnetz versorgt werden, bedürfen in der Regel einer Beurteilung durch das EVU, wenn die oberschwingungserzeugenden Stromrichterlasten etwa 10 % der Bezugsleistung ausmachen oder wenn die Lastspitze eines Gerätes 100 kVA überschreitet.
Die durch Stromrichter erzeugten Oberschwingungsströme können erheblich verstärkt werden, wenn die zur Kompensation installierten Leistungskondensatoren mit dem einspeisenden Transformator einen Schwingkreis bilden und es zu Resonanzen kommt. Um diesen physikalischen Effekt zu vermeiden, muß dem Kondensator eine Drossel vorgeschaltet werden. Sie ist so auszulegen, daß ein Reihenschwingkreis von etwa 210 Hz entsteht. In Netzen mit Tonfrequenz-Rundsteueranlagen muß die Resonanzfrequenz außerhalb des Bereiches der Tonfrequenz liegen. Die Tonfrequenz-Rundsteueranlagen werden in der Regel mit Frequenzen von 175 und 190 Hz betrieben.

2.3.1 Tonfrequenz-Rundsteueranlagen

Zur Schaltung von elektrischen Verbrauchsgeräten durch das Energieversorgungsunternehmen werden immer mehr *Tonfrequenz-Rundsteueranlagen* eingesetzt. Tonfrequenz-Rundsteueranlagen ersetzen die üblichen Schaltuhren, sie ermöglichen dem EVU das Fernschalten von Verbrauchern über eine Tonfrequenz. Die von einer zentralen Leittechnik ausgesandte Tonfrequenz wird von den Energieversorgungsleitungen übertragen und in der Kundenanlage von einem Tonfrequenz-Rundsteuerempfänger decodiert.
Abnehmeranlagen dürfen den Betrieb von Tonfrequenz-Rundsteueranlagen nicht beeinträchtigen. Das gilt sowohl von Anlagen, die Oberschwingungen erzeugen, wie Schweißgeräte, Gleichrichter, Magnetverstärker, Geräte mit Thyristoren, Phasenanschnittsteuerungen, unsymmetrische Schwingungspaketsteuerungen, als auch für Anlagen, die die Tonfrequenzspannung unter den für die Rundsteuerempfänger erforderlichen Ansprechwert herabsetzen, wie größere Kondensatorbatterien. Diese sind gegebenenfalls mit Sperrdrosseln zu versehen.
Bei Anlagen, deren Kondensatoren in Verbindung mit vorgeschalteten Induktivitäten (Transformatoren, Drosseln) einen Reihenresonanzkreis bilden, muß

die Resonanzfrequenz außerhalb des Bereichs der Tonfrequenz der vom EVU verwendeten Rundsteueranlage liegen.
Vom zugeordneten Steuerelement (z. B. Rundsteuerempfänger) ist bis zu den Zählerplätzen bzw. Wohnungsverteilern eine Steuerleitung mit numerierten Adern von mindestens 7 × 1,5 mm² Cu ohne grün-gelbe Ader oder ein Kunststoff-Leerrohr von 29 mm zu legen.

2.4 Ersatzstromversorgung

(DIN VDE 0100 Teil 728, VDEW-Richtlinien, siehe auch 8.1)

Ersatzstromversorgungsanlagen finden sich meist dort, wo wichtige Verbraucheranlagen oder einzelne Verbrauchsmittel nach Ausfall der normalen Stromversorgung weiterversorgt werden müssen. Daneben kann eine Ersatzstromversorgung (Eigenversorgung) auch erforderlich sein, wenn mit wirtschaftlich vertretbarem Aufwand keine öffentliche Stromversorgung zur Verfügung gestellt werden kann. Beispiele hierfür können einzelne mobile Verbrauchsmittel oder auch Baustellen sein.
Für Ersatzstromversorgungsanlagen, die rein der Eigenversorgung – d. h. der elektrischen Energieversorgung bei Nichtvorhandensein einer normalen (öffentlichen) Stromversorgung – dienen, ist DIN VDE 0100 Teil 728 zu beachten.
Dient die Ersatzstromanlage der Sicherstellung des Elektrizitätsbedarfs bei Aussetzen der öffentlichen Versorgung, so sind daneben die „Richtlinien für Planung, Errichtung und Betrieb von Anlagen mit Netzstromaggregaten“, herausgegeben vom VDEW, zu beachten. Soll die Ersatzstromversorgungsanlage im Parallelbetrieb mit dem öffentlichen Netz betrieben werden, müssen zusätzlich die „Richtlinien für den Parallelbetrieb von Eigenerzeugungsanlagen mit dem Niederspannungsnetz des Elektrizitätsversorgungsunternehmens (EVU)“ – ebenfalls vom VDEW herausgegeben – beachtet werden. Für Ersatzstromversorgungsanlagen, die elektrische Anlagen für Sicherheitszwekke, z. B. baurechtlich notwendige Sicherheitseinrichtungen, versorgen, gilt 8.1.

2.4.1 Ersatzstromerzeuger

Meist werden als Ersatzstromerzeuger Kraftmaschinenaggregate verwendet. Diese bestehen aus einer Kraftmaschine, z. B. Dieselmotor oder Gasturbine, und einer Arbeitsmaschine, z. B. Drehstromgenerator. Bei geringem Leistungsbedarf werden vielfach auch Batterien als Ersatzstromerzeuger genutzt. Je nach

Anforderung wird dies in Verbindung mit Wechselrichtern oder Umformern geschehen.
Bei der Auswahl der Ersatzstromerzeuger ist nicht nur der Leistungsbedarf der angeschlossenen Verbrauchsmittel zu berücksichtigen, sondern auch deren maximaler Anlaufstrom und der dadurch verursachte maximale Lastwechsel. Moderne Hochleistungsaggregate mit aufgeladenen Dieselmotoren erlauben nur Lastzuschaltungen in Schritten von 20 % bis 50 % der Motornennleistung. Deshalb wird der Motor häufig überdimensioniert, um die hohen möglichen Lastschwankungen in der Verbraucheranlage zu bewältigen.
Ersatzstromerzeuger, egal ob Aggregat oder Batterie, sollen in besonderen Räumen aufgestellt werden, die trocken und nicht feuergefährdet sind, und bei denen eine Raumtemperatur von mindestens 5° C eingehalten werden kann. Für Batterieräume ist DIN VDE 0510 zu beachten (siehe auch 11.20). Ersatzstromerzeuger, die nicht nur von ihrem Aufstellungsort aus gestartet werden können, müssen in einem abgegrenzten Bereich aufgestellt werden. Die Hilfseinrichtungen von Ersatzstromerzeugern, wie die zugehörigen Schaltanlagen, werden bevorzugt im Aufstellungsraum des Ersatzstromerzeugers mit untergebracht. Der Aufstellungsraum muß ausreichend belüftet werden; Verbrennungsgase sind sicher ins Freie zu führen.

2.4.2 Stationäre Ersatzstromversorgung

Eine stationäre Ersatzstromversorgung wird Anwendung finden, wo wichtige Verbraucheranlagen, z. B. die Lüftungsanlagen von Intensivtierhaltungen, auch bei Ausfall der öffentlichen Stromversorgung weiterbetrieben werden sollen. Die Ersatzstromversorgung soll in Verbindung mit der öffentlichen Stromversorgung die Verfügbarkeit der Energieversorgung erhöhen. Im Gegensatz zu den Anforderungen nach 8.1 wird die Ersatzstromversorgung hier nicht aus Gründen der Sicherheit von Personen zur Verfügung gehalten. Deshalb enthält die hierfür zuständige VDE-Bestimmung, DIN VDE 0100 Teil 728, auch nur Anforderungen, die den sicheren Betrieb der Anlage im Hinblick auf Personengefährdung durch den Betrieb der Anlage selbst zum Inhalt haben. Anforderungen an den sicheren Betrieb der Anlage im Hinblick auf hohe Verfügbarkeit werden nicht gestellt. Im Interesse des Anlagenbetreibers sollten jedoch auch hier die Anforderungen nach 8.1 bzgl. Erhöhung der Verfügbarkeit zumindestens teilweise beachtet werden.

2.4.2.1 Schutz gegen gefährliche Körperströme

Den Schutz gegen gefährliche Körperströme wird man bei stationären Ersatzstromversorgungsanlagen bevorzugt in Anlehnung an die angewendeten

Schutzmaßnahmen in der Anlage bei Versorgung aus der normalen (öffentlichen) Stromversorgung auswählen. In der Regel wird somit als Schutz bei indirektem Berühren das TN- bzw. TT-Netz mit Überstrom- oder Fehlerstrom-Schutzeinrichtung zur Anwendung kommen. Hier ist zu berücksichtigen, daß zur Spannungsbegrenzung bei Erdschluß eines Außenleiters ein Betriebserder mit einem Erdungswiderstand $\leqq 2\ \Omega$ erforderlich ist (siehe auch Abschn. 9.3.7). Dies wird in der Praxis vielfach auf Schwierigkeiten stoßen, da zumindest in kleineren Anlagen, die an das öffentliche Niederspannungsnetz angeschlossen werden, Erder mit einem derart geringen Ausbreitungswiderstand nicht vorhanden sind. Über den PEN-Leiter der öffentlichen Stromversorgung darf man sich den erforderlichen Betriebserder auf keinen Fall holen, da der PEN-Leiter bei Ausfall der öffentlichen Energieversorgung ebenfalls unterbrochen werden kann. Steht kein geeigneter Betriebserder zur Verfügung, so hat man noch die Möglichkeit, dem Ersatzstromerzeuger eine möglichst selektive Fehlerstrom-Schutzeinrichtung zuzuordnen. Zwischen Ersatzstromerzeuger und nachgeordneter Fehlerstrom-Schutzeinrichtung müssen die Leitungen dann erdschlußsicher verlegt werden.
Betriebsmittel im Leitungszug vor der Fehlerstrom-Schutzeinrichtung müssen schutzisoliert sein. Somit läßt sich ein Erdschluß vor der Fehlerstrom-Schutzeinrichtung ausschließen.
Für den erforderlichen Betriebserder des TN- oder TT-Netzes gilt dann die Bedingung:

$$R_{\mathrm{A}} \leqq \frac{U_{\mathrm{L}}}{I_{\Delta\mathrm{N}}} \text{ (siehe auch 2.4.3.3).}$$

Eine weitere Möglichkeit wäre, bei Ersatzstromversorgung das IT-Netz anzuwenden (siehe dazu auch 2.4.3.3).
Wird der Schutz durch Abschaltung mittels Überstrom-Schutzeinrichtungen sichergestellt, müssen die Abschaltbedingungen eigens für den Ersatzbetrieb nachgewiesen werden, da die Kurzschlußströme durch die Generatorimpedanz kleiner als bei Netzbetrieb sind.

2.4.2.2 Verriegelung zwischen Ersatznetz und Netz

Im allgemeinen ist auf eine vollständige galvanische Trennung zwischen der Ersatzstromversorgungsanlage und dem öffentlichen Netz zu achten, um zu verhindern, daß bei Netzausfall das spannungsfreie öffentliche Netz aus der Verbraucheranlage heraus wieder unter Spannung gesetzt werden kann. Dies bedeutet, daß bei Ersatznetzbetrieb alle nicht geerdeten Leiter zwangsläufig vom EVU-Netz abgetrennt sein müssen.

Außerdem muß eine Potentialanhebung des Neutralleiters bzw. des PEN-Leiters des EVU-Netzes verhindert werden. Aus diesem Grunde muß beim Umschalten der Verbraucheranlage vom EVU-Netz auf das Notstromaggregat auch der Neutralleiter bzw. PEN-Leiter zwangsläufig getrennt werden. Ist wegen Vermaschung von Erdungen und Potentialausgleichsleitungen eine einwandfreie Trennung nicht möglich, dann ist das EVU zu unterrichten.
Verschiedentlich fordern die TAB, daß die Umschalter bzw. Schützkombinationen eine Stellung zwischen Schaltung EVU-Netz/Notstromaggregat besitzen müssen, in der die zu versorgende Installationsanlage sowohl vom EVU-Netz als auch vom Notstromaggregat getrennt ist. In Anlagen, die nur teilweise ersatzstromversorgt sind, fordert VDE 0100 Teil 728, daß auch der nicht versorgte Bereich gleichermaßen vom öffentlichen Netz getrennt ist.
Um Fehlschaltungen zu verhindern, wird eine gegenseitige Verriegelung beider Netze gefordert, die meist durch Hilfsschalter in den Stromkreisen der fernbetätigten Schalter, z. B. Schütze, bewirkt wird. Dazu ist ein Öffner-Hilfskontakt des Netzschalters in den Einschaltstrompfad des Generatorschal-

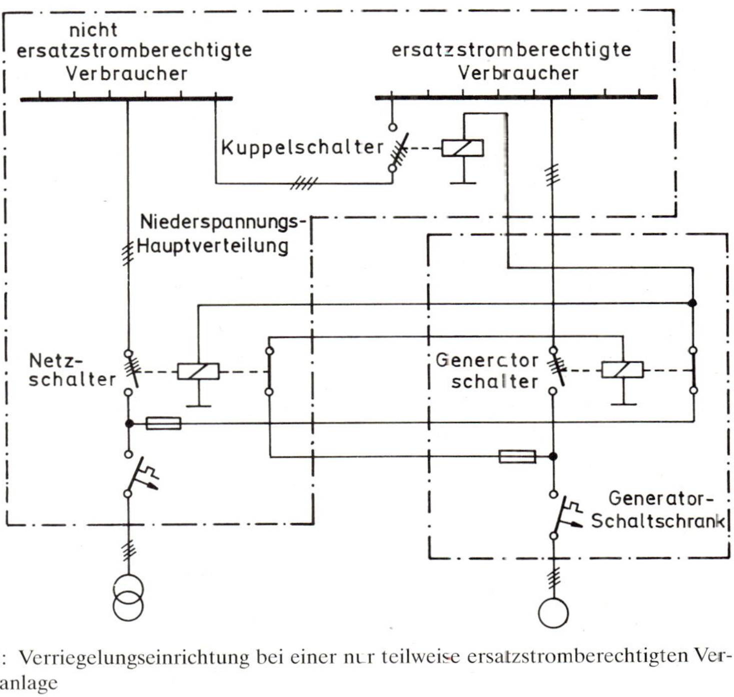

Bild 2-12: Verriegelungseinrichtung bei einer nur teilweise ersatzstromberechtigten Verbraucheranlage

ters gelegt und umgekehrt. Um die Verriegelung auch von Fehlern in der elektrischen Steuerung weitgehend unabhängig zu machen, ist es zweckmäßig, die Hilfskontakte der Leistungsschalter bzw. der Schaltschütze unmittelbar in die Strompfade der Schalter zu legen *(Bild 2-12)*.

2.4.2.3 Parallelbetrieb

Zur Nutzung regenerativer Energiequellen bzw. für den Lastprobebetrieb dient der Parallelbetrieb der Ersatzstromerzeugungsanlage mit dem EVU-Netz. Kundenanlagen dieser Art sind nur an der vom EVU festgelegten Stelle an das Netz anzuschließen. Die Schaltstelle muß dem EVU-Personal jederzeit zugänglich sein. Ein Zuschalten der Eigenerzeugungsanlage auf das spannungslose EVU-Netz muß verhindert werden.
Es sind ein Spannungsrückgangs- und -steigerungs-Schutz (Einstellbereich 70 % bis 115 % der Nennspannung) und ein Frequenzrückgangs- und -steigerungs-Schutz (Einstellbereich 48 Hz bis 52 Hz) im Benehmen mit dem EVU einzusetzen. Die Schutzeinrichtungen müssen plombierbar sein. Der Schalter mit den Schutzeinrichtungen kann auch den nach DIN VDE erforderlichen Überstromschutz übernehmen. Diese für den Personen- und Netzschutz vorgeschriebenen Einrichtungen müssen auch dann eingebaut sein, wenn lediglich eine Überlappungssynchronisation für den monatlichen Probebetrieb vorhanden ist. Die Funktion der Schutzeinrichtungen ist mindestens jährlich durch eine Fachkraft zu prüfen.

2.4.3 Nichtstationäre Ersatzstromerzeuger

Nichtstationäre Ersatzstromerzeuger werden meist bei Bedarf von Hand in Betrieb gesetzt. Geräte, die zusammen mit einem öffentlichen Netz kleinere Verbraucheranlagen in Bereitschaft versorgen, können auch selbsttätig einschalten. Die Umschaltzeiten betragen dann etwa 5···15 s.

2.4.3.1 Verriegelungseinrichtungen

Bei Umschalten von der allgemeinen Stromversorgung auf den Ersatzstromerzeuger und zurück muß eine nichtsynchronisierte Zusammenschaltung beider Stromquellen sicher verhindert werden. Bei handbetätigten Schaltern kann die Verriegelungseinrichtung sowohl mechanisch als auch elektrisch sein *(Bild 2-13)*.

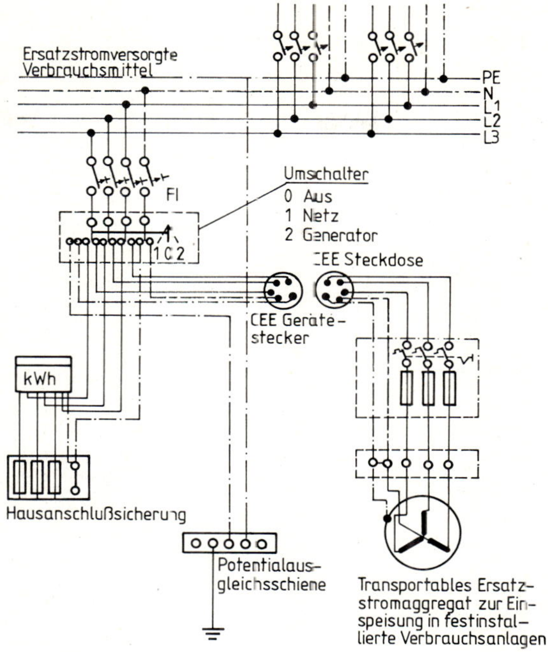

Bild 2-13: Transportabler Ersatzstromerzeuger (VBEW)

2.4.3.2 Schutz bei Überlast und Kurzschluß

Es gelten die Festlegungen des Abschnittes 8.1.4. Zudem kann der Schutz des Generators gegen die Auswirkungen bei Überlast und Kurzschluß durch einen kurzschlußfesten Generator oder durch einen elektronischen Unterspannungsschutz gewährleistet sein. Der Schutz der Leitungen bei Überlast und Kurzschluß ist auch dann gegeben, wenn der Generator keinen höheren Strom liefern kann, als die Strombelastbarkeit I_Z der Leitung beträgt.

2.4.3.3 Schutz gegen gefährliche Körperströme

Beim Einsatz nichtstationärer Ersatzstromerzeuger empfiehlt sich als Maßnahme zum Schutz bei indirektem Berühren das TN-Netz mit Fehlerstrom-Schutzeinrichtung und die Schutztrennung.
Das TN-Netz mit Fehlerstrom-Schutzeinrichtung ist nur dort geeignet, wo am Einsatzort ein Erder zur Verfügung steht oder errichtet werden kann *(Bild 2-13)*. Ein Punkt der Stromquelle des Ersatzstromerzeugers, wenn vorhanden

der Sternpunkt, ist mit diesem Erder zu verbinden, ebenso die Körper der elektrischen Betriebsmittel. Wenn der Stromkreisabschnitt vom Generator bis zum Fehlerstrom-Schutzschalter schutzisoliert ausgeführt ist, so genügt für den Erder ein Erdungswiderstand von $R_B \leqq \frac{U_L}{I_{\Delta N}}$. Bei einer dauernd zulässigen Berührungsspannung U_L von 50 V und einem Nennfehlerstrom des Fehlerstrom-Schutzschalters von 0,5 A müßte der Erdungswiderstand $\leqq 100\ \Omega$ betragen. Sollte der Stromkreisabschnitt zwischen Generator und Fehlerstrom-Schutzschalter nicht schutzisoliert sein, so müßte der Erdungswiderstand R_B im Regelfall $\leqq 2\ \Omega$ betragen, ein Wert, der in der Praxis nur mit großem Aufwand zu erreichen ist. Deshalb sollte der schutzisolierten Ausführung der Vorzug gegeben werden. Setzt man den Fehlerstrom-Schutzschalter in einen an den Generator angebauten Schaltkasten, so umgeht man das Problem. In diesem Fall genügt für den Erdungswiderstand generell die Bedingung $R_B \leqq \frac{U_L}{I_{\Delta N}}$.
Die Abschaltbedingungen werden im TN-Netz mit Fehlerstrom-Schutzeinrichtung problemlos erreicht, da bei Körperschluß ja nur ein Fehlerstrom fließen muß, der größer ist als der Nennfehlerstrom des Fehlerstrom-Schutzschalters, z. B. 0,5 A. Problematischer kann sein, daß ein Fehler in einem der angeschlossenen Stromkreise den Fehlerstrom-Schutzschalter sämtlicher Verbraucher abschaltet. Dies kann man umgehen, indem man für die einzelnen Stromkreise getrennte Fehlerstrom-Schutzschalter verwendet, und diesen einen gemeinsamen, selektiven Fehlerstrom-Schutzschalter, Kennzeichen [S], vorschaltet.
Die *Schutztrennung* bietet als wesentlichen Vorteil, daß der Ersatzstromerzeuger mobil ohne Anbindung an eine Erde betrieben werden kann. Die Körper der Verbraucher und des Ersatzstromerzeugers sind über einen Potentialausgleichsleiter zu verbinden. Als Potentialausgleichsleiter eignet sich die in den Stromkreisleitungen mitgeführte grün-gelbe Ader. Einziger Unterschied gegenüber einem Schutzleiter ist, daß der Potentialausgleichsleiter nicht zu erden ist. Werden mehrere Verbrauchsmittel an einen Ersatzstromerzeuger angeschlossen, so muß durch eine der im folgenden genannten Maßnahmen ein Bestehenbleiben zu hoher Berührungsspannungen verhindert werden.
Beim Auftreten von zwei Fehlern an jeder Stelle muß eine der vorgeschalteten Schutzeinrichtungen innerhalb von 0,2 s abschalten oder die Spannung zwischen den Generatorklemmen auf $\leqq 50$ V sinken. Dabei darf die Gesamtlänge der Leitungen 500 m und das Produkt aus Spannung und Gesamtlänge 100 000 V · m nicht überschreiten. Andernfalls ist eine Isolationsüberwachung zwischen den aktiven Teilen und dem Potentialausgleichsleiter einzubauen, die die Verbrauchsmittel innerhalb 1 s abschaltet, sobald der Isolationswiderstand unter 100 Ω je V sinkt.

Neben den beiden beschriebenen Schutzmaßnahmen, TN-Netz mit Fehlerstrom-Schutzeinrichtung und Schutztrennung, sind noch folgende weitere erlaubt:
TT-Netz mit Fehlerstrom-Schutzeinrichtung, Schutzisolierung, Schutzkleinspannung und IT-Netz mit Isolationsüberwachung, Überstrom-Schutzeinrichtung oder Fehlerstrom-Schutzeinrichtung. In IT-Netzen kann auf eine Isolationsüberwachung und auf die Abschaltung im Fall von zwei Fehlern verzichtet werden, wenn bei vollkommenem Doppelkörperschluß an jeder Stelle die Spannung zwischen den Generatorklemmen auf $\leqq$ 50 V sinkt. Ein Erdungswiderstand von $\leqq$ 100 Ω ist in jedem Fall ausreichend.
Vielfach müssen mit einem Ersatzstromerzeuger alte Anlagenteile versorgt werden, die noch ein TN-C-Netz aufweisen (klassische Nullung). Dafür sind die oben genannten und in DIN VDE 0100 Teil 728 zugelassenen Schutzmaßnahmen nicht geeignet. Für klassisch genullte Anlagenteile besteht nur die Möglichkeit, als Schutz bei indirektem Berühren das TN-Netz mit Überstrom-Schutzeinrichtung anzuwenden. Hierfür wäre in der Regel ein Erdungswiderstand von $\leqq$ 2 Ω für den Betriebserder des Ersatzstromerzeugers erforderlich. Kann innerhalb einer überschaubaren Anlage ein Erdschluß eines Außenleiters ausgeschlossen werden, so genügt für den Betriebserder des Ersatzstromerzeugers auch ein Erdungswiderstand von z. B. 20 Ω. Ein Erdschluß könnte dann ausgeschlossen werden, wenn sämtliche größeren Metallteile, die mit aktiven Teilen der elektrischen Anlage im Falle eines Fehlers in Berührung kommen können, mit dem Betriebserder, z. B. über den Potentialausgleich, in Verbindung stehen.

3 Schaltanlagen und Verteiler

Das Herstellen von Schaltanlagen und Verteilern wird in den Normen
DIN VDE 0603 – Installationskleinverteiler und Zählerplätze –
DIN VDE 0612 – Baustromverteiler –
DIN VDE 0660 Teil 504 Installationsverteiler
DIN VDE 0660 Teil 500 – Schaltgerätekombinationen (TSK, PTSK) –
geregelt. Diese Normen enthalten die Bauanforderungen, technische Kenndaten, Betriebs- und Umgebungsbedingungen und Prüfanforderungen für die jeweiligen Schaltanlagen und Verteiler.
Schaltanlagen und Verteiler, die einzeln oder in kleineren Stückzahlen für bestimmte Einsatzfälle hergestellt werden, wurden im allgemeinen nach VDE 0100 Teil § 30 b gebaut. Nachdem VDE 0100 § 30 von DIN VDE 0100 Teil 729 abgelöst wurde, gibt es in DIN VDE 0100 keine Bestimmungen mehr für das Herstellen von Schaltanlagen und Verteilern.

3.1 Errichten von Schaltanlagen und Verteilern
(DIN VDE 0100 Teil 729)

Das Errichten umfaßt unter anderem den Zusammenbau von Transporteinheiten, den Einbau von lose mitgelieferten Teilen, das Aufstellen, das Einbeziehen in den Schutz bei indirektem Berühren, das Anschließen der von außen eingeführten Leiter, die Kennzeichnung der Stromkreise und das Durchführen der Prüfungen.

3.1.1 Aufstellungsort

In Wohngebäuden mit zwei und mehr Wohnungen, ist nach DIN 18 015 Teil 1 ein Stromkreisverteiler innerhalb jeder Wohnung in der Nähe des Belastungsschwerpunktes, in der Regel im Flur, vorzusehen.
Bei Einfamilienhäusern wird üblicherweise der Stromkreisverteiler in gemeinsamer Umhüllung mit dem Zählerplatz installiert.
Ganz allgemein ist zu beachten, daß Schaltanlagen und Verteiler so angebracht werden, daß sie leicht zugänglich sind und sicher bedient werden können.

Betätigungselemente wie Überstrom-Schutzeinrichtungen, Fehlerstrom-Schutzschalter und dgl. sollen vom Fußboden nicht weniger als 1,10 m und nicht mehr als 1,85 m entfernt angeordnet sein. Betätigungselemente in der Nähe von berührungsgefährlichen Teilen (3.8.2.4.2) müssen nach DIN VDE 0106 Teil 100 in einem Abstand von 0,20 m bis 2,10 m vom Fußboden angebracht sein.
Um die Bewegungsfreiheit des Bedienungspersonals und die Fluchtmöglichkeit sicherzustellen, muß der Raum vor der Schaltanlage eine Tiefe von mindestens 0,70 m haben. Durch offenstehende Schrank- und Gehäusetüren, die nicht in Fluchtrichtung zuschlagen, darf der verbleibende Mindestdurchgang 0,50 m nicht unterschreiten.
Aus Gründen des vorbeugenden Brandschutzes sollen Schaltanlagen und Verteilungen nicht in Treppenräumen untergebracht werden. Bei Unterbringung in Fluren kann aus diesen Gründen ein rauchdichter oder feuerhemmender Abschluß erforderlich sein.
Die für eine Wand geforderte Feuerwiderstandsdauer bzw. das geforderte Schallschutzmaß (DIN 4109) darf durch den Einbau von Verteilern nicht beeinträchtigt werden. In eine baurechtlich geforderte Brandwand oder feuerbeständige Wand und in eine Wohnungstrennwand sollten aus diesen Gründen keine Unterflurverteiler eingebaut werden. Verteiler, die zur Befestigungsfläche offen sind, dürfen nur auf nicht brennbaren Baustoffen angebracht werden. Bei Anbringung auf Holz muß eine 20 mm dicke Unterlage aus Fibersilikat eingefügt werden.
Größere Schaltanlagen und Verteiler sollen in elektrischen Betriebsräumen untergebracht werden. Die Räume müssen eine lichte Höhe von mindestens 2 m haben.

3.1.2 Aufstellen und Umgebungsbedingungen

Zur Vermeidung von Schäden durch Verschmutzung oder Feuchtigkeit sollen vor dem Aufstellen der Schaltanlagen und Verteiler die baulichen Vorleistungen, z. B. Maurer-, Putz-, Anstrich- und Verglasungsarbeiten, ausgeführt sein.
Um die Schaltanlagen und Verteilungen verwindungsfrei aufstellen und befestigen zu können, empfehlen sich Fundamentschienen oder Traggerüste. Die vom Hersteller angegebenen Bedingungen für das Aufstellen sind dabei zu beachten.
Nach der Aufstellungsart unterscheidet man Schaltanlagen und Verteiler für Innenraumaufstellung und Freiluftaufstellung. Sofern vom Hersteller nichts anderes angegeben, sind Schaltanlagen und Verteiler für Innenraumaufstellung für eine Umgebungstemperatur von maximal +40 °C ausgelegt. Der Mittelwert

über eine Dauer von 24 Stunden darf nicht höher als +35 °C sein. Die untere Grenze der Umgebungstemperatur darf nicht niedriger als −5 °C sein. Bei Anlagen für Freiluftaufstellung gilt die gleiche obere Grenztemperatur wie für Innenraumaufstellung. Als untere Grenze der Umgebungstemperatur gilt bei Freiluftaufstellung −25 °C.

Liegen besondere Betriebs- und Umgebungsbedingungen vor, so muß der Anwender den Hersteller der Schaltanlage darauf hinweisen. Als besondere Betriebs- und Umgebungsbedingung gelten z. B.:

- Höhere oder niedrigere Umgebungstemperaturen als die genannten
- Hohe relative Luftfeuchte
- Höhenlage über 2000 m über N.N.
- Auftreten schneller Temperaturänderungen
- Atmosphäre, die einen wesentlichen Anteil an Staub, Rauch, Dämpfen oder Salz enthält
- Aufstellen in feuergefährdeten Betriebsstätten, explosions- oder explosivstoffgefährdeten Bereichen
- Auftreten heftiger Erschütterungen oder Stöße.

Wenn nichts anderes festgelegt ist, gilt während des Transports und der Lagerung der Temperaturbereich zwischen −25 °C und +55 °C und für kurze Zeitspannen bis 24 Stunden bis +70 °C.

In Schaltanlagen und Verteilern, die im Freien oder in Bereichen hoher Luftfeuchtigkeit und Temperaturschwankungen untergebracht sind, besteht die Gefahr der *Kondenswasserbildung,* wenn durch die Schutzart (bei IP 54 und höher) keine natürliche Belüftung sichergestellt wird. Abhilfe bietet je nach örtlicher Gegebenheit der Einbau von Belüftungsstutzen, eine Zwangsbelüftung mit Filterlüftern, ein Beheizen oder Klimatisieren.

3.1.3 Anschluß von außen eingeführter Leiter

Die von außen eingeführten Leiter sind entsprechend ihrer funktionellen Zuordnung und übereinstimmend mit den Schaltungsunterlagen an den dafür vorgesehenen Klemmen anzuschließen. Als Anschlußklemmen können auch die Klemmen an eingebauten Geräten gelten. PEN-Leiter, Schutzleiter und Neutralleiter sind einzeln lösbar anzuschließen.

Die Anschlußstellen der von außen eingeführten Leiter müssen zug- und druckentlastet sein, d. h. die Leitungen sind entsprechend zu befestigen.

Um die von außen eingeführten Leiter eindeutig ihren Stromkreisen in der Verteilung zuordnen zu können, ist eine dauerhafte Kennzeichnung erforderlich. Die Kennzeichnung ist in Verbindung mit den Schaltungsunterlagen

durchzuführen. Eine eindeutige Zuordnung kann durch eine numerierte Anschlußklemme oder, z. B. bei Schutzleiter- und Neutralleiterschienen, durch Kennzeichnung des Leiters erfolgen. Bei kleineren Schaltanlagen und Verteilern ist eine eindeutige Zuordnung auch durch entsprechende räumliche Anordnung der Leiter möglich.
Nach den Anschlußarbeiten müssen die Einführungsöffnungen so verschlossen werden, daß die vorgegebene Schutzart wieder erfüllt wird.

3.1.4 Prüfungen

Nach dem Errichten der Schaltanlage oder des Verteilers am Aufstellungsort ist durch Besichtigung, Funktionsprüfung und Messen des Isolationswiderstandes der ordnungsgemäße Zustand der Anlage nachzuweisen. Dabei wird vorausgesetzt, daß die Schaltanlagen und Verteiler nach ihren Herstellungsbestimmungen vor der Anlieferung geprüft wurden. Durch Besichtigung sind die Allgemeinbeschaffenheit, die IP-Schutzart, der Aufstellungsort, der funktionsrichtige Anschluß und die Kennzeichnung der Anschlüsse zu prüfen.
Durch Erprobung sind die mechanischen Funktionen der Türen, Klappen, Schlösser, Einschübe, mechanischen Verriegelungen und der äußeren Bedienteile zu prüfen. Not-Aus-Einrichtungen, Grenztasterverriegelungen und dgl. von angeschlossenen Maschinen sind ebenfalls auf ihre Funktion zu prüfen. Bei der Prüfung des Isolationswiderstandes genügt es, den Isolationszustand der von außen eingeführten Leiter zu messen.

3.2 Planung von Schaltanlagen und Verteilern

Für Wohngebäude nennt DIN 18015 Teil 2 die Mindestausstattung an Stromkreisen. Danach richtet sich die Anzahl der erforderlichen Stromkreise für Steckdosen und Beleuchtung nach der Wohnfläche der Wohnung *(Tabelle 3-1)*.

Stromkreise für Wohnungen (DIN 18015 Teil 2) Tabelle 3-1

Wohnfläche m^2	< 50	50⋯75	75⋯100	100⋯125	> 125
Stromkreise	2	3	4	5	6

Für Keller- und Bodenräume, die den Wohnungen zugeordnet sind, müssen zusätzliche Stromkreise vorgesehen werden. Ebenso für Verbrauchsmittel mit Anschlußwerten von 2 kW und mehr.

Bei Mehrraumwohnungen sind mindestens 2-reihige Stromkreisverteiler anzuordnen. Die üblicherweise verwendeten Installationskleinverteiler nach DIN VDE 0603 und DIN 43 871 erlauben je Gerätereihe 12 Teilungseinheiten, so daß für den 2-reihigen Verteiler 24 Teilungseinheiten zur Verfügung stehen. Im Normalfall reicht dies aus, um neben den Überstrom-Schutzeinrichtungen (LS-Schalter) auch noch Platz für Fehlerstrom-Schutzschalter, Relais oder dgl. zu haben. Da eine spätere Erweiterung der Anlage ohne weiteres möglich sein soll, müssen im Stromkreisverteiler Reserveplätze vorgesehen werden. Gemeinschaftsanlagen von Mehrfamilienhäusern benötigen eigene Verteiler.
Bei der Planung von Schaltanlagen und Verteilern für Gewerbe- und Industrieanlagen sind die Anforderungen mit dem Anwender abzustimmen. Grundsätzlich sollten für Steckdosen- und Beleuchtungstromkreise jeweils eigene Überstrom-Schutzeinrichtungen vorgesehen werden.
Drehstrommäßig aufgeteilte Beleuchtungsstromkreise sollten aus Gründen der Versorgungssicherheit mit 1-poligen Überstrom-Schutzeinrichtungen geschützt werden. Um ein allpoliges Freischalten durch eine Schalthandlung zu ermöglichen, ist den 1-poligen Schutzeinrichtungen ein 3-poliger Schalter nachzuschalten.
Steckdosenstromkreise, an die Handgeräte angeschlossen werden, sollten über Fehlerstrom-Schutzeinrichtungen geschützt werden. Bezüglich der Auswahl der Schutzeinrichtungen, der Schaltgeräte, der Schütze und Relais sowie der Klemmen und Verdrahtung wird auf die folgenden Abschnitte verwiesen, ebenso bezüglich der Herstellungs-Bestimmungen für Schaltanlagen und Verteiler.
Werden Schaltanlagen oder Verteiler bei einem Hersteller bestellt, dann sind unter anderem folgende Angaben erforderlich:
Schaltungsunterlagen, Stromart, Nennbetriebsspannung, Nennspannung der Hilfsstromkreise, Nennstrom jedes Stromkreises, Nennbelastungsfaktor, Querschnittsbereiche anschließbarer Kabel und Leitungen, erforderliche IP-Schutzart, Art der Netzform, Wahl der Schutzmaßnahme gegen direktes Berühren, Wahl der Schutzmaßnahme bei indirektem Berühren, Kurzschlußverhältnisse am Einbauort, Form der inneren Unterteilung, Abmessungen, Betriebs- und Umgebungsbedingungen.
Die Hersteller bieten für den Einsatz in Industrie- und Gewerbebetrieben Schaltanlagen an, die in Isolierstoff, Gußeisen oder Stahlblech gekapselt sind. Allen ist das Baukastensystem gemeinsam. Durch Einheitsgehäuse und Einsätze können die Anlagen fast beliebig erweitert werden. Beschädigte Teile lassen sich rasch auswechseln. Schutzisolier-Umhüllung ist zu bevorzugen.
Man kann die einzelnen Kapselungsarten nicht scharf voneinander trennen, wenn man entscheiden soll, welche Anlage für welchen Zweck am besten paßt. Trotzdem soll versucht werden, einige Hinweise zu geben.

Die *Isolierstoffanlage,* z. B. in glasfaserverstärktem Polyester, weist geringes Gewicht trotz hoher mechanischer Widerstandsfähigkeit auf. Man findet sie für Leistungen bis 1250 kVA, 1800 A, in staubigen, feuchten oder chemisch aggressiven Räumen des Handwerks, der mittleren Industrie, in Papierfabriken, Textil- und Lederindustrie, Nahrungsmittelindustrie, Zuckerfabriken, Landwirtschaft, Molkereien, Brauereien, Krankenhäusern, Verwaltungsgebäuden und Schulen (Schutzart z. B. IP 55, auch IP 65). Die Kurzschlußfestigkeit reicht bis etwa 80 kA Scheitelwert *(Bild 3-1).*

Bild 3-1: Isolierstoffgekapselter Verteiler mit Leistungsschaltern, Luftschützen und Sicherungen

Die *Gußeisenanlage* ist für den mittleren Leistungsbereich (500 kVA, 630 A) in stark staubigen, sehr feuchten Räumen bei rauhem Betrieb besonders geeignet. Beispiele sind Hütten- und Bergbaubetriebe, Hafenanlagen, Kläranlagen, Wasserwerke, chemische Industrie, Zuckerfabriken, Kraftwerke, Landwirtschaft (Schutzart z. B. IP 65) im Freien und unter einem Schutzdach.
Der *stahlblechgekapselten Anlage* begegnen wir bei größeren Leistungen (3000 kVA, 3000 A) in mäßig staubigen, trockenen Betriebsräumen, z. B. Kraftwerken, Gas- und Wasserwerken, Schwer- und Grundstoffindustrie, Erdölraffinerien, chemische Industrie (Schutzart z. B. IP 40, IP 50 bis IP 65). Die Kurzschlußfestigkeit der Sammelschienen kann bis zu 200 kA Scheitelwert betragen. Für die chemische Industrie werden korrosionsfeste Siluminverteiler gebaut. Sie sind beständig gegen Seewasser, basische und saure Dämpfe.
In die Energieverteiler werden, eingebaut in Schränken gleichen Systems, auch die Kondensator-Schaltbaugruppen für *Blindstrom-Kompensation* direkt an das Sammelschienensystem angeschlossen.

3.3 Netzverhältnisse
(DIN VDE 0102)

3.3.1 Zuleitung

Für die Verteilungsanlage muß der Querschnitt der Zuleitung und der Sammelschienen bestimmt werden. Hierzu muß die Spannung, z. B. 3/N ~ 50 Hz 400/230 V, bekannt sein. Die Sternspannung wäre dann z. B. 230 V zwischen Außen- und N-Leiter. Ferner benötigen wir die installierte Leistung z. B. $P_{\text{inst}} = 110$ kW. Diese wird nicht gleichzeitig eingeschaltet sein, sondern z. B. maximal nur mit 60%. Der Gleichzeitigkeitsfaktor wäre dann $g = 0{,}6$. Schließlich muß man auch noch den Leistungsfaktor berücksichtigen, der $\cos\varphi = 0{,}73$ sein möge.
Dann ergibt sich der Zuleitungsstrom zu

$$I = \frac{P \cdot g}{\sqrt{3}\, U \cos\varphi} = \frac{110\,000 \cdot 0{,}6}{\sqrt{3} \cdot 400 \cdot 0{,}73} = 130 \text{ A}.$$

Wegen späterer Erweiterung wird man vielleicht mit 200 A rechnen. Für die Zuleitung wird daher ein Kunststoffkabel NYY 4×70 mm² gewählt.
Bei Wohngebäuden ist die Leitung vom Zählerplatz zum Stromkreisverteiler nach DIN 18 015 für eine Mindestbelastbarkeit von 3×63 A auszulegen.

3.3.2 Kurzschluß-Sicherheit

Die Ein- und Ausschaltbeanspruchung der Schaltgeräte und die dynamische und thermische Beanspruchung eines Anlagenteils ergeben sich aus den größten Kurzschlußströmen. Hierfür gibt DIN VDE 0102 Teil 2 nähere Hinweise. Demnach ist der größte effektive Kurzschlußwechselstrom bei dreipoligem generatorfernem Kurzschluß

$$I_{\text{keff}} = \frac{U}{\sqrt{3} \cdot \sqrt{R^2 + X^2}} \,.$$

Bei einem „starren" Hochspannungsnetz brauchen nur die Widerstände im Transformator und in den Leitungen berücksichtigt zu werden (*Tabelle 3-2* und *Tabelle 3-3*).

Wirk- und Blindwiderstände von Transformatoren (400 V, u_k = 6%)

Tabelle 3-2

Leistung	S_{NT}	kVA	100	150	250	315	500	630
Wirkwiderstand	R_T	mΩ	28,0	14,7	8,3	6,2	3,5	2,6
Blindwiderstand	X_T	mΩ	72,8	58,2	37,5	29,4	18,7	15,0

Wirkwiderstände von Freileitungen und Kabeln (20 °C) Tabelle 3-3

Querschnitt	A mm²	10	16	25	35	50	70	95	120
Kupfer	Ω/km	1,810	1,141	0,724	0,526	0,389	0,271	0,197	0,157
Aluminium	Ω/km	–	1,891	1,201	0,876	0,642	0,444	0,321	0,255

Der Blindwiderstand X_L für Kabel und Leitungen beträgt etwa 0,08 mΩ/m, für Freileitungen 0,33 mΩ/m, für Sammelschienen etwa 0,2 mΩ/m.

Beispiel: Ein Verteiler werde von einem 250-kVA-Transformator, U = 400 V, I_{NT} = 360 A, u_K = 6%, über 60 m Freileitung, 4 × 35 mm² Cu mit 80 m NYY-Kabel, 4 × 50 mm² Cu gespeist. Gesucht wird der größte Kurzschlußstrom im Verteiler.
Die Wirkwiderstände der einfachen Strecke (140 m) sind:

$$R_T + R_L + R_K = 8{,}3\ \text{m}\Omega + 31{,}56\ \text{m}\Omega + 31{,}12\ \text{m}\Omega = 70{,}98\ \text{m}\Omega.$$

Die Blindwiderstände betragen:

$$X_T + X_L + X_K = 37{,}5\ \text{m}\Omega + 19{,}8\ \text{m}\Omega + 6{,}4\ \text{m}\Omega = 63{,}7\ \text{m}\Omega.$$

Daraus errechnet sich der Scheinwiderstand zu:

$$Z = \sqrt{R^2 + X^2} = \sqrt{70{,}98^2 + 63{,}7^2} = 95{,}37\ \text{m}\Omega.$$

Nunmehr wird $I_{K\,eff} = \dfrac{U}{\sqrt{3} \cdot Z} = 2{,}42$ kA.

Nicht nur die Leiter, sondern auch ihre Träger und alle Befestigungsmittel müssen so gewählt werden, daß die bei Kurzschluß auftretenden Kräfte und Erwärmungen von allen Teilen ohne Beschädigung aufgenommen werden können (siehe auch DIN VDE 0103).
Bei einem Transformator von 630 kVA, u_k = 4% ist an der Wohnungsverteilung bei unmittelbarer Transformatornähe mit einem dreiphasigen Kurzschlußstrom

von 6 kA, entsprechend einem einphasigen Kurzschlußstrom gegen den Neutralleiter von etwa 3 ··· 3,5 kA zu rechnen. Mit Ausnahme der seltenen Klemmenkurzschlüsse wird der Strom jetzt schon durch sehr kurze Leitungslängen der üblichen Querschnitte in der Verbraucheranlage wesentlich gedämpft.
In der Praxis entarten viele Kurzschlüsse zu Lichtbogenkurzschlüssen mit entsprechender Dämpfung durch den Widerstand des Lichtbogens. Damit fließen nur noch rd. 30% des berechneten Kurzschlußstromes.

Schrifttum

Ayx, R.: Projektierungshilfe für den Elektroinstallateur. Hüthig Buch Verlag Heidelberg 1991.

3.4 Überstrom-Schutzeinrichtungen

3.4.1 Auswahlkriterien

Der Planer oder Hersteller einer Schaltanlage bzw. eines Verteilers muß sich bei der Auswahl von Schutzeinrichtungen eine Reihe von Fragen stellen:

- Was soll geschützt werden (z. B. Leitung, Motor, Personen, besonderer Brandschutz, ...)? Eignet sich die ausgewählte Schutzeinrichtung für die zu schützenden Anlagenteile?
- Welches Ausschaltvermögen ist am Einbauort der Schutzeinrichtung erforderlich?
- Ist Selektivität zwischen in Reihen geschalteten Schutzeinrichtungen erforderlich?
- Ist eine Schutzeinrichtung mit Durchlaßstrombegrenzung erforderlich, um die Kurzschlußfestigkeit der Schaltanlage zu gewährleisten?
- Kann die Verlustleistung der Schutzeinrichtungen abgeführt werden?

Im allgemeinen wird der Hersteller der Schaltanlage dies mit dem Anwender abzustimmen haben, um einen optimalen Schutz der Anlagen sowie ein auf den Anwender abgestimmtes Wartungskonzept zu gewährleisten.
In Wohngebäuden sollen nach DIN 18 015 für Licht- und Steckdosenstromkreise LS-Schalter vorgesehen werden.
Im folgenden sind die wichtigsten Kenngrößen der gängigsten Schutzeinrichtungen aufgeführt.
Eine Gegenüberstellung bzw. ein Vergleich wichtiger Kenndaten und Eigenschaften ist aus *Tabelle 3-4* und *Tabelle 3-5* zu ersehen.

Gegenüberstellung wichtiger Nenndaten von Überstrom-Schutzeinrichtungen Tabelle 3-4

Schutzeinrichtung	Auslösestrom	Ausschaltvermögen	Selektivität	Durchlaßstrom
gL-Sicherung	$1{,}6 \cdots 2{,}1 \cdot I_N$ (1 h) $10 \cdot I_N$ (0,2 s)	$\geqq 50$ kA	sehr gut	stark begrenzend
LS Schalter Typ B und C	$1{,}45 \cdot I_N$ (1 h) 5 bzw. $10 \cdot I_N$ (0,1 s)	3 kA···10 kA	problematisch	Klasse 3 begrenzend
Leistungsschalter	$1{,}05 \cdots 1{,}35 \cdot I_N$ (1 h) $3 \cdots 15 \cdot I_N$ (0,1 s)	10 kA···100 kA	möglich	nicht begrenzend bis stark begrenzend

Vergleich der Schutzeigenschaften von Sicherungen und Schutzschaltern sowie deren Schaltkombinationen Tabelle 3-5

Schutzobjekt	Schutzeinrichtung	Überlastschutz	Kurzschlußschutz
Leitung	Sicherung	befriedigend	sehr gut
	LS-Schalter, Typ B und C	gut	gut
	Leistungsschalter	gut	gut
Motor	Sicherung	nicht möglich	gut
	Schutzschalter	gut	gut
	Sicherung + Relais	sehr gut	gut

3.4.2 **Schmelzsicherungen** (DIN VDE 0636)

Schmelzsicherungen für Niederspannungs-Installationsanlagen gibt es in folgenden international verbreiteten Bauarten:
a) Sicherungen mit Messerkontaktstücken: NH-System
b) Schraubsicherungen: D-System, D0-System.

a) Das *NH-System* (Niederspannungs-Hochleistungs-Sicherungssystem) für Nennströme von 6···1250 A dient für industrielle und ähnliche Anwendungen. Die NH-Sicherung setzt sich aus NH-Sicherungsunterteil und NH-Sicherungseinsatz zusammen *(Bild 3-2)*. NH-Sicherungseinsätze dürfen nur durch Fachkräfte mit einem Sicherungsaufsteckgriff bedient werden. NH-Sicherungseinsätze können auch in NH-Sicherungsleisten und NH-Sicherungstrennschaltern verwendet werden. NH-Unterteile und NH-Sicherungseinsätze gibt es in der Größe 00 bis 100 A, 0 bis 160 A, 1 bis 250 A, 2 bis 400 A, 3 bis 630 A, 4 bis 1000 A und 4 a bis 1250 A.

Bild 3-2: NH-Sicherung mit Isolier-Abdeckungen für größere Bedienungssicherheit

Die Nennspannung beträgt 500 $V_{\sim}$/440 V_{-} bzw. 660 $V_{\sim}$. Der Nennausschaltstrom ist bei Wechselstrom mindestens 50 kA und bei Gleichstrom mindestens 25 kA.
Bei Nennströmen über 63 A in Gewerbebetrieben sollten nur NH-Sicherungen gewählt werden. In Ringleitungen dürfen nur NH-Sicherungen verwendet werden.
Die Berufsgenossenschaften registrieren jährlich rund 200 Unfälle beim Umgang mit NH-Sicherungen. Infolge Lichtbogenbildung gibt es Verbrennun-

gen meist 2. Grades. Bei der Errichtung neuer Anlagen sollte daher eine allseitig geschottete Bauweise gewählt werden, bei der Phasentrennwände aus Isolierstoff eine Leiterüberbrückung sicher verhindern. Insbesondere aber bieten Sicherungstrenner, die ein Einlegen und Entfernen von Sicherungspatronen in einem Schwenkdeckel außerhalb des Gefahrenbereichs möglich machen, eine erhebliche zusätzliche Sicherheit. Nach DIN VDE 0680 Teil 4 werden NH-Sicherungsaufsteckgriffe mit Stulpenhandschuhen hergestellt, mit denen man NH-Sicherungseinsätze in Sicherungsunterteile gefahrlos einsetzten oder aus diesen herausnehmen kann.
Zur Überwachung des Schaltzustandes von NH-Sicherungen (Vermeiden von Einphasenlauf) kann den Sicherungen ein Schutzschalter parallelgeschaltet werden. Es gibt auch elektronische Fernüberwachung, wobei das Gerät bei allen normgerechten 1-poligen NH-Sicherungen der Größe 00 bis 4 auf den Sicherungseinsatz aufgesteckt werden kann.

b) Das in Hausinstallationen meist eingesetzte Sicherungssystem ist das *D-System* (sog. DIAZED-Sicherungen). Nach VDE 0636 Teil 31 gibt es das D-System für Nennströme von 2 bis 100 A und 500 V bzw. bis 63 A und 660 V~ oder 600 V–. Die Unverwechselbarkeit der Einsätze wird durch Abstufung der Fußdurchmesser erreicht. Die DIAZED-Sicherung setzt sich zusammen aus Sicherungssockel, Paßeinsatz, Sicherungseinsatz und Schraubkappe. Entsprechend der Nennstromstärke gibt es verschiedene Größen:

Größe D II, E-27-Gewinde für Sicherungseinsätze von 2 bis 25 A
Größe D III, E-33-Gewinde für Sicherungseinsätze von 35 bis 63 A
Größe D IV, R1/4″-Gewinde für Sicherungseinsätze von 80 bis 100 A.

D-Sicherungseinsätze haben Kennmelder (Anzeiger) je nach Nennstrom:

Kennmelder von D- und D0-Sicherungen Tabelle 3-5

A:	2	4	6	10	16	20	25
Farbe:	rosa	braun	grün	rot	grau	blau	gelb
A:	35	50	63	80	100		
Farbe:	schwarz	weiß	kupfer	silber	rot		

Das *D0-System* (NEOZED-Sicherung) erlaubt eine besonders raumsparende Bauweise. Es bietet bis 63 A eine einheitliche Sockelbreite und zeichnet sich aus durch geringe Verlustleistung und Erwärmung. Die Spannung reicht bis 380 V~ oder 250 V–.
Bezüglich der Nennstromstärken, des prinzipiellen Aufbaus und der Kennmelder *(Tabelle 3-6)* besteht Übereinstimmung mit dem D-System. Je nach Nennstrombereich werden 3 Größen verwendet:

Größe D 01, E-14-Gewinde für Sicherungseinsätze von 2 bis 16 A
Größe D 02, E-18-Gewinde für Sicherungseinsätze von 20 bis 63 A
Größe D 03, M 30 × 2-Gewinde für Sicherungseinsätze von 80 bis 100 A:

Sicherungsunterteile von Schraubsicherungen (D- und D0-System) müssen so angeschlossen werden, daß die Zuleitung am Fußkontakt liegt. Sie müssen immer dann mit Paßeinsätzen ausgestattet sein, wenn die Gefahr besteht, daß nicht unterwiesene Personen einen Sicherungseinsatz durch einen Einsatz höherer Nennstromstärke ersetzen können (z. B. in Hausinstallationen).
Offene Schmelzsicherungen (Streifensicherungen) sind unzulässig.
Die Niederspannungssicherungen der drei genannten Bauarten werden entsprechend ihrem Zeit-Strom-Verhalten und ihrer Fähigkeit, Ströme über den gesamten Bereich oder nur über einen Teilbereich ihrer Zeit-Strom-Kennlinie auszuschalten, unterteilt in folgende *Betriebsklassen:*

gL: Ganzbereichs-Kabel- und Leitungsschutz
aM: Teilbereichs-Schaltgeräteschutz
aR: Teilbereichs-Halbleiterschutz
gR: Ganzbereichs-Halbleiterschutz
gB: Ganzbereichs-Bergbauanlagenschutz.

Als Leitungsschutz-Sicherungen können mit Ausnahme von bergbaulichen Anlagen nur gL-Sicherungen eingesetzt werden. Die gL-Sicherung ist somit die heute übliche Niederspannungs-Sicherung, die die früher verwendete „flinke“ und „träge“ Sicherung ersetzt.

Auslösestrom

Für den Schutz bei Überlast und Kurzschluß von Leitungen ist die Zeit-Strom-Kennlinie der Sicherung von großer Bedeutung. In *Bild 3-3* ist das Streuband einer 16-A-gL-Sicherung nach DIN VDE 0636 dargestellt. Die Sicherung muß innerhalb der oberen und unteren Grenzkurve auslösen. Für den Nachweis der Ansprechsicherheit ist die obere Grenzkurve maßgebend.
Als Auslösestrom – hier großer Prüfstrom I_2 genannt – wird der Stromwert bezeichnet, bei dem die Sicherung nach spätestens 1 h auslöst. Dagegen darf sie beim kleinen Prüfstrom I_1 innerhalb 1 h nicht auslösen *(Tabelle 3-7)*.
Für Nennströme über 25 A beträgt der große Prüfstrom $I_2 = 1{,}6 \cdot I_N$. Ab 63 A beträgt die Prüfdauer nicht mehr 1 Stunde, sie erhöht sich bis zu 4 Stunden.
Analog zu den LS-Schaltern, Typ B und C, sieht der letzte Entwurf von DIN VDE 0636 Teil 21 einen Auslösestrom (großer Prüfstrom I_2) von einheitlich $1{,}45 \cdot I_N$ vor. Dadurch könnte auch bei Verwendung von Leitungsschutzsicherungen deren Nennstromstärke unmittelbar der Strombelastbarkeit der Leitung zugeordnet werden, um den Schutz bei Überlast zu erfüllen.

Auslösestrom von gL-Sicherungen

Tabelle 3-7

Nennstrom	A	2	4	6	10	16	20	25	32	35	40
kleiner Prüfstrom I_1	A	3	6	9	15	22,4	28	35	41,6	45,5	52
großer Prüfstrom I_2	A	4,2	8,4	11,4	19	28	35	43,8	51,2	56	64
Abschaltung in 5 s	A	9,2	19,2	27,9	46,5	69,6	85,5	118	149	173	198
Abschaltung in 0,2 s	A	20	40	60	100	148	191	250	327	372	425
Nennstrom	A	50	63	80	100	125	160	200	250	315	400
kleiner Prüfstrom I_1	A	65	82	104	130	163	208	260	325	410	520
großer Prüfstrom I_2	A	80	101	128	160	198	256	320	400	504	640
Abschaltung in 5 s	A	260	350	452	573	751	980	1300	1700	2100	2800
Abschaltung in 0,2 s	A	578	750	980	1300	1650	2200	2800	3700	4700	6300

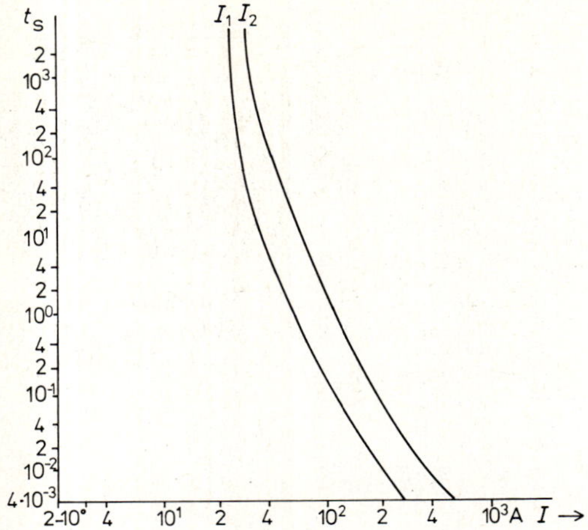

Bild 3-3: Zeit-Strom-Bereich für 16-A-gL-Sicherung

Ausschaltvermögen

Sicherungen haben ein sehr hohes Ausschaltvermögen. Nach DIN VDE 0636 müssen sie bei Wechselstrom einen Kurzschlußstrom von mindestens 50 kA abschalten können. Bei Gleichstrom wird für Schraubsicherungen 8 kA, für NH-Sicherungen 25 kA gefordert. Ist bei Sicherungen keine Aufschrift über die Art der Spannung vorhanden, so ist sie für den Einsatz in Gleich- und Wechselstromkreisen geeignet.

Selektivität

Die Zeit-Strom-Bereiche von Leitungsschutz-Sicherungen $I_N \geqq 16$ A sind so aufeinander abgestimmt, daß Sicherungen, deren Nennströme im Verhältnis 1 : 1,6 stehen, untereinander selektiv abschalten. Überspringt man jeweils eine Sicherungsstufe (vor 16-A-Sicherung nicht 20-A-, sondern 25-A-Sicherung), dann ist dies in der Praxis gewährleistet.

Durchlaßstrom

Auch in Hinblick auf die Strombegrenzung sind Sicherungen LS-Schaltern und Leistungsschaltern überlegen. Das heißt, bei sehr hohen Kurzschlußströmen wird der Fehler bereits unterbrochen, bevor der Kurzschlußstrom seinen Maximalwert erreicht hat. *Bild 3-4* zeigt den max. Durchlaßstrom von NH-Sicherungen.
Nach DIN VDE 0638 sind Schalter-Sicherungs-Kombinationen (Sicherungslastschalter bis 63 A, 380 V) auf dem Markt. Die Schraubkappe der Schraub-

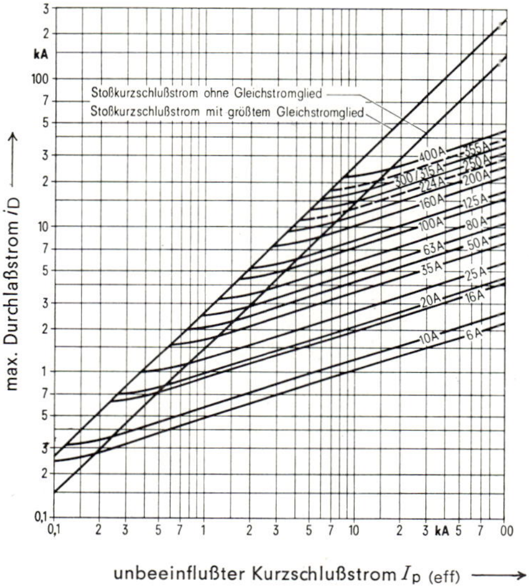

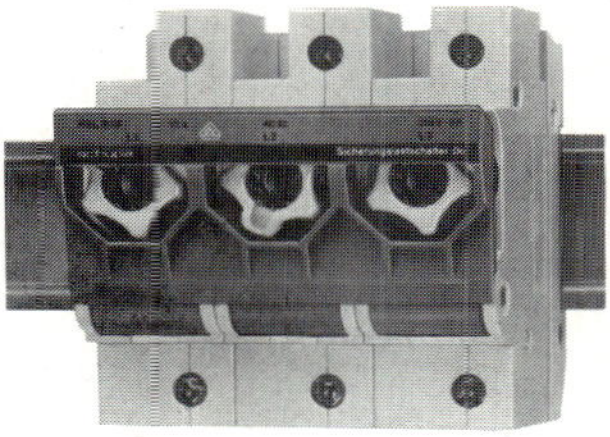

Bild 3-5: Sicherungslastschalter, Anschlußklemmen nach VBG 4 (Werkbild: Schupa)

Bild 3-4: Durchlaßstromkennlinien von NH-Sicherungen gL (Quelle: Siemens)

sicherung kann nur im ausgeschalteten Zustand des Schalters abgeschraubt werden. *Bild 3-5* zeigt eine dreipolige Ausführung. In *Bild 3-6* ist ein schaltbarer Sicherungssockel dargestellt, dessen Sicherungseinsatz nach dem Freischalten herausgenommen werden kann.

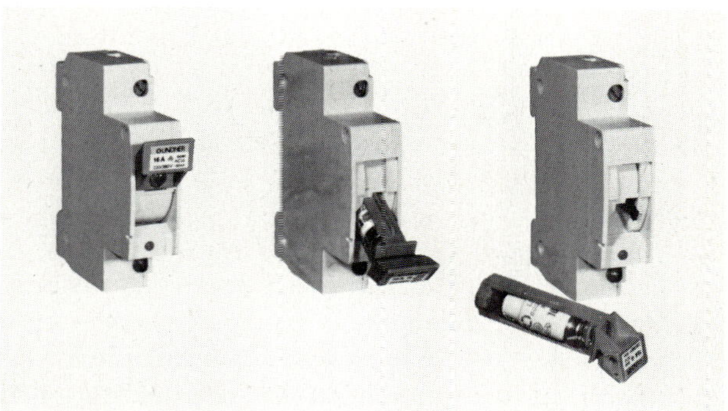

Bild 3-6: Schaltbarer Sicherungssockel

3.4.3 Leitungsschutzschalter

LS-Schalter, vielfach Automaten genannt, dienen zum Schutz von Leitungen bei Überlast und Kurzschluß.

Sie enthalten einen thermischen und einen magnetischen Auslöser. Bei kleineren Überströmen schaltet der thermische Auslöser (Bimetall) überlastzeit-abhängig ab. Bei hohen Überströmen oder Kurzschlüssen bewirkt eine Magnetspule über einen Auslöseanker das sofortige Abschalten des gefährdeten Stromkreises.

Nach DIN VDE 0641 gibt es LS-Schalter nur noch mit der Auslösecharakteristik B und C. LS-Schalter mit der früher üblichen L-Charakteristik durften nur noch bis zum 30. Juni 1990 hergestellt und bis zum 30. September 1990 in Verkehr gebracht werden. Neben den LS-Schaltern, Typ B und C, gibt es nach CEE-Publikation 19 noch Automaten mit den Charakteristiken G und U.

LS-Schalter, die auch mit Gleichstrom betrieben werden, z. B. für Sicherheitsbeleuchtungs-Anlagen, müssen auch das Bildzeichen für Gleichspannung tragen.

LS-Schalter sind universell für den Leitungsschutz vorgesehen. Der magnetische Schnellauslöser von LS-Schaltern des Typ B löst bei dem 5-fachen Nennwechselstrom innerhalb von 0,1 s aus, der des Typs C beim 10-fachen Nennstrom.

Auslösestrom von Sicherungsautomaten Tabelle 3-8

Charakteristik/Norm	Nennstrom-bereich I_N	kleiner Prüfstrom I_1	großer Prüfstrom I_2	Kurzabschaltung < 1 s
Typ B n. DIN VDE 0641A4	6 bis 63 A	$1{,}13 \cdot 1{,}13 \cdot I_N$	$1{,}45 \cdot I_N$	$5 \cdot I_N$
Typ C n. DIN VDE 0641A4	6 bis 63 A	$1{,}3 \cdots 1{,}5 \cdot I_N$	$1{,}45 \cdot I_N$	$10 \cdot I_N$
Typ L n. DIN VDE 0641/6.78	6 bis 63 A	$1{,}05 \cdot I_N$	$1{,}6 \cdots 1{,}9\, I_N$	$\sim 5 \cdot I_N$
Typ G n. CEEPaSl.19I	6 bis 32 A	$1{,}4 \cdot I_N$	$1{,}35 \cdot I_N$	$10 \cdot I_N$
Typ U n. CEEPuSl.19II	16 bis 25 A	$1{,}05 \cdot I_N$	$1{,}82 \cdot I_N$	$11{,}2 \cdot I_N$
Typ K n. DIN VDE 0660	0,2 bis 63 A		$1{,}2 \cdot I_N$	$8 \cdots 14\, I_N$

LS-Schalter des Typs C dienen dem Schutz von Stromkreisen, an denen Geräte wie Motoren, Transformatoren und dgl. angeschlossen sind. Durch die hohe Ansprechgrenze der magnetischen Schnellauslöser kommt es bei hohen Anlaufströmen von Motoren und Einschaltspitzen von Transformatoren nicht zu unerwünschten Abschaltungen. Im Überlastbereich verhalten sich die LS-Schalter des Typs B und C gleich *(Bild 3-7)*. Ihr thermischer Auslöser spricht beim 1,5-fachen Nennstrom (großer Prüfstrom I_2) innerhalb 1 h an. Beim 1,13-fachen Nennstrom (kleiner Prüfstrom I_1) darf innerhalb 1 h keine Abschaltung erfolgen. Eine Übersicht über die Auslösecharakteristiken von Sicherungsautomaten gibt *Tabelle 3-8*.

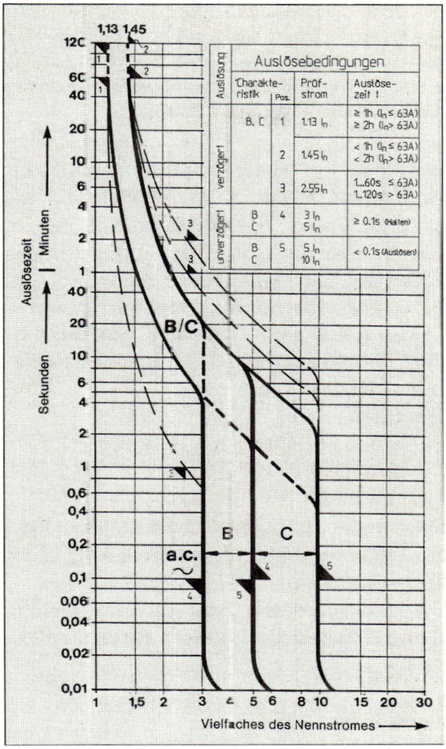

Bild 3-7: Zeit-Strom-Bereich für LS-Schalter, Typ B und C

Ausschaltvermögen, Strombegrenzung

DIN VDE 0641 ermöglicht die Herstellung von LS-Schaltern mit Nennschaltvermögen von 3000 A, 6000 A und 10 000 A Wechselstrom, die bei Nennströmen bis 32 A entsprechend ihrer Durchlaßenergie in 3 Strombegrenzungsklassen (Selektivitätsklassen) unterteilt werden. Eine ausreichende Strombegrenzung wird nur mit Klasse-3-Schaltern erreicht *(Bild 3-8)*. Einzelne Firmen garantieren einen zuverlässigen Back-up-Schutz (siehe 1.8) bei Kurzschlußströmen bis zu 35 kA.

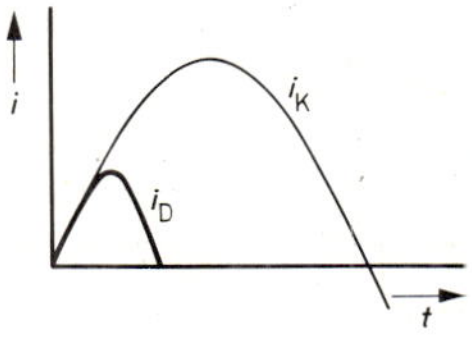

Bild 3-8: Begrenzung des Kurzschlußstromes durch Leitungsschutzschalter; i_K zu erwartender Kurzschlußstrom, i_D vom Leitungsschutzschalter durchgelassener Kurzschlußstrom

Nach den TAB dürfen nur LS-Schalter der Strombegrenzungsklasse 3 verwendet werden, deren Nennschaltvermögen mindestens 6000 A beträgt.

Kennzeichnung: 6000 / 3

Selektivität

Eine Selektivität zwischen LS-Schaltern untereinander ist im Kurzschlußfall im allgemeinen nicht zu erreichen. Zur Selektivität eines LS-Schalters in bezug auf die vorgeschaltete Schmelzsicherung siehe 3.4.6.

Ausführung

Die heute gefertigten LS-Schalter haben eine Breite von 17,5 mm. Vielfach werden sie mit feindrähtigen Leitern, z. B. H 07 V-K (NYAF), und verzinnten Kabelschuhen angeschlossen. Die drei Außenleiter eines Drehstromkreises sind oft nebeneinander angeordnet. Mehrere Drehstromkreise befinden sich in einer Reihe des Stromkreisverteilers, wobei alle Außenleiter L 1 usw. miteinander verbunden (gebrückt) sind. Der Abstand der Anschlußklemme des einen Außenleiters zur Anschlußklemme des anderen Außenleiters beträgt nur etwa 5 mm. In solchen Stromkreisverteilern haben sich trotz fachgerechter Installation eingangsseitig *Lichtbogenüberschläge* ereignet, die vielfach zum Ansprechen der vorgeschalteten Sicherungen, oft im Hausanschlußkasten, führten. Untersuchungen ergaben Metallbärte (*Whiskerbildung*) von mm bis cm Länge, also Zinnkristall-Fäden, die aus den Kabelschuhen herausgewachsen waren und den Luftraum zwischen den Anschlußklemmen überbrückten. Abhilfe könnte eine geeignete Oberflächenbehandlung der Kabelschuhe, Aderendhülsen und Leitungsösen durch die Hersteller schaffen. Sicherheitshalber sollte man LS-Schalter in Drehstromanlagen nicht nebeneinander (L 1–L 2–L 3), sondern untereinander, also

L 1
L 2
L 3

in drei Reihen anordnen.
Im übrigen haben massive Kupferdrähte eine höhere Dauerstandfestigkeit in Klemmen als verzinnte feindrähtige Leiter.
Hohe Umgebungstemperaturen mit hohem Gleichzeitigkeitsfaktor (z. B. Kaufhäuser) können bei zahlreichen nebeneinanderliegenden LS-Schaltern zu unerwünschten Auslösungen führen. Die Überlastauslöser (Bimetall) sind für eine Umgebungstemperatur von 25 °C eingestellt. Bei höheren Temperaturen ist

daher die Belastung der LS-Schalter zu verringern, z. B. um 15% bei einer Reihe und um 25% bei drei Reihen in einem Verteiler. Es sind also z. B. Stromkreise, die mit 10 A belastet werden sollen, durch LS-Schalter für 16 A abzusichern. Bei Automaten mit G- oder K-Charakteristik ist der zulässige Dauerstrom noch geringer, um die dichter über dem Nennstrom liegende thermische Auslösecharakteristik zu berücksichtigen.
LS-Schalter mit Hilfsschalter werden eingesetzt, um im Fehler- wie Betriebsfall gleichzeitig mit dem Hauptstromkreis auch Steuer- und Überwachungsstromkreise zu schalten oder um den Schaltzustand des LS-Schalters zu überwachen oder zu signalisieren. Der Hilfsschalter ist untrennbar mit dem LS-Schalter verbunden *(Bild 3-9)*. Die Hilfsstromkreise müssen gegebenenfalls für sich gegen Überstrom geschützt werden.

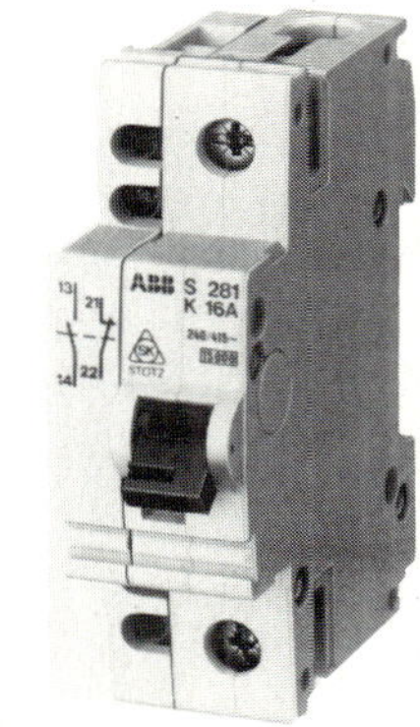

Bild 3-9: LS-Schalter mit Hilfsschalter (Werkbild: ABB)

LS-Schalter bis 63 A und 415 V~ mit Differenzstromauslöser (LS/DI-Schalter) nach DIN VDE 0641 Teil 4, siehe 9.3.8.6.

3.4.4 Leistungsschalter
(DIN VDE 0660 Teil 101, siehe auch 3.5.1)

Leistungsschalter sind Schaltgeräte, mit denen man Last-, Überlast- und Kurzschlußströme schalten kann.
Leistungsschalter werden für Nenndauerströme von wenigen Ampere bis einigen tausend Ampere angeboten. Sie dienen u. a. dem Schutz von Generatoren, Transformatoren, Leitungen und Motoren. Die meisten Leistungsschalter verfügen über einstellbare Überstromauslöser. Zu den Leistungsschaltern mit fest zugeordnetem Einstellstrom gehören die sogenannten K-Automaten (siehe Tabelle 3-8).

Auslösestrom

Die stromabhängig verzögerte Auslösung darf beim 1,05-fachen Wert des Einstellstroms innerhalb von einer bzw. zwei Stunden nicht auslösen. Beim 1,35-fachen Wert muß der Überlastauslöser eines Leistungsschalters mit einem Einstellstrom von $\leqq 63$ A innerhalb einer Stunde auslösen. Bei einem Einstellstrom von >63 A muß die Auslösung beim 1,25-fachen Wert innerhalb von 2 Stunden erfolgen.
Die Kurzschlußauslöser müssen bei allen Einstellwerten mit einer Genauigkeit von $\pm 20\%$ auslösen.
Einstellbare thermische Auslöser werden in der Regel auf den Nennstrom des Schutzobjektes, bei Leitungen auf deren Strombelastbarkeit eingestellt. Die magnetischen Schnellauslöser sollen abhängig vom Schutzobjekt auf folgende Werte eingestellt werden:

$(2 \cdots 4) \cdot I_N$ für Generatorschutz
$(3 \cdots 6) \cdot I_N$ für Leitungs- und Trafoschutz
$(6 \cdots 12) \cdot I_N$ für Motorschutz.

Ausschaltvermögen

Das Ausschaltvermögen von Leistungsschaltern ist vom Hersteller anzugeben. Die Werte schwanken in der Praxis von etwa 10 kA für Standardschalter bis etwa 100 kA für Hochleistungsschalter.

Selektivität

Eine Selektivität von in Reihe liegenden Leistungsschaltern kann durch
- Stromselektivität oder durch
- Zeitselektivität erreicht werden.

Eine Stromselektivität ist nur möglich, wenn die Kurzschlußströme bei einem Kurzschluß an den jeweiligen Einbaustellen der Schalter genügend verschieden sind *(Bild 3-10)*.
Der Ansprechstrom des vorgeordneten Schalters ist so festzulegen, daß er über dem größten möglichen Kurzschlußstrom an der Einbaustelle des nachgeordneten Schalters liegt.
Zeitselektivität kann man mit Hilfe von kurzverzögerten Überstromauslösern erreichen. Dabei wird das Ansprechen des Auslösers so lange verzögert, bis der nachgeordnete Schalter den Kurzschlußstrom mit Sicherheit ausgeschaltet hat *(Bild 3-11)*.
Die Staffelzeit, d. h. der Unterschied zwischen den Verzögerungszeiten zweier aufeinanderfolgender Schalter, wird innerhalb einer Anlage etwa gleichblei-

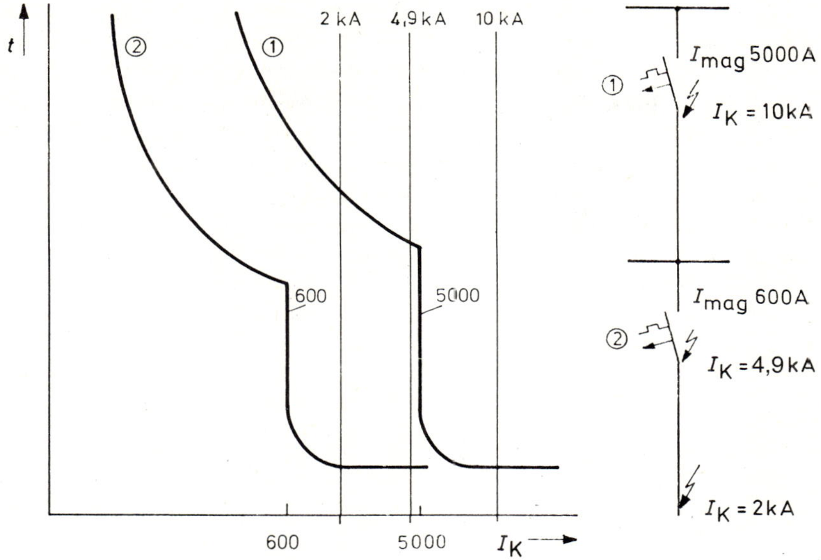

Bild 3-10: Stromselektivität mit Leistungsschaltern

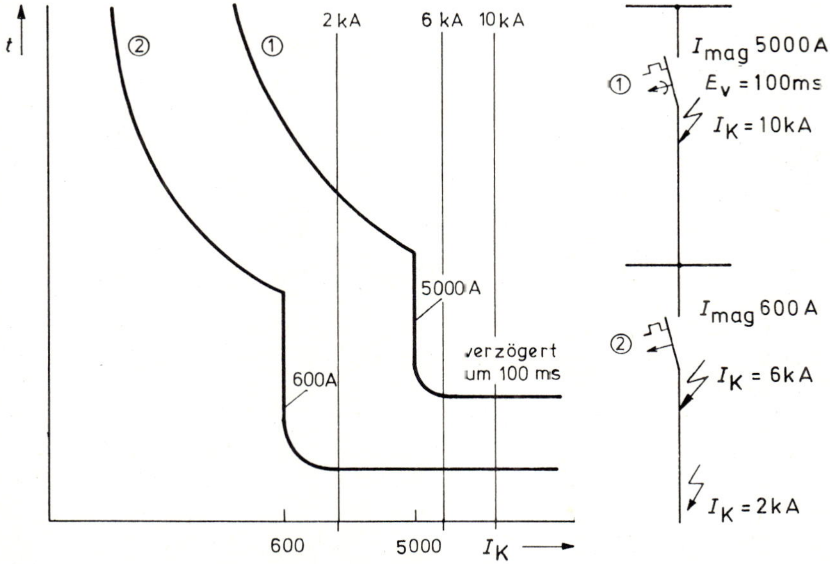

Bild 3-11: Zeitselektivität mit Leistungsschaltern

bend gewählt. Sie muß größer sein als die mechanische Eigenzeit des Schaltgerätes zuzüglich eines zeitlichen Sicherheitsabstandes. Man wird hier eng mit den Schalterherstellern zusammenarbeiten müssen, da zur sachgemäßen Planung die Auslösekurven der Leistungsschalter bekannt sein müssen. Kennt man diese, so ist ein Selektivitätsdiagramm (Zeit-Strom-Diagramm) aufzustellen *(Bild 3-12)*. Ein Hersteller bietet strombegrenzende Leistungsschalter an, die in Reihe geschaltet selektiv wirken. Die Selektivität wird bei diesen Schaltern durch elektronische Auslöseblöcke, die in die Schalter eingebaut sind, und die durch eine Signalleitung miteinander verbunden werden müssen, erzielt.

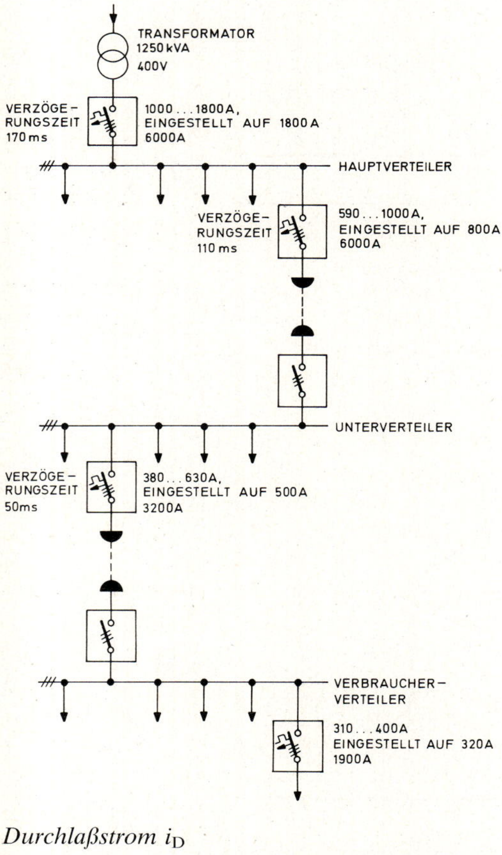

Bild 3-12: Selektivität in einer schmelzsicherungslosen Kraftinstallation

Durchlaßstrom i_D

Der Markt bietet Leistungsschalter mit Nullpunktlöschung und Leistungsschalter mit Strombegrenzung an. Leistungsschalter mit Nullpunktlöschung löschen

den Wechselstrom-Schaltlichtbogen, wenn der Strom einen natürlichen Nulldurchgang erreicht. Schalter mit verzögertem Kurzschlußauslöser (zeitselektiv) arbeiten im allgemeinen nach diesem Prinzip. Eine Strombegrenzung erfolgt dabei nicht. Die dynamische Kurzschlußbeanspruchung der nachgeordneten Anlage ist auf den Stoßkurzschlußstrom I_S abzustimmen, wenn keine strombegrenzende Schutzeinrichtung, z. B. Sicherung, dem Leistungsschalter vorgeschaltet ist.
Bei Leistungsschaltern mit Strombegrenzung wird der Stoßkurzschlußstrom I_S auf einen kleineren Durchlaßstrom i_D begrenzt. Die Werte sind den Herstellerangaben zu entnehmen.

3.4.5 Geräteschutzsicherungen (Feinsicherungen)
nach DIN 41 571, 41 660/1/2/8 und DIN VDE 0820

Zum Schutz von Geräten bei Überlast und Kurzschluß können in die Stecker, Wandsteckdosen oder in die Geräte Sicherungen, sog. G-Sicherungen, eingesetzt werden. Sie bestehen aus einem röhrenförmigen Schmelzeinsatz, meist aus Glas, von z. B. 5 mm Durchmesser und 20 mm Länge mit Metallkappen, aus einem Sicherungshalter und einer Verschlußkappe.
Es gibt flinke, mittelträge und träge G-Schmelzeinsätze, die sich jedoch nur bei hohem Überstrom, z. B. dem 10fachen Nennstrom, voneinander unterscheiden. Bei diesem Überstrom schalten ab:

superflinke G-Sicherungen, Kennlinie noch nicht festgelegt, Kennzeichnung FF,
flinke G-Sicherungen in weniger als 20 ms, Kennzeichnung F,
mittelträge G-Sicherungen zwischen 5 und 90 ms, Kennzeichnung M,
träge G-Sicherungen zwischen 10 und 300 ms, Kennzeichnung T,
superträge G-Sicherungen, Kennlinie noch nicht festgelegt, Kennzeichnung TT.

Bei geringen Überströmen verhalten sich alle fünf Typen etwa gleich, nämlich:

der 1,5fache Nennstrom wird mindestens eine Stunde lang ausgehalten,
beim 2,1fachen Nennstrom wird zwischen 2 und 30 min abgeschaltet.

G-Sicherungen können nur einen begrenzten Kurzschlußstrom abschalten, der an der Einbaustelle nicht überschritten werden darf. Das Nennausschaltvermögen von G-Sicherungseinsätzen mit großen Ausschaltvermögen nach DIN 41 660 beträgt bei Wechselstrom 1500 A, bei solchen mit kleinen Ausschaltvermögen nach DIN 41 661, 41 662 und 41 668 mindestens 10mal Nennstrom, jedoch nicht weniger als 35 A. G-Sicherungseinsätze nach DIN 41 571 werden

Nennströme und Schaltvermögen von Gerätesicherungen Tabelle 3-9

Bezeichnung	B	C	D	E	G
Wechselstrom	50 A	80 A	300 A	1000 A	1500 A
Gleichstrom	12,5 A	20 A	75 A	250 A	750 A

Die G-Sicherungen werden für folgende Nennströme gebaut:

A	—	—	—	—	—	0,032	0,04	0,05	0,063	0,08
A	0,1	0,125	0,16	0,2	0,25	0,315	0,4	0,5	0,63	0,8
A	1,0	1,25	1,6	2,0	2,5	3,15	4,0	—	6,3	—

bezüglich ihres Schaltvermögens bei 250 V Wechsel- und Gleichspannung in die Gruppen B–G eingeteilt (siehe *Tabelle 3-9*).
Auf den Schmelzeinsätzen finden sich z. B. folgende Aufschriften:

T 630/250 V bzw. FF 1,25/250 V bzw. M 2,5 E .

Die Beispielzahlen bedeuten: T = träg; 630 mA; 250 V; bzw. FF = superflink; 1,25 A; 250 V, bzw. M = mittelträge; 2,5 A; E = Schaltvermögen 1000 A.
Es gibt Schutzkontaktstecker mit eingebauten G-Schmelzeinsätzen. Auf diese Weise wird bei Fehlern im Gerät oder in der beweglichen Zuleitung nur das Gerät abgeschaltet, jedoch nicht der gesamte Stromkreis.
Zum Motorschutz sind Gerätesicherungen (Feinsicherungen) nicht geeignet, da sie nicht gegen Überlast schützen. Sie sind jedoch zum Einbau in elektronische Geräte, z. B in der Rundfunkindustrie, sehr nützlich, weil dafür die Verteilersicherungen in den Haushaltungen zu grob sind.

3.4.6 Selektivität bei verschiedenen Überstrom-Schutzeinrichtungen

In Niederspannungsanlagen soll auch im Fehlerfall nur ein möglichst kleiner Teil der Stromverbrauchsgeräte stillgesetzt werden. Deshalb fordert man von den Überstrom-Schutzeinrichtungen Selektivität. Dies bedeutet das Heraustrennen der Fehler- oder Kurzschlußstelle, ohne die übrigen hinter der gleichen Energiequelle liegenden Verbraucher zu stören.
Liegen nur Sicherungen hintereinander, so genügt es, die jeweils vorgeschaltete Sicherung zwei Nennstromstufen höher zu wählen.
Schwieriger ist die Selektivität zwischen Sicherungen und LS-Schaltern herzustellen. Dies gilt besonders dann, wenn im Netz höhere Kurzschlußströme zu erwarten sind und wenn es sich um LS-Schalter älterer Bauart handelt. Bei einem $I_k \leqq 1{,}5$ kA kommen neuzeitliche LS-Schalter früher als Schmelzsicherungen, wenn nach *Tabelle 3-10* verfahren wird.

Selektivität von LS-Schaltern Tabelle 3-10

LS-Schalter-Nennstrom A	Mindestgröße der Vorsicherung Typ D A	NH A
10	25	36
16	35	50
20	35	50
25	35	50
32	50	63

Für jede Reihenschaltung von LS-Schalter und Vorsicherung gibt es einen Grenzwert des Kurzschlußstromes, die Selektivitätsgrenze, *Bild 3-13,* bei deren Überschreitung die Sicherung vor dem LS-Schalter anspricht. Maßgebend für diese Grenze ist der I^2t-Wert des vom LS-Schalter durchgelassenen Stromes. Dieser Betrag muß kleiner sein als der Schmelz-I^2t-Wert der Vorsicherung bei der betrachteten Kurzschlußstromstärke.

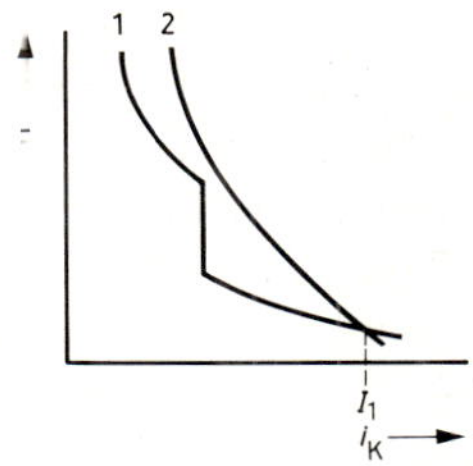

Bild 3-13: Selektivität von LS-Schaltern zu vorgeschalteten Schmelzeinsätzen; 1 Gesamtausschaltzeit eines LS-Schalters, 2 Schmelzzeit einer Sicherung höherer Nennstromstärke, I_1 Selektivitätsgrenze

Aus diesem Grund werden in VDE 0641 die LS-Schalter bis zu 32 A Nennstrom in drei Strombegrenzungsklassen eingeteilt, denen maximal zulässige I^2t-Werte zugeordnet sind.

Selektivitätsklassen für LS-Schalter nach DIN VDE 0641

In Übereinstimmung mit DIN VDE 0641 fordern die TAB der EVU, daß in Wohn- und Geschäftshäusern die Leitungsschutzschalter der abnehmereigenen Verteiler so selektiv sein müssen, daß die vorgeschaltete, plombierte Hausanschluß- oder Zuleitungssicherung bei Kurzschlüssen in der Abnehmeranlage nicht anspricht. Die vorstehend geschilderten strombegrenzenden LS-Schalter erfüllen diese Forderung, wenn sie der höchsten Selektivitätsklasse nach der CEE-Publikation 19 oder DIN VDE 0641 entsprechen.
Zur Kenntlichmachung hat der VDE dafür ein besonderes Leistungszeichen geschaffen:

6000
3

oder

10 000
3

Damit wird eine Schaltleistung von mindestens 6000 A, also 6 kA, bzw. 10 kA und die höchste Selektivitätsklasse 3 gekennzeichnet.
In *Tabelle 3-11* ist als Beispiel die Selektivitätsgrenze von Leitungsschutzschaltern der Strombegrenzungsklasse 3 zu Vorsicherungen nach DIN VDE 0636 in A aufgeführt.

Selektivitätsabhängigkeit vom Kurzschlußstrom an der Einbaustelle

Tabelle 3-11

Vorsicherung A	LS-Schalter 10 und 16 A Kurzschlußstrom A	LS-Schalter 20 und 25 A Kurzschlußstrom A
50	2200	1900
63	3000	2600
80	4000	3500
100	6000	5000

Strombegrenzende LS-Schalter mit Schaltvermögen von 12 oder 15 kA bieten insbesondere für Anlagen mit eigener Trafostation hohen Schutz. Es können dann sogar, nach Rücksprache mit den Herstellern, höhere Vorsicherungen als 100 A gewählt werden.
Die Zuordnung von LS-Schaltern und Sicherungen (Back-up-Schutz, s. 1.8) hängt von ihren charakteristischen Eigenschaften und dem Wert des zu erwartenden Kurzschlußstromes ab, bis zu dem der Schutz erforderlich ist. Genauere Angaben können nur vom Hersteller auf Grund besonderer Untersuchungen gemacht werden.
Eine *Selektivität von LS-Schaltern untereinander* ist meist nicht zu erreichen. Eine Selektivität zwischen *Leistungsschalter* und nachgeschaltetem LS-Schalter ist möglich, wenn der maximale Kurzschlußstrom nicht größer als das Schaltvermögen des LS-Schalters ist, z. B. 10 kA bei cos $\varphi = 0{,}5$. Überschreitet der Kurzschlußstrom diese Grenze, so kann der gegenüber dem LS-Schalter träge Leistungsselbstschalter den LS-Schalter nicht mehr schützen.

Selektivität zwischen Leistungsschalter und nachgeordneter Sicherung
(Leistungsschalter untereinander siehe 3.4.4)

Im Überlastbereich bis zum Ansprechstrom des nicht verzögerten magnetischen Auslösers des Leistungsschalters ist Selektivität gegeben, wenn die

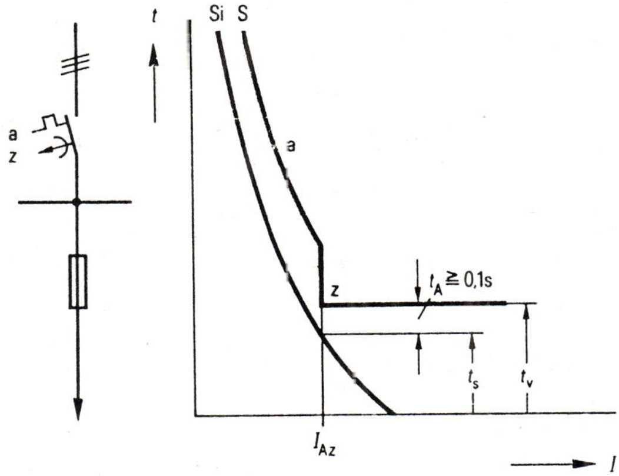

Bild 3-14: Selektivität zwischen Schutzschalter und nachgeordneter Sicherung. a Überlastauslöser, z kurzverzögerter Überstromauslöser, t_A Sicherheitsabstand, I_{Az} Ansprechstrom des z-Auslösers, t_s Schmelzzeit der Sicherung, t_v Verzögerungszeit des z-Auslösers

Sicherungskennlinie nicht die Auslösekennlinie des thermischen Auslösers des Leistungsschalters berührt *(Bild 3-14)*. Bei Kurzschlußströmen, die den Ansprechstrom des Schnellauslösers erreichen oder überschreiten, ist Selektivität nur gegeben, wenn die nachgeordnete Sicherung den Strom so begrenzt, daß der Durchlaßstrom nicht den Ansprechstrom des Schnellauslösers erreicht. Dies ist nur bei Sicherungen zu erwarten, deren Nennstrom im Vergleich zum Nennstrom des Leistungsschalters sehr niedrig ist.
Bei zeitverzögerten Leistungsschaltern ist die Kurzschlußselektivität gegeben, wenn die Verzögerungszeit des Schnellauslösers mindestens 100 ms über der Sicherungskennlinie liegt (Bild 3-14).

Selektivität zwischen Sicherung und nachgeordnetem Leistungsschalter

Selektivität ist gegeben, wenn sich im gesamten möglichen Strombereich die Auslösekennlinien der Schutzeinrichtungen nicht berühren. Die Auslösekennlinie der Sicherung soll dabei mindestens 70 ms über der Auslösekennlinie des Schnellauslösers des Leistungsschalters liegen. Ansonsten siehe die Festlegungen über LS-Schalter.

3.5 Schalter in Schaltanlagen; Schütze, Relais

3.5.1 Schaltbeanspruchungen, Schalterarten

Schalter müssen den am Einbauort betriebsmäßig auftretenden Strömen und *Schaltbeanspruchungen* gewachsen sein. Soweit es sich um Schalter mit Überstromauslösung handelt, die den Schutz gegen die Auswirkung von

Kurzschlüssen zu übernehmen haben, müssen sie den an ihrer Einbaustelle möglichen Kurzschlußstrom einwandfrei abschalten können. Zur Kennzeichnung dieser Eigenschaft dient die Angabe des Nenn*ausschalt*vermögens des Schalters. Man versteht darunter den höchsten Strom, den das Schaltgerät bei seiner Nennspannung und einem bestimmten Leistungsfaktor unterbrechen kann, ohne daß der Lichtbogen stehenbleibt oder nach anderen Teilen überschlägt und ohne daß die Schaltstücke verschweißen oder etwa vorhandene Auslöser usw. beschädigt werden. Wenn die Schalter der am Einbauort zu erwartenden Kurzschlußleistung nicht genügen, müssen strombegrenzende Überstrom-Schutzeinrichtungen als Kurzschlußschutz vorgeschaltet werden.
Da es möglich ist, daß durch einen Schalter das Netz auf eine Kurzschlußstelle geschaltet wird, muß der Schalter auch diesem höchsten *Einschalt*stromstoß gewachsen sein. Der Schalter muß also ein Nenneinschaltvermögen besitzen, das mindestens diesem Einschaltstromstoß entspricht. Beim unmittelbaren Einschalten von Kurzschlußläufermotoren entsteht ebenfalls ein kurzschlußähnlicher Einschaltstromstoß. Die Auswahl der Schaltgeräte muß daher auch nach dem Motor-Einschaltstromstoß erfolgen, der ein Vielfaches des Motornennstromes sein kann.
In den Herstellerlisten wird das *Schaltvermögen* der Niederspannungsschaltgeräte in kA unter gleichzeitiger Nennung des Verwendungszweckes und der Betriebsspannung angegeben. Nach ihrem Schaltvermögen unterscheidet man Trenner, Lastschalter, Motorstarter und Leistungsschalter.
Trenner sind Schalter, die in der Offenstellung eine sichere Trennstrecke herstellen. Sie können einen Stromkreis nur öffnen und schließen, wenn entweder nur ein Strom von vernachlässigbarer Größe geschaltet wird oder wenn zwischen beiden Anschlüssen jeder Strombahn keine merkliche Spannungsdifferenz vorhanden ist.
Lastschalter sind Schalter, die etwa den einfachen bis doppelten vom Hersteller anzugebenden Nennstrom ein- und ausschalten können. Sie werden als Licht- und Geräteschalter in Hausinstallationen, als Hebelschalter oder Fehlerspannungs-Schutzschalter in Verteilungen häufig verwendet. Auch Betätigungs-Druckknöpfe gehören zu den Lastschaltern.
Trenner und Lastschalter werden nach DIN VDE 0660 Teil 107 entsprechend ihrer Anwendung verschiedenen Gebrauchskategorien zugeordnet. Für Schalter in Wechselstromanlagen gilt *Tabelle 3-12*.
Für Schalter, die betriebsmäßig zum Schalten von einzelnen Motoren verwendet werden, gelten die Gebrauchskategorien von Tabelle 3-13 (AC-2, AC-3 und AC-4).
Für Hilfsstromschalter, das sind nach DIN VDE 0660 Teil 200 Schalter, die die Betätigung von Schaltgeräten steuern, gilt die Gebrauchskategorie AC-11, wenn Wechselstrom-Elektromagnete damit geschaltet werden.

Gebrauchskategorien von Trennern und Lastschaltern Tabelle 3-12

Gebrauchskategorie	Typische Anwendungsfälle
AC-20	Schließen und Öffnen ohne Last
AC-21	Schalten von ohmscher Last einschließlich geringer Überlast
AC-22	Schalten von gemischter ohmscher und induktiver Last einschließlich geringer Überlast
AC-23	Schalten von Motoren oder anderer hochinduktiver Last

Ähnliche Gebrauchskategorien gibt es auch für Gleichstrom (DC).
Ein *Auswahlbeispiel* soll zeigen, wie Schalter ausgesucht werden können. Kennlinien, wie sie in *Bild 3-15* für die Gebrauchskategorie AC 4 gezeigt sind, erhält man für die einzelnen Schaltertypen vom Hersteller.
Im Beispiel soll ein Einbau-Nockenschalter für einen Drehstrom-Käfigläufermotor, Motorleistung 4 kW, 380 V, 30 Schaltungen in der Stunde, gewählt werden, Belastungsfall: direkt einschalten und gegenstrombremsen.
Lösung: Aus den Gebrauchskategorien erkennt man, daß der Fall in die Gruppe AC 4 gehört. Wir suchen in Bild 3-15 die Horizontale für 4 kW und die Vertikale für 30 Schaltungen/Stunde. Beide Linien schneiden sich im Feld 25 A. Trotz

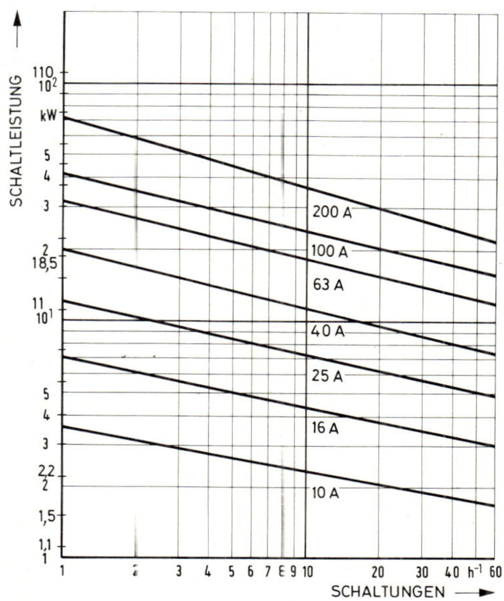

Bild 3-15: Schaltergrößen in A bei Schaltleistungen in kW abhängig von Schalthäufigkeit; 380 V

verhältnismäßig kleiner Motorleistung muß wegen der hohen Schaltbeanspruchung ein 25-A-Schalter gewählt werden.

Motorstarter nach DIN VDE 0660 Teil 104 sind zum Schalten von Motoren bestimmt. Ihr Nenneinschalt- und Nennausschaltvermögen entsprechen dem Anlaufstrom von Motoren. Sie müssen einen festgebremsten Motor ein- und ausschalten können. Die bei Kurzschlußläufermotoren im Stillstand auftretenden Ströme können das 3- bis 12-fache des Motornennstromes bei einem Leistungsfaktor von etwa 0,3 bis 0,4 sein.

Den Motorstartern muß stets ein Kurzschlußschutz vorgeschaltet werden, da sie nur mit einem Auslöser für Überlast versehen sind. Vielfach besteht die Möglichkeit, mehrere Motorstarter durch eine gemeinsame Sicherung zu schützen (Gruppensicherung), jedoch darf der zulässige Höchstwert der Vorsicherungen für den kleinsten Schalter nicht überschritten werden.

Leistungsschalter (siehe auch 3.4.4) sind Schalter, deren Nenneinschalt- und Nennausschaltvermögen so groß sind, daß sie auch bei Kurzschluß einwandfrei ein- und ausschalten können. Sie haben elektromagnetische Schnellauslösung. Von besonderer Bedeutung sind die Motorschutz-Leistungsschalter *(Bild 3-16)* und Überstrom-Selbstschalter sowie die Ölschütze mit Motorschutz und Kurzschlußschutz.

Bild 3-16: Motorschutzschalter mit thermischer und elektromagnetischer Auslösung

Leistungsschalter werden für Nennströme von 16, 25, 40, 63, 100, 200 A und mehr hergestellt. Die bei Kurzschluß auftretenden Ströme können mehr als das 25-fache dieser Nennströme betragen. Auch das Einschalten großer Kurzschlußläufer und großer Kondensatoren bedeutet eine besondere Beanspruchung der Schaltgeräte und wird daher immer mit Leistungsschaltern durchgeführt. Schalter dieser Art werden ferner für Transformatoren, Gleichrichter, Motoren, in Kranschaltkästen, als Stations- oder Maschennetzschalter verwendet.

Zur Überwachung der Netzspannung können Leistungsschalter Unterspannungsauslöser erhalten. Diese lösen den Schalter aus, wenn ihre Betätigungsspannung auf 70% bis 35% der Nennspannung abgesunken ist. In spannungsschwachen Netzen verwendet man mit Vorteil Unterspannungsauslöser mit Verzögerung. Die Verzögerung darf auch bei Abschaltung durch Steuer- oder Schutzeinrichtungen wirksam sein, wenn dadurch keine Gefahren für Personen oder Sachen entstehen können (DIN VDE 0100 Teil 450). Als Antriebsarten kommen Handantrieb und von 100 A ab Fernantrieb in Frage. Überschreitet der Kurzschlußstrom das Schaltvermögen des Selbstschalters, dann bedient man sich einer vorgeschalteten Schmelzsicherung. Wenn bei automatischer Spannungswiederkehr Gefahren für Personen oder Sachen entstehen können, dann müssen die Unterspannungs-Schutzeinrichtungen so wirksam werden, daß bei Spannungswiederkehr keine automatische Zuschaltung erfolgt, z. B. durch eine nur vor Ort zuschaltbare Einrichtung.

Leistungsschalter haben gegenüber Schmelzsicherungen folgende Vorteile:

bei mäßigen Überströmen kürzere Abschaltzeiten als Schmelzsicherungen,
allpolige Abschaltung in jedem Störungsfall,
Verhindern von Einphasenlauf,
unmittelbare Wiedereinschaltung nach Beheben der Störung,
gefahrloses Ein- und Ausschalten,
richtiges Zuordnen von Überlast- und Kurzschlußcharakteristik,
einfache Signalisierung und Verriegelung durch Hilfsschalter,
Fernauslösung durch Spannungsauslöser.

Der Leistungsschalter ersetzt aber nicht nur vorteilhaft die Schalter-Schmelzsicherungs-Kombination, sondern er ist ein richtiges Vorschaltgerät für Schütze

Bild 3-17: Leistungstrenner (Werkbild: Klöckner-Moeller)

in Steuerungen. Er stellt zusätzlich einen Hauptschalter dar, der eine höhere Sicherheit bietet als das Schütz.
Die Konstruktion der z. T. strombegrenzenden Kompaktschalter für Nennströme bis 4000 A und effektive Nennschaltvermögen bis 95 kA bei 660 V und $\cos \varphi = 0{,}2$ ist nunmehr von allen bedeutenden Herstellern von Leistungsschaltern aufgegriffen worden. Die Geräte sind aus Isolierstoff, die thermischen Auslöser, z. T. mit Temperaturkompensation, dienen dem Überlastschutz von Motoren, Transformatoren und Leitungen, die elektromagnetischen Schnellauslöser übernehmen den Kurzschlußschutz *(Bild 3-17)*. Die Betätigung des Schalters erfolgt durch Kipphebelantrieb, Drehgriff oder Motorantrieb. Selbsttätige Schnelleinschaltung ermöglicht sicheres Schalten, auch auf Kurzschlüsse. Für die Spannungsauslösung, auch in Maschennetzen, kann ein Arbeitsstromauslöser angebaut werden, wie überhaupt verschiedene Kombinationen von Hilfsschaltern möglich sind.

3.5.2 Schütze

DIN VDE 0660 Teil 102 definiert ein Schütz als einen „Schalter mit nur einer Ruhestellung, der nicht von Hand betätigt wird und der unter normalen Bedingungen des Stromkreises einschließlich betriebsmäßiger Überlastströme einschalten, führen und ausschalten kann."
Schütze sind mit mechanisch betätigten Schaltgliedern ausgerüstet, die entweder elektromagnetisch, pneumatisch oder elektropneumatisch angetrieben werden. Die Rückstellung erfolgt durch Federn oder Schwerkraft. Hauptanwendungsgebiet der Schütze liegt im Schalten elektrischer Antriebe. Sie werden jedoch auch in der Elektrowärme und Galvanik eingesetzt und zum Schalten von Akkumulatoren, Schweißmaschinen, Beleuchtungs- und Kompensationsanlagen herangezogen. Für das Schalten von Verbrauchern bis 4 kW verwendet man sogenannte Kleinschütze; für Verbraucher über 4 kW Leistungsschütze. In Hilfsstromkreisen kommen Hilfsschütze zum Einsatz. Sie dienen zum Steuern von Motoren, Ventilen, Kupplungen und Heizeinrichtungen.
Die meisten Hersteller bieten für ihre Schütze Zubehör, wie Hilfsschalter und Zeitrelais, das auf die Schütze aufgeschnappt und mechanisch mit dem Antriebssystem des Schützes gekoppelt wird. Durch ein an das Schütz anbaubares Motorschutzrelais, das im Gefahrenfall über seinen Hilfsschalter das Leistungsschütz und damit den Motor abschaltet, können Motoren wirkungsvoll bei Überlast geschützt werden *(Bild 3-18)*. Im allgemeinen kann jedoch mit derartigen Kombinationen nur ein Überlastschutz erreicht werden. Der Kurzschluß muß dann durch Leistungsschalter oder Schmelzsicherungen abgeschaltet werden.

Bild 3-18: Schütz mit Hilfsschalter und Motorschutzrelais

(Werkbild: Klöckner-Moeller)

3.5.2.1 Auswahl von Schützen

Bei der Auswahl von Schützen sind zunächst die

- Gebrauchskategorie (siehe *Tabelle 3-13*)
- Schaltleistung
- Betriebsart und
- Lebensdauer

zu berücksichtigen.

Gebrauchskategorie von Wechselstromschützen[1]) Tabelle 3-13

Gebrauchskategorie	Typischer Anwendungsfall
AC-1	Nicht induktive oder schwach induktive Last. Widerstandsöfen
AC-2	Schleifringläufermotoren: Anlassen, Gegenstrombremsen[2]) und Reversieren[2])
AC-3	Käfigläufermotoren: Anlassen, Ausschalten während des Laufes
AC-4	Käfigläufermotoren: Anlassen, Gegenstrombremsen[2]), Reversieren[2]), Tippen[3])

[1]) Für Gleichstrom gibt es die Gebrauchskategorien DC1···DC5.

[2]) Gegenstrombremsen oder Reversieren des Motors ist das schnelle Bremsen oder Umkehren der Drehrichtung durch Vertauschen von zwei Zuleitungen bei laufendem Motor.

[3]) Unter Tippen versteht man das einmalige oder wiederholte kurzzeitige Einschalten eines Motors, um kleine Bewegungen von Maschinen zu bewirken.

Für ein Schütz ist die elektrische Lebensdauer entscheidend. Sie ist durch die Anzahl der Schaltspiele unter Betriebsbedingungen bestimmt und sollte nicht geringer als die Lebensdauer der dazugehörigen Arbeitsmaschine sein. Die elektrische Lebensdauer wird in der Praxis auch als Schaltstück- und Gerätelebensdauer bezeichnet und von allen namhaften Herstellern für die verschiedenen Gebrauchskategorien in Abhängigkeit von der Schaltleistung angegeben. Zu beachten ist, daß auch die Schalthäufigkeit und die Betriebsart die Schaltstücklebensdauer beeinflussen. Bei einer hohen Anzahl von Schaltspielen je Stunde müssen in der Regel im AC-2-, AC-3- und AC-4-Betrieb Abschläge von der Nennschaltleistung des Schützes vorgenommen werden. Angeboten werden Schütze mit einer Lebensdauer von 0,1 bis 10 Millionen Schaltspielen und einer stündlichen Schalthäufigkeit von 50 bis 3000 Schaltungen.

3.5.2.2 Kontaktsicherheit von Schützen

Alle elektromagnetisch betätigten Schütze müssen unabhängig von ihrer Gebrauchskategorie in einem Bereich von 85% bis 110% des Nennwertes der Steuerspannung einwandfrei und unbeeinflußt betätigt werden können. Bei 15% (AC-Betrieb) des Spannungs-Nennwertes müssen Schütze in ihre Ruhelage zurückkehren. Dies gilt nicht für verklinkte Schütze.
Je kleiner die Nennbetätigungsspannung gewählt wird, um so höher fallen Übergangswiderstände von anderen Schaltgerätekontakten ins Gewicht. Bei einer Nennbetätigungsspannung von 24 V bedeutet ein Spannungsfall von 4 V, daß die Steuerspannung an der Schützspule nur noch 83% des Nennwertes beträgt. Damit liegt sie unterhalb des Grenzwertes, bei dem noch eine einwandfreie Betätigung gefordert wird. Der gleiche Spannungsfall bei einer Nennbetätigungsspannung von 220 V bedeutet lediglich eine Reduzierung der Steuerspannung an der angesteuerten Schützspule auf etwa 98% des Nennwertes. Zur Erhöhung der Kontaktsicherheit bei Schützen mit niedriger Betätigungsspannung werden daher besondere Schaltkontakte, sog. Doppelzungenkontakte, zusammen mit hochkorrosionsbeständigem und leitfähigem Kontaktmaterial angeboten.

3.5.2.3 Kurzschlußfestigkeit

Schütze verschweißen im allgemeinen bei Strömen nur wenig oberhalb ihres Einschaltvermögens. Im Kurzschlußfall werden diese Werte fast immer überschritten. Um ein Schütz gegen die Auswirkungen eines Kurzschlusses zu schützen, sind strombegrenzende Überstrom-Schutzeinrichtungen, z. B. Schmelzsicherungen, vorzuschalten. In der Regel geben die Hersteller der

Schütze die Größe der maximal vorzuschaltenden Kurzschluß-Schutzeinrichtung an.

3.5.2.4 Parallelschaltung von Schützen

Um höhere Dauerströme führen zu können, schaltet man Schütze parallel. Dabei ist zu beachten, daß bei Parallelschaltung von zwei Schützen max. der 1,8-fache Dauerstrom geführt werden kann, da man von einer ungleichen Stromverteilung ausgehen muß. Zudem erhöht sich weder das Einschalt- noch das Ausschaltvermögen, weil die Schaltstücke im allgemeinen nicht gleichzeitig öffnen und schließen.

3.5.2.5 Anschlußbezeichnung

In DIN EN 50005 und DIN EN 50012 ist eine einheitliche Anschlußbezeichnung für Schütze festgelegt *(Bild 3-19)*. Für die Hilfsschalter sind die Anschlußbezeichnungen zweiziffrig. An der Einerstelle stehen die Funktionsziffern 1–2 für Öffner, 3–4 für Schließer. An der Zehnerstelle stehen fortlaufende Ordnungsziffern mit 1 beginnend und unabhängig von der Funktion der Schaltglieder.

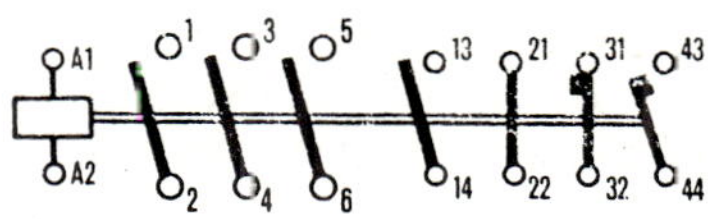

Bild 3-19: Anschlußbezeichnung eines Schützes

3.5.2.6 Begrenzung von Schaltüberspannungen

Beim Ausschalten von Schützspulen entstehen Überspannungen mit Amplituden bis zu mehreren Kilovolt, die sowohl parallel zu den Schützspulen geschaltete spannungsempfindliche Bauelemente gefährden als auch bei kapazitiver Einkoppelung in Steuerleitungen elektronischer Schaltungen zu schwerwiegenden Störungen führen können. Zur Bedämpfung derartiger Schaltüberspannungen sind deshalb, wo erforderlich, geeignete Maßnahmen zu ergreifen. Die wirtschaftlichste Lösung ist das Beschalten der Schütze mit *RC*-Gliedern oder Varistoren, die direkt auf das Schütz aufgesteckt oder geschraubt werden *(Bild 3-20)*. Bei gleichstrombetätigten Schützen wird die Überspannungsdämpfung durch Diodenbeschaltung erreicht.

Bild 3-20: Schütz mit Dämpfungsglied
(Werkbild: Klöckner-Moeller)

3.5.2.7 Einbau der Schütze

Für den Einbau der Schütze, zusammen mit den Befehlsgeräten, Zeitrelais, Steuer-Transformatoren, Gleichrichtern, Sicherungen, Sammelschienen, Hauptschaltern, Meßgeräten usw. in Schaltschränke *(Bild 3-21)*, Steuerpulte oder Schaltgerüste ist als Schutzart für die Gehäuse in Industrie und Gewerbe IP 54 zu empfehlen. Es gibt Ausführungen, bei denen, um Kondenswasser zu vermeiden, etwa in chemischen Betrieben oder Färbereien, in die Gehäuse Filterstutzen eingebaut werden können, die einen Luftausgleich (Atmen) ermöglichen, ohne daß Staub oder ähnliches in das Gehäuse eindringen kann. Durchsichtige Abdeckung erleichtert die Kontrolle und Schutzisolierung schützt den Bedienenden.
Beschilderung und Stromlaufplan (DIN 40 719 Teil 3) sind für die Störungssuche von größter Bedeutung.

Bild 3-21: Schützsteuerung
(Werkbild: Klöckner-Moeller)

Schütze erzeugen im eingeschalteten Zustand Wärme; diese ist durch geeignete Maßnahmen abzuführen. Durch eine großzügige Dimensionierung der Schaltanlage und das Anordnen der Schütze im oberen Verteilungsbereich kann dies am problemlosesten erzielt werden.

3.5.3 Relais

(DIN VDE 0435, DIN VDE 0637 Teil 1, DIN VDE 0804)

Elektrische Relais sind Einrichtungen, die gewünschte vorgegebene Änderungen in ihren Ausgangsstromkreisen bewirken, wenn bestimmte Voraussetzungen in ihren Eingangsstromkreisen eintreten. Das heißt, mit Hilfe ihrer Kontaktglieder werden weitere Einrichtungen über Hilfsstromkreise betätigt.

Relais können in Meß- und Schaltrelais mit und ohne definiertem Zeitverhalten eingeteilt werden, wobei die Verknüpfung zwischen Eingangs- und Ausgangsstromkreis entweder mechanischer oder elektronischer, magnetischer und optischer Art sein darf. Wichtig ist, daß die beiden Stromkreise nur über eine Relaisfunktion verknüpft sind. Nach den Schaltzuständen ist in monostabile (nur eine Ruhestellung) und bistabile (zwei Ruhestellungen) Relais zu unterscheiden.

Anwendungsgebiete sind die:

- Fernmeldetechnik (DIN VDE 0804)
- Zeitrelais, Relais mit festgelegtem Zeitverhalten
- Hausinstallationstechnik (DIN VDE 0637 Teil 1)
- Hausgerätetechnik
- Meß- und Steuerungstechnik (Teilbestimmungen in DIN VDE 0435)
- Schaltungstechnik mittlerer und hoher Belastung
- Datenverarbeitung (Schaltrelais kleiner Leistung, konzipiert für die Ansteuerung von Schützen durch Halbleiterbauelemente).

Wichtiges Einteilungskriterium bei Relais ist ähnlich wie bei Schützen die Gebrauchskategorie, hier Kontaktklasse genannt (s. *Tabelle 3-14*).

Kontaktklassen für Relais Tabelle 3-14

Klasse	Spannung	Strom	Anwendungsbereich
I	< 0,02 V	< 0,1 A	Interne Schließer und Öffner in elektronischen Einrichtungen
II	0,02 V···250 V	< 1 A	Meßrelais, Fernmeldetechnik
III	0,02 V···600 V	< 100 A	Schaltrelais, Auslöser

Relais, die in Niederspannungsschaltanlagen eingesetzt werden, finden sich in den Kontaktklassen II und III. Von wenigen Ausnahmen abgesehen werden Schaltrelais der Klasse III mit einem Schaltvermögen über 16 A durch Schütze ersetzt. Wesentliche Unterscheidungsmerkmale zwischen den Bezeichnungen Schütze und Relais sind:

- Relais müssen nur betriebsmäßige Ströme, keine Überströme schalten oder führen können.
- Relais können zur Ausübung bestimmter Funktionen zusammen mit elektronischen Bauteilen oder Baugruppen für Steuerungszwecke in einem Gerät integriert sein.

Elektrische Relais lassen sich gliedern in

- Schaltrelais ohne definiertes Zeitverhalten,
- Schaltrelais mit definiertem Zeitverhalten (Zeitrelais) und
- verzögert und unverzögerte Meßrelais.

Schaltrelais ohne definiertes Zeitverhalten sind Relais, die in Hilfsstromkreisen eingesetzt werden, und Fernschalter für Hausinstallationen. Sie dienen vorwiegend der Stromkreistrennung bzw. der Verstärkung oder Vervielfältigung von Signalen. Sie sind meist ausgelegt, um kleinere magnetische Antriebe zu schalten. Ihre Schaltleistung liegt bei etwa 4 A.
Zeitrelais *(Bild 3-22)* ermöglichen das Einstellen verschiedener Laufzeiten, außerdem werden sie in den Arbeitsweisen ansprechverzögert, rückfallverzögert, einschaltwischend, ausschaltwischend und blinkend angeboten.

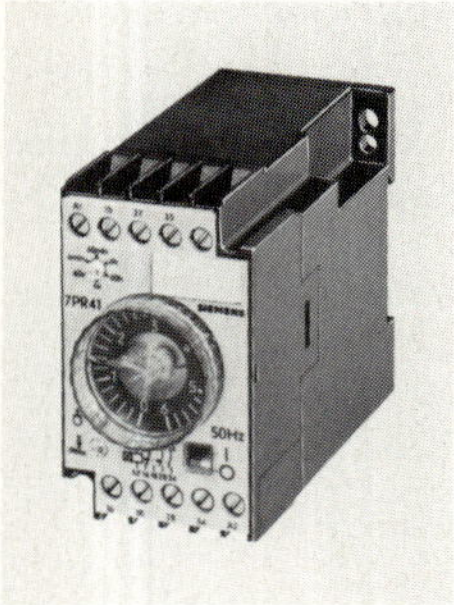

Bild 3-22: Ansprechverzögertes motorisches Zeitrelais

Verzögerte und unverzögerte Meßrelais können weiter in Überwachungs- und Schutzrelais gegliedert werden. Typische Beispiele sind Motorschutzrelais, Stromwächter, Spannungswächter, Asymmetrierelais, Phasenfolgerelais, Dreiphasenwächter und Störungsmelderelais.

Die bekanntesten Schutzrelais sind Motorschutzrelais und Unterspannungsauslöser.
Bei der Dimensionierung und bei der Montage von Relais sind zu beachten:

- Angaben des Herstellers bezüglich der Schalt- und Steuerspannung sowie des Schaltnennstromes oder der Schaltleistung.
- Beim Schalten von Leuchtstofflampen darf deren Strom den 0,5-fachen Wert des Nennstromes das Relais nicht überschreiten. Dies gilt, solange die Kapazitäten zur Kompensation in Reihe zum Schalter liegen.
- Sind die Relais mit Melde- oder Betätigungselementen versehen, sind sie übersichtlich einzubauen, so daß sie leicht überwacht und gefahrenlos betätigt werden können.
- Die durchschnittliche Umgebungstemperatur sollte nicht höher als 25 °C sein. Beim Einbau ist daher darauf zu achten, daß die Schalter genügend Abstand zu anderen sich erwärmenden Schaltgeräten (z. B. LS-Schalter) aufweisen und die Wärmeabfuhr gewährleistet ist.

Wenn das Relais ungewöhnliche Eigenschaften oder Anforderungen hat, ist es gut sichtbar mit dem Symbol $\overset{!}{\bigtriangledown}$ zu kennzeichnen, um anzuzeigen, daß das Bauartblatt eingesehen werden muß. Dieses Symbol muß neben der Typenbezeichnung auch am montierten Relais sichtbar sein. Am montierten Relais nicht unbedingt sichtbar müssen angebracht sein: Angaben über Bemessungswerte der Erregergrößen, die Frequenz bei Wechselstrom oder das Zeichen = bei Gleichstrom und Nennwert oder Einstellbereich der Ansprech- oder Rückfallverzögerung bei Zeitrelais. Bei der Auswahl von Relais ist unbedingt noch die Schalthäufigkeit zu berücksichtigen. Die zugelassene Schalthäufigkeit, das sind die maximal erlaubten Schaltspiele je Stunde, können den Herstellerangaben entnommen werden. Bevorzugte Werte sind 3600, 45 000, 90 000 und 180 000.

3.5.4 Elektronische Steuerungen, Prozeßsteuerungen

Der Einsatz von elektronischen Betriebsmitteln (EB), z. B. Stromrichter und elektronische Schalter, die Leistung schalten, in Steuerungs- und Regelungsschaltungen bedarf sorgfältiger Planung. Außer der richtig wirkenden Schaltung muß eine zweckmäßige Bemessung der vorgesehenen Einzelteile sichergestellt werden. In den meisten Fällen wird man auf fertige Schaltungen und Baugruppen der Hersteller zurückgreifen können. Elektronische Steuerungen verbinden extrem kurze Schaltzeiten mit einer langen Lebensdauer. Sie dienen zum kontaktlosen Schalten von Motoren, Magnetventilen, Hubmagneten, Lampen usw. Gegen Umwelteinflüsse, wie Staub, Feuchtigkeit, aggressive Atmosphäre und mechanische Erschütterungen, sind sie unempfindlich. Sie

sind z. B. für schnelle und genaue Positionierungen bei Werkzeugmaschinen, Bau- und Schweißmaschinen und für Spritzgießmaschinen mit kurzen Taktzeiten vorteilhaft.
Bei der Projektierung sind gegenüber klassischen Schaltgeräten einige wenige Besonderheiten zu beachten:
Die kontaktlosen Schalter stellen keine Potentialtrennung her; d. h., auch im ausgeschalteten Zustand ist die Last über die Thyristor-Baugruppe galvanisch mit dem Netz verbunden. Daher muß eine besondere Trennstelle vorgesehen werden.
Die Auswahl der Baugruppen erfordert eine große Sorgfalt, da die Halbleiterbauelemente gegen Überlastung sehr empfindlich sind.
Periodisch oder nichtperiodisch wiederkehrende Spannungsspitzen, die vom Netz her auf die Baugruppen einwirken können, dürfen die angegebene Spitzensperrspannung auch nicht kurzzeitig überschreiten. Überspannungsschutz-Baugruppen sind vorzusehen.
Reihen- oder Parallelschaltungen der Baugruppen zur Erhöhung der Anschlußspannung oder des Laststromes dürfen zur Schonung der Halbleiterbauelemente nicht vorgenommen werden.
Betätigt man mit den kontaktlosen Schaltern Verbraucher mit einem Anlaufstrom, der ein Vielfaches des Nennstromes beträgt (z. B. bei Motoren etwa 6- bis 8-fach, Glühlampen etwa 15-fach), so ist dies bei der Auswahl der entsprechenden Baugruppen zu berücksichtigen.
Bei Verwenden elektronischer Baugruppen im Rahmen elektromechanischer Steuerungen ist eine klare räumliche und elektrische Trennung zwischen beiden angebracht. Die Halbleiter-Gruppen sind gegen Fremdfelder empfindlich. Ferner sind von außen kommende Eingangsleitungen über Eingangsschaltungs-Baugruppen zu führen. Außer einer räumlichen Trennung von Gleichstrom- und Wechselstromleitungen sollten auch die Eingangsleitungen getrennt von den Verknüpfungsleitungen verlegt werden.
Später mögliche Fehler, wie Drahtbruch, Erdschluß, Kurzschluß, dürfen nicht zu Sekundärschäden an Mensch oder Maschine führen können.
DIN VDE 0160 „Ausrüstung von Starkstromanlagen mit elektronischen Betriebsmitteln“ regelt u. a.:

Nennspannung von Steuerteilen: 5···110 V,
Nennspannung von Leistungsteilen: 230···660 V~ bzw. 12···230 V−.

Grenzwerte der *Berührungsspannung:* bis 500 Hz 50 V linear ansteigend bis 5000 Hz 130 V und weiter linear bis 50 000 Hz 300 V.

Spannungen aus *Kondensatorladungen* sollen nach Abschalten innerhalb von 5 s auf weniger als 60 V− gesunken sein. Ist dies nicht zu erreichen, muß ein besonderer Hinweis am Gerät angegeben werden.

Bei Anwenden der *FI-Schaltung* ist sicherzustellen, daß die Auslösung des Schutzschalters

a) im Falle eines Gleichstromanteils im Fehlerstrom nicht verhindert wird,
b) infolge unsymmetrischer Ableitströme, z. B. durch Funk-Entstörkondensatoren, nicht vorzeitig erfolgt.

Bei Anlagen, die diese Anforderungen nicht erfüllen, muß durch eine andere zulässige Schutzmaßnahme, z. B. Schutzisolierung, Schutztrennung, Überstrom-Schutzeinrichtungen, für die notwendige Sicherheit gesorgt werden.
Sofern bei Geräten mit *Schutzisolierung* eine Funktionserdung erforderlich ist, darf hierfür ein isolierter Anschluß vorhanden sein, der zu kennzeichnen ist. Die Körper dürfen nicht mit diesem Anschluß verbunden sein. Sofern dieser Anschluß selbst berührbar ist, gilt das Gerät als ein Betriebsmittel der Schutzklasse I.
Wird bei elektronischen Betriebsmitteln (EB) ein *Ableitstrom* von 3,5 mA (z. B. herrührend von Filtern) nicht oder nur bei Ausfall von ein oder zwei Sternspannungen des speisenden Netzes bzw. im Fehlerfall überschritten, dann sind keine besonderen Maßnahmen erforderlich. Bei festangeschlossenen EB darf der betriebsmäßige Ableitstrom von 3,5 mA überschritten werden, wenn eine der folgenden Bedingungen erfüllt ist:

a) Schutzleiterquerschnitt mindestens 10 mm^2 Cu,
b) Überwachung des Schutzleiters durch eine Einrichtung, die im Fehlerfall die EB selbsttätig abschaltet.
c) Verlegung eines zweiten Leiters, parallel zum Schutzleiter, über getrennte Klemmen. Dieser Leiter muß für sich allein die Anforderungen nach DIN VDE 0100 für Schutzleiter erfüllen.

Die *Funktionserdung* dient zur Sicherstellung der Funktion der EB. Sie erfaßt die Leiter von Betriebsstromkreisen oder Abschirmungen und darf die Schutzmaßnahme nach DIN VDE 0100 Teil 410 nicht beeinträchtigen. Unter bestimmten Bedingungen darf der Schutzleiter zur Funktionserdung verwendet werden. Er ist dann mit der Potentialausgleichsschiene zu verbinden.

3.5.5 Speicherprogrammierbare Steuerungen (SPS)

Im Gegensatz zu konventionellen Relais-/Schütz- und verdrahtungsprogrammierten Steuerungen (VPS) werden die Steuerungsfunktionen nicht durch eine Kombination von einzelnen Bausteinen realisiert, sondern von einem frei programmierbaren Baustein. Die Funktion des Bausteins wird durch eine Kombination von Befehlen festgelegt, die als Programm bezeichnet wird.

Einsatzgebiet für die SPS reichen von der Steuerung einzelner Arbeitmaschinen bis zu großen Fertigungsstraßen. Eine speicherprogrammierbare Steuerung (SPS[1]) besteht aus einer Zentraleinheit in Form eines Mikroprozessors, einem Programm-, Signal- bzw. Ausgabespeicher und Schnittstellen für Eingänge, Ausgänge und Programmiergeräte.

Speicherprogrammierbare Steuerungen stellen logische Verknüpfungen zwischen Eingängen und Ausgängen her. Minimal sind sie mit je 8 Ein- und Ausgängen ausgerüstet. Nach oben sind keine Grenzen gesetzt. Das Verdrahtungsschema der herkömmlichen Relais-/Schützsteuerungen wird durch ein Programm (Software) ersetzt. Dieses kann mittels eines Programmiergerätes erstellt, verändert, angezeigt, korrigiert und getestet werden.

Wesentliche Vorteile von SPS gegenüber konventionellen Steuerungen sind die hohe Flexibilität (ein Gerät kann durch unterschiedliche Programmierung für verschiedene Aufgaben herangezogen werden), der einfache Einbau, der geringe Platzbedarf, die hohe Lebensdauer und die hohe Zuverlässigkeit. Zudem ist eine interne und externe Fehlerdiagnose durch das Gerät möglich sowie ein einfaches Testen des Programms durch Stimulation vor der Anwendung.

Bei der Entscheidung, ob SPS oder konventionelle Steuerungen eingesetzt werden, sind wirtschaftliche und technische Aspekte abzuwägen. Neben den reinen Stückkosten für die SPS müssen anteilig die Kosten für das Programmiergerät und die Software berücksichtigt werden. Andererseits entfallen Montage und Verdrahtungskosten sowie lange Stillstandzeiten bei Ausfall oder Änderung der Steuerung. Das Kostenverhältnis verschiebt sich besonders zu Gunsten der SPS, wenn ein einmal entwickeltes Programm öfter verwendet werden kann. Zudem besteht die Möglichkeit, diese Steuerungen über ein Leitsystem zu führen und so von einer Maschinen- zu einer Fertigungssteuerung zu gelangen.

Ein Nachteil für den Anwender von SPS ist die Abhängigkeit vom einmal gewählten System. Weder das Programmiergerät noch die Programmiersprache sind zwischen den verschiedenen Herstellern gleich.

Die Programmsicherung bei Spannungsausfall geschieht mit Batterien *(Bild 3-23a)*. Eingang und Ausgang werden z. B. mit 24 V betrieben. Zur Abwendung von Gefahren beim Auftreten eines Erdschlusses sollen die Stromkreise, wie unter 5.6 besprochen, einseitig geerdet werden (Bild 3-23a). Bezogen auf elektronische Spannungspegel ist der Low-Pegel durch eine herausnehmbare Brücke fest mit dem Erdpotential zu verbinden. Ein Spulenende, z. B. von Schützen, Relais und Magnetventilen, ist unmittelbar an dem für die Erdung

[1]) Ochs, M.: SPS für die handwerkliche Ausbildung. Hüthig Buch Verlag Heidelberg 1992.

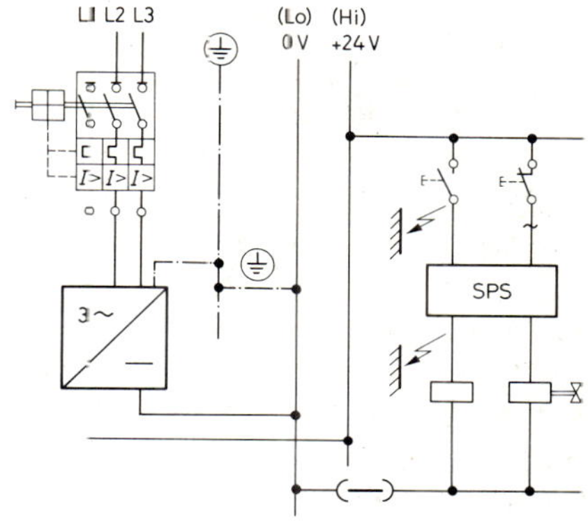

Bild 3-23a: Sicherheit beim Funktionsversagen durch Erdschluß

vorgesehenen Potential, hier L-Pegel, anzuschließen. Bei Erdschluß übernimmt ein vorgeschaltetes Überstrom-Schutzorgan die Abschaltung. Weitere Einzelheiten siehe Druckschriften der Hersteller.

Sogenannte starkstromnahe SPS für *kleinere Steuerungsaufgaben* sind so aufgebaut, daß die traditionellen Anschluß- und Verbindungstechniken von Schütz- und Relaissteuerungen beibehalten werden können. Auch die meist grafischen Programmiermethoden orientieren sich an der bekannten Darstellungsart der bisher üblichen Stromlaufpläne oder der Funktionspläne nach DIN 40719 bzw. 40900. Damit soll für jeden Praktiker ohne besondere Lernphase die Anwendung dieser neuen Steuerungstechnik möglich sein.

Komplexe Steuerungsaufgaben werden mit SPS gelöst, die vom Aufbau mit von der Programmierung her schon weitgehend die Systemtechnik von Datenverarbeitungsanlagen aufweisen. Hierfür ist ein besonderes Fachwissen einschließlich einer besonderen Anschluß- und Verbindungstechnik erforderlich sowie eine Programmiertechnik, die nicht mehr durch grafische Symbole aus der bekannten Schaltplantechnik, sondern überwiegend durch Anweisungslisten gemäß DIN 19239 gekennzeichnet ist.

Bei *größeren Stückzahlen* muß die Hardware der SPS an den jeweiligen Anwendungsfall angepaßt werden. Da hier die Kosten für die Software nur einmal auftreten, kann mit Programmiersprachen gearbeitet werden, die ein besonderes Fachwissen erfordern.

Für die Aufnahme von physikalischen Größen und deren Umformung in proportionale elektrische Signale werden in zunehmendem Maße *Sensoren* eingesetzt. Sie werden für Haushaltgeräte und für die Kraftfahrzeugtechnik in sehr großen Stückzahlen hergestellt, sind aber nicht sehr genau. Für genaue Erfassung der physikalischen Größen in der Meß- und Regelungstechnik gibt es Sensoren, die außer der notwendigen Signalaufbereitung auch eine integrierte Informationsverarbeitung aufweisen *(Bild 3-23b)*.

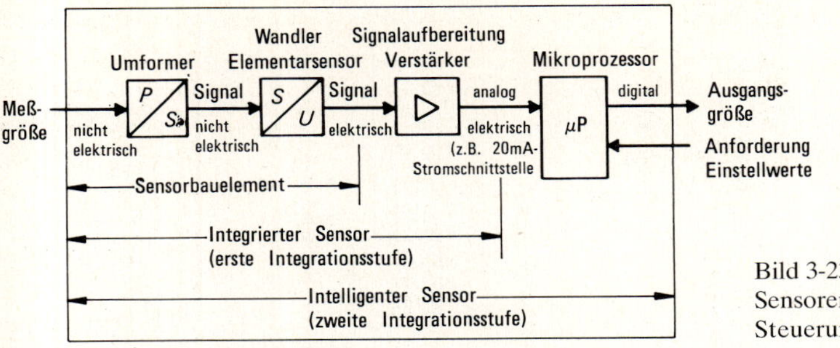

Bild 3-23b: Sensoren in der Steuerungstechnik

Wird über eine SPS ein System oder eine Anlage gesteuert, die Einfluß auf die Abwendung von Gefahren für Leben oder Gesundheit und für Sachen haben, dann muß der Rechner dieser SPS spezielle Sicherheitsanforderungen erfüllen. Die sicherheitstechnischen Anforderungen und die Qualität der notwendigen Maßnahmen sind um so höher, je höher das abzudeckende Teilrisiko ist. Die Grundsätze für Rechner in Systemen mit Sicherheitsaufgaben sind in der Vornorm DIN V VDE 0801/01.90 enthalten. In Verbindung mit der DIN V 19250, Sicherheitsanforderungen für MSR-Schutzeinrichtungen, muß durch geeignete Schutzmaßnahmen das vom sicherheitsbezogenen System ausgehende Risiko auf das sogenannte Grenzrisiko reduziert werden. Der Hersteller der SPS muß eine entsprechende Bestätigung liefern, z. B. durch eine Baumusterprüfung von einem anerkannten Prüfinstitut, in der die Eignung für den Anwendungsfall bescheinigt wird.

3.5.6 Unterbrechungsfreie Stromversorgung

Eine *unterbrechungsfreie Stromversorgungsanlage* (USV-Anlage) kann z. B. für Prozeßsteuerungen oder EDV-Anlagen nötig sein. Die Verbraucher müssen dann bereits bei vorhandener Netzspannung ständig über die bei Netzausfall zur Stromversorgung dienenden Einrichtungen gespeist werden. Z. B. läuft der Energiefluß vom Netz über einen Gleichrichter vorbei an der Batterie über einen Wechselrichter zum Stromverbraucher (zweimaliger Energieumsatz) *(Bild 3-24)*. Das Ladegerät muß zum Aufladen und zur Pufferung der Batterie ausgelegt sein. Es können auch zwei Wechselrichteranlagen einschließlich

Bild 3-24: Unterbrechungsfreie Stromversorgung

Akkumulatoren im Parallelbereich eingesetzt werden. Jeder der beiden Anlagen ist für die volle Leistung ausgelegt, arbeitet aber während des normalen Betriebs nur mit halber Leistung. Bei Ausfall eines Wechselrichters übernimmt der zweite die volle Last. Wechselrichter und Batterien werden getrennt oder bei kleineren Leistungen zusammen mit Ni-Cd-Akkumulatoren als Schrankeinheiten aufgestellt.

3.5.7 Umwelteinflüsse

Moderne Schaltgeräte sind gegen schädliche Umwelteinflüsse, wie Staub und Feuchtigkeit, empfindlicher als ältere Konstruktionen. Sie sind mit äußerster Präzision nach wissenschaftlichen Gesichtspunkten entwickelt und gebaut. Im Gegensatz zu früher muß daher heute auf das Fernhalten von Feuchtigkeit und vor allem von Staub größte Sorgfalt verwendet werden. Die Geräte sind zu diesem Zweck entsprechend den vorliegenden örtlichen Verhältnissen gekapselt. Durch Einbau von Heizungen und Verwenden von Filterstutzen wird die Bildung von Kondenswasser vermieden. Es gibt fabrikfertig hergestellte Schaltschrank-Heizungen mit Heizkörpern von 10 bis 100 W bei 220 V ~. Die notwendige Heizleistung hängt vom Aufstellungsort, von der Umgebungstemperatur, der Luftfeuchtigkeit, der Dämmisolierung und nicht zuletzt von der Verlustleistung der eingebauten Geräte ab. Es kommen Heizleistungen von 10 bis 1500 W in Betracht. Während der Montage – und das wird sehr häufig übersehen – dürfen die Geräte nur möglichst kurze Zeit geöffnet werden. Wirklich moderne Geräte sollen sich auch dadurch auszeichnen, daß sie einen schnellen und bequemen Anschluß der Leitungen ermöglichen und daher nur ein kurzzeitiges Öffnen des Gerätegehäuses erfordern.

3.5.8 Zusammenstellung

In *Tabelle 3-15* kann nun zusammengestellt werden, welche Schaltgeräte beispielsweise in bestimmten Fällen gewählt werden können.
Wächter sind Grenzwertschalter mit einem oberen und unteren Schaltpunkt (Druck-, Temperatur-, Drehzahlwächter). *Begrenzer* sind Grenzwertschalter mit nur einem Schaltpunkt. *Programmgeber* sind meist motorangetriebene Schalter für Funktionsabläufe, z. B. bei Waschmaschinen, Lichtreklamen, Werkzeugmaschinen.
Bei *intermittierendem Betrieb* werden die Schaltgeräte nicht dauernd belastet, sondern periodisch nach einem bestimmten Fahrplan. Die stromlosen Pausen wirken sich günstig auf die Erwärmung der Schaltgeräte aus. Man kann sie daher höher belasten. Der Gerätehersteller gibt darüber Auskunkft, wenn man

Auswahl von Schaltgeräten Tabelle 3-15

Anwendung	Schaltgerät
Überstromschutz von Leitungen	Sicherungen, Leitungsschutzschalter, Sicherungstrenner, Leistungsselbstschalter
Überstromschutz von Motoren	Motorschutzschalter, Selbstschalter mit Schützen kombiniert
Unterspannungsschutz	Selbstschalter mit Unterspannungsauslösung
Schalten von Motoren mit handbetätigten Schaltern	Steuerschalter (Nocken-, Walzenschalter) als Aus-, Stern-Dreieck-, Wende-Polumschalter, Anlasser, Motorschutzschalter
Schalten von Motoren durch Fernbetätigung	Schütze, fernbetätigte Motorschutzschalter
Schalten von Kondensatoren durch Fernbetätigung	Schütze, fernbetätige Leistungsschalter
Schalten von Hilfsstromkreisen	Drucktaster, Schwenktaster, Endtaster, Rastschalter, Wächter, Begrenzer, Programmgeber

den Fahrplan der Spieldauer und den Strom angibt, z. B. Belastungsstrom 45 A während 3 min, dann 2 min Pause, dann wieder 45 A usw.

3.5.9 Geräte-Einbautechnik

Bei großen stahlblechgekapselten Schaltanlagen sind drei Geräte-Einbautechniken möglich *(Bild 3-25)*:
Die *Festeinbautechnik* mit festem Anschluß der Zu- und Ableitungen. Hier wird ein Umbau von Abzweigen (Funktionseinheiten) während des Betriebs nicht verlangt.
Die *Einsatz-Technik* mit zuleitungsseitigem Trennkontakt und abgangsseitigem Anschluß der Kabel an Klemmen oder direkt am Schaltgerät. Ein rascher Gerätewechsel ist bei geschultem Personal nach Freischalten möglich.
Die *Einschubtechnik* mit zu- und abgangsseitigen Trennkontakten im Hauptstromkreis sowie mit Vielfach-Trennkontakten im Hilfsstromkreis.
Geräteeinschübe ermöglichen bei durchlaufendem Betrieb eine gefahrlose Wartung und Kontrolle der Schaltgeräte und ersparen gleichzeitig Trennschal-

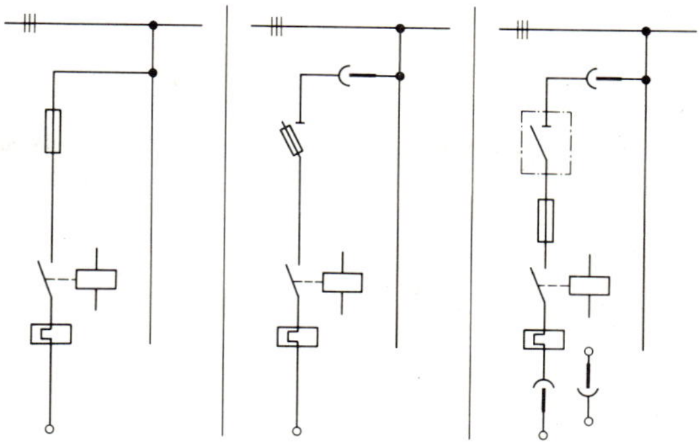

MOTOR-ABZWEIG ALS:	FESTEINBAU	EINSATZ	EINSCHUB
ZULEITUNG	FESTER ANSCHLUSS AN FELDSCHIENE	TRENNKONTAKT ZUR STECKSCHIENE	
ABLEITUNG	FESTER ANSCHLUSS AM GERÄT BZW. AN KLEMMEN		TRENNKONTAKT
HILFSSTROMKREISE	FESTER ANSCHLUSS AM GERÄT BZW. AN KLEMMEN		HILFSTRENNKONTAKTE

Bild 3-25: Die drei grundsätzlichen Geräte-Einbau-Techniken am Beispiel Funktionseinheit Netzabzweig mit Schütz

ter, die bei festem Einbau der Schaltgeräte zum Freischalten erforderlich wären. Bei der Einschubtechnik wird die Verbindung der Hauptstrombahnen des Schalters zu den Hauptanschlüssen des Einschubträgers durch Einfahrkontakte hergestellt. Steuerleitungen werden über Testkontakte (Schleifkontakte) auf den Einschub geführt. Maximale Steuerspannung z. B. 400 V~.
Die Einfahrkontakte können so ausgebildet werden, daß ein Notbetrieb mit NH-Sicherungseinsätzen ohne Umbauten möglich ist. Der Schaltereinschub wird z. B. über einen Spindelantrieb mit Handkurbel ein- und ausgefahren. Eine mechanische Verriegelung verhindert ein Ein- oder Ausfahren des Schalters im eingeschalteten Zustand.

3.6 Verdrahtung und Stromschienen

3.6.1 Bemessung von isolierten Leitern

Die Querschnittswahl für Leiter innerhalb der Schaltanlage und des Verteilers unterliegt der Verantwortung des Herstellers. Außer von der Strombeanspruchung hängt sie auch von den mechanischen Beanspruchungen, von der

Verlegungsart, von der Art der Isolierung und ggf. von der Art der angeschlossenen Betriebsmittel ab. Der Nachweis, daß die Leitungen nicht unzulässig erwärmt werden, ist durch die Typprüfung zu führen. In der Praxis, insbesondere bei partiell typgeprüften Schaltgerätekombinationen (PTSK) nach 3.8, wird man die Bemessung von Leitungen in Anlehnung an DIN VDE 0298 Teil 4 durchführen.
Um eine ausreichende mechanische Festigkeit der Leiter zu gewährleisten, sind folgende Mindestquerschnitte erforderlich:

bei Stromstärken bis 2,5 A	0,5 mm^2 Cu
über 2,5 A bis 16 A	0,75 mm^2 Cu
über 16 A	1,0 mm^2 Cu .

3.6.2 Bemessung von Stromschienen

Die Bemessung der Stromschienen ist in erster Linie von der Strombelastung und der erforderlichen mechanischen Festigkeit im Kurzschlußfall abhängig. Die Strombelastbarkeit von Stromschienen kann nach DIN 43 670 (Stromschienen aus Aluminium) und DIN 43 671 (Stromschienen aus Kupfer) ermittelt werden. Aus *Tabelle 3-16* ist die nach DIN 43 671 erlaubte Strombelastbarkeit von Kupferschienen zu ersehen.

Strombelastbarkeit von Stromschienen aus Kupfer mit Rechteck-Querschnitt nach DIN 43 671 Tabelle 3-16

Breite × Dicke mm × mm	Dauerstrom in A			
	Schiene gestrichen I Schiene	II*) Schienen	Schiene blank I Schiene	II*) Schienen
12 × 2	123	202	108	182
15 × 3	187	316	162	282
20 × 3	237	394	204	348
20 × 5	319	560	274	500
20 × 10	497	924	427	825
30 × 5	447	760	379	672
30 × 10	676	1200	573	1060
40 × 5	573	952	482	836
40 × 10	850	1470	715	1290
50 × 5	697	1140	583	994
50 × 10	1020	1720	852	1510
80 × 10	1500	2410	1240	2110

*) Schienenabstand gleich Schienendicke.

Die im Kurzschlußfall auf die Stromschienen einwirkenden Kräfte bestimmen in Abhängigkeit von der Befestigung der Schienen ebenfalls die Wahl des Schienenquerschnittes. Die für die Berechnung der dynamischen Kurzschlußfestigkeit erforderlichen statischen Werte der Schienen können ebenso wie die Strombelastbarkeit aus DIN 43 670/71 entnommen werden. Typgeprüfte Stromschienensysteme, die bis zu einem vom Hersteller vorgegebenen Kurzschlußstrom kurzschlußfest sind, sollten bevorzugt werden.

3.6.3 Auswahl isolierter Leitungen

Die isolierten Leitungen müssen ein ausreichendes Isoliervermögen vorweisen.
Im allgemeinen empfiehlt sich die Verwendung folgender Leitungen:

PVC-Verdrahtungsleitungen mit

eindrähtigem Leiter	H05V-U
feindrähtigem Leiter	H05V-K

PVC-Aderleitungen mit

eindrähtigem Leiter	H07V-U
mehrdrähtigem Leiter	H07V-R
feindrähtigem Leiter	H07V-K

Bei Leitungshäufung bzw. hoher Umgebungstemperatur ist der Einsatz von wärmebeständigen Leitungen ratsam, z. B.
N4GA/N4GAF ein- oder mehrdrähtige Aderleitung für eine Grenztemperatur von 120 °C.
Soll eine kurzschluß- und erdschlußsichere Verlegung erreicht werden, empfiehlt sich:
NSGAFöu, eine Sonder-Gummiaderleitung mit einem Isoliervermögen von 3 kV.
Leitungen, die starker Verwindungsbeanspruchung oder häufiger Bewegung ausgesetzt sind, müssen feindrähtig sein, z. B. Leitungen H07V-K.
Die Leitungen dürfen zwischen zwei Anschlußstellen keine Flickstelle oder Lötstelle haben. Die Verbindungen müssen möglichst an ortsfesten Anschlüssen hergestellt werden.
Wenn starke Erschütterung, z. B. beim Betrieb von Baggern, bei Hebezeugen und dgl., zu erwarten sind, sollte darauf geachtet werden, daß die Leiter mechanisch gehalten werden. Außer an Geräten mit Lötfahnen sind verlötete Enden von mehrdrähtigen Leitern für den Einsatz unter starken Erschütterungen nicht zulässig.

3.6.4 Kennzeichnung der Leiter

Der Schutzleiter muß durch Form, Anordnung, Kennzeichnung oder Farbe leicht erkennbar sein. Wenn eine Farbkennzeichnung verwendet wird, muß sie grün-gelb sein. Wird als Schutzleiter eine isolierte einadrige Leitung verwendet, soll sich diese Farbkennzeichnung möglichst über die ganze Länge erstrecken. Der PEN-Leiter ist ebenfalls grün-gelb zu kennzeichnen. Für Neutralleiter wird als Farbkennzeichnung hellblau empfohlen.
Die Kennzeichnung der anderen Leiter, z. B. durch Zahlen, Farben oder Symbole, unterliegt der Verantwortung des Herstellers. Sie muß jedoch mit den Angaben in Schaltplänen und Zeichnungen übereinstimmen.

3.6.5 Schutz bei Überlast und Kurzschluß

Die Sammelschienen müssen so bemessen sein, daß sie die Kurzschlußbeanspruchung aushalten, die auf Grund der Kurzschlußbegrenzung durch die Überstrom-Schutzeinrichtung auf der Einspeiseseite der Sammelschienen auftreten können.
Die Leiter zwischen den Hauptsammelschienen und der Einspeiseseite einer einzelnen Funktionseinheit dürfen für die verminderte Kurzschlußbeanspruchung bemessen sein, die auf der Ausgangsseite der Überstrom-Schutzeinrichtung dieser Einheit auftritt.
Hilfsstromkreise sind grundsätzlich gegen die Auswirkungen von Kurzschlüssen zu schützen, sofern durch ihre Unterbrechung keine Gefahr entstehen kann.
Leiter, die nicht gegen die Auswirkungen von Kurzschlüssen geschützt sind, müssen so angeordnet sein, daß unter normalen Betriebsbedingungen kein Kurzschluß zu erwarten ist. Dies setzt im allgemeinen eine kurzschlußsichere und erdschlußsichere Leitungsverlegung voraus (siehe 4.2.5).
Für Hauptstromkreise von partiell typgeprüften Schaltgerätekombinationen (PTSK) ist neben dem Schutz bei Kurzschluß auch noch der Schutz bei Überlast zu gewährleisten. Diesbezügliche Bestimmungen sind derzeit in Vorbereitung. Solange ist der Schutz bei Überlast nach DIN VDE 0100 Teil 430 auszuführen.

3.7 Klemmen (siehe auch 4.2.2)

Die von der Verteilung abgehenden Leitungen und Kabel müssen über leicht zugängliche fest montierte Klemmen angeschlossen sein. Dies gilt sowohl für die Außenleiter als auch für die Neutral- und Schutzleiter. Es ist wichtig, für die Klemmstellen genügend Platz vorzusehen, um bei Prüfungen, Reparaturen und

Erweiterungsarbeiten ohne Schwierigkeiten an die Klemmstellen heranzukommen. Als Anschlußstellen können auch die Klemmen an eingebauten Geräten gelten. Besser ist es, für die Leitungsabgänge Reihenklemmen nach DIN VDE 0611 vorzusehen. Eine Reihenklemme ist ein Betriebsmittel zum Anschließen

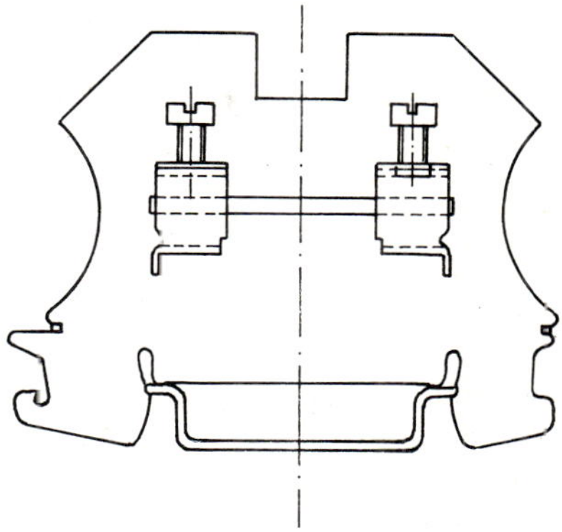

Bild 3-26

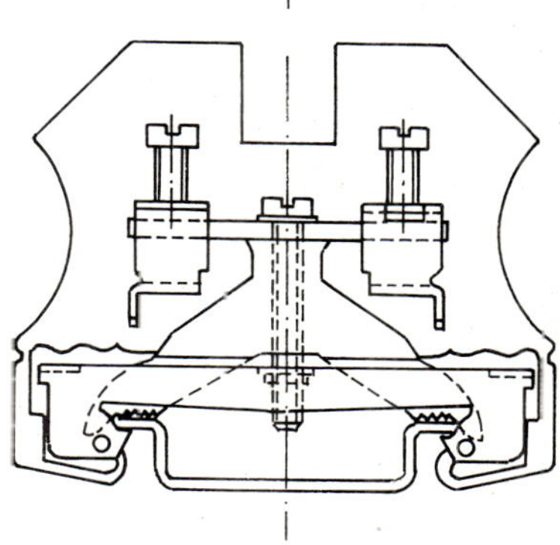

Bild 3-27

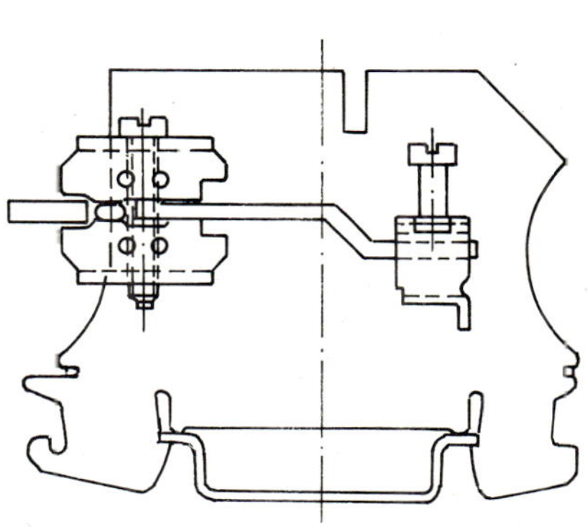

Bild 3-28

oder Verbinden elektrischer Leiter. Sie ist anreihbar oder aufreihbar und hat im allgemeinen zwei voneinander unabhängig wirkende Klemmstellen je Pol *(Bild 3-26)*. Jeder Strompfad weist eine Kennzeichnungsmöglichkeit auf.
Die häufigste Montageart ist das Aufrasten auf genormte Tragschienenprofile. Reihenklemmen werden für Nennquerschnitte bis 35 mm² angeboten.
Für Schutzleiter und PEN-Leiter werden ebenfalls Reihenklemmen angeboten, die eine Schutzleiter- bzw. PEN-Leiter-Schiene ersetzen (siehe 9.3.6 und Tabelle 9-6). Zu beachten ist, daß die Zahl der Anschlußstellen ebenso groß sein muß wie die der Zu- und Abgänge, um jeden Leiter einzeln lösbar anschließen zu können. Die Tragschiene der PE/PEN-Reihenklemme verbindet in der Regel die einzelnen Klemmen *(Bild 3-27)*.
Für die Neutralleiter empfiehlt sich eine Neutralleiter-Trennklemme. Diese ermöglicht den Isolationswiderstand der Neutralleiter gegen Erde ohne Abklemmen zu messen. Meist verwendet werden Klemmen, bei denen eine vorbeigeführte Sammelschiene mit einem sogenannten Trennschieber kontak-

Größte und kleinste Anschlußquerschnitte für Kupferleiter Tabelle 3-17

Nennstrom A	Ein- und mehrdrähtige Leiter Querschnitt mm²		Feindrähtige Leiter Querschnitt mm²	
	min.	max.	min.	max.
6	0,75	1,5	0,5	1,5
8	1	2,5	0,75	2,5
10	1	2,5	0,75	2,5
12	1	2,5	0,75	2,5
16	1,5	4	1	4
20	1,5	6	1	4
25	2,5	6	1,5	4
32	2,5	10	1,5	6
40	4	16	2,5	10
63	6	25	6	16
80	10	35	10	25
100	16	50	16	35
125	25	70	25	50
160	35	95	35	70
200	50	120	50	95
250	70	150	70	120
315	95	240	95	185

tiert wird. Um den Trennschieber zu betätigen, muß eine Schraube geöffnet werden. Der Trennschieber läßt sich dann mit dem Schraubenzieher von der Sammelschiene abschieben *(Bild 3-28)*.
Neutralleiter-Trennklemmen werden für Leiterquerschnitte unter 10 mm² Cu in feuer- und explosionsgefährdeten Betriebsstätten sowie in Anlagen nach DIN VDE 0107 und DIN VDE 0108 gefordert, sofern das TN-Netz mit Überstrom-Schutzeinrichtungen angewandt wird.
Die Klemmen für die von außen eingeführten Leiter müssen abhängig vom Stromkreisnennstrom den Anschluß der in *Tabelle 3-17* angegebenen Querschnitte ermöglichen. Die Tabelle 3-17 gilt für den Anschluß eines Kupferleiters je Anschlußstelle.

3.8 Niederspannungs-Schaltgerätekombinationen
(DIN VDE 0660 Teil 500)

3.8.1 Anwendungsbereich

DIN VDE 0660 Teil 500 stellt Anforderungen an

- typgeprüfte Schaltgerätekombinationen (TSK) und
- partiell typgeprüfte Schaltgerätekombinationen (PTSK)

zur Verwendung bei der Erzeugung, Übertragung, Verteilung und Umformung elektrischer Energie und für die Steuerung von Betriebsmitteln, die elektrische Energie verbrauchen.
Sie gilt auch für solche Schaltgerätekombinationen, die für den Einsatz unter besonderen Verwendungsbedingungen, z. B. an Werkzeugmaschinen, Hebezeugausrüstungen usw., bestimmt sind.
Eine Schaltgerätekombination ist die Zusammenfassung eines oder mehrerer Niederspannungs-Schaltgeräte mit zugehörigen Betriebsmitteln zum Melden, Messen, Steuern, Regeln und Schützen.
Unter einer typgeprüften Niederspannungs-Schaltgerätekombination (TSK) versteht man eine Schaltgerätekombination, die unter Verantwortung des Herstellers komplett zusammengebaut wurde und die ohne wesentliche Abweichungen mit dem Ursprungstyp oder -system einer nach DIN VDE 0660 Teil 500 typgeprüften Schaltgerätekombination übereinstimmt.
Eine partiell typengeprüfte Niederspannungs-Schaltgerätekombination (PTSK) ist eine Schaltgerätekombination, die typgeprüfte und/oder nicht typgeprüfte Baugruppen enthält. Darunter fallen alle Schaltgerätekombinationen, die einzeln oder in kleineren Stückzahlen für bestimmte Einsatzfälle beim Hersteller oder am Einsatzort gebaut werden.

Derzeit werden im Rahmen von DIN VDE 0660 Teil 500···504 A 1 Zusatzbestimmungen erarbeitet für:

- Niederspannungs-Schaltgeräte, zu denen Laien Zutritt haben (bisher „Fabrikfertige Installationsverteiler" nach DIN VDE 0659)
- Schienenverteiler
- Baustromverteiler.

3.8.2 Anforderungen an TSK und PTSK

3.8.2.1 Aufschriften

Jede Schaltgerätekombination muß mindestens mit dem

- Namen des Herstellers oder Ursprungszeichen (als Hersteller gilt der, der den endgültigen Zusammenbau ausführt) und der
- Typbezeichnung

versehen sein.

Weitere Angaben müssen aus den zugehörigen Unterlagen ersichtlich sein, zum Beispiel:

- Nummer dieser Norm
- Nennspannung/-strom
- Kurzschlußfestigkeit
- IP-Schutzart
- Schutzmaßnahmen
- Art der Netzform.

3.8.2.2 Kennzeichnungen und Schaltungsunterlagen

Innerhalb der Schaltgerätekombination muß es möglich sein, die einzelnen Stromkreise und ihre Schutzeinrichtungen eindeutig zu unterscheiden.
Soweit sich die Schaltung aus der konstruktiven Anordnung der eingebauten Geräte nicht klar erkennen läßt, müssen Unterlagen, z. B. Schaltungsunterlagen oder Tabellen, mitgegeben werden.

3.8.2.3 Anschlüsse für von außen eingeführte Leiter

Soweit Anschlußklemmen verwendet werden, müssen diese abhängig vom Stromkreis-Nennstrom die in Tabelle 3-17 genannten Querschnitte aufnehmen können.

Anschlüsse für ankommende und abgehende Neutralleiter, Schutzleiter und PEN-Leiter müssen in der Nähe der zugehörigen Außenleiteranschlüsse angeordnet werden.

3.8.2.4 Schutzmaßnahmen, Schutz gegen gefährliche Körperströme

Schutz gegen direktes Berühren

Der Schutz kann erreicht werden durch:

- Abdeckungen oder Gehäuse/Umhüllungen (IP 2X) oder durch
- Hindernisse.

Abdeckungen dürfen nur entfernt werden können, Gehäuse/Umhüllungen nur geöffnet werden können:

- mit Hilfe eines Schlüssels oder Werkzeuges oder
- nach Ausschalten der Spannung an allen aktiven Teilen, gegenüber denen die Abdeckungen oder Umhüllungen als Schutz dienen.

Werden in abgeschlossenen elektrischen Betriebsstätten Schaltgerätekombinationen in offener Bauart aufgestellt, so genügt ein Schutz durch Hindernisse (z. B. Schutzleiste). In diesem Falle müssen die aktiven Teile mindestens 200 mm hinter dem Geländer angeordnet sein, wenn sie nicht durch Bauart, Anordnung oder besondere Vorrichtung gegen zufälliges Berühren geschützt sind.

Schutz gegen elektrischen Schlag (DIN VDE 0106 Teil 100)

Sind innerhalb von Schaltgerätekombinationen Betätigungselemente in der Nähe berührungsgefährlicher Teile angeordnet, so muß mindestens ein teilweiser Schutz gegen direktes Berühren sichergestellt sein. Als Betätigungselemente gelten Stellteile, wie Überstrom-Schutzeinrichtungen, Schutzschalter, einstellbare Relais und dgl., sowie Wechselelemente, wie Schmelzsicherungen, Lampen und Steckelemente. Berührungsgefährliche Teile sind aktive Teile in Stromkreisen, die mit einer Spannung größer 50 V~ oder 120 V– betrieben werden. Der Schutz dient der Elektrofachkraft und der elektrotechnisch unterwiesenen Person, die in Schaltanlagen Betätigungselemente bedienen muß. Der Schutz kann durch konstruktive Ausbildung der einzubauenden Betriebsmittel, durch entsprechende Anordnung der Betriebsmittel oder durch Abdeckungen erreicht werden. Die in Frage kommenden Betätigungselemente müssen dabei innerhalb des in *Bild 3-29* festgelegten Bereiches angebracht werden.

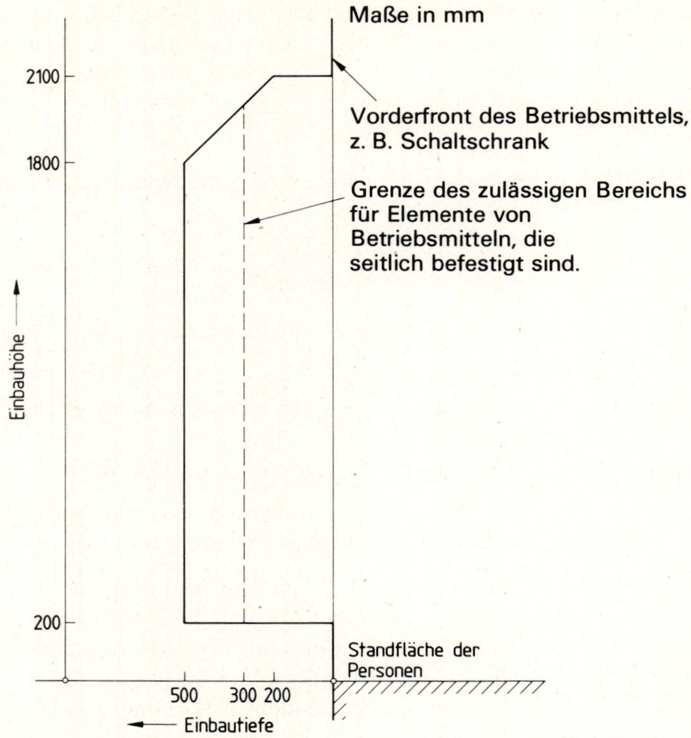

Bild 3-29: Zulässiger Bereich für die Anordnung von Betätigungselementen (DIN VDE 0106 Teil 100)

In einem Bereich von mindestens 30 mm um die Betätigungselemente müssen berührungsgefährliche Teile fingersicher ausgeführt oder mit entsprechenden Abdeckungen versehen sein *(Bild 3-30)*. Fingersicher sind berührungsgefährliche Teile dann ausgeführt oder abgedeckt, wenn sie mit dem geraden Prüffinger, der senkrecht zur Basisfläche angelegt wird, nicht berührt werden können. Die Basisfläche ist die Fläche, auf der das Betriebsmittel mit Betätigungselement befestigt ist. Um den fingersicheren Bereich ist ein Schutzraum abgegrenzt, innerhalb dessen eine handrückensichere Ausführung berührungsgefährlicher Teile gefordert wird *(Bild 3-31)*. Handrückensicher sind berührungsgefährliche Teile, die mit einer Kugel mit 50 mm Durchmesser nicht berührt werden können *(Bild 3-32)*. Die geometrische Form des Schutzraumes richtet sich nach Einbautiefe, Einbauhöhe, Lage und Art der Betätigungselemente sowie der Körperhaltung der Person. Um komplizierte geometrische Formen des Schutz-

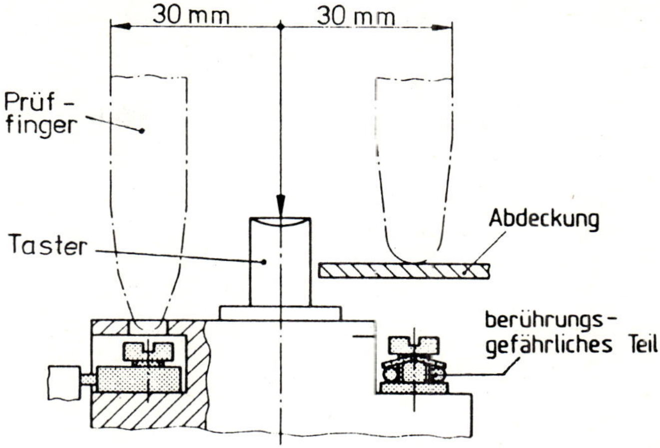

Bild 3-30: Fingersichere Anordnung berührungsgefährlicher Teile

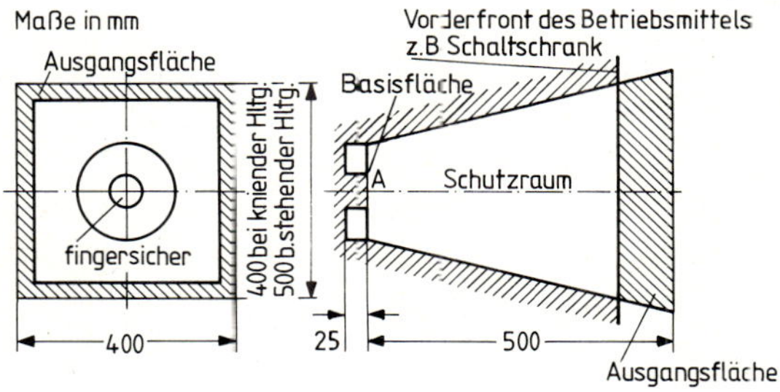

Bild 3-31: Beispiel für einen Schutzraum bei Druckbetätigung. (Aus VDE 0100 Teil 100)

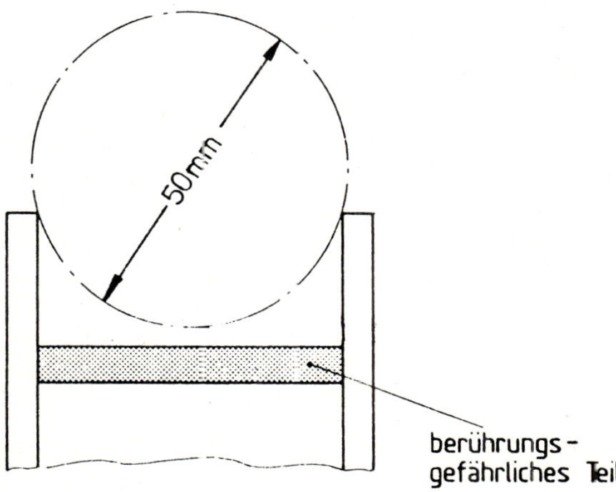

Bild 3-32: Handrücken-sichere Anordnung berührungsgefährlicher Teile

raumes zu vermeiden, sollten die Betätigungselemente möglichst nah an die Vorderfront des Schaltschrankes gesetzt werden. Handrückensicherheit wird auch gefordert für elektrische Betriebsmittel an der Innenseite der Türen, Deckeln oder ähnlichen.

Schutz bei indirektem Berühren

Der Schutz bei indirektem Berühren kann erzielt werden durch:

- Schutzisolierung oder
- Schutz durch Abschaltung oder Meldung (Schutzleiter-Schutzmaßnahme).

Bei Schutzisolierung muß die Schaltgerätekombination vollständig von Isolierstoff umhüllt sein (IP 4X). Für den Schutz durch Abschalten oder Melden kann der erforderliche Schutzleiter entweder aus einem gesonderten Schutzleiter oder aus leitfähigen Konstruktionsteilen oder aus beiden zugleich bestehen. Bei Deckeln, Türen und ähnlichem, an denen keine elektrischen Betriebsmittel befestigt sind, gelten die üblichen Schraubverbindungen und Scharniere aus Metall als ausreichend für die durchgehende Schutzleiterverbindung. Wenn Geräte mit höherer Spannung als 50 $V_{\sim}$, 120 V_{-} befestigt sind, muß eine sichere Verbindung geschaffen werden (eigener PE, korrosionsgeschützte Scharniere).
Der Querschnitt des Schutzleiters kann in Abhängigkeit vom Außenleiter oder durch Berechnung ermittelt werden (siehe auch 9.3.6).
Bei Schaltgerätekombinationen mit eingebauten Fehlerstrom-Schutzschaltern, die den Schutz bei indirektem Berühren mit übernehmen sollen, muß von der Einführung der Anschlußleitung bis zum FI-Schalter die Schutzisolierung wngewendet werden.

3.8.2.5 Kurzschlußschutz und Kurzschlußfestigkeit

Schaltgerätekombinationen müssen gegen die Auswirkung von Kurzschlußströmen geschützt werden. Die Schutzeinrichtungen können in der Schaltgerätekombination oder außerhalb angeordnet sein.
Bei Bestellen einer Schaltgerätekombination muß der Anwender die Kurzschlußverhältnisse am Einbauort angeben.
Der Hersteller muß bei Schaltgerätekombinationen mit eingebauter Kurzschluß-Schutzeinrichtung in der Einspeisung den größtzulässigen unbeeinflußten Kurzschlußstrom (I''_K oder I_S) am Einbauort an den Klemmen der Einspeisung angeben. Bei Schaltgerätekombinationen ohne eingebaute Kurzschluß-Schutzeinrichtung in der Einspeisung muß der Hersteller den Strom angeben, den die Schaltgerätekombination im Fehlerfalle ohne Schaden zu

nehmen führen kann, oder die Kenndaten (Nennstrom, Ausschaltvermögen, Durchlaßstrom, $I^2 \cdot t$-Wert, usw.) des strombegrenzenden Schaltgerätes zum Schutz der Schaltgerätekombination (siehe auch 3.8.3.3).

3.8.2.6 Innere Unterteilung von Schaltgerätekombinationen durch Abdeckungen oder Trennwände

Durch innere Unterteilung von Schaltgerätekombinationen in getrennte Abteile oder geschützte Fächer soll erreicht werden:

- Einschränkung der Möglichkeit, daß ein Störlichtbogen eingeleitet wird
- Schutz gegen Berühren aktiver Teile in den benachbarten Funktionseinheiten
- Schutz gegen das Eindringen fester Fremdkörper aus einer Baueinheit in eine benachbarte.

Gefordert wird eine Unterteilung, z. B. in DIN VDE 0108, die eine lichtbogensichere Trennung zwischen dem Netz der Sicherheitsstromversorgung und dem Allgemeinnetz vorschreibt.

3.8.2.7 Blanke und isolierte Leiter

Die Querschnittswahl für Leiter innerhalb der Schaltgerätekombination unterliegt der Verantwortung des Herstellers. Außer von der Strombelastbarkeit hängt sie von der mechanischen Beanspruchung ab.
Kabel und Leitungen dürfen zwischen zwei Anschlußstellen keine Flickstelle oder Lötstelle haben. Die Verbindungen müssen möglichst an ortsfesten Anschlüssen hergestellt werden (siehe auch 3.7 und 3.8.3.4).
Zuleitungen zu Geräten in Verkleidungen oder Türen müssen so angebracht sein, daß sie beim Bewegen der Verkleidungen oder Türen mechanisch nicht beschädigt werden. Bei starker Verwindungsbeanspruchung oder bei häufiger Bewegung der betreffenden Teile ist die Verwendung feindrähtiger Leiter, z. B. Leitungen H07V-K, erforderlich.

3.8.3 Besondere Anforderungen an PTSK

3.8.3.1 Abstände und Kriechstrecken

Für Abstände und Kriechstrecken innerhalb von PTSK, die nicht durch die Konstruktion eingebauter typgeprüfter Baugruppen und/oder Betriebsmittel (z. B. Geräteanschlußklemmen eines Betriebsmittels gegenüber einer Grundplatte aus Metall) vorgegeben sind, gelten folgende Forderungen:

- Blanke gegeneinander unter Spannung stehende aktive Teile von Schaltanlagen und Verteilern müssen voneinander mindestens 10 mm Abstand haben.
- Blanke aktive Teile müssen von den nichtisolierten leitfähigen Teilen des Betriebsmittels und von fremden Körpern der Umgebung mindestens 15 mm Abstand haben.
- Blanke aktive Teile müssen von Gehäuse-Verkleidungen, Türen usw. aus Metall, die mindestens der Schutzart IP 2X entsprechen, mindestens 40 mm Abstand haben.
- Blanke aktive Teile müssen von Gitter-Verkleidungen, Gittertüren und ähnlichen Teilen mit der Schutzart IP 1X einen Abstand von mindestens 100 mm haben.
- Kriechstrecken an Isolierteilen für die Halterung aktiver Teile (z. B. Halter für blanke Schienen) sollten nach DIN VDE 0110 und für Verschmutzungsgrad 3 bemessen werden. Für eine Bemessungsspannung von 250 V beträgt danach die Mindestkriechstrecke 3,2 mm.

3.8.3.2 Erwärmung

Anhang R dieser Norm enthält umfangreiche Aussagen über die Ermittlung und Beurteilung der Erwärmung der Luft innerhalb des Gehäuses/der Umhüllung der PTSK. Während bei TSK die Erwärmungsprüfung im allgemeinen mit eingebauten Geräten bei Belastung mit Nennstrom durchgeführt wird, erfolgt bei PTSK die Prüfung im allgemeinen durch Berechnung. Die Berechnung der Übertemperatur der Gehäuseinnenluft darf nach Vereinbarung zwischen Hersteller und Anwender ersetzt werden durch eine geeignete anderweitige Ermittlung an ausgeführten und in Betrieb befindlichen PTSK mit gleichen Kenndaten (z. B. durch Messungen). Die Temperaturen für verschiedene Teile dürfen die in *Tabelle 3-18* angegebenen Grenzwerte nicht überschreiten.

Temperaturgrenzen Tabelle 3-18

Teile der Schaltgerätekombination	max. Temperatur
Bedienteile aus Metall	55 °C
Bedienteile aus Kunststoff	65 °C
Berührbare Außenflächen	
aus Metall	70 °C
aus Kunststoff	80 °C
Anschlüsse für von außen eingeführte isolierte Leiter	110 °C
Eingebaute Betriebsmittel	Entsprechend den für sie geltenden Bestimmungen

3.8.3.3 Kurzschlußfestigkeit

Es ist zu empfehlen, in PTSK typgeprüfte Baugruppen, z. B. Sammelschienen, zu verwenden. In den Fällen, in denen keine typgeprüften Baugruppen verwendet werden, muß die Kurzschlußfestigkeit dieser Teile durch Prüfung oder Rechnung nachgewiesen werden, wenn der unbeeinflußte Kurzschlußstrom größer als 10 kA ist und der Anlagenteil nicht durch eine strombegrenzende Schutzeinrichtung ($i_D \leqq 15$ kA) geschützt wird (siehe auch 3.4).

3.8.3.4 Leiter

In PTSK müssen Schienen aus Kupfer oder Aluminium, z. B. nach DIN 43 670 bzw. DIN 43 671, auf zulässigen Dauerstrom bemessen werden (Tabelle 3-16). Werte für die Bemessung von isolierten Leitungen in PTSK im Hinblick auf Strombelastbarkeit und Schutz der Leitungen gegen zu hohe Erwärmung sind in Vorbereitung (solange sind DIN VDE 0100 Teil 430 und DIN VDE 0298 Teil 4 anzuwenden – siehe auch 3.6, 4.3 und 4.4).

3.8.4 Prüfungen

Bei typgeprüften Schaltgerätekombinationen (TSK) sind

- Typprüfungen und
- Stückprüfungen

durchzuführen.
Durch die Typprüfung ist der Nachweis zu führen, daß die Anforderungen dieser Norm erfüllt sind.
Die Typprüfung wird an einem Muster einer baugleichen Schaltgerätekombination vom Hersteller durchgeführt. Falls Bauteile einer Schaltgerätekombination konstruktiv geändert werden, brauchen neue Typprüfungen nur in dem Umfang durchgeführt zu werden, in dem die Änderungen das Ergebnis der Typprüfung ungünstig beeinflussen können.
Durch Stückprüfung sollen etwaige Werkstoff- und Fertigungsfehler festgestellt werden. Stückprüfungen müssen an jeder neuen Schaltgerätekombination nach dem Zusammenbau durchgeführt werden.
Schaltgerätekombinationen, die aus typisierten Bauteilen außerhalb des Herstellerwerks dieser Bauteile unter ausschließlicher Verwendung von Teilen und Zubehör, das vom Hersteller vorgeschrieben oder für diesen Zweck beigestellt wird, zusammengebaut werden, müssen durch denjenigen stückgeprüft werden, der den Zusammenbau der Schaltgerätekombination vorgenommen hat.

Die Stückprüfung beinhaltet eine Sichtprüfung auf ordnungsgemäßen Aufbau, eine Funktionsprüfung der Sicherheitseinrichtungen, eine Isolationsprüfung im allgemeinen mit 2000 V~ und eine Prüfung der Schutzmaßnahmen.
Bei partiell typgeprüften Schaltgerätekombinationen sind nach dem Zusammenbau folgende Prüfungen durchzuführen bzw. Nachweise zu erbringen:

- Nachweis der Einhaltung der Grenztemperaturen
- Nachweis der Kurzschlußfestigkeit
- Kontrolle oder Widerstandmessung der Verbindung zwischen Körper der Schaltgerätekombination und Schutzleiter
- Kontrolle der Kriech- und Luftstrecken
- Kontrolle der mechanischen Funktionen
- Nachweis der IP-Schutzart
- Durchsicht auf ordnungsgemäßen Aufbau
- Überprüfung der Schutzmaßnahmen
- Nachweis des Isolationswiderstandes.

3.9 Fabrikfertige Installationskleinverteiler
(DIN VDE 0603, DIN 43871)

Installationskleinverteiler *(Bild 3-33)* dienen als Stromkreisverteiler in Wohnhäusern, Schulen, Verwaltungsgebäuden und ähnlichen Anlagen. Sie enthalten im wesentlichen nur Überstrom-Schutzeinrichtungen, Schutzschalter und Schalteinrichtungen mit einem maximalen Nennstrom von 63 A. Installationskleinverteiler müssen schutzisoliert sein. Abdeckungen, die den Schutz gegen direktes Berühren gewährleisten, dürfen nur mit Werkzeug lösbar sein. PE-, N- und PEN-Klemmen müssen gegenüber einer metallenen Tragekonstruktion

Bild 3-33: Installationskleinverteiler (Werkbild: ABB)

isoliert angeordnet werden. Die Verteiler gibt es für Wandaufbau und Wandeinbau und Hohlwandmontage. Hohlwand-Installationsverteiler müssen das Zeichen Ⓗ tragen. Als Schutzarten sind IP 30 bis IP 54 oder höher vorgesehen.
Installationskleinverteiler werden durch den Hersteller typgeprüft. Nach dem Errichten des Verteilers sind Prüfungen nach 3.1.4 durchzuführen.

3.10 Fabrikfertige Installationsverteiler
(DIN VDE 0659 und DIN VDE 0660 Teil 504)

Installationsverteiler *(Bild 3-34)* dienen, wie die Installationskleinverteiler, als Stromkreisverteiler in Wohnhäusern, Schulen, Verwaltungsgebäuden und ähnlichen Anlagen. DIN VDE 0659 nannte die Anforderungen an fabrikfertige Installationsverteiler. Sie wurde ersetzt durch DIN VDE 0660 Teil 504/04.92, in der nur noch die besonderen Anforderungen an die Schaltgerätekombinationen nach 3.8, zu deren Bedienung Laien Zutritt haben, geregelt werden. Bezeichnet

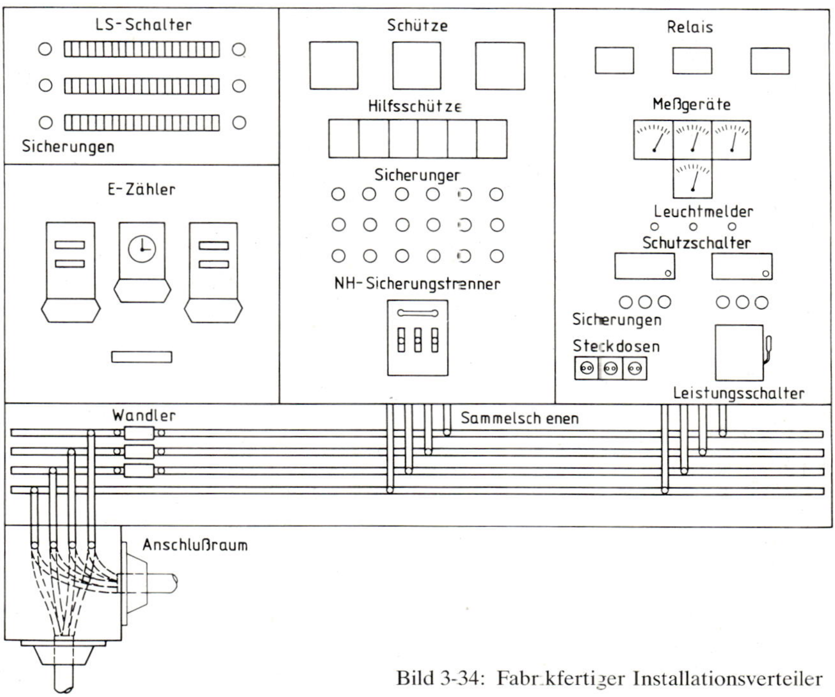

Bild 3-34: Fabrikfertiger Installationsverteiler

werden diese Schaltgerätekombinationen als Installationsverteiler. Als fabrikfertig gelten typgeprüfte Verteiler, die unter Verantwortung des Herstellers anschlußfertig zusammengebaut sind oder die nach Angaben des Herstellers der fabrikfertigen Gehäuse und Bauteile zusammengebaut werden. Letztgenannte Verteiler müssen neben dem Herkunftszeichen des Herstellers auch das Herkunftszeichen der Stelle tragen, die den Zusammenbau durchgeführt hat.
Fabrikfertige Installationsverteiler sind mit der Aufschrift DIN VDE 0659 oder 0660 Teil 504 gekennzeichnet. Die Klemmenbezeichnung kann auch im Schaltplan vorgenommen sein.
Die Verteiler gibt es in schutzisolierter Ausführung und für Schutzleiteranschluß. Bei Deckeln oder Türen, die sich ohne Werkzeug öffnen lassen, muß der Berührungsschutz durch eine innere Geräteabdeckung gewährleistet sein, die nur mit Werkzeug entfernt werden kann.

Prüfungen

Der Hersteller muß an einem Muster des Verteilers Typprüfungen durchführen. Daneben muß an jedem Verteiler nach dem Zusammenbau eine Stückprüfung durchgeführt werden. Verteiler aus typisierten Einheiten, die außerhalb des Herstellerwerks dieser Einheiten zusammengebaut werden, müssen durch die Stelle stückgeprüft werden, die den Zusammenbau des Verteilers vorgenommen hat.
Zur Stückprüfung gehören die Durchsicht des Verteilers, die Kontrolle der Schutzmaßnahmen und die Prüfung des Isolationszustandes (siehe auch 3.8.4).

3.11 Schienenverteiler

(DIN VDE 0660 Teil 502, Stromschienensystem;
vgl. 1.8 und DIN VDE 0100 Teil 520)

In Fabrikanlagen, wo man im Zuge der Rationalisierung gezwungen sein kann, z. B. Werkzeugmaschinen häufig auszuwechseln oder in anderer Anordnung aufzustellen, findet man vielfach gekapselte Schienenverteiler für 25 A, 250 A bis 5000 A Nennstrom und bis 660 V mit veränderbaren Abgängen. Sie können bis 100 kA Scheitelwert kurzschlußfest gebaut werden. Das System besteht aus einem Kanal an der Decke, an Wänden oder Säulen mit innenliegenden blanken Leitern aus Kupfer oder Aluminium.
In Abständen von etwa 0,4; 1,2 oder 3 m können die Arbeitsmaschinen über leicht lösbare Abgangskästen *(Bild 3-35)* schnell und gefahrlos mit Rohren oder beweglichen Leitungen angeschlossen und abgetrennt werden. Durch eine

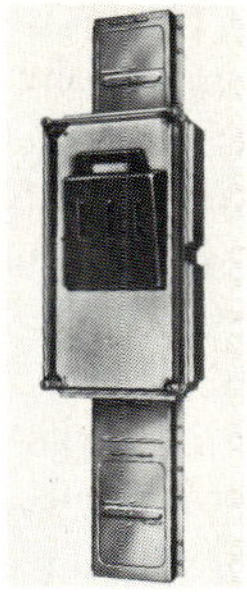

Bild 3-35: Isolierstoff-Abgangskasten mit NH-Sicherungs-Laststromschalter für 250 A

Verriegelung wird erreicht, daß die Kästen nur in spannungslosem Zustand abgenommen und angesetzt werden können. Lichtbögen an den Sammelschienen werden so sicher verhindert. Alle notwendigen Verlängerungs-, Sicherungs- und Abzweigstücke können von den Herstellern im Baukastensystem fertig bezogen werden *(Bild 3-36)*.
Schienenverteiler können auch vertikal verlaufen, z. B. in Hochhäusern. Wenn das Metallgehäuse des Verteilers an den Stoßstellen zuverlässig elektrisch

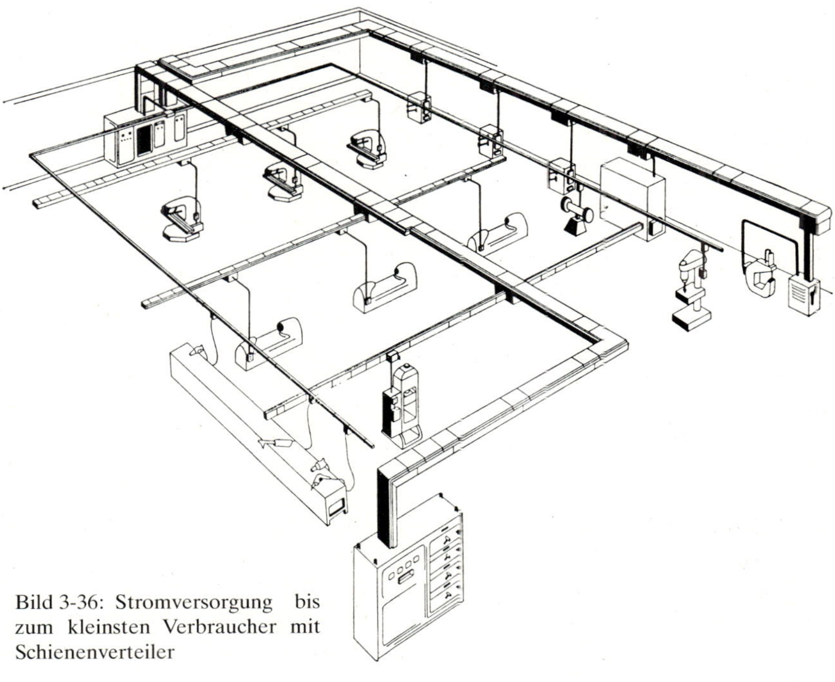

Bild 3-36: Stromversorgung bis zum kleinsten Verbraucher mit Schienenverteiler

verbunden ist, kann es als Schutzleiter dienen. PEN-Leiterschienen dürfen ohne Isolatoren unmittelbar auf das Metallgehäuse gesetzt werden.
Beim Durchbrechen von Brandmauern und Decken muß durch typgeprüfte Bauteile abgeschottet werden.
Zu den Schienenverteilern kann man auch sog. *Strombahnen* rechnen, die zur Versorgung von kontinuierlich beweglichen Stromverbrauchern dienen, z. B. für Elektrowerkzeuge, Elektrozüge, Förderanlagen, Stofflegemaschinen und Zuschneidemaschinen.
Für die Speisung von Drehstromverbrauchern haben die Strombahnen vier Stromschienen, bei metallenem Gehäuse ist dieses über einen fünften Stromabnehmer in die Schutzmaßnahme mit einbezogen. Bei Kunststoffgehäusen ist der fünfte Leiter zur Einhaltung der Schutzbestimmungen zwingend erforderlich.
Für die *Dauerbelastung* von *Stromschienensystemen* sind die Herstellerangaben zu beachten. Für nicht-fabrikfertige Systeme sind die Leiterquerschnitte nach Tabelle 3-16 zu bemessen. Dabei sind die Lage der Leiter zueinander, die verminderte Wärmeabfuhr, z. B. durch eine Umhüllung, die Lage der Leiter zur Umhüllung, die Lage der Leiter zu leitenden inaktiven Teilen (Wirbelströme, Induktionswärme) und senkrechte oder waagrechte Schienenführung zu berücksichtigen.

3.12 Baustrom-Verteiler (DIN VDE 0612)

Baustrom-Verteiler gibt es als stabile spritzwassergeschützte (Schutzart IP 43) und verschließbare Verteilerschränke *(Bild 3-37)*. Schutzisolierte Baustromverteiler müssen vollisoliert sein, d. h., die Umhüllung muß ausschließlich aus Isolierstoff bestehen. Holz ist nur als Befestigungswand oder Schutzgeländer zulässig. Verteiler mit Metallgehäuse müssen in die FI-Schaltung einbezogen sein. Bis zum FI-Schalter müssen sie schutzisoliert sein. Baustrom-Verteiler werden als Anschluß- und Verteilerschränke gebaut.
Diese können, solange sie in Betrieb sind, als ortsfest angesehen werden. Deshalb kann die Zuleitung bei Querschnitten $\geqq 10\ mm^2$ Cu vieradrig als Gummischlauchleitung, z. B. des Typs H 07 RN-F, besser NSSHöu, ausgeführt werden. Die Netzanschlußleitung muß zugentlastet fest angeschlossen werden.
Serienmäßig geliefert werden Anschluß-Verteiler-Schränke für 25, 40, 63, 100, 160, 250, 400 und 630 A Anschlußwert. Die Anschlußleitungen für die 25-A- und 40-A-Schränke brauchen mindestens 10 mm^2 Cu-Querschnitt, die 63-A-Schränke mindestens 16 mm^2, die 100-A-Schränke mindestens 35 mm^2, die 160-A-Schränke mindestens 50 mm^2, die 250-A-Schränke mindestens 120

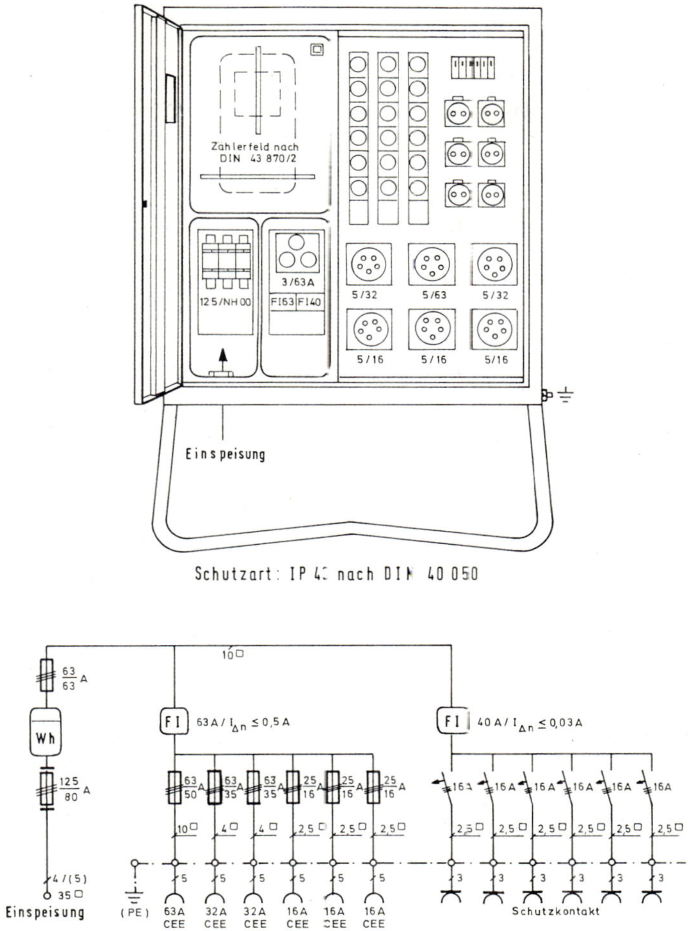

Bild 3-37: Anschluß-Verteiler-Schrank nach VDE 0612

mm^2, die 400-A-Schränke mindestens 150 mm^2 und die 630-A-Schränke mindestens 2 × 150 mm^2.

Wird der Baustromverteiler an ein TN-Netz angeschlossen, so darf der ankommende PEN-Leiter mit der Schutzleiterschiene zusätzlich wie im TT-Netz durch eine bewegliche Erdungsleitung an einen Erder angeschlossen werden, wozu sich z. B. eine einadrige H 07 V-K-Leitung von mindestens 10 mm^2 Cu eignet. Der Erder soll in unmittelbarer Nähe der Schränke angebracht sein, um kurze und übersichtliche Erdungsleitungen zu erzielen. Ist ein metallenes Wasserrohrnetz vorhanden, so soll die Erdungsleitung damit verbunden werden. Ist dies nicht möglich, so müssen besondere Erder nach 9.3.7 eingebracht werden. Hierzu eignen sich Stab- oder Rohrerder von etwa 2 m Länge oder 10 m lange Banderder. Der oder die Fehlerstrom(FI)-Schutzschalter müssen samt den dazugehörenden Erdern überprüft werden können. Dazu sollte in den Baustellenverteiler ein Erdungsprüfschalter (vgl. 9.3.8) fest eingebaut werden. Der Nennfehlerstrom der FI-Schalter darf 0,5 A nicht übersteigen, er sollte jedoch möglichst 0,03 A betragen. Stromkreise mit Steckdosen bis 16 A müssen nach DIN VDE 0100 Teil 704 durch FI-Schutzschalter mit einem Nennstrom von höchstens 0,03 A geschützt werden.

Für Sicherungs-Nenngrößen über 63 A sind als Hauptsicherung NH-Sicherungstrenner zu verwenden. Bei der Auswahl der Hauptsicherung ist darauf zu achten, daß die FI-Schalter ausreichend gegen Überströme geschützt sind.

Für *Kleinstbaustellen,* auf denen z. B. nur Elektrowerkzeuge oder einzelne Maschinen kurzzeitig eingesetzt werden, können auch Kleinstbaustromverteiler mindestens in Schutzart IP 32 mit einem Fehlerstrom-Schutzschalter als Hauptschalter gewählt werden.

3.13 Farbwahl von Leuchtmeldern (DIN VDE 0199)

Grundsätzlich bedeuten bei Leuchtmeldern rot = Gefahr oder Alarm, gelb = Vorsicht, grün = Sicherheit. Für andere Zwecke müssen blau oder weiß angewendet werden. Beispiel: Die Tür zu einer Niederspannungsanlage ist offen. Außerhalb des Raumes nahe beim Eingang zeigt der Leuchtmelder rot, wenn der Hauptschalter geschlossen ist, und grün, wenn er offen ist: keine Spannung, Sicherheit. In der Stromverteilungsanlage ist auf der Schalttafel ein Abzweigschalter geschlossen, also der Abzweig unter Spannung. Der Leuchtmelder auf dem Verteiler leuchtet weiß. Bei offenem Abzweigschalter leuchtet er grün: keine Spannung. Der Hauptschalter an einer Maschine ist offen. Der Leuchtmelder am Bedienungsstand zeigt nichts an: keine Spannung. Nun wird der Hauptschalter geschlossen. Der Leuchtmelder zeigt weiß: Normalbetrieb. An der Maschine wird jetzt ein Abzweigschalter geschlossen. Es leuchtet ein grüner Melder auf: die Hilfseinrichtungen laufen. Ein Lüfter zum Absaugen gefährlicher Dämpfe; der Motorschalter wird geschlossen. Am Zugang zum Lüfterraum leuchtet der Melder gelb: Achtung! Lüfter läuft. Vor Ort, wo gefährliche Dämpfe auftreten, leuchtet der Melder grün: Lüfter arbeitet, Sicherheit: Dieser Melder leuchtet rot, wenn der Lüfter ausfällt.

4 Leitungen und Kabel

Kabel in Hochspannungsnetzen siehe 2.1.4

4.1 Leitungsarten und ihr Anwendungsbereich

4.1.1 DIN VDE-Kennfaden

Isolierte Starkstromleitungen dürfen neben dem Firmenkennfaden den einfädigen, schwarz-rot bedruckten DIN VDE-Kennfaden oder den internationalen schwarz-rot-gelben VDE-Kennfaden führen, wenn die Prüfung bei der VDE-Prüfstelle bestanden wurde. Kunststoffaderleitungen dürfen statt dessen im Abstand von 15 bis 20 cm auf der Leitung das VDE-Kennzeichen in folgender Form tragen:

◁VDE▷
◁VDE▷PR

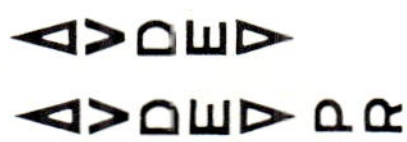

Nach den Bestimmungen DIN VDE 0281 und DIN VDE 0282 wurden eine Reihe von Starkstromleitungen international vollharmonisiert (s. 4.1.2 bis 4.1.4). Die bisher übliche Bezeichnung dieser Leitungstypen wurde aufgehoben. Harmonisierte Leitungen erhalten neben dem VDE-Aufdruck oder Kennfaden die Kennzeichnung ◁HAR▷.

Bedrucken von Adern in Kabeln und Leitungen

Nach DIN VDE 0293 sind Kabel und Leitungen mit mehr als 5 Adern wie folgt zu bedrucken:
Jedes Kennzeichen besteht aus einem Nummernkennzeichen in senkrechter arabischer Schreibart jeweils mit 1 beginnend und einem Strich, der diese Kennzeichen unterstreicht. Z. B. die Zahl 12:

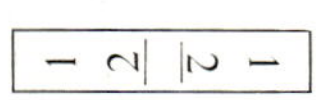

4.1.2 Kurzzeichen

Die Kurzzeichen sollen Bauart und Verwendungszweck angeben. So bedeutet bei den Bauarten nach nationalen Normen N eine Normenleitung. Y besagt, daß es sich um eine Kunststoffisolierung handelt, wobei meist Polyvinylchlorid (PVC) gemeint ist. Es bedeuten ferner:

2 Y Polyethylen (PE)
3 Y Polystyrol
4 Y Polyamid (Nylon)
5 Y Polytetrafluorethylen (Teflon)
6 Y Polytrifluormonochlorethylen (Hostaflon)
11 Y Polyurethan.

G heißt Gummi und 2 G ist Silikon-Kautschuk mit erhöhter Wärmebeständigkeit, 4 G bedeutet Ethylenvinyl-Acetat. A bedeutet meist Ader, M Mantelleitung, aber auch „mittlere", S Schnur, aber auch „stark", L Leuchtröhren, aber auch „leicht". H heißt Handgeräteleitung, ö „ölfest" und u „unverbrennbar" (herabgeminderte Brennbarkeit). F kann Flachleitung, Fassungsader oder „feindrähtig" bedeuten, o ist „ozonfest", C conzentrisch (abgeschirmt), K sowohl Kabel als auch Korrosionsschutz, W wetterfest und w erhöht wärmebeständig.
Das CENELEC hat eine Reihe von Leitungen international harmonisiert. Damit sind neue Kurzzeichen entstanden.
Die Nennspannung wird durch die Angabe von zwei Wechselspannungen ausgedrückt: U_0/U.
Dabei bedeutet:

U_0 Effektivwert zwischen einem Außenleiter und „Erde",
U Effektivwert zwischen zwei Außenleitern.
Bei Gleichstrom darf dessen Nennspannung bis zum 1,5-fachen des Wertes der Nenn-Wechselspannung der Leitung betragen.

Weitere Kurzzeichen:

H harmonisierte Bestimmung, A anerkannter nationaler Typ,
03 Nennspannung 300/300 V, 05 Nennspannung 300/500 V,
07 Nennspannung 450/750 V.

Isolierstoff:

V Isolierstoff aus PVC,
R Styrol-Butadien- oder Natur-Kautschuk, S Silikonkautschuk.

Mantelwerkstoff:

J Glasfasergeflecht, T Textilgeflecht, N Polychloropren-Kautschuk.

Besonderheiten im Aufbau:

H flache, aufteilbare Leitung, H2 flache, nicht aufteilbare Leitung.

Leiterart:

U eindrähtig, R mehrdrähtig, K feindrähtig bei Leitungen für fest Verlegung;
F feindrähtig bei flexiblen Leitungen;
H feinstdrähtig bei flexiblen Leitungen;
Y Lahnlitze, X ohne Schutzleiter, G mit Schutzleiter.

Beispiele:

H05VV-F2X 1,5 bedeutet eine harmonisierte mittlere Kunststoffschlauchleitung ohne Schutzleiter $2 \times 1,5$ mm^2,
H07RN-F 3 G 1,5 bedeutet eine harmonisierte Gummischlauchleitung $3 \times 1,5$ mm^2 mit Schutzleiter.
Eine Übersicht über die derzeit nach DIN VDE genormten Leitungen für feste Verlegung gibt die *Tabelle 4-1* und für flexible Leitungen die *Tabelle 4-2*.

4.1.3 Farben der Außenhüllen

Starkstromleitungen und Kabel bis 1 kV haben eine schwarze Außenhülle. Feuchtraumleitungen in Sonderfällen, z. B. für Wohnungen, Küchen, Molkereien, können hellgrau sein. Gummischlauchleitungen NSSHöu sowie Kabel in Bergwerken unter Tage sind gelb.
Leitungen und Kabel über 1 kV erhalten rote Außenmäntel. Jedoch werden Leuchtröhrenleitungen gelb gefärbt.
Mäntel und Schutzhüllen von Kabeln und Leitungen in eigensicheren Anlagen müssen *hellblau* gefärbt sein.

4.1.4 Farben der Adern (vgl. auch DIN VDE 0293)

Einadrige Mantelleitung und einadriges Kabel: die Ader ist stets schwarz. Zweiaderleitung: schwarz/hellblau, bei beweglichen Leitungen braun/hellblau.

Mehraderleitungen haben folgende Farben:
mit Schutzleiter: grün-gelb/schwarz/hellblau/braun/schwarz,
ohne Schutzleiter: schwarz/blau/braun/schwarz/schwarz.

Der Schutzleiter ist auf seiner ganzen Länge nur mit den Farben grün und gelb zu kennzeichnen. Dies darf in Form von Längsstreifen, Wendeln oder Ringen geschehen. Adern, die mit Band umwickelt sind, dürfen durch farbige Bänder gekennzeichnet sein.

Den üblichen Buchstabenkurzzeichen der nicht harmonisierten Leitungen ist, wenn sie einen grün-gelben Schutzleiter enthalten, der Buchstabe J (international), sonst der Buchstabe O hinzuzufügen. Beispiel:

NTMöu 5 × 6-J oder NYIFY 2 × 1,5-O.

Bei harmonisierten Kabeln und Leitungen mit Schutzleiter wird ein G eingefügt, ohne Schutzleiter ein X. Beispiel:

H05VV-F 5 G 2,5 oder H03VVH 2-F 2 X 0,75.

Konzentrisch ausgeführte Schutzleiter sind nicht besonders zu kennzeichnen; in diesem Fall gilt für die Farben der Ader die Kennzeichnung wie für Leitungen ohne Schutzleiter.
Bei 6 und mehr Adern ist eine Ader grün-gelb in der Außenlage, die übrigen von innen beginnend mit 1 sind mit Zahlenaufdruck gekennzeichnet.
Bei Kabeln mit massegetränkter Papierisolierung gilt naturfarben als braun und grün/naturfarben als grün-gelb. Haben Kabel eine Ader mit geringerem Leiterquerschnitt, so ist diese Ader grün-gelb bzw. blau zu kennzeichnen.

4.1.4.1 Anforderungen an die Farbkennzeichnung DIN VDE 0293 DIN VDE 0100 Teil 510 und 540

Der Installateur darf sich niemals auf die Farbkennzeichnung einer ihm unbekannten Anlage verlassen. Er muß bei Instandsetzungen stets die Zugehörigkeit der einzelnen Adern selbst prüfen.
Nach den DIN VDE-Bestimmungen 0100 gilt:
a) Die farbige Kennzeichnung von Mehraderleitungen und Kabeln muß DIN VDE 0293 entsprechen.
b) Adern, die als Schutzleiter (PE) verwendet werden, müssen in ihrem ganzen Verlauf grün-gelb gekennzeichnet sein. Dies gilt auch für den PEN-Leiter. Auch Potentialausgleichsleiter und Erdungsleiter mit Schutzfunktion dürfen grün-gelb gekennzeichnet werden. Bei einadrigen Mantelleitungen und Kabeln (NYM, NYY) darf auf die durchgehende grün-gelbe Aderkennzeichnung verzichtet werden. Hier genügt es, die Enden dauerhaft grün-gelb zu kennzeichnen, z. B. durch einen grün-gelben Isolierschlauch.
c) Die grün-gelb gekennzeichnete Ader darf für keinen anderen Zweck verwendet werden, z. B. als Schalt- oder Außenleiter.
d) Wird ein konzentrischer Leiter oder der Metallmantel eines Kabels als Schutzleiter verwendet, so brauchen diese nicht besonders gekennzeichnet zu sein.
e) In öffentlichen Verteilungsnetzen darf die grün-gelbe Ader bei Leitungsquerschnitten $\geqq 10\ \text{mm}^2$ für den geerdeten Neutralleiter verwendet werden,

wenn betriebliche Erfordernisse vorliegen. Über die anzuwendende Schutzmaßnahme ist die Abstimmung mit dem EVU erforderlich.

f) Für den Neutralleiter (N bei Wechselstrom, M bei Gleichstrom) ist die hellblaue Ader oder, wenn eine solche fehlt, eine Ader mit Zahlenaufdruck, z. B. mit „1", zu verwenden.

g) Wo der Neutralleiter nicht benötigt wird, darf die hellblaue Ader auch für einen anderen Leiter, jedoch nicht für den Schutzleiter, verwendet werden.

h) Innerhalb von Geräten, Schaltanlagen oder Verteilern wird bei einadriger Verdrahtung mit isolierten Leitern die Farbe „schwarz" empfohlen. Soll in gewissen Fällen eine Leitungsgruppe von anderen unterschieden werden, sind „braun"-isolierte Leiter zu bevorzugen. Der Schutzleiter muß jedoch auch in diesem Falle „grün-gelb" gekennzeichnet sein.

i) Die Adern einadriger Kabel und einadriger ummantelter Leitungen brauchen nicht besonders gekennzeichnet zu werden. Jedoch ist beim Errichten eine dauerhafte Kennzeichnung an den Enden anzubringen und zwar grün-gelb für den Schutzleiter und hellblau für den Neutralleiter. Die Kennzeichnung des Neutralleiters ist jedoch nicht erforderlich, wenn sein Querschnitt kleiner ist als der Querschnitt der zugehörigen Außenleiter. Als Enden gelten die Teile des Kabels oder der Leitung, bei denen an Anschlußstellen der Mantel entfernt wurde.

Nach DIN VDE 0293 gilt für einadrige Leitungen:

Für Verdrahtungsleitungen H05V werden folgende 12 Farben empfohlen: schwarz, blau, braun, grau, orange, rosa, rot, türkis, violett, weiß, grün und gelb. Alle zweifarbigen Kombinationen dieser Einzelfarben sind erlaubt, Ausnahme: grün-gelb.

Die Einzelfarben grün und gelb dürfen nur insoweit verwendet werden, als es die jeweils betreffenden Sicherheitsbestimmungen zulassen. Grün ist zur Kennzeichnung von Lichterketten erlaubt.

Für Aderleitungen H07V dürfen die ersten 10 Farben verwendet werden, d. h. außer grün und gelb. Die Farbe der Ader von einadrigen Kabeln und einadrigen ummantelten Leitungen ist stets schwarz.

Potentialausgleichsleitungen mit Schutzfunktion sollten durchwegs grün-gelb gekennzeichnet werden.

Es ist darauf hinzuweisen, daß neue VDE-Bestimmungen beim Neubau, bei der Erweiterung und beim Wiederaufbau elektrischer Anlagen anzuwenden sind. Bei Nachinstallationen muß besonders sorgfältig geprüft werden, welche Ader bisher als Schutzleiter verwendet wurde. Nach Fertigstellen der Anlage sind alle Anschlüsse erneut zu überprüfen, um mit Sicherheit Verwechslungen zwischen Außenleiter und Schutzleiter auszuschließen.

Man darf jedoch das alte und neue Farbsystem nicht etwa im selben Rohr „mixen", d. h. z. B. in einem Isolierrohr gleichzeitig eine grün-gelbe und rote

oder graue Ader verlegen. Dagegen bestehen keine Bedenken, das neue System bei Erweiterungen an das alte „anzuknüpfen“. In diesem Falle wäre im TN-Netz grün-gelb mit rot und blau mit grau zu verbinden. Ein grauer PEN-Leiter wäre mit grün-gelb weiterzuführen. Schließlich ist es bei Erweiterungen notwendig, den PEN-Leiter in der Altanlage aufzuspalten in einen grün-gelben Schutzleiter und einen blauen N-Leiter.
In Starkstromanlagen dürfen einadrige isolierte Leiter weder durch die Farbe „gelb“ oder „grün“ noch mehrfarbig gekennzeichnet sein. Ausgenommen ist nur der grün-gelbe Schutzleiter.
DIN VDE 0113 empfiehlt für Wechselstrom-Stromkreise die Farbe rot, für Gleichstrom-Steuerstromkreise die Farbe blau und für Verriegelungsschaltungen die Farbe orange.

4.1.5 Leitungen für feste Verlegung

Bauart und Auswahl siehe Tabelle 4-1, Leitungsverlegung siehe auch Tabelle 4.2

Isolierte Starkstromleitungen dürfen nicht im Erdreich verwendet werden. Durchführungen von Leitungen durch Brandabschottungen in Form von Sandtassen usw. oder zeitlich begrenzte Abdeckungen von Gummischlauchleitungen NSSHöu oder Leitungstrossen mit Erdreich, Sand oder ähnlichem Material, z. B. auf Baustellen, gelten nicht als Erdverlegung.
Leitungen mit flammwidrigem Mantel, z. B. NYM, NYBUY, H07VVH2-F, dürfen unmittelbar auf und in normalentflammbare Bauteile, wie Holzbalken und -bretter verlegt werden.
Das Verlegen von Leitungen in Holzkanälen kommt dem in wärmedämmenden Wänden gleich. Nach VDE 0298 Teil 4 beträgt dort die Belastbarkeit z. B. einer mehradrigen Leitung mit einem Leiterquerschnitt von 1,5 mm^2 Cu im Drehstrombetrieb nur 13 A. Werden zwei dieser Leitungen in einen Kanal gelegt, so reduziert sich die Belastbarkeit nach der gleichen Norm auf 10,4 A. Aderleitungen dürfen an Stelle von mehr- und vieladrigen Leitungen bei geschützter Verlegung, z. B. in Rohren, Kanälen, Schaltanlagen, verwendet werden. Bevorzugt werden PVC-Aderleitungen der Bauart H07V-U/R/K.
Verdrahtungsleitungen sind ausschließlich bestimmt für die innere Verdrahtung von Schaltschränken und Geräten. Üblich sind PVC-Verdrahtungsleitungen der Bauart H05V-U/K.
Die halogenfreie Mantelleitung NHXMH, 300/500 V, 1,5 mm^2 Cu bis 35 mm^2 Cu eignet sich wegen ihres verbesserten Verhaltens im Brandfall besonders für feuergefährdete Betriebsstätten.
Mineralisolierte Leitungen (NUM) werden in erster Linie für die Stromversorgung wichtiger Sicherheitseinrichtungen verwendet. Die Kupferleiter sind in

einer festgepreßten Mineralisolierung aus Magnesiumoxidpulver eingebettet und mit einem nahtlos gezogenen Kupfermantel umhüllt, der zugleich als Schutzleiter dienen kann *(Bild 4-1)*.

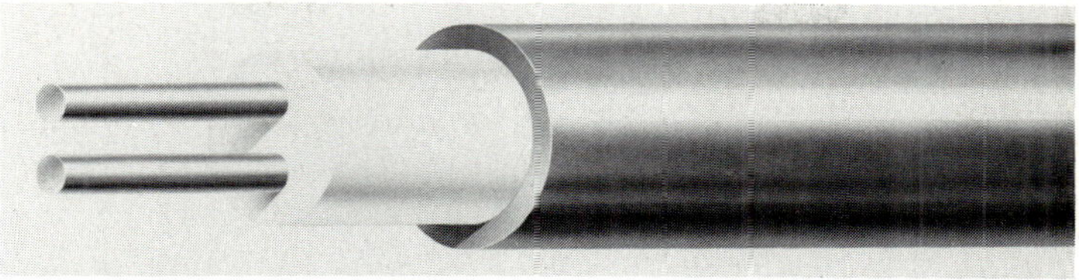

Bild 4-1: Mineralisolierte Leitung (NUM)

Die Leitung ist nicht brennbar, alterungsbeständig, wasserdicht, äußerst robust und korrosionsbeständig.
Es sind spezielle Endabschlüsse erforderlich *(Bild 4-2)*.

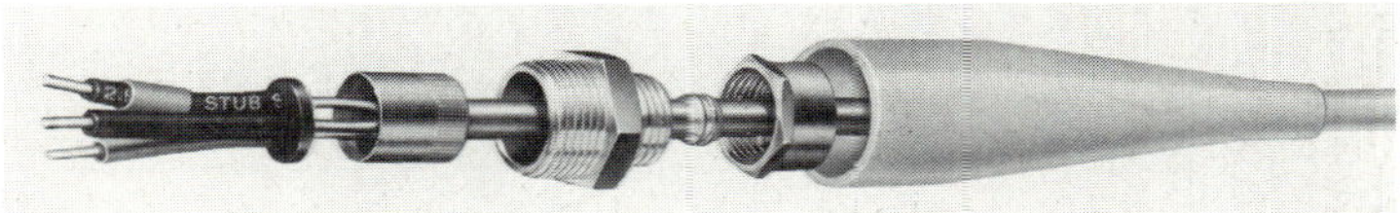

Bild 4-2: Endabschluß einer mineralisolierten Leitung

Neben den in den VDE-Bestimmungen genormten Leitungen bieten verschiedene Hersteller eine Reihe von nicht genormten Leitungen für Sonderfälle an. Der Hersteller hat hier die Verpflichtung, die allgemein geltenden sicherheitstechnischen Anforderungen für Leitungen einzuhalten. Er haftet dafür im Rahmen seiner Produkthaftung.
Eine Sonderkonstruktion sind z. B. die von einem Hersteller angebotenen Flachleitungen, die für das Verlegen unter dem Teppichboden geeignet sind. Der Querschnitt des Leiters ist auf 89 mm Breite und weniger als 1 mm Höhe verteilt. Angeboten werden Energie-, Telefon- und Koaxialleitungen. Die Energieleitung wird an der Unterseite durch ein PVC-Band und an der Oberseite durch ein Kupferband geschützt, das in Abständen von 700 mm mit dem Schutzleiter verbunden ist *(Bild 4-3)*. Zusätzliche Sicherheit bietet eine Stahlfolie, die die Leiter überlappt und somit einen weiteren mechanischen Schutz bewirkt. Die Leitung wird auf den fertigen Fußboden unter den Teppichboden geklebt. Sie ist rollstuhlfest. Für die Leitung gibt es spezielle Wandanschlüsse, Leitungsverbinder, Abzweigvorrichtungen und Bodenanschlußtanks.

Leitungen für feste Verlegung Tabelle 4-1

Bauart	Kurzzeichen	VDE	U_0/U V	Adernzahl	Querschnitt	ϑ_B/ϑ_K[1] °C	Schutzisoliert	Anwendung/Verlegung
PVC-Verdrahtungsleitungen	H 05 V-U H 05 V	0281 T.101	300/500	1	0,5···1	70/160	nein	innere Verdrahtung von Geräten und Leuchten; für Signalanl. Verlegung in Rohr a.P./u.P.
PVC-Aderleitungen	H 07 V-U H 07 V-R H 07 V-K	0281 T.103	450/750	1	1,5···16 6···400 1,5···240	70/160	nein	Verlegung in Rohren a.P./u.P. und in geschlossenen Installationskanälen; Verdrahtung von Geräten, Schaltanl. u. Vert.
Wärmebeständige PVC-Verdrahtungsleitungen	H 05 V-U H 05 V-K	0281 T.102	300/500	1 1	0,5···2,5 0,5···2,5	90/160	nein	innere Verdrahtung von Leuchten und Wärmegeräten bei Umgebungstemperaturen über 55 °C
Wärmebeständige Gummiaderleitung	H 07 G-U H 07 G-R H 07G-K	0282 T.501	450/750	1	0,5···10	110/250	nein	innere Verdrahtung v. Leuchten, Wärmegeräten, Maschinen u. Schaltanl. bei $\vartheta_u > 55$ °C; bei $S \geq 1{,}5$ mm² Verlegung in Rohr a.P./u.P.
ETFE-Aderleitungen	N 7 YA N 7 YAF	0250 T.106	450/750	1	0,25···6	135/250	nein	innere Verdrahtung v. Geräten insbesondere der Leistungselektronik; bei $S \geq 1{,}5$ mm² Verlegung in Rohr a.P./u.P.
Wärmebeständige Silikon-Fassungsadern	N 2 GFA N 2 GFAF	0250 T.502	300/300	1	0,75	180/350	nein	innere Verdrahtung von Leuchten bei $\vartheta_u > 55$ °C
Wärmebeständige Silikon-Aderleitung[2]	H 05 SJ-K A 05 SJ-K A 05 SJ-U	0282 T.601	300/500	1	0,5···16 2,5···95 1···16	180/350	nein	innere Verdrahtung v. Leuchten, Wärmegeräten, Maschinen u. Schaltanl. bei $\vartheta_u > 55$ °C bei $S \geq 1{,}5$ mm² Verleg. i. Rohr a.P./u.P.
Sonder-Gummiaderleitungen	NSGAöu NSGAFöu	0250 T.602	0,6/1 kV 1,7/3 kV 3,6/6 kV	1	1,5···300	90/250	nein	für Schienenfahrzeuge u. O-Busse, sowie in trokkenen Räumen; kurzschluß- und erdschlußsichere Verlegung in Schaltanlagen bei Leitung $U \geq 3$ kV
Kältebeständige PVC-Aderleitung	H 07 V3-U H 07 V3-R H 07 V3-K	0281 T.107	450/750	1	1,5···10 1,5···400 1,5···240	70/160	nein	innere Verdrahtung bei niedrigen Temperaturen (−25 °C)

Leitungen für feste Verlegung (Fortsetzung) Tabelle 4-1

Bauart	Kurzzeichen	VDE	U_0/U V	Adern- zahl	Quer- schnitt	ϑ_B/ϑ_K[1] °C	Schutz- isoliert	Anwendung/Verlegung
Stegleitungen	NYIF NYIFY	0250 T.201	220/380	2···5 2···3	1,5/2,5 4	70/160	nein	im und unter Putz in trockenen Räumen, sowie in Hohlräumen aus nicht brennbaren Baustoffen
PVC-Mantelleitungen	NYM	0250 T.204	300/500	1···5	1,5···35	70/160	ja	auf, in und unter Putz in trockenen u. feuchten Räumen u. im Freien
PVC-Mantelleitung mit Traggeflecht	NYMZ	0250 T.205	300/500	2···5	1,5···16	70/160	ja	für selbsttragende Aufhängung, auch im Freien; Spannweiten bis 50 m
PVC-Mantelltg. mit Tragseil	NYMT	0250 T.206	300/500	2···5	1,5···35	70/160	ja	für selbsttragende Aufhängung, auch i. Freien; Spannweiten bis 50 m
Umhüllte Rohrdrähte	NHYRUZY	0250 T.209	300/500	2···5	1,5···25	70/160	ja	für Räume m. Hochfrequenzanl.; nicht gestattet in explosionsgef. Bereichen
Bleimantelleitungen	NYBUY	0250 T.210	300/500	2···5	1,5···35	70/160	ja	wie NYM, sowie bei Einwirkungen durch Lösungsmittel oder andere Chemikalien
wetterfeste PVC-Leitungen	NFYW	0250 T.203	0,6/1 kV	1	6···50	70/160	ja	als Hausanschlußleitung nach VDE 0211
mineralisierte Leitungen	NUM (NUMK)	0284	300/500 450/750	1···7 1···7	1···4 1···150	105/– 70/160	ja	wie NYM, sowie bei gefordertem Funktionserhalt im Brandfall; NUM ohne Brandlast
Gummipendelschnüre	NPL	0250 T.603	220/380	2,3	0,75	60/200	nein	für Zugpendel- oder Schnurpendelleuchten, Bruchlast ≥ 60 N
wärmebeständige PVC-Pendelschnur	NYPLYW	0250 T.202	220/380	2···4	0,75	90/160	ja	wie NPL, Bruchlast ≥ 250 N, $\vartheta_u > 55$ °C
Illuminationsleitungen	H 05 RN-F H 05 RNH2-F	0282 T.604	300/500	1. u. 2	0,75···1,5	60/200	ja	für Lichtketten in Innenräumen und im Freien, einadrige für Christbaumbeleuchtung, zweiadrige für dekorative Einrichtungen
PVC-Lichterketten-leitung	H 05 V-F	0281 T.104	300/500	1	0,5 u. 0,75	70/160	nein	für Lichterketten, nicht geeignet für die Verwendung im Freien
PVC-Leuchtröhren-leitungen	NYL	0250 T.105	4/4 kV 8/8 kV	1	1,5	70/160	–	für Leichtröhrenanl. nach VDE 0128; geschützte Verlegung in Stahlrohren
PVC-Flachleitung	H 05 VVH 6-F H 05 VVD 3 H 6-F*	0281 T.403	300/500	3···24	0,75 u. 1,0	70/160	ja	für Aufzüge und Industriemaschinen bis zu einer freien Einhängelänge von 35 m, nicht geeignet im Freien
PVC-Flachleitung	H 07 VVH 6-F H 07 VVD 3 H 6-F*	0281 T.404	450/750	3···24	1,5···25	70/160	ja	wie oben

* mit Zugentlastungselement

Leitungen für feste Verlegung (Fortsetzung) Tabelle 4-1

Bauart	Kurzzeichen	VDE	U_0/U V	Adern-zahl	Quer-schnitt	ϑ_B/ϑ_K[1] °C	Schutz-isoliert	Anwendung/Verlegung
metallumhüllte PVC-Leuchtröhrenleitungen	NYLY NYLRZY	0250 T.211	4/8 kV	1	1,5	70/160	–	für Leuchtröhrenanlagen nach VDE 0128, Verlegung auf Putz; NYLRZY auch in und unter Putz
isolierte Heizleitung	NH···	0253	300/500	1	–	–	–	Verwendung je nach Heizleitungsart i. Rohren, Kanälen, in und unter Putz und in Beton
halogenfreie Mantelleitung	NHXMH	0250 T.214	300/500	1···5	1,5···35	70/160	ja	in feuer- oder explosionsgefährdeten Bereichen
halogenfreie Aderleitung	NHXA NHXAF	0250 T.503	450/750	1	0,5···400 0,5···240	90/160	nein	Verdrahtung von Betriebsmitteln bei erhöhten Anforderungen an Brandschutz

[1] ϑ_B Grenztemperatur am Leiter im Betrieb, ϑ_K Grenztemperatur am Leiter bei Kurzschluß.

[2] Bei Verlegung in Rohrsystemen müssen diese an den Enden offen und belüftet sein, da bei Luftabschluß in Verbindung mit Temperaturen über 90 °C sich die mechanischen Eigenschaften des Silikongummis vermindern.

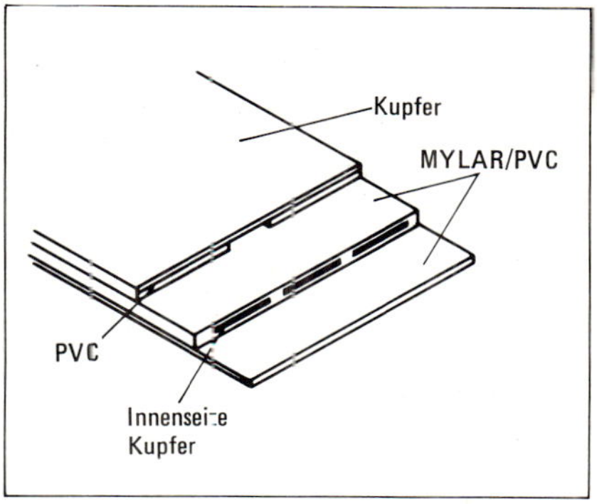

Bild 4-3:
Fachleitung 220 V, $I_Z = 20$ A

4.1.6 Flexible Leitungen

Bauart und Anwendung siehe Tabelle 4-2

Für geringe mechanische Beanspruchung in trockenen Wohnräumen, auch für Bügeleisen, ist die *Gummiaderschnur* H03RT-F (NSA) 0,75 bis 1,5 mm^2 geeignet. Der Querschnitt von 0,5 mm^2 darf nur in den Ausnahmefällen verwendet werden, die in den Gerätebestimmungen, z.B. in DIN VDE 0730, ausdrücklich festgelegt sind. Wird bei Kleingeräten Wärmestrahlungsschutz für notwendig erachtet, dann kann eine Silikonkautschuk-Leitung gewählt werden, die bis zu einer Grenztemperatur von 180 °C beansprucht werden darf. An Stelle der Gummiaderschnüre darf auch die *Zwillingsleitung* H 03 VH-H (NYZ) eingesetzt werden, jedoch *nicht* für Wärmegeräte und nur in trockenen Räumen bei geringen mechanischen Beanspruchungen.

Um den Wünschen der Geräteindustrie nach einer besonders leichten, flexiblen Anschlußleitung zu entsprechen, wurde nach DIN VDE 0250 eine leichte Zwillingsleitung H03VH-Y (NLYZ) eingeführt. Dieser sog. Lahnlitzenleiter hat etwa 0,1 mm^2 Querschnitt. Er besteht aus vielen Textilfäden, die je mit einem sehr dünnen Kupferband umwickelt sind. Er gewährleistet eine außerordentliche Beweglichkeit, erfordert andererseits aber auch Verbindungen durch Quetschhülsen oder ähnlichem. Sonst entspricht der Aufbau der Zwillingsleitung. Die Leitung darf nur in trockenen Räumen zum Anschluß besonders leichter Handgeräte, z. B. elektrischer Rasierapparate, nicht aber für Wärmegeräte verwendet werden. Die Strombelastung darf 1 A und die Leitungslänge 2 m nicht überschreiten. Um Überlastungen zu vermeiden, dürfen die Leitungen nur fest an Geräte angeschlossen oder in Verbindung mit Gerätesteckdosen gebraucht werden. Für die Ströme über 1 A sind sie nicht zulässig.

Als nächststärkerer Typ ist die *leichte zwei- bis vieradrige Kunststoffschlauchleitung* H 03 VV-F und A 03 VV-F (NYLHY) 0,5 und 0,75 mm^2 zu nennen. Der Querschnitt von 0,5 mm^2 darf nur in den Ausnahmefällen verwendet werden, die z. B. in DIN VDE 0710 (Leuchten) genannt sind, wenn die Anschlußleitung nicht länger als 2 m und die Stromaufnahme nicht höher als 2,5 A ist. Sie ist nur für leichte Handgeräte in trockenen Räumen gedacht. Für Wärmegeräte ist sie nur dann zugelassen, wenn sie keine Teile berührt, die wärmer als 85 °C werden können. Dann, aber ebenfalls nur in trockenen Räumen, müßte die leichte Gummischlauchleitung H05RR-F (NLH) gewählt werden. Der Querschnitt von 0,75 mm^2 darf für Geräte bis 10 A Stromaufnahme oder für Gerätesteck- und Kupplungsdosen bis 10 A Nennstrom verwendet werden.
Zugelassen ist ferner die *mittlere Kunststoffschlauchleitung* H05VV-F oder H05VVH2-F (NYMHY) 0,75 bis 2,5 mm^2. Sie kann in *trockenen* Räumen zum Anschluß ortsveränderlicher Stromverbraucher bei mittleren mechanischen Beanspruchungen verwendet werden. An Haus- und Küchengeräten (z. B. Mixern, Kühlgeräten, Wäscheschleudern) wird sie auch in *feuchten* Räumen (z. B. Großküchen, feuchten Kellern) zugelassen. Sie darf jedoch nicht an Wärmegeräten (z. B. Kochplatten, Waffeleisen, Bügeleisen, Tauchsieder), die Temperaturen über 85 °C annehmen können, angeschlossen werden. Ebensowenig eignet sie sich auf Baustellen oder in landwirtschaftlich genutzten Betriebsstätten.
Für Küchengeräte, Handleuchten, Handbohrmaschinen bei geringen mechanischen Beanspruchungen auch in feuchten Räumen und im Freien ist weiterhin die *Gummischlauchleitung* H05RN-F 0,75 bis 1,5 mm^2 zu verwenden.
Bei mittleren mechanischen Beanspruchungen, also z. B. bei fahrbaren Motoren, schweren Werkzeugen oder landwirtschaftichen Geräten, ist die *Gummischlauchleitung* H07RN-F 1 bis 500 mm^2 am Platz. Für sehr schwere Beanspruchung, z. B. Baumaschinen, gibt es Gummischlauchleitungen NSSHöu und die Leitungstrosse NTMöu 2,5 bis 185 mm^2. Diese Typen dürfen an nicht zugänglichen unterirdischen Kanälen außerhalb von Gebäuden verlegt werden. Kabel sind jedoch vorzuziehen. Gummischlauch-Leitungen eignen sich nicht für die ständige Verwendung im Wasser. Hierfür bieten verschiedene Hersteller verschiedene Leitungen an, z. B. Siemens die Leitung HYDROFIRM.
Bestimmte Bauarten flexibler Leitungen dürfen auch fest verlegt werden, siehe Tabelle 4-2.
Die Zuleitung muß an der *Einführungsstelle* gegen starkes Verbiegen oder Verletzungen, z. B. durch Kunststoffschutzschläuche geschützt sein, Metallschutzschläuche müssen so hergestellt sein, daß sie in die Schutzmaßnahme bei indirektem Berühren einbezogen werden können. Ein Knicken von Zuleitungen an der Einführungsstelle muß vielmehr, z. B. durch Abrunden der

Flexible Leitungen

Tabelle 4-2

Bauart	Kurzzeichen	VDE	U_0/U V	Adern- zahl	Quer- schnitt	ϑ_B/ϑ_K[1] °C	Schutz- isoliert	Anwendung/Verlegung
Leichte Zwillingsleitungen	H 03 VH-Y	0281 T.301	300/300	2	0,1	70/150	ja	für leichte Handgeräte I ≤ 0,2 A, 1 ≤ 2 m; z. B. Rasiergeräte
Zwillingsleitungen[4]	H 03 VH-H	0281 T.302	300/300	2	0,5/0,75	70/150	ja	in trock. Räumen bei sehr geringen mech. Beanspr., nicht für Elektrowerkzeuge und Heizgeräte
PVC-Schlauchleitungen[4] 03 VV	H 03 VV-F H 03 VVH2-F	0281 T.401	300/300	2…4 2	0,5/0,75	70/150	ja	in trock. Räumen bei geringen mech. Beanspr., nicht für Heizgeräte
PVC-Schlauchleitungen 05 VV	H 05 VV-F H 05 VVH2-F	0281 T.402	300/500	2…7 2	0,75…2,5 0,75	70/150	ja	für mittlere mech. Beanspr., z. B. Waschmaschine, feste Verlegung in Möbeln und dgl.; nicht im Freien

Flexible Leitungen

Tabelle 4-2

Bauart	Kurzzeichen	VDE	U_0/U V	Adern- zahl	Quer- schnitt	ϑ_B/ϑ_K[1)] °C	Schutz- isoliert	Anwendung/Verlegung
PVC-Schlauchleitungen	NYMHYV	0250 T.406	300/500	2···5	1/1,5	70/150	ja	für erhöhte mech. Beanspr., z. B. für gewerblich genutzte Bodenreinig.-Geräte
PVC-Steuerleitungen	NYSLYÖ NYSLYCYÖ	0250 T.405	300/500	3···60	0,5···2,5	70/150	ja	für Industriemaschinen und dgl. bei mittlerer mech. Beanspr., nicht im Freien
Gummi-Aderschnüre	H 03 RT-F	0282 T.801	300/300	2 u. 3	0,75···1,5	60/200	nein	in trock. Räumen für Heizgeräte, z. B. Bügeleisen, bei gering. mech. Beanspr.
Silikon-Aderschnüre[2)]	N2GSA	0250 T.815	300/300	2 u. 3	0,75···1,5	180/350	nein	für den Anschluß von Heizgeräten und Leuchten
Silikon-Schlauchltgen.	N 2 GMH 2 G	0250 T.816	300/500	2···5	0,75···2,5	180/350	ja	bei hohen Umgebungstemperaturen, in trock. u. nassen Räumen sowie i. Freien
Gummischlauchleitungen 05 RR	H 05 RR-F A 05 RRT-F	0282 T.804	300/500	2···5 3 u. 4	0,75···2,5 4 u. 6	60/200	ja	für den Anschluß v. Elektrogeräten bei gering. mech. Beanspr., nicht ständ. i. Freien
Gummischlauchleitungen 05 RN	H 05 RN-F A 05 RN-F	0282 T.817	300/500	2 u. 3 1···4	0,75/1 0,75···1,5	60/200	ja	wie 05 RR, jedoch auch für Verwendung im Freien, z. B. für Gartengeräte, und bei Berührung mit Ölen und dgl.
Gummischlauchleitungen 07 RN	H 07 RN-F A 07 RN-F	0282 T.810	450/750	1···36	1···500	60/200	ja	bei mittlerer mech. Beanspr. in allen Bereichen, auch für feste Verlegung
Sonder-Gummischlauchleitungen	NMHVÖU	0250 T.806	230/400	2···4 3 u. 4	0,75 1,5	60/200	ja	für Elektrowerkzeug bei besonders hohen Verdrehungs- und Knickbeanspruchungen
Geschirmte Gummischlauchleitungen	NSHCÖU	0250 T.811	0,6/1 kV	2···4	1,5···16	60/200	ja	bei erforderlicher elektrischer Schirmung und hoher mechanischer Beanspruchung

Flexible Leitungen

Tabelle 4-2

Bauart	Kurzzeichen	VDE	U_0/U V	Adern-zahl	Quer-schnitt	ϑ_B/ϑ_K[1] °C	Schutz-isoliert	Anwendung/Verlegung
Starke Gummischlauch-leitungen	NSSHÖU	0250 T.812	0,6/1 kV	1···7	1,5···400	90/250	ja	für sehr hohe mech. Beanspr., z. B. auf Baustellen, im Tagebau, auch f. fest. Verlg.
Gummischlauchltgen.	NSHTÖU	0250 T.814	0,6/1 kV	3···7	1,5···240	60/200	ja	für Hebezeuge u. Förderanl. bei häufigem Auf- u. Abwickeln u. hoher Zugbeanspr.
Theaterleitungen	NTSK	T.802	300/500	1···n	2,5···35	90/200	ja	für den Anschluß bewegl. aufgehängter Beleuchtungskörp. in Bühnenräumen
Schweißleitungen	H 01 N2-D H 01 N2-E	0282 T.803	100	1	10···185	90/–	nein	für die Verbindung vom Schweißgerät zur Elektrode; Typ E mit besonders hoher Flexibilität
Gummi-Aufzugssteuer-leitungen	H 05 RND 5-F H 05 RTD 5-F	0282 T.807	300/500	4···24	0,75	60/200	ja	zum Anschluß von Aufzugs- und Fördereinrichtungen sowie von bewegten Teilen
Gummi-Aufzugssteuer-leitungen	H 07 RND 5-F H 07 RTD 5-F	0282 T.808	450/750	4···24	1	60/200	ja	wie H 05 RN 05-F
Gummi-Flachleitungen	HGFLGÖU	0250 T.809	300/500	2···24	1···95	60/200	ja	für den Anschluß bewegt. Teile, wenn die Leitungen Biegungen in nur einer Ebene ausgesetzt sind
Leitungstrossen	NT···	0250 T.813	0,6/1 kV	1···4	2,5···185	90/250	ja	für sehr hohe Beanspr., z. B. im Bergbau, auf Baustellen
Schlauchleitung mit Polyurethanmant.	NGMH 11 YÖ	0250 T.818	300/500	2···5 4 u. 4	0,75···2,5 4 u. 6	80/–	ja	Geräteanschlußleitung für hohe mech. Beanspr. ins. Scheuer- und Schleifbeanspruchungen

[3] Flexible Leitungen, die für mittlere und erhöhte mechanische Beanspruchung geeignet sind, dürfen ab einem Leiterquerschnitt von 1,5 mm^2 Cu auch fest verlegt werden. In Sonderfällen, z. B. für die feste Verlegung in Möbeln, genügt ein Mindestquerschnitt von 0,75 mm^2 Cu, sofern die Leitungslänge 10 m nicht überschreitet und keine Steckvorrichtungen angeschlossen sind.

[4] Leitungen mit einem Nennquerschnitt von 0,5 mm dürfen nicht länger als 2 m sein und mit keinem höheren Strom als 3 A belastet werden.

1) und 2) siehe Fußnote in Tabelle 4-1.

Einführungsstelle oder durch Tüllen, verhindert werden. Verknoten der Leitungen in sich und Festbinden der Leitungen am Gerät sind unzulässig.
Die Knickbeanspruchung flexibler Leitungen stellt eine noch größere Gefahr dar als Zug oder Verdrehung. Beim Knicken wird die Kupferader gestaucht und damit bruchanfällig.
Alle *Anschlüsse flexibler Leitungen* müssen in jedem Fall, auch bei nur vorübergehend aufgestellten Geräten, sorgfältig hergestellt werden. Leitungen für ortsveränderliche Betriebsmittel, z. B. Bügeleisen, Staubsauger, Rasenmäher, Elektrowerkzeuge müssen an den Anschlußstellen von Zug und Schub entlastet, Leitungsumhüllungen gegen Abstreifen und Leitungsadern gegen Verdrehen gesichert sein. Schutzleitungsadern in Betriebsmitteln mit Metallgehäusen müssen so lang sein, daß sie beim Versagen der Zugentlastung erst *nach* den stromführenden Adern auf Zug beansprucht werden. Die Zugentlastungsvorrichtung muß so beschaffen sein, daß ein mechanisches Beschädigen der zugentlasteten Leitung vermieden wird.
Die Zugentlastungsschelle ist ein sehr bedeutsames Konstruktionsteil. Nicht immer wird sie ihrem Sinn gerecht. Zieht sie der Installateur zu kräftig an, sind Adernverletzungen möglich, die manchmal erst nach Monaten zu Störungen führen. Wird die Schelle zu wenig angezogen, dann werden die Anschlußklemmen auf Zug beansprucht.
Wenn Zugbeanspruchungen an flexiblen Leitungen zu erwarten sind, dürfen Stopfbuchsverschraubungen und dergleichen nicht als einziges Zugentlastungsmittel verwendet werden. Die Leitungen, die Bewegungen ausgesetzt sind, müssen eine angemessene Schleifenlänge haben.
Feindrähtige Leiter (Litzen) müssen an den Anschlußstellen gegen das Abspleißen einzelner Drähte gesichert sein, z. B. durch Hülsen, Kabelschuhe, Ringösen, Schellenklemmen mit Hülsen, Mantelklemmen mit Abquetschschutz oder durch Quetschen.
Verlötete Leiterenden sind beim Verwenden von Schraubklemmen nicht zulässig. Wenn mit Erschütterungen an der Einbaustelle zu rechnen ist, dürfen die Anschlußstellen feindrähtiger Leiter nicht verlötet oder verschweißt werden. Sie dürfen auch keine Lötkabelschuhe haben (vgl. auch 4.2.2).
Ortsfeste Betriebsmittel, deren Standort zum Zwecke des Anschließens, Reinigens oder dergleichen vorübergehend geändert werden muß, z. B. Herde, Waschmaschinen, Speicherheizgeräte, oder die im begrenzten Ausmaß Bewegungen ausgesetzt sind, z. B. durch Schwingungen auf Federwippen oder deren Anschlußstellen nicht für den Anschluß festverlegter Leitungen ausgebildet sind, müssen mit flexiblen Leitungen angeschlossen werden. Wird die flexible Leitung an die Installation fest angeschlossen, dann muß der Anschluß über Klemmen in ortsfesten Gehäusen, z. B. über Geräteanschlußdosen, hergestellt werden. Diese Dosen müssen nach VDE 0606 aus Isolierstoff bestehen und eine

Zugentlastungsvorrichtung haben. Ein Anschluß über Steckvorrichtungen ist ebenfalls möglich.
Für flexible Leitungen mit starker mechanischer Beanspruchung kann durch *Kunststoffschutzschläuche* ein zusätzlicher Schutz erreicht werden.
Metallschutzschläuche dürfen nur dann verwendet werden, wenn sie so ausgeführt sind, daß sie in die Maßnahme zum Schutz bei indirektem Berühren einbezogen werden können. Sie dürfen jedoch nicht als alleinige Schutzleiter verwendet werden.

4.1.7 Erdkabel

Die *Tabelle 4-3* gibt eine Übersicht über die wichtigsten genormten Kabel für Nennspannungen bis 1000 V.
Kabelverlegung siehe 4.2.11.

4.1.7.1 Kurzzeichen für Kabel U_0/U 0,6/1 kV

A Aluminiumleiter
B Bewehrung aus Stahlband
C Konzentrischer Leiter aus Kupfer
CW Konzentrischer Leiter aus Kupfer, wellenförmig aufgebracht
E einzeln mit Metallmantel umgebene Adern (Dreimantelkabel)
FE Funktionerhalt 20 min im Brandfall
HX Isolierung aus vernetzter halogenfreier Polymer-Mischung
K Bleimantel
KL gepreßter, glatter Aluminiummantel
N Normtyp
2X Isolierung aus vernetztem Polyäthylen (VPE)
Y Isolierung aus Polyvinylchlorid (PVC)

– J Kabel mit grün-gelb gekennzeichneter Ader
– O Kabel ohne grün-gelb gekennzeichneter Ader

r Leiter runden Querschnitts
s Leiter sektorförmigen Querschnitts
e eindrähtiger Leiter
m mehrdrähtiger Leiter
f feindrähtiger Leiter

Übersicht über die wichtigsten Kabel für U_0/U 0,6/1 kV

Tabelle 4-3

Bauart	Kurzzeichen	VDE	Adernzahl	Querschnitt	ϑ_B/ϑ_K[1]	Anwendung/Verwendung
Kabel mit massegetränkter Papierisolierung und Metallmantel (Gürtelkabel mit Bleimantel oder Aluminiummantel)	NKY NKBA NKBY NKLY NAKLEY	0255	1···5	1,5···500	80/180	Kabel dürfen in Innenräumen, im Freien, in Erde und im Wasser verlegt werden. Kabel mit Metallmantel nach VDE 0255 oder VDE 0265 dürfen auch dort verlegt werden, wo die Gefahr der Einwirkung von Lösemitteln und Treibstoffen besteht. Metallene Umhüllungen sind zu erden. Für einadrige Kabel in Wechsel- oder Drehstromsystemen, die einzeln befestigt werden, sind Kunststoffschellen oder Schellen aus nichtmagnetischem Metall oder solche, bei denen kein geschlossener Eisenkreis vorliegt, zu verwenden. Schirme von einadrigen Kabeln sollten nur einseitig geerdet werden.
Kabel mit Kunststoffisolierung und Bleimantel	NYK NYKY	0265	1···61	1,5···500	70/160	
Kabel mit Kunststoffisolierung und Kunststoffmantel	NYY NYCWY NAYCY	0271	1···61	1,5···500	70/160	
Kabel mit Isolierung aus vernetztem Polyäthylen	NA 2XY NA 2XCWY	0272	1,3 u. 4	25···500	90/250	
Halogenfreie Kabel	NHXHX NHXCHX NHXHX FE	0266	1···40	1,5···500	70/160	bei besonders hohen Brandschutzanforderungen; FE-Kabel für Isolationserhalt 20 min bei Brandeinwirkung
Kabel mit Gummiisolierung	MGG MGCG	0261	1,5	1,5···300	60/200	für feste Verlegung auf Schiffen

[1] ϑ_B Grenztemperatur am Leiter im Betrieb, ϑ_K Grenztemperatur am Leiter bei Kurzschluß in °C.

Beispiel:

NA2XCWY 3 × 120 se/120 0,6/1 kV

N	Normtyp
A	Aluminiumleiter
2X	Aderisolierung aus vernetztem Polyäthylen
CW	konzentrischer, wellenförmig aufgebrachter Leiter aus Kupfer
Y	PVC-Außenmantel
3 × 120 se	dreiadriges Kabel (120 mm^2 Al) mit sektorförmigen eindrähtigen Leitern
/120	konzentrischer Leiter aus Kupfer, der einen Widerstand hat entsprechend einem Aluminiumleiter mit 120 mm^2
0,6/1 kV	Nennspannung

4.1.7.2 Kabel mit Kunststoffisolierung und Kunststoffmantel (DIN VDE 0271)

NYY ohne metallische Umhüllung. Vorzugsweise in Kabelkanälen und Innenräumen verlegt; in Erdreich, im Wasser und im Freien, wenn keine nachträglichen Beschädigungen zu erwarten sind.
NYCY mit konzentrischem Leiter. Vorzugsweise als Erdkabel, im Freien, in Kabelkanälen und Innenräumen.
NYCWY mit gewelltem konzentrischem Leiter (von Hackethal Ceander-Kabel genannt). Vorzugsweise als Erdkabel für Ortsnetze.
YTY als selbsttragende Kunststoff-Luftkabel mit verzinktem Stahltrageseil für Straßenbeleuchtungen, Baustellen, Seilbahnen.
Aderfarben: grün-gelb/schwarz/blau/braun/schwarz. Die Adern von einadrigen ummantelten Leitungen oder Kabeln sind schwarz.

4.1.7.3 Kabel mit Papierisolierung und Metallmantel (DIN VDE 0255)

NKBA mit Bleimantel, Stahlbandbewehrung und äußerer Schutzhülle aus Faserstoffen. Vorzugsweise für Erdverlegung.
NAKLEY mit Aluminiummantel, Aluminiumleitern und PVC-Außenmantel. Bevorzugt im Ortsnetzbau, wobei der Aluminiummantel als geerdeter Neutralleiter verwendet wird.
Aderfarben: grün-naturfarben/schwarz/blau/naturfarben/schwarz. Die Adern von einadrigen Kabeln sind schwarz.

4.1.7.4 Kabel mit Kunststoffisolierung und Bleimantel (DIN VDE 0265)

NYKY mit thermoplastischer Schutzhülle über dem Bleimantel. Bevorzugt als Kabel für Stellen, an denen dauernd Kraftstoffe, Öle, Lösungsmittel usw. auftreten, vor allem an Tankstellen, im Erdreich und Wasser, im Freien und in Innenräumen. Unmittelbar unter dem Bleimantel ist ein Leiter zulässig, der nur zum Erden des Bleimantels verwendet werden darf.
Aderfarben: grün-gelb/schwarz/blau/braun/schwarz.

4.1.8 Kennzeichnung der Leiter und Anschlüsse in Anlagen (DIN 40 705)

(In Klammern die bisherige Bezeichnung)

Leiterbezeichnung	alphanumerisch	Bildzeichen	Farbe
Wechselstrom			
Außenleiter 1 (R)	L 1	–	z. B. schwarz
Außenleiter 2 (S)	L 2		z. B. schwarz
Außenleiter 3 (T)	L 3		z. B. schwarz
Neutralleiter (Mp)	N		blau
Gleichstrom			
Positiv (P)	L +	+	z. B. schwarz
Negativ (N)	L –	–	z. B. schwarz
Neutralleiter (Mp)	M		blau
Schutzleiter (SL)	PE	⏚	grün-gelb
Nulleiter (SL + Mp) = Neutralleiter mit Schutzfunktion	PEN	⏚	grün-gelb
Erde	E	⏚	z. B. schwarz
Masse	MM	⊥	
Lastanschlußklemmen	an L 1	U	
	an L 2	V	
	an L 3	W	
	an N	N	

4.2 Leitungsverlegung
(DIN VDE 0100 Teil 520 und DIN 18015 Teil 3, siehe auch 5)

4.2.1 Leitungsweg

Vor Beginn des Verlegens müssen genaue Unterlagen über die Art der Geräte und über ihren Aufstellungsort vorliegen. Änderungen in der Aufstellung bedeuten Änderungen der Leitungsführung die je nach der Art des Verlegens, z. B. in Kanälen, sehr teuer sein können. Daher muß sich der Elektro-Installateur vor Beginn der Arbeiten vom Auftraggeber einen genauen und verbindlichen Aufstellungsplan für alle elektrischen Verbrauchsmittel aushändigen lassen.
Es ist nicht unwesentlich, wenn bei der geplanten Leitungsführung zwei einfache alte Regeln handwerklichen Könnens beachtet werden:
Eine festverlegte Anlage ist immer sicherer als eine ortsveränderliche!
Eine Leitung außerhalb des Handbereichs ist immer sicherer als eine im Handbereich! Im und unter Putz sowie in Decken und Wandhohlräumen verlegte Leitungen gelten als außerhalb des Handbereichs angeordnet und mechanisch geschützt.
Der Leitungsweg ist beim Verlegen unter Putz so zu wählen, daß die Leitungen senkrecht oder waagrecht, jedoch nicht schräg über die Wand gezogen werden. Nur an und in Decken sowie in Fußböden dürfen sie auf dem kürzesten Wege verlaufen. Auch beim Verlegen auf Putz sollte die senkrechte und waagrechte Führung bevorzugt werden.
Die Leitungen sollen *(Bild 4-4)* bei senkrechter Leitungsführung möglichst in der Nähe von Zimmerdecken oder etwa 15 cm von der Türkante und bei waagrechter Leitungsführung unterhalb der Decke im Abstand von etwa 30 cm verlegt werden. Beim Verlegen oberhalb von Fenstern ist das spätere Einschlagen von Gardinenhaken zu berücksichtigen, der Bereich sollte deshalb für die Leitungsverlegung vermieden werden. Die Leitung von Steckdose zu Steckdose ist etwa 30 cm über der Oberkante des fertigen Fußbodens zu verlegen. In der Küche dagegen sollten die Steckdosen in mindestens 105 cm Höhe angeordnet werden. Die Herdanschlußstelle ist etwa 50 cm über der Oberfläche des fertigen Fußbodens vorzusehen.
Von *warmen Rohrleitungen* (Dampf, Heißwasser, Ofenrohr) ist ein genügend großer Abstand zu halten, damit nicht die Lebensdauer der elektrischen Isolierstoffe verkürzt und die zulässige Belastbarkeit der Leitungsquerschnitte vermindert werden. Von einem gemeinsamen Verlegen von Starkstromleitungen in Rohrschächten und Kanälen zusammen mit Rohrleitungen für Heizung, sanitärer Installation und dgl. ist dringend abzuraten. Wird es erforderlich, elektrische Leitungen mit Leitungen für andere Medien in engerer Nachbar-

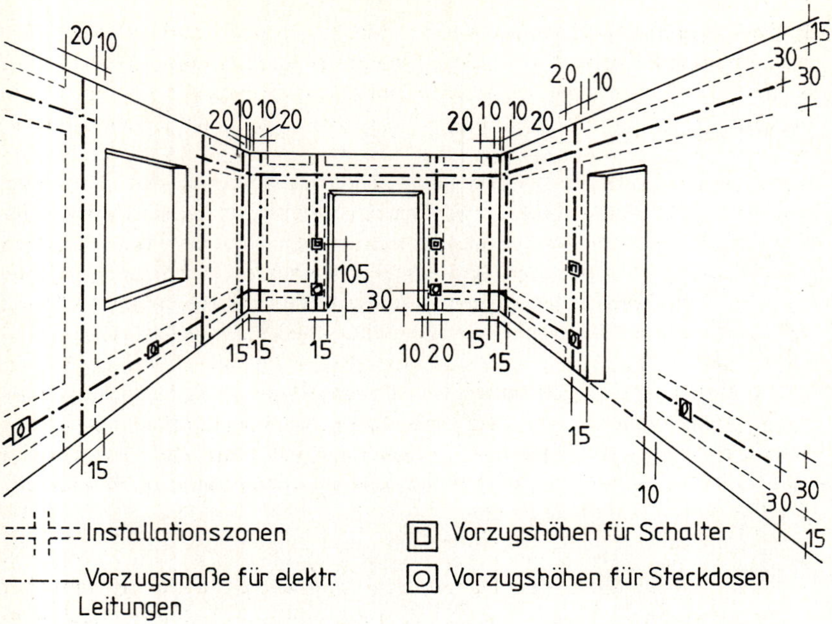

Bild 4-4: Installationszonen und Vorzugsmaße für Räume von Wohnungen (außer Küchen u. ä.) nach DIN 18015 Teil 3

schaft zu verlegen, so müssen sie deren betriebsmäßigen Einflüssen, z. B. Feuchte und Hitze, standhalten.

In Aufzugsschächten dürfen betriebsfremde elektrische Leitungen nur unter bestimmten Bedingungen verlegt werden, die bei den Technischen Überwachungsvereinen erfragt werden können. Auf Schornsteinwangen dürfen Leitungen weder in noch auf Putz verlegt werden, und zwar wegen der meist höheren Erwärmung dieser Gebäudeteile und der damit verbundenen Verringerung der Lebensdauer der Isolierung.

In Schächten und begehbaren Kanälen, die nicht zur Aufnahme von Leitungen dienen, dürfen Leitungen nur dann verlegt werden, wenn sie ordnungsgemäß befestigt werden können und nicht Wasser, korrodierenden Dämpfen o. dgl. ausgesetzt sind. In Lüftungskanälen und Schornsteinzügen dürfen keine Leitungen verlegt werden.

Bei *Kreuzungen oder Näherungen* zwischen Starkstromleitungen und Fernmeldeleitungen ist ein Abstand von mindestens 10 mm einzuhalten oder es ist ein Trennsteg vorzusehen. Mantelleitungen und Kabel dürfen ohne Abstand und ohne Trennsteg verlegt werden.

In *Beton* dürfen Kabel verlegt werden. Mantelleitungen, z. B. NYM, dürfen nicht direkt in Beton verlegt werden, wenn dieser einem Schüttel-, Rüttel- oder Stampfprozeß unterzogen wird. Das Einbringen in Aussparungen und Bedekken mit Beton in der Art einer Unterputzverlegung ist jedoch zulässig. Andernfalls müssen sie, ebenso wie Aderleitungen, z. B. H07V-U (NYA), in Stahlrohren (mit AS gekennzeichnet (siehe 4.2.9)) verlegt werden. Stegleitungen sind unzulässig. Gerätedosen, Geräteverbindungsdosen, Leuchtenanschlußdosen und Verbindungskästen müssen für die Installation in Beton geeignet sein (VDE 0606). Sie müssen die Kennzeichnung ▽B tragen. Dabei muß auch die Wärmebeanspruchung infolge erhöhter Temperaturen während des Abbindeprozesses im Beton berücksichtigt werden. Rohre, Dosen und Kästen müssen bei Verwenden von Aderleitungen ein geschlossenes System bilden. Auch bei Aussparungen in Betonbauteilen, z. B. an Stoßstellen zwischen Wand und Decke, dürfen die Leitungen nur in isolierenden Dosen oder Kästen verbunden und geführt werden. An Dehnungsfugen sind Kabel und Leitungen durch Schlaufen vor mechanischer Beschädigung zu schützen.

Unmittelbar *in Erde* dürfen nur Kabel verlegt werden (siehe jedoch 4.1.5). Mantelleitungen z. B. NYM dürfen im Erdreich nur auf kurzen Strecken in Schutzrohren verlegt werden. Das Schutzrohr mit ausreichender mechanischer Festigkeit muß belüftet und gegen Eindringen von Flüssigkeiten geschützt sein. Die Leitung muß zugänglich und auswechselbar bleiben. Typischer Anwendungsfall für diese Verlegungsart ist die Verbindung zwischen Wohnhaus und Garage.

Die Erde darf nicht zur betriebsmäßigen ausschließlichen Rückleitung für Starkstromanlagen benutzt werden; es ist stets ein besonderer Leiter dafür zu verlegen, der auch aus einem metallenen Konstruktionsteil bestehen kann, z. B. Magnetkupplungen. Dabei ist sicherzustellen, daß die Nennspannung von 50 V nicht überschritten wird und daß es sich um keinen feuer- oder explosionsgefährdeten Raum handelt. Die Konstruktionsteile müssen ausreichenden Querschnitt haben und dauerhaft miteinander verbunden sein.

Metallhüllen von Leitungen sowie blanke Beidrähte dürfen weder als stromführende Leiter, noch als Neutral- oder Schutzleiter benutzt werden. Das gleiche gilt auch für Isolier- und Stahlpanzerrohre, die man jedoch in Schutzmaßnahmen einbeziehen darf, wenn jedes Rohr für sich parallel an den Schutzleiter angeschlossen wird.

In Bauten mit *Blitzschutzanlagen* müssen elektrische Anlagen in ausreichender Entfernung von der Blitzschutzanlage verlegt oder an Näherungsstellen mit der Blitzschutzanlage durch Überspannungsableiter verbunden werden. Auch Kabel mit höherer Stoßspannungsfestigkeit, z. B. NYY, gewähren besseren Schutz. Wenn ein Potentialausgleich durchgeführt ist, gilt 0,5 m als ausreichende

Entfernung. Gegen Gefährdung durch Nagetiere schützt z. B. Stahlumhüllung oder Bewehrung der Leitungen und Kabel.

Abschottung von Leitungs- und Kabelkanälen

Aus brandschutztechnischen Gründen kann es erforderlich werden, Leitungen durch nichtbrennbare Schächte abschotten zu müssen. Dies kann sowohl dem Schutz der Leitungen vor Feuer, als auch dem Schutz von Gebäudeteilen vor der Brandlast der Leitungen dienen.

4.2.2 **Leiterverbindungen** (DIN VDE 0606, 0607, 0609, 0611)

Leiterverbindungen und -abzweige dürfen nur auf isolierender Unterlage oder mit isolierender Umhüllung durch Verschrauben, Kerb- oder Nietverbinder, Löten oder Schweißen oder durch schraubenlose Klemmen vorgenommen werden. Sie dürfen bei Rohrverlegung nur in Dosen und Kästen, bei Mehraderleitungen, z. B. NYM, und Kabel nur in Dosen, Kästen oder Muffen hergestellt werden. Anschluß- und Verbindungsmittel müssen der Anzahl und den Querschnitten der anzuschließenden bzw. zu verbindenden Leiter entsprechen. Lösbare Verbindungsstellen, z. B. Klemmverbindungen, müssen zugänglich bleiben.
Man unterscheidet *Anschlußklemmen,* die zum Anschluß von Leuchten, Zählern, Maschinen, Installationsgeräten und anderen Betriebsmitteln, auch für den Anschluß von Erdungs- und Schutzleitern benutzt werden, und *Verbindungsklemmen,* die eine Verbindung oder Abzweigung von Leitern, z. B. in Verbindungsdosen und Verteilerkästen, ermöglichen. Eine Verbindungsklemme kann eine, zwei oder mehrere Klemmstellen je Pol und Anschlußseite haben.
Nach DIN VDE 0620 und 0632 müssen Schraubklemmen in Wandsteckdosen und Schaltern, die als Verbindungsklemmen genutzt werden, den Anschluß von zwei Leitern gestatten. Nur solche Steckdosen lassen ein „Durchschleifen" von Steckdosenleitungen zu, bei Schutzleitern ist jedem Leiter eine besondere Anschluß- oder Verbindungsklemme zuzuordnen.
Leuchtenklemmen (Lüsterklemmen) und Geräteklemmen dürfen nicht als Verbindungsklemmen im Zuge festverlegter Leitungen (außerhalb von Geräten) verwendet werden, dagegen sehr wohl innerhalb von Leuchten, Abzweigdosen oder dgl. In einem Lichtband allerdings dürfen nur Geräteklemmen, aber keine Leuchtenklemmen verwendet werden. Nach DIN VDE 0606 gibt es isolierte Verbindungsklemmen mit Berührungsschutz, die das Symbol (i) tragen. Bei Verbindungsklemmen ist auf dem Klemmenträger der Querschnitt anzugeben, bei feindrähtigen Leitern zusätzlich „f". Letzteres bedeutet, daß die

Leiter ohne Verwendung besonderer Hilfsmittel, z. B. Aderendhülsen, angeschlossen werden können. Verlötete feindrähtige Leiterenden sind für Schraubklemmen ungeeignet, da das Lot unter dem Kontaktdruck fließt. Auch bei betrieblichen Erschütterungen an der Verbindungsstelle eignen sie sich nicht. Es ist jedoch zulässig, nur die Spitze des Aderendes zu verlöten. Sehr bewährt haben sich auch die sog. Steckanschlußklemmen. Sie bestehen aus einer Anschlußschraube *(Bild 4-5)*, einer gewölbten Federscheibe aus Federstahl und der Leiterauflage. Die Anschlußschraube wird nur so weit gelockert, daß das abgesetzte gerade Leiterende unter die Federscheibe gesteckt werden kann.

Bild 4-5: Steckanschlußklemme eines NH-Sicherungsunterteils und NH-Sicherung der Größe 00 (Werkbild: Siemens)

Nach dem Festziehen der Anschlußschraube ist durch den besonders hohen Kontaktdruck einwandfreier Stromübergang gewährleistet. Die Federeigenschaften der gewölbten Scheibe sichern die Anschlußverbindung gegen unbeabsichtigtes Lockern bei betriebsmäßigen Wärmebeanspruchungen oder Erschütterungen. Mehrdrähtige Leiter werden zweckmäßig mit Hilfe von Adernendhülsen angeschlossen. Es können auch zwei Leiter gleichen oder, in gewissen Grenzen, verschiedenen Querschnitts angeschlossen werden. Der Verdrehungsschutz der Federscheibe und der anzuschließenden Leiter ist gewährleistet. Bei Adernendhülsen verringert sich der Nennquerschnitt der Klemmen im allgemeinen um eine Stufe. Es sollten möglichst Kupferhülsen verwendet werden. Beim Anschluß von Aluminiumleitern sind besondere Voraussetzungen zu beachten, die beim Klemmenhersteller zu erfragen sind.

Sehr gut leitende Verbindungen ergeben sich mit Flachsteckverbindungen, die auch als Steck-Schraubklemmen hergestellt werden *(Bild 4-6)*. Man erhält sie

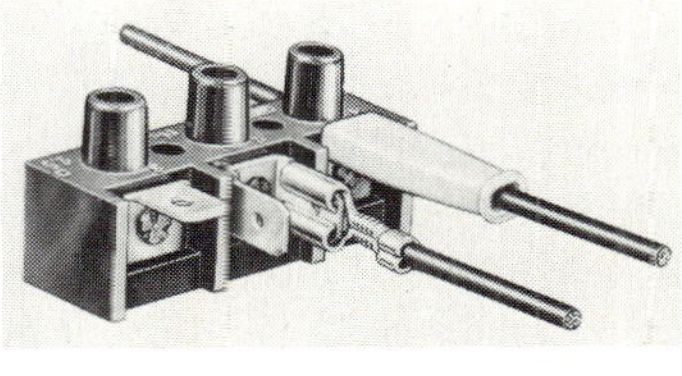

Bild 4-6: Steck-Schraubklemme

für 400 V Nennspannung und für Querschnitte von 0,5 bis 4 mm². Sie eignen sich in und an Geräten aller Art, wie Waschmaschinen, Büromaschinen, Werkzeugmaschinen, Schalt- und Steuerschränken, Schützen. Sie sind auch als Schutzleiteranschluß möglich und dafür von der VDE-Prüfstelle geprüft.
Als Frontverdrahtungsklemme wird die schraubenlose Klemme mit der sog. Käfigzugfeder bis 35 mm² Nennquerschnitt (Klemmkraft 240 N) hergestellt. Für Installationsschalter bis 16 A und 250 V sowie für Lichtdrücker und für Leiter mit 1,5 und 2,5 mm² Querschnitt sind nach VDE 0632 schraubenlose Anschluß- oder Verbindungsklemmen zulässig. Sollen zwei eindrähtige Leiter angeschlossen werden, dann müssen zwei voneinander unabhängige Klemmstellen vorhanden sein. Das Lösen geschieht durch Druck auf einen Hebel.
Für Verbindungen innerhalb von Installationsdosen gibt es nach VDE 0607 geprüfte Steck-Verbindungsklemmen bis 400 V, 2,5 mm² *(Bild 4-7)*. Durch die automatische Verklemmung wird eine elektrisch und mechanisch einwandfreie Verbindung hergestellt, die Schrauben, Quetschen oder Löten übertrifft. Bei Klemmstellen für den Anschluß mehrerer Leiter werden die Leiter unabhängig voneinander verklemmt. Die Verbindung ist zug- und rüttelsicher, also auch für den Schutzleiter geeignet. Der Kaltfluß des Leiters, die Ursache von Wackel- und Glühkontakten, wird kompensiert. Der Kontaktdruck ist auch bei thermischen oder chemischen Beanspruchungen konstant.

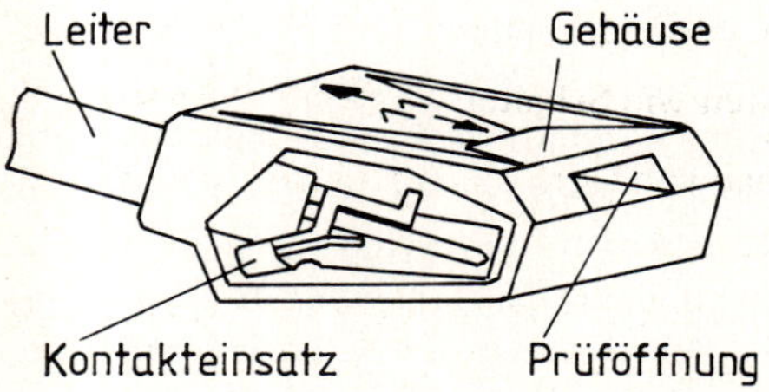

Bild 4-7: Schraubenlose Steck-Verbindungsklemme

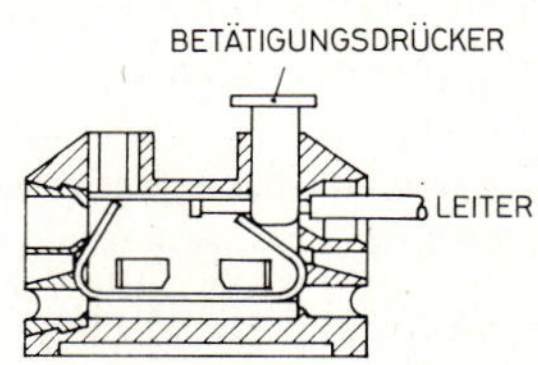

Bild 4-8: Schraubenlose Reihenklemme

Beim Zusammenfassen mehrerer Stromkreise in einem gemeinsamen Kasten muß die Übersicht gewahrt bleiben. Durch die Verwendung von Reihenklemmen nach DIN VDE 0611 ist dies zu erreichen. Andernfalls müssen die Stromkreise durch isolierende Zwischenwände getrennt werden. *Bild 4-8* zeigt eine schraubenlose Reihenklemme nach VDE 0611.
Bei größeren Querschnitten gibt es Verfahren, die das Auflösen von Kabelschuhen ersetzen sollen, z. B. Quetschkabelschuhe oder einfaches Einlegen der unbehandelten Leiterenden von vorne in die Klemme (Klemmenkabelstutzen), die aus nahtlosem Kupferrohr mit Inspektionsloch für Leiterquerschnitte von

0,5 und bis 500 mm^2 vibrations- und korrosionsfest mit Preßdruck bis zu 20 t hergestellt werden kann.

Lose Klemmen oder gar Würgeverbindungen bedeuten Wackelkontakt und damit mindestens Rundfunkstörungen. In schlimmeren Fällen können sie sich bei 800 °C, d. h. bis zur Brandentzündung erhitzen und, wegen Unterbrechung des PEN-Leiters sogar tödliche Unfälle zur Folge haben. Schutzleiterklemmen müssen deshalb gesichert werden, z. B. durch Gegenmuttern. Die Gehäuse von Abzweigdosen und ihre Deckel müssen bei trennbarer Umgebung aus schwer entflammbaren Werkstoffen bestehen. Mangelhafte Klemmverbindungen zählen zu den häufigsten Ursachen elektrisch gezündeter Brände.

Es gibt *Kontaktprüfgeräte,* die z. B. bei einer Prüfspannung von 6 V und einem Prüfstrom von 10 A einen Meßbereich von 0···250 mΩ haben. Sie werden an das Netz mit 230 V angeschlossen.

4.2.3 Installationsdosen

Klemmen müssen z. B. in Installationsdosen nach DIN VDE 0606 Teil 1 untergebracht werden.

Man unterscheidet:

Verbindungsdosen zum Verbinden und zum Abzweig von Leitungen.

Gerätedosen zum Einbau von Geräten wie Schalter und Steckvorrichtungen.

Geräte-Verbindungsdosen zum Einbau von Geräten mit zusätzlichem Platz für Verbindungsklemmen.

Deckenleuchten-Verbindungsdosen zum Anschluß von Leuchten und zusätzlichen Platz für Verbindungsklemmen.

Deckenleuchten-Anschlußdosen zum Anschluß einer Leuchte. Deckenleuchtendosen sind üblicherweise mit Deckenhacken auszurüsten.

Wandleuchten-Anschlußdosen zum Anschluß einer Leuchte.

Geräteanschlußdosen zum festen Anschluß von Verbrauchsmitteln über bewegliche Leitungen.

Übergangsdosen für Leitungsverbindungen beim Übergang von einer Leitungsart auf eine andere, z. B. Freileitungen auf Hauseinführungsleitungen.

Verbindungsmuffe zum Verbinden von zwei Kabeln bzw. Mantelleitungen.

Hauptabzweigkasten zum Verbinden von Hauptleitungen.

Innerhalb einer Installationsdose sollte nur ein Stromkreis verklemmt werden. Sind für mehrere Stromkreise Verbindungen oder Abzweigungen in einer gemeinsamen Installationsdose erforderlich, so müssen befestigte Reihenklemmen nach DIN VDE 0611 verwendet werden, oder die Klemmen der verschiedenen Stromkreise sind durch isolierende Zwischenwände voneinander zu trennen.

Zum Schutz gegen direktes Berühren aktiver Teile sind die Deckel von Installationsdosen nach DIN VDE 0606 Teil 1 nur mit Werkzeug lösbar. Schraubenlos befestigte Deckel haben eine oder mehrere erkennbare Einrichtungen, z. B. Aussparungen, die das Einsetzen eines Werkzeuges zum Entfernen der Deckel ermöglichen. Installationsdosen aus Metall verfügen über einen Schutzleiteranschluß.
Durch Verwenden von *Geräteverbindungsdosen* können Verbindungsdosen überflüssig werden. Alle Leitungsverbindungen und -abzweige sind dabei unmittelbar in den Wandgehäusen der Unterputz-Schalter, -Taster oder -Steckdosen zusammengefaßt. Die Geräteverbindungsdose ist aus Isolierstoff. Sie muß neben dem eingebauten Gerät, z. B. Schalter, Raum für mindestens drei Verbindungsklemmen haben. Solche Dosen sind mit sog. „Schwalbenschwänzen" oder Stutzen versehen, mit denen beliebig viele Dosen für Kombinationen aneinandergereiht werden können. Sie brauchen weniger Stemmarbeiten, und meist kann man ohne Leiter vom Boden aus verdrahten. Die Störungssuche wird erleichtert. Ein weiterer Vorteil dieser Installationsform liegt darin, daß durch Herausnahme des Betriebsmittels (Schalter, Steckdose) die elektrische Anlage ohne Beschädigung der Tapete geändert werden kann.
Die Installationsdosen sind nach DIN VDE 0606 Teil 1 durch Symbole gekennzeichnet: ▽A Aufputzdose, ▽U Unterputzdose, ▽I Imputzdose, ▽H Hohlwanddose, ▽B Betonbaudose, ▽K Installationskanaldose.

4.2.4 Schutzmaßnahmen

Die Schutzverkleidung oder Außenhülle der Leitungen und Kabel ist, vor allem im Handbereich, in die Abdeckung der elektrischen Betriebsmittel (Dosen, Schalter, Klemmkästen) einzuführen. Metallene Umhüllungen dagegen dürfen nicht in den Anschlußraum hineinragen. Normalerweise gelten Leitungen in Rohren mit dem Kennzeichen A (siehe 4.2.9), Feuchtraumleitungen und Kabel als ausreichend geschützt. Ein *zusätzlicher* Leitungsschutz gegen mechanische Beschädigung ist an Stellen besonderer Gefährdung, z. B. bei Fußbodendurchführungen, stets vorzusehen. Dies kann z. B. durch übergeschobene Kunststoff- und Stahlrohre oder durch Verkleidungen, die sicher befestigt sein müssen, geschehen. Auf schädliche Einwirkungen benachbarter Rohrsysteme (Wasser-

dampf, Dampfheizungs- oder Gasrohre) ist z. B. durch ausreichenden Abstand, notfalls durch Abschottung zu achten. Wärme- oder chemische Einrichtungen durch die Umgebung sind zu berücksichtigen.
Die Schutzart der Betriebsmittel, z. B. IP 21, IP 54 usw., muß durch ordnungsmäßiges Einführen der Anschlußleitung, etwa mit Stopfbuchsenverschraubung erhalten bleiben.
Leitungsauslässe im Handbereich, z. B. für Leuchten und Heizstrahler, bei denen damit gerechnet werden muß, daß zeitweise keine Verbrauchsmittel angeschlossen sind, müssen in einer Wandauslaßdose oder Verbindungsdose enden.

4.2.5 Kurzschluß- und erdschlußsicheres Verlegen

Ist ein Schutz bei Kurzschluß durch Abschalten nicht möglich oder erlaubt, so ist durch eine entsprechende Verlegungsart der Schutz zu gewährleisten.
Die Verlegungsart bzw. die Leiteranordnung muß durch Abstand oder Isolierung bei bestimmungsgemäßen Betriebsbedingungen einen Kurzschluß oder Erdschluß sicher verhindern.
Dies kann geschehen durch starre Leiter, ausreichenden Abstand oder durch das Verlegen in getrennte Installationsrohre. Anordnungen aus einadrigen Kabeln oder Mantelleitungen (NYY, NYM) oder aus Einaderleitungen geeigneter Bauart, z. B. NSGAFöu mit einer Nennspannung von 3 kV, eignen sich ebenfalls. In abgeschlossenen elektrischen Betriebsstätten gelten mehradrige Kabel und Mantelleitungen, die gegen mechanische Beschädigung gut geschützt sind, als kurzschluß- und erdschlußsicher vorausgesetzt, die Leitungen sind einzeln auf nichtbrennbaren Stoffen verlegt. Anwendung findet diese Verlegungsart für Verbindungsleitungen zwischen Transformatoren, Stromerzeugern, Akkumulatoren und Schaltanlagen.
Kabel im Erdreich, die ohne Gefahr für ihre Umgebung ausbrennen können, z. B. für die Öffentliche Stromversorgung, können einer kurzschluß- und erdschlußsicheren Verlegung gleichgesetzt werden.

4.2.6 Stemmarbeiten, Aussparungen und Befestigungstechnik

Stemmarbeiten, gefräste Schlitze und Aussparungen (je Schlitz- und Wanddurchführung 3 × 3 cm) sind nur soweit zulässig, als dadurch die Standfestigkeit der Wände nicht beeinträchtigt wird. In Wänden aus Hohlblock- oder Lochsteinen ist nur das Stemmen lotrechter Aussparungen bis zu 3 cm Tiefe zulässig. Am 31. 12. 1989 wurden amtliche Zulassungen für Schwerlastanker im Beton, die nur in der Druckzone eingesetzt werden dürfen, ungültig. Ab 1. 1. 1990 gelten nur noch Zulassungen für Anker, die ihre Rißtauglichkeit in einem

aufwendigen Prüfverfahren auch in der gewissen Zugzone nachgewiesen haben.
Im Schornstein-Mauerwerk und in belasteten Wänden mit geringeren Dicken als 17,5 cm sind Schlitze, Durchführungsöffnungen und Aussparungen unzulässig (siehe DIN 1053). Aussparungen für Dübel, Wanddosen für Unterputzschalter, Abzweigdosen u. ä. können, außer in Schornstein-Mauerwerk, zugelassen werden.
Bei jeder Befestigung muß die Sicherheit gewährleistet sein. Der Installateur muß daher auch über die ordnungsgemäße Technik bei Bolzensetzgeräten und bei Verwendung von Dübeln Bescheid wissen. Eine zentrale Zulassungsstelle ist das Institut für Bautechnik in Berlin oder die Studiengemeinschaft für Fertigbau e.V. in Wiesbaden.

4.2.7 Stegleitung
(DIN VDE 0100 Teil 520)

Stegleitungen für Verlegen im oder unter Putz und nur in trockenen Räumen werden zwei- und dreiadrig bis 4 mm^2, fünfadrig bis 2,5 mm^2 Kupfer hergestellt. Sie müssen, abgesehen von den nachstehenden Ausnahmen, auf ihrem ganzen Verlauf vom Putz bedeckt sein. Die Putzbedeckung soll mindestens 4 mm stark sein, um Rißbildungen oder Vertiefungen des Putzes zu vermeiden. Ohne Putzabdeckung dürfen lediglich Stegleitungen verlegt werden:
a) In Hohlräumen von Decken und Wänden, die aus Beton, Stein oder ähnlichen nichtbrennbaren Baustoffen bestehen. Stegleitungen dürfen jedoch nicht in Elektro-Installationskanälen verlegt werden.
b) Das Verlegen unter Gipskartonplatten ist zulässig, wenn die Platten nicht geschraubt oder genagelt werden, sondern z. B. mit Gipspflastern auf Decken oder Wänden befestigt sind, die aus Beton, Stein oder ähnlichen nichtbrennbaren Baustoffen bestehen.
Wenn die Gipskartonplatten mit einer Wärmedämmschicht versehen sind, muß diese mindestens schwer entflammbar sein. Das Verlegen ist nicht zulässig, wenn die Gipskartonplatten auf einem Lattenrost aufgebracht werden, weil hierbei mit einer Beschädigung der Leitungen beim Aufbringen des Lattenrostes gerechnet werden muß.
Nicht zulässig ist ferner das Verlegen von Stegleitungen auf brennbaren Bauteilen, Holz oder in Holzhäusern und in landwirtschaftlich genutzten Betriebsstätten, auch nicht bei Putzabdeckung.
Stegleitungen dürfen nicht einbetoniert werden. Weiterhin dürfen Stegleitungen nicht unmittelbar auf oder unter Drahtgeweben, Streckmetallen oder dgl. verlegt werden.
Eine Anhäufung durch Bündelung von Stegleitungen ist unzulässig.

Stegleitungen sind dagegen unentbehrlich, wenn bei Bauten in Spann- oder Schüttbeton oder mit Leichtbauplatten Schlitze für das Verlegen von Leitungen aus statischen Gründen nicht zulässig sind. Stegleitungen neigen wegen des durch den Steg gewährleisteten größeren Leiterabstandes weniger zu Lichtbogenkurzschlüssen als etwa Feuchtraumleitungen. Im und unter Putz sowie in Decken und Wandhohlräumen verlegte Leitungen gelten als außerhalb des Handbereiches angeordnet und mechanisch geschützt.
Es ist ratsam, in größeren Zimmern eine *vier- oder fünfadrige Stegleitung* zum Deckenanschluß und zum zugehörigen Schalter zu verlegen, um nachträglich eine Serienschaltung ausführen zu können.
Werden mehrere Stegleitungen nebeneinander verlegt, so ist es zweckmäßig, die Leitungen in einem Abstand von etwa 1 bis 2 cm zu führen, um einen besseren Halt der Putzschicht sicherzustellen. Zur Herstellung von Bögen wird der Steg in der Längsrille auf eine Länge von etwa 1 bis 2 cm aufgeschnitten und auf eine Gesamtlänge von etwa 10 bis 15 cm weiter von Hand aufgetrennt. Ein oder zwei Adern werden nach innen gezogen, wodurch sich der Bogen ohne zusätzliche Verdickung ausführen läßt. Die Stegleitung kann auch rechtwinklig umgebogen werden. In diesem Falle ist aber das Mauerwerk infolge der Verdickung der Bogenstelle etwas auszusparen, so daß die Leitung auch an dieser Stelle vollkommen vom Putz bedeckt werden kann.
Zur *Befestigung* der Stegleitungen dürfen nur solche Mittel und Verfahren angewendet werden, die eine Formänderung oder Beschädigung der Isolierhülle ausschließen. Zulässige Befestigungsmittel sind beispielsweise Gipspflaster oder der Leitungsform angepaßte Schellen aus Isolierstoff oder aus Metall mit isolierender Zwischenlage. Auch das Befestigen durch Nageln ist zulässig. Es dürfen nur Stahlnadeln mit Isolierstoff-Unterlegscheibe und Rundkopf verwendet werden, dessen Durchmesser kleiner ist, als der der Unterlegscheibe. Die Länge der Nadeln muß dem Untergrund angepaßt sein. Die Nadeln müssen durch die in der Stegleitung beiderseits vorhandene keilförmige Rille geschlagen werden. Zwei sich kreuzende Stegleitungen dürfen nicht mit einer Stahlnagel gemeinsam befestigt werden.
Die Leitung muß fest auf der Rohmauer aufliegen, damit nicht beim Verputzen zwischen Leitung und Wand Putz eindringen und dadurch die Leitung aus der Putzfläche heraustreten kann. Hierzu ist es notwendig, daß die Befestigungsmittel nicht über 0,25 m auseinanderliegen.
Als *Zubehör* für Stegleitungen sind
zulässig: Dosen aus Isolierstoff (Vollisolierung), in die Klemmen fest eingebaut sind,
nicht zulässig: Metalldosen, also z. B. verbleite Dosen.
Die Geräte- und Abzweigdosen sind entsprechend der Putzdicke 12 mm tief. Sie werden durch handelsübliche Zentraldübel befestigt.

Nach Fertigung und Austrocknen des Putzes sind das Altpapier oder die Putzdeckel aus den Wandgehäusen zu entfernen. Dann folgt die Vorbereitung der Leitungsenden für den Anschluß der Leiter an die Anschlußklemmen der Schalter und Steckdosen. Der Steg der Leitung wird von Hand aufgetrennt. Die Adern sollen so lang wie möglich gelassen und bis zum Eintritt in die Wandgehäuse aufgeteilt werden, um die einzelnen Leitungsadern dann bequem zu den Klemmen des Geräteeinsatzes führen zu können. Schwierigkeiten treten bei Imputzleitungen manchmal bei Deckenauslässen auf. Das Ende der Leitung hat hier keinen Halt, wodurch beim Anschließen die Putzabdeckung ausbrechen kann. *Deckenauslaßtüllen* aus Isolierpreßstoff oder flache Deckendosen helfen diesen Nachteil vermeiden. Für den Deckenhaken muß ein geeigneter Dübel (Spreizdübel), der den Haken aufnimmt und die Last trägt, vor dem Aufkleben der Endtülle gesetzt werden. Die Endtülle kann den Beleuchtungskörper nicht tragen.
Vor den Maler- und Tapezierarbeiten müssen die Leitungen auf *Stromdurchgang* und Isolationswiderstand geprüft werden.

4.2.8 Feuchtraumleitung, Mantelleitung
(DIN VDE 0100 Teil 520)

Feuchtraumleitungen, z. B. NYM, dürfen über, auf, in oder unter Putz, jedoch nicht im Erdboden und auch nicht in unterirdischen, nichtzugänglichen Kabelkanälen außerhalb von Gebäuden verlegt werden. Sie sind im Freien, in feuchten, nassen, feuergefährdeten und explosionsgefährdeten Betrieben zulässig. Da die Feuchtraumleitungen durch die äußere Umhüllung gegen Feuchtigkeit und chemische Angriffe geschützt sind, kommt es bei der Planung und Ausführung der Installation darauf an, möglichst Stellen zu vermeiden, an denen die Leitung unterbrochen und deswegen der Kunststoffmantel entfernt werden muß. Feuchtraumleitungen (NYM) dürfen nicht unmittelbar einbetoniert werden, sofern der Beton einem Rüttel-, Schüttel- oder Stampfprozeß unterzogen wird. Das Einbringen in Aussparungen und Bedecken mit Beton ist jedoch zulässig.
Die Oberflächentemperatur der Leitung muß bei ihrer Verlegung mindestens 5 °C betragen, um Risse am PVC-Mantel zu vermeiden. Bei niedrigeren Umgebungstemperaturen ist die Leitung vor ihrem Verlegen gegebenenfalls zu erwärmen.
Auf kurzen Strecken, z. B. zur Versorgung von Verbrauchsmitteln in Vorgärten, dürfen NYM- und NYBUY-Leitungen in unterirdischen Schutzrohren AS verlegt werden. Vorausgesetzt ist, daß die Leitung zugänglich und auswechselbar bleibt und daß das Rohr gegen Eindringen von Feuchtigkeit geschützt und belüftet ist. Das Verlegen von Kabeln ist jedoch vorzuziehen.

Werden Leitungen um Ecken oder im Winkel verlegt, so ist darauf zu achten, daß ihre kleinsten zulässigen Biegeradien nicht unterschritten werden. Nach DIN VDE 0298 Teil 3 sollte der kleinste zulässige Biegeradius einer NYM-Leitung etwa dem 4-fachen Außendurchmesser dieser Leitung entsprechen. Kleinere Biegeradien sind beim Ausformen der Leitungen zulässig. Ausformen bedeutet, daß eine Leitung nur einmalig im warmen Zustand (mindestens übliche Raumtemperatur) mittels einer Schablone oder eines ähnlichen Hilfsmittels gebogen wird. Die kleinsten zulässigen Biegeradien dürfen unter diesen Voraussetzungen betragen:

1-facher Außendurchmesser bei einem Leitungsdurchmesser bis 10 mm,
2-facher Außendurchmesser bei einem Leitungsdurchmesser über 10 bis 25 mm,
3-facher Außendurchmesser bei einem Leitungsdurchmesser über 25 mm.

Eingeknickte oder gebrochene Leitungen sind nicht zu verlegen, sondern an diesen Stellen aufzuschneiden und durch eine Dose oder andere geeignete Zwischenglieder zu verbinden. An Stellen, wo mit mechanischer Beschädigung gerechnet werden muß, sind über die Leitungen Schutzrohre oder gleichwertige Verkleidungen zu schieben. Die Leitungen sollten mit *Isolierstoffschellen* oder solchen aus Metall mit fabrikationsmäßig hergestellter Isolierstoffeinlage befestigt werden. Nach Möglichkeit sind doppellappige Schellen zu verwenden. Mangelhaft angebrachte oder nichtpassende Schellen sind eine große Gefahr für die Leitungsanlage. Der größte Schellenabstand soll in der Waagrechten bei Mantelleitungen 0,25 m, bei Bleimantelleitungen 0,3 m, in der Senkrechten etwa 0,5 m betragen. Diese Abstände gelten auch für das Verlegen an Spanndrähten. Bei glatter Oberfläche der Decken oder Wände dürfen Feuchtraumleitungen unmittelbar auf Putz oder Stahlkonstruktionsteilen und dgl. befestigt werden.
Leitungen mit thermoplastischer Isolierung sind *wärmedruckempfindlich*. Es ist deshalb bei der Montage darauf zu achten, daß solche Leitungen vornehmlich an Kanten, Biegestellen usw. nicht dauernd Wärme und Druck zugleich ausgesetzt sind.
Die Leitungen können bei starker Anhäufung auch auf Kabelrosten oder Kabelwannen, aus verzinktem Stahl verlegt werden. Sie sind darauf z. B. mit einer Perlonschnur anzubinden, bei waagrechter Führung kann dies auch unterbleiben. Bei geringeren Anhäufungen von Leitungen oder auf kurzen Strecken können die Leitungen in einen Installationskanal aus Isolierstoff gelegt werden *(Bild 4-9)*. Dabei sollte berücksichtigt werden, daß diese Isolierstoffe eine erhebliche Brandlast aufweisen, die sich im Brandfall negativ auswirkt. Auch ist die Wärmeabfuhr stärker behindert als bei metallenen Kabelwannen.

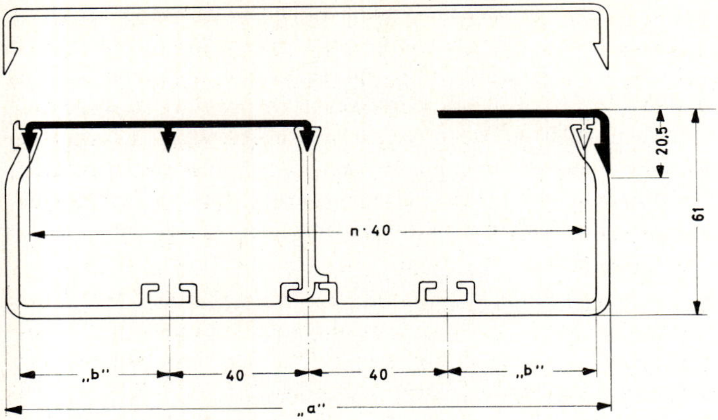

Bild 4-9: Installationskanal

Generell ist zu beachten, daß bei Kabel- oder Leitungshäufungen die Belastbarkeit der Leitungsquerschnitte sinkt (siehe 4.3).
Feuchtraumleitungen dürfen ferner an *Spanndrähten* und in Schutzrohren aus Metall oder Kunststoff verlegt werden.
Das *Abmanteln* der Leitungsenden muß mit größter Sorgfalt möglichst mittels eines Spezial-Mantelschneiders oder einer Mantelschneidzange geschehen, damit die Isolation der Adern nicht verletzt wird. Es gibt fabrikmäßig hergestellte Abmantelgeräte und thermische Abziehgeräte zum Entisolieren der Einzeladern nach dem Abmanteln. Die Einführung in Feuchtraum-Dosen und andere Geräte (nur in Feuchtraumausführung) muß sorgfältig abgedichtet werden (z. B. Stopfbuchsen-Verschraubung nach *Bild 4-10* mit Verkitten oder Verwenden von sog. Plastik- oder Würgenippeln).

Bild 4-10: Stopfbuchsen-Verschraubung

Besondere *Wand-* oder *Deckendurchführungen* sind nicht erforderlich. Die Leitungen können unmittelbar durch das Mauerwerk verlegt werden, wobei Zement, aber nicht Kalk oder Gips zu verwenden ist. Bei Deckendurchführungen ist die Leitung über dem Fußboden durch Verkleidung (Rohr, Holz) gegen Beschädigung zu schützen.

Der *Übergang von Feuchtraumleitungen auf andere isolierte Leitungen* soll an einer trockenen Stelle außerhalb des Raumes stattfinden, in dem die Feuchtraumleitung verlegt ist. Die Feuchtraumleitung ist ordnungsmäßig abzumanteln und in eine Trockenraumdose einzuführen.

Für *selbsttragende Aufhängung* im Freien gibt es die Mantelleitung mit Zugentlastung NYMZ oder mit Tragseil NYMT mit 2 bis 5 Adern. Die bisher verwendeten Spanndrahtseile und Hängeschellen werden dadurch überflüssig. Mit Hilfe von korrosionsbeständigen Abspannklemmen ist eine schnelle und sichere Montage durchführbar. Die Leitungen lassen eine Spannweite bis zu 50 m zu. Der Adernquerschnitt beträgt 1,5 bis 35 mm^2 Kupfer. Diese Typen können für Straßenbeleuchtung, Hofüberspannungen, Hausanschlüsse, Bauplätze usw. verwendet werden. In gleicher Weise eignen sich dafür isolierte Freileitungsseile mit Isolierung aus vernetztem Polyethylen (VPE) nach DIN VDE 0274, Typ NFA 2X, 1 × 35 mm^2 bis 4 × 70 mm^2.

Der Übergang *von Freileitung auf Feuchtraumleitung* soll im Freien erfolgen. An der Übergangsstelle sind Übergangsköpfe oder -kästen vorzusehen, in die die Feuchtraumleitung eingeführt wird. Die Austrittstelle der an die Freileitung führenden einzelnen Leitungen ist in geeigneter Weise gegen den Eintritt von Feuchtigkeit abzudichten. Der Übergangskopf muß höher liegen als die Verbindungsstelle mit der Freileitung.

Der Übergang *von Feuchtraumleitung auf bewegliche Leitung* bei begrenzt bewegbaren Betriebsmitteln, wie z. B. für einen Elektroherd, ist in einer zu diesem Zweck geeigneten Geräteanschlußdose (Herdanschlußgerät) für Feuchtraumleitungen herzustellen. Dabei muß Gewähr für eine genügende Abdichtung der Übergangsstelle gegeben sein. Ferner ist auf wirksame Zugentlastung der beweglichen Anschlußleitung sowohl in der Anschlußdose als auch am Gerät sorgfältig zu achten.

Anschlüsse sowie Verbindungen und Abzweigungen innerhalb von Feuchtraumleitungen dürfen nur in Dosen und Kästen oder Muffen hergestellt werden.

4.2.9 Installationsrohre
(DIN VDE 0100 Teil 520 und DIN VDE 0605)

Nach DIN VDE 0605 werden Elektro-Installationsrohre in folgende Klassen eingeteilt:

AS für schwere Druckbeanspruchung bis 1000 N = 100 kp auf 100 mm Länge

A für mittlere Druckbeanspruchung bis 500 N

B für leichte Druckbeanspruchung bis 250 N

C für Isolierstoffrohre mit besonderen elektrischen Eigenschaften
F für flammwidrige Isolierstoffrohre
H für Isolierstoffrohre mit halogenfreiem Werkstoff
105 für Isolierstoffrohre mit einer Wärmefestigkeit bis 105 °C.
VDE-geprüfte Rohre tragen das Prüfzeichen. Zu Installationsrohren gehören auch Kunststoff- oder Metall-Schutzschläuche (siehe 4.1.6).

Beispiele für die Kennzeichnung:

ACF flammwidriges Isolierstoffrohr für mittlere Druckbeanspruchung
AS Stahlrohr für schwere Druckbeanspruchung
ASCF flammwidriges Isolierstoffrohr für schwere Beanspruchung
BC 105 nichtflammwidriges Isolierstoffrohr für leichte Druckbeanspruchung und Wärmefestigkeit bis 105 °C.

In der Praxis haben sich vielerorts die Herstellerbezeichnungen eingebürgert. Hier einige Beispiele gemäß den Listen der Fränkischen Rohrwerke:
FBY für weiße oder schwarze PE-Wellrohre (BC 105)
FFKuM für graue PVC-Wellrohre (ACF)
FPKu-HO für graue, halogenfreie glatte Kunststoffrohre (ACFH 105).
Halogenfreie Rohre sollten überall dort, wo erhöhte Anforderungen an den vorbeugenden Brandschutz gestellt werden, Verwendung finden. Im Brandfall werden durch sie keine toxischen, korrosiven Gase freigesetzt.
Für Verlegen *auf Putz* sind nur Installationsrohre mit dem Kennzeichen „A" und flammwidrige Isolierstoffrohre mit der Kennzeichnung „F" zugelassen. In Stampf- und Schüttelbeton dürfen nur Installationsrohre mit der Kennzeichnung „AS" verwendet werden. Für Verlegen auf Putz sind „AS", „ASCF" und „ACF"-Rohre geeignet.
Unter Putz eignet sich auch die Bauart BC.
Für Aufputz-Montage eignen sich besonders glatte Kunststoffrohre in Stangen zu 3 m aus Hart-PVC in grauer Farbe. Der Schellenabstand kann hier gegenüber Leitungen größer gewählt werden.
Isolierstoffrohre verhindern bei Isolationsfehlern von Leitungen eine Spannungsverschleppung. Metallrohre ohne Auskleidung und Metallschläuche müssen in eine Schutzmaßnahme gegen zu hohe Berührungsspannung einbezogen werden, wenn sie nur betriebsisolierte Leitungen, z. B. H07V-U enthalten.
Das Verlegen von Rohr *unter Putz* erfolgt in der Regel sofort, nachdem der Rohbau fertiggestellt ist, also vor dem Beginn des Putzens. Die Rohre sollen nicht *im*, sondern *unter* Putz liegen, d. h. sie sollen mit der rohen Mauerwerkswand bündig sein, damit sie beim Putzen möglichst geschont werden. Die Baufeuchtigkeit zieht in alle unter Putz verlegten Rohre ein. Mit dem Einziehen

der Leitungen sollte gewartet werden, bis der Bau genügend ausgetrocknet ist, weil sonst Isolationsfehler auftreten.
Die Zuordnung der Anzahl Leiter zu den Installationsrohren ist der *Tabelle 4-4* zu entnehmen.

Zuordnung der Anzahl von H07V-U und H07V-R-Leitern zu den lichten Weiten von Installationsrohren
(nach DIN 49048/49) Tabelle 4-4

Nennquerschnitt mm^2	Leiterzahl 2	3	4	5	6
1,5	11	11	13,5	13,5	16
2,5	11	13,5	16	16	23
4	13,5	16	16	23	23
6	16	16	23	23	23
10 eindrähtig	23	23	23	29	29
10 mehrdrähtig	23	23	23	29	29
16 eindrähtig	23	23	29	29	36
16 mehrdrähtig	23	23	29	29	36
25 eindrähtig	29	29	36	36	48
25 mehrdrähtig	29	29	36	36	48
35 mehrdrähtig	29	36	36	48	48

Anschlüsse oder Verbindungen und Abzweigungen innerhalb der Rohrverlegung dürfen nur in Dosen oder Abzweigkästen hergestellt werden. Die Rohre sind so einzuführen, daß die Leitungsisolierung durch vorstehende Teile oder scharfe Kanten nicht verletzt werden kann.
In Installationsrohren oder Zügen von Elektro-Installationskanälen dürfen Aderleitungen mit anderen Kabeln oder Leitungen nicht gemeinsam verlegt werden.

4.2.10 Installationskanäle
(DIN VDE 0604 und 0634)

Stahlskelett, Stahlbetongerippe, Aluminium- und Glasfassaden, verstellbare Innenwände und Großraumplanung lassen häufig die herkömmliche Unterputz-Verlegung in den Wänden nicht mehr zu. Damit wird der Leitungsweg von Starkstrom- und Fernmeldeanlagen zwangsweise in den Fußboden, in Kanäle oder in die Zwischendecke verwiesen. *Bild 4-11* zeigt eine derartige Ausführung. Das Verlegen geschieht in Stahlrohren oder Stahlblechschächten oder in Kunststoffkanälen unterhalb der Fensterbrüstung bzw. in Sockelleisten.

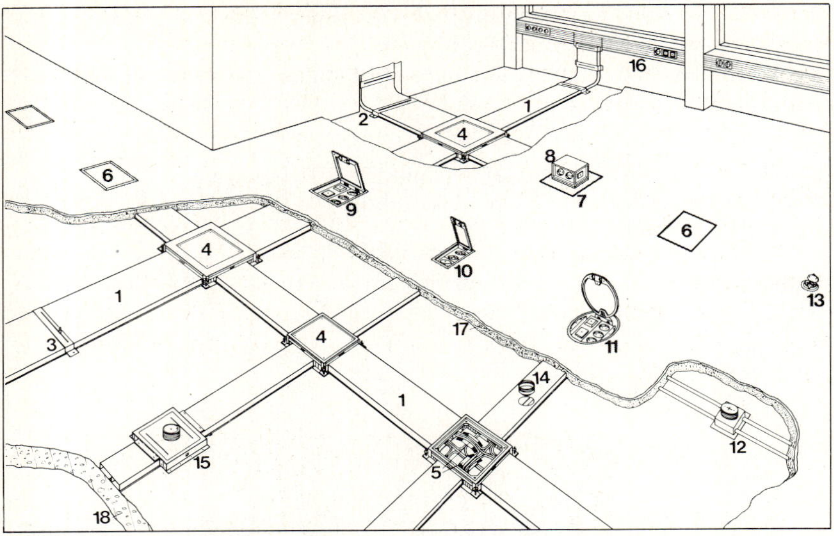

Bild 4-11: Installation im Estrich auf der Rohdecke mit Zapfsäulen oder Unterflur-Anschluß-Dosen.
Bilderläuterung: 1 Fußbodenkanal, 2 Verbindungslasche, 3 Kanalmarkierung, 4 Unterflur-Zug- und Abzweigdose, 5 Trennelement, 6 Blinddeckel mit Teppichschutzrahmen, 7 Deckel f. te li tank-Aufbau mit Bodenbelagsanlegerrahmen, 8 te li tank, 9 Geräteeinsatz GES 4, 10 Geräteeinsatz GES 2, 11 Geräteeinsatz GESR 4, 12 Fußbodendose für Rohrinstallation, 13 Geräteschutzhaube, 14 Kanalauslaß, 15 Unterflur-Auslaßdose, 16 te li ko-Installationskanal, 17 Estrichaufbau mit Bodenbelag, 18 Rohbetondecke

Elektro-Installationskanäle für das Verlegen auf Wänden und Decken sowie deren Einbaueinheiten müssen DIN VDE 0604, Elektro-Installationskanäle für die Unterflurinstallation und deren Einbaueinheiten DIN VDE 0634 entsprechen. Als Leitungen können z. B. solche des Typs H07V-U gewählt werden, wenn nur ein einziger Stromkreis vorhanden ist und der Kanal nur mit Werkzeug geöffnet werden kann. Sind es mehrere Stromkreise, oder von Hand zu öffnende Kanäle, wird man z. B. Mantelleitungen, keinesfalls jedoch Stegleitungen, wählen oder jeden Stromkreis in je einem Kunststoffrohr verlegen. Die Einzelteile für die Schächte, Dosen und Zapfsäulen werden serienmäßig geliefert. Die Zugdosen werden z. B. in den Nenngrößen 190, 250 und 350 entsprechend den standardisierten Kanalbreiten 150, 190, 250 und 350 mm geliefert.
Installationskanaldosen sind nach DIN VDE 0606 Teil 1 durch das Symbol ∇ (K) gekennzeichnet.

Installationskanäle für Wand- und Brüstungsinstallation werden aus flammwidrigem Kunststoff oder Stahlblech mit Kunststoff-Deckel mit mehreren, verstellbaren Fächern hergestellt, so daß Leitungen mit verschiedenen Spannungen und Funktionen getrennt verlegt werden können. Der Kanal kann ferner auf die Wand geschraubt oder auf Abstandshalterungen verlegt werden. Es sind Kanalgrößen z. B. mit 133, 173 und 213 mm Höhe, 63 mm Tiefe und ~ 2 m Länge lieferbar. Der Kanal wird durch die eingebauten UP-Dosen verengt; man darf daher nicht zu kleine Größen wählen. Unterflur- und Kanal-Installation werden gerne in Verwaltungsbauten, Schulen, Labors, Werkstätten und bei Altbau-Modernisierung, kurz: beim mobilen Arbeiten und Wohnen angewendet. Diese Installationstechnik entspricht sowohl den VDE-Bestimmungen als auch denjenigen der Bundespost *(Bild 4-12)*. Installationskanäle können das VDE-Prüfzeichen erhalten.

Bild 4-12:
Wandkanalsystem

Bei der Sanierung von Altbauten muß der Eingriff in die bauliche Substanz auf ein Minimum beschränkt werden. Daher ist meist ein Unterflur-Installationssystem oder ein Brüstungskanal nicht möglich. Daher ist ein „Aufboden-Installations-Kanal“ (AIK) entwickelt worden, der entlang der Fensterfronten oder Wände auf dem Fußboden verlegt werden kann.

Der Kanal wird in den Nennbreiten 150, 200 und 250 mm sowie mit Nennhöhen von 30, 40 und 70 mm hergestellt. Der Einbau von Unterflur-Einbaueinheiten ist möglich. Der Kanal besteht aus einem Stahlblech-Unterteil in ein-, zwei- oder dreizügiger Ausführung, das auf der Fußbodenkonstruktion durch Anschrauben oder Andübeln befestigt wird. Die Standard-Lieferlänge beträgt 2,4 m. Der Kanaldeckel aus 3 mm dickem Stahlblech ist trittfest.
Jedes Kanalunterteil besitzt zwei Anschlußklemmen für den PE-Leiter.
Andere Hersteller haben, ebenfalls für Altbauten, senkrecht stehende Sockelleisten-Kanäle aus PVC entwickelt. Diese können auch als „Galerie-Leisten" in Form eines Tapetenabschlusses als Ringleitung geführt werden. Stichleitungskanäle in der Ecke oder Türzarge verbinden dann Sockel- und Galerieleistenkanal miteinander.

Bei der Kanalinstallation sind einige Grundsätze zu befolgen:

a) Konstruktionsteile von metallenen Kabelbetten oder Kabelkanälen brauchen nicht in eine Schutzmaßnahme einbezogen zu werden, wenn in ihnen nur schutzisolierte Leitungen, z. B. NYM, liegen. Handelt es sich aber um Konstruktionsteile, die mit Rohren vergleichbar sind, so daß z. B. H07V-U Leitungen eingelegt oder eingezogen werden, dann sind sie wie Rohre ohne isolierende Auskleidung zu behandeln, also in eine Schutzmaßnahme einzubeziehen. Das gleiche gilt für Fußbodenzugdosen oder Unterflur-Anschlußdosen mit Klemmstellen. Der Berührung zugängliche Metallgehäuse oder Metallabdeckungen müssen dann zum Anschluß eines Schutzleiters eingerichtet sein. Die einzelnen Teile der Metallgehäuse und Metallabdeckungen müssen untereinander und mit der Klemmstelle für den Schutzleiter gut leitend verbunden sein. Die Anschlußstelle für den Schutzleiter ist durch das Schutzzeichen ⏚ zu kennzeichnen. DIN VDE 0605 und 0606 sind zu beachten.
Metallkanäle sind in den Potentialausgleich einzubeziehen.
b) Die Kanäle, Verbindungs- und Abzweigdosen müssen aus flammwidrigen Werkstoffen (DIN VDE 0604) bestehen und für die auftretende mechanische Beanspruchung geeignet sowie korrosionsgeschützt sein. Die Spannungsfestigkeit von Isolierstoffkanälen wird mit 2000 V geprüft.
c) Für Unterflurverlegung müssen Elektro-Installationskanäle und Einbaueinheiten nach der Art der Fußbodenpflege (trocken, naß) ausgewählt werden. Zumindest die Anschlußdosen müssen bei Naßreinigung spritzwassergeschützt (z. B. IP 54) ausgeführt sein.
d) Aufsatzgeräte für die Aufnahme von Schaltern, Steckvorrichtungen, Anschlußklemmen und dgl. müssen ein stoßfestes Gehäuse haben. Sie müssen korrosionsgeschützt und schwer entflammbar sein.
e) Die Abdeckung der Kanäle muß jederzeit abnehmbar sein. Nicht benutzte Auslässe sind durch Blinddeckel zu verschließen.

f) Fernmeldeleitungen dürfen zusammen mit Starkstromleitungen in *einem* Kanal verlegt werden, wenn die Abteile durch eine Trennwand eindeutig und sicher unterteilt sind oder ausschließlich Mantel- und Schlauchleitungen verwendet werden. Starkstrom- und Fernmelde-Abteile von Dosen und Aufsatzgeräten müssen unabhängig voneinander zugänglich sein.
g) Eine übermäßige Anhäufung von Leitungen und Kabeln in einem längeren Kanalabschnitt ist zu vermeiden (siehe auch 4.3). Als Leitungen sollen mindestens Mantelleitungen NYM verlegt werden.
h) Leitungsverbindungen in Installationskanälen dürfen nur in Kästen oder Dosen hergestellt werden. Lösbare Verbindungsstellen, z. B. Klemmverbindungen, müssen zugänglich bleiben.
i) Als Verbindungsleitung zwischen Leitungen im Installationskanal, z. B. NYM, und einem Installationsgerät ist eine flexible Leitung, z. B. H05RR-F oder H07RN-F, zu wählen. Da Zugbeanspruchungen zu erwarten sind, müssen geeignete Zugentlastungsmittel verwendet werden. Stopfbuchsen reichen nicht aus.
k) Das gleiche ist bei einer Doppelboden-Installation (Fehlboden) zu beachten. Die Installationsgeräte der in den Doppelbodenplatten eingesetzten Einbaueinheiten müssen mit der nächstgelegenen Verteilerstelle mit beweglichen Leitungen verbunden werden. Auch hier ist eine ordnungsgemäße Zugentlastung erforderlich.
l) Deckendurchführungen sollten aus Brandschutzgründen auf die Fälle beschränkt bleiben, wo absolut keine Möglichkeit für ein anderes Unterflur-Installationssystem vorhanden ist.
m) Bei der Montage von Kunststoffkanälen ist zu beachten, daß sich Hart-PVC bei Wärme dehnt, und zwar je m und je °C 0,07 mm. Das bedeutet, daß sich eine Länge von 2 m bei einer Temperaturdifferenz von 30 K um 4,2 mm ändert. Dies ist bei der Montage in den Wintermonaten besonders zu beachten. Für anspruchsvolle Einsatzbereiche eignen sich Kabelbahnen aus glasfaserverstärktem Polyester (GfK), z. B. in der Chemischen Industrie, im Flughafenbau, im Küstenbereich oder bei der Forderung nach Feuer-, Hitze- oder Kältebeständigkeit.
n) Auch bei geöffnetem Installationskanal muß der Schutz gegen direktes Berühren gewährleistet sein. Das heißt, aktive Teile von Geräteeinbauten müssen durch Einbaudosen oder dgl. geschützt sein.

4.2.11 Verlegen kurzer Kabelstrecken (DIN VDE 0100 Teil 520)

Der Installateur kann vor die Aufgabe gestellt sein, kurze Erdkabel verlegen zu müssen. Besonders einfach ist diese Arbeit bei Kabeln mit Kunststoffisolierung und Kunststoffmänteln, etwa der Typen NYY, NYCY oder NYKY nach DIN VDE 0271 und 0265. Auf den Bleimantel kann vielfach wegen der überaus hohen Wasserfestigkeit des Kunststoffes verzichtet werden. Die gute mechanische Festigkeit erübrigt in manchen Fällen eine besondere Stahlbandbewehrung. Sie zeichnen sich ferner durch ein geringes Gewicht und enge Biegeradien aus. Kabel müssen gegen die am Verlegungsort zu erwartenden chemischen oder mechanischen Einwirkungen geschützt sein. So sind Aschen- und Schlackenschüttungen aggressiv. Hier eignen sich Kabel mit verstärktem Korrosionsschutz, z. B. NYKA-K oder NKBY, oder man muß die Kabel in besonderen Kanälen verlegen.

Bei einzelnen Kabelarten, z. B. bei NYKY, findet man unmittelbar unter dem Bleimantel einen Beidraht von mindestens 1,5 mm^2 Kupfer, der zum Erden des Bleimantels dient, keineswegs aber allein als N- oder Schutzleiter zu verwenden ist.

Das Kabel NYCWY mit gewelltem konzentrischen Leiter gestattet eine leichte Abzweigung für Hausanschlüsse mit Klemmen und ohne Unterbrechung des N-Leiters. W heißt wendelförmig. Das Kabel entspricht DIN VDE 0271.

Am häufigsten wird das Kabel im Erdboden, nicht in Kanälen verlegt. Es soll mindestens 0,6 m, unterhalb befahrener Höfe oder Wege nicht weniger als 0,8 m tief liegen. Zum Schutz gegen äußere Beschädigungen können die Kabel mit Ziegel- oder Formsteinen abgedeckt werden. Verwendet man Ziegelsteine, sind die Kabel zunächst mit einer etwa 10 cm starken Schicht, möglichst aus Sand, andernfalls aus steinfreiem Boden, zu bedecken. Die Ziegel werden sodann auf die Sandschicht aufgelegt. Durch Trassenwarnbänder aus Kunststoff schränkt man die Beschädigungsgefahr bei Erdarbeiten ein. Bei Kabeln mit konzentrischem Leiter, z. B. NYCY, stellt dieser den empfohlenen Schutz gegen nachträgliche Beschädigung sicher.

Kreuzen oder nähern sich Starkstrom- und Fernmeldekabel in Erde, so ist darauf zu achten, daß ein Mindestabstand von 100 mm einzuhalten ist, andernfalls sind die Kabel durch eine feuerhemmende Zwischenlage zu trennen. Besteht die Gefahr des Ausrieselns von Sand aus den Zwischenräumen von im Verband angeordneten Rohren für Fernmeldekabel, so ist ein Mindestabstand von 300 mm gegenüber der Starkstromkabel einzuhalten.

Zu Fernmeldemasten einschließlich deren Anker, Streben und Erdern muß der Abstand mindestens 0,8 m betragen, es sei denn das Starkstromkabel ist zusätzlich mechanisch geschützt. Der Schutz muß beidseitig mindestens 0,5 m über der Stelle des Zusammentreffens hinausragen. Bei Verlegen von Kabeln in Gebieten der Eisenbahnen, Autobahnen oder Wasserstraßen ist bei Näherungen eine Abstimmung mit den zuständigen Behörden erforderlich.

An den Wänden von Gebäuden sind die Kabel druckgeschützt in passende Schellen von 0,5 bis 0,8 m Abstand zu legen. In Kabelkanälen soll der Abstand der Kabel voneinander mindestens 5 cm betragen. An den Austrittstellen aus Rohren und Kanälen sind Kabel gegen Abscheren zu sichern. Kabeleinführungen in Gebäude sind gegen Wassereintritt mittels eines plastischen Dichtungsmittels, das von Kalk und Zement nicht angegriffen wird, sorgfältig abzuschließen.

In Gebäuden und begehbaren Kanälen ist die äußere Juteumhüllung der Kabel dann zu entfernen, wenn zwei oder mehr Kabel nebeneinander oder untereinander frei liegen oder wenn dies zum Brandschutz notwendig ist, also in feuergefährdeten Betriebsstätten. Um Korrosionen zu vermeiden, ist in solchen Fällen die Bandstahl- oder Drahtbewehrung mit einem Schutzanstrich zu versehen.

Die Kabel müssen Endverschlüsse, Muffen oder gleichwertige Mittel erhalten. So kann bei Kunststoffkabeln der Zwickel der Aderteilung mit einem kalthärtenden Gießharz ausgegossen werden. In gleicher Weise werden auch Verbindungs- und Abzweigmuffen ausgegossen, wobei die Leiter in gewohnter Weise mit Löthülsen oder Abzweigklemmen zu verbinden sind. Weiterhin sind elastische, alterungsbeständige und wetterfeste Kunststoff-Endverschlüsse auf dem Markt, die nach Einfetten der Adern übergestreift werden, oder es wird ein Gießharz-Endabschluß gewählt *(Bild 4-13)*. Ferner gibt es Kabelmuffen, bei denen Kunststoff-Erdkabel ohne Vergießen verlegt werden können. Durch eine Plastik-Dichtung erreichen sie die staub- und druckwasserdichte Kapselung IP 67. Sie können auch zur Verlegung von Ölpapierkabeln in Verbindung mit Kunststoff-Kabeln verwendet werden. Hierbei ist jedoch ein Vergießen mit Spezial-Vergußmasse erforderlich, weil sonst das Tränköl der Papierisolation in

Bild 4-13: Gießharz-Endabschluß

den Muffenraum eindringen kann. Bei kunststoffisolierten Kabeln ist eine Endabdichtung jedoch nur dann erforderlich, wenn mit dem Eindringen von Wasser in die Kabel gerechnet werden muß.
An den Verbindungsstellen müssen die Metallmäntel, konzentrischen Leiter und Schirme gut leitend miteinander verbunden werden, sofern nicht Isoliermuffen verwendet werden.

4.2.12 Frei gespannte Leitungen in Gebäuden (DIN VDE 0100 Teil 520)

In trockenen Räumen dürfen Leitungen offen auf Isolatoren oder Isolierrollen außerhalb des Handbereiches verlegt werden. Dabei ist zu prüfen, ob nicht durch häufiges Hantieren mit Rohren, Stangen, Leitern oder dgl. eine erhöhte Berührungs- oder Beschädigungsgefahr gegeben ist. In der Regel wird man isolierte NFYW (wetterfest)- oder H07V-U-Leitungen verlegen. Ausnahmsweise werden auch blanke Leitungen verlegt, so in elektrischen Betriebsräumen oder wo die Isolierhülle durch Hitze oder chemische Einflüsse rascher Zerstörung ausgesetzt ist.
Isolierte Leitungen müssen mindestens 1 cm, blanke Leitungen 5 cm von Decken und Wänden entfernt montiert werden. Außerdem müssen blanke Leitungen bei Spannweiten

von weniger als 2 m	mindestens 5 cm,
von 2 bis 4 m	mindestens 10 cm,
von 4 bis 6 m	mindestens 15 cm,
von mehr als 6 m	mindestens 20 cm

voneinander entfernt sein. Auch isolierte Leitungen dürfen nicht auf Holz liegen oder durch dieses hindurchgeführt werden. Ebensowenig dürfen isolierte offene Leitungen im Fehlboden oder im Putz verlegt werden.
Bei einem Abstand der Befestigungspunkte bis zu 20 m beträgt der Mindestquerschnitt 4 mm^2 Kupfer, bei größeren Abständen bis 45 m mindestens 6 mm^2 Kupfer. Bei Führung der Leitungen auf Isolierrollen längs der Wand soll auf höchstens 1 m eine Befestigungsstelle kommen.
Blanke Stromschienen in Schaltanlagen und zwischen Maschinen und Transformatoren oder in Akkumulatorenräumen dürfen in kleineren Abständen als 5 cm voneinader verlegt werden. Dabei muß durch steife Profile oder Abstandhalter gewährleistet sein, daß die nach VDE 0110 notwendigen Mindestabstände weder durch thermische noch dynamische Kräfte unterschritten werden. Auch betriebliche Erschütterungen oder Schwingungen dürfen sich nicht schädlich auswirken.

Blanke Leiter gleicher Polarität dürfen ohne Abstand voneinander angeordnet werden, wenn nur der Querschnitt verstärkt werden soll und sie nicht einzeln betrieben werden können. Dabei sollte es sich jedoch nur um kurze, leicht übersehbare Strecken handeln.
Geerdete blanke Leitungen aus Kupfer oder verzinktem Stahl dürfen unmittelbar an Gebäuden befestigt oder in der Erde verlegt werden. Meist handelt es sich dabei um Leitungen, die dem Schutze dienen. Daher müssen sie womöglich noch sorgfältiger als Außenleiter vor Verletzungen geschützt werden. Man sollte sie daher auch nicht unter Putz verlegen, sondern so daß sie nachgesehen und ausgewechselt werden können. Krampen beschädigen blanke Leitungen zu leicht, daher sind Schellen vorzuziehen. Außerdem sind die möglichen Auswirkungen elektrolytischer Korrosion zu berücksichtigen.

4.2.13 Frei gespannte Leitungen im Freien
(DIN VDE 0100 Teil 520 und DIN VDE 0211)

Offen verlegte schutzisolierte Leitungen, z. B. NYMZ oder NYMT, müssen mindestens 2 cm von den Wänden entfernt sein. Von Obstbäumen müssen sie 1 m entfernt bleiben. Über befahrbaren Straßen muß bei größtem Durchhang ein Abstand von 6 m, über befahrbaren Wegen und Plätzen mit geringem Verkehr ein Abstand von mindestens 5 m, sonst mindestens 4,5 m vom Erdboden gewahrt bleiben.
Für freitragende Verlegung im Freien gibt es die Illuminations-Flachleitung NIFLöu, die außerhalb des Handbereiches zum Anschluß von Illuminationsfassungen bei einer Zugbelastung der Leitung von höchstens 50 N eingesetzt werden darf.
Nach DIN VDE 0274 sind im Freien auch isolierte Freileitungsseile mit Isolierung aus vernetztem Polyethylen mit Aluminiumleitern 0,6/1 kV des Typs NFA 2X für 25 bis 70 mm^2 ein- bis vieradrig zu verwenden.

4.3 Strombelastbarkeit von Leitungen und Kabeln
(DIN VDE 0298 Teil 2 und Teil 4)

Die Strombelastbarkeit einer Leitung oder eines Kabels ist der unter bestimmten Bedingungen höchstzulässige Strom, bei dem der Leiter an keiner Stelle über die zulässige Betriebstemperatur erwärmt wird. Sie wird mit I_Z bezeichnet und ist abhängig vom Querschnitt, Leitermaterial und Isolierwerkstoff der Leitung sowie von deren Umgebungstemperatur, Verlegeart und Betriebsart.

Auch die Anzahl der belasteten Adern in einer Leitung und die Bündelung (Häufung) mehrerer Leitungen haben einen entscheidenden Einfluß. Die Strombelastbarkeit ist für die Bemessung von Leitungen und Kabeln von grundlegender Bedeutung. Unabhängig vom Schutz bei Überlast und Kurzschluß muß der Planer und Errichter die Leitung entsprechend dem zu erwartenden Betriebsstrom bemessen.
Für Leitungsanlagen, die vor dem 01. 02. 1988 errichtet wurden, gelten nach wie vor die Strombelastbarkeitswerte aus der zwischenzeitlich zurückgezogenen DIN VDE 0100 Teil 523 *(Tabelle 4-5)*. Die Tabellenwerte

Strombelastbarkeit I_Z isolierter Leitungen n. VDE 0100 Teil 523 Tabelle 4-5

Nennquerschnitt Cu mm²	1,5	2,5	4	6	10	16	25	35	50	70	95	120
Gruppe 1 A	15	20	25	33	45	61	83	103	132	165	197	235
Gruppe 2 A	18	26	34	44	61	82	108	135	168	207	250	292
Gruppe 3 A	24	32	42	54	73	98	129	158	198	245	292	344

gelten für Leitungen und nicht im Erdreich verlegte Kabel mit PVC- oder Gummiisolierung. Sie beziehen sich auf eine Umgebungstemperatur von 30 °C und auf die Betriebsart Dauerbelastung. Bezüglich der Verlegeart wird in dieser Tabelle unterschieden nach:

Gruppe 1: Einadrige Leitungen in Rohr verlegt
Gruppe 2: Mehraderleitungen, Stegleitungen
Gruppe 3: Einadrige Leitungen, frei in Luft verlegt.

Mit Erscheinen der DIN VDE 0298 Teil 4 im Februar 1988 wurden die Werte für die Strombelastbarkeit von Leitungen neu definiert. DIN VDE 0298 Teil 4 löste mit einer Übergangsfrist bis 31. Jan. 1990 die DIN VDE 0100 Teil 523 ab.
In DIN VDE 0298 Teil 4 wurden unter Berücksichtigung der verschiedensten Betriebsbedingungen und Werkstoffeigenschaften Werte für die Strombelastbarkeit von Leitungen erarbeitet. Die daraus gewonnenen Erkenntnisse führen zu der *Tabelle 4-6*. Dieser Tabelle liegen bestimmte Betriebsbedingungen zugrunde, die zu einer Strombelastbarkeit, die mit I_r bezeichnet wird, führen. Bei abweichenden Verlegebedingungen erhält man die Strombelastbarkeit, indem man die aus der Tabelle 4-6 entnommenen Werte mit den Umrechnungsfaktoren f aus den Tabellen 4-7, 4-8, 4-9 oder 4-10 multipliziert. Es gilt:

$$I_Z = I_r \cdot \Pi f \quad .$$

Hierin bedeuten:

I_Z = Strombelastbarkeit bei abweichenden Betriebsbedingungen

I_r = Strombelastbarkeit bei den Betriebsbedingungen nach *Tabelle 4-6*

Πf = Produkt aller erforderlichen Umrechnungsfaktoren.

Die Umrechnungsfaktoren nach Tabelle 4-8 gelten für einen hohen Gleichzeitigkeitsfaktor der gehäuft verlegten Stromkreise. Bei geringen Gleichzeitigkeitsfaktoren kann auf eigene Verantwortung ein höherer Belastungswert gewählt werden.

Strombelastbarkeit I_r isolierter Leitungen nach DIN VDE 0298 Teil 4

Tabelle 4-5

Leitungsart	PVC, zulässige Betriebstemperatur 70 °C Leitungen ab 1,5 mm² Cu für feste Verlegung									
Umgebungstemperatur	30 °C									
Betriebsart	Dauerbetrieb									
Verlegungsart	Gruppe A		Gruppe B1		Gruppe B2		Gruppe C		Gruppe E	
Anzahl der belasteten Adern	2	3	2	3	2	3	2	3	2	3
Nennquerschnitt	Belastbarkeit in A									
0,5 mm² Cu	–	–	–	–	–	–	3	3	3	3
0,75 mm² Cu	–	–	–	–	–	–	6	6	6	6
1 mm² Cu	–	–	–	–	–	–	10	10	10	10
1,5 mm² Cu	15,5	13	17,5	15,5	15,5	14	19,5	17,5	20	18,5
2,5 mm² Cu	19,5	18	24	21	21	19	26	24	27	25
4 mm² Cu	26	24	32	28	28	26	35	32	37	34
6 mm² Cu	34	31	41	36	37	33	46	41	48	43
10 mm² Cu	46	42	57	50	50	46	63	57	66	60
16 mm² Cu	61	56	76	68	68	61	85	76	89	80
25 mm² Cu	80	73	101	89	90	77	112	96	118	101
35 mm² Cu	99	89	125	111	110	95	138	119	145	126

Gruppe A: Verlegung in wärmegedämmten Wänden

Gruppe B1: Aderleitungen in Installationsrohren oder -kanälen in oder auf der Wand

Gruppe B2: Mehradrige Leitungen in Installationsrohren oder -kanälen auf der Wand

Gruppe C: Mehradrige Leitung oder einadrige Mantelleitungen auf und in der Wand, Stegleitungen.

Gruppe E: Verlegung frei in Luft

Umrechnungsfaktor für abweichende Umgebungstemperaturen Tabelle 4-7

Umgebungstemperatur in °C	Umrechnungsfaktor für Leitung mit Gummiisolierung	für Leitung mit PVC-Isolierung
unter 10 bis 15	1,22	1,17
über 15 bis 20	1,15	1,12
über 20 bis 25	1,08	1,06
über 25 bis 30	1,00	1,00
über 30 bis 35	0,91	0,94
über 35 bis 40	0,82	0,87
über 40 bis 45	0,71	0,79
über 45 bis 50	0,58	0,71
über 50 bis 55	0,41	0,61

Umrechnungsfaktor für Häufung Tabelle 4-8

Anordnung	Anzahl der Stromkreise						
	1	2	3	4	6	9	12
Gebündelt auf Wand und Fußboden oder in Rohr u. Kanal	1,00	0,80	0,70	0,65	0,57	0,50	0,45
Einlagig auf Wand mit Zwischenraum	1,00	0,94	0,90	0,90	0,90	0,90	0,90
Perforierte Kabelwanne	1,00	0,87	0,81	0,78	0,75	0,73	–

Umrechnungsfaktor für vieladrige Leitungen Tabelle 4-9

Anzahl der belasteten Adern	5	7	10	14	19	24	40	61
Umrechnungsfaktor	0,75	0,65	0,55	0,50	0,45	0,40	0,35	0,30

Umrechnungsfaktor von Leitungen mit erhöhter Wärmebeständigkeit Tabelle 4-10

Bauart-Kurzzeichen	Zulässige Betriebstemperatur	Umgebungstemperatur in °C								
		50	60	75	90	105	120	135	150	175
NYFAW	90 °C	1,00	0,87	0,61	–	–	–	–	–	–
N4GA	120 °C	1,00	1,00	1,00	1,00	0,71	–	–	–	–
N7YA	135 °C	1,00	1,00	1,00	1,00	0,87	0,61	–	–	–
H05SJ	180 °C	1,00	1,00	1,00	1,00	1,00	1,00	1,00	1,00	0,41

Für die Strombelastung von Kabeln bei Verlegung in Erde gilt DIN VDE 0298 Teil 2. Werte für das Verlegen in Erde siehe Tabelle 2-1, für Verlegen in Luft siehe *Tabelle 4-11*.

Strombelastbarkeit von Kabeln, Verlegung in Luft Tabelle 4-11

Querschnitt mm²	10	16	25	35	50	70	95	120	150	185
Cu Vierleiter (NYY) A	60	80	106	131	159	202	244	282	324	381
Al Vierleiter (NAYY) A	–	–	83	102	124	158	190	220	252	289

Die Strombelastbarkeit parallelgeschalteter Leitungen ergibt sich durch Addition der Strombelastbarkeit der einzelnen Leitungen, vorausgesetzt die Leitungen sind widerstandsgleich. Ist dies nicht der Fall, so gilt für die Strombelastbarkeit der parallelgeschalteten Leitungen:

$$I_Z = I_{Z1}\left(1 + \frac{S_2}{S_1} + \frac{S_3}{S_1} + \cdots\right),$$

dabei ist: I_{Z1} Strombelastbarkeit von S_1,
S_1 stärkster Leiterquerschnitt,
$S_2, S_3, \cdots$ Querschnitte der anderen Leiter.

Werden Leitungen oder Kabel nur kurzzeitig belastet, so ist unter Umständen eine höhere Strombelastung als im Dauerbetrieb zulässig. Voraussetzung ist, daß die Belastungsdauer kleiner als der Mindestzeitwert der Leitung ist. Bei einem Leiterquerschnitt von 1,5 mm² Cu beträgt der Mindestzeitwert 30 s, bei 10 mm² Cu 160 s. Die Belastungsdauer müßte wesentlich unter diesen Werten liegen, um eine höhere Strombelastung zu erlauben. In der Praxis wird man in der Regel auf die sichere Seite gehen und die Kabel und Leitungen für Dauerlast bemessen (Berechnungsmethoden siehe Projektierungshilfe von *R. Ayx*, erschienen im Hüthig Buch Verlag Heidelberg). Für die thermische Kurzschlußbelastbarkeit gilt das Rechenverfahren nach 4.5.

4.4 Schutz von Leitungen und Kabeln bei Überlast
(DIN VDE 0100 Teil 430)

Kabel und Leitungen, die durch die Stromaufnahme nachgeschalteter Betriebsmittel betriebsmäßig überlastet werden können, müssen durch Überstrom-

Schutzeinrichtungen gegen eine zu hohe Erwärmung geschützt werden. Die Schutzeinrichtungen müssen den Stromkreisen so zugeordnet werden, daß folgende Bedingungen erfüllt sind:

$$I_B \leqq I_N \leqq I_Z \quad (1)$$

$$I_2 \leqq 1{,}45 \cdot I_Z \,. \quad (2)$$

I_B Betriebsstrom des Stromkreises,
I_Z zulässige Strombelastbarkeit des Kabels oder der Leitung (siehe 4.3),
I_N Nennstrom der Schutzeinrichtung,
I_2 Auslösestrom, großer Prüfstrom der Schutzeinrichtung (siehe 3.4 und Tabellen 3-7 und 3-8).

Nach den Bedingungen (1) und (2) führen Überlastströme bis zum 1,45-fachen der Strombelastbarkeit I_Z der Leitungen zu keiner Auslösung.
Daher kann es zu einer Erwärmung der Leitung über deren zulässige Betriebstemperatur kommen, was wiederum die Lebensdauer der Leitungen erheblich reduziert.
Deshalb muß durch sorgfältige Planung garantiert werden, daß kleine Überlastungen von langer Dauer nicht regelmäßig auftreten werden.
Als Schutzeinrichtungen für den Schutz bei Überlast eignen sich:

- Leitungsschutzsicherungen nach DIN VDE 0636 (siehe 3.4.2)
- Leitungsschutzschalter nach DIN VDE 0641 (siehe 3.4.3)
- Leistungsschalter nach DIN VDE 0660 Teil 101 (siehe 3.4.4)
  und
- stromabhängig verzögerte Schutzeinrichtungen wie Schütz mit Überlastauslöser, Schutzrelais.

Da die drei erstgenannten Schutzeinrichtungen auch den Schutz bei Kurzschluß (siehe 4.5) übernehmen können, werden sie bevorzugt auch für den Schutz der Leitungen bei Überlast verwendet.
Leitungsschutzschalter des Typs B, C, G und K sowie Leistungsschalter bieten zudem den Vorteil, daß ihr Nennstrom unmittelbar der Strombelastbarkeit der Leitung zugeordnet werden kann, da ihr großer Prüfstrom $I_2 \leqq 1{,}45\ I_N$ beträgt.
D. h. die nach 4.3 ermittelte Strombelastbarkeit ($I_Z = I_r \cdot \Pi f$) muß z. B. $\geqq$ 16 A sein, um die Leitung mittels 16-A-Leistungsschalter oder LS-Schalter des Typs B, C, G, K gegen die Auswirkungen bei Überlast schützen zu können.
Legt man die Verlegebedingungen der Tabelle 4-6 zugrunde, jedoch eine Umgebungstemperatur von 25 °C, dann erhält man die *Tabelle 4-12,* (siehe auch Beiblatt 1 zu DIN VDE 0100 Teil 430).

Zuordnung von LS-Schaltern Typ B, C, G und Leistungsschalter Tabelle 4-12

Leitungsart	PVC-Leitung, z. B. MYM, NYY, NYIFY, H 07V									
Umgebungstemperatur	25 °C					Dauerbetrieb				
Verlegungsart	Gruppe A		Gruppe B1		Gruppe B2		Gruppe C		Gruppe E	
Anzahl der belasteten Adern	2	3	2	3	2	3	2	3	2	3
Nennquerschnitt mm² Cu										
1,5	16	13	16	16	16	13	20	16	20	16
2,5	20	16	25	20	20	20	25	25	25	25
4	25	25	32	25	25	25	35	35	35	35
6	35	32	40	35	35	35	40	40	50	40
10	40	40	50	50	50	50	63	63	63	63
16	63	50	80	63	63	63	80	80	80	80
25	80	63	100	80	80	80	100	100	125	100
35	100	80	125	100	100	100	125	125	125	125

Gruppe A: Verlegung in wärmegedämmten Wänden
Gruppe B1: Aderleitungen in Installationsrohren oder -kanälen in oder auf der Wand
Gruppe B2: Mehradrige Leitungen in Installationsrohren oder -kanälen auf der Wand
Gruppe C: Mehradrige Leitungen oder einadrige Mantelleitungen auf und in der Wand, Stegleitungen
Gruppe E: Verlegung frei in Luft

Bei abweichenden Verlegebedingungen muß die Strombelastbarkeit I_Z entsprechend 4.3 berechnet und anschließend die Schutzeinrichtung zugeordnet werden.
Soll der Schutz bei Überlast durch Leitungsschutzeinrichtungen – sogenannte gL-Sicherungen – gewährleistet werden, dann ist durch Berechnen nachzuweisen, daß die Bedingungen (1) und (2) erfüllt sind.

Beispiel:

Ein 2-poliger Steckdosenstromkreis 16 A wird über Stegleitungen unter Putz, 3 × 1,5 mm² Cu, angeschlossen. Als Überstrom-Schutzeinrichtung soll eine 16-A-gL-Sicherung verwendet werden. Der Schutz bei Überlast errechnet sich aus:

$$I_B \leqq I_N \leqq I_Z \,, \tag{1}$$

I_B der Betriebsstrom des 16-A-Steckdosenstromkreises ist 16 A,
I_N der Nennstrom der Schutzeinrichtung ist 16 A,

I_Z die Strombelastbarkeit einer Stegleitung 3 × 1,5 mm² Cu mit 2 belasteten Adern ist nach Tabelle 4-6, Gruppe C, gleich 19,5 A, Bedingung (1) ist somit erfüllt, da 16 A ≦ 16 A ≦ 19,5 A.

$$I_2 \leqq 1{,}45 \cdot I_Z \quad . \qquad (2)$$

I_2 der große Prüfstrom der 16-A-gL-Sicherung ist nach Tabelle 3-7 gleich 28 A. Bedingung (2) ist somit erfüllt, da 28 A ≦ 1,45 · 19,5 A. Die gleiche Berechnung muß angestellt werden, wenn die früher üblichen LS-Schalter Typ L verwendet werden.

Für die Zukunft ist geplant, die Auslösecharakteristik der gL-Sicherung dahingehend zu verändern, daß auch sie spätestens beim 1,45-fachen ihres Nennstromes von 1 bis 4 h auslöst. Dadurch könnte auch bei Verwenden von gL-Sicherungen die Bedingung (2) entfallen.
Für Altanlagen, die vor dem 1. Februar 1990 errichtet wurden und die noch mit LS-Schaltern des Typs L bzw. gL-Sicherungen versehen sind, gilt bezüglich der Zuordnung weiterhin die *Tabelle 4-13*.

Zuordnung von gL-Sicherungen und LS-Schaltern, Typ L, für den Schutz bei Überlast Tabelle 4-13

Querschnitt mm² Cu	1,5	2,5	4	6	10	16	25	35	50	70	95	120	150	185
Gruppe 1A	10	16	20	25	35	50	63	80	100	125	160	200	–	–
Gruppe 2 A	10	20	25	35	50	63	80	100	125	160	200	250	250	315
Gruppe 3 A	20	25	35	50	63	80	100	125	160	200	250	315	315	400

Gruppe 1: Einadrige Leitungen in Rohr verlegt
Gruppe 2: Mehraderleitungen, Stegleitungen
Gruppe 3: Einadrige Leitungen frei in Luft verlegt

4.4.1 Anordnung der Schutzeinrichtungen für den Schutz bei Überlast

Überlast-Schutzeinrichtungen müssen grundsätzlich am Anfang jedes Stromkreises und an allen Stellen eingebaut werden, an denen die Strombelastbarkeit der Leitungen gemindert wird. Dies ist der Fall, wenn sich der Leiterquerschnitt verringert oder die Leitungsart geändert wird, z. B. Übergang von Feuchtraumleitung auf Rohrleitung.

Überlast-Schutzeinrichtungen können jedoch dann an beliebiger Stelle des Stromkreises angeordnet werden, wenn der Leitungsabschnitt vor der Schutzeinrichtung im Falle eines Kurzschlusses geschützt ist (siehe 4.5) und weder Abzweige noch Steckvorrichtungen enthält.
Ist in einem verjüngten Leitungsstück, z. B. nach einer Abzweigung, der Schutz bei Kurzschluß nicht mehr sichergestellt, so darf die Schutzeinrichtung für den Schutz bei Überlast bis zu 3 m nach der Abzweigung angeordnet werden, wenn der Leitungsabschnitt vor der Schutzeinrichtung kurzschluß- und erdschlußsicher sowie nicht unmittelbar auf brennbare Unterlage, z. B. Holz, verlegt ist (siehe 4.2.5). Überlast-Schutzeinrichtungen dürfen entfallen, wenn die Leitung durch die Schutzeinrichtung vorgeschalteter Stromkreisabschnitte wirksam gegen die Auswirkungen bei Überlast geschützt ist.
Überlast-Schutzeinrichtungen dürfen für Verbindungsleitungen zwischen elektrischen Maschinen, Anlassern, Transformatoren, Gleichrichtern, Akkumulatoren und deren Schaltanlagen entfallen. Sie dürfen ferner in Verteilungsnetzen entfallen, die als Freileitung oder als im Erdreich verlegte Kabel ausgeführt sind. Weiterhin braucht eine Leitung dann keinen besonderen Überlastschutz, wenn sie einen Verteiler speist und die Summe der Nennströme aller dort vorhandenen Sicherungen den Überlastschutz gewährleistet.
Beispiel: Von einer vorgeschalteten 80-A-Sicherung führt eine NYM-Leitung von 10 mm^2 Cu zu einer Verteilungstafel. Von dieser zweigen drei Stegleitungs-Stromkreise ab, die mit je 16 A gesichert sind. Der Querschnitt von 10 mm^2 wäre durch die 80-A-Sicherung nicht gegen Überlast geschützt. Den Überlastschutz gewährleisten jedoch die drei Sicherungen auf dem Verteiler, die zusammen 3×16 A $= 48$ A betragen. Ein Kurzschlußschutz dieser Leitung muß jedoch nach 4.5 durch die 80-A-Sicherung gewährleistet sein.
Schließlich braucht eine Leitung ebenfalls keinen Überlastschutz, wenn sie von einer Stromquelle gespeist wird, die keinen höheren Strom liefern kann als die Leitung verträgt, oder wenn aus anderen Gründen nicht mit einer Überlastung der Leitung gerechnet werden muß.

Beispiele:

> Das Verbrauchsmittel hat einen eingebauten Überlastschutz, z. B. einen Motorschutzschalter mit thermischer Auslösung; oder es handelt sich um Elektrowärmegeräte, z. B. Heißwasserspeicher, Herde, Raumheizgeräte; oder die Verbrauchsmittel sind Motoren, deren Strom bei blockiertem Läufer die Strombelastbarkeit der Leitung nicht überschreitet.

Hilfsstromkreise (Steuer- und Regelstromkreise) brauchen ebenfalls keinen Überlastschutz. Dagegen müssen sie gegen zu hohe Erwärmungen durch Kurzschlußströme nach 4.5 geschützt werden.

Parallelgeschaltete Leitungen oder Kabel dürfen durch eine gemeinsame Überstrom-Schutzeinrichtung gegen Überlast geschützt werden. Dies ist jedoch nur zulässig, wenn sie gleicher Art und gleich lang sind, keine Abzweige haben und nicht einzeln betrieben werden können.
Beispiel: Zwei Mantelleitungen je 3×25 mm^2 seien parallel verlegt.
Für die einzelne Leitung ist eine Schutzeinrichtung mit einem Nennstrom von 80 A zulässig. Die Addition der Nennströme beider Leitungen ergibt einen Nennstrom für die gemeinsame Überstrom-Schutzeinrichtung von $2 \cdot 80$ A = 160 A (siehe auch 4.3).
Wird jedes parallel verlegte Kabel durch eine eigene Überstrom-Schutzeinrichtung gegen Überlast und Kurzschluß geschützt, so sind bei mehr als zwei parallelgeschalteten Kabeln am Anfang und Ende der Kabel Schutzeinrichtungen anzubringen.

4.4.2 Überstrom-Schutzeinrichtungen in Beleuchtungs- und zweipoligen Steckdosen-Stromkreisen

Beleuchtungs-Stromkreise in Hausinstallationen und in landwirtschaftlichen Betrieben mit Normal-Edison-Fassungen E 27, mit Bajonett- oder Soffittenfassungen, mit Steckfassungen, Zwerg- oder Mignon-Schraubfassungen dürfen nur bis 16 A gesichert werden. Letzteres setzt voraus, daß in diesem Stromkreis etwa auch vorhandene Steckdosen für 16 A Nennstrom ausgelegt sind. Hausinstallationen sind Anlagen für Wohnungen, aber auch für gewerbliche Anlagen, soweit sie im Umfang und Charakter einer Wohnungsinstallation entsprechen, z. B. Anlagen in kleinen Einzelhandelsgeschäften, Büroräume in Wohnhäusern, soweit es sich nicht um Räume mit einer größeren Anzahl von elektrischen Verbrauchsmitteln, wie Büromaschinen, handelt.
Beleuchtungs-Stromkreise in Gewerbebetrieben, soweit sie nicht zu Hausinstallationen zählen, dürfen bis 25 A gesichert werden, sofern im Stromkreis keine Steckdosen angebracht sind. Auch Beleuchtungs-Stromkreise, nur mit Goliath-Schraubfassungen E 40 oder nur mit Leuchtstofflampen oder Leuchtstoffröhren, können höher gesichert werden, wobei die zulässige Belastung der Leitungen, Klemmen, Schalter und anderer Betriebsmittel nicht überschritten werden darf.

4.4.3 Überstrom-Schutzeinrichtungen in zwei- oder dreipoligen Steckdosen-Stromkreisen

Der Überstromschutz von zwei- und dreipoligen Steckdosen-Stromkreisen muß nicht nur auf die zulässige Belastung der Leitungen, sondern auch auf den

Nennstrom der angeschlossenen Steckdosen abgestimmt werden, d. h., auf den niedrigeren der beiden Werte. Die 32-A-CEE-Steckdose kann mit 35 A gesichert werden, sofern die Leiterquerschnitte ausreichend bemessen sind (mindestens 6 mm^2 bei NYM-Leitungen).

4.4.4 Schutz der Außenleiter und des Neutralleiters

Überstrom-Schutzeinrichtungen sind in allen *Außenleitern* vorzusehen.
Im *Neutralleiter* von TN- oder TT-Netzen sind sie nicht erforderlich, wenn der Neutralleiter mindestens den Querschnitt der Außenleiter hat, oder der Neutralleiter durch die Schutzeinrichtung der Außenleiter gegen Kurzschluß geschützt wird und der Höchststrom des Neutralleiters bei normalen Betrieb beträchtlich geringer ist als der Wert der Strombelastbarkeit dieses Leiters. Eine vierpolige Überstromauslösung ist jedoch zulässig und manchmal zweckmäßig. Beim IT-Netz sollte kein Neutralleiter mitgeführt werden. Ist dies trotzdem erforderlich, dann muß auch im Neutralleiter der Überstrom erfaßt werden, und es ist eine allpolige Abschaltung einschließlich des Neutralleiters notwendig.

4.5 Schutz von Leitungen und Kabeln bei Kurzschluß
(DIN VDE 0100 Teil 430)

Der Schutz bei Kurzschluß besteht darin, den Leitern Schutzeinrichtungen zuzuordnen, die den im Fehlerfalle zu erwartenden Kurzschlußstrom unterbrechen, bevor eine schädliche Erwärmung der Leiterisolierung, der Anschluß- und Verbindungsstellen sowie der Umgebung erfolgt.
Der Schutz bei Kurzschluß wird in den meisten Fällen durch Zuordnung einer gemeinsamen Schutzeinrichtung für Überlast und Kurzschluß bewirkt. Nach den geltenden Festlegungen der VDE-Bestimmungen gewährleistet eine Schutzeinrichtung, die einen Leiterquerschnitt gegen zu hohe Erwärmung bei Überlast schützt, auch den Schutz bei Kurzschluß. Vorausgesetzt, die gemeinsame Schutzeinrichtung hat ein Schaltvermögen, das mindestens dem vollkommenen Kurzschlußstrom an seiner Einbaustelle entspricht.
Überlegungen hinsichtlich des Kurzschlußschutzes sind also im allgemeinen nicht erforderlich, wenn die Zuordnung den in 4.4 genannten Bedingungen entspricht. Als Schutzeinrichtungen können Schmelzsicherungen, Leitungsschutzschalter oder Leistungsschalter verwendet werden.
Die Schutzeinrichtung, deren Nennstrom oder Einstellwert höher ist als es der Zuordnung zum Schutz bei Überlast entspricht, muß bei Kurzschluß so schnell

abschalten, daß die zulässige Grenztemperatur des Leiters nicht überschritten wird.

Im Kurzschlußfall bis zu 5 s Dauer beträgt die Grenztemperatur:

160 °C für Isolierungen aus PVC (Kurzzeichen V, früher Y)

200 °C für Isolierungen aus Naturkautschuk (Kurzzeichen R, früher G)

220 °C für Isolierungen aus Butylkautschuk (Kurzzeichen II K, früher 4 G)

250 °C für Isolierungen aus vernetztem Polyethylen (VPE) oder Ethylen-Propylen (Kurzzeichen EPR_8, früher 2 Y) (siehe auch Tabelle 4-1 und Tabelle 4-2).

Für alle Leitungen mit Weichlötverbindungen gilt 160 °C als Grenztemperatur. Die Werte des einpoligen Kurzschlußstromes können durch Berechnung, durch Messungen, an einem Netzmodell oder durch Angaben der EVU ermittelt werden. Das Messen in der Anlage wird vielfach die genaueste Methode sein. Man verwendet dazu ein Schleifenwiderstands-Meßgerät mit hoher Meßgenauigkeit, das allerdings sehr teuer ist. Die üblichen Schutzmaßnahmen-Meßgeräte mit ± 30%-Meßgenauigkeit reichen nicht aus. Der Kurzschlußstrom ergibt sich dann aus der Nennspannung des Außenleiters gegen Erde geteilt durch den Schleifenwiderstand:

$$I = \frac{U_0}{R_{Sch}} .$$

Die zulässige Ausschaltzeit beträgt

$$t = \left(k \frac{S}{I}\right)^2 .$$

Darin bedeuten t = zulässige Ausschaltzeit in s, S = Leiterquerschnitt in mm^2, I = Kurzschlußstrom in A, k = Konstante mit den Werten

Leitermaterial	Werkstoff der Isolierung			
	G	PVC	VPE EPR	IIK
Cu	141	115	143	134
Al	87	76	94	89

Die Ausschaltzeit der zu wählenden Schutzeinrichtung darf t nicht überschreiten und nicht länger als 5 s sein.

An Stelle der genannten Formel für I darf auch die vereinfachte Gleichung ohne Messung des Schleifenwiderstandes

$$I = \frac{0{,}8\ U_0}{2\ R}$$

angewendet werden. Dabei ist I der einpolige Kurzschlußstrom, U_0 die Nennspannung des Außenleiters gegen Erde und R der Widerstand der einfachen Leiterlänge des zu schützenden Stromkreises. R kann nach 1.15 berechnet werden, wobei wegen der erwärmten Leitung als spezifischer Kupferwiderstand 0,027 Ω mm²/m einzusetzen ist.
Beispiel: Wie groß ist der einpolige Kurzschlußstrom und die zulässige Ausschaltzeit bei einer 180 m langen NYM-Leitung von 4 × 10 mm² bei 230 V?

$$I = \frac{0{,}8 \cdot 230}{2 \cdot 0{,}027\ \dfrac{180}{10}} = 189\ \text{A}\ .$$

Nun ist dieser Wert sehr niedrig. Bei einer vieradrigen Leitung entwickelt sich ein einpoliger Kurzschluß erfahrungsgemäß sofort in einen dreipoligen Kurzschluß. Wir dürfen daher wie folgt rechnen:

$$I = \frac{0{,}8 \cdot U_0}{R}\ .$$

Der vorherige Wert ist also zu verdoppeln: $I = 378$ A.

$$t = \left(115 \cdot \frac{10}{378}\right)^2 = 9{,}25\ \text{s}\ .$$

Die Gesamtausschaltzeit darf nicht länger als 5 s sein.

Nunmehr ist *Bild 4-14* (nach DIN VDE 0636) heranzuziehen. Es enthält den Bereich der Sicherungen für 2; 6; 16 A usw. (*Bild 4-15* für 4; 10; 20 A usw.). Wir finden von der linken Ordinate bei 5 s und von der unteren Abszisse bei 360 A ausgehend den Sicherungsbereich von 80 A. Bis zu diesem oder einem niedrigeren Wert könnte die NYM-Leitung gegen Kurzschluß gesichert werden. Die Überstrom-Schutzeinrichtung gegen Überlast darf nach Tabelle 4-12 nur 63 A maximal betragen.

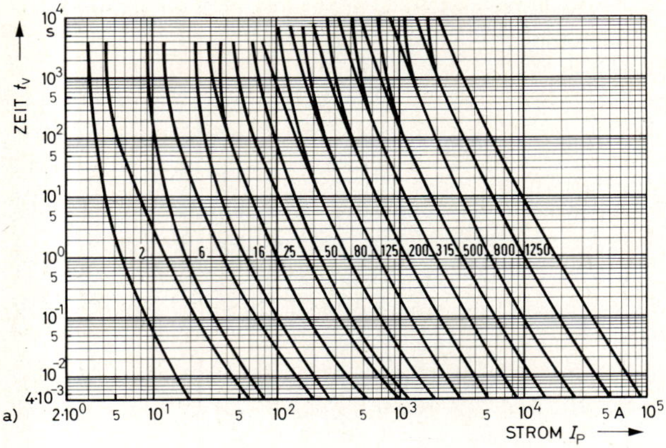

Bild 4-14: Zeit/Strom-Bereiche für Leitungsschutz-Sicherungen (DIN VDE 0636)

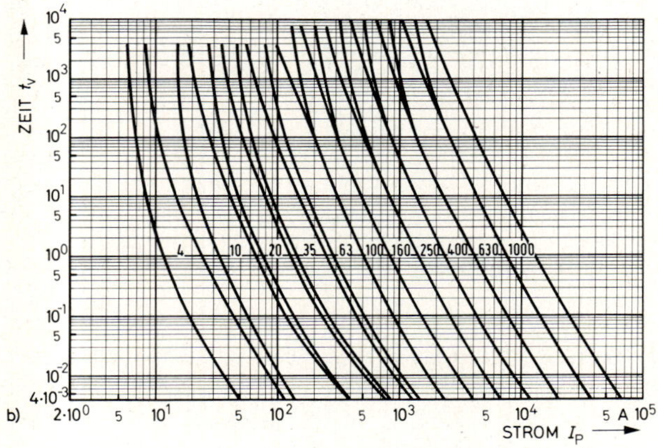

Bild 4-15: Zeit/Strom-Bereiche für Leitungsschutz-Sicherungen (DIN VDE 0636)

Für LS-Schalter sind die Nomogramme von DIN VDE 0641, für Leistungsschalter DIN VDE 0660 oder in beiden Fällen die Angaben der Hersteller zugrunde zu legen.
Dynamische Kräfte sind gegebenenfalls zu beachten (siehe 3.3.2).

4.5.1 Anordnung der Schutzeinrichtungen für den Schutz bei Kurzschluß

Die Schutzeinrichtungen müssen am Leitungsanfang eines jeden Stromkreises, vor verringertem Leiterquerschnitt oder vor geänderter Leiterisolierung eingebaut werden. Sie dürfen bis zu 3 m vom Leitungsanfang entfernt sein, wenn dieser Leitungsabschnitt vor der Schutzeinrichtung kurzschluß- und erdschlußsicher sowie nicht unmittelbar auf brennbaren Baustoffen verlegt ist. Schutzeinrichtungen dürfen in Meßstromkreisen, z. B. im Spannungspfad der Elektrizitätszähler, entfallen, wenn die Leitung kurzschluß- und erdschlußsicher sowie nicht unmittelbar auf brennbaren Stoffen verlegt ist. Unter gleichen Bedingungen dürfen sie auch für Leitungen, die elektrische Maschinen, Transformatoren, Gleichrichter und Akkumulationsbatterien mit ihren Schalttafeln verbinden, entfallen.

4.5.2 Verbot von Überstrom-Schutzeinrichtungen

Überstrom-Schutzeinrichtungen dürfen *nicht* eingebaut werden, wenn die Unterbrechung des Stromkreises eine Gefahr darstellen kann. Das trifft z. B. zu in Erregerstromkreisen von umlaufenden Maschinen, in Ankerstromkreisen von Wechselstrommaschinen, in Speisestromkreisen von Hub- und Fördermagneten, in Sekundärstromkreisen von Stromwandlern, in Stromkreisen für die Spannungsregelung und in Signalstromkreisen.

4.6 Spannungsfall

Bei längeren Leitungen ist nachzurechnen, ob die nach den Belastungstabellen zunächst gewählten Leiterquerschnitte keinen zu großen *Spannungsfall* bedingen. Nach DIN VDE 0100 Teil 520 soll der Spannungsfall zwischen dem Anfang der Verbraucheranlage und dem zu versorgenden Betriebsmittel nicht größer als 4% der Nennspannung des Netzes sein. Als Verbraucheranlage gilt die Gesamtheit aller elektrischer Betriebsmittel hinter dem Hausanschlußkasten oder, wo dieser nicht benötigt wird, hinter den Ausgangsklemmen der letzten Verteilung vor den Verbrauchsmitteln.
Für Wohngebäude gilt die in der DIN 18013 Teil 1 getroffene Festlegung. Danach soll der Spannungsfall in der elektrischen Anlage hinter der Meßeinrichtung 3% nicht überschreiten. Für den prozentualen *Leistungsverlust* gelten die gleichen Werte.

Bezeichnet man mit

P die zu übertragende Leistung in W.
l die einfache Leitungslänge in m.
$\varkappa$ die Leitfähigkeit (Kupfer ≈ 50, Aluminium ≈ 30) in Sm/mm^2,
U die Betriebsspannung in V,
I den Strom im Leiter in A,
S den Leiterquerschnitt in mm^2,
u den prozentualen Spannungsverlust in % von U,
p den Leistungsverlust in %,
$\cos\varphi$ den Leistungsfaktor beim Verbraucher,

dann wird für Zweileiter-Anlagen (Licht)

$$u\,[\%] = \frac{200 \cdot P \cdot l}{U^2 \cdot S \cdot \varkappa} = \frac{200 \cdot I \cdot \cos\varphi \cdot l}{U \cdot S \cdot \varkappa}$$

und für Drehstrom

$$u\,[\%] = \frac{100 \cdot P \cdot l}{U^2 \cdot S \cdot \varkappa} = \frac{173 \cdot I \cdot \cos\varphi \cdot l}{U \cdot S \cdot \varkappa}$$

und

$$p\,[\%] = \frac{u\,\%}{\cos^2\varphi}\,.$$

Der Leistungsverlust selbst errechnet sich aus dem meßbaren Strom I in der Leitung und dem Widerstand R der einfachen Leitungslänge zu:

$P_v = I^2 \cdot R \cdot 2$ bei Wechselstrom
$P_v = I^2 \cdot R \cdot 3$ bei Drehstrom.

Beispiel:

An eine Wohnhausverteilung soll ein Speicherheizgerät mit einer Leistung von 6000 W über eine 20 m lange Leitung NYM 5 × 1,5 mm^2 angeschlossen werden; Spannung 400 V.
Wie hoch ist der Spannungsfall an dieser Leitung?

$$u\,[\%] = \frac{100 \cdot P \cdot l}{U^2 \cdot S \cdot \varkappa} = \frac{100 \cdot 6000 \cdot 20}{400^2 \cdot 1{,}5 \cdot 50} = 1{,}0\%\,.$$

Maximale Leitungslängen bei 3% Spannungsfall

Nennquerschnitt mm^2 Cu	1,5	2,5	4	6	10	16
Sicherung A	16	20	25	35	50	63
230-V-Wechselstrom m	16	22	28	30	–	–
3 × 400-V-Drehstrom m	32	44	56	60	70	90

$\cos \varphi = 1$

Maximale Leitungslängen bei 0,5% Spannungsfall (Hauptleitungen):

Nennquerschnitt mm^2 Cu	10	16	25	35	50
Sicherung A	50	63	80	100	125
3 × 400-V-Drehstrom m	12	15	18	20	23

$\cos \varphi = 1$.

5 Verbraucheranlage und Verteilungsnetz

Unter Verbraucheranlage versteht man die Gesamtheit aller elektrischer Betriebsmittel hinter dem Hausanschlußkasten. Bei Anlagen, die unmittelbar aus dem öffentlichen Hochspannungsnetz versorgt werden, zählt nach einer Festlegung von DIN VDE 0100 Teil 200 nur der Endstromkreis zur Verbraucheranlage. Die Niederspannungs-Verteiler und Verteilerstromkreise definiert man hier als Verteilungsnetz.

Die sachgemäße Errichtung einer Verbraucheranlage setzt die sorgfältige Planung voraus.

Nach DIN 40 719 bzw. 40 900 „Schaltungsunterlagen" ist ein *Übersichtsschaltplan* meist einpolig zu zeichnen. Aus ihm ist die Reihenfolge und Art der Hauptschaltgeräte und die Anzahl der Hauptstromkreise zu ersehen. Im *Wirkschaltplan* werden alle Haupt- und Hilfsstromkreise eingetragen. Man erkennt die Anordnung der Gerätebauteile, die Leitungsverbindungen, die Lage der Klemmenanschlüsse und die Aderzahlen der Verbindungsleitungen. Im *Stromlaufplan* wird die Funktion einer Schaltung dargestellt. Die verzweigten Leitungsführungen werden in geordneter Form, in einzelne sogenannte Strompfade aufgegliedert. Schaltzeichen und Kennzeichnung der Betriebsmittel nach DIN 40 900 (siehe 1.13). Bei umfangreichen Planungen kann man sich eines CAD-Systems (Computer Aided Design) bedienen.

5.1 Stromkreise

(DIN VDE 0100 Teil 200, 430 und 520)

Unter Stromkreis (Endstromkreis) ist das Stück einer Strombahn zu verstehen, das zwischen der letzten Überstrom-Schutzeinrichtung (Verteilerschrank) und dem Verbrauchsmittel, z. B. Leuchte, verläuft. Als solches gilt z. B. auch eine Maschine mit Mehrmotorenantrieb, wenn sie nur *eine* Zuleitung hat.

Ein Stromkreis, der eine Verteilung oder einen Schaltschrank versorgt, wird dagegen als Verteilungsstromkreis bezeichnet. Desweiteren wird unterteilt in Hauptstromkreise, die Betriebsmittel zum Erzeugen, Umformen, Verteilen, Schalten und Verbrauch elektrischer Energie enthalten, und Hilfsstromkreise, zu denen die Steuer-, Melde- und Meßstromkreise gehören.

Je nach Art des Anschlusses der Verbrauchsgeräte kann *ein* Stromkreis aus einem Außenleiter und einem Neutralleiter (Einphasen-Wechselstromkreis) oder aus drei Außenleitern mit oder ohne Neutralleiter (Drehstromkreis) bestehen. Die Leitungen eines Stromkreises müssen gleichen Querschnitt haben und sollen in *einem* Rohr, in *einer* Mehraderleitung oder in *einem* Mehraderkabel verlegt werden. Ein und derselbe Neutralleiter darf nicht für mehrere Hauptstromkreise verwendet werden. Es ist jedoch zulässig, aus einem Drehstromkreis mit einem Neutralleiter Wechselstromkreise aus je einem Außenleiter und dem Neutralleiter zu bilden, wenn die Zugehörigkeit der Stromkreise durch ihre Anordnung erkennbar bleibt. Dieser Drehstromkreis muß durch einen Schalter freigeschaltet werden können, der alle nicht geerdeten Leiter gleichzeitig abschaltet. Als Schalter müssen dafür dreipolige Leistungsschalter, Sicherungsautomaten, FI-Schutzhalter oder gewöhnliche Schalter mit klar erkennbarer „Aus"-Stellung verwendet werden, nicht jedoch Schütze. Verschiedene Stromkreise dürfen nicht im selben Rohr als Einaderleitung geführt werden. Die zu einem Stromkreis gehörenden und von ihm unmittelbar gespeisten Steuer- und Signaladern dagegen dürfen im selben Rohr usw. mit dem Stromkreis liegen.

Bei Kabeln und Mehraderleitungen dagegen dürfen mehrere Hauptstromkreise samt den dazugehörigen Hilfsstromkreisen (Steuerleitungen) in *einem* Kabel oder *einer* Mehraderleitung vereinigt sein. Dies gilt nicht, wenn den Hauptstromkreisen mehr als ein Zähler der öffentlichen Stromversorgung zugeordnet ist. Auch Leitungen mit Schutzkleinspannungen sollen von anderen Stromkreisen getrennt verlegt werden. Werden Leiter von Stromkreisen unterschiedlicher Spannung gemeinsam verlegt, so müssen Kabel oder Leitungen verwendet werden, die der höchsten vorkommenden Betriebsspannung entsprechen.

Einzelne Leiter eines Haupt-Stromkreises dürfen nicht auf verschiedene Rohre, Leitungen oder Kabel verteilt werden, die auch andere Stromkreise enthalten.

Wenn also z. B. in einer fünfadrigen Leitung für einen Stromkreis nur 4 Adern gebraucht werden, darf die fünfte freie Ader nicht für einen anderen Stromkreis verwendet werden. Dadurch leidet die Übersichtlichkeit und Sicherheit.

Werden Steuer- und Signalleitungen (Hilfsstromkreise) getrennt von den Hauptstromkreisleitungen verlegt, so dürfen mehrere Hilfsstromkreise in *einem* Rohr oder *einer* Mehraderleitung vereinigt sein.

Gemeinsame Durchgangskästen und -dosen für mehrere Stromkreise sind zulässig, wenn Leiter ungeschnitten durchgeführt, auf Reihenklemmen geführt oder die Stromkreise durch isolierende Zwischenwände voneinander getrennt werden.

Die Zuordnung eines gemeinsamen Neutral- oder PEN-Leiters für mehrere Hauptstromkreise ist nicht zulässig. Jedoch ist bei Schienenverteilern ein gemeinsamer Neutral- oder PEN-Leiter für mehrere Stromkreise zulässig, wenn er in seinem Querschnitt dem Summenquerschnitt der Außenleiter zugeordnet wird (Tabelle 2 von DIN VDE 0100 Teil 540).

Für mehrere Stromkreise darf ein gemeinsamer Schutzleiter verwendet werden. Sein Querschnitt muß entsprechend dem Querschnitt des stärksten Außenleiters gewählt werden. Er darf getrennt verlegt werden, soll jedoch im Zuge der zugehörigen Stromkreise geführt werden. Zu allen Auslässen ist ein Schutzleiter mitzuführen, damit man in der Wahl der Schutzmaßnahmen frei ist.

5.2 Hausinstallationen

Hausinstallationen sind Starkstromanlagen mit Nennspannung bis 250 V gegen Erde für Wohnungen sowie andere Starkstromanlagen mit Nennspannung bis 250 V gegen Erde, die in Umfang und Art der Ausführung den Starkstromanlagen für Wohnungen entsprechen. In diese Gruppe fallen somit auch gewerblich genutzte Anlagen, z. B. Büroräume, Unterkunftsräume in Beherbergungsbetrieben und Kasernen, kleine Einzelhandelsgeschäfte, Schneider- und Uhrmacherwerkstätten und dgl.

5.2.1 Wohngebäude
(DIN 18015 Teil 1–3, Abschnitte 3.1.1, 3.2 und 4.2)

Planungsgrundlagen, Art und Umfang der Ausstattung sowie Leitungsführung und Anordnung der Betriebsmittel sind für Wohngebäude in den Normen DIN 18015 Teil 1 bis 3 festgehalten. In der Regel sind diese Normen auf Grund der vertraglichen Vereinbarungen mit dem Bauherrn und dem EVU für den Elektro-Installateur rechtsverbindlich, wenngleich sie nicht den Stellenwert von Sicherheitsbestimmungen wie die VDE-Bestimmungen besitzen.
DIN 18015 Teil 1 fordert u. a., daß Leitungen von Starkstromanlagen grundsätzlich in Putz, unter Putz, in Wänden, hinter Wandbekleidungen in Rohren oder Installationskanälen zu verlegen sind.
In nicht Wohnzwecken dienenden Räumen, z. B. Abstellkeller, und bei Nachinstallationen dürfen sie auch auf der Wandoberfläche verlegt werden.
Nach DIN 18015 Teil 2 gilt für die erforderliche Anzahl von Stromkreisen für Steckdosen und Beleuchtung die Tabelle 3-1. Beispiele für eine Wohnbauinstallation sind den *Bildern 5-1* und *5-2* zu entnehmen.
Die Anzahl der Steckdosen und Auslässe für Beleuchtung in Abhängigkeit von der Wohnfläche für Wohn- und Schlafräume nach DIN 18015 Teil 2 ergibt sich zu:

m^2 bis	8	12	20	über 20
Steckdosen	2	3	4	5
Auslässe	1	1	1	2

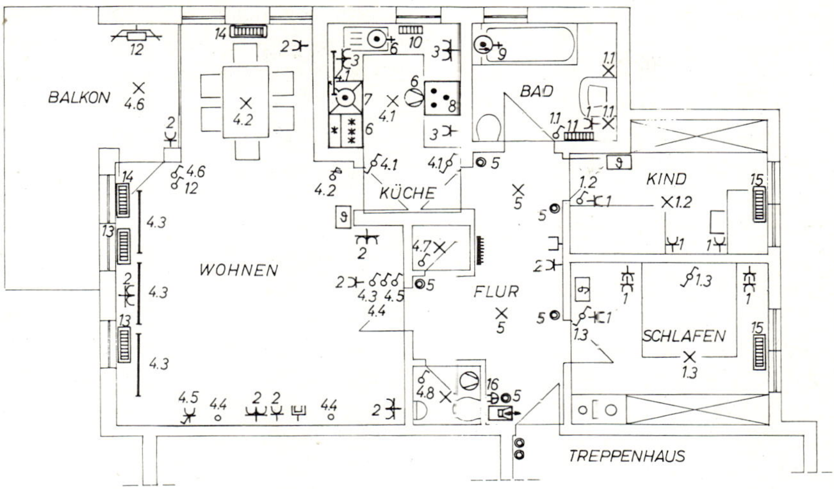

Bild 5-1: Elektroinstallationsplan für eine Wohnung

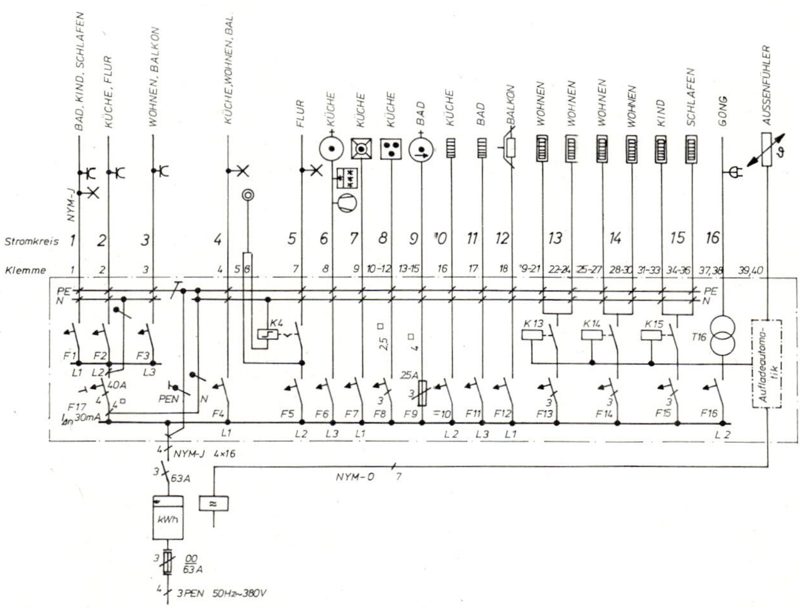

Bild 5-2: Übersichtsschaltplan für eine Wohnung. TN-Netz mit Überstrom- und Fehlerstrom-Schutzeinrichtung; alle Leitungen Cu; nicht bezeichnete Leitungen 1,5 mm²; alle nicht bezeichneten Schutzeinrichtungen $I_N = 16$ A

In Schlafräumen sind die den Betten zugeordneten Steckdosen mindestens als Doppelsteckdosen vorzusehen. Neben Antennensteckdosen sind Dreifach-Steckdosen anzuordnen. Mehrfachsteckdosen gelten im Sinne der vorherigen Tabelle als jeweils *eine* Steckdose.
Für alle in der Planung vorgesehenen Verbrauchsmittel mit einem Anschlußwert von zwei kW und mehr ist ein eigener Stromkreis anzuordnen, auch wenn sie über Steckdosen angeschlossen werden.
Hauptleitungen in Wohngebäuden siehe 2.2.4.
Weiterhin wird auf DIN 18022 verwiesen, wo Planungsunterlagen für Küche und Bad im Wohnungsbau zu finden sind.
Als Regelschutzart gilt für Wohnräume IP 2X, für den Hobby-Raum IP 4X oder Staubschutz IP 5X, Bad siehe 11.3 und feuchte Räume 11.1.
Um den Ausstattungswert der Elektroinstallation im Wohnungsbau festzulegen und andererseits dem Elektro-Installateur Gelegenheit zur öffentlichen Kennzeichnung seiner Arbeit zu geben, hat die HEA die „Stern-Elektro-Installation“ unter der Bezeichnung RAL-RG 678/1 beim „Deutschen Institut für Gütesicherung und Warenkennzeichnung e.V. – RAL“ in Bonn registrieren lassen. Die Urkunde wird vom Installateur im Wohnungs-Stromkreisverteiler eingeklebt. Folien sind beim Energieverlag, Blumenstraße 13, 6900 Heidelberg 1 zu beziehen.
Die Gebrauchstauglichkeit der elektrischen Anlage wird dabei durch ihren Ausstattungswert bestimmt. Es gilt:

★ = Ausstattungswert 1
★★ = Ausstattungswert 2
★★★ = Ausstattungswert 3.

Die den Ausstattungswerten entsprechende Anzahl der Stromkreise und Verbrauchsstellen ist aus *Tabelle 5-1* zu ersehen.
Desweiteren hat die HEA 10 Merkblätter mit der Bezeichnung M 1–M 10 herausgegeben, mit deren Hilfe Bauherr und Architekt über das wesentliche der “Elektro-Installation in Wohngebäuden“ informiert werden können.
Für Beleuchtung und zweipolige Steckdosen sind gemeinsame oder getrennte Stromkreise möglich, wobei das erstere System wirtschaftlicher, das zweite sicherer ist. An einem Steckdosenstromkreis sollen nicht mehr als 16 toeipolige Einfachsteckdosen bis 16 A angeschlossen werden. Es ist günstig, die Steckdosen, die für den Anschluß von Steh- und Tischleuchten dienen, von der Tür aus zu schalten.
Nach DIN VDE 0100 Teil 739 wird für Steckdosenstromkreise in Küchen, Hobbyräumen, Hausarbeitsräumen und Werkstätten ein zusätzlicher Schutz bei indirektem Berühren durch FI-Schalter mit $I_{\Delta N} \leqq 30$ mA empfohlen. Erfaßt werden sollen all die Steckdosen bis 32 A, an denen handgeführte elektrische

HEA-Ausstattungswerte in Wohngebäuden Tabelle 5-1

Anforderungen für Ausstattungswert		★				★★				★★★			
		Schutzkontaktsteckdose	Leuchte	Fernmeldesteckdose	Antennensteckdose	Schutzkontaktsteckdose	Leuchte	Fernmeldesteckdose	Antennensteckdose	Schutzkontaktsteckdose	Leuchte	Fernmeldesteckdose	Antennensteckdose
Wohnzimmer	ohne Eßplatz ≧ 18 m²	4	1	1	1	8	2	1	2	≧ 10	2	1	2
	mit Eßplatz ≧ 20 m²	5	2			10	3			≧ 12	4		
Eßplatz/-raum	≦ 8 m²	2	1	–	–	4	1	–	–	≧ 5	2	–	1
	> 8 ≦ 12 m²	3	1			6	1			≧ 7	2		
	> 12 ≦ 20 m²	4	1			8	2			≧ 10	3		
Küche	ohne Imbißplatz	6	2	–	–	10	3	–	–	≧ 12	≧ 4	1	1
	mit Imbißplatz	7	3			12	4			≧ 15	≧ 5		
Hausarbeitsraum		7	1	–	–	9	2	–	–	≧ 11	3	–	–
1- o. 2-Bettzimmer Eltern/Kinder	≦ 8 m²	3	1	–	1	5	1	–	1	≧ 6	2	1	1
	> 8 ≦ 12 m²	4	1			7	1			≧ 8	2		
	> 12 ≦ 20 m²	5	1			9	2	1	1	≧ 11	3	1	2
Bad		3	2	–	–	4	3	–	–	≧ 5	4	–	–
WC		1	1			1	1			≧ 2	2		
Flur/Diele	Länge ≦ 2,5 m	1	1	–	–	1	2	1	–	≧ 2	3	1	–
	Länge > 2,5 m	1	1			2	2			≧ 3	3		
Freisitz, Loggia, Balkon	Breite ≦ 3 m	1	0	–	–	1	0	–	–	≧ 2	1	–	–
	Breite > 3 m	1	0			2	1			≧ 3	2		
Terrasse		1	1			2	1			≧ 3	2		
Licht- und Steckdosenstromkreise		4				7				9			
Gerätestromkreise		Elektroherd, Geschirrspülmaschine, Waschmaschine, [Warmwassergerät]				Einbau-Herd, Einbau-Backofen, Geschirrspülmaschine, Warmwassergerät, Waschmaschine, Wäschetrockner, Elektrogerät allgem., [Warmwassergerät]				Einbau-Herd, Einbau-Backofen, Geschirrspülmaschine, Warmwassergerät, Waschmaschine, Wäschetrockner, Elektrogerät allgem., [Warmwassergerät]			
Stromkreisverteiler		2-reihig				3-reihig				4-reihig			

Symbole nach DIN 40717:

- Schutzkontaktsteckdose
- Leuchte, allgemein
- Fernmeldesteckdose
- Antennensteckdose
- Elektroherd
- Einbau-Herd
- Einbau-Backofen
- Geschirrspülmaschine
- Waschmaschine
- Wäschetrockner
- Warmwassergerät
- Elektrogerät, allgem.

Ausstattungswert ★ in Anlehnung an DIN 18015 »Elektrische Anlagen in Wohngebäuden«

Die über Ausstattungswert ★★ hinausgehenden Forderungen können auch durch Leerdosen erfüllt werden.

[ ] wenn Warmwasserversorgung durch Elektrogeräte erfolgt.

Betriebsmittel angeschlossen werden. Für 16-A-Schutzkontakt-Steckdosen, die für den Anschluß von im Freien betriebenen Betriebsmitteln vorgesehen sind, müssen nach DIN VDE 0100 Teil 737 FI-Schalter mit $I_{\Delta N} \leqq 30$ mA vorgesehen werden.

Beleuchtungs- und Steckdosenstromkreise in Haushaltungen sind für die Verwendung von 16-A-LS-Schaltern auszulegen. Nach den TAB müssen diese über ein Schaltvermögen von 6 kA verfügen und der Selektivitätsklasse 3 entsprechen.

Eine Installationserleichterung ergibt sich in vielen Fällen durch das Verwenden von *Fernschaltern (Bild 5-3)*. Dies sind Schaltgeräte nach DIN VDE 0637 bzw. CEE 14, also Schalter mit elektromagnetischer Fernbedienung, die auch als Stromstoßschalter, Fortschalter, Schrittschalter, Impulsschalter, Stromstoßrelais bezeichnet werden. Fernschalter sind Schaltgeräte mit 2 oder mehreren Schaltstellungen, die ihre Schaltstellungen durch Impulse wechseln und dann in der erreichten Stellung verbleiben.

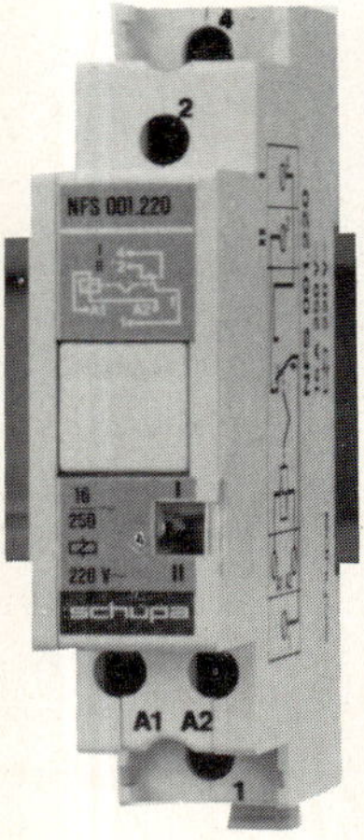

Bild 5-3: Installations-Fernschalter 250 V. 16 A

Serien-, Wechsel- oder Kreuzschaltungen entfallen. An allen Schaltstellen finden sich nur einfache Taster. Übliche Steuerspannung 24 bzw. 230 V.

Es sind einige Störmöglichkeiten zu beachten. Wenn z. B. Leuchttaster mit Glimm- oder Glühlampen verwendet werden, wird der offene Kontakt des Tasters dadurch überbrückt. Dieser Parallelwiderstand kann so niedrig werden, daß der Anker des Fernschalters nicht mehr abfällt. Dieser Widerstand kann zusätzlich durch die Leitungskapazität verringert werden. Bei der Stegleitung NYIF $2 \times 1{,}5\,\text{mm}^2$ beträgt sie etwa 0,3 μF/km.

5.2.2 Wohnräume, in denen Heimdialyse durchgeführt wird
(DIN VDE 0753 Teil 4)

Nach Beratungen des K 227 der DK mit dem Kuratorium für Heimdialyse wurde festgelegt:

1. Für das Dialysegerät ist ein eigener Stromkreis vorzusehen.
2. Der Stromkreis wird mit einer Fehlerstrom – Schutzeinrichtung nach DIN VDE 0664 geschützt, deren Nennfehlerstrom $I_{\Delta N}$ maximal 30 mA beträgt.
3. Für den Anschluß des Gerätes ist eine Steckvorrichtung vorzusehen, die mit den übrigen Steckdosen unverwechselbar ist.
4. Im Handbereich des Patienten (1.25 m) ist ein zusätzlicher Potentialausgleich (siehe 6.2) durchzuführen. In diesem Bereich vorhandene fremde leitfähige Teile, deren Widerstand, gemessen zum Schutzleiter, $< 7\ \text{k}\Omega$ ist, müssen untereinander und mit dem Schutzleiter verbunden werden.

5.3 Großbauten
(Brandschutz siehe 10)

5.3.1 Allgemeine Installation

Großbauten stellen erhöhte Anforderungen an die Stromversorgung und -verteilung (Industrieanlagen siehe 5.5) Der Elektroplaner muß frühzeitig den Raumbedarf für die elektrischen Betriebsräume in Zusammenarbeit mit dem Architekten festlegen. Für Transformatoren und Schaltanlagen mit Nennspannungen über 1 kV sowie für Stromversorgungsaggregate mit Batterien sind in der Regel jeweils eigene Räume mit allseits feuerbeständigen Wänden und Decken erforderlich. Die baulichen Anforderungen an diese Räume sind in der Landesverordnung über den Bau von Betriebsräumen für elektrische Anlagen (EltBauV, enthalten siehe 1.3.11).
Grundlage der Projektierung bilden die Anschlußwerte aller elektrischen Verbrauchsmittel. Es ist deshalb wichtig, festzustellen, welche Anlagen gleichzeitig eingeschaltet sind (Gleichzeitigkeitsfaktor). Die Tages- und Jahreszeiten spielen dabei eine große Rolle. Die installierte Transformatorleistung muß den ungünstigsten Fall, d. h. den höchsten gleichzeitig auftretenden Energiebedarf, berücksichtigen. Als Richtwert für Verwaltungsgebäude können folgende Gleichzeitigkeitsfaktoren angesetzt werden:

Beleuchtung	0,90;	Anteil am Gesamt-Leistungsbedarf 30%
Küche	0,60;	Anteil am Gesamt-Leistungsbedarf 5%
Lüftung/Heizung (Klima-Anlage)	0,80;	Anteil am Gesamt-Leistungsbedarf 40%

Aufzüge	0,90; Anteil am Gesamt-Leistungsbedarf 8%
Sonstige	0,60; Anteil am Gesamt-Leistungsbedarf 17%.

Als Richtwerte für den Leistungsbedarf gelten die in der *Tabelle 5-2* zusammengestellten Werte.

Leistungsbedarf in Großbauten Tabelle 5-2

Bei Verwaltungsgebäuden	40 VA/m² für Licht
	30 VA/m² für Kraft ohne Klimatisierung
	60 VA/m² für Kraft mit Klimatisierung
Bei Warenhäusern (klimatisiert)	150 VA/m² Nutzfläche
Bei Hotelbauten	60 VA/m² bzw. 3 kVA/Hotelzimmer
Bei Krankenhäusern > 100 Betten	2 kVA/Bett

Entsprechend dem Leistungsbedarf werden die Transformatoren und deren Standorte ausgewählt. Bevorzugt werden die Transformatoren im Erdgeschoß und 1. Kellergeschoß untergebracht. In höheren Gebäuden ist es vielfach günstiger, einige Transformatoren in der Nähe der Verbraucherschwerpunkte, in den obersten Stockwerken, aufzustellen.
Für das Erdgeschoß und 1. Kellergeschoß eignen sich Öltransformatoren. In den anderen Geschossen müssen aus Gründen des Brand- und Grundwasserschutzes Silikon oder Gießharztransformatoren eingesetzt werden (siehe auch 2.1).
Die Installation beginnt mit den Hauptleitungen, von der den Transformatoren zugeordneten Niederspannungshauptverteilung zu den zentralen Kernen, in denen die Verteilungen untergebracht sind. In Gebäuden mit mehreren Stockwerken sollten diese direkt übereinander liegen, so daß sie über einen senkrechten Hauptleitungsschacht versorgt werden können. Hauptverteiler und größere Unterverteiler sollten in separaten Räumen untergebracht werden. Die waagrechte Kabelführung erfolgt auf Kabelrosten oder in Betonschächten im Kellerboden.
Die Kabelroste oder Leitungswannen werden aus etwa 2 m langen Stücken aus verzinktem Blech in der Werkstätte montagefertig vorgerichtet und dann in die vorher im Mauerwerk angebrachten Tragbügel eingesetzt. Die Stöße werden durch Laschen oder Schrauben miteinander verbunden. Die Wannen finden unter der Decke, an den Seitenwänden oder entlang von Trägern und Unterzügen Platz. Die Tragbügel für die Wannen müssen dabei so angeordnet werden, daß sie das seitliche Einlegen der Kabel (NYY) und Leitungen (NYM) in die Wannen nicht behindern. Die Leitungen brauchen darüber hinaus nicht zusätzlich, etwa durch Schellen, befestigt zu werden. Auswechseln oder

Nachinstallieren von Leitungen ist mühelos und ohne Betriebsunterbrechung möglich.
Abzweigdosen oder -kästen werden entweder neben der Wanne auf der Wand oder auf Bügeln innerhalb der Wanne angebracht.
Im senkrechten Hauptleitungsschacht können die Kabel und Leitungen an dazu vorgesehene Ankerschienen oder Trägereisen mit Kabelschellen befestigt werden. An Stelle der Kabel können auch Schienenverteiler installiert werden, die insbesonders bei Stromstärken von 1000 A und mehr bevorzugt werden sollten, um die Parallelschaltung von mehr als 3 Kabeln zu vermeiden. Auch Einleiterkabel, die gegenüber Vierleiterkabeln höher belastbar sind und einfachere und zeitsparende Montage ermöglichen, finden ihre Anwendung.
Der *Spannungsfall* zwischen der Übergabestelle des EVU und den Meßeinrichtungen bei einem Leistungsbedarf von mehr als 100 kVA darf maximal betragen:

Leistungsbedarf	Spannungsfall
100···250 kVA	1,0%
251···400 kVA	1,25%
über 400 kVA	1,50%

An Stelle des einfachen Stranges einer Hauptleitung kann eine Doppel-Hauptleitung verwendet werden, die im höchsten Punkt zu einem Ring zusammengeschlossen ist. Eine als Ring ausgeführte Hauptleitung dient der guten Lastverteilung und kann mit zusätzlicher Absicherung in der Mitte durch Herausschalten bei Störungen einen Schwachlastbetrieb aufrechterhalten.
Für den Hauptleitungsschacht sind in die Geschoßdecken ausreichend große Aussparungen einzuplanen. Für die Starkstromleitungen, Fernmeldeleitungen und Ersatzstromversorgungsleitungen sollten getrennte Aussparungen vorgesehen werden, um gegenseitige Beeinflussung auszuschließen. Nach abgeschlossener Montage müssen die Aussparungen ordnungsgemäß verschlossen werden (siehe 10).
Von den *Stockwerks*verteilungen im Hauptleitungsschacht führt man die NYM-Leitungen gleichfalls in Wannen zu den Knotenpunktverteilungen. Von diesen aus werden die Leuchten- und Schalterleitungen, aber auch Fernsprech-, Signal- und Steuerleitungen von 3 bis 5 Fensterachsen weggeführt.
LS- und gegebenenfalls FI-Schalter sind dort montiert. Umfangreiche, leicht zugängliche Klemmenleisten für jedes System müssen es gestatten, ohne Nachinstallation oder Betriebsstörung, jederzeit eine neue Raumeinteilung durch Versetzen der Zwischenwände vornehmen zu können. Die Knotenpunktverteilungen lassen sich zweckmäßig über der Zwischendecke unterbringen.

Durch herausnehmbare Plattenfelder oder aufklappbare Leuchten werden sie über eine Leiter zugänglich.
In Büro- und sonstigen Arbeitsräumen ist zum Anschluß elektrischer Reinigungsgeräte unterhalb des Lichtschalters neben der Türe eine Einfachsteckdose vorzusehen, die an den Lichtstromkreis angeschlossen werden kann. Darüber hinaus ist in Büroräumen im allgemeinen je Arbeitsplatz eine Doppelsteckdose einzubauen. Auf den Fluren sind zum Anschluß elektrischer Reinigungsgeräte Steckdosen anzubringen, die gesonderten Stromkreisen zugeordnet werden sollten.
Die geschilderte Installation in Großbauten setzt eine gewissenhafte Arbeitsvorbereitung voraus. Der gesamte Ablauf ist bis in jede Einzelheit vorzuplanen. Ausführliche Verdrahtungspläne erleichtern den Einsatz von Hilfsmonteuren. Die Klemmenbezeichnungen der Geräte müssen mit den Schaltplänen übereinstimmen. Alle komplizierten Schaltungs- und Verdrahtungsarbeiten müssen in der Werkstätte vorgenommen werden. Montagematerial und Werkzeuge müssen rechtzeitig bereitgestellt werden. Eine solche gewissenhafte Vorbereitung bedeutet bei einer guten Montagekolonne einen Zeitgewinn von etwa 10% der gesamten Installationszeit gegenüber der schlechter planenden Konkurrenz.

5.3.2 Blindleistungskompensation (siehe auch 7.4.5)

Großverbraucher werden meist an Ort und Stelle einzeln kompensiert. Für die Leuchtstofflampen kommt neben der üblichen Einzelkompensation die Gruppen- oder Zentralkompensation in Frage. Die Zentralkompensation sollte mit einer selbsttätigen Kondensatorregelanlage ausgerüstet sein, die entsprechend dem jeweiligen Blindstrombedarf die Kondensatoren zu- oder abschaltet.
Die Gruppenkompensation ist dann zweckmäßig, wenn größere Leuchtengruppen gleichzeitig geschaltet werden, z. B. in großen Konferenzsälen, Hörsälen oder ähnlichen Räumen.
Eine rasche Ermittlung der benötigten Blindleistung ermöglicht die *Tabelle 5-3*. Um die Gesamtkondensatorleistung P_c zu erhalten, muß die Wirkleistung P_w in kW mit dem Tabellenwert f multipliziert werden.
Ist eine zentrale, regelnde Blindleistungskompensation vorgesehen, so soll sie erst dann endgültig dimensioniert und eingebaut werden, wenn Betriebserfahrungen vorliegen. Die Anlagen sind ggf. dem Sammelschienenabschnitt der Ersatzstromversorgung zuzuordnen, so daß die Kompensation auch bei Betrieb der Notstromanlage wirksam ist. Bei Aufnahme des Ersatzstrombetriebs und bei Netzwiederkehr soll die Kompensationsanlage jeweils von der Nullstellung hochregeln. Die Kondensatorstufen sind mit der Generatorleistung abzustimmen.

Werte für f = Kondensatorleistung/kW Tabelle 5-3

Vorhandener $\cos \varphi_1$	Kondensatorleistung in kvar je kW Wirkleistung für einen $\cos \varphi_2$ von 0,8	0,85	0,9	0,95	1,0
0,5	0,98	1,11	1,25	1,40	1,73
0,55	0,77	0,90	1,03	1,19	1,52
0,6	0,58	0,71	0,85	1,0	1,33
0,65	0,42	0,55	0,69	0,84	1,17
0,7	0,27	0,40	0,54	0,69	1,02
0,75	0,13	0,26	0,40	0,55	0,88
0,8	–	0,13	0,27	0,42	0,75

Beispiel: Vorhandene Wirkleistung 180 kW bei cos $= \varphi_1$ 0,55. Es wird $\cos \varphi_2 = 0{,}9$ gewünscht

$$P_c = P_w \cdot f = 180 \cdot 1{,}03 = 185 \text{ kvar}$$

Bei Aufzugs- und sonstigen Hebezeugmotoren sowie bei Bremsmotoren und Motoren mit Bremslüftern dürfen Kondensatoren nicht unmittelbar parallel zu den Motoren geschaltet, sondern nur so angeschlossen werden, daß keine Selbsterregung auftritt.

5.3.3 Störmeldezentrale

Bei großen Verwaltungsbauten, Warenhäusern usw. empfiehlt sich die Einrichtung einer Störmeldezentrale. Alle Unterverteilungen der Heizungs-, Klima-, Lüftungs-, Sprinkler-, Rauchabzugs- und Beleuchtungsanlagen sollten für jeden Antrieb einzelne Störmelde-Elemente haben. Die Einzelmeldungen werden in jedem Schrank zu einer Sammelstörmeldung zusammengefaßt und der Zentrale zugeleitet. Man kennt damit dort den Stand der Aufzüge, den Betriebszustand der Rolltreppen und der Stromversorgungsanlagen. Transformatoren können zu- oder abgeschaltet werden. Leistungs-Höchstwertanzeiger, Leistungsschreiber und Rückmelde-Stellungsanzeiger für die Leistungsschalter lassen den jeweiligen Betriebszustand erkennen.

5.3.4 Installations-BUS-System (I-Bus)

Die betriebstechnischen Anlagen in Gebäuden werden immer umfangreicher. Zum Schalten, Steuern, Regeln, Messen, Melden und Überwachen dieser Anlagen bieten sich heute sogenannte Installations-BUS-Systeme an. Die Informationsübertragung erfolgt hier über ein separates Netz, den BUS. Die über den Bus gegebenen Informationen können von den angeschlossenen Geräten, die mit einer zusätzlichen Steuerelektronik ausgerüstet sind, verarbeitet werden *(Bild 5-4)*. Statt vieler Leitungen zum Schalten, Steuern, Regeln, Melden oder Überwachen wird bei einem solchen System nur noch eine Leitung, die BUS-Leitung, benötigt. Als BUS-Leitungen eignen sich 2-adrige abgeschirmte und verdrillte Fernmeldeleitungen, z. B. I-Y(St)Y. Die BUS-Spannung beträgt 24 V DC. Für die Installation des BUS-Systems gilt DIN VDE 0800. Der Leistungsteil ist vom Steuerteil sicher galvanisch getrennt. Für die Energieversorgung der Betriebsmittel gelten somit die üblichen Anforderungen von DIN VDE 0100.

Das BUS-Netz kann in Linien-, Stern- oder Baumstruktur erstellt werden. Die Informationen werden von den sendenden Teilnehmern, z. B. Lichtsensor, direkt an die Empfänger, z. B. Leuchten oder Jalousieantriebe, gegeben. An

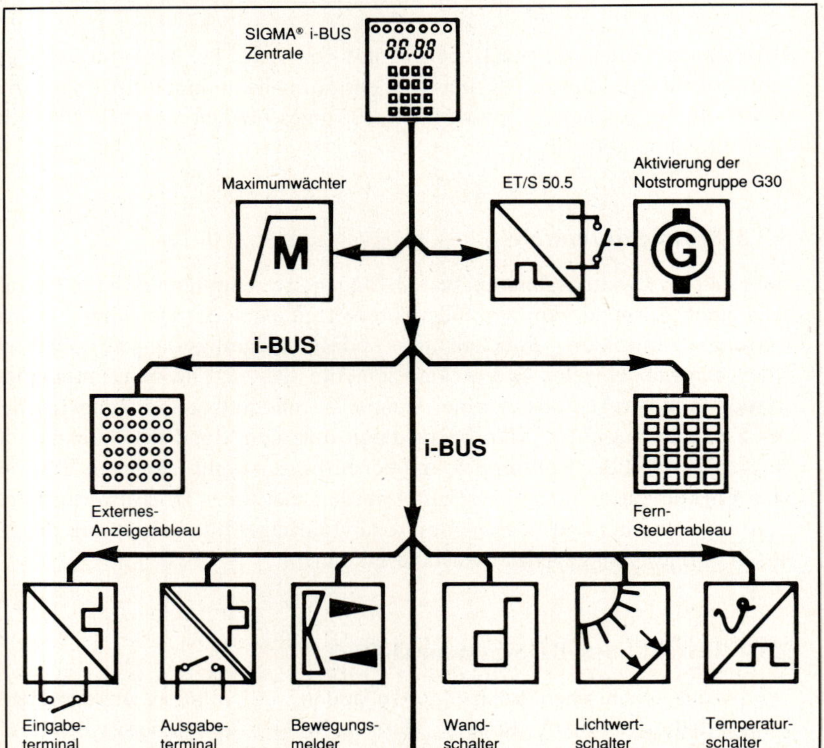

Bild 5-4: Installations-BUS (Werkbild: ABB)

jeder beliebigen Stelle des BUS-Netzes können die BUS-Systemkomponenten parallel angeschlossen werden. Eine Zentrale versorgt und überwacht den BUS. Sie organisiert und kontrolliert den Datenverkehr. Die Funktionen sind frei programmierbar.
In Ergänzung zum Installations-BUS-System bietet ein Hersteller programmgesteuerte Verteiler an. In diesem Verteiler sind die herkömmlichen Schutzeinrichtungen zusammen mit den Schalt- und Steuerkomponenten des BUS-Systems installiert. Die Schalt- und Steuergeräte werden dabei über eine Daten-Verbindungsschiene, die in eine Hutschiene eingelegt ist, miteinander verbunden *(Bild 5-5)*.

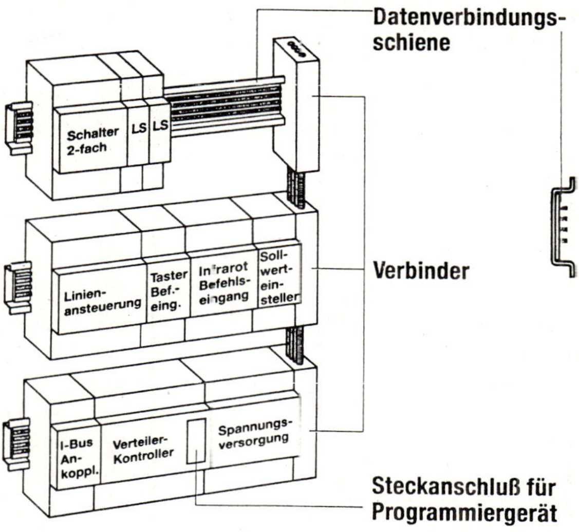

Bild 5-5: Programmgesteuerter Verteiler (Werkbild: Siemens)

5.4 Fertigbau

5.4.1 Planungsgrundsätze

Beim Fertigbau werden Gebäude aus vorfabrizierten, großformatigen Bauteilen meist in größeren Serien hergestellt. Man kann zwei Systeme unterscheiden: Für große mehrgeschossige Bauten verwendet man wandgroße Schwerbetonplatten, raumgroße Gießteile oder Wände und Decken, die an Ort und Stelle gegossen werden (Ortbetonwände). Für Einfamilienhäuser dagegen bevorzugt man leichte Baustoffe, wie Holz, gepreßte Holzspanplatten und Schaumbeton.

Fast alle vorgefertigten Wände, Decken oder Wandteile haben saubere, glatte Oberflächen, so daß sie nicht mehr verputzt zu werden brauchen. Es ist daher nicht mehr möglich, Schlitze einzustemmen oder Stegleitungen im Putz einzubringen. Alle Leitungskanäle, Abzweig- und Gerätedosen, Zähler- und Verteilungstafel-Nischen müssen deshalb vorher geplant und in den Fertigteilen bereits untergebracht sein.
Neben dem Elektro-Installateur müssen auch die Errichter der Wasserleitung und Blitzschutzanlage sowie der Fernmeldeanlagenelektroniker ihre Systeme vorplanen. Lange zuvor ist deshalb ein gegenseitiges Abstimmen zusammen mit dem Bauherrn, dem EVU und dem Hersteller der Fertigteile notwendig. Der Elektro-Installateur ohne gründliche eigene Erfahrung sollte sich dazu an ein größeres Beratungsbüro anlehnen. Fehler in der Planung sind nicht wiedergutzumachen und kommen teuer zu stehen.

5.4.2 Installationsmaterial

5.4.2.1 Betonbauweise

In Betonplatten müssen die Hohlräume für die Leitungen vorgesehen werden. Wie dies geschehen kann, hängt z. B. davon ab, ob die Platten senkrecht oder waagrecht gefertigt werden und ob die Baukonstruktion eine Verbindung der Leitungen über die Ecken zuläßt oder ob nur eine Verbindung über den Fußboden oder die Deckenplatte möglich ist.
Installationsrohre müssen für schwere mechanische Beanspruchung geeignet sein, wenn der Beton einem Schüttel-, Rüttel- oder Stampfprozeß während der Bearbeitung unterzogen wird. Es eignen sich dann nur Isolierrohre mit der Kennzeichnung ASCF oder AS Stahlrohre. Installatiosdosen müssen die Kennzeichnung ▽B tragen. Mantelleitungen wie NYM dürfen nicht direkt im Beton verlegt werden. Bei Kabeln, z. B. NYY, ist dies erlaubt.
Oft bereitet die waagrechte Leitungsführung Schwierigkeiten. Hierfür wurde eine PVC-Fußbodenleiste mit mehreren Kanälen entwickelt *(Bild 5-6)*, in die

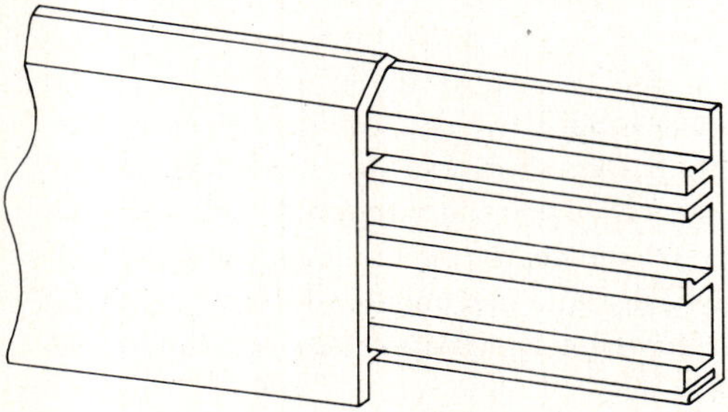

Bild 5-6: Dreikanalige Fußbodenleiste

Fernmeldeleitungen, H07V-U, H07V-R (NYA)- oder NYM-Leitungen eingelegt werden können. Eine spätere Nachinstallation läßt sich auf diese Weise ermöglichen.
Zum Einsatz bei der Betonfertigung wurden besondere Geräteabzweigdosen entwickelt. Durch Nägel, Schrauben, Rohre oder besondere Bolzen wird die Dose auch während des Betonierens unverrückbar festgehalten.
Bei der Montage der Betonplatten-Fertighäuser werden zunächst an den Plattenstößen die flexiblen Isolierstoffrohre eingelegt. Diese verbleiben beim Ausbetonieren der Fugen innerhalb des Fugenbetons. Damit sind durchgehende Verbindungen zu den einzelnen Verbrauchsstellen hergestellt. Die Leitungskanäle enden also in den dafür vorgesehenen Steckdosen- oder Schalter-Aussparungen. Sie durchkreuzen auf ihrem Wege die erforderlichen Verteilerdosen.
Es erfolgt nochmals eine Kontrolle auf Gängigkeit der Rohre, so daß jetzt das gesamte Leerrohrnetz für die Verdrahtung frei ist.
Solche Anlagen, die von Anfang an bis zur letzten Steck- und Abzweigdose vorgeplant sein müssen, sind von jedem Elektro-Installateur an Hand von Zeichnungen einfach zu verdrahten. Leitungen können überdies jederzeit instand gesetzt oder ausgewechselt werden. Im beschränkten Umfang kann man erweitern, z. B. durch den Übergang einer einphasigen auf eine dreiphasige Installation, etwa bei Durchlauferhitzern oder Elektroherden.

5.4.2.2 **Leichtbauweise** (DIN VDE 0100 Teil 730)

Die Leichtbauweise, z. B. Hohlwände aus Rahmenkonstruktionen, die mit Span-, Gipskarton-, Holz-Platten, Blechen oder ähnlichem abgedeckt sind, wird vorwiegend in Einfamilienhäusern angewendet.
Wenn die Wände aus schmalen Platten bestehen, ist die senkrechte Leitungsführung mit Mantelleitung NYM vorzuziehen. Stegleitungen dürfen nicht verlegt werden.
Die waagrechten Verbindungen erfolgen im Dachboden, bei mehrgeschossigen Bauten in den Decken. Bei schwer zugänglichen Zwischenböden müssen gegebenenfalls die waagrechten Leitungen bis zur Verteilung oder bis an zugängliche zentrale Klemmenkästen geführt werden. Man kann waagrechte Leitungen auch in Fußbodenleisten verlegen.
Die Mantelleitungen werden erforderlichenfalls mit Isolierstoff-Nagelschellen befestigt. Bei einigen Herstellungsverfahren sind Kunststoffrohre oder röhrenförmige Aussparungen vorgesehen, in die erst auf der Baustelle die Mantelleitungen eingezogen werden. Installationsrohre müssen DIN VDE 0605 mit Kennzeichnung ACF entsprechen. Besondere Geräte-Abzweigdosen aus schwer entflammbarem Material mit schwer entflammbarem Deckel werden in

den Wänden durch Spezial-Halterungen aus Nylon, nicht aber durch Nageln befestigt. Als Klemmen haben sich die schraubenlosen Klemmen nach DIN VDE 0607 am besten bewährt. Schalterwippe und Abdeckplatte werden zusammen auf den eingebauten Geräteeinsatz gedrückt.

Hohlwanddosen und Hohlwandkleinverteilungen müssen nach den VDE-Bestimmungen mit dem Symbol $\overset{\text{H}}{\triangledown}$ gekennzeichnet sein. Sie müssen mindestens der Schutzart IP 3 X entsprechen. Hohlwand-Gerätedosen und -Geräteverbindungsdosen müssen Schraubbefestigungsvorrichtungen mit eingedrehten Schrauben zur Befestigung von Geräten, z. B. Schalter, Steckdosen, haben.

Ist das Befestigen der Leitungen und Kabel innerhalb der Hohlwände nicht möglich, so muß an der Hohlwanddose eine Zugentlastung vorgenommen werden.

Als Unfall- und Brandschutzmaßnahme wird die Fehlerstrom-Schutzschaltung mit $I_{\Delta N} = 0{,}03$ A empfohlen.

5.5 Industrieanlagen

Ein Industriebetrieb wird wie ein Ortsnetz geplant. Man ermittelt die Flächenbelastungen in W/m^2 und teilt danach die Verbrauchergruppen ein.

Gruppe 1 weist eine zeitlich und räumlich annähernd gleichmäßige Belastung von 50 bis 100 W/m^2 bei cos φ etwa 0,6 auf. Hierzu zählen z. B. Betriebe der Feinmechanik, Reparaturwerkstätten, Spinnereien und Webereien. Sie können von einem Strahlennetz versorgt werden. Dies bedeutet, daß bei der Unterbrechung einer Leitung alle hinter der Störung liegenden Verbraucher ausfallen. Die Transformatorenstation liegt möglichst nahe am Lastschwerpunkt, also am Rande oder innerhalb der Fabrikhallen *(Bild 5-7)*.

Gruppe 2 umfaßt Betriebe der Metallverarbeitung und der chemischen Industrie. Hier ist die Belastung weder räumlich noch zeitlich gleichmäßig verteilt. Es gibt Werkstätten mit vielen kleinen Leistungen, wie mechanische Werkstätten oder der Werkzeugbau. Dagegen findet man z. B. im Preßwerk oder der Stanzerei große und größte Motoren noch dazu mit stoßartiger Belastung. In *Tabelle 5-4* werden Mittelwerte angegeben:

Mittelwerte von Flächenbelastungen Tabelle 5-4

Betrieb	W/m^2	cos φ
Werkzeugbau	70···100	0,6
Stanzerei und Preßwerk	150···300	0,4
Mechanische Werkstätten	170···250	0,6
Elektro-Schweißerei	150···500	0,7
Härterei, Hüttenwerke	200···500	0,9

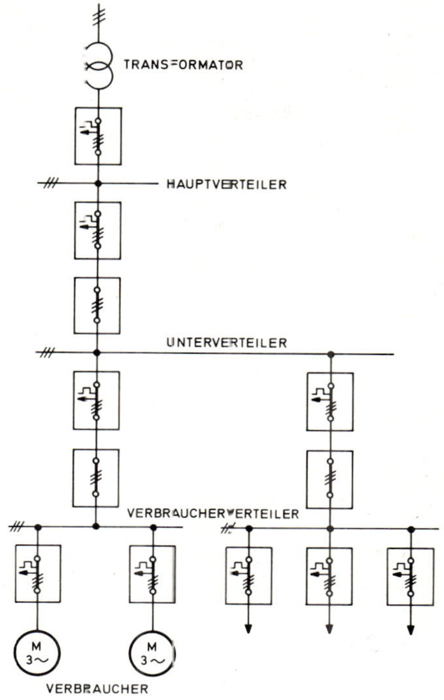

Bild 5-7: Aufbau eines Strahlennetzes

Für diese Verbrauchergruppe ist das Maschennetz mit Maschenweiten von 20 bis 30 m von Vorteil. Alle Kabel eines Speisepunktes beteiligen sich an der Spannungshaltung. Die Leiterquerschnitte liegen zwischen 70 und 185 mm² Cu. Einige Transformatoren speisen an verschiedenen Knotenpunkten ein. Beim Auftreten eines Fehlers trennen Strom-Zeit-abhängige Schutzeinrichtungen schadhafte Netzteile ohne Beeinträchtigung des Gesamtnetzes heraus. Im Gegensatz zum Strahlennetz braucht man keine Reservetransformatoren. Blindleistungskompensation siehe 5.3.2.

Bei Neuanlagen werden folgende Spannungen bevorzugt:

Signalanlagen und Schutzkleinspannung 24 oder 42 V

Beleuchtung, Steuerstromkreise und Motoren bis etwa 1 kW 230 V

Motoren von 1 kW bis 250 kW 400 V

Motoren von 250 kW bis etwa 600 kW 660 V

Motoren über 600 kW 10 000 V.

Die Industrienetze werden in der Regel als Kunststoff-Kabelnetze ausgeführt. Oft legt man die Kabel unter der Kabelkanal-Decke oder an den Wänden auf

Kabelroste auf. Sogenannte Kabelschnellverleger sind in gleicher Weise beliebt. In rauhen Betrieben, wie z. B. Hüttenwerken, hat sich die offene Stahlrohrmontage auch bei NYM-Leitungen gut bewährt. Das Rohr dient außerdem als Schutz und Träger. Schwitzwasserbildung ist nicht möglich.
Die Schaltanlagen sind vielfach stahlblechgekapselt mit ausziehbaren Schaltgeräten, wodurch man bis zu 50% an Raum spart.
Um beim Aufstellen der Arbeitsmaschinen beweglich zu sein, sind für deren Anschluß Schienenverteiler empfehlenswert, die längs der Maschinenreihen geführt sind. Mit einer Linie kann man Maschinen, die bis zu 3 m nach jeder Seite entfernt sind, erfassen.
In Werkhallen und dergleichen werden zweckmäßig Lichtbänder mit Verdrahtung für Drehstromanschluß und über Schütze geschaltet eingesetzt. Bei kleinen und mittleren Fertigungsstätten, in denen z. B. eine Arbeitsplatzbeleuchtung mit örtlicher Ein- und Ausschaltung gewünscht wird, können die Leuchten direkt am Schienenverteiler befestigt und an Abgangskästen mit eingebauten Zugschaltern angeschlossen werden.
DIN VDE 0100 macht in seinen Bestimmungen einen Unterschied zwischen Verteilungsnetz und Verbraucheranlage. Diese Abgrenzung ist in einigen Fällen von großer Bedeutung, so z. B. für den Spannungsfall, für die Bemessung des Isolationswiderstandes und für den Potentialausgleich.
Nach der *Arbeitsstättenverordnung* müssen *Lichtschalter* leicht zugänglich und selbstleuchtend sein. Sie müssen in der Nähe der Zu- und Ausgänge sowie längs der Verkehrswege angebracht sein. Dies gilt nicht, wenn die Beleuchtung zentral geschaltet wird. Selbstleuchtende Lichtschalter sind bei vorhandener Orientierungsbeleuchtung nicht erforderlich.

5.6 Hilfsstromkreise
(DIN VDE 0100 Teil 725 und DIN VDE 0113)

Hilfsstromkreise sind Stromkreise für zusätzliche Funktionen, z. B. Steuerstromkreise (Befehlsgabe, Verriegelung), Melde- und Meßstromkreise. Sie gehören zu den Starkstromanlagen. Sie können mit den Hauptstromkreisen galvanisch oder über Steuertransformatoren (Kennzeichen ) verbunden oder auch von ihnen unabhängig sein.
Als *Steuerspannung* ist 230 V zu bevorzugen. Höhere Spannungen sind gefährlich, und Kleinspannungen bedingen höhere Spulenströme und damit großen Spannungsfall. Auch ist die Gefahr von Fehlschaltungen bei nicht ganz sauberen Kontaktstellen oder geringen Kontaktdrücken bei Kleinspannung wesentlich größer als bei 230 V. Bei Hilfsstromkreisen, die mit den Hauptstrom-

kreisen galvanisch verbunden sind, wird die Steuerspannung bei Drehstromnetzen 400/230 V zwischen Außen- und N-Leiter abgenommen. Hierbei müssen alle Schützspulen im Steuerstromkreis unmittelbar am N-Leiter liegen. So ergibt sich die höchste Betriebssicherheit, insbesondere auch bei Erdschlüssen an Befehlsgeräten oder im Steuerstromkreis, die sonst ungewollte Einschaltungen veranlassen könnten. Weiter wird vermieden, daß beim Einphasenlauf von kleineren Drehstrommotoren durch die Rückspannung des Motors das Schütz nicht einwandfrei abfällt und durch Flattern des Magnetankers allmählich zerstört wird. Alle Befehlsgeräte dagegen sind zwischen Außenleiter und Spule zu schalten.

Bei Netzen mit von 230 V abweichender Spannung, bei Hilfsstromkreisen mit überwiegend elektronischen Betriebsmitteln sowie bei Steuerungen mit mehr als zwei Motoren oder umfangreicheren Steuerstromkreisen sollte stets ein Steuertransformator nach DIN VDE 0550 Teil 3 verwendet werden. Die Größe des Transformators ist nach der Lieferliste der Schütz-Hersteller so zu ermitteln, daß man zur Summe der Halteleistungen aller gleichzeitig eingeschalteten Schütze, Leuchtmelder und sonstigen Stromverbraucher die Einschaltleistung des größten Schützes addiert und mit 1,2 multipliziert. Diese Summenleistung muß kleiner oder gleich sein der zulässigen Dauerleistung des Steuertrafos. Dieser ist nach den Angaben des Herstellers primär und in der Regel auch sekundär zu sichern. Beispiel *Tabelle 5-5*.

Sicherungen für Kleintransformatoren Tabelle 5-5

Primärseite	Sekundärseite (C-Automat) 42 V A	125 V A	230 V A	Steuertransformator VA
Durch den Anschlußquerschnitt bestimmt, z. B.:	3	1	0,5	100
1,5 mm² 10 A	6	2	1	200
2,5 mm² 20 A	8	3	1,6	320
	15	6	3	500
	–	8	4	750
	–	10	6	1000
	–	–	10	2000
	–	–	16	3000

Die Tabelle 5-5 gilt auch für das Absichern anderer Transformatoren, z. B. für Gleichrichter, Magnetventile usw.

Der Kurzschlußschutz auf der Sekundärseite kann entfallen, wenn er durch Überstrom-Schutzeinrichtungen auf der Primärseite des Steuertransformators gleichwertig sichergestellt ist. Die Impedanz von Steuertransformatoren und

Steuerleitungen sowie der Einschaltstrom (rush-Effekt) ist zu berücksichtigen.
Hilfsstromkreise, die über Steuertransformatoren versorgt werden, können ungeerdet oder geerdet betrieben werden. Eine der beiden Steuerstromleitungen ist also wie ein N-Leiter zu behandeln, d. h. es ist stets ein und derselbe Leiter an die Spulen, Leuchtmelder, elektromagnetische Absperrorgane, also an die elektrischen Wirkglieder anzuschließen und der andere an die Befehlsgeräte (siehe Bild 5-8). Durch Einfügen einer Verbindungsleitung zum Betriebserder möglichst in der Nähe der Spannungsquelle, z. B. Steuer-Transformator, kann der Leiter zu den Wirkgliedern auch nachträglich geerdet werden. Die hierfür bestimmte Verbindung muß aus dem Schaltplan deutlich hervorgehen. Lediglich bei Stromkreisen, bei denen eine einpolige Erdung aus Betriebsgründen notwendig ist, z. B. bei Stromkreisen für Magnetkupplungen oder auch bei Steuerungsabschnitten mit elektronischen Bauelementen, muß sie vom Hersteller durchgeführt werden.
Durch einen einzelnen Leiterbruch, Körper-, Erd- oder Kurzschluß darf keine Funktion unwirksam werden, die eine Anlage in einem sicheren Zustand hält, oder in einen sicheren Zustand überführt.
Im ungeerdeten Steuerkreis kann durch einen Erdschluß an den Befehlsgeräten und den von diesen zu den Schützspulen führenden Leitungen kein ungewollter Schaltvorgang ausgelöst werden. Dies tritt jedoch ein, wenn ein einpoliger Erdschluß nicht sofort erkannt und beseitigt wird und dazu ein zweiter Erdschluß auftritt. Dieser Nachteil wird beim geerdeten Steuerkreis vermieden. Allerdings besteht hier wiederum eine Gefährdung bei Eingriffen in die Steuerung unter Spannung, die bei der Fehlersuche in umfangreichen Steuerungen oft nicht zu vermeiden sind.
Für galvanisch von den Hauptstromkreisen getrennte Hilfsstromkreise, z. B. bei Steuertransformatoren, gilt:
Für ungeerdete Hilfsstromkreise muß eine Isolationsüberwachungs-Einrichtung vorhanden sein, wenn durch Körper- oder Erdschlüsse Gefährdungen eintreten können. Bei geerdeten Hilfsstromkreisen soll die Erdverbindung zugänglich und auftrennbar sein. Wenn durch doppelten Körper- oder Erdschluß Gefährdungen auftreten können, müssen alle inaktiven Metallteile (Metallgehäuse) in ungeerdeten Stromkreisen mit der Isolationsüberwachungs-Einrichtung verbunden und in geerdeten Stromkreisen geerdet werden.
Für Hilfsstromkreise gelten andere Mindestquerschnitte für Kabel und Leitungen als für Hauptstromkreise. Leitungen innerhalb von Gehäusen müssen hier mindestens 0,2 mm^2 stark sein. Außerhalb von Gehäusen gilt ein Mindestquerschnitt von 0,3 mm^2 bzw. 0.5 mm^2 bei einadrigen Leitungen. Die Anschlußklemmen an den Betriebsmitteln müssen jedoch für derart geringe Querschnitte geeignet sein, ansonsten ist der Querschnitt zu erhöhen.

Mehrere Hilfsstromkreise dürfen eine gemeinsame Rückleitung erhalten, deren Querschnitt und Kurzschluß-Schutzeinrichtungen für die Summe der Ströme bemessen werden muß.
Werden mehrere Hilfsstromkreise an verschiedene Außenleiter, z. B. L1, L2 angeschlossen, so sollten sie getrennte Rückleitungen haben.
Leitungen in Hilfsstromkreisen brauchen nur *gegen zu hohe Erwärmung* geschützt zu werden, die durch vollkommenen Kurzschluß auftreten kann. Auf diese Forderung wird nur verzichtet, wenn durch das Wirken der Überstromschutzeinrichtung Gefahren im Betrieb hervorgerufen werden können. In diesem Fall müssen die Leitungen kurzschluß- und erdschlußsicher verlegt werden. Die Kurzschlußschutzeinrichtung darf in einem geerdeten Leiter entfallen.
Steckbare und *lösbare Verbindungen* in Hilfsstromkreisen müssen unverwechselbar und voneinander verschieden sein.
Auch in Hilfsstromkreisen sind Schutzmaßnahmen gegen direktes Berühren betriebsmäßig unter Spannung stehender Teile und bei indirektem Berühren zu treffen.
Bei Spannungen bis 50 V AC empfiehlt sich die „Funktionskleinspannung ohne sichere Trennung (FELV)“ nach 9.4.2, bei höheren Spannungen „Schutz durch Abschaltung“ nach 9.3.3.3.
Bei der Planung von Schützen mit Befehlsschaltern ist die *Entfernung zwischen Schalter und Schütz* wichtig. Der zum Anziehen des Ankers erforderliche Strom bestimmt den Spannungsfall, der 5% nicht überschreiten soll. Kennt man überdies den cos φ des Schützes, dann kann nach 4.6 die größtmögliche Entfernung zwischen Schütz und Schalter errechnet oder der notwendige Querschnitt ermittelt werden.
Bei wechselstrombetriebenen Steuerkabeln und -leitungen fließt auf Grund der Leitungskapazität zwischen den Adern ein kapazitiver Strom. Liegt der Befehlsgeber eines Hilfsstromkreises nahe der Einspeisung, so hat die Leitungskapazität keinen störenden Einfluß auf die Betätigung eines Schützes. Meist liegt jedoch das Schütz in der Nähe der Einspeisung und der Befehlsgeber getrennt davon, z. B. in der Steuertafel *(Bild 5-8)*.
Nach dem Öffnen des Befehlsgebers fließt in diesem Fall ein kapazitiver Strom, der zur Gefahr wird, wenn er den sogenannten „Rückfallwert“ des Stromes des Schützes überschreitet. Die Höhe des Stromes ist abhängig von der Länge der Leitung, der Betätigungsspannung, der Anzahl der auf unterschiedlichen Potentialen liegenden Adern und der Leitungskapazität, die bei Steuerungskabeln zwischen zwei Adern mit etwa 0,3 μF/km angenommen werden kann. Die kritische Leitungslänge, das ist der Wert, bei dessen Überschreitung das Schütz auch bei geöffnetem Befehlsgeber eingeschaltet bleibt, ist aus *Bild 5-10* zu entnehmen.

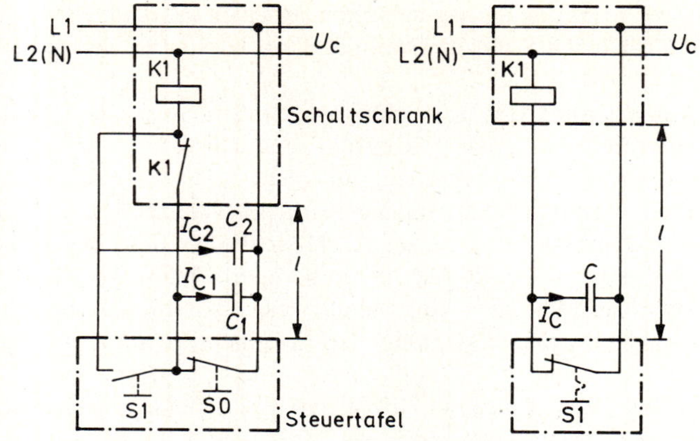

Bild 5-8: Getrennte Anordnung von Schütz- und Befehlsgeber; l einfache Länge der Steuerleitung

Bei längeren Kabeln kann man die geschilderten Gefahren durch Parallelschaltung von ohmschen oder kapazitiven Zusatzverbrauchern, durch Kurzschließen der Schützspulen beim Aus-Befehl oder durch Verwendung von größeren Schützen vermeiden.

Die *Kennzeichnung von Leitern* für Hilfsstromkreise geschieht z. B. durch Leiterendenmanschetten mit aufgedruckten Buchstaben, Ziffern oder Kombinationen aus diesen, s. *Bild 5-9.* Die farbliche Kennzeichnung ist umstritten. Fest steht nur, daß Schutzleiter in ihrem ganzen Verlauf grün-gelb gekennzeichnet sein müssen. Steuerstromkreise können einfarbig, z. B. grau, ausgeführt werden. Man kann aber auch Wechselspannungs-Steuerstromkreise rot und solche für Gleichspannung blau bezeichnen, wie dies in VDE 0113 empfohlen wird. Man muß den *gesamten* Steuerstromkreis mit der entsprechenden Farbe

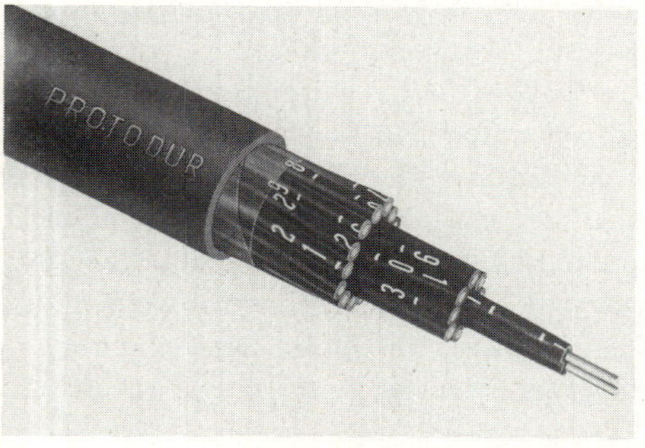

Bild 5-9: Steuerleitung mit Zahlenkennzeichnung (Werkbild: Siemens)

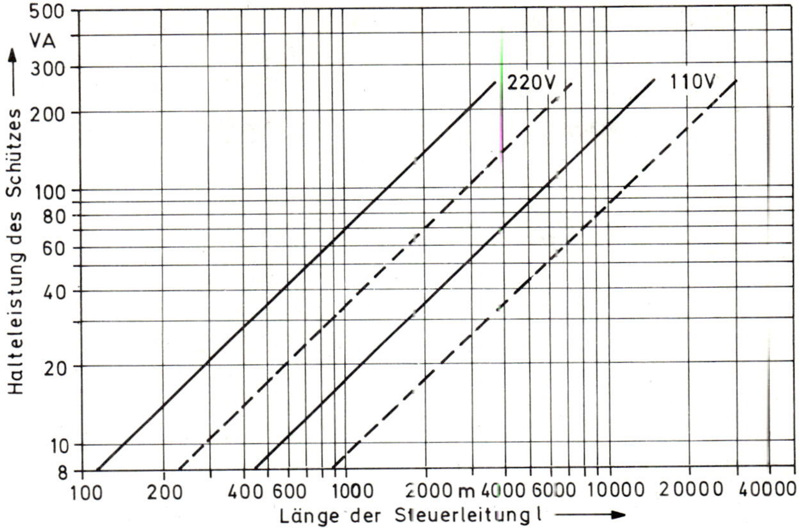

Bild 5-10: Kritische Leitungslänge

kennzeichnen, auch die etwa geerdeten Leiter, die an alle Spulenenden angeschlossen sind. Dies gilt sowohl bei Speisung des Steuerstromkreises durch einen Steuertransformator als auch beim unmittelbaren Anschluß zwischen Außenleiter und Neutralleiter des Netzes.

Stromkreise für Meldung oder Messung sollten einfarbig, z. B. schwarz, verdrahtet werden.

Anders liegen die Verhältnisse, wenn außerhalb des Steuerschrankes mit mehradrigen Leitungen oder Kabeln verdrahtet wird. Hier gibt es z. B. an den Anschluß-Reihenklemmen einen Bruch in der Farbkennzeichnung, d. h. es sieht im Steuerschrank anders aus als in den nach außen abgehenden Kabeln oder Leitungen.

In allen Fällen sind die Leiter und Klemmen durch nichtmetallische, gegen Kohlenwasserstoff beständige Ringmanschetten, Hülsen oder Klebebänder deutlich zu kennzeichnen. Betriebsanleitungen und Schaltpläne sind anzufertigen.

6 Potentialausgleich

(DIN VDE 0100 Teil 410 und 540, DIN VDE 0190 und DIN 18015 Teil 1) (siehe auch 2.2.3)

Potentialausgleich ist das Beseitigen von Potentialunterschieden (Spannungen), z. B. zwischen Körpern, leitfähigen Rohrleitungen und leitfähigen Gebäudeteilen sowie zwischen diesen Rohrleitungen und Gebäudeteilen gegebenenfalls untereinander. Der Potentialausgleich wird in den VDE-Bestimmungen wiederholt gefordert, z. B. in DIN VDE 0100 Teile 410, 701, 705 und 728, und DIN VDE 0107, DIN VDE 0108, 0165, 0185, 0190 und 0800.

6.1 Haupt-Potentialausgleich

In jedem Gebäude muß entsprechend DIN VDE 0100 Teil 410 und DIN VDE 0190 ein Hauptpotentialausgleich durchgeführt werden.
Dazu sind bei jedem Hausanschluß oder jeder gleichwertigen Versorgungseinrichtung die folgenden leitfähigen Teile miteinander zu verbinden: Hauptschutzleiter, Haupterdungsleitung, Blitzschutzerder, Hauptwasserrohre, Hauptgasrohre sowie andere metallene Rohrsysteme, z. B. Steigeleitungen zentraler Heizungs- und Klimaanlagen sowie Metallteile der Gebäudekonstruktion soweit möglich (z. B. Stahlskelette).
Hauptschutzleiter ist der von der Stromquelle kommende oder vom Hausanschlußkasten abgehende Schutzleiter bzw. PEN-Leiter. Haupterdungsleitung ist die vom Erder, z. B. Fundamenterder, oder den Erdern kommende Erdungsleitung.
Der Zusammenschluß der Potentialausgleichsleiter erfolgt am besten mittels einer Potentialausgleichsschiene, die in DIN VDE 0618 genormt ist. Nach DIN 18012 „Hausanschlußräume" sollte die Schiene in der Nähe des Hausanschlusses möglichst über der Anschlußfahne des Fundamenterders angebracht werden. (*Bild 6-1*).
An die Schiene sind auch die Erdungsleiter der Fernmeldeanlagen anzuschließen. Ebenso diese von Antennen, sofern sie nicht unmittelbar mit einer Gebäudeblitzschutzanlage verbunden sind. Wenn metallene Rohrsysteme isolierende Verbindungsmatten enthalten, z. B. in Abwasserleitungen, Lüftungskanälen, müssen diese nicht überbrückt werden. Ein Einbeziehen in den Potentialausgleich kann entfallen.

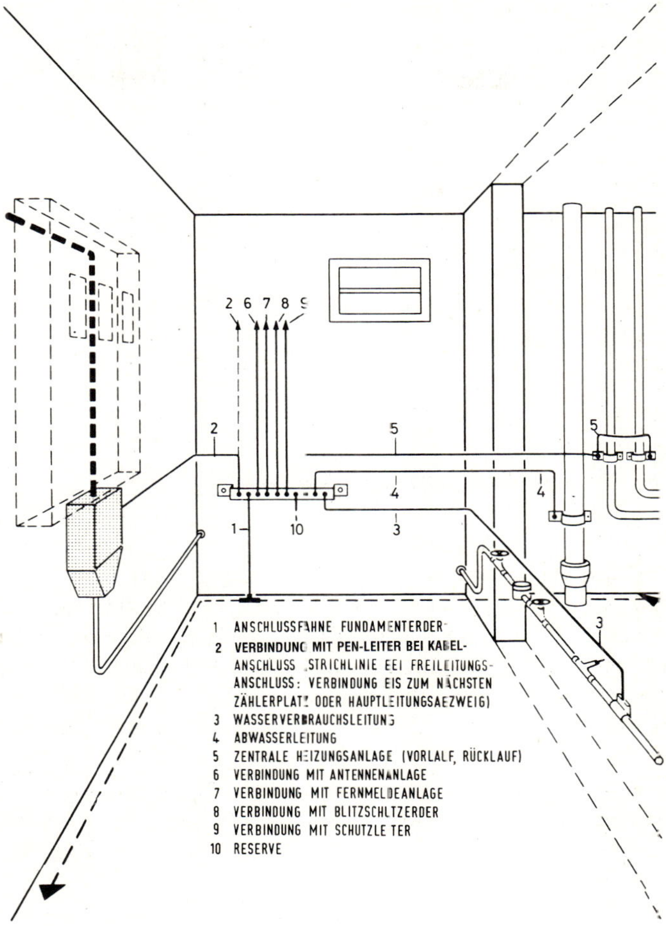

Bild 6-1: Anschlüsse an Potentialausgleichsschiene (VDEW)

Jede der anzuschließenden Anlagen muß für sich allein den für sie geltenden Bestimmungen entsprechen. Man kann also nicht eine unzureichende Erdung, z. B. der Blitzschutzanlage, durch Anschluß an die Potentialausgleichsschiene zu verbessern suchen. Ebenso müssen die Schutzmaßnahmen in den elektrischen Verbraucheranlagen auch ohne Potentialausgleichsleitungen wirksam sein. Die Anschlüsse sollten bezeichnet werden.

Nur über geschlossene Trennfunkenstrecken dürfen verbunden werden: Hilfserder von Fehlerspannungs-Schutzschaltern, Meßerden für Laboratorien, sofern sie von den Schutzleitern getrennt ausgeführt werden. Anlagen mit kathodischem Korrosionsschutz und Streustrom-Schutzmaßnahmen nach DIN VDE 0150. Anlagen über 1 kV siehe 2.1.6 und DIN VDE 0141, Bahnanlagen siehe DIN VDE 0115.

Ein Beispiel für den Haupt-Potentialausgleich im TN-Netz zeigt *Bild 6-2*. Man beachte den Einbau von Ventilableitern (siehe 14.3) und das Isolierstück in der Gasleitung.

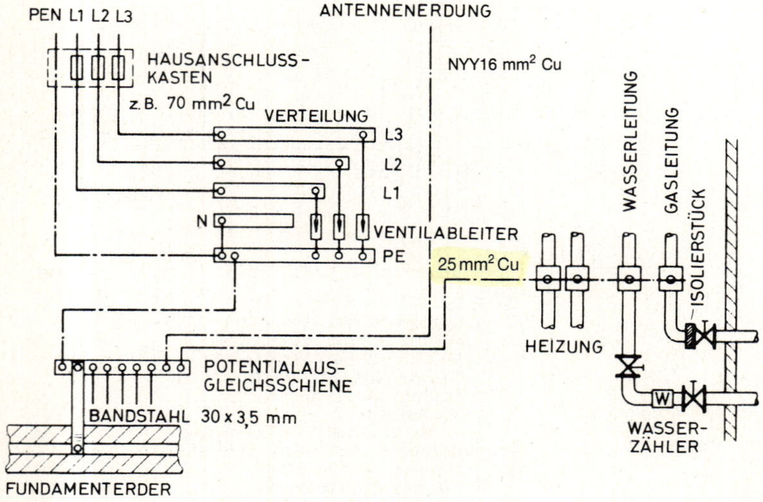

Bild 6-2: Potentialausgleichsleitung im TN-Netz

6.1.1 Querschnitt

Nach DIN VDE 0100 Teil 540 muß die Leitfähigkeit der Hauptpotentialausgleichsleitungen mindestens gleich sein der halben Leitfähigkeit des Hauptschutzleiters, der der Hauptleitung zugeordnet ist (siehe Tabelle 9-7). Die Leitfähigkeit der Potentialausgleichsleitung darf jedoch nicht kleiner sein als die eines Kupferquerschnitts von 6 mm².

Bei zentraler Anordnung der Zählerstationen hinter dem Hausanschluß gelten die von den Zählern abgehenden und zu den Wohnungen führenden Leitungen als Hauptleitungen.

Beispiel:

Außenleiter der Hauptleitung (Steigleitung) mm² Cu	10	16	25	35	50	70	95
Pot.-Ausgleichsleitung mm² Cu	6	10	10	10	16	25	25

Potentialausgleichsleitungen brauchen nicht stärker als 25 mm² Cu zu sein.

Potentialausgleichsleiter können auch durch Konstruktionsteile ersetzt werden, vorausgesetzt, sie sind mindestens leitwertgleich. Als Potentialausgleichsleiter können isolierte oder blanke ein-, mehr- oder feindrähtige Leiter verwendet werden. Isolierte Leiter können – müssen jedoch nicht – grün-gelb gekennzeichnet sein.
Die Anschlüsse an Wasserverbrauchsleitungen, Gasinnenleitungen und Heizrohrleitungen sind vom *Elektro-Installateur* fachgerecht auszuführen. Die Anschlüsse an Rohrleitungen müssen mit Rohrschellen, z. B. nach DIN 48 818, Klemmen mit Spannband oder Hartlot – bzw. Schweißverbindungen vorgenommen werden. Befestigungsschrauben sind keine Anschlußschrauben. Alle Anschlüsse müssen gut und dauerhaft Kontakt geben. Sie müssen gegen *Korrosion* geschützt sein, bei besonderer Gefährdung durch wasserdichte und säurefeste Umhüllungen, plastische Binden oder Umgießen, u. U. genügt auch ein Anstrich. Der Oberflächenschutz der Rohrleitungen muß sorgfältig wiederhergestellt werden. Alle außerhalb des Erdbodens liegenden Anschlüsse sollten trennbar und überprüfbar sein. Vor Inbetriebnahme der Verbraucheranlage ist die einwandfreie Beschaffenheit des Potentialausgleichs (DIN VDE 0100 Teil 600) durch Besichtigen zu überprüfen. Wenn die Wirksamkeit des Hauptpotentialausgleichs durch Besichtigen nicht beurteilt werden kann, ist sie durch eine Messung nachzuweisen. Als Richtwert gilt ein maximaler Widerstand von 3 Ω zwischen Schiene und Ende der Rohrleitungen.

6.2 Zusätzlicher Potentialausgleich

In Bereichen besonderer Gefährdung ist neben dem Hauptpotentialausgleich ein zusätzlicher örtlicher Potentialausgleich erforderlich. Dies gilt für Räume mit Badewanne oder Dusche, in denen metallene Teile, wie Rohrleitungen, Wanne und Ablaufstutzen, durch einen Potentialausgleichsleiter mit einem Mindestquerschnitt von 4 mm² Cu zu verbinden sind (siehe 11.3), und für Schwimmbäder, in denen alle großflächigen, leitfähigen Teile, wie Beckenarmierung und Rohrleitungen, mit einem Mindestquerschnitt von 6 mm² Cu zu verbinden sind. Auch in medizinisch genutzten Räumen muß ein zusätzlicher, besonderer Potentialausgleich durchgeführt werden. In diesen müssen fest

eingebaute leitfähige Teile nichtelektrischer Betriebsmittel, die vom Patienten im Anwendungsfall berührbar sind, einbezogen werden.
Ein zusätzlicher, örtlicher Potentialausgleich ist auch dort erforderlich, wo durch unkontrollierte Streu- oder Ausgleichsströme eine Explosionsgefahr entstehen könnte. Innerhalb von explosionsgefährdeten Bereichen der Zone 0 und 1 sind deshalb zugängliche, leitfähige Konstruktionsteile miteinander und mit dem Schutzleiter zu verbinden. Für die Querschnittsbemessung gelten hierfür die gleichen Anforderungen wie für den Hauptpotentialausgleich nach 6.1. In Verbraucheranlagen, in denen der Schutz durch Abschaltung auf Grund zu langer Abschaltzeiten nicht erfüllt ist, müssen alle gleichzeitig berührbaren Körper ortsfester elektrischer Betriebsmittel und alle fremden leitfähigen Teile untereinander durch einen zusätzlichen Potentialausgleich verbunden werden (siehe auch 9.3.3.6). Zwischen zwei Körpern muß der Potentialausgleichsleiter mindestens dem PE-Querschnitt des kleineren PE entsprechen. Zwischen einem Körper und einem fremden leitfähigen Teil muß der Querschnitt für den Potentialausgleich mindestens gleich dem halben Schutzleiterquerschnitt des betreffenden Betriebsmittels sein. Unabhängig von den Schutzleiterquerschnitten gilt als Mindestquerschnitt für den zusätzlichen Potentialausgleich 2,5 mm^2 Cu bei mechanischem Schutz und 4 mm^2 Cu ohne mechanischen Schutz. Durch Messen ist festzustellen, ob der Widerstand zwischen den Körpern und fremden leitfähigen Teilen so niedrig ist, daß beim maximal möglichen Fehlerstrom, der nicht zur Abschaltung führt, die Grenze der dauernd zulässigen Berührungsspannung nicht überschritten wird.

6.3 Fundamenterder

(DIN VDE 0100 Teil 540 und VDEW-Richtlinie)

Das zunehmende Verwenden von Nichtmetallrohren in Wassernetzen und Wasserverbrauchsanlagen sowie von kunststoffummantelten Ortsnetzkabeln läßt es zweckmäßig, ja notwendig erscheinen, in die Umfassungsfundamente der Gebäude unterhalb der Isolierschicht einen verzinkten Bandstahl 30 mm × 3,5 mm oder verzinkten Rundstahl 10 mm ∅ als geschlossenen Ring einzulegen *(Bilder 6.3* und *6.4)*. Die damit gemachten Erfahrungen sind sehr gut, der Erdungswiderstand liegt zwischen 1 und 15 Ω.
Kein Punkt der Kellersohle sollte mehr als 10 m von diesem Fundamenterder entfernt sein. Gegebenenfalls ist die Verlegung von Erdern unter Mittelmauern notwendig.
Bei Stahlskelettbauten tritt an die Stelle des Fundamenterders die Stahlkonstruktion mit ihren Sockelfundamenten.

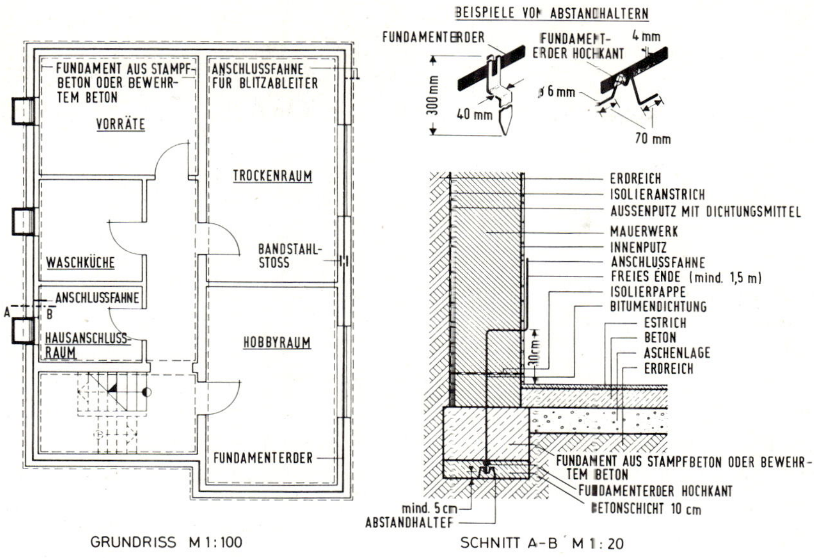

Bild 6-3: Fundamenterder (HEA)

Bild 6-4
Fundamenterder

Der Erder wird in eine Betonschicht B 225 (1 Teil Zement, 3 Teile Sand) so eingebettet, daß er mindestens 10 cm hoch von Beton bedeckt ist. Ein freies Ende des Bandstahls wird bis in den Hausanschlußraum hochgeführt, damit es an die Potentialausgleichsschiene angeschlossen werden kann.
Bei dem Verlegen des Fundamenterders sollten immer Anschlußmöglichkeiten für eine Blitzschutzanlage geschaffen werden. Dazu sind an allen Stellen, an denen Regenfallrohre geplant sind, bzw. in Abständen von maximal 20 m Anschlußfahnen nach oben zu führen (siehe auch 14.2.2).
Austrittsstellen des Bandstahls aus Beton in Erde sind wegen erhöhter Korrosionsgefahr zu vermeiden. Der Bandstahl ist im Beton über Erdniveau

hochzuführen. Andernfalls muß durch rechtzeitig angebrachte Bitumenbinden ein dauerhafter Schutz gegen Korrosion erfolgen.
Gutleitende Verbindungen und Abzweige erzielt man durch Keilverbinder, Federverbinder, Schrauben oder Schweißen. Das Verlegen des Fundamenterders ist vom Bauherrn oder Architekten zu veranlassen. Ausführung durch Bau- oder Elektro-Installateure. Das Verbinden des PEN- oder Schutzleiters, der Wasserverbrauchsleitung und der Heizungsanlage mit der Potentialausgleichsleitung und deren Anbringung obliegt nur dem *Elektro-Installateur.*
Der Erdungswiderstand des Fundamenterders ist durch Messung zu prüfen.
Für den Fundamenterder ist bedeutsam, daß sich der spezifische Widerstand des Betons dem seiner Umgebung annähert. Kunststoffolien unter der Fundamentsohle beeinträchtigen die Wirksamkeit des Erders nicht.
Nach DIN 18015 Teil 1 „Elektrische Anlagen in Wohngebäuden“ und den „Technischen Anschlußbedingungen“ der EVU, (TAB), wird der Fundamenterder in Neubauten gefordert.

7 Elektrische Betriebs- und Verbrauchsmittel

Der Begriff *Elektrische Betriebsmittel* ist ein Oberbegriff für alle Gegenstände, die Bestandteil einer elektrischen Anlage sind, und zwar vom Stromerzeuger bis zum Stromverbrauchsgerät.
Elektrische Verbrauchsmittel dagegen sind der Teil der elektrischen Betriebsmittel, die dazu bestimmt sind, elektrische Energie in andere Formen der Energie umzuwandeln, z. B. in Licht, Wärme oder in mechanische Energie.
Betriebsmittel, die während des Betriebes bewegt werden, oder die leicht von einem Platz zu einem anderen gebracht werden können, während sie an den Versorgungsstromkreis angeschlossen sind, nennt man *ortsveränderliche* Betriebsmittel. Wird das Betriebsmittel während des üblichen Gebrauchs in der Hand gehalten, nennt man es auch Handgerät.
Elektrische *Betriebs-* und *Verbrauchsmittel* müssen den für sie geltenden VDE-Bestimmungen entsprechen. Es ist darauf zu achten, daß jedes Gerät Ursprungs- und Typenzeichen trägt, soweit erforderlich mit den Nenngrößen (z.B. Nennspannung, Nennstrom, Nennaufnahme, Nennleistung, Nennfrequenz) gekennzeichnet ist und ein Sicherheits-Prüfzeichen besitzt, oder daß eine verantwortliche schriftliche Erklärung des Herstellers über die VDE-gemäße Ausführung vorliegt (Prüfzeichen siehe 1.7). Abkürzungen z. B. 250 V oder 2/250 oder $\frac{2}{250}$, *T* bedeutet Dauergebrauchstemperatur gefolgt von der Angabe in °C, z. B. *T* 200. Betriebs- und Verbrauchsmittel, die einer Typenprüfung, wie sie die meisten VDE-Baubestimmungen enthalten, unterzogen werden, dürfen das Zeichen „GS-geprüfte Sicherheit" tragen. Das Recht zur Benutzung des vom Bundesminister für Arbeit und Sozialordnung eingeführten Sicherheitszeichens ist durch das „Gerätesicherheitsgesetz" geregelt. Die Typenprüfungen dürfen nur anerkannte Prüfstellen, wie z. B. VDE und TÜV, durchführen (siehe 1.3).
Die Betriebsmittel müssen entsprechend der Kurzschlußbeanspruchung an der Einbaustelle ausgewählt werden. Durch Wahl einer geeigneten Bauart muß verhindert werden, daß Umgebungstemperatur, Feuchtigkeit, Staub, Gase, Dämpfe und mechanische Beanspruchung am Verwendungsort auf die Betriebsmittel schädigend einwirken können. Die gewählte Schutzart, z.B. IP 54, muß durch Abdichten der Leitungseinführung und Verschließen nicht benötigter Öffnungen erhalten bleiben.
Die Betriebsmittel sind so aufzustellen, daß das Einführen der erforderlichen Anschlußleitungen und das Anschließen fachgerecht vorgenommen werden können.

Betriebsmittel, die bedient oder gewartet werden müssen, sind an leicht zugänglichen Stellen anzuordnen.
Soweit Verbrauchsmittel nicht ein- oder angebaute Schalter besitzen oder über Steckvorrichtungen angeschlossen werden, die zum Schalten unter Last geeignet oder verriegelt sind, müssen in der ortsfesten Installation Schalter angeordnet werden. Auch Leitungs- und Motorschutzschalter sowie Fehlerstrom- oder Fehlerspannungs-Schutzschalter sind dafür geeignet. Der Schalter muß jedoch einem bestimmten Verbrauchsmittel zugeordnet sein, darf also z.B. nicht mehreren, voneinander unabhängigen Geräten gleichzeitig dienen.
Die Schalter und zum Schalten dienenden Steckvorrichtungen müssen bei motorisch betriebenen Geräten vom Stand des Bedienenden aus leicht erreichbar sein.
Innerhalb von Hausinstallationen dürfen nur solche elektrischen Betriebsmittel verwendet werden, die im Falle eines Körperschlusses keinen unzulässigen Gleichstromanteil im Fehlerstrom verursachen. Zulässig ist ein reiner Fehlergleichstrom von 6 mA oder ein derart pulsierender Fehlerstrom, der während einer Periode der Netzfrequenz Null oder nahezu Null wird. Außerhalb von Hausinstallationen dürfen auch solche elektrischen Betriebsmittel verwendet werden, die im Falle eines Körperschlusses einen unzulässigen Gleichstromanteil im Fehlerstrom enthalten, soweit sie fest an das Netz angeschlossen sind und nicht durch Fehlerstrom-Schutzeinrichtungen geschützt werden.
Betriebsmittel, die im Falle eines Körperschlusses einen unzulässigen Gleichstromanteil im Fehlerstrom verursachen, sind durch den Hersteller sichtbar und dauerhaft zu kennzeichnen.
Im Handbereich zugängliche Teile elektrischer Betriebsmittel dürfen, sofern in den speziellen Normen, z. B. für Elektroherde, nicht anderslautende Werte festgelegt sind, keine Oberflächen-Temperaturen erreichen, die Verbrennungen verursachen können. Als Grenztemperatur gelten für

- beim Betrieb in der Hand gehaltene Teile, wenn sie aus Metall sind, 55 °C, sonst 65 °C,
- Teile, die berührt werden müssen, aus Metall 70 °C, sonst 80 °C,
- Teile, die bei normalem Betrieb nicht berührt werden, metallisch 80 °C nicht metallisch 90 °C.

Solche Betriebsmittel müssen gegen zufälliges Berühren gesichert sein, auch wenn sie nur kurzzeitig die genannten Temperaturen überschreiten können.

7.1 Schalter und Steckvorrichtungen

(DIN VDE 0100, Teile 537 und 550 bzw. VDE 0100, § 31)

7.1.1 Schalter

Schalter für den Einbau in festverlegte Leitungen nach DIN VDE 0632 werden *Installationsschalter* genannt. *Lichtdrücker* sind Taster, die nach Loslassen des Betätigungselementes von selbst in ihre Ausgangsstellung zurückgehen. DIN VDE 0632 gilt auch für elektronische Schalter und elektronische Stellschalter (Dimmer, Drehzahlsteller) bis 16 A Nennstrom. Bezeichnet wird mit *Schutzart* 0: Ausführung ohne Abdeckung; *Schutzart* A: abgedeckte Ausführung (nicht wasserdicht); *Schutzart* B: geschützte Ausführung (tropfwassergeschützt); *Schutzart* C: abgedichtete Ausführung.

An *Schraubklemmen* dürfen nur eindrähtige Leiter angeschlossen werden. Fein- oder mehrdrähtige Leiter brauchen Leiterendhülsen, Anschlußstifte oder dgl. Sollen, z. B. zum Durchschleifen, an *eine* Schraubklemme bis 16 A zwei Leiter angeschlossen werden, müssen Verbindungsklemmen gewählt werden. *Schraubenlose Klemmen* sind nur für Installationsschalter bis 16 A sowie für Lichtdrücker und nur für den Anschluß von 1,5 und 2,5 mm^2 zulässig.

Bei Schaltern mit mehr als zwei Anschlußklemmen, ausgenommen Kreuzschalter, müssen *Netzanschlußklemmen* durch ein P gekennzeichnet sein oder ihre Oberfläche muß aus Messing oder Kupfer bestehen. Die anderen Anschlußklemmen müssen mit einem metallenen Überzug anderer Farbe versehen sein.

Schalter, die zum Freischalten verwendet werden, müssen alle Außenleiter gleichzeitig schalten. Sie müssen ein ausreichendes Schaltvermögen haben (siehe auch 3.5).

Einpolige Schalter in fest verlegten Leitungen müssen im nichtgeerdeten Leiter angeordnet sein. Es bestehen aber keine Bedenken, Taster für die Betätigungsspulen von Zeitautomaten, z. B. solche für Hausbeleuchtungsanlagen, auch in den Neutralleiter zu legen. Hier gilt der Schalter in Zeitautomaten als der Schalter im Sinne dieser Bestimmungen. Bei Wechselschaltung dürfen an einpolige Wechselschalter die beiden Leiter des Stromkreises nicht angeschlossen werden *(Bild 7-1)*. Sog. Sparschaltungen sind also unzulässig.

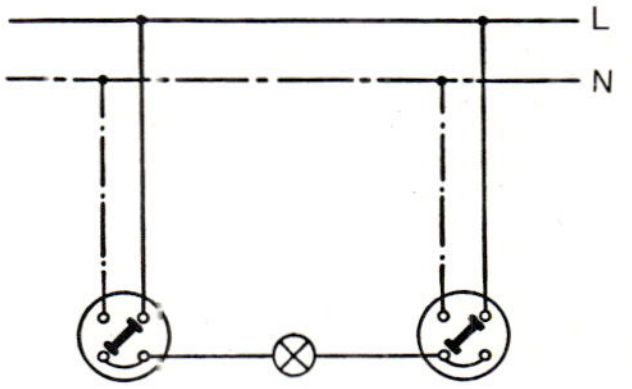

Bild 7-1: Gefährliche Sparschaltung

Bei farbiger Kennzeichnung von Druckknöpfen ist für die Start- oder Ein-Druckknöpfe vorzugsweise die Farbe Grün anzuwenden. Zulässig sind auch die neutralen Farben Schwarz, Weiß oder Grau. Bei Aus-Druckknöpfen oder beim Gefahrenknopf ist *nur* die rote Farbe erlaubt. Der Einschaltzustand kann durch einen weißen Leuchtmelder, der Ausschaltzustand *nur* durch die Farbe Grün angezeigt werden (DIN VDE 0199).
Ein | (Strich) auf oder neben einem Druckknopf bedeutet „Einschalten", ein ○ (Kreis) dagegen „Ausschalten". Die Zeichen können durch Wörter ersetzt oder ergänzt werden, z. B. „Auf", „Ab" (DIN 43 605). Bei *Leuchttastern* ist der Leuchtmelder im Taster unmittelbar eingebaut. Dabei ist die Farbe des Ein-Knopfes weiß oder klar, wobei grün oder rot verboten sind. Der Aus-Knopf (Gefahrenknopf) muß ein besonderer, rot gekennzeichneter Drucktaster sein. Ein Leuchttaster ist für ihn nicht zulässig. Farben der Leuchtmelder siehe 3.13.
Wenn mehrere Drucktaster vorhanden sind, so ist der Aus-Knopf immer unten bzw. links anzuordnen. Bei einem Wendebetrieb mit drei Drucktastern kann der Aus-Taster auch in der Mitte angeordnet sein.
DIN VDE 0632 enthalten die Bestimmungen für elektronische Stellschalter (Dimmer, Drehzahlsteller) und elektronische Schalter jeweils bis 250 V~ und 16 A. Die Steller dienen zur Verwendung als Installationsschalter zum direkten oder indirekten Ändern der Leistungsaufnahme von Lampen (Dimmer), oder der Leistungsaufnahme z. B. von Motoren und damit der Drehzahl. Die Schalter dienen zur Verwendung als Installationsschalter zum direkten oder indirekten Schalten von Lampenstromkreisen, jedoch nicht zum Freischalten von Stromkreisen.

7.1.2 Steckvorrichtungen
(DIN VDE 0100 Teil 550)

Es sollten nur Schutzkontakt-Steckdosen verwendet werden. Die Befestigungsmittel von Steckdoseneinsätzen für Unterputzinstallation müssen so ausgeführt sein, daß die Steckvorrichtung beim Ziehen des Steckers nicht aus ihrer Verankerung gerissen werden kann. Eine Schraubenbefestigung ist daher einer solchen mit Krallen vorzuziehen. Beim Einbau von Schalter- und Steckdoseneinsätzen muß darauf geachtet werden, daß die Aderisolation der Anschlußleitungen durch die Befestigungsmittel nicht beschädigt wird.
Drehstromsteckdosen müssen so angeschlossen werden, daß sich ein Rechtsdrehfeld ergibt, wenn man die Steckbuchsen von vorn im Uhrzeigersinn bzw. von links nach rechts betrachtet. Auch die Verlängerungsleitungen müssen entsprechend gebaut sein.

Stecker und Steckdosen sind im Leitungszug so unterzubringen, daß die Steckerstifte in nichtgestecktem Zustand nicht unter Spannung stehen *(Bild 7-2)*.

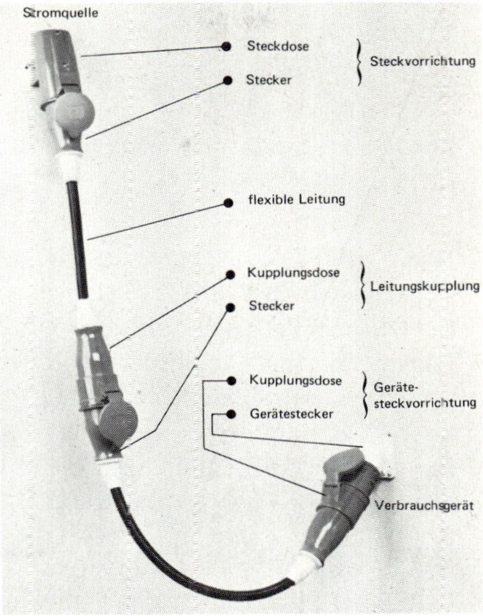

Bild 7-2: Steckvorrichtungen, Anordnungen und Begriffe

Sind Starkstromsteckdosen mit Anschlußdosen für Fernmeldeeinrichtungen kombiniert, so sind getrennt abnehmbare Abdeckungen erforderlich. Sie dürfen gemeinsam abgedeckt werden, wenn nach Entfernen der Abdeckung mindestens der Starkstromteil gegen direktes Berühren geschützt bleibt.

7.1.3 Steckvorrichtungs-Systeme
(DIN VDE 0620, 0623 und 0625)

Für den Netzanschluß elektrischer Betriebsmittel dürfen allgemein nur Steckvorrichtungen verwendet werden, die in der Übersichtsnorm DIN 49 400 aufgeführt sind. Einige dieser Typen werden im folgenden erklärt.
Der zweipolige Europa-Flach- oder- Rundstecker 2,5 A nach CEE-Publikation 7 und DIN 49 464 kann in allen europäischen Ländern verwendet werden *(Bild 7-3)*. Durch schrägstehende teilisolierte Stifte wird ein ausreichender Kontakt auch bei unterschiedlichen Steckdosen gewährleistet. Er wird mit den Leitungen H03 VH-H, H03 VV-F und H05 VV-F geliefert.
Für schutzisolierte Geräte mit Nennströmen über 2,5 A gibt es nach DIN 49 406 ebenfalls 2-polige Flach- und Rundstecker mit einem Nennstrom von 10 A bzw.

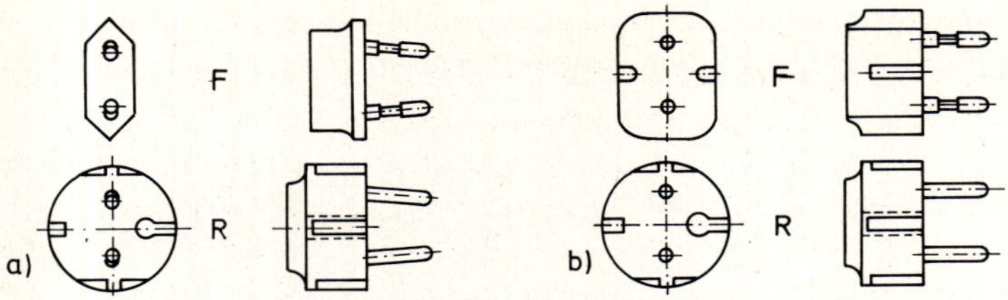

Bild 7-3: Flachstecker (F) und Rundstecker (R) nach DIN 49 464 und DIN 49 406; a) für 250 $V_{\simeq}$ 2,5 A, b) für 250 $V_{\simeq}$ 16 A bzw. 250 V_{-} 10 A

16 $A_{\sim}$ (Bild 7-3). Den gleichen Nennstrom haben die 2-poligen Schutzkontaktstecker nach DIN 49 441 mit seitlich angeordneten Schutzkontakten.
In Hausinstallationen müssen 2-polige Steckdosen bis 16 A, 250 V, DIN 49 440 (abgedeckt. mit Schutzkontakt) oder DIN 49 402 (ohne Schutzkontakt) entsprechen. Man sollte sich allerdings angewöhnen, nur Steckdosen mit Schutzkontakt zu verlegen.
Für Stecker und Kupplungsdosen nach DIN 49 440/41 gibt es die Bauart für erschwerte Bedingungen, z. B. für Baustellen und sonstige rauhe Betriebe. Sie sind mit dem Bildzeichen ⟨T⟩ (Hammer) gekennzeichnet. Diese Steckvorrichtungen sind spritzwassergeschützt ⚠ und für den Anschluß von Gummischlauchleitungen H0 7 RN-F, mindestens 3 × 1 mm², und NSSHöu, mindestens 3 × 1,5 mm² geeignet (DIN VDE 0620). Stecker und Kupplungen werden auch für 3 × 2,5 mm² mit angeformten Dichtungskragen sowie mit Verschlußdeckel angeboten. Die Kupplung ist damit auch im ungesteckten Zustand spritzwassergeschützt.
Als Drehstromsteckvorrichtungen dürfen nur Steckvorrichtungen nach DIN VDE 0623 (CEE-Steckvorrichtungen) verwendet werden, es sei denn, es handelt sich um Hausinstallationen (siehe Bild 7-12).
Die CEE-Kragensteckvorrichtung nach DIN 49 462/63 und DIN 49 465 ist für alle Gleich- und Wechselspannungen von 50 V bis 750 V und bis 500 Hz geeignet *(Bild 7-4)*.

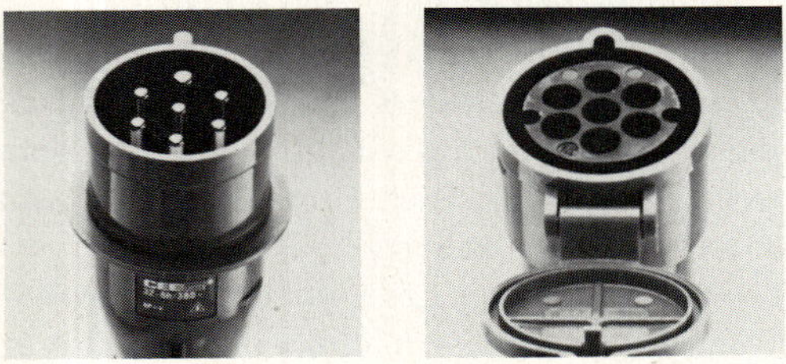

Bild 7-4: Spritzwassergeschützte CEE-Kragensteckvorrichtung 7-polig

Die in DIN VDE 0100 Teil 410 gestellte Forderung, daß ein Stecker nicht in eine Dose für eine höhere Spannung eingeführt werden kann, wird durch bestimmte Stellungen des Einsatzes im Gehäuse erreicht. Diese Stellungen sind je nach der Spannung bzw. Frequenz verschieden; sie werden mit Uhrzeigerstellungen verglichen. Die Festlegung der Stellungen erfolgt durch die Zuordnung der Schutzkontaktbuchse des Doseneinsatzes zur Nut im Dosenkragen. Dabei wird die Dose von der Steckseite betrachtet und so gehalten, daß die Nut auf 6 Uhr zeigt *(Bild 7-5)*. Der Neutralleiter ist mit N = „neutral" bezeichnet. Für den Schutzleiter dient neben dem Symbol auch die Kennzeichnung PE.
Durch die Lage der (schwarz-gezeichneten) Schutzkontaktbuchse ist dann die Nennspannung der Dose bestimmt *(Tabelle 7-1)*.

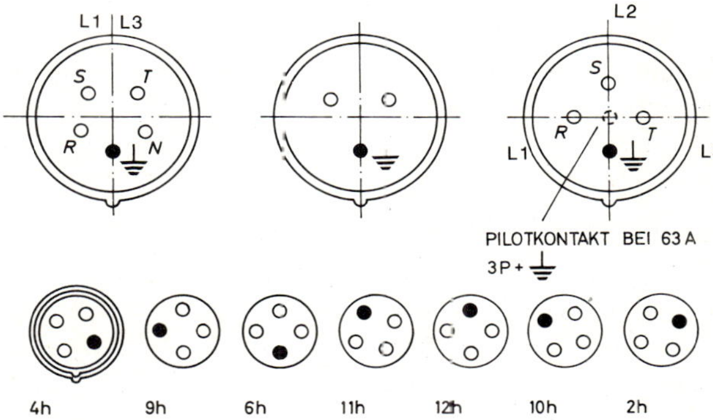

Bild 7-5: CEE-Steckvorrichtung

CEE-Kragen-Steckvorrichtung Tabelle 7-1

Polzahl	Frequenz Hz	Spannung V	Schutzkontaktbuchse
		110	4 h
4	50 bis 60	230	9 h
		400	6 h
		alle Spannungen nach Trenntransformatoren	12 h
	über 100 bis 300	50 bis 750	10 h
	über 300 bis 500	50 bis 750	2 h
		110	4 h
5	50 bis 60	230/133	9 h
		400/230	6 h
		500	7 h
		750	5 h

Die Lage des Einsatzes im Gehäuse kann nicht geändert werden. Stift und Buchse des Schutzkontaktes haben einen größeren Durchmesser als die der Außenleiterkontakte.
Steckvorrichtungen ab 63 A mit Nennspannungen über 42 V müssen Vorkehrungen für eine elektrische Verriegelung haben. Dazu dient ein Pilotkontakt, der in der Mitte des Einsatzes angeordnet ist (Bild 7-5). Dieser Kontakt schließt beim Steckvorgang nach den übrigen Kontakten. Beim Ziehen des Steckers öffnet er zuerst.
Verschiedene Hersteller steuern über den Pilotkontakt ein Schütz an, das serienmäßig in der Steckdose untergebracht ist *(Bild 7-6)*. Dies erspart eine Steuerleitung sowie den Transformator für die Hilfsspannung. Die Verriegelung bewirkt, daß ein Stecker weder unter Spannung eingeführt noch herausgezogen werden kann.

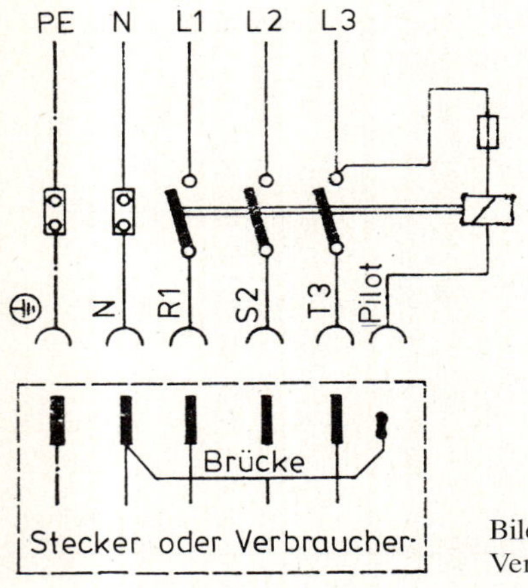

Bild 7-6: Schaltung für elektrische Verriegelung

Eine mechanische Verriegelung muß vorgesehen werden bei 16-A- und 32-A-Wechselstrom-Steckvorrichtungen mit Betriebsspannungen über 500 V, bei 16-A-Gleichstrom-Steckvorrichtungen mit Betriebsspannungen über 250 V und bei 32-A-Gleichstrom-Steckvorrichtungen mit Betriebsspannungen über 42 V.
Die *Bilder 7-7* und *7-8* zeigen häufig vorzufindende mechanische Verriegelungseinrichtungen. In einem Fall wird durch das Drehen des Steckers nach dem Einführen geschaltet, im anderen Fall muß nach dem Stecken eingeschaltet werden, der Stecker ist dann verriegelt.
Unverriegelte Steckvorrichtungen müssen ausreichende Schaltleistungen aufweisen, d. h. sich in festgelegter Art und Häufigkeit stecken und ziehen lassen,

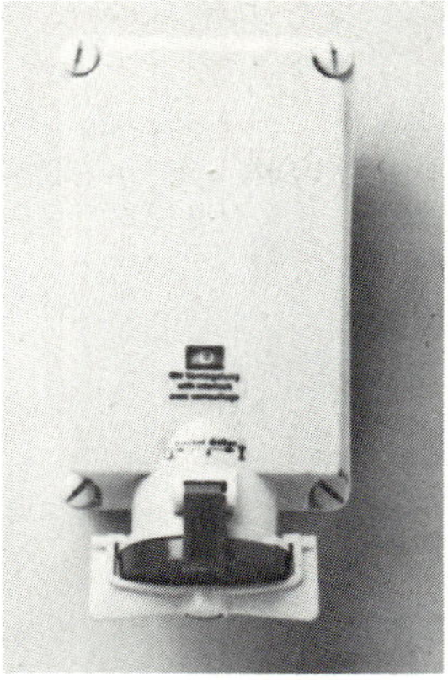

Bild 7-7: Mechanische Verriegelungseinrichtung durch Doseneinsatz-Dreh-Schalter

Bild 7-8: Mechanisch verriegelte CEE-Steckdose

ohne Schäden aufzuweisen. Die Kennzeichnung ausreichender Schaltleistung erfolgt bei Steckvorrichtungen mit Nennströmen über 32 A mit einem Sternchen hinter der Stromstärkeangabe. Fehlt diese Kennzeichnung, müßte man Steckvorrichtungen mit mechanischer Verriegelung installieren. Diese nützt aber z. B. bei Verlängerungsleitungen nichts Hier müßte man sich dann des erwähnten Pilotkontaktes zur elektrischen Verriegelung bedienen. Sie erfordert bei Hauptleitungen von 10 bzw. 16 mm² einen besonderen Pilotleiter von 2,5 mm² und ein Hilfsrelais zum Betätigen eines Hauptstrom-Schützes. Der Hilfsstromkreis darf nicht mit Spannungen über 24 V betrieben werden. Eine dritte Möglichkeit, wenn das Lastschaltvermögen nicht ausreicht, wäre ein besonderer Schalter im Hauptstromkreis in unmittelbarer Nähe der Steckdose.

Die Norm erstreckt sich auf 16 A, 32 A, 63 A und 125 A. Alle Geräte haben Gehäuse und Einsätze aus hochwertigem, schlagfestem Isolierstoff. Die Typen 16 und 32 A sind abgedeckt, spritzwassergeschützt oder wasserdicht, die für 63 A und 125 A wasserdicht im Handel. Es gibt auch CEE-Steckvorrichtungen für Schutzkleinspannung 50 V zwei- und dreipolig für 16 A und 32 A, ohne Schutzkontakt *(Bild 7-9)* nach DIN 49 465. Steckvorrichtungen mit einem Nennstrom von 32 A dürfen mit einem Überstromschutzorgan von 35 A gesichert werden, wobei auf die Verwendung geeigneter Leiterquerschnitte, mindestens 4 mm² Cu bei NYM-Leitungen, zu achten ist.

Nach DIN VDE 0100 Teil 721 wird u. a. für Campingplätze die Installation von Steckdosen und Steckern der Anschlußleitung die Steckvorrichtung nach DIN

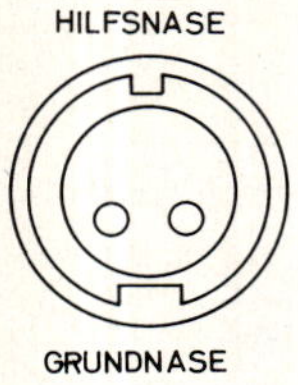

Bild 7-9: CEE-Schutzkleinspannungs-Steckdose (DIN 49 465)

ohne Hilfsnase	24 V	50 Hz
12 h	42 V	50 Hz
4 h	50 V	100···200 Hz
2 h	50 V	300 Hz
3 h	50 V	400 Hz
11 h	50 V	500 Hz
10 h	50 V	Gleichstrom (zweipolig)

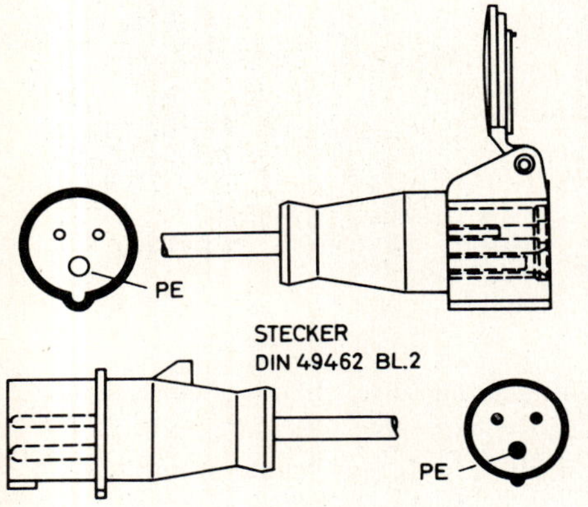

Bild 7-10: CEE-Steckvorrichtung (DIN 49 462) zweipolig mit Schutzkontakt; spritzwassergeschützt

49 462, zweipolig mit Schutzkontakt, spritzwassergeschützt, 16 A, vorgeschrieben (siehe *Bild 7.10*).

DIN 49 462 beschreibt die 3-, 4- und 5-poligen Kragensteckvorrichtungen mit Schutzkontakt für 16 und 32 A und Spannungen über 50 bis 750 V in abgedeckter (IP X0), spritzwassergeschützter (IP X4) und wasserdichter (IP X7) Ausführung.

DIN 49 463 beschreibt die 3-, 4- und 5-poligen Kragensteckvorrichtungen mit Schutzkontakt für 63 und 125 A und Spannungen über 50 bis 750 V in wasserdichter (IP X7) Ausführung.

DIN 49 465 beschreibt die 2- und 3-poligen Kragensteckvorrichtungen für 16 und 32 A mit Spannungen bis 50 V in abgedeckter (IP X0), spritzwassergeschützter (IP X4) und wasserdichter (IP X7) Ausführung.

CEE-Steckvorrichtungen können zur Kennzeichnung der Spannungen und Frequenzen, für die sie bestimmt sind, eine Farbkennzeichnung aufweisen: violett für 20 bis 25 V, weiß für 40 bis 50 V, gelb für 110 bis 130 V, blau für 220 bis 240 V, rot für 380 bis 420 V, schwarz für 500 bis 750 V, grün für Frequenzen über 60 bis 500 Hz.

Zur Umkehr der Drehrichtung gibt es CEE-Umschaltstecker mit dem VDE-Prüfzeichen. Zwei Polstifte sind auf einem drehbaren Isolierteil, das durch eine Drucksperre blockiert wird, angeordnet. Wenn die Drehrichtung des Motors geändert werden soll, braucht man nur die Drucksperre zurückzudrücken und das Isolierteil zu drehen *(Bild 7-11).* Aus Gründen des Unfallschutzes sollten derartige Umschaltstecker nach Möglichkeit nicht verwendet werden.

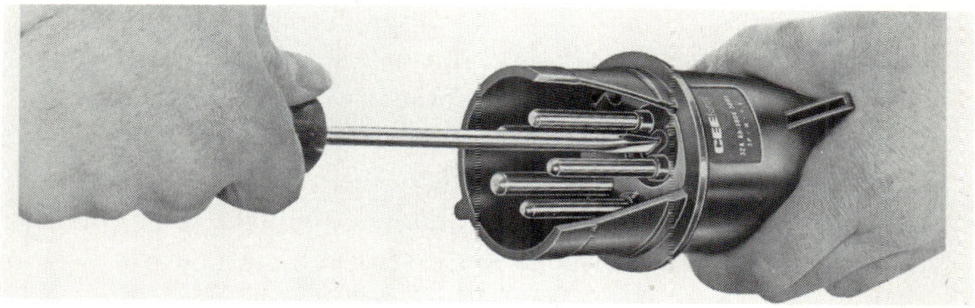

Bild 7-11: CEE-Umschaltstecker mit VDE-Prüfzeichen

Soweit an *Verladeplätzen,* an Abfüllstellen, in der Landwirtschaft, auf Baustellen sowie an sonstigen Stromabnahmestellen zum Anschluß nicht arealgebundener Verbrauchsmittel der Anschluß beliebiger Drehstromverbrauchsmittel bis 32 A, 400 V ermöglicht werden soll, sind hierfür 5-polige CEE-Steckvorrichtungen nach DIN VDE 0623 zu verwenden. Drehstrom-Verlängerungsleitungen für solche Einsatzstellen müssen 5-adrig und an beiden Enden mit 5-poligen Steckvorrichtungen ausgeführt sein.
Unsymmetrische Verbrauchsmittel mit Neutralleiterbelastung dürfen nur über 5-polige Stecker angeschlossen werden.
Für Geräte mit *Drehstromanschluß* zwischen 16 A und 25 A Nennaufnahme in *Hausinstallationen* und in Geschäftshäusern, Hotels, Großküchen, Laboratorien, Schneidereien, Nähsälen und ähnlichen Anlagen können die CEE- oder die runden 3-poligen Steckvorrichtungen mit N- und Schutzleiter-Kontakt nach DIN 49 445/48 für 16 und 25 A *(Bild 7-12),* die auch das VDE-Prüfzeichen tragen, eingesetzt werden.

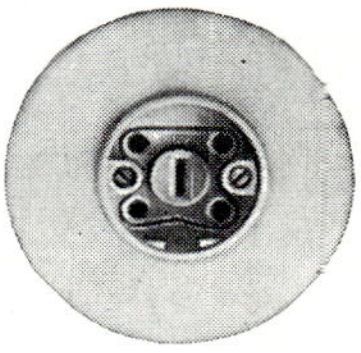

Bild 7-12: Dreipolige Steckvorrichtung mit N- und Schutzleiter, 25 A

Fußbodensteckdosen werden in Hausinstallationen, z. B. in Verwaltungsgebäuden, bodeneben angebracht. Sie müssen DIN VDE 0620 entsprechen. Vorrichtungen, die dem Schutz der austretenden Leitungen dienen, dürfen über den Boden hinausragen. Die Anschlüsse für Fernmeldeanlagen, die mit Fußbodensteckdosen in einem Gehäuse untergebracht sind, müssen sich von den Starkstromanschlüssen unterscheiden, z. B. durch getrennte Anordnung oder durch Stege, verschiedene Ausführungsformen, Farbgebung. Eine Beschriftung genügt nicht.

Fußbodensteckdosen für trocken gepflegte Räume müssen in abgedeckter Ausführung nach DIN 49440, für naß gepflegte Räume in wasserdichter Ausführung (DIN 49442/43) angebracht werden.

An *einen* Stecker darf nur *eine* ortsveränderliche Leitung angeschlossen werden. Dies gilt nicht für Spezialstecker, z. B. in der Industrie, die für den Anschluß mehrerer beweglicher Leitungen gebaut sind. Verlängerungsleitungen sind möglichst zu vermeiden. Besser ist es, statt dessen zwei- bis fünfpolige Steckdosen in ausreichender Zahl zu installieren.

Gerätesteckvorrichtungen *(Bild 7-13)* nach DIN VDE 0625 bis 16 A, die wiederanschließbar sind, müssen mit Schraubklemmen ausgestattet sein. Diese können nur *einen* Leiter mit 0,75 mm², 1 mm² oder 1,5 mm² aufnehmen, der auch feindrähtig ohne besonderes Herrichten der Leiterenden sein kann. Nicht wiederanschließbare Gerätesteckvorrichtungen bilden mit der Leitung eine bauliche Einheit.

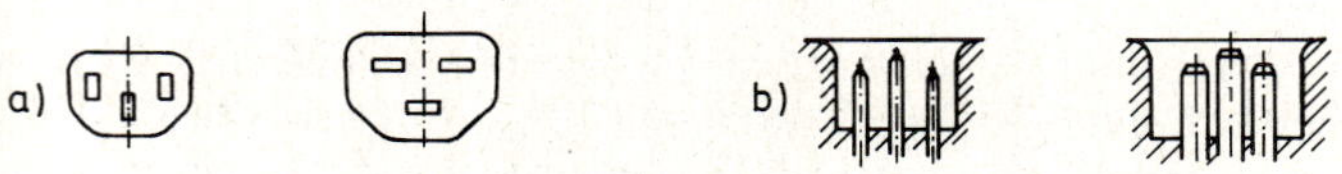

Bild 7-13: Gerätesteckvorrichtungen; a) Gerätesteckdose, links 10 A, rechts 16 A; b) Gerätestecker, links 10 A, rechts 16 A

7.1.4 Steckverbinder nach DIN VDE 0628

Steckverbinder dienen zum Verbinden von Installationssystemen, z. B. in Fertighäusern, Möbeln, Installationshohlräumen, wie Doppelböden oder abgehängten Decken. Sie werden zwei- und mehrpolig mit Schutzkontakt angeboten und bestehen aus einem netz- und einem verbraucherseitigen Teil. Beim Stecken müssen diese Teile zwangsweise eingerastet werden. Nur wenn die Verrastung ohne Werkzeug lösbar ist, dürfen Steckverbinder auch unter Strombelastung betätigt werden. Die Schutzkontaktverbindung muß durch Voreilung der Kontakte vor den übrigen Verbindungen hergestellt sein.

Lösbare Anschlüsse an den Verbindern dürfen nur mit Schraubklemmen oder schraubenlosen Klemmen versehen sein. Die Klemmen sind zum Anschluß von ein- und feindrähtigen Leitern von 1 bis 2,5 mm^2 geeignet.
Nichtlösbare Leiteranschlüsse sind z. B. gelötet, geschweißt oder gekrimpt.
Steckverbinder werden bis 380 V Wechselstrom und 16 A hergestellt, Normaltemperatur bis 25 °C, maximal kurzzeitig bis 35 °C. Es können NYM- oder H 05 VV-F-Leitungen angeschlossen werden *(Bild 7-14)*.

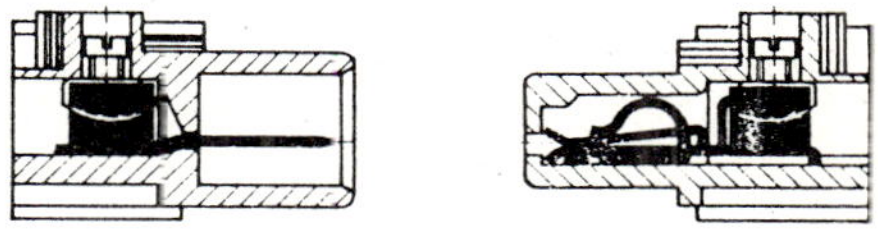

Bild 7-14: Steckverbinder

7.1.5 Durchschleifen von Leitungen

Die normale Klemme in Schaltern und Steckdosen dient nur zum Anschluß *eines* Leiters, nicht aber als Ersatz einer Abzweigklemme. Wenn nun in solch einer einfachen Klemme der Leiter nicht geschnitten, sondern durchgeschleift wird, so wird die Klemme in keiner Weise mechanisch mehr belastet als bei Einführen eines einzigen Leitungsendes. Die Ader muß nur so reichlich Platz bekommen, daß man sie später auch wieder einmal ohne Aufschneiden des Leiters aus der Klemme herausholen kann, z. B. beim Erneuern eines schadhaften Schalters. Es ist daher auch ohne weiteres möglich, in einer Kombination von Schaltern und Steckdosen so durchzuschleifen, daß die Ader über eine Klemme des Schalters beispielsweise zu einer Klemme einer Steckdose ungetrennt geführt ist. Es ist aber zu beachten, daß in einem Schalter nicht beide Außenleiter enthalten sein dürfen (z. B. bei Spar-Wechselschaltungen). Wenn man später einmal gezwungen ist, die Leitung zu unterbrechen, muß eine entsprechende Geräteabzweigdose gesetzt werden, die außer dem Raum für den Schalter oder für die Steckdose einen eigenen Klemmenraum mit entsprechenden Klemmen enthält.
Will man mehr als eine Ader in Schaltern oder Steckdosen anklemmen, dann müssen diese als *Verbindungsklemmen* ausgebildete Klemmen oder gleichwertige Anschlußmittel enthalten *(Bild 7-15)*. Bei Bestellung der Geräte ist anzugeben, wieviele Adern mit welchem Querschnitt man in der Klemme unterzubringen wünscht. Es ist anzuregen, daß in Wandsteckdosen für den Hausgebrauch (DIN VDE 0620 bis 25 A) nur Verbindungsklemmen für zwei Adern vorgesehen werden. In Industriesteckdosen nach DIN VDE 0623, 16 bis 200 A, darf jeweils nur ein Leiter an einer Klemme angeschlossen werden. Das Durchschleifen von Steckdose zu Steckdose ist also hier nicht zulässig.

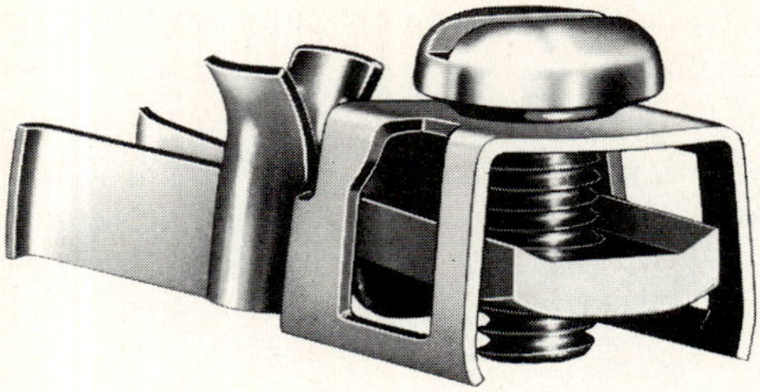

Bild 7-15: Anschlußklemme, auch nach DIN VDE 0620 als Verbindungsklemme

7.1.6 Leitungsroller

Leitungsroller für den Hausgebrauch in trockenen Räumen und im Freien sowie in gewerblichen Betrieben müssen DIN VDE 0620, 5.6, oder DIN VDE 0623 Teil 2 entsprechen. Sie dienen zum Auf- und Abrollen einer fest angeschlossenen Leitung mit Stecker und enthalten eine oder mehrere Steckdosen. Sie müssen den Namen des Herstellers, die Nennspannung, die Nennleistung und die Ausführungsart, z. B. ⚠ oder 🌢🌢 als Aufschrift tragen. Die Nennspannung ist 250 V oder 230/400 V, der Nennstrom 16 A.
Die Roller können aus Isolierstoff oder Metall bestehen. Berührbare Metallteile, die im Fehlerfall Spannung annehmen können, müssen an den Schutzleiter angeschlossen sein. Die maximale Leitungslänge 25 m bei 1 mm^2 Leiterquerschnitt, 50 m bei 1,5 mm^2 und 60 m bei 2,5 mm^2, darf nicht überschritten werden. Der Außendurchmesser der Trommelnabe muß mindestens 8-mal so groß sein wie der Außendurchmesser der Leitung. Leitungsroller müssen mit einer Überhitzungs-Schutzeinrichtung ausgerüstet sein. Die Temperatur darf bei Gummileitungen 65 °C und bei Kunststoffleitungen 75 °C nicht überschreiten.
Leitungsroller mit eingebauter Fehlerstrom-Schutzeinrichtung, $I_{\Delta n}$ = 30 mA, sollten bevorzugt werden.

7.2 Leuchten

(DIN VDE 0100 Teil 559)

In diesem Rahmen können Beleuchtungsfragen nur gestreift werden. Zur näheren und gründlichen Unterrichtung wird auf Sonderschriften verwiesen, die von der Fördergemeinschaft Gutes Licht, 6000 Frankfurt/M 70, Postfach 70 12 61, gerne vermittelt werden. Siehe auch DIN 5035 „Innenraumbeleuchtung mit künstlichem Licht“ und Arbeitsstättenverordnung § 7.
Dem Energiesparen dient eine tageslichtgesteuerte automatische Lichtzuteilung in Büros und anderen großen Arbeitsstätten. Über eine Beleuchtungsstär-

ke-Vorwahl (Werte zwischen 0 und 2400 lx) kann der Lichtwert eingestellt werden.
Für eine genaue, schnelle und sichere *Planung* von Beleuchtungsanlagen bieten die Beleuchtungshersteller Software ihres im Computer gespeisten Programmes an.

7.2.1 Grundlagen der Beleuchtung

(Sicherheitsbeleuchtung siehe 8.2)

Der Einfluß einer guten Beleuchtung von Arbeitsstätten auf die *Sicherheit* und auf die Qualität der Arbeit ist allgemein bekannt. Nach statistischen Erhebungen steigt der Grad der Arbeitsleistung bei einer Erhöhung der Beleuchtungsstärke von 30 auf 2000 Lux (lx) um 13%.
Die wichtigsten Forderungen, die man an jede gute Beleuchtung stellen muß, sind *Blendungsfreiheit, Leuchtdichteverteilung* und *Gleichmäßigkeit.* Erst in zweiter Linie ist auf die natürlich ebenfalls notwendige ausreichende *Helligkeit* zu achten. Weiterhin spielen Lichtrichtung und Schattigkeit, Lichtfarbe und Farbwiedergabe eine Rolle.
Die Art der Arbeit und die Anforderungen, die ihre Verrichtung an das Auge stellt, bestimmen die notwendige Helligkeit und damit die *Beleuchtungsstärke.* Diese wird in Lux (lx) gemessen und ist abhängig von der Lichtstärke, d.h. der Art und der Leistung der Lichtquelle, von der Lichtpunkthöhe, d.h. von dem Abstand der Lichtquelle von der beleuchteten Fläche, und von den Reflexionseigenschaften der Raumbegrenzungsflächen. Die *Tabelle 7-2* gibt grobe Anhaltswerte für die anzustrebenden Beleuchtungsstärken in Lux für reine Allgemeinbeleuchtung. Richtwerte für Arbeitsstätten siehe DIN 5035 Teil 2 und Arbeitsstätten-Richtlinien ASR 7/3.
Die angegebenen Werte sind Mittelwerte, die sich auf den ganzen Raum beziehen und in 0,85 m Höhe über dem Fußboden gemessen werden. Für die zu installierende Leistung wurde eine mittlere Lichtpunkthöhe von 2,15 m (also 3,0 m über Fußboden), mittelhelle Wand- und Einrichtungsfarben und helle Decken vorausgesetzt. Die unteren Grenzwerte gelten für Direktbeleuchtung, die oberen für gleichförmige Beleuchtung. Letzteres heißt: Das Licht wird etwa je zur Hälfte nach oben und nach unten gestrahlt (Kugelleuchten, freistrahlende Leuchtstofflampen).
Schwierigere Sehaufgaben erfordern Beleuchtungsstärken, die über die Werte der Tabelle 7-2 hinausgehen. So wird man für Feinstmontage 1500 lx, für Uhrmacherei, Gravieren oder Kontrolle feiner Teile 2000 lx, für Schaufenster in heller Umgebung 3000 lx und für Operationsfeldbeleuchtung 5000 lx und mehr ansetzen müssen.

Beleuchtungsstärken und Leuchtenleistung für verschiedene Raumarten (DIN 5035 und ASR 7/3) Tabelle 7-2

Art des Raumes	Beleuchtungsstärke Lux	Zu installierende Leistung für Glühlampen etwa W/m²	für Leuchtstofflampen[1] etwa W/m²
Feinmechanische Werkstätten, Zeichensaal, Farbprüfung, Verkaufsräume (Warenhäuser), Operationssäle, Glasschleifer	500···1500	500···1500	30···60
Montage, Spinnerei und Weberei, Färberei, Zuschneideraum, Näherei, Druckerei, Büro, Labor, Verkaufsräume, Ausstellungshallen, Ärztesprechzimmer, Klassenräume in Schulen, Datenverarbeitung	300··· 750	30··· 75	12···30
Küche, Bad, Wohnzimmer, Dreherei, Stanzerei, Hobeln, Fräsen, Schreinerei	200··· 500	15··· 30	6···12
Gaststätten, Schlafzimmer, Treppe, Speisekammer, Lagerräume, Schmiede, Eisengießerei, Melkzone im Kuhstall, Milchkammer, Waschküche, Werkstätte, Baustellen, Sägemühlen, chem. Fabriken, Zementwerke	50··· 200	7··· 15	3··· 6
Flure, Toiletten, Keller, Bodenräume, Garagen, Abstellräume, Baustellen, Ställe	20··· 100	4··· 7	1,5···3

[1] Nennaufnahme von Leuchte + Vorschaltgerät

Ist die räumliche Anordnung von Arbeitsplätzen vorgegeben, so empfiehlt sich eine arbeitsplatzorientierte Allgemeinbeleuchtung. Dies ist eine Allgemeinbeleuchtung mit fester Zuordnung zwischen Leuchten und bestimmten Arbeitsplätzen. Die geforderte Nennbeleuchtungsstärke ist bei dieser Art der Beleuchtung nur für den Arbeitsplatz erforderlich, dadurch lassen sich Kosten senken. Die Beleuchtungsstärke in der Umgebung des Arbeitsplatzes sollte jedoch 200 lx nicht unterschreiten.

Die arbeitsplatzorientierte Allgemeinbeleuchtung darf nicht mit der Einzelplatzbeleuchtung verwechselt werden. Die Einzelplatzbeleuchtung ist eine Beleuchtung einzelner Arbeitsplätze zusätzlich zu einer Allgemeinbeleuchtung, z. B. durch eine Schreibtischleuchte.

Die vorgesehenen Werte der Nennbeleuchtungsstärke dürfen bei Überprüfung bestehender Anlagen im Mittel an den Arbeitsplätzen den Wert vom 0,8-fachen der Nennbeleuchtungsstärke und an keinem Platz zu keiner Zeit das 0,6-fache der Nennbeleuchtungsstärke unterschreiten, also auch nicht am Ende der Wartungsperiode. Bei der Planung bezieht sich die Nennbeleuchtungsstärke auf den eingerichteten Raum, daher sind beim leeren Raum gegebenenfalls höhere Werte der Beleuchtungsstärke einzusetzen.
Die Aufgabe des Planers besteht darin, bei vorgegebener Beleuchtungsstärke E in Lux (lx) die Leuchtenstückzahl n festzulegen, d. h. den zu installierenden Gesamtlichtstrom in Lumen (lm) zu ermitteln. Dieser beträgt bei grober Vereinfachung etwa

$$\Phi = 2 \cdot E \cdot S\,,$$

wobei S die Größe der zu beleuchtenden Fläche in m² ist. Die Leuchtenstückzahl ergibt sich zu

$$n = \Phi / \Phi_\mathrm{L}\,,$$

wenn Φ_L der Lichtstrom *einer* Leuchte in lm ist, wie er in den Herstellerlisten angegeben ist.
Die Beleuchtungsstärke allein reicht nicht zur Beurteilung einer Beleuchtungsanlage aus. Von entscheidender Bedeutung sind noch Farbwiedergabe (am besten Glühlampen, Halogenlampen und einige Leuchtstofflampen), Lichtfarbe (Farbtemperatur in K) und Farbempfinden.
Eine exakte und fundierte Beleuchtungsplanung ist ohne den Einsatz von Computern nicht mehr denkbar. Wie groß die Leistungsfähigkeit des jeweils verwendeten Computerprogrammes sein muß, hängt von den Anforderungen ab. Dem Rechner sind z. B. die Daten aller Leuchtentypen, der Reflexionsgrad für Decke, Wände und Boden, die Möblierung u. a. einzugeben. Der Computer stellt dann die Lichtverteilung (Leuchtdichte) graphisch in Perspektive dar.

7.2.2 Auswahl der Leuchten

Als Lichtquellen stehen vor allem die in der Anschaffung billigste Lampe, die Glühlampe, mit etwa 12 Lumen je Watt, und die im Verbrauch günstigste Leuchtstofflampe bis zu 90 Lumen je Watt zur Verfügung.
Überall dort, wo nur mit einer verhältnismäßig *kurzen Einschaltdauer* des Lichts, vielleicht nur in den frühen Morgen- oder in den späten Abendstunden, gerechnet wird, da erweist sich eine Glühlampenbeleuchtung mit ihren geringen

Einrichtungskosten als wirtschaftlicher. Dort aber, wo wir es mit einer langen Einschaltdauer des künstlichen Lichts zu tun haben, etwa sogar den ganzen Tag über, wird sich eine Leuchtstofflampenbeleuchtung trotz ihrer höheren Einrichtungskosten auf die Dauer wesentlich billiger stellen. Eine Leuchtstofflampe hat gegenüber der Glühlampe neben der rund zwei- bis dreifachen spezifischen Lichtleistung eine mehr als siebenmal längere *Lebensdauer,* im Mittel von 7500 Brennstunden. Unter zwei Stunden je Tag im Jahresdurchschnitt stellt sich eine Glühlampenbeleuchtung billiger, über zwei Stunden ist eine Leuchtstofflampenbeleuchtung wirtschaftlicher.

Von Spannungsschwankungen ist die Leuchtstofflampe weit weniger abhängig als die Glühlampe.

Neuzeitliche Elektronik-Energiesparlampen sind Kompaktleuchtstofflampen mit integriertem Vorschaltgerät und einem normalen Glühlampensockel E27. Die Energiesparlampe kostet zwar rd. 25-mal soviel wie eine herkömmliche Glühlampe, braucht aber nur 0,2-mal soviel Energie und hebt 8-mal länger. Die Ersparnis ist somit beträchtlich.

Der Fachverband Elektroleuchten im ZVEI hat ein einheitliches Bezeichnungssystem für elektrische Lampen veranlaßt. Die Kurzbezeichnungen lehnen sich, soweit vorhanden, an die internationale Normung an. Die Abkürzungen beziehen sich in der Regel auf den englischen Sprachgebrauch. Nachfolgend werden Bezeichnungsbeispiele aufgeführt.

Gruppe 1: Glühlampen

1.1 *Standardlampe.* A 60, A 65, A 80 (A Allgebrauchslampe mit Durchmesser). Fassung E 27. 60···200 W.
Die Farbtemperatur liegt bei 2700 K, die Lichtausbeute bei 12 bis 16 lm/W. Auch verspiegelte Lampen.

1.2 *Globelampe.* G 60 bis G 150. Auch verspiegelte Lampen. Fassung E 27. 25···100 W.

1.3 *Pilzformlampe.* M 50 (m = Mushroom), Fassung E 27. 25···100 W.

1.4 *Kerzenlampe.* c 35 (c = Candle lamp), Fassung E 14; 15···60 W.

1.5 *Reflektor-Glühlampen.* R 39 bis 95, Fassung E 14 und E 27. 25···100 W.

Gruppe 2: Halogen-Glühlampen

2.1 *Halogen-Lampe.* QT 9 bis 31 (QT Quartz tubular, Lampe in Röhrenform, einseitig gesockelt). Fassungen G 4, GY 6.35, B 15 d, E 27. 5···250 W. 3200 bis 5600 K. 15···90 lm/W.

2.2 *Halogen-Reflektor-Lampe.* QR 48 bis 111. Fassungen G 4, BA 15 d, Flachstecker 6,3 mm, Klemmschraube M 4. 6···24 V. 10···100 W.

Gruppe 3: Niederdruck-Entladungslampen

3.1 *Leuchtstofflampe, Röhrenform.* T 16 und 26 (T = tubular Lamps mit Durchmesser der Röhre), T-R 29 und 32 (Ringform 212 ∅ und 311 ∅), T-U 26 (U-förmige Lampe). Fassungen G 5, G 13, G 10 g. 4···58 W. Farbtönung des Lichts auswählbar. 65···95 lm/W.

3.2 *Kompakt-Leuchtstofflampe.* TC (TC = Tubular compact). Fassungen G 23, G 24 d – 1···3, 2 G 11, GR 8, E 27. 5···36 W und 85···415 mm lang. Lebensdauer bis 8000 h. Elektronische Vorschaltgeräte. 2700···4000 K.

3.3 *Natriumdampf-Niederdrucklampe.* LST 18···180 W (LST = low pressure sodium lamp tubular mit Wattangabe). Fassung BY 22 d, ∅ 53 mm.

Gruppe 4: Hochdruck-Entladungslampen

4.1 *Quecksilberdampf-Hochdrucklampe.* HME 50···1000 (HME = high pressure mercury, elliptische Form, mit Wattangabe). Fassungen E 27 und E 40. Auch mit eingebautem Vorschaltgerät und in Globeform oder als Reflektorlampe.

4.2 *Halogen-Metalldampf-Hochdrucklampe.* HIE 250 und 1000 (HIE = High pressure iodure, elliptische Form, mit Wattangabe, mit Jod). Fassung E 40. Durch das Halogen Jod werden die Kolbenschwärzungen unterbunden, die Lichtausbeute erhöht und die Abmessungen vermindert. Die Temperatur beträgt etwa 3200···5600 K. Die Lampen eignen sich besonders für hohe Hallen, in denen es auf gute Farbwiedergabe ankommt, für Sportplätze, Straßen und Plätze, Lichtausbeute 70···90 lm/W.

In der Bauart HIT (high pressure iodure, tubular, mit Wattangabe 35 bis 2000) gibt es sie auch in Röhrenform und für Fassungen E 40, G 12, R 7s und Fc 2.

4.3 *Natriumdampf-Hochdrucklampe.* HSE 50···250 (HSE = High pressure sodium, elliptische Form, mit Wattangabe) und HST 70···1000 (High pressure sodium, Tubular, wie vor, aber Röhrenform). Fassungen E 27 und E 40, glühlampenähnliche Lichtfarbe, gute Farbwiedergabe, hohe Lichtausbeute. Farbwiedergabestufe 2 (siehe *Tabelle 7-3*). Mittlere Lebensdauer 5000 h. Lichtausbeute 70···130 lm/W.

Gasentladungslampen benötigen zur Strombegrenzung Vorschaltgeräte. Bisher wurden magnetische Drosselspulen mit hohem Eigen-Energieverbrauch verwendet. Nunmehr setzen sich *elektronische Vorschaltgeräte* (EVG) vermehrt durch. Sie gestatten Energieeinsparungen bis zu 30%, flackerfreien Sofortstart, flimmerfreies Licht, kein stroboskopischer Effekt, kein störendes Brummen, mehr Sicherheit durch automatisches Abschalten defekter Lampen, geringere Wärmeentwicklung, kein Starter notwendig, wahlweiser Betrieb mit Wechsel- oder Gleichspannung, dadurch ideal für Raumbeleuchtungen mit zentraler Notbeleuchtung.

Beispiele für die Auswahl von Leuchten gemäß Farbgruppe und Farbwiedergabe, sowie Nennbeleuchtungsstärke (nach DIN 5035) Tabelle 7-3

Art des Raumes oder der Tätigkeit	Beleuchtungsstärke lx	Lichtfarbe	Farbwiedergabe Stufe
1 Verkehrswege	50	ww, nw	3
2 Treppen	100	ww, nw	3
3 Büroräume	500	ww, nw	2
4 Farbprüfung (z. B. Chemie)	1000	nw, tw	1
5 Schaltanlagen in Gebäuden	100	ww, nw	2
im Freien	20	ww, nw	–
6 Montage von Fernsehgeräten	1000	ww, nw, tw	3
7 Bearbeitung von Edelsteinen	1500	ww, nw, tw	1
8 Sägegatter	200	ww, nw	3
9 Stahl- und Kupferstich	2000	ww, nw, tw	2
10 Auslesen von Obst	300	nw	2
11 Verkaufsräume im Einzelhandel	300	ww, nw	2
12 Schlosserei	300	ww, nw	3
13 Hotelküche	500	ww, nw	2
14 Speiseräume	200	ww	1
15 Haarpflege	500	ww, nw, tw	1
16 Baustellen	20	ww, nw, tw	4
17 Tankstellen	100	Natriumdampflampen zulässig	3

Zur Regelung der *Lichthelligkeit* gibt es sog. Dimmer und Dämmerungsschalter. Sie regeln elektronisch, also verlustfrei und stufenlos. Bedarf besteht beim Fernsehen, in Krankenhäusern, Schaufensterbeleuchtungen, Fotolabors u. a. Die Dimmer mit einem Leistungsbereich von etwa 25 W bis 600 W können in jede vorhandene Unterputzdose anstatt des Lichtschalters eingebaut werden. Sie dienen zum Ein- und Ausschalten bzw. zum „hell"- und „dunkel"-Regeln. Das Regeln von mehreren Schaltstellen aus ist möglich, wenn an Stelle von Wechsel- oder Kreuzschaltern geeignete Lichttaster verwendet werden. Entsprechend der TAB dürfen je Haushaltanlage nicht mehr als 1000 W (Anschlußwert der Lampen) über Dimmer geregelt werden.

Die Güte der *Farbwiedergabe* einer Lampe wird durch den Farbwiedergabeindex R_a nach DIN 5035 gekennzeichnet, wobei die Zahl 100 die höchstmögliche

Wiedergabequalität angibt. Der gesamte R_a-Bereich ist in folgende 4 Stufen eingeteilt:

Stufe	1	2	3	4
Bereich von R_a	85···100	70···84	40···69	< 40

Es gibt drei *Farbgruppen:* Tageslichtweiß (tw), Neutralweiß (nw) und Warmweiß (ww).
Aus Tabelle 7-3 sind Beispiele über die in DIN 5035 Teil 2 enthaltenen Anforderungen ersichtlich.
Die Farbwiedergabeeigenschaften von Lampen können *Tabelle 7-4* entnommen werden.
Leuchtstofflampen werden zur Zeit in den folgenden Lichtfarben hergestellt:

Tageslicht-Weiß, de luxe 11, 15 oder 19, 6000 K
Entspricht dem Tageslicht bei bedecktem Himmel, daher besonders für Farbprüfungen, in der Textilverarbeitung und chemischen Industrie, in ärztlichen Behandlungsräumen und Labors sowie in Schaufenstern angebracht. Typ 11 hat 90 lm/W, Typ 15 hat 50 lm/W.

Hellweiß, 20 – Kennbuchstabe A, 4100 K, 78 lm/W bei 65 W.
Sehr hohe Lichtausbeute, deshalb besonders wirtschaftlich für Industrieanlagen, Verkehrsbeleuchtung, Werkstätten, Schulen, Krankenhäuser.

Weiß de luxe – Zweischichtlampe, 21/22 – Kennbuchstabe C, 3900 K, 50 bis 90 lm/W bei 36 bis 40 W.
Lampe mit zwei Leuchtstoffschichten, erfüllt sehr hohe Ansprüche an die Weiß-Qualität des Lichtes: Verkaufsräume, Bekleidungsgeschäfte.

Weiß – Universal, 25 – Kennbuchstabe B, 4200 K mit Indium-Amalgam.
Eine Lampe mit höherem Rotanteil und deshalb besserer Farbwiedergabe und guter Lichtausbeute, wird am häufigsten verwendet (Büro).

Warmton, 30, 3000 K, 78 lm/W bei 65 W
Warmweißes Licht bei sehr hoher Lichtausbeute. Wirtschaftlichste Lichtfarbe für Außenbeleuchtung, auch zusammen mit Glühlampen.

Warmton de luxe, 31/32 – Kennbuchstabe D, 3000 K, 51 bis 90 lm/W bei 58 bis 65 W
Warmweißes Licht mit hohem Rotanteil. Lichtfarbe dem Glühlampenlicht weitgehend angeglichen. Die Lampe wird mit zwei Leuchtstoffschichten (32) hergestellt und eignet sich vor allem zur Innenraumbeleuchtung in Verbindung mit Glühlampen in Hotels, Theatern, Museen.

Farbwiedergabeeigenschaften von Lampen Tabelle 7-4

Stufen der Farbwiedergabe-Eigenschaften	Lichtfarbe	Typische Lichtquellen	Bemerkungen
1	tageslichtweiß (tw)	Xenon-Lampen, Leuchtstofflampen, Halogen-Metalldampflampen	
	neutralweiß (nw)	Leuchtstofflampen-Weiß	lassen sich mit Tageslicht kombinieren
	warmweiß (ww)	Glühlampen, Halogen-Glühlampen, Leuchtstofflampen-Warmton de Luxe	lassen sich sehr gut mit Glühlampen kombinieren
2	tageslichtweiß (tw)	Leuchtstofflampen-Tageslicht und Halogen-Metalldampflampen	
	neutralweiß (nw)	Leuchtstofflampen-Weiß	lassen sich mit Tageslicht kombinieren
	warmweiß (ww)	Leuchtstofflampen-Warmton	lassen sich mit Glühlampen kombinieren
3	neutralweiß (nw)	Leuchtstofflampen-Weiß, Quecksilberdampf-Hochdrucklampen mit Leuchtstoff	lassen sich mit Tageslicht kombinieren
	warmweiß (ww)	Leuchtstofflampen-Warmton	
4		Natriumdampflampen, Quecksilberdampf-Hochdrucklampen ohne Leuchtstoff	

Natura, 76, 3700 K.

Sehr gute natürliche Farbwiedergabe, besonders bei Fleisch, Lebensmitteln, Blumen.

Interna, 41, 2600 K.

Sehr hoher Rotanteil. Farbwiedergabe praktisch gleich Glühlampenlicht. Für Innenräume, insbesondere in Verbindung mit Glühlampenlicht.

Rosa 61, Gelb 62, Hellgrün 63, Hellblau 64
Für Effektbeleuchtung auf Bühnen, in Kirchen.

Fluora, 77
Die Strahlung liegt hauptsächlich im blauen und roten sichtbaren Spektralbereich. Anwendung für Sämlings- und Jungpflanzenzucht, zur Beeinflussung der Blütenbildung und zum Kultivieren von Blumenzwiebeln.

7.2.3 Sonderleuchten

Zu wirtschaftlicher Beleuchtung von Fabriken und Werkstätten, in denen die Art der Farbwiedergabe untergeordnet ist, sowie für Außen- und Flutlichtbeleuchtung eignen sich die *Hochdruck-Leuchtstofflampen* (Quecksilberdampflampen HgL). Diese sind in 8 Typen von 50 bis 2000 W abgestuft. Die Lichtausbeute beträgt etwa das Dreifache wie bei Glühlampen (27 bis 60 lm/W). Die mittlere Lebensdauer kann mit 9000 Brennstunden angesetzt werden. Die Lichtfarbe der reinen Quecksilberdampflampen ist bläulich-grün, die der HQL-Lampen mit Leuchtstoffschicht weiß, in der de-luxe-Typenreihe sogar warmweiß. Da Vorschaltgeräte und eventuell auch ein Kompensations-Kondensator erforderlich sind, kostet die Anlage mehr als bei Glühlampen. Die Lampen brauchen einige Minuten Anlaufzeit bis zur vollen Lichtabgabe. Nach dem Erlöschen zünden die Lampen erst wieder nach einer Abkühlzeit von einigen Minuten, Farbtemperatur 3400 bis 3800 K.
Bei *Mischlichtlampen* sind in einem mit Leuchtstoff beschäumten Außenkolben ein Quecksilberdampf-Hochdruckbrenner und eine Wolfram-Wendel hintereinander geschaltet. Die Glühwendel dient als Lichtquelle und als Vorschaltwiderstand für den Quecksilberdampf-Hochdruckbrenner. Ein weiteres Vorschaltgerät ist dann nicht erforderlich. Die Nennleistung beträgt 160 bis 500 W.
Die Lichtausbeute ist bis 50% höher als bei Glühlampen gleicher Leistung, nämlich 20 bis 28 lm/W. Die Umgebungstemperatur beeinflußt den Lichtstrom praktisch nicht. Das Wiederzünden ist verzögert wie bei der Quecksilberdampf-Hochdrucklampe. Die Lichtfarbe ist tageslichtweiß. Die mittlere Lebensdauer beträgt 5000 Brennstunden.
Das Licht der *Xenonlampe* (1000 bis 20 000 W) kommt der Farbe des mittleren Tageslichts am nächsten. Deshalb wird diese Lampe zur Farbabmusterung und für Projektionen benutzt. Sie braucht ein Vorschalt- und Zündgerät.
Das gelbe *Natriumdampflicht,* auch aus Natriumdampf-Hochdrucklampen, das durch seine Einfarbigkeit die Sehschärfe zu steigern vermag, wird dort verwendet, wo auf natürliche Farberkennung verzichtet werden kann. Es gibt Typen von 40 bis 1000 W. Die Lichtausbeute beträgt 50 bis 180 lm/W, die

Lebensdauer 9000 Brennstunden. Vorschaltgeräte sind erforderlich. Farbtemperatur etwa 2100 K. Ein Hersteller bringt solche Lampen mit 50 W und 70 W in den Handel, die mit externem Zündgerät gestartet werden. Dadurch wird die Wiederzündzeit von 15 min auf etwa 30 s verkürzt. Natriumdampf-Niederdrucklampen werden z. B. mit 18 W und 100 lm/W als Orientierungs- und Sicherheitsbeleuchtung hergestellt.
Als *Lumineszenzstrahler* gibt es Leuchtplatten (Leuchtkondensatoren), bei denen Leuchtstoffe im elektrischen Wechselfeld zum Leuchten gebracht werden. Die Kapazität beträgt bei 220 V und 50 Hz $C = 500$ pF/cm^2. Die Lichtausbeute ist bei grüner Lichtfarbe am größten: etwa 3 lm/W. Für die Allgemeinbeleuchtung kommt die Platte nicht in Frage.
Seit dem Jahr 1960 gibt es *Laserstrahlen* in Gewerbe-, Theater- und Schau-Betrieben. Laser erzeugen eine intensive, stark gebündelte und streng einfarbige Strahlung im Bereich des sichtbaren Lichts oder im unsichtbaren infraroten oder ultravioletten Spektralbereich. Es handelt sich um eine elektromagnetische Strahlung, deren Wirkung von der Strahlungsleistung, der Einwirkungsdauer und dem Strahlenquerschnitt abhängt. Schäden (Augen- und Hautschäden, Brandschäden u. a.) sind schon bei 10^{-6} W möglich. Daher sind bei der Anwendung die Unfallverhütungsvorschrift VBG 93, DIN VDE 0836 und DIN 58 126 und 58 215 zu beachten. Bühnenlaser in Theatern und Diskotheken haben im Gegensatz zu Lichteffekten mit herkömmlichen Bühnenscheinwerfern eine stark räumliche Wirkung. Die Führung und Reflektion der Strahlung ist jedoch so zu gestalten, daß sie nicht in Augenhöhe von Beschäftigten und Besuchern gelangt. Das Lasergerät und der Strahlengang sind durch einen Fachmann ständig zu überwachen.
Dekorationsgegenstände, wie Glitzer- oder Party-Leuchten, sowie beleuchtete Aschenbecher können durch Trägerflüssigkeiten und Metallplättchen wechselnde Licht- und Farbeffekte erzeugen. Wenn sie nicht den anerkannten Regeln der Technik entsprechen, können sie Ursache tödlicher Unfälle werden. Ein in Vorbereitung befindlicher Entwurf DIN VDE 0710 Teil 18 wird die Bestimmungen für Leuchten mit Flüssigkeitsfüllungen festlegen. Schon jetzt aber ist die zweite Verordnung zum Gerätesicherheitsgesetz vom 26. 11. 1980 in Kraft, die den Hersteller verpflichtet, nur gefahrlose Leuchten in den Verkehr zu bringen. Man sollte daher nur Leuchten mit dem „GS"-Zeichen erwerben.

7.2.4 Errichtung von Beleuchtungsanlagen (DIN VDE 0100 Teil 559)

Leuchten sind so anzubringen, daß kein Wärmestau entsteht und daß sie nicht mit entzündlichen Stoffen, wie Gardinen, Lagergüter, Dekorationsstoffe, in

Berührung kommen, wobei die zulässige Gebrauchslage, das Brandverhalten des Materials der Montagefläche und der thermisch beeinflußten Flächen zu berücksichtigen sind. Brände durch Beleuchtungsstarter sind nicht selten.

Die *Aufhängevorrichtung* für Leuchten, z. B. der Deckenhaken, muß entsprechend kräftig ausgeführt und in der Decke befestigt sein. Sie muß imstande sein, das fünffache Gewicht der daran befestigten Leuchte, mindestens aber 10 kg tragen zu können. An Unterdecken dürfen Leuchten nur befestigt werden, wenn die Unterdecke und deren Aufhängung ausdrücklich dafür geeignet sind.

Nach DIN VDE 0606 gibt es die Leuchtenanschlußdose zum Anschluß von Leuchten an die festverlegte Leitung.

Die Leuchten sind in den Schutz bei indirektem Berühren einzubeziehen, auch wenn sie außerhalb des Handbereichs angeordnet sind. Die Zuleitungen dürfen durch Bewegen der Leuchte nicht beschädigt werden können. Bei Pendelleuchten ist also z. B. ein Isolierring anzuordnen, und die Zuleitungen sind nicht um den Deckenhaken zu wickeln.

Als *Leitungen in Leuchten* sind u.a. Silikon-Aderleitungen und wärmebeständige PVC-Verdrahtungsleitungen zugelassen.

Die Leitungen in und an der Leuchte müssen übersichtlich und so geführt werden, daß ein Beschädigen der Leitungen oder ihrer Isolation vermieden wird. Dies gilt insbesondere auch für die heute vielfach verwendeten kunstgewerblichen Leuchten in „Bauernstuben“ und dgl. Als Leitung zum Aufhängen von Leuchten empfiehlt sich die wärmebeständige PVC-Pendelschnur NYPLYw.

Ortsfeste Leuchten können mit Leuchtenklemmen (Lüsterklemmen), mit Steckvorrichtungen oder auch unmittelbar an die Zuleitung angeschlossen werden. Bei Unterputzinstallation müssen für Wandleuchten die Zuleitungen in Wanddosen mit Abzweig- oder Lüsterklemmen enden. Die Zuführungsleitung zu Lichtbändern darf nur über eine Geräteklemme, nicht über eine Leuchtenklemme angeschlossen werden (vgl. 7.2.6).

Feste Anschlußleitungen müssen einen Leiterquerschnitt von mindestens 0,75 mm^2 haben. Wenn in den Leuchten Steckdosen eingebaut sind, muß der Leiterquerschnitt mindestens 1,5 mm^2 betragen.

Ortsveränderliche Leuchten dürfen durch Steckvorrichtungen oder fest, aber zugentlastet, z. B. über eine Geräteanschlußdose, angeschlossen werden. Die Leitungen dürfen durch Bewegen der Leuchte nicht beschädigt werden können. Handleuchten müssen strahlwassergeschützt IP 55 oder wasserdicht IP 56 sein.

Leuchten, die für andere Umgebungstemperaturen als 30 °C bestimmt sind, müssen entsprechend gekennzeichnet sein, und zwar z. B. durch die Angabe

„T 45 °C“ oder „nur für Außenbeleuchtung“. Leuchten für rauhe Betriebe müssen mit dem Hammersymbol T gekennzeichnet sein.

Auf einer Handleuchte können sich z. B. folgende Aufschriften finden:
T ▲▲ ◈ ⧈ 60 W T 30 °C.

Diese bedeuten: Handleuchte für rauhe Betriebe, in wasser- und staubdichter Ausführung, schutzisoliert, höchstens 60 W, für eine Umgebungstemperatur von maximal 30 °C.

Als *rauhe Betriebe* gelten Betriebe der Schwerindustrie, Grobwerkstätten, Baubetriebe, Betriebe in der Industrie der Steine und Erden, Landwirtschaft oder Arbeiten im Freien.

Handleuchten in oder an Kesseln, Behältern, Rohrleitungen, Stahlgerüsten u. ä. aus leitfähigen Stoffen dürfen nach DIN VDE 0100 Teil 706 nur mit Schutzkleinspannung oder Schutztrennung betrieben werden. Dasselbe gilt für Faßausleuchten (Hohlraumleuchten) und ortsveränderliche Backofenleuchten sowie für Leuchten, die für die Instandsetzungs- oder Reinigungsarbeiten vorübergehend in Kesseln und ähnlich engen Räumen mit leitenden Baustoffen fest eingebaut werden. Sicherheitstransformatoren oder Trenntransformatoren müssen außerhalb des Kessels bzw. Fasses aufgestellt werden. Als bewegliche Leitungen müssen mindestens Leitungen der Bauart H07 RN-F bzw. A07 RN-F verwendet werden. Stecker und Kupplungsdosen müssen ein Isolierstoffgehäuse haben. Schalter dürfen in Verlängerungsleitungen nicht eingebaut werden. Montagegruben in Garagen oder Kraftfahrzeug-Instandsetzungswerkstätten gelten nicht als enge Räume im Sinne dieser Bestimmungen. Diese Bestimmungen gelten nicht für die Fertigungsstätten der Herstellerbetriebe, wenn durch andere geeignete Maßnahmen für die Sicherheit beim Bau der Kessel usw. gesorgt wird.

Leuchten zum *Einbau in Möbeln* sind in den Verkaufsunterlagen als solche zu kennzeichnen. Eine Montageanweisung ist beizufügen. Der Anschlußraum für den Netzanschluß muß so groß sein, daß 8 cm der anzuschließenden Leitungen untergebracht werden können.

Möbelleuchten für Glühlampen müssen mit dem Zeichen ▽M ▽M gekennzeichnet sein. Möbelleuchten für Entladungslampen müssen das Zeichen ▽M ▽M tragen, wenn das Brandverhalten der Einrichtungsgegenstände, in und an die sie montiert werden, nicht bekannt ist. Dadurch wird im normalen Betrieb eine Temperatur von höchstens 95 °C an der Befestigungsfläche und von höchstens 115 °C im Fehlerfall des Vorschaltgerätes sichergestellt. Die ▽F-Kennzeichnung (siehe 7.2.6) kann entfallen, da Möbelleuchten die dort gestellten Bedingungen ebenfalls einhalten.

Auf normal- oder schwerentflammbaren und nichtbrennbaren Werkstoffen dürfen auch Leuchtstoffleuchten mit dem Zeichen ▽M montiert werden.

Nach DIN VDE 0711 dürfen Leuchten (einschließlich Vorschaltgerät) einen Ableitstrom bis max. 1 mA je Leuchte haben. Dies ist zu beachten, wenn z. B. einer Leuchtengruppe ein FI-Schalter mit $I_{\Delta N} = 30$ mA vorgeschaltet wird. Zur Vermeidung von Betriebsstörungen ist es daher zweckmäßig, die Leuchtengruppe klein zu halten und mehrere FI-Schalter vorzusehen.

7.2.5 Errichtung von Leuchten für Glühlampen

Die aktiven Teile der Lampenfassungen und des Lampensockels dürfen bei voll in die Fassung eingeschraubter Lampe nicht berührbar sein. Bei Fassungen E 10, E 14 und E 27 darf der Lampensockel nicht berührbar sein, wenn er während des Einschraubens mit aktiven Teilen Kontakt erhält.
Lichtquellen mit starker Wärmestrahlung, z. B. Scheinwerfer oder Halogenleuchten, sind so anzubringen, daß sich leicht entzündliche Stoffe ihnen nicht brandgefährlich nähern können. Bei Strahlerleuchten kann ein bestimmter Abstand zur angestrahlten Fläche erforderlich sein. Dieser muß auf der Leuchte durch das Symbol ⊂···mE angegeben werden. Im übrigen gilt:

Lampenleistung in W	Mindestabstand in m
100	0,5
300	0,8
500	1,0

Lichtketten dürfen keine berührbaren Metallteile enthalten, die im Fehlerfalle Spannung annehmen könnten. Sie müssen also ,,schutzisoliert" sein. Wenn fabrikationsmäßig hergestellte Lichtketten, auch Christbaumketten, im Freien verwendet werden sollen, dann muß neben dem Schutzisolierungs-Symbol ⧈ das entsprechende Schutzartzeichen IP X3 ⍌ auf den verwendeten Fassungen angegeben sein. Illuminationsfassungen sind zum Anschluß an die Illuminationsleitung mit Kontaktspitzen oder Kontaktschneiden ausgerüstet, die die Isolierung der Illuminationskettenleitung durchdringen und die elektrische Verbindung mit den Leitern herstellen.
Aquarienleuchten dürfen nicht unter Wasser betrieben werden. Als Anschlußleitung ist neben H05RN-F auch die leichte PVC-Schlauchleitung H03VV-F zugelassen. In der Verbindungsleitung zur wasserdichten Leuchte dürfen Schnurzwischenschalter in nicht wassergeschützter Ausführung eingebaut werden, sofern der Abstand zwischen Leuchte und Schalter mindestens 0,6 m beträgt. Wenn die Leuchte mit dem Aquarium eine unlösbare Einheit bildet, ist für sie eine spritzwassergeschützte Ausführung zulässig.

7.2.6 Errichtung von Leuchten für Leuchtstofflampen

Alle Gasentladungslampen brauchen ein strombegrenzendes Glied, z. B. ohmsche Widerstände, Kondensatoren oder Drosseln. Letztere haben sich am meisten eingeführt *(Bild 7-16)*. Um die Lampe im Falle eines Erdschlusses innerhalb der Leuchte vor einer Zerstörung zu bewahren, muß die Drossel unbedingt in den Außenleiter (Phase) gelegt werden.

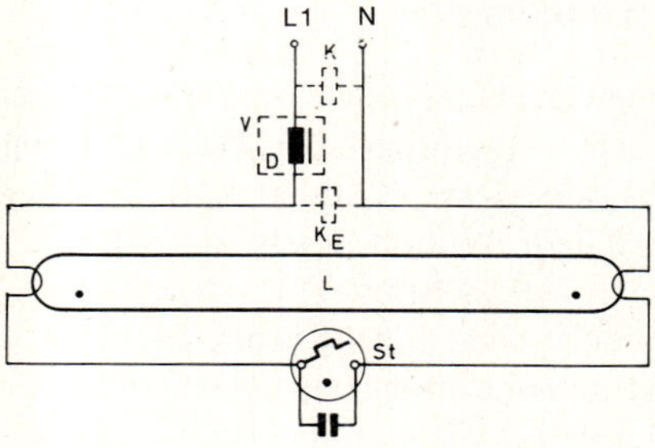

Bild 7-16: L = Lampe, St = Starter, V = Vorschaltgerät, D = Drosselspule, K = Kompensations-Kondensator (soweit erforderlich), K_E = Entstörkondensator (entfällt bei Verwendung eines Starters)

Die *Duo-Schaltung (Bild 7-17)* sollte bevorzugt werden, weil Oberwellengehalt und Flimmererscheinungen besonders gering sind. Sie ist eine Anordnung zweier gemeinsam einzubauender Lampen mit besonderem Vorschaltgerät, das für die eine Lampe eine induktive, für die andere eine kapazitive Strombegrenzung enthält.

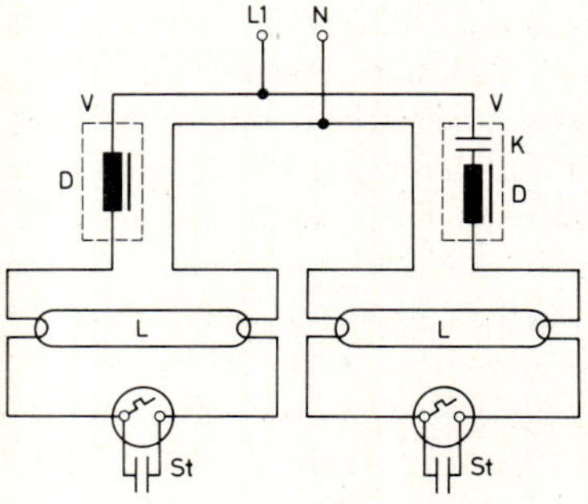

Bild 7-17: Duo-Schaltung von Leuchtstofflampen; L Lampe, St Starter, V Vorschaltgerät, D Drossel, K Kondensator

Bei der kapazitiven Schaltung muß der Reihenkondensator in der Phasenleitung angeordnet werden, damit am Vorschaltgerät keine unzulässig hohen Spannungen auftreten. Aus dem gleichen Grund müssen bei Leuchten mit

kapazitiver oder Duo-Schaltung, wenn sie über Steckvorrichtungen an das Netz angeschlossen werden, pol-unverwechselbare Steckvorrichtungen verwendet werden, oder die Vorschaltgeräte müssen für eine höhere Reihenspannung bemessen sein.
Der Betrieb von Entladungslampen mit den üblichen Vorschaltgeräten hat einen Leistungsfaktor cos $\varphi \approx 0{,}4$ bis 0,6.
Mit Kompensations-Kondensatoren, die parallel zum Netz geschaltet werden, wird der Leistungsfaktor auf $\varphi \approx 0{,}95$ verbessert.
Nach der TAB ist grundsätzlich die Kompensation des induktiven Blindstroms von Leuchten, ausgenommen Entladungslampen mit einer Leistung bis zu 22 W (Einzelschaltung) und 14 W (Tandemschaltung, je Lampe) und bis zu 130 W Lampenleistung je Außenleiter, erforderlich. Tandemschaltung bedeutet Reihenschaltung von z. B. zwei 110-V-Leuchtstofflampen am 230-V-Netz mit *einem* Vorschaltgerät *(Bild 7-18)*.

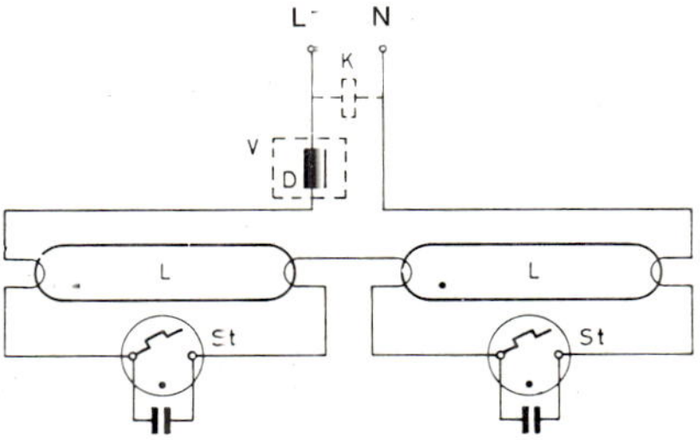

Bild 7-18: Schaltung für Lampen mit niedriger Brennspannung an einer Drossel (Erklärungen der Beschriftung siehe Bild 7-16)

Bei Leuchtstofflampen mit kapazitiver Schaltung und Verwendung entsprechender Kondensatoren in Reihenschaltung tritt Überkompensation ein. In Duo-Schaltung (je eine induktiv und eine kapazitiv betriebene Lampe) ergibt sich dann ebenfalls ein Leistungsfaktor von $\approx 0{,}95$.
Die Duo-Schaltung oder eine Schaltung von Einzellampen in Gruppen, die je zur Hälfte mit gleichmäßig auf den Außenleiter aufgeteilten kapazitiven und induktiven Vorschaltgeräten betrieben werden, ist immer dann vorzusehen, wenn in Netzen Tonfrequenz-Rundsteueranlagen bestehen oder geplant sind. In solchen Netzen dürfen nur mit ausdrücklicher Zustimmung des EVU netzparallele Kondensatoren angewandt werden.
Kondensatoren für einzelne Entladungslampen müssen DIN VDE 0560 Teil 6 entsprechen. Sie müssen mit dem Zeichen Ⓕ (feuer- und platzsicher) oder mit dem Zeichen Ⓕ (feuersicher) sowie mit der Aufschrift 560-6 gekennzeichnet sein. Zur Vermeidung von Schockwirkungen beim Berühren abgeschalteter Anlagen können die Kondensatoren mit Entladewiderständen ausgerüstet

werden. Entladungswiderstände, die mit Kondensatoren baulich vereinigt sind (meist in die Kondensator-Anschlußklemmen eingebaut), begrenzen die Spannung am Kondensator 1 min nach dem Abschalten auf 50 V.
Werden mehrere Leuchtstofflampen über einen gemeinsamen Kondensator betrieben, so werden hierfür Leistungskondensatoren nach DIN VDE 0560 Teil 4 verwendet. Diese dürfen nach DIN VDE 0100 Teil 559 bei einer Nennleistung über 1,5 kvar nur in Verbindung mit Entladewiderständen betrieben werden.
Die Größe der Kondensatoren bei 230 V und Einzelkompensation beträgt etwa die in *Tabelle 7-5* angegebenen Werte.

Blindlast-Kondensatoren für Leuchtstofflampen Tabelle 7-5

Lampenleistung W	18 bis 36	58
Kondensatorkapazität µF		
– für Parallelschaltung etwa	4,5	7
– für kapazitive Schaltung etwa	3,3	5,3

Damit die Leuchtstofflampe stabil brennt, muß die Versorgungsspannung etwa doppelt so groß wie die Lampenbrennspannung sein.
Lampen mit besonders niedriger Brennspannung können in 230-V-Netzen in Reihenschaltung an *einer* Drossel betrieben werden (Bild 7-18). Das ist z. B. bei Lampen für 4 W, 6 W, 8 W, 15 W, und 20 W der Fall. Dabei läßt sich für die Reihenschaltung von zwei 4-W-Lampen das Vorschaltgerät für 6 W, für zwei 15-W-Lampen dasjenige für 30 W und für zwei 20-W-Lampen dasjenige für 40 W verwenden. Für die Reihenschaltung von zwei 6-W- bzw. zwei 8-W-Lampen sind besondere Vorschaltgeräte im Handel.
Leuchtstofflampen können auch an Gleichspannung betrieben werden, wobei sich jedoch ihre Lichtausbeute ganz wesentlich verringert. Die Lampen müssen von Zeit zu Zeit umgepolt werden.
Verschiedene Hersteller bieten seit einiger Zeit *vollelektronische Vorschaltgeräte* für Leuchtstofflampen an. Diese Vorschaltgeräte eignen sich nur für die dünnen 26-mm-Lampen. Sie haben gegenüber den konventionell mit Drossel und Starter betriebenen Lampen folgende Vorteile: Die Lampen zünden innerhalb 0,5 s flackerfrei und geräuschlos, da sie mit Hochfrequenz betrieben werden. Des weiteren: kein Elektrodenflimmern, kein stroboskopischer Effekt, Sicherheitsabschaltung bei defekter Lampe oder Übertemperatur, für Wechsel- und Gleichspannung (Batteriebetrieb) geeignet.

Leistungsaufnahme von 26 mm-Lampen Tabelle 7-6

Standard-Stablampen	590 mm	1200 mm	1500 mm
Betrieb an:			
Drossel und Starter	18 W	36 W	58 W
Elektronischem Vorschaltgerät	16 W	32 W	50 W

Der Leistungsfaktor beträgt etwa 0,95 kapazitiv, die Leuchten müssen somit nicht mehr kompensiert werden. Die Leistungsaufnahme der Lampen vermindert sich bei nahezu gleichem Lichtstrom bis zu 30%.
Der Leistungsverbrauch des elektronischen Vorschaltgerätes ist geringer als der der Drossel, z. B. für die 1500-mm-Lampe etwa 5 W anstatt 13 W.
Die elektromagnetischen Störungen sind geringer als die der Drossel. Der Nachteil der elektronischen Vorschaltgeräte liegt derzeit noch im höheren Preis.
Der Lichtstrom der Leuchtstofflampen ist temperaturabhängig *(Bild 7-19)*, wobei das Optimum für Standardlampen bei Umgebungstemperaturen zwischen 20 und 25 °C liegt. Durch Cadmium- oder Indiumamalgam u. a. kann man den Lichtstrom von 15 bis 80 °C Umgebungstemperatur konstant halten.

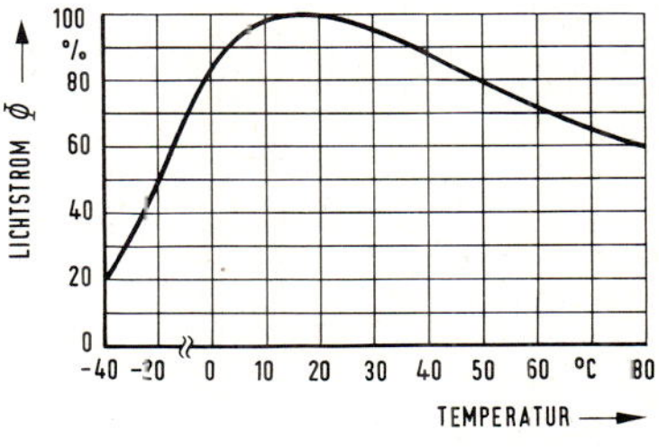

Bild 7-19: Abhängigkeit des Lichtstroms Φ einer 58-W-Leuchtstofflampe von der Umgebungstemperatur

Eine Lichtausbeute von 100 lm/W und guter Farbwiedergabe läßt sich bei weißem Licht als obere Grenze abschätzen.
Werden Lichtbänder auf alle drei Außenleiter aufgeteilt, wodurch der stroboskopische Effekt (störende Flimmererscheinungen und Bewegungstäuschungen) vermieden wird, so muß jeder solcher Drehstromkreis durch einen allpoligen Schalter geschaltet werden.
Um bei Kurzschluß an einem Außenleiter den Ausfall des gesamten Drehstromkreises zu vermeiden, sollte ein allpoliger Schalter einem allpolig

schaltenden LS-Schalter vorgezogen werden. Dies erhöht die Versorgungssicherheit der Beleuchtungsanlage. Die zum Drehstromkreis gehörenden Leitungen müssen in *einem* Rohr, in *einer* mehradrigen Leitung oder in denselben Hohlräumen von Lichtbändern oder Vouten verlegt sein, wobei der Neutralleiter gemeinsam sein kann.

Für die *Durchgangsverdrahtung* von Lichtbändern dürfen nur dann nichtwärmebeständige Leitungen verwendet werden, wenn der Leuchtenhersteller bestätigt, daß an keiner Stelle des Verdrahtungsraumes eine höhere Temperatur als 55 °C auftritt. Der Nennquerschnitt der Leitungen ist dann nach den Tabellen 4-6 und 4-7 zu bestimmen. Treten höhere Temperaturen auf, dann sind wärmebeständige Leitungen, z. B. H05SJ-K, zu wählen, wobei über die Belastbarkeit dieser Leitungen Tabelle 4-10 Auskunft gibt. Die Ursache höherer Temperaturen liegt einerseits in der z. T. punktuell vorhandenen höheren Temperatur durch die Kompaktbauweise der Vorschaltgeräte, andererseits in den höheren Umgebungstemperaturen durch andere Wärmeerzeuger in den Deckenhohlräumen, z. B. Klimaanlagen mit Deckenheizungen.

Für die Durchgangsverdrahtung dürfen nur solche Hohlräume in den Leuchten benutzt werden, die dafür vorgesehen sind und in denen das Verlegen der Leitungen ohne Verletzung der Isolierung möglich ist. In diesen Räumen dürfen die Leitungen mehrerer Lampenstromkreise gemeinsam verlegt werden. Die Klemmen (Verbindungsklemmen nach DIN VDE 0606) müssen an der Leuchte befestigt und gegen zufälliges Berühren geschützt sein.

Werden Lichtbänder pendelnd aufgehängt und sind sie nach der Decke offen, dann ist für einen zusätzlichen Berührungsschutz der im Lichtband enthaltenen Leitungen zu sorgen, wenn sie im Handbereich angeordnet sind.

Auch vorschriftsgemäße Vorschaltgeräte können im Fehlerfall zur *Brandgefahr* werden. Drosseln mit Windungsschluß erhitzen sich übermäßig, ohne daß die Sicherung anspricht. Kondensatoren mit brennbarer Füllung können explosionsartig zerstört werden und leicht entzündliche Stoffe auch am Fußboden entzünden. Leuchten auf normal entflammbaren Baustoffen (z. B. Holz oder Spanplatten) können diese im Fehlerfall entzünden.

In DIN VDE 0710 wurden die Bedingungen für Leuchten festgelegt, die es erlauben, Leuchten für die Entladungslampen auf schwer- oder normalentflammbaren Baustoffen (Klasse B 1, B 2, DIN 4102, s. 1.16) anzubringen. Solche Leuchten sind mit ▽F bzw. ▽M gekennzeichnet. Leuchten für durch Staub oder Faserstoffe feuergefährdete Betriebsstätten sind mit ▽F▽F gekennzeichnet. Sie sind mindestens in Schutzart IP 54 ausgeführt. Werden Leuchten auf Einrichtungsgegenständen, z. B. Schrankwänden, Gardinenleisten, angebracht, deren Brandverhalten nicht bekannt ist, so müssen sie das Zeichen ▽M▽M tragen.

Leuchten für Entladungslampen ohne das Zeichen ▽F dürfen auf Gebäudeteilen aus schwer- oder normalentflammbaren Baustoffen nach DIN 4102 Teil 1 angebracht werden, wenn ein Abstand von min. 35 mm von der Leuchte zur Befestigungsfläche eingehalten wird. Sofern Leuchten gegenüber ihrer Befestigungsfläche nicht geschlossen sind, müssen sie auf ihrer ganzen Länge und Breite mit mindestens 1 mm dickem Blech abgedeckt werden.
Vorschaltgeräte als nicht selbständiges Zubehör von Leuchten im Sinne DIN VDE 0710 dürfen nicht auf brennbarer Unterlage angebracht werden. Es sind ein Mindestabstand von 35 mm zur Befestigungsfläche und ausreichende Abstände zu anderen thermisch beeinflußten Flächen einzuhalten. Werden diese Vorschaltgeräte in Gehäuse eingebaut, ist für die Abfuhr der Wärme zu sorgen.
Zur Regelung der Lichthelligkeit von Leuchtstofflampen mit einem Rohrdurchmesser von 38 mm gibt es spezielle Dimmer.
In der Installation sind bei Einsatz derartiger Dimmer einige Änderungen notwendig:
Ersatz des Starters durch einen Heiztransformator, der die Lampe auch in herabgeregeltem Zustand mit ausreichender Zündspannung versorgt;
Überstreifen eines Zündgitters (Metallstrumpfes) über die zu regelnde Lampe als Zündhilfe und deren Befestigung durch Clips mit Erdungslitze;
Einsatz einer ohmschen Grundlast von 25 W je Regelkreis. Handelsübliche Leuchtstofflampen mit einem Rohrdurchmesser von 26 mm können mit Hilfe spezieller Heiztransformatoren mit elektronischer Zündhilfe gedimmt werden, die neben der Drossel in die Leuchte eingebaut werden können. Dieser Baustein ermöglicht wahlweise das Dimmen der Leuchtstofflampe mit konventionellen Lichtsteuergeräten (Phasenanschnittsteuerung) als auch mit stellbaren Impedanzen (Amplitudensteuerung). Eine spezielle Lampe mit Zündgitter (Metallfolie) ist damit nicht mehr für das Dimmen erforderlich.

7.2.7 Installationskanalleuchten

Langfeld-Leuchten (Leuchtstoff-Lampen) werden oft zu Lichtbändern oder Lichtsträngen, die eine ganze Werkhalle durchziehen, aneinandergesetzt, wozu sich auch Schienenverteiler (vgl. 3.11) eignen. Der Abstand der Stränge voneinander soll 3 h bei grober Arbeit und 2 h bei feiner Arbeit betragen. Dabei bedeutet h den Abstand des Lichtpunktes zur waagrechten Maßebene. Diese befindet sich bei Beleuchtungsmessungen 0,85 m über dem Fußboden.
Auf einer solchen Ebene wird die mittlere Beleuchtungsstärke E_m in Lux (lx) gemessen. Je nach der Lampenanordnung ergeben sich Beleuchtungstärken nach *Tabelle 7-7*.

Beleuchtungsstärken von Leuchtstofflampen Tabelle 7-7

Aufhänge-höhe der Leuchte	Lampen-leistung	Beleuchtungsstärke 	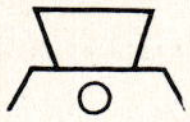				
m	W	lx	lx	lx	lx	lx	lx
3	36	50	80	110	160	170	250
	58	60	90	130	180	190	290
4	36	40	60	90	120	130	200
	58	50	70	110	140	150	240
5	36	30	50	70	100	110	170
	58	40	60	80	120	120	190

Für große Räume und Bürohaus-Neubauten, auch mit versetzbaren Zwischenwänden, sind Einbauleuchten besonders geeignet, wenn sie in einem Installationskanal zusammengefaßt werden. Der Kanal dient der Aufnahme aller Leitungen, die sonst in die Decke eingeputzt oder über die Lattung verlegt werden müßten *(Bild 7-20)*. Er wird über die ganze Rohbaulänge verlegt und nimmt erst nach Vollendung des Baus die Leuchteneinsätze auf. Diese können in dem Kanal je nach Bedarf und beliebig verschiebbar als durchgehendes Lichtband oder als unterbrochene Leuchtenreihe angeordnet werden. Zwischen den Leuchten wird der Kanal mit weißlackierten Abdeckblechen überdeckt. Werden andere Stromkreisaufteilungen notwendig, z. B. beim Versetzen der Wände, so kann ohne Neumontage, lediglich durch Umklemmen im Kanal oder Verschieben der Einsätze und Abdeckbleche die Leuchtenanordnung geändert werden.

In dem Kanal können auch nach zusätzlicher Betriebsisolierung Fernmeldeleitungen verlegt werden, solche der Bundespost jedoch nur in geerdeten Metallrohren.

Die Leuchten dürfen aus akustischen Gründen nicht mehr als 20% der Deckenfläche beanspruchen. Sie sollen, um die Luftführung nicht nachteilig zu beeinflussen, eben mit der Decke abschließen.

Es sind nur Leuchten zu verwenden, die vom Hersteller für den Einbau in Lichtbänder vorgesehen sind. In der Nähe der Vorschaltgeräte werden Temperaturen bis 120 °C erreicht. Daher sind für die innere Verdrahtung wärmebeständige Leitungen zu verwenden, z. B. H 05 SJ-K. Die Verwendung isolierter Verbindungsklemmen nach DIN VDE 0606 wird empfohlen.

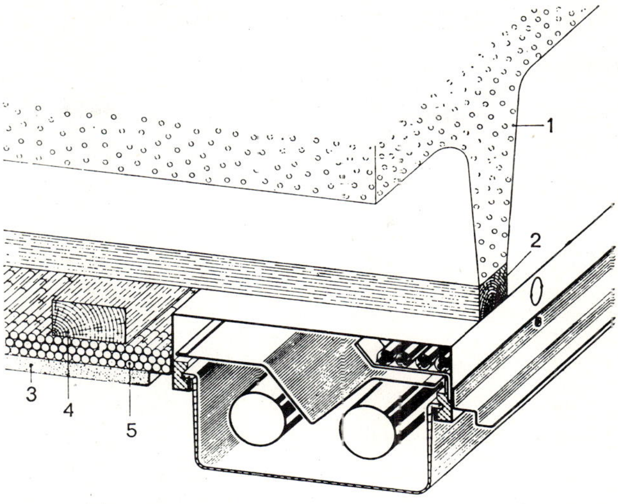

Bild 7-20: Einbauskizze für Installationskanalleuchten,
1 Betonrippe, 2 Planplatte, 3 Gips, 4 Konterlatte, 5 Rohrmatte

Bei der Montage von z. B. Rasterleuchten ist es oft schwer, die einzelnen leitfähigen Leuchtenteile einwandfrei an den Schutzleiter anzuschließen. Die Montageanweisungen sind sorgfältig zu beachten.

7.2.8 Einschaltstrom

Bei Glühlampen ist mit hohem Einschaltstrom zu rechnen:

bei 40 W etwa mit dem sechsfachen,
bei 100 W etwa mit dem neunfachen,
bei 500 W etwa mit dem zwölffachen,
bei 2000 W etwa mit dem vierzehnfachen Nennstrom.

Leuchtstofflampen und Quecksilberdampf-Hochdrucklampen haben etwa den zweifachen, Mischlichtlampen bis zum 1,5-fachen Nennstrom. Bei Natriumdampflampen überschreitet der Einschaltstrom den Nennstrom nicht.

7.2.9 Klimaleuchten

Elektrische Leuchten übertragen Wärme auf ihre Umgebung *(Tabelle 7-8)*.

Energieverteilung bei Leuchten Tabelle 7-8

Energieaufteilung	Glühlampe 100 W %	Leuchtstofflampe 36 W %
Sichtbare Strahlung	10	19
Wärmestrahlung	72	31
Wärmeleitung und Konvektion	18	36
Vorschaltgerät	—	14

Durch Einbau-Deckenleuchten werden 40 bis 55% der in der Leuchte installierten Leistung nach unten in den Raum abgegeben. Durch Klimaanlagen muß eine Mindestmenge an Frischluft zugeführt werden, die als Abluft das Gebäude verläßt. Diese Luft kann nun durch oder um die Leuchten geleitet werden. Besteht im ganzen Gebäude ein Wärmeüberschuß, so wird die Abluft ins Freie geblasen. Andernfalls kann ein Teil der angewärmten Abluft der Zuluft beigemischt oder über einen Wärmeaustauscher an ein Wassersystem übertragen werden.
In Großraumbüros sind Lichtleistungen von vielen 100 kW und Betriebszeiten von 2500 Stunden jährlich keine Seltenheit. Es werden somit beachtliche Wärmemengen frei, die bei rechtzeitiger Planung abgeführt und nutzbringend verwertet werden können.

7.2.10 Beleuchtung von Räumen mit Bildschirmarbeitsplätzen

Arbeitsplätze mit Datensichtgeräten sind zu einem vertrauten Merkmal vieler Büros geworden. Richtige Beleuchtung ist Voraussetzung, um am Bildschirmarbeitsplatz für längere Zeit ohne Ermüden und Augenanstrengung arbeiten zu können.
Die Wahl einer optimalen Beleuchtungsanlage ist deshalb von großer Bedeutung.
In der Praxis tritt dabei ein besonderes Problem auf:
Während die Sehleistung für die Textvorlage mit wachsender Beleuchtungsstärke steigt, fällt sie gleichzeitig am Bildschirm. Dies liegt an dem sich verringernden Kontrast infolge Ansteigens der Untergrundleuchtdichte auf dem Bildschirm. Hohe Leuchtdichten oder Fenster im Gesichtsfeld müssen deshalb

vermieden werden, um Einzelheiten auf einem Bildschirm von relativ niedriger Leuchtdichte zu erkennen.
Wenn die Beleuchtung durch Direktleuchten erfolgt, so sollten sie oberhalb eines Abschirmwinkels von 55 ° zur Vertikalen eine geringe Leuchtdichte haben und das Licht konzentriert nach unten ausstrahlen. Oberhalb eines Ausstrahlungswinkels von 50 ° soll die Leuchtdichte nicht größer als 200 cd/m² sein. Die Leuchtdichte ist für den im Auge entstehenden Reiz maßgebend, 200 cd/m² ist etwa die Leuchtdichte auf Schreibmaschinenpapier in einem gut beleuchteten Büro.
Eine niedrige Leuchtenleuchtdichte kann erreicht werden durch Verwendung von matt-schwarzen Rastern, Spiegelrastern oder Spiegelreflektoren. Der Leuchtenwirkungsgrad ist bei einer Leuchte mit Spiegelreflektor etwas höher als bei Leuchten mit schwarzem Raster oder mit Spiegelraster.
Die Beleuchtungsstärke sollte wie für normale Büroarbeiten etwa 500 lx betragen, sofern von Vorlagen abgelesen werden muß. Ist dies nicht der Fall, so genügt eine Beleuchtungsstärke von 300 lx.
Störende Lichtreflexe lassen sich durch richtiges Aufstellen oder Maßnahmen am Bildschirm vermeiden, z. B. Filter zum Aufsetzen.

7.2.11 Schienenverteiler für Beleuchtungsanlagen
(siehe auch 3.11)

Schienenverteiler für Beleuchtungsanlagen sind besonders dort geeignet, wo große Leistungen über lange Strecken zu versorgen sind. Als Einsatzbereiche finden sich Fabrikations- und Lagerhallen, Geschäftshäuser und Großraumbüros. Der Vorteil der Schienenverteiler ist, daß sich bei Änderung der Beleuchtungsverhältnisse die Leuchten ohne neue Verkabelung einfach umhängen lassen.
Der Aufbau eines Schienenverteilers ist aus *Bild 7-21* zu ersehen. Die üblichen Belastungswerte der Stromschienen betragen 25 A und 40 A. Das entspricht bei drehstrommäßiger Aufteilung einer Lampenleistung von etwa 16 kW bzw. 25 kW. Die Schienenverteiler werden an das Netz über Einspeisekästen angeschlossen. Die Schienenstränge werden aus Stücken von beispielsweise 1,6 m oder 3,2 m Länge in einem Arbeitsgang elektrisch und mechanisch zusammengesetzt.
Für Richtungsänderungen und Verzweigungen stehen L-, T- und Kreuzkästen zur Verfügung.
Über Abgangsstellen in regelmäßigen Abständen wird die elektrische Energie verteilt. Für den Abgriff werden steckbare Kontaktsysteme verwendet.

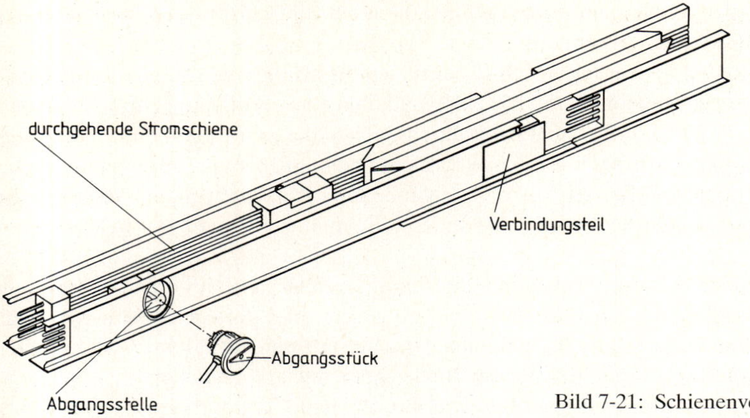

Bild 7-21: Schienenverteiler

Die Stromschienen für Beleuchtungsanlagen werden im Drehstrom-Fünfleitersystem angeboten.
Die Leuchten werden vornehmlich direkt am System befestigt. Schnappbefestigungen gestatten ein rasches und einfaches Umsetzen. Die Leuchten dürfen unter Spannung umgesetzt werden. An die Schienenverteiler werden Leuchtbänder, einzelne Langfeldleuchten, aber auch Punktleuchten oder Strahler angebaut.
Schienenverteiler werden bevorzugt in den Schutzarten IP 40 und IP 43 angeboten. Sie dürfen nicht mit Stromschienensystemen nach DIN VDE 0711 Teil 300 verwechselt werden, die im folgenden beschrieben sind.

7.2.12 Stromschienensysteme für Leuchten (DIN VDE 0711 Teil 300)

Stromschienen sind ein- oder mehrphasige elektrische Leitungssysteme in Metall- oder Kunststoff-Profilkanälen. Die stromführenden Rund- oder Flachkupferleiter sowie der Schutzleiter sind in Isolierstoff eingelegt. Mit Verbindungssteckern werden die Schienen zusammengefügt. Durch Stromabnehmer können Leuchten an beliebiger Stelle ohne Werkzeug angeschlossen werden. Das System wird in erster Linie mit Strahlern zur Effektbeleuchtung in Geschäftshäusern, Wohnungen usw., verwendet.
Auf den Stromschienen und Zubehörteilen werden die üblichen Aufschriften verlangt: Hersteller, Typ, Nennspannung, Nennstrom, zulässige Umgebungstemperatur, falls von 25 °C abweichend, und ein Warnhinweis, wenn die Stromschiene nicht im Handbereich verwendet werden darf.

Die Systeme sind nicht für Räume bestimmt, in denen besondere Bedingungen herrschen, z. B. in feuchten oder explosionsgefährdeten Betriebsstätten.
Die genormten Systeme werden in solche zur Montage im Handbereich und in solche außerhalb des Handbereichs eingeteilt. Bei Stromschienen für die Verwendung im Handbereich wird der Schutz gegen elektrischen Schlag mit dem Gelenk-Prüffinger nach DIN VDE 0470 und mit einem geraden Stahlstift mit einem Durchmesser von 1 mm geprüft. Für Stromschienen, die nicht für die Verwendung im Handbereich bestimmt und entsprechend gekennzeichnet sind, genügt die Prüfung mit dem Prüffinger. Der Nennstrom muß entweder 10 A oder 16 A betragen. Die Schutzleiteranschlußklemme muß sich in der Nähe der Netzanschlußklemmen befinden. Festangeschlossene flexible Leitungen müssen mindestens Gummileitungen H05RR oder PVC-Leitungen H03VV sein. Der Isolationswiderstand ist mit Gleichspannung von etwa 500 V zu messen. Der Widerstand muß mindestens 100 MΩ, geteilt durch die Länge der zu prüfenden Stromschiene in Metern, betragen. Er ist zwischen aktiven Teilen verschiedener Polarität sowie zwischen aktiven Teilen und Teilen, die mit dem Schutzleiter in Verbindung stehen, zu messen.

7.2.13 Niedervolt-Beleuchtungsanlagen

Ihres brillanten Lichts wegen werden Niedervolt-Halogenleuchten immer mehr eingesetzt, besonders dort, wo akzentuiertes Licht gewünscht wird. Somit muß sich der Elektro-Installateur mit dem Errichten derartiger Anlagen befassen, die vielfach vom Künstlerischen und somit von der Attraktivität her einen sehr hohen Stellenwert haben.
Spezielle Bestimmungen für Niedervolt-Beleuchtungsanlagen sind in Vorbereitung. So lange gelten die grundsätzlichen Anforderungen von DIN VDE 0100 Teil 410 bezüglich des Schutzes gegen gefährliche Körperströme, oder Teil 430 für Leitungsschutz und oder Teil 559 für die Leuchten und Beleuchtungsanlagen.

7.2.13.1 Stromquellen

Niedervolt-Leuchtenstromkreise sind aus Stromquellen für Schutzkleinspannung zu versorgen. Dazu eignen sich kurzschlußfeste Sicherheitstransformatoren nach DIN VDE 0551 oder 0860. Zu empfehlen sind schutzisolierte Bauformen aus bruchsicherem und wärmebeständigem Polycarbonat. Besonders viele Vorteile bieten elektronische Transformatoren nach DIN VDE 0860, die in Leistungsstufen bis 100 W angeboten werden und die verlustarm, brummfrei, dimmbar und übertemperaturbegrenzend sind. Ein Überlastungsschutz für die angeschlossenen Leitungen durch Überlast-Schutzeinrichtungen kann bei ihnen entfallen. Die Versorgungsspannung ist 230 V, die Ausgangsspannung 12 V. Die Stromversorgung von Niedervoltstromkreisen soll im allgemeinen aus nur einer Stromquelle erfolgen. Bei längeren Leitungen ist zur Vermeidung eines zu großen Spannungsfalls die Einspeisung im mittleren Bereich der Leitung zu empfehlen. Sind mehrere parallelgeschaltete Transformatoren vonnöten, müssen diese fest über eine Geräteanschlußdose und eine gemeinsame Einrichtung zum Trennen angeschlossen werden, um Rückspannungen sicher zu vermeiden.

7.2.13.2 Stromkreise

Bei Nennspannungen bis 25 V darf nach DIN VDE 0100 Teil 410 Abs. 4.1 auf den Schutz gegen direktes Berühren verzichtet werden. Deshalb werden für Niedervolt-Beleuchtungsanlagen vielfach blanke freihängende Leitungen verwendet. Dies ist aus Gründen des Brandschutzes bedenklich, wenn die Leitungen nicht durch Schutzgeräte überwacht werden, die bei betriebsmäßiger Überlastung oder bei Kurzschluß die Stromkreise abschalten. Im Handel sind Schutzgeräte, die die Stromkreise auf eine vorgewählte Lampenleistung hin überwachen, erhältlich. Wird diese Leistung durch weitere Verbraucher oder durch Fehler überschritten (in der Regel um mehr als 25 W), dann schaltet das Schutzgerät ab. Gleiches gilt, wenn anstatt blanker freihängender Leiter, blanke Profilleiter oder blanke Stromschienen verwendet werden. Ohne Schutzgeräte sollte zumindest ein Pol der Versorgungsleitung isoliert werden.
Der Mindestquerschnitt von freihängenden Leitungen sollte bei Kupfer aus Gründen der mechanischen Festigkeit 4 mm^2 betragen. Zu verwenden sind flexible Leiter, die verzinkt oder versilbert angeboten werden. Die blanken Leiter müssen außerdem so angeordnet werden, daß sie mit anderen leitfähigen Teilen nicht in Berührung kommen können. Die Leitungen müssen durch geeignete isolierende Vorrichtungen an den Wänden und Decken befestigt werden. Konstruktionsteile von Vitrinen, Regalen und dgl. dürfen nicht als aktive Leiter benutzt oder mitbenutzt werden. Die Anschlußleitung von der Stromquelle bis zur freihängenden Leitung muß isoliert verlegt sein. In feuergefährdeten Betriebsstätten und in Anlagen nach (DIN VDE 0108) darf auf den Schutz gegen direktes Berühren grundsätzlich nicht verzichtet werden.
Wenn nicht durch die Bauart des Transformators oder durch Schutzgeräte der Schutz der Leitungen bei Überlast und Kurzschluß gewährleistet wird, so sind in die Abgänge der Stromquellen Überstrom-Schutzeinrichtungen für den Leitungsschutz einzubauen.

7.2.14 Leuchtröhrenanlagen über 1000 V
(DIN VDE 0128)

Leuchtröhren über 1000 V werden zur Beleuchtung, Werbung, Signalgebung oder Bestrahlung, ausgenommen für medizinische Zwecke, verwendet. Sie werden in Reihenschaltung mit Hochspannungs-Streufeldtransformatoren betrieben. Die Leerlaufspannung der Transformatoren muß der Summe der benötigten Zündspannungen aller angeschlossenen Röhren entsprechen. Die Nennspannung darf 7,5 kV, die Spannung gegen Erde 3,75 kV nicht überschreiten. Es dürfen nur Transformatoren mit einer Nennausgangsleistung bis 2,5 kVA verwendet werden. Als Zubehör gelten alle zum Betrieb einer Anlage erforderlichen Einrichtungen, wie Vorschaltgeräte, Leitungen, Schalter, Leuchtröhren.
Der Röhrendurchmesser beträgt 10 mm bis 35 mm. Je nachdem ist die erforderliche Transformator-Leerlaufspannung zu ermitteln. Auf diese hat außerdem auch die Art des Füllgases (z. B. Neon-rot oder -orange, Argon mit Quecksilberdampf blau) Einfluß. So ergeben sich je Meter Röhrenlänge Leerlaufspannungen von 250 V bis 3000 V und Nenn-Sekundärströme von 15 mA bis 400 mA. Die Lichtausbeute beträgt 19 bis 40 lm/W, die Lebensdauer 8000 bis 20 000 Betriebsstunden.
Wenn die Röhren gezündet haben, genügt zum Betrieb die Brennspannung, die etwa 60% der Zündspannung beträgt. Dieser erhebliche Spannungsfall wird in den Transformatoren mit verhältnismäßig starken, regelbaren oder festeingestellten Streufeldern herbeigeführt. Sie bewirken gleichzeitig die notwendige Strombegrenzung der Gasentladung. Diese Transformatoren haben einen Leistungsfaktor von etwa $\cos \varphi = 0{,}55$ bis 0,66. Kondensatoren dürfen nur auf der Eingangsseite des Vorschaltgerätes angeschlossen werden. Bei Kapazitäten über 0,5 µF sind Entladewiderstände anzuordnen.
Nicht unter DIN VDE 0128 fallen die Leuchtröhrengeräte. Ein Leuchtröhrengerät ist im Sinne von DIN VDE 0713 eine anschlußfertig gelieferte Einrichtung, bei der Vorschaltgerät, Leuchtröhrenanschlüsse und alle unter Hochspannung stehenden Verbindungen in einem gemeinsamen Gehäuse untergebracht sind. Die in den folgenden Absätzen gestellten Anforderungen gelten nicht für diese nach DIN VDE 0713 gebauten Geräte. Sie gelten nur für Leuchtröhrenanlagen (DIN VDE 0128), die am Verwendungsort installationsmäßig aus Leuchtröhren, Vorschaltgeräten, Leitungen und anderen Einzelteilen zusammengebaut bzw. -geschaltet werden.

7.2.14.1 Stromkreise für Eingangsseite

Jede Leuchtröhrenanlage muß von einem besonderen Speisepunkt, z. B. von einem besonders zugeordneten Abzweig eines Verteilers, gespeist werden. Die

gesamte Anlage muß durch einen Hauptschalter freigeschaltet werden können *(Bild 7-22)*. Der Hauptschalter muß eine Sicherung gegen irrtümliches oder unbefugtes Einschalten haben. Auf diese Sicherung kann verzichtet werden, wenn die Überstrom-Schutzeinrichtungen am Speisepunkt herausnehmbar sind. Als Überstrom-Schutzeinrichtungen dürfen nur Schmelzsicherungen oder Leitungsschutzschalter mit höchstens 16 A Nennstrom verwendet werden. Die Überstrom-Schutzeinrichtungen und der Hauptschalter sind als zur Leuchtröhrenanlage zugehörig zu kennzeichnen.
Alle weiteren Stromkreise, z. B. für Lampen, Schaltwerke, müssen hinter dem Hauptschalter angeschlossen sein (siehe Ziffer 9 und 11 von Bild 7-22).
Im Vorschaltgerät (Ziffer 5 von Bild 7-22) befindet sich ein Erdschluß-Schutzschalter (Ziffer 8 und Bild 7-22). Dieser ist notwendig, wenn der zu erwartende Erdschlußstrom $\geqq$ 25 mA beträgt. Der Schalter muß innerhalb 0,2 s abschalten. Jedem Leuchtröhrenstromkreis ist ein Signalgeber für die Erdschlußabschaltung zuzuordnen (siehe Ziffer 7 von Bild 7-22).

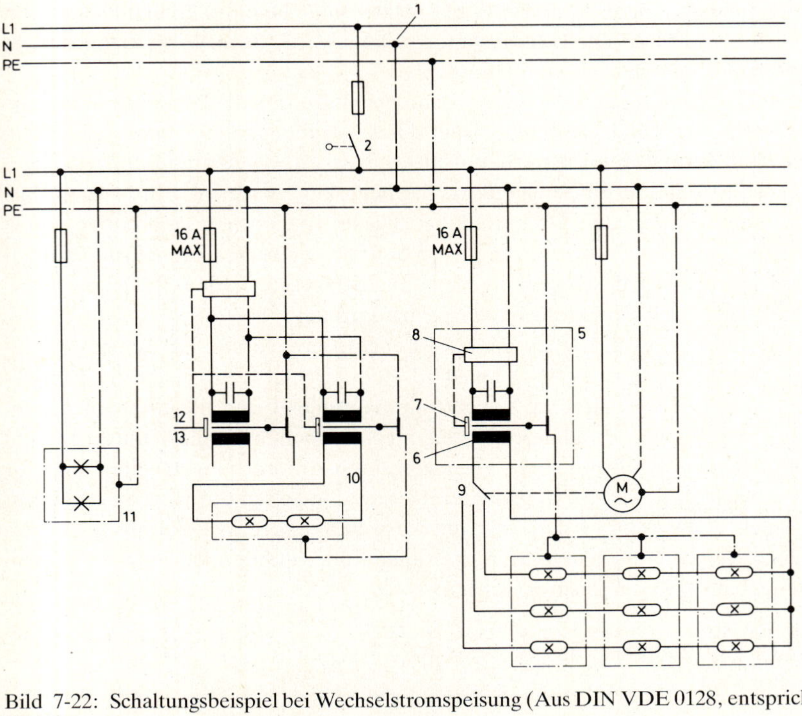

Bild 7-22: Schaltungsbeispiel bei Wechselstromspeisung (Aus DIN VDE 0128, entspricht Bild 4)

7.2.14.2 Leuchtröhrenstromkreise

Jedem Leuchtröhrenstromkreis darf nur ein Vorschaltgerät bzw. Transformator zugeordnet werden, es sei denn, der Hersteller bezeichnet eine Zusammenschaltung von 2 Geräten als zulässig. Als Leuchtröhrenleitungen können gewählt werden, z. B. NYL für Verlegen in Reliefkörpern aus Metall oder Kunststoff, in belüfteten, schwitzwasserfreien Kanälen aus Metall oder Stahlrohren: auf, in und unter Putz in trockenen oder feuchten Räumen, sowie im Freien; oder NYLRZY für Verlegen auf, im oder unter Putz in trockenen oder feuchten Räumen und im Freien, in Reliefkörpern aus Metall oder Kunststoff, in Leitungskanälen, Rohren, Kabel- und Abdeckleisten aus Metall oder Kunststoff.

Auch für die geerdeten Leiter in Leuchtröhrenstromkreisen müssen Leuchtröhrenleitungen verwendet werden. Es darf kein gemeinsamer Rückleiter für mehrere Leuchtröhrenstromkreise gewählt werden. Alle Leuchtröhrenleitungen sind so kurz wie möglich zu halten. An Stellen, an denen die Leitungen mechanisch gefährdet sind, sind sie zusätzlich durch Schutzrohre, Abdeckungen oder dergleichen zu schützen. Sie dürfen nicht straff über Kanten gezogen werden. In Gehäuse dürfen sie nur durch Schutztüllen oder Verschraubungen eingeführt werden.

7.2.14.3 Berührungsschutz

Für die *Eingangsseite* gilt DIN VDE 0100 Teil 410 (siehe 9).

Alle aktiven Teile der *Ausgangsseite* müssen der *direkten Berührung* entzogen und mindestens in Schutzart IP 2X gekapselt sein. Die Kapselung muß entweder verschraubt bzw. nur mit Schlüssel geöffnet werden können oder mit dem Öffnen muß die Spannung zwangsläufig freigeschaltet werden.

In abgeschlossenen elektrischen Betriebsstätten muß mindestens ein Schutz gegen zufälliges Berühren aktiver Teile gegeben sein.

Zum Schutz bei *indirektem Berühren* auf der Ausgangsseite ist der Potentialausgleich durchzuführen. Die zur Anlage gehörenden Körper, leitfähigen Konstruktionsteile und metallenen Traggerüste sind gut leitend miteinander und gegebenenfalls mit dem Erdungspunkt des Transformators zu verbinden (Bild 7-22). Beim Anschluß des Schutzleiters an metallene Teile der Reliefkörper sind Fächerscheiben nach DIN 6798 zu verwenden. Der Schutzleiter muß mindestens 4 mm^2 Cu-Querschnitt haben; er ist mit dem Schutzleiter der Eingangsseite zu verbinden. Der Beidraht von Leuchtröhrenleitungen mit Metallmantel darf als Schutzleiter benutzt werden.

7.2.14.4 Brandschutz

Lüftungsöffnungen von *Vorschaltgeräten* dürfen nicht so abgedeckt werden, daß die Wärmeabführung behindert wird. Der Abstand der Geräte zur Raumdecke muß mindestens 20 cm, der zu brennbaren Baustoffen mindestens 10 cm betragen. Vorschaltgeräte dürfen sich nicht gegenseitig aufheizen, wenn sie zu nahe beieinander stehen. In Schaufenstern und ähnlichen Räumen mit leichtentzündlichen Stoffen dürfen Vorschaltgeräte nur innerhalb eines feuerhemmenden Umbaus errichtet werden, wobei auf ausreichende Kühlung zu achten ist. Besondere Bedingungen gelten auch für Vorschaltgeräte in Reliefkörpern, siehe DIN VDE 0128.
Wand- und *Deckendurchbrüche* sind so abzudichten, daß die an das durchbrochene Bauteil gestellten Brandschutzanforderungen wieder erfüllt sind.

7.2.14.5 Prüfungen

Vom Errichter der Anlage ist vor deren Inbetriebnahme festzustellen, ob die Anlage in allen Teilen den Bestimmungen von DIN VDE 0128 entspricht. DIN VDE 0104 und 0105 Teil 1 sind zu beachten.
Zur Prüfung der *Erdschlußschutzschaltung (Bild 7-23)* ist eine Ausgangsklemme des Vorschaltgerätes mit dem Schutzleiter zu verbinden. Bei anschließendem Einschalten der Anlage muß der Erdschlußschutzschalter abschalten.

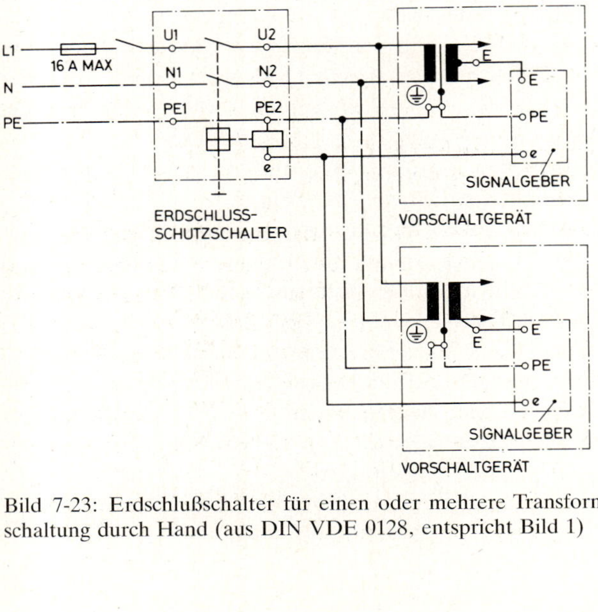

Bild 7-23: Erdschlußschalter für einen oder mehrere Transformatoren mit Wiedereinschaltung durch Hand (aus DIN VDE 0128, entspricht Bild 1)

Schließlich ist der Betriebsstrom jedes Hochspannungskreises zu messen. Er darf den auf dem Leistungsschild des Vorschaltgerätes angegebenen Wert nicht überschreiten. Zu hohe Ströme gegenüber den Werten, die die Herstellerfirma angab, senken die Lebensdauer, zu geringe Ströme beeinträchtigen die Leuchtkraft. Es wird daher bei ausgeschalteter Anlage ein Wechselstrommesser (Meßbereich entsprechend dem Röhrenstrom) hochspannungsseitig angeschlossen und gut isoliert aufgestellt. Er darf beim Ablesen nicht berührt werden. Der richtige Strom wird bei abgeschalteter Anlage an der Stellschraube des Streufeld-Transformators eingestellt.
An der Anlage müssen an gut sichtbarer Stelle, z. B. auf einem unverwischbaren *Schild,* folgende Angaben gemacht werden:

a) Firmenbezeichnung des Errichters der Leuchtröhrenanlage,
b) Baujahr.

Nach Fertigstellung ist dem Auftraggeber ein Schaltbild der Anlage auszuhändigen, das vom Auftraggeber sorgfältig, z. B. im Innern von Schaltschränken, aufzubewahren ist. Wer eine Leuchtröhrenanlage in wesentlichen Dingen ändert, muß ebenfalls ein unverwischbares Schild anbringen, auf dem das Datum der Änderung und die Firma des Ändernden vermerkt ist. Das Schaltbild ist u. U. entsprechend zu ändern.
Leuchtröhrenanalgen mit Reliefkörpern, die ganz oder zum Teil aus brennbaren Materialien (z. B. aus Acrylglas) bestehen und deren Erdschlußstrom $\geqq$ 25 mA ist, mußten zur Vermeidung von Bränden bis 31. 05. 82 mit Erdschlußschutzschaltern nachgerüstet werden.

7.2.15 Vorführstände von Leuchten
(DIN VDE 0100 Teil 559)

Zu den Vorführständen gehören nicht Messestände, bei denen die Leuchten für die Dauer der Messe fest angeschlossen bleiben, Ausstellungstafeln mit fest angeschlossenen Leuchten und Ausstellungstafeln mit einem Leuchtensortiment, das wie ein steckerfertiges Gerät angeschlosssen wird.
An Vorführständen für hängende Leuchten oder Wandleuchten sind zum Anschluß der Leuchten nur Steckdosen nach DIN 49440 (siehe 7.1.3), Stromschienensysteme oder Strombahnen (siehe 3.6.3) zulässig. Bei Wandleuchten ist ein Anschluß über Klemmen nur zulässig, wenn diese erst nach zwangsläufiger Freischaltung zugänglich sind. Schutz gegen gefährliche Körperströme ist durch Fehlerstrom-Schutzschaltung zu gewährleisten, wobei $I_{\Delta N}$ nicht größer als 30 mA sein darf.

Diese Bestimmungen gelten nicht, wenn die Vorführstände mit Schutzkleinspannung betrieben werden.

Schrifttum

H.-J. Hentschel: Licht und Beleuchtung, Hüthig Buch Verlag Heidelberg

7.3 Elektrowärmegeräte
(DIN VDE 0720)

Nach den TAB ist für *Elektrowärmegeräte*, soweit sie nicht zur Heizung oder Klimatisierung dienen, bei Anschlußwerten von mehr als 4,4 kW Drehstromanschluß vorzusehen. Thermisch gesteuerte Durchlauferhitzer mit mehr als 6 kW Anschlußwert müssen eine Einrichtung haben, die bei Wiederkehr der ausgebliebenen Spannung eine selbsttätige Wiedereinschaltung verhindert. Dasselbe gilt für Geräte mit ähnlichen Betriebsverhältnissen. Eine selbsttätige Wiedereinschaltung ist zulässig, wenn durch die Ausführung der Wiedereinschaltautomatik gewährleistet ist, daß im praktischen Betrieb die Mehrzahl dieser Heizleistungen sich nicht gleichzeitig zuschaltet (siehe Bild 7-25).
Heiz- und Raumklimageräte mit einem Anschlußwert über 2 kW müssen für Drehstrom ausgelegt sein. Zum Antrieb der Verdichter in Klimaanlagen sind Drehstrommotoren zu verwenden, sofern deren Anschlußwert 1,4 kW überschreitet. Heizungsanlagen sind nach DIN 4701 auszulegen. Das EVU kann den Betrieb von der Installation einer Steuerungs- oder Regelungseinrichtung abhängig machen, die eine Anpassung der Heizlast an die Belastungsverhältnisse ermöglicht. Die zentrale Steuerleitung in Mehrfamilienhäusern muß von dem Steuerstromkreis der einzelnen Anlage elektrisch getrennt sein.
Als Anschlußleitungen müssen mindestens leichte Gummischlauchleitungen (H05RR-F) oder leichte Kunststoffschlauchleitungen (H03VV-F) verwendet werden. Kunststoffschlauchleitungen dürfen jedoch nicht für Geräte verwendet werden, bei denen sie im bestimmungsgemäßen Gebrauch heiße Geräteteile berühren könnten.
Nach DIN VDE 0720 sind folgende Ableitströme zulässig:

Haushaltherde	10 mA	Tauchsieder	1 mA
Großküchenherde	1 mA/kW	Dauerwellengeräte	0,5 mA
Grillgeräte	5 mA	Kinderspielzeug	0,5 mA

7.3.1 Elektroherde

Vollherde sind über eine Geräteanschlußdose, *Bild 7-24,* oder über Steckvorrichtungen und eine bewegliche Anschlußleitung 5 × 2,5 mm² Cu anzuschlie-

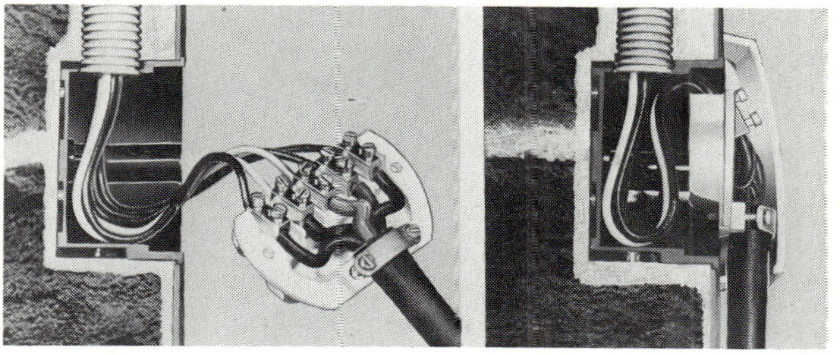

Bild 7-24: Geräte-anschlußdose

ßen, auch wenn sie zunächst mit Wechselstrom betrieben werden. Im letzteren Fall dürfen LS-Schalter nicht parallelgeschaltet werden. Als Anschlußleitung ist eine Gummischlauchleitung zu empfehlen. Die Herdanschlußstelle ist etwa 50 cm über der Oberfläche des fertigen Fußbodens vorzusehen. Bei konventionellen Herden wird neuerdings der herkömmliche Strahlungsheizkörper mit einer Halogenlampen-Beheizung, die das Ankochen beschleunigt, kombiniert. Bei Back- und Bratöfen setzt sich die umschaltbare Beheizungsart durch: eine Kombination von konventioneller, statischer Beheizung mit Ober-, Unterhitze und Heißluftbeheizung.

Der *Mikrowellenherd* wird durch sehr hohe Frequenzen von f = 2450 MHz induktiv erwärmt. Diese werden durch ein Magnetron erzeugt. Die Anoden-Wechselspannung beträgt etwa 4000···6000 V, die Ausgangsleistung etwa 0,5···2 kW. Das kompakte Gerät ist ein- und unterbaufähig.

Der *Induktionsherd* hat eine elektrisch nicht leitende Glaskeramikplatte. Der 3 mm starke Boden des Stahlemail-Kochtopfs wird induktiv erhitzt. Die Wärmequelle versiegt beim Abschalten sofort oder die Wärmeleistung vermindert sich auf Wunsch verzögerungsfrei. Es gibt keinen Nachschub durch Speicherung. Steht kein ferromagnetischer Topf auf der Kochstelle oder ist die Kochstelle nicht zu zwei Drittel belegt, findet keine Wärmeübertragung statt. Leere Töpfe werden von einem Sensor unter dem Kochfeld erkannt.

7.3.2 Heißwasserbereiter

Heißwasserspeicher (siehe *Tabelle 7-9*) haben einen Behälter, der mit einer guten Wärmeisolation umgeben ist. *Boiler* sind nichtisolierte Behälter. Bei den *Durchlauferhitzern* wird das Wasser erst beim Entnehmen im Durchlauf erwärmt. Wegen des erforderlichen hohen Anschlußwertes (4 kW bis 33 kW) können sie jedoch nur begrenzt verwendet werden. Die Anschlußmöglichkeit sollte durch das zuständige EVU unbedingt vorher geklärt werden.

Normtypen von Heißwasserbereitern Tabelle 7-9

Gerät	Heizleistung kW	Verwendung
Speicher 5 Liter mit Wählregler	2	Waschbecken, Spüle bis 30 cm × 30 cm
Speicher 8 oder 10 Liter mit Wählregler	2	Küchenspüle, Waschbecken oder beides
Durchlauferhitzer	4	Waschbecken
Speicher 15 Liter mit Wählregler	4	Duschbad, große Küchenspüle oder beides
Speicher 30 Liter mit Wählregler und Wählbegrenzer	0,4/4,0	Duschbad, große Küchenspüle oder beides
Durchlauferhitzer	12	Duschbad
Boiler 80 Liter mit Wählbegrenzer	4 od. 6	Wannenbad oder Duschbad
Speicher 80 Liter mit Wählregler und Wählbegrenzer	1,0/4,0 od. 1,0/6,0	Wannenbad, Versorgung mehrerer Zapfstellen
Durchlauferhitzer	18	Wannenbad

Neue *Durchlauferhitzer* der Leistungsstufen 18, 21 und 24 kW werden elektronisch gesteuert. Damit wird erreicht, daß die eingestellte Temperatur schneller erreicht und genau eingehalten wird. Bessere Wärmedämmungen halten bei den neuen Typen den Bereitschaftsstromverbrauch niedriger, womit Energie gespart wird.

Die Auslaufmengen erwärmten Badewassers liegen bei 8···15 l/min. Reicht dies nicht aus, so bieten sich Durchlaufspeicher mit einem Speicherinhalt von 80···120 l an, die auf Grund ihrer hohen Anschlußleistung von 21 kW den Speicherinhalt in etwa 15 min auf 60 °C aufheizen.

Ein mit Drehstrom betriebener 18-kW-Durchlauferhitzer erfordert bei 400 V bereits einen Strom von ca. 27 A, einer von 24 kW von 36,4 A und einer von 33 kW sogar von 50 A. Hinter Hausanschlußsicherungen von 63 A können 3 Durchlauferhitzer von 18 kW oder 2 von 24 kW gleichzeitig betrieben werden. Damit die Hauptleitungen nicht zu stark bemessen werden müssen, sollte man hier Spannungsfälle bis zu 1%, anstatt wie üblich von 0,5% zulassen.

Bei der Versorgung mehrerer Zapfstellen ist das Gerät stets dort anzuordnen, wo das heiße Wasser am häufigsten entnommen wird (zentrale Versorgung).

Druck-Speicher und Druck-Boiler müssen zusätzlich zum betriebsmäßig wirkenden Temperaturregler oder -begrenzer einen Sicherheits-Temperaturbegrenzer haben, der nur mit Werkzeug nach dem Ansprechen wieder eingelegt werden kann. Druck-Durchlauferhitzer müssen zwei voneinander unabhängige, selbsttätig arbeitende Schaltvorrichtungen besitzen, die unzulässige Temperatursteigerungen im Gerät verhindern.

Durchlauferhitzer, die keine Temperaturregler oder Temperaturbegrenzer haben, müssen so eingerichtet sein, daß Stromdurchgang nur bei Durchfluß von Wasser möglich ist.
Ein Temperaturregler ist eine Vorrichtung, durch die die Temperatur eines Gerätes oder von Teilen desselben, z. B. durch selbsttätiges Öffnen und Schließen des Stromkreises, in bestimmten Grenzen gehalten wird. Ein Temperaturbegrenzer schaltet das Gerät beim Überschreiten der zulässigen Temperatur ab. Er kann nur von Hand wieder zurückgestellt werden.
Soweit Druckspeicher und Durchlauferhitzer Sicherheitsventile nach DIN 1988 haben, sind sie nach den Bauordnungen einzelner Bundesländer abnahmepflichtig.
Bei Heißwassergeräten ist stets mit einem betriebsmäßigen Ableitstrom zu rechnen. Dieser kann bei älteren Geräten so hoch sein, daß Fehlerstrom-Schutzschalter mit kleinen Nennfehlerströmen auslösen.

7.3.3 Raumheizung

Bei jedem Erwärmungsvorgang muß Wärme erzeugt und abgegeben werden. Dazu ist ein Wärmegefälle erforderlich, d. h., die Temperatur (in °C) der Heizquelle muß höher sein als die des Verbrauchers, damit die jeweils erforderliche Wärmemenge (in Joule (J) früher cal) diesem auch zugeführt wird. Je größer das Gefälle, also der Temperaturunterschied, zwischen Wärmeerzeuger und Verbraucher ist, desto schneller wird dieser Weg zurückgelegt.
Die Gesamtplanung nach Leistung, Geräteauswahl und -anordnung muß mit größter Sorgfalt und Sachkenntnis durchgeführt werden (siehe Normblatt DIN 4701). Es lohnt sich immer, bei größeren Planungen einen Spezialisten für Heizungsfragen hinzuzuziehen. Sehr überschlägig kann man mit den Werten *(Tabelle 7-10)* rechnen.

Heizleistung in Wohnbauten Tabelle 7-10

Schlafräume	20···40 W/m³	Wohnräume	60··· 70 W/m³
Küchen	30···40 W/m³	Bad	100···120 W/m³
Büro	50···70 W/m³	Sauna	250···400 W/m³

Je größer der Raum ist, desto geringer ist die erforderliche spezifische Heizleistung.
Man unterscheidet Direktheizgeräte, Zentralheizgeräte und Speicherheizgeräte und Decken- bzw. Fußbodenheizung.

Der gleichzeitige Betrieb von Durchlauferhitzern mit Heizungsanlagen ist gegebenenfalls durch geeignete schaltungstechnische Vorkehrungen (Lastabwurf-Relais, *Bild 7-25*) zu verhindern.

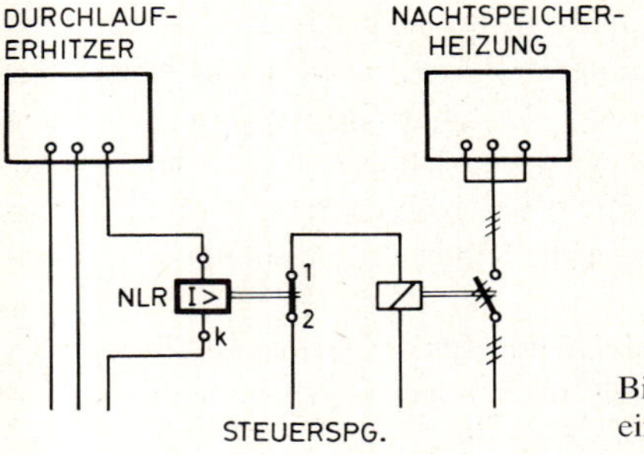

Bild 7-25: Anschlußbeispiel für ein Lastabwurf-Relais

7.3.3.1 Direktheizgeräte

In letzter Zeit stellten verschiedene EVU Energie für elektrische Direktheizung bereitstellungspreisfrei über 24 Stunden am Tag zur Verfügung. Damit bot sich die Möglichkeit, Räume mit Hilfe einer Niedertemperatur-Strahlungsheizung auf ideale Weise zu beheizen. Dieses Heizungssystem ist in den skandinavischen Ländern seit über 40 Jahren weit verbreitet. Es bietet sich als unsichtbare Fußboden-, Wand- oder Deckenheizung an. Die eigentliche Heizung besteht aus einer Metallfolie, die in Kunststoffolien eingebettet ist. Die Dicke des Elements beträgt nur etwa 0,2 mm. Die Heizleistung liegt zwischen 100 und 200 W/m^2.

Die Heizfolie ist in mehreren Standardbreiten und verschiedenen Längen lieferbar, so daß für jede Raumgröße geeignete anschlußfertige Folien zu bekommen sind. Für die Montage der Heizelemente eignet sich eine parallele Lattung, die z. B. direkt auf die Rohdecke angebracht werden kann. Zwischen dem Lattenrost sind dann Wärmedämmplatten einzulegen. Die Heizfolie kann nun mit Hilfe ihrer Haftstreifen an der Lattung befestigt werden. Anschließend kann die Decke mit Gipskartonplatten, Profilbrettern, Stoff oder dergleichen verkleidet werden *(Bild 7-26)*.

Durch die große Fläche der Heizelemente genügt eine Oberflächentemperatur am Heizelement von 30···35 °C. Dies schafft eine gleichmäßige milde Wärmestrahlung und garantiert ein gutes Raumklima.

Die Raumtemperatur läßt sich in jedem Raum leicht und exakt regeln, wenn gewünscht auch zeitabhängig. Von Vorteil ist dabei, daß es sich um ein schnellansprechendes Heizsystem handelt. Der elektrische Anschluß erfolgt über die an jeder Folie angebrachte Anschlußleitung. Um bei beschädigter Folie

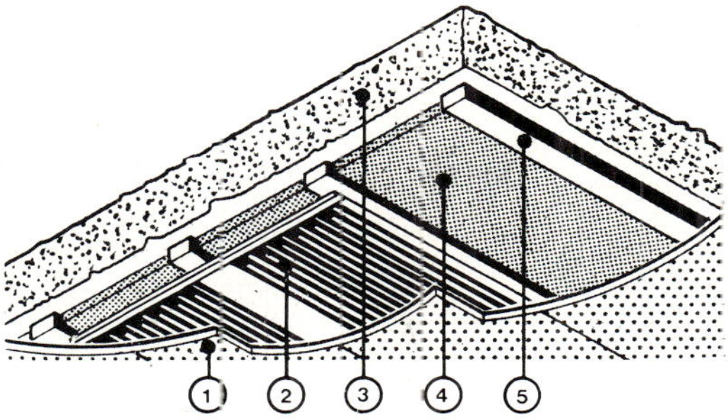

Bild 7-26: Folien-Flächenbeheizung; (1) Wand- oder Deckenverkleidung, (2) Heizfolie, (3) Wand oder Rohdecke, (4) Wärmedämmung, (5) Lattung

eine Spannungsverschleppung zu vermeiden, sollten die Heizstromkreise über einen Fehlerstrom-Schutzschalter mit einem Nennfehlerstrom von ≦ 100 mA geschützt werden. Einrichtungsgegenstände, wie Schränke, Flächenleuchten und dgl., dürfen nicht in Bereichen aufgestellt oder angebracht werden, hinter denen Heizfolien installiert sind. Die Leuchtenauslässe sind in die heizleiterfreien Seitenstreifen der Folie zu legen.
Direktheizgeräte mit sichtbaren oder abgedeckten Heizelementen von mindestens 650 °C eignen sich im allgemeinen aus wirtschaftlichen Gründen während der Hochtarifzeit nur zum Beheizen von selten benutzten Räumen oder Aufenthaltsbereichen, auch im Freien.
Bei reinen Strahlern von 1···8 kW Anschlußleistung wird nicht die Luft, sondern lediglich die Fläche erwärmt, auf die die Strahlen auftreffen. Die Wärmestromdichte nimmt mit dem Quadrat der Entfernung zwischen Strahler und bestrahlter Fläche ab. Der Abstand zwischen dem Strahler und dem Kopf des

Notwendige Strahlungsleistung pro m² Fläche bei vorwiegend sitzender Beschäftigung Tabelle 7-11

Montagehöhe (m)	2			2,25			2,5		
Außentemperatur (°C)	+15°	+12°	+9°	+15°	+12°	+9°	+15°	+12°	+9°
Zu beheizende Fläche (m²)	W/m²	W/m²	W/m²	W/m²	W/m²	W/m²	W/m²	W/m²	W/m²
5	250	430	600	300	480	660	350	560	770
10	200	320	450	230	370	510	265	425	580
15	190	300	420	200	320	450	230	370	500
20	175	290	400	190	310	420	210	340	460
25	170	270	375	185	300	410	195	315	430
30	160	250	350	180	290	400	190	300	420

Menschen soll bei dauerendem Aufenthalt mindestens 2 m und bei kurzzeitigem 1,5 m betragen. Für Heizstrahler im Balkon kann die *Tabelle 7-11* dienen. Bei Rippenheizrohren (Konvektorgeräten) 0,4 bis 6 kW strömt die Raumluft über die heißen Rippen (115···180 °C) und nimmt Wärme auf. In bestimmten Fällen, z. B. Garagen, eignet sich die Ausführung mit 115 °C-Oberflächentemperatur.
Gebläse-Heizsysteme müssen so errichtet werden, daß ihre Heizelemente – außer bei elektrischen Speicherheizgeräten – nicht in Betrieb gesetzt werden können, bis der vorgesehene Luftdurchsatz erreicht ist. Sie müssen sich außer Betrieb setzen, wenn die Gebläseleistung sich unzulässig reduziert oder das Gebläse abgeschaltet wird. Außerdem sind zwei voneinander unabhängige Temperaturbegrenzer vorzusehen, die eine Überschreitung der zulässigen Temperaturen im Luftkanal verhindern.

7.3.3.2 Zentralheizgeräte (Elektro-Zentralspeicher)

Elektro-Zentralspeicher sind stark vergrößerte, zentral angeordnete Speicherheizgeräte. Der Wärmetransport in die zu beheizenden Räume erfolgt in Verbindung mit einer Warmwasser-Zentralheizung oder einer Warmluftheizung. Der Elektro-Zentralspeicher ersetzt den mit Koks, Öl oder Gas befeuerten Kessel. Somit können vorhandene Heizungsanlagen auf elektrischen Betrieb umgerüstet werden. Eine gebräuchliche Bauart sind die direkt im Speicherbehälter angeordneten Heizwiderstände.
Die Vorteile der Elektro-Zentralspeicher liegen in der einfachen Umrüstung bestehender Zentral-Heizsysteme, in der guten Wärmeisolierung der Blockspeicher (dadurch kann die in der tarifgünstigen Zeit gewonnene Wärme ohne bedeutende Verluste gespeichert werden) und im Wegfall von Lüftergeräuschen, die bei Einzelspeichergeräten in den Wohnräumen auftreten.
Eine Elektro-Zentralheizung ist ideal für Ein- und Zweifamilienhäuser. In Neubauten kann sie mit einer Warmwasser-Fußbodenheizung betrieben werden. Die Heizung gibt es mit unterschiedlichen Leistungen zwischen 6 und 18 kW. Die Regelung übernimmt eine Aufladesteuerung mit einer witterungsabhängigen Vorlauftemperaturregelung.

7.3.3.3 Speicherheizgeräte

Speicherheizgeräte von 2 bis 8 kW speichern die Wärme in tarifgünstigen Zeiten und geben sie tagsüber ab. Als Speichermasse dient ein Kern aus keramischen Stoffen, im allgemeinen Magnesit. Er enthält die elektrischen Heizelemente. Die Nennspeicherkapazität ist dann erreicht, wenn das Gerät 8 Stunden lang mit Nennanschlußwert eingeschaltet war. Dabei steigt die Kerntemperatur auf etwa

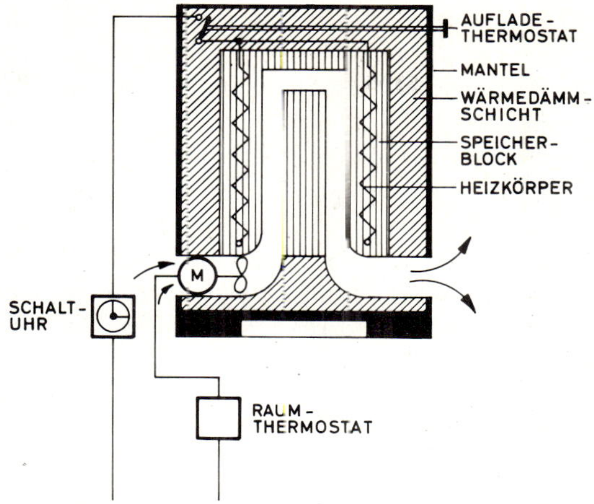

Bild 7-27: Nachtstromspeichergerät mit Entlüfter (im Schnitt)

650 °C an. An der Geräteoberfläche hält die den Kern umgebende Wärmedämmung die Temperatur auf maximal 90 °C *(Bild 7-27)*.
Mikrocomputer haben bei der Aufladesteuerung Einzug gehalten. Vollelektronisch wird die Aufladung der einzelnen Wärmespeicher witterungs- und restwärmeabhängig gesteuert. Sie gehören zu den preiswertesten Heizungssystemen. Die neue Gerätereihe hat eine Tiefe von nur 18 oder 24 cm und paßt sich – am Boden stehend oder an der Wand hängend – jeder Raumgestaltung an.
Die gewünschte Kerntemperatur kann gewählt werden. Außerdem ist ein Sicherheitstemperaturbegrenzer angebracht, der die Stromzufuhr abschaltet, wenn die maximale Kerntemperatur erreicht ist. Bei der (Bild 7-27) dargestellten Bauart III erfolgt die Wärmeabgabe nur teilweise über die Oberfläche, hauptsächlich jedoch über ein Gebläse mit zwei Drehzahlen. Nach DIN VDE 0720 Teil 2 P darf die Lufttemperatur 100 mm vor der Luftaustrittsöffnung bei 20 °C Raumtemperatur nicht mehr als 140 °C betragen. Der Hersteller muß auf dem Gerät einen auffälligen Hinweis anbringen, welche Mindestabstände von brennbaren Stoffen, wie Teppichen, Vorhängen, Holzwänden usw. einzuhalten sind. Die Nichtbeachtung dieser Bestimmung hat schon zu erheblichen Brandschäden geführt.
Speicherheizgeräte, bei denen die Raumluft mit dem Speicherkern in Berührung kommen kann, dürfen in Räumen, die durch Staub oder Fasern feuergefährdet sind, nicht verwendet werden. Grundsätzlich sind Wärmegeräte in feuergefährdeten Betriebsstätten auf nicht brennbare Unterlage zu befestigen.
Speicherheizgeräte dürfen über Steckvorrichtungen oder über eine Geräteanschlußdose mit flexiblen Leitungen angeschlossen werden. Sie dürfen fest

angeschlossen werden, wenn sie fest mit der Aufstellfläche oder einem anderen Gebäudeteil verbunden sind. Flexible Anschlußleitungen zwischen Geräteanschlußdose und Speicherheizgerät müssen den Wärmebeanspruchungen gemäß gewählt werden.
Unabhängig von der Spannungshöhe in den Hilfs-(Steuer-) Stromkreisen ist Installationsmaterial für eine Nennspannung von mindestens 250 V gegen Erde zu verwenden.
Raumtemperaturregler für die Entladung müssen schutzisoliert sein.
Für Lüfter und Tagstrom-Zusatzheizungen ist jedem Aufladestromkreis (Drehstrom) ein Entladestromkreis (Wechselstrom) zuzuordnen.

7.3.3.4 Gebläse-Heizsysteme (DIN VDE 0100 Teil 420)

Die Heizelemente dürfen erst eingeschaltet werden können, wenn der vorgesehene Luftdurchsatz erreicht ist. Sie müssen sich außer Betrieb setzen, wenn die Gebläseleistung sich unzulässig reduziert oder ausfällt. Außerdem sind zwei voneinander unabhängige Temperaturbegrenzer vorzusehen, die eine Überschreitung der zulässigen Temperaturen im Luftkanal verhindern.

7.3.4 Heizkabel und Heizleitungen

Nach DIN VDE 0253 gibt es isolierte Heizleitungen zur Errichtung von Heizungsanlagen für 500 V Nennspannung. Z. B. gibt es folgende Typen:

Bezeichnung	Nenntemperatur	Isolierhülle	Mantel	Verwendung
NHY	80 °C	PVC	–	trockene Räume, nicht in Putz oder Beton
NHYV	80 °C	PVC	–	trockene Räume, auch in Putz oder Beton
NH4GM5G	70 °C	EVA	EPR	in feuchten und nassen Räumen, auch in Putz oder Beton
NH4GKUY	90 °C	EVA	Pb und PVC	wie vor

EVA bedeutet Ethylen-Vinylacetat, EPR Ethylen-Propylen-Kautschuk, Pb und PVC Bleimantel und darüber ein Mantel aus Polyvinylchlorid. Leistungsbedarf bei Heizkabel siehe *Tabelle 7-12*.

Heizkabel haben einen mehrdrähtigen Widerstandsleiter von etwa 0,6 Ω/m, der von einer Isolierhülle umgeben ist. Über dieser liegt der Metallmantel und außen schließt ein Kunststoffmantel das Kabel ab. Der Außendurchmesser beträgt etwa 7 mm und das Gewicht etwa 165 kg/1000 m. Man verwendet es, wo ein Metallmantel aus Sicherheitsgründen nötig ist, z. B. bei der Beheizung von Dachrinnen (Bild 7-29) und Rohrleitungen, oder wenn mit einer nachträglichen Beschädigung gerechnet werden muß, z. B. bei der Beheizung von Frühbeeten, aber auch in feuchten Räumen als Fußbodenheizung (Bild 7-30). Die zulässige Grenztemperatur von 100 °C darf nicht überschritten werden; dies ist im allgemeinen bei einer Belastung von 20 W/m gewährleistet.
Ein Hersteller bietet für Dachrinnenbeheizungen und dgl. ein selbstregelndes Heizband an. Der Kern des Heizbandes besteht aus einem halbleitenden Kunststoffband, dessen elektrischer Widerstand sich temperaturabhängig ändert. Zwei im Heizband eingelegte Kupferlitzen dienen der elektrischen Stromzuführung *(Bild 7-28)*. Sinkt die Temperatur, so steigt die Heizbandleistung. Neben der Selbstregulierung bietet das Heizband den Vorteil, daß es beliebig abgelängt werden kann.

Bild 7-28: Selbstregelndes Heizband; 1 Kupferleiter, 2 selbstregelndes Kunststoffheizelement, 3 Isolierhülle, 4 Metallumflechtung, 5 Außenmantel

Leistungsbedarf bei Heizleitungen Tabelle 7-12

Dachrinnenbeheizung: Rinne 25 W/m;	Fallrohr 50 W/m.
Frostschutz für Wasserleitungen bis 1 Zoll:	10 W/m Rohr.
Warmhalten von Ölleitungen:	20 bis 100 W/m Rohr.
Raumheizung in Boden, Decken, Wänden:	100 bis 300 W/m².
Glatteisverhütung auf Straßen oder Brücken:	200 bis 400 W/m².
Bodenbeheizung im Gartenbau:	40 bis 120 W/m².

Wenn der Metallmantel entsprechend geerdet wird, eignet sich die Fehlerstrom-(FI)-Schutzschaltung vorzüglich als Schutzmaßnahme gegen zu hohe Berührungsspannung. Andernfalls wäre Schutzkleinspannung zu wählen.
Die Verbindung mit dem Zuleitungskabel NYY oder der Zuleitung NYM kann durch Gießharzmuffen oder in ausgegossenen Abzweigdosen geschehen.
Heizleitungen haben denselben Widerstandsleiter, jedoch nur eine doppelte Kunststoffhülle. Der Außendurchmesser beträgt 4 mm und das Gewicht

21 kg/1000 m. Auch Heizleitungen können in trockenen Räumen unmittelbar im Putz oder Beton verlegt werden. Die Grenztemperatur beträgt 80 °C und die entsprechende Heizleistung etwa 16 W/m.
Um bei Beschädigung der Heizleiterisolierung noch eine Abschaltung des Fehlers zu bewirken, sollten Heizleitungen und -kabel durch einen Fehlerstrom-Schutzschalter geschützt werden. Andernfalls empfiehlt sich die Schutzkleinspannung.

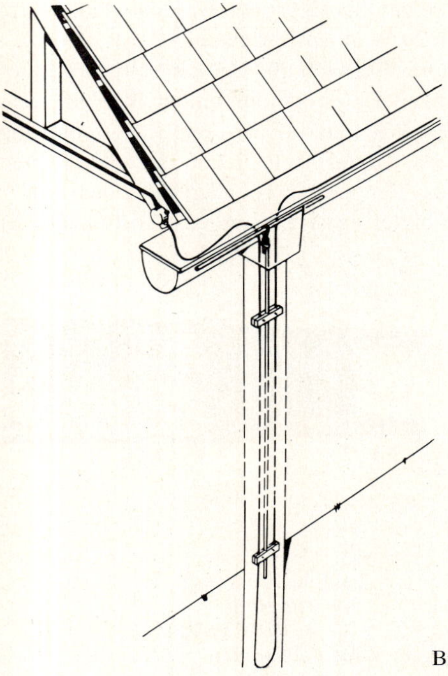

Bild 7-29: Dachrinnenbeheizung

Beheizte Dachabläufe *(Bild 7-29)* dürfen keine auswechselbaren Einzelteile, z. B. auswechselbare Heizkörper, haben. Sie sollten nach Schutzklasse I oder III gebaut sein. Sie dürfen fest oder mit Steckvorrichtungen angeschlossen werden. Als Anschlußleitung ist mindestens die Gummischlauchleitung H07RN-F zu wählen. Bei Schutzklasse I sind Heizkabel mit Metallmantel zu verwenden. Der Metallmantel ist mit dem Schutzleiter zu verbinden. Der Schutz durch Abschalten erfolgt mittels Fehlerstrom-Schutzeinrichtung.
Bei Flächenheizungen, z. B. Fußbodenheizungen *(Bild 7-30)*, werden die Heizleitungen zweckmäßig beim Verlegen über Abstandshalter gespannt.

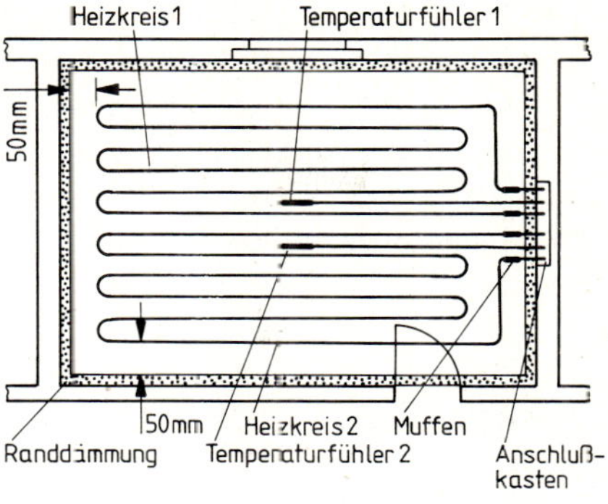

a, Heizschleifen

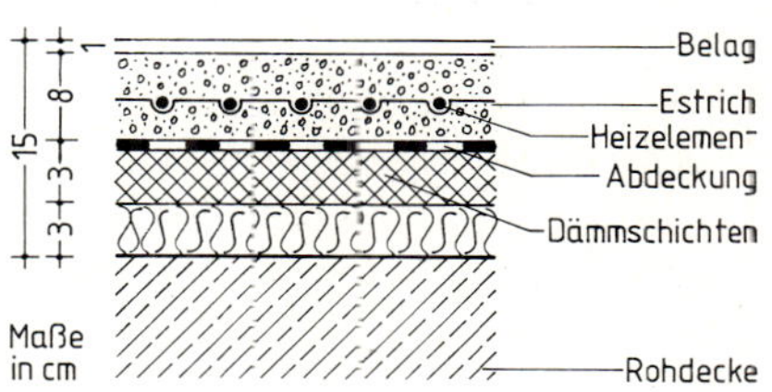

Bild 7-30: Fußbodenheizung

b, Schnittzeichnung

Während des Verputzens oder beim Betonieren sind Isolationswiderstände und Durchgang der Heizleiter ständig zu überwachen, damit Schäden sofort beseitigt werden können.

Eine optische Betriebsanzeige und eine Regeleinrichtung mit entsprechenden Meßfühlern sind zweckmäßig.

Bei Dachrinnenheizung ist an den Schutz gegen atmosphärische Entladungen (vgl. 13) zu denken. Beheizbare Dachabläufe siehe auch DIN VDE 0700 Teil 233.

7.3.5 Elektronische Wärmeverbrauchserfassung

Die elektronische Erfassung des Wärmeverbrauchs in Wohnungen ist für das Elektrohandwerk ein zukunftsträchtiges Arbeitsgebiet. Als Meßwertgeber werden Thermoelemente verwendet. Je ein Fühler wird in halber Höhe des Zentral-Heizkörpers und an der Raumwand angebracht. Die Spannungen dieser Elementpaare – ermittelt aus der Differenz zwischen Heizkörper- und Raumtemperatur – werden von allen Räumen der Wohnung addiert und als

Summenspannung über eine Ringleitung der Zentraleinheit zugeführt. Diese kann im Flur- oder Kellerbereich installiert werden. Sie ist mikrocomputergesteuert. In der Zentraleinheit wird für jede Wohn- oder Nutzereinheit zur Erfassung des Verbrauchs ein Impulszählerbaustein in modularer Technik direkt steckbar installiert. Die Einheit wird vom Netz gespeist (230 V) und über einen Akkumulator gepuffert. Selbst längere Netzausfälle werden so bedeutungslos.

7.4 Motoren

7.4.1 Begriffe

Drehmoment. Bei jedem Riemenantrieb wirkt am Riemen und somit auch am Umfang der Riemenscheibe eine Kraft, die man in N (1 N = 0,102 kp) messen kann. Bildet man das Produkt aus der am Umfang der Scheibe wirkenden Kraft in N und dem Halbmesser der Scheibe in m, so erhält man das Drehmoment des Motors in Nm. Zwischen dem Drehmoment in Nm und der an der Welle abgegebenen Leistung in kW besteht die Beziehung (angenähert):

$$\text{Drehmoment in Nm} = \frac{\text{Leistung in W}}{0{,}1\ \text{Leerlaufdrehzahl je min}}$$

Beispiel: Ein Motor von 10 kW und 1450 U/min kann ein Nenndrehmoment von rund $\frac{10\,000}{0{,}1 \cdot 1450} \approx 69$ Nm abgeben. Hat die Riemenscheibe einen Durchmesser von 0,2 m, Halbmesser also 0,1 m, so ergibt dies eine am Umfang der Scheibe und somit am Riemen wirkende Zugkraft von 690 N.

Anzugsmoment ist das Drehmoment, das der Motor beim Anziehen des Antriebs, also aus dem Stillstand heraus, entwickelt. Man kann es den Auswahltabellen, die von den Motorherstellern herausgegeben werden, entnehmen. Unser im Beispiel genannter 10-kW-Drehstrom-Motor könnte z. B. bei direktem Einschalten ein Anzugsmoment von 16 kpm ≈ 160 Nm besitzen. Es steigt und fällt dem Quadrat der Spannung entsprechend. Bei 1,2-facher Spannung würde es also das 1,44-fache betragen oder bei 80% der Nennspannung auf 64% absinken.

Kippmoment. Steigert man bei einem mit der Nenndrehzahl und Nennleistung laufenden Motor die Belastung, zwingt man ihn also, ein immer größeres Drehmoment zu entwickeln, so sinkt die Drehzahl zunächst langsam und fällt dann plötzlich sehr rasch ab. Der Motor hat seine Kippdrehzahl und damit auch sein Kippmoment erreicht. Nach DIN VDE 0530 muß es bei Dauerbetrieb für

Wechselstrom-Induktionsmotoren mindestens 1,6-mal dem Nenndrehmoment sein. Im Beispiel des 10-kW-Motors betrüge das Kippmoment also etwa $1{,}6 \cdot 69 \approx 110$ Nm.

Lastmoment. Die vom Motor anzutreibende Arbeitsmaschine setzt dem Antrieb einen Widerstand entgegen, der auf den treibenden Motor bremsend wirkt. Dieses Gegendrehmoment heißt Lastmoment. Es ist selbst zu Beginn des Anlaufs nicht etwa Null. Es kann dann sogar sehr groß sein, z. B. beim Anfahren eines kalten Kompressors, oder wenn das Öl in den Lagern eingedickt ist. Man spricht in solchen Fällen von einem Losreißmoment, das beim Anlaufen Schwierigkeiten bereiten kann.

Beschleunigungsmoment. Der Unterschied zwischen Motor- und Lastdrehmoment ist das Beschleunigungsmoment. Ist dieses groß, dann läuft der Antrieb rasch vom Stillstand auf volle Drehzahl hoch.

Die *Tabelle 7-13* bringt Beispiele für die verschiedenen Arten des Lastmoments (Gegendrehmoment) beim Anlauf von Arbeitsmaschinen.

Lastmoment beim Anlauf von Arbeitsmaschinen Tabelle 7-13

Art des Anlaufs	Lastmoment	Beispiele
Leeranlauf	Praktisch kein Lastmoment, da Belastung erst nach Hochlauf	Drehbänke, Kolbenverdichter bei entlastetem Anlauf, Pressen, Stanzen
Lastanlauf mit steigendem Drehmoment	Gegenmoment steigt mit der Drehzahl	Lüfter, Kreiselpumpen und -verdichter
Vollastanlauf	Gegenmoment praktisch so groß wie Vollastmoment	Hebezeuge, Kolbenpumpen bei belastetem Anlauf, Förderbänder
Schweranlauf	Gegenmoment wesentlich größer als Vollastmoment	Walzwerke, Kugelmühlen, Kalander, Zentrifugen

7.4.2 **Planungsgrundsätze** (siehe auch Antriebe und Antriebsgruppen 7.6)

Durch das Einführen des Normmotors sind für die geschlossenen Motoren bis 132 kW und für die innengekühlten Motoren bis 315 kW die Anbaumaße festgelegt sowie den einzelnen Baugrößen Leistungen zugeordnet. Damit sind Einsatz und Lagerhaltung wesentlich erleichtert.

Die *Nennleistung* des Motors soll möglichst gleich der Antriebsleistung der Arbeitsmaschine sein. Ein zu groß bemessener Motor ergibt höheren Anlaufstrom, damit größere Sicherungen, größeren Leiterquerschnitt und unwirtschaftlichen Betrieb, da Wirkungsgrad und Leistungsfaktor bei Teillast schlechter sind als bei Vollast. Zu bevorzugen sind Drehstrommotoren mit *Käfigläufer* für direktes Einschalten. Die Drehmoment- und Stromkurven sind für einen bestimmten Typ fest gegeben und unabhängig von der Schwere des Anlaufs *(Tabelle 7-14)*.

Sicherungen DIN VDE 0636 (gL) von Käfigläufermotoren
50 Hz 1500 U/min bei 400 V Tabelle 7-14

Motor-nennleistung kW	cos φ	Motor-nennstrom A	Sicherungen direktes Schalten A	Y/Δ A
0,06	0,7	0,22	1	1
0,18	0,7	0,64	2	2
0,55	0,75	1,5	4	2
0,75	0,8	2	4	4
1,1	0,83	2,6	4	4
1,5	0,83	3,5	6	4
2,2	0,83	5	10	6
3	0,84	8,6	16	10
4	0,84	10,5	20	16
5,5	0,85	11,5	20	16
7,5	0,86	15,5	25	20
11	0,86	22	35	25
15	0,86	30	50	35
18,5	0,86	37	63	50
22	0,87	44	63	50
30	0,87	60	80	63
37	0,87	72	100	80
45	0,88	85	125	100
55	0,88	105	160	125
75	0,88	140	200	160

Auch der Anlaufstromstoß, der je nach der Motorbauart bei direktem Einschalten bis zum 5-fachen des Nennstroms betragen kann, hängt allein von der Auslegung des Motors, nicht aber davon ab, welche Arbeitsmaschine

angeschlossen ist. Diese hat lediglich einen Einfluß auf die Dauer des erhöhten Anlaufstromes.
Stern-Dreieck-Anlassen von Motoren mit Käfigläufer ist anzuwenden, wenn besonders niedriges Motormoment (Sanftanlauf) oder kleine Anzugsströme verlangt werden. Anzugsmoment, Kippmoment sowie der Anzugsstrom betragen etwa ein Drittel der Werte bei direktem Einschalten. Das Motormoment muß während des ganzen Anlaufs genügend weit über dem Lastmoment liegen. Umschalten von Stern auf Dreieck darf praktisch erst bei Betriebsdrehzahl erfolgen. Ein Motor, der im 400-V-Drehstromnetz mit Stern-Dreieck-Umschaltung angelassen werden soll, muß für 400 V Dreieck gewickelt sein. Ein Motor mit der Wicklungsausführung 230/400 V könnte nur in einem 230-V-Drehstromnetz mit einem Stern-Dreieck-Schalter angelassen werden.
Will man zum Anlauf etwa das 1,5-fache Nennmoment und trotzdem nur den 1,5-fachen Nennstrom beim Anlaufen erreichen, dann ist ein Motor mit *Schleifringläufer* und Anlasser zu wählen.
Ein sanftes Anlassen von Drehstrommotoren ermöglichen auch elektronische Motorstarter. Durch eine Thyristorphasenanschnittsteuerung wird die Ständerspannung des Drehstrommotors während einer eingestellten Anlaufzeit von 40% auf 100% erhöht. Drehmomentenstöße werden dadurch vermieden.
Motoren für Bewegungsabläufe in der Fördertechnik müssen meist in zwei Drehrichtungen laufen. Ein geeignetes Mittel hierfür sind bei Drehstrommotoren Kompaktwendeschütze, durch die die Phasenfolge in der Zuleitung des Motors geändert wird. Fabrikfertige Kompaktwendeschütze verhindern sicher Phasenkurzschlüsse beim Umschalten der Phasenfolge sowie Fehlerschaltungen durch Erschütterungen und bei Doppelkommando.
Durch die *Betriebsarten* (Dauerbetrieb S 1, Kurzzeitbetrieb S 2, Aussetzbetrieb S 3 bis S 5 und Sonderbetrieb S 6 bis S 8 nach DIN VDE 0530 Teil 1) kann der Motor dem Rhythmus der Arbeitsmaschine jeweils angepaßt werden. Jede Betriebsart erfordert eine besondere Auslegung des Motors. Ein Austausch von Motoren für diese verschiedenen Betriebsarten untereinander ist daher nicht möglich. Die sog. Übergangsvorgänge, d. h. der Anlauf, die Bremsung und das Umsteuern eines elektromotorischen Antriebs, beanspruchen den Motor wesentlich mehr als der Dauerbetrieb mit gleichbleibender Drehzahl und gleicher Nennbelastung. Bei der Planung sind daher zu berücksichtigen: Die Art der Übergangsvorgänge, die Anzahl der Übergangsvorgänge in einer Zeiteinheit, das Drehmoment des Motors und der Arbeitsmaschine sowie der Verlauf des Motor- und des Lastmomentes über der Drehzahl. Die Nennbetriebsart ist auf dem Leistungsschild angegeben. Fehlt sie, dann ist der Motor für S 1 ausgelegt.
Die *Motorwicklungen* werden meist in Isolierstoffklasse E (Lackdraht getränkt oder in Füllmasse) ausgeführt. Sie sind für Räume geeignet, in denen sich

praktisch keine Luftfeuchtigkeit niederschlägt, und für Räume mit nichtleitendem, trockenem Staub. Sonderisolation der Isolierstoffklasse B (Glimmer-, Asbest- und Glaserzeugnisse) paßt für die Aufstellung in feuchten Räumen und beim Auftreten chemisch wirksamer Gase und Dämpfe (Landwirtschaft).
Die *Motorengehäuse* werden z. B. geschützt (Schutzart IP 21 tropfwassergeschützt) oder geschlossen (Schutzart IP 44 Schutz gegen kornförmige Fremdkörper und gegen Spritzwasser) ausgeführt. Die erstere Form ist für Kessel- und Maschinenhäuser sowie für viele Antriebe in Gewerbe und Industrie geeignet, die letztere für Landwirtschaft, Brauereien, Molkereien, chemische Industrie, Baubetriebe, Zementfabriken und Werkzeugmaschinen. Geschützte und geschlossene Maschinen sollten nicht mit Strahlwasser, z. B. aus dem Wasserschlauch, abgespritzt werden. Ist dies nötig, dann muß eine Sonderanfertigung in höherer Schutzart IP 56 bestellt werden. Flanschmotoren und Maschinen mit auswechselbaren Füßen werden hin und wieder fahrlässigerweise so montiert, daß die Kondenswasserlöcher oben liegen oder das Entfernen der Verschlußstopfen wird versäumt. Solche kleine Nachlässigkeiten können umfangreiche Schäden zur Folge haben.
Einen Leitfaden für Installations- und Betriebsbedingungen von Käfigläufermotoren der Betriebsart S 1 gibt Beiblatt 1 zu DIN VDE 0530.

7.4.3 Motorschutz (Motorschalter siehe auch 3.5.1)

Den Motorschutz übernehmen Motorschutzschalter und nicht etwa Sicherungen. Schalter dieser Art müssen den Motor betriebsmäßig allpolig aus- und einschalten sowie den Motor gegen Überlastung schützen.
Um die erste Aufgabe zu erfüllen, wird ein bestimmtes Schaltvermögen vorausgesetzt. So müssen Motorschutzschalter für Käfigläufermotoren mit einem Nennstrom bis 100 A den achtfachen Nennstrom schalten, ohne daß die Schaltstücke verschweißen. Die Lebensdauer muß ausreichend groß sein. Den Überlastschutz übernehmen thermisch verzögerte einstellbare Überstromauslöser (Bimetallauslöser) in allen Strompfaden. Der Schutzbereich erstreckt sich auf Überströme zwischen dem 1,05- und etwa 10-fachen Motornennstrom. Wenn der Aufstellungsort des Motors und des Schalters verschiedene Umgebungstemperaturen haben, sollte der Schalter mit einer Einrichtung für Raumtemperatur-Kompensation versehen sein, besonders wenn die Temperatur sich häufig ändert und von 20 °C abweicht. Es gibt Schutzschalter mit Kompensation z. B. zwischen − 20 °C und + 50 °C. Am empfindlichsten gegen Überlast sind sehr kleine Motoren bis 3 kW. Handelt es sich noch dazu um Schweranlauf, dann schalten die Bimetallauslöser zu schnell ab. Um dies zu verhindern, kann den Auslösern während des Anlaufs ein Schütz parallelge-

schaltet werden, so daß nur ein Teilstrom über das Relais fließt. Allerdings besteht dann während des Hochlaufs kein ausreichender Schutz.

Beim Aussetzbetrieb nach S 3 bis S 5 ist das thermische Überstromrelais auf den quadratischen Mittelwert aus Anlauf- und Betriebsstrom über die Spieldauer einzustellen. Kontrolle, ob Motoranlauf noch möglich. Sonst nur noch Wärmeüberwachung durch Temperaturfühler.

Die thermischen Überstromauslöser in Schutzschaltern werden vor Zerstörung durch Kurzschlußströme in der Weise geschützt, daß ihnen unverzögert wirkende elektromagnetische Überstromauslöser zugeordnet werden, die beim 10- bis 15-fachen Wert des oberen Endwertes des Einstellbereiches der thermischen Überstromauslöser ansprechen. Es können so verhältnismäßig hohe Kurzschlußströme noch abgeschaltet werden. Das Überstromrelais des Schutzschalters wird auf den Motornennstrom eingestellt. Damit bietet es bei Dauerbetrieb und bei Kurzzeitbetrieb zuverlässigen Überlastschutz.

Früher waren zum Schutz der Schalter Abzweigsicherungen notwendig *(Bild 7.31)*. Jetzt übernehmen bereits Einspeisesicherungen an der Verteilung die erforderliche Schutzfunktion. Den Überlastschutz der Abzweigleitungen übernehmen die Motorschutzschalter, so daß Kurzschlußsicherungen genügen (vgl. 4.5).

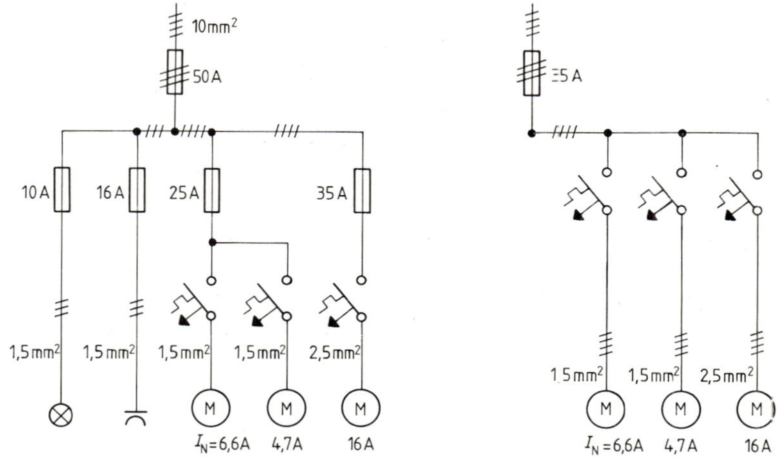

Bild 7-31: Sicherungsanordnung in Motorstromkreisen

Übersteigt die an der Einbaustelle des Schutzschalters mögliche Höhe des Kurzschlußstromes den zulässigen Wert oder wird auf elektromagnetische Auslösung verzichtet, so kann ein Motorschutz-Leistungsschalter gewählt oder es müssen vor dem Schalter zusätzliche Sicherungen angeordnet werden

Vorsicherungen von Motorschutzschaltern mit thermischer Auslösung

Tabelle 7-15

Thermischer Auslöser A	Höchstwert der Vorsicherung A
0,2 bis 0,3	1
0,3 bis 0,6	2
0,6 bis 1	4
1 bis 1,6	6
1,6 bis 2,5	6
2,5 bis 4	10
4 bis 6	16
6 bis 10	25
10 bis 16	35
16 bis 25	50
25 bis 35	63

(Tabelle 7-15). Die Tabelle ist ein Beispiel; genaue Werte, insbesondere auch für Stern-Dreieck-Schalter, sind beim Schalter-Hersteller zu erfragen! Etwa vorhandene elektromagnetische Überstromauslöser verbleiben trotz der vorzuschaltenden Sicherungen im Schutzschalter, um die Staffelung mit den thermischen Überstromauslösern zu gewährleisten. Schließlich kann man außerdem durch Unterspannungsauslöser bei einem Kurzschluß, der durch die vorgeschaltete Sicherung abgeschaltet wird, selbsttätig eine allpolige Abtrennung des Motors vom Netz erreichen. Nach den TAB sollen Unterspannungsauslöser erst bei einem Spannungseinbruch auf 40% der Betriebsspannung mit einer Zeitverzögerung von mindestens 1 s ansprechen, sofern es die Eigenart der angetriebenen Maschine gestattet.

Um einen besseren Motorschutz zu erreichen, verwendet man *Thermofühler,* die direkt in die Wickelköpfe des Motors eingebaut werden und bei Überschreiten der Grenztemperatur einen Steuerstromkreis unterbrechen und damit das Ausschalten des Motorschalters bewirken. Bei stark wechselnder Belastung, bei Aussetz- oder Umkehrbetrieb tritt jedoch ein gewisser Temperaturnachlauf ein, der für das Festlegen der Ansprechtemperatur des Temperaturwächters zu berücksichtigen ist. Da dies Schwierigkeiten ergeben kann, empfiehlt es sich, in solchen Fällen weiterhin zusätzlich Motorschutzschalter mit Bimetall- und Kurzschlußschnellauslösern zu verwenden. Wegen ihrer Abmessungen lassen sich Temperaturwächter nur in größeren Maschinen einbauen.

Es gibt den Motorvollschutz durch *Kaltleiter-Temperaturfühler,* die in den einzelnen Wicklungssträngen in Reihe geschaltet sind. Man braucht daher nur zwei Steuerleiter zwischen Motor und Steuergerät. Dieses schaltet über ein Schütz den Motor ab. Der Steuerkreis überwacht sich durch das Ruhestromprinzip bei Leitungsbruch und dergleichen selbst. Da die Kaltleiter fest in die Wicklung eingelegt sind, muß der Motor schon vom Hersteller für diesen Schutz eingerichtet sein. Besonders wirtschaftlich ist er für Motorleistungen über 20 kW. Er schützt gegen jede thermische Überbeanspruchung, z. B. durch Leiterausfall im Netz, Unter- oder Überspannung, Festbremsen des Läufers, behinderte Kühlung, Anlauf- und Bremsvorgänge, erhöhte Kühlmitteltemperatur oder hohe und wechselnde Schalthäufigkeit.

In Sonderfällen, z. B. bei Schweranläufen mit kurzzeitigen, aber hohen Überlastungen, stark wechselnden Belastungen, bei intermittierendem Betrieb, also etwa in der Klima- und Lüftungstechnik, in Pumpstationen, bei Zentrifugenantrieben, Steinbrechern oder in Großproduktionsanlagen mit ungewöhnlichen Betriebsverhältnissen, kann ein *elektronisches Motorschutzrelais* empfohlen werden. Es ist ein thermisches Motormodell und ein Phasenausfallschutz.

Motorschutzschalter sind *unerläßlich* für Motoren, die ohne Wartung laufen, selbsttätig geschaltet oder ferngeschaltet werden, sowie für Motoren, die an eine Kraftsteckdose angeschlossen werden. Für alle übrigen Motoren sind sie dringend zu empfehlen. Motoren, die selbsttätig geschaltet werden, sind z. B. solche für den Antrieb von Pumpen in Wasserförderungsanlagen, Ventilatoren und Kompressoren für Kühl- und Klimaanlagen.

Die allpolige elektromagnetische Schnellauslösung ist insbesondere in TN-Netzen erforderlich. Wenn nämlich z. B. einer der Zuleiter zu einem dreiphasigen Stromverbraucher (Motor, Wärmegerät) einen satten Körperschluß erhält, dann wird, wenn nur Sicherungen als Kurzschlußschutz vorgesehen sind, eine der Sicherungen ansprechen. Dann werden die zwei gesunden Zuleiter bei einem Wärmegerät nur mehr etwa 86% des Nennstromes führen, während durch den PE-Leiter 33% fließen. Bei nicht vollbelasteten Motoren verhält es sich ähnlich. Die Leistung sinkt auf die Hälfte bei Wärmegeräten und bis zu etwa 70% bei Motoren, ohne daß die Nennströme eines Zuleiters überschritten werden. Der Strom im PE-Leiter kann aber erheblich sein, und es besteht Brandgefahr. Nur elektromagnetische Schnellauslöser in allen drei Zuleitern vermögen diesen Störungsfall abzuschalten.

Der Ausfall nur einer Phase bewirkt ferner, daß bei Umkehrantrieben die Umkehrung nicht nur unwirksam, sondern der Motor in der gleichen Richtung weiter angetrieben wird. Schwere Schäden können die Folge sein. Das einpolige Abschalten von Schmelzsicherungen hat auch ein Absenken der aus diesem Stromkreis entnommenen Steuerspannung auf Werte zwischen 40 und 90% der Nennspannung zur Folge, sofern die Steuerspannung über zwei Außenleiter abgenommen wird. Dies kann zum Spulenbrand führen

Man sollte daher in wichtigen Stromkreisen sowohl für Motoren als auch für dreiphasige Wärmegeräte keine Sicherungen oder einpolige LS-Schalter, sondern nur Motorschutzschalter mit allpoliger elektromagnetischer Schnellauslösung einsetzen. Dabei soll wiederholt werden, daß dieser eben geschilderte Kurzschlußschutz nichts mit dem Kurzschlußschutz der Zuleitung zu tun hat, der immer am Leitungsanfang angeordnet sein muß.

Einphasenlauf von Drehstrommotoren, hervorgerufen durch Abschmelzen einer Sicherung, Leiterbruch, Ausfall einer Netzphase, Störung im Schaltgerät, stellt eine der häufigsten Schadensursachen dar, insbesondere bei großen und schnellaufenden Motoren über 30 kW. Bei normalen Betriebsbedingungen schützt ein Motorschutzschalter den Motor ausreichend, wie es soeben dargestellt wurde. Es gibt jedoch Betriebsfälle, wie z. B. ein unbelasteter dreieckgeschalteter Motor oder Motoren für aussetzenden Betrieb (Aufzüge, Rolltreppen, Krane), wo der Schutz versagen kann. Hierfür ist von mehreren Firmen ein Auslöserelais entwickelt worden, das unter der Bezeichnung *„Einphasenwart“* oder „Schutz gegen Einphasenlauf“ im Handel ist (Schaltbild siehe *Bild 7.32*) und zusätzlich zum Motorschutzschalter eingesetzt wird.

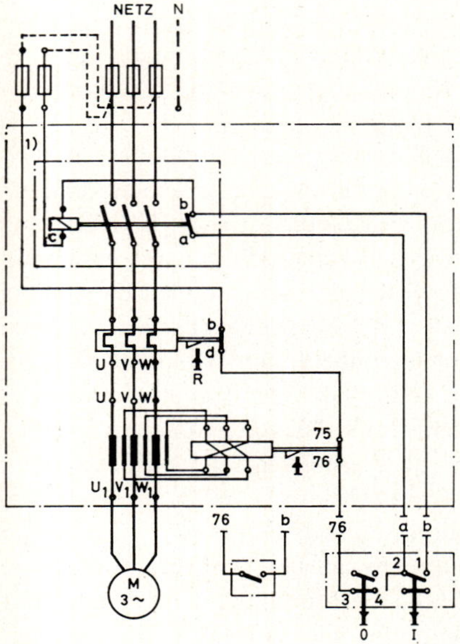

Bild 7-32: Schutz gegen Einphasenlauf

Die *Überprüfung der Auslöser* kann durch Einphasenlauf des vollbelasteten Motors oder bei allpolig angeschlossenem abgebremstem Motor erfolgen. Im ersten Fall soll die Auslösung in wenigen Minuten, im zweiten Fall in einigen

Sekunden geschehen. Es ist dagegen sinnlos, den unbelasteten Motor hochlaufen zu lassen und dann eine Sicherung zu entfernen. Der Motor nimmt bei dieser Betriebsart nur geringe Ströme auf, die das Relais nicht auslösen.
Daneben gibt es noch phasenausfallempfindliche Überlastrelais oder Überlastauslöser, bei denen sich der Ansprechstrom, abhängig von der Ungleichheit der Stromverteilung, zwischen den Phasen verringert (siehe DIN VDE 0660 Teil 104).
Bei *Sterndreieckschaltern* werden die Schutzglieder so im Motorstromkreis angeordnet, daß sie bei Dreieckschaltung nicht den aus dem Netz entnommenen gesamten Motorstrom, sondern den durch die einzelnen Wicklungsstränge des Motors fließenden Teilstrom überwachen. Dieser beträgt das 0,58-fache des Nennstromes. Durch diese Anordnung wird auch in der Anlaufschaltung (Sternschaltung) ein wirksamer Überlastungsschutz erzielt.
Diese Schaltung hat allerdings auch einen Nachteil. Wenn der Schutzschalter auslöst, bleibt der Motor zwar stehen, liegt aber in der Dreieckschaltung über x, y, z weiter an Spannung. Ebenso verführt der Druckknopf des Motorschutzschalters zu Einschaltversuchen, wobei der Bedienende kaum daran denkt, in welcher Schaltstellung der Sterndreieckschalter steht. Es gibt daher einen kombinierten Sterndreieck-Motorschutzschalter, der bei Ansprechen der Relais auch die Verbindung x, y, z vom Netz trennt und den Schalter in die Nullstellung zurückbringt. Zusätzlich verhindert eine Fortschaltverriegelung, daß man von Null direkt auf die Dreieckschaltung durchschaltet.

7.4.4 Anschluß von Motoren (siehe auch TAB)

In Anlagen, die an das Niederspannungsnetz der EVU angeschlossen sind, darf der Anlauf von Motoren keine störenden Spannungsabsenkungen im Netz des EVU verursachen. Diese Bedingung ist im allgemeinen erfüllt, wenn bei Wechselstrommotoren die Nennleistung 1,4 kW oder bei Drehstrommotoren der Anzugstrom 60 A nicht überschritten wird.
Ist der Anlaufstrom nicht bekannt, dann ist dafür das 8-fache des Nennstromes anzusetzen.
Vor der Planung des Anschlusses größerer Motoren und solcher Motoren, die Netzstörungen durch besonders schweren Anlauf, häufiges Einschalten oder schwankende Stromaufnahme, z. B. Sägegatter, Cuttermotoren, Aufzugsmotoren, verursachen können, sind die zu treffenden Maßnahmen mit dem EVU zu vereinbaren.

7.4.5 Blindleistungsbedarf

Die Leistungen der Kondensatoren sollen bei Motornennleistungen bis 30 kW zwischen 40 und 50% und bei höheren Leistungen etwa 35% der Motornennleistung betragen.
Bei der Blindlastdeckung einzelner Motoren sind die *Kondensatoren (Bild 7-33)* im allgemeinen nach *Tabelle 7-16* zu bemessen.

Bild 7-33: Kondensator 50 kvar für 400 V, 50 Hz im Stahlblechgehäuse. Schutzart IP 54 (Werkbild: Siemens)

Blindlast-Kondensatoren für Motoren Tabelle 7-16

Motor-Nennleistung kW	Kondensatorleistung kvar[1]
4,0··· 4,9	2
5,0··· 5,9	2,5
6,0··· 7,9	3
8,0···10,9	4
11,0···13,9	5
14,0···17,9	6
18,0···21,9	8
22,0···29,9	10
ab 30,0	etwa 35% der Motornennleistung

[1] kvar = Kilo-Volt-Ampere-reaktiv = Blindleistung

Werden für kompensierte Motoren *Sterndreieckschalter* verwendet, dann ist der Kondensator an die Klemmen U V W so anzuschließen, daß Spannungsresonanz und Selbsterregung des Motors ausgeschlossen werden. Es gibt dafür besondere Sterndreieckschalter, bei denen in „Aus"-Stellung die Motorwicklung bei geöffneten Netzverbindungen in Dreieck geschaltet wird, damit sich der Kondensator über die Motorwicklung entladen kann. Um Ausgleichströme

zu verhindern, werden die Netzverbindungen beim Umschalten von Stern auf Dreieck oder umgekehrt nicht unterbrochen. Mit Nockenschaltern wird größte Schaltgenauigkeit erzielt.
Abnehmeranlagen dürfen den Betrieb von Tonfrequenz-Rundsteueranlagen nicht unzulässig beeinträchtigen. Gegebenenfalls sind die Kondensatoren zur Blindlastdeckung mit Sperrdrosseln zu versehen.
Bis zu 10 kvar können zum *Schalten* die üblichen Schalter, mit Momentschaltung, verwendet werden. Bei größeren Einheiten sind wegen der hohen Einschaltstromstöße Spezialschalter oder Schütze mit Vor- und Entladewiderständen vorzusehen *(Bild 7-34)*. Verwendet man Motorschutzschalter, dann sind deren Kurzschlußschnellauslöser für etwa den 8- bis 10-fachen, die Wärmeauslöser für etwa den 1,3-fachen Nennstrom des Kondensators einzustellen.

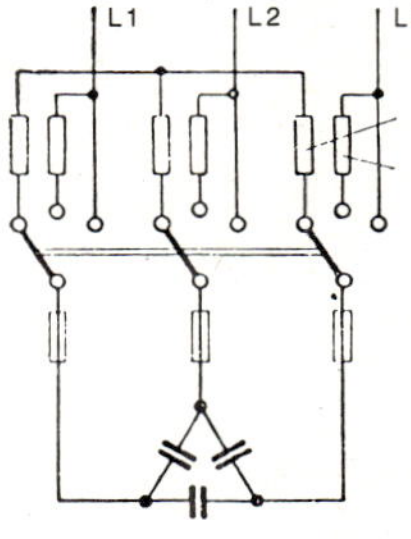

Bild 7-34: Spezialschalter für Kondensatoren

Werden *Sicherungen* vorgeschaltet, dann sind Schmelzeinsätze für den 1,6- bis 1,8-fachen Kondensator-Nennstrom vorzusehen. Den Sicherungen entsprechend ist der Leiterquerschnitt zu wählen.
Kondensatoren müssen entweder über das direkt angeschlossene Verbrauchsmittel, z. B. Motor, oder durch fest angeschlossene Widerstände (Bild 7-34) entladen werden. Innerhalb der vorgegebenen Entladezeit (1 min bei $U_N \leqq$ 660 V) muß die Restspannung vom Scheitelwert der Nennspannung auf $U_R <$ 50 V sinken. Der Kondensator darf nicht unbeabsichtigt von der Entladeeinrichtung getrennt werden können. Zwischen Kondensator und Entladeeinrichtung dürfen also keine Trennstellen, z. B. Schalter, sein.
Wenn der Kondensator *am Motor unmittelbar* angeschlossen ist *(Bild 7-35)*, erspart man sich Schalter, Sicherungen und Entladewiderstände. Die Entla-

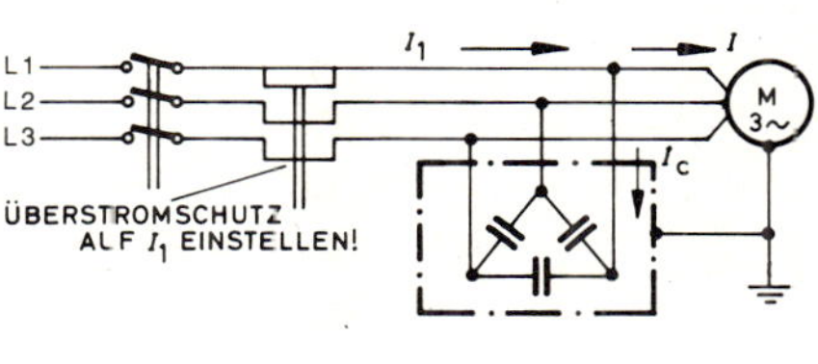

Bild 7-35: Kondensatorenanschluß unmittelbar am Motor

dung geschieht dann zwangsläufig über die Motorwicklungen. Der Querschnitt der Anschlußleiter des Kondensators muß mit denen des Motors übereinstimmen. Bei Aufzugs- und sonstigen Hebezeugmotoren sowie bei Bremsmotoren und Motoren mit Bremslüftern dürfen jedoch Kondensatoren nicht unmittelbar parallel zu den Motoren geschaltet, sondern nur so angeschlossen werden, daß keine Selbsterregung auftritt.

7.4.6 Elektrisches Abbremsen von Drehstrommotoren

Die elektrischen Bremsverfahren beruhen auf der Bremswirkung eines induzierten Leiters im Magnetfeld und arbeiten daher verschleißfrei ohne mechanische Reibung. Diesem Vorteil steht der Nachteil gegenüber, daß im Stillstand des Motors keine Bremswirkung (Haltebremse) zu erzielen ist.
Das gebräuchlichste und einfachste elektrische Bremsverfahren ist die Gegenstrombremsung. Durch das Vertauschen zweier Phasen wird dabei die Drehrichtung des Motors umgekehrt *(Bild 7-36)*. Da der Motor in der entgegengesetzten Richtung wieder hochlaufen würde, muß er mit Hilfe eines Drehzahlwächters rechtzeitig abgeschaltet werden.
Bei Schleifringläufermotoren kann durch Vergrößerung des Läuferwiderstandes eine sogenannte Senkbremsung erzielt werden. Antriebe mit kleinen Trägheitsmomenten können dadurch abgebremst werden, daß die Ständerklemmen vom Netz getrennt und dann kurzgeschlossen werden. Dabei muß darauf geachtet werden, daß der Lichtbogen des Netzschalters gelöscht ist, bevor der Motor kurzgeschlossen wird, da sonst ein Netzkurzschluß entsteht.

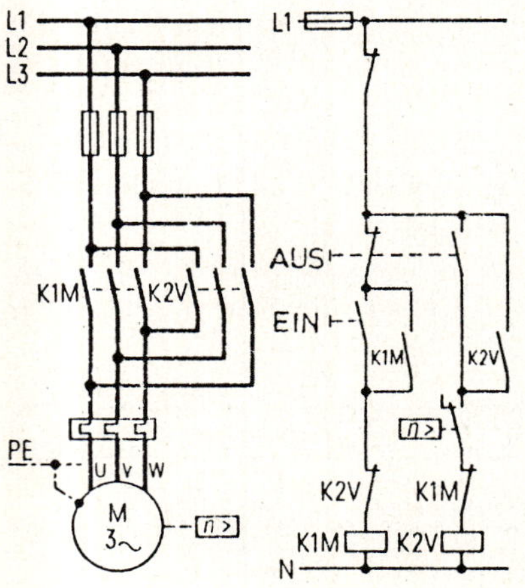

Bild 7-36: Schaltplan einer Gegenstrombremsung

7.5 Elektrische Ausrüstung von Industriemaschinen (DIN VDE 0113 Teil 1)

Für die elektrische Ausrüstung von kraftbetriebenen Arbeitsmaschinen für Industrie und Gewerbe, die Werkstoffe oder Werkstücke bearbeiten oder verarbeiten, gilt DIN VDE 0113 Teil 1. Diese Norm wird für alle Arten von Industriemaschinen in der Bau-, Druck-, Holz-, Kunststoff-, Metall-, Nahrungsmittel-, Papier- und Textilindustrie angewendet. Ausgenommen sind tragbare Elektrowerkzeuge, Geräte für den Hausgebrauch, Hebe- und Transportmaschinen, Stromerzeuger und -verteiler sowie Hauptstromkreise, in denen elektrische Energie direkt als Werkzeug eingesetzt wird, z. B. Schweißen oder elektrotechnische Prozesse. Für landwirtschaftliche Maschinen sind im Rahmen von DIN VDE 0113 in Vorbereitung. So lange sollten die Grundsätze der bestehenden Norm auch für derartige Maschinen angewendet werden. Zusätzliche Anforderungen, z. B. die VDI-Richtlinie 3231 „Elektrische Ausrüstung für automatisierte Fertigungseinrichtungen", sind zu beachten.
Die einzelnen Betriebsmittel oder Funktionseinheiten müssen mit gut erkennbaren Aufschriften versehen sein, wie Name des Herstellers, Fabrikations-Nr., Nennspannung, -frequenz und -strom. Alle Gehäuse, die nicht klar erkennen lassen, daß sie elektrische Betriebsmittel enthalten, müssen mit einem schwarzen Blitzpfeil auf gelbem Grund in schwarzem Dreieck gekennzeichnet werden.
An technischen Unterlagen fordert die Norm einen Installationsplan, einen Stromlaufplan und eine Stückliste. Der Installationsplan muß eine schematische Darstellung der Maschine mit der Angabe über die notwendigen Daten der Zuleitung zeigen. Im Stromlaufplan sind Haupt-, Steuer- und Meldestromkreise so darzustellen, daß sich die einzelnen Arbeitsabläufe der Maschine gut erkennen lassen. In den Stücklisten schließlich sind über sämtliche Betriebsmittel die Daten aufzuführen, die eine Ersatzbeschaffung möglich machen. Des weiteren kann es erforderlich sein, einen Blockschaltplan, mit dem das Arbeitsprinzip der Maschine dargestellt wird, eine Dokumentation des Arbeitsablaufs und einen Verbindungsplan (Klemmenanschlußplan) mitzuliefern.
Der Netzanschluß kann bei kleineren Maschinen über einen Netzstecker erfolgen; bei größeren Maschinen ist im allgemeinen ein fester Anschluß erforderlich, wobei je Maschine nur eine Einspeisung vorgesehen werden soll. Bei einem Großteil der Maschinen ist der Netzanschluß in der der Maschine zugehörigen Schaltgerätekombination, in der auch Hauptschalter, Schutzeinrichtungen, Schütze, Relais, Befehlsgeräte u. a. untergebracht sind. Für diese Schaltgerätekombinationen gilt DIN VDE 0660 Teil 500 (siehe 3.8). Für die Auswahl der elektrischen Ausrüstung der Maschine sind neben der Zweckbestimmung sicherheitstechnische Gesichtspunkte maßgebend. Diese sollen in

den folgenden Abschnitten für die wichtigsten elektrischen Ausrüstungsgegenstände aufgezeigt werden.

7.5.1 Hauptschalter

Jede Maschine ist zum *Freischalten* mit einem *Hauptschalter* zu versehen, wobei Maschine und zugehörige Schaltschränke als eine Einheit gelten. Es ist ein handbetätigter Schalter zu verwenden, der nur eine Aus- und eine Ein-Stellung mit zugeordneten Anschlägen hat. Er muß eine Stellungsanzeige haben und in der Aus-Stellung verschließbar sein. Fernbetätigte Schalter dürfen nur dann als Hauptschalter verwendet werden, wenn sie Leistungsschalter sind. Schütze dürfen nicht als Hauptschalter dienen. Wenn ein Hauptschalter nur zum Abtrennen aller elektrischen Betriebseinrichtungen benutzt wird, muß er als Lastschalter (vgl. 3.5.1) ausgeführt und für die Summe der Nennströme aller Stromverbraucher bemessen sein. Bei kleinen Einheiten, die über eine Steckvorrichtung an das Netz angeschlossen werden, kann auf diesen Schalter verzichtet werden. Der Griff des Hauptschalters ist schwarz oder grau.
Wird der Hauptschalter als Notausschalter verwendet, dann muß er so ausgelegt sein, daß er gleichzeitig den Strom des größten Motors an der Maschine im festgebremsten Zustand und die Summe der Ströme aller übrigen Verbraucher im Normalbetrieb abschalten kann. Als Notausschalter – und nur dann – erhält er einen roten Griff. Auch muß er dann gleichzeitig die Bedingungen einer Not-Aus-Einrichtung erfüllen.
Durch den Hauptschalter brauchen Licht- und Steckdosenstromkreise, die bei Wartungsarbeiten für Leuchten und Elektrowerkzeuge erforderlich sind, nicht abgeschaltet werden. Ihre Leitungen müssen jedoch dann getrennt von den abgeschalteten Leitungen verlegt sein, über abgedeckte Klemmen geführt werden und über einen eigenen Schalter abschaltbar sein. Ebenso brauchen Unterspannungsauslöser und Hilfsstromkreise bis 50 V nach dem Betätigen des Hauptschalters nicht abgeschaltet sein.
Maschinen mit nur einem Motor verlangen oftmals einen Drehrichtungs- oder Drehzahlwechsel. Häufig findet sich auch ein Stern-Dreieckschalter. Diese Umschalter sind keine Hauptschalter, weil sie nicht nur eine „Ein“- und eine „Aus“-Stellung haben. Es ist also noch zusätzlich ein besonderer Hauptschalter anzubringen, der z. B. gleichzeitig ein Motorschutzschalter sein kann.

7.5.2 Not-Aus-Einrichtung

Eine „Not-Aus-Einrichtung“ ist erforderlich bei Antrieben und Antriebsgruppen, die durch ihre Betriebsweise eine Gefährdung von Menschen oder des Betriebes hervorrufen können.

Mit „Not-Aus" ist der Arbeitsablauf unverzögert stillzusetzen, und zwar so, daß Gefahren für Personen oder Maschinen vermieden werden. Nur *die* Bewegungen und Arbeitsvorgänge sind stillzusetzen, deren Fortgang Gefahr bedeutet. Manche Arbeitsvorgänge müssen dagegen weiterlaufen oder umgekehrt werden, um mögliche Gefahren zu beseitigen bzw. um bei Not-Aus keine zusätzlichen Gefahren herbeizuführen.

Als Befehlsgerät „Not-Aus" eignen sich Pilztastrosetten und Pilzstellrosetten mit selbsttätiger Verrastung und mechanischer Anzeige der Einschaltstellung. Als Handhabe ist ein roter Pilz mit gelber Unterlage als Kontrastfarbe zu wählen. Leuchttaster sind nicht zulässig. Eine Verriegelung nach den Unfall-Verhütungs-Vorschriften (UVV), nach denen ein sofortiges Wiedereinschalten blockiert sein muß, haben die Schlüssel-Stellrosetten und die Schlüssel-Pilzstellrosetten. Der Schloßzylinder verrastet nach Betätigen und kann nach behobener Störung nur durch eine Aufsichtsperson mit einem Schlüssel wieder in Betrieb genommen werden.

Es sind auch Betätigungen zugelassen, z. B. über Reißleinen, Trittleisten u. ä., nicht jedoch über Lichtschranken und Druckwellenschalter wegen fehlender Zwangsläufigkeit. Solche mittelbaren Betätigungselemente sollten ebenso gekennzeichnet sein wie Handhaben. Reißleinen müssen gegen Seilbruch selbstüberwacht sein.

Schaltgeräte für Hauptstromkreise müssen mindestens den Anforderungen für Motorschalter (siehe 3.5) genügen.

Bei Einbau einer „Not-Aus-Einrichtung" im Steuerstromkreis ist folgendes zu beachten: Ein Not-Aus-Befehlsgerät zusammen mit einem Hilfsschütz, das seinerseits die Steuerstromkreise unterbricht, ist nicht zulässig *(Bild 7-37)*.

Das Hilfsschütz muß entfallen und das Befehlsgerät Not-Aus direkt auf die Steuerstromkreise einwirken. Die entregten Schütze unterbrechen die Strom-

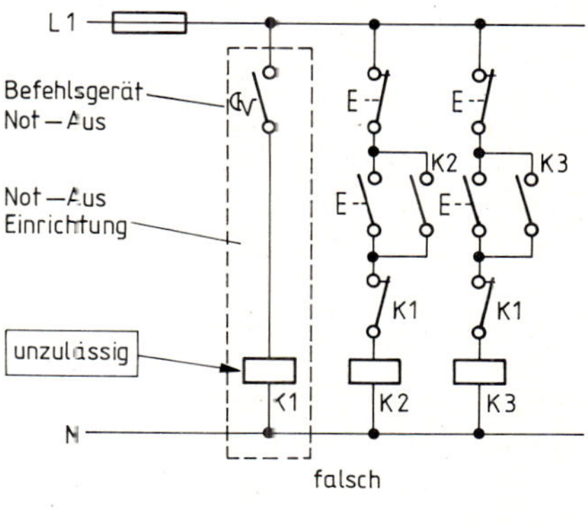

Bild 7-37: Falscher Einbau einer Not-Aus-Einrichtung

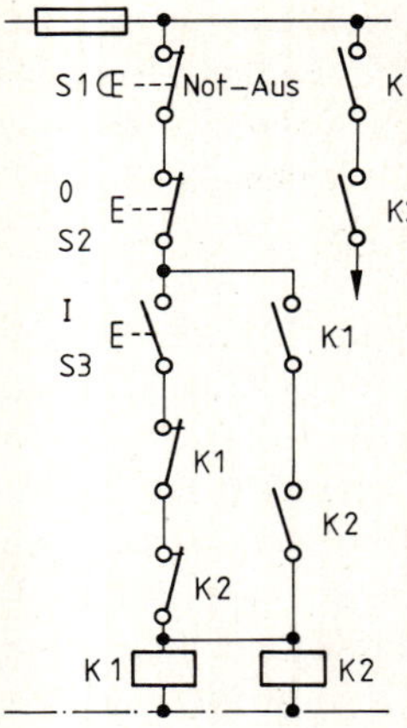

Bild 7-38: Einbau einer Not-Aus-Einrichtung in Steuerstromkreise

zufuhr zu den Verbrauchsmitteln. Da es sich um die Schaltschütze für den Normalbetrieb handelt, gehören sie keinesfalls zur „Not-Aus-Einrichtung“. Bei kleinen Steuerungen hat sich die im *Bild 7-38* dargestellte Schütz-Sicherheitskombination für Not-Aus-Einrichtungen bewährt. Die Kombination bietet den Vorteil – besonders bei ausgedehnten Steuernetzen –, daß die kritische Steuerleitungslänge, bei der ein Schütz wegen kapazitiver Ableitungsströme trotz gegebenen „Aus“-Befehls hängenbleibt, doppelt so groß sein kann, weil die Kombination aus zwei Schützen besteht. Bei den Hilfsschützen müssen sich u. U. die Schließer- und Öffnerkontakte überlappen, um ein Flattern sicher auszuschließen.

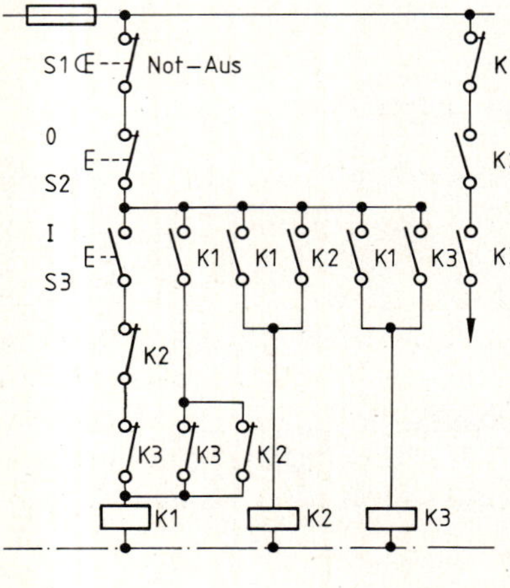

Bild 7-39: Not-Aus-Einrichtung für umfangreiche Stuerungsanlagen

In umfangreichen Steuerungsanlagen hat sich eine zentrale Sicherheits-Kombination durchgesetzt. Verwendet werden drei gegenseitig verriegelte Hilfsschütze *(Bild 7-39)*, eine Schaltung, die auch von der Berufsgenossenschaft als Sicherheitskombination anerkannt ist. Sind mehrere Bedienplätze vorhanden, muß an jedem die Abschaltung möglich sein.

7.5.3 Befehlsgeräte

Befehlsgeräte zum Steuern von Industriemaschinen werden bevorzugt als Druckknöpfe ausgeführt. Druckknöpfe für „Halt"- bzw. „Aus"-Funktionen müssen rot gekennzeichnet sein. Für „Ein" bzw. „Start" sollte die Farbe Grün oder Schwarz verwendet werden.
Zusätzlich müssen die Druckknöpfe, z. B. durch 0 für den Aus-Druckknopf und I für den Ein-Druckknopf, beschriftet sein. Druckknöpfe, die sowohl Ein- als Aus-Funktion haben, dürfen nur für Nebenfunktionen verwendet werden.
Um ein ungewolltes Betätigen, insbesondere das Starten einer Funktion, zu verhindern, dürfen Ein-Druckknöpfe nicht vorstehen und Druckknöpfe nicht waagrecht eingebaut werden. Bei Pressen und Stanzen, bei denen z. B. eine Zweihandschaltung gefordert wird, müssen die Befehlsgeräte soweit auseinander sein, daß sie nicht mit einer Hand allein bedient werden können. In Ausnahmefällen dürfen auch Pilztaster als Befehlsgeräte verwendet werden, wenn der Betrieb dies erfordert, z. B. bei Bedienen mit Handschuhen oder Füßen, und wenn auch versehentliche Betätigung keinen Schaden für Personen, Maschinen oder Produktionsgut erwarten läßt. Solche Pilze sollen schwarz oder grau gefärbt sein.

7.5.4 Leuchtmelder

Durch Leuchtmelder werden an den Bedienständen die Betriebszustände der Maschine, abseits von Bedienständen auch deren Schaltzustände, angezeigt. Für die Farbe der Leuchtmelder gilt DIN VDE 0199 (siehe 3.13). Der rote Leuchtmelder zeigt anormale Zustände an, z. B. den Hinweis, daß die Maschine durch ein Schutzorgan gestoppt wurde, oder er gibt den Befehl zum Stillsetzen der Maschine. Grün gibt das Startzeichen. Gelb bedeutet Achtung oder Vorsicht, z. B. ein Wert (Strom, Temperatur) nähert sich seiner zulässigen Grenze. Weiß sagt aus, daß die Stromkreise an Spannung liegen und normal in Betrieb sind. Es dürfen auch Blinklichter der entsprechenden Farbe benutzt werden.

Um ein Funktionsversagen der Meldelampen durch Lockerung oder Fadenbruch einzugrenzen, sollen Bajonett- oder Steckfassungen verwendet werden und Lampen, die für eine höhere Nennspannung als die vorhandene Betriebsspannung ausgelegt sind, z. B. für eine 24 V Betriebsspannung eine 30-V-Lampen-Nennspannung.

7.5.5 Leuchttaster

Leuchttaster (Leuchtdruckknöpfe) vereinen die beiden Funktionen: Steuern und Melden. Sie können zur Bestätigung eines ausgeführten Befehles oder zur Anzeige eines Zustandes verwendet werden. Die Anzeige sagt dem Bedienenden, daß er den leuchtenden Druckknopf betätigen kann oder soll. Andererseits ist durch einen Leuchttaster eine Bestätigung (Rückmeldung) in der Form möglich, daß die Lampe des Tasters aufleuchtet, sofern ein gegebener Befehl angenommen wurde. Für eine derartige Rückmeldung soll nur die Farbe Weiß verwendet werden.
Für Leuchttaster, die Betriebszustände anzeigen, richten sich die Farben, wie bei Leuchtmeldern, nach der Art des angezeigten Betriebszustandes.

7.5.6 Grenztaster

Grenztaster (auch Wegfühler oder Näherungsschalter) sollen die Maschine stillsetzen, wenn Grenzwerte der Bewegung, des Druckes oder der Temperatur überschritten werden, bzw. wenn Abdeckhauben über gefährlichen Arbeitsbereichen entfernt werden. Sie sind somit automatisch wirkende Not-Aus-Einrichtungen. Als Grenzschalter werden auch Grenzlagenfühler mit Sicherheitsfunktion nach DIN VDE 0660 Teil 206 verwendet, die eine induktive, kapazitive oder magnetische Lageerfassung ermöglichen und wie die Grenztaster zwangsläufig öffnen *(Bild 7-40)*. Grenztaster sollen so angeordnet sein, daß sie gegen unbeabsichtigtes Betätigen geschützt sind. Ist dies nicht möglich, dann muß eine ungewollte Handbetätigung des Grenztasters einen sicheren Funktionsablauf, z. B. das Stillsetzen der Maschine, bewirken.

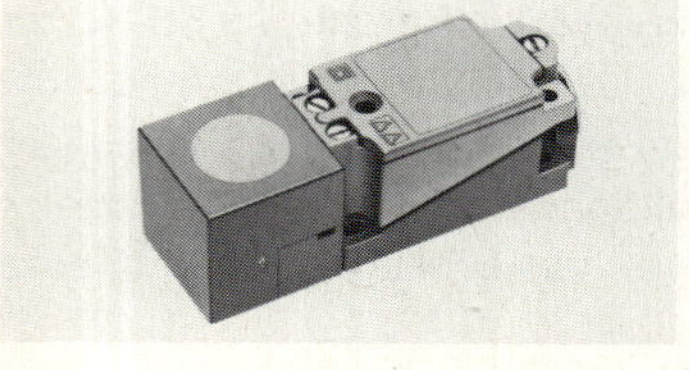

Bild 7-40: Induktiver Näherungsschalter

7.5.7 Leitungen und Verdrahtungen

Es dürfen nur Leitungen mit einer Nennspannung von mindestens 300 V verwendet werden (siehe Tabelle 4-1 und 4-2). Dies gilt auch für Leitungen von Steuerstromkreisen mit Funktionskleinspannung, wenn diese über einen Steuertransformator erzeugt wird. Der Mindestquerschnitt für eindrähtige Leiter beträgt 1,5 mm² Cu. Für feindrähtige Leiter in mehradrigen Leitungen oder innerhalb von Steuerschränken und Einbauräumen ist der Mindestquerschnitt 0,75 mm² Cu. Leiter mit kleineren Querschnitten dürfen nur verwendet werden, wenn die Anschlußklemmen der verwendeten Betriebsmittel die Aufnahme der genannten Mindestquerschnitte nicht erlauben. Mit Rücksicht auf die Erschütterungen an der Maschine sind in aller Regel mehrdrähtige oder feindrähtige Leitungen zu verwenden. Aus gleichen Gründen dürfen im allgemeinen Lötverbindungen als Anschlüsse nicht verwendet werden.
Dort, wo Leitungen in der Nähe bewegter Maschinenteile bewegt werden, ist ein Mindestabstand von 25 mm zwischen den bewegten Maschinenteilen und der Leitung einzuhalten. Die Strombelastbarkeit der Leitungen ist davon abhängig, ob die Leitungen in der Maschine frei in Luft oder im Leitungskanal verlegt sind. Aus *Tabelle 7-17* ist die maximale Strombelastbarkeit von Leitungen ersichtlich. Die Werte gelten nicht für Transferstraßen-Maschinen, diese liegen in etwa 15% niedriger. Sie gelten jedoch für eine beliebige Anzahl von zusammenliegend verlegten Leitungen, da üblicherweise nicht alle Leitungen gleichzeitig voll belastet werden.

Strombelastbarkeit I_Z und Schutz bei Kurzschluß Tabelle 7-17

Querschnitt in mm² Cu	0,75	1	1,5	2,5	4	6	10	16	25	35	50	70	95
I_Z im Leitungskanal in A	9	12	15,5	21	28	36	50	68	89	111	134	171	207
I_Z in Luft in A	10	13,5	17,5	24	32	41	57	76	101	125	151	192	232
Nennstrom gL-Sicherung in A	12	20	25	40	50	80	100	160	200	250	315	400	500

Der Schutz bei Kurzschluß der Leitungen ist dann erfüllt, wenn die Leitungen am Leitungsanfang durch eine Sicherung der Betriebsklasse gL mit einem in Tabelle 7-16 angegebenen maximalen Nennstrom geschützt ist und am Leitungsende mindestens ein Kurzschlußstrom ansteht, der dem 20-fachen Wert der

Strombelastbarkeit der Leitung im Leitungskanal entspricht. Ansonsten siehe 4.5.
Leiter von Hauptstromkreisen sollen schwarz, solche von Steuerstromkreisen für Wechselspannung rot, für Gleichspannung blau gekennzeichnet sein.

7.5.8 Hilfsstromkreise (siehe 5.6)

Die Steuerstromkreise von Bearbeitungs- und Verarbeitungsmaschinen können direkt an das Netz angeschlossen werden, wenn nicht mehr als fünf elektromagnetische Betätigungsspulen (Schütze, Relais, Ventile) in ihnen enthalten sind. Die Steuerstromkreise sollten dabei zwischen Außenleiter und Neutralleiter angeschlossen werden. Wenn in Ausnahmefällen die Spannung zwischen zwei Außenleitern abgenommen wird, müssen die der Sicherheit dienenden Hilfsschalter die Steuerstromkreise zweipolig schalten. Enthält die elektrische Ausrüstung einer Maschine mehr als 5 elektromagnetische Betätigungsspulen in ihren Steuerstromkreisen, so sollten die Steuerstromkreise über einen Steuertransformator gespeist werden. Durch Steuertransformatoren werden die Kurzschlußströme im Steuernetz auf unbedenkliche Werte begrenzt, eine Anpassung an verschiedene Netzspannungen ermöglicht und die im Verteilungsnetz auftretenden kurzzeitigen Spannungsspitzen gedämpft. Dadurch wird eine geringere Störanfälligkeit erreicht. Die Steuerstromkreise können außerdem unabhängig von der Art der Netze ungeerdet oder geerdet betrieben werden. Sie sollten hinter dem Hauptschalter der Maschine zwischen zwei Außenleitern angeschlossen werden. Dadurch wirken sich unsymmetrische Belastungen im Netz nur im geringen Maße auf die Höhe der Steuerspannung aus (ansonsten siehe 5.6).
Hilfsstromkreise, die für den Personenschutz von Bedeutung sind, weil sie z. B. Antriebe steuern, dürfen im einfachen Fehlerfall nicht versagen. Grundvoraussetzung dafür ist ein Ruhestromprinzip, um Drahtbruchsicherheit zu erlangen. Das Versagen eines Hilfsschützes ist durch redundanten Aufbau, wobei sich mindestens 2 Hilfsschütze gegenseitig überwachen, zu beherrschen. Leitungskurzschlüsse oder das Versagen eines Tasters sind durch geeignete Betriebsmittelauswahl und -anordnung zu umgehen.

7.5.9 Antriebe

Durch den Mikroprozessor erhalten Gleichstromantriebe großen Auftrieb. Mit der Rechnertechnik wird es möglich, den gesamten Stromrichter digital durchzuorganisieren. Steuersatz, Stromregler und Drehzahlregler werden

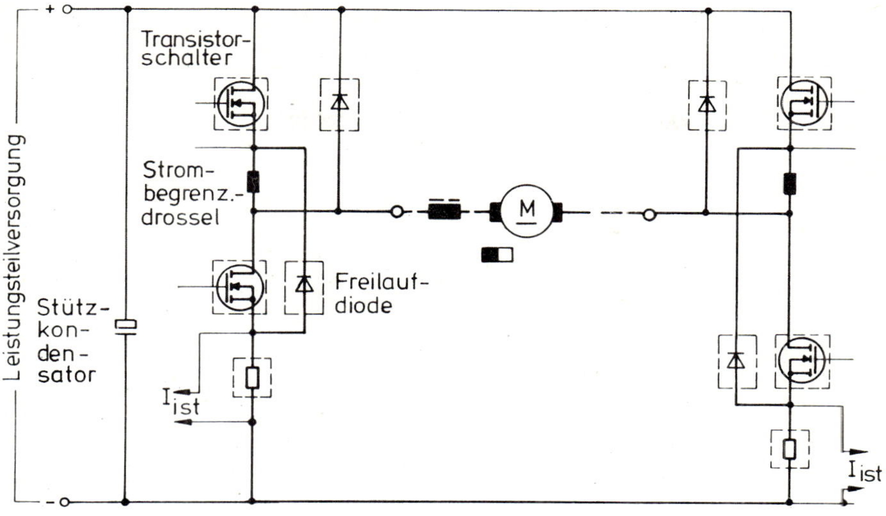

Bild 7-41: Prinzipschaltbild eines Gleichstrom-Servoantriebes

digital ausgebaut. Die gesamte Antriebssteuerung wird an das Stomrichtergerät übertragen *(Bild 7-41)*.
Aber auch Drehstromantriebe bis etwa 50 kW erfahren auf dem Gebiet der Leistungselektronik, der Prozessortechnik und Motorentechnik bedeutende Fortschritte. Sie führen zu völlig wartungsfreien Antriebssystemen *(Bild 7-42)*.

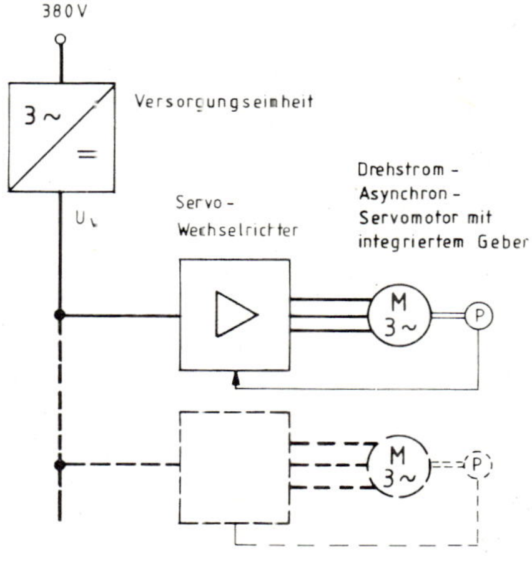

Bild 7-42: Aufbauprinzip der Drehstrom-Servoantriebe

7.5.10 Schutz gegen gefährliche Körperströme

Auch bewegte Maschinenteile müssen in die Schutzmaßnahmen gegen zu hohe Berührungsspannung einbezogen sein, z. B. durch eine Überbrückungsleitung, durch Schleifleitungen oder Schleifringe. Metall-Auffangwannen unter Werkzeugmaschinen sind in das Schutzleitungssystem und in den Potentialausgleich einzubeziehen. Auch bewegliche, vor Maschinen aufgestellte metallene Gitterroste (Bühnen) sind an den Schutzleiter anzuschließen. Metallschläuche dürfen nicht als Schutzleiter verwendet werden. Sie müssen jedoch so ausgeführt sein, daß sie in Schutzmaßnahmen einbezogen werden können, z. B. Druckringe mit Verschraubungen. Schrauben für Befestigungszwecke dürfen nicht als Schutzleiteranschlüsse verwendet werden. Schutzleiteranschlüsse müssen gegen Selbstlockern gesichert werden. Es ist ganz besonders darauf zu achten, daß durch Kühlmittel, Schleifstaub und ähnliches der Schutz nicht beeinflußt wird.

Dafür gibt es einen zuverlässigen Kabel- und Leitungsschutz aus Schläuchen und Rohren, die kältebeständig bis –40 °C und hitzebeständig bis + 140 °C und aus Polyamid und Polyethylen hergestellt sind. Sie können gas- und wasserdicht montiert werden und sind öldicht.

Für Haupt- und Hilfsstromkreise dürfen unterschiedliche Schutzmaßnahmen gewählt werden. Sie dürfen sich jedoch nicht gegenseitig beeinträchtigen.

Schutzleiter müssen grün-gelb gekennzeichnet sein. Diese Kennzeichnung darf nicht für andere Leiter verwendet werden. Der Widerstand zwischen dem Schutzleiteranschluß und einem beliebigen Maschinenteil, das im Fehlerfalle Spannung annehmen kann, darf 0,1 Ω nicht überschreiten.

Elektrische Betriebsmittel, an denen gelegentlich Handhabungen vorgenommen werden, wie z. B. Sicherungen, Motorschutzschalter usw., müssen auch dann einen teilweisen Schutz gegen direktes Berühren aktiver Teile besitzen, wenn sie in verschlossenen Schaltschränken oder Maschinengehäusen sitzen (siehe 3.8.2.4).

7.5.11 Sonstige Anforderungen, Prüfungen

Motoren bis 1 kW sollen, Motoren über 1 kW müssen gegen Überlast geschützt werden. Motoren über 2 kW mit häufigem Anlauf und Bremsen sollen allein oder zusätzlich zu einem in der Zuleitung eingebauten Überlastschutz mit eingebauten Temperaturfühlern geschützt sein (vgl. 7.4). Kann nach dem Auslösen einer Überlastschutzeinrichtung durch selbsttätigen Wiederanlauf eine Gefahr entstehen, so ist der Wiederanlauf zu verhindern.

Nicht geerdete Leiter von *Beleuchtungsstromkreisen* müssen getrennt von anderen Stromkreisen gegen Kurzschluß geschützt sein. Sie brauchen durch den

Hauptschalter nicht abgeschaltet zu werden. Beleuchtungsstromkreise der Maschine sollen vorzugsweise über Transformatoren gespeist werden. Fest angeordnete oder eingebaute Leuchten dürfen unmittelbar vom Netz gespeist werden. Sie dürfen dann nicht an eine höhere Spannung als 250 V angeschlossen werden. Zuleitungen für bewegliche Leuchten über 50 V müssen mit einem Schutzleiter versehen sein.

Steckvorrichtungen müssen mindestens in Schutzart IP 23 ausgeführt sein. Ausgenommen sind Warmgerätesteckvorrichtungen (DIN VDE 0625) und Steckverbindungen im Inneren von Gehäusen und Einbauräumen. Steckvorrichtungen, deren ungewolltes Trennen eine Gefährdung oder eine Störung im Produktionsablauf herbeiführen kann, müssen entsprechend gesichert sein. Steckdosen sollen bei gezogenem Stecker gegen das Eindringen von Öl, Staub, Spänen und dgl. geschützt sein.

Steckvorrichtungen an Stelle eines Hauptschalters dürfen nur für übersichtliche Maschinen verwendet werden und müssen den Bestimmungen von DIN VDE 0623 entsprechen.

Der *Isolationswiderstand*, gemessen mit 500-V-Gleichspannung zwischen allen Leitern der Hauptstromkreise, den Einzelleitern der Hilfsstromkreise und dem mit dem Schutzleiter verbundenen Maschinenkörper, darf nicht kleiner als 1 MΩ sein.

Sind Hilfsstromkreise galvanisch von den Hauptstromkreisen getrennt, so müssen Prüfungen zwischen den Hauptstromkreisen und dem Maschinenkörper, zwischen den Hauptstromkreisen und den Hilfsstromkreisen und zwischen den Hilfsstromkreisen und dem Maschinenkörper durchgeführt werden.

7.6 Antriebe und Antriebsgruppen

Als Antriebe und Antriebsgruppen gilt die Gesamtheit aus elektrischen Maschinen und zugehörigen mechanischen und elektrischen Einrichtungen, unabhängig von der räumlichen Anordnung. Es empfiehlt sich, alles unter 7.5 Erwähnte auch hier zu beachten. In Kästen eingebaute elektrische Betriebsmittel müssen leicht zugänglich sein. Sie müssen beobachtbar und leicht austauschbar sein. Sie müssen freischaltbar sein. Befehlsgeräte dürfen nicht unbeabsichtigt betätigt werden können. Die Kästen müssen absperrbar sein, wenn im Innern kein Schutz gegen direktes Berühren vorhanden ist. An den Türen ist ein Warnschild, z. B. ein Blitzpfeil, anzubringen.

Wenn durch den Betrieb Gefahren entstehen können, ist eine Not-Aus-Einrichtung vorzusehen (siehe 7.5). Nach Entriegelung der Not-Aus-Einrich-

tung oder bei Spannungswiederkehr nach Netzausfall oder nach dem Rückstellen einer angesprochenen oder aufgehobenen Sicherheits- oder Schutzeinrichtung muß ein unbeabsichtigter Anlauf verhindert sein, wenn Gefahren entstehen können (siehe auch 3.5.1 und DIN VDE 0100 Teil 450).
Werden Befehlsgeräte über Steckvorrichtungen angeschlossen, so muß eine ungewollte Befehlsgabe durch Verwechslung von Steckvorrichtungen verhindert sein. In Fällen, in denen die Steckvorrichtung nur gelegentlich, z. B. zum Zwecke der Wartung, getrennt wird, genügt eine Kennzeichnung der Steckvorrichtung. Steckvorrichtungen für den Netzanschluß nach DIN 49 400 (Übersicht der Wand-, Geräte- und Kragensteckvorrichtungen nach DIN VDE 0620 und 0623) sind für Befehlsgeräte unzulässig.

7.7 Schweißtransformatoren
(VBG 15)

Lichtbogen-Schweißtransformatoren sind Stromquellen für die Wechselstromschweißung. Mit ihnen können alle im Wechselstrom-Lichtbogen verschweißbaren Elektroden verarbeitet werden.
Lichtbogen-Schweißgeräte müssen mindestens in Schutzart IP 21 ausgeführt sein. Bei Anwendung in ungeschützten Anlagen im Freien, z. B. auf Baustellen, müssen sie mindestens in Schutzart IP 23 gefertigt sein.
Für Arbeiten in engen Behältern, z. B. in Kesseln, dürfen nur Transformatoren mit maximal 50-V-Leerlaufspannung verwendet werden. Solche Geräte sind mit (50V) gekennzeichnet.
Schweißtransformatoren werden gerne zum Auftauen von Wasserleitungen benutzt. Davor ist dringend zu warnen. An der Wasserleitung ist meist auch der PE-Leiter des Netzes mehrfach absichtlich oder zufällig (Heißwasserspeicher, Wasserpumpen) angeschlossen. Der Auftaustrom fließt dann auf Wegen, die nicht mehr überschaubar sind. So haben sich beim Auftauen schon Brände nicht nur in dem betreffenden Anwesen, sondern auch weit davon entfernt ereignet. Zum Auftauen dürfen ohnehin keine Schweißtransformatoren verwendet werden, sondern es müssen besondere Auftautransformatoren eingesetzt werden, die DIN VDE 0551 entsprechen müssen.
Die Wärme-Energie ist $i^2 R \cdot t$. Widerstände in den Muffen von Wasserleitungsrohren oder geringe PE-Leiter-Querschnitte bewirken Schmelzungen und Lichtbögen.
Bei Schweißeinrichtungen kann von einem Berührungsschutz abgesehen werden, jedoch sind die Bedienenden entsprechend zu unterrichten. Übersteigt die Berührungsspannung 50 V, dann ist für einen isolierenden Standort, für

isolierendes Werkzeug oder für isolierende Fußbekleidung zu sorgen. Zur Vermeidung von Irrströmen und den damit verbundenen Gefahren ist die Metallplatte des Schweißtisches gegen Erde und insbesondere auch gegen den N-Leiter des Netzes zu isolieren. Die Schweißelektrode darf nicht auf dem Metallgehäuse des Schweißgerätes abgelegt werden. Am besten sind Schweißgeräte in schutzisolierter Ausführung. Die Schweißzange ist sorgfältig am Werkstück zu befestigen. Schweißtisch und Werkstück dürfen nicht mit elektrischen Betriebsmitteln, z. B. Elektrowerkzeugen, in Berührung kommen, die durch Schutzleiter geschützt sind.

Die Unfallverhütungsvorschrift für Schweißen (VBG 15) enthält mehrere Beispiele und Skizzen über die Gefahr des Auftretens vagabundierender Schweißströme.

Bei Schweißgeräten mit einem Anschlußwert von mehr als 2 kVA können im Netz störende Spannungsschwankungen über 1,5% der Netzspannung hervorgerufen werden. Daher sind bei der Planung des Anschlusses geeignete Maßnahmen mit dem EVU zu vereinbaren. Diese Geräte sollen den Neutralleiter nicht und die Außenleiter möglichst gleichmäßig belasten. Bei Anschluß zwischen einem Außenleiter und dem Neutralleiter darf die Leerlaufleistung höchstens 4,5 kVA betragen. Die Blindleistung soll so gedeckt werden, daß der Leistungsfaktor bei einem Schweißstrom von 150 A und bei der genormten Arbeitsspannung von 25 V mindestens 0,7 induktiv beträgt.

Bei Widerstands-Schweißgeräten braucht die Blindleistung nicht kompensiert zu werden.

Als Schweißleitungen wurden der Typ H01N2 und von 10 bis 185 mm^2 entwickelt.

8 Elektrische Anlagen für Sicherheitszwecke

(DIN VDE 0100 Teil 560 und 0108, Sicherheitsstromversorgung siehe 2.5, Brandschutztechnische Anforderungen siehe 10.)

Eine elektrische Anlage für Sicherheitszwecke wird aus Gründen der Sicherheit für Personen zur Verfügung gehalten für den Fall, daß die allgemeine Stromversorgung ausfällt. Allgemeingültige Anforderungen an derartige Anlagen enthält die mit IEC und CENELEC harmonisierte Norm DIN VDE 0100 Teil 560. In Deutschland fallen elektrische Anlagen für Sicherheitszwecke meist in den Geltungsbereich von DIN VDE 0108 oder DIN VDE 0107. Beide Normen sprechen dabei nicht von elektrischen Anlagen für Sicherheitszwecke, sondern von notwendigen Sicherheitseinrichtungen, die mittels einer Sicherheitsstromversorgung zu betreiben sind. Neben den Grundanforderungen der DIN VDE 0100 Teil 560 gelten im Einzelfall vorrangig die besonderen Bestimmungen von DIN VDE 0107 und DIN VDE 0108.
Typische Beispiele für elektrische Anlagen für Sicherheitszwecke sind Sicherheitsbeleuchtungsanlagen, die elektrische Ausrüstung von Entrauchungsanlagen, die Stromversorgung von Feuerwehraufzügen und wichtigen medizinischen Einrichtungen. Art und Umfang der Sicherheitseinrichtungen werden auf Grund allgemein geltender oder im Einzelfall erhobener bauordnungsrechtlicher Anforderungen vorgeschrieben.
Kennzeichen einer elektrischen Anlage für Sicherheitszwecke ist immer eine zweite Stromquelle, die bei Störung der allgemeinen Stromversorgung für eine begrenzte Zeit die notwendigen Sicherheitseinrichtungen versorgt.
Wenn die elektrische Anlage für Sicherheitszwecke auch im Falle eines Brandes betrieben werden soll, müssen alle Betriebsmittel auf Grund ihrer Konstruktion oder durch geeignete Anordnung einem Brand während einer angemessenen Zeit widerstehen, siehe dazu 10.4.

8.1 Sicherheitsstromversorgung

(DIN VDE 0100 Teil 560, 0107 und 0108, siehe auch 2.4)

Die Sicherheitsstromversorgung versorgt bei Störung der allgemeinen Stromversorgung für eine begrenzte Zeit notwendige Sicherheitseinrichtungen, die zur Abwehr von Lebens-, Unfall- und Feuergefahren erforderlich sind. Anforderungen an die Sicherheitsstromversorgung enthält DIN VDE 0108 und DIN VDE 0107. Daneben ist DIN VDE 0100 Teil 560 zu beachten, deren Grundanforderungen für Anlagen außerhalb des Anwendungsbereichs von

DIN VDE 0107 und DIN VDE 0108 gelten, z. B. für elektrische Energieversorgung eines Feurwehraufzugs in einem Turm. Für Anlagen im Geltungsbereich der DIN VDE 0107 oder DIN VDE 0108 gelten deren Anforderungen vorrangig. Nur wenn die besonderen Bestimmungen der DIN VDE 0107 bzw. DIN VDE 0108 einen Sachverhalt nicht regeln, gelten die Grundanforderungen der DIN VDE 0100 Teil 560 grundsätzlich.

8.1.1 Ersatzstromquelle (siehe auch 2.4.1)

Kennzeichen einer Sicherheitsstromversorgung ist immer eine Ersatzstromquelle, die eine Batterieanlage oder ein Kraftmaschinenaggregat sein kann. Die Batterieanlagen werden entsprechend ihrer Leistung, der vorhandenen Kontrolleinrichtungen und anzuschließenden Verbraucher unterteilt in Einzel-, Gruppen- und Zentralbatterieanlagen.
Stromerzeugungsaggregate werden entsprechend der Einschaltverzögerung unterteilt:

höchstens 15 s:	Ersatzstromaggregat
höchstens 0,5 s:	Schnellbereitschaftsaggregat
unterbrechungsfrei:	Sofortbereitschaftsaggregat.

Ein unterbrechungsfreier Betrieb muß bei Netzausfall die Stromversorgung ohne zeitliche Unterbrechung übernehmen. Dafür eignen sich nur Batteriesysteme *(Bild 8-1)* oder Kraftmaschinenaggregate, deren Generator ständig von

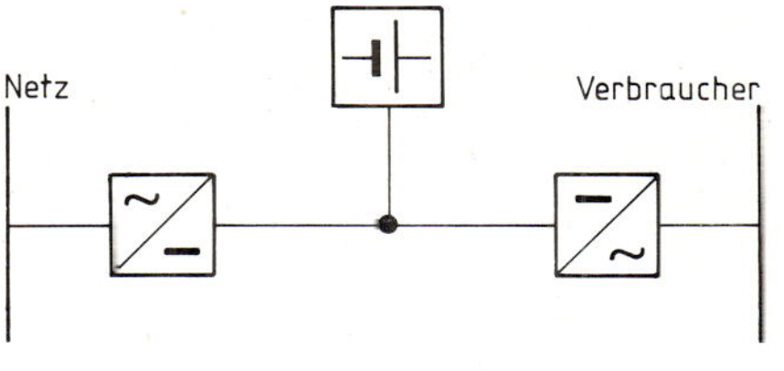

Bild 8-1: Batterieaggregat mit statischem Wechselrichter für unterbrechungsfreien Betrieb

einem an das Netz angeschlossenen Motor angetrieben wird. Bei Netzausfall wird die Kraftmaschine mit der Antriebswelle Generator – Schwungrad – Motor gekuppelt. Das Schwungrad reißt die Kraftmaschine hoch und übernimmt gleichzeitig die Energielieferung für den Generatorantrieb, bis die Kraftmaschine voll wirksam ist *(Bild 8-2)*.
Für die überwiegende Anzahl der Verbraucher kann eine Unterbrechungszeit von 15 s hingenommen werden. In all den Fällen eignet sich ein Bereitschaftsbetrieb (Umschaltbetrieb) mittels eines Kraftmaschinenaggregates, das bei

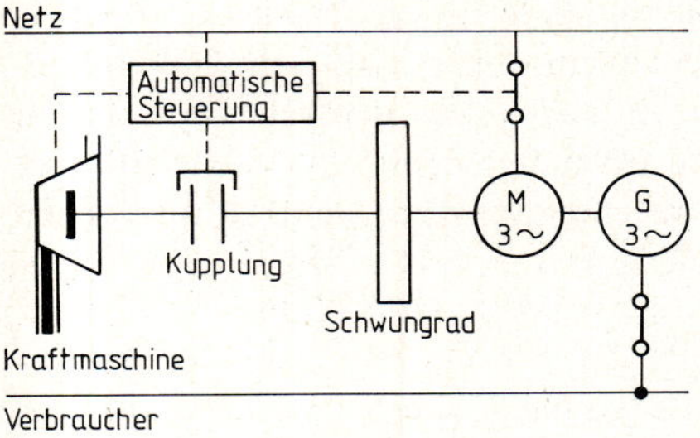

Bild 8-2: Sofortbereitschaftsaggregat für unterbrechungsfreien Betrieb

Netzausfall anläuft und innerhalb von 15 s die Stromversorgung der angeschlossenen Verbraucher übernimmt *(Bild 8-3)*.
Je nach Größe des Aggregates beträgt die Umschaltlücke bei selbsttätiger Umschaltung etwa 5···15 s.

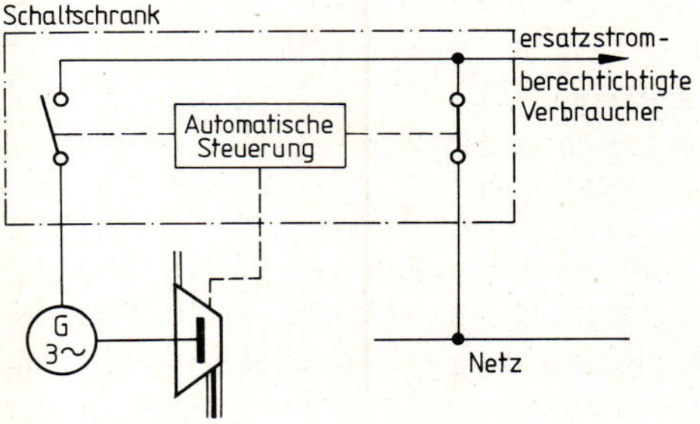

Bild 8-3: Ersatzstromerzeuger im Umschaltbetrieb

Kleinere Umschaltlücken (0,1···0,5 s) können durch Schnellbereitschaftsaggregate (diese werden durch ein Schwungrad hochgerissen) oder durch Batteriesysteme erzielt werden.

8.1.1.1 Leistungsbestimmung

Die Leistungsbestimmung ist eine der wichtigsten Planungsgrößen. Dabei ist gleichzeitig zu prüfen, ob eine Aufteilung der erforderlichen Gesamtleistungen auf mehrere kleinere Aggregate zweckmäßig ist, wobei zu berücksichtigen ist, daß eine höhere Sicherheit durch kleine unabhängige Einheiten zu erreichen ist. Die Aggregatgröße wird auf Grund folgender Fakten bestimmt:

a) Leistungssumme der insgesamt installierten ersatzstromberechtigten Verbraucher. Sollen aus betrieblichen Gründen außer den notwendigen Sicherheitsanlagen auch andere Verbraucher versorgt werden, so dürfen diese die

Verfügbarkeit der Sicherheitsanlagen nicht beeinträchtigen. Dies bedeutet unter anderem, daß durch Störungen an wichtigen Verbrauchern die Versorgung der Sicherheitseinrichtungen nicht gefährdet werden darf.

b) Gleichzeitigkeitsfaktor, da nicht alle Verbraucher gleichzeitig eingeschaltet, bzw. gleichzeitig ihren maximalen Stromverbrauch erreichen werden. Allerdings sollte man in keinem Fall die Nennleistung des Aggregates zu knapp bemessen, da oft nach dessen Einbau weitere Verbraucher installiert werden.

c) Leistungsfaktor, da einige Verbraucher reine Wirkleistung, andere dagegen eine Scheinleistung aufnehmen. Der Leistungsfaktor cos φ gibt das Verhältnis von Wirkleistung zu Scheinleistung an. In vielen Fällen läßt sich der tatsächlich zu erwartende Leistungsfaktor im voraus nicht genau ermitteln. Daher ist es üblich, den Berechnungen einen cos $\varphi = 0{,}8$ zugrunde zu legen. Die Kraftmaschine braucht nur für die errechnete Wirkleistung ausgelegt zu werden. Die Festlegung der Generatorgröße richtet sich dagegen immer nach der von den Verbrauchern geforderten Scheinleistung.

d) Stoßlast-Charakteristik, insbesondere von Drehstrommotoren, oder extreme Forderungen an Spannungs- und Frequenzkonstanz.
Motoren dürfen nur bis zu einer Größe von etwa 20% der Nennleistung des Generators direkt zugeschaltet werden.
Aufgeladene Dieselmotoren erlauben je nach Ladedruck nur Lastzuschaltungen in Schritten von 20% bis 50% der Motornennleistung. Die maximalen Lastschwankungen sind zu berücksichtigen.

e) Bei besonderen klimatischen Aufstellungsbedingungen, wie hohe Lufttemperaturen und große Höhen, können Motor und Generator nicht ihre Normalleistung abgeben.

8.1.1.2 Aufstellen in Räumen

Räume, in denen Kraftmaschinenaggregate, Batterien, Gleichrichter, Wechselrichter und dergleichen aufgestellt werden, sollen trocken und beheizbar sein, damit eine Raumtemperatur von mindestens +5 °C eingehalten werden kann.
Maschinenräume für stationäre Aggregate sollten so groß gewählt werden, daß mindestens 1 m freier Raum um das Aggregat für Wartungsarbeiten bleibt.
Weitere Einbauten, wie Schaltanlage, Batterie, Kraftstoffbehälter, Hebezeuge, Schalldämpfer sowie Zu- und Abluft, sind vom Platzbedarf her zu berücksichtigen. Die Art des Aufstellens (elastisch oder starr), die Ausführung des Fundamentblockes, das Verlegen der Rohrleitungen und Kabel sowie die Isolierung gegen Erschütterungen und Schall müssen geklärt werden. Die

Lüftung der Räume muß entsprechend den Erfordernissen der einzelnen Arten von Stromerzeuger und Betriebsmittel ausreichend sein.
Verbrennungsgase von Kraftmaschinen sind über besondere Leitungen ins Freie zu führen (siehe auch 1.3.11).

8.1.2 Schaltanlagen

Zur Verbindung der Verbraucher mit dem Generator, zur Betriebsüberwachung und zum automatischen Betrieb werden Schaltschränke verwendet. *Vollautomatische Steuerungen* bewirken in Abhängigkeit vom öffentlichen Stromnetz den Anlauf des Aggregates, das Umschalten der Verbraucher vom Netz auf den Generator und bei Rückkehr des Netzes die Rückschaltung und Abstellung.
Die Aggregatautomatik muß neben dem automatischen Betrieb einen Probebetrieb, eine Handbedienung, eine Betriebssperrung und eine Not-Aus-Abschaltung ermöglichen. Die Betriebszustände „Netz-ein“ und „Generator-ein“ müssen optisch angezeigt werden. Meldeeinrichtungen, die optisch den Betrieb und optisch sowie akustisch die Störung des Aggregates anzeigen, sind an geeigneter Stelle vorzusehen.
Darüber hinaus werden meist Motor und Generator überwacht und bei Betriebsstörung automatisch stillgesetzt. Die Netzzuleitung wird von Unterspannungsrelais ständig überwacht, die bei Ausfall bereits eines Außenleiters bzw. einer Spannungsabsenkung von mehr als 15% das Aggregat anlaufen lassen. Sobald das Aggregat hochgelaufen ist und die Generatorspannung zur Verfügung steht, wird das Generatorschütz eingeschaltet. Das Netzschütz ist bei Ausfall des Netzes abgefallen und gegen das Generatorschütz elektrisch verriegelt (siehe 2.4.2.2). Bei Netzwiederkehr werden die Verbraucher, nach einer einstellbaren Verzögerungszeit von mindestens 60 s, vom Generator getrennt und auf das Netz zurückgeschaltet. Danach sollte das Aggregat etwa 3 min lang in Bereitschaft weiterlaufen.

8.1.3 Verteilungs- und Leitungsnetz

In der Niederspannungs-Hauptverteilung ist eine Aufteilung durchzuführen in Verbraucher, die auf die Ersatzstromversorgung geschaltet, und solche, die bei Ausfall der allgemeinen Stromversorgung selbsttätig abgeschaltet werden. In den Verteilungen müssen die ersatzstromberechtigten Teile von den übrigen mindestens so getrennt sein, daß eine gegenseitige Gefährdung durch Lichtbögen vermieden wird. Dies kann durch dichtschließende Blechabschottungen, die einen Übertritt von Lichtbogengasen verhindern, erreicht werden. Auch die Leitungen der Stromversorgung sind von den anderen Sicherheitsleitungen zumindest getrennt zu verlegen. Besser ist es, notwendige Sicherheitseinrichtungen über ein zweites, vom normalen Leitungsnetz getrenntes Ersatzleitungsnetz zu versorgen *(Bild 8-4)*. Dadurch können auch Fehler im Leitungsnetz beherrscht werden.

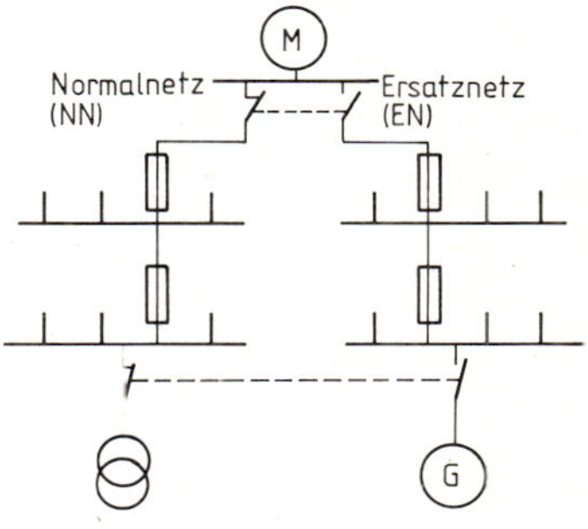

Bild 8-4: Redundante Stromversorgung

Wenn die notwendigen Sicherheitseinrichtungen auch im Falle eines Brandes betrieben werden sollen, müssen alle Betriebsmittel auf Grund ihrer Konstruktion oder durch geeignete Anordnung einem Brand während einer angemessenen Zeit widerstehen. Dies kann z. B. durch getrennte Verteiler, die in brandschutztechnisch getrennten Bereichen untergebracht sind, und durch Leitungen entsprechender Bauart (NHXHX FE) erreicht werden (siehe 10).

8.1.4 Schutz bei Überlast und Kurzschluß

Der Generator wird im allgemeinen mit Hilfe eines Leistungsschalters gegen die Auswirkungen bei Überlast und Kurzschluß geschützt. Der magnetische Auslöser des Leistungsschalters wird auf den etwa 3-fachen Nennstrom des Generators ausgelegt, der thermische Auslöser auf den Nennstrom des Generators eingestellt.

Der Schutz der Kabel und Leitungen gegen die Auswirkungen bei Überlast darf für Stromkreise mit notwendigen Sicherheitseinrichtungen entfallen. Im übrigen sind Leitungen, die im Netzbetrieb gegen die Auswirkungen bei Überlast geschützt sind, grundsätzlich auch bei Ersatznetzbetrieb geschützt. Gegen die Auswirkungen bei Kurzschluß müssen dagegen Kabel und Leitungen immer geschützt werden. Sind die Schutzeinrichtungen für den Schutz bei Überlast am Anfang der Stromkreise angeordnet, so gewähren diese nach den geltenden Festlegungen vom VDE auch den Schutz bei Kurzschluß, sofern sie über ein ausreichendes Schaltvermögen verfügen. Sind für den Schutz bei Überlast keine Schutzeinrichtungen vorhanden, oder sind diese nicht am Anfang des Stromkreises angeordnet, so muß der Schutz der Leitungen gegen die Auswirkungen bei Kurzschluß rechnerisch nachgewiesen werden. Für die zulässige Ausschaltzeit t der Schutzeinrichtung gilt die Bedingung:

$$t = \left(k \cdot \frac{S}{I}\right)^2 \cdot \qquad \text{(siehe 4.5)}$$

Da der Kurzschlußstrom I bei Ersatznetzbetrieb auf Grund der Generatorimpedanz im allgemeinen kleiner ist als bei Netzbetrieb, muß der Kurzschlußschutz für den Ersatznetzbetrieb eigens nachgewiesen werden. Dazu sind der 1- und 3-polige Dauerkurzschlußstrom vom Hersteller des Generators zu erfragen, die in etwa beim 3-fachen Nennstrom des Generators liegen. Unter zusätzlicher Berücksichtigung der Leitungsimpedanz können dann die zu erwartenden Kurzschlußströme ermittelt werden. Generatorferne Kurzschlußströme können auch mit Hilfe eines Schleifenwiderstands-Meßgerätes gemessen werden. Die Messung kann als einigermaßen richtig bewertet werden, wenn der gemessene Kurzschlußstrom nicht wesentlich höher als der Nennstrom des Generators ist. Bei generatornaher Messung wird die Dämpfung des Kurzschlußstromes durch den Generator vom Meßgerät nicht berücksichtigt; der tatsächliche Kurzschlußstrom ist kleiner als der Meßwert.
Der nach den VDE-Bestimmungen geforderte Schutz bei Kurzschluß bezieht sich nur auf den Schutz der Leitungen gegen zu hohe Erwärmung. Es ist jedoch auch daran zu denken, daß solange ein Kurzschluß ansteht der Spannungsfall die Versorgung aller Ersatznetzverbraucher fraglich macht. Deshalb sollte im Kurzschlußfall der fehlerbehaftete Stromkreis innerhalb von 5 s abgeschaltet werden. Eine Untersuchung der EBB ergab, daß bei einem Großteil der Anlagen ein angenommener dreipoliger Kurzschluß erst nach Minuten zum Ansprechen der vorgeschalteten Überstrom-Schutzeinrichtungen führt.

8.1.5 Selektivität

Bei Auswahl und Einbau von Überstrom-Schutzeinrichtungen ist zu beachten, daß der Überstrom eines Stromkreises die Betriebssicherheit anderer Stromkreise der elektrischen Anlage für Sicherheitszwecke nicht beeinträchtigt. Dies setzt voraus, daß sich die in Reihe geschalteten Schutzeinrichtungen selektiv verhalten. Insbesonders muß die Selektivität zwischen Generator-Schutzschalter und nachgeordneter Überstrom-Schutzeinrichtung nachgewiesen werden. Sind dem Generator-Schutzschalter Sicherungen nachgeordnet, so sollte die Ansprechzeit des magnetischen Überstromauslösers mindestens 100 ms über der Sicherungskennlinie liegen (siehe auch 3.4.6).

8.1.6 Schutz gegen gefährliche Körperströme

Unabhängig vom vorhandenen Verteilungsnetz müssen nach DIN VDE 0100 Teil 410 beim Ersatznetzbetrieb Maßnahmen zum Schutz bei indirektem Berühren angewendet werden. Dabei sollte dem IT-Netz mit Isolationsüberwachung und der Schutzisolierung der Vorzug gegeben werden. Nach DIN VDE 0100 Teil 728 reicht dabei ein Erdungswiderstand von $R_A \leqq 100\ \Omega$ in jedem Fall aus, auf eine Installationsüberwachung und auf die Abschaltung im Fall von zwei Fehlern darf verzichtet werden, wenn bei vollkommenem Doppelläuferschluß an jeder Stelle die Spannung zwischen den Geräteklemmen auf $\leqq 50$ V sinkt. Bei Einspeisen der Sicherheitseinrichtungen über das Netz können auch die für die Netzversorgung üblichen Schutzmaßnahmen, z. B. TN-Netz mit Überstrom-Schutzeinrichtung, angewendet werden. Wird diese Schutzmaßnahme derzeit auch noch bei Ersatznetzbetrieb angewandt, so ist dabei zu beachten, daß für die Betriebserdung des Ersatznetzes ein ausreichend kleiner Erdungswiderstand zur Verfügung steht; im allgemeinen 2 Ω (siehe auch 2.4.3.3).

Die Abschaltbedingungen müssen in jedem Fall eigens für den Ersatznetzbetrieb nachgewiesen werden, da die Kurzschlußströme durch die Generatorimpedanz kleiner als bei Netzbetrieb sind (siehe auch 8.1.5).

8.2 Sicherheitsbeleuchtung
(DIN VDE 0100 Teil 560, DIN VDE 0108, DIN 5035 Teil 5)

Die Sicherheitsbeleuchtung ist eine Notbeleuchtung, die aus Sicherheitsgründen erforderlich ist. Zu dem Oberbegriff „Notbeleuchtung" zählt noch die Ersatzbeleuchtung. Die Ersatzbeleuchtung ist eine Notbeleuchtung, die für die Weiterführung des Betriebes über einen begrenzten Zeitraum ersatzweise die Aufgabe der künstlichen Beleuchtung übernimmt. Die Ersatzbeleuchtung hat keine sicherheitstechnische Funktion. Für sie gibt es keine besonderen Bestimmungen.

Die Sicherheitsbeleuchtung wird zum Schutz des Menschen gefordert. Sie soll ein sicheres Verlassen von Gebäuden ermöglichen und Unfallgefahren auf Grund mangelhafter Orientierung und Panik vermeiden.

Im Gewerberecht, das einheitlich im gesamten Gebiet der BRD gilt, wird nach § 7 Abs. 4 der Arbeitsstättenverordnung eine Sicherheitsbeleuchtung gefordert, sofern bei Ausfall der Allgemeinbeleuchtung Unfallgefahren zu befürchten sind. Die dazugehörigen Arbeitsstätten-Richtlinien fordern z. B. eine Sicherheitsbeleuchtung für:

Tabelle 8-1

Bauliche Anlage	Ersatz-strom-quelle[1]	Mindestbe-leuchtungs-stärke	Einschalt-verzö-gerung	Nennbe-triebs-dauer
Versammlungsstätten[2]				
Kinos, Theater > 100 Pers.	Z, G, S	1 lx	1 s	3 h
Versammlungsräume > 200 P.	Z, G, S	1 lx	1 s	3 h
Bühnen, Szenenflächen	Z, G, S	3 lx	1 s	3 h
Manegen, Sportrennbahnen	Z, G, S	15 lx	1 s	3 h
Geschäftshäuser				
Verkaufsfläche > 2000 m^2	Z, G, S	1 lx	1 s	3 h
Gaststätten[2]				
Gastplätze > 400	Z, G, S	1 lx	1 s	3 h[3])
Gastbetten > 60	Z, G, EA	1 lx	15 s	3 h[3])
Geschlossene Garage				
Nutzfläche > 1000 m^2	Z, G, E, EA	1 lx	15 s	1 h
Arbeitsstätten				
für Rettungswege[4])	Z, G, E, EA	1 lx	15 s	1 h
mit besonderer Gefährdung	Z, G, E, S	10% v. E_n[5])	0,5 s	> 1 min
Hochhäuser (> 22 m)	Z, G, E, EA	1 lx	15 s	3 h
Ausstellungsräume (> 2000 m^2)	Z, G, S	1 lx	1 s	3 h
Schulen (Geschoßfläche > 3000 m^2)	Z, G, E, EA	1 lx	15 s	3 h

[1]) Z = Zentralbatterie, G = Gruppenbatterie, E = Einzelbatterien, EA = Ersatzstromaggregat. S = Schnell- und Sofortbereitschaftsaggregat.

[2]) In Versammlungsstätten und Gaststätten mit maximal 20 Leuchten dürfen auch Einzelbatterien verwendet werden.

[3]) Die Landesbauverordnungen begnügen sich teilweise mit einer Nennbetriebsdauer von 1 h.

[4]) Nach den Arbeitsstätten-Richtlinien ASR 7/4 ist eine Sicherheitsbeleuchtung unter anderem für Rettungswege:
a) in Arbeits- und Lagerräumen mit einer Grundfläche von mehr als 2000 m^2,
b) in Arbeitsräumen ohne Fenster oder Oberlichter sowie in betriebstechnisch dunkel zu haltenden Räumen mit mehr als 100 m^2 Raumgrundfläche,
c) in explosions- oder giftstoffgefährdeten Arbeitsräumen mit einer Grundfläche von mehr als 100 m^2 einzurichten.
In den unter b) und c) genannten Räumen mit einer Grundfläche von 30 · · 100 m^2 müssen mindestens an den Ausgängen Rettungszeichenleuchten angebracht sein.

[5]) Die Beleuchtungsstärke der Sicherheitsbeleuchtung für Arbeitsplätze mit besonderer Gefährdung muß mindestens betragen: $E = 0{,}1 \cdot E_n$, mindestens aber 15 Lux. E_n ist dabei die Nennbeleuchtungsstärke nach ASR 7/3.

Beispiele für bauliche Anlagen und Räume, in denen eine Sicherheitsbeleuchtung im allgemeinen vorzusehen ist.

a) Rettungswege in Arbeits- und Lagerräumen mit einer Grundfläche von mehr als 2000 m².
b) Rettungswege in Arbeitsräumen ohne Fenster oder Oberlichter bzw. in explosionsgefährdeten Arbeitsräumen mit mehr als 100 m² Raumgrundfläche.
In derartigen Räumen mit einer Raumgrundfläche von 30···100 m² müssen mindestens an den Ausgängen Rettungszeichenleuchten angebracht sein.
c) Arbeitsplätze mit besonderer Gefährdung
Dies sind insbesondere Bereiche, in denen eine unmittelbare Unfallgefahr durch ungesicherte Gruben und Tauchbecken oder laufende Maschinen besteht, sowie Schaltwarten und Leitstände, von denen eine Gefahr für andere Arbeitnehmer ausgehen kann.

Im Baurecht wird eine Sicherheitsbeleuchtung nach den Länderbauverordnungen für Versammlungsstätten, Beherbergungsstätten, Geschäftshäuser bzw. Warenhäuser und Garagen gefordert. Generell sind die Auflagen der Bauaufsicht und Gewerbeaufsicht zu beachten, die über die genannten Verordnungen hinaus eine Sicherheitsbeleuchtung verlangen können. Eine Kurzübersicht gibt die *Tabelle 8-1*.
Der Elektro-Installateur muß bei der Errichtung einer Sicherheitsbeleuchtung die allgemeinen Anforderungen nach DIN VDE 0100 Teil 560, die elektrotechnischen Anforderungen nach DIN VDE 0108 und die lichttechnischen Anforderungen nach DIN 5035 Teil 5 beachten. Unterschieden wird dabei in Sicherheitsbeleuchtung für Rettungswege, diese muß während der betriebserforderlichen Zeiten das gefahrlose Verlassen der Räume oder Anlagen bei Ausfall der Allgemeinbeleuchtung ermöglichen, und in Sicherheitsbeleuchtung für Arbeitsplätze mit besonderer Gefährdung. Die Sicherheitsbeleuchtung für Arbeitsplätze mit besonderer Gefährdung ist eine Beleuchtung, die das gefahrlose Beenden notwendiger Tätigkeiten und das Verlassen des Arbeitsplatzes bei Ausfall der Allgemeinbeleuchtung ermöglicht. Abhängig von den rechtlichen und örtlichen Anforderungen bieten sich verschiedene technische Lösungen bezüglich der Ersatzstromquellen, der Schaltung, der Einschaltverzögerung, der Betriebsdauer und der Beleuchtungsstärke an.
Die nach den ASR vorgeschriebenen Prüftermine sind zu beachten (Prüfbuch).

8.2.1 Ausführungsarten

8.2.1.1 Ersatzstromquellen (siehe auch 8.1)

Für den Betrieb der Sicherheitsbeleuchtung bei Störung der normalen Stromversorgung der allgemeinen Beleuchtung ist eine von der normalen Stromver-

sorgung unabhängige Ersatzstromquelle notwendig. Solche Ersatzstromquellen sind hauptsächlich Akkumulatoren, für besondere Anwendungsfälle können aber auch Ersatzstromversorgungsaggregate (Generatoren mit Kraftmaschinenantrieb) oder Sondernetze als Ersatzstromquellen dienen.
Nach Art der verwendeten Ersatzstromquelle unterscheidet man:

Sicherheitsbeleuchtung mit Zentralbatterie

Die Sicherheitsbeleuchtung mit Zentralbatterie ist für große bauliche Anlagen bestimmt. In dem zentralen Schalt- und Ladegerät sind zahlreiche, für die Überwachung und Überprüfung der Betriebsbereitschaft der Anlage notwendige Meßinstrumente und dergleichen untergebracht. Als Batterien sind in der Regel nur Bleiakkumulatoren mit positiven Großoberflächenplatten oder positiven Panzerplatten sowie Nickel-Cadmium-Akkumulatoren zulässig.
Kfz-Starterbatterien sind nur für fliegende Bauten und für den vorübergehenden Einbau in Versammlungsstätten, z. B. bei Messen, Ausstellungen oder dergleichen, zulässig.

Sicherheitsbeleuchtung mit Gruppenbatterie

Die Sicherheitsbeleuchtung mit Gruppenbatterie ist für mittlere bauliche Anlagen bestimmt und für Großbauten, die in Funktionsbereiche unterteilt werden können. Die Anlage darf höchstens 20 Sicherheitsleuchten umfassen mit einer Leistungsaufnahme aus der Batterie von nicht mehr als 300 W bei dreistündiger Betriebsdauer oder 900 W bei einstündiger Betriebsdauer.
Die Batterie für eine derartige Anlage muß wartungsfrei und gasungsfrei sein. Das zentrale Schalt- und Ladegerät kann insbesondere hinsichtlich der für die Überwachung notwendigen Meßinstrumente einfacher als bei Zentralbatterieanlagen ausgeführt werden.

Sicherheitsbeleuchtung mit Einzelbatterie

Die Sicherheitsbeleuchtung mit Einzelbatterie ist für kleine bauliche Anlagen bestimmt. An ein Schalt- und Ladegerät dürfen höchstens zwei Sicherheitsleuchten angeschlossen werden. Als Überwachungseinrichtung sind lediglich ein Tastschalter für die Prüfung der Um- bzw. Einschaltvorrichtung und eine Anzeigevorrichtung für die Batterieladung gefordert. Die Batterie muß wartungsfrei sein. In einer Anlage sind meist mehrere Einzelbatteriegeräte bzw. -leuchten notwendig und auch zulässig.

Sicherheitsbeleuchtung mit Stromerzeugungsaggregat

Als Ersatzstromquelle dient ein Stromerzeugungsaggregat, in der Regel ein Generator mit Kraftmaschinenantrieb. Je nach Einschaltverzögerung werden Stromerzeugungsaggregate unterteilt in:

Ersatzstromaggregat $\leqq$ 15 s
Schnellbereitschaftsaggregat $\leqq$ 0,5 s
Sofortbereitschaftsaggregat 0 s.
Den meisten Einsatz finden Ersatzstromaggregate, z. B. in Garagen, Hochhäusern, Krankenhäusern, Arbeitsstätten. Schnell- und Sofortbereitschaftsaggregate finden sich meist nur in sehr großen, leistungsstarken Anlagen, z. B. für die Flugfeldsicherung eines Flughafens. Durch ihre kurze Umschaltzeit können sie Batterieanlagen ersetzen.

Sicherheitsbeleuchtung mit Speisung aus einem besonders gesicherten Netz

Diese Art der Sicherheitsbeleuchtung ist nur für Rettungswege und Arbeitsplätze mit besonderer Gefährdung in Arbeitsstätten zulässig. Die Anlage der allgemeinen Beleuchtung wird dabei aus einem besonders gesicherten Netz gespeist, das über zwei voneinander unabhängige Einspeisungen verfügt, z. B. öffentliche Stromversorgung und eigene Kraftwerksanlage.

8.2.1.2 Schaltung

Nach Art der Schaltung *(Bild 8-5)* unterscheidet man:

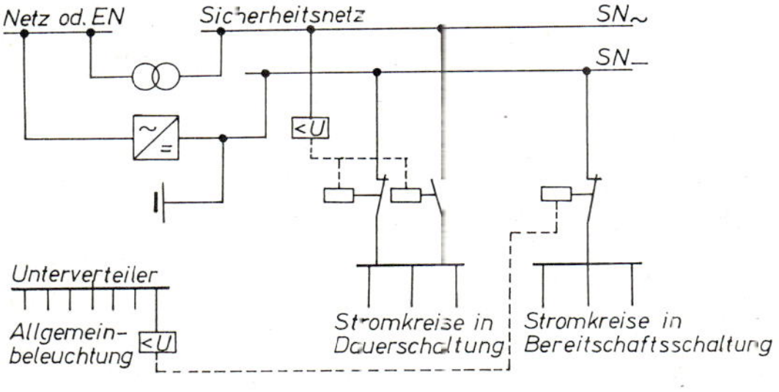

Bild 8-5: Schaltungsbeispiel einer Sicherheitsbeleuchtung (Ruhestrom)

Sicherheitsbeleuchtung in Dauerschaltung

Bei dieser früher als „Notbeleuchtung" bezeichneten Schaltungsart ist die Sicherheitsbeleuchtung während der Betriebszeit dauernd eingeschaltet. Sie wird in der Regel vom allgemeinen Stromversorgungsnetz und bei Ausfall dieses Netzes selbsttätig von einer Ersatzstromquelle gespeist.
Die Sicherheitsbeleuchtung in Dauerschaltung kann im Umschalt- oder im Bereitschaftsparallelbetrieb betrieben werden.
Beim Umschaltbetrieb wird bei Ausfall des speisenden allgemeinen Stromversorgungsnetzes die Sicherheitsbeleuchtung auf die Ersatzstromquelle umge-

schaltet. Dabei ist für eine bestimmte Zeitspanne (= Einschaltverzögerung) keine Beleuchtung wirksam. Das gleiche geschieht nach der Netzwiederkehr bei der Rückschaltung auf das allgemeine Stromversorgungsnetz.
Beim Bereitschaftsparallelbetrieb wird die Ersatzstromquelle schon während der Speisung der Sicherheitsbeleuchtung aus dem allgemeinen Netz mit diesem Netz parallelgeschaltet. Bei Ausfall des Netzes übernimmt die Ersatzstromquelle unterbrechungslos die Speisung der Sicherheitsbeleuchtung. Ebenso unterbrechungslos erfolgt die Speisung aus dem allgemeinen Stromversorgungsnetz nach Netzwiederkehr. Die Sicherheitsbeleuchtung in Dauerschaltung ist für die Kennzeichnung der Rettungswege anzuwenden.

Sicherheitsbeleuchtung in Bereitschaftsschaltung

Bei dieser früher als „Panikbeleuchtung“ bezeichneten Schaltungsart ist die Sicherheitsbeleuchtung während der Betriebszeit nicht eingeschaltet. Bei Ausfall der Spannung für die Versorgung der Verbraucherstromkreise der allgemeinen Beleuchtung wird die Sicherheitsbeleuchtung selbsttätig eingeschaltet und nur von der Ersatzstromquelle gespeist.
Bei Wiederkehr der Netzspannung für die Verbraucherstromkreise der allgemeinen Beleuchtung wird die Sicherheitsbeleuchtung selbsttätig ausgeschaltet, ausgenommen bei Anlagen, bei denen die Gefahr besteht, daß die allgemeine Beleuchtung verdunkelt oder ausgeschaltet ist, so daß nach dem Ausschalten der Sicherheitsbeleuchtung der Bereich unbeleuchtet wäre (Kinos, Theater).

8.2.1.3 Einschaltverzögerungen

Die Verfügbarkeit einer Sicherheitsbeleuchtung ist insbesondere abhängig von der Einschaltverzögerung, das ist die Zeitspanne, die zwischen dem Ausfall der allgemeinen künstlichen Beleuchtung bei Störung der Stromversorgung und dem Erreichen der erforderlichen Beleuchtungsstärke der Sicherheitsbeleuchtung vergeht. Die Einschaltverzögerung ist auch hauptsächlich maßgebend für die technische Ausführung der Sicherheitsbeleuchtungsanlage, insbesondere für die Wahl der geeigneten Ersatzstromquelle.
Hinsichtlich der Einschaltverzögerung unterscheidet man:

Bereiche ohne Panikgefahr

Zu Bereichen, in denen eine Panikgefahr weniger zu befürchten ist, zählen in erster Linie die Rettungswege aus Bereichen mit geringer Menschenansammlung oder aus Bereichen, in denen die Flüchtenden gute Ortskenntnisse besitzen (z. B. Garagen, Hochhäuser, Arbeitsstätten). Als Einschaltverzögerung wird hier eine Zeit bis zu 15 s für vertretbar erachtet.

Bereiche mit Panikgefahr

In Bereichen, in denen die Sicherheitsbeleuchtung zur Verhinderung einer Panik und zur zügigen Räumung eines Gebäudes beiträgt, z. B. bei Versammlungsstätten und Warenhäusern, ist eine Einschaltverzögerung bis zu einer Sekunde zulässig.

Arbeitsplätze mit besonderer Gefährdung

Bei Arbeitsplätzen, an denen bei Ausfall der Beleuchtung eine unmittelbare Unfallgefahr besteht oder von denen besondere Gefahren für Dritte ausgehen können, ist eine Einschaltverzögerung von höchstens 0,5 s zulässig.

8.2.1.4 Betriebsdauer

Die Betriebsdauer einer Sicherheitsbeleuchtung ist die Dauer, für die sie bei Ausfall der Stromversorgung der allgemeinen Beleuchtung wirksam ist.
Die Nennbetriebsdauer muß betragen:

Für die Beleuchtung der Rettungswege, ausgenommen solche in Arbeitsstätten und Großgaragen:	3 Stunden
bei Arbeitsstätten und Großgaragen	1 Stunde.
Für die Beleuchtung von Arbeitsplätzen mit besonderer Gefährdung:	Gefährdungsdauer, mind. 1 Minute.

Die dreistündige Nennbetriebsdauer von Batterien darf auf eine Stunde verringert werden, wenn ein selbsttätig anlaufendes Stromerzeugungsaggregat vorhanden ist, das die allgemeine Beleuchtung ganz oder zum Teil sowie die Sicherheitsbeleuchtung in Dauerschaltung bei Netzausfall versorgt. Die Allgemeinbeleuchtung in den Räumen mit Bereitschaftsschaltung sollte dabei mindestens zu einem Drittel vom Stromerzeugungsaggregat versorgt werden.
Der Kraftstoffvorrat für das Aggregat muß für mindestens einen dreistündigen Betrieb bemessen sein.

8.2.1.5 Beleuchtungsstärke

Nach Art und Funktion des zu beleuchtenden Bereiches sind unterschiedliche Mindestbeleuchtungsstärken für die Sicherheitsbeleuchtung erforderlich. Man unterscheidet hauptsächlich:

Sicherheitsbeleuchtung für Rettungswege

Die Beleuchtungsstärke für Rettungswege muß 0,2 m über dem Fußboden mind. 1 lx betragen.

Sicherheitsbeleuchtung für Arbeitsplätze mit besonderer Gefährdung

Die Beleuchtungsstärke der Sicherheitsbeleuchtung für Arbeitsplätze mit besonderer Gefährdung wird auf die für die jeweilige Tätigkeit bzw. Raumart geforderte Nennbeleuchtungsstärken E_N bezogen (siehe Tabelle 7-2). Die Beleuchtungsstärke der Sicherheitsbeleuchtung für Arbeitsplätze mit besonderer Gefährdung muß mindestens betragen:
$E = 0{,}1 \cdot E_N$, mindestens aber 15 lx. Eine Ausnahme bilden Bühnen und Szenenflächen von Versammlungsstätten, für die mindestens 3 lx gefordert werden.

8.2.1.6 Leuchtmittel

Als Leuchtmittel sind außer Glühlampen auch Leuchtstofflampen, in Arbeitsstätten auch sonstige Entladungslampen zulässig. Während Glühlampen ohne Einschränkung für alle Anlagen eingesetzt werden können, müssen Leuchtstofflampen im Gleichstrombetrieb über Wechselrichter nach DIN VDE 0712 Teil 200 oder elektronische Vorschaltgeräte nach DIN VDE 0712 Teil 201 betrieben werden. Bei Entladungslampen muß die Anheizzeit bzw. Wiederzündzeit kleiner sein als die zulässige Einschaltverzögerung.

8.2.2 Installationstechnische Anforderungen

8.2.2.1 Ersatzstromquellen

Zentralbatterien, Gruppenbatterien und Stromerzeugungsaggregate müssen in Gebäuden, die im Geltungsbereich der EltBauV liegen (z. B. Verwaltungsgebäude, Schulen, Versammlungsstätten, usw.) von Räumen mit erhöhter Brandgefahr feuerbeständig, von anderen Räumen mindestens feuerhemmend, getrennt sein. Dies gilt sinngemäß für Batterieschränke, auch für solche mit angebauter Schalttafel.

8.2.2.2 **Schaltanlagen** (Schalttafeln, Schalt- und Ladegeräte), Haupt- und Unterverteilungen

Schalttafeln und Verteilungen der Sicherheitsbeleuchtung müssen von anderen elektrischen Anlagen so getrennt sein, daß eine gegenseitige Gefährdung durch

Lichtbögen vermieden wird. Zur Erfüllung dieser Forderung genügt es, für die Sicherheitsbeleuchtung eigene Verteiler zu verwenden oder in den Verteilern, in denen allgemeine Stromversorgung und Sicherheitsbeleuchtung zusammengefaßt sind, ist ein Blech einzubauen, das mit allen Kanten am Verteilergehäuse anliegt und so etwa auftretenden Lichtbogengasen den Weg in den jeweils anderen Teil versperrt.
Besteht im Falle eines Brandes die Gefahr, daß beide Systeme (Sicherheitsbeleuchtung und Allgemeinbeleuchtung) vorzeitig ausfallen, dann muß die Schaltanlage und Verteilung der Sicherheitsbeleuchtung auf Grund ihrer Konstruktion oder durch geeignete Anordnung einem Brand während einer angemessenen Zeit, im allgemeinen 30 Minuten, widerstehen. Dies ist erfüllt, wenn die Schaltanlagen und Verteiler in elektrischen Betriebsräumen, die von anderen Räumen durch feuerbeständige Wände und Decken sowie feuerhemmende Türen getrennt sind, untergebracht werden.

Unterbringung

Alle Schaltanlagen, Haupt- und Unterverteilungen der Sicherheitsbeleuchtung müssen dem Zugriff Unbefugter entzogen sein, sie müssen eine allseitige Verkleidung aus Blech oder stoßfestem, flammwidrigen Isolierstoff haben. In elektrischen Betriebsräumen mit Anlagen über 1000 V und Aufstellungsräumen von ortsfesten Stromerzeugungsaggregaten dürfen keine Schaltanlagen und sonstigen Einrichtungen der batteriegespeisten Sicherheitsbeleuchtung – ausgenommen Sicherheitsleuchten und zugehörige Leitungen – untergebracht werden.
Die Schaltanlagen und Hauptverteilungen von Zentralbatterieanlagen sind in Räumen unterzubringen, die von allgemein zugänglichen Räumen oder Räumen mit erhöhter Brandgefahr feuerbeständig getrennt sind. Für Türen genügt feuerhemmende Ausführung.
Auf Bühnen- und Szenenflächen dürfen auch keine Unterverteilungen der Sicherheitsbeleuchtung untergebracht werden.

Spannungsüberwachung

Für die Sicherheitsbeleuchtung in Dauerschaltung genügt es, die allgemeine Stromversorgung an der Sammelschiene der Schalttafel der Sicherheitsbeleuchtung zu überwachen.
Bei batterieversorgter Bereitschaftsschaltung ist die Stromversorgung für die Allgemeinbeleuchtung des betreffenden Raumes am zugehörigen Unterverteiler zu überwachen. Ist die Allgemeinbeleuchtung eines Raumes nicht auf mindestens 2 Stromkreise aufgeteilt, so muß der Beleuchtungsstromkreis dieses Raumes überwacht werden. Gleiches gilt für Steuerstromkreise, wenn durch

eine Störung in der Steuerung die Allgemeinbeleuchtung eines Raumes oder Rettungsweges ganz ausfallen kann. Bei Wiederkehr der Netzspannung muß die Sicherheitsbeleuchtung selbsttätig auf Netzspeisung zurückschalten, ausgenommen in Versammlungsstätten (siehe 8.2.1.2).
Für die Sicherheitsbeleuchtung, die über ein Stromerzeugungsaggregat versorgt wird, z. B. in Arbeitsstätten, genügt grundsätzlich die Spannungsüberwachung an der Netzzuleitung der Niederspannungs-Hauptverteilung.

8.2.2.3 Leitungsinstallation

Leitungsarten

Als Leitungsmaterial sind die für die jeweilige Betriebsstätte allgemein zulässigen Bauarten zu verwenden. In der Regel sind Kabel (NYY) und Mantelleitungen (NYM) erforderlich.
Um im Brandfall einen sicheren Betrieb zu gewährleisten, ist zu überlegen, ob nicht an besonders gefährdeten Stellen Leitungen verwendet werden, die auch bei Brandeinwirkung über einen bestimmten Zeitraum betriebsfähig bleiben (siehe 10.4).

Hauptleitungen

Bei Anlagen mit Zentral- oder Gruppenbatterie, bei denen das Schalt- und Ladegerät und die Batterie keine bauliche Einheit bilden, dürfen die Leitungen zwischen Batterie und Schalt- bzw. Ladegerät nicht in Kanälen aus brennbaren Baustoffen verlegt werden; sie müssen von allen übrigen elektrischen Leitungen einen Abstand von mind. 5 cm haben oder von ihnen durch eine nichtbrennbare Wand getrennt sein. Soweit sie außerhalb elektrischer Betriebsstätten liegen, müssen sie mindestens feuerhemmend mit nichtbrennbaren Baustoffen verkleidet sein oder auf Grund ihrer Bauart über eine Zeit von mindestens 30 min im Falle eines Brandes funktionsfähig bleiben. Dies gilt auch für Leitungen zu Unterverteilungen.
Als feuerhemmende Ummantelung kommen insbesondere dämmschichtbildende Anstrichsysteme oder ein Verlegen in Kanälen aus Feuerschutzplatten oder dergleichen entsprechend der Feuerwiderstandsklasse F 30 in Frage. Auch ein Verlegen der Leitungen unter Putz kann bei bestimmten Putzen ab einer entsprechenden Dicke als feuerhemmend gelten. Für alle Bauteile, die eine feuerhemmende Ummantelung gewährleisten sollen, ist in der Regel eine bauaufsichtliche Zulassung durch das Institut für Bautechnik in Berlin erforderlich.
Anstatt einer feuerhemmenden Ummantelung können auch Kabel oder Leitungen mit Funktionserhalt bei Brandeinwirkung, z. B. NHXHX FE nach

DIN VDE 0266, gewählt werden (siehe 10.4). Sie sollten generell für alle Hauptleitungen der Sicherheitsbeleuchtung verwendet werden.
Die Verbindungsleitungen zwischen den Batteriezellen können blank oder isoliert ausgeführt werden.
Es ist üblich und notwendig, die Leitungen zwischen den Batteriezellen und von den Zellen bis zum ersten Überstromschutzorgan erd- und kurzschlußsicher zu verlegen (siehe 4.2.5).
Blanke Leiter sind entweder elektrolytbeständig einzufetten oder mit elektrolytbeständiger Farbe zu streichen (Pluspol: rot; Minuspol: blau).

Zusammenfassen von Stromkreisen

In einer mehradrigen Leitung oder in einem mehradrigen Kabel dürfen nur die Leitungen eines Stromkreises der Sicherheitsbeleuchtung einschl. zugehöriger Hilfsstromkreise zusammengefaßt werden. Die Anforderung bezieht sich auf mehradrige Leitungen, damit sind sowohl die Mehraderleitungen, z. B. NYM, als auch mehrere Einaderleitungen in Installationsrohren gemeint.
Es ist also nicht zulässig, in einer Mehraderleitung oder in *einem* Rohr die Zuleitungen zu Leuchten mit Lampen der allgemeinen Beleuchtung und der Sicherheitsbeleuchtung zu verlegen.

Stromkreisaufteilung

Bei Anlagen mit Zentral- oder Gruppenbatterie dürfen an einem Stromkreis der Sicherheitsbeleuchtung höchstens zwölf Leuchten angeschlossen werden. Wenn aber in einem Raum oder Rettungsweg mehr als eine Leuchte der Sicherheitsbeleuchtung installiert ist, sind diese Leuchten auf mind. zwei Stromkreise abwechselnd zu verteilen.

Überstrom-Schutzeinrichtung

Die Stromkreise der Sicherheitsbeleuchtung mit Gruppen- oder Zentralbatterie, auch Batterie- und Ladeleitungen, sind grundsätzlich doppelpolig zu sichern.
Der Nennstrom der Absicherung der Verbraucherstromkreise darf höchstens 10 A. betragen.
Die Belastung der Stromkreise darf höchstens 60% des Nennstromes der Überstromschutzorgane betragen. Sind mehrere Überstromschutzorgane hintereinander geschaltet, so ist unbedingt auf Selektivität zu achten (3.4.6). Als Überstromschutzorgane dürfen sowohl Schmelzsicherungen als auch Leitungsschutzschalter verwendet werden, die bei einer Batterieversorgung auch für Gleichstrom geeignet sein müssen.

Bei Sicherheitsbeleuchtung mit Ersatzstromversorgung und Beleuchtungsstromkreisen mit Leuchtstofflampen, die an Drehstromkreise angeschlossen sind, sollten keine dreipoligen Leitungsschutzschalter verwendet werden. Bei einem Fehler in den Stromkreisen müssen die Leitungsschutzschalter der Außenleiter einzeln auslösen. Man will dadurch vermeiden, daß bei einem Fehler zwischen einem Außenleiter und dem Neutralleiter oder Schutzleiter, die ansonsten noch betriebsfähigen an die anderen beiden Außenleiter angeschlossenen Leuchten mit abgeschaltet werden. Aus dem gleichen Grund sollten bei derartigen Anlagen mit Schützsteuerungen keine zentralen Steuerstromkreise installiert werden, weil sonst bei einem Fehler im Steuerstromkreis Bereiche oder die gesamte Sicherheitsbeleuchtung ausfallen könnten.

Anlagen mit Einzelbatterie-Leuchten

Zum Ein- und Ausschalten der Sicherheitsleuchten mit Einzelbatterien in Dauerschaltung ist ein eigener Schalter erforderlich, der für alle Einzelleuchten gemeinsam wirksam sein kann. Dieser Schalter muß dem Zugriff Unbefugter entzogen sein und darf die Ladung der Geräte nicht unterbrechen. Zudem muß für alle Einzelbatteriegeräte ein Tastschalter zum Prüfen der Leuchten vorhanden sein. Falls die Leuchten nicht schon über eingebaute Taster verfügen, ist in die Zuleitung ein besonderer Prüftaster einzubauen. Dieser Prüftaster darf für so viele Leuchten gemeinsam wirksam sein, wie vom Anbringungsort des Tasters aus einsehbar sind.
Werden Batteriegeräte und Leuchten getrennt angeordnet (bis zu zwei Leuchten je Gerät zulässig), so müssen die Verbindungsleitungen zwischen Batteriegerät und Leuchte fest verlegt werden.
Sind, z. B. bei Arbeitsstätten, sogenannte Bereichsschalter notwendig, mit denen während der Betriebspausen die gesamte elektrische Anlage ausgeschaltet wird, müssen die Einzelbatterieleuchten sogenannte Fernschalteinrichtungen haben, die eine zentrale Schaltung der Leuchten abhängig vom Bereichsbzw. Hauptschalter ermöglichen. Andernfalls würden die Leuchten bei Abschaltung des Bereichsschalters auf Batteriebetrieb umschalten und bis zum Wiederbeginn des Betriebes die Batterie entladen haben.

8.2.2.4 Schutz gegen gefährliche Körperströme

Bei Nennspannungen bis 50 $V_{\sim}$ und 120 V_{-} eignet sich als Schutzmaßnahme gegen direktes und bei indirektem Berühren die Schutzkleinspannung bzw. Funktionskleinspannung. Bei höheren Betriebsspannungen ist für die Sicherheitsbeleuchtung im Batteriebetrieb nur die Schutzisolierung oder das IT-Netz mit Isolationsüberwachung für den Schutz bei indirektem Berühren zulässig

(Bild 8-6). Bei unmittelbarer Speisung der Sicherheitsbeleuchtung in Dauerschaltung aus dem Netz ist als Schutz bei indirektem Berühren auch das TN-Netz mit Überstrom-Schutzeinrichtung erlaubt, nicht aber mit Fehlerstrom-Schutzeinrichtung. Man will hiermit erreichen, daß bei einem Körperschluß in einem Stromkreis entweder nur eine Meldung erfolgt (IT-Netz) oder die Abschaltung auf einen Stromkreis beschränkt bleibt.

Bild 8-6: Isolationsüberwachungseinrichtung für Gleichspannungsnetz (Werkbild: Pilz GmbH & Co)

Bei Anwendung des IT-Netzes darf die Isolationsüberwachungseinrichtung entfallen, wenn bei vollkommenem Doppelerdschluß an den ungünstigsten Stellen des Netzes der Doppelerdschlußstrom selbsttätig nach einer Sekunde unterbrochen wird. Diese Bedingung ist vor allem bei Anlagen, bei denen die Netzspeisung über Isoliertransformatoren erfolgt, manchmal schwer zu erfüllen.

8.2.2.5 Leuchten

Bauart

Bei den Leuchten der Sicherheitsbeleuchtung unterscheidet man zwischen Sicherheitsleuchten, das sind Leuchten beliebiger Art, und Rettungszeichenleuchten, das sind Formleuchten, auf denen ein Hinweis angebracht ist. Rettungszeichenleuchten müssen DIN 5035 Teil 5 und DIN 4844 Teil 1 bis 3 entsprechen.

Kennzeichnung

Bei Leuchten, die sowohl Lampen der Sicherheitsbeleuchtung als auch der allgemeinen Beleuchtung enthalten, sind die Fassungen der Sicherheitsbeleuchtung rot zu kennzeichnen.

Alle Sicherheitsleuchten sollten mit einem roten Zeichen gekennzeichnet werden. Außerdem ist in der Nähe jeder Leuchte noch die Verteiler- und Stromkreisnummer anzubringen. In der Praxis werden häufig runde Kunststoffschilder mit rotem Grund und weißer Beschriftung verwendet. Sie erfüllen die rote Kennzeichnung und ermöglichen die Angabe der Verteiler- und Stromkreisnummer.

8.2.3 Lichttechnische Anforderungen (DIN 5035 Teil 5)

8.2.3.1 Gleichmäßigkeit

Rettungswege sind möglichst gleichmäßig auszuleuchten. Die Beleuchtungsstärke, gemessen auf einer horizontalen Ebene von 0,2 m Höhe über dem Fußboden, darf um nicht mehr als den Faktor 40 schwanken. Beträgt der so ermittelte minimale Wert die vorgeschriebenen 1 lx, so darf der maximale Wert, z. B. unter den Leuchten, 40 lx nicht überschreiten. Bei einer Montagehöhe der Leuchte bis 3 m darf der Abstand zwischen zwei Leuchten höchstens 18 m betragen, um diese Bedingung erfüllen zu können. Natürlich darf dabei an keiner Stelle die Beleuchtungsstärke 1 lx unterschreiten. Als Leuchtmittel müßte bei 18 m Abstand bereits eine Leuchtstofflampe 58 W verwendet werden.

8.2.3.2 Blendungsbegrenzung

Sicherheitsleuchten in Rettungswegen und an Arbeitsplätzen mit besonderer Gefährdung dürfen keine Beeinträchtigung der Sehleistung infolge Blendung bewirken. Die Lichtstärke von Sicherheitsleuchten für Rettungswege muß, abhängig von der Anbringungshöhe, die in der *Tabelle 8-2* genannten maximalen Werte einhalten. Für Sicherheitsleuchten an Arbeitsplätzen mit besonderer Gefährdung dürfen diese Werte verdoppelt werden.

Zulässige maximale Lichtstärke für Rettungswege Tabelle 8-2

Lichtpunkthöhe H über Fußboden	m	2	2,5	3	3,5	4	4,5	5
Maximale Lichtstärke I_{max}	cd	100	400	900	1600	2500	3500	5000

Die Lichtstärke einer Leuchte kann aus ihrer Lichtverteilungskurve entnommen werden *(Bild 8-7)*. Der in der Kurve eingetragene Wert in Candela je Kilolumen muß mit dem Lichtstrom in Kilolumen, der abhängig von der

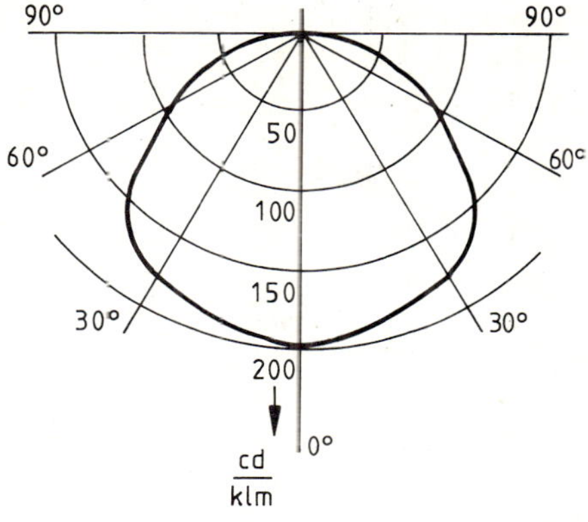

Bild 8-7: Lichtverteilungskurve

$$\text{Lichtstärke [Candela]} = \frac{\text{Lichtstrom[Lumen]}}{\text{Raumwinkel [Grad]}}.$$

Lampenbestückung der Leuchte ist, multipliziert werden. Die so zu ermittelnde Lichtstärke in Candela ist abhängig vom Raumwinkel. Dies ist der Winkel zwischen Leuchte und beobachtendem Auge.

8.2.3.3 Anordnung der Leuchten

Rettungszeichen-Leuchten müssen ortsunkundigen Personen von jedem Standpunkt aus den kürzesten Rettungsweg aus einem Gebäude zeigen. Die Ausschilderung sollte dem Flüchtenden Ausweichmöglichkeiten bieten, um ihm bei Versperrung eines Rettungsweges, z. B. durch Feuer, einen anderen Fluchtweg zu ermöglichen. Zumindest bei jeder Richtungsänderung ist ein Rettungszeichen anzubringen. Hindernisse, Treppen, Änderungen der Flurhöhen müssen besonders gut ausgeleuchtet werden. Für Arbeitsplätze mit besonderer Gefährdung sind die Leuchten so anzuordnen, daß der gesamte Tätigkeitsbereich mit der geforderten Mindestbeleuchtungsstärke ausgeleuchtet wird.

8.2.3.4 Rettungszeichen

Rettungszeichen müssen nach VBG 125 bzw. DIN 4844 ausgewählt werden *(Bild 8-8)*. Die erforderliche Zeichengröße richtet sich nach der gewünschten Erkennungsweite. Zudem muß die Umwelt-Leuchtdichte und der Zeichenkontrast berücksichtigt werden.

Bild 8-8: Rettungszeichen

Die Umfeld-Leuchtdichten sind sehr verschieden, muß doch ein Rettungszeichen sowohl bei Tageslicht als auch bei künstlicher Beleuchtung bzw. bei Betrieb der reinen Sicherheitsbeleuchtung erkennbar sein.

Um eine ausreichende Auffälligkeit zu erreichen, sollte ein Rettungszeichen die fünffache Leuchtdichte der Umfeldleuchtdichte erreichen. Die minimale Leuchtdichte eines Sicherheitszeichens wurde auf 5 cd/m^2 festgelegt. Um zu vermeiden, daß das Sicherheitszeichen bei den niedrigeren Beleuchtungsstärken zur Blendung führt und damit wieder eine Verringerung der Sehschärfe bewirkt, soll die Lichtstärke des Rettungszeichens senkrecht zu seiner Oberfläche nicht größer als 20 cd sein. Diese Begrenzung gilt nur für lichtabstrahlende Flächen bis zu einer Größe von 0,2 m^2.

Unter weiterer Berücksichtigung des Zeichenkontrastes, der bei hinterleuchteten Rettungszeichen wesentlich höher ist als bei beleuchteten, ergibt sich in Abhängigkeit von der Bildzeichengröße eine maximale Erkennungsweite.

Dabei gilt:

Erkennungsweite = Rettungszeichenhöhe × Distanzfaktor.

Der Distanzfaktor beträgt für die hinterleuchteten Rettungszeichen 200 und für die beleuchteten (angestrahlten) Rettungszeichen 100. Die in DIN 4844 Teil 3 empfohlenen Größen für Rettungszeichen ergeben eine Erkennungsweite von:

Höhe des Rettungszeichens	als Leuchte	als Schild
52 mm	11 m	5,5 m
100 mm	20 m	10 m
105 mm	21 m	10,5 m
148 mm	30 m	15 m
200 mm	40 m	20 m

9 Schutz gegen gefährliche Körperströme

(DIN VDE 0100 Teil 410)

Ströme, die über den Körper eines Menschen oder eines Tieres fließen, können gefährliche Auswirkungen haben. Der Unfallschutz muß versuchen, eine gefährliche Körperdurchströmung mit an Sicherheit grenzender Wahrscheinlichkeit zu verhindern. Dabei ist zu berücksichtigen, daß bereits Wechselströme ab 40 mA das Herzkammerflimmern bewirken, was zum Herzstillstand führen kann (siehe dazu 9.1).
Durch Isolieren, Abdecken, Umhüllen oder Anordnen der im ungestörten Betrieb unter Spannung stehenden Teile, muß deren Berühren ausgeschlossen werden, sofern durch ein Berühren eine gefährliche Körperdurchströmung möglich ist. DIN VDE 0100 Teil 410 regelt, wie diese als „Schutz gegen direktes Berühren“ bezeichnete Schutzmaßnahme sichergestellt werden muß (siehe 9.2). Darüber hinaus darf auch dann keine Gefährdung entstehen, wenn infolge eines Fehlers, z. B. durch eine schadhafte Basisisolierung, die Spannung auf das Metallgehäuse (Körper) eines elektrischen Betriebsmittels verschleppt wird. Dieser Schutz vor Gefahren, der sich im Fehlerfall aus einer Berührung mit Körpern oder fremden leitfähigen Teilen ergeben kann, wird als „Schutz bei indirektem Berühren“ bezeichnet. Dazu gehören alle Schutzleiter-Schutzmaßnahmen, die Schutzisolierung und die Schutztrennung (siehe 9.3). Die DIN VDE 0100 Teil 410 nennt desweiteren Schutzmaßnahmen, die den Schutz sowohl gegen direktes als auch bei indirektem Berühren sicherstellen. Die Schutz- und Funktionskleinspannung sowie die Begrenzung der Entladungsenergie gehören zu diesen Schutzmaßnahmen (siehe 9.4).
Schutzmaßnahmen sind in jeder elektrischen Anlage, in jedem Teil einer elektrischen Anlage und bei jedem elektrischen Betriebsmittel notwendig. Auswahl und Anordnung der Schutzmaßnahmen haben entsprechend den äußeren Einflüssen zu erfolgen. In der Regel ist die Grenze der dauernd zulässigen Berührungsspannung U_L bei Wechselspannungn 50 V und bei Gleichspannung 120 V. Höhere Berührungsspannungen, die im Fehlerfall auftreten können, müssen innerhalb von 0,2 s selbsttätig abgeschaltet werden in Stromkreisen mit 35 A Nennstrom mit Steckdosen, und in Stromkreisen, die ortsveränderliche Betriebsmittel der Schutzklasse I enthalten, die während des Betriebes üblicherweise dauernd in der Hand gehalten werden. In allen anderen Stromkreisen müssen höhere Berührungsspannungen innerhalb von 5 s selbsttätig abgeschaltet werden.
In Bereichen, in denen wegen besonderer Umgebungsbedingungen mit erhöhter Stromgefährdung zu rechnen ist, schreiben die VDE Bestimmungen die

Anwendung bestimmter Schutzmaßnahmen zwingend vor. Dies gilt u. a. für Bäder, Baustellen, Fliegende Bauten, landwirtschaftliche Betriebsstätten, begrenzte leitfähige Räume, medizinisch genutzte Räume, Unterrichtsräume mit Vorführ- und Übungsständen, Betonmischer und Handnaßschleifmaschinen. Es muß sichergestellt sein, daß sich verschiedene Schutzmaßnahmen, die in derselben Anlage angewendet werden, nicht gegenseitig nachteilig beeinflussen.

9.1 Gefährliche Körperströme
(IEC-Publikation 479)

Wenn man von Verbrennungen bei Hochspannung absieht, so ist heute allgemein anerkannt, daß der tödliche Ausgang von Elektrounfällen durch Herzkammerflimmern verursacht wird.
Im Normalzustand wird die Herzfrequenz vom Gehirn über den Schrittmacher (Sinusknoten) gesteuert. Dieser kann beim elektrischen Unfall so ausgeschaltet werden, daß die synchrone Tätigkeit der Herzkammerwände aufhört und einzelne Herzmuskelpartien unkoordiniert kontrahieren. Der Blutkreislauf bricht zusammen: Herzkammerflimmern.
Die Herztätigkeit kann mit einem Oszilloskop beobachtet werden: Elektrokardiogramm. Die so gezeichnete Kurve weist gegen Ende der Systole (Herzzusammenziehen) eine Zacke (T-Zacke) auf (relative Refraktärzeit). Beginnt der Fehlerstrom bei einem elektrischen Unfall genau zu diesem Zeitpunkt den Körper zu durchfließen, dann reagiert der Herzmuskel auch bei nur sehr kleinen und kurzen elektrischen Reizen mit Flimmern (vulnerable Periode).
Grundsätzlich ist die physiologische Wirkung von Körperströmen von der Stromart, der Höhe des Stromes, der Einwirkungsdauer des Stromes, der Frequenz und vom Stromweg abhängig.

9.1.1 Gefährdungsbereiche für technischen Wechselstrom 50/60 Hz

In der IEC-Publication 479 ist die Strom-Zeit-abhängige Einwirkung auf Erwachsene bei einem Stromweg „linke Hand zu beiden Füßen" dargestellt *(Bild 9-1)*.
Im Bereich 1 treten normalerweise keine Reaktionen auf. Die Grenzlinie a wird auch als *Wahrnehmungsschwelle* bezeichnet, da bei ihr etwa die Wahrnehmbarkeit des Stromes beginnt.
Im Bereich 2 treten in der Regel keine pathophysiologisch gefährliche Wirkungen auf. Mit der Grenzkurve b beginnt die Loslaßschwelle, d. h. bei

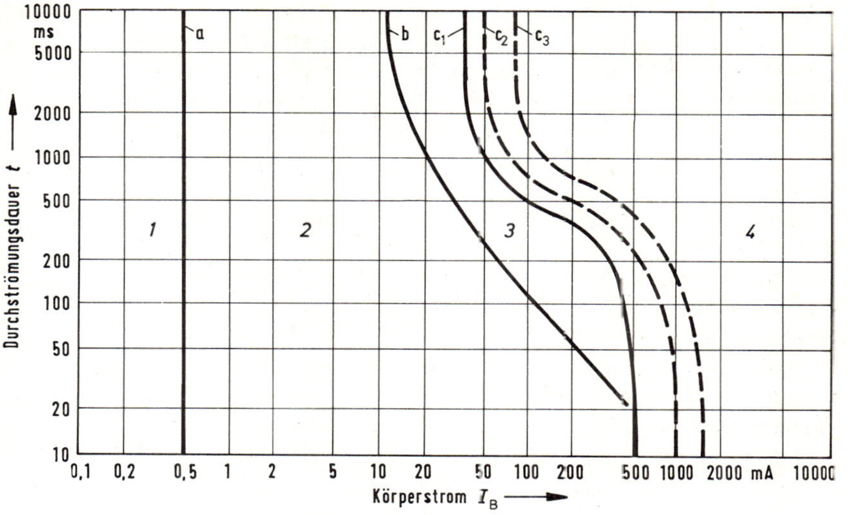

Bild 9-1: Wirkungsbereiche von Wechselstrom 50/60 Hz

einem Körperstrom und einer Einwirkdauer oberhalb der Grenzkurve b können Verkrampfungen auftreten, die das Loslassen unmöglich machen.
Im Bereich 3 müssen normalerweise keine organischen Schäden erwartet werden. Muskelreaktionen und Beschwerden bei der Atmung können jedoch auftreten.
Im Bereich 4 besteht die Gefahr von Herzkammerflimmern. Mit steigender Stromstärke und Einwirkungsdauer sind starke pathophysiologische Wirkungen wie Herzstillstand, Atemstillstand und Verbrennungen zu befürchten. Die Wahrscheinlichkeit von Herzkammerflimmern ist bis zur Grenzkurve c_2 kleiner als 5%, bis zur Grenzkurve c_3 kleiner als 50%.

Stromwirkungen Tabelle 9-1

Berührungsspannung Effektivwert V	25	75	125	200
Körperstrom Effektivwert mA	7,6	28,5	66,6	129
Physiologische Wirkung	Leichter Krampf in Fingern	Krampf in Fingern u. Gelenken	Krampf wie vor, leichtes Anheben des Oberkörpers	schmerzhaft, Anheben des Oberkörpers

Professor Dr. G. Biegelmeier, Wien, berichtet über Wahrnehmungen beim Stromdurchgang mit Wechselspannungen, Stromweg Hand-Hand, die er an sich selbst bei einer Versuchsreihe verspürte; Abschaltung innerhalb von 20 ms *(Tabelle 9-1),* Einschaltzeitpunkt im Spannungsmaximum, je sechs Messungen.

9.1.2 Gefährdung durch Wechselstrom höherer Frequenzen

Der Frequenzfaktor gibt das Verhältnis der Schwellenwerte für die betreffende physiologische Wirkung bei der entsprechenden Frequenz, verglichen mit 50 Hz, an. Er ist für die Wahrnehmbarkeitsschwelle, Loslaßschwelle und Flimmerschwelle verschieden *(Tabelle 9-2).*

Frequenzfaktor Tabelle 9-2

Frequenz Hz	Frequenzfaktor Wahrnehmbarkeitsschwelle	Loslaßschwelle	Flimmerschwelle
50	1	1	1
100	1,02	1,01	1,2
200	1,1	1,07	3
300	1,2	1,15	5
400	1,36	1,23	6,5
500	1,5	1,32	7,5
600	1,62	1,4	10
1 000	2,1	1,7	14
2 000	3,2	2,2	–
3 000	5	2,6	–
5 000	7	3,5	–
7 000	10	4	–
10 000	14	5	–

Höhere Frequenzen werden z. B. in Flugzeugen (400 Hz), bei Elektrowerkzeugen (400 Hz), in der Elektromedizin (4000 bis 5000 Hz), angewendet.

9.1.3 Gefährdung durch Gleichstrom

Tödliche Unfälle können bei Längsdurchströmung auftreten.

Die Wahrnehmbarkeitsschwelle liegt über 2 mA, die Loslaßschwelle über

300 mA. Die Flimmerschwelle zwischen 150 mA bei 1 Minute oder mehr Einwirkungsdauer und 500 mA bei 0,2 s oder kürzerer Dauer. Dies gilt für Längsdurchströmung und aufsteigenden Strom (Füße positiv). Bei abfallendem Strom sind die Schwellenwerte etwa doppelt so hoch.
Im Einschaltmoment treten wegen der Körperkapazität Stromspitzen auf, die 4-bis 5-mal so hoch sind, wie der Dauerstrom und stechende Gelenkschmerzen verursachen. Bei höheren Strömen kommen Verbrennungen hinzu. Der Körperwiderstand ist für Spannungen über 100 V etwa derselbe wie bei Wechselstrom, bei geringeren Spannungen höher.

9.1.4 Gefährdung durch Wechselstrom mit Gleichstromkomponenten

Ströme dieser Art kommen z. B. bei Phasenanschnittsteuerungen oder Wellenpaketsteuerungen vor. Sie haben bei einer Einwirkungsdauer von über einer Herzperiode die gleiche Wirkung für die Auslösung von Kammerflimmern wie reiner Wechselstrom mit einer Stromstärke, die den gleichen Spitze-Spitze-Wert I_{ss} hat, wie die kombinierte Stromform. Damit ergibt sich der Effektivwert des wirkungsgleichen Wechselstroms zu

$$I_{eff} = I_{ss}/(2 \cdot \sqrt{2}) = I_{ss}/2{,}8\,.$$

Bei Einwirkungszeiten unter einer Herzperiode ist die Gleichheit der physiologischen Wirkung dann vorhanden, wenn die Scheitelwerte I_s beider Stromarten gleich sind.
Elektrisierungen mit Strömen, die durch Wellenpaketsteuerungen entstehen, sind etwa gleich gefährlich wie die Elektrisierungen mit Dauerwechselströmen.

9.1.5 Gefährdung durch Impulsströme

Sinusförmige Halbschwingungsimpulse aber auch Impulse von Kondensatorentladungen und elektrischen Weidezaungeräten können ein Herzkammerflimmern bewirken. Maßgebend dabei ist der Scheitelwert des Stromimpulses und die Durchströmungsdauer. Für Durchströmungsdauern von 0,1 ms bis 10 s und Längsdurchströmung des menschlichen Körpers wurde nach IEC eine Sicherheitsschwelle vorgeschlagen, bis zu der mit Herzkammerflimmern nicht zu rechnen ist.
Danach beginnt die Flimmerströmstärke bei: 0,1 ms 8 A, 1 ms 1,5 A, 10 ms 0,5 A, 100 ms 0,4 A, 1 s 0,05 A und 10 s 0,04 A.

9.1.6 Der elektrische Widerstand des menschlichen Körpers

Nach *Bild 9-2* teilen sich die Impedanzen in Hautimpedanzen und innere Körperimpedanz. Die Hautimpedanzen fallen bei Wechselstrom-Spannungen über 100 V immer weniger ins Gewicht. Der Körperinnenwiderstand hat eine sehr kleine kapazitive Komponente, die nur wenige Grad Phasenverschiebung bewirkt. Man kann daher einen ohmschen Körperwiderstand annehmen. Auch die Berührungsflächen sowie nasse oder trockene Hände spielen eine entscheidende Rolle.

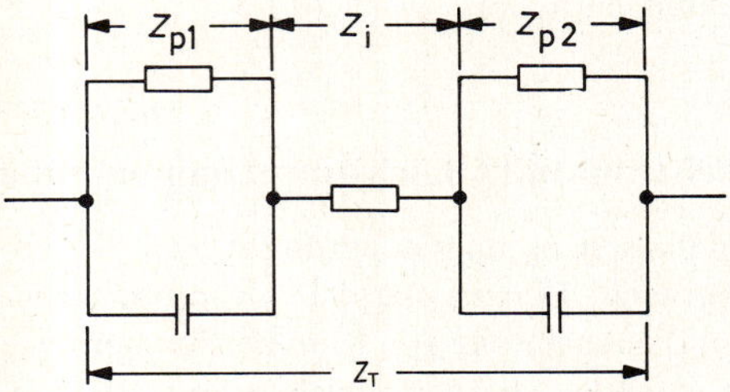

Bild 9-2: Körperimpedanz; Z_T Gesamt-Körperimpedanz, Z_{p1}, Z_{p2} Hautimpedanzen, Z_i innere Körperimpedanz

Dagegen ist der Anfangswiderstand bei 230 V Wechselspannung kleiner als die Körperimpedanz Z_T, die spätestens nach etwa 0,1 s erreicht wird. Für den Stromweg Hand-Hand muß bei 230 V Wechselspannung und 50 Hz für $Z_T = 1000\ \Omega$ angenommen werden. Bei geringeren Spannungen sind die Widerstandswerte höher.

Bei der im Normalfall dauernd zulässigen Berührungsspannung von 50 V Wechselspannung ist mit einer Körperimpedanz von 1450 Ω zu rechnen. Dies kann zu einer Körperdurchströmung von 35 mA führen. Ein Wert, der unterhalb der Flimmerstromstärke liegt. 95% der Menschen haben höhere Körperimpedanzen als die angegebenen. Bei anderen Stromwegen als von Hand zu Hand können jedoch auch wesentlich niedrigere Körperimpedanzen möglich sein. So beträgt die Körperimpedanz bei einer Durchströmung beider Hände – Brust nur 25% des Wertes von Hand zu Hand. Berührungsspannungen von 50 V können bei einer derartigen Durchströmung durchaus lebensgefährlich werden.

Dort, wo ungewöhnliche Körperdurchströmungen möglich sind, z. B. bei Arbeiten mit Elektrowerkzeugen in begrenzten leitfähigen Räumen, müssen deshalb Schutzmaßnahmen angewandt werden, die auch im Fehlerfall die Berührungsspannung auf Werte unter 25 V begrenzen.

9.1.7 Höhe des Körperstromes und Berührungsspannung

In einem metallgekapselten elektrischen Verbrauchsmittel ohne Schutzleiter sei die Isolierung eines unter Spannung stehenden Leiters (aktiver Teil) schadhaft.

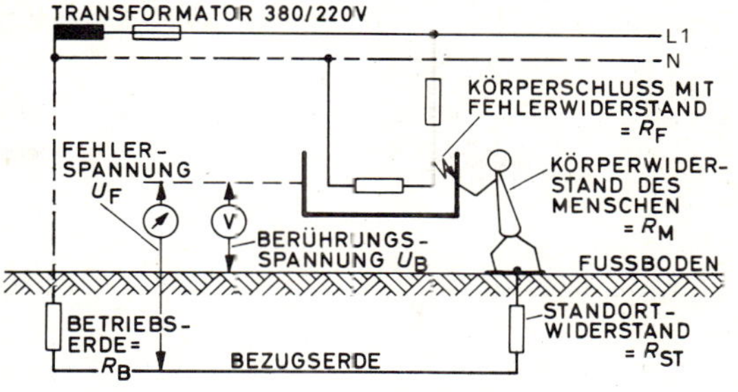

Bild 9-3: Fehlerstromkreis

Zwischen dem aktiven Leiter und den nicht zum Betriebsstromkreis gehörenden leitfähigen Teilen des Gehäuses (Körper) liegt dann ein *Fehlerwiderstand* R_F *(Bild 9-3)* zwischen Null und weniger als unendlich Ohm. Es herrscht ein vollkommener oder unvollkommener Körperschluß. Vorsichtshalber wird $R_F = 0$ gesetzt.
Vor dem Verbrauchsmittel stehe ein Mensch mit einem elektrischen *Körperwiderstand* R_M von etwa 1000 Ω und mehr. Der Mensch stehe mit Schuhen auf dem Boden. Isolierendes Schuhwerk und trockene Strümpfe haben einen erheblichen Widerstand, der durch Risse, Nägel, Feuchtigkeit oder Schweiß vermindert werden kann. Bei Sicherheitsbetrachtungen sollte man daher diesen Widerstand vernachlässigen.
Der auf dem Boden stehende Mensch hat einen Erdausbreitungswiderstand, den *Standortwiderstand* R_{St}. Dieser hängt vom spezifischen Widerstand ϱ des Bodens und von Größe und Form der Berührungsfläche ab. Als Faustformel kann man setzen:

$$R_{St} = 3\,\varrho\,.$$

Die Leitung von der Stromquelle (Transformator) bis zum fehlerhaften Gerät hat einen Widerstand R_L und der Erder des Transformators einen *Betriebserdungswiderstand* R_B, die bei dieser Betrachtung vernachlässigbar gering sind.
Die Widerstände sind in *Bild 9-4* nochmals zusammengestellt.

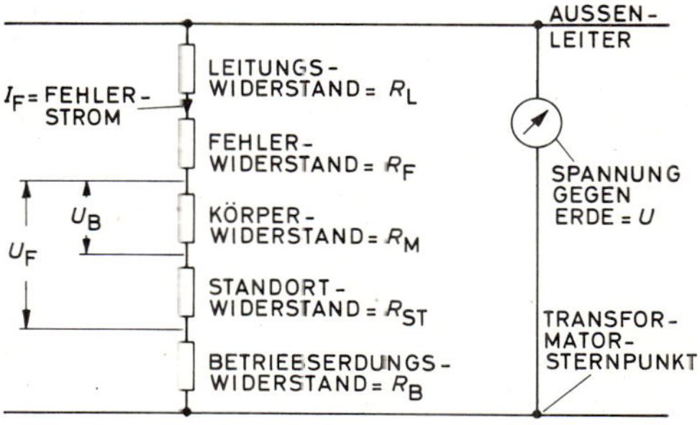

Bild 9-4: Die verschiedenen Widerstände bei einer Körperdurchströmung

Es verbleiben noch der Körperwiderstand R_M und der Standortwiderstand R_{St}. Die Spannung an diesen beiden in Reihe geschalteten Widerständen heißt Fehlerspannung U_F, während die Spannung am Menschen U_B = Berührungsspannung genannt wird (Bild 9-3). Bezeichnen wir den Fehlerstrom (Körperstrom) mit I_F, dann wird

$$I_F = \frac{U}{R_M + R_{St}} \,,$$

U liegt im allgemeinen mit 220 V, R_M mit 1000 Ω fest.

9.1.8 Gefahren durch elektrische und elektromagnetische Felder
(DIN VDE 0848 Teil 4 siehe auch 11.34)

Elektromagnetische Felder hoher Intensität können auf Menschen eine schädigende Wirkung haben. Dies gilt für niederfrequente als auch für hochfrequente Felder.
Die weltweit durchgeführten Versuche lassen es jedoch für unwahrscheinlich erscheinen, daß die im normalen Umfeld auftretenden Felder gesundheitsschädliche Auswirkungen haben.
Grenzwerte für die Personengefährdung durch elektromagnetische Felder wurden u.a. in DIN VDE 0848 festgelegt. Die Grenzwerte sind so festgelegt, daß in Übereinstimmung mit den wissenschaftlichen Erkenntnissen gesundheitliche Gefährdungen von Personen ohne Implantate vermieden werden.
Für die 50-Hz-Energieversorgung sind elektrische Feldstärken von rund 20 kV/m und magnetische Feldstärken von rund 3000 A/m bzw. von rund 3 mT zulässig. Üblicherweise werden hier jedoch elektrische Feldstärken von 10 kV/m und magnetische Feldstärken von 400 A/m (0,5 mT) in den für die Bevölkerung zugänglichen Bereichen nicht überschritten. Direkt unter einer 380-kV-Freileitung können beim Mindestabstand etwa 10 kV/m erzielt werden. Die magnetische Feldstärke kann hier etwa 0,02 mT betragen. Annähernd gleich hohe magnetische Feldstärken können in Wohnungen mit Elektroheizung, speziell Fußbodenheizung auf Personen einwirken. Am Küchenherd sind dies bis zu 1 mT, beim Haartrockner bis zu 2,5 mT, wobei hier keine Langzeiteinwirkung vorliegt.
Manche Personen können elektrische Feldstärken ab etwa 3 kV/m spüren und als belästigend wahrnehmen. Gegenwärtig gibt es allerdings keine wissenschaftlichen Erkenntnisse, daß solche Wahrnehmungen zu gesundheitlichen Beeinträchtigungen führen. Allerdings könnten Felder über 2,5 kV/m bzw. 0,1 mT implantierte Herzschrittmacher beeinflussen. Das Bundesamt für Strahlenschutz empfiehlt deshalb grundsätzlich eine Begrenzung auf 2,5 kV/m bzw. 0,1 mT.

9.2 Schutz gegen direktes Berühren

Als Schutz gegen direktes Berühren gelten alle Maßnahmen zum Schutz von Personen und Nutztieren vor Gefahren, die sich aus einer Berührung mit aktiven Teilen elektrischer Betriebsmittel ergeben. Aktive Teile sind Leiter und leitfähige Teile der Betriebsmittel, die unter normalen Betriebsbedingungen unter Spannung stehen. Solche sog. „aktive Teile" sind z. B. die Außenleiter, der Neutralleiter, nicht aber der PEN-Leiter und die mit diesem in leitender Verbindung stehenden Teile.

Der Schutz gegen direktes Berühren ist unabhängig von der Spannungshöhe in jedem Teil einer Starkstromanlage und bei jedem elektrischen Betriebsmittel notwendig. Ausnahmen sind unter bestimmten Voraussetzungen bei Schutzkleinspannung erlaubt (siehe 9.4.1).

Der Schutz kann durch Isolierung, Abdeckung, Umhüllung, Hindernisse oder Abstand erreicht werden. Er kann absichtliches Berühren nicht immer ausschließen. So sind die aktiven Teile von Glühlampen und Schraubsicherungen wohl gegen direktes Berühren geschützt, aber beim Auswechseln der Lampen oder Sicherungen können aktive Teile durchaus absichtlich berührt werden. In Fällen, in denen der Schutz gegen direktes Berühren durch die beschriebenen Maßnahmen nicht immer sichergestellt werden kann, z. B. Haarfön fällt ins Wasser, dient die Fehlerstrom-Schutzeinrichtung mit Fehlernennströmen bis 30 mA als zusätzlicher Schutz.

Bei Schweißeinrichtungen, Glüh- und Schmelzöfen sowie elektrochemischen Anlagen kann von einem Berührungsschutz abgesehen werden, wenn dieser aus Betriebsgründen nicht durchführbar ist. In diesem Fall ist der Schutz durch isolierende Fußbekleidung oder isoliertes Werkzeug zu gewährleisten. Das Warnschild A nach DIN 40 008 „Warnung vor Berührung der elektrischen Einrichtungen! Vorsicht!" ist anzubringen.

9.2.1 Schutz durch Isolierung aktiver Teile

Durch Isolierung kann ein vollständiger und zuverlässiger Schutz erzielt werden. Um den grundlegenden Schutz gegen gefährliche Körperströme zu gewährleisten, reicht die Basisisolierung von aktiven Teilen aus. Somit erfüllt eine einfache Aderisolierung, die Betriebsisolierung oder ein Isolierband die Anforderungen. Im Zweifelsfall kann der Nachweis durch Anlegen einer Prüfspannung von 1500 V Wechselspannung während 1 min erbracht werden. Farben, Lacke und dergleichen sind jedoch für sich allein kein ausreichender Schutz gegen direktes Berühren. Die Isolierung muß die aktiven Teile vollständig umgeben, sie darf nur durch Zerstören entfernt werden können. Ist mit mechanischen, thermischen oder chemischen Beanspruchungen zu rechnen, so muß die Isolierung diesen dauerhaft standhalten.

9.2.2 Schutz durch Abdeckungen oder Umhüllungen

Durch diese Maßnahme muß mindestens ein vollständiger Schutz gegen direktes Berühren aktiver Teile mit den Fingern sichergestellt werden. Es muß also mindestens die Schutzart IP 2X gegeben sein. Ausgenommen hiervon sind Betriebsmittel, die entsprechend den Gerätebestimmungen größere Öffnungen besitzen dürfen, wie z. B. Geräte mit glühenden Heizdrähten, deren Berührungsschutz mit einem 3 cm starken Prüfdorn nach DIN VDE 0470 nachzuweisen ist. Weitere Ausnahmen bestehen, wenn nur beim Auswechseln von Teilen größere Öffnungen entstehen, z. B. bei Lampenfassungen und Schraubsicherungen. Obere horizontale Oberflächen von Verteilern und Schaltgerätekombinationen, die leicht zugänglich sind, müssen mindestens der Schutzart IP 3X entsprechen. Für ebensolche Oberflächen von anderen Betriebsmitteln gilt die Mindestschutzart IP 4X.

Die Abdeckungen und Umhüllungen müssen sicher befestigt sein und eine ausreichende Festigkeit haben. Bei leitfähigen Abdeckungen und Umhüllungen ist darauf zu achten, daß auch bei mechanischer Beanspruchung der Abstand zu den aktiven Teilen ausreichend bleibt. Abdeckungen und Umhüllungen, die den Schutz gegen direktes Berühren sicherstellen, dürfen nur mit Schlüssel oder Werkzeug entfernt oder geöffnet werden können. Ist ein Öffnen erst nach Ausschalten der Spannung möglich, z. B. eine Schaltanlage läßt sich erst nach dem Ausschalten des Hauptschalters öffnen, dann gilt diese Forderung nicht, wobei eine Wiedereinschaltung erst nach dem Wiederverschluß möglich sein darf.

Die Forderung, den Schutz durch Abdeckung oder Umhüllung nur durch Schlüssel oder Werkzeug aufzuheben, beruht auf dem Grundsatz der VDE-Bestimmungen, nachdem nur Elektrofachkräfte und elektrotechnisch unterwiesene Personen elektrische Anlagen und Betriebsmittel mit Hilfe von Werkzeug oder Schlüssel öffnen dürfen. Dem Laien sind nur Eingriffe erlaubt, für die *kein* Werkzeug erforderlich ist, z. B. das Wechseln von Lampen.

Wenn hinter den Abdeckungen sich Betätigungselemente, das sind z. B. Schalter, Überstromschutzorgane, Meldelampen, verstellbare Potentiometer, usw., in der Nähe berührungsgefährlicher aktiver Teile befinden, ist DIN VDE 0106 Teil 100 zu beachten (siehe 3.8.2.4).

9.2.3 Schutz durch Hindernisse

Neben Abdeckungen und Umhüllungen können auch Hindernisse einen zumindest teilweisen Schutz gegen direktes Berühren bewirken. Hindernisse müssen eine zufällige Annäherung an aktive Teile, z. B. durch Schutzleisten, Geländer, Gitterwände oder dergleichen verhindern. Sie dürfen ohne Schlüssel oder Werkzeug abnehmbar sein.

Um ein unbeabsichtigtes Entfernen zu vermeiden, sind die Hindernisse durch Bügel, Klinken oder dgl. zu sichern. Leisten, Ketten, Geländer und Seile sollten auffällig gelb-schwarz oder rot-weiß gekennzeichnet sein. Sie sind in einer Höhe von 1 bis 1,3 m über der Zugangsebene und in einem Mindestabstand von aktiven Teilen von 0,2 m anzubringen.
Der Schutz durch Hindernisse darf nur in elektrischen Betriebsstätten und Anlagen, zu denen ausschließlich Elektrofachkräfte und elektrotechnisch unterwiesene Personen Zugang haben, angewandt werden.

9.2.4 Schutz durch Abstand

Der Berührungsschutz durch Abstand ist am weitesten im Freileitungsbau verbreitet. Die diesbezüglichen Anforderungen sind in DIN VDE 0210 und 0211 festgelegt. Für sonstige Starkstromanlagen bis 1000 V enthält DIN VDE 0100 Teil 410 Anforderungen an den Schutz durch Abstand. Danach darf diese Schutzmaßnahme nur dort angewandt werden, wo die entsprechenden Normen dies ausdrücklich gestatten, z. B. in abgeschlossenen elektrischen Betriebsstätten. Die berührbaren aktiven Teile müssen sich außerhalb des Handbereichs befinden, sofern sie nicht hinter einem Hindernis angeordnet sind (siehe 9.2.3). Der Handbereich ist der Bereich, dessen Grenzen mit der Hand ohne besondere Hilfsmittel von der Standfläche üblicherweise betretener Stellen aus erreicht werden können *(Bild 9-5)*.

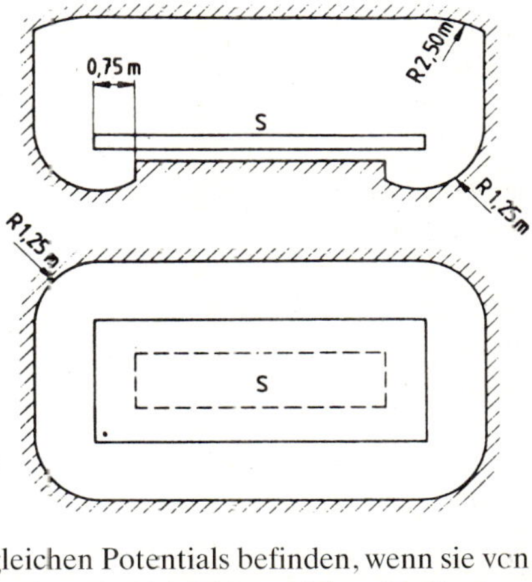

Bild 9-5: Handbereich; – = Grenze, des Handbereichs, S = Standfläche

Im Handbereich dürfen sich aktive Teile gleichen Potentials befinden, wenn sie von aktiven Teilen anderen Potentials und von fremden leitfähigen Teilen (Fußboden, Wände) mindestens 2,5 m entfernt sind. Werden üblicherweise sperrige oder lange leitfähige Gegenstände in der Nähe der aktiven Teile gehandhabt, dann müssen die Abstände vergrößert oder geeignete Hindernisse angebracht werden.

9.2.5 Zusätzlicher Schutz durch Fehlerstrom-Schutzeinrichtungen (DIN VDE 0100 Teil 739)

Fehlerstrom-Schutzeinrichtungen dienen zum Schutz bei indirektem Berühren. Hochempfindliche Fehlerstrom-Schutzeinrichtungen können darüber hinaus als zusätzlicher Schutz gegen direktes Berühren angesehen werden. Voraussetzung ist, daß der Nennfehlerstrom der Schutzeinrichtung kleiner oder gleich 30 mA ist. Die Schutzwirkung dieser Fehlerstrom-Schutzeinrichtungen beruht auf der extrem kurzen Ausschaltzeit von 40 ms beim Überschreiten des sehr kleinen Nennfehlerstromes. Berührt ein Mensch ein über eine derartige Schutzeinrichtung geschütztes aktives Teil, so fließt je nach Standortwiderstand, Stromweg und Körperwiderstand ein Strom von kleiner oder größer 30 mA. Liegt der Strom unter 30 mA, so muß normalerweise mit keinen organischen Schäden gerechnet werden. Liegt der Strom über 30 mA (der Strom wird durch den Körperwiderstand auf maximal 220 mA begrenzt), so schaltet die Schutzeinrichtung innerhalb von 40 ms ab, also bevor die Flimmerschwelle überschritten wird (siehe Bild 9-1).
Hochempfindliche Fehlerstrom-Schutzeinrichtungen dürfen natürlich nicht als alleiniger Schutz gegen direktes Berühren verwendet werden. Es ist immer eine der in 9.2.1 bis 9.2.4 beschriebenen Schutzmaßnahmen anzuwenden. Der zusätzliche Schutz durch Fehlerstrom-Schutzeinrichtungen wird derzeit gefordert für Experimentierstätten in Unterrichtsräumen, für Radio- und Fernsehreparaturwerkstätten und für Stromkreise mit zweipoligen Steckdosen bis 16 A an Orten besonderer Gefährdung, z. B. auf Baustellen, in Bädern in der Landwirtschaft, im Außenbereich von Wohnhäusern.

9.3 Schutz bei indirektem Berühren

Als Schutz bei indirektem Berühren sind im allgemeinen Maßnahmen mit Schutzleiter erforderlich, die einen „Schutz durch Abschaltung oder Meldung“ gewähren. Daneben können in jeder elektrischen Anlage „Schutzisolierung“ und „Schutztrennung“, in besonderen Fällen auch „Schutz durch nichtleitende Räume“ und „Schutz durch erdfreien örtlichen Potentialausgleich“ für den Schutz bei indirektem Berühren angewandt werden.

9.3.1 Auswahl der Schutzmaßnahmen

Der Schutz durch Abschalten oder Meldung erfordert eine Koordinierung von Netzform und Schutzeinrichtung. In der Praxis findet man drei Netzformen, und zwar das TN-Netz, das TT-Netz und das IT-Netz (siehe 9.3.2). Wenn die

Anlage einen Transformator besitzt, können zunächst alle Netzformen aufgebaut werden. Wird die Anlage niederspannungsseitig durch ein EVU versorgt, dann hat der Elektro-Installateur die Technischen Anschlußbedingungen (TAB) dieses EVU zu beachten. In diesen könnte das TT-Netz vorgegeben sein. Damit scheiden Schutzmaßnahmen des TN- und IT-Netzes aus.
Dagegen sind alle noch verbleibenden Schutzmaßnahmen im TT-Netz sowie die Schutzmaßnahmen ohne Schutzleiter, z. B. Schutzisolierung, Schutzkleinspannung, Schutztrennung, entweder nach dem freien Ermessen des Elektro-Installateurs oder aber zwingend nach den VDE-Bestimmungen oder Unfallverhütungs-Vorschriften ebenfalls möglich
Nach den VDE-Bestimmungen wird z. B. vorgeschrieben:
Schutzisolierung für ortsveränderliche Trenntransformatoren, Spielzeugtransformatoren, Zählertafeln, Kleinverteiler, Handleuchten und für Steckvorrichtungen in landwirtschaftlichen Betriebsräumen, sowie in feuchten und nassen Räumen.
Schutzkleinspannung für elektromotorisch angetriebenes Spielzeug (24 V).
Schutzisolierung oder Schutzkleinspannung für Geräte für Haut- und Haarbehandlung und für Kükenaufzuchtbatterien.
Schutzkleinspannung oder Schutztrennung für Wechselstrom-Werkzeuge in engen, leitfähigen Räumen, wie Kesseln und dgl., für Hand-Naßschleifmaschinen. Hierunter fallen nicht ortsfeste Naßschleifmaschinen. Eine der beiden Schutzmaßnahmen oder Schutzisolierung ist auch für Betonmischer anzuwenden, die z. B. über das Wochenende im Eigenbau betrieben werden, also nicht auf einer normalen Baustelle, für die 11.6 gilt.
Handleuchten, Faßausleuchten, bewegliche Backofenleuchten in Kesseln, Behältern und ähnlichen engen Räumen aus leitfähigen Stoffen dürfen ebenfalls nur mit Schutzkleinspannung oder Schutztrennung betrieben werden. Das gleiche gilt für Leuchten, die z. B. für Instandsetzungs- oder Reinigungsarbeiten in Kesseln und dgl. vorübergehend ortsfest angebracht und über bewegliche Zuleitungen angeschlossen werden. Die Bedingungen gelten nicht für die Fertigungsstätten der Herstellerbetriebe.
Für sehr viel mehr Fälle als bisher üblich wird man schutzisolierte Geräte finden können. Dies gilt besonders für Geräte, die man beim Betrieb umfaßt, wie z. B. für Elektrowerkzeuge, Steckvorrichtungen. Eine zuverlässige *Schutzisolierung* kommt dem Gedanken des Unfallschutzes am nächsten.
In *medizinisch genutzten Räumen* nach DIN VDE 0107 sind als Schutzmaßnahmen nur zulässig: Schutzisolierung, Schutzkleinspannung. Isolationsüberwachungseinrichtung im IT-Netz und Fehlerstrom-Schutzeinrichtung im TT- bzw. TN-Netz.
In der *Landwirtschaft* ist das TT-Netz mit Fehlerstrom-Schutzeinrichtungen vorgeschrieben. In Stromkreisen, an die Steckdosen angeschlossen sind, darf

der Nennfehlerstrom der Fehlerstrom-Schutzeinrichtung 0,03 A nicht überschreiten.

Das TN-Netz mit Überstrom-Schutzeinrichtung empfiehlt sich durch seine Einfachheit. Ein weiterer sehr bedeutender Vorteil dieser Schutzmaßnahmen besteht darin, daß die Spannung eines Außenleiters gegen Erde bei sattem Körperschluß auf etwa die Hälfte, also z. B. von 230 V auf etwa 110 V gesenkt wird. Dies vermindert nach schwedischen Untersuchungen die Unfallgefahr allein schon auf weniger als den vierten Teil. Weitere Vorteile liegen darin, daß sie bei geringem Aufwand für alle Geräte-Nennleistungen und für alle Netz-Kurzschlußleistungen anwendbar ist, daß zumindest Schmelzsicherungen und Leitungsschutzschalter wartungsfrei sind und ein sehr hohes Maß an Zuverlässigkeit haben, daß bei Versagen des Schutzorgans in der Regel das vorgeschaltete Organ im Fehlerfall auch noch abschaltet, daß keine Probleme hinsichtlich Selektivität, atmosphärischen Stromspitzen und Oberschwingungen oder Gleichstromanteilen bestehen und daß der durch ein Organ geschützte Stromkreis klein und übersichtlich sein kann.

Der Vorteil der Schutzmaßnahme mit Fehlerstrom-Schutzeinrichtungen liegt beim niedrigen Nenn-Auslösestrom und bei extrem kurzen Abschaltzeiten. Diese Strom-Zeit-Werte können so niedrig liegen (z. B. < 30 mA, 0,1 s), daß sie selbst als Körperstrom für den Menschen in aller Regel ungefährlich sind. Gleichzeitig werden dadurch Erdschlüsse unverzüglich abgeschaltet und damit ein vorzüglicher Brandschutz gewährleistet. Auch der Tierschutz ist nur auf diese Weise möglich. Darüber hinaus wird sogar ein Schutz bei Schutzleiterunterbrechungen, bei Schutzleiterverwechslungen und bei Isolationsfehlern in schutzisolierten Betriebsmitteln erreicht. Insbesondere in Räumen mit Badewanne, in landwirtschaftlichen und Baubetrieben sowie in nassen und feuergefährlichen Betriebsstätten, in medizinisch genutzten Räumen, in explosionsgefährdeten Betriebsstätten, im Freien, in Fliegenden Bauten, auf Camping-Plätzen und in allen sonstigen besonders gefährdeten Anlagen empfiehlt sich die Fehlerstrom-Schutzeinrichtung im TT- oder TN-Netz möglichst mit einem Nennfehlerstrom von 30 mA, oder sie ist sogar zwingend vorgeschrieben.

Die *Wirksamkeit* der Schutzmaßnahmen mit Überstrom-Schutzeinrichtungen hängt von der Sorgfalt bei der Errichtung und erstmaligen Prüfung, die mit Fehlerstrom-Schutzeinrichtungen von der dauernden Funktionstüchtigkeit des Schutzschalters – auch ohne regelmäßige Überwachung – ab.

Bei besonderer Gewittergefährdung in Freileitungsnetzen und bei automatisch arbeitenden Anlagen, wie Intensivbetrieben, Tiefkühltruhen, Verkehrssignalen, Straßenbeleuchtungen, sollte man kurzverzögerte FI-Schalter, sogenannte selektive, verwenden.

Wie immer auch entschieden wird, stets möge sich der Elektro-Installateur die sehr alte VDE-Grundregel vor Augen halten: Zusätzliche Schutzmaßnahmen

sind nur eine Notbremse, die natürlich in Ordnung sein muß. Am wichtigsten aber sind die Verwendung vorzüglich hergestellter Betriebsmittel, die gewissenhafte sorgfältige Installation, die regelmäßige Pflege und Überwachung der elektrischen Anlagen durch Fachkräfte.
Die Schutzmaßnahmen werden durch den *Potentialausgleich* (siehe 6) wirkungsvoll unterstützt.
Bei *Gleichstrom* sind ebenfalls Schutzmaßnahmen erforderlich. In Betracht kommen alle genannten Schutzmaßnahmen mit Ausnahme derer mit Fehlerstrom-Schutzeinrichtungen. Überstrom-Schutzeinrichtungen können in Gleichstrom- wie in Wechselstrom-Netzen verwendet werden. Bei Leitungsschutzschaltern (DIN VDE 0641) und Leistungsschaltern (DIN VDE 0660) müssen sie jedoch für Gleichstrom geeignet sein.

9.3.2 Netzformen
(DIN VDE 0100 Teil 300)

Zur einheitlichen Beschreibung elektrischer Versorgungsnetze im Hinblick auf deren sicherheitstechnische Konzeption und der Auswahl der Schutzmaßnahmen dienen die in DIN VDE 0100 Teil 300 aufgeführten Netzformen:

- TN-Netz
- TT-Netz
- IT-Netz

Der *erste Buchstabe* bezieht sich dabei auf die Erdungsverhältnisse der Stromquelle. So bedeutet „T" eine direkte Erdung eines Netzpunktes (Betriebserder). „I" steht entweder für die Isolierung aller aktiven Teile von Erde oder für die Verbindung eines Punktes mit Erde über Impedanz, z. B. einer Isolationsüberwachung.
Der *zweite Buchstabe* kennzeichnet die Erdungsverhältnisse der Körper der elektrischen Anlage. Werden die Körper direkt geerdet, so steht hierfür das „T". Dies ist unabhängig von der etwa bestehenden Erdung eines Punktes der Stromquelle. Werden die Körper direkt mit dem Betriebserder verbunden, so dient zur Kennzeichnung der Netzform das „N".
In TN-Netzen ist ein Netzpunkt, meist der Sternpunkt, direkt geerdet (Betriebserder). Die Körper der elektrischen Anlage sind über Schutzleiter bzw. PEN-Leiter mit diesem Punkt verbunden (bisher Nullungsnetz). Drei Arten von TN-Netzen sind entsprechend der Anordnung der Neutralleiter und der Schutzleiter zu unterscheiden:
TN-S-Netz: Getrennte Neutralleiter und Schutzleiter im gesamten Netz (früher „moderne Nullung")

TN-C-Netz: Neutralleiter und Schutzleiter sind im gesamten Netz in einem einzigen Leiter, dem PEN-Leiter, zusammengefaßt (früher „klassische Nullung")

TN-C-S-Netz *(Bild 9-6):* In einem Teil des Netzes sind Neutral- und Schutzleiter zusammengefaßt (PEN), im anderen Teil getrennt (PE + N).

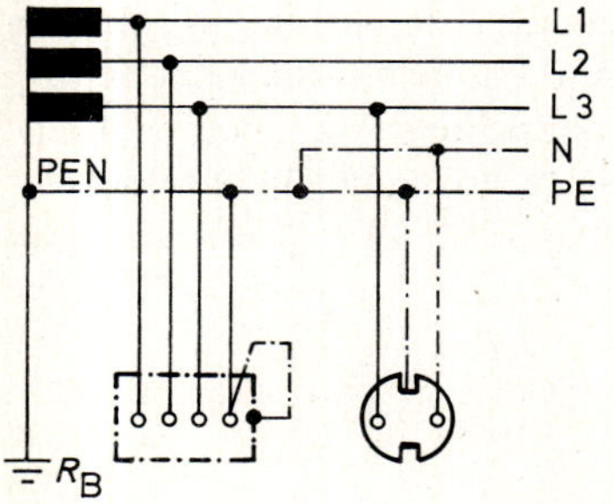

Bild 9-6: TN-C-S-Netz

Das TN-C-S-Netz ist das TN-Netz, das in der Praxis wohl am häufigsten vorgefunden werden wird. In dem Teil des Netzes, in dem Querschnitte von 10 mm^2 Cu und größer verwendet werden, sind Neutral- und Schutzleiter in *einem* PEN-Leiter zusammengefaßt, bei Querschnitten unter 10 mm^2 sind sie aufgeteilt. In Sonderfällen, z. B. in Krankenhäusern, kann unabhängig vom Querschnitt ein TN-S-Netz erforderlich sein.

Im TT-Netz *(Bild 9-7)* ist ein Netzpunkt direkt geerdet (Betriebserder). Die Körper der elektrischen Anlage sind mit Erdern verbunden, die vom Betriebserder getrennt sind (bisher „Schutzerdung" bzw. Schutzschaltung).

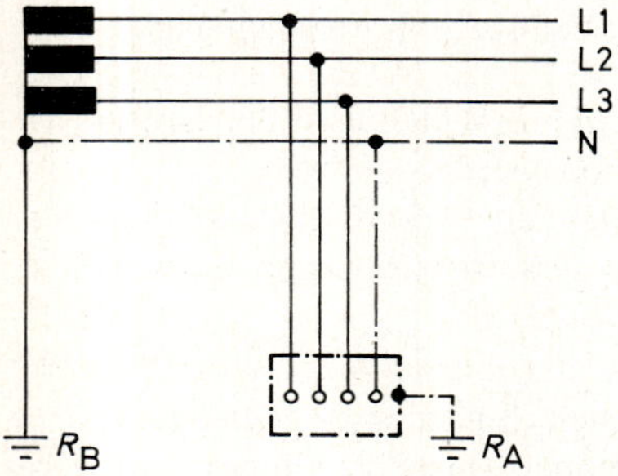

Bild 9-7: TT-Netz

Das IT-Netz *(Bild 9-8)* hat keine direkte Verbindung zwischen aktiven Leitern und geerdeten Teilen. Die Körper der elektrischen Anlage sind geerdet (bisher Schutzleitungssystem).

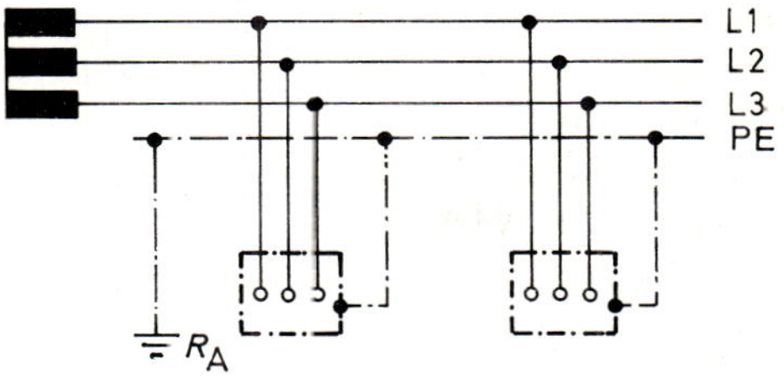

Bild 9-8: IT-Netz

In Zukunft wird man anstatt von Netzformen von Systemen sprechen, z. B. TN-System, TT-System. Dadurch wird deutlicher, daß die Art der Erdverbindungen von Systemen, z. B. Netzen, Netzabschnitten, Stromkreisen oder Teilen von Stromkreisen, zu beschreiben ist.

9.3.3 Das TN-Netz
(DIN VDE 0100 Teil 410)

Es gibt zwei Arten des TN-Netzes. Der PEN-Leiter ist gleichzeitig Schutzleiter (TN-C-Netz) oder es kann neben dem N-Leiter ein besonderer Schutzleiter mitgeführt werden (TN-S-Netz). In der Praxis findet man meist eine Kombination aus beiden, ein sogenanntes TN-C-S-Netz (Bild 9-6).
Das TN-C-Netz besticht durch seine Einfachheit. Es genügt, an der Schutzkontakt-Steckdose vom PEN-Leiter aus ein kurzes Drahtstück zum Schutzkontakt zu führen. Da weiterhin der PEN-Leiter gleichzeitig dem Betrieb dient (z. B. Beleuchtung), kann seine Unterbrechung beobachtet werden *(Bild 9-9)*.

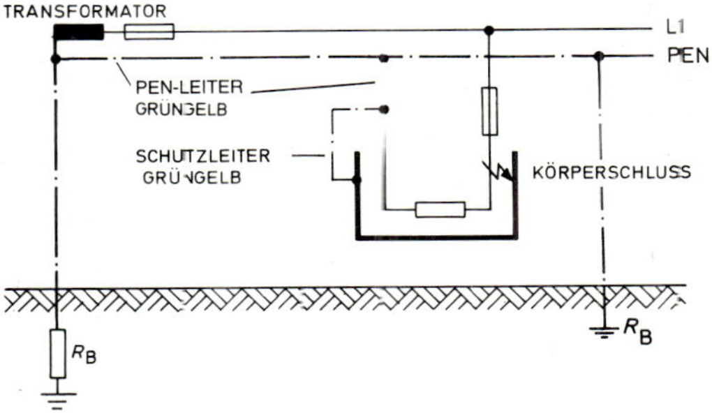

Bild 9-9: TN-C-Netz

Als entscheidender Nachteil haftet dieser Form jedoch die Möglichkeit an, bei Unterbrechung sofort das „geschützte" Metallgehäuse eines zweipoligen fehlerfreien Verbrauchsmittels unter die volle Spannung gegen Erde zu setzen. Da Unterbrechungen insbesondere an allen Klemmstellen möglich sind und auch bereits vorkamen, ist diese Art der Schutzmaßnahme in Stromkreisen unter 10 mm^2 Kupferquerschnitt bzw. 16 mm^2 Al in Neuanlagen nicht mehr zulässig. Die Ankündigung der Unterbrechung, etwa durch Stillstand der Wäscheschleuder, veranlaßt die Hausfrau geradezu, das Gerät zu berühren, um die Ursache des Versagens zu ergründen.

Das TN-S-Netz hat den Vorteil, daß eine Unterbrechung des Schutzleiters keine Gefahr bringt, also nicht der Tod *wegen* der „Schutzmaßnahme" eintreten kann. Es müssen sich zwei Fehler, Unterbrechung und Körperschluß, ereignen, bevor ein Unfall geschieht. Ein weiterer Vorteil besteht in der gegen Erde isolierten Verlegung des N-Leiters, so daß der Betriebsstrom nicht seinen Rückweg über Erde wählen kann. Die Feuersicherheit wird dadurch bedeutend erhöht. Schließlich kann eine Verbraucheranlage mit besonderem Schutzleiter auch leicht auf eine andere Schutzmaßnahme, z. B. Schutzschaltung, umgestellt werden.

Wegen dieser eindeutigen Überlegenheit des TN-S-Netzes wird es unabhängig vom Querschnitt in feuer- und explosionsgefährdeten Betriebsstätten, in medizinisch genutzten Räumen und in Anlagen nach DIN VDE 0108 vorgeschrieben.

In DIN VDE 0800 Teil 2 findet sich in Abschnitt 9.2.3 folgende Anmerkung: „Für Fernmeldeanlagen der Deutschen Bundespost mit übertragungstechnischen Einrichtungen und bei der Deutschen Bundesbahn wird bei der Schutzmaßnahme Nullung (TN-System) der besondere Schutzleiter (PE) im gesamten Gebäude gefordert, weil damit Funktionsstörungen leichter vermieden werden können." Dieselben Überlegungen gelten für alle Betriebe mit Fernmelde- und Datenverarbeitungsanlagen, wie btx, Tele-Text, Telefax.

Beim Erweitern bestehender Anlagen, in denen die Schutzmaßnahme ohne besonderen Schutzleiter angewendet ist, muß vom Erweiterungspunkt, z. B. einer Abzweigdose, aus bei Leiterquerschnitten unter 10 mm^2 Kupfer die Schutzmaßnahme mit besonderem Schutzleiter nach *Bild 9-10* durchgeführt werden.

Schutzleiter siehe 9.3.6,
Potentialausgleich siehe 6.1.

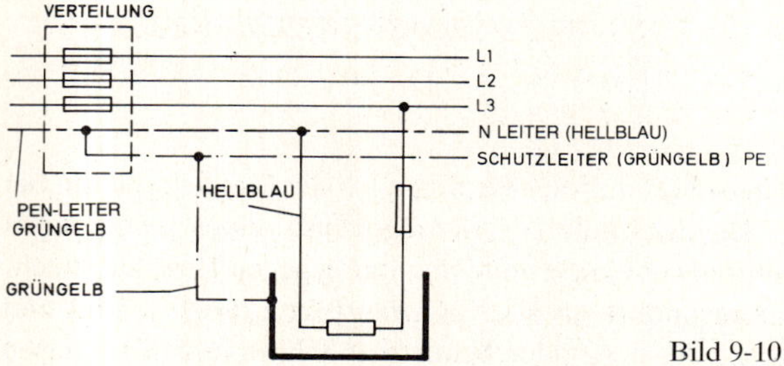

Bild 9-10: Besonderer Schutzleiter

9.3.3.1 Der PEN-Leiter

In TN-Netzen darf bei fester Verlegung und einem Leiterquerschnitt von mindestens 10 mm^2 Cu oder 16 mm^2 Al ein gemeinsamer Leiter (PEN-Leiter) verwendet werden, der sowohl die Funktion des Schutzleiters als auch die des Neutralleiters vereinigt (früher: Nulleiter).
Der PEN-Leiter ist wie der Außenleiter zu isolieren, damit die Betriebsströme nicht über andere Wege fließen und somit eine Brandgefahr hervorrufen. Der PEN-Leiter ist ebenso sorgfältig wie die Außenleiter zu verlegen und mit diesen in gemeinsamer Umhüllung zu führen. Eine Unterbrechung des PEN-Leiters muß mit allen nur denkbaren Mitteln verhindert werden. Er darf deshalb nicht gesichert werden und für sich allein nicht schaltbar sein. Alle Klemmstellen sind mit peinlichster Sorgfalt herzustellen. Das Unterklemmen zahlreicher Leitungen an eine einzige Klemme ist lebensgefährlich. Im Idealfall sollten die PEN-Leiterverbindungen geschweißt oder mit gesicherten Schrauben hergestellt werden.
Die Zuordnung eines gemeinsamen PEN-Leiters zu mehreren Stromkreisen ist nicht zulässig. Eine Ausnahme bilden Schienenverteiler, wo mehrere Stromkreise einen gemeinsamen PEN-Leiter haben dürfen, wenn sein Querschnitt dem Summenquerschnitt der Außenleiter zugeordnet wird.
PEN-Leiter sollten niemals mehr nachträglich verlegt werden. Wenn sich dies als notwendig erwiese, sollte man stets auf das TN-S-Netz übergehen. Desgleichen sollte man keinen früheren Außenleiter nach Spannungsumstellungen als PEN-Leiter verwenden. Schon wegen der klaren Kennzeichnung sollte dann stets ein besonderer Schutzleiter verlegt werden.
Der Mindestquerschnitt des PEN-Leiters beträgt 10 mm^2 Cu bzw. 16 mm^2 Al. Für die weitere Bemessung sind sowohl die Festlegungen der Mindestquerschnitte des Schutzleiters als auch die für den Neutralleiter zu beachten. Bei ortsveränderlicher Verlegung ist unabhängig vom Querschnitt ein getrennter Neutral- und Schutzleiter erforderlich.
Der Mindestquerschnitt des PEN-Leiters darf jedoch 4 mm^2 betragen, wenn es sich um Kabel oder Leitungen mit konzentrischen Leitern handelt. Voraussetzung ist, daß an allen Anschlußstellen und Klemmen im Verlauf der konzentrischen Leiter doppelte Verbindungen vorhanden sind. Die Anwendung von konzentrischen PEN-Leitern setzt Geräte und Einrichtungen voraus, die für diesen Zweck konstruiert sind.
Bei der Einspeisung in Niederspannungsnetze durch Notstromaggregate, bei der Überbrückung von herausgetrennten Teilstücken in Freileitungs- und Kabelnetzen (TN-C-Netz) oder in ähnlichen Fällen stellt das Verwenden von 4-adrigen beweglichen Leitungen (Querschnitte $\geqq$ 16 mm^2 Cu) mit einer grün-gelb gekennzeichneten Ader keinen Verstoß gegen die sonst geltenden

Forderungen nach fester Verlegung des PEN-Leiters dar. In Verteilungstafeln sind die Anschlüsse des PEN-Leiters, z. B. auf einer Schiene, so anzuordnen, daß sie einzeln abgetrennt werden können, wobei ihre Zugehörigkeit zu den einzelnen Stromkreisen eindeutig erkennbar sein muß, Profilschienen dürfen als PEN-Leiter verwendet werden, wenn sie nicht aus Stahl bestehen und nur Klemmen tragen (Querschnitt siehe Tabelle 9-8). Innerhalb von Schaltanlagen braucht der PEN-Leiter nicht isoliert zu sein.

An der Aufteilungsstelle des PEN-Leiters in Neutral- und Schutzleiter müssen getrennte Klemmen oder Schienen für die Schutz- und Neutralleiter vorgesehen werden. Der PEN-Leiter ist dabei an die für den Schutzleiter bestimmte Klemme oder Schiene anzuschließen.

Der PEN-Leiter ist grün-gelb zu kennzeichnen.

Haben *Anlagen im Freien* einzeln gespannte Leiter (also „Freileitungen" statt Erdkabel oder Feuchtraumleitungen), z. B. zu einer Feldscheune als Zuleitung und wird das TN-Netz angewendet, dann soll der Schutzleiter bzw. PEN-Leiter am Leitungsende vom Elektro-Installateur besonders geerdet werden, wenn die Strecke mehr als 200 m lang ist. Dabei wird ein Erdungswiderstand von 5 Ω für ausreichend erachtet, der bei Ackerboden mit ungefähr 50 m Bandstahl erreicht werden kann. Diese Maßnahme begrenzt bei PEN-Leiterbruch und einer einphasigen Belastung bis 3 kW, die mögliche Berührungsspannung auf 50 V. Erdungen dieser Art sind „Betriebserden" und nicht etwa *„Schutzerden"*.

9.3.3.2 Der Neutralleiter

Neutralleiter (Mp-Leiter, N-Leiter) sind Leiter, die vom Mittelpunkt (Sternpunkt) eines Gleichstrom-, Einphasen-Wechselstrom- oder Drehstrom-Systems ausgehen.

Nach Aufteilen des PEN-Leiters in N- und PE-Leiter darf der N-Leiter in seinem weiteren Verlauf weder mit dem PE-Leiter noch mit geerdeten Teilen in Verbindung kommen. Er ist isoliert wie ein Außenleiter zu behandeln und mit diesen in gemeinsamer Umhüllung zu führen. Für jeden Hauptstromkreis ist ein eigener N-Leiter erforderlich. Aus einem Drehstromkreis mit einem Neutralleiter dürfen jedoch Einphasen-Wechselstromkreise aus je einem Außenleiter und dem Neutralleiter gebildet werden, wenn die Zugehörigkeit der Stromkreise durch ihre Anordnung erkennbar bleibt und der Drehstromkreis durch einen Schalter freigeschaltet werden kann. Bei Hilfsstromkreisen, die an den selben Außenleiter angeschlossen sind, darf ein gemeinsamer Neutralleiter verwendet werden. Der Querschnitt dieses Neutralleiters muß für die Summe der Ströme bemessen sein.

Ansonsten muß der Neutralleiter querschnittsgleich dem Außenleiter sein. Querschnittsreduzierungen sind nur in Drehstromkreisen mit im Verhältnis zum

Außenleiterstrom kleinen Strömen im Neutralleiter erlaubt. Der Schutz bei Kurzschluß für den Neutralleiter muß dann jedoch rechnerisch nachgewiesen werden (siehe 4.4.4).

9.3.3.3 Schutz durch Abschaltung im TN-Netz

Bei Auftreten eines Kurzschlusses oder Körperschlusses zwischen einem Außenleiter und einem Schutzleiter bzw. PEN-Leiter oder damit verbundenem Körper muß eine automatische Abschaltung des fehlerbehafteten Stromkreises durch eine Schutzeinrichtung erfolgen. Als Schutzeinrichtungen können im TN-Netz Überstrom-Schutzeinrichtungen oder Fehlerstrom-Schutzeinrichtungen verwendet werden. Fehlerstrom-Schutzeinrichtungen eignen sich jedoch nur im TN-S-Netz. Die Schutzeinrichtungen müssen im Fehlerfall die automatische Abschaltung innerhalb von 5 s bewirken. Für Stromkreise bis 35 A Nennstrom mit Steckdosen und solche, die ortsveränderliche Betriebsmittel der Schutzklasse I enthalten, die während des Betriebes üblicherweise dauernd in der Hand gehalten oder umfaßt werden, darf die Abschaltzeit 0,2 s nicht überschreiten *(Bild 9-11,* Ausnahmen siehe 9.3.2.4).
Insbesondere bei Verwenden von Überstromschutzorganen muß ein starker Kurzschlußstrom fließen, um die Abschaltung innerhalb der vorgeschriebenen Zeit zu erfüllen. Damit dies zuverlässig eintritt, müssen sowohl das EVU als auch der Elektro-Installateur gewisse Bedingungen erfüllen.

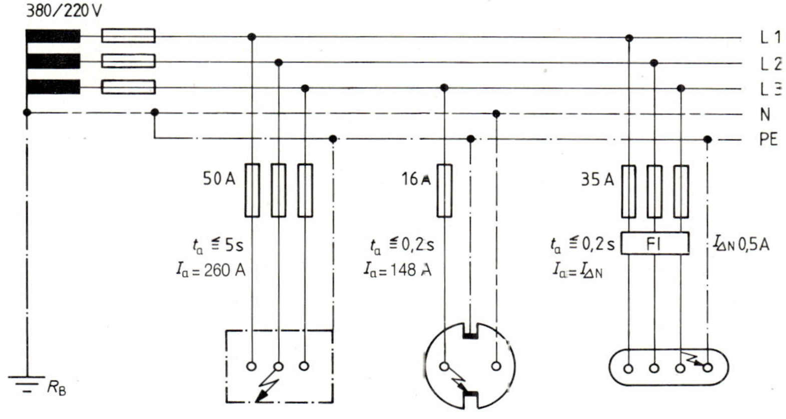

$$Z_S \leqq \frac{U_o}{I_a} \leqq \frac{230}{260} \leqq 0{,}885\ \Omega \qquad \leqq \frac{230}{148} \leqq 1{,}55\ \Omega \qquad \frac{230}{0{,}5} \leqq 460\ \Omega$$

Bild 9-11: Abschaltbedingungen im TN-Netz

9.3.3.4 Überstrom-Schutzeinrichtungen im TN-Netz

Es sind einzusetzen (siehe 3.4):

Sicherungen nach DIN VDE 0636: Die Typen D, D0, NH.
Geräteschutzsicherungen nach DIN VDE 0820: G-Sicherungen FF, F, M, T, TT.
Leitungsschutzschalter nach DIN VDE 0641: Typ L, B und C.
Leistungsschalter nach DIN VDE 0660 Teil 101: Leitungsschutzschalter, Motorschutzschalter.

Die Kennwerte der Schutzeinrichtungen und die Querschnitte der Leiter müssen so ausgewählt werden, daß bei einem satten Körperschluß die Fehlerstelle innerhalb einer festgelegten Zeit (0,2 s bzw. 5 s) automatisch abgeschaltet wird. Dies ist erfüllt, wenn

$$Z_S \times I_a \leqq U_0 \,.$$

Dabei bedeuten Z_S die Impedanz der Fehlerschleife (Schleifenwiderstand), I_a den Abschaltstrom und U_0 = Nennspannung gegen geerdete Leiter.
Der Abschaltstrom der *Sicherung* kann z. B. den Bildern 4-15 und 4-16 und der *Tabelle 9-3* entnommen werden (s. a. Tabelle 3-7). U_0 beträgt im 400/230-V-Netz 230 V. Mit diesen Angaben kann die *Tabelle 9-4* für den Höchst-Schleifenwiderstand aufgestellt werden.

Sicherungs-Abschaltstrom Tabelle 9-3

Nennstrom der Schmelzsicherung	A	6	10	16	20	25	35	50	63
Abschaltstrom bei 0,2 s	A	60	100	148	191	250	372	–	–
Abschaltstrom bei 5 s	A	28	47	70	85	118	173	260	350

Höchstzulässiger Schleifenwiderstand in Ω Tabelle 9-4

Sicherungs-Nennstrom (DIN VDE 0636)	A	6	10	16	20	25	35	50	63	80	100
Abschaltzeit	0,2 s	3,8	2,3	1,6	1,2	0,9	0,6	0,4	0,3	0,3	0,2 Ω
Abschaltzeit	5 s	8,2	4,9	3,3	2,7	1,9	1,3	0,9	0,65	0,50	0,40 Ω

Für *LS-Schalter* des Typs L und B nach DIN VDE 0641 beträgt der Abschaltstrom sowohl bei 0,2 s als auch bei 5 s das etwa 5-fache des Nennstromes. Daraus läßt sich die *Tabelle 9-5* aufstellen.
Für LS-Schalter des Typs C beträgt der Abschaltstrom das etwa 10-fache des Nennstromes. Die Werte der Tabelle 9-5 sind hier zu halbieren.

Höchstzulässiger Schleifenwiderstand in Ω Tabelle 9-5

LS-Schalter Nennstrom A (DIN VDE 0641)	6	10	16	20	25	40	63
Abschaltzeit 0,2 s oder 5 s	7,7	4,6	2,9	2,3	1,8	1,15	0,73 Ω

Die Abschaltzeiten für *Leistungsschalter* sind beim Hersteller zu erfragen. Die Antwort könnte lauten, daß z. B. bis 16-A-Nennstrom bei einer Zeit von 0,2 s der 10-fache Wert des eingestellten Stromwertes, und bis 5 s der 5-fache Wert erforderlich sind. Bei Nennströmen von 25 A bis 100 A sei bei 0,2 s der 12-fache Einstellwert, und bei 5 s der 7-fache Wert erforderlich. Daraus ergibt sich die *Tabelle 9-6*.

Höchstzulässiger Schleifenwiderstand in Ω Tabelle 9-6

Leistungsschalter-Nennstrom A (DIN VDE 0660 Teil 1)	6	16	25	63	100
Abschaltzeit 0,2 s	3,8	1,4	0,77	0,30	0,19 Ω
Abschaltzeit 5 s	7,7	2,9	1,3	0,52	0,33 Ω

Entscheidend ist also in allen Fällen die Impedanz der Fehlerschleife, die ermittelt werden muß (siehe auch 4.4).

Schleifen-Impedanz

Die Fehlerschleife ist der Stromkreis vom Transformator über einen Außenleiter L und zurück über den Schutzleiter PE zum Transformator. Ist die Netzspannung gegen den geerdeten Schutzleiter U_0 und der Abschaltstrom bei sattem Körperschluß I_a, dann beträgt die Impedanz $Z_S = U_0/I_a$. Beispiele sind vorstehend angeführt. Die Schleife muß zum entferntesten Punkt der geschützten Anlage führen.
Die Impedanz kann errechnet werden (siehe 4.4), über ein Netzmodell ermittelt oder in der Verbraucheranlage gemessen werden. Für den Elektro-Installateur ist es am einfachsten, sich die Widerstandswerte bis zum Hausanschlußkasten vom EVU geben zu lassen und bei Neuanlagen die Werte in der anschließenden Hausinstallation zu errechnen.
Der Gleichstromwiderstand bei 20 °C für Kupferleitungen (Hin- und Rückleiter) beträgt je 100 m Leitungslänge

Querschnitt	1,5	2,5	4	6	10	16	25	35	50 mm²
Ω/100 m	2,4	1,5	0,9	0,6	0,4	0,23	0,14	0,10	0,08

Das Messen in der Anlage liefert nur dann genaue Ergebnisse, wenn Meßgeräte mit hoher Meßgenauigkeit verwendet werden. Diese aber sind sehr teuer. Die nach DIN VDE 0413 Teil 3 zugelassene Meßgenauigkeit von ± 30% ist sicherlich nicht ausreichend (siehe 12.3).

Dem TN-Netz mit Überstromschutzeinrichtungen haftet ein Nachteil an, der in *Bild 9-12* dargestellt ist. An der Einführungsstelle zum Motor habe die Phase L3 satten Körperschluß, weshalb die Sicherung im Außenleiter L3 durchschmolz.

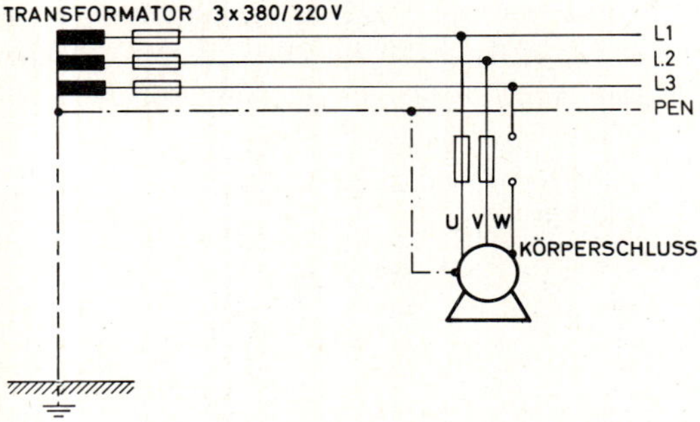

Bild 9-12:
TN-Netz und Einphasenlauf

Für die Sicherungen in L1 und L2 besteht bei nicht voll belastetem Motor oder – falls es sich um ein dreiphasiges Wärmegerät handelt – überhaupt keine Veranlassung, ebenfalls auszulösen. Die körperschlußbehafteten Geräte bleiben somit im Betrieb, wobei bedeutende Fehlerströme durch den Schutzleiter fließen können.

Dieser Fehler ist nur zu beheben, wenn man in allen drei Außenleitern elektromagnetische Schnellauslöser anordnet, die dann den Körperschluß dreipolig abschalten. Selbst ein dreipoliger Motorschutzschalter mit nur thermischen Auslösern würde nichts nützen, weil bei Wärmegeräten und den meisten Motoren die Leitungen durch den Fehler nicht überlastet sind.

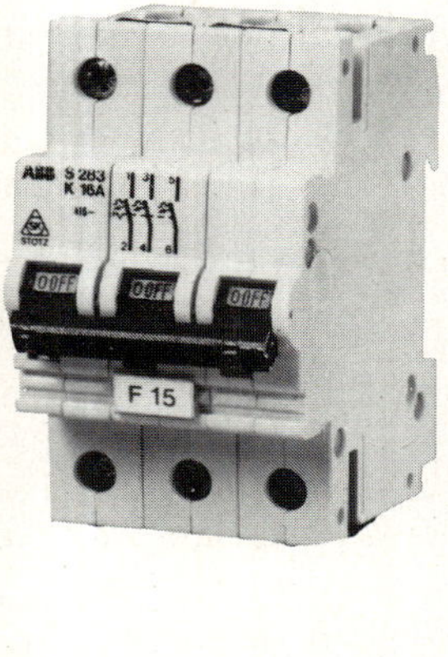

Bild 9-13: Dreipoliger Hochleistungsautomat, 16 A (Werkbild: ABB)

Wird der Fehler nicht allpolig abgeschaltet, dann kann indirekt eine hohe Gefahr bei Umkehrantrieben bestehen. Der Umkehrschalter wirkt nicht mehr, sondern der Motor läuft in gleicher Drehrichtung weiter.
Im TN-Netz mit Überstrom-Schutzeinrichtungen sollten daher alle dreiphasigen Stromverbraucher mit allpoligen Schutzschaltern und elektromagnetischer Schnellauslösung ausgerüstet werden *(Bild 9-13)*.

9.3.3.5 Fehlerstrom-Schutzeinrichtungen im TN-Netz (siehe auch 9.3.8)

Wenn eine geforderte Abschaltung innerhalb von 0,2 s bzw. 5 s durch Überstromschutzeinrichtungen nicht erreichbar ist, kann die Fehlerstrom-Schutzeinrichtung gewählt werden. Der Nennfehlerstrom der Fehlerstrom-Schutzeinrichtung gilt dann als Abschaltstrom, so daß die höchstzulässige Impedanz der Fehlerschleife $Z_S \leqq U_0/I_a$ sicher unterschritten wird (Bild 9-11).
Leitungsschutzschalter mit Differenzstromauslöser gelten nicht als Fehlerstrom-Schutzeinrichtungen in dem hier geforderten Sinn. Unter der Bezeichnung „Personenschutzautomat" sind sie mit $I_{\Delta N} = 0{,}01$ A auf dem Markt.
Da ihre Funktion von einem eingebauten Verstärker abhängt, der bei einer Unterbrechung im Neutralleiter versagt, dürfen sie derzeit nur dort als zusätzlicher Schutz eingesetzt werden, wo der Schutz durch das Abschalten der Überstrom-Schutzeinrichtung sichergestellt ist.
Wenn die Körper der zu schützenden Betriebsmittel mit einem Erder verbunden sind, dessen Erdungswiderstand R_A klein genug ist, dann braucht der Körper nicht mit dem Schutzleiter des TN-Netzes verbunden zu sein. Die Gleichung $R_A \times I_{\Delta N} \leqq U_L$ muß jedoch erfüllt sein. U_L ist die zulässige Berührungsspannung 50 V, bzw. 24 V. Der so geschützte Stromkreis ist dann als TT-Netz zu betrachten.
Dennoch ist es meist zweckmäßiger, den Schutzleiter mit dem PEN-Leiter zu verbinden. Dadurch wird der Fehlerstrom so groß, daß selbst bei einem Versagen der Fehlerstrom-Schutzeinrichtung dann immer noch die zum Überstromschutz vorhandenen Leistungsschutzschalter oder Sicherungen ansprechen.

9.3.3.6 TN-Netz und zusätzlicher Potentialausgleich

Wenn in einer Anlage oder in einem Teil einer Anlage die festgelegten Bedingungen für das automatische Abschalten als Schutz bei indirektem Berühren nicht erfüllt werden können, ist ein örtlicher sog. „Zusätzlicher Potentialausgleich" vorzusehen. In diesen müssen alle gleichzeitig berührbaren Körper ortsfester Betriebsmittel, Schutzleiteranschlüsse und alle fremden leitfähigen Teile, z. B. Rohrleitungen, Stahlkonstruktionen, einbezogen werden. Der Potentialausgleichsleiter muß 6.2 entsprechen. Bestehen Zweifel an der Wirksamkeit des zusätzlichen Potentialausgleichs, so ist nachzuweisen, daß der Widerstand zwischen gleichzeitig berührbaren Körpern untereinander sowie zwischen gleichzeitig berührbaren Körpern und fremden leitfähigen Teilen die Bedingung

$$R \leqq U_L / I_a$$

erfüllt. I_a ist der Strom, der das automatische Abschalten der Schutzeinrichtung im Stromkreis des Betriebsmittels mit Körperschluß innerhalb der unter 9.7.2 angegebenen Zeiten bewirkt. U_L ist die Grenze der dauernd zulässigen Berührungsspannung, z. B. 50 $V_{\sim}$.

9.3.3.7 Das TN-Verteilungsnetz

In öffentlichen Verteilungsnetzen und in anderen Verteilungsnetzen, die als Freileitungen oder als im Erdreich verlegte Kabel ausgeführt sind, sowie in schutzisolierten Hauptstrom-Versorgungssystemen nach DIN 18015 Teil 1 genügt es, wenn am Anfang des zu schützenden Leitungsabschnittes eine Überstrom-Schutzeinrichtung vorhanden ist, und wenn im Fehlerfall mindestens der Strom zum Fließen kommt, der eine Auslösung der Schutzeinrichtung unter den in der Gerätebestimmung für den Überlastbereich festgelegten Bedingungen (großer Prüfstrom) bewirkt. DIN 18015 Teil 1: „Das Hauptstrom-Versorgungssystem ist die Zusammenfassung aller Hauptleitungen und Betriebsmittel hinter der Übergabestelle des EVU, die nicht gemessene Energie führen.“ Über diese Begriffsbestimmung hinaus fallen jedoch auch die Verbindungsleitungen zwischen Zähler und Stromkreisverteiler in die genannte Regelung, wenn Leitungen und Stromkreisverteiler schutzisoliert sind. Bei einem Stromkreisverteiler der Schutzklasse I müßte jedoch die vorgeschaltete Sicherung innerhalb von 5 s abschalten.
In Verteilungsnetzen kommen hauptsächlich Sicherungen mit einem Nennstrom von mehr als 32 A zum Einsatz, deren großer Prüfstrom 1,6 I_N beträgt. An der ungünstigsten Stelle muß daher bei vollkommenem Kurzschluß zwischen Außenleiter und PEN-Leiter mindestens der Strom $1{,}6\, I_N \geqq U_0/Z_S$ fließen.

U_0 = Nennspannung gegen geerdeten Leiter
Z_S = Impedanz der Fehlerschleife. Die Ausschaltzeit der Sicherung beim Fließen des Prüfstromes kann 1···4 Stunden betragen.

Bei im Ring geschalteten Verteilungsnetzen sollte die Einspeisung nur von einer Seite erfolgen. Vorsicht wegen der Abschaltbedingung ist auch bei parallelge-

schalteten oder vermaschten Netzen geboten. Gegen die Vermaschung des PEN-Leiters bestehen dagegen grundsätzlich keine Bedenken.
Es ist erforderlich, den PEN-Leiter im Netz an möglichst gleichmäßig verteilten Punkten und in der Nähe jedes Transformators oder Generators zu erden. Durch Verbinden des PEN-Leiters mit dem Hauptpotentialausgleich in den Verbraucheranlagen wird gewährleistet, daß das Potential des Schutzleiters bzw. PEN-Leiters im Fehlerfall nur wenig vom Erdpotential abweicht. Der Gesamterdungswiderstand in 400/230-V-Netzen soll 2 Ω und in 500-V-Netzen 1,5 Ω nicht überschreiten. Auf jeden Fall darf zwischen dem PEN-Leiter und einem beliebigen Erder keine höhere Spannung als 50 V bestehen bleiben können. Dies wird durch die Bedingung

$$\frac{R_B}{R_Z} \leqq \frac{U_L}{U_0 - U_L}$$

erfüllt (siehe 9.3.7).
Aluminium- oder Kupfermäntel von bestimmten Kabeln, z. B. NYCY, können als PEN-Leiter dienen, wenn sie an allen Trennstellen leitend verbunden und mindestens an den Enden geerdet sind.
In Drehstromnetzen, die im Stern geschaltet sind, ist der PEN-Leiter stets der Sternpunktleiter.

9.3.3.8 Prüfungen im TN-Netz

Außer den Messungen nach 12 ist durch Besichtigung zu ermitteln, ob die Schutzleiter die vorgeschriebenen Querschnitte haben, einwandfrei und ohne Unterbrechung verlegt und sorgfältig angeschlossen sind. Weiterhin ist die im ganzen Leitungsverlauf notwendige Kennzeichnung von PEN- und Schutzleiter zu prüfen. Diese Zugehörigkeit von Neutralleiter und PEN-Leiter zu ihren Stromkreisen muß gekennzeichnet sein. Auf das versehentliche Vertauschen von Außenleiter und PEN- bzw. Schutzleiter ist zu achten. Beim TN-S-Netz ist außerdem durch Isolationsmessung die Erdschlußfreiheit des Neutralleiters zu prüfen und festzustellen, daß Schutz- und Neutralleiter nicht verwechselt sind. Im PEN-Leiter dürfen weder Sicherungen noch Schalter vorhanden sein.

9.3.4 Das TT-Netz
(DIN VDE 0100 Teil 410)

Besonders im außerstädtischen Bereich wird von vielen EVU das TT-Netz vorgegeben. In den Verbraucheranlagen wird es fast ausschließlich mit Fehlerstrom-Schutzeinrichtungen kombiniert. Daneben können in Sonderfällen

Überstrom-Schutzeinrichtungen und Fehlerspannungs-Schutzeinrichtungen als Schutz bei indirektem Berühren Anwendung finden.
Im TT-Netz ist ein Punkt der Stromquelle über einen Betriebserder (R_B) direkt geerdet. In der Regel ist dies der Sternpunkt des EVU-Transformators. Der Erdungswiderstand des Betriebserders sollte 2 Ω nicht überschreiten, um bei Erdschluß eines Außenleiters den Spannungsanstieg aller anderen Leiter gegen Erde zu begrenzen. Wenn bei Böden mit niedrigem Leitwert der Wert von 2 Ω nicht zu erreichen ist, darf der Erdungswiderstand, unter den in DIN VDE 0100 Teil 410 festgelegten Voraussetzungen, höher sein (siehe 9.3.7).
Die Körper der elektrischen Anlage sind mit Erdern (Schutzerder R_A) verbunden, die vom Betriebserder getrennt sind *(Bild 9-14)*.

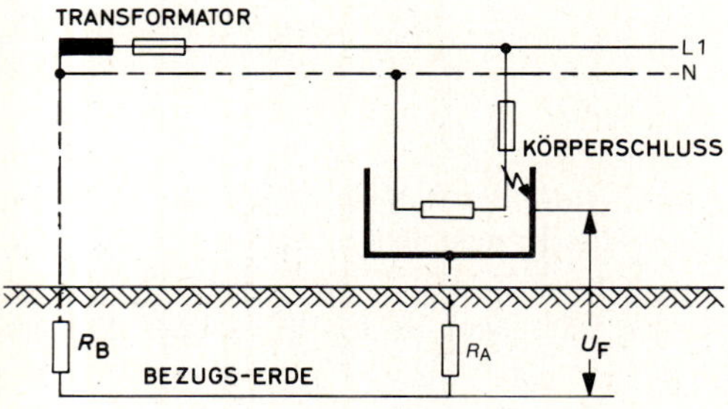

Bild 9-14:
Schutz im TT-Netz

Alle durch eine gemeinsame Schutzeinrichtung geschützten Körper müssen durch Schutzleiter an einen gemeinsamen Erder angeschlossen werden. Gleiches gilt für gleichzeitig berührbare Körper. Der Erdungswiderstand R_A der Körper muß so klein sein, daß ein Strom I_a, der das automatische Abschalten der Schutzeinrichtung bewirkt, zum Fließen kommt, bevor die Berührungsspannung U_L am Körper den zulässigen Wert überschreitet. Bei Verwendung einer Fehlerstrom-Schutzeinrichtung ist I_a der Nennfehlerstrom $I_{\Delta N}$. Werden Überstrom-Schutzeinrichtungen verwendet, so ist I_a der Strom, der das automatische Abschalten dieser Schutzeinrichtung innerhalb von 5 s bewirkt *(Bild 9-15)*. In diesem Fall muß auch im Neutralleiter eine Überstrom-Schutzeinrichtung vorgesehen werden, es sei denn das Auftreten eines Fehlers mit vernachlässigbarer Impedanz an jeder beliebigen Stelle im Netz bewirkt das Ansprechen der zugehörigen Schutzeinrichtung innerhalb von 0,2 s. Der Neutralleiter darf jedoch in keinem Fall vor den Außenleitern abgeschaltet werden (Neutralleiter siehe 9.3.3.2; Schutzleiter siehe 9.3.6).
Nach den neuen Erdungs- und Abschaltbedingungen in DIN VDE 0100 Teil 410 können TT-Netze mit nur geringem Aufwand zu TN-Netzen erklärt werden. Der schon seit Jahren vorgeschriebene Hauptpotentialausgleich (siehe 6.1) muß nur

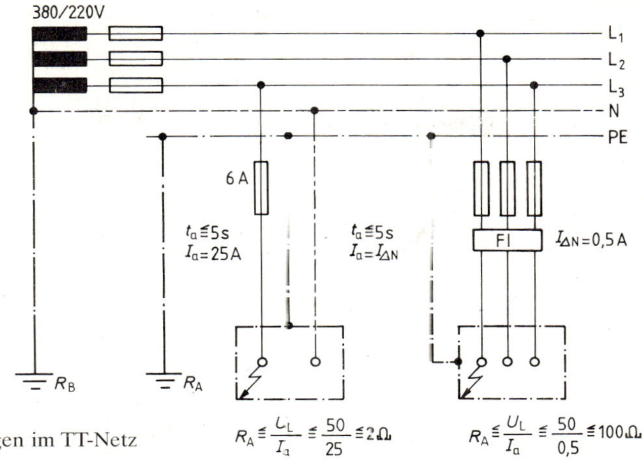

Bild 9-15:
Abschaltbedingungen im TT-Netz

an mehreren, im Netz möglichst gleichmäßig verteilten Stellen mit dem bisherigen Neutralleiter verbunden werden. Dadurch und durch die gegenüber VDE 0100/5.73 verkürzten Abschaltzeiten sind früher mögliche Gefahren bei Einzelerdungen im TN-Netz ausgeschaltet, § 10b) 5 wurde daher im Teil 410, Abschnitt 6.1.3 nicht mehr übernommen.

9.3.4.1 Fehlerstrom-Schutzeinrichtungen im TT-Netz
(siehe auch 9.3.8)

Wie bereits erwähnt, ist die Fehlerstrom-Schutzeinrichtung die meist, ja die fast ausschließlich verwendete Schutzeinrichtung im TT-Netz.
Die höchstmögliche Berührungsspannung, die bestehen bleiben kann, richtet sich nach der Größe des Erdungswiderstandes R_A.
Will man sie z. B. auf 50 V begrenzen, dann darf der Erdungswiderstand bei einem Nenn-Fehlerstrom von

$$I_{\Delta N} = 0{,}03 \text{ A höchstens } R_A = \frac{50 \text{ V}}{0{,}03 \text{ A}} = 1600\ \Omega$$

$$I_{\Delta N} = 0{,}1 \text{ A höchstens } R_A = \frac{50 \text{ V}}{0{,}1 \text{ A}} = 500\ \Omega$$

$$I_{\Delta N} = 0{,}3 \text{ A höchstens } R_A = \frac{50 \text{ V}}{0{,}3 \text{ A}} = 160\ \Omega$$

$$I_{\Delta N} = 0{,}5 \text{ A höchstens } R_A = \frac{50 \text{ V}}{0{,}5 \text{ A}} = 100\ \Omega$$

$$I_{\Delta N} = 1{,}0 \text{ A höchstens } R_A = \frac{50 \text{ V}}{1 \text{ A}} = 50\ \Omega$$

sein. Bei FI-Sammelerdern bis zu vier FI-Schutzschaltern ist der so errechnete Wert zu halbieren, bis zu zehn FI-Schutzschaltern zu dritteln. In medizinisch genutzten Räumen sowie in der Landwirtschaft, wo auch Nutztiere zu schützen sind, darf der Erdungswiderstand am geschützten Betriebsmittel nicht größer sein als

$$R_A = \frac{25 \text{ V}}{I_{\Delta N}}.$$

Da die Fehlerstrom-Schutzeinrichtung nur die nachgeschaltete Anlage schützen kann, ist bis zu den Anschlußklemmen der Fehlerstrom-Schutzeinrichtung die Schutzisolierung durchzuführen. Am einfachsten ist dies durch schutzisolierte Verteilungen zu erreichen. Stehen keine schutzisolierten Verteilungen zur Verfügung, so kann vor die Verteilung eine schutzisolierte zeitselektive Fehlerstrom-Schutzeinrichtung gesetzt werden, die die Verteilung in den Schutz bei indirektem Berühren mit einbezieht *(Bild 9-16)*.

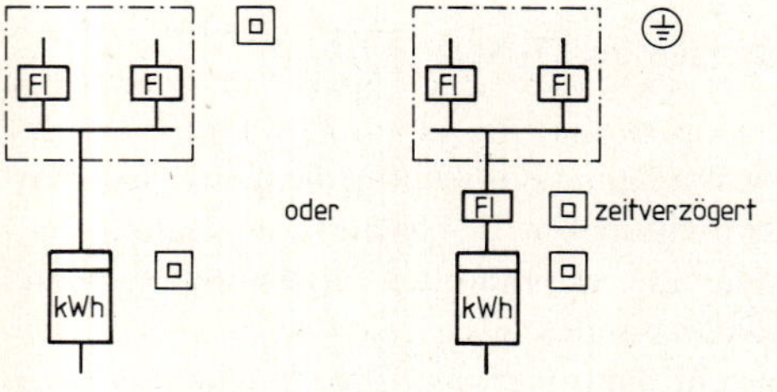

Bild 9-16: Schutzisolierung in der Fehlerstrom-Schutzeinrichtung

Es ist zu beachten, daß sich z. B. ein Fehlerstrom-Schutzschalter mit einem Nennfehlerstrom von 0,5 A keineswegs selektiv zu einem mit 0,03 A verhält, wenn im Fehlerfall ein höherer Strom als 0,5 A zum Fließen kommt. Allein entscheidend ist dann das zeitliche Auslöseverhalten der Schalter, das für Schalter bis einschl. 63 A, unabhängig von der Größe des Nennfehlerstroms, gleich ist. Die Fertigungstoleranzen entscheiden somit, welcher Fehlerstrom-Schutzschalter als erster fällt. Will man eine Selektivität, so muß der vorgeschaltete Schalter zeitselektiv gegenüber den nachgeordneten sein. Selektive Fehlerstrom-Schutzeinrichtungen tragen das Zeichen [S].

Leitungschutzschalter mit Differenzstromauslöser (LS/DI) nach DIN VDE 0641 Teil 4 gelten nicht als Fehlerstrom-Schutzeinrichtungen (siehe 9.3.3.5). Fehlerstrom-Schutzeinrichtungen siehe 9.3.8.

9.3.4.2 Überstrom-Schutzeinrichtungen im TT-Netz
(siehe auch 9.3.3.4)

Überstrom-Schutzeinrichtungen, für den Schutz bei indirektem Berühren, sind im TT-Netz auf wenige Sonderfälle beschränkt. Meist wird man die Abschaltbedingungen nicht erfüllen können. Als Abschaltstrom I_a einer Schutzeinrichtung gilt der, der das automatische Abschalten dieser Schutzeinrichtung innerhalb von 5 s bewirkt. Für eine 16-A-Leitungsschutz-Sicherung ist der Auslösestrom I_a nach Tabelle 9-3 etwa 70 A. Bei einer zulässigen Berührungsspannung von 50 V ergibt sich daraus ein erforderlicher Schutzerdungswiderstand R_A von

$$R_A \leqq \frac{U}{I_a} \leqq \frac{50\ \text{V}}{70\ \text{A}} \leqq 0{,}71\ \Omega.$$

Aus diesem Beispiel erkennt man, daß es bereits für eine 16-A-Sicherung sehr schwierig wird, die Abschaltbedingungen zu erfüllen. Einen Erdungswiderstand von 0,71 Ω erreicht man meist nur mit einem Oberflächenerder von mindestens 500 m Länge.

Praktisch angewendet werden Überstrom-Schutzeinrichtungen im TT-Netz nur für Stromkreise sehr geringer Nennstromstärke und großer erforderlicher Versorgungssicherheit, so z. B. für den Stromkreis einer Tiefkühltruhe oder einer Öl- bzw. Gasheizungsanlage in Wohnhäusern. Sind derartige Stromkreise über Fehlerstrom-Schutzeinrichtungen geschützt, so besteht die Gefahr, daß durch ungewolltes Auslösen der Schutzeinrichtungen, z. B. durch Gewitterüberspannungen, Schäden entstehen, während die Hausbewohner sich z. B. in Urlaub befinden. Aus Bild 9-15 sind die Abschaltbedingungen für einen derartigen 6-A-Stromkreis zu ersehen.

Bei einem Vergleich mit den Abschaltzeiten im TN-Netz ist zu beachten, daß diese auf der Annahme eines Kurzschlusses Außenleiter-Körper-Schutzleiter beruhen, während die Abschaltzeit im TT-Netz für einen widerstandsbehafteten Fehler festgelegt wurde und zwar so, daß eine Abschaltung erfolgen muß, wenn die Spannung am Erdungswiderstand R_A den Wert der zulässigen Berührungsspannung (z. B. 50 V) überschreitet. Legt man auch hier den widerstandlosen Fehler zugrunde, so ist der Fehlerstrom z. B. in einem 230-V-Netz etwa viermal so hoch, sofern der Widerstand der Betriebserde R_B klein ist gegenüber R_A. Die Abschaltzeit beträgt dann bei Verwenden von Überstrom-Schutzeinrichtungen

ebenfalls 0,2 s oder weniger. Ist dies nicht der Fall, so muß auch im Neutralleiter eine Überstrom-Schutzeinrichtung vorgesehen werden, also ein allpoliger, den N-Leiter gleichzeitig mit den Außenleitern trennender Schalter.
Die Schutzmaßnahme TT-Netz mit Überstrom-Schutzeinrichtung sollte auf Grund der sehr schwer einzuhaltenden Abschaltbedingungen nur dort angewandt werden, wo Fehlerstrom-Schutzeinrichtungen nicht verwendet werden können, z. B. in Gleichstromnetzen. In allen anderen Fällen ist die Fehlerstrom-Schutzeinrichtung zu bevorzugen. Dort, wo hohe Versorgungssicherheit gefordert wird, können selektive Fehlerstrom-Schutzeinrichtungen verwendet werden, bei denen nicht mehr die Gefahr des ungewollten Auslösens bei Gewitterüberspannung besteht.

9.3.4.3 Fehlerspannungs-Schutzeinrichtung im TT-Netz

Fehlerspannungs-Schutzeinrichtungen werden nur noch in Sonderfällen, z.B. in Gleichstromanlagen, in denen sich Fehlerstrom-Schutzeinrichtungen nicht eignen, eingesetzt. Diese Schutzschaltung verhindert das *Bestehenbleiben* zu hoher Berührungsspannung, weil der Schalter schon bei einem Auslösestrom von etwa 40 mA nach 0,2 s allpolig, einschließlich Neutralleiter, abschaltet. Die FU-Spule (*Bild 9-17*) mit einem Scheinwiderstand von etwa 400 Ω ist zwischen Gerät und Bezugserde, also „ungünstiger" als der Mensch, der meist nur einen Teil dieser Spannung überbrückt, geschaltet. Die Spule „mißt" also die Fehlerspannung U_F. Soll diese einen bestimmten Wert nicht überschreiten, darf der Hilfserdungswiderstand R_H nicht zu groß, keinesfalls über 500 Ω sein. Damit z.B. U_F nicht größer als 25 V wird (Landwirtschaft), darf R_H nicht größer sein als etwa

$$R_H = \frac{25\ \text{V}}{0{,}04\ \text{A}} - 400\ \Omega = 225\ \Omega\ .$$

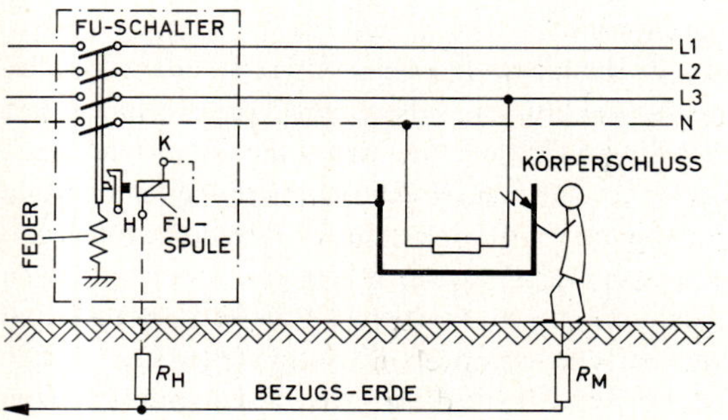

Bild 9-17:
FU-Schutzschaltung

Da der FU-Schalter ebensowenig wie ein Spannungsmesser eine Spannung anzeigen kann, wenn die Klemmen kurzgeschlossen sind, dürfte man z.B. nicht etwa die Hilfserdung an die Wasserleitung legen, wenn die K-Klemme am Heißwasserspeicher angeschlossen ist (*Bild 9-18*).

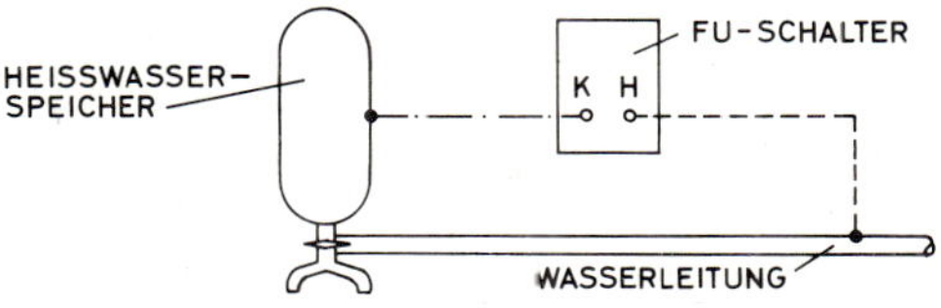

Bild 9-18: Überbrückung der Fehlerspannungsspule

Eine solche zufällige Verbindung braucht nicht metallisch zu sein. So hat z.B. in einer Waschküche oder in einer Küche im Erdgeschoß der Steinboden stets angenähert „Wasserleitungspotential". Man soll deshalb in solchen Räumen die Hilfserdung nicht ebenfalls an die Wasserleitung anschließen. Richtig dagegen wäre ein etwa 1,5 m tiefer Staberder von 10 mm Durchmesser, z.B. im Vorgarten, wobei aber darauf geachtet werden sollte, vom Wasserleitungsrohr im Erdboden und von anderen Erdern 10 bis 20 m entfernt zu bleiben. Besser verwendet man in solchen Fällen die Fehlerstrom-Schutzeinrichtung.

Man wird die *Erdungsleitung* – um jede mechanische Beschädigung hierbei unwahrscheinlich zu machen – vom FU-Schalter ab, z.B. als NYY-Kabel 1 × 1,5 mm² Kupfer verlegen. Das Erderband muß mindestens 10 m lang in der Erde liegen.

Der *Neutralleiter darf nicht als Hilfserder* herangezogen werden.

Bei der Frage, ob man für mehrere FU-Schalter eine *gemeinsame Hilfserdungsleitung* verlegen darf, ist zu prüfen, ob diese Leitung nicht etwa einmal unterbrochen werden könnte. Ist dies möglich, dann würde eine Fehlerspannung auf alle gesunden Geräte verschleppt. Einzelerder wären dann vorzuziehen. Hält man aber eine Unterbrechung für ausgeschlossen, so muß die gemeinsame Hilfserde gut, nämlich besser als etwa 30 Ω sein, um Spannungsverschleppungen zu entgehen. Um ungewollte „Kurzschlüsse" zu vermeiden, ist der *Schutzleiter* (K- bzw. PE-Leiter) vom Hilfserdungsleiter gut zu *isolieren*.

Der Schutzleiter (mindestens 1,5 mm² Cu) ist entweder mit den Außenleitern als grün-gelb isolierter Leiter in gemeinsamer Umhüllung, als konzentrischer Leiter oder als gesonderter blanker Leiter (mindestens 4 mm² Cu) zu führen.

Der isolierte Hilfserdungsleiter darf nicht grün-gelb gekennzeichnet sein. Er darf weder mit den Leitungen vor noch hinter dem Schutzschalter in einer gemeinsamen Umhüllung verlegt werden.

Werden mehrere Betriebsmittel an eine Fehlerspannungs-Schutzeinrichtung angeschlossen und ist eines dieser Betriebsmittel mit einem Erder verbunden, dessen Erdungswiderstand kleiner als 5 Ω ist, dann muß der Querschnitt jedes

Schutzleiters mindestens gleich dem halben Außenleiterquerschnitt des am höchsten abgesicherten Betriebsmittels sein.
Sollen Betriebsmittel in Verbindung mit galvanischen Bädern geschützt werden, dann ist auch hier die FU-Schutzschaltung mit Erfolg anzuwenden; sie erlaubt es, durch Einbau von Kondensatoren in die Hilfserdungsleitung oder in die Schutzleitung, Gleichströme abzuriegeln, die zur Zerstörung von Schutz- und Erdungsleitungen häufig beitragen, siehe auch „Sonderbestimmungen für elektrolytische und chemische Oberflächenbehandlung von Metallen", Carl Heymanns Verlag KG., Köln und Berlin. Hierbei muß aber sichergestellt sein, daß der Kondensator noch den Durchgang des notwendigen Auslösestroms bei der noch zulässigen Berührungsspannung gewährleistet. Dies ist der Fall, wenn die Kapazität des Kondensators bei höchstens 200 Ω Erdungswiderstand und einem Auslösestrom des FU-Schalters von etwa 0,04 A mindestens 20 μF beträgt. Dabei ist $U_F = 50$ V. Bei 25 V müßte die Kapazität rund 55 μF sein. In Räumen, in denen Schutzmaßnahmen erforderlich sind, dürfen nur *schutzisolierte* FU-Schalter installiert werden. Sind die Räume feucht oder naß und kann der Schalter – was anzustreben ist – nicht in einem trockenen Raum angebracht werden, dann muß er außerdem entsprechend wasserdicht gekapselt sein.
Die angegebene *Gebrauchslage, z. B. senkrecht* ⊥, ist zu beachten. Erschütterungsfreiheit ist zweckmäßig.
In der Regel werden die FU-Schutzschalter als Trennschalter eingebaut. Daher ist es erforderlich, daß Sicherungen für den Kurzschlußschutz vorgeschaltet werden, und zwar

Bei FU-Schaltern bis 25 A	63-A-Sicherungen,
bei FU-Schaltern über 25 A bis 40 A	100-A-Sicherungen.

Sie können entfallen, wenn die Hausanschlußsicherungen nicht größer sind.
Ebenso wie der FI-Schalter besitzt auch der FU-Schalter Freiauslösung, die verhindert, daß beim Bestehen zu hoher Berührungsspannung der Schalter im eingeschalteten Zustand festgehalten werden kann.

9.3.4.4 TT-Netz und zusätzlicher Potentialausgleich

Wenn die Abschaltbedingungen (siehe Bild 9-15) nicht erfüllt werden können, ist ein zusätzlicher Potentialausgleich nach 9.3.3.6 erforderlich.

9.3.4.5 Prüfungen im TT-Netz
(siehe 12)

Die *Wirksamkeit* der Schutzmaßnahme ist durch den Errichter nachzuweisen. Dabei ist durch Besichtigen zu ermitteln, ob die Schutzleiter die vorgeschrie-

benen Querschnitte haben, einwandfrei und ohne Unterbrechung verlegt und sorgfältig angeschlossen sind. Prüfung der Erdungsleiter mit einem Widerstands-Meßgerät nach DIN VDE 0413 Teil 4 (siehe 12.7). Man kann sich dazu einer handelsüblichen Erdungsmeßbrücke bedienen. In dichtbesiedelten Gegenden oder in oberen Stockwerken von Gebäuden stößt dieses Verfahren häufig auf Schwierigkeiten, weil man nirgends Platz für die Sonde findet und auch aus dem Spannungstrichter des Erders *nicht* herauskommt.
Wenn der Transformator-Sternpunkt geerdet ist (Bild 9-14), kann jedoch der Widerstand der Schleife „Transformator-Außenleiter-R_A-Erder-R_B-Transformator“ mit dem Widerstandsmeßgerät gemessen werden. Dieser Wert ist natürlich zu groß. Man kann ihn verbessern, indem man auch die Schleife „Transformator-Außenleiter-N-Leiter-Transformator“ mißt und diesen Betrag vom vorhergemessenen abzieht. Auch hier geht die Rechnung nicht ganz auf, weil man an Stelle des Erdungswiderstandes R_B den N-Leiter-Widerstand eingesetzt hat. Immerhin liegt man auf der sicheren Seite.

9.3.5 Das IT-Netz
(DIN VDE 0100 Teil 410, DIN VDE 0107)

IT-Netze können gegen Erde isoliert oder über eine ausreichend hohe Impedanz geerdet sein. Diese Impedanz kann gegebenenfalls zwischen Erde und dem Sternpunkt des Netzes oder einem künstlichen Sternpunkt liegen (*Bild 9-19*). Der Fehlerstrom bei Auftreten nur eines Körper- oder Erdschlusses ist niedrig.

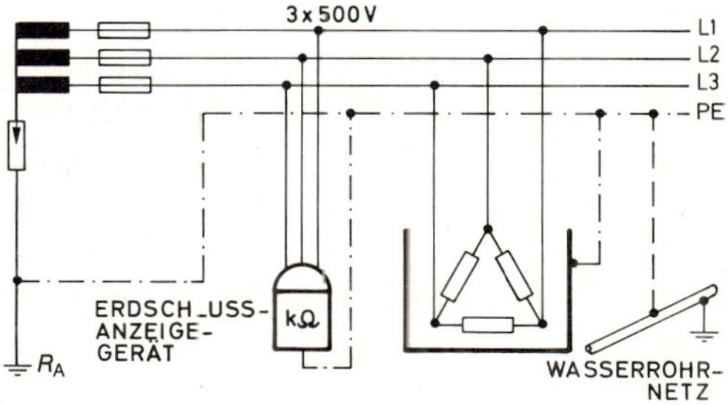

Bild 9-19: Schutz im IT-Netz

Ein derartiger Fehler hat keinen Einfluß auf die Funktion der angeschlossenen Betriebsmittel. IT-Netze finden als 500-V- und 660-V-Netze Anwendung in der Großindustrie. Sie werden meist in Verbindung mit einer Isolationsüberwachungseinrichtung betrieben, die den ersten Fehler durch ein optisches und/oder akustisches Signal meldet. In der 400/230-V-Ebene verwendet man IT-Netz mit Isolations-Überwachungseinrichtung, wo erhöhte Anforderungen

an die Versorgungssicherheit gestellt werden, z.B. für die OP-Einrichtungen in Krankenhäusern, die Ersatzstromversorgung und die Sicherheitsbeleuchtung. Im IT-Netz kann der Schutz bei indirektem Berühren durch Meldung oder Abschaltung bewirkt werden. Schutz durch Meldung erreicht man durch eine Isolations-Überwachungseinrichtung in Verbindung mit einem zusätzlichen Potentialausgleich. Der Schutz durch Abschaltung kann durch Überstrom-Schutzeinrichtungen, Fehlerstrom-Schutzeinrichtungen oder Fehlerspannungs-Schutzeinrichtungen bewirkt werden.
Ist das Mitführen eines Neutralleiters erforderlich, so müssen die Betriebsmittel, die zwischen einem Außenleiter und dem Neutralleiter angeschlossen werden, für die verkettete Spannung isoliert sein. Der Nachweis dafür ist meist schwer zu führen. Deshalb sollte auf das Mitführen eines Neutralleiters verzichtet werden. Benötigt man verschiedene Spannungen, so sollten lieber zwei Transformatoren verwendet werden.
Kein aktiver Leiter der Anlagen darf direkt geerdet sein. Allerdings kann eine Erdung über Impedanzen oder künstliche Sternpunkte zur Herabsetzung von Überspannungen oder zur Dämpfung von Schwingungen notwendig sein.
Alle Körper müssen einzeln, gruppenweise oder in ihrer Gesamtheit mit einem Schutzleiter verbunden werden. Der Schutzleiterquerschnitt kann der Tabelle 9-7 entnommen werden.

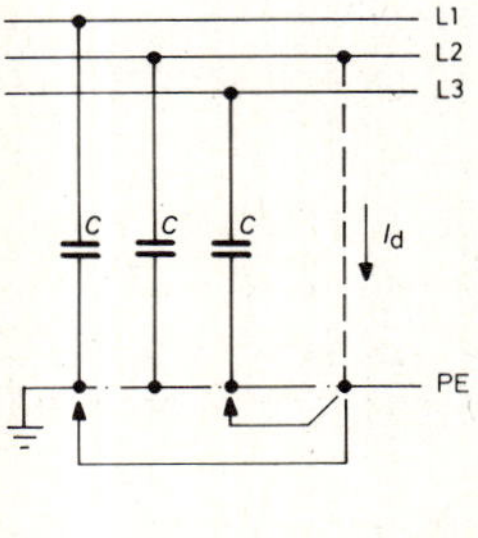

Bild 9-20: Fehlerstrom im Falle des ersten Fehlers

Beim IT-Netz sind in erster Linie die Kapazitäten *C* zwischen den Leitern und Erde (PE) die Ursache dafür, daß bei einem Erdschluß am gesunden Netz überhaupt ein Stromfluß zustande kommt (*Bild 9-20*). Dieser Fehlerstrom I_d, der beim ersten Fehler mit sattem Körperschluß zwischen einem Außenleiter und dem Schutzleiter auftritt, ist immer klein gegenüber dem z.B. im TN-Netz auftretenden Kurzschlußstrom. In Kleinstanlagen liegt er unter 1 bis 10 mA. Das ist der Grund für die hohe Unfall- und Brandsicherheit kleiner Anlagen. In größeren Industrienetzen kann der kapazitive Erdschlußstrom dagegen bis 1 A und mehr betragen. Kapazitive Ableitströme in mA je 100 m Länge sind z.B. bei NYY-Kabeln 35 mm² = 3,7 mA; 50 mm² = 4,9 mA; 70 mm² = 5,4 mA; 95 mm² = 6,1 mA oder bei NYM-Leitungen 1,5 mm² = 1,2 mA; 2,5 mm² = 1,4 mA;

4 mm² = 1,7 mA; 6 mm² = 1,9 mA; 10 mm² = 2,2 mA oder bei Gummischlauch-Leitungen 10 mm² = 2,6 mA; 16 mm² = 2,9 mA.
Das vorgeschaltete Überstromschutzorgan kommt durch den Erdschlußstrom I_d jedoch nicht zum Ansprechen, und ein schadhaftes Betriebsmittel kann erforderlichenfalls bis zum Schichtende weiterbetrieben werden.
Dieser Fehlerstrom I_d muß, multipliziert mit dem Erdungswiderstand aller mit einem Erder verbundenen Körper, kleiner sein als die zulässige Berührungsspannung U_L, z.B. 50 V:

$$R_A \cdot I_d \leqq U_L \, .$$

Um im Falle eines zweiten Fehlers das Bestehenbleiben von zu hohen Berührungsspannungen zu verhindern, gibt es die vorstehend schon genannten Schutzeinrichtungen, die nunmehr behandelt werden sollen.

9.3.5.1 Die Isolations-Überwachungseinrichtung

Sie muß den ersten Körper- oder Erdschluß akustisch oder optisch anzeigen oder den Fehler automatisch abschalten (Bild 9-19). Der innere Widerstand des Meßgerätes darf 15 kΩ, in elektromedizinischen Anlagen 100 kΩ nicht unterschreiten.
Zur Isolationsüberwachung werden heute fast nur noch Geräte verwendet, die mit Gleichspannungsüberlagerung arbeiten. Diese erlauben während des Betriebes ein genaues Ablesen des jeweiligen Isolationswiderstandes und melden das Unterschreiten eines Mindestwertes. Das Messen mit Gleichspannung schaltet die Wirkung der immer vorhandenen Leiterkapazitäten gegen Erde aus. Sie ist für Einphasen-Wechselstrom ebenso geeignet wie für Dreileiter- und Vierleiterdrehstrom.
Die Arbeitsweise solcher Geräte ist in zwei Beispielen (*Bild 9-21*) vereinfacht dargestellt.
Die Mindestwerte des Isolationswiderstandes R_E sind in den Vorschriften allgemein in Ω/V festgelegt. Bei einer Nennspannung des Netzes von 500 V bedeuten 50 Ω/V also $R_E = 500 \times 50 = 25\,000\ \Omega = 25\ \text{k}\Omega$.
Nach DIN VDE 0107 ist ein Mindestwert von 50 kΩ und ein Prüfwiderstand von 42 kΩ festgelegt. In gesunden trockenen Anlagen ist der Isolationswiderstand natürlich bedeutend höher, weil ja für jede Teilstrecke der Leitungen 1000 Ω/V, allerdings ohne angeschlossene Verbrauchsgeräte, vorgeschrieben ist.
Für sonstige normale Anlagen mag für die Einstellung des Auslösewertes der Relais von Isolationsmeßeinrichtungen 50 Ω/V als Richtlinie gelten. In kleinen trockenen Anlagen ohne sonstige isolationsschädliche Einflüsse kann man auf

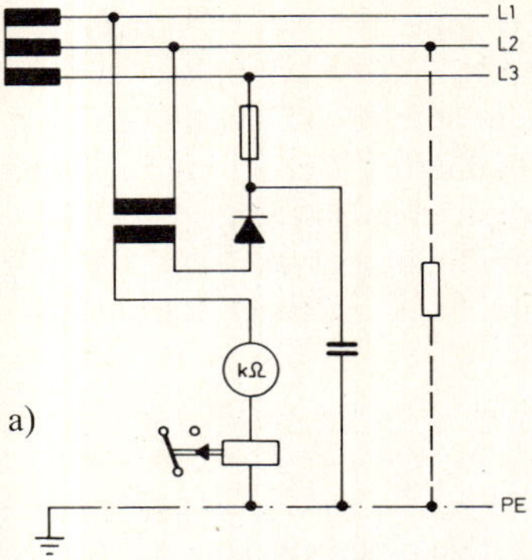

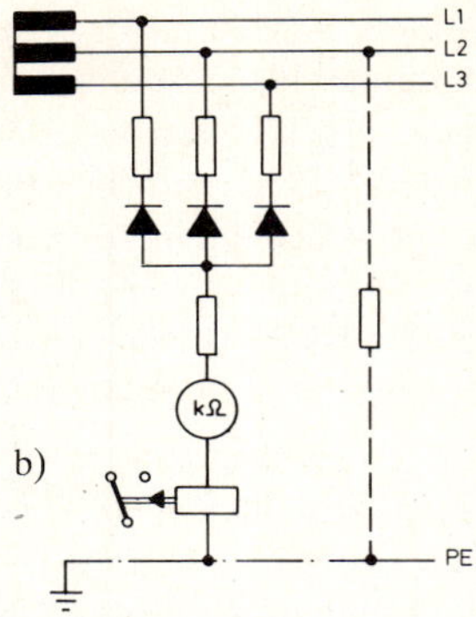

Bild 9-21: Prinzipschaltbilder von Isolations-Überwachungseinrichtungen

100 Ω/V und höher gehen. In größeren Industrieanlagen und in feuchten Anlagen wird man dagegen im Betrieb 50 Ω/V manchmal nicht halten können. Dann muß der Auslösewert niedriger eingestellt werden.

Es ist notwendig, den ersten angezeigten Isolationsfehler so schnell wie möglich zu beseitigen.

Neben der geschilderten Überwachungseinrichtung erfordert diese Schutzmaßnahme auch den zusätzlichen Potentialausgleich (siehe auch 6.2 und 9.3.3.6). Alle Körper sind miteinander, mit den der Berührung zugänglichen leitenden Gebäudekonstruktionsteilen, Rohrleitungen und dergleichen sowie mit Erdern durch einen Schutzleiter zu verbinden.

Die Vor- und Nachteile dieses Systems sollen zusammengefaßt werden; allgemein kann man folgende Vorteile geltend machen:

1. Unfallsicherheit wegen der natürlichen Begrenzung der Berührungsströme:
   a) In kleineren Anlagen können die größtmöglichen Berührungsströme unterhalb der Unfallgrenze gehalten werden.
   b) Anlagen mit selbständiger Abschaltung durch die Isolations-Überwachungseinrichtung lassen sich mit einem hohen Sicherheitsgrad bauen.
2. Brandsicherheit:
   a) Versteckte Isolationsschäden können schon im Entstehen erkannt und beseitigt werden.
   b) Bei kleinen und mittleren Anlagen können Erdschlußlichtbögen als Zündursache nicht auftreten.
3. Betriebssicherheit:
   a) Ein Außenleiter kann vollen Körperschluß haben, ohne daß dadurch das betreffende Betriebsmittel ausfällt.

Auch bei zweipoligem Körperschluß an verschiedenen Betriebspunkten wird die kleinere Sicherung zuerst ansprechen, so daß für das Ansprechen einer Hauptsicherung geringe Wahrscheinlichkeit besteht.

b) Die Betriebsmittel können durch Lichtbögen bei unvollkommenem Körperschluß nicht beschädigt werden.
c) Mit Hilfe der nur hierbei möglichen ständigen Isolationsüberwachung während des Betriebes kann das Netz in einem Zustand hoher Zuverlässigkeit erhalten werden.

Als wesentlicher *Nachteil* ist anzuführen, daß sich die Fehlerstelle bei einpoligem Erdschluß nicht durch Ansprechen der Stromsicherung oder des Überstromschalters kenntlich macht, was besonders bei verzweigten Anlagen und ungeübtem Personal störend sein kann.

9.3.5.2 Abschaltung im Doppelfehlerfall

Wird auf den Einbau einer Isolationsüberwachung verzichtet, so muß nach dem Auftreten eines zweiten Körperschlusses eine automatische Abschaltung erfolgen.

Es sind zwei Möglichkeiten zu unterscheiden:

1. Alle Körper sind durch *einen* Schutzleiter miteinander verbunden (*Bild 9-22*).
2. Die Körper sind einzeln oder in Gruppen geerdet (*Bild 9-23*).

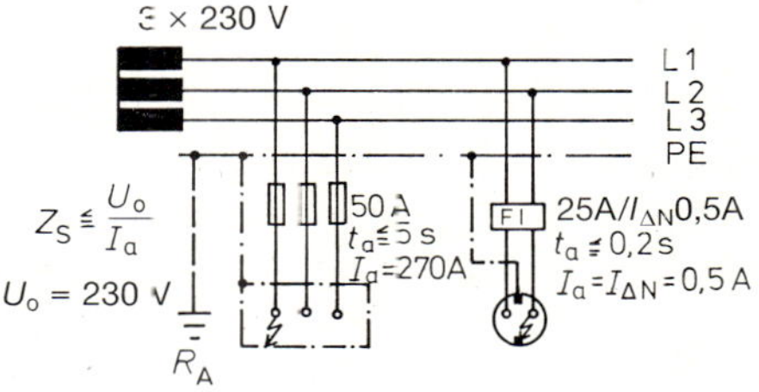

Bild 9-22: Abschaltbedingungen bei gemeinsamen PE

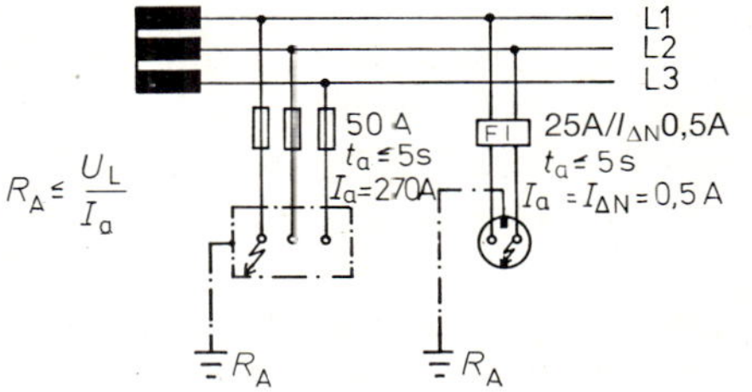

Bild 9-23: Abschaltbedingungen bei getrennter Erdung

Im *ersten Fall* müssen, wie unter 9.3.3 dargestellt, Überstromschutzorgane oder FI-Schutzschalter innerhalb von 0, 2 s bzw. 5 s den Doppelfehler abschalten. Es muß also die Bedingung $Z_S \cdot I_a \leqq U_0$ erfüllt sein.
In Netzen ohne Neutralleiter ist U_0 die Spannung zwischen den Außenleitern. Als Impedanz der Fehlerschleife Z_s gilt die Impedanz bestehend aus Außenleiter und Schutzleiter zwischen Spannungsquelle und betrachtetem Betriebsmittel. Gegebenenfalls ist auch die Impedanz der Spannungsquelle zu berücksichtigen. Beim FI-Schutzschalter ist $I_a = I_{\Delta N}$; $I_{\Delta N}$ muß allerdings so groß sein, daß der Schalter nicht schon beim ersten Fehler abschaltet.
Im *zweiten Fall* müssen alle Körper, die durch eine Schutzeinrichtung gemeinsam geschützt sind, durch Schutzleiter an einen gemeinsamen Erder angeschlossen werden. Gleichzeitig berührbare Körper müssen an denselben Erder angeschlossen werden.
Auch hier muß ein Doppelfehler durch Überstromschutzorgane oder FI-Schutzschalter abgeschaltet werden. Es gilt die Formel $R_A \times I_a \leqq U_L$, die unter 9.3.4 näher erläutert wurde.

9.3.5.3 Prüfungen im IT-Netz
(siehe auch 12)

Die *Wirksamkeit* der Schutzmaßnahmen im IT-Netz ist vor Inbetriebnahme zu *prüfen*. Dies geschieht auf vierfache Weise:

a) Mit einem Ohmmeter (Meßbereich etwa 20 Ω) wird festgestellt, ob alle zu schützenden Gerätegehäuse (Motoren, Schutzkontakte) und alle großen Metallteile (Wasserleitung, Gebäudekonstruktionen, Erder aller Art) zuverlässig mit dem gemeinsamen Schutzleiter verbunden sind. Ein Anhaltspunkt für den höchstzulässigen Widerstand des Schutzleiters ergibt sich daraus, daß bei einem Doppelerdschluß über den Schutzleiter der volle Netzkurzschlußstrom fließen muß. Der Spannungsfall am Schutzleiter darf dann nicht mehr als 50 V betragen. Widerstands-Meßgeräte müssen DIN VDE 0413 Teil 4 entsprechen.
b) Mit einer Erdungsmeßbrücke wird der Erdungswiderstand gemessen. In Industrieanlagen wird es oft schwer sein, mit den Meß-Sonden aus dem Spannungstrichter herauszukommen. Ein genauer Wert des Erdungswiderstandes ist jedoch auch nicht von der gleichen großen Bedeutung, wie der Zusammenschluß aller Erder und Metallmassen (Potentialausgleich).
c) Das Isolationsüberwachungsgerät ist durch Betätigung der Prüfeinrichtung zu erproben.
d) Der Reihe nach sind die einzelnen Außenleiter und gegebenenfalls auch der N-Leiter über den Widerstand von etwa 20 Ω/V Betriebsspannung mit dem

Schutzleiter zu verbinden. Wenn eine Überspannungssicherung vorhanden ist, ist auch diese noch zu überbrücken. In allen Fällen ist zu beobachten, ob das Isolations-Überwachungsgerät den künstlichen Fehler ordnungsgemäß anzeigt.

e) Der Schutzleiter wird mit dem Sternpunkt des Transformators bzw. in Einphasennetzen mit einem Außenleiter verbunden. Anschließend wird die Schleifenimpedanz Z_S „Transformator-Außenleiter-Schutzleiter-Transformator" bei allen drei Außenleitern gemessen, wie dies unter 12.3 näher beschrieben wird. Auf diese Weise kann der Abschaltstrom I_a errechnet werden.

f) Der Fehlerstrom I_d ist durch ein zwischen Außenleiter und Schutzleiter einzubringendes Amperemeter zu messen. Der so ermittelte Wert ist mit dem Erdungswiderstand nach b) zu multiplizieren. Er muß kleiner als die höchstzulässige Berührungsspannung (50 V) sein.

9.3.6 Der Schutzleiter
(DIN VDE 0100 Teil 410 und 540)

Alle Maßnahmen für den Schutz durch Abschaltung oder Meldung benötigen einen Schutzleiter. Mit ihm müssen alle inaktiven Metallteile (Körper), die im Fehlerfall unmittelbar Spannung annehmen können, gut leitend verbunden werden.

Zum *Anschluß* des Schutzleiters findet sich an den elektrischen Betriebsmitteln eine besonders gekennzeichnete Klemme ⏚ oder PE. Befestigungsschrauben dürfen nicht als Anschlußstelle für den Schutzleiter dienen.

Die Auswahl der Mindestquerschnitte erfolgt nach *Tabelle 9-7*.

Zuordnung des Schutzleiters zum Außenleiter Tabelle 9-7

Querschnitt des Außenleiters S in mm²	Mindestquerschnitt des entsprechenden Schutzleiters Sp in mm²
$S \leq 16$	S
$16 < S \leq 35$	16
$S > 35$	$\frac{S}{2}$

Die Werte der Tabelle 9-7 sind nur gültig, wenn der Schutzleiter aus dem gleichen Werkstoff besteht wie die Außenleiter. Sonst ist der Querschnitt des

Schutzleiters so festzusetzen, daß sich die gleiche Leitfähigkeit ergibt, wie bei Anwendung der Tabelle.
Wird in Ausnahmefällen der Querschnitt des Schutzleiters berechnet, dann gilt für Abschaltzeiten bis 5 s die Formel:

$$S = \frac{\sqrt{I^2 t}}{k} .$$

Dabei ist S der Mindestquerschnitt in mm², I der Wert des Fehlerstromes in A, t die Ansprechzeit in s für die Abschaltvorrichtung, k ein Materialbeiwert, der abhängt von dem Leiterwerkstoff des Schutzleiters, von dem Werkstoff der Isolierung, von dem Werkstoff anderer Teile und von Anfangs- und Endtemperatur des Schutzleiters.

Physikalische Einheit von k: $\mathrm{A} \frac{\sqrt{\mathrm{s}}}{\mathrm{mm}^2}$.

Materialbeiwert k für isolierte Schutzleiter aus Cu und Al außerhalb von Kabeln und Leitungen oder blanke Schutzleiter aus Cu, Al und Fe, die mit Kabel- oder Leitungsmänteln in Berührung kommen:

	G	PVC	VPE EPR	IIK
ϑ_f in °C	200	160	250	220
		k		
Cu	159	143	176	166
Al	–	95	116	110
Fe	–	52	64	60

Dabei bedeuten: ϑ_f zulässige Höchsttemperatur am Leiter, G Gummiisolierung, PVC Polyvinylchlorid, VPE vernetztes Polyäthylen, EPR Äthylen-Propylen-Kautschuk, IIK Butyl-Kautschuk. Werkstoff der Isolierung von Schutzleitern oder der Mäntel von Kabeln und Leitungen.
Materialbeiwert k für isolierte Schutzleiter in einem Kabel oder einer Leitung:

Werkstoff der Isolierung					
	G	PVC	VPE	EPR	IIK
ϑ_f in °C	200	160		250	220
			k		
Cu	141	115		143	134
Al	–	76		94	89

Materialbeiwert *k* für blanke Leiter:

ϑ_f in °C	500[1]	200[2]	150[3]
		k	
Cu	228	159	138
Al	–	105	91
Fe	82	58	50

1) gilt nur, wenn keine Gefährdung benachbarter Teile infolge der hohen Temperatur entsteht und die Leiter sichtbar in abgegrenzten Bereichen und ohne Lötverbindungen verlegt sind
2) gilt für normale Bedingungen
3) gilt bei Feuergefährdung

Eine Berechnung des Schutzleiterquerschnitts ist immer dann erforderlich, wenn der Querschnitt des Außenleiters durch den Kurzschlußstrom bestimmt wird (siehe 4-5).
Der Querschnitt jedes Schutzleiters, der nicht mit Außenleitern und Neutralleitern in einer gemeinsamen Umhüllung verlegt ist, darf in keinem Falle kleiner sein, als

2,5 mm² Cu, wenn mechanischer Schutz vorgesehen ist.
4 mm² Cu, wenn kein mechanischer Schutz vorgesehen ist.

Für *mehrere Stromkreise* darf ein gemeinsamer Schutzleiter verwendet werden. Er kann dann mit den zugehörigen Stromkreisen in gemeinsamer Umhüllung geführt sein oder mechanisch geschützt und möglichst im Zuge der zugehörigen Stromkreise getrennt verlegt werden. Sein Querschnitt muß entsprechend dem Querschnitt des stärksten Außenleiters ausgewählt werden.
Gehäuse von elektrischen Betriebsmitteln oder deren Konstruktionsteile sowie Stahlgerüste elektrischer Anlagen, z.B. Krangerüste, Schalttafeln, Schienenverteiler, Kabelroste, die konstruktiv eine Einheit bilden, oder konzentrische Leiter oder Metallmäntel von Kabeln (nicht aber von Leitungen mit Ausnahme von mineralisolierten Leitungen!) können als Schutzleiter verwendet werden, wenn eine dauernde gute Verbindung dieser Metallteile gewährleistet ist und der Querschnitt im Leitwert dem erforderlichen Querschnitt für den Schutzleiter entspricht. Solche Konstruktionsteile sind an den Verbindungsstellen so zu

verschweißen, zu verschrauben oder zu nieten, daß die Verbindungsstellen gut leitfähig bleiben. Der Ausbau einzelner Teile darf keine Unterbrechung des Schutzleiters bewirken. Fremde leitfähige Teile dürfen nicht als PEN-Leiter verwendet werden.

Wenn elektrische Betriebsmittel auf Türen oder Deckeln angebracht werden, müssen die berührbaren Metallteile auf der Tür bzw. dem Deckel über einen beweglichen Schutzleiter mit dem fest verlegten Schutzleiter verbunden werden. Der Querschnitt des beweglichen Schutzleiters muß der Anschlußleitung des Betriebsmittels mit dem größten Nennstrom angepaßt sein. Wenn die Türe bzw. der Deckel aus Metall ist und wenn die Betriebsmittel mit der Türe bzw. dem Deckel eine leitfähige Einheit bilden, genügt es, den beweglichen Schutzleiter nur mit der Schutzleiteranschlußklemme des Betriebsmittels mit dem größten Nennstrom zu verbinden. Gut leitende und korrosionsgeschützte Scharniere reichen als Verbindung aus, nicht dagegen Metallschläuche.

Der Schutzleiter ist an die Konstruktionsteile mit gesicherten Verbindungen (Gegenmutter, Federringe, Schweißen) anzuschließen, sofern nicht VDE-geprüfte schraubenlose Anschlußklemmen verwendet werden.

Motoren oder Schaltgeräte auf Metallgerüsten, z. B. von Waschmaschinen, Motortragen, Bearbeitungs- und Verarbeitungsmaschinen, müssen mit diesen dauerhaft und elektrisch gut leitend verbunden werden. Bei den Verbindungsleitungen, z.B. zwischen Schalter und Motor, ist die *grün-gelbe* Ader als Schutzleiter zu verwenden.

An Verteilungstafeln, von denen aus Verbrauchsmittel gespeist werden, ist für den Schutzleiter eine eigene Schutzleiterschiene zu verlegen, die mit dem ankommenden PEN-Leiter und der N-Leiterschiene zu verbinden ist. Als Schutzleiterschienen können auch die im Verteilungsbau üblichen Profilschienen verwendet werden, wenn auf diese Schutzleiterreihenklemmen gesetzt werden. Aus *Tabelle 9-8* ist die Strombelastbarkeit der Schienenprofile im Vergleich zu einem Cu-Leiter ersichtlich.

Profilschienen als Schutzleiter und PEN-Leiter Tabelle 9-8

Profilschiene	Cu-Leiter in mm²								
	10	16	25	35	50	70	95	120	150
G-Schiene Stahl	G32	G32	G32	G32	–	–	–	–	–
G-Schiene Kupfer	G32	G32	G32	G32	G32	G32	G32	G32	–
Hutschiene Stahl	15×5	35×7,5	35×15	35×15	35×15	–	–	–	–
Hutschiene Kupfer	15×5	15×5	15×5	35×7,5	35×7,5	35×15	35×15	35×15	35×15

Profilschienen aus Stahl dürfen nicht als PEN-Leiter verwendet werden. Die aus Kupfer darf man auch als PEN-Leiter verwenden, wenn sie nur Klemmen tragen.

Die Anschlüsse des Schutzleiters sind so anzuordnen, daß sie einzeln abgetrennt werden können, wobei ihre Zugehörigkeit zu den einzelnen Stromkreisen eindeutig erkennbar sein muß.

Wasserverbrauchsleitungen sollten nur in Ausnahmefällen als Schutzleiter benutzt werden, wenn sichergestellt ist, daß sie gut leitend durchverbunden bleiben. Der Wasserzähler muß dann mit einem verzinnten Cu-Seil 16 mm^2 oder durch eine leitfähige Haltekonstruktion überbrückt werden. Öl-, Gas- und Heizrohrleitungen dürfen als Schutzleiter nicht benutzt oder mitbenutzt werden.

Spannseile, Tragseile von Mantelleitungen, Installations-Metallrohre, Metallschläuche und dgl. dürfen nicht als Schutzleiter benutzt werden.

Isolierte Schutzleiter und isolierte PEN-Leiter sind in ihrem ganzen Verlauf durchgehend grün-gelb zu kennzeichnen. Bei einadrigen Mantelleitungen, z.B. NYM, oder einadrigen Kabeln, z.B. NYY, darf auf die durchgehende Kennzeichnung verzichtet werden. Dafür sind die Aderenden an allen Stellen, wo der Mantel entfernt wurde, dauerhaft grün-gelb zu kennzeichnen. Die grün-gelbe Kennzeichnung kann entfallen:

bei konzentrischen Leitern und Metallmänteln,

in Schalt- und Verteilungsanlagen sowie bei Kranschleifleitungen,

wenn der Schutzleiter oder das Schutzleiteranschlußteil auf andere Weise, z.B. durch Form oder Aufschrift kenntlich gemacht wird,

bei blanken Schutzleitern, wenn, z.B. in chemischen Betrieben, eine dauerhafte Kennzeichnung nicht möglich ist,

wenn der Schutzleiter aus leitfähigen Konstruktionsteilen oder aus fremden leitfähigen Teilen, z.B. Rohrleitungen, besteht, bei Freileitungen.

Wird der Schutzleiter von einer *Verteilungstafel* aus getrennt zu den einzelnen Verbrauchern geführt, dann sind seine Anschlüsse – ebenso wie beim Neutralleiter – z.B. auf einer Schutzleiterschiene so anzuordnen, daß sie einzeln abgetrennt werden können, wobei ihre Zugehörigkeit zu den einzelnen Stromkreisen eindeutig erkennbar sein muß.

9.3.7 Der Erder
(DIN VDE 0100 Teil 540, DIN VDE 0151)

Erder werden zur Betriebserdung, Schutzerdung und Funktionserdung benötigt. Betriebserder erden im TN-Netz den PEN-Leiter, im TT-Netz den Sternpunkt des Transformators. Der Gesamterdungswiderstand aller Betriebserder eines Niederspannungsnetzes (TN- und TT-Netz) soll 2 Ω nicht überschreiten, um bei Erdschluß eines Außenleiters den Spannungsanstieg aller anderen Leiter, insbesondere des Schutz- bzw. PEN-Leiters im TN-Netz, gegen Erde zu begrenzen. Wenn bei Böden mit niedrigem Leitwert der Wert von 2 Ω nicht zu erreichen ist, kann ein höherer Erdungswiderstand akzeptiert werden, sofern folgende Bedingung erfüllt ist:

$$\frac{R_B}{R_E} \leqq \frac{U_L}{U_0 - U_L}$$

darin ist:

R_B Gesamterdungswiderstand aller Betriebserder

R_E angenommener kleinster Erdübergangswiderstand, der nicht mit einem Schutzleiter verbundenen fremden leitfähigen Teile, über die ein Erdschluß entstehen kann

U_0 Nennspannung gegen geerdete Leiter

U_L Grenze der dauernd zulässigen Berührungsspannung, in der Regel 50 V.

Bei einem Widerstand R_E von 7,2 Ω ergibt sich im 400/230-V-Netz ein erforderlicher Betriebserdungswiderstand von 2 Ω. Die 7,2 Ω gelten deshalb im allgemeinen als kleinster anzunehmender Erdübergangswiderstand einer Erdschlußstelle. In einem Gebäude mit umfassenden Potentialausgleich könnte man als kleinstmöglichen Erdübergangswiderstand R_E 20 Ω annehmen. Für die Sternpunkterdung des Transformators in diesem Gebäude würde somit ein Betriebserdungswiderstand

$$R_B \leqq R_E \frac{U_L}{U_0 - U_L} = 20\ \Omega \qquad \frac{50\ \text{V}}{230\ \text{V} - 50\ \text{V}} = 5{,}6\ \Omega \text{ ausreichen.}$$

Durch Schutzerder werden die Körper elektrischer Betriebsmittel geerdet (Höhe des Erdungswiderstandes siehe 9.3.4 und 9.3.5).

Funktionserdung ist eine Erdung, die nur den Zweck hat, die beabsichtigte Funktion eines Betriebsmittels, z.B. Fernmeldeanlagen, zu ermöglichen. In Fällen, in denen die Erdung für Schutz- und Funktionszwecke verwendet wird, haben die Festlegungen für die Schutzmaßnahmen Vorrang, z.B. für die Kennzeichnung.

Als Erder eignen sich Oberflächenerder, Tiefenerder, Fundamenterder und natürliche Erder, wie Metallbewehrung von Beton im Erdreich, Bleimäntel von Kabeln, unterirdische metallene Konstruktionsteile.

Für Oberflächenerder sind Banderder 0,5 bis 1 m tief von mindestens 50-mm^2-Kupfer-Querschnitt erforderlich, während bei feuerverzinktem Stahl z.B. 30 × 3,5 mm^2 zu wählen wäre. An Stelle der Banderder kann auch nichtfeindrähtiges Leitungsseil bei Kupfer von 35 mm^2 genommen werden. Ferner sind Tiefenerder aus Rundstahl, feuerverzinkt 20 mm oder aus Rundstahl mit Kupfermantel, 15 mm Durchmesser zulässig. Leichtmetall darf als Erder nur verwendet werden, wenn es *nachweisbar* in einem bestimmten Erdreich korrosionsbeständiger ist als Stahl oder Kupfer.

Bei Lehm-, Ton- oder Ackerboden ergeben Banderder etwa folgende Widerstände:

Bandlänge m	Ausbreitungswiderstand etwa Ω
10	20
25	10
50	5
100	3

Ein Stahlrohr von 25 mm Durchmesser hätte bei diesem Boden

1 m tief rund 70 Ω Ausbreitungswiderstand,

2 m tief rund 40 Ω Ausbreitungswiderstand

gebracht.

In feuchten Sandböden sind die Erdausbreitungswiderstände etwa doppelt so groß. Die Kenntnis des spezifischen Erdwiderstandes ϱ erleichtert nicht selten die Planung von Erdungsanlagen. Aus den genügend genauen Formeln

$R_E = \varrho/l$(Staberder) und

$R_E = 2\ \varrho/l$ (Banderder)

kann die Tiefe l des Staberders oder die Länge l des Banderders ungefähr vorausbestimmt werden (*Tabelle 9-9*).

Beim Ringerder gilt $R_E = \varrho/0{,}6\sqrt{S}$, wobei S die Fläche bedeutet, die vom Ringerder eingeschlossen wird, in m^2. Für den Fundamenterder ist $R_E = 0{,}2\ \varrho/\sqrt[3]{V}$, wobei V das Volumen des Fundaments in m^3 ist. Es darf so gerechnet werden, als ob der Stahlerder im umgebenden Erdreich wäre.

In Sonderfällen dürfen *Wasserrohrnetze* als Schutz- oder Betriebserder benutzt werden, wenn das Wasserversorgungs-Unternehmen (WVU) dem zustimmt und die Eignung des Netzes als Erder für die vereinbarte Dauer gesichert ist. Vorsicht vor isolierenden Rohren und Rohrverbindungen! In Verbraucheranlagen dürfen *Wasserverbrauchsleitungen* als Erder beim IT-Netz und bei den Schutzschaltungen benutzt werden. Dabei muß sichergestellt sein, daß die Eignung erhalten bleibt und daß das Benutzen von dem mit der Verbrauchsleitung verbundenen Haupt-Rohrnetz unabhängig ist. Im TT-Netz ist der Schutzleiter vorzugsweise *vor* dem Wasserzähler, in Fließrichtung des Wassers

Spezifischer Bodenwiderstand ϱ Tabelle 9-9

Bodenart	Widerstand $\Omega \cdot m$
Frisch angesetzter Beton	3···5
blauer Beton, Moor	10
Zement	50
Humus, getrockneter Lehm	100
nasser Beton	125
feuchter Sand, Schlacke	200
sehr feuchter Holzboden, Asphalt	100···500
feuchter Beton, Kies	200···500
feuchte Fliesen	800
Ziegel, trockener Sand, feuchtes Kleinpflaster	1000···3000
Kies	1000···30 000
trockener Terrazzo	2500
trockenes Kleinpflaster	8000
Felsen, Urgestein, Wasser	10 000···10 000 000

gesehen, anzuschließen. Wird er hinter dem Zähler angeschlossen, dann ist dieser vom Elektro-Installateur zu überbrücken. Dafür ist verzinntes Kupferseil von mindestens 16 mm², verzinntes Stahlseil 25 mm² oder verzinkter Bandstahl von mindestens 3 mm Dicke und 60 mm² oder leitwertgleiche Haltekonstruktionen zu verwenden. Diese Überbrückung muß auch bestehen bleiben, wenn der Wasserzähler ausgebaut wird.

Werden Teile von bestehenden Wasserrohrnetzen *geändert,* z.B. nichtleitende Werkstoffe eingebaut, so ist in diesen Bezirken zeitlich so umzustellen, daß die Wirksamkeit der Schutzmaßnahmen sichergestellt bleibt.

Stahlskelette und Armierungen von Stahlskelett- oder Betongebäuden können nach vorherigem Messen als Erder benutzt werden. Ebenso können die Metallmäntel von Bleikabeln, die unmittelbar im Erdreich verlegt sind, dazu herangezogen werden, wenn die Verbindung über die Muffen mindestens leitwertgleich mit dem Metallmantel ist und der Verfügungsberechtigte, z.B. das EVU, die Benutzung gestattet. Dagegen darf man Öl-, Gas- und Heizungsrohrleitungen wegen der oft elektrisch schlecht leitenden Rohrverbindungen und der Möglichkeit einer Unterbrechung nicht als Erder benutzen.

Bei der Erdverlegung sind mögliche *Korrosionsgefahren* zu beachten. So können Stahlerder durch mit ihnen verbundene Kupfererder zerstört werden. Auch in chemischen Betrieben sind frühzeitige Zerstörungen mancher Werkstoffe zu berücksichtigen. Manchmal ist das Verlegen von Kupfer-Bleimantel-Leitungen mit mindestens 1 mm starkem Bleimantel zu empfehlen.

Insbesondere in der Nähe von Gleichstrombahnen, galvanischen Anlagen usw. ist die Gefahr von *Streuströmen* zu berücksichtigen. Das Anwenden geeigneter Schutzmaßnahmen gegen die Streustrom-Korrosion erfordert vertrauensvolle Zusammenarbeit aller Beteiligten und eine genaue Beachtung von DIN VDE 0150. Von wenigen Ausnahmen abgesehen, z.B. kathodischer Korrosionsschutz, darf die Erde nicht betriebsmäßig zum Führen von Gleichstrom benutzt werden. Alle stromführenden Leiter müssen gegen Erde isoliert sein. Auch der Gleichstrom-Neutralleiter darf nur an einer einzigen Stelle geerdet werden, weshalb ein TN-Netz als Schutzmaßnahme bei Gleichstrom meist ausscheidet. Erdungsanlagen dürfen keine metallene Verbindung mit den Schienen von Gleichstrombahnen haben.

Für den *Zusammenschluß von Erdern* in Niederspannungsanlagen gilt folgendes:

In TN-Netzen *muß* der PEN-Leiter mit der Ortsnetz-Wasserleitung, dem Fundamenterder, mit Überspannungs-Ableiter-Erdungen, mit Antennengestänge-Erdungen und mit Fernmeldeerdern an der Potentialausgleichs-Schiene (6.1) verbunden werden. Dem Anschluß an die Wasserleitung muß jedoch das Wasser-Versorgungs-Unternehmen zustimmen.

Blitzschutz- und Überspannungs-Ableiter-Erder *dürfen* mit Kabelmänteln, Schutzerdern, Erdern von Antennengestängen und Elektrozaun-Überspannungsableitern an der Potentialausgleichs-Schiene zusammengeschlossen werden.

Blitzschutz- und Überspannungs-Ableiter-Erder *dürfen nur über eine Funkenstrecke* und nur im Einverständnis mit dem EVU mit Hochspannungsschutzerdern zusammengeschlossen werden. Mit den Rohren von Freileitungs-Dachständern sollten sie nicht verbunden werden, auch nicht über eine Funkenstrecke.

Blitzschutz- und Überspannungs-Ableiter-Erder *dürfen nicht* zusammengeschlossen werden mit FU-Hilfserden oder mit dem Neutralleiter in Anlagen, die nicht den Bedingungen für ein TN-Netz genügen. Ein Anschluß über eine Funkenstrecke wäre jedoch auch hier erlaubt.

Die Erdungsleiter der verschiedenen Erder sind nur am Erdungssammelleiter, z.B. an der Potentialausgleichsschiene, miteinander zu verbinden (siehe 6.1).

Messung des Erdungswiderstandes siehe 12.7.

9.3.7.1 Die Erdungsleitung

Die Erdungsleitung verbindet außerhalb des Erdreichs einen zu erdenden Anlagenteil mit einem Erder. Sie muß an den Erder entweder angeschweißt werden oder mit zwei gesicherten Schrauben, die z.B. bei Schellen an

Rohrerdern mindestens M 10 sein müssen, befestigt werden. An Seilen dürfen auch Hülsenverbinder, z. B. Kerbverbinder, verwendet werden. An Anschlußklemmen darf nicht mehr als ein Leiter geklemmt werden. Sind sie jedoch als Verbindungsklemmen ausgebildet, dürfen sie auch für die Durchgangsverdrahtung verwendet werden. Die Verbindungsstellen sind gegen Korrosion zu schützen. Die gegen mechanische oder chemische Zerstörung zu schützende blanke Erdungsleitung kann aus verzinktem Bandstahl 20 mm × 2,5 mm oder Kupferband 25 mm² hergestellt werden.
Isolierte Leitungen, die mechanisch geschützt sind, müssen nach Tabelle 9-7 bemessen werden. Der Mindestquerschnitt für mechanisch ungeschützte Erdungsleitungen beträgt bei Kupfer 16 mm², bei Stahl ebenfalls 16 mm². Aluminium ist unzulässig.
Erdungsleitungen über der Erde müssen sichtbar oder bei Verkleidung zugänglich verlegt und gegen mechanische und chemische Zerstörung geschützt werden.
Geerdete blanke Leitungen aus Kupfer oder verzinktem Stahl dürfen unmittelbar an Gebäuden befestigt oder in die Erde verlegt werden. Einer Beschädigung der Leitungen durch die Befestigungsmittel oder äußere Einwirkung ist vorzubeugen. Die möglichen Auswirkungen elektrolytischer Korrosion sind zu beachten. Blanke Erdungsleitungen sind nach DIN 40 705 zu kennzeichnen. Schutzerdung = grün-gelb, Betriebserdung = schwarz; Schutz- und Betriebserdung = grün-gelb.
Alle Erdungsleiter müssen über eine Haupterdungsklemme oder -schiene mit dem Schutzleiter und Hauptpotentialausgleichsleiter einer Anlage verbunden werden. Die Erdungsleiter müssen einzeln mit Werkzeug lösbar von der zugänglichen Schiene trennbar sein, um die Erdungswiderstände messen zu können. Die Haupterdungsschiene kann zugleich Hauptpotentialausgleichsschiene sein.

9.3.8 Fehlerstrom-Schutzeinrichtungen
(DIN VDE 0100 Teil 410 und DIN VDE 0664 Teil 1)

9.3.8.1 Installation

Fehlerstrom-Schutzeinrichtungen sind Schutzschalter einschließlich deren Zubehör, z. B. Stromwandler, die ausschalten, wenn ein Fehlerstrom in den geschützten Stromkreisen einen bestimmten Wert überschreitet. Bis einschließlich 63 A Nennstrom besteht die Schutzeinrichtung ausschließlich aus dem Fehlerstrom-Schutzschalter (FI-Schutzschalter, *Bild 9-24*). Schutzeinrichtungen für Nennströme über 63 A können z. B. aus einem Fehlerstrom-

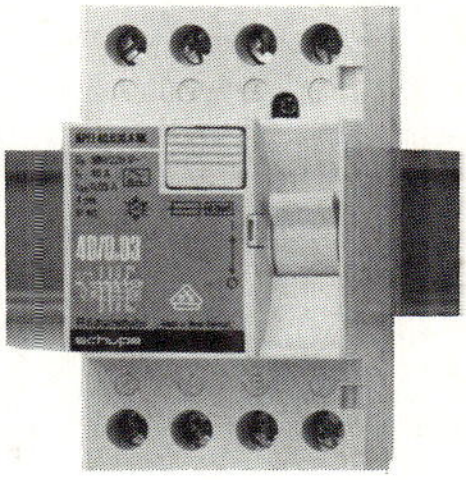

Bild 9-24: Fehlerstrom-Schutzschalter 4-polig, $I_{\Delta N}$ = 0,03 A in besonders schmaler Bauform (52,5 mm = 3 Teilungseinheiten)
(Werkbild: Schupa)

Steuerschalter und einem davon getrennten Summenwandler bestehen (siehe Bild 9-32). Die Abschaltzeit des FI-Schutzschalters beträgt 0,04 s.
Beim Fehlerstrom-Schutz-Schalter enthält dieser einen Stromwandler, dessen Sekundärwicklung an ein Auslöserelais angeschlossen ist *(Bild 9-25)*. Wenn alle in die Anlage einfließenden Ströme auch wieder durch den Stromwandler herausfließen, ist ihre Summe gleich Null. Es kommt dann kein Sekundärstrom zustande. Umgeht infolge eines Körperschlusses ein Fehlerstrom den Stromwandler, indem er z. B. durch den Erder R_A abfließt, dann entsteht ein Sekundärstrom, der den Schalter auslöst. FI-Schalter werden nur für Wechselstromnetze und für einen Nenn-Fehlerstrom $I_{\Delta N}$ von z. B. 0,01 A, 0,03 A, 0,1 A, 0,3 A, 0,5 A und 1 A gebaut. Sie besitzen eine Freiauslösung, wodurch das Wiedereinschalten bei bestehendem Fehler ausgeschlossen wird.

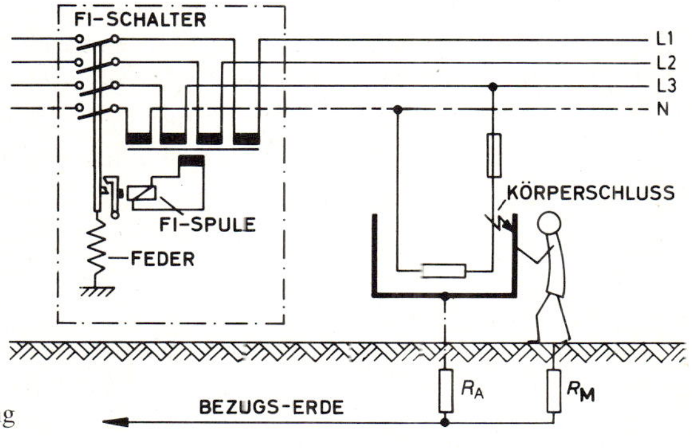

Bild 9-25: FI-Schutzschaltung

In der Aufschrift ist u. a. das Nennschaltvermögen in Verbindung mit einer Sicherung in Ampere anzugeben.
Symbol: ⊟ 6000 . Normwerte sind 3000, 6000 und 10 000 A.
Schalter bis 40-A-Nennstrom brauchen i. a. eine Kurzschluß-Vorsicherung von höchstens 63 A, solche über 40 A eine Vorsicherung bis 100 A. Außerdem muß sichergestellt sein, daß der FI-Schalter nicht über seinen Nennstrom hinaus

betriebsmäßig belastet wird. Baubestimmungen für Fehlerstrom-Schutzschalter bis 500-V-Wechselspannung und bis 160 A sind in DIN VDE 0664 und 0660 in Kraft gesetzt. Es gibt Schalter in 2-, 3- und 4-poliger Ausführung. Sie sind in Anlagen mit $16^2/_3$ Hz und 50/60 Hz verwendbar. Bei anderen Frequenzen, insbesondere über 200 Hz, sollte beim Hersteller angefragt werden.
Eine *Sonderausführung* des FI-Schalters für Temperaturen von +40 °C bis −25 °C ist mit dem Symbol nach *Bild 9-26* gekennzeichnet.

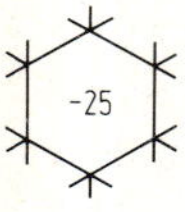

Bild 9-26: Symbol für tiefe Temperaturen

Kurzverzögerte FI-Schalter werden in Anlagen verwendet, in denen kapazitive Einschaltstromspitzen auftreten, die bei serienmäßigen FI-Schaltern zu Fehlauslösungen führen können (siehe auch 9.3.8).
Wenn der N-Leiter nach dem FI-Schalter eine Verbindung mit Erde hat, kann die Ansprechempfindlichkeit des Summenstromwandlers stark verringert werden oder bei Anschluß eines Verbrauchsmittels genügender Leistung zu Fehlauslösung führen. Der N-Leiter muß daher nach dem FI-Schalter genauso isoliert werden wie die Außenleiter.
Der FI-Schutzschalter soll an einer erschütterungsfreien Stelle installiert werden.
Die Schalter müssen den VDE-Prüfbestimmungen entsprechen und auch dann noch einwandfrei arbeiten, wenn ein oder mehrere Außenleiter oder auch der Neutralleiter unterbrochen sind.
Im TT-Netz muß vor den Fehlerstrom-Schutzschaltern die Schutzisolierung angewandt werden (siehe auch 9.3.4).
Der oder die FI-Schutzschalter können gleichzeitig als *Hauptschalter* dienen, durch die jede Baustelle, u. a. aber auch landwirtschaftliche Betriebe, allpolig abschaltbar sein sollen.
Der Schutzleiter ist vor dem FI-Schalter, in Energieflußrichtung gesehen, als gesonderte einadrige Leitung getrennt von den Außen- und N-Leitern bis zum Verteiler zu führen. Dies gilt auch für Schalter mit $I_{\Delta N} = 0{,}03$ A. Der Schutzleiter darf jedoch dann in gemeinsamer Umhüllung mit den anderen Leitern geführt werden, wenn gewährleistet ist, daß bei einem vollkommenen Kurzschluß zwischen einem Außenleiter und dem Schutzleiter an der ungünstigsten Stelle im TN- oder TT-Netz der Fehler durch ein Überstrom-Schutzorgan abgeschaltet wird. Nach dem FI-Schalter ist der Schutzleiter entweder mit den Außenleitern zusammen als blanker oder als grün-gelber isolierter Leiter (mindestens 1,5 mm^2 Cu) oder als gesonderter blanker Leiter

(mindestens 4 mm² Cu) zu führen. Für die Ausführung des Erders gelten die unter 9.3.7 erwähnten Bestimmungen.
Gegebenenfalls sind betriebsmäßige Ableitströme der Verbrauchsmittel (Wärmegeräte, Leuchten) zu berücksichtigen (siehe auch 7.3).

9.3.8.2 Ortsveränderliche Schutzeinrichtungen zur Schutzpegelerhöhung (DIN VDE 0661)

Unter der Bezeichnung Personenschutzstecker oder Sicherheitsstecker werden nach DIN VDE 0661 *Ortsveränderliche Schutzeinrichtungen zur Schutzpegelerhöhung* gebaut. Diese Schutzeinrichtungen sind für den mobilen Anschluß von Rasenmähern, Heckenscheren, Betonmischmaschinen und dgl. gedacht. Sofern diese Betriebsmittel nicht bereits durch fest eingebaute 30-mA-FI-Schalter geschützt sind, empfehlen sich diese Schutzeinrichtungen grundsätzlich. Der Handel bietet Ortsveränderliche Schutzeinrichtungen zur Schutzpegelerhöhung, bei denen die Schutzeinrichtung mit einem Schutzkontaktstekker verbunden sind und die somit unmittelbar in Steckdosen der festen Installation hineingesteckt werden können *(Bild 9-27)*. Die Schutzeinrichtungen nach DIN VDE 0661 können Fehler-/Differenzströme erfassen, die vom Außenleiter, Neutralleiter oder Schutzleiter gegen Erde fließen. Dadurch wird im Gegensatz zur Fehlerstrom-Schutzeinrichtung nach DIN VDE 0664 auch noch ein Schutz erzielt, wenn die fehlerhaft angeschlossenen Schutzkontakte der Netzsteckdose Spannung führen.
Ortsveränderliche Schutzeinrichtungen zur Schutzpegelerhöhung gibt es für einen Nennstrom von 16 A und einen Nenndifferenzstrom von 10 oder 30 mA.

Bild 9-27:
Personenschutzstecker
(Werkbild: Kopp)

Sie werden zwischen Verbrauchsgeräte und eine festinstallierte Steckdose geschaltet. Im Fehlerfalle werden durch die Schutzeinrichtung Außenleiter, Neutralleiter und Schutzleiter vom Netz getrennt *(Bild 9-28)*.

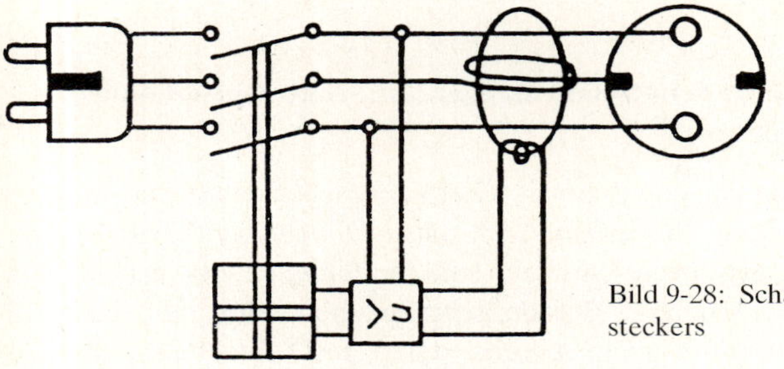

Bild 9-28: Schaltung des Personensteckers

Ortsveränderliche Schutzeinrichtungen zur Schutzpegelerhöhung gibt es nach dem FI- und DI-Auslöseprinzip. Beide Systeme können uneingeschränkt verwendet werden. Die Forderung von DIN VDE 0100 Teil 410 nach dem FI-Prinzip gilt nur für Schutzeinrichtungen in der Festinstallation, wenn die Fehlerstrom-Schutzeinrichtung dafür vorgeschrieben ist, z. B. TT-Netz mit Fehlerstrom-Schutzeinrichtung.
Schutzeinrichtungen nach dem FI-Auslöseprinzip arbeiten grundsätzlich spannungsunabhängig. Ihre Auslösung ist nur abhängig vom Fehlerstrom. Eine Unterbrechung des Neutralleiters wirkt sich somit nicht auf das Auslöseverhalten aus.
Differenzstromauslöser arbeiten auf Grund ihres eingebauten Verstärkers spannungsabhängig. Bei einer Unterbrechung des Neutralleiters wird der Verstärker nicht mehr versorgt. Die von der Meßeinrichtung abgegebene Energie wird dadurch nicht mehr verstärkt, Differenzströme bleiben unerkannt.
Für ortsveränderliche Schutzeinrichtungen zur Schutzpegelerhöhung gilt:
Bei spannungsunabhängigem Wirkungsprinzip wird die Auslösung z. B. durch Unterspannungsauslöser auch sichergestellt, wenn der Außenleiter oder/und der Neutralleiter ausfallen.
Bei spannungsabhängigem Wirkungsprinzip erfolgt bei Spannungsabsenkung eine selbsttätige Abschaltung, bevor die Differenzstrom-Auslösung unwirksam wird.
Übrigens: Differenzstrom ist die Differenz des in den elektrischen Verbraucher hineinfließenden und aus dem elektrischen Verbraucher herausfließenden Stromes. Bei Fehlerstrom-Schutzeinrichtungen wird der Differenzstrom als „Fehlerstrom“ bezeichnet.

9.3.8.3 Beeinflussung durch Gleichstrom und Oberwellen (VDE 0100 Teil 510)

Ein zulässiger Gleichstromanteil im Fehlerstrom liegt vor, wenn der Fehlerstrom derart pulsiert, daß er während einer Periode der Netzfrequenz Null oder nahezu Null wird oder wenn der reine Fehlerstrom den Wert 6 mA nicht überschreitet. Betriebsmittel, die diesen zulässigen Gleichstromanteil im Falle eines Körperschlusses überschreiten, sind sichtbar und dauerhaft durch den Hersteller zu kennzeichnen.

Wenn, z. B. beim Einsatz in galvanischen Bädern, der *Gleichstrom* abgeriegelt werden soll, kann in die Erdungsleitung der durch den FI-Schalter zu schützenden Geräte ein Kondensator eingebaut werden. Seine Größe bestimmt sich nach *Tabelle 9-10,* wenn $U_F = 50$ V ist.

Kondensatorgröße bei FI-Schaltung Tabelle 9-10

Auslösestrom A	Kapazität µF	Erdungswiderstand Ω
0,03	≧ 10	≦ 2150
0,3	≧ 30	≦ 180
0,5	≧ 30	≦ 75
1	≧ 60	≦ 37
3	≧ 200	≦ 13

Befinden sich im fehlerstromschutzgeschalteten Betriebsmittel *Gleichrichterschaltungen,* z. B. für Steuerorgane, und ist den Gleichrichtern kein Transformator mit getrennten Wicklungen vorgeschaltet, dann kann ein Fehlerstrom gleichbleibender Richtung auftreten. Dadurch kann der Kern des Summenstromwandlers magnetisiert werden, so daß bei einem Isolationsfehler des geschützten Betriebsmittels keine Auslösung stattfindet. Daher ist es notwendig, in solchen Fällen zu fordern, daß der Gleichrichterteil schutzisoliert wird oder daß ein Isoliertransformator dem Gleichrichter vorgeschaltet wird. Außerdem ist zu empfehlen, den Erdungswiderstand für den Schutzleiter wesentlich niedriger zu wählen, als es auf Grund des Fehlernennstroms des Schalters nötig wäre. Soweit der Schutz bei *direktem* Berühren betrachtet wird – FI-Schutzschaltungen mit Fehlernennströmen von 30 mA werden z. B. zur Überwachung elektrischer Anlagen in Laboratorien verwendet – sind die Folgen einer Gleichstrombeeinflussung als sehr ungünstig zu bezeichnen.

Daher wurde in den neuen VDE-Bestimmungen die Forderung aufgenommen, daß FI-Schalter auch dann auslösen müssen, wenn bei einem pulsierenden Gleichfehlerstrom der 1,4-fache Wert des Nennfehlerstromes überschritten

wird. Bei Überlagerung mit einem glatten Gleichfehlerstrom von 6 mA darf der Auslösewert um 6 mA höher liegen. Auch in diesen Fällen darf der Ausschaltverzug 0,2 s nicht überschreiten.
Bei einem Wechselfehlerstrom von 5 $I_{\Delta N}$ bzw. bei einem pulsierenden Gleichfehlerstrom von $5 \times 1{,}4\ I_{\Delta N}$ muß der Schalter innerhalb von 0,04 s auslösen. Schalter, die sowohl bei Wechselstrom als auch bei pulsierendem Gleichfehlerstrom geeignet sind, tragen das Symbol .
Weitere Möglichkeiten, für gleichwertige Sicherheit zu sorgen, sind Schutzisolierung, elektrische Trennung, z. B. durch Transformatoren nach DIN VDE 0550 Teil 1 bis Teil 6, Motorgeneratoren nach DIN VDE 0530 Teil 1 und sonstige Maßnahmen, die die notwendige Sicherheit auf andere Weise herstellen, z. B. Abschalten im Fehlerfall des Betriebsmittels oder der Baugruppe, die einen unzulässigen Gleichstromanteil im Fehlerfall verursachen können.

9.3.8.4 Überspannungen und Stoßströme

FI-Schalter können bei Überspannungen in Freileitungsnetzen, z. B. infolge eines Gewitters, auslösen. Das gleiche kann durch kapazitive Erdfehlerströme bei Verbrauchern geschehen, die über lange Erdkabel versorgt werden, z. B. bei Wasserpumpen.
Nach den neuen VDE-Bestimmungen müssen FI-Schalter stoßspannungs- und stoßstromfest sein. Die Prüfung erfolgt nach DIN VDE 0432 Teil 2 mit der genormten Stoßspannung $T_s/T_r = 1{,}2/50$ und $U_m = 8$ kV und Stoßströmen von 250 A und der Wellenform 8/20 µs.
Ein zusätzlicher Überspannungsschutz der Verbraucheranlage kann durch einen angebauten Adapter bewirkt werden *(Bild 9-29)*.

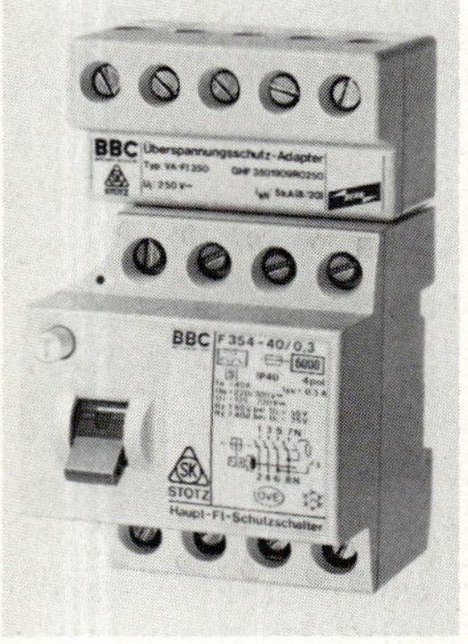

Bild 9-29: Stoßstromfest-selektiver FI-Schutzschalter mit angebautem Adapter für den Überspannungsschutz

9.3.8.5 Selektivität

Manchmal ist es erwünscht, daß zwei hintereinander liegende FI-Schalter *selektiv* abschalten. So kann z. B. auf der Hauptverteilung ein FI-Schalter mit $I_{\Delta N} = 1$ A und in der Unterverteilung ein solcher mit $I_{\Delta N} = 0{,}5$ A angebracht sein. Tritt nun in einem Verbrauchsgerät ein Körperschluß auf, so wird der Fehlerstrom meist größer als 1 A sein. Daher werden beide Schutzschalter abschalten.
Nun werden FI-Schalter mit verzögerter Auslösung hergestellt. Die Abschaltzeit liegt zwar unterhalb des vom VDE zugelassenen Bereiches von 0,2 s, aber oberhalb der Auslösezeit der Schalter von 0,03 A oder 0,5 A desselben Fabrikates. Die Selektivität ist somit gewährleistet.
Selektive FI-Schalter tragen die Kennzeichnung [S] . Bestimmte Stoßwellen mit Stoßströmen bis 5 kA lösen den Schalter nicht aus. Nach DIN VDE 0664 gilt folgende Abschaltbedingung:

$$R_A = \frac{U_L}{2} I_{\Delta N} \qquad (U_L = 25 \text{ V oder } 50 \text{ V}).$$

Damit die Abschaltbedingungen nach DIN VDE 0100 Teil 410 nicht geändert werden müssen, geben die Hersteller auf dem selektiven FI-Schutzschalter den höchstzulässigen Erdungswiderstand R_A, bezogen auf die jeweilige Berührungsspannung U_L, an.

9.3.8.6 Schalterkombinationen
(DIN VDE 0664 Teil 2)

Mehrere Hersteller haben in einem Gerät *Fehlerstrom-Schutzschalter und Leitungsschutzschalter* vereinigt. Dadurch kann jeder Abgang wirtschaftlich seinen eigenen FI-Schalter erhalten, der gleichzeitig Leitungsschutzschalter ist, und ein Fehler wird selektiv abgeschaltet.
Einer dieser Hersteller entwickelte eine solche Kombination mit mehr als 6000 A Abschaltvermögen bei 32-A-Nennstrom und $I_{\Delta N} = 10$ mA bei weniger als 15 ms Abschaltzeit. Diese wird durch elektronische FI-Auslöser erreicht. Der Back-up-Schutz ist mit einer 100-A-Sicherung nach DIN VDE 0636 gewährleistet. Darüber hinaus ist er auch bei pulsierenden Gleichfehlerströmen wirksam. Die Eigensicherheit ist sehr hoch.
Nach DIN VDE 0641 Teil 4 (Entwurf) gibt es Leitungsschutzschalter mit Differenzstromauslöser (LS/DI). Diese gelten nach DIN VDE 0100 Teil 410, Abschnitt 6.1.7.2 nicht als Fehlerstrom-Schutzeinrichtungen im Sinne der Normen der Reihe DIN VDE 0664 *(Bild 9-30)*. Bei Ausfall der Versorgungs-

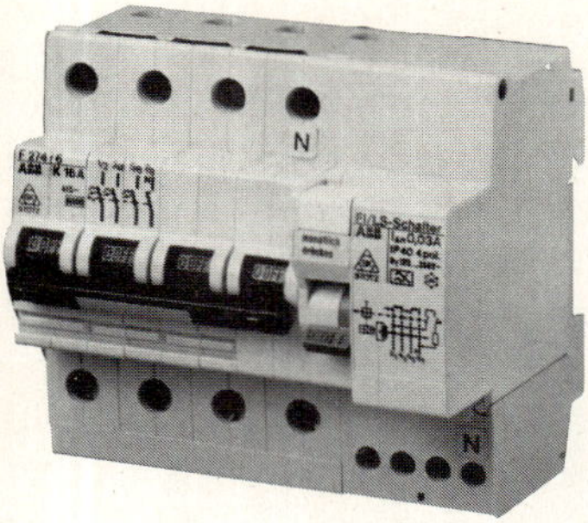

Bild 9-30: FI/LS-Schalter
(Werkbild: ABB)

spannung verlieren sie ihre Differenzstrom-Empfindlichkeit. $I_{\Delta N}$ kann 10 bis 30 mA betragen. Schalter dieser Art gibt es mit dem VDE-Prüfzeichen.
Der Einsatz des Schalters ist nur im TN-Netz möglich, wobei die Abschaltbedingungen (0,2 s bzw. 5 s) für den LS-Schalter erfüllt sein müssen. Der Differenzstromauslöser ist als Zusatzschutz zu betrachten.
FI/LS-Schalter verbinden dagegen in allen Punkten die Eigenschaften von Fehlerstrom-Schutzeinrichtungen und Leitungsschutzschaltern *(Bild 9-31)*.

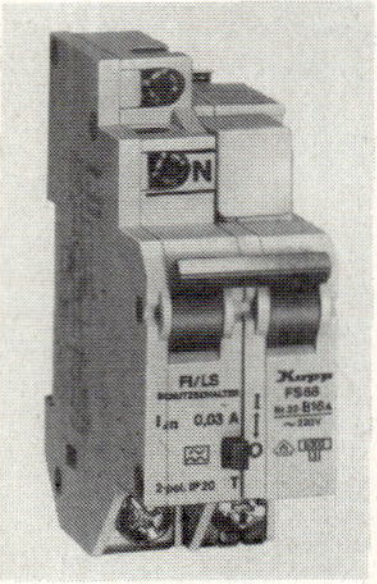

Bild 9-31: FI/LS-Schutzschalter
(Werkbild: Kopp)

Bei Drehstromanlagen größerer Leistung kann ein besonderer Summenstromwandler mit einem *Fehlerstrom-Steuerschalter* und einem Hauptschalter (Leistungsschalter oder Schütz) eingesetzt werden. Diese Schaltgeräte müssen Ruhestromauslöser (Nullspannungs- bzw. Unterspannungsauslöser) besitzen. Die Abschaltzeiten sind so zu wählen, daß die Gesamtauslösezeit im Fehlerfall unter 0,2 s bleibt *(Bild 9-32)*. Wenn bei dieser Kombination Stromwandler und Schaltgeräte fabrikmäßig eine bauliche Einheit bilden, dann muß ein Anschluß unter Umgehung des Wandlers ausgeschlossen sein.
Ein Hersteller bietet die FI-Schalter von 25 bis 63 A mit *Hilfsschalter* an. Für Überwachungszwecke bzw. in Steuerungen ist es manchmal erforderlich, den Schaltzustand der FI-Schalter zu signalisieren oder bei Ein- oder Ausschaltun-

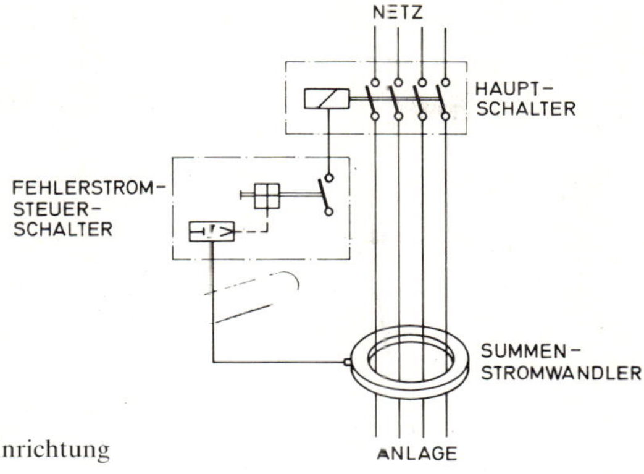

Bild 9-32: Fehlerstrom-Steuereinrichtung

gen weitere Steuerbefehle zu geben. Ein anderer Hersteller bietet Kompakt-Leistungsschalter mit Fehlerstrom-Schutzeinrichtung an *(Bild 9-33)*. Gebaut werden drei- und vierpolige Ausführungen von 32 A bis 3200 A Nennstrom. Ein FI-Auswertrelais ermöglicht das Einstellen der Nennfehlerströme von 25 mA bis 25 A. Die Auslösezeiten können zur selektiven Staffelung zwischen 20 ms und 5 s eingestellt werden. Der Schalter übernimmt Kurzschlußüberlast- und Fehlerstromschutz. Er kann somit für den Personen-, Brand- und Anlagenschutz verwendet werden.

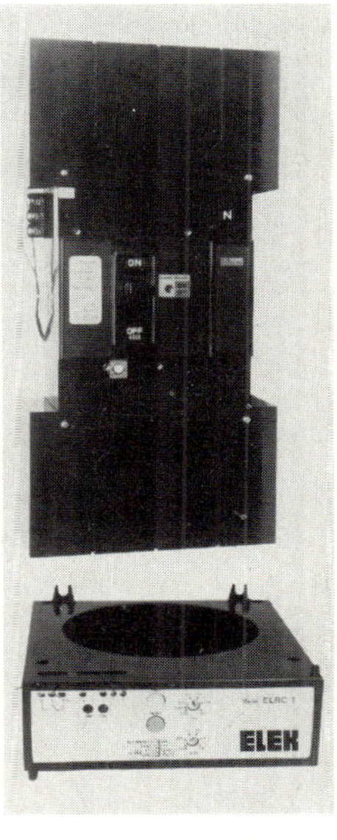

Bild 9-33: Leistungsschalter mit FI-Schutzeinrichtung

9.3.8.7 Schweißtransformatoren

Nach DIN VDE 0545 Teil 1 „Widerstands-Schweißeinrichtungen" kann zum Schutz gegen die Gefahren eines Übertritts von Primärspannung auf den Schweißstromkreis einschließlich der Werkstücke eine direkte Verbindung zwischen jedem Sekundärstromkreis einschließlich der Sekundärwicklung des Transformators und dem Schutzleiter des speisenden Primärnetzes hergestellt werden. Diese muß so bemessen sein, daß im Fehlerfall das bei der Errichtung vorgesehene Überstrom-Schutzorgan der Primärseite zeitgerecht anspricht.

Wenn jedoch unzulässig hohe Querströme auftreten, kann u. a. auch ein FI-Schutzschalter nach *Bild 9-34* eingebaut werden. Dabei muß jede Sekundärwicklung durch einen entsprechenden Widerstand *R* dauernd mit dem Schutzleiter verbunden sein. Dieser ist so zu bemessen, daß Querströme auf ein zulässiges Maß begrenzt werden. Der Fehlerstrom im Fehlerfall muß jedoch so groß bleiben, daß der FI-Schalter zeitgerecht anspricht.

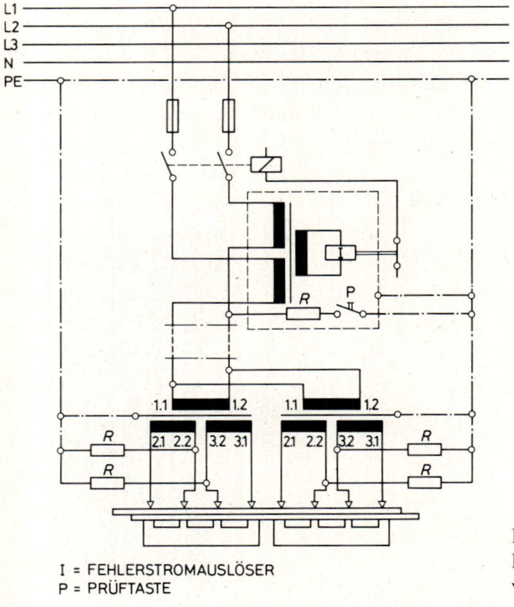

Bild 9-34:
FI-Schutzschalter für den Schutz von Schweißtransformatoren

9.3.8.8 Prüfungen

Die *Prüfung* der Fehlerstrom-Schutzeinrichtung beginnt mit dem Betätigen der durch P oder T gekennzeichneten Prüftaste. Man erfährt dadurch jedoch nur, ob der Schaltmechanismus arbeitet. Die Fehlerstrom-Schutzschaltung ist nach 12.4 zu prüfen.

9.3.9 Schutzisolierung
(DIN VDE 0100 Teil 410, DIN VDE 0106 Teil 1)

Durch eine zusätzliche Isolierung wird auch bei einem Fehler in der Basisisolierung von elektrischen Betriebsmitteln eine gefährliche Berührungsspannung verhindert.
Dies kann durch Verwenden von Betriebsmitteln der Schutzklasse II nach DIN VDE 0106 Teil 1 erreicht werden; Symbol ⧈ nach DIN 40 100 Teil 8. Auch Leitungen und Kabel ohne dieses Kennzeichen gelten als schutzisoliert, wenn sie in den entsprechenden Normen so bezeichnet sind.
Alle leitfähigen Teile eines Betriebsmittels, die von aktiven Teilen nur durch eine Basisisolierung (siehe 1.8) getrennt sind, müssen von einer isolierenden Umhüllung mindestens in Schutzart IP 2X umschlossen sein. Diese Umhüllung muß den mechanischen, elektrischen und Wärme-Beanspruchungen standhalten, die beim Betrieb auftreten. Lack- oder Emailüberzug, Oxidschicht oder Faserstoffumhüllungen (Gewebebänder, Isolierband), auch wenn sie getränkt sind, gelten in der Regel nicht als Schutzisolierung, es sei denn, eine entsprechende Prüfung wird nachgewiesen.
Wenn die Isolierstoffumhüllung nicht vorher geprüft wurde oder Zweifel an ihrer Wirksamkeit besteht, ist folgende Prüfung durchzuführen: Betriebsmittel, deren Nennspannung 500-V-Wechselspannung nicht überschreitet, müssen nach Installation und Anschluß während einer Minute einer Prüfspannung von 4000 V zwischen den aktiven Teilen und den äußeren Metallteilen, beispielsweise ihren Befestigungsteilen, ohne Überschlag oder Durchschlag standhalten. Die Frequenz der Prüfspannung muß der Betriebsfrequenz entsprechen. Diese Spannungsprüfung ist möglichst unmittelbar nach einer evtl. erforderlichen Prüfung zum Nachweis des Wasserschutzes durchzuführen.
Bei Schaltgeräte-Kombinationen kann der Elektro-Installateur gezwungen sein, die Schutzisolierung des Betriebsmittels selbst herzustellen und garantieren zu müssen. Hierbei sind einige Grundsätze zu beachten:
Man sollte stets Isolierumhüllung wählen. Sind Deckel oder Türen ohne Werkzeug zu öffnen, dann müssen die innerhalb befindlichen Geräte ihrerseits schutzisoliert sein, mindestens Schutzart IP 2X. Haben sie Metallgehäuse, dann muß dieses mit Isolierstoff, der nur mit Werkzeug entfernt werden kann, abgedeckt werden. Die Schutzisolierung darf an keiner Stelle von leitfähigen Bauteilen durchbrochen werden, die Spannung nach außen verschleppen könnten. Dabei ist auch der Fall zu prüfen, daß sich ein unter Spannung stehender Leiter von seiner Klemme lösen würde und dadurch z. B. an

metallene Schalterwellen, Wand- oder Deckelschrauben geraten könnte. Schutzisolierte Verteilungen sollten mindestens in Schutzart IP 40 gekapselt sein. Bei Prüfungen darf der Ableitstrom schutzisolierter Geräte 0,5 mA nicht überschreiten.
Leitfähige Teile innerhalb der Umhüllung dürfen nicht an einen Schutzleiter angeschlossen werden, wenn dies nicht in den Normen für die betreffenden Betriebsmittel ausdrücklich vorgesehen ist. Das schließt jedoch nicht aus, daß Anschlußmöglichkeiten für Schutzleiter vorgesehen sind, die zwangsläufig durch die Umhüllung durchgeschleift werden, weil sie für andere Betriebsmittel benötigt werden, deren Stromkreis ebenfalls durch die Umhüllung führt. Innerhalb der Umhüllung müssen solche Leiter und ihre Anschlußklemmen wie aktive Teile isoliert werden. Ihre Anschlußklemmen sind entsprechend zu kennzeichnen.
Die an einem Verbrauchsmittel fest angeschlossene bewegliche Leitung darf keinen Schutzleiter enthalten. Wird beim Instandsetzen eine dreiadrige Anschlußleitung verwendet, dann darf deren Schutzleiter nicht an das Verbrauchsgerät, wohl aber an den Schutzkontakt im Schutzkontakt-Stecker angeschlossen werden. Stecker, die mit der am Verbrauchsmittel fest angeschlossenen flexiblen Leitung ohne Schutzleiter ein unteilbares Ganze bilden, dürfen keine Schutzkontaktstücke haben (DIN 49 464).
Werden leitfähige Teile innerhalb der Umhüllung an einen Schutzleiter angeschlossen, dann gilt das Betriebsmittel nicht mehr als ein Betriebsmittel der Schutzklasse II. Diese Anschlußstelle ist mit dem Symbol ⏚ zu kennzeichnen und das Symbol ⧈ ist unkenntlich zu machen.
Schutzisolierung ist zwingend vorgeschrieben, z. B. für Handleuchten, Zählertafeln, Kleinverstärker, Spielzeugtransformatoren und ortsveränderliche Sicherheitstransformatoren.

9.3.10 Schutz durch nichtleitende Räume

In praktisch seltenen Fällen kann durch diese Schutzmaßnahme ein gleichzeitiges Berühren von Körpern verschiedenen Potentials verhindert werden *(Bild 9-35)*. Sie tritt an die Stelle der Standortisolierung.
In einem nichtleitenden Raum darf kein Leiter mit Schutzleiterfunktion vorhanden sein. Fußboden und Wände müssen isolieren. Der Mindestabstand zwischen Körpern oder zwischen Körpern und fremden leitfähigen Teilen muß 2,5 m betragen. Er kann außerhalb des Handbereichs auf 1,25 m herabgesetzt werden. Läßt sich dies nicht erreichen, dann sind die Körper durch Potentialausgleichsleitungen zu verbinden. Weder der Körper noch die fremden leitfähigen Teile oder die Potentialausgleichsleitung dürfen geerdet sein.

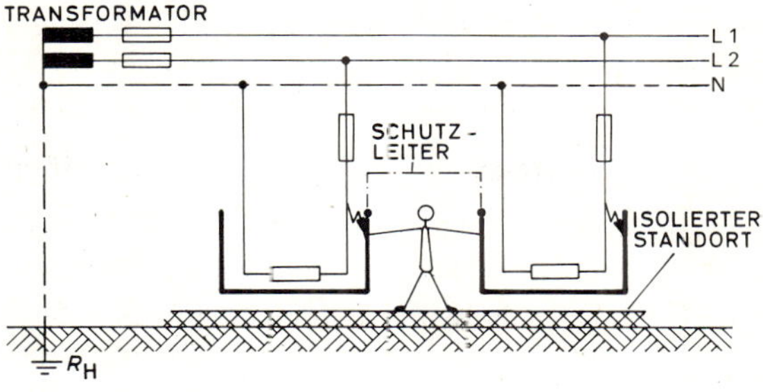

Bild 9-35: Zwei Geräte können vom isolierten Standort aus gleichzeitig berührt werden

Zwischen den Körpern oder zwischen Körper und fremden leitfähigen Teilen können Hindernisse, Abdeckungen oder Trennwände aus Isolierstoff angeordnet werden.
Fremde leitfähige Teile können auch isoliert oder isoliert angeschlossen werden. Die Isolierung muß ausreichende mechanische Festigkeit haben und einer Prüfspannung von mindestens 2000-V-Wechselspannung standhalten. Hierbei darf der Ableitstrom unter normalen Betriebsbedingungen 1 mA nicht überschreiten.
Der Widerstand von isolierenden Fußböden und isolierenden Wänden darf an keiner Stelle die folgenden Werte unterschreiten:
50 kΩ, wenn die Nennspannung 500-V-Wechselspannung bzw. 750-V-Gleichspannung nicht überschreitet,
100 kΩ, wenn die Nennspannung diese Werte überschreitet.
Liegt der Widerstand an einer Stelle unter dem festgelegten Wert, gelten die Böden und Wände im Sinne des Berührungsschutzes als fremde leitfähige Teile (Messen nach 12.9). Ziegelmauern gelten i. a. als nichtleitend, Beton- und Stahlbetonwände als leitend. In solchen Räumen genügt daher eine Messung des Fußboden-Widerstandes.
Der Schutz durch nichtleitende Räume darf nur dort angewendet werden, wo Schutz durch Abschalten oder Melden nicht durchgeführt werden kann oder nicht zweckmäßig ist.

9.3.11 Schutz durch erdfreien, örtlichen Potentialausgleich

Alle gleichzeitig berührbaren Körper und fremde leitfähige Teile müssen durch einen Potentialausgleichsleiter miteinander verbunden werden. Dieser darf keine Verbindung mit Erde haben.
Fremde leitfähige Teile wie Wasser- und Heizungsleitungen müssen durch Isoliermuffen vom Erdpotential getrennt oder mindestens 2,5 m von Teilen, die mit dem Potentialausgleichsleiter in Verbindung stehen, entfernt sein. Wände

und Böden müssen nichtleitend sein. Diese Schutzmaßnahme wird nur für Sonderfälle angewandt, so z. B. für Meßlabors, deren Meßanordnungen keine Verbindung zum Schutzleiter haben dürfen, um Störeinflüsse zu vermeiden. Wird der Raum zusätzlich abgeschirmt, so ist der Schirm (Metallfolie, Kupfergeflecht, usw.) in den örtlichen Potentialausgleich einzubeziehen. Gegenüber dem Fußboden bzw. den Wänden ist der Schirm zu isolieren, sofern es sich nicht um isolierende Fußböden und Wände nach 9.3.10. handelt. Nach Auftreten des ersten Fehlers nehmen alle an den örtlichen Potentialausgleich angeschlossenen Körper und fremde leitfähige Teile dieselbe Spannung gegen Erde an. Da der Potentialausgleich gegen Erde isoliert ist, kann keine gefährliche Berührungsspannung entstehen *(Bild 9-36)*.

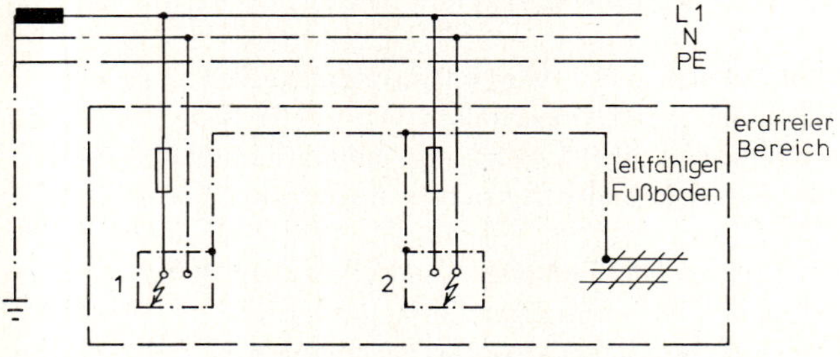

Bild 9-36: Schutz durch erdfreien örtlichen Potentialausgleich

Kommt ein zweiter Fehler hinzu, so müssen die Abschaltbedingungen nach 9.3.3.3 erfüllt sein oder der Potentialausgleichsleiter muß so dimensioniert werden, daß an ihm keine höhere Spannung als die zulässige Berührungsspannung von 50 V bzw. 25 V entstehen kann. Das heißt, der Leitungswiderstand des Potentialausgleichsleiters multipliziert mit dem Abschaltstrom der Schutzeinrichtung darf den Wert der zulässigen Berührungsspannung nicht überschreiten ($R_{PA} \times I_a \leqq U_L$).
Der Schutz durch erdfreien örtlichen Potentialausgleich darf nur dort angewendet werden, wo Schutzmaßnahmen, die ein Abschalten oder Melden bewirken, nicht durchgeführt werden können oder nicht zweckmäßig sind.

9.3.12 Schutztrennung

Bei Anwenden der Schutztrennung sollte das Produkt aus Nennspannung in V und Leitungslänge in m den Wert 100000 nicht überschreiten, wobei die Leitungslänge nicht größer als 500 m sein sollte. Bei einer Nennspannung von 400 V ist dann für drei- oder vieradrige Drehstromleitungen eine Länge von 250 m, für Wechselstromleitungen von 435 m zulässig.

Zur Versorgung wird ein Trenntransformator nach DIN VDE 0550 bzw. DIN VDE 0551 oder ein Motorgenerator nach DIN VDE 0530 vorgeschaltet. Trenntransformatoren sind durch das Zeichen  gekennzeichnet. Ortsveränderliche Trenntransformatoren müssen entweder „unbedingt kurzschlußfest“  oder „bedingt kurzschlußfest“  sein. Im letzteren Fall wird die Kurzschlußfestigkeit durch Schmelzsicherungen, Überstromselbstschalter oder dgl. erreicht, *die mit dem Gerät baulich vereinigt sein müssen*. Ortsveränderliche Transformatoren oder Motorgeneratoren müssen ferner mit fester Anschlußleitung ausgerüstet und schutzisoliert sein. Sie dürfen nur für *ein* Übersetzungsverhältnis gebaut sein. Bei *ortsfesten* Trenntransformatoren darf ein Wechsel der Primär- oder Sekundärspannungen (z. B. von 110 V auf 230 V) nur unter Zuhilfenahme von Werkzeugen möglich sein. Sie müssen entweder schutzisoliert oder so beschaffen sein, daß der Ausgang sowohl vom Eingang als auch von leitfähigen Gehäusen durch eine Isolierung getrennt ist, die einer Schutzisolierung entspricht. Wenn eine solche Stromquelle mehrere Betriebsmittel speist, so dürfen die Körper dieser Betriebsmittel nicht mit dem Metallgehäuse der Stromquelle verbunden werden. Die aktiven Teile des Sekundärstromkreises dürfen weder mit einem anderen Stromkreis noch mit Erde verbunden werden. Diese elektrische Trennung, die einer Schutzisolierung entsprechen muß, ist besonders notwendig zwischen den aktiven Teilen von Relais, Schützen, Hilfsschaltern und Teilen eines anderen Stromkreises. Es wird empfohlen, Stromkreise der Schutztrennung getrennt von anderen Stromkreisen zu verlegen.

Als bewegliche Leitungen sind Gummischlauchleitungen mindestens vom Typ H07RN-F zu verwenden. Sie müssen an allen Stellen, an denen sie mechanischen Beanspruchungen ausgesetzt sind, sichtbar sein.

Die Körper des Stromkreises mit Schutztrennung dürfen absichtlich weder mit Erde noch mit dem Schutzleiter oder den Körpern anderer Stromkreise verbunden werden.

Wenn die Schutzmaßnahme Schutztrennung im Hinblick auf eine besondere Gefährdung allein oder neben anderen Schutzmaßnahmen zwingend vorgeschrieben ist, darf an die Stromquelle nur *ein* Verbrauchsmittel angeschlossen werden *(Bild 9-37)*. Der Körper des Verbrauchsmittels darf nicht an einen Schutzleiter angeschlossen werden. Wenn der Standort des Benutzers metallisch leitend ist, z. B. in Kesseln, auf Stahlgerüsten, ist der Körper des zu schützenden Verbrauchsmittels mit dem Standort durch einen besonderen Leiter zu verbinden (mindestens 4 mm^2 Cu). Dieser Leiter muß außerhalb der Zuleitung sichtbar verlegt werden.

Wenn *mehrere Verbrauchsmittel* durch den Trenntransformator gespeist werden sollen, dann müssen deren Körper untereinander durch ungeerdete isolierte Potentialausgleichsleiter verbunden werden. Solche Leiter dürfen nicht mit den

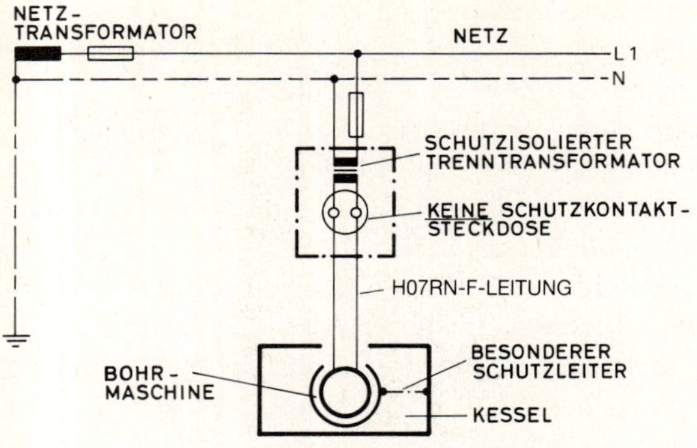

Bild 9-37: Schutztrennung

Schutzleitern oder Körpern von Stromkreisen anderer Schutzmaßnahmen oder mit fremden, leitfähigen Teilen verbunden sein. Es sind Steckdosen mit Schutzkontakt zu installieren, an den der Potentialausgleichsleiter anzuschließen ist. Demgemäß müssen alle beweglichen Leitungen (ausgenommen solche für schutzisolierte Betriebsmittel) einen Schutzleiter enthalten, der als Potentialausgleichsleiter zu verwenden ist. Es ist sicherzustellen, daß bei Auftreten von zwei Körperschlüssen in verschiedenen Außenleitern eine Schutzeinrichtung die Abschaltung mindestens *eines* Fehlers bewirkt (siehe 9.3.5.2).
Da die Schutztrennung nur wirksam ist, solange die Isolierung der Sekundärseite fehlerfrei ist, sollte die Isolation der Leitungen und Werkzeugmaschinen täglich von einem Fachmann überprüft werden.
Schutztrennung wird auch vielfach in *Baderäumen* für Rasiersteckdosen verwendet.
Baustellen-Trenntransformatoren für Handwerkszeuge, wie Hand-Naßschleifmaschinen, sollten abseits vom Arbeitsplatz möglichst in der Nähe des Baustellenverteilers stehen, um das Auftreten einer Berührungsspannung zu verhüten, die von einer schadhaften Netzanschlußleitung (z. B. 3 × 400 V) herrühren könnte. Die Gehäuse sind meist spritzwassergeschützt, schutzzwischenisoliert und durchzugbelüftet. Durch Verwenden einer CEE-Spezialsteckvorrichtung zwingt man den Betreiber, sich der Schutztrennung zu bedienen.
Prüfung: Mit Hilfe eines Spannungsmessers ist festzustellen, ob die Sekundärspannung 230 V bei Wechselstrom bzw. 400 V bei Drehstrom nicht überschreitet. Mit einem Isolationsmesser ist zu messen, ob der Sekundärstromkreis erdschlußfrei ist. Der Isolationswiderstand muß mindestens den 1000-fachen Betrag der sekundären Nennspannung ergeben, also z. B. 400 000 Ω. Weiterhin ist zu prüfen, ob die Stromquellen, die Steckvorrichtungen und Leitungen richtig ausgewählt sind.

9.3.13 Ausnahmen

Schutzmaßnahmen bei indirektem Berühren werden nicht gefordert.

9.3.13.1 Verteilungsnetz

Im Verteilungsnetz brauchen Stahl- und Stahlbetonmaster sowie Dachständer bei indirektem Berühren keine zusätzlichen Schutzmaßnahmen. Man kann jedoch die Standfläche isolieren. Für Kabelverteilerschränke eignet sich am besten die Schutzisolierung.

9.3.13.2 Straßenbeleuchtungsmasten

An Straßenbeleuchtungsmasten sind bisher keine Unfälle bekanntgeworden. Man wird als Zuleitung zur Leuchte z. B. NYY-Kabel ungeschnitten von der Kabelmuffe aus hochführen. In den Mast einzubauende Schalt-, Steuer- oder Sicherungsgeräte wird man schutzisoliert wählen. Schutzisolierte Ansatz- oder Aufsatzleuchten gibt es neuerdings ebenfalls.

9.3.13.3 Hausanschlußkästen und Zähler

Hausanschlußkästen in Freileitungsnetzen dürfen weder an einen Schutzleiter noch PEN-Leiter angeschlossen werden.
Hausanschlußkästen in Kabelnetzen und Betriebsmittel der öffentlichen Stromversorgung zum Messen elektrischer Arbeit und Leistung, z. B. Zähler, brauchen keine zusätzlichen Schutzmaßnahmen. Sie dürfen jedoch z. B. an den PEN-Leiter angeschlossen werden, wenn die Abschaltbedingungen erfüllt sind. Am besten eignet sich die Schutzisolierung, die für Zählerschränke nach DIN VDE 0603 und für Kleinverteiler nach DIN VDE 0659 vorgeschrieben ist. Zähler nach DIN VDE 0418 gelten als schutzisoliert.

9.3.13.4 Leitungen und Kabel (bis 1000 V)

Metallrohre mit Auskleidungen, Metallrohre zum Schutz von Mehraderleitungen oder Kabeln, Metalldosen mit Auskleidungen (Unterputzdosen, Verbindungs- und Abzweigdosen), Metallumhüllungen oder Metallmäntel von Leitungen sowie Bewehrungen von Leitungen oder Kabeln brauchen *nicht* in eine zusätzliche Schutzmaßnahme einbezogen zu werden, sofern die Kabel nicht im Erdreich verlegt sind.

Metallrohre ohne isolierende Auskleidung sind dagegen in eine Schutzmaßnahme einzubeziehen, sofern nicht schutzisolierte Leitungen (vgl. 4.1) oder Kabel verlegt werden.

9.3.13.5 Kleingeräte

Körper von Betriebsmitteln, die so klein (Maße etwa 50 mm × 50 mm) oder so angebracht sind, daß sie nicht umgriffen werden oder in nennenswerten Kontakt mit Teilen des menschlichen Körpers kommen können, brauchen nicht in Schutzmaßnahmen bei indirektem Berühren einbezogen zu werden.
Beispiele: Schrauben, Bolzen, Niete, Schilder, Kabelschellen.

9.3.14 Überlagerung mehrerer Netze

In größeren Gewerbebetrieben findet man nicht selten mehrere voneinander getrennte Verbrauchernetze unterschiedlicher Stromart und Spannung. Sie dienen der Verteilung, der Speisung von Motoren und Beleuchtung, der Steuerung, galvanischen Betrieben usw. Ein Teil der Netze mag geerdet, der andere ungeerdet betrieben werden.
Hinsichtlich der zu wählenden Schutzmaßnahmen gegen zu hohe Berührungsspannung muß jedes Netz für sich betrachtet werden. Dabei kann sich herausstellen, daß sich für das eine das TN-Netz, für ein anderes das IT-Netz und für ein drittes die Schutzkleinspannung am besten eignet. Jede der gewählten Maßnahmen ist dann für sich und unbeirrt von den Nachbarnetzen durchzuführen.
Eines aber gilt immer: der Potentialausgleich. Alle Stahlkonstruktionen, Stahlrohrsysteme, Fundamente, Erder sind durch verzinkten Bandstahl (z. B. 2,5 × 20 mm) gut leitend miteinander zu verbinden. Dieses Erdungssystem dient sowohl zum betriebsmäßigen Erden von Netzen oder Einzelstromkreisen (Betriebserde) als auch zum Anschluß aller Schutzleiter. Dabei ist es unerheblich, ob die angeschlossenen Schutzleiter zu einem TN- oder TT-Netz, einem IT-Netz oder Fehlerstrom-Schutzschaltung gehören.
Der Erdungswiderstand dieses Erdungssystems sollte 2 Ω nicht überschreiten, eine Forderung, die praktisch immer erfüllt ist. Sind Betriebsmittel eines Hochspannungsnetzes in den Potentialausgleich einbezogen, dann muß der Erdungswiderstand so niedrig sein, daß der Erdschlußstrom auf der Hochspannungsseite am Erdungswiderstand keinen höheren Spannungsfall als 50 V hervorruft, was in der Praxis unschwer zu erreichen ist.

9.4 Schutz sowohl gegen direktes als auch bei indirektem Berühren

Schutzmaßnahmen, die Spannung, Strom oder Kapazität auch im einfachen Fehlerfalle so begrenzen, daß keine Gefahr für Personen beim Berühren aktiver Teile entstehen kann, gewähren einen Schutz sowohl gegen direktes als auch bei indirektem Berühren. Dies ist bei der „Schutzkleinspannung" 25 V~ 60 V– und bei der „Begrenzung der Entladungsenergie" der Fall. Bei Spannungen bis 50 V~ und 120 V– wird dieser Schutz in Verbindung mit einer einfachen Isolierung erreicht, die in der Regel den Schutz gegen direktes Berühren gewährt, bei deren Versagen jedoch keine unmittelbare Gefahr entsteht.

9.4.1 Schutzkleinspannung (Geräte der Schutzklasse III)

Auf Grund eines Beschlusses der IEC soll anstatt des Begriffs Schutzkleinspannung das Kunstwort SELV international eingeführt werden. Der Begriff wurde abgeleitet von „safety extra-low voltage". Der volle Ausdruck soll jedoch nicht angewendet werden. Die Schutzkleinspannung (SELV) zeichnet sich durch folgende Merkmale aus:

Durch einen Sicherheitstransformator nach DIN VDE 0551, Motorgenerator mit getrennt voneinander angeordneten Wicklungen, oder Akkumulatoren u. a. wird eine ungefährliche Nennspannung bis 50 V~ bzw. 120 V– ungeerdet erzeugt, also eine Schutzmaßnahme, deren Wirksamkeit weder von einer intakten Zuleitung noch von einem unbeschädigten Gehäuse abhängt. Leider liegt die Grenze ihrer Anwendung aus technischen und wirtschaftlichen Gründen bei etwa 1 kW Leistung. Das Symbol an Verbrauchsmitteln für Schutzkleinspannung ist .

Wenn die Nennspannung 25 V~ bzw. 60 V– überschreitet, muß ein Schutz gegen direktes Berühren sichergestellt werden. Der Schutz ist durch Abdekkung, Umhüllung in Schutzart IP 2X oder Isolierung, die einer Prüfspannung von 500 V~ eine Minute standhält, zu gewährleisten. Fernmeldeleitungen wie Klingeldrähte erfüllen bezüglich ihrer Isolierung diese Anforderungen.

Bei bestimmten Umgebungsbedingungen, so z. B. in Räumen mit Badewanne oder Dusche, in Schwimmanlagen, in Saunen, in begrenzten leitfähigen Räumen oder in feuer- und explosionsgefährdeten Bereichen, ist dieser Schutz gegen direktes Berühren auch unter 25 V~ oder 60 V – erforderlich.

Ortsveränderliche Sicherheitstransformatoren müssen schutzisoliert ausgeführt sein.

Sicherheitstransformatoren tragen das Bildzeichen .

Nach der Art der Kurzschlußfestigkeit wird unterschieden in:

- kurzschlußfeste Transformatoren (bedingt oder unbedingt), Bildzeichen
- nicht kurzschlußfeste Transformatoren, Bildzeichen .

Unbedingt kurzschlußfeste Transformatoren benötigen keinerlei Schutzeinrichtung zur selbsttätigen Öffnung des Eingangs- oder Ausgangsstromkreises im Falle der Kurzschließung oder Überlastung.
Die bedingt kurzschlußfesten Transformatoren enthalten eine Schutzeinrichtung (z. B. Sicherung oder Temperaturbegrenzer), für den Kurzschluß- und Überlastfall. Werden sie durch Sicherungen geschützt, so ist der Nennstrom der enthaltenen Sicherung auf dem Leistungsschild angegeben.
Nicht kurzschlußfeste Transformatoren müssen mittels einer Schutzeinrichtung in der Installation gegen übermäßige Temperaturerhöhung geschützt werden. Ortsveränderliche Sicherheitstransformatoren müssen unbedingt oder bedingt kurzschlußfest sein.
Zu den Sicherheitstransformatoren nach DIN VDE 0551 zählen auch die im folgenden beschriebenen Transformatoren.
Spielzeugtransformatoren werden bis 24 Volt gebaut. Sie müssen mit dem Symbol gekennzeichnet und „unbedingt kurzschlußfest" oder „bedingt kurzschlußfest" sein, jedoch sind Sicherungen nicht zulässig. Sie *müssen* schutzisoliert oder mit Isolierstoff ausgekleidet sein. Die Gehäuse müssen so gestaltet sein, daß man auch mit einem Draht von 0,5 mm Stärke keine blanken Kontakte der Netzspannung erreichen kann. Das Gehäuse darf ferner mit Werkzeugen, die in die Hände von Kindern kommen können (Zangen, Schraubenzieher usw.), nicht zerlegt werden können. Die Primärwicklung darf nicht angezapft und ortsveränderliche Spielzeugtransformatoren müssen mit fester Anschlußleitung ausgerüstet sein. Die Leerlaufspannung darf 33 V nicht überschreiten.
Handleuchtentransformatoren sind ortsveränderliche Sicherheitstransformatoren zur Speisung einer Handleuchte. Sie tragen das Symbol und sind schutzisoliert. Sie müssen spritzwassergeschützt oder wasserdicht sein. Als festangeschlossene Zuleitung ist mindestens eine solche des Typs H05 RN-F zu wählen.
Klingeltransformatoren siehe 15.2.
Den Stromquellen für Schutzkleinspannung sind gleichgestellt elektronische Geräte, bei denen sichergestellt ist, daß beim Auftreten eines Fehlers im Gerät die Spannung an den Ausgangsklemmen und gegen Erde nicht höher ist als 50 $\mathrm{V}_{\sim}$ bzw. 120 V_{-}. Höhere Spannungen an den Ausgangsklemmen sind jedoch zulässig, wenn sichergestellt ist, daß bei Berühren von aktiven Teilen oder von Körpern fehlerbehafteter Betriebsmittel die Spannung an den Ausgangsklem-

men unverzögert ($< 0{,}2\,\mathrm{s}$) und unmittelbar, d. h. ohne Abschaltung durch eine Schutzeinrichtung, auf höchstens 50 $V_{\sim}$ oder 120 V_{-} herabgesetzt wird.
Bei Schutzkleinspannung kann der Fehlerstrom, der im Menschen fließen könnte, in der Regel nicht größer als $I_F = \dfrac{50\,\mathrm{V}}{1300\,\Omega} = 0{,}04\,\mathrm{A} = 40\,\mathrm{mA}$ werden. Es entfallen besondere Abschalteinrichtungen. Schutzleiter und Erdungen sind verboten. Dagegen werden besondere Steckvorrichtungen gefordert, damit die Stecker niemals in Dosen für höhere Spannungen oder Dosen für Funktionskleinspannung (siehe 9.4.2) eingeführt werden können. Um die Sicherheit zu erhöhen, sollte das Installationsmaterial der Kleinspannung für Reihenspannung 250 V isoliert sein (ausgenommen Spielzeug und Fernmeldegeräte). Stromkreise für Schutzkleinspannungen sind von anderen Stromkreisen getrennt zu verlegen. Wenn dies nicht möglich ist, müssen die Adern des Kleinspannungs-Stromkreises in einem Isolierstoffmantel geführt oder durch einen geerdeten Metallmantel von den anderen Stromkreisen getrennt sein. Sind Stromkreise verschiedener Spannung in mehradrigen Kabeln oder Leitungen, dann müssen die Adern der Kleinspannung einzeln oder gemeinsam mit einer Isolierung versehen sein, die der höchsten vorkommenden Betriebsspannung entspricht.
Die *Prüfung* der Schutzkleinspannung umfaßt auch eine Isolationsmessung des Stromkreises gegen Erde mit einer Gleichspannungs-Prüfspannung von mindestens 250 V. Der Isolationswiderstand muß wenigstens 0,25 MΩ betragen. Anschließend ist eine Isolationsmessung gegen Anlagen höherer Spannung durchzuführen, um festzustellen, ob keine leitende Verbindung vorhanden ist. Die Prüfspannung ist entsprechend der Anlage mit der höheren Spannung zu wählen. Die Messung muß einen Widerstand von mindestens dem 1000-fachen Betrag der oberspannungsseitigen Nennspannung ergeben, also zum Beispiel 400 000 Ω. Der Ableitstrom von Geräten der Schutzklasse III darf 0,5 mA nicht überschreiten. Es ist ferner zu prüfen, ob die Stromquellen, die Steckvorrichtungen und Leitungen richtig ausgewählt sind und die Spannung weniger als 50 V bzw. 25 V beträgt.

9.4.2 Funktionskleinspannung

Begriff

Funktionskleinspannung ist eine Schutzmaßnahme, bei der die Stromkreise mit Nennspannungen bis 50 V Wechselspannung bzw. 120 V Gleichspannung betrieben werden, die aber nicht die an die Schutzkleinspannung gestellten Forderungen erfüllt. Z. B. kann ein Punkt des Kleinspannungsstromkreises geerdet sein, oder der Stromkreis enthält Betriebsmittel, wie Transformatoren, Relais, Fernschalter oder Schütze, die gegenüber Stromkreisen höherer Spannung nicht so isoliert sind, wie dies für Schutzkleinspannung gefordert ist.

Je nach dem, ob die erforderliche elektrische Trennung des Kleinspannungsstromkreises von Stromkreisen höherer Spannung dieselben Anforderungen wie beim Schutz durch Schutzkleinspannung erfüllt oder nicht, wird unterschieden in:

- Funktionskleinspannung mit sicherer Trennung und
- Funktionskleinspannung ohne sichere Trennung.

Durch die Schutzmaßnahme Funktionskleinspannung wird ein Schutz sowohl gegen direktes als auch bei indirektem Berühren hergestellt.

Die Funktionskleinspannung mit sicherer Trennung wird in Zukunft international mit dem Kunstwort PELV bezeichnet, die Funktionskleinspannung ohne sichere Trennung mit FELV. Abgeleitet wurden die Begriffe von protective bzw. functional extra-low voltage. Der volle Ausdruck soll jedoch nicht angewendet werden.

Funktionskleinspannung mit sicherer Trennung (PELV)

Alle Anforderungen an eine sichere Trennung sind wie bei der Schutzkleinspannung zu erfüllen. Ausgenommen ist lediglich das Verbot, aktive Teile des Kleinspannungs-Stromkreises mit Erde bzw. Schutzleiter zu verbinden.

Der Schutz gegen direktes Berühren ist durch Abdecken oder Umhüllen in Schutzart IP 2X oder Isolierung aktiver Teile herzustellen. Die Isolierung muß einer Prüfspannung von 500-V-Wechselstrom während 1 min standhalten.

Ein Schutz bei indirektem Berühren ist darüber hinaus nicht erforderlich *(Bild 9-38)*.

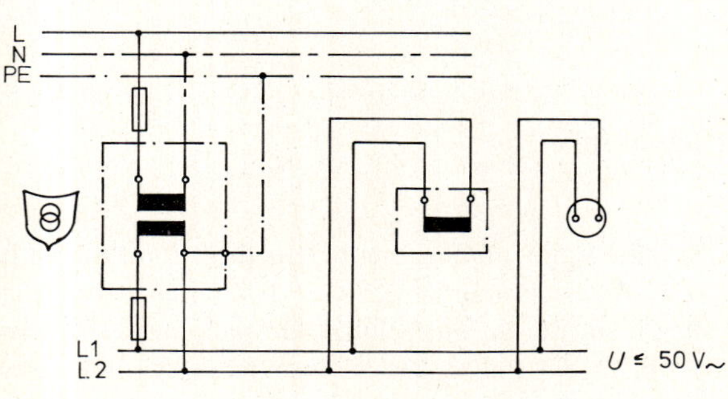

Bild 9-38: Funktionskleinspannung mit sicherer Trennung

Funktionskleinspannung ohne sichere Trennung (FELV)

Wenn der Kleinspannungsstromkreis aus einem Steuertransformator (Symbol) gespeist wird, d. h., aus einem Transformator mit getrennten Wicklungen, der jedoch nicht den Anforderungen eines Sicherheitstransformators nach DIN VDE 0551 entspricht, oder durch andere Betriebsmittel eine sichere Trennung nicht zu erreichen ist, so ist für den Schutz bei indirektem Berühren der Körper der Betriebsmittel an den Schutzleiter des Primärstromkreises anzuschließen *(Bild 9-39)*.

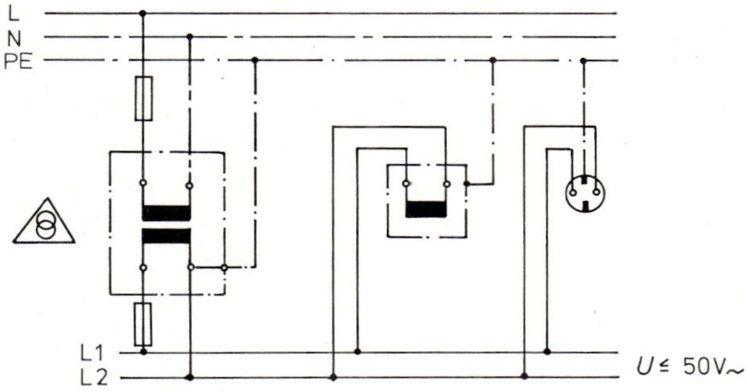

Bild 9-39: Funktionskleinspannung ohne sichere Trennung

Die Abschaltbedingungen im Fehlerfalle müssen dabei nicht erfüllt sein. Der Schutz gegen direktes Berühren ist durch Abdeckungen oder eine dem Primärstromkreis entsprechende Isolierung zu gewährleisten.

Sonstige Anforderungen und Anwendungen

Stecker und Steckdosen innerhalb von Funktionskleinspannungs-Stromkreisen müssen unverwechselbar, auch gegenüber Schutzkleinspannungssystemen, sein. Unverwechselbarkeit zwischen Steckvorrichtungen für Funktionskleinspannung mit sicherer Trennung und solchen für Funktionskleinspannung ohne sichere Trennung ist dagegen nicht notwendig.

Wenn Kleinspannung aus einer höheren Spannung über Einrichtungen wie Spartransformatoren, Potentiometer, Halbleiterbauelemente und dergleichen erzeugt wird, so gilt der Sekundärstromkreis als Teil des Primärstromkreises und sollte durch die Schutzmaßnahme geschützt werden, die im Primärstromkreis angewendet wird.

Angewendet wird die Funktionskleinspannung u. a. in Steuer- und Hilfsstromkreisen mit Wechselspannungen bis 50 V. In den früher geltenden VDE-Bestimmungen wurden für über Steuertransformatoren betriebene Stromkreise mit Spannungen bis 65 V keine Schutzmaßnahmen gefordert. Mit Inkrafttreten von DIN VDE 0100 Teil 410 müssen für Hilfsstromkreise, die über Steuertransformatoren mit Spannungen bis 50 V gespeist werden, die vorgenannten Bedingungen für die Funktionskleinspannung erfüllt sein.

9.4.3 Begrenzung der Entladungsenergie

Nach den Durchführungsanweisungen zur Unfallverhütungsvorschrift „Elektrische Anlagen und Betriebsmittel" (VBG 4) darf an Anlagen, deren Kurzschlußstrom höchstens 3 mA bei Wechselstrom oder 12 mA bei Gleichstrom bzw. deren Energie nicht mehr als 350 mJ beträgt, an aktiven Teilen gearbeitet werden. Bei den genannten Werten können die bei einer Berührung durch den menschlichen Körper fließenden Ströme oder Energien keine Gefährdung bewirken.

Können an elektrisch aktiven Teilen keine höheren Werte als die genannten auftreten, so erübrigen sich weitere Maßnahmen für den Schutz gegen direktes und bei indirektem Berühren. Weitere Bestimmungen sind in Bearbeitung und werden nach Abschluß der Arbeiten in die DIN VDE 0100 Teil 410 aufgenommen.

Bedeutung findet diese Schutzmaßnahme in Informationsverarbeitungsanlagen, die mit höheren Spannungen als 50 $V_{\sim}$ arbeiten, jedoch mit kleinen Strömen bzw. Energien.

10 Vorbeugender Brandschutz

Der vorbeugende Brandschutz umfaßt Maßnahmen zur Verhinderung eines Brandausbruchs und einer Brandausbreitung sowie zur Sicherung der Rettungswege.
Die elektrische Anlage ist für den vorbeugenden Brandschutz in jeder Hinsicht von grundlegender Bedeutung. Durch sie werden neben der Brandstiftung die meisten Brände verursacht (siehe 10.1). Im Brandfall trägt die elektrische Anlage durch ihr weitverzweigtes Leitungsnetz vielfach zur Brandausbreitung bei (siehe 10.2). Zur Sicherung der Rettungswege müssen diese von brennbaren Materialien, wie sie z.B. Leiterisolierungen darstellen, freigehalten werden (siehe 10.3). Die elektrische Versorgung notwendiger Sicherheitseinrichtungen wie Feuerlöschanlagen, Feuerwehraufzüge, Rauchabzugseinrichtungen, Sicherheitsbeleuchtung, muß so aufgebaut werden, daß sie im Brandfall über einen geforderten Zeitraum hinweg funktionstüchtig bleibt (siehe 10.4).

10.1 Brandgefahren

Die Anforderung von DIN VDE 0100 Teil 420, wonach elektrische Anlagen keine Brandgefahr für die Umgebung darstellen dürfen, steht im Widerspruch zur Brandschadenstatistik, die die elektrische Anlage neben der Brandstiftung als die häufigste Brandursache ausweist. Isolationsfehler, mangelhafte Kontaktgabe, Überlast und unzureichende Wärmeabfuhr sind dabei im allgemeinen die Zündquellen. Für die Entstehung eines Brandes ist die auftretende Leistung und die Umgebung der Fehlerstelle aus brennbarem Material von Bedeutung. Eine Fehlerleistung von mehr als 60 W wird im allgemeinen als gefährlich angesehen. Jedoch können auch kleinere Leistungen bei unzureichender Wärmeabfuhr zu Entzündungen führen. Bereits eine Energie von 10 Ws kann für feste leicht entzündliche Stoffe ausreichen.
Die Fehlerleistung bei einem Isolationsfehler ist abhängig vom Quadrat des Fehlerstromes und vom Widerstand an der Fehlerstelle. Der „Schutz bei indirektem Berühren" (siehe 9.3) und der „Schutz bei Kurzschluß" (siehe 4.5) gehen von der Annahme aus, daß der Übergangswiderstand an der Fehlerquelle gleich Null ist. In der Praxis ist jedoch stets ein Übergangswiderstand vorhanden. Zum Beispiel sei der Übergangswiderstand bei einem Isolationsfehler 200 Ω. Der Fehlerstrom beträgt dann etwa 1,15 A ($U_0 = 230$ V). Die Fehlerleistung errechnet sich aus $I_F^2 \cdot R_F$, sie beträgt somit 264 W, ein Wert, der benachbartes brennbares Material entzünden könnte.

Bei einer mangelhaften Kontaktgabe, z.B. durch eine lose Klemmverbindung, kann ebenso eine gefährliche Fehlerleistung entstehen. Hier sei im Beispiel der Kontaktwiderstand 0,1 Ω. Der Betriebsstrom betrage 25 A. Die Fehlerleistung ($I_B^2 \cdot R_K$) ist dann 62,5 W; ein durchaus gefährlicher Wert.
Überlast führt dagegen im allgemeinen zu keinen Temperaturen, die Materialien entzünden. Jedoch können durch Überlast Temperaturen auftreten, die die Isoliereigenschaften von Isolierstoffen zerstören, was wiederum zu gefährlichen Isolations-Fehlerströmen führen kann.
Eine häufige unmittelbare Brandursache stellen dagegen leistungsintensive Verbrauchsmittel, wie Leuchten, Wärmegeräte, dar, die durch entzündliche Stoffe abgedeckt oder in unzulässiger Nähe von entzündlichen Stoffen angebracht werden.

10.1.1 Schutz gegen Brände (DIN VDE 0100 Teil 420)

Der beste Schutz ist die richtige Auswahl, die ordnungsgemäße Installation und das vorschriftsmäßige Betreiben der elektrischen Anlagen. Die meisten Brandgefahren lassen sich dadurch ausschließen. Der Schutz gegen Brände als Folge gefährlicher Isolationsfehler, wird jedoch derzeit in den VDE-Bestimmungen nur für feuergefährdete Betriebsstätten geregelt (siehe 11.7). Ansonsten begnügen sich die VDE-Bestimmungen mit dem „Schutz von Kabeln und Leitungen bei Überstrom" (siehe 4.4 und 4.5). Ein Schutz gegen Brände wird damit nur bedingt erreicht. Zum Verhüten von Bränden durch Entzünden an Stellen mit Isolationsfehlern sollte deshalb wo immer möglich den Kabeln und Leitungen Fehlerstrom-Schutzeinrichtungen mit einem Nennfehlerstrom kleiner gleich 0,3 A vorgeschaltet werden. In Fällen, in denen der Fehlerstelle Impedanzen von Verbrauchsmitteln, z.B. Heizleiter, vorgeschaltet sind, sollte der Nennfehlerstrom der Schutzeinrichtung nicht größer als 30 mA sein. Alternativ zu einer Fehlerstrom-Abschalteinrichtung lassen sich Fehlerstrom-Meldeeinrichtungen verwenden. Die Meldeeinrichtung sollte grundsätzlich bereits bei Werten von kleiner gleich 30 mA ansprechen. Nach Meldung muß der Fehler unverzüglich beseitigt werden.
Betriebsmittel müssen so angeordnet und angebracht werden, daß weder die im Betrieb noch die im Überlastungsfall auftretenden Temperaturen eine Brandgefahr darstellen. Können festeingebaute Betriebsmittel gefährliche Oberflächentemperaturen erreichen, müssen sie durch Werk- oder Baustoffe niedriger Wärmeleitfähigkeit von brennbaren Teilen der Gebäudekonstruktion abgeschirmt werden.

Im allgemeinen sind Oberflächentemperaturen von 200 °C und mehr als gefährlich anzusehen. Erst bei diesen Temperaturen können normalentflammbare Baustoffe (siehe 1.16) entzündet werden. Besteht die Gefahr, daß sich leicht entflammbare Baustoffe oder brennbare Stäube und Fasern dem elektrischen Betriebsmittel nähern, können bereits Oberflächentemperaturen über 115 °C gefährlich werden. Zur Abschirmung der heißen Teile von der brennbaren Umgebung eignen sich z.B. Fiber-Silikatplatten. Auf eine sichere Ableitung der Wärme ist zu achten. Nötigenfalls sind die Betriebsmittel zusätzlich zu belüften.
Ist mit dem Austreten von Lichtbögen oder Funken zu rechnen, z.B. offene Schaltanlagen, dann ist das Betriebsmittel von brennbaren Bauteilen, z.B. durch eine 20 mm dicke Fiber-Silikatplatte, abzuschirmen.
Betriebsmittel, die zur Befestigungsfläche hin offen sind, dürfen grundsätzlich nicht unmittelbar auf normal entflammbare Baustoffe bzw. Bauteile angebracht werden. Zur Befestigungsfläche hin offene Steckdosen, Abzweigdosen usw. müssen hier mit einer Unterlage, z.B. aus 1,5 mm starkem schwer entflammbarem Isolierstoff, hinterlegt werden. Neben den genannten Festlegungen müssen die Montageanweisungen des Herstellers beachtet werden. Für die Montage von Leuchten und Elektrowärmegeräten sind die Festlegungen von 7.2 und 7.3 zu beachten.

10.2 Führung von elektrischen Leitungen durch Wände und Decken

Gemäß § 37 Absatz 1 der Musterbauordnung dürfen Leitungen durch Brandwände, durch Treppenraumwände sowie durch Trennwände und Decken, die feuerbeständig sein müssen, nur hindurchgeführt werden, wenn eine Übertragung von Feuer und Rauch nicht zu befürchten ist oder Vorkehrungen hiergegen getroffen sind. Diese Anforderung der Musterbauordnung wurde durchwegs in das jeweilige Länderbaurecht übernommen. Der Schutz kann durch Abschottung oder durch Führung der Leitungen in feuerbeständigen Installationsschächten bzw. -kanälen erreicht werden.

Abschottungen

Werden elektrische Leitungen außerhalb von feuerbeständigen Installationsschächten bzw. -kanälen durch oben aufgezählte Wände oder Decken geführt, so ist der Raum zwischen den Leitungen und den umgebenden Bauteilen mit nicht brennbaren Baustoffen, z.B. mit Mörtel oder Beton, vollständig zu

verschließen. Die Abschottung muß einen sicheren Rauch- und Feuerabschluß gewährleisten. Der Verschluß muß deshalb über die gesamte Wand- bzw. Deckenstärke erfolgen. Anstatt Mörtel oder Beton können auch Mineralfasern verwendet werden, wenn deren Schmelztemperatur mindestens 1000 °C beträgt.
Werden mehrere Leitungen gebündelt durch eine Wand oder Decke geführt, so ist im allgemeinen ein vollständiges Verschließen durch Mörtel, Beton oder Mineralfasern nicht mehr möglich, da sich infolge der Leitungsbündelung sogenannte Zwickel zwischen den Leitungen bilden, die durch die genannten Stoffe nicht ordnungsgemäß ausgefüllt werden. Hier sind dann Abschottungen erforderlich, die eine Feuerwiderstandsdauer von mindestens 90 Minuten haben (*Bild 10-1*). Die Brauchbarkeit der Abschottung muß durch eine allgemeine bauaufsichtliche Zulassung nachgewiesen sein.

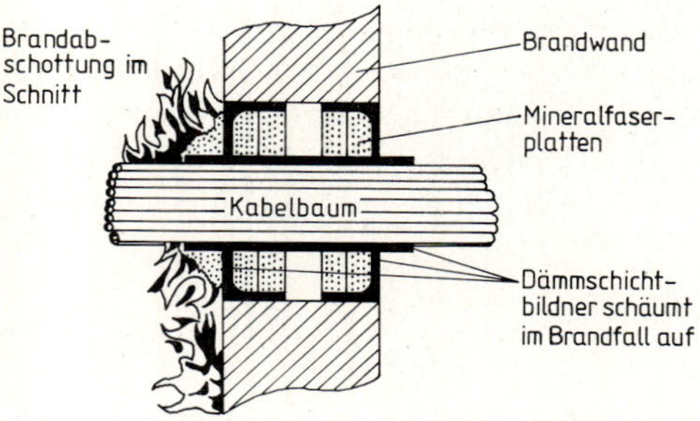

Bild 10-1: Abschottung von Kabeldurchführungen

Die Prüfungen von Kabelschotts werden nach den „Prüfrichtlinien für Abschottungen von Kabeldurchführungen" von den Materialprüfungsämtern durchgeführt. Die dabei zugelassenen Kabelschotts erhalten ein Prüfzeichen. Der Elektro-Installateuer muß das von ihm angebrachte Kabelschott kennzeichnen.
Ganz allgemein werden an die Abschottungssysteme für Leitungen und Kabel folgende Anforderungen gestellt:

1. Die Durchbrüche müssen so abgeschottet sein, daß unabhängig vom Grad der Belegung mit Kabeln und unabhängig davon, von welcher Seite das Feuer einwirkt, eine Brandübertragung in andere Brandabschnitte oder Geschosse verhindert wird. Das bedeutet, daß bei den Brandversuchen nach DIN 4102 Teil 2
   - der Raumabschluß gewahrt bleibt,
   - auf der dem Feuer abgekehrten Seite an keiner Stelle der Abschottung, der Halterung, des Kabelmantels und ggf. der Kabelpritsche eine Temperaturerhöhung von mehr als 180 K – im Mittel aller Meßwerte von mehr als 140 K – auftritt;

- zu Beanstandungen wegen Brandnebenerscheinungen (Rauchdurchlässigkeit, Rauchentwicklung, Entwicklung toxischer Gase usw.) kein Anlaß besteht.

2. Eine spätere Nach- oder Neubelegung (Reserveschott) muß möglich sein. Die dazu erforderlichen Maßnahmen dürfen die Schutzwirkung der Abschottung nicht mindern.
3. Die Kabeltragekonstruktion ist so auszubilden, daß eine zusätzliche mechanische Beanspruchung der Abschottung, z. B. durch Verwerfen von Kabelpritschen infolge von Wärmespannungen, nicht auftreten kann (z. B. Kabelpritschen nicht durch das Schott hindurchführen!).
4. Bei Deckenschotts muß das anteilige Gewicht der Kabel oberhalb und unterhalb der Decken so aufgenommen werden, daß die Wirksamkeit dieser Halterung mindestens während der für das Schott ermittelten Feuerwiderstandsdauer nach DIN 4102 gewährleistet ist, d. h., wenn die Kabel oberhalb des Schotts verbrannt sind, muß sichergestellt sein, daß die unterhalb des Schotts befindlichen Kabel durch ihr Gewicht nicht aus dem Schott herausgerissen werden und somit das Schott aufreißen.
5. Beim Einbau sind die im Prüfungsbericht des Kabelschotts enthaltenen Bedingungen über
   - Bauart und Mindestdicke der Wand bzw. Decke, mit der das Brandverhalten der Kabelabschottung festgestellt wurde,
   - Bauart, Mindestdicke und maximale Belegungsdichte der Abschottung,
   - mechanisches Verhalten, Brandnebenerscheinungen der Abschottung,
   - Art und Querschnitt der Kabel, für die die Schutzwirkung der Abschottung nachgewiesen wurde,
   - Konstruktion der Kabelunterstützung,
   - ggf. Art und Verwendung von Brandschutzbeschichtungen,

   zu beachten.

10.3 Leitungsanlagen in Treppenräumen und Fluren

Zur Sicherung der Rettungswege sind diese möglichst frei von Brandlast zu halten.

Die Isolierung der meistverwendeten Leitungen (z. B. NYM) besteht jedoch aus normal entflammbarem Weich-PVC. Beim Verbrennen von einem Kilogramm Weich-PVC entsteht etwa 360 g Chlorwasserstoffgas, das sich in Wasser (z. B. Löschwasser) zu etwa 1 Liter konzentrierter rauchender Salzsäure lösen kann. Diese Salzsäure kann schwere Organschäden beim Menschen und hohe Sachschäden durch Korrosion hervorrufen.

Das Verlegen von kunststoffisolierten Leitungen in Rettungswegen ist daher brandschutztechnisch äußerst bedenklich. Eine Arbeitsgemeinschaft der Bauaufsichtsbehörden hat deshalb ein Muster für Richtlinien über brandschutztechnische Anforderungen an Leitungsanlagen erarbeitet, in denen das Unterbringen von elektrischen Leitungsanlagen in Rettungswegen geregelt ist. Die Richtlinien wurden im Beiblatt 1 zu DIN VDE 0108 veröffentlicht. Baurechtlich wurden sie noch nicht in allen Ländern eingeführt. Jedoch wird ihre Anwendung in fast allen Ländern im Rahmen von Baugenehmigungsbescheiden gefordert. Architekt und Fachplaner sollten deshalb grundsätzlich die Anwendung der Richtlinien mit ihrer unteren Bauaufsichtsbehörde abstimmen.
Nach den Richtlinien müssen elektrische Leitungen mit Kunststoff- oder Gummiisolierung in Rettungswegen

- einzeln voll eingeputzt oder
- in Wandschlitzen, die mit mindestens 15 mm dickem mineralischem Putz auf nichtbrennbarem Putzträger verschlossen werden, oder
- in Installationsschächten bzw. -kanälen oder
- über Unterdecken oder
- im Fußboden

verlegt werden. Leitungen, die ausschließlich dem Betrieb des Rettungswegs dienen, dürfen auch offen verlegt werden.
In Treppenhäusern müssen die Installationsschächte bzw. -kanäle eine Feuerwiderstandsdauer von 90 min haben. In Fluren genügt für Installationsschächte, die keine Geschoßdecken durchbrechen, für Installationskanäle und für Unterdecken bzw. Böden eine Feuerwiderstandsdauer von 30 min. Beträgt die Gesamtbrandlast der Leitungen nicht mehr als 7 kWh je m^2 Flurgrundfläche, genügen Kanäle und Unterdecken aus Stahlblech mit geschlossenen Oberflächen. Werden ausschließlich halogenfreie Leitungen mit verbessertem Verhalten im Brandfall verwendet, darf hierfür die Gesamtbrandlast 14 kWh je m^2 Flurgrundfläche betragen (siehe 10.4.4).
Die Brandlast der Isolierstoffe von Kabeln und Leitungen kann ebenfalls aus Beiblatt 1 zu VDE 0108 entnommen werden (siehe *Tabelle 10-1*). Die Brandlast ist dabei die Wärme, die sich beim vollständigen Verbrennen der Isolierstoffe je m Leitung entwickelt.
In Rettungswegen, an denen nur Wohnungen oder andere Nutzungseinheiten mit jeweils höchstens 100 m^2 Grundfläche liegen, genügen unabhängig von der Brandlast Kanäle und Unterdecken aus Stahlblech mit geschlossenen Oberflächen. Werden hier ausschließlich halogenfreie Leitungen mit verbessertem Brandverhalten verwendet, so dürfen die Leitungen auch offen verlegt werden. Am Rettungsweg dürfen dann allerdings nicht mehr als 10 Nutzungseinheiten liegen.

Brandlast von Leitungen und Kabeln (Form 3319 VdS, Auszug) Tabelle 10-1

Bezeichnung der Leitung bzw. des Kabels	Verbrennungswärme der Isoliermaterialien in kWh/m
NYM 3 × 1,5	0,44
NYM 3 × 2,5	0,58
NYM 3 × 4	0,72
NYM 3 × 6	0,92
NYM 4 × 1,5	0,53
NYM 4 × 2,5	0,67
NYM 4 × 4	0,92
NYM 4 × 6	1,08
NYM 5 × 1,5	0,58
NYM 5 × 2,5	0,75
NYM 5 × 4	1,11
NYM 5 × 6	1,26
NYY 4 × 16	2,03
NYY 4 × 25	2,83
NYY 4 × 35	2,61
NYY 4 × 50	3,31
I-YY Bd 4 × 2 × 0,6	0,17
I-YY Bd 10 × 2 × 0,6	0,28
I-YY Bd 20 × 2 × 0,6	0,44
I-YY Bd 50 × 2 × 0,6	0,94
IE-Y (St) Y Bd 4 × 2 × 0,8	0,28
IE-Y (St) Y Bd 12 × 2 × 0,8	0,58
IE-Y (St) Y Bd 20 × 2 × 0,8	0,83
IE-Y (St) Y Bd 80 × 2 × 0,8	2,83

Hausanschlußeinrichtungen, Meßeinrichtungen und Verteilungen sind gegenüber den Rettungswegen durch Bauteile einschließlich Zugangstüren und -klappen aus nichtbrennbaren Baustoffen abzutrennen.

10.4 Elektrische Leitungsanlagen von notwendigen Sicherheitseinrichtungen

(DIN VDE 0100 Teil 560, DIN VDE 0108, siehe auch 8)

Notwendige Sicherheitseinrichtungen sind insbesondere Einrichtungen, die im Brandfall der Sicherheit der Personen dienen. Sie sind auf Grund bauordnungsrechtlicher Anforderungen vorzusehen. Zu ihnen gehören die Sicherheitsbeleuchtung, Feuerlöschanlagen, Feuerwehraufzüge, Rauchabzugseinrichtungen und Alarmierungseinrichtungen. Da alle diese Sicherheitseinrichtungen gerade im Brandfall benötigt werden, muß sichergestellt sein, daß deren elektrische Versorgung nicht durch Brandeinwirkung vorzeitig ausfällt. Die elektrische Versorgung der notwendigen Sicherheitseinrichtungen muß somit bei äußerer Brandeinwirkung für eine ausreichende Zeitdauer funktionsfähig bleiben. Während die elektrotechnischen Anforderungen an derartige Sicherheitseinrichtungen durch VDE Bestimmungen (siehe auch 8) geregelt werden, finden sich die brandschutztechnischen Anforderungen an diese Einrichtungen weitestgehend in einer Musterrichtlinie, die von einer Arbeitsgemeinschaft der Bauaufsichtsbehörden erarbeitet und in Beiblatt 1 zu DIN VDE 0108 veröffentlicht wurde (siehe auch 10.3). Die Richtlinien fordern einen Funktionserhalt bei äußerer Brandeinwirkung von mindestens:

30 min bei

- Brandmeldeanlagen,
- Anlagen zur Alarmierung und zur Erteilung von Anweisungen an Besucher und Beschäftigte,
- Sicherheitsbeleuchtung und sonstige Ersatzstrombeleuchtung, ausgenommen Stromkreisleitungen,
- Personenaufzugsanlagen mit Evakuierungsschaltung,

90 min bei

- Wasserdruckerhöhungsanlagen zur Löschwasserversorgung,
- Lüftungsanlagen von Sicherheitstreppenräumen, innenliegenden Treppenräumen, Fahrschächten und Triebwerksräumen von Feuerwehraufzügen,
- Rauch- und Wärmeabzugsanlagen,
- Feuerwehraufzügen.

Der geforderte Funktionserhalt kann durch geeignete Anordnung oder Konstruktion der elektrischen Betriebsmittel gewährleistet werden. Er erstreckt sich auf alle Betriebsmittel der Sicherheitsstromversorgung, und zwar von der Stromquelle über das Verteilungsnetz bis zum Verbrauchsmittel.

10.4.1 Stromquellen

Die Stromquellen für Sicherheitszwecke (Batterien, Generatoren) müssen in einem eigenen, von der allgemeinen Stromversorgung getrennten Raum untergebracht sein. Dieser Raum muß je nach Anforderung über den Funktionserhalt der Sicherheitseinrichtung, die von der betreffenden Stromquelle versorgt wird, feuerhemmend oder feuerbeständig von der allgemeinen Stromversorgung bzw. von dem Brandabschnitt, für den die Sicherheitseinrichtungen dienen, getrennt sein (siehe auch EltBauV).

10.4.2 Hauptverteiler

Für die Hauptverteiler läßt die derzeitige Musterrichtlinie noch folgende Ausnahme zu:
Der Hauptverteiler der Stromversorgung für die notwendigen Sicherheitseinrichtungen darf gemeinsam mit dem Hauptverteiler der allgemeinen Stromversorgung in einem Raum untergebracht werden, wenn dieser Raum gegenüber anderen Räumen Wände und Decken mit einer Feuerwiderstandsdauer von 90 min und Zugangstüren mit einer Feuerwiderstandsdauer von 30 min hat und für andere Zwecke, auch für andere elektrische Anlagen, nicht genutzt wird. Sinnvoller ist es, für die Sicherheitseinrichtungen einen separaten Raum vorzusehen.

10.4.3 Verteiler, Schaltschränke

Für die Verteiler und Schaltschränke gelten im Prinzip die gleichen Anforderungen wie für die Stromquellen. Vielfach kann für Verteiler und Schaltschränke auch durch Umhüllung die erforderliche Feuerwiderstandsdauer erzielt werden. Auf die Wärmeabfuhr muß dabei jedoch besonders geachtet werden.

10.4.4 Kabel- und Leitungsnetze

Für Kabel- und Leitungsnetze bieten sich verschiedene Vorkehrungen an, um den notwendigen Funktionserhalt zu gewährleisten, z.B:

- außerhalb der Brandabschnitte verlegen, für die die notwendigen Sicherheitseinrichtungen vorgesehen sind,
- in feuerhemmende oder feuerbeständige Kanäle oder Schächte legen,
- feuerhemmend oder feuerbeständig umkleiden, so daß sie gegenüber anderen Leitungen und vor äußerer Brandeinwirkung geschützt sind,
- Verwenden mineralisolierter Kabel und Leitungen mit Funktionserhalt,
- Verwenden halogenfreier Kabel und Leitungen mit Funktionserhalt, am besten unter Putz oder besprinklert.

Begriffe, Anforderungen und Maßnahmen zur Erzielung des Funktionserhaltes von elektrischen Kabelanlagen regelt DIN 4102 Teil 12. Der Funktionserhalt wird darin durch die Funktionsklassen E 30, E 60 und E 90 ausgedrückt.

Mineralisolierte Leitungen

Ein Hersteller von mineralisolierten Leitungen bietet ein komplettes Leitungsprogramm einschließlich Befestigung in der Funktionsklasse E 90 an (siehe Bild 4-1).
Die mineralisolierten Leitungen sind nicht brennbar, da sie ohne Kunststoffisolierung auskommen. Der Mantel dieser Leitungen besteht aus einem Kupferrohr, das zugleich Schutzleiter ist. Die Leitungsadern sind in ein nichtbrennbares isolierendes Mineral eingebettet. Mineralisolierte Leitungen können daher auch in Rettungswegen ohne Einschränkung verlegt werden. Sie sind jedoch teuer und schwer zu verlegen. Ihre Anwendung wird auf wenige Ausnahmefälle beschränkt bleiben.

Halogenfreie Leitungen

Die Kabelindustrie bietet seit einiger Zeit halogenfreie Sicherheitskabel und -leitungen an, die gegenüber den PVC-Leitungen im Brandverhalten entscheidende Vorteile zeigen. Sie werden auch als FRNC-Leitungen bezeichnet.

FR Flame retardent (Vermindert die Brandfortleitung)
NC non corrosive (keine korrosiven Bestandteile in den Rauchgasen).

Nach DIN VDE 0266/2.85 gibt es halogenfreie Kabel, z. B. NHXHX, U_0/U 0,6/1 kV, mit Kupferleitern und mit Isolierung und Mantel aus vernetzter halogenfreier Polymermischung, nach DIN VDE 0250 Teil 214 halogenfreie Mantelleitungen NHXMH 300/500 V, nach Teil 503 halogenfreie Aderleitungen NHXA und NHXAF-450/750 V 0,5 $\cdots$ 10 mm^2 (einadrig), 6 $\cdots$ 400 mm^2 (mehrdrähtig), 0,5 $\cdots$ 240 mm^2 (feindrähtig).
Die Sicherheitskabel zeichnen sich im Brandfall durch folgende günstige Eigenschaften aus:

a) Die mit „FE“ gekennzeichneten Kabel bleiben unter Flammeneinwirkung 20 min betriebsfähig. Da die entsprechenden VDE-Bestimmungen keine Prüfung nach DIN 4102 Teil 12 vorsehen, darf die Kennzeichnung „FE“ nicht mit einem Funktionserhalt im Sinne von DIN 4102 Teil 12 gleichgesetzt werden. Einige Hersteller bemühen sich derzeit um eine baurechtliche Zulassung in den Funktionsklassen E 30 bis E 90.
b) Keine Abspaltung korrosiver Gase, da nur halogenfreie Werkstoffe verwendet werden. Das heißt, die für die Sekundärschäden verantwortlichen Halogene, z. B. bei PVC das Chlor, sind in diesen Isolierstoffen nicht enthalten.

c) Die Kabel sind flammwidrig, das heißt, ein Feuer wird über die Kabelbahnen nicht verschleppt. Unter Flammeneinwirkung setzt sich der Brand entlang der Kabeltrasse wesentlich langsamer fort als bei flammwidrigen PVC-Leitungen.
d) Die Rauchgasentwicklung ist deutlich geringer als bei PVC-Kabeln. Dadurch ist die Räumungsmöglichkeit im Brandfall wesentlich einfacher.
e) Die Abspaltung toxischer Gase ist auf ein Minimum reduziert.

10.4.5 Verbrauchsmittel

Verbrauchsmittel in Räumen oder Raumgruppen, die im Falle eines Brandes nicht weiterbetrieben werden sollen oder können, benötigen keinen Funktionserhalt. Gleiches gilt für die Leitungen zu diesen Verbrauchsmitteln innerhalb der Räume.
Andere Verbrauchsmittel, z.B. Rauchabzugsventilatoren, müssen durch ihre Bauart der Hitzeeinwirkung standhalten.

11 Bereiche und Anlagen besonderer Art oder Nutzung

11.1 Feuchte und nasse Bereiche und Räume
(DIN VDE 0100 Teil 737)

In feuchten und nassen Räumen oder Bereichen kann die Sicherheit der elektrischen Betriebsmittel durch Feuchtigkeit, Kondenswasser, chemische oder ähnliche Einflüsse beeinträchtigt werden. Zu den feuchten und nassen Räumen gehören grundsätzlich all diejenigen, deren Fußboden, Wände oder auch Einrichtungen zu Reinigungszwecken abgespritzt werden. Daneben können hierzu gehören: Großküchen, Kühlräume, Pumpenräume, unbeheizte oder unbelüftbare Keller und dgl.

Räume können häufig nur nach genauer Kenntnis der örtlichen und betrieblichen Verhältnisse eingeordnet werden. Wenn z. B. in einem Raum nur an einer bestimmten Stelle eine hohe Feuchtigkeit auftritt, der übrige Raum aber infolge regelmäßiger Lüftung trocken ist, so braucht nicht der gesamte Raum als feuchter Raum zu gelten.

Für *festes Verlegen* auf, in oder unter Putz dürfen nur Feuchtraumleitungen, z. B. NYM, oder Kabel, z. B. NYY, verwendet werden. Verteiler, Abzweigdosen, Schalter, Steckdosen und alle andern elektrischen Betriebsmittel sind in mindestens tropfwassergeschützter Ausführung (Schutzart IP X1) zu wählen.

In Bereichen und Räumen, in denen zu Reinigungszwecken mit Strahlwasser umgegangen wird, muß die elektrische Anlage mindestens spritzwassergeschützt (Schutzart IP X4) ausgeführt sein. Die elektrischen Betriebsmittel dürfen hierbei zu Reinigungszwecken nicht direkt angestrahlt werden. Die Schutzart IP X4 reicht somit z. B. nur für Deckenleuchten aus, wenn lediglich der Boden und die Wände abgespritzt werden. Elektrische Betriebsmittel, die unmittelbar dem Wasserstrahl ausgesetzt sind, müßten druckwasserdicht (Schutzart IP X8) ausgeführt sein. Strahlwassergeschützte Betriebsmittel (Schutzart IP X5) lassen eine Reinigung mit Druckwasser, z. B. Abspritzen mit dem Wasserschlauch oder mit Hochdruckreinigern, nicht zu.

Unterputzanlagen in feuchten Räumen erfordern abgedichtete Unterputzschalter und ebensolche Steckdosen und Abzweigdosen. Es müssen Dosen verwendet werden, die einen Putzausgleich in weiten Grenzen zulassen. Dies wird bei einfachster Montage durch einen zusätzlichen Dosendeckel erreicht. Dieser bildet den Wandabschluß und verdeckt jede Ausbröckelung des Wandputzes.

Als *bewegliche Leitungen* sollen mindestens mittlere Gummischlauchleitungen H07RN-F verwendet werden.
Auf *Korrosionsschutz* (Schutzanstrich, korrosionsfeste Werkstoffe) ist zu achten, insbesondere dann, wenn Metallteile ätzenden Dämpfen oder Dünsten ausgesetzt sind.
Als Schutzmaßnahme gegen gefährliche Körperströme sind besonders für Steckdosenstromkreise bis 16 A FI-Schutzschalter mit $I_{\Delta N} \leqq 30$ mA angezeigt.

11.2 Anlagen im Freien
(DIN VDE 0100 Teil 737)

Anlagen im Freien sind außerhalb von Gebäuden als Teil einer Verbraucheranlage errichtete Anlagen innerhalb begrenzter Grundstücke, z. B. in Höfen, Durchfahrten und Gärten, auf Bauplätzen, Bahnsteigen, Rampen und Dächern, an Kranen, Baumaschinen, Tankstellen und Gebäudeaußenwänden sowie unter Überdachungen.
Sinngemäß gelten auch Straßen- und Verkehrsbeleuchtungen als Anlagen im Freien. Dagegen ist bei im Freien aufgestellten Schaukästen, Vitrinen und dgl. zu prüfen, ob das Gehäuse dieser Hohlräume Regenschutz gewährleisten kann. Trifft dies zu, dann kann das Innere dieser Kästen als trockener Raum angesehen werden.
Geschützte Anlagen im Freien sind z. B. Anlagen unter einem Dach, etwa auf Bahnsteigen, in Toreinfahrten. *Ungeschützte Anlagen* im Freien sind z. B. Anlagen auf Bauplätzen, also ohne Dach.

11.2.1 Installationsmaterial, Betriebsmittel

Leitungen im Freien sind nicht selten unmittelbarer *Sonnenbestrahlung* ausgesetzt, die zu einer vorzeitigen Zerstörung der Leitung führen kann. Man sollte daher versuchen, solche Leitungen möglichst im Schatten von Dachvorsprüngen oder auf Mauern, die im Schatten liegen, zu befestigen. In Erde verlegte Kabel sind vorzuziehen.
Sonnenlicht führt zu einem chemischen Abbau der oberen PVC-Schicht. Wenn die Leitungen dann im Winter abkühlen, entstehen Kälterisse quer zur Längsachse. Als wirksamste Gegenmaßnahme erwies sich Einmischen von Ruß, der die Lichtstrahlen verschluckt.
Man sollte daher nur schwarze Kunststoffmäntel bei Kabeln (NYY, NYCY) und Leitungen im Freien (NYM, NYBUY, NFYW, NYMZ) wählen.

Bei Verwenden von *Spannseilen* für Straßen- oder Hofbeleuchtung ist daran zu denken, daß bei geringem Durchhang erhebliche Zugbeanspruchungen auftreten können. Nicht selten werden dabei Gebäudeteile beschädigt, weil eine fachgemäße Verstrebung oder dgl. fehlte.
Elektrische Betriebsmittel in *geschützten Anlagen* im Freien müssen mindestens tropfwassergeschützt (Schutzart IP X1) sein. Sie müssen so ausgebildet sein, daß Kondenswasser sich nicht ansammeln kann.
Elektrische Betriebsmittel in *ungeschützten Anlagen* im Freien müssen mindestens in Schutzart IP X3 (Kurzzeichen ⊡) ausgeführt werden.
Handleuchten sollten strahlwassergeschützt sein: IP X5.

Schutzmaßnahmen

Steckdosen bis 32 A Nennstrom müssen durch vorgeschaltete Fehlerstrom-Schutzeinrichtungen mit einem Nennfehlerstrom von maximal 30 mA geschützt werden. Ausgenommen sind Steckdosen in Bereichen, die ausschließlich Elektrofachkräften oder elektrotechnisch unterwiesenen Personen zugänglich sind, oder die regelmäßig überprüft werden. Als Prüffrist gelten nach VBG 4 vier Jahre.
Unabhängig von einer regelmäßigen Prüfung müssen Steckdosen bis 16 A, die für den Anschluß von im Freien betriebenen Einphasen-Wechselstromverbrauchern vorgesehen sind, in Wohngebäuden durch einen FI-Schalter mit einem Nennfehlerstrom von $\leqq$ 30 mA geschützt werden. Von den Forderungen ausgenommen sind Steckdosen, die mit Kleinspannung oder Schutztrennung betrieben werden.

11.3 Räume mit Badewanne oder Dusche (DIN VDE 0100 Teil 701)

Teil 701 von DIN VDE 0100 teilt den Raum, in dem sich eine Badewanne oder Dusche befindet, in 4 *Bereiche* ein. Durch die Festlegung der Bereiche werden die unterschiedlichen Gefahrenzonen in einem derartigen Raum gekennzeichnet, die sich auf Grund von Feuchte oder Verringerung des elektrischen Widerstandes des menschlichen Körpers und seiner Verbindung mit Erdpotential ergeben können.
Der Bereich 0 umfaßt das Innere der Bade- oder Duschwanne. Der Bereich 1 ist begrenzt durch die senkrechte Fläche um die Bade- und Duschwanne, vom Fußboden bis auf eine Höhe von 2,25 m *(Bild 11-1)*.
Ist keine Duschwanne vorhanden, dann ist die Bodenfläche ein Kreis mit dem Radius 0,6 m. Der Mittelpunkt des Kreises ist die senkrechte Projektion des Mittelpunktes des Brausekopfs in seiner Ruhelage. Ist der Brausekopf

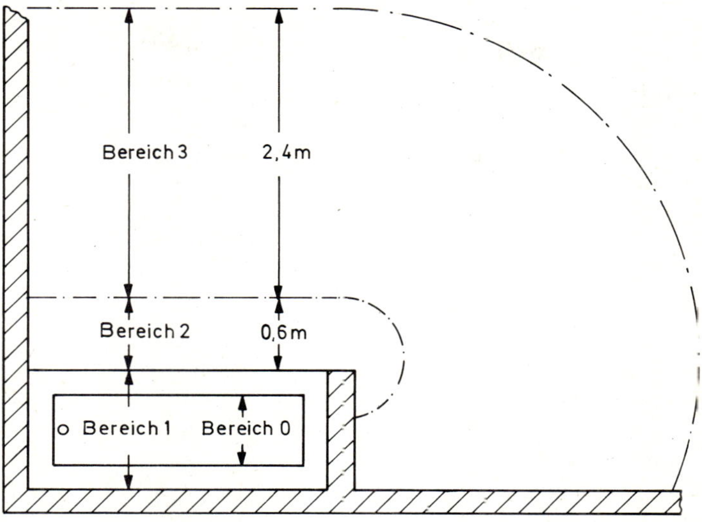

Bild 11-1: Einteilung der Bereiche

beweglich an einer Haltestange, dann ist diese der Kreismittelpunkt. Der Radius des Bereichs 1 wird dabei um die Länge der Handbrause vergrößert. Die Länge des Anschlußschlauchs braucht jedoch nicht berücksichtigt zu werden.

Der Bereich 2 verläuft 0,6 m um den Bereich 1. Die weiteren 2,4 m um den Bereich 2 gelten als Bereich 3. In der Höhe sind alle Bereiche durch den Fußboden und die waagrechte Fläche in 2,25 m Höhe über dem Fußboden begrenzt.

Als Grenze des *Sprühbereichs* gilt die äußere Grenze des Bereichs 2, wenn er nicht durch Vorhänge oder Trennwände vorher begrenzt ist. Die Bereiche beziehen sich nur auf den Raum mit Badewanne oder Dusche und enden an der Durchgangsöffnung, z. B. Türe.

Die Anforderungen, die an die elektrische Installation gestellt werden, gelten auch für Räume mit beweglichen Bade- oder Duscheinrichtungen, z. B. Schrankbäder, Duschkabinen. Solche Einrichtungen mit eingebauten elektrischen Betriebsmitteln sind ortsfeste Verbrauchsmittel, die begrenzt bewegbar sind.

Schutzmaßnahmen

Innerhalb des Bereiches 0 darf nur die Schutzmaßnahme *Schutzkleinspannung* mit einer Nennspannung bis 12 V verwendet werden, wobei sich die Stromquelle der Schutzkleinspannung außerhalb der Bereiche 0–2 befinden muß. Mit der Schutzkleinspannung dürfen nur festeingebaute Geräte, z. B. Leuchten in der Wanne, unterhalb des Bereiches 0 versorgt werden. Diese Betriebsmittel müssen ausdrücklich zur Verwendung in Badewannen oder Duschwannen zugelassen sein.

Steckdosen sind im Bereich 3 zulässig, wenn sie entweder einzeln über Trenntransformatoren betrieben *(Bild 11-2)* oder mit Schutzkleinspannung gespeist oder durch eine Fehlerstrom-Schutzeinrichtung mit einem Nennfehlerstrom von höchstens 30 mA im TN-Netz oder TT-Netz geschützt sind *(Bild 11-3)*.

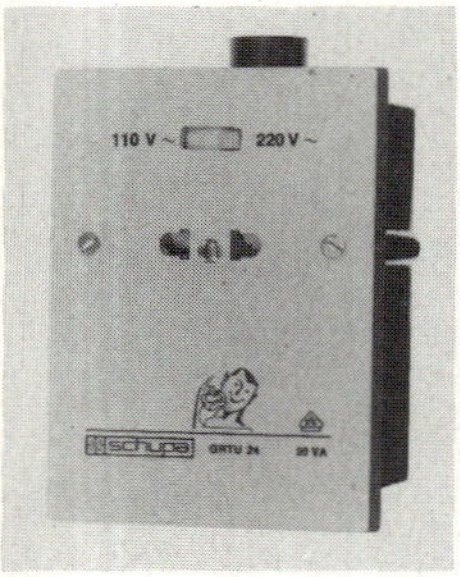

Bild 11-2: Rasiersteckdose, umschaltbar von 220 auf 110 V (Unterputzausführung) (Werkbild: Schupa)

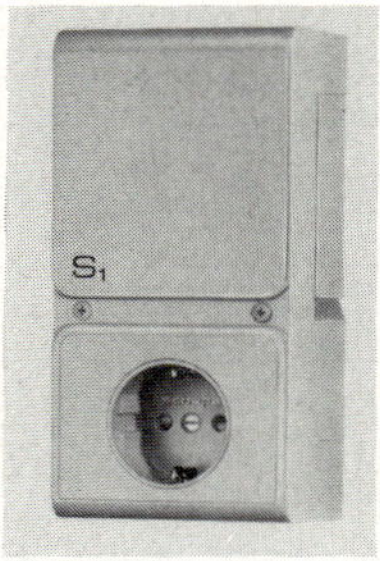

Bild 11-3: Steckdose mit eingebautem Fehlerstrom-Schutzschalter, Fehleranzeige durch seitlich aufspringende Klappe (Werkbild: Schupa)

In den Bereichen 1, 2 und 3 ist ein örtlicher zusätzlicher *Potentialausgleich* durchzuführen. Der leitfähige Ablaufstutzen an der Bade- oder Duschwanne, die metallene Wasserleitung und sonstige metallenen Rohrsysteme sind durch einen Potentialausgleichsleiter miteinander zu verbinden. Dieser ist auch dann nötig, wenn im Baderaum keine elektrischen Einrichtungen vorhanden sind. Als Ausgleichsleiter ist z. B. eine Kupferleitung H 07 V-U von mindestens 4 mm^2 oder feuerverzinkter Bandstahl von mindestens 2,5 mm × 20 mm zu wählen. Dieser Leiter ist z. B. beim Verteiler oder an der Hauptpotential-Ausgleichschiene oder an einer Wasserverbrauchsleitung, die eine durchgehende leitende Verbindung zum Hauptpotential-Ausgleich hat, mit dem Schutzleiter zu verbinden. Bei Metallwannen, Kunststoff-Ablaufrohren und Metall-Ablaufventilen ist nur die Wanne in den Potentialausgleich einzubeziehen. Auch bewegliche Wannen müssen mit dem Schutzleiter verbunden werden. Die Ausgleichsleitung kann blank sein oder sie sollte grün-gelb gekennzeichnet sein.

Betriebsmittel

Die *Betriebsmittel* in Baderäumen müssen mindestens IP 2X entsprechen. In Bereichen, deren Fußböden, Wände und Einrichtungen abgespritzt werden, müssen direkt angestrahlte Betriebsmittel mindestens der Schutzart IP X5 entsprechen. Das gleiche gilt bei Verwenden von Massage-Duschen. Sonst gilt für den Wasserschutz:

Bereiche	0	1	2	3	
im Wohnbereich	IP X7	X4	X4	X1	
in öffentlichen Bädern und in Sportanlagen	IP X7	X5	X5	X5	

Für Leuchten in Einzelbädern von Wohnungen und Hotels genügt im Bereich 3 die Schutzart IP 20.
In den *Bereichen* 1 und 2 dürfen nur ortsfeste Wassererwärmer und Abluftgeräte angebracht werden. Wassererwärmer mit Gas- oder Ölfeuerung und elektrischen Zusatzeinrichtungen sind elektrischen Verbrauchsmitteln gleichzusetzen.
In den Bereichen 1 und 2 dürfen außerdem Betriebsmittel mit Schutzkleinspannung betrieben werden, wenn sie gegen direktes Berühren durch Abdeckungen oder Umhüllungen von mindestens der Schutzart IP 2X geschützt sind oder eine Isolierung besitzen, die eine Prüfspannung von 500 V eine Minute lang aushält.
Im *Bereich* 2 dürfen auch Leuchten verwendet werden (Schutzart IP X4 bzw. IP X5). Ruf- und Signalanlagen innerhalb der Bereiche 1 und 2 sind mit Schutzkleinspannung von höchstens 25 V~ oder 60 V– zu betreiben.
Eine elektrische Fußbodenheizung ist in allen Bereichen erlaubt. Beim Einbringen von schutzisolierten Heizleitern sollte über diesen ein Drahtgeflecht gelegt werden, das an den Potentialausgleich anzuschließen ist. Bei Heizleitern mit metallischer Umhüllung ist diese an den Schutzleiter anzuschließen. Die Fußbodenheizung ist zudem über eine Fehlerstrom-Schutzeinrichtung zu überwachen. Betriebsmittel wie Waschmaschinen, die über Steckvorrichtungen angeschlossen sind, sollten im Bereich 3 aufgestellt werden. Ist dies aus Platzgründen nicht möglich, so dürfen sie auch im Bereich 2 betrieben werden, wenn sie mindestens Schutzart IP X4 entsprechen und die Steckdose innerhalb des Bereiches 3 bzw. außerhalb aller Bereiche liegt.

Kabel und Leitungen

Die Bestimmungen gelten für Aufputz- und Unterputzinstallationen bis zu einer Tiefe von 5 cm. Es dürfen nur Kunststoffkabel ohne metallene Umhüllung, z. B. NYY, verlegt werden. Als Leitungen sind Mantelleitungen NYM, im Bereich 3 auch Kunststoffaderleitungen, z. B. H07V-U, in Isolierstoffrohren und Stegleitungen, z. B. NYIF, zu verlegen.
In den Bereichen 0, 1 und 2 dürfen keine Leitungen im oder unter Putz sowie hinter Wandverkleidungen verlegt werden. Ausgenommen sind Leitungen zur Versorgung von im Bereich 1 und 2 fest angebrachten Betriebsmitteln, wenn die Leitungen senkrecht verlegt und von hinten eingeführt werden.
In den Bereichen 0 bis 3 dürfen keine Kabel oder Leitungen, die zur Stromversorgung anderer Räume dienen, verlegt werden. Auf der Rückwand des Schutzbereichs, also z. B. zu der neben dem Bad liegenden Küche, muß deren Elektroinstallation (Leitung, Einbaugehäuse) mindestens 6 cm von der Wandoberfläche des Baderaumes entfernt bleiben.
Innerhalb der Bereiche 0, 1 und 2 dürfen sich keine Verbindungsdosen befinden. Im Bereich 3 sind Dosen aus Isolierstoff zulässig.
Als Anschlußleitungen für bewegliche Bade- und Duscheinrichtungen sind Gummischlauchleitungen mindestens H07RN-F zu verwenden. Der Anschluß muß über eine ortsfeste Geräteanschlußdose erfolgen.

Schalter und Steckdose

In den Bereichen 0, 1 und 2 dürfen weder Schalter noch Steckdosen angebracht werden. Hiervon ausgenommen sind Schalter in Verbrauchsmitteln, die in den Bereichen 1 oder 2 installiert sind. Im Bereich 3 sind Steckdosen zulässig, wenn die o. g. Schutzmaßnahmen angewendet werden.
Steckdosen in Räumen mit Badewanne oder Dusche außerhalb von Wohnungen oder Hotels müssen ein Isolierstoffgehäuse haben, in dem Kondenswasser sich nicht ansammeln kann.
Fabrikfertige Duschkabinen dürfen nur so aufgestellt werden, daß sich in einem Abstand von weniger als 0,6 m von der offenen Tür weder Schalter noch Steckdosen befinden.

11.4 Schwimmhallen und Schwimmanlagen
(DIN VDE 0100 Teil 702)

Für Schwimmbecken in Wohnhäusern, Hotels, öffentlichen Bädern, auch im Freien, sind besondere Bestimmungen in DIN VDE 0100 Teil 702 enthalten. Die *Umgebung* des Schwimmbeckens in einer Halle, und zwar 2 m seitlich des

Beckenrandes, 2,5 m oberhalb der Standfläche und 1 m unterhalb des Beckenbodens (Schutzbereich), kann als nasser Raum (siehe 11.1), im Freien als Anlage im Freien (siehe 11.4) betrachtet werden. Wenn in Schwimmhallen sichergestellt ist, daß sich keine Nässe infolge Betauung bildet und daß die Innenseiten der Schwimmhalle nicht abgespritzt werden, so gilt der Bereich außerhalb des o. g. Schutzbereiches als trockener Raum. Die Betauung kann z. B. durch Klimatisierung verhindert werden.

Umkleidekabinen, Getränkeausschank, Aufenthaltsräume, Toiletten und dgl. in Nebenräumen gelten als trockene Räume, sofern in ihnen nicht zur Reinigung abgespritzt wird.

In den Verteilern müssen Trennklemmen nach Bild 3-28 eingebaut werden, um die Isolationsprüfung der abgehenden Stromkreise ohne Abklemmen der Neutralleiter durchführen zu können.

Leitungen sind als Mantelleitung NYM unter Putz oder als NYY-Kabel im Erdreich zu verlegen. Wo mechanische Beschädigung zu befürchten ist, müssen Leitungen und Kabel durch kräftige Isolierstoff-Rohre geschützt werden. Es dürfen im Schutzbereich nur Kabel und Leitungen verlegt werden, die für die Versorgung der dort benötigten Betriebsmittel erforderlich sind. Bei Verlegen von Kabeln und Leitungen auf, unter oder im Putz auf der Rückseite der Wände, die den Schutzbereich begrenzen, muß zwischen Kabel bzw. Leitung einschließlich Wandeinbaugehäusen und Innenseite der Wände eine Wanddikke von mindestens 6 cm erhalten bleiben.

Als bewegliche Leitung sind H07RN-F Leitungen zu wählen, wobei dem Abdichten der Leitungseinführungen größte Sorgfalt zu widmen ist (Stopfbuchsverschraubung). Klemmenkästen unter Wasser sind nach Möglichkeit zu vermeiden. Gegebenenfalls sind sie, z. B. mit Paraffin, auszugießen, damit sich kein Schwitzwasser bilden kann. Besser ist es, am Beckenrand einen Schacht für die – auch dann auszugießenden – Klemmenkästen vorzusehen.

Steckdosen über 50 V für Wasserreinigungsgeräte, Rasenmäher usw. sollten mindestens wassergeschützt und verriegelbar sein. Man sollte sie außer Handbereich, d. h. mindestens 1,25 m vom Beckenrand entfernt, anbringen und durch einen allpoligen Schalter zentral abschaltbar machen. Sie sind durch einen FI-Schutzschalter $\leqq$ 30 mA zu schützen.

Leuchten sollten ebenfalls mindestens 2 m vom Beckenrand entfernt sein, wenn es sich um Mastleuchten handelt. Sonst müßten sie außer Handbereich, auch z. B. vom Sprungbrett aus, angebracht werden. Leuchten unter Wasser müssen druckwasserdicht in Schutzart IP 68 gekapselt sein und mit Schutzkleinspannung betrieben werden, sofern sie nur von der Innenseite des Beckens aus zugänglich sind.

Nach DIN VDE 0710 Teil 9 werden *Schwimmbeckenleuchten* in drei Gruppen eingeteilt:

Gruppe A: Leuchten, bei denen der Anschluß an das Netz und der Wechsel der Lampen von einer Seite vorgenommen werden, die nicht mit dem Wasser in Berührung ist;

Gruppe B: Leuchten, bei denen der Wechsel der Lampen von der Innenseite des Schwimmbeckens vorgenommen wird, nachdem das Wasser ganz oder teilweise abgelassen wurde;

Gruppe C: Leuchten, die vollständig aus dem Wasser herausgenommen werden, um den Wechsel der Lampen vorzunehmen.

Für Leuchten der Gruppen B und C sind mindestens Leitungen H07RN-F mit mindestens 1,5 mm^2 Querschnitt zu verwenden. Leuchten der Gruppe C müssen mit einer nicht auswechselbaren festen Anschlußleitung ausgerüstet sein.
Auf den Seiten der Leuchte, die mit Wasser in Berührung sind, muß die Leuchte druckwasserdicht gebaut sein. Die maximale Eintauchtiefe muß aufgeschrieben sein. Auf den Seiten der Leuchte, die nicht mit Wasser in Berührung sind, muß die Leuchte je nach den Raumbedingungen entweder spritzwassergeschützt oder strahlwassergeschützt oder wasserdicht sein.
Leuchten, die nur für den Gebrauch im Wasser bestimmt sind, müssen eine entsprechende Aufschrift tragen. Gegebenenfalls ist vom Hersteller darauf hinzuweisen, daß beim Einbau von Aluminium und seinen Legierungen in Beton oder dergleichen die erforderlichen Korrosionsschutzmaßnahmen beachtet und nach dem Einbau nicht beeinträchtigt werden.
Bei Leuchten mit Schutzleiteranschluß darf dieser gegebenenfalls auch zum Anschluß für einen Potentialausgleichsleiter verwendet werden.
Bei *Unterwasserpumpen* ist die Montagevorschrift genau zu befolgen. Meist sind die Motoren sog. Naßläufer, die vor Inbetriebnahme mit Wasser zu füllen sind. Schutzart IP 68 ist anzuwenden.
Als Schutzmaßnahme gegen gefährliche Körperströme ist, innerhalb des Schutzbereiches und bis zu 4 m vom Beckenrand, Schutzkleinspannung oder die Fehlerstrom-Schutzschaltung mit 10 bis 30 mA Nennfehlerstrom zu wählen. Thermostaten und Hygrostaten können bei entsprechender Schutzart in Schutzkästen aus Isolierstoff eingebaut werden. Verteiler mit Isolierstoffgehäusen sind außerhalb des Schwimmbecken-Raumes anzubringen.
Alle elektrischen Betriebsmittel sind gegen mechanische Beschädigung, z. B. durch Ballspiele und Abspritzen, sorgfältig zu schützen. Betriebsmittel, die gewartet werden müssen, z. B. Auswechseln von Lampen, sind an leicht zugänglichen Stellen anzuordnen. Es ist ein zusätzlicher örtlicher Potentialausgleich durchzuführen, wobei alle erreichbaren Metallteile, wie Pfosten, Treppen, Stahlkonstruktionen, Baustahlgewebe, Leuchtenmasten untereinander wiederholt und korrosionsgeschützt z. B. durch Kupferleiter von mindestens 6

mm² zu verbinden sind. Um das Schwimmbecken herum sind zwei bis vier Ringleitungen als Steuererder zu verlegen und an mehreren Stellen miteinander und mit dem Schutzleiter im Verteiler zu verbinden. Die Steuererder müssen die Querschnitte von Erdern haben (9.3.7) und sind mit etwa 0,6 m Abstand voneinander zu verlegen. Werden Stahlmatten zur Potentialsteuerung unter der Standfläche angebracht, dann sind die einzelnen Matten miteinander zu verschweißen.
Die Potentialsteuerung und der Potentialausgleich sind mit dem Schutzleiter im Verteiler der Schwimmhalle zu verbinden.
Der Querschnitt des Verbindungsleiters (S_{PA}) richtet sich nach dem Querschnitt des Hauptschutzleiters (S_{PE}): $S_{PA} \geqq S_{PE}/2$, mindestens aber 6 mm² Cu.
Soweit von den Behörden für die Hallen eine Sicherheitsbeleuchtung gefordert wird, gilt DIN VDE 0108 (vgl. 8.2).
Elektrische Betriebsmittel, die außerhalb des Schutzbereichs bzw. im Bereich über 4 m vom Beckenrand angebracht werden, aber im Fehlerfall durch Rohrleitungen Spannungen in den Schutzbereich übertragen können, müssen ebenfalls durch Fehlerstrom-Schutzschaltung mit $I_{\Delta N} \leqq 0{,}5$ A Nennfehlerstrom geschützt werden, wenn sie nicht zuverlässig und wetterfest schutzisoliert sind. Für andere Betriebsmittel außerhalb des Schutzbereichs können beliebige Schutzmaßnahmen gewählt werden.
Bestehende Anlagen, die noch nicht diesen Bestimmungen entsprechen, müssen so hergerichtet werden, daß zumindest die metallenen Rohrleitungssysteme im Beckenbereich zum Zwecke des Potentialausgleichs miteinander verbunden sind und die elektrische Anlage im Schutzbereich über eine Fehlerstrom-Schutzeinrichtung $I_{\Delta N} \leqq 30$ mA geschützt ist, sofern sie nicht über Schutzkleinspannung betrieben wird.
Für die Zukunft ist geplant, die Bereiche in und um das Schwimmbecken in 3 Bereiche einzuteilen.

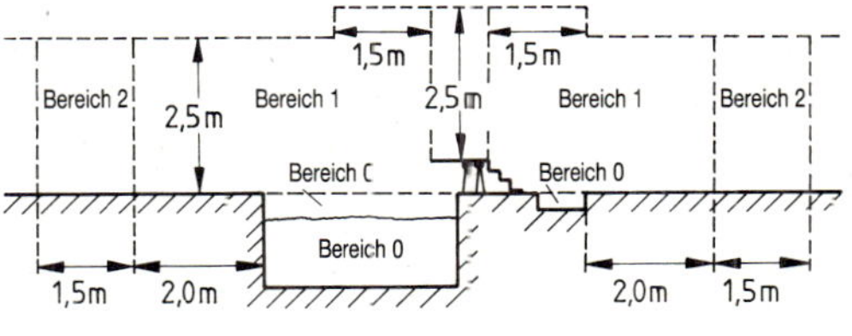

Bild 11-4: Einteilung der Bereiche für Schwimmbecken und Fußwaschrinnen. (Aus DIN VDE 0100 Teil 702)

Aus dem *Bild 11-4* ist die Einteilung der Bereiche zu entnehmen:
Innerhalb des Bereiches 0 darf nach diesem Entwurf nur die Schutzmaßnahme „Schutz durch Schutzkleinspannung“ mit einer Nennspannung bis zu 12 V verwendet werden. Die Stromquelle der Schutzkleinspannung muß sich außerhalb des Bereiches 0 befinden. Schalt- und Installationsgeräte sind in den

Bereichen 0 bis 2 nicht zugelassen. Ausgenommen sind Steckdosen, die in dem Bereich 2 zugelassen sind, wenn sie durch eine Fehlerstrom-Schutzeinrichtung mit einem Nennfehlerstrom $I_{\Delta N} \leqq 30$ mA geschützt werden oder über einen der Steckdose zugeordneten Trenntransformator (Rasiersteckdose) betrieben werden. Elektrische Betriebsmittel, wie z. B. Leuchten, müssen im Bereich 0 der Schutzart IP X8, im Bereich 1 und 2 der Schutzart IP X4 entsprechen. Bei überdachten Schwimmbecken genügt für den Bereich 2 die Schutzart IP X2. Sie müssen in Schutzklasse II (schutzisoliert) ausgeführt sein, wenn sie nicht mit Schutzkleinspannung oder im Bereich 2 über eine Fehlerstrom-Schutzeinrichtung mit $I_{\Delta N} \leqq 30$ mA, betrieben werden.
Die vorher beschriebenen Anforderungen sind einzuhalten.
Für die elektrotechnischen Anlagen von öffentlichen Schwimmbädern sind zusätzlich die Richtlinien für Bäderbau und Bäderbetrieb zu beachten, die ein Koordinierungsgremium der Deutschen Gesellschaft für das Badewesen, des Deutschen Schwimmverbandes und des Deutschen Sportbundes erarbeitet hat.

11.5 Garagen

Je nach Nutzfläche, das ist die Summe ihrer Abstell- und Verkehrsflächen, werden die Garagen unterteilt in

Kleingaragen (Nutzfläche bis 100 m^2),
Mittelgaragen (Nutzfläche 100 m^2 bis 1000 m^2) und
Großgaragen (Nutzfläche über 1000 m^2).

Für Großgaragen sind in DIN VDE 0108 besondere Bestimmungen enthalten (siehe 11.11). Für Klein- und Mittelgaragen enthalten die VDE-Bestimmungen keine besonderen Aussagen. Bei der Errichtung der elektrischen Anlage müssen jedoch die Garagenverordnungen der einzelnen Bundesländer berücksichtigt werden. Diese fordern in der Regel für Mittel- und Großgaragen deutlich sichtbare und ständig beleuchtete Hinweise auf die Ausgänge (Ausgangstransparente). Ausgangstüren und Rettungswege sind, wo Sicherheitsbeleuchtung vorgeschrieben ist, so zu beleuchten, daß die Kennzeichnung und die Hinweise auch bei Ausfall der allgemeinen Beleuchtung gut erkennbar sind. Eine Sicherheitsbeleuchtung wird in geschlossenen Großgaragen und in mehrgeschossigen unterirdischen Mittelgaragen gefordert. Ausgenommen sind eingeschossige Großgaragen, die ausschließlich den Benutzern von Wohnungen zu dienen bestimmt sind (Wohnhausgaragen). Die Ausführungsbestimmungen für die Sicherheitsbeleuchtung in Garagen, siehe 8.2. Besonders zu beachten ist, daß zu den Rettungswegen in Mittel- und Großgaragen die Fahrgassen, die zu

den Ausgängen führenden Gänge in den Garagengeschossen, die notwendigen Treppen sowie die erhöhten Gehsteige neben Zu- und Abfahrten und auf Rampen zählen.
Die elektrischen Anlagen in Klein- und Mittelgaragen sollten wie für feuchte und feuergefährdete Betriebsstätten ausgeführt werden (siehe 11.1 und 11.7). Garagen, in denen ausschließlich elektrisch angetriebene Fahrzeuge eingestellt werden, können wie „feuchte Räume" installiert werden. Die Garagenverordnungen und die VDE-Bestimmungen enthalten dazu jedoch keine Forderungen.
In geschlossenen Großgaragen gelten nach DIN VDE 0108 die Abstellflächen und die Verkehrswege als feuchte und nasse Räume. Elektrische Betriebsmittel müssen deshalb mindestens in Schutzart IP X1 ausgeführt sein. Zusätzlich müssen die Schalter und Überstromschutzorgane gruppenweise zusammengefaßt werden und dem Zugriff Unbefugter entzogen sein, ausgenommen die Schalter in Wohnhausgaragen.
In die Verteiler sind für Leiterquerschnitte unter 10 mm^2 Cu Neutralleiter-Trennklemmen (Bild 3-28) einzubauen. Im Bereich von Abstellflächen und Verkehrswegen dürfen Steckdosen nicht an Stromkreise der allgemeinen Beleuchtung angeschlossen werden. Sie sind gegen mechanische Beschädigung zusätzlich zu schützen.
Motoren, die während des Betriebes nicht ständig beaufsichtigt werden, müssen durch einen Motorschutzschalter geschützt werden. Von der Anlage sind entsprechend DIN VDE 0108 Schaltpläne auszulegen. Ist die Sicherheitsbeleuchtung in Bereitschaftsschaltung ausgeführt, so sind die Leuchten der allgemeinen Beleuchtung der Rettungswege abwechselnd auf mindestens zwei Stromkreise zu verteilen.
Geschlossene Mittel- und Großgaragen benötigen meist eine mechanische Abluftanlage, die über zwei gleich große Ventilatoren verfügen muß. Jeder Ventilator muß aus einem eigenen Stromkreis gespeist werden, der unmittelbar von den Sammelschienen der Hauptverteilung der Garage oder den Sammelschienen einer besonderen Verteilung für die Lüftungsanlage abgezweigt ist und an den andere elektrische Anlagen nicht angeschlossen werden dürfen. Soll das Lüftungssystem zeitweise nur mit einem Ventilator betrieben werden, müssen die Ventilatoren so geschaltet sein, daß sich bei Ausfall eines Ventilators der andere selbsttätig einschaltet. Dazu muß der Luftstrom, z. B. durch ein Windfahnenrelais, überwacht werden, um den Ausfall eines Ventilators durch Keilriemenriß feststellen zu können.
Der Ausfall eines Ventilators sollte durch ein Warnsignal, z. B. Hupe, gemeldet werden. Ist in einer Garage eine CO-Warnanlage vorhanden, so müssen deren Signalgeber (Lautsprecher oder Blinkzeichen) an die Ersatzstromquelle der Sicherheitsbeleuchtung angeschlossen werden.

Für größere Garagen, z. B. für mehrgeschossige Garagen, kann durch die Bauaufsichtsbehörde eine Brandmeldeanlage gefordert werden.
Zur Vermeidung von Zündquellen dürfen generell keine Heizungsanlagen mit möglichen Temperaturen von über 300 °C verwendet werden (z. B. elektrische Heizventilatoren).
Heizgeräte für Kleingaragen sind genormt. Sie müssen mindestens IP 5X entsprechen. Gehäuse, deren Oberseite eine Oberflächentemperatur von 105 °C (bezogen auf 20 °C Umgebungstemperatur) überschreitet, müssen eine schräge Oberseite erhalten, so daß Gegenstände darauf nicht abgelegt werden können. Die Oberflächentemperatur dieser Oberseite und der übrigen Außenflächen darf 110 °C nicht überschreiten. Steuer- und Regelteile sowie Schalter sind mindestens in Schutzart IP 54 auszuführen. Das ortsfeste Gerät ist fest anzuschließen.
Garagen für gasbetriebene Kraftfahrzeuge siehe 11.9.13.

11.6 Baustellen
(DIN VDE 0100 Teil 704)

Als elektrische Anlagen auf Baustellen gelten die elektrischen Einrichtungen für die Durchführung von Arbeiten auf Hoch- und Tiefbaustellen sowie bei Stahlbaumontagen. Zu Baustellen gehören auch Bauwerke und Bauwerksteile, die ausgebaut, umgebaut, instandgesetzt oder abgebrochen werden.
Als Baustellen werden nicht Stellen verstanden, an denen lediglich Handleuchten, Lötkolben, Schweißgeräte oder Elektrowerkzeuge angewendet werden. Hier können die im Bauwerk bereits vorhandenen, fest installierten Schutzkontakt-Steckdosen das ordnungsgemäße Anwenden der Schutzmaßnahmen bei indirektem Berühren gewährleisten. Dies gilt auch für einzeln verwendete Betonmischmaschinen, wenn sie mit Schutzkleinspannung oder Schutztrennung arbeiten oder schutzisoliert sind.

11.6.1 Zuleitungen für Baubetriebe

Zuleitungen für Baubetriebe müssen isoliert sein und in mindestens 3 m Entfernung vom Erd- oder Fußboden, 2,5 m von Dächern, Ausbauten, Fenstern oder anderen dem Verkehr zugänglichen Stellen so angebracht werden, daß sie ohne besondere Hilfsmittel nicht erreicht werden können. Es ist daher empfehlenswert, für solche Zuleitungen den Typ NFYW, wetterfest isolierte Leitung, zu verwenden, der allerdings nur bis 50-mm²-Kupferquerschnitt hergestellt wird. Für größere Querschnitte kann entweder ein isoliertes

Freileitungsseil des Typs NFA 2X nach DIN VDE 0274 oder die starke Gummischlauchleitung NSSHöu gewählt werden, die neben dem Typ H 07 RN-F auch als flexible Leitung dient. Schließlich eignet sich bis 16 mm² die Mantelleitung NYMZ mit Zugentlastung.
Blanke Leitungen und umhüllte Leitungen dürfen bei Spannungen über 25 V~ 60 V_ von Gerüsten und Bauwerksteilen aus nicht berührbar sein.

11.6.2 Speisepunkt

Baustellen müssen von besonderen *Speisepunkten* aus versorgt werden.
Soll die Baustelle an das Niederspannungsnetz der *öffentlichen Stromversorgung* (EVU) angeschlossen werden, dann ist als Speisepunkt (Nahtstelle) ein Anschluß-Verteilerschrank (AV-Schrank) oder ein Anschlußschrank (A-Schrank) vorzusehen (vgl. 3.12). Für Kleinbaustellen können auch steckbare Verteiler-Einrichtungen mindestens in der Schutzart IP 43 mit maximal zwei 2poligen Schutzkontaktsteckdosen, die mit $I_{\Delta N} \leqq 30$ mA Fehlerstrom-Schutzeinrichtungen geschützt sind und einen eigenen Erder haben, verwendet werden.
In *Industrienetzen* kann statt dessen ein abgegrenztes und deutlich bezeichnetes Feld einer vorhandenen ortsfesten Verteilungsanlage als Speisepunkt gewählt werden.
Baustellengebundene *Stromerzeuger oder Transformatoren* mit getrennten Wicklungen sind ebenfalls Speisepunkte. In der Regel sind ihnen Baustromverteiler mit Fehlerstrom-Schutzschaltern nachgeschaltet. Daher muß der Sternpunkt des Generators bzw. Transformators geerdet werden. Der Erdungswiderstand sollte 2 Ω nicht überschreiten. Andernfalls sind die Leitungen vom Stromerzeuger bis zur Fehlerstrom-Schutzeinrichtung erdschlußsicher zu verlegen (siehe 2.4.3).

11.6.3 Hauptschalter

Die Anlage muß durch einen oder mehrere jederzeit zugängliche und gekennzeichnete *Hauptschalter*, die zugleich Schutzschalter sein können, allpolig abschaltbar sein.

11.6.4 Flexible Leitungen und Steckvorrichtungen

Flexible Leitungen müssen Gummischlauchleitungen H 07 RN-F, NGM-H 11 Yö, NSSHöu oder Leitungstrossen NT... öu sein. Sie müssen also wetter-, ozon- und ölfeste Neoprene-Umhüllungen besitzen. Z. B. durch Hochlegen

muß man sie und ihre Kupplungssteckvorrichtungen vor Beschädigungen schützen. Dabei muß die Kupplungs- oder Verbindungsstelle zusätzlich vom Zug entlastet sein. Als Kraftsteckvorrichtung ist die international genormte fünfpolige CEE-Steckvorrichtung nach DIN 49 462/63 und 49 465 seit 1. 1. 1981 allein noch zulässig. Sie muß ein Isolierstoffgehäuse haben, wobei Gerätestekker und im Baustromverteiler fest eingebaute Steckdosen ausgenommen sind. Steckvorrichtungen müssen, wie auch das übrige Installationsmaterial, mindestens spritzwassergeschützt (Kurzzeichen ⚠) sein.
An zweipoligen Steckvorrichtungen nach DIN VDE 0620 sind zulässig:

a) Die spritzwassergeschützte 16-A-Steckvorrichtung nach DIN 49 440/41 für erschwerte Verwendungsbedingungen (siehe 7.1.3).
b) Die druckwasserdichte 16-A-Steckvorrichtung nach DIN 49 442/43.
Leitungsroller siehe 7.1.6.

11.6.5 Leuchten und sonstige elektrische Betriebsmittel

Ortsfeste *Leuchten* müssen mindestens in der Schutzart IP X3 gekapselt sein. Ortsveränderliche Leuchten müssen mindestens strahlwassergeschützt gekapselt sein (⚠ ⚠; IP X5) und das Symbol für rauhe Betriebe **T** tragen (vgl. 7.2.4).
Die übrigen Betriebsmittel müssen mindestens der Schutzart IP 44 entsprechen. Bei Stromerzeugungsaggregaten und Schweißstromquellen genügt die Schutzart IP 23, für handgeführte Elektrowerkzeuge IP 2X und für Schaltanlagen IP 43.
Alle elektromotorisch betriebenen Geräte und Maschinen müssen zum In- und Außerbetriebsetzen durch zugeordnete Schalter (Steckdosen) allpolig schaltbar sein. Der Schalter muß an zugänglicher Stelle angebracht und vom Stand des Bedienenden leicht erreichbar sein.
Bei Elektrowerkzeugen genügt eine Abschaltung, die nur ein Stillsetzen der Geräte bewirkt. Hierauf kann durch das Ziehen des Steckers allpolig abgeschaltet werden.

11.6.6 Schutzmaßnahmen

Für Stromkreise mit Steckdosen muß die Fehlerstrom-Schutzeinrichtung im TT- oder TN-Netz für den Schutz durch Abschaltung gewählt werden. Der Nennfehlerstrom der Fehlerstrom-Schutzeinrichtung darf bei Schutzkontaktsteckdosen 30 mA nicht überschreiten.
Für sonstige Steckdosen gilt $I_{\Delta n} \leqq 0{,}5$ A. Im IT-Netz mit Isolationsüberwachung, und bei Anwenden der Schutzkleinspannung oder Schutztrennung sind

für Stromkreise mit Steckdosen keine Fehlerstrom-Schutzeinrichtungen erforderlich. In Stromkreisen ohne Steckdosen darf auch das TN-S-Netz mit Überstrom-Schutzeinrichtungen angewendet werden. Für die Zuleitung zum Baustromverteiler eignet sich auch das TN-C-Netz, wenn das Kabel oder die Leitung während des Betriebs nicht bewegt wird, mechanisch geschützt verlegt ist und einen Mindestquerschnitt von 10 mm^2 Cu aufweist.
Kleine, einzeln betriebene Betonmischer, z. B. bei Wochenendarbeiten, dürfen an die vorhandene ortsfeste Installation nur über Trenntransformator angeschlossen werden, wenn sie nicht schutzisoliert sind oder mit Schutzkleinspannung betrieben werden.
Für Handnaßschleifmaschinen ist nur Schutzkleinspannung oder Schutztrennung zulässig.

11.6.7 Unterkunftsräume
(DIN VDE 0100 Teil 722 und 730)

Unterkunftsräume, Wohnwagen, Läger, Werkstätten usw. zählen nicht zur Baustelle. Räume dieser Art sind nach den sonst üblichen Grundsätzen zu installieren. Dabei gelten Holzhäuser oder Baracken ohne leicht entzündlichen Inhalt nicht als feuergefährdete Betriebsstätten. Es kann deshalb mit normalem Aufputz-Feuchtraum-Material installiert werden, wobei jedoch metallmantellose Typen gewählt werden sollten. Bei fliegenden Bauten sind für festes Verlegen auch Gummischlauchleitungen, mindestens H07RN-F zulässig.
Abzweig- und Schalterdosen müssen mindestens schwer entflammbar sein. Sie dürfen nicht in Hohlräumen angebracht werden, die mit brennbaren Dämmstoffen gefüllt sind. Verbindungs- und Gerätedosen, Kleinverteiler und dgl., die in Hohlwände eingebaut werden, müssen DIN VDE 0606 entsprechen und das Kennzeichen  tragen.
In trockenen Holzbaracken können auch H07V-U-Leitungen in flammwidrigen Isolierstoffrohren ACF verlegt werden.
Wohnwagen müssen zum Anschluß an das Netz einen spritzwassergeschützten Kragenstecker mit Schutzkontakt und Isolierstoffgehäuse nach DIN 49 462 bzw. DIN VDE 0623 (siehe 7.1.3) haben, der gegen mechanische Beschädigung geschützt angebracht ist. Zuleitung NSSHöu oder H07RN-F mindestens $3 \times 2{,}5\,mm^2$ Cu.

11.6.8 Prüfen der Schutzleiter-Schutzmaßnahmen

Arbeitstäglich ist die Prüfeinrichtung der Fehlerstrom-Schutzschalter zu betätigen. Die Schutzschaltungen und andere Schutzmaßnahmen bei indirektem Berühren sind mindestens alle sechs Monate durch eine Elektrofachkraft oder

bei Verwendung geeigneter Prüfgeräte auch durch eine unterwiesene Person auf ihre Wirksamkeit zu prüfen. Ebenso sind die beweglichen Leitungen und die Steckvorrichtungen auf sicheren Zustand zu prüfen.
Ein im Baustellenverteiler fest eingebautes Prüfgerät, z. B. Erdungstester ist zu empfehlen.

11.7 Feuergefährdete Betriebsstätten und Lagerräume
(DIN VDE 0100 Teil 720)

Feuergefährdete Betriebsstätten sind Räume oder Stellen in Räumen, wo sich *leicht entzündliche Stoffe* in gefahrdrohender Menge den elektrischen Einrichtungen so nähern können, daß höhere Temperaturen oder Lichtbögen eine Brandgefahr bilden. Hierunter können fallen:
Arbeits-, Trocken-, Lagerräume oder Teile von Räumen sowie derartige Stätten im Freien, z. B. Papier-, Textil- oder Holzverarbeitungsbetriebe, landwirtschaftliche Betriebsstätten (11.8).
Leicht entzündlich sind brennbare, feste Stoffe, die, der Flamme eines Zündholzes 10 s lang ausgesetzt, nach Entfernen der Zündquelle von selbst weiterbrennen oder weiterglimmen. Hierunter können fallen: Heu, Stroh, Hobelspäne, lose Holzwolle, Reisig, loses Papier, Baum- und Zellwollfasern, Magnesiumspäne, Holz und viele Kunsstoffe bis zu 2 mm Dicke.
An Stelle des Zündholzes verwendet die VDE-Prüfstelle einen Kleinstbrenner. Dieser besteht aus einer Injektionsnadel Nr. 14 mit einer Bohrung von 0,318-mm-Durchmesser, die auf eine Butan- oder Propangasflasche aufgesetzt wird. Die Flammenlänge wird auf 12 $\pm$ 2 mm eingestellt.
Leicht entzündlich sind auch alle brennbaren Gase sowie flüssige Stoffe mit einem Flammpunkt unter 100 °C (siehe dazu 11.9.).
Als *normal entflammbar* (Klasse B 2 nach DIN 4102) gelten insbesondere Holz und Holzwerkstoffe von mehr als 2 mm Dicke, genormte Dachpappen, aber auch Polyethylen, Polystyrol, Acrylglas, Polyesterharze, sofern diese Stoffe mehr als 2 mm dick sind.
Der Verband der Sachversicherer hat im Formblatt 2033 eine tabellarische Beispielsammlung herausgegeben, in der Betriebsstätten aufgeführt sind, die als feuergefährdet gelten. Außerdem wird ersichtlich, in welcher Schutzart die Betriebsmittel zu installieren sind, ob Leuchten ein ▽F ▽F -Zeichen brauchen und inwieweit sogar mit Ex-Bereichen zu rechnen ist.

Beispiel:
Kunstdünger – feuergefährdet – FI-Schalter nötig – Schutzart IP 5X – Leuchten mit ▽F ▽F -Zeichen – Ex-Bereich möglich.

11.7.1 Leitungen und Kabel

11.7.1.1 Leitungsauswahl

In feuergefährdeten Betriebsstätten sollten nur die Leitungen verlegt werden, die für die Versorgung der darin enthaltenen Betriebsmittel erforderlich sind.
Um Erdschlüsse und Spannungsverschleppungen zu vermeiden, sind am besten Mantelleitungen NYM oder Kabel NYY zu verlegen.
Wenn sich in Altanlagen noch Leitungen oder Kabel in Metallmänteln ohne äußere Kunststoffumhüllung befinden, sollten diese Leitungen oder Kabel durch einen Fehlerstrom-Schutzschalter mit einem Nennfehlerstrom von höchstens 0,3 A auf Erdschluß überwacht werden. Eine besondere Erdung der Metallmäntel wird hierbei nicht gefordert.
Ganz allgemein sind Fehlerstrom(FI-) Schutzschalter für den Brandschutz von wesentlicher Bedeutung. Es wird daher empfohlen, in alle Lichtstrom- und zweipoligen Steckdosen-Stromkreise je einen Fehlerstrom-Schutzschalter mit 30-mA-Nennfehlerstrom einzubauen. Die dreipoligen Stromkreise sollten ebenso Fehlerstrom-Schutzschalter mit 0,1-A-Nennfehlerstrom erhalten. Nicht isolierte Leitungen, z. B. Schleifleitungen, dürfen nur dort verwendet werden, wo ein Ansammeln leichtentzündlicher Stoffe (Staub) ausgeschlossen ist.
In trockenen Räumen ohne leichtentzündliche Staube dürfen auch Stegleitungen verlegt werden.
Wo besonders hoher Brandschutz gefordert wird, ist eine halogenfreie Mantelleitung mit verbessertem Verhalten im Brandfall NHXMH 300/500 V, 1,5 mm^2 Cu bis 35 mm^2 Cu (DIN VDE 0250 Teil 214) oder ein halogenfreies Kabel NHXHX 0,6/1 kV 25 mm^2 Cu bis 500 mm^2 Cu mit Isolierung und Mantel aus vernetzter halogenfreier Polymermischung zu empfehlen.
An mechanisch besonders gefährdeten Stellen ist ein zusätzlicher Schutz, möglichst aus elektrisch nichtleitfähigen Stoffen (z. B. starke Kunststoffrohre), erforderlich.
Als *bewegliche Leitungen* sind mindestens H07RN-F, bei starker Beanspruchung NSSHöu- oder NGMH 11 Yö-Leitungen zu verwenden. Wegen Brandgefahr sollte man bewegliche Leitungen in feuergefährdeten Räumen auf das äußerste einschränken.

11.7.1.2 Leitungsführung

Zum Verhüten von Bränden durch zu hohe Erwärmung infolge von Isolationsfehlern ist eine der folgenden Maßnahmen anzuwenden: Dies gilt auch dann, wenn Kabel oder Leitungen durch die feuergefährdeten Betriebsstätten hindurchgeführt sind oder wenn sie auf der Außenseite von nicht feuerbeständigen Wänden verlegt sind, die feuergefährdete Betriebsstätten begrenzen.

Überstromschutzorgan und Leitungsauswahl

Der Querschnitt von Leitungen und Kabeln ist so zu bemessen, daß bei vollkommenem Kurzschluß das nächste Überstromschutzorgan innerhalb von 5 s ausschaltet. Bei Anwendung dieser Maßnahme müssen Leitungen oder Kabel mit Kunststoffmänteln, z. B. aus PVC, EPR, VPE, verlegt werden.
Es ist von Vorteil, die *Leitungen unter Putz* oder in Hohlräumen von Decken oder Wänden zu verlegen, die aus Beton, Stein oder ähnlichen nicht brennbaren Stoffen bestehen.

Isolationsüberwachung

Versuche haben gezeigt, daß Fehlerströme von mindestens 300 mA über längere Zeit fließen müssen, um einen Brand zu zünden. Sehr empfehlenswert ist daher eine *Isolationsüberwachung der fest verlegten Leitungen* durch einen besonderen Überwachungsleiter in der Mantelleitung in Verbindung mit einer Fehlerstrom-Schutzeinrichtung (siehe *Bild 11-5*); denn Erdschlüsse und punktförmige Leitungserwärmung, die zu Lichtbögen führen, sind eine gefährliche Brandursache. Der Überwachungsleiter, in der Regel ist dies der Schutzleiter, muß im gesamten Leitungsverlauf angeschlossen, d. h. geerdet sein, auch wenn er als Schutzleiter, z. B. für die Leitungsstrecke zu einem schutzisolierten Schalter, nicht benötigt wird. Er kann gleichzeitig zum Überwachen der Berührungsspannung dienen. Tritt nun ein gefährlicher Lichtbogenfehler etwa zwischen Außenleiter L1 und L2 innerhalb der Leitung auf, dann wird in Kürze davon auch der Überwachungsleiter berührt, der die Abschaltung der fehlerhaften Leitung über den Schutzleiter veranlaßt. Die Fehlerstrom-Schutzeinrichtung darf keinen größeren Nennfehlerstrom als 0,5 A haben. Sie sollte außerhalb der gefährdeten Betriebsstätten angebracht werden.

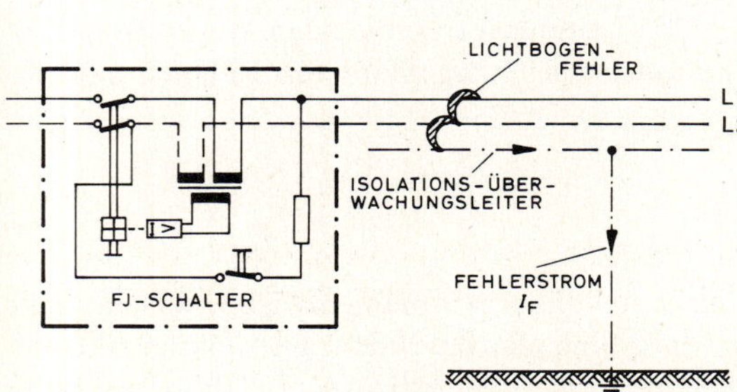

Bild 11-5: FI-Schaltung mit Isolations-Überwachungsleiter

Schutzabstand

Schließlich kann auch durch Verlegen, z. B. von einadrigen Feuchtraumleitungen, von je einer H07V-U-Leitung in je einem Kunststoffrohr, von Schienenverteilern, ein solcher Schutzabstand gewährleistet werden, daß Erd- oder Kurzschlüsse nicht zu befürchten sind. Schienenverteiler müssen mindestens der Schutzart IP 4X entsprechen, in Räumen die durch Staub oder Fasern feuergefährdet sind IP 5X.

11.7.1.3 Isolationsmessung

Da die *Isolationsmessung* an Leitungen in feuergefährdeten Räumen besonders wichtig erscheint und unkontrollierbare Ströme im PEN-Leiter feuergefährlich werden können (Leiterbruch!), darf hier der stromführende N-Leiter nicht gleichzeitig Schutzleiter sein. Man muß vielmehr den PEN-Leiter von der letzten Verteilung außerhalb der feuergefährdeten Betriebsstätte an in einen Neutralleiter und einen Schutzleiter aufspalten (TN-S-Netz). Nach dieser Aufteilung darf der Neutralleiter nicht mehr geerdet werden. Man kann dann die Isolation von Außenleiter und N-Leiter gegen Erde messen unabhängig davon, ob zwischen Außenleiter und N-Leiter Stromverbraucher eingeschaltet sind oder nicht. Durch Einbau von Trennklemmen oder Laschen an der Neutralleiterschiene muß bei Leiterquerschnitten unter 10 mm^2 Kupfer eine Isolationsprüfung ohne Abklemmen des Neutralleiters ermöglicht werden (Bild 3-28).

11.7.1.4 Potentialausgleich

Gerade in feuergefährdeten Betriebsstätten ist auch der Potentialausgleich von besonderem Wert. Dazu sollte man größere leitfähige Gebäude-Konstruktionsteile, z. B. Stahlkonstruktionen, Metallrohrleitungen, untereinander und mit dem Schutzleiter gut leitend verbinden. Verbindungen zum Schutzleiter sollte man jedoch nur an Verteilungen durchführen (Potentialausgleich-Sammelschiene).

11.7.2 Hauptschalter

Es ist empfehlenswert, die nach feuergefährdeten Räumen führenden Leitungen allpolig (einschließlich des Neutral-, Sternpunkt- oder PEN-Leiters) abschaltbar oder durch Stecker abtrennbar zu machen. Dieser Schalter muß ein Momentschalter sein; er muß als *Hauptschalter* bezeichnet werden. Außerdem muß seine Schaltstellung eindeutig erkennbar sein. An den Schaltern ist der Abschaltbereich zu kennzeichnen. Eine Kontrollampe wird empfohlen.

11.7.3 Übrige elektrische Betriebsmittel

Die Schutzarten der Betriebsmittel sind nach der Art der Feuergefährdung auszuwählen. Bei Staub oder Fasern ist stets die Schutzart IP 5X zu wählen. Ausgenommen sind nur Maschinen mit Käfigläufer, für die die Schutzart IP 4X genügt. Der zur Maschine zugehörige Klemmkasten muß jedoch IP 5X entsprechen. Bei Feuergefährdung durch andere leichtentzündliche feste Stoffe ist IP 4X erforderlich. Hier genügt bei Elektrowärmegeräten IP 2X, wenn die vom Hersteller angegebenen Abstände zu brennbaren Stoffen beachtet werden.

Installationsschalter, Steckvorrichtungen und Abzweigdosen müssen ebenfalls IP 5X entsprechen, wenn sie in Betriebsstätten eingebaut werden, die durch Staub oder Fasern feuergefährdet sind.

Steckvorrichtungen sollten zum Schutz gegen Erdschlüsse ein Isolierstoffgehäuse haben. Schalter und Steckdosen sollte man geschützt, z. B. in Nischen, verlegen.

Leuchten für Betriebsstätten, die durch Staub oder Fasern feuergefährdet sind, müssen das Zeichen ▽F ▽F tragen. Bei diesen Leuchten handelt es sich um Leuchten mit begrenzter Oberflächentemperatur. Sie entsprechen DIN VDE 0710 Teil 5 und weisen einschließlich der Lampe eine Schutzart von mindestens IP 5X auf. Die Montageanweisung und gegebenenfalls erforderliche Mindestabstände müssen unbedingt berücksichtigt werden. Beim bestimmungsgemäßen Gebrauch und im normalen Betrieb wird auf allen äußeren Flächen der Leuchte die Temperatur von 95 °C nicht überschritten. Bei anomalem Betrieb beträgt die Grenztemperatur 115 °C. Höhere Temperaturen sind nur unter bestimmten, in VDE 0710 Teil 5 genannten, Voraussetzungen zulässig.

In feuergefährdeten Betriebsstätten ohne Staub- oder Faserstoffe genügt die Schutzart IP4X. Schaltfassungen sind unzulässig. Glühlampen sind durch Übergläser, bei Gefahr der Beschädigung auch durch Schutzkörbe, zu schützen. Der Anschluß über Leuchten-(Lüster-)Klemmen außerhalb der Leuchten ist unzulässig. Daher müssen Anschlußleitungen mit ihren Umhüllungen in die Leuchten eingeführt werden.

Transformatoren von *Leuchtröhrenanlagen* müssen außerhalb der feuergefährdeten Räume angebracht werden oder so gekapselt sein, daß auch im Fehlerfall kein Brand entstehen kann.

Handleuchten sind in Schutzart IP 4X, bei Staubgefährdung in IP 5X, zu verwenden.

Wärmegeräte und Wärmestrahler in der Nähe von entzündlichen Stoffen müssen mit Vorrichtungen versehen sein, die ein Berühren der Heizleiter mit solchen Stoffen verhindern. Wärmegeräte, auch ortsveränderliche (Mindestabstand 1 m in Strahlungsrichtung) mit offenen, glühenden Heizleitern sind also unzulässig. Wärmegeräte müssen auf feuerhemmenden Unterlagen, also auf Mauerwerk, Beton, Zement, Estrich oder auf feuerhemmenden, 12 cm dicken Platten angebracht werden. Die Ablagerung leicht entzündlicher Stoffe muß, z. B. durch schräge Abdeckungen mit einem Winkel von mindestens 60° gegen die Waagrechte, verhindert sein. Die Geräteoberfläche darf nicht heißer als 115 °C werden. Elektrische Raumheizkörper müssen so aufgestellt werden, daß sie die Wärme ungehindert abgeben können.

Heizkörper an *Warmluftgebläsen* müssen bei Ausfall des Motorantriebes, also bei Ausfall des Luftstromes, selbsttätig abgeschaltet werden. Die Stillsetzung darf nur von Hand wieder aufzuheben sein. Bei Wärmestrahlern, z. B. in Klimaanlagen, Warmlufterzeugern für Trocknung, darf die Temperatur der Oberflächen, die im Betrieb von leicht entzündlichen Stoffen berührt werden, je nach Art des Stoffes 100···200 °C nicht überschreiten. Die Höchsttemperatur beträgt z. B. bei Holz, Heu oder Stroh 115 °C.

Raumheizgeräte mit Wärmespeicherung, bei denen die Raumluft mit dem Speicherkern in Berührung kommen kann, dürfen in Räumen, die durch Staub oder Faserstoffe feuergefährdet sind, nicht verwendet werden. In solchen Räumen müssen auch andere Wärmegeräte entsprechend gekapselt sein, z. B. in Schutzart IP 5X.

Der Elektro-Installateur muß die Fragen, welche Wärmegeräte und ob überhaupt solche in einem Raum mit leicht entzündlichen Stoffen aufgestellt werden dürfen, sehr gewissenhaft prüfen. *In Zweifelsfällen* empfiehlt sich eine Rückfrage bei den Feuerversicherern. Dabei ist darauf zu achten, ob das an sich vorschriftsmäßige Gerät nicht nach jahrelangem Gebrauch etwa im Fehlerfall Schaden stiften kann. So haben z. B. industrielle Wärmegeräte wegen Versagens des Wärmereglers schon wiederholt zu Bränden geführt. Hinzu kommen Bedienungsfehler, wie das Vergessen des Ausschaltens oder z. B. das Abdecken von Infrarotstrahlern mit Strohballen. Selbst eine Glühlampe kann Brände stiften, wenn sie mit Papier oder Heu zugedeckt wird. Ein Schutzglas verzögert nur den Brand, verhindert ihn aber nicht. Ein Heizkörper, dessen glühender Widerstandsdraht nur mit perforiertem Blech abgedeckt ist, darf in keinem feuergefährdeten Raum angebracht werden. Bei größeren Wärmegeräten wird der Einbau einer Signallampe nach DIN 43 606 empfohlen, die anzeigt, ob ein- oder ausgeschaltet ist.

Wo besonders kritische Verhältnisse vorliegen, die ein Ausdehnen des Schutzes auf *Explosionsschutz* erforderlich machen, ist es notwendig, sich mit den zuständigen Überwachungsorganen abzustimmen.

Die *Motoren* sind in geschlossener Schutzart (mindestens IP 44) zu installieren. Die Klemmkästen der Motoren sind staubgeschützt in Schutzart IP 54 zu kapseln. Die Anschlußklemme für den Schutzleiter muß innerhalb der Abdekkung liegen.
Elektrowerkzeuge nach DIN VDE 0740 brauchen nicht in Schutzart IP 4X gekapselt zu sein.
Ein Motorschutzschalter oder eine gleichwertige Einrichtung, z. B. Temperaturfühler, ist in feuergefährdeten Räumen für alle Motoren dringend zu empfehlen. Bei solchen, die in feuergefährdeten Räumen ohne ständige Aufsicht laufen, selbsttätig geschaltet oder ferngeschaltet werden, ist er unerläßlich.

11.8 Landwirtschaftliche Betriebsstätten, auch Gartenbau

(DIN VDE 0100 Teil 705, DIN VDE 0131 bzw. 0105 Teil 15)

Die meisten Schäden durch Elektrizität treten in der Landwirtschaft auf. Ein Viertel aller durch den elektrischen Strom an Laien verursachten tödlichen Unfälle und die Hälfte aller Schäden durch Elektrobrände treffen auf die Landwirtschaft, obwohl diese nur 3% des Stromes verbraucht. Eine sorgfältige Installation ist deshalb hier besonders notwendig.
Nahezu alle Elektrounfälle in der Landwirtschaft ereignen sich an beweglich angeschlossenen Betriebsmitteln.
Die Bestimmungen DIN VDE 0100 Teil 705 gelten nur für landwirtschaftliche Betriebsstätten, nicht jedoch für Wohnräume. Diese sind nach den allgemeinen Bestimmungen für Hausinstallationen zu behandeln. Jedoch gehören zu landwirtschaftlichen Betrieben auch Wohngebäude, die mit landwirtschaftlichen Betriebsstätten zusammengebaut oder durch metallene Bauteile, z. B. Stahlkonstruktionen, Rohrleitungen, verbunden sind.

11.8.1 Einstufung der Betriebsräume

Feucht: Kellerräume, Wasserpumpen-Raum, Kornspeicher, Düngerschuppen, Maschinenschuppen, Schlepper-Einstellraum, Spülküche, Milchkammer, Futterküche, Anlagen im Freien u. dgl.
Feucht und feuergefährdet: Ställe, auch Räume für Geflügelhaltung und Nebenräume von Ställen, Räume für Intensivtierhaltung (siehe auch 11.8.9),

Lager- und Vorratsräume für Heu, Stroh, Häcksel, Kraftfutter, Düngemittel, Räume, in denen z. B. Körner, Grünfutter, Kartoffeln aufbereitet werden (Trocknen, Dämpfen und dgl.).

11.8.2 Verteiler

Schalt- und Verteilungsanlagen, Schaltgeräte, Überstrom-Schutzorgane und dgl. müssen mindestens in Schutzart IP 54 ausgeführt sein, wenn sie sich in landwirtschaftlich genutzten Räumen befinden. Daher wird empfohlen, Verteilungstafeln, Schutzschalter, Regler usw. in trockenen Räumen, z. B. in Wohngebäuden, anzubringen, weil dann auf eine erhöhte Schutzart verzichtet werden kann. Aber auch dort müssen alle Betriebsmittel, z. B. Zählerschränke oder Kleinverteiler, die zu einer brennbaren Befestigungsfläche hin offen sind, von dieser feuersicher getrennt sein.
Die Anlage muß im ganzen oder gebäudeweise durch jederzeit zugängliche, gekennzeichnete Hauptschalter freischaltbar sein, wobei die Schaltstellung erkennbar sein muß. Alle nicht *geerdeten* Leiter müssen gleichzeitig abgeschaltet werden. Als Hauptschalter dürfen auch Fehlerstrom-Schutzschalter verwendet werden. Leuchtmelder für die Schaltstellung erleichtern die Übersicht (grün = aus, rot = ein). Stromkreise, die nur gelegentlich, z. B. während der Dreschzeit, eingeschaltet werden, müssen einen eigenen, gekennzeichneten Schalter erhalten.
Für die erforderliche Fehlerstrom-Schutzeinrichtung ist in der Verteilung genügend Platz vorzusehen. Um bei einem Fehler nicht den ganzen Betrieb stillzulegen, sollte die Anlage auf mehrere Fehlerstrom-Schutzeinrichtungen aufgeteilt werden.
Werden zur Hauptverteilung Unterverteilungen vorgesehen, was zu empfehlen ist, dann sind auch die Unterverteilungen mit einem Hauptschalter auszurüsten. In diesem Fall ist der vorgeschaltete FI-Schalter in der Hauptverteilung mit selektiver Auslösung, Kennzeichnung [S] zu wählen.
Überstrom-Schutzorgane zum Schutz gegen Überlast sind stets am Leitungsanfang anzuordnen. Als Überstrom-Schutzorgane dürfen für Verbrauchsmittel nur fest eingebaute LS-Schalter nach DIN VDE 0641 oder Schutzschalter nach DIN VDE 0660 Teil 101 verwendet werden. Bei Stromkreisen, die in feuergefährdete Betriebsstätten führen, muß ein Kurzschluß innerhalb von 5 s abgeschaltet werden, sofern die Leitungen nicht über eine Fehlerstrom-Schutzeinrichtung geschützt sind und über einen Überwachungsleiter verfügen (siehe 11.7.1.2). Beleuchtungsstromkreise und Stromkreise mit zweipoligen Steckdosen bis 16 A dürfen nur mit Schutzschaltern bis 16 A gesichert werden.

11.8.3 Leitungen und Installationsmaterial

Es sind Feuchtraumleitungen NYM oder Kabel NYY mit Isolierstoffschellen in 25 cm Abstand zu wählen. Ein Unterputz-Verlegen ist vorzuziehen. In Tennen, Heu- oder Strohböden sind keine Abstandschellen zu verwenden, sondern die Leitungen sind wegen der Gefahr mechanischer Beschädigung unmittelbar auf der Wand zu installieren. Als Leitungsschutz sind an gefährdeten Stellen Isolierstoffrohre zu wählen. Leitungen von Gebäude zu Gebäude sind als Erdkabel oder Mantelleitungen für selbsttragende Aufhängung des Typs NYMZ oder NYMT in mindestens 5 m Höhe zu verlegen.

Als bewegliche Leitungen haben sich die Typen H07RN-F, bei schwerer Beanspruchung auch NGMH 11 Yö und NSSHöu bewährt.

Da die meisten Bereiche durch Staub oder Fasern feuergefährdet sind, ist Installationsmaterial mindestens der Schutzart IP 5X zu verwenden. Zudem muß es mindestens tropfwassergeschützt ausgeführt sein. In Bereichen, in denen Fußböden, Wände oder Einrichtungen zu Reinigungszwecken abgespritzt werden, z. B. in Melkständen, muß die elektrische Installation mindestens der Schutzart IP X4 entsprechen (siehe auch 11.1). Verlängerungsleitungen sollten in feuergefährdeten Räumen aufs äußerste eingeschränkt werden.

Steckdosen sind nur an einer von leicht entzündlichen Stoffen stets freibleibenden Stelle anzubringen. In Ställen dürfen sie nur dort angebracht werden, wo sie von den Nutztieren nicht zu erreichen sind.

Steckvorrichtungen zur Umkehr der Drehrichtung von Motoren gehören nicht in landwirtschaftliche Betriebe.

Bild 11-6: Steckdosen-Kombination

Es dürfen nur genormte oder registrierte Steckvorrichtungen nach DIN VDE 0620 oder 0623 verwendet werden, wobei als zweipolige Steckvorrichtung der abgedeckte 16-A-Typ nach DIN 49 440/41 für erschwerte Verwendungsbedingungen zu wählen ist (siehe 7.1.3 und *Bild 11-5*). In ein und derselben landwirtschaftlichen Betriebsstätte sind für *eine* Polzahl, Spannung und Stromstärke nur Steckvorrichtungen derselben Bauart zu verwenden. Die CEE-Steckvorrichtung nach DIN 49 462/63 ist seit 1. 1. 1981 ausschließlich zu verwenden.
Soweit nicht-arealgebundene Verbrauchsmittel, also z. B. Motoren, Elektrowärmegeräte einer Fremdfirma oder eines Nachbarn, angeschlossen werden sollen, ist bis 400 V und 32 A die 5-polige CEE-Steckvorrichtung nach DIN 49 462 einzusetzen. In diesem Fall müssen auch 5-adrige Verlängerungsleitungen mit 5-poligen Steckvorrichtungen verwendet werden. Jedoch brauchen in der festen Installation 4-adrige Leitungen nicht gegen 5-adrige ausgetauscht zu werden. Entsprechend ist auch bei Strömen über 32 A zu verfahren.

11.8.4 Leuchten

Leuchten sollen schutzisoliert sein. Leuchten, die in Bereichen oder Räumen montiert werden, die durch Staub oder Fasern feuergefährdet sind, z. B. Tenne, Stall, usw., müssen das Zeichen ▽F ▽F tragen (siehe 11.7.3).
Die Leuchten sind so anzubringen, daß sie nicht versehentlich beim Einblasen durch Gebläsehäcksler in Heu oder Stroh eingepackt werden können. Versuche ergaben, daß sich Häcksel auf dem Überglas von Leuchten schon nach einer Stunde bei 215 °C entzünden kann. Bei Leuchten, deren Betriebszustand am Einbauort nicht erkannt werden kann, sind Schalter mit Anzeigelampen einzubauen.
Ganz allgemein wird man auch in landwirtschaftlichen Betriebsstätten wie nach der Arbeitsstätten-Verordnung in gewerblichen Arbeitsstätten die Lichtschalter leicht zugänglich und selbstleuchtend installieren. Sie müssen in der Nähe der Zu- und Ausgänge sowie längs der Verkehrswege angebracht sein. Dies gilt nicht, wenn die Beleuchtung zentral geschaltet wird.
Überall, wo Glasscherben in Lebensmitteln oder Viehfutter eine Gefährdung herbeiführen können, dürfen nur Leuchten installiert werden, die durch unzerbrechliche Abdeckungen oder Schutzkörbe die Lampe und Abschlußgläser vor Zerstörung schützen.
In der gesamten landwirtschaftlichen Betriebsstätte dürfen nur Leuchten der Schutzart IP 54 eingesetzt werden.
Handleuchten sollten ein Schutzglas aus Glas und nicht aus Kunststoff besitzen.

11.8.5 Motoren

Motoren, ausgenommen von Elektrowerkzeugen, müssen mindestens in Schutzart IP 44, Klemmkasten mindestens in Schutzart IP 54 ausgeführt sein. Melkeinrichtungen müssen DIN VDE 0730 entsprechen.
Es ist zweckmäßig, alle Motoren mit Motorschutzschaltern auszurüsten. Bei solchen, die ohne ständige Aufsicht laufen, wie für Wasserpumpen, Melkmaschine, Lüfter, Körnertrockner, automatische Schrotmühle, ist dies unerläßlich. Motorschutzschalter sollten magnetische Schnellauslösung besitzen. In vielen Fällen empfiehlt sich ein Unterspannungs-Auslöser. Motoren für wechselbare Drehrichtung brauchen Umschalter.

11.8.6 Elektro-Wärmegeräte

Infrarotstrahlgeräte für Tieraufzucht müssen DIN VDE 0700 Teil 216 entsprechen. Sie müssen auf verschiedene Höhen eingestellt werden können. Die Aufhängevorrichtung muß aus Metall bestehen und mindestens 2 m lang sein. Die flexible Leitung darf nicht zum Aufhängen verwendet und nicht so geführt werden, daß sie das Schutzgehäuse berührt. Das Gehäuse ist so sicher aufzuhängen, daß es sich weder an der Decke noch an der Höhenverstellvorrichtung unbeabsichtigt lösen und herunterfallen kann. Dies wird z. B. mit Karabinerhaken, Kette und Schrauböse in der Decke erreicht *(Bild 11-8)*.
Die Schraubösen müssen so befestigt sein, daß sie einem Zug vom 5-fachen Gewicht des Strahlers standhalten, mindestens aber 10 kg tragen können. Die Strahler müssen allseitig mindestens 0,5 m von Tieren oder brennbaren Stoffen entfernt sein.
Dunkelstrahler dürfen nur in Gebäuden mit Sand, Kurzstreu oder dgl. als Bodenbedeckung angebracht werden. Für die Aufhängung gelten die gleichen Bestimmungen wie für die Hellstrahler. Offene Glühwendeln sind unzulässig. Der kleinste Gebrauchsabstand von Tieren oder brennbaren Stoffen muß auf dem Strahlergehäuse vermerkt sein.
Kükenaufzuchtbatterien und *Tierwärmer* brauchen Heizplatten, die DIN VDE 0700 Teil 216 entsprechen. Tierwärmer, die am Boden betrieben werden, müssen als Geräte der Schutzklasse III mit einer Nennspannung von höchstens 24 V gebaut sein.
Elektrische Glucken sind Geräte, die auf den Boden gestellt werden und die Füße oder Schlupflöcher haben, so daß Küken darunter schlupfen können, und von einer über den Tieren angebrachten Wärmeplatte erwärmt werden. Elektrische Glucken und Kükenaufzuchtbatterien dürfen nicht zugedeckt werden. Eine entsprechende Aufschrift an den Geräten muß darauf hinweisen.

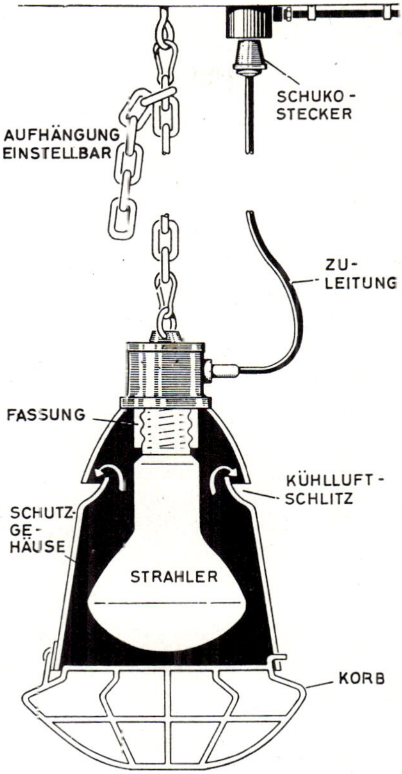

Bild 11-8: Sichere Aufhängung eines Infrarotstrahlers zur Tieraufzucht

Heizleitungen im Fußboden müssen Metallmäntel haben, der Schutz gegen zu hohe Berührungsspannung ist durch Fehlerstrom-Schutzschaltung oder Schutzkleinspannung bis zu 25 V zu bewirken.
Warmluftgebläse siehe 11.7.3.
Netzanschlußleitungen zu den Wärmegeräten müssen mindestens als Gummischlauchleitungen H07RN-F (NMHöu) ausgeführt sein. Sie müssen am Gerät fest angebracht sein, d.h. Gerätesteckvorrichtungen dürfen nicht verwendet werden. Die Zuleitungen müssen bei Metallwänden durch ein in diese fest eingebautes Isolierstück eingeführt werden, das die Vorder- und Rückseite überragt.

11.8.7 Schutz gegen gefährliche Körperströme, Viehschutz

Die feste Installation ist in allen landwirtschaftlich genutzten Bereichen als TT-Netz mit Fehlerstrom-Schutzeinrichtung auszuführen (siehe 9.3.4.1).

Der Nennfehlerstrom darf 0,5 A nicht überschreiten. Bei Stromkreisen mit Steckdosen, die nach dem 1. Jan. 1981 installiert wurden, darf der Nennfehlerstrom der Fehlerstrom-Schutzeinrichtung 30 mA nicht überschreiten. Diese, von den landwirtschaftlichen Berufsgenossenschaften in ihren Unfallverhütungsvorschriften gestellte Forderung soll insbesondere die tödlichen Unfälle, die in den letzten Jahren in Verbindung mit steckbaren Geräten auftraten, in Zukunft vermeiden. Sie dient jedoch auch dem Brandschutz und sollte daher in allen Lichtstromkreisen ebenfalls, also mit $I_{\Delta N} = 0{,}03$ A angewendet werden.
Die Berührungsspannung darf 25-V-Wechselspannung oder 60-V-Gleichspannung nicht überschreiten. Der Erdungswiderstand für die Fehlerstrom-Schutzeinrichtung muß somit kleiner oder gleich 25 V, geteilt durch den Nennfehlerstrom der Fehlerstrom-Schutzeinrichtung sein. Hinter Fehlerstrom-Schutzeinrichtungen ist der Schutzleiter in der festen Installation auch dann mitzuführen, wenn schutzisolierte Betriebsmittel verwendet werden. Bis zu den Ausgangklemmen der Fehlerstrom-Schutzeinrichtung muß für alle Betriebsmittel die Schutzisolierung angewendet werden.
Alle vorstehend genannten Bedingungen gelten auch für das Wohnhaus oder andere angrenzende Bereiche, die mit leitfähigen Teilen der landwirtschaftlichen Betriebsstätten, wie Rohrleitungen, Konstruktionsteilen, verbunden sind.
Der Schutz bei indirektem Berühren und bei Überlast darf auch durch kombinierte Schutzeinrichtungen vorgenommen werden, wie z.B. mit FI/S-Schaltern nach DIN VDE 0664 Teil 2.
Ein im Verteilungsnetz (TN-Netz) vorhandener PEN-Leiter darf nicht als Schutzleiter verwendet und nicht mit dem Potentialausgleich verbunden werden.
Bei ortsveränderlichen Geräten, die am oder unmittelbar beim Tier benutzt werden. wie bei Staubsaugern, Schermaschinen, ortsveränderlichen Melkmaschinen, ist zur Kleinspannung unter 25 V zu raten. In diesem Fall wird auch die bewegliche Zuleitung mit der ungefährlichen Kleinspannung betrieben, so daß selbst beim Zertreten oder Zerbeißen dem Vieh kein Schaden zugefügt werden kann.
Die Leerlaufspannung von *Schweißtransformatoren* kann bis 70 V betragen. Da Tiere schon bei Spannungen über 25 V gefährdet sind, ist das Schweißen überall dort zu unterlassen, wo Tiere in den Stromkreis geraten können.

Zusätzlicher örtlicher Potentialausgleich im Stall

Um im Standbereich der Tiere (Rinder, Pferde, Schweine, Schafe) einen erhöhten Schutz gegen gefährliche Körperströme zu erreichen, müssen alle metallischen Konstruktionsteile, wie Selbsttränkeanlagen, Vakuumleitung der

Melkanlage, Stahlkonstruktionen, metallene Anbindevorrichtungen mechanische Fütterungs- und Entmistungsanlagen, untereinander und mit dem Schutzleiter verbunden werden. Zusätzlich muß eine Potentialsteuerung eingebaut werden.

Zum Zweck der Potentialsteuerung ist z.B. eine Baustahlmatte mit etwa 150 mm Maschenweite und 8 mm Drahtdurchmesser in 3 bis 4 cm Tiefe unter den Viehstandplätzen einzubetonieren. Benachbarte Teile, wie Anbindevorrichtungen, müssen mit der Baustahlmatte gutleitend, z.B. durch mehrfache Verschweißung verbunden werden. Die einzelnen Metallteile können auch an einer Potentialausgleichsschiene, über Potentialausgleichsleitungen, zusammengeführt werden (siehe *Bild 11-9*). Als Potentialausgleichsleitung ist feuerverzinkter Bandstahl 30 × 3,5 mm² oder feuerverzinkter Rundstahl, 8 mm Durchmesser, zu verwenden. Metallische Gitterroste, die zu Reinigungszwekken entfernt werden müssen, können dadurch in den Potentialausgleich einbezogen werden, daß ihre Auflagefläche z.B. aus einem an den Potentialausgleich angeschlossenen Winkeleisen besteht.

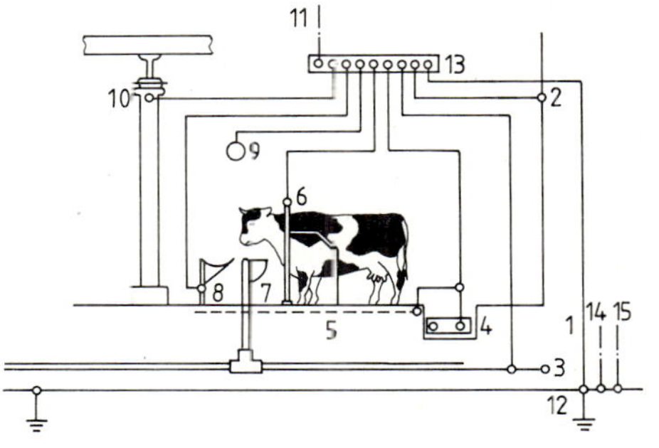

Bild 11-9: Beispiel eines Potentialausgleichs in landwirtschaftlichen Betriebsstätten (VDE 0100 Teil 705); 1 Erdungsleitung, 2 Blech-, Folienwände, 3 Wasserleitung, 4 Entmistung, 5 Potentialsteuerung, z. B. Baustahlmatte, 6 Anbindevorrichtung, 7 Selbsttränke, 8 Futteranlage, 9 Melkanlage, 10 Stahlkonstruktion, 11 Schutzleiter (PE), 12 Fundamenterder, Erder, sonstige Erdung, 13 Potentialausgleichsschiene, 14 Blitzschutzerdung, 15 Weidezaunerdung

11.8.8 Elektrozäune

(DIN VDE 0131)

Ein Elektrozaun ist eine Schranke für Tiere und besteht aus einem oder mehreren metallischen Zaundrähten, die durch ein Elektrozaungerät unter Spannungsimpulse gesetzt werden, jedoch so, daß Menschen und Tiere in der Lage sind, sich vom Zaun frei zu machen (*Bild 11-10*). Die Impulse können

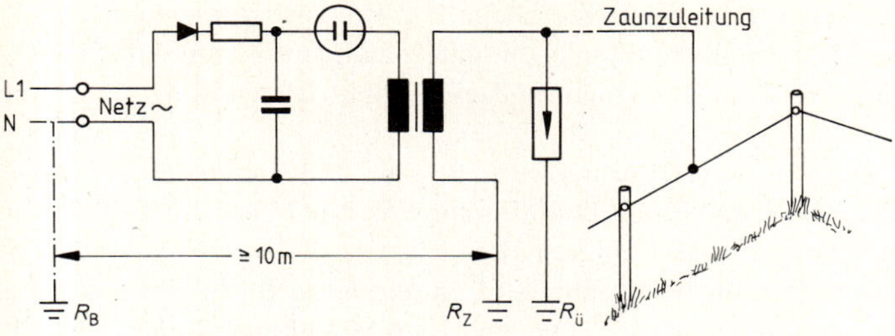

Bild 11-10 Schema eines Elektrozaunes

durch ein Netz- oder ein Batteriegerät erzeugt werden, für die es besondere VDE-Bestimmungen gibt.

Netzanschlußgeräte dürfen nicht in Scheunen, Tennen, Stallungen oder anderen feuergefährdeten Räumen angebracht werden. Sie müssen allpolig abschaltbar sein. Der Betriebserder R_Z des Zaunes muß von Schutz- oder Betriebserdern des Netzes R_B mindestens 10 m getrennt verlegt werden. Als Erder eignet sich ein verzinkter Erdspieß von etwa 1 m Länge, der mindestens 50 cm tief an einer möglichst feuchten und bewachsenen Stelle des Erdreiches einzuschlagen ist.

Wird die Zaunzuleitung von einem Gebäude weggeführt, muß eine Überspannungs-Schutzeinrichtung (z.B. eine Funkenstrecke mit eigener Erdung ($R_ü$), auf mindestens feuerhemmenden Bauteilen außerhalb des Gebäudes angeordnet werden. Falls eine Gebäude-Blitzschutzanlage vorhanden ist, muß die Erdleitung der Schutzeinrichtung mit dem Blitzschutzerder verbunden werden.

Die Zaunzuleitung muß im Innern der Gebäude wie eine Starkstromleitung verlegt werden. Sie darf wegen Blitzgefahr weder aus feuergefährdeten Räumen heraus noch in sie hineingeführt werden. Außerhalb darf man sie nicht an Niederspannungs-, Hochspannungs- oder Fernmeldemasten verlegen. Kreuzt sie einen verkehrsreichen Weg, dann sind auf beiden Seiten der Straße mindestens 9 m lange imprägnierte Holzmasten mit mindestens 18 cm Fußdurchmesser und Isolatoren des Typs N 95 zu setzen. Der Mast ist 1,6 m tief einzugraben. Im Kreuzungsfeld ist der Zaundraht als Seil mit 10 mm^2 Cu ohne Verbindungsstellen in einem Abstand von mindestens 6 m von der Fahrbahn zu führen. Kreuzt die Zaunzuleitung eine Straße mit geringem Verkehr oder einen Fahrweg, dann sind auf beiden Seiten der Straße ebenfalls Masten, wie vorher geschildert, zu setzen. Der Zaundraht braucht jedoch nur 6 mm^2 Cu zu sein, und der Abstand vom Weg muß mindestens 5 m betragen. Bei Kreuzungen von Niederspannungs-, Hochspannungs- und Fernmeldeleitungen ist nach DIN VDE 0210 und 0800 zu verfahren.

Zaunzuleitungen müssen von Freileitungen unter 1000 V mindestens 2 m, von blanken Fernmeldeleitungen mindestens 1 m und von isolierten mindestens 0,5 m Abstand haben. Von Freileitungen über 1000 V müssen sie einen waagrechten Abstand vom äußersten Leiter von mindestens 10 m haben, sofern die Masten der Zaunzuleitung nicht höher als 6 m sind. Wird die Höhe von 6 m überschritten, so ist der Abstand um das Maß der Überschreitung zu vergrößern.
Elektrozaungeräte mit Netzanschluß sollen auch im gebrauchten Zustand 0,5-MΩ-Isolationswiderstand nicht unterschreiten. Für den Ableitwiderstand des Elektrozaunes einschließlich der Zaunleitung dagegen genügen nach DIN VDE 0131 nur 10 kΩ. Neuzeitliche Zaungeräte erlauben durch Leuchtanzeige eine automatische Dosierkontrolle des Zaun-Isolationszustandes. Sie zeigen außerdem den Impuls und den Nennstrom an bzw. den Ladezustand der Batterie. Wegen der Vorschriften für die Errichtung des Zaunes selbst (Abstände von Wegen und Freileitungen, Betriebserdern, Warnungsschildern) muß der Elektro-Installateur den Landwirt auf DIN VDE 0131 und auf das Merkblatt „Elektrozaunanlagen" der landwirtschaftlichen Berufsgenossenschaften verweisen.

11.8.9 Intensiv-Tierhaltung

Als Intensiv-Tierhaltung gilt die Aufzucht und Haltung von Nutztieren, z.B. Geflügel oder Schweine, in geschlossenen Räumen oder Gebäuden, wenn die Versorgung mit Luft, Licht und Futtermitteln durch technische Einrichtungen erfolgt. Die vorgenannten Regeln für elektrische Anlagen in landwirtschaftlichen Betriebsstätten gelten auch hier, wenn nachstehend nichts anderes mitgeteilt wird.
Verteiler, Regel- und Steuergeräte müssen mindestens der Schutzart IP 54 entsprechen. Sie sind auf einer nicht brennbaren Unterlage anzubringen.
Zudem sind die Sicherheitsvorschriften für Intensiv-Tierhaltung vom Verband der Sachversicherer (Form 1312) zu beachten.
Die VDE-Bestimmungen fordern ganz allgemein, daß die lebenserhaltende Luftversorgung für die im Stall untergebrachten Tiere sichergestellt sein muß. Für den Fall einer Störung in der Luftversorgung, z.B. Netzausfall oder Kurzschluß, müssen Einrichtungen vorhanden sein, die entweder selbsttätig eine Weiterbelüftung oder eine netzunabhängige Meldung bewirken. Eine selbsttätige Weiterbelüftung kann über ein automatisch anlaufendes Ersatzstromaggregat erfolgen oder über ausreichend große Lüftungsklappen, die, bei Ausfall des Netzes bzw. der mechanischen Lüftungsanlage, automatisch öffnen (Ersatzstromaggregat siehe 2.4). Für eine netzunabhängige Meldung ist eine Gefahrenmeldeanlage in Anlehnung an DIN VDE 0833 erforderlich.

Gemeldet werden soll Netzausfall, bzw. Ausfall eines Lüfters, und unzulässige Temperaturerhöhung. Dabei ist zu beachten, daß es keine Thermostate mit der für landwirtschaftliche Betriebsstätten erforderlichen Schutzart in schutzisolierter Ausführung auf dem Markt gibt. Der Thermostat muß also an einen Schutzleiter angeschlossen werden. Das gleiche kann auch für Regler gelten. Die Meldung muß an eine ständig besetzte Stelle weitergegeben werden, z.B. über eine Hupe im Wohnaus.
Beim Einsatz mehrerer Lüfter sind diese auf mehrere Stromkreise und auf mehrere Fehlerstrom-Schutzeinrichtungen aufzuteilen. Der Verband der Sachversicherer fordert darüber hinaus, daß beim Auslösen einer Fehlerstrom-Schutzeinrichtung noch eine ausreichende Luftversorgung gewährleistet sein muß. Zudem darf die Fehlerstrom-Schutzeinrichtung nicht als Hauptschalter

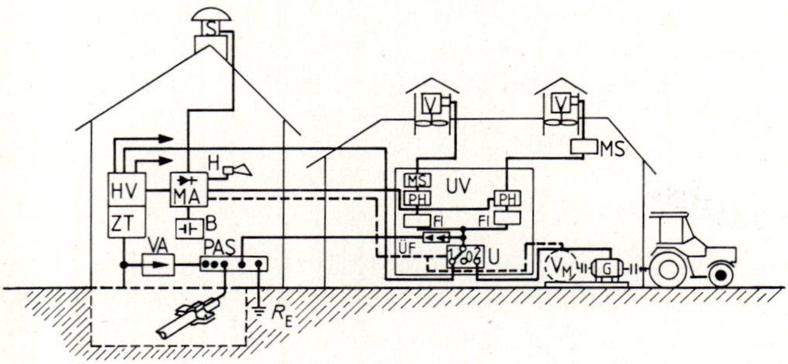

Bild 11-11 Intensiv-Tierhaltung: MA Meldeanlage, B Batterie, H Hupe, S Sirene, MS Motorschutzschalter, PH Phasenausfallrelais, ÜF Überspannungs-Feinschutzgerät, U Umschalter, V_M Verbrennungsmotor, G Generator

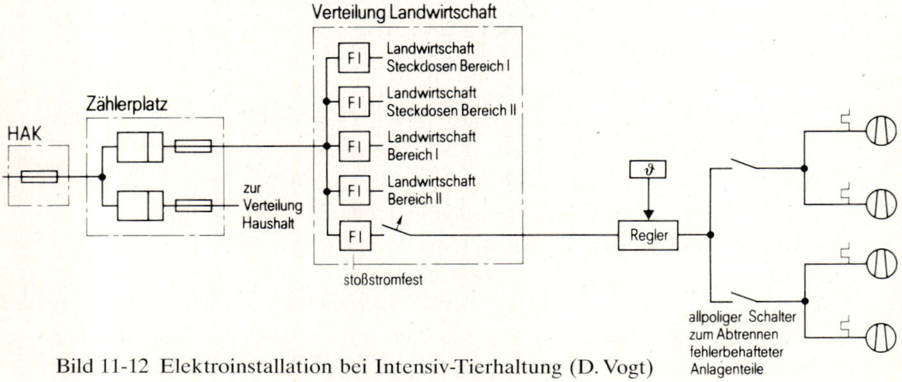

Bild 11-12 Elektroinstallation bei Intensiv-Tierhaltung (D. Vogt)

verwendet werden. Dieser ist der gesamten elektrischen Anlage eines Intensiv-Tierhaltungsstalles zuzuordnen. In Neuanlagen sollten die Verteilungen in einem gesonderten Raum untergebracht werden, der nicht den Umwelteinflüssen der Intensiv-Tierhaltung ausgesetzt ist.
Beispiele über den Aufbau der elektrischen Anlage einer Intensiv-Tierhaltung sind den *Bildern 11-11 und 11-12* zu entnehmen.
Die Lüftungs- und Alarmanlage ist monatlich einmal, die gesamte elektrische Anlage jährlich einmal durch einen Elektrofachmann zu überprüfen. Feuerschutz-Einrichtungen sind bereitzustellen.

11.9 Explosionsgefährdete Bereiche
(ElexV, DIN VDE 0165 und 0170/0171)

11.9.1 Allgemeines

Für die Errichtung und den Betrieb von elektrischen Anlagen in explosionsgefährdeten Bereichen gilt die „Verordnung über elektrische Anlagen in explosionsgefährdeten Räumen“ (ElexV) mit ihren zugehörigen Verwaltungsvorschriften. Explosionsgefährdet sind danach Räume, in denen sich auf Grund der örtlichen und betrieblichen Verhältnisse eine explosionsfähige Atmosphäre in gefahrdrohender Menge ansammeln kann. Eine explosionsfähige Atmosphäre ist ein aus Luft, brennbaren Gasen, Dämpfen, Nebel oder Stäuben bestehendes Gemisch, das unter atmosphärischen Bedingungen entzündet werden kann.
Für die Beurteilung bzw. die Festlegung der Bereiche mit Explosionsgefahr wird auf die „Richtlinien für die Vermeidung der Gefahren durch explosionsfähige Atmosphäre“ (Ex-RL), herausgegeben vom Hauptverband der gewerblichen Berufsgenossenschaften, verwiesen.
Gegebenenfalls sind weitere Verordnungen, z. B. „Verordnung über brennbare Flüssigkeiten“ (VbF) und die einschlägigen Verordnungen der Oberbergämter zu berücksichtigen.
Der Elektro-Installateur wird die Frage, ob und in welchem Umfang in einem bestimmten Bereich Ex-Gefahr besteht, den Gewerbeaufsichtsämtern bzw. den Auftraggebern überlassen. Zum allgemeinen Verständnis sollen hier jedoch die wichtigsten Beurteilungsgrundlagen angeschnitten werden.

11.9.1.1 Möglichkeit der Bildung explosionsfähiger Atmosphäre

Brennbare Gase und Dämpfe bilden im Gemisch mit Luft nur innerhalb eines bestimmten Konzentrationsbereiches eine explosionsfähige Atmosphäre. Die-

jenige Konzentration, bei der das Gemisch noch nicht bzw. nicht mehr explosionsfähig ist, wird als untere bzw. obere Explosionsgrenze bezeichnet. Die Explosionsgrenzen werden meist in Vol.-% – Volumenanteil des Gases bezogen auf Gesamtvolumen – angegeben (z. B. Wasserstoff: 4,0···75,6 Vol.-%). Mit dem Auftreten explosionsfähiger Atmosphäre braucht nicht gerechnet zu werden, wenn die Konzentration immer unter der unteren Explosionsgrenze liegt.
Durch entsprechende Maßnahmen, z. B. durch ausreichende Lüftung, sollte versucht werden, unterhalb der unteren Explosionsgrenze zu bleiben. Nur wenn dies nicht möglich ist, sind Schutzmaßnahmen zu treffen.
Desweiteren ist der *Flammpunkt* einer brennbaren Flüssigkeit von großer Bedeutung. Der Flammpunkt ist die niedrigste Temperatur bezogen auf einen Druck von 760 Torr = 1013 hPa, bei der sich aus der zu prüfenden Flüssigkeit unter festgelegten Bedingungen Dämpfe in solcher Menge entwickeln, daß sich über dem Flüssigkeitsspiegel ein durch Fremdzündung entflammbares Dampf/Luft-Gemisch bildet. Flüssigkeiten werden danach in Gefahrenklassen eingeteilt.

Gefahrenklasse:	A I	Flammpunkt	< 21 °C
	A II	Flammpunkt	21··· 55 °C
	A III	Flammpunkt	> 55···100 °C
	B	Flammpunkte	< 21 °C, bei 15 °C in Wasser löslich.

Zur Beurteilung der Frage, ob sich aus einer brennbaren Flüssigkeit explosionsfähige Atmosphäre entwickeln kann, muß die Temperatur des Verarbeitungszustandes mit dem Flammpunkt verglichen werden.
Bei Lagerung, Abfüllung und Transport brennbarer Flüssigkeiten ist die Verarbeitungstemperatur gleich der Temperatur des umgebenden Raumes.
Explosionsfähige Atmosphäre kann sich deshalb nur bei Flüssigkeiten der Gefahrklassen A I, A II und B bilden. A III-Flüssigkeiten haben einen Flammpunkt von mehr als 55 °C. Es entsteht keine explosionsfähige Atmosphäre, wenn diese Flüssigkeiten ohne zusätzliche Erwärmung bei normalen Umgebungsbedingungen gelagert, abgefüllt oder transportiert werden.
Der Flammpunkt verschiedener Flüssigkeiten kann Tabelle 11-4 entnommen werden.
Auch feste Stoffe (Staub) können zur Bildung explosionsfähiger Atmosphäre führen, z. B. durch Aufwirbeln von Staubablagerungen. Die Korngrößenverteilung, die Dichte und der Schwelpunkt der festen Stoffe ist dabei von Bedeutung.

11.9.1.2 Gefahrenbereiche

Zur Beurteilung der Frage, wo sich explosionsfähige Atmosphäre ansammeln kann, ist bei Gasen und Dämpfen vor allem das Dichteverhältnis bezogen auf Luft von Bedeutung. Das Dichteverhältnis gibt die Dichte des gas- oder dampfförmigen Stoffes bezogen auf Luft = 1 an.
Die Dichte aller Dämpfe ist größer als die Dichte der Luft; das Dichteverhältnis ist also eine Zahl größer als 1.
Auch bei den meisten Gasen ist die Dichte größer als diejenige der Luft; ausgenommen sind lediglich Acetylen, Äthylen, Ammoniak, Wasserstoff, Kohlenoxid, Methan.
Stoffe, die schwerer als Luft sind, sammeln sich in Bodennähe an. Der explosionsgefährdete Bereich wird also im unteren Raumteil anzunehmen sein. Dagegen entweichen Stoffe, die leichter als Luft sind, nach oben. Sie sammeln sich in einem geschlossenen Raum unterhalb der Decke an.
Auch die örtlichen Verhältnisse, z. B. Austrittstellen bei undichten Ventilen, Schiebern, Rohrleitungsverbindungen und dergleichen, und die Art der Verarbeitung (Lagern, Abfüllen, Versprühen) sind für die Beurteilung der Bereiche, in denen mit explosionsfähiger Atmosphäre zu rechnen ist, zu berücksichtigen.
Zuletzt ist noch die Frage zu stellen, ob die zu erwartende Menge explosionsfähiger Atmosphäre gefahrdrohend ist. Als gefährliche explosionsfähige Atmosphäre gilt ein Volumen von mehr als 10 l im geschlossenen Raum. Kleinere Mengen in unmittelbarer Nähe von Menschen sind gefährlich, wenn das Raumvolumen kleiner als 100 m^3 ist. Als Faustformel gilt:
Das Volumen der explosionsfähigen Atmosphäre V_{EX} muß größer als 10^{-4}mal das Raumvolumen V_R sein, um gefahrdrohend zu werden ($V_{EX} \geqq 10^{-4} \times V_R$).
Unter Berücksichtigung der angeschnittenen Beurteilungsrichtlinien werden sowohl in der Ex-RL als auch in der ElexV die explosionsgefährdeten Räume in Zonen eingeteilt.

11.9.1.3 Zoneneinteilung

Explosionsgefährdete Bereiche werden nach der Wahrscheinlichkeit des Auftretens gefährlicher explosionsfähiger Atmosphäre in Zonen eingeteilt.
Für Bereiche, die durch brennbare Gase, Dämpfe oder Nebel explosionsgefährdet sind, gilt:

Zone 0, wenn gefährliche explosionsfähige Atmosphäre ständig oder langzeitig vorhanden ist;

Zone 1, wenn damit zu rechnen ist, daß gefährliche explosionsfähige Atmosphäre gelegentlich auftritt;

Zone 2, wenn damit zu rechnen ist, daß gefährliche explosionsfähige Atmosphäre nur selten und dann auch nur kurzzeitig auftritt.

Für Bereiche, die durch brennbare Stäube explosionsgefährdet sind, gilt:

Zone 10, wenn gefährliche explosionsfähige Atmosphäre langzeitig oder häufig vorhanden ist;

Zone 11, wenn damit zu rechnen ist, daß gelegentlich durch Aufwirbeln abgelagerten Staubes gefährliche explosionsfähige Atmosphäre kurzzeitig auftritt.

Für medizinische Bereiche siehe 11.10.7.

Die Ex-RL geben mit ihrer Beispielsammlung eine wesentliche Entscheidungshilfe bei der Beurteilung der Explosionsgefahr, bei dem Festlegen der Zonen und bei der Auswahl der notwendigen Schutzmaßnahmen. Sie sind von der zuständigen Aufsichtsbehörde bei der Beurteilung, ob ein Raum explosionsgefährdet ist, zu berücksichtigen.

Bereiche der Zone 0 sind hauptsächlich innerhalb geschlossener Behälter, Rohrleitungen und Apparaturen vorhanden, in denen sich z. B. brennbare Flüssigkeiten befinden, deren Flammpunkt niedriger ist als die Betriebstemperatur. Der explosionsgefährdete Bereich erstreckt sich hierbei nur auf den Raum innerhalb des geschlossenen Behälters oder dgl., der oberhalb des Flüssigkeitsspiegels liegt. In der Flüssigkeit selbst besteht keine Explosionsgefahr.

Zur Zone 1 können gehören die nähere Umgebung der Zone 0, die Umgebung von Beschickungsöffnungen, der nähere Bereich von Füll- und Entleerungseinrichtungen, der nähere Bereich um nicht ausreichend dichtende Stopfbuchsen an Pumpen und Schiebern. Zur Zone 2 können weitere Bereiche um die Zonen 0 und 1 gehören oder Bereiche um Flanschverbindungen bei Rohrleitungen in geschlossenen Räumen. Außerdem Bereiche, in denen auf Grund von mechanischer oder natürlicher Lüftung die untere Explosionsgrenze nur in Ausnahmefällen erreicht wird, z. B. in der Umgebung von Anlagen im Freien.

Die Zone 10 ist im Inneren von Getreidesilos und dergleichen gegeben. Deren Umgebung, Mühlen, Lagerhäuser für Kohle, Getreide usw. gelten meist als Zone 11.

11.9.2 Elektrische Betriebsmittel für explosionsgefährdete Bereiche

Werden in einem Raum, in dem eine explosionsfähige Atmosphäre entstehen kann, elektrische Betriebsmittel betrieben, dann sollen unter Anwendung der allgemein anerkannten Regeln der Sicherheitstechnik Maßnahmen getroffen werden, die die Bildung bzw. Ansammlung explosionsfähiger Atmosphäre in gefahrdrohender Menge verhindern oder einschränken, d. h., es ist den

Maßnahmen zum primären Schutz der Vorzug zu geben, z. B. durch Wahl anderer Arbeitsverfahren oder Einsatz von Überwachungsgeräten; ist dies nicht möglich, muß der Schutz sekundär, d. h. durch Einsatz geeigneter Betriebsmittel, gewährleistet werden. Es sollen jedoch nur die für den Betrieb unbedingt erforderlichen elektrischen Betriebsmittel angeordnet werden.
Die Baubestimmungen „Elektrische Betriebsmittel für explosionsgefährdete Bereiche" (DIN VDE 0170/0171) unterteilen derzeit die Betriebsmittel in zwei Gruppen:

Gruppe I betrifft schlagwettergeschützte Betriebsmittel, die für den Einsatz in schlagwettergefährdeten Grubenbauten gedacht sind (z. B Kohlengruben).

Gruppe II betrifft explosionsgeschützte Betriebsmittel, die in durch brennbare Gase oder Dämpfe explosionsgefährdeten Bereichen eingesetzt werden sollen.

Baubestimmungen für Betriebsmittel für den Einsatz in Bereichen, die durch Staub explosionsgefährdet sind, siehe 11.9 9 und 11.9.10.
Betriebsmittel der *Gruppe II* werden entsprechend der Eigenschaften der gefährlichen explosionsfähigen Atmosphäre, in der sie betrieben werden, unterteilt. Diese Eigenschaften sind:

- die Zündtemperatur der gefährlichen explosionsfähigen Atmosphäre bei allen Zündschutzarten,
- das Zünddurchschlagsvermögen der gefährlichen explosionsfähigen Atmosphäre durch Spalte bei Zündschutzart „druckfeste Kapselung",
- der Mindestzündstrom der gefährlichen explosionsfähigen Atmosphäre bei der Zündschutzart „Eigensicherheit",

(Zündschutzarten siehe 11.9.3).

11.9.2.1 Zündtemperatur und Temperaturklassen

Die maximale Oberflächentemperatur des elektrischen Betriebsmittels darf die Zündtemperatur der gefährlichen explosionsfähigen Atmosphäre nicht erreichen. Die Zündtemperatur eines Gemisches aus einem brennbaren Gas oder Dampf mit Luft ist die niedrigste Temperatur, bei der dieses in einem genormten Prüfgerät noch gezündet wird.
Betriebsmittel der Gruppe II werden entsprechend der maximalen Oberflächentemperatur in die Temperaturklassen T 1 bis T 6 (früher in Zündgruppen G 1 bis G 5 bzw. A bis D) unterteilt (siehe auch *Tabelle 11-1*).
Die Zündtemperatur der gefährlichen explosionsfähigen Atmosphäre muß entsprechend höher liegen, als die maximale Oberflächentemperatur des Betriebsmittels.

Temperaturklassen für elektrische Betriebsmittel Tabelle 11-1

Temperaturklasse (Zündgruppe)	max. Oberflächentemperaturen °C	Zündtemperaturen °C
T1 (G 1/A)	450	>450
T2 (G 2/B)	300	>300···450
T3 (G 3/–)	200	>200···300
T4 (G 4/C)	135	>135···200
T5 (G 5/D)	100	>100···135
T6 (G 5/–)	85	> 85···100

11.9.2.2 Explosionsgruppen

Zünddurchschlagsvermögen (Grenzspaltweiten)

Bei elektrischen Betriebsmitteln der Zündschutzart „druckfeste Kapselung" können explosionsfähige Gemische durch Spalte in das Gehäuse eindringen und dort von funkengebenden Teilen gezündet werden. Die Spalte solcher Betriebsmittel müssen deshalb so gestaltet sein, daß kein Zünddurchschlag nach außen erfolgt. Gase und Dämpfe werden entsprechend ihres Zünddurchschlagvermögens durch Spalte in 3 Explosionsgruppen A, B und C unterteilt. Diese sind einer in *Tabelle 11-2* festgehaltenen Grenzspaltweite zugeordnet, die experimentell bei einer Spaltenlänge von 25 mm ermittelt wurden. Beispiele für die Explosionsgruppen verschiedener Gase und Dämpfe können *Tabelle 11-3* entnommen werden. Die druckfest gekapselten Betriebsmittel (Gruppe II) werden, je nachdem welche Anforderungen sie erfüllen, mit II A, II B, oder II C gekennzeichnet.

Mindestzündstrom

Funken und thermische Effekte können eine explosionsfähige Atmosphäre zünden. Eine Zündung kann jedoch nicht erfolgen, wenn die festgelegten Mindestwerte der Zündleistung, des Zündstromes und der Zündenergie der betreffenden explosionsfähigen Atmosphäre nicht überschritten werden.
Ein Stromkreis, in dem diese Bedingungen erfüllt sind, ist eigensicher.
Die Einteilung der Gase und Dämpfe erfolgt auf Grund des Verhältnisses ihres Mindestzündstromes zum Mindestzündstrom von Laboratoriums-Methan. Entsprechend der in der Tabelle 11-2 aufgeführten Verhältniszahl werden die Gase und Dämpfe danach in drei Explosionsgruppen A, B und C eingeteilt.
Für die in Tabelle 11-3 aufgeführten Gase und Dämpfe, sind die Explosionsgruppen bezüglich des Zünddurchschlagsvermögens und des Mindestzündstromes die gleichen.

Explosionsgruppen Tabelle 11-2

Explosionsgruppen (früher Explosionsklassen)	Grenzspaltweite mm	Mindestzündstrom-verhältnis
II A (1)	>0,9	>0,8
II B (2)	0,5···0,9	0,45···0,8
II C (3)	<0,5	<0,45

Beispiele für Temperaturklassen und Explosionsgruppen Tabelle 11-3

Stoffbezeichnung	Flamm-punkt °C	Zünd-temperatur °C	Temperatur-klasse	Explosions-gruppe
Acetylen	(Gas)	305	T 2	II C
Äthylalkohol	12	425	T 2	II B/II A
Äthyläther	<−20	180	T 4	II B
Ammoniak	(Gas)	630	T 1	II A
Benzine				
Ottokraftstoffe	<21	220 bis 300	T 3	II A
Spezialbenzine	>21	220 bis 300	T 3	II A
Dieselkraftstoffe	>55	220 bis 300	T 3	II A
Heizöl EL	>55	220 bis 300	T 3	II A
Heizöl M und S	>65	220 bis 300	T 3	II A
Benzol (rein)	−11	555	T 1	II A
Essigsäure	40	485	T 1	II A
Methan	(Gas)	595	T 1	II A
Butan	(Gas)	365	T 2	II A
Propan	(Gas)	470	T 1	II A
Schwefelkohlenstoff	<−20	95	T 6	II C
Schwefelwasserstoff	(Gas)	270	T 3	II B
Stadtgas (Leuchtgas)	(Gas)	560	T 1	II B
Toluol	6	535	T 1	II A
Wasserstoff	(Gas)	560	T 1	II C

In früheren Bestimmungen wurden die Explosionsgruppen (II A, II B und II C) als Explosionsklassen 1, 2 und 3 bezeichnet.

11.9.3 Zündschutzarten elektrischer Betriebsmittel

Die DIN VDE-Bestimmungen 0170/0171 Teil 1 bis 10 (zugleich Europäische Norm) nennen Anforderungen an Zündschutzarten für elektrische Betriebs-

Betriebsmittel, die sicherstellen sollen, daß diese in der sie umgebenden explosionsfähigen Atmosphäre keine Explosion verursachen.
Die Zündschutzarten sind:

Ölkapselung „o“	Erhöhte Sicherheit „e“
Überdruckkapselung „p“	Eigensicherheit „i“
Sandkapselung „q“	Eigensichere elektrische Systeme „i“
Druckfeste Kapselung „d“	Vergußkapselung „m“

11.9.3.1 Ölkapselung „o“

Bei der *Ölkapselung* (Kurzzeichen o) sind alle Teile der Geräte, die zu einer Zündung Anlaß geben könnten, in Öl eingeschlossen *(Bild 11-13)*. Diese Schutzart wird überwiegend bei Betriebsmitteln angewendet, die normalerweise mit Öl gefüllt sind, wie Ölumspanner, Ölschalter, Ölanlasser.

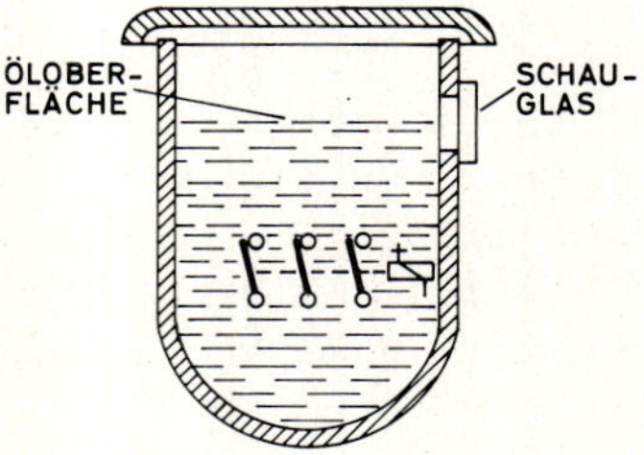

Bild 11-13: Ölkapselung

Ansonsten findet sie wenig Anwendung, da auch die Wirksamkeit dieser Zündschutzart weitgehend von dem Einhalten der für das Betriebsmittel vorgeschriebenen Betriebslage abhängig ist.
Sie kann somit nur für ortsfeste Anlagenteile verwendet werden. Der Ölstand muß während des Betriebes regelmäßig überwacht werden.

11.9.3.2 Überdruckkapselung „p“

Das Auftreten einer explosionsfähigen Atmosphäre innerhalb von Gehäusen wird dadurch verhindert, daß ein Schutzgas in ihrem Inneren auf einem gegenüber der Umgebung erhöhten Druck gehalten wird. Explosionsfähige Atmosphäre kann somit nicht in die Gehäuse eindringen. In alten Bestimmungen wurde diese Zündschutzart als Fremdbelüftung bezeichnet. Man unterscheidet zwischen Überdruckkapselung mit ständiger Durchspülung und Überdruckkapselung mit Ausgleich der Leckverluste. Als Schutzgas wird in der Regel Luft verwendet. Es muß in die Zuleitung im nicht explosionsgefährdeten Bereich eintreten *(Bild 11-14)*.

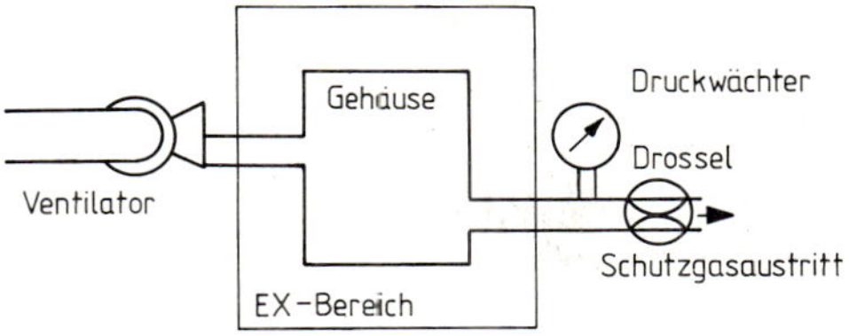

Bild 11-14: Überdruckkapselung

Auch der Austritt muß außerhalb des explosionsgefährdeten Bereiches enden, wenn nicht eine wirksame Einrichtung das Heraustreten von Funken oder zündfähigen Partikeln verhindert.
Durch Sicherheitseinrichtungen (z. B. Zeitrelais, Strömungswächter) ist sicherzustellen, daß elektrische Betriebsmittel erst nach ausreichender Vorspülung (5-facher Durchsatz) eingeschaltet werden können. Sinkt der Überdruck unter den vorgeschriebenen Mindestwert von 0,5 mbar ab, muß die Anlage automatisch abgeschaltet oder Alarm ausgelöst werden. Anforderungen an Gehäuse und Rohrleitungen bezüglich Druckfestigkeit, Brennbarkeit, Verschluß und dgl. sind in DIN VDE 0170/0171 Teil 3 enthalten.
Die Überdruckkapselung wird insbesondere bei Schaltanlagen, Schaltschränken und großen Kollektormotoren angewendet. Der große Vorteil liegt darin, daß die elektrischen Betriebsmittel, die z. B. in das durchspülte Gehäuse einer Schaltanlage eingebaut werden, keiner Zündschutzart entsprechen müssen. Die Überdruckkapselung eignet sich auch bei brennbaren Gasen und Dämpfen mit niedrigen Zündtemperaturen und hohen Explosionsgruppen.

11.9.3.3 Sandkapselung „q"

Durch die Füllung des Gehäuses eines elektrischen Betriebsmittels mit einem feinkörnigen Füllgut (z. B. Quarzsand) wird erreicht, daß ein in seinem Gehäuse entstehender Lichtbogen eine das Gehäuse umgebende explosionsfähige Atmosphäre nicht zündet. Sandkapselung wird nur in seltenen Fällen, z. B. für kleine Transformatoren, angewendet.

11.9.3.4 Druckfeste Kapselung „d"

Die „Druckfeste Kapselung" ist eine Zündschutzart, bei der die Teile, die eine explosionsfähige Atmosphäre zünden können, in ein Gehäuse eingeschlossen sind, das bei einer Explosion im Inneren deren Druck aushält und eine Übertragung der Explosion auf die das Gehäuse umgebende explosionsfähige Atmosphäre verhindert. Das heißt, in das druckfest gekapselte Gehäuse eines elektrischen Betriebsmittels kann explosionsfähige Atmosphäre eindringen, jedoch wird bei einer Explosion im Inneren des Gehäuses die Übertragung nach außen verhindert. Druckfest gekapselte Gehäuse müssen somit über einen zünddurchschlagsicheren Spalt verfügen *(Bild 11-15)*. Dieser ist abhängig von der Zünddurchschlagsfähigkeit (Explosionsgruppe) der Gase und Dämpfe, die eine explosionsfähige Atmosphäre bilden können (siehe 11.9.2.2).

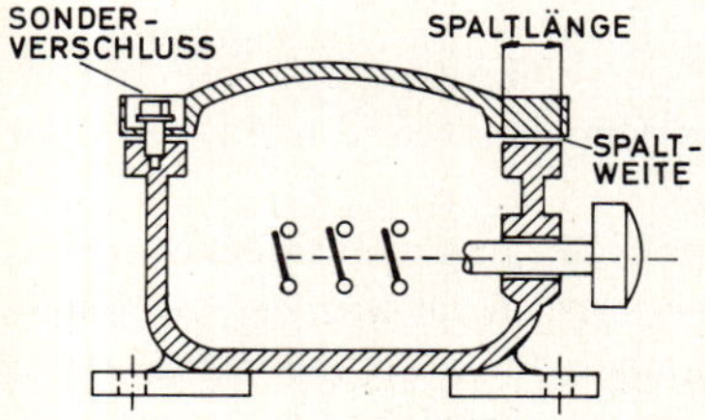

Bild 11-15: Druckfeste Kapselung

Druckfest gekapselte Betriebsmittel müssen deshalb mit der Explosionsgruppe (II A, II B oder II C) gekennzeichnet sein, für die sie geeignet sind. Betriebsmittel der Gruppe II C sind auch für II B und II A Bereiche, die der Gruppe II B auch für II A Bereiche geeignet.
Die bisher in Deutschland übliche Technik sah für druckfest gekapselte Gehäuse einen Anschlußraum in „Erhöhter Sicherheit" vor. Dadurch mußte der Errichter zum Anschluß das druckfest gekapselte Gehäuse nicht öffnen (siehe *Bild 11-16*). Für die Einführung der Leitung in den Anschlußraum „Erhöhte Sicherheit" genügt dabei die Schutzart IP 54, somit kann eine PG-Verschraubung normaler Bauart verwendet werden. Durch die Harmonisierung der deutschen Normen wurde die Ausschließlichkeit dieses Prinzips verlassen. Seitdem gibt es Betriebsmittel mit getrennten druckfest gekapselten Anschlußräumen oder mit direkter Leitungseinführung in den druckfesten Raum (siehe Bild 11-16). Der Elektro-Installateur muß dabei darauf achten, daß die Leitungseinführung einer besonderen Bauart entspricht oder auf den jeweiligen Kabeltyp abgestimmt ist. Die Sicherheit der „Druckfesten Kapselung" ist davon

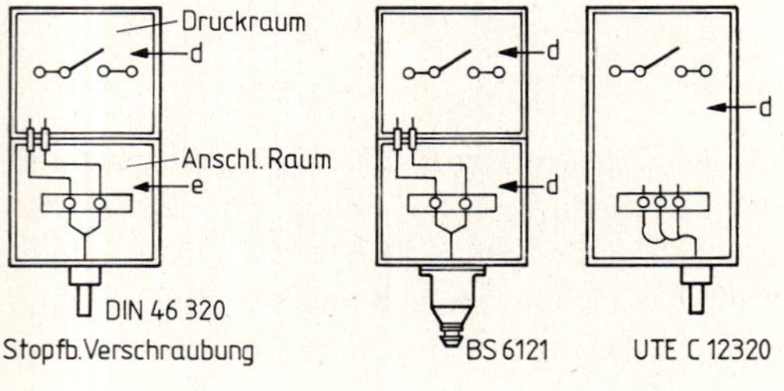

Bild 11-16: Durchlaß und Einführung in das Gehäuse bei Zündschutzart „Druckfeste Kapselung"

abhängig, wie zuverlässig und sorgfältig die Leitung auf der Baustelle montiert wird.
Die Zündschutzart „Druckfeste Kapselung" wird z. B. bei Schaltgeräten, Leuchten, Motoren, ortsveränderlichen Transformatoren häufig angewendet. Sie wird auch für Schaltanlagen bevorzugt, da in einem druckfesten Gehäuse neben den Leistungsschaltern und Luftschützen auch der Überstrom- und Kurzschlußschutz sowie Steuertransformatoren und Hilfsgeräte für alle Steuerungs- und Verriegelungsaufgaben eingebaut werden können. Außerdem gestatten druckfeste Anlagen einen weitgehend wartungsfreien Betrieb.

11.9.3.5 Erhöhte Sicherheit „e"

Die „Erhöhte Sicherheit" ist eine Zündschutzart, bei der Maßnahmen getroffen sind, um mit einem erhöhten Grad an Sicherheit die Möglichkeit unzulässig hoher Temperaturen und das Entstehen von Funken oder Lichtbögen im Inneren oder an äußeren Teilen elektrischer Betriebsmittel, bei denen diese im normalen Betrieb nicht auftreten, zu verhindern.
Die Zündschutzart erhöhte Sicherheit ist deshalb nur für Betriebsmittel anwendbar, bei denen im normalen Betrieb keine Funken, Lichtbögen oder hohe Temperaturen auftreten.
Schalter, Kollektoren, Schleifringe und dergleichen können demnach grundsätzlich nicht in erhöhter Sicherheit gebaut werden. Für Klemmenkästen, Abzweigdosen, Sammelschienenkästen, Käfigläufermotoren, Leuchten, Magnetventile, Wandler und dergleichen eignet sich diese Schutzart jedoch gut *(Bild 11-17)*. Leuchtstofflampen bis 65 W benötigen ein elektronisches Zündgerät EExq II mit Vorschaltgerät EExe II.
Durch entsprechenden mechanischen Aufbau muß sichergestellt sein, daß durch äußere Einflüsse (Wasser, feste Fremdkörper) keine Kriechströme oder sogar Lichtbögen verursacht werden können. In der Regel müssen deshalb die Gehäuse, die blanke unter Spannung stehende Teile enthalten, mindestens der

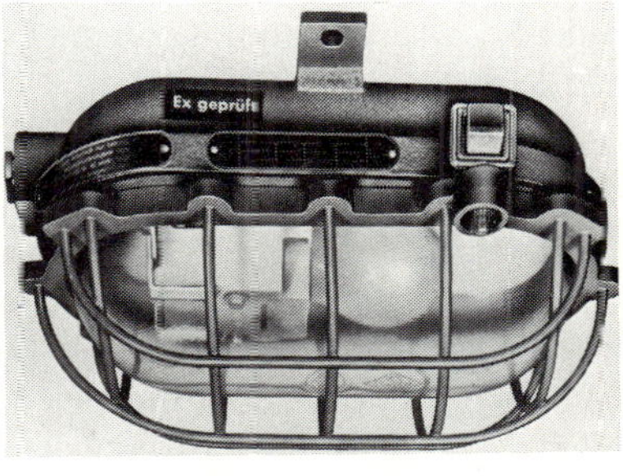

Bild 11-17: Leuchte in der Zündschutzart „Erhöhte Sicherheit"

Schutzart IP 54 genügen. Für flexible Leitungsanschlüsse sind „Trompeteneinführungen“ vorzusehen *(Bild 11-18)*. Ansonsten genügen normale PG-Verschraubungen der Schutzart IP 54. Alle Leitungseinführungsteile benötigen eine ausreichende Schlagfestigkeit, um eine Zerstörung auszuschließen. Durch eine bessere Isolierung aktiver Teile und durch größere Kriech- und Luftstrekken muß der Hersteller, gegenüber einer normalen Bauart, eine erhöhte Sicherheit gewährleisten. Klemmverbindungen sind gegen Selbstlockern zu sichern.

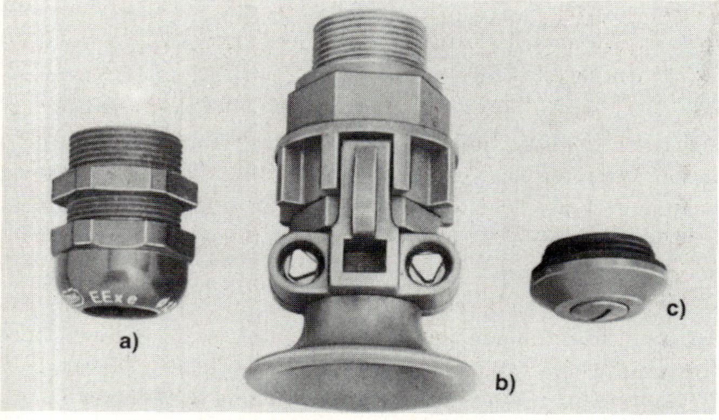

Bild 11-18: Leitungsführungsteile; a) Stopfbuchsverschraubung, b) Trompeteneinführung, c) Verschlußstopfen

Schutzeinrichtungen sind für Wicklungen immer dann erforderlich, wenn z. B. durch einen festgebremsten Läufer eines Motors, die Grenztemperatur der Isolierstoffklasse oder die maximale Oberflächentemperatur (siehe auch 11.9.2.1) überschritten werden kann. Bei Maschinen mit Käfigläufer ist auf dem Kennzeichnungsschild das Verhältnis vom Anzugsstrom I_A zum Nennstrom I_N sowie die Zeit t_E angegeben. Die Zeit t_E ist die Zeitspanne, innerhalb der der Anzugsstrom die Wicklung auf ihre Grenztemperatur erwärmt. Die Auslösezeit einer Schutzeinrichtung darf beim Fließen des Anzugsstromes nicht größer sein als die Erwärmungszeit t_E.

11.9.3.6 Eigensicherheit „i“

Bei einem eigensicheren elektrischen Betriebsmittel müssen alle Stromkreise eigensicher sein. Ein Stromkreis ist dann eigensicher, wenn weder im normalen Betrieb noch bei einer Störung ein Funke oder ein anderer thermischer Effekt eine explosionsfähige Atmosphäre zünden kann. Deshalb können an einen

eigensicheren Stromkreis nur Betriebsmittel sehr kleiner Leistung angeschlossen werden. In der Meß-, Steuerungs- und Regeltechnik ist die „Eigensicherheit" eine relativ billige und weit verbreitete Zündschutzart.
Eigensichere elektrische Betriebsmittel werden in zwei Kategorien, „ia" und „ib", eingeordnet.
In der Kategorie „ia" darf auch beim Auftreten von zwei Fehlern keine Zündung entstehen, während in der Kategorie „ib" nur ein Fehler zu berücksichtigen ist. Bei der Auswahl eigensicherer elektrischer Betriebsmittel ist der Mindestzündstrom und die Zündtemperatur der sie umgebenden brennbaren Gase und Dämpfe zu berücksichtigen (siehe 11.9.2.2). Aktive eigensichere Betriebsmittel mit eigener Spannungsquelle müssen typgeprüft werden und zugelassen sein, es sei denn, die elektrischen Daten dieser Geräte überschreiten keinen der Werte 1,2 V; 0,1 A; 25 mW. Hierzu gehören in der Regel Thermoelemente, Fotoelemente und dynamische Mikrofonkapseln. Passive eigensichere Betriebsmittel (ohne Spannungsquelle) brauchen keiner Baumusterprüfung unterzogen zu werden, sofern ihr Speicherverhalten durch innere Induktivitäten und Kapazitäten nicht unübersichtlich ist.
Zugehörige eigensichere Betriebsmittel, dies sind Betriebsmittel, die auch nicht eigensichere Stromkreise enthalten, welche die Eigensicherheit von eigensicheren Stromkreisen beeinflussen können, müssen grundsätzlich typengeprüft werden. *Bild 11-19* zeigt am Beispiel eines eigensicheren Netzgerätes einen derartigen Fall, bei dem die Eigensicherheit des Ausgangsstromkreises wesentlich vom Transformator abhängt.

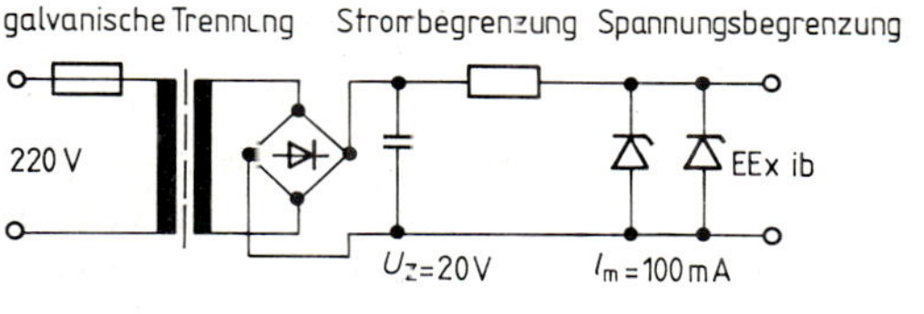

Bild 11-19: Eigensicheres Netzgerät

Unterschieden werden zwei Ausführungsarten:

- Betriebsmittel, die selbst explosionsgeschützt sind und deshalb im explosionsgefährdeten Bereich installiert werden dürfen. Zur Kennzeichnung dieser Eigenschaft wird das Zeichen ia oder ib, in eckigen Klammern gesetzt.
  Beispiel: EExd [ia] II B T6 und

- Betriebsmittel, die selbst nicht explosionsgeschützt sind, tragen das Kennzeichen EEx ia oder EEx ib in eckigen Klammern.
  Beispiel: [EExib] II B T5. Sie müssen außerhalb des explosionsgefährdeten Bereiches untergebracht werden.

Zur Trennung des eigensicheren von dem nicht eigensicheren Stromkreis können Sicherheitsbarrieren verwendet werden. Sicherheitsbarrieren werden in den Stromkreis zwischen Warte und Feld geschaltet und bewirken eine Strom- und Spannungsbegrenzung, jedoch keine galvanische Trennung *(Bilder 11-20 und 11-21)*.

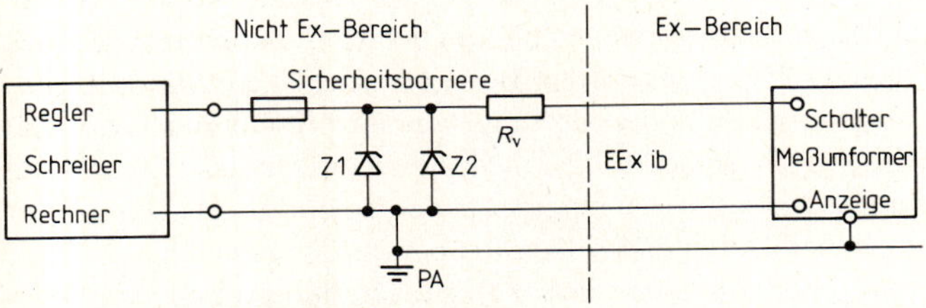

Bild 11-20: Sicherheitsbarriere

Bild 11-21: Sicherheitsbarriere (Werkbild: BBC)

Zur Vermeidung von unterschiedlichen Potentialen, die im explosionsgefährdeten Bereich durch Entladungsfunken ein Zünden hervorrufen könnten, sind Sicherheitsbarrieren grundsätzlich mit dem Potentialausgleichsleiter zu verbinden.
Mehrere eigensichere Stromkreise dürfen zusammengeschaltet werden, wenn ein rechnerischer oder meßtechnischer Nachweis über die Eigensicherheit der Zusammenschaltung geführt wird.

11.9.3.7 Vergußkapselung „m"

Die Zündschutzart Vergußkapselung wurde in Deutschland erst mit Einführung der DIN VDE 0170/0171 Teil 9/07.88 bekannt. Teile, an denen Funken oder Lichtbögen auftreten können, werden dabei z. B. mit Gießharz vergossen. Das

System wurde auch früher schon angewandt, und zwar unter der Zündschutzart Sonderschutz.

11.9.3.8 Sonderschutz „s“

Neben den in den Baubestimmungen aufgeführten Zündschutzarten gibt es noch die Zündschutzart „Sonderschutz“, die das Kurzzeichen „s“ trägt. Bei der Zündschutzart „Sonderschutz“ ist der Hersteller von den bestehenden Baubestimmungen abgewichen. Die Betriebsmittel müssen ebenfalls von der PTB geprüft und gut geheißen werden.

11.9.4 Kennzeichnung und Auswahl elektrischer Betriebsmittel

Elektrische Betriebsmittel, die einer oder mehreren der vorgenannten Zündschutzarten entsprechen, müssen an sichtbarer Stelle auf dem Hauptteil des Betriebsmittels folgende Kennzeichnung tragen:

1. Das Symbol EEx (auch ⟨Ex⟩);
   E = Konformität mit Europäischer Norm;
   Ex = Explosionsschutz.

2. Das Kurzzeichen jeder verwendeten Zündschutzart:
   o Ölkapselung
   p Überdruckkapselung
   q Sandkapselung
   d Druckfeste Kapselung
   e Erhöhte Sicherheit
   ia Eigensicherheit, Kategorie a
   ib Eigensicherheit, Kategorie b
   m Vergußkapselung
   s Sonderschutz

3. Das Symbol für die Gruppe des elektrischen Betriebsmittels:
   I für elektrische Betriebsmittel für schlagwettergefährdete Grubenbaue;
   II oder II A oder II B oder II C für elektrische Betriebsmittel für explosionsgefährdete Bereiche.
   Die Buchstaben A, B, C müssen für Betriebsmittel der Zündschutzarten „Druckfeste Kapselung“ und „Eigensicherheit“ verwendet werden (Explosionsgruppen).

4. Für elektrische Betriebsmittel der Gruppe II die Temperaturklasse (T 1···T 6) oder die höchste Oberflächentemperatur in °C oder beides.

5. Außerdem muß das Betriebsmittel den Namen oder das Kurzzeichen der Prüfstelle tragen, das die Baumusterprüfung durchgeführt hat sowie deren Hinweis auf die Bescheinigung. Z. B. Physikalisch-Technische Bundesanstalt – PTB Nr. Ex-83/4721.
   Wenn die Prüfstelle es für notwendig erachtet, auf besondere Bedingungen hinzuweisen, setzt sie das Zeichen B oder oder X hinter die Bescheinigungsnummer.
6. Wie für jedes andere Betriebsmittel muß zudem der Name oder das Warenzeichen des Herstellers, ein Typenzeichen und die Fertigungsnummer angegeben sein.

Für sehr kleine elektrische Betriebsmittel kann bei Platzmangel die Prüfstelle eine Verringerung der Angaben zulassen. Anstatt der unter 1 bis 4 aufgeführten Kennzeichnung erfolgt dann nur noch die Kennzeichnung durch das Symbol EEx.

Betriebsmittel, die bis zum 1. Mai 1988 gebaut wurden, durften daneben noch entsprechend DIN VDE 0170/0171 gekennzeichnet werden. Man muß deshalb die alte Kennzeichnung kennen und wissen, welche Bezeichnungen einander entsprechen. Aus Tabelle 11-1 geht die Zuordnung der „neuen“ Temperaturklasse zu den „alten“ Zündgruppen hervor. Tabelle 11-2 zeigt die Gegenüberstellung der Explosionsgruppen II A, B, C zu den früher verwendeten Explosionsklassen 1, 2, 3. Betriebsmittel der Gruppe I, d. h., für schlagwettergefährdete Grubenbaue, wurden mit dem Symbol (Sch) gekennzeichnet, solche der Gruppe II mit dem Symbol (Ex).

Aus folgender Übersicht gehen einige Beispiele hervor:

Neue Kennzeichnung:	Alte Kennzeichnung:
EEx d I	(Sch) d
EEx d II B T3	(Ex) d 2 G 3
EEx e II T2	(Ex) e B

Für die Auswahl elektrischer Betriebsmittel ist die Temperaturklasse und für druckfest gekapselte und eigensichere Betriebsmittel die Explosionsgruppe der brennbaren Dämpfe und Gase erforderlich. So ist z. B. für Ottokraftstoffe die Temperaturklasse T3 und die Explosionsgruppe II A gegeben (siehe Tabelle 11-3). In deren Gefahrenbereich dürfen somit nur Betriebsmittel der Temperaturklasse T3 oder höher (T4, T5) eingesetzt werden. Gleiches gilt für druckfest gekapselte oder eigensichere Betriebsmittel bezüglich der Explosionsgruppe. Nachdem die Explosionsgruppe II A die niedrigste Stufe ist, können auch Betriebsmittel höherer Explosionsgruppen verwendet werden.

Beispiel für Ottokraftstoffe: EEx d II A T3 oder EEx d II B T4, aber nicht EEx d II A T2.

11.9.5 Errichten elektrischer Anlagen

Betriebsmittel für Zone 0 sind auch in der Zone 1 und 2, Betriebsmittel für Zone 1 sind auch in der Zone 2 zulässig. Betriebsmittel für die Zone 10 dürfen auch in der Zone 11 verwendet werden. Darüber hinaus sind elektrische Betriebsmittel durch ihre Anordnung, durch die Auswahl ihrer Bauart oder durch zusätzliche Maßnahmen gegen Wasser, elektrische, chemische, thermische und mechanische Einflüsse so zu schützen, daß der Explosionsschutz gewahrt bleibt. Elektrische Betriebsmittel mit Ausnahme von Kabeln und Leitungen dürfen allgemein bei Umgebungstemperaturen bis 40 °C verwendet werden. Der Einfluß benachbarter Wärmequellen ist zu berücksichtigen. Über 40 °C dürfen nur dafür ausgelegte und gekennzeichnete Betriebsmittel verwendet werden.
Zur *Vermeidung zündfähiger Funken* dürfen in allen Spannungsbereichen nur Betriebsmittel mit Schutz gegen direktes Berühren gewählt werden. Im TN-Netz muß von der letzten Verteilung außerhalb des explosionsgefährdeten Bereichs ein besonderer Schutzleiter (TN-S-Netz) vorgesehen werden. Ein Messen des Isolationswiderstandes aller Leiter gegen Erde muß ohne Abklemmen des Neutralleiters möglich sein (3.7). Innerhalb von explosionsgefährdeten Bereichen der Zonen 0 und 1 ist bei Anwendung von Schutzmaßnahmen mit Schutzleitern ein zusätzlicher Potentialausgleich erforderlich (siehe 6.2).
Schutz- und Überwachungseinrichtungen, z. B. Überstromauslöser, Sicherheitstemperaturbegrenzer, Druckschalter, müssen den Anlagenteil in allen Außenleitern abschalten und dürfen ihn nicht selbsttätig wieder einschalten. Ausgenommen in Bereichen der Zone 2 müssen elektrische Betriebsmittel, deren Weiterbetrieb bei Störungen zu Gefahren Anlaß gibt, z. B. Ausweiten von Bränden, von einer nicht gefährdeten Stelle aus unverzüglich abgeschaltet werden können (Notabschaltung).
Kabel und Leitungen, die nicht im Erdreich oder in sandgefüllten Kanälen verlegt sind, müssen flammwidrige äußere Mäntel nach DIN VDE 0472 haben. Für festes Verlegen dürfen Kabel und Leitungen mit Metall-, Kunststoff- oder Gummimänteln verwendet werden. Hierzu gehören z. B. Bleimantelleitungen, Mantelleitungen, Gummischlauchleitungen H07RN-F. Kabel- und Leitungen mit einem Schirm oder einer Bewehrung aus Drahtgeflecht müssen zusätzlich einen äußeren Mantel aus Gummi oder Kunststoff haben. Mineralisolierte Leitungen dürfen verwendet werden, wenn die Leitungsenden außerhalb explosionsgefährdeter Bereiche liegen oder das Zubehör für Verwendung in der Zone 0 oder der Zone 1 geprüft und bescheinigt ist. In Schalt- und Verteilungsanlagen dürfen auch Kunststoffaderleitungen verlegt werden. Bei ortsveränderlichen Betriebsmitteln bis 750 V müssen zum Anschluß Gummischlauchleitungen, Typ H07RN-F, oder solche mindestens gleichwertiger Art gewählt werden.

Als Leiterwerkstoff darf bei Kabeln Kupfer oder Aluminium verwendet werden, Aluminium bei mehradrigen Kabeln nur ab 25 mm^2, bei einadrigen Kabeln ab 35 mm^2.
Die Mindestquerschnitte bei Kupferleitungen sind

> für einadrige Leitungen 1 mm^2 feindrähtig, 1,5 mm^2 eindrähtig,
> für mehradrige Leitungen bis 5 Adern 0,75 mm^2 feindrähtig, 1,5 mm^2 eindrähtig, für vieladrige Leitungen 0,5 mm^2 feindrähtig, 1 mm^2 eindrähtig
> für elektronische Steuer-, Meß- und Regeleinrichtungen mit Nennspannungen bis 60 $V_\sim$ oder 120 V_- 0,5 mm^2 fein- und eindrähtig.

Fernmelde- und Fernwirkanlagen können kleinere Querschnitte erhalten.
Als Anschlußleitungen von beweglichen Geräten mit einem Nennstrom bis 6 A und bis 250 V gegen Erde, bei denen keine starke mechanische Beanspruchung und keine Öleinwirkung zu erwarten ist, z. B. Steuergeräte für Krananlagen, Meß- und Regelgeräte, dürfen auch Gummischlauchleitungen H05RN-F, H05RR-F oder Kunststoffschlauchleitungen H05VV-F mit mindestens 1 mm^2 verwendet werden.
Für nichteigensichere Signal- und Fernsprechanlagen eignen sich Installationsdrähte des Typs Y in trockenen Räumen, in Räumen aller Art Installationskabel J-Y(St)Y, als bewegliche Leitungen die Schlauchleitungen L-YY oder L-YCY, Kabel und Leitungen sind mit Rücksicht auf die chemische Beständigkeit des Materials gegenüber den im Betrieb auftretenden Flüssigkeiten und Dämpfen und unter Berücksichtigung mechanischer Beanspruchung auszuwählen. Mindestquerschnitte siehe DIN VDE 0165.
Für eigensichere Stromkreise sind Kabel und Leitungen mit Kunststoff- oder Gummiaußenhüllen in blauer Farbe zu kennzeichnen, wenn sie nicht durch Beschriftung gekennzeichnet sind. Verbindungsleitungen für solche Stromkreise dürfen wegen Beeinflussung von außen nicht mit anderen Leitern im gleichen Kabel geführt und müssen in ausreichendem Abstand von anderen Stromkreisen verlegt werden. Bei Handleuchten, Fußschaltern, Faßpumpen und ähnlichen Geräten ist die Gummischlauchleitung H07RN-F mit mindestens 1,5 mm^2 zu installieren. Kunststoffschlauchleitungen H05VV-F dürfen nur bei Umgebungstemperaturen über −5 °C verwendet werden (siehe auch 11.7.1.1).

Verlegen von Kabeln und Leitungen

Durchführungsöffnungen für Kabel und Leitungen zu nicht explosionsgefährdeten Bereichen müssen ausreichend dicht verschlossen sein, z. B. durch Sandtassen, Mörtelverschluß.

Durch die Einführung von *Leitungen* oder *Kabeln* in Ex-Betriebsmittel dürfen die Eigenschaften der Zündschutzart nicht beeinträchtigt werden. Die Abdichtung kann durch Dichtringe aus einem Elastomer, durch eine Vergußmasse oder im Falle metallisch ummantelter Kabel durch Dichtringe aus Metall gewährleistet werden. Die Einführung von Rohrleitungen kann z. B. durch Einschrauben erfolgen. Nichtbenutzte Einführungen müssen einwandfrei und so verschlossen werden, daß sie nur mit Werkzeug geöffnet werden können.
Lüsterklemmen und dgl. darf man nicht benutzen. Leitungsverbindungen dürfen nur durch Preßverbindungen, gesicherte Schraubverbindungen, durch Schweißen oder Hartlöten hergestellt werden. Weichlöten ist zulässig, wenn die zu verbindenden Leiter zusätzlich mechanisch zusammengehalten werden. Zum Schutz der Leiterverbindungen dürfen auch Gießharzgarnituren nach DIN VDE 0278 und Schrumpfschlauchmuffen nach DIN 47 632 verwendet werden, wenn sie nicht mechanisch beansprucht sind.
Kabel und Leitungen sind gegen thermische, mechanische oder chemische Einflüsse zu schützen, z. B. durch Verlegen in Schutzrohren, Kunststoff- oder Metallschläuchen mit Endtüllen oder durch Abdeckungen. Jedoch dürfen Kabel und Leitungen nicht in eingeschlossenen Rohrsystemen (Installationsrohre) verlegt werden.
Die Fehlerstrom-Schutzschaltung gewährleistet neben einem hohen Unfallschutz auch einen ausgezeichneten Schutz gegen das Auftreten von zündfähigen Funken. Die Anwendung dieser Schutzmaßnahme empfiehlt sich daher besonders bei weitverzweigten Lichtstromkreisen, zumal diese meist mit Steckdosenstromkreisen gekoppelt sind. Dafür stehen explosionsgeschützte Fehlerstrom-Schutzschalter bis 40-A-Nennstrom mit den kombinierten Zündschutzarten „Druckfeste Kapselung" und „Sonderschutzart" zur Verfügung.

11.9.6 Anforderungen für das Errichten in Zone 1

Es dürfen nur elektrische Betriebsmittel in Betrieb genommen werden, wenn für diese eine Baumusterprüfbescheinigung einer anerkannten Prüfstelle, z. B. PTB, oder eine Bescheinigung eines anerkannten Sachverständigen gemäß § 10 ElexV vorliegen. Letztgenannte werden nur für Sonderanfertigungen für einen bestimmten Betrieb ausgestellt.
Die Betriebsmittel müssen einer der unter 11.9.3 beschriebenen Zündschutzart entsprechen und gemäß 11.9.4 gekennzeichnet und ausgewählt werden.
Einrichtungen, bei denen nach Angabe des Herstellers keiner der Werte 1,2 V, 0, 1 A, 20 μJ oder 25 mW überschritten wird, brauchen weder bescheinigt noch gekennzeichnet zu sein.

11.9.6.1 Errichten von eigensicheren Stromkreisen
(siehe auch 11.9.3.6)

In eigensicheren Anlagen dürfen im allgemeinen nur isolierte Leitungen verwendet werden, deren Prüfspannung Leiter gegen Leiter und Leiter gegen Erde mindestens 500-V-Wechselspannung beträgt. Der Durchmesser eines Einzelleiters bzw. des Einzeldrahtes einer feindrähtigen Leitung darf innerhalb des explosionsgefährdeten Bereiches 0,1 mm nicht unterschreiten.
Kabel und Leitungen eigensicherer Stromkreise müssen gekennzeichnet sein. Werden die Mäntel oder Hüllen durch Färbung gekennzeichnet, so ist als Farbe hellblau nach DIN 47002 zu wählen. Für andere Zwecke dürfen derart gekennzeichnete Kabel und Leitungen nicht verwendet werden.
Leiter oder Aderleitungen von eigensicheren Stromkreisen und nicht eigensicheren Stromkreisen dürfen in Kabeln, Leitungen, Rohren oder Leiterbündeln nicht gemeinsam geführt werden. In Leitungskanälen müssen bei Verwenden von Aderleitungen die eigensicheren von den nicht eigensicheren Stromkreisen durch eine Zwischenlage aus Isolierstoff getrennt sein. Eine solche Trennung darf entfallen, wenn für die eigensicheren oder nicht eigensicheren Stromkreise Leitungen mit Mänteln oder Hüllen verwendet werden oder wenn die Betriebsspannung des nicht eigensicheren Stromkreises 42 $V_{\sim}$ oder 60 V_{-} nicht überschreitet.
In beweglichen Leitungen dürfen mehrere eigensichere Stromkreise nur dann gemeinsam geführt werden, wenn mindestens Gummischlauchleitungen Typ H05 RR-F, Kunststoffschlauchleitungen Typ H05VV-F oder gleichwertige Leitungen verwendet werden.
Anlagen mit eigensicheren Stromkreisen sind so zu errichten, daß die Eigensicherheit nicht durch äußere elektrische oder magnetische Felder beeinträchtigt wird. Dies kann erreicht werden z. B. durch Verwenden von abgeschirmten oder verdrillten Leitungen oder durch Einhalten eines ausreichenden Abstandes.
In Anlagen mit eigensicheren und nicht eigensicheren Stromkreisen, z. B. in Meß- und Steuerschränken, müssen die Anschlußteile der eigensicheren Stromkreise zuverlässig von denen der nicht eigensicheren Stromkreise getrennt sein, z. B. durch eine Zwischenwand (Fadenmaß mindestens 50 mm) oder einen Abstand von mindestens 50 mm. Die Anschlüsse der eigensicheren Stromkreise müssen gekennzeichnet sein.
Metallische Gehäuse von eigensicheren Betriebsmitteln brauchen nicht in den Potentialausgleich einbezogen zu werden.
Bei Errichten eigensicherer Stromkreise ist sicherzustellen, daß durch die Betriebsmittel, einschließlich der Kabel und Leitungen, die für die Stromkreise höchstzulässigen Werte von Induktivität, Kapazität und Temperatur nicht

überschritten werden. Durch die mögliche Energiespeicherung könnte sonst die Eigensicherheit aufgehoben werden. Daher enthält jedes eigensichere oder zugehörige eigensichere Gerät auf dem Typschild Angaben bezüglich der zulässigen „Energiespeicher", die in den Stromkreis geschaltet werden dürfen (Bild 11-20).

11.9.6.2 Betriebsmittel

Leuchten

Bei niedrigen Temperaturklassen erweist sich die Schutzart Erhöhte Sicherheit „e" und für höhere Gruppen die Druckfeste Kapselung „d" am günstigsten *(Bild 11-22)*. Leuchtstofflampen können auch für höhere Temperaturklassen in „Erhöhter Sicherheit" „e" verwendet werden. Da normale Zweistift-Leuchtstofflampen beim Zubruchgehen der Lampen die Elektroden weiter beheizen, wird in explosionsgefährdeten Betriebsstätten die Einstift-Leuchtstofflampe mit Zündstreifen verwendet. In Betriebsstätten, die durch Wasserstoff oder Acetylen gefährdet sind, dürfen Leuchtstofflampen nur unter bestimmten Bedingungen angebracht werden.

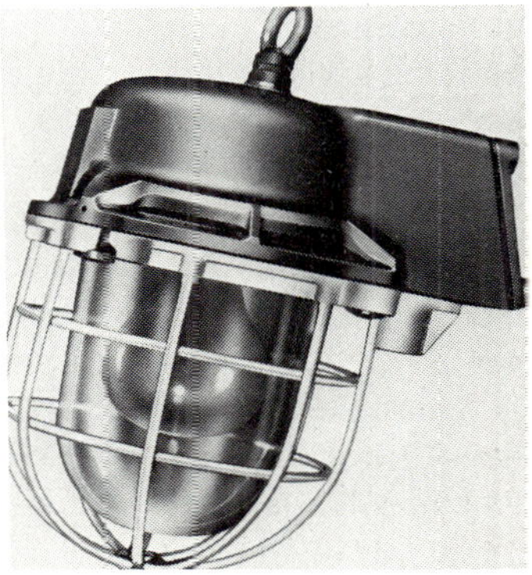

Bild 11-22: Druckfest gekapselte Leuchte IP 65

Doppelwendellampen dürfen nur mit eingebauten Sicherungen, Kennzeichen , verwendet werden. Handleuchten dürfen nur mit solchen Glühlampen bestückt werden, deren Leuchtsystem gegen Erschütterungen weitgehend unempfindlich ist (stoßfeste Glühlampen, Kennzeichen T , oder Glühlampen für Spannungen bis 42 V).
Leuchten der Zündschutzart „Erhöhte Sicherheit" „e" dürfen nur mit Allgebrauchslampen ausgerüstet werden, die das Zeichen =T= tragen.

Motoren

Bei den niedrigen Temperaturklassen wird man Käfigläufer-Motoren mit erhöhter Sicherheit „e“ bevorzugen. Die Sicherheit dieser Motoren ist nur gewährleistet, wenn zum Schutz gegen unzulässige Erwärmung auf den Motor abgestimmte Überstromauslöser vorhanden sind, durch die der Motor innerhalb der sog. t_E-Zeit bei festgebremstem Läufer abgeschaltet wird. Diese Zeit ist auf dem Leistungsschild angegeben. Ob die t_E-Zeit eingehalten wird, kann z. B. geprüft werden, indem in der Zuleitung zum Motor eine Sicherung entfernt und der Motor dann im Stillstand mit zwei Phasen geschaltet wird (siehe 11.9.3.5).
Motoren der Zündschutzart erhöhte Sicherheit „e“ müssen der Schutzart IP 44 entsprechen, außer in sauberen, trockenen Räumen bei ausreichender Wartung; dann genügt die Schutzart IP 20.
Motoren der Zündschutzart „erhöhte Sicherheit e“ müssen außerdem Schutzeinrichtungen erhalten, die einen Motorschutz auch bei Ausfall eines Außenleiters sicherstellen; diese Forderung hat besondere Bedeutung bei Motoren in Dreieckschaltung (siehe 7.4.3).
Wichtig ist, daß bei Kleinmotoren bis etwa 1 kW hohe Überlastungen, also erhebliche Erwärmung im Ständer und Läufer, ohne wesentlich größere Stromaufnahme eintreten können. Mit einem Motorschutzschalter sind diese Motoren gegen Überlast nicht zu schützen. Solche Maschinen müssen dann in einer anderen Zündschutzart, z. B. druckfeste Kapselung, ausgeführt werden.
Motoren der Schutzart „e“ können auch durch Kaltleiter-Temperaturfühler (siehe 7.4.3) gegen unzulässige Erwärmung geschützt werden. Die Eignung muß jedoch für jeden Motortyp durch eine Typenprüfung festgestellt werden.
In Tankstellen, Lackierereien, chemischen Betrieben, Laboratorien, Operationssälen u. a. werden oft Einphasen-Induktionsmotoren zum Anschluß ans Lichtnetz betrieben. Die dazu erforderlichen Anlaß- oder Betriebskondensatoren müssen ebenso wie der Elektromotor explosionsgeschützt ausgeführt sein. Die Verbindung zwischen Motor und Kondensator muß über Klemmen der Schutzart erhöhte Sicherheit „e“ vorgenommen werden.
Außer den speziellen Genehmigungen für alle Ex-geschützten Einzelteile, also Motor, Klemmenverbindungen und Kondensator, bedarf die Kombination aller dieser Geräte noch einer gemeinsamen Genehmigung, die durch die Physikalisch-Technische Bundesanstalt Braunschweig (PTB) erteilt wird.
Größere Motoren in Zündschutzart „Druckfeste Kapselung“ „d“ sind oft schon für die Temperaturklassen T 3 bis T 5 preisgünstiger und können ohne Einschränkung in allen explosionsgefährdeten Betriebsstätten verwendet werden. Bei

diesen Motoren sind Motorschutzschalter oder gleichwertige Einrichtungen ab Temperaturklasse T 3 bis T 5 nötig.
Die Zündschutzart Überdruckkapselung „p" wird bei sehr großen Motoren für hohe Temperaturklassen und Explosionsgruppen, aber auch für Gleichstrom-, Drehstrom-Kommutator- und Synchron-Maschinen angewendet.
Motoren, Schutzeinrichtungen und Arbeitsmaschinen müssen als zusammengehörig gekennzeichnet sein.
Transformatoren sind auf der Eingangsseite gegen die Wirkungen eines Kurzschlusses und auf der Ein- oder der Ausgangsseite gegen unzulässige Erwärmung infolge Überlastung zu schützen. *Heizeinrichtungen* brauchen eine selbsttätige Temperaturüberwachung.

Schalt- und Steuergeräte

Für Geräte dieser Art wird in weitem Umfang die Zündschutzart „Druckfeste Kapselung d" vorgesehen (siehe 11.9.3.4). Empfehlenswert sind schutzisolierte Schalter mit Kunststoffgehäusen, die keinen Schutzleiter brauchen. Solche Schalter gibt es z. B. als Befehlsschalter, Doppeldruckknopftaster, auch mit Meldeleuchte in Ex d II CT 5 (früher Ex d 3n 1 G 5) und IP 54 gekapselt. Schalter dürfen keinesfalls an einer Stelle eingesetzt werden, an der sie höher beansprucht werden können, als ihnen, z. B. als Lastschalter, zugemutet werden kann. Der maximale Einschaltstrom (Schweißstrom) darf nur zu 1/3 in Anspruch genommen werden, um Verschweißen der Kontakte zu verhüten.
Schaltgeräte für Gleichstrom mit Schaltstücken unter Öl dürfen nicht verwendet werden. Bei fernbetätigten Schaltgeräten muß verhindert werden, daß sie beim Öffnen des Gerätes geschaltet werden. Dies kann durch entsprechende Bauart oder durch eine vorgeschaltete Schalteinrichtung zum Freischalten geschehen. Ein Warnschild „Nicht unter Spannung öffnen" ist erforderlich.
Trennschalter müssen ein Schild „Nicht unter Last betätigen" erhalten. Wenn Schaltgeräte einen Trennschalter enthalten, muß dieser allpolig trennen und so eingerichtet sein, daß dessen Aus-Stellung zuverlässig angezeigt ist.
Gehäuse, in die *Sicherungen* eingebaut sind, müssen so verriegelt sein, daß das Einsetzen und Herausnehmen der Sicherungseinsätze nur in spannungslosem Zustand möglich ist. Ein Schild „Nicht unter Spannung öffnen" genügt.
Steckvorrichtungen müssen entweder mechanisch oder elektrisch so verriegelt sein, daß sie nur spannungslos gezogen werden können und daß die Kontakte nicht unter Spannung gesetzt werden können, wenn sie getrennt sind.

Meßgeräte

Einen besonderen Umfang nimmt bei Meßstromkreisen die Sonderschutzart „eigensicher" ein. Ein einzelnes Gerät kann naturgemäß nicht „eigensicher" sein.

Im übrigen gibt es Meßgeräte vor allem mit „erhöhter Sicherheit“, aber auch in druckfester Kapselung und mit Überdruckkapselung.

11.9.7 Anforderungen für das Errichten in Zone 0

In der Zone 0 dürfen nur Betriebsmittel verwendet werden, für die sich aus der Baumusterprüfbescheinigung ergibt, daß sie hierfür geeignet sind. Die Aufschrift „Zone 0“ muß auf dem Betriebsmittel vorhanden sein. Es muß in einer unter 11.9.3 genannten Zündschutzart ausgeführt sein und zusätzlich einer zweiten unabhängigen genormten Zündschutzart genügen oder ihr Schutzumfang muß durch andere zusätzliche Maßnahmen erweitert sein. In Bereichen der Zone 0 werden in der Regel nur wenig elektrische Betriebsmittel benötigt. In Frage kommen hauptsächlich Meß-, Regel- und Überwachungseinrichtungen, die in eigensicheren Stromkreisen liegen.
Fest verlegte Kabel und Leitungen müssen Metallmäntel, Metallgeflecht aus Kupfer oder einen Schirm haben und zusätzlich einen flammwidrigen äußeren Mantel aus Gummi oder Kunststoff. Der Isolationswiderstand der Leiter gegen die metallene Umhüllung darf 100 Ω je Volt Nennspannung nicht unterschreiten. Die Leitung muß sonst selbsttätig und allpolig abgeschaltet und gegen Wiedereinschalten gesperrt werden.
Bei Kurzschluß muß der Stromkreis innerhalb 0,25 s abgeschaltet sein. Diese Forderungen gelten für alle Stromkreise der Zone 0, die nicht eigensicher sind.

11.9.7.1 Errichten von eigensicheren Stromkreisen

Es dürfen nur eigensichere Stromkreise der Kategorie „ia“ oder solche, die für die Zone 0 besonders bescheinigt sind, verwendet werden.
Leitungen von eigensicheren Stromkreisen der Zone 0 müssen so verlegt werden, daß sie gegen mechanische Beschädigung geschützt sind.
Die Verbindung mit dem Potentialausgleich muß in der Zone 0 oder in deren unmittelbarer Nähe vorgenommen werden.
Leiter von eigensicheren und nicht eigensicheren Stromkreisen dürfen nicht gemeinsam in Kabeln, Leitungen, Rohren oder Leiterbündeln geführt werden.
Im übrigen gelten für Anlagen mit eigensicheren Stromkreisen die Bestimmungen der Zone 1.

11.9.8 Anforderungen für das Errichten in Zone 2

Elektrische Betriebsmittel in Zone 2 benötigen keine Baumusterprüfbescheinigung und tragen keine Ex-Kennzeichnung. Selbstverständlich dürfen

Betriebsmittel, verwendet werden, die für die Zonen 0 oder 1 bescheinigt sind.
Zulässig sind Betriebsmittel, bei denen betriebsmäßig keine Funken, Lichtbogen oder Temperaturen entstehen, die zu einer Zündung des umgebenden Stoffes führen könnten. Maßgebend ist der normale, ungestörte Betrieb des Betriebsmittels d.h. Kurzschlüsse, Überlastung und dgl. brauchen nicht berücksichtigt zu werden. Man muß jedoch damit rechnen, daß explosionsfähige Atmosphäre in das Innere der Gehäuse eindringen kann. Deshalb muß auch die an inneren Bauteilen auftretende maximale Oberflächentemperatur kleiner sein als die Zündtemperatur der explosionsfähigen Atmosphäre (siehe Tabelle 11-3).
Betriebsmittel, bei denen im Inneren Funken, Lichtbogen oder unzulässige Temperaturen, z.B. Schalter, Schleifringläufer und dgl. entstehen, dürfen verwendet werden, wenn ihre Gehäuse mindestens der Schutzart IP 54 entsprechen und ein innerer Überdruck von 4 mbar mehr als 30 s benötigt, um auf 2 mbar abzusinken (schwadensichere Gehäuse) oder ihre Gehäuse auf vereinfachte Art überdruckgekapselt sind.
Für Betriebsmittel, die diesen Bedingungen genügen, müssen vom Hersteller Angaben vorliegen, z.B. vereinfachte Überdruckkapselung nach DIN VDE 0165 Abs. 6.3.1.4. Bei der vereinfachten Überdruckkapselung darf auf die Vorspülung verzichtet werden, bei Absinken des Überdruckes genügt ein Alarm (siehe auch 11.9.3.2).
Im allgemeinen müssen elektrische Betriebsmittel mit blanken, aktiven Teilen zum Einsatz im Freien mindestens der Schutzart IP 54 genügen, in geschlossenen Räumen genügt IP 4X. Betriebsmittel mit ausschließlich isolierten Teilen zum Einsatz im Freien müssen mindestens der Schutzart IP 4X genügen, in geschlossenen Räumen genügt IP 2X. Zudem müssen aus den Herstellerangaben die Eignung der Betriebsmittel für den Einsatz in Zone 2 hervorgehen. Wenn betriebsmäßig Oberflächentemperaturen von über 80 °C auftreten, muß dies angegeben sein.
Der Schutz gegen direktes Berühren ist auch bei Schutzkleinspannung nötig, und zwar mindestens in Schutzart IP 2X. Im TN-Netz ist für alle Querschnitte eine Trennung des PEN-Leiters in PE- und N-Leiter erforderlich; TN-S-Netz.

Kabel und Leitungen

Für Kabel und Leitungen gelten die unter 11.9.5 genannten Anforderungen auch in Bereich 2, einschließlich der Bestimmungen für das Verlegen, Einführen und Anschließen der Leitungen.

Anschluß- und Verbindungsklemmen müssen DIN VDE 0609 bzw. 0611 entsprechen und fest angeordnet sein.
Anschlußkästen müssen mindestens der Schutzart IP 54 genügen oder die Anschlüsse müssen in die vereinfachte Überdruckkapselung einbezogen sein.

Steckvorrichtungen

Es dürfen nur Steckvorrichtungen verwendet werden, die so verriegelt sind, daß das Stecken und Ziehen von Steckern nur in spannungslosem Zustand möglich ist. Eingebaute Schalter müssen mit schwadensicheren Gehäusen versehen sein. Auf die Verriegelung darf verzichtet werden, wenn die Steckvorrichtung einem Betriebsmittel fest zugeordnet und mit dem Warnschild „Nicht unter Last betätigen" gekennzeichnet ist.

Leuchten

Leuchten müssen mindestens in der Schutzart IP 54 ausgeführt sein und über eine Schutzabdeckung gegen mechanische Beschädigung der Lampen verfügen, auf die nur bei starterlosen Leuchtstofflampen mit Einstiftsockel verzichtet werden darf. Der Leuchtenhersteller muß bestätigen, daß die Leuchte für den Einsatz in Zone 2 geeignet ist. Im Freien oder bei mechanischer Gefahr muß die Schutzabdeckung bruchsicher oder mit einem Schutzgitter versehen sein.
Ortsveränderliche Leuchten dürfen nur in einer anerkannten Zündschutzart verwendet werden (11.9.3).

Maschinen

Für Motoren mit Käfigläufer genügt bei einer Aufstellung im Freien die Schutzart IP 44, in geschlossenen Räumen IP 20. Elektromotoren sind durch einen Motorschutzschalter gegen unzulässige Erwärmung infolge Überlastung zu schützen.
Es muß der Nachweis erbracht werden, daß im Motor keine unzulässigen Temperaturen auftreten. Dazu kann die für die Isolierstoffklasse der Motorwicklung geltende Grenztemperatur herangezogen werden. Diese muß niedriger sein als die Zündtemperaturen der brennbaren Stoffe. Da bei keiner Isolierstoffklasse die Zündtemperaturen von brennbaren Stoffen der Temperaturklassen T 1 bis T 3 erreicht werden, können in diesen Bereichen alle Motoren bezüglich ihrer maximalen Oberflächentemperaturen eingesetzt werden. In Bereichen, die durch brennbare Stoffe der Temperaturklassen T 4 bis T 6 explosionsgefährdet sind, können die Wicklungstemperaturen bei Nennbetrieb über der Zündtemperatur liegen. Deshalb muß hier besonders darauf geachtet

werden, daß die vom Hersteller angegebene maximale Oberflächentemperatur kleiner ist als die infragekommende Zündtemperatur. Anderenfalls müssen explosionsgeschützte Maschinen mit Baumuster-Prüfbescheinigungen verwendet werden.
Teile von Maschinen, an denen betriebsmäßig Funken, Lichtbogen oder unzulässige Temperaturen auftreten, z.B. Schleifringe, müssen in Gehäusen eingebaut sein, die entweder schwadensicher oder auf vereinfachte Art überdruckgekapselt ausgeführt sind.

Heizeinrichtungen

Heizeinrichtungen dürfen an der Oberfläche der Heizkörper, oder wenn diese in eine Wärmedämmung eingebettet sind, an deren Oberfläche keine Temperaturen annehmen, die höher sind als die Zündtemperatur. Diese Forderung gilt für den ungestörten Betrieb. Sie kann durch entsprechende Dimensionierung der Heizleistung, durch den Einbau von Temperaturwächtern oder durch Temperaturbegrenzer, die ein Warnsignal auslösen, erfüllt werden.
Bei elektrischen Raumheizkörpern ist insbesondere darauf zu achten, daß sie die Wärme ungehindert abgeben können.

Meß-, Steuer-, Regel- und Fernmeldegeräte

Diese brauchen nicht in ein Gehäuse eingebaut zu sein, wenn die betriebsmäßig auftretenden Spannungen und Ströme nicht größer sind als für die Zündschutzart „Eigensicherheit" DIN VDE 0170/0171 Teil 7 angegeben. Wer sich die darin festgehaltenen sehr komplizierten Überlegungen ersparen möchte, sollte die Geräte in Gehäuse einbauen, für die die gleichen Anforderungen wie für die anderen Betriebsmittel gelten.
Stromkreise von Geräten, die nicht in Gehäuse eingebaut sind, dürfen nicht gemeinsam mit Starkstromkreisen in Kabeln, Leitungen, Rohren oder Leiterbündeln geführt werden.

11.9.9 Anforderungen für das Errichten in Zone 11

In staubexplosionsgefährdeten Betrieben der Zone 11 dürfen Betriebsmittel ohne besondere Baumusterprüfbescheinigungen verwendet werden.
Für Motoren und Käfigläufer genügt die Schutzart IP 44, alle anderen Betriebsmittel, auch die Klemmkästen der Maschinen, sind mindestens in Schutzart IP 54 zu kapseln. Explosionsgeschützte Betriebsmittel sind ebenfalls zugelassen, wenn sie entsprechend gekapselt sind und genügend niedrige Oberflächentemperaturen haben. Ölschaltgeräte müssen mit Ausnahme ihrer

Entgasungsöffnung in Schutzart IP 54 ausgeführt sein. Bauformen, bei denen sich möglichst wenig Staub ablagern kann und bei denen die Reinigung leicht durchzuführen ist, sind zu bevorzugen.
Die Oberflächentemperatur der Betriebsmittel muß an waagrechten oder bis zu 60° gegen die Waagrechte geneigten Flächen im Dauerbetrieb ohne Staubablagerung um mindestens 75 K niedriger liegen als die Glimmtemperatur des Staubes in 5 mm dicker Schicht (siehe *Tabelle 11-4*). Bei dickerer Staubablagerung ist eine entsprechend niedrigere Glimmtemperatur zu berücksichtigen. An Flächen von mehr als 60° Neigung, oder wenn eine Staubablagerung wirksam verhindert ist, darf die Oberflächentemperatur im Dauerbetrieb höchstens 2/3 der Zündtemperatur des Staub-Luft-Gemisches betragen.

Glimmtemperatur brennbarer Staube Tabelle 11-4

Stoff	Glimmtemperatur einer 5 mm dicken Schicht °C	Zündtemperatur des Staub-Luft-Gemisches °C
Ruß	545	>690
Magnesium	340	470
Polystyrol	schmilzt	475
PVC	verkohlt	595
Gummi	verschmort	425
Roggengetreidestaub	305	430···500
Roggenmehl	325	415···470
Weizengetreidestaub	290	420···485
Weizenmehl	verkohlt	410···430
Klee	280	480
Baumwollstaub	385	wirbelt kaum
Zellwollstaub	305	wirbelt kaum
Papier	360	wirbelt kaum
Hartholz	315	420···430
Fichte	325	440···450
Torf	260	450
Brikettabrieb	230	485
Kokskohle	280	610
Steinkohle	260	590

Wenn die Oberflächentemperatur 80 °C überschreitet, dann muß die Oberflächentemperatur, die die einzelnen Betriebsmittel im Dauernennbetrieb erreichen, auf dem Betriebsmittel angegeben werden. Von dieser Bestimmung sind Kabel und Leitungen ausgenommen.
Folgendes Beispiel soll die Anwendung dieser Forderungen erläutern: Ein Motor der Schutzart IP 44 und der Isolierklasse E soll in einer Mühle eingesetzt

werden, in der Weizengetreidestaub anfällt. Die maximale Oberflächentemperatur des Motors kann bei Isolierstoffklassen E mit 120 °C angesetzt werden, da der Motor durch einen Motorschutzschalter gegen übermäßige Erwärmung geschützt wird. Nun ist zu überprüfen, ob diese maximale Oberflächentemperatur unter der um 75 K verminderten Glimmtemperatur bzw. unter 2/3 der Zündtemperatur des Weizengetreidestaubes liegt. Nach Tabelle 11-4 beträgt die Glimmtemperatur des Weizenstaubes 290 °C, die Zündtemperatur 420 °C. Die maximal erlaubte Oberflächentemperatur des Motors muß somit unter 290 °C – 75 K = 215 °C bzw. 2/3 · 420 °C = 280 °C liegen. Da dies mit 120 °C gegeben ist, bestehen keine Einwände, den Motor in dem durch Weizengetreidestaub gefährdeten Bereich einzusetzen.

Kabel und Leitungen, Installationsmaterial

Für die Kabel und Leitungen gilt 11.9.5 unverändert. *Installationsmaterial* muß mindestens in Schutzart IP 54 gekapselt sein. Es sind verriegelbare Steckvorrichtungen zu verwenden (*Bild 11-23*), bei denen das Einstecken und Ausziehen des Steckers nur im spannungslosen Zustand möglich ist und die Einführungsöffnung für den Stecker nach unten weist. Außerdem muß ein selbsttätig wirkender Verschluß (Klappdeckel) vorhanden sein, der gegen das Eindringen von Staub und Flüssigkeit schützt. Die üblichen Kupplungen für Verlängerungsleitungen sind unzulässig. Vorhandene Steckvorrichtungen müssen ausgewechselt werden.

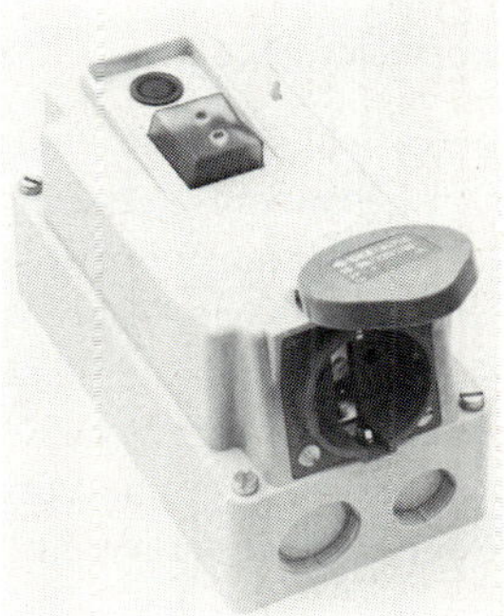

Bild 11-23: Abschalt- und verriegelbare Schutzkontaktsteckdose für Zone 11

Leuchten

Leuchten müssen mindestens in Schutzart IP 54 gekapselt sein. Bei mechanischer Gefährdung brauchen sie außerdem einen Schutzkorb.
Bei starterlosen Leuchtstofflampen und -röhren genügt eine IP 54 gekapselte Fassung, sofern ein Weiterbeheizen der Elektroden mit Sicherheit verhindert wird.

Vorschaltgeräte in Entladungslampen müssen eine Temperaturbegrenzung haben. Werden sie außerhalb der Leuchte angebracht, dann müssen sie sich in einem nach IP 54 gekapselten Gehäuse befinden, es sei denn, sie sind außerhalb des staubgefährdeten Raumes angebracht.
Die Oberflächentemperatur der Leuchten darf bestimmte Werte nicht überschreiten, wie dies vorstehend näher erläutert wurde.
Die vorgenannten Bedingungen werden durch Leuchten, die das Zeichen ▽F ▽F tragen, durchweg erfüllt (siehe 11.7.3).
Lampen, die freies metallisches Natrium enthalten, dürfen *nicht* verwendet werden. Handleuchten mit Glühlampen und andere Leuchten, die starken Erschütterungen ausgesetzt sind, dürfen nur mit stoßfesten Glühlampen, Kennzeichen T, oder Glühlampen für Spannungen bis 42 V bestückt werden.

Übrige Betriebsmittel

Alle übrigen Betriebsmittel, also auch ortsveränderliche, müssen mindestens in Schutzart IP 54 gekapselt sein. Bei allen, also auch bei Heizgeräten, ist die Oberflächentemperatur zu begrenzen, wie dies vorstehend dargestellt wurde. Betriebsmittel, deren Weiterbetrieb bei Störungen zu Gefahren führen kann, z.B. Ausweitung von Bränden, sind mit Notabschaltung von ungefährdeter Stelle aus zu versehen. Wenn die gefährdeten Räume gleichzeitig feuergefährdet sind, ist zusätzlich nach DIN VDE 0100 Teil 720 (siehe 11.7) zu verfahren.

Aluminiumstaub

Beim Schleifen und Polieren von Aluminium und seinen Legierungen ergeben sich besondere Gefahren, da Aluminiumstaub brennbar und im Gemisch mit Luft explosionsfähig ist. Aluminiumstaub reagiert im Gemisch mit Luft ebenso heftig wie Magnesium. Wird er mit Wasser benetzt, kann es zur Bildung von Wasserstoff kommen. Die untere Explosionsgrenze liegt bei 15 bis 250 g/m^3, die Zündgrenze bei 520 bis 805 °C und die Glimmtemperatur bei 410 bei 450 °C. Die Mindestzündenergie beträgt 20 mJ (= 20 mWs).
In den Aluminiumstaub-Richtlinien wird folgendes vorgeschlagen:

1. Der Schleifplatz im Umkreis von 3 m gehört zu Zone 11.
2. Der Bereich im Umkreis von 5 m gilt als feuergefährdet.

11.9.10 Anforderungen für das Errichten in Zone 10
(DIN VDE 0170/0171 Teil 13)

Die elektrischen Betriebsmittel müssen so gebaut sein, daß in ihr Inneres kein Staub eindringen kann. Deshalb sind Betriebsmittel der Schutzart IP 65 zu verwenden. Diese Forderung entfällt für eigensichere Betriebsmittel oder deren Teile in der Zone 10. Diese müssen mindestens der Schutzart IP 20 entsprechen. Sofern es sich dabei im eigensicheren Stromkreis um Bauteile handelt, die aus meßtechnischen Gründen Kontakt mit dem Staub bilden müssen, z. B. Niveau-Sonden, entfällt die Forderung nach einer Mindestschutzart. Die *Oberflächentemperatur* der elektrischen Betriebsmittel muß begrenzt werden. Bei aufgewirbeltem Staub darf die Oberflächentemperatur 2/3 der Zündtemperatur des jeweiligen Staub-/Luft-Gemisches nicht überschreiten (Tabelle 11-4). Bei Staubbedeckung bis 5 mm ist die Obergrenze die um 75 K verminderte Glimmtemperatur des jeweiligen Staubes. Bei Staubschichten über 5 mm bis 50 mm ist die Grenz-Temperatur Bild 1 von DIN VDE 0170/0171 Teil 13 zu entnehmen.

Zündgefahren infolge *elektrostatischer Aufladung* werden vermieden durch Verwenden von Kunststoffen mit einem Oberflächenwiderstand von höchstens $10^9\ \Omega$ oder durch eine Schichtdicke der äußeren Isolierung bei Kabeln, Leitungen, Meßsonden usw. von mindestens 8 mm, wobei die Abnutzung zu berücksichtigen ist.

Leitfähige Teile mit einer Kapazität $C \geqq 10$ pF auf oder an einem Gehäuse aus Kunststoff sind nur zulässig, wenn sie elektrostatisch geerdet sind. Als Ableitwiderstände, gemessen zwischen einer angelegten Elektrode und Erde (Masse), sind folgende Werte einzuhalten:

$R \leqq 10^8\ \Omega$ bei $C \leqq 100$ pF
$R \leqq 10^7\ \Omega$ bei $C \leqq 1000$ pF
$R \leqq 10^6\ \Omega$ bei $C > 1000$ pF.

Die mechanischen und Wärmebeständigkeits-*Prüfungen* der elektrischen Betriebsmittel sind nach DIN VDE 0170/0171 Teil 1 Abschnitt 22.4.3 und Tabelle 3, Gruppe II, sowie Abschnitt 22.4.7.3 durchzuführen.

Die Betriebsmittel sind zu *kennzeichnen* u. a. mit

StEx Zone 10 (mit Verwendungshinweis)
IP Schutzart
gegebenenfalls Zündschutzart
Oberflächentemperatur in Luft
Umgebungstemperatur, falls von 40 °C abweichend.

Für Anlagen mit eigensicheren Stromkreisen gelten sinngemäß die Anforderungen des Abschnitts 11.9.7.1.

11.9.11 Explosionsschutz bei Gasen und Stauben

In Betriebsstätten, die sowohl durch Gase oder Dämpfe als auch durch Staube explosionsgefährdet sind, müssen die Geräte beiden Bedingungen entsprechen.

Es sind also nicht nur die Explosionsgruppen und Temperaturklassen der Gase oder Dämpfe, sondern auch die Glimm- und Zündtemperaturen der Staube zu berücksichtigen.

11.9.12 Instandsetzen und Prüfen explosionsgeschützter Anlagen

Ist ein explosionsgeschütztes elektrisches Betriebsmittel hinsichtlich eines Teiles, von dem der Explosionsschutz abhängt, instandgesetzt worden, darf man es erst wieder in Betrieb nehmen, nachdem einer der in § 15 ElexV genannten Sachverständigen bestätigt hat, daß es der Verordnung entspricht, oder wenn es vom Hersteller erfolgreich einer erneuten Stückprüfung unterzogen wurde sowie hierüber eine Bestätigung vorliegt.
Bescheinigungen über die Prüfung instandgesetzter oder geänderter Betriebsmittel müssen am Betriebsort aufbewahrt werden.
Die gesamten elektrischen Anlagen sind vor der ersten Inbetriebnahme und wiederholend längstens alle 3 Jahre durch eine Elektrofachkraft zu prüfen.
Die Fachkraft, die die Prüfungen durchführt, muß über gute Kenntnisse im Explosionsschutz verfügen.
Die Prüfungen muß der Betreiber der Anlage veranlassen. Die erstmalige Prüfung der Anlage kann entfallen, wenn der Errichter dem Betreiber bestätigt, daß die Anforderungen der ElexV eingehalten sind bzw. bei Betriebsmitteln, die als Sonderanfertigung geprüft wurden.
Die Wiederholungsprüfungen dürfen entfallen, wenn die Anlagen unter Leitung eines sachkundigen Ingenieurs ständig überwacht werden.

11.9.13 Anwendungsbeispiele

Auf die „Richtlinien für die Vermeidung der Gefahren durch explosionsfähige Atmosphäre“, (Ex-RL), wird verwiesen.

11.9.13.1 Brennräume von Kleinbrennereien

Entsprechend den Begriffsbestimmungen des Branntwein-Monopolgesetzes sind die Kleinbrennereien durch geringe Durchlaufmengen und geringen Alkoholgehalt des Roh-Branntweins gekennzeichnet. Im überwiegenden Umfang handelt es sich bei Kleinbrennereien um solche, die nicht mehr als 3 hl Weingeist im Jahr herstellen. Bei einwandfreier Be- und Entlüftung dieser Räume brauchen die elektrischen Anlagen dann nicht explosionsgeschützt ausgeführt zu werden. Es genügt eine Feuchtrauminstallation.

Muß jedoch mit der Bildung gefährlicher explosionsfähiger Atmosphäre gerechnet werden, so ist durch die Gewerbeaufsicht die Zonung festlegen zu lassen (siehe 11.9.13). Meist wird im Umkreis von 5 m um die Gefahrenstelle die Zone 2 festgelegt. Die Anlage ist in diesem Bereich dann wie unter 11.9.8 beschrieben zu installieren:
Außerhalb des 5-m-Umkreises besteht keine Explosionsgefahr mehr. Hier genügt eine Installation für feuergefährdete Räume gemäß 11.7.

11.9.13.2 Lackier- und Spritzarbeiten

Wird ausschließlich verarbeitungsfertiger Lack verwendet, d. h. alle Mischungen, Zusammenstellungen oder Verdünnungen des Lackes werden in einem besonderen Lackzubereitungsraum vorgenommen, oder der fertige Lack kommt direkt vom Hersteller, dann ist für die Einrichtung des Lackierraumes der Flammpunkt des verarbeitungsfertigen Lackes maßgebend.
Wird der verarbeitungsfertige Lack im Lackierraum selbst zubereitet, d. h., werden in den Lackierraum außer dem Lack auch Löse- und Verdünnungsmittel eingebracht, dann ist für die Einrichtung des Lackierraumes der niedrigste Flammpunkt maßgebend, der bei dem Lack, dem Lösemittel oder dem Verdünnungsmittel vorliegt (siehe 11.9.1.1).
In Lackierräumen, in denen Lacke und Lösemittel mit einem Flammpunkt von weniger als 21 °C oder Lacke und Lösemittel mit einem Flammpunkt von 21 °C und darüber unter zusätzlicher Erwärmung durch Spritzen, Lackauftragemaschinen, Tauchen oder ähnliche Verfahren aufgetragen werden, gilt für das Innere von Ständen und Kabinen die Zone 1. Desweiteren gilt sie 2,5 m um die Standöffnung. Der daran anschließende Bereich muß nur noch als feuergefährdeter Raum betrachtet werden *(Bild 11-24)*.

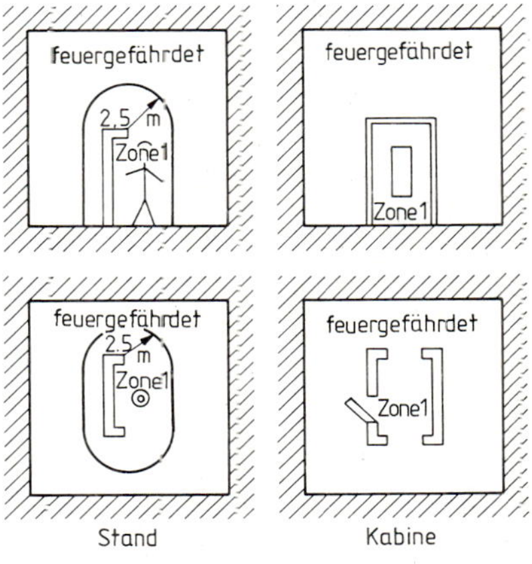

Bild 11-24: Zoneneinteilung von Spritzständen und -kabinen für Flüssigkeiten der Gefahrenklasse A I

Für elektrische Betriebsmittel in der Zone 1 genügt in der Regel die Temperaturklasse T3.
Für die Lüftermotoren empfiehlt sich die Zündschutzart „Erhöhte Sicherheit". Unabhängig von der Zündschutzart müssen alle Motoren mindestens in Schutzart IP 44 ausgeführt sein.
In Lackierräumen, in denen Lacke und Lösemittel der Gefahrenklasse A II verarbeitet werden, gilt die Zone 2 für das Innere von Ständen und Kabinen sowie für einen Umkreis von 1 m um die Standöffnung. Die elektrischen Anlagen müssen ebenso ausgeführt werden, wie unter 11.9.8 beschrieben, wobei alle Motoren der Schutzart IP 44 entsprechen müssen.
In Lackierräumen, in denen brennbare Gegenstände von Hand gestrichen, poliert, oder in ähnlicher Weise von Hand bearbeitet werden, müssen die elektrischen Anlagen 2 m um die Verarbeitungsstelle nach Zone 2 installiert werden. Im Innern: Motoren IP 44. In die Abluft- und Umluftleitungen der Spritzstände, Spritzkabinen, Lackauftragsmaschinen, Tauchbehälter, Trockenräume und dgl. dürfen Elektromotoren nicht eingebaut werden.
Es sind in den letzten Jahren verschiedentlich Brände dadurch entstanden, daß die Kühlschlitze der vorschriftsmäßig nach IP 44 ausgeführten Elektromotoren durch Farbrückstände verstopft waren. Dadurch wurden die Motoren zu warm, und infolge dieser Wärme gerieten die Lackrückstände in Brand.
Die elektrische Anlage (ausgenommen Sicherheitsbeleuchtung) im Lackierraum muß allpolig spannungslos gemacht werden können (Hauptschalter). Solange die Anlage unter Spannung steht, muß eine rote Kontrollampe leuchten. Schalter und Kontrollampe sind außerhalb der Lackierräume anzubringen.
Zum Ableiten statischer Elektrizität müssen die Metallteile der Spritzstände, Spritzkabinen und Absaugeleitungen geerdet sein. Hierfür genügt im allgemeinen eine Verbindung mit den metallischen Konstruktionsteilen des Gebäudes. Aus dem gleichen Grunde müssen für das Spritzen größerer metallischer Werkstücke (etwa von 1 m^2 Spritzfläche ab) Erdungseinrichtungen vorgesehen sein, wenn die Anlage durch ihre Einrichtungen nicht ohnehin geerdet ist.
Werden Anstrichstoffe und Lösemittel mit einem Flammpunkt unter 40 °C zum Teil aus offenen Behältern abgefüllt, so fällt der gesamte dafür vorgesehene Raum unter die Zone 1. Verfügt der Raum über eine mechanische Lüftungsanlage, so gilt die Zone 1 im Umkreis von 5 m um die Abfüllstelle. Der daran anschließende Bereich des Raumes fällt unter die Zone 2.
Für Räume zum Trocknen von den mit Anstrichstoffen oder Lösemitteln beschichteten Gütern gilt Zone 2.
Ortsfeste elektrostatische Sprühanlagen zum Erzeugen, Auflacken oder Niederschlagen von Schwebeteilchen unter der Wirkung elektrischer Felder, z. B. zum Lackieren, Pulverbeschichten, müssen DIN VDE 0147 entsprechen.

11.9.13.3 Tankstellen

Bei Zapfsäulen für Dieselkraftstoff oder Heizöl ergeben sich keine explosionsgefährdeten Bereiche.
Für solche mit Benzin erstreckt sich, entsprechend den Technischen Regeln für brennbare Flüssigkeiten (TRbF), die Zone 1 auf das Innere der Schutzgehäuse von Zapfsäulen und Zapfgeräten sowie auf das Innere der Schutzgehäuse für Förder- und Meßeinheiten von Zapfsystemen.
Der Bereich bis zu einem Abstand von 0,2 m um diese Schutzgehäuse von der Gehäuseoberkante bis zum Erdboden und das Innere von Gehäusen oder Verkleidungen für oberirdische Rohrleitungen mit lösbaren Verbindungen sind Zone 2.
Elektrische Anlagen in diesen Bereichen müssen entsprechend 11.9.6 bzw. 11.9.8 ausgeführt werden.
Kabel und Leitungen, die in den Zapfsäulenschacht führen, müssen kraftstoffbeständig sein. Insbesondere eignen sich dafür Bleimantelkabel, z. B. NKBA, keineswegs jedoch reine Kunststoffmantelkabel wie NYY. Will man nicht von der Verteilung im Gebäude bis zur Zapfsäule Bleimantelkabel verlegen, so genügt es, kurz vor dem Einführen in den Zapfsäulenschacht eine Übergangsmuffe zu setzen.
Die elektrische Anlage für die Tankstellenbeleuchtung, den Tankwartraum und dergleichen brauchten nicht explosionsgeschützt ausgeführt werden.

11.9.13.4 Einstellräume für gasbetriebene Kraftfahrzeuge (siehe auch 11.5)

In zunehmendem Maße werden Kraftfahrzeuge mit Gas, d. h. mit Propan, Butan oder einem Gemisch aus beiden betrieben, siehe Tabelle 11-3. Da Propan und Butan schwerer als Luft sind, fordert das Baurecht, daß autogasbetriebene Kraftfahrzeuge nicht in Räumen unterhalb der Erdgleiche abgestellt werden dürfen, es sei denn, es werden mechanische Lüftungseinrichtungen installiert, die dauernd sicherstellen, daß auch das schwere Gas abgesaugt wird.
Für privat genutzte Garagen, die nur unter den Geltungsbereich der Garagenverordnung der einzelnen Bundesländer fallen, wird in der Regel gefordert, daß die elektrischen Anlagen nach DIN VDE 0165 auszuführen sind. Eine Zoneneinteilung wird durch die Garagenverordnung nicht vorgenommen. Auch gilt die Forderung unabhängig davon, ob eine mechanische Lüftungsanlage vorhanden ist oder nicht.
Anders für gewerblich genutzte Garagen. Diese fallen zugleich unter den Geltungsbereich der Gewerbeordnung und somit der ElexV, die Bundesrecht sind. Nachdem Bundesrecht vor Landesrecht geht, gelten für gewerblich

genutzte Garagen die Aussagen der ElexV bzw. der Ex-RL. Die Ex-RL legt für die gesamte Garage, in der gasbetriebene Kraftfahrzeuge abgestellt werden, die Zone 1 fest, sofern keine mechanische Lüftungsanlage vorhanden ist. Ist eine ausreichende und ständige Durchspülung der Garage durch eine mechanische Lüftungsanlage gewährleistet, so erübrigt sich die explosionsgeschützte Ausführung der elektrischen Anlage.
Auf Grund der Widersprüche zwischen Baurecht und Gewerberecht sollte grundsätzlich mit den zuständigen Behörden abgeklärt werden, ob und in welchem Umfang ein Explosionsschutz erforderlich ist.
Sollte er gefordert werden, so müssen die elektrischen Betriebsmittel mindestens der Temperaturklasse T 2 entsprechen.

11.9.14 Elektrostatische Aufladungen

11.9.14.1 Allgemeines

Wenn feste oder flüssige Stoffe voneinander getrennt oder innig aneinander gerieben werden, dann laden sich die einzelnen Teile elektrisch auf. Ist wenigstens eines der Teile ein Isolator, dann hält er die Elektrizitätsmenge mehr oder weniger lange fest. Er gibt sie wieder ab, wenn er in die Nähe eines entgegengesetzt geladenen Körpers oder auch eines geerdeten Gegenstandes kommt. Die mögliche Spannung (Funkenüberschlag) hängt von der Größe der Ladung und von der Kapazität der Körper ab. Solche Reibungselektrizität entsteht z. B. beim Abwickeln von Papier, Geweben, Gummi, Kunststoffen von Walzen oder Rollen, beim Abziehen einer Folie von ihrer Unterlage, beim Reiben, Sieben oder Mahlen fester Körper, beim Strömen von Flüssigkeiten in Rohren und Behältern.
Eine Explosionsgefahr kann bestehen, wenn die sich über einen Funken ausgleichende Energie groß genug ist, um ein Gas- oder Dampf-Luftgemisch entzünden zu können.

$$W = {}^1\!/_2\, C U^2 = {}^1\!/_2\, Q U,$$

wenn W die Energie, C die Kapazität, U die Spannung und Q die Ladung bedeuten. Sie kann einige µWs bis mWs betragen. Diese können genügen, um Gas- oder Staub-Luft-Gemische zu zünden, wie *Tabelle 11-5* zeigt.
Die Explosionsgefahr ist beseitigt, wenn es gelingt, die Ladungen zu entfernen. Dies ist bei metallischen Teilen sehr leicht durch Erden zu erreichen. Dabei genügt ein Ableitungswiderstand von 1 MΩ. Auch bei Fußböden gilt dieser Wert als Grenzwert. Bei besonderer Zündempfindlichkeit explosionsfähiger Stoffe kann es angebracht sein, den Ableitwiderstand von Personen und

Mindestzündenergie Tabelle 11-5

Stoff	Mindestzündenergie mWs
Schwefelkohlenstoff	0,009
Azetylen	0,019
Benzol	0,20
Propan	0,26
Methan	0,28
Phenolharz	10
Holzmehl	20
Baumwollflocken	25
Kohle	40
Aluminium	20
Magnesium	80

Gegenständen auf 100 bis 10 kΩ zu senken. Ortsveränderliche leitfähige Gefäße oder Geräte müssen bei leitfähigem Fußboden z. B. Rollen aus leitfähigem Gummi erhalten. Ist dies nicht möglich, dann müssen sie über eine Kupferlitze geerdet werden. Bei den Lagern rotierender Maschinen ist zu beachten, daß Öl isoliert. Nötigenfalls sind daher leitfähige Schmiermittel zu verwenden oder es sind Schleifbürsten zur Erdung anzubringen.
Schwieriger ist es, Fußböden leitfähig zu machen. Wenn der Boden nicht von Anfang an leitend hergestellt wurde, z. B. leitfähiger Schaumbeton, Steinholz, leitfähiger Gummi, und auch nach dem Austrocknen so bleibt, dann läßt sich meist nichts mehr ändern. Manchmal gelingt es, durch dauerndes Erhöhen der relativen Luftfeuchtigkeit auf über 70% eine leitfähige Wasserschicht auf dem Boden zu erhalten. Dieser Zustand muß dann stets bestehen bleiben. Häufiger wird es notwenig sein, den Fußbodenbelag zu ändern.
Ist es gelungen, den Fußboden leitfähig zu machen, dann muß noch das Aufladen von Personen verhindert werden. Dazu sind Schuhe mit Ledersohlen oder Sohlen aus leitfähigem Gummi nötig. Kleidung aus Seide, Nylon oder Perlon ist zu vermeiden. In besonders kritischen Fällen muß am Handgelenk eine Metallschelle angebracht und mit der Arbeitsmaschine oder dem Behälter verbunden werden. Schmuck darf nicht getragen werden.
Am schwierigsten sind naturgemäß Isolatoren zu behandeln. Oft kann man Glasrohre oder Gummischläuche durch leitende Rohre ersetzen. Leder, Pappe, Gewebe und ähnliche Stoffe können durch Bestreichen mit Graphit, Glycerin oder durch Einflechten von Drähten oder Umwickeln mit Blechbändern leitfähig gemacht werden. Dem Benzin zur chemischen Reinigung kann man 3 bis 4% Alkohol, 0,1% Essigsäure oder ölsaures Magnesium zusetzen, um es

leitfähig zu machen. Im einzelnen ist die Berufsgenossenschaft der Chemischen Industrie zu befragen. Der Oberflächenwiderstand von Fußböden ist nach DIN VDE 0303 Teil 8: „Beurteilung des elektrostatischen Verhaltens" zu messen.

11.9.14.2 Beispiele

Flüssigkeiten laden sich beim Strömen längs der Wände, beim Versprühen und beim Aufprallen auf den Behälter auf. Dies gilt besonders bei Äther und Schwefelkohlenstoff, aber auch bei Benzol, Benzin, Kerosin und chlorierten Kohlenwasserstoffen. In geringerem Maße trifft es noch bei Estern, Ketonen und Alkohol zu.
Zur Abhilfe sind alle Metallteile miteinander zu verbinden und zu erden. Die Strömungsgeschwindigkeit muß so gering wie möglich sein. Füllrohre müssen aus Metall sein und bis zum Boden des Behälters reichen.
Bei *Spritzlackierereien* sind die Lacke mit sehr viel Luft zu versprühen, wobei auf ausreichendes Absaugen zu achten ist. Die Spritzpistole und alle metallischen Anlageteile, auch das Werkstück, sind zu erden.
Ebenso sind in *chemischen Reinigungsanlagen* die Maschinen, Behälter und Metallbeschläge der Arbeitstische zu erden. Dem Benzin sind Mittel zuzusetzen, die seine Leitfähigkeit erhöhen (vgl. 11.9.14.1). An der Kleidung sind Metallknöpfe, Schnallen und dgl. zu entfernen. Ruckweises Herausnehmen des Reinigungsgutes aus den Spülgefäßen ist zu unterlassen. Treibriemen sind zu nähen oder zu leimen.
Operationsräume (vgl. DIN VDE 0170 und 11.10).

11.10 Krankenhäuser und medizinisch genutzte Räume außerhalb von Krankenhäusern

(DIN VDE 0107)

Medizinisch genutzte Räume sind Räume für Ärzte, Zahnärzte, Bettenräume, Operations- und Entbindungsräume, Röntgenräume, medizinische Bäder, Bestrahlungsräume und Massageräume. Für Krankenhäuser gelten die Bestimmungen in DIN VDE 0107, die Anforderungen für die Elektroinstallationen einer Arzt- oder Zahnarztpraxis sind in Abschnitt 8 der DIN VDE 0107 enthalten. Elektromedizinische Geräte müssen DIN VDE 0750 entsprechen.

11.10.1 Raumarten

Die Anforderungen, die an die Starkstromanlagen eines Raumes gestellt werden müssen, bestimmen die örtlichen und betrieblichen Bedingungen sowie die sicherheitstechnischen Notwendigkeiten. DIN VDE 0107 unterscheidet deshalb im wesentlichen folgende Raumarten:

1. Räume, die nicht medizinisch genutzt werden.
Das sind Räume außerhalb der medizinischen Bereiche von Krankenhäusern. In den medizinischen Bereichen gehören hierzu z. B. Flure und Treppenhäuser, Stationsdienstzimmer, Etagenbäder und Toiletten, Naßzellen in Bettenräumen, Teeküchen, Aufenthaltsräume.
An die Starkstromanlagen der Verbraucherstromkreise in diesen Räumen werden keine zusätzlichen Anforderungen gestellt. Es gilt DIN VDE 0100. Rettungswege, elektrische Betriebsräume und Arbeitsräume mit mehr als 50-m^2-Fläche benötigen allerdings eine Sicherheitsbeleuchtung.

2. Räume der Anwendungsgruppe 0
Dies sind medizinisch genutzte Räume, in denen Patienten durch elektromedizinische Geräte nicht über das normale Maß hinaus gefährdet sind. Das ist sichergestellt, wenn bestimmungsgemäß

- elektromedizinische Geräte nicht angewendet werden oder
- Patienten mit elektromedizinischen Geräten nicht in Berührung kommen oder
- elektromedizinische Geräte zur Anwendung kommen die gemäß Angaben in den Begleitpapieren auch außerhalb von medizinisch genutzten Räumen verwendet werden dürfen oder
- elektromedizinische Geräte betrieben werden, die ausschließlich aus eingebauten Stromquellen versorgt werden.

Auch in diesen Räumen sind die Festlegungen der DIN VDE 0100 ausreichend.

3. Räume der Anwendungsgruppe 1
Dies sind medizinisch genutzte Räume, in denen netzabhängige elektromedizinische Geräte betrieben werden, mit denen oder mit deren Anwendungsteilen Patienten bei Untersuchungen oder Behandlungen in Berührung kommen, wobei der Ausfall der Geräte Patienten nicht gefährdet.
Als Schutzmaßnahme ist u. a. der Schutz durch Abschaltung mit Fehlerstrom-Schutzeinrichtung zulässig. Eine Sicherheitsstromversorgung bei Netzausfall ist für elektromedizinische Geräte nicht erforderlich. Es muß aber mindestens eine Leuchte der Raumbeleuchtung aus der Sicherheitsstromversorgung weiter betrieben werden können.
Im Patientenbereich ist ein zusätzlicher Potentialausgleich erforderlich.

4. Räume der Anwendungsgruppe 2
Dies sind medizinisch genutzte Räume, in denen netzabhängige elektromedizinische Geräte angewendet werden, die operativen Eingriffen oder lebenswichtigen Maßnahmen dienen.
Der Ausfall der genannten Geräte kann zur Gefährdung der Patienten führen. Bei Auftreten eines ersten Körperschlusses, Störung der allgemeinen Stromversorgung oder Ausfall der Spannung am zugehörigen Unterverteiler müssen diese Geräte deshalb weiterbetrieben werden können.
Als Schutzmaßnahme ist der Schutz durch Abschalten nicht zulässig. Bei Störung der allgemeinen Stromversorgung müssen nicht nur die elektromedizinischen Geräte für operative Eingriffe oder lebenswichtige Maßnahmen, sondern auch alle anderen Verbrauchsmittel einschließlich der Raumbeleuchtung aus der Sicherheitsstromversorgung weiterbetrieben werden können.
Außerdem ist im Patientenbereich ein zusätzlicher Potentialausgleich erforderlich.

11.10.2 Allgemeine Anforderungen

Um Gebäudeströme und ihre nachteiligen Auswirkungen zu vermeiden, muß im gesamten Krankenhaus auf PEN-Leiter verzichtet werden. Ab Gebäude-Hauptverteiler sind somit für die Funktion des Neutral- und Schutzleiters getrennte Leiter erforderlich. *Verteiler* sind außerhalb der medizinisch genutzten Räume unterzubringen. Verteiler für medizinisch genutzte Räume der Anwendungsgruppe 2 und für andere Räume sind durch eine Zwischenwand zu trennen und mit eigener Abdeckung zu versehen. Wenn die Gehäuse nicht schutzisoliert sind, ist auch bei der Einspeisung der Schutzleiter getrennt zu führen. Bei jedem Stromkreis muß eine Isolationsprüfung ohne Abklemmen möglich sein (siehe Bild 3-28). Falls erforderlich sind Maßnahmen gegen die Beeinflussung von elektromedizinischen Meßeinrichtungen durch elektrische oder magnetische Felder von Starkstromanlagen zu treffen. Dies empfiehlt sich in EEG- und EKG-Räumen, in Intensivstationen und in Operationsräumen. Die elektrischen Felder können durch Abschirmen des gesamten Starkstrom-Leitungsnetzes im betreffenden Raum auf unbedenkliche Werte reduziert werden. Störende magnetische Felder vermeidet man durch ausreichenden Abstand zwischen den Leitungen der Starkstromanlage und den zu schützenden Patientenplätzen. Bei einem Leiterquerschnitt von 10 bis 70 mm^2 Cu genügen 3 m, bei 95 bis 185 mm^2 6 m und bei über 185 mm^2 9 m Abstand (siehe auch 11.34).

11.10.3 Schutz gegen gefährliche Körperströme

In Räumen der Anwendungsgruppen 1 und 2 werden netzabhängige elektromedizinische Geräte bei der Untersuchung und Behandlung von Patienten verwendet. Hierbei ist mit einer erhöhten Gefährdung zu rechnen, wenn nicht besondere Maßnahmen zum Schutz bei indirektem Berühren angewendet werden. Diese müssen deshalb folgende Bedingungen erfüllen:

1. Die Grenze der dauernd zulässigen Berührungsspannung U_L, das ist die höchste Berührungsspannung, die bei Körperschluß zeitlich unbegrenzt bestehen bleiben darf, beträgt 25-V-Wechselspannung bzw. 60-V-Gleichspannung.
2. Für Stromkreise mit elektrischen Betriebsmitteln, deren Ausfall Patienten nicht gefährden kann, ist der Schutz durch Abschalten zulässig, wenn das fehlerhafte Betriebsmittel innerhalb von 0,04 s abgeschaltet wird. Das Abschalten muß deshalb mit Fehlerstrom-Schutzeinrichtungen erfolgen.
3. Für Stromkreise mit elektromedizinischen Geräten, die operativen Eingriffen oder lebenswichtigen Maßnahmen dienen, darf der Schutz durch Abschalten nicht angewendet werden.

Zum Schutz bei indirektem Berühren dürfen deshalb in medizinisch genutzten Räumen der Anwendungsgruppe 1 und 2 nur folgende Schutzmaßnahmen angewendet werden:

1. Schutzisolierung für elektrische Betriebsmittel, die der Schutzklasse II entsprechen oder gleichwertige Isolierung.
2. Schutzkleinspannung SELV, deren Nennspannung 25-V-Wechselspannung oder 60-V-Gleichspannung nicht überschreitet.
3. Funktionskleinspannung mit sicherer Trennung (PELV) und ohne sichere Trennung (FELV), deren Nennspannung 25-V-Wechselspannung oder 60-V-Gleichspannung nicht übersteigt.
4. Schutztrennung mit nur einem, an den Trenntransformator angeschlossenen Verbrauchsmittel. Diese Schutzmaßnahme kann für besondere elektromedizinische Geräte, die nicht aus dem IT-Netz versorgt werden können, angewendet werden.
5. Schutz durch Abschalten mit Fehlerstrom-Schutzeinrichtungen im TN-Netz oder TT-Netz. Diese Schutzmaßnahme darf für alle Stromkreise in Räumen der Anwendungsgruppe 1 und für Stromkreise von Räumen der Anwendungsgruppe 2 angewendet werden, an die folgende Betriebsmittel angeschlossen sind:

- Röntgengeräte,
- Großgeräte mit einer Leistung von mehr als 5 kW,
- Geräte, die nicht der medizinischen Anwendung dienen, auch wenn sie über Steckvorrichtungen angeschlossen werden,
- Betriebsmittel der Raumbeleuchtung,
- elektrische Ausrüstung von Operationstischen.

Der Nennfehlerstrom $I_{\Delta n}$ der Fehlerstrom-Schutzeinrichtungen darf 0,3 A nicht überschreiten, wenn die nachgeschalteten Stromkreise mit Überstrom-Schutzeinrichtungen über 63 A gesichert sind oder Betriebsmittel der Schutzklasse I außerhalb des Handbereiches, wie z. B. die Deckenbeleuchtung, versorgen. Für alle anderen Stromkreise muß $I_{\Delta n} \leqq 0{,}03$ A sein.

6. Schutz durch Meldung mit Isolationsüberwachungseinrichtung im IT-Netz. Diese Schutzmaßnahme muß für Stromkreise von Räumen der Anwendungsgruppe 2 angewendet werden, die der Versorgung folgender Betriebsmittel dienen:

- Elektromedizinische Geräte, die operativen Eingriffen oder Maßnahmen dienen, die lebenswichtig sind,
- Operationsleuchten und vergleichbare Leuchten, für die nicht die Funktionskleinspannung PELV angewendet wird.

Zusätzlicher Potentialausgleich

Der Potentialausgleich in Räumen der Anwendungsgruppen 1 und 2 hat die Aufgabe, Potentiale anzugleichen oder Potentialunterschiede zu verringern, die zwischen Körpern elektromedizinischer Geräte, mit denen oder deren Anwendungsteilen der Patient in Berührung kommt, und fremden leitfähigen Teilen, die er von seiner Position aus erreichen kann, entstehen können. Neben der Abschirmung gegen elektrische Störfelder und den Ableitnetzen elektrostatisch leitfähiger Fußböden, die aber nicht in jedem Raum dieser Art erforderlich sind, müssen nur die fremden leitfähigen Teile in einem Bereich von 1,25 m um die Patientenposition in den Potentialausgleich einbezogen werden. Die Patientenposition ist das Bett, der Operationstisch oder die Einrichtung, in der sich der Patient befindet, wenn er mit netzabhängigen elektromedizinischen Geräten untersucht oder behandelt wird. Der Bereich von 1,25 m gilt auch für Räume der Anwendungsgruppe 2.

In Räumen, in denen intrakardiale Eingriffe vorgenommen werden, ist durch den zusätzlichen Potentialausgleich sicherzustellen, daß die durch Gebäudestreuströme verursachten Potentialdifferenzen zwischen den Körpern elektrischer Betriebsmittel und fremden leitfähigen Teilen im Patientenbereich folgende Werte nicht übersteigen:

- 1 V in Räumen der Anwendungsgruppe 1, in denen Untersuchungen mit Einschwemmkathetern durchgeführt werden,
- 10 mV in Räumen der Anwendungsgruppe 2, in denen Untersuchungen oder Behandlungen im Herzen, am freigelegten Herzen oder nicht mit Einschwemmkathetern vorgenommen werden. In diesen Räumen sind in der Nähe der Patientenposition Anschlußbolzen für Potentialausgleichsleitun-

gen erforderlich, über die ortsveränderliche elektromedizinische Geräte angeschlossen werden können.

11.10.4 IT-Netze für medizinisch genutzte Räume der Anwendungsgruppe 2

Für jeden Raum oder jede Raumgruppe der Anwendungsgruppe 2 ist ein eigenes IT-Netz erforderlich. Eine Raumgruppe bilden Räume, die durch die medizinische Zweckbestimmung oder gemeinsame elektromedizinische Geräte miteinander verbunden sind. Gefordert sind also kleine leicht überschaubare IT-Netze, in denen Geräte mit Körperschluß schnell gefunden und vom Netz getrennt werden können.
Elektromedizinische Geräte, die operativen Eingriffen oder lebenswichtigen Maßnahmen dienen, werden meist mit Wechselpannung 230 V betrieben. Es sind deshalb nur IT-Wechselstromnetze erforderlich.
Für die Stromversorgung jedes IT-Netzes braucht man einen oder zwei Transformatoren. An deren Bauart werden bestimmte Anforderungen gestellt, die sicherstellen sollen, daß mit dem Ausfall eines Transformators durch innere Fehler oder Überlast nicht gerechnet zu werden braucht.
Jeder Transformator muß Einrichtungen, wie z. B. in die Wicklung eingebaute Temperaturfühler, haben, mit deren Hilfe eine zu hohe Erwärmung optisch und akustisch dem zuständigen medizinischen Personal gemeldet werden kann. Diese Maßnahme ist notwendig, weil dem IT-Netz Transformatoren keine Überstrom-Schutzeinrichtungen zugeordnet werden dürfen, die ein Abschalten bewirken. Beim Ansprechen einer solchen Einrichtung würden nämlich alle aus dem IT-Netz versorgten Geräte ausfallen.
Außerdem ist ein Isolationsüberwachungsgerät und eine Meldekombination an einer vom medizinischen Personal während des Betriebes ständig überwachbaren Stelle, erforderlich *(Bild 11-25)*.
Für die Versorgung *eines* IT-Netzes ist nur *ein* Transformator erforderlich, wenn der Ausfall der Stromversorgung infolge Unterbrechung in der Leitung zwischen Verteiler und Eingangsklemmen des Transformators oder zwischen dessen Ausgangsklemmen und dem Verteilerabschnitt des IT-Netzes nicht zu erwarten ist. Davon darf man ausgehen, wenn folgende Anforderungen erfüllt sind:

- Die Zuleitung und die Ableitung des Transformators müssen kurzschluß- und erdschlußsicher verlegt sein (siehe 4.2.5).
- Um die Zugänglichkeit zu diesen Leitungen zu gewährleisten und deren Beschädigung zu vermeiden, müssen sich der Verteiler, der Transformator und seine Zu- und Ableitung im gleichen Geschoß und Bauabschnitt wie der

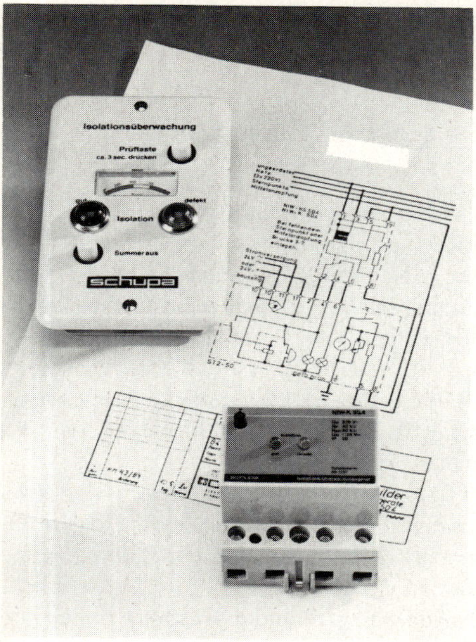

Bild 11-25: Isolationsüberwachungs-Einrichtung (Werkbild: Schupa)

zugehörige Raum der Anwendungsgruppe 2 oder in unmittelbar darüber oder darunterliegenden Räumen befinden.

- Die Leitungen dürfen keine Schutzeinrichtungen oder Schalter enthalten. Die Zuleitung des Transformators darf also am Abzweig im Verteiler nicht „gesichert" werden. Eine solche Schutzeinrichtung ist für Leitungen, die kurzschluß- oder erdschlußsicher verlegt sind, entbehrlich.
- Bei Körperschluß im Transformator darf kein Abschalten erfolgen. Für den Schutz bei indirektem Berühren ist deshalb bei diesen Transformatoren die Schutzisolierung, der Schutz durch nichtleitende Räume, der erdfreie, örtliche Potentialausgleich oder der Schutz durch besondere Art der Aufstellung (isoliert gegen Erde und nicht berührbar) anzuwenden.

Für die Versorgung eines IT-Netzes sind zwei Transformatoren erforderlich, wenn die Voraussetzungen für den Einbau nur eines Transformators nicht erfüllt sind. Die Stromversorgung muß selbsttätig auf den zweiten Transformator umgeschaltet werden, wenn die Spannung am Ende des ersten Transformatorstromkreises ausfällt.

In diesem Fall muß am Anfang der Zuleitung von jedem der beiden Transformatoren eine Kurzschluß-Schutzeinrichtung eingebaut werden, weil die

Leitungen nicht als kurzschluß- und erdschlußsicher verlegt gelten. Zum Schutz bei indirektem Berühren darf der Schutz durch Abschalten für die Transformatoren angewendet werden.

11.10.5 Sonstige Anforderungen an Räume der Anwendungsgruppe 2

Die Stromversorgung elektromedizinischer Geräte, die operativen Eingriffen oder lebenswichtigen Maßnahmen dienen, darf durch Unterbrechung der Zuleitung zum Unterverteiler nicht ausfallen. Es genügt deshalb nicht, den Verteiler oder den Verteilerabschnitt des IT-Netzes, aus dem diese Geräte versorgt werden, über nur eine Zuleitung anzuschließen, sondern es ist eine redundante Versorgung über zwei Leitungen erforderlich. Bei Ausfall der Spannung am Ende der ersten Leitung muß die Stromversorgung selbsttätig auf die zweite Leitung umgeschaltet werden.
Die beiden Zuleitungen zur redundanten Versorgung des Verteilers müssen wie folgt angeschlossen werden:

- Die „erste" Leitung zweigt vom Hauptverteiler der Sicherheitsstromversorgung ab. Sie versorgt den gesamten Verteiler des Raumes der Anwendungsgruppe 2 mit elektrischer Energie. Die Stromversorgung erfolgt normalerweise über den Kuppelschalter, der den Hauptverteiler der allgemeinen Stromversorgung mit dem der Sicherheitsstromversorgung verbindet, aus dem Netz. Bei Absinken der Nennspannung am Hauptverteiler um mehr als 10% wird der Kuppelschalter geöffnet und das selbstanlaufende Aggregat übernimmt die Stromversorgung. Alle elektrischen Verbrauchsmittel im Raum der Anwendungsgruppe 2 werden spätestens 15 s nach Störung der allgemeinen Stromversorgung aus der Sicherheitsstromquelle über die „erste" Leitung weiterversorgt.
- Die „zweite" Leitung wird aus dem Hauptverteiler der allgemeinen Stromversorgung oder aus einer ZSV gespeist. Sie versorgt mindestens das IT-Netz mit elektrischer Energie, wenn die Spannung am Ende der „ersten" Leitung wegen einer Unterbrechung ausfällt. Die elektromedizinischen Geräte für operative Eingriffe oder lebenswichtige Maßnahmen werden durch Umschalten von der „ersten" auf die „zweite" Leitung weiterversorgt.

In Räumen der Anwendungsgruppe 2 dürfen auch zweipolige Steckdosen mit Schutzkontakt installiert werden, die nicht an das IT-Netz angeschlossen sind. Zum Schutz bei indirektem Berühren wird der Schutz durch Abschalten mit Fehlerstrom-Schutzeinrichtung angewendet. An diese Steckdosen dürfen außer Röntgengeräten keine elektromedizinischen Geräte, die operativen Eingriffen oder lebenswichtigen Maßnahmen dienen, angeschlossen werden. Um Verwechslungen zu vermeiden, müssen die den Patientenplätzen zugeordneten

Steckdosen aus dem IT-Netz versorgt und eindeutig gekennzeichnet sein. Die Art der Kennzeichnung ist dem Betreiber überlassen. Sie sollte im Krankenhaus einheitlich sein.
Es ist jedoch zu empfehlen, alle zweipoligen Steckdosen in einem solchen Raum an das IT-Netz anzuschließen. Ein Kennzeichen ist dann entbehrlich.
Um *elektrostatische Aufladungen* im Operationstrakt zu vermeiden, darf der Ableitwiderstand des Fußbodens, gemessen mit etwa 100-V-Gleichspannung über eine kreisförmige Meßelektrode von 20 cm^2, nach Verlegen höchstens $10^7\ \Omega$ und nach vier Jahren höchstens $10^8\ \Omega$ betragen. Die Erdung von Menschen und Geräten muß über den Fußbodenbelag gewährleistet sein. Ortsfeste und bewegliche Einrichtungsgegenstände müssen in allen ihren Teilen untereinander und mit dem Fußboden leitend verbunden sein. Der Ableitwiderstand der Geräte darf höchstens $10^8\ \Omega$ betragen. Tritte, Hocker, Narkosegeräte, Krankentragen müssen Rollen oder Fußkappen aus leitfähigem Werkstoff haben. Es dürfen nur Baumwolldecken, Gummitücher, Gummimatratzen, Sitzflächen, Schläuche usw. aus leitfähigen Werkstoffen verwendet werden. Die Fußbekleidung soll zwar leitfähig sein ($< 10^8\ \Omega$), aber auch einen Mindestableitwiderstand von $5 \cdot 10^4\ \Omega$ haben (Meßweise vgl. 12.9).

11.10.6 Sicherheitsstromversorgung
(siehe auch 8)

Eine Sicherheitsstromversorgung ist in allen Krankenhäusern, Polikliniken und anderen baulichen Anlagen mit entsprechender Zweckbestimmung erforderlich. Sie muß bei Störung der allgemeinen Stromversorgung folgende Einrichtungen nach einer zulässigen Umschaltzeit über eine bestimmte Zeit mit elektrischer Energie versorgen:

- Sicherheitsbeleuchtung,
- notwendige Sicherheitseinrichtungen,
- medizinisch-technische Einrichtungen,
- weitere Einrichtungen, die zur Aufrechterhaltung des Krankenhausbetriebes unerläßlich sind.

Zu den medizinisch-technischen Einrichtungen gehören Operationsleuchten und vergleichbare Leuchten. Sie müssen bei Störung der allgemeinen Stromversorgung selbsttätig innerhalb von 0,5 s aus einer zusätzlichen Sicherheitsstromversorgung ZSV (früher BEV) für die Dauer von mindestens drei Stunden weiterbetrieben werden können. Die Sicherheitsbeleuchtung, die notwendigen Sicherheitseinrichtungen und die medizinisch-technischen Einrichtungen, mit Ausnahme der genannten Leuchten, müssen innerhalb von 15 s aus mindestens einer Sicherheitsstromquelle für die Dauer von mindestens 24 Stunden versorgt werden. Nach gesichertem Betrieb dieser Einrichtungen müssen weitere zur Aufrechterhaltung des Krankenhausbetriebes notwendige Einrichtungen selbsttätig oder von Hand der Sicherheitsstromquelle zugeschaltet werden können.

11.10.7 Brand- und Explosionsschutz

Gemische aus Anästhesiemitteln mit Luft, Sauerstoff oder Lachgas sowie Reinigungsmittel, z. B. Äther, können explosionsfähig sein. Innerhalb der gefährdeten Bereiche von Anästhesie- oder Vorbereitungsräumen müssen daher elektromedizinische Geräte explosionsgeschützt nach DIN VDE 0750 Teil 1 und DIN VDE 0171 ausgeführt sein.

Nach den Explosionsschutz-Richtlinien des Fachausschusses „Chemie" der Gewerblichen Berufsgenossenschaften werden bei Operationseinrichtungen zwei Zonen unterschieden:

Zone G, auch als „Umschlossene medizinische Gas-Systeme" bezeichnet, umfaßt Hohlräume, in denen dauernd oder zeitweise explosible Gemische in geringen Mengen erzeugt, geführt oder angewendet werden. Bei Anwenden explosibler Inhalations-Anästhesiemittel-Gemische gehören hierzu auch die Hohlräume der Beatmungsgeräte, also der Verdampfer, der Mischkopf des Anästhesiegerätes, der zum Patienten führende Beatmungsschlauch und der Mund mit den Atmungsorganen des Patienten.

Zone M, auch als „Medizinische Umgebung" bezeichnet, umfaßt den Teil des Raumes, in dem explosible Atmosphäre durch Anwendung medizinischer Hautreinigungs- oder Desinfektionsmittel nur in geringen Mengen und nur für kurze Zeit vorkommen kann.

Die Zone M umfaßt während der Dauer der Anwendung von Hautreinigungs- und Desinfektionsmitteln, z. B. Äther, den Bereich unter der Platte des Operationstisches mit einem Winkel von 30° gegen die Lotrechte auswärts gerichtet. Die Zone M entsteht nicht, wenn die Luftwechselzahl der Klimaanlage 20 h oder größer ist.

Geräte, die in diesen Zonen angewendet werden, müssen explosionsgeschützt ausgeführt sein. Zu diesem Zweck werden sie einer Anästhesiemittel-Prüfung (AP) unterzogen. Nach Bestehen der Prüfung erhalten sie Symbole.

auf grünem, 20 mm breitem, mindestens 40 mm langem Farbband, gegen den Untergrund deutlich abgesetzt und an gut sichtbarer Stelle angebracht, für Geräte in der Zone G.

auf grünem Farbpunkt mit 20 mm Durchmesser, für Geräte in der Zone M.

Bei Geräten, von denen nur bestimmte Teile „AP" ausgeführt sind, muß die Kennzeichnung deutlich erkennen lassen, auf welche Teile des Gerätes sich die Sicherheit gegen Zünden erstreckt. Gegebenenfalls ist diesen Teilen ein roter Farbpunkt mit 20 mm Durchmesser gegenüberzustellen.
Die AP-Geräte sind an das Versorgungsnetz fest oder über verriegelbare Steckverbindungen mit mindestens mittlerer PVC-Schlauchleitung H05VV-F (NYMHY) anzuschließen. Leiterverbindungen in zündfähigen Stromkreisen müssen als Schweiß-, mechanisch gesicherte Löt-, Quetsch- oder gesicherte Schraubverbindungen ausgeführt sein.
Auf das Merkblatt M 639 (1977) der Berufsgenossenschaft für Gesundheitsdienst und Wohlfahrtspflege „Brand- und Explosionsschutz in Operationseinrichtungen" wird hingewiesen.
Elektrische Betriebsmittel, die Zündungen auslösen können, müssen von Auslässen für brennbare Gase, z. B. Anästhesiemittel, mindestens 20 cm entfernt sein und dürfen nicht in Richtung des Gasstromes angeordnet sein. Wenn betriebsmäßig stromführende elektrische Leitungen gemeinsam mit Leitungen für verbrennungsfördernde Gase, z. B. Sauerstoff, Lachgas, in Kanälen, Rohren oder Gehäusen verlegt sind, dann müssen die elektrischen Leitungen mindestens dem Typ NYM entsprechen. Für Fernmeldeleitungen sind entsprechende Maßnahmen nur dann erforderlich, wenn das Produkt aus Leerlaufspannung und Kurzschlußstrom den Wert von 10 VA übersteigt.

11.10.8 Praxisräume von Ärzten und Zahnärzten

Die Praxisräume von Ärzten und Zahnärzten, in denen Patienten untersucht und behandelt werden, sind in der Regel Räume der Anwendungsgruppe 1, weil dort netzabhängige elektromedizinische Geräte angewendet werden. Die Anforderungen an die Installation dieser Räume können ohne großen Aufwand erfüllt werden. Es genügen die Festlegungen von DIN VDE 0100. Nur hinsichtlich der Schutzmaßnahmen und des zusätzlichen Potentialausgleichs sind besondere Bestimmungen zu beachten. Für den Schutz durch Abschalten müssen Fehlerstrom-Schutzeinrichtungen mit einem Nennfehlerstrom von $I_{\Delta N} \leqq 0{,}03$ A für alle Verbraucherstromkreise verwendet werden, die mit Überstrom-Schutzeinrichtungen bis 63 A gesichert sind. Für Stromkreise der Deckenbeleuchtung genügen FI-Schalter mit $I_{\Delta N} \leqq 0{,}3$ A. Außerdem ist ein zusätzlicher Potentialausgleich erforderlich, in den aber nur die fremden leitfähigen Teile einbezogen werden müssen, die der Patient von dem Platz aus berühren kann, an dem er mit netzabhängigen elektromedizinischen Geräten untersucht oder behandelt wird. Eine Sicherheitsstromversorgung ist in diesen Räumen nicht notwendig.

Praxisräume von Fachärzten bestimmter Sparten können auch Räume der Anwendungsgruppe 2 sein. In diesen Räumen ist ein IT-Netz mit Isolationsüberwachungseinrichtung erforderlich, das der Versorgung von Operationsleuchten und vergleichbaren Leuchten sowie von Stromkreisen dient, an die lebenswichtige elektro-medizinischen Geräte angeschlossen werden. Im Bereich von 1,25 m um die Patientenposition ist ein zusätzlicher Potentialausgleich erforderlich. Bei Störung der allgemeinen Stromversorgung müssen Operationsleuchten und vergleichbare Leuchten mit einer Umschaltzeit von höchstens 0,5 s und lebenswichtige elektro-medizinische Geräte mit einer Umschaltzeit von höchstens 15 s aus einer geeigneten Sicherheitsstromquelle weiterversorgt werden können.

11.10.9 Medizingeräteverordnung

Für Geräte, die dazu bestimmt sind, in der Heilkunde oder der Zahnheilkunde bei der Untersuchung oder Behandlung von Menschen verwendet zu werden, ist die Medizingeräteverordnung (MedGV) vom 14. 1. 85 zu beachten. In der MedGV werden die medizinisch-technischen Geräte in vier Gruppen eingeteilt. Geräte der Gruppe 1 können bei konstruktiven oder funktionellen Fehlern zur erheblichen Gefahr für den Patienten werden. Zu ihnen gehören z. B. Defibrillatoren, Hochfrequenz-Chirurgiegeräte, Infusionspumpen, Dialysegeräte und Laser-Chirurgie-Geräte. Die MedGV fordert deshalb für Geräte der Gruppe 1 eine Bauartzulassung. Gleiches gilt für Geräte der Gruppe 2, das sind energetisch betriebene Implantate wie implantierbare Herzschrittmacher. Für bereits im Betrieb befindliche Geräte der Gruppe 1, die noch keine Bauartzulassung haben, ist eine Sachverständigenprüfung erforderlich oder der Nachweis, daß die Geräte nach den Empfehlungen des Herstellers regelmäßig gewartet worden sind. Energetisch betriebene medizinisch-technische Geräte, die nicht der Gruppe 1 und 2 zuzuordnen sind, fallen unter die Gruppe 3. Sie müssen nach den anerkannten Regeln der Technik errichtet und betrieben werden, z. B. DIN VDE 0750 und 0752, sowie über eine Warneinrichtung bei möglicher Fehldosierung verfügen. Eine Bauartzulassung ist für Geräte der Gruppe 3 nicht erforderlich, jedoch sollten neue Geräte das GS-Zeichen tragen. Geräte der Gruppe 4 sind alle nicht energetisch betriebenen medizinisch-technischen Geräte.

Für alle Geräte ist eine verständliche Beschriftung der Stellteile und eine Gebrauchsanweisung in deutscher Sprache erforderlich, aus der u. a. Verwendungszweck, Funktionsweise und Wartung ersichtlich sein muß. Dem Betreiber von medizinisch-technischen Geräten legt die MedGV eine Reihe von Verpflichtungen auf; so sind z. B. Funktionsausfälle oder Störungen an den Geräten, die zu einem Personenschaden geführt haben, der zuständigen Behörde unverzüglich anzuzeigen.

11.11 Bauliche Anlagen für Menschenansammlungen (DIN VDE 0108 Teil 1)

Bauliche Anlagen für Menschenansammlungen sind bauliche Anlagen oder Teile von baulichen Anlagen wie sie in 11.12 bis 11.16 und 11.5 näher beschrieben sind.
In baurechtlichen und arbeitsschutzrechtlichen Vorschriften oder Genehmigungsbescheiden wird meist für diese baulichen Anlagen die Forderung nach der Errichtung einer Sicherheitsbeleuchtung oder Sicherheitsstromversorgung erhoben. In Verbindung mit dieser Forderung wird im allgemeinen auch festgelegt, daß beim Errichten der elektrischen Anlagen die DIN VDE 0108 zu beachten ist. Nachdem die Rechtslage im Baurecht von Land zu Land unterschiedlich ist, wurde der Anwendungsbereich der DIN VDE 0108 der bundeseinheitlichen Mustervorschrift 0108 (Musterbauordnung) angepaßt. Dies soll dem Anwender der DIN VDE 0108 das Heranziehen der jeweiligen baurechtlichen Vorschriften im konkreten Einzelfall nach Möglichkeit ersparen. In Zweifelsfällen sollte bei der letztendlichen Prüfung der Frage, ob eine bestimmte bauliche Anlage in den Anwendungsbereich der DIN VDE 0108 fällt, die Bauaufsichtsbehörde eingeschaltet werden.
Für die Sicherheitsbeleuchtung und Sicherheitsstromversorgung gilt 8. Vorbeugender Brandschutz und Funktionserhalt der Sicherheitsstromversorgung bei äußerer Brandeinwirkung siehe 10. Für die allgemeine Stromversorgung sind neben der DIN VDE 0100 und der DIN VDE 0101 die folgenden Anforderungen der DIN VDE 0108 zu beachten:
Transformatoren und Schaltanlagen mit Nennspannungen über 1 kV sind innerhalb von baulichen Anlagen für Menschenansammlungen in Räumen entsprechend der EltBauVO unterzubringen und als abgeschlossene elektrische Betriebsstätten auszubilden. Die Transformatoren sind mit selbsttätig wirkenden Schutzeinrichtungen, die einen Schutz sowohl bei Überlast als auch bei inneren und äußeren Fehlern sicherstellen, auszurüsten.
Für Anlagen bis 1000 V gilt:
Der Hausanschlußkasten muß von feuergefährdeten Betriebsstätten, wie Lagerräumen oder Schaufenstern, aber auch von Versammlungsräumen feuerbeständig, also z. B. durch Ziegelmauerwerk, Beton- oder Stahlbetonwände, getrennt sein. Für die Türen genügt feuerhemmende Ausführung.
Auch Hauptverteilungen bedürfen einer solchen Trennung. Sie müssen leicht zugänglich und auch bei Feuer und Verqualmung möglichst ungefährdet

erreichbar sein. Es ist ein Schaltplan auszuhängen, auf dem u. a. die Stromkreise mit Querschnitt und Sicherungen bezeichnet sowie Schutzmaßnahmen gegen zu hohe Berührungsspannung aufgeführt sind. Die Lage der Unterverteilungen und Bereichsschalter ist anzugeben. Die Verteilungen sind übereinstimmend mit dem Schaltplan zu beschriften

Verteilungen, die außerhalb elektrischer Betriebsstätten untergebracht sind, müssen eine allseitige Verkleidung aus Blech oder stoßfestem, schwerentflammbarem Isolierstoff haben.

Für sämtliche Abgänge am Hauptverteiler sind Last- oder Leistungsschalter vorzusehen. Wenn durch deren Ausschalten Gefahren entstehen können, sind sie auffällig mit der Farbe „Gelb" zu kennzeichnen.

Bei jedem Stromkreis mit einem Leiterquerschnitt unter 10 mm² muß eine Isolationsprüfung ohne Abklemmen der Neutralleiter von den einzelnen Klemmen, z. B. durch Trennklemmen (Bild 3-28), möglich sein.

Im TN-Netz muß von der letzten Verteilung ab das TN-S-Netz angewendet werden. Steckvorrichtungen für verschiedene Spannungen und Stromarten müssen unverwechselbar sein.

In Hohlräumen, die ganz oder zum Teil von brennbaren Stoffen umgeben sind, dürfen nur Kabel und Leitungen mit nicht leitfähigen flammwidrigen Umhüllungen oder Mänteln, z. B. NYY oder NYM, verlegt werden. PVC-Aderleitungen H07V-U (NYA) müssen in flammwidrigen Kunststoffrohren, z. B. ACF-Installationsrohre, verlegt werden.

Leitungen, bei denen durch Überstromschutzorgane ein hinreichender Schutz nicht zu erreichen ist, wie Leitungen zwischen Gleichrichter und Bogenlampen oder Xenon-Hochdrucklampen, sind entweder von brennbaren Stoffen getrennt so anzubringen, daß sie bei Lichtbogenschluß für die Umgebung gefahrlos ausbrennen können, oder sie sind als einadrige Leitungen voneinander und von leitfähigen Teilen getrennt zu verlegen. Diese Forderung gilt für nicht festverlegte Leitungen als erfüllt, wenn einadrige Leitungen mindestens der Leitungsart H07RN-F verwendet werden.

Die Leuchten der Allgemeinbeleuchtung der Rettungswege sollten abwechselnd auf zwei getrennt gesicherte Stromkreise verteilt werden. Wenn Sicherheitsbeleuchtung in Bereitschaftsschaltung vorgesehen ist, ist dies zwingend. Fehlerstrom-Schutzeinrichtungen dürfen in diesen Stromkreisen nur vorgesehen werden, wenn bei Ansprechen einer Schutzeinrichtung nicht alle Beleuchtungsstromkreise eines Rettungsweges oder Raumes ausfallen.

Motoren, die selbsttätig geschaltet oder nicht ständig beaufsichtigt werden, sind durch Motorschutzschalter oder gleichwertige Einrichtungen zu schützen. Nach Ansprechen der Schutzorgane muß ein selbsttätiges Wiedereinschalten der Motoren verhindert werden.

Zur Versorgung der baurechtlich notwendigen Sicherheitseinrichtungen dient die sogenannte Sicherheitsstromversorgung. Dazu ist ab dem Hauptverteiler ein eigenes, getrennt von der allgemeinen Stromversorgung zu führendes Verteilungsnetz erforderlich. Bei Ausfall der allgemeinen Stromversorgung müssen die Sicherheitseinrichtungen durch Ersatzstromquellen selbsttätig versorgt werden (siehe dazu 8).

11.12 Versammlungsstätten
(DIN VDE 0108 Teil 2)

Zu den Versammlungsstätten gehören z. B. Kinos und Theater mit einem Fassungsvermögen von mehr als 100 Personen, Hörsäle, Aulen, Mehrzweckhallen mit einem Fassungsvermögen von mehr als 200 Personen. Nicht überdachte Szenenflächen gelten ab 1000 Besucher, nicht überdachte Sportstätten ab 5000 Besucher als Versammlungsstätte. Versammlungsstätten mit Bühnen sollen hier nicht behandelt werden, diesbezüglich wird auf DIN VDE 0108 Teil 2 verwiesen. Für sonstige Versammlungsstätten gilt neben den allgemeinen Anforderungen (siehe 11.11) folgendes:
In den Versammlungsräumen müssen Beleuchtung und sonstige elektrische Verbrauchsmittel von einer zentralen, dem Zugriff von Besuchern entzogenen Stelle aus geschaltet werden können. Die allgemeine Beleuchtung des Raumes ist dabei auf mindestens 2 Stromkreise aufzuteilen. Wird der Raum betriebsmäßig verdunkelt, z. B. in Kinos, so muß ein Teil der allgemeinen Beleuchtung als Sonderbeleuchtung ausgeführt werden. Diese soll bei Panikgefahr oder Betriebsstörungen durch das Aufsichtspersonal oder durch Besucher leicht und schnell eingeschaltet werden können. Deshalb müssen die Schaltstellen beleuchtet und in der Nähe von mindestens einem Ausgang des Raumes angeordnet sein. Ein unbeabsichtigtes Betätigen des Schalters muß durch geeignete Maßnahmen verhindert sein. Die Beleuchtungsstärke der Sonderbeleuchtung muß im Mittel mindestens 1 lx betragen. Sie ersetzt nicht die Sicherheitsbeleuchtung. Eine solche ist in allen Versammlungsstätten erforderlich (siehe 8.2).
Für Versammlungsstätten mit *nichtüberdachten Spielflächen* gilt zudem:
An Masten oder Mastkonstruktionen hochgeführte Leitungen müssen in ihrem ganzen Verlauf einen zusätzlichen mechanischen Schutz haben; dafür eignet sich z. B. verzinktes Stahlrohr. Innerhalb von Stahlkonstruktionen liegende Leitungen gelten als geschützt. Bei freier Aufhängung müssen sie mit einer Zugentlastung (z. B. NYMZ) oder einem Tragseil (z. B. NYMT) versehen sein.
Als bewegliche Leitungen sind H07RN-F oder Leitungen gleichwertiger Bauart zu verwenden. Außerhalb des Handbereichs dürfen auch Illuminations-

Flachleitungen NIFLöu für Lichtketten verwendet werden. Die Abstände der Aufhängepunkte dürfen höchstens 5 m betragen. Zwischen den Aufhängepunkten dürfen sich höchstens 15 Fassungen befinden. Blanke Leitungen, mit Ausnahme von Freileitungen nach DIN VDE 0210, dürfen nicht über Spielflächen, Verkehrswege und Platzflächen für Besucher geführt werden, ein seitlicher Abstand von 5 m ist einzuhalten.
Leuchten in Lager- und Umkleideräumen müssen durch Schutzgitter geschützt werden, wenn mit einer Beschädigung zu rechnen ist. Es dürfen nur fest angebrachte und fest angeschlossene Leuchten montiert werden, die im Handbereich mit Schutzgläsern ausgerüstet sein müssen.
Elektrische Betriebsmittel, die im Freien verwendet werden, müssen mindestens „regengeschützt" IP 23 gekapselt sein.
Werden in Versammlungsstätten vorübergehende Einbauten für *Messen, Ausstellungen* usw. vorgenommen, so muß jeder Ausstellungsstand durch einen Hauptschalter vom Netz freigeschaltet werden können. Bei Nennströmen bis 16 A genügt dafür eine Steckvorrichtung. Für festes Verlegen von beweglichen Leitungen müssen mindestens solche des Typs H07RN-F verwendet werden. Der Nennstrom der Überstrom-Schutzorgane für die allgemeine Beleuchtung darf in Stromkreisen mit Fassungen E 40 nicht größer als 16 A sein. Lampen im Handbereich müssen mit einem Schutz gegen Bruch durch mechanische Beanspruchung versehen sein, z. B. Schutzkorb, Fassungen in Lichtleisten und Lichtketten sowie in offenen Leuchten müssen aus Isolierstoff bestehen. Auf mögliche Brandgefahr durch unfachgemäßes Anbringen von Strahlerleuchten ist zu achten (DIN VDE 0710 Teil 17).
Als Schutzmaßnahme bei indirektem Berühren ist die FI-Schutzschaltung mit $I_{\Delta N} \leqq 30$ mA zu empfehlen.

11.13 Geschäftshäuser
(DIN VDE 0108 Teil 3)

DIN VDE 0108 gilt für Geschäftshäuser mit einer Verkaufsfläche über 2000 m^2. Einkaufscenter mit kleineren Läden fallen darunter, wenn die Summe ihrer Verkaufsflächen 2000 m^2 überschreitet und die Läden über gemeinsame Rettungswege verfügen. Neben den allgemeinen Anforderungen (siehe 11.11) ist folgendes zu beachten: Die elektrischen Anlagen in den Verkaufsräumen, Werkstätten, Lagerräumen, Packräumen und Kantinen müssen an ihren Zugängen durch Bereichsschalter ausgeschaltet werden können. Ausgenommen von dieser Forderung sind die Stromkreise für die Kühlanlagen, die Nachtbeleuchtung und die Sicherheitsbeleuchtung. Die Bereichsschalter sind dem Zugriff Unbefugter, z. B. durch Unterbringen in einem verschließbaren Tableau, zu entziehen. Ihre Einschaltstellung muß durch eine weißleuchtende Signallampe kenntlich sein.

Als festverlegte Kabel und Leitungen sind insbesondere NYY und NYM (flammwidrige Kunststoffumhüllung) zu verlegen. Stegleitungen sind nicht zulässig. Als bewegliche Leitungen sind mindestens H05RR-F oder H05VV-F zu verwenden. Ortsfest angebrachte Wärmegeräte, die eine wärmebeständige Anschlußleitung erfordern, z. B. Silikonisolierung, müssen eine höchstens 1 m lange, mechanisch geschützte Zuleitung erhalten.

Maschinen, ausgenommen Elektrowerkzeug, müssen in Verkaufsräumen, Schaufenstern, Schneidereien, Tischlereien, Dekorationsarbeitsräumen und Lagerräumen mindestens in Schutzart IP 4X ausgeführt sein.

Die elektrische Anlage der Schaufenster muß durch *einen* jederzeit leicht erreichbaren Schalter ausgeschaltet werden können. Ortsveränderliche Steckvorrichtungen sind in Schaufenstern unzulässig. Strahlleuchten sind so anzuordnen, daß Brandgefahren durch zu nahe liegende, leicht brennbare Stoffe ausgeschlossen sind (DIN VDE 0710 Teil 17).

Schalter und Steckdosen sind besonders gegen mechanische Beschädigung zu schützen, z. B. Unterputzschalter, Einbau in Nischen.

Vorführstände für elektrische Betriebsmittel sollten isolierenden Fußboden haben. Die Zuleitungen zu Vorführständen müssen durch einen allpoligen Schalter mit gekennzeichneter Schaltstellung abschaltbar sein. Größere Vorführstände dürfen in mehrere getrennt ausschaltbare Einzelfelder unterteilt werden. Behelfs-Installationen sind unzulässig. An *einen* Stecker darf nur *eine* Leitung angeschlossen werden. Bewegliche Leitungen sind so zu führen, daß Personen darüber nicht zu Fall kommen können.

Elektrische Heizungsanlagen müssen unverrückbar befestigt sein und festverlegte Leitungen haben. Elektrische Wärmestrahlgeräte sind unzulässig. Heizkörper, die eine Oberflächentemperatur von mehr als 110 °C erreichen können, müssen Schutzvorrichtungen aus nicht brennbaren Baustoffen haben, die unverrückbar befestigt und so ausgebildet sein müssen, daß auf ihnen Gegenstände nicht abgelegt werden können.

Für die Verkaufsräume und die dazugehörigen Rettungswege ist eine Sicherheitsbeleuchtung vorzusehen (siehe 8.2). Für die Hinweise auf Rettungswege sind Rettungszeichenleuchten zu verwenden.

Für Geschäftshäuser mit einer Verkaufsfläche von unter 2000 m^2 gelten keine besonderen Anforderungen, sofern nicht die Aufsichtsbehörde, z. B. auf Grund der langen dunklen Rettungswege, eine Sicherheitsbeleuchtung, oder andere Sicherheitseinrichtungen fordert. In einem kleineren Geschäftshaus brauchen somit nur die allgemeinen Anforderungen von DIN VDE 0100 beachtet werden.

11.14 Ausstellungsstätten
(DIN VDE 0108 Teil 3)

Ausstellungsstätten sind bauliche Anlagen oder Teile von baulichen Anlagen, die der Durchführung von Messen und ähnlichen Veranstaltungen dienen. Ausstellungsstätten, deren Ausstellungsräume einzeln oder zusammen eine Nutzfläche von mehr als 2000 m^2 haben, fallen in den Anwendungsbereich von DIN VDE 0108. Es gelten dann die gleichen Anforderungen wie unter 11.11 und 11.13 beschrieben. (Sicherheitsbeleuchtung siehe 8.2). Liegt die Nutzfläche unter 2000 m^2, so sind lediglich die allgemeinen Anforderungen von DIN VDE 0100 zu beachten.

11.15 Hochhäuser
(DIN VDE 0108 Teil 4)

Hochhäuser sind Gebäude, bei denen der Fußboden mindestens eines Aufenthaltsraumes mehr als 22 m über der festgelegten Gebäudeoberfläche liegt. Die Starkstromanlagen einschließlich der Sicherheitsstromversorgung sind in Hochhäusern nach DIN VDE 0108 zu errichten (siehe 8 und 11.11). Ausgenommen davon sind die Wohnungen in Hochhäusern. Hierfür gilt DIN VDE 0100.
Entgegen der für die Sicherheitsbeleuchtung nach 8.2 allgemein gültigen Regelung, wonach in den Leuchtenstromkreisen außer den Schutzeinrichtungen keine weiteren Schalter vorhanden sein dürfen, müssen bei Wohnhochhäusern, deren Sicherheitsbeleuchtung durch Batterien gespeist wird, in den Rettungswegen Leuchttaster vorgesehen werden, mit denen die Sicherheitsbeleuchtung im Bedarfsfall eingeschaltet werden kann. Die Sicherheitsbeleuchtung muß sich dabei nach einer einstellbaren Zeit selbständig wieder ausschalten. Durch die Maßnahme soll ein unnötiges Entladen der Batterie verhindert werden. Als Taster sollten die der Allgemeinbeleuchtung mit verwendet werden, sofern solche vorhanden sind. Mindestens ein Leuchttaster muß von jedem im Rettungsweg befindlichen Standort aus erkennbar sein. Bei der Auswahl der Taster ist ein möglicher Gleichstrombetrieb zu berücksichtigen.

11.16 Gaststätten und Beherbergungsbetriebe
(DIN VDE 0108 Teil 5)

Gaststätten wie auch Kantinen mit mehr als 400 Plätzen und Beherbergungsbetriebe (Hotels) mit mehr als 60 Gastbetten fallen in den Anwendungsbereich

der DIN VDE 0108. Für die allgemeine Stromversorgung, wie auch für die Sicherheitsstromversorgung (Sicherheitsbeleuchtung) gelten die Festlegungen von DIN VDE 0108 Teil 1 (siehe 8 und 11.11). Zusätzlich gilt für die allgemeine Stromversorgung von vorübergehenden Einbauten:
Die Stromkreise für die Einbauten müssen durch einen gemeinsamen Lastschalter oder bis 16 A durch eine Steckvorrichtung freigeschaltet werden können. Flexible Leitungen müssen bei festem Verlegen mindestens der Bauart H07RN entsprechen. Fassungen in Lichtleisten und Lichtketten, sowie in offenen Leuchten müssen aus Isolierstoff bestehen.
Für die Sicherheitsbeleuchtung gilt neben den Festlegungen in 8.2: In Beherbergungsbetrieben sind in den Rettungswegen Leuchttaster für das Zuschalten der Sicherheitsbeleuchtung anzubringen, wenn diese aus Batterien gespeist wird (siehe dazu 11.15). Ist die Batteriekapazität für einen mindestens 8-stündigen Betrieb der gesamten Anlage ausgelegt, so dürfen die Leuchttaster entfallen.
Gaststätten und Beherbergungsbetriebe deren Fassungsvermögen unter den oben genannten Grenzwerten liegt, können nach den allgemein gültigen Anforderungen von DIN VDE 0100 installiert werden.

11.17 Fliegende Bauten
(DIN VDE 0100 Teil 722, DIN VDE 0108 Teil 8)

Zu Fliegenden Bauten zählen Karusselle, Luftschaukeln, Rollen-, Gleit- und Rutschbahnen, Tribünen, Buden Zelte, Wanderausstellungen, also Bauten, die wiederholt aufgestellt und zerlegt werden, und Wagen nach Schaustellerart.
Fliegende Bauten können auch als Versammlungsstätten (siehe 11.12), Verkaufsstätten (11.13), Ausstellungsstätten (siehe 11.14) oder Gaststätten (siehe 11.16) im Sinne von DIN VDE 0108 genutzt werden. In diesen Fällen ist DIN VDE 0108 Teil 1 zu beachten (siehe 11.11). Abweichend davon gilt: Die Anforderungen an Brandschutz und Funktionserhalt (siehe 10.2 bis 10.4) sind nicht anzuwenden. Verteiler sind so anzuordnen, daß eine Annäherung leichtentzündlicher Stoffe nicht zu befürchten ist. Jeder in sich geschlossener Anlagenteil muß durch einen gemeinsamen Lastschalter oder bis 16 A durch eine Steckvorrichtung freischaltbar sein. Elektrische Wärmestrahlgeräte sind unzulässig, elektrische Maschinen müssen im allgemeinen der Schutzart IP X4 entsprechen.
Für die Sicherheitsstromversorgung (Sicherheitsbeleuchtung) von Fliegenden Bauten im Anwendungsbereich der DIN VDE 0108 gilt: In allen Fällen sind als Ersatzstromquellen Einzelbatterien zulässig. Für Zentralbatterieanlagen sind

auch Kraftfahrzeug-Starterbatterien mit den Nennspannungen 24, 48 und 60 V zulässig.
Als Nennbetriebsdauer der Ersatzstromquelle genügt grundsätzlich 1 h. Auch in Fliegenden Bauten müssen die Ersatzstromquellen und Verteiler der Sicherheitsstromversorgung dem Zugriff Unbefugter entzogen sein.
Die Sicherheitsbeleuchtung ist so auszulegen, daß auch im betriebsmäßig verdunkelten Zustand, die Türen, Gänge und Stufen erkennbar bleiben.
Unabhängig von der Größe und Nutzung der Fliegenden Bauten gelten für diese die Anforderungen von DIN VDE 0100 Teil 722.
Dabei ist zu beachten:
Die Stromversorgung erfolgt über vom EVU aufgestellte Verteiler, in denen die Zählereinrichtungen und die Überstrom-Schutzorgane für die einzelnen Verbraucheranlagen enthalten sind. Für kleinere Verbraucheranlagen genügen auch zweipolige CEE-Schutzkontaktsteckdosen, spritzwassergeschützt ⚠ mit vorgeschalteten Leitungsschutzschaltern von 16 A. Jeder Steckdose müssen dann Fehlerstrom-Schutzeinrichtungen mit einem Nennfehlerstrom von $\leqq 0{,}5$ A vorgeschaltet sein.
Für Verbraucheranlagen mit mehreren Stromkreisen ist ein eigener *Stromkreisverteiler* erforderlich. Bei Anbringen im Freien muß er mindestens der Schutzart IP 54 entsprechen. Hauptschalter, die gegen unbefugtes Einschalten gesichert sein müssen, sind für jede Anlage vorzusehen. Die Fehlerstrom-Schutzeinrichtung kann bei entsprechender Unterbringung als Hauptschalter verwendet werden.
Von Stromkreisverteilern müssen Schaltpläne mindestens in einpoliger Darstellung vorhanden sein. Dabei müssen u. a. Art des Netzanschlusses, Bezeichnungen der Stromkreise, Nennstrom der Überstrom-Schutzeinrichtungen, Leiterquerschnitte, Schutzmaßnahmen, ersichtlich sein. Stromlaufpläne von Hilfsstromkreisen sind mitzuführen.
Als *Schutzmaßnahme* ist das TT-Netz mit Fehlerstrom-Schutzeinrichtung vorzusehen. Vor dem Einführen der Anschlußleitung bis zur Fehlerstrom-Schutzeinrichtung ist die Schutzisolierung anzuwenden. In Ausnahmefällen kann das EVU das TN-Netz mit Fehlerstrom-Schutzeinrichtung zulassen, z. B. wenn durch das EVU auf einem Festplatz ein gut geerdeter PEN-Leiter fest verlegt ist. Ansonsten muß für jede Verbraucheranlage ein ausreichend bemessener Erder vorhanden sein. Der Erdungswiderstand darf 30 Ω nicht überschreiten. Beim Anschluß nur einer Anlage mit nur einem Stromkreis an eine vorhandene zweipolige Hausinstallations-Schutzkontaktsteckdose genügt die in der Hausinstallation getroffene Schutzmaßnahme.
Offen verlegte Leitungen sind unzulässig. Fahrdrähte, Stromschienen und Schleifringe müssen mit Schutzkkleinspannung betrieben werden, sofern sie nicht im gesamten Verlauf gegen direktes Berühren geschützt sind. Für festes

Verlegen eignet sich Mantelleitung NYM, Kunststoffkabel NYY bzw. NYCY oder Gummischlauchleitung in der Mindestausführung H07RN-F. Letztgenannte darf auch über kurze Strecken freigespannt werden, wenn eine Beschädigung durch das Durchhängen oder Scheuern ausgeschlossen ist. Auf dem Erdboden liegende, zu den einzelnen Bauten führende Leitungen müssen Gummischlauchleitungen, mindestens H07RN-F, bei schwerer Beanspruchung NSSHöu sein, die gegen mechanische Beschädigung zusätzlich zu schützen sind.
Sehr häufig werden bei Fliegenden Bauten Lichtleisten und Lichtketten eingesetzt. Dabei ist insbesondere folgendes zu beachten:

a) Ihre Fassungen müssen aus Isolierstoff bestehen.
b) Lampen, die sich im Verkehrsbereich des Publikums bis zu einer Höhe von 2,0 m über dem Fußboden befinden, müssen mit einem Schutz gegen Bruch durch mechanische Beanspruchung versehen sein.
c) Für freitragendes Verlegen außerhalb des Handbereiches eignen sich Lichtketten mit Illuminationsflachleitungen NIFLöu. Sie können unter Einhalten der zulässigen Belastung in beliebiger Länge verwendet werden. Die Abstände der Aufhängepunkte dürfen jedoch höchstens 5 m betragen. Zwischen je 2 benachbarten Aufhängepunkten dürfen nicht mehr als 15 Fassungen montiert sein. Im Freien müssen Lichtketten so aufgehängt werden, daß die Fassungen nach unten gerichtet sind. Abzweigungen von Illuminationsflachleitungen sind nicht zulässig. Mit Rücksicht auf die mechanische Beschädigung der Flachleitungsisolation durch die Kontaktspitzen dürfen einmal montierte Fassungen in ihrer Lage auf der Leitung nicht mehr verändert werden.

Weitere Angaben z. B. über Fahrgastwagen, Anlagen mit Großtieren sind DIN VDE 0100 Teil 722 zu entnehmen.

11.18 Elektrische Betriebsstätten
(DIN VDE 0100 Teil 731 und DIN VDE 0105 Teil 1)

Als Betriebsstätte schlechthin bezeichnet man Räume und Stätten der allgemeinen Fertigung und Lagerhaltung, also im allgemeinen „Werkstätten". Elektrische Betriebsstätten dagegen dienen im wesentlichen zum Betrieb elektrischer Anlagen und werden in der Regel nur von Fachkräften oder unterwiesenen Personen betreten. Hierzu gehören Maschinenräume von Kraftwerken, Schaltwarten, Akkumulatoren-Räume mit Batterien bis 230-V-Nennspannung, Laboratorien, abgetrennte elektrische Prüffelder, Justier-

räume, Verteilungsanlagen in abgetrennten Räumen, galvanische Betriebsstätten. Sie können Teile eines anderen Raumes, z. B. einer Fabrikhalle, sein, wenn der Zutritt zu ihnen durch Türen, Schranken, Gitter oder auch Seile beschränkt ist. Bei Türen genügt ein einfaches Schnappschloß, ein Drehknopf oder auch nur eine Klinke.
Bei elektrischen Prüffeldern und Prüfplätzen sind die „Sicherheitsregeln" der Berufsgenossenschaft der Feinmechanik und Elektrotechnik zu beachten. Siehe auch „Schutz durch nichtleitende Räume" und 11.22.
Es ist nicht notwendig, daß eine elektrische Betriebsstätte ausschließlich elektrische Betriebsmittel enthält. Es kann dort z. B. auch eine Turbine, eine Aufzugswinde, eine Pumpe oder ein Ventilator stehen. Jedoch sollte sie nur unterwiesenem Personal zugänglich sein. Sie darf also nicht etwa gleichzeitig ein Lager für irgendwelche Stoffe sein. Siehe auch „Verordnung über den Bau von Betriebsräumen für elektrische Anlagen" (EltBauV, 1.3.11).
Abgrenzungen müssen mindestens 1,8 m hoch sein. Gitter dürfen eine Maschenweite von höchstens 40 mm haben.
An den Zugängen sind Warnschilder WS 1 nach DIN 40 008 Teil 1 und Teil 3 anzubringen. An leicht entfernbaren Abgrenzungen sind sie in ausreichender Anzahl zu wiederholen, Ausgänge sind so anzuordnen, daß der Rettungsweg innerhalb des Raumes nicht mehr als 40 m beträgt. Fenster müssen gegen Einstieg gesichert sein. Sie sind also zu vergittern oder die Unterkante des Fensters muß mindestens 1,8 m über der Zugangsebene liegen.
Für Anordnung und Abmessung der Gänge gilt DIN VDE 0100 Teil 729.
Steckdosen, Leuchten und andere Einrichtungen sind so anzubringen, daß bei Tätigkeiten an diesen ein Berühren aktiver Teile der Anlage vermieden wird.
Schutzmaßnahmen gegen direktes und bei indirektem Berühren sind erst bei Nennspannungen über 50-V-Wechselspannung oder über 120-V-Gleichspannung anzuwenden (DIN VDE 0100 Teil 410). Sind aus technischen Gründen Schutzmaßnahmen bei indirektem Berühren für Betriebsmittel nicht anwendbar, so sind diese besonders zu kennzeichnen. Bei Betriebsmitteln, die nur im spannungsfreien Zustand der Anlage zugänglich sind, darf der Schutz bei indirektem Berühren entfallen. Schutzmaßnahmen gegen direktes Berühren durch Isolierung, Abdeckungen oder Umhüllung aktiver Teile sind entbehrlich. Der Schutz durch Hindernisse oder Abstände reicht aus. Hindernisse sind zuverlässig zu befestigen. Sie müssen gegen Verformung ausreichend widerstandsfähig sein. Hindernisse aus nichtleitfähigen Werkstoffen dürfen ohne Schlüssel oder Werkzeug entfernbar sein.
Schutzleisten, Geländer, Ketten, Seile sind in Höhe von 1,1 bis 1,3 m über der Zugangsebene anzubringen. Der Abstand zwischen Hindernissen und aktiven Teilen muß mindestens 0,2 m betragen.

Bei Anwenden des Schutzes gegen direktes Berühren durch Abstand dürfen sich im Handbereich keine gleichzeitig berührbaren Teile gefährlichen unterschiedlichen Potentials befinden (siehe auch DIN VDE 0106 Teil 1).
Insbesondere in Schaltanlagen und Umspannwerken müssen Schaltpläne der Anlagen vorhanden sein. Dies dürfen Übersichtsschaltpläne nach DIN 40 719 in vereinfachter einpoliger Darstellung ohne Hilfsleitungen sein. In den Betriebsstätten ist die Zuordnung der Anlagenteile gemäß den Schaltplänen zu kennzeichnen. In ständig besetzten Betriebsstätten sind die Bestimmungen DIN VDE 0105 Teil 1 und das Merkblatt VDE 0132 auszulegen.

11.19 Abgeschlossene elektrische Betriebsstätten

(DIN VDE 0100 Teil 731, DIN VDE 0105 Teil 1)

Abgeschlossene elektrische Betriebsstätten sind Räume, die ausschließlich zum Betrieb elektrischer Anlagen dienen. Der Verschluß darf nur von beauftragten Personen geöffnet werden. Der Zutritt ist nur Fachleuten oder unterwiesenen Personen gestattet. Der Verschluß muß vorhanden sein und darf nicht etwa durch eine Kette, Schranke oder durch ein Eintrittsverbot ersetzt werden. Es müssen also von außen mit Bart- oder Sicherheitsschlüssel (nicht Steckschlüssel) abschließbare Türen oder besondere Zugänge, z. B. Zementdeckel mit darunterliegender, verschließbarer Abdeckung für Unterflurstationen, bestehen; Schlüssel dazu dürfen nur an wenige Personen ausgegeben werden, die sie selbst verwahren. Reserveschlüssel sind unter Verschluß oder unter Aufsicht (Schaltwart, Pförtner) aufzubewahren.
Vom Schutz gegen direktes Berühren darf abgesehen werden, wenn er nach den örtlichen Verhältnissen entbehrlich oder der Bedienung und Beaufsichtigung hinderlich ist.
Solche Stätten sind z. B. Transformatorzellen, abgeschlossene Schalt- und Verteilungsanlagen, Maststationen, Triebwerksräume von Aufzügen, Akkumulatoren-Räume mit Batterien über 230 V Nennspannung. Verschließbare Schalttafeln u. ä., die nicht zum Betreten des abgeschlossenen Raumes eingerichtet sind, gelten dagegen nicht als abgeschlossene elektrische Betriebsstätten.
Im übrigen gilt 11.18, ausgenommen: Fenster müssen gegen Einstieg nicht gesichert sein, wenn die Betriebsstätte sich in einem umschlossenen Betriebsbereich oder gesichertem Gelände befindet.
Werden Transformatoren oder Kondensatoren mit polychlorierten Biphenylen (PCB) und einer Leistung von mehr als 3 kVA verwendet, dann sind die landesrechtlichen Vorschriften zu beachten.

11.20 Batterieräume, Ladestationen für Akkumulatoren

(VDE 0100, § 52, DIN VDE 0510 sowie 1.3.11)

Batterieräume, in denen die aktiven Teile nicht vollständig isoliert abgedeckt oder umhüllt sind, gelten als elektrische Betriebsstätten; wenn die Nennspannung der Batterien mehr als 120 V beträgt, gelten sie als abgeschlossene elektrische Betriebsstätten. Betriebsmäßig funkenerzeugende Betriebsmittel müssen von den Batteriezellen einen Abstand von mindestens 0,5 m haben oder explosionsgeschützt sein. Die elektrische Installation ist wie in feuchten und nassen Räumen durchzuführen (Mindestschutzart IP 2 X). Heizkörper dürfen keine höhere Oberflächentemperatur als 200 °C aufweisen. Ansonsten werden an die elektrischen Betriebsmittel von Batterieräumen keine besonderen Anforderungen gestellt, es sei denn, die im folgenden beschriebene Belüftung kann nicht gewährleistet werden. In diesem Fall muß die elektrische Anlage im Batterieraum explosionsgeschützt ausgeführt werden. Die Explosionsgefahr entsteht durch Knallgasbildung ($H_2 + O$). Die Betriebsmittel sind daher nach Temperaturklasse T1 (G1) und Explosionsgruppe IIC (3) zu wählen.

Belüftung

Räume für Batterien sind so zu belüften, daß das beim Laden und Entladen entstehende Gasgemisch mit Sicherheit seine Explosionsfähigkeit verliert.
Die größte Gasentwicklung tritt beim Laden über die Gasungsspannung hinaus auf. Durch den heute üblichen Einsatz von Ladeeinrichtungen, deren Ladeschlußstrom so begrenzt ist, daß die Gasungsspannung der Batterie nicht überschritten wird, läßt sich die Gasentwicklung in Grenzen halten. Trotzdem ist grundsätzlich eine Belüftung erforderlich, es sei denn, es kommen gasdichte Akkumulatoren (GNK, GHK, GSZ, GSP) zum Einsatz.
Batterieräume sollten so gebaut werden, daß eine ausreichende natürliche Belüftung gegeben ist. Ist dies aus baulichen Gründen nicht möglich, so muß der Batterieraum künstlich belüftet werden. Grundsätzlich ist die Belüftung nach DIN VDE 0510 Teil 2 zu dimensionieren. Der Luftbedarf Q (abzusaugende Luftmenge) wird nach der Formel

$$Q = 0{,}05 \cdot n \cdot I \qquad \text{in m}^3\text{/h}$$

berechnet.
Dabei ist „n" die Anzahl der Zellen der Batterie und „I" der maximal mögliche Strom, wenn die Batterie nahezu wieder aufgeladen ist und die Gasungsspannung erreicht bzw. überschritten ist.

Die für die Formel anzuwendenden Ströme betragen:

- Bei Ladeeinrichtungen, z. B. mit *IU*-Kennlinien, deren Ladestrom so begrenzt ist, daß die Gasungsspannung der Batterie nicht überschritten wird
  $I = 2$ A je 100 Ah Nennkapazität der Bleibatterie
  $I = 4$ A je 100 Ah Nennkapazität der Nickel-Cadmium-Batterie.
- Bei Verwenden von Ladegeräten mit *W*-Kennlinie ergeben sich höhere Ladeschlußströme.
  Für eine Bleibatterie mit positiven Großoberflächenplatten kann der Ladeschlußstrom
  $I = 6$ A je 100 Ah Nennkapazität
  betragen.
  Die genauen Werte für die verschiedenen Batterien und Ladeeinrichtungen sind den Herstellerangaben zu entnehmen.

Die künstliche Belüftung muß vor Beginn des Ladens durch eine besondere Einrichtung eingeschaltet werden. Sie sollte erst 1 Stunde nach beendeter Ladung abgeschaltet werden.
Bei Erhaltungsladen braucht die künstliche Belüftung nicht ständig in Betrieb zu sein. Es sollte jedoch täglich mindestens 1 Stunde belüftet werden.
Durch die Belüftung muß sichergestellt sein, daß die Frischluft über die Zellen streicht. Zu diesem Zweck sollte die Zuluft möglichst in Bodennähe eintreten und möglichst hoch auf der gegenüberliegenden Seite entweichen. Bei Batterien mit einer Ladeleistung unter 2 kW und einem freien Luftvolumen des Raumes von mindestens dem 2,5-fachen des nach obiger Formel errechneten Luftbedarfs, dürfen die Luftzu- und -abfuhr auf der gleichen Seite liegen. Unter der gleichen Bedingung darf ein Batterieschrank mit der umgebenden Raumluft belüftet werden.
Der Batterieraum selbst benötigt auch in diesem Fall eine natürliche oder künstliche Belüftung, wenn nicht durch häufiges Begehen ein regelmäßiger Luftaustausch sichergestellt ist.
Die natürliche Lüftung ist ausreichend, wenn die Zu- und Abluftöffnungen folgenden Mindestquerschnitt haben:

$$A \geqq 28 \cdot Q$$

dabei ist:

A die Fläche der Öffnung in cm^2
Q die nach der Formel $Q = 0{,}05 \cdot n \cdot I$ errechnete Luftmenge.

Lüftungsöffnungen und Abzugsrohre dürfen nicht in Schornsteine oder Feuerungen münden.

Für Batterieladestationen und -laderäume gelten die gleichen Anforderungen, wenn die Leerlaufspannung der Ladeeinrichtung 50 V und die Nennleistung der gesamten Ladeeinrichtung 2 kW übersteigt.

Sonstige Anforderungen

Batterien müssen gegen herabfallende Gegenstände, gegen Eindringen von Tropfwasser sowie gegen Verschmutzung geschützt sein. Schädliche Gase, z. B. Ammoniak, müssen von ihnen ferngehalten werden. Batterien müssen so aufgestellt werden, daß Elektrolytnebel oder verspritzter Elektrolyt keinen Schaden anrichten kann. Das Bedienungspersonal ist, wenn die Nennspannung der Batterie mehr als 120 V beträgt, durch Schutzmittel oder Schutzeinrichtungen zu schützen, z. B. durch Isolieren des Standorts (Holzrost) oder durch isolierende Schutzkleidung.
Bei *Ladegeräten* muß die Gleichstromseite vom Wechselstromnetz galvanisch getrennt sein, wenn im Gleichstromkreis eine Schutzmaßnahme nach DIN VDE 0100 nicht anwendbar ist. Bei galvanisch nicht getrennten Geräten dürfen Wartungsarbeiten nur bei freigeschalteten Batterien durchgeführt werden. Diese Maßnahmen gelten auch, wenn die Batterien zum Laden von ihrem betriebsmäßigen Unterbringungsort, z. B. Fahrzeug, entfernt werden.
Beim *Laden* müssen die Gasaustrittsöffnungen der Batterien von funkenbildenden Betriebsmitteln, z. B. Steckvorrichtungen, Schaltern, Maschinen, mindestens 0,5 m entfernt sein. Werden Batterien parallel geladen, so ist jeder Abgang zu sichern. Bei Verwenden von Schraubsicherungen als Batteriesicherungen ist die Batterieleitung an den Fußkontaktanschluß anzuschließen.
Allgemein müssen *Batterieräume* trocken, gut lüftbar, möglichst kühl sowie möglichst frei von Erschütterungen, Temperaturunterschieden und frostfrei sein. Die lichte Höhe über Bedienungsgängen soll mindestens 2 m betragen. Batterieraumfenster, die von außen leicht zugänglich sind, müssen durch engmaschiges Geflecht geschützt werden oder aus Drahtglas bestehen. Türen müssen nach außen aufschlagen. Türen von Batterieräumen und Batterieschränken müssen ein Verbotsschild nach DIN 4819 tragen, das auf das Verbot des Rauchens und des Arbeitens bei offener Flamme hinweist. Zudem sind Batterieräume durch den Hinweis „Batterieraum" und durch das Warnschild WZ nach DIN 40008 Teil 3 zu kennzeichnen *(Bild 11-26)*.

Bild 11-26: Warnschild WZ

Ein Unfall durch Knallgaszündung ereignete sich durch einen von der Kleidung des Bedienenden ausgehenden statischen Zündfunken. Daraufhin wurde vor dem Batterieraum ein geerdeter Griff und die Aufschrift: „Vor Eintritt über Erdungsgriff statisch entladen angebracht."

Die *Verbindungsleitungen* zwischen einzelnen Batteriegruppen und der Schalttafel sind kurzschlußsicher (siehe 4.2.5) herzustellen. Blanke Leitungen müssen gut eingefettet oder mit einem elektrolytbeständigen Lack gestrichen werden. Die Leitungen zum Pluspol sind rot, die zum Minuspol blau zu kennzeichnen. Isolierte Leitungen müssen elektrolytbeständig sein. Leitungsdurchführungen durch Wände oder Decken müssen isoliert und abgedichtet werden. Die Verbindungsleitung zwischen Ladeeinrichtung und Batterie darf entgegen der Regel an beiden Enden Stecker tragen.

Siehe auch „Verordnung über den Bau von Betriebsräumen für elektrische Anlagen" (EltBauV, 1.3.11).

11.21 Feuerungsanlagen mit flüssigem, festem oder gasförmigem Brennstoff

(DIN VDE 0116, DIN 4755 und 4756)

Alle elektrischen Betriebsmittel müssen im eingebauten Zustand mindestens der Schutzart IP 4X entsprechen. Diese Anforderung entfällt, wenn die Betriebsmittel in Räumen, die eine besondere Schutzart entbehrlich werden lassen, z. B. klimatisierte oder saubere und trockene Räume, untergebracht oder innerhalb von Schaltschränken oder Pulten angeordnet sind, die mindestens die Schutzart IP 4X aufweisen. Der Wasserschutz muß den örtlichen Verhältnissen angepaßt sein.

Bei Ausfall der Stromversorgung darf die Verzögerungszeit für die selbsttätige Abschaltung der Feuerungsanlage maximal 1 s betragen. Dies gilt nicht für Gasbrenner oder Gebläse mit ständig brennender Zündflamme. Sofern betriebliche Erfordernisse vorliegen, sind bei Anschluß an das allgemeine Versorgungsnetz, insbesondere zur Vermeidung von Feuerungsausfällen durch kurzzeitige Spannungsunterbrechungen ($\leqq$ 0,5 s), Maßnahmen zur unterbrechungsfreien Stromversorgung durchzuführen.

In *Bild 11-27* ist als Beispiel das *Schema* einer Ölheizungsanlage gezeichnet. Schaltschränke werden meistens verdrahtet geliefert. Sie müssen im eingebauten Zustand mindestens der Schutzart IP 40 entsprechen und – wie alle elektrischen Baueinheiten – ein Hersteller- oder Ursprungszeichen tragen. Von der Schalttafel zweigt die Leitung zu den Thermostaten (Regler) ab.

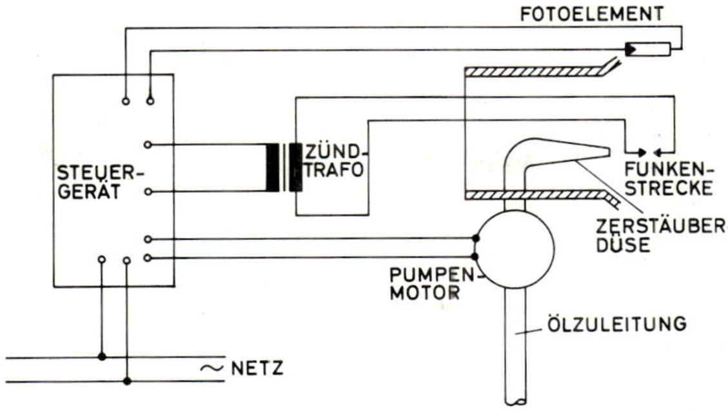

Bild 11-27: Schema einer Ölheizungsanlage

Als *Flammenwächter* dient ein Fotoelement, das auf das Vorhandensein oder das Ausbleiben bzw. Abreißen der Flammen anspricht. Der Stromkreis muß bestimmten Sicherheitsansprüchen genügen.

Für die Brenner von Feuerungsanlagen mit festen, flüssigen oder gasförmigen Brennstoffen muß ein Lastschalter mit Stellungsanzeige vorhanden sein, mit dem die gesamte elektrische Ausrüstung der Brenner während Wartungsarbeiten und dgl. freigeschaltet werden kann.

Die elektrische Ausrüstung von Öl- und Gasfeuerungsanlagen mit einer Nennwärmeleistung über 50 kW muß im Gefahrenfall zusätzlich durch einen Hauptschalter abgeschaltet werden können *(Bild 11-28)*. Dieser muß folgende Bedingungen erfüllen:

Die Schaltstücke müssen zwangsläufig geöffnet werden.

Er ist an leicht zugänglicher und ungefährdeter Stelle außerhalb des Aufstellungsraumes der Feuerungsanlage anzubringen und entsprechend dem Verwendungszweck zu kennzeichnen.

Der Hauptschalter darf auch zum Freischalten benutzt werden.

Für Feuerungen an Dampfkesseln ist anstatt eines Hauptschalters ein Gefahrenschalter anzubringen, der neben den Anforderungen für Hauptschalter eine rote Handhabe auf gelbem Hintergrund haben muß.

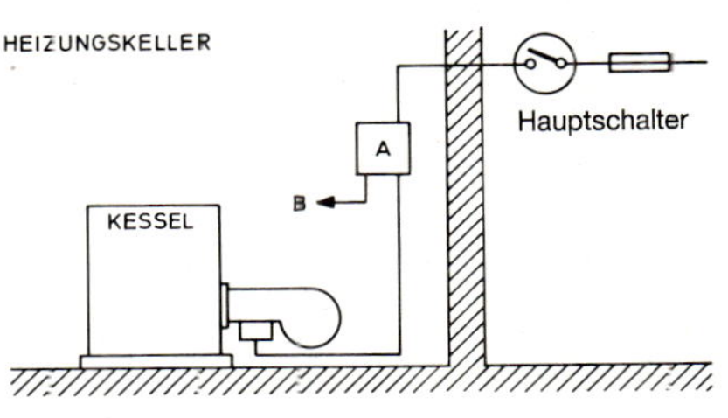

Bild 11-28: Hauptschalter für Ölheizung
A = Schalttafel,
B = Leitung zu den Thermostaten

Je nach Art des Raumes (trocken, feucht, im Freien), in dem die Feuerungsanlage untergebracht ist, sind die *Leitungen und Kabel* samt Installationsmaterial auszuwählen. Als flexible Leitungen sind mindestens H07RN-F (NMHöu)-Leitungen vorzusehen.
In Kabeln oder Leitungen mit gemeinsamer Umhüllung dürfen mehrere Stromkreise enthalten sein. Ausgenommen sind Leitungen zum Fühler des Flammenwächters oder solche Leitungen, die durch Leitungen anderer Stromkreise störend beeinflußt werden können.
Elektrische Anlagen in Räumen, in denen *Heizöl gelagert* und gleichzeitig über seinen Flammpunkt erwärmt wird, müssen explosionsgeschützt ausgeführt werden. Das gleiche gilt für Räume, durch die Rohrleitungen mit derartig erwärmtem Heizöl geführt werden, sofern sich in den Räumen Ventile, Schieber, Pumpen mit Stopfbuchsen und andere Einrichtungen befinden, an denen mit dem Austreten von Flüssigkeit oder Dampf infolge unvermeidlicher Undichtigkeiten zu rechnen ist. Brennstoff-Lagerräume dürfen nur elektrisch beleuchtet werden.

11.22 Prüfanlagen
(DIN VDE 0104)

Die Prüfanlagen werden ganz grob unterteilt in Prüfplätze, Prüffelder und Versuchsfelder sowie in nichtstationäre Anlagen.
Unter Prüfplatz versteht man eine räumlich begrenzte und gekennzeichnete Prüfanlage, beispielsweise innerhalb einer Fertigungshalle. Ein Prüffeld ist dagegen ein fest abgegrenzter Bereich oder Raum, in dem in der Regel mehrere Personen überwiegend mit Prüfungen beschäftigt sind. Wird ein derartiger Bereich für Versuche im Rahmen von Forschungs- und Entwicklungsaufgaben genutzt, spricht man auch vom Versuchsfeld.
Für das Errichten und Betreiben elektrischer Prüfanlagen ist DIN VDE 0104 zu beachten. Diese VDE-Bestimmung braucht nur dann nicht eingehalten zu werden, wenn das Berühren unter Spannung stehender Teile ungefährlich ist, beispielsweise der Strom ist auf 3 mA AC bzw. 12 mA DC begrenzt. Im Rahmen dieses Buches sollen nur einige wenige grundsätzliche Anforderungen an Prüfanlagen genannt werden.

Prüfplätze

Es sollten nur Prüfplätze mit zwangsläufigem Berührungsschutz errichtet werden. Ausnahmen davon sind erlaubt, wenn wegen häufig wechselnder Prüfaufgaben oder erheblicher Schwierigkeiten im Arbeitsablauf dies nicht

möglich ist. In einem Prüffeld mit zwangsläufigem Berührungsschutz sind das Prüfobjekt und die aktiven Teile der Prüfeinrichtung während der Prüfung durch eine mechanische Schutzeinrichtung gegen direktes Berühren geschützt. Das Einschalten des Prüfstromkreises darf erst bei geschlossener Schutzeinrichtung möglich sein. Meldeleuchter müssen den Schaltzustand anzeigen.
Prüfplätze ohne zwangsläufigen Berührungsschutz sind beispielsweise durch Seile oder Ketten von Arbeitsplätzen und von Verkehrswegen abzugrenzen. Rote Signalleuchten müssen den Betriebszustand anzeigen. Durch Warnschilder ist der Gefahrenbereich zu kennzeichnen. Der Schutz des Prüfenden kann durch isolierende Abdeckung, Abstand zum Prüfobjekt, Einsatz einer Zweihandschaltung oder Verwendung von zwei Sicherheitsprüfspitzen erreicht werden. Der Standort sollte isoliert sein. Ein unbefugtes Einschalten des Prüfstromkreises muß sicher verhindert sein. Not-Aus-Einrichtungen sind vorzusehen. Ist der Prüfstromkreis mit dem Niederspannungsnetz galvanisch verbunden, so ist er durch einen 30-mA-FI-Schutzschalter zu schützen. Bei Prüfungen mit Spannungen über 1 kV muß das Prüfobjekt gegen Erde isoliert werden.
Werden Prüfungen mit Spannungen bis 1000 V an einem Reparaturplatz oder Versuchsplatz durchgeführt, dann kann auf ein Abschranken und auf die roten Signalleuchten verzichtet werden.

Prüffelder und Versuchsfelder

Die Betriebszustände „Einschaltbereit“ oder „In Betrieb“ müssen durch rote Signalleuchten angezeigt werden. Bei Spannungen über 1 kV ist zusätzlich durch grüne Signalleuchten der abgeschaltete Zustand anzuzeigen. Schaltgeräte zum Einschalten der Energieversorgung des Prüffeldes müssen gegen unbefugtes und unbeabsichtigtes Einschalten gesichert sein, z.B. durch ein Schloß und einen umlaufenden Schutzkragen um das Bedienteil. Zudem müssen eine ausreichende Anzahl von Not-Aus-Einrichtungen vorgesehen werden. Die Bereiche sind ansonsten wie abgeschlossene elektrische Betriebsstätten zu behandeln.
Weitere Hinweise finden sich in DIN VDE 0104 und in den Sicherheitsregeln für elektrische Prüffelder, Prüfplätze und Versuchsfelder der BG.

11.23 Schulen, Kindergärten, Unterrichtsräume mit Experimentierständen

(DIN VDE 0100 Teil 723, GUV 16.3 und 16.4)

Für Schulen und Kindergärten enthalten die VDE-Bestimmungen keine besonderen Anforderungen. Es gelten somit die allgemeinen Anforderungen

von DIN VDE 0100. Ausgenommen sind Unterrichtsräume mit Experimentierständen, für die DIN VDE 0100 Teil 723 besondere Anforderungen nennt, und Vortragssäle mit einem Fassungsvermögen von mindestens 200 Personen, die damit in den Geltungsbereich der Versammlungsstättenverordnung fallen und somit in den Anwendungsbereich von DIN VDE 0108 (siehe 11.11). Auch Sporthallen, in denen Aufführungen stattfinden, zählen zu den Versammlungsstätten, wenn den Aufführungen mindestens 200 Personen beiwohnen können. Planung und Ausführung von Sporthallen siehe auch DIN 18032, Teil 1 bis 6. Richtlinien für Schulen und Kindergärten wurden vom Bundesverband der Unfallversicherungsträger der öffentlichen Hand erarbeitet. Die Steckdosen in Kindergärten müssen danach mit selbsttätiger 2-poliger Verriegelung, einer sogenannten Kindersicherung versehen sein (GUV 16.4).
Für Schulen wird auf DIN VDE 0100 Teil 723 verwiesen. Zudem müssen Arbeitstische mit elektrischen Einrichtungen befestigt sein, wenn ansonsten die Gefahr besteht, daß die elektrischen Versorgungsleitungen durch Verrücken der Tische beschädigt werden können. Nach DIN VDE 0100 Teil 723 gilt für Unterrichtsräume mit Experimentierständen:
Soweit wie möglich sollte mit Schutzkleinspannung oder mit Funktionskleinspannung mit sicherer Trennung gearbeitet werden. Bei höheren Spannungen empfiehlt sich Schutztrennung. Wird, die Netzspannung verwendet, dann muß eine Fehlerstrom-Schutzeinrichtung mit 30 mA oder 10 mA Nennfehlerstrom vorgeschaltet werden. Bei größeren Anlagen, z. B. bei mehr als 5 Übungsplätzen, sollten mehrere Fehlerstrom-Schutzeinrichtungen installiert werden. Die Experimentierstände dürfen nur über allpolige Schaltgeräte eingeschaltet werden können, die gegen irrtümliches oder unbefugtes Einschalten gesichert sind (z. B. Schlüsselschalter). Die Schaltstellung und Zuordnung muß eindeutig erkennbar sein. Darüber hinaus muß eine Not-Aus-Einrichtung vorhanden sein, durch deren Betätigung sämtliche Stromkreise an allen Experimentierständen des betreffenden Raumes im Gefahrenfall spannungsfrei gemacht werden können. Die Not-Aus-Einrichtung muß nach dem Ruhestromprinzip arbeiten, d. h. der Auslöser muß bei $\leqq 0{,}35\ U_N$ selbsttätig abschalten. Für die Betätigung der Not-Aus-Einrichtung dürfen nur rot gekennzeichnete Pilzdrucktaster verwendet werden. Sie sollten an jedem Experimentierstand und an den Ausgängen gut erreichbar angeordnet werden. Zusätzliche Warnleuchten in den Übungstischen sind zweckmäßig. Nützlich sind vielpolige Paketschalter, mit denen der Schüler seinen Tisch von allen Spannungen und Stromkreisen (Gleichstrom, Drehstrom, Kleinspannung, Netzspannung) mit einem Griff freischalten kann. Die Ausschaltstellung ist deutlich zu kennzeichnen. Unbefugtes Wiedereinschalten darf nicht möglich sein.
Netzsteckdosen sind als Schutzkontakt-Steckdosen in ausreichender Zahl vorzusehen. Sind mehrere zweipolige Wechselstrom-Steckdosen an einem

Experimentierstand angebracht, so müssen diese an denselben Außenleiter angeschlossen sein. Für Schutzkleinspannung ist die CEE-Steckvorrichtung nach DIN 49465 zu verwenden. Leitungen für Netz- und Kleinspannung oder Schutztrennung dürfen in keinem Fall gemeinsam in einem Rohr verlegt werden.
Prüfleitungen, Prüfspitzen und -taster müssen den VDE-Bestimmungen entsprechen, also z. B. unfallsichere versenkbare Prüfspitzen, Prüfspitzen mit Schutzkragen haben.
Bei elektrischen Betriebsmitteln ist die schutzisolierte Bauart zu bevorzugen. Schulräume sind in der Regel trockene Räume; daher genügt die Schutzart IP 40. Wenn mit Dampf oder Wasser zu rechnen ist, wäre z. B. die Schutzart IP 54 zu wählen.
Der Fußboden soll isolieren, aber keine elektrostatischen Aufladungen verursachen. Der Standortübergangswiderstand soll daher mindestens 50 kΩ (bei $U_N \leqq 500\,V_\sim$ oder $\leqq 750\,V_-$), der Ableitwiderstand zwischen 10^4 und $10^6\,\Omega$ betragen. Dazu empfiehlt sich ein PVC-Fußbodenbelag, der unter der Oberfläche eine netzartige Folie aus Kupfer oder Messing enthält, die an den Potentialausgleich angeschlossen wird. Heizkörper, Gas- und Wasserrohre im Handbereich um den Experimentierstand sollte man verkleiden oder mit Kunststoffrohren verlegen. Ist ein Isolieren des Fußbodens und der leitfähigen fremden Teile, wie z. B. Wasserleitung, nicht möglich, so ist ein zusätzlicher Potentialausgleich durchzuführen. Zu diesem Zweck sind sämtliche leitfähigen Teile miteinander und mit dem Schutzleiter zu verbinden. Die Potentialausgleichsleitung muß einen Mindestquerschnitt von 4 mm² Cu haben und sie muß mit dem Schutzleiter an zentraler Stelle verbunden werden, z. B. an einer Verteilungstafel, an der der Schutzleiter einen Querschnitt von mindestens 4 mm² Cu hat.

11.24 Räume für EDV-Anlagen

Empfehlungen für die elektrische Installation von Räumen, in denen große Rechenzentren untergebracht werden, enthält das „Merkblatt zum Brandschutz in Räumen für EDV-Anlagen“ (Form 2007), herausgegeben vom VdS. Die elektrische *Installation in diesen Räumen* ist nach den Bestimmungen für feuergefährdete Räume (siehe 11.7) auszuführen. Bei der Auswahl der Leuchten gilt:
Leuchten mit Entladungslampen müssen entweder

mit Drosselspulen mit Temperatursicherung (DIN VDE 0631)
und flamm- und platzsicheren Kondensatoren (Kennzeichnung (FP)).

oder mit elektronischen Vorschaltgeräten nach DIN VDE 0712 Teil 201 ausgerüstet sein.

Beim Auswechseln von Vorschaltgeräten dürfen nur gleichwertige Ersatzteile verwendet werden. Die Stromzuführung zur EDV-Anlage, ausgenommen die Beleuchtung, muß in einer am Fluchtweg aus dem EDV-Raum gelegenen Stelle von Hand abgeschaltet werden können. Der Schalter ist deutlich mit roter Farbe zu kennzeichnen und gegen Mißbrauch zu sichern. Bei längeren Betriebsunterbrechungen ist die gesamte elektrische Anlage, z.B. durch Betätigung des Hauptschalters, freizuschalten.

Als Notschalter können z.B. Ein-Aus-Schalter für Handbetätigung oder Druckknopftaster dienen. Bei räumlich ausgedehnten Informationsverarbeitungsanlagen sollen mehrere, parallel arbeitende Betätigungsorgane für die Notabschalteinrichtung vorgesehen werden. Soll eine zentrale Notabschalteinrichtung von einer Stelle oder von mehreren Stellen aus fernbedienbar sein, so ist eine Schaltung mit Haltekreis nach dem Ruhestromprinzip zu verwenden. Werden Informationsverarbeitungsanlagen oder -geräte von mehreren Spannunsquellen, z.B. Netz, Netzersatz, Batterien, gespeist, so muß die Notabschalteinrichtung im Gefahrenfall eine Trennung von allen Spannungsquellen sicherstellen. Überwachungseinrichtungen, z.B. für Temperaturfehler, Klimaanlagenfehler, Batterie-Ende, der EDV-Anlage dürfen in die Notabschaltung miteinbezogen werden (DIN VDE 0800 Teil 1).

Die EDV-Räume einschließlich der Nebenräume, z.B. Räume für die Strom- und Ersatzstromversorgung, die von den EDV-Räumen nicht feuerbeständig getrennt sind, sind durch eine automatische Brandmeldeanlage (BMA) zu überwachen. Soweit zur Branderkennung erforderlich, sind die zugehörigen Doppelböden und Räume zwischen abgehängten Geschoßdecken in die Überwachung mit einzubeziehen. Die BMA muß den „Richtlinien für automatische Brandmeldeanlagen-Planung und Einbau", herausgegeben vom Verband der Sachversicherer (Form 3006 VdS) entsprechen.

11.24.1 Schutz elektronischer Systeme gegen äußere Beeinflussung (vgl. 14.3)

Elektrische und elektromagnetische Felder können elektrische Anlagen, z.B. Prozeßsteuerungen oder EDV-Anlagen, störend unzulässig beeinflussen. Solche Anlagen müssen daher elektromagnetisch verträglich sein (= EMV-Problemkreis). Die Störursache heißt Störquelle. Sie sendet Störsignale aus, die mit dem Empfänger (= Störsenke) gekoppelt sein können. Die Signale können elektrische (= E) oder magnetische (= H) Felder, Spannungen (= U) oder Ströme (= I) sein. Die Kopplung kann galvanisch (i, $\mathrm{d}i/\mathrm{d}t$), kapazitiv (d*u*/d*t*), induktiv (d*i*/d*t*), eine Welle (d*u*/d*x*, d*i*/d*x*) oder Strahlung (*E*, *H*) sein. Die Störung ist durch Rechnen oder Messen, auch an Hand von Modellen, zu analysieren. Es gibt grundsätzlich vier verschiedene Gegenmaßnahmen:

1. Man läßt die Störquelle versiegen, z. B. in dem man einen funkensprühenden Kollektormotor durch einen Asynchronmotor ersetzt.
2. Man verringert die Kopplung, z.B. durch eine Abschirmung zwischen Störquelle und Störsenke.
3. Man erhöht die Störfestigkeit der Störsenke, z.B. in Digitalschaltungen durch Ersatz einer schnellen Logik (Transistor-Transistor Logik) durch eine langsamere, störsichere Logik (Low Speed Noise Immune Logic).
4. Man vergrößert den Abstand zwischen Störquelle und Störsenke.

11.25 Galvanische Anlagen

Galvanische Anlagen zählen zu den nassen Räumen. Verbrauchsmittel, z.B. Badwärmer, Thermostate, Pumpen, die direkt oder über leitende Teile mit dem Elektrolyten in Verbindung stehen, müssen erdschlußfrei aufgestellt werden. Dies ist notwendig, weil durch vagabundierende Gleichströme Wannen oder Rohrleitungen zerstört werden und die Vorgänge beim Metallabscheiden ungünstig beeinflußt werden können.
Als Maßnahme bei indirektem Berühren können uneingeschränkt Schutzisolierung, Schutzkleinspannung oder Schutztrennung empfohlen werden. Als Schutzleiter-Schutzmaßnahme eignet sich die Fehlerstrom-Schutzschaltung, wenn in den Schutzleiter ein Kondensator zur Abriegelung von Gleichströmen eingebaut wird, siehe 9.3.8.3. Der Schutzleiter zwischen Verbrauchsmittel und Kondensator muß gegen Erde isoliert sein.

11.26 Begrenzte leitfähige Räume
(DIN VDE 0100 Teil 706)

Ein begrenzter leitfähiger Raum ist ein Raum, dessen Wände im wesentlichen aus Metallteilen oder leitfähigen Teilen bestehen, und in dem auf Grund der eingeschränkten Bewegungsfreiheit die Möglichkeiten der Unterbrechung einer großflächigen Berührung zwischen dem menschlichen Körper und den leitfähigen Teilen begrenzt sind. Begrenzte leitfähige Räume im Sinne der VDE-Bestimmungen sind somit Kessel, Behälter oder Rohrleitungen aus leitfähigem Material, in denen sich z.B. zu Revisionszwecken Menschen in sitzender, knieender oder liegender Haltung vorübergehend aufhalten.

Werden in einen derartigen Raum ortsveränderliche Leuchten oder handgeführte Elektrowerkzeuge eingeführt, dann sind auf Grund der erhöhten Gefährdung der Bedienenden besondere Schutzmaßnahmen zu beachten. Die erhöhte Gefährdung ergibt sich durch die niedrige Körperimpedanz, bei großflächiger Berührung der leitfähigen Wände (siehe 9.1.6). Bei der im Normalfall dauernd zulässigen Berührungsspannung von 50 V, kann es bereits zu einer lebensgefährlichen Körperdurchströmung kommen. Deshalb sind tragbare Elektrowerkzeuge, Meßgeräte und Handleuchten entweder mit Schutzkleinspannung oder Schutztrennung zu betreiben. Die Stromquelle muß außerhalb des leitfähigen Raumes aufgestellt sein. Bewegliche Leitungen müssen mindestens der Bauart H07RN-F entsprechen. Stecker und Kupplungsdosen müssen ein Isolierstoffgehäuse haben. Schalter dürfen in Verlängerungsleitungen nicht eingebaut werden. Die genannten Bedingungen gelten auch für Leuchten, die z.B. zu Revisionsarbeiten vorübergehend ortsfest angebracht und über bewegliche Zuleitungen angeschlossen werden.
Bei Anwenden der Schutztrennung ist nach DIN VDE 0100 Teil 410, Abs. 6.5.2.2 zu beachten, daß der Körper des zu schützenden Verbrauchsmittels mit dem metallisch leitenden Standort durch einen besonderen Leiter zu verbinden ist. Der Leiter ist unabhängig von der Zuleitung zu verlegen, Mindestquerschnitt ist 4 mm^2 Cu. Um diesen zusätzlichen Leiter zu vermeiden, sollten nur schutzisolierte Verbrauchsmittel verwendet werden.
Für ortsfest angebrachte Betriebsmittel in begrenzten leitfähigen Räumen kann als Schutzmaßnahme auch der Schutz durch automatische Abschaltung gewählt werden. Auch hier sollte auf eine gut leitende Verbindung zwischen den Körpern der Betriebsmittel und dem metallisch leitenden Standort geachtet werden.

11.27 Kfz-Werkstätten, Montagegruben
(ZH1/454)

Je nach Art der betrieblichen Beanspruchung, z.B. durch Schlag, Stoß, Druck, Staub, Nässe, Wärme, aggressive Stoffe, ergeben sich bestimmte Anforderungen für die elektrischen Betriebsmittel. Die VDE-Bestimmungen enthalten keine speziellen Anforderungen an Werkstätten oder Montagegruben. Anforderungen ergeben sich jedoch aus der jeweiligen Nutzung, so sind z.B. Räume, in denen brennbare Flüssigkeiten der Gefahrenklasse AI verwendet werden, explosionsgefährdet; für sie gilt 11.9. Für Montagegruben, Arbeitsgruben und Unterfluranlagen enthalten die ZH 1/454 und die Beispielsammlung zur EX-RL, lfd. Nr. 7.1.3.1, Anforderungen. Danach gelten Arbeitsgruben und Unterfluranlagen nicht als explosionsgefährdet. Wenn mit dem Auftreten brennbarer Gase und Dämpfe in gefährlichen Mengen zu rechnen ist, muß jedoch ein ausreichender natürlicher Luftwechsel sichergestellt sein, ansonsten ist eine technische Lüftung vorzusehen.

Desweiteren gilt:

In *Montagegruben* und Unterfluranlagen sollen Schalter, Steckdosen und Leuchten mindestens 1 m über der Grubensohle angeordnet werden. Auf einen besonderen mechanischen Schutz ist zu achten. Leuchten müssen mindestens der Schutzart IP 54 entsprechen, Handleuchten IP 55. Ansonsten gelten die Bestimmungen wie für feuchte und nasse Räume.
Motoren, die im Luftstrom von Absaugleitungen liegen, müssen über einen Motorschutzschalter geschützt werden, da sie für Zone 2 ausgelegt sein müssen (siehe 11.9.8).

11.28 Heiße Bereiche

Zu den heißen Bereichen zählen solche mit Temperaturen über 30 °C, also z. B. Räume oder Orte in Kesselhäusern, an Glüh-, Schmelz- und Trockenöfen, in Gaswerken, Kokereien, Glas- und Hüttenwerken sowie in Saunaanlagen. Diese Räume können außerdem gleichzeitig feucht oder naß sein. Hohe Temperaturen bedingen eine erhebliche Zunahme der Alterung von Isolierstoffen aus Gummi oder Kunststoff. Man rechnet mit einer Halbierung der Isolations-Lebensdauer, wenn die Temperatur dauernd nur rund 8 °C höher liegt als bei einer anderen vergleichbaren Leitung.

Leitungen und Kabel

Wegen der raschen Alterung des Isolierstoffes in heißen Räumen muß bei der Auswahl und Belastung entsprechend Rücksicht genommen werden.
So gibt es Sonderleitungen mit erhöhter Wärmebeständigkeit für Räume über 55 °C:

NUM, eine bis 90 °C Umgebungstemperatur hitzebeständige Mehrfachleitung, mineralisoliert mit Kupfermantel in trockenen und feuchten Räumen auf, über und unter Putz sowie im Freien.

NYFAW, eine Fassungsader für festes Verlegen in und an Leuchten bis 105 °C Grenztemperatur.

N 4 GAF ein- oder mehrdrähtige, einadrige isolierte Leitung aus Ethylenvinyl-Acetat (EVA) bis 120 °C Grenztemperatur, nicht in feuchten Räumen.

N 2 GFA einadrige Silikon-(Sik-)Fassungsader für geschütztes Verlegen in Leuchten bis 180 °C Grenztemperatur.

H 05 SJ-K (N 2 GAU) als einadrige Silikon-(Sik-)Gummiaderleitung in trockenen Räumen bei geringen mechanischen Beanspruchungen bis 180 °C Grenztemperatur, nicht in feuchten Räumen.

NYPLYw Kunststoff-Pendelschnur mit erhöhter Wärmebeständigkeit bis 105 °C.

N 2 GSA zwei- und dreiadrige Gummiaderschnur bis 180 °C Grenztemperatur, nicht in feuchten Räumen.

N 2 GMH 2 G zwei- bis fünfadrige wärmebeständige Silikon-Schlauchleitung mit feindrähtigen Kupferleitern von 0,75 bis 2,5 mm^2, bis 180 °C Grenztemperatur.

Des weiteren eignen sich spezialisierte Leitungen mit Polytetrafluorethylen (Handelsname Hostaflon TF oder Teflon 100 FEP) als Isolierstoff. Dieser ist gegen chemische Einflüsse fast aller Art und gegen Temperaturen bis 260 °C unempfindlich.

Auch Leitungen mit erhöhter Wärmebeständigkeit haben bei höheren Temperaturen eine verminderte Belastbarkeit gegenüber der Tabelle 4.6 (siehe Tabelle 4.10).

Für Räume zwischen 30 °C und 55 °C Temperatur können die üblichen Feuchtraumleitungen verwendet werden, wobei allerdings die sonst zulässige Belastung der Leitungen nach Tabelle 4.7 herabgesetzt werden muß.

Während also z. B. eine NYM-Leitung auf Putz von 25 mm^2 bei normalen Temperaturen eine Strombelastbarkeit von 96 A besitzt, wären dies in einem Raum mit 50 °C nur mehr 71% von 96 A = 68 A.

Die Motoren erhalten heute meist eine Isolation nach Klasse E oder B, für besonders schwierige Fälle nach Klasse H. Silikonisolation ist angezeigt z. B. bei hohen Umgebungstemperaturen, schwerem Anlauf bei hohem Gegenmoment, starken zeitweiligen Überlastungen, hoher Schalthäufigkeit und häufigem elektrischem Bremsen.

Bei Temperaturen über 60 °C müssen sog. Warmschalter und Warm-Gerätesteckvorrichtungen verwendet werden, die mit dem Kurzzeichen T gekennzeichnet sind. In diesem Fall tragen Leuchten das Symbol, z. B. T 75 °C, was bedeutet, daß sie für Umgebungstemperaturen bis 75 °C geeignet sind. Vorschaltgeräte haben das Kurzzeichen, z. B. TG 80, d. h., daß die Übertemperatur der Wicklung bei normalem Betrieb bis 80 K erreichen kann. Steckvorrichtungen gibt es nach DIN 49458, bis 120 °C und 155 °C Stifttemperatur für 10 A, 250 V. Wärmefeste Geräte anderer Art tragen das Symbol Ⓦ.

Für heiße Räume, die außerdem feucht und naß sind, gelten die Ausführungen unter 11.1 zusätzlich.

11.29 Sauna-Anlagen

Für Sauna-Anlagen ist in DIN VDE 0100 Teil 703 eine entsprechende Bestimmung aufgenommen worden.
Heißluft-Saunen gelten als trockene und heiße Räume, falls sie nicht abgespritzt werden, Dampfbäder dagegen als feuchte und nasse Räume nach 11.1.
In Heißluft-Saunen ist innen unterhalb der Decke mit einer Temperatur bis maximal 140 °C zu rechnen. Außen direkt an der Decke kann eine Temperatur bis maximal 75 °C entstehen und außen direkt an den Wänden eine von maximal 60 °C.
Dementsprechend dürfen nur wärmebeständige Leitungen, siehe 11.28 und Tabelle 4.1, verwendet werden. Sauna-Öfen sollen mindestens 200 mm von den Kabinenwänden entfernt angeordnet werden. Als Schutzmaßnahmen bei indirektem Berühren ist neben Schutzisolierung und Schutzkleinspannung nur noch der Schutz durch Fehlerstrom-Einrichtungen $I_{\Delta N} \leqq 30$ mA erlaubt. Sauna-Öfen müssen einen Übertemperaturschutz erhalten, damit beim Versagen des Raumthermostaten keine Brandgefahren auftreten können. Als Übertemperaturschutz können Sicherheits-Temperaturbegrenzer oder Temperatursicherungen nach DIN VDE 0631 verwendet werden. Die elektrische Anlage der Saunakabine muß dadurch abgeschaltet werden, bevor die Temperatur an der heißesten Stelle 165 °C überschreitet. Bestehende Anlagen müssen angepaßt werden.
Der Anschlußwert beträgt etwa 1 kW/m^3, wobei der Wert mit zunehmender Raumgröße sinkt. Gewerbliche Großanlagen benötigen Ventilatoren.
Die elektrische Anlage der Saunakabine muß von zentraler Stelle aus durch einen Schalter freizuschalten sein.
Die Beleuchtung des Saunaraumes sollte getrennt geschaltet werden. In die Verteiler müssen Trennklemmen nach Bild 3-28 eingebaut werden, um die Isolationsprüfung der abgehenden Stromkreise ohne Abklemmen der Neutralleiter durchführen zu können.
In DIN VDE 0720 Teil 2O sind besondere Bestimmungen für Sauna-Einrichtungen bis 25 kW Heizleistung festgelegt. Demnach muß auf den Heizgeräten der Mindestabstand von Decke, Fußboden und anderen brennbaren Teilen angegeben sein. Warnschilder vor Bedecken des Heizgerätes sind anzubringen. Die Steuertafel muß mit einem Anschluß-Schema versehen sein. Montage- und Gebrauchsanweisungen sind beizulegen. Sauna-Einrichtungen dürfen nur über festen Anschluß mit dem Netz verbunden werden. Zusammenfaltbare Kabinen dürfen über eine feste Anschlußleitung, jedoch nicht über eine Gerätesteckvorrichtung angeschlossen werden. Die Oberflächen dieser Kabinen dürfen nicht aus elektrisch leitfähigen Materialien bestehen.

Im übrigen müssen die Sauna-Einrichtungen die in DIN VDE 0720 Teil 2O festgelegten Prüfungen bestehen.
Der internationale Entwurf DIN VDE 0100 Teil 703 A1 enthält folgende Festlegungen: Betriebsmittel in der Sauna-Kabine müssen mindestens der Schutzart IP 24 entsprechen.
Die Kabine wird in Bereiche nach *Bild 11-29* eingeteilt.

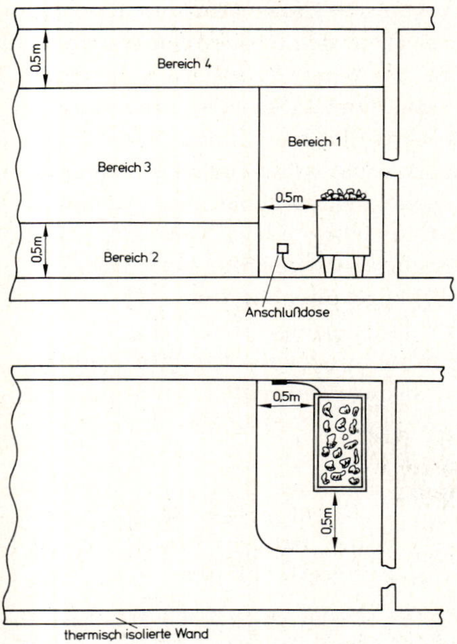

Bild 11-29: Bereicheinteilung nach Umgebungstemperatur

Bereich 1: Es dürfen nur elektrische Betriebsmittel, die zu den Sauna-Heizgeräten gehören, angebracht werden.
Bereich 2: Innerhalb dieses Bereiches bestehen keine besonderen Anforderungen hinsichtlich der Wärmefestigkeit der elektrischen Betriebsmittel.
Bereich 3: Elektrische Betriebsmittel müssen einer Mindesttemperatur von 125 °C und die Isolation der Leitungen einer Mindesttemperatur von 170 °C standhalten.
Bereich 4: Hier dürfen nur Steuerorgane von Sauna-Heizgeräten (Thermostate, Leitungsschutzschalter u. a.) sowie die dazu gehörenden Verbindungsleitungen installiert werden. Die Temperaturfestigkeit der Betriebsmittel muß der unter Bereich 3 entsprechen.
Steckdosen dürfen in Sauna-Kabinen nicht angeordnet werden.

Die Stromversorgung des *Sauna-Heizgerätes* ist zu unterbrechen, wenn im Bereich 4 die Temperatur 140 °C überschreitet.

11.30 Springbrunnen

DIN VDE 0100 Teil 738 befaßt sich mit Springbrunnen, in deren Bereichen elektrische Starkstromanlagen errichtet werden. Man unterscheidet begehbare und nicht begehbare Springbrunnen. Zum Schutz gegen gefährliche Körperströme werden drei Bereiche betrachtet. Ein zusätzlicher Potentialausgleich wird gefordert. Je nach Bereich ist die Mindestschutzart gegen Wasser IP X 8, IP X 5 oder IP X 4 nach DIN 40 050. Ortsveränderliche Springbrunnen, die über Stecker angeschlossen werden, z. B. Zierbrunnen im Wohnbereich, fallen nicht in den Anwendungsbereich dieser Errichtungsnorm.

11.31 Holzhäuser, Baracken, Baubuden, Installation in Hohlwänden, Holzdecken oder Holzwänden

Für das Verlegen von Leitungen und Kabeln in Gebäuden aus vorwiegend brennbaren Baustoffen sind Bestimmungen in DIN VDE 0100 Teil 730 erlassen.
Brennbare Baustoffe sind nach DIN 4102 z. B. Holz, Polystyrol PS, genormte Dachpappe, mit mineralischen Bindemitteln gebundene Holzwolle – Leichtbauplatten nach DIN 1101, Gipskartonplatten nach DIN 18 180, Spanplatten, Hartfaserplatten.
Die Einspeisung in solche Bauten sollte in jedem Fall, also auch in Freileitungsnetzen, durch Erdkabel geschehen. Zählerschränke und Verteiler müssen u. U. auf einer lichtbogenfesten Unterlage angebracht werden.
Bei vorgefertigten Installationen müssen die Leitungen und Kabel einen besonderen Schutzleiter enthalten, damit die Anwendung von Schutzmaßnahmen unabhängig von der Art des Verteilernetzes ist. Die Fehlerstrom-Schutzschaltung mit $I_{\Delta N} = 0{,}03$ A wird empfohlen
Der Abstand der Leitungen und Kabel gegen nicht wärmeisolierte Heißwasser- und Heizrohre muß mindestens 0,1 m gegen metallene Rauch- oder Abgasrohre mindestens 0,25 m sein.
Es dürfen nur metallmantellose Leitungen und Kabel verlegt werden, z. B. NYM-Leitungen oder NYY-Kabel, nicht jedoch Stegleitungen. Leitungen und Kabel müssen eine äußere flammwidrige Kunststoffumhüllung, z. B. PVC, haben oder in flammwidrigen Kunststoffrohren des Typs ACF nach DIN VDE

0605 verlegt werden. Dosen zum Einbau von Abzweigklemmen, Steckdosen oder Schaltern und ihre Deckel müssen allseitig geschlossen sein und aus schwer entflammbaren Werkstoffen, z. B. gechlorten und glasfaserverstärkten Kunststoffen, Phenoplasten, bestehen. Steckdosen und Schalter sollen ein Isolierstoffgehäuse haben oder auf einer 12 mm dicken Platte aus Fiber-Silikat angebracht werden. In Aussparungen von Wänden oder Decken dürfen Abzweigklemmen, Steckdosen, Schalter oder ähnliche Betriebsmittel ohne Dosen nicht eingebaut werden. Dazu eignen sich am besten Kleinverteiler und sog. Hohlwanddosen (Kennzeichen ▽H DIN VDE 0606) aus flammwidrigen Werkstoffen. Die Leitungen können wahlweise durch die Boden- oder Seitenmarkierungen eingeführt werden. Die 45 mm hohe Dose wird z. B. durch zwei in ihr liegende, nach außen aufklappbare Laschen befestigt. Die Klemmen dürfen nicht auf Zug beansprucht werden können.
Werden Hohlwanddosen, Kleinverteiler oder Zählerschränke ohne Kennzeichnung ▽H eingebaut, so müssen sie mit einer 12 mm dicken Fiber-Silikat-Platte umhüllt oder in einer 100 mm starken Schicht aus Glas- oder Steinwolle eingebettet werden, wenn sich in den Hohlwänden zur Wärme- und Schallisolierung leichtentzündliche Stoffe befinden, z. B. aufgeschäumte Kunststoffe mit Entzündungstemperaturen unter 200 °C *(Bild 11-30)*.

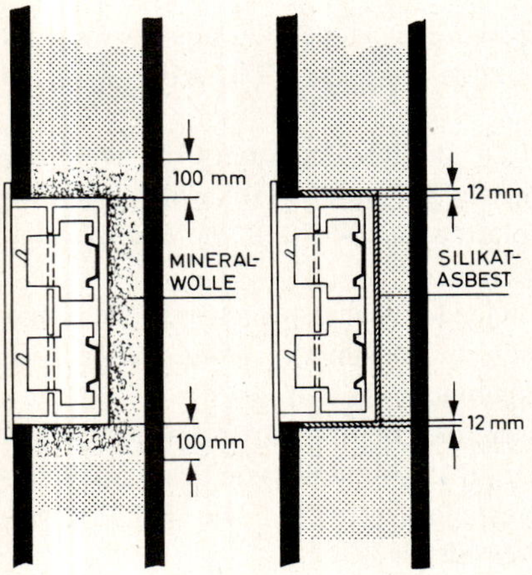

Bild 11-30: Feuersichere Trennung

11.32 Installation in Möbeln und ähnlichen Einrichtungsgegenständen

In zunehmendem Maße werden Leuchten und Steckdosen in *Möbel* eingebaut. Die Bestimmungen hierfür sind in DIN VDE 0100 Teil 724 festgelegt. Demnach

müssen die Netzanschlußstellen (Steckdosen, Geräteanschlußdosen) ohne Schwierigkeit zugänglich sein. Als Leitungen sind NYM, PVC-Schlauchleitungen H 05 VV-F (NYMHY), Gummischlauchleitungen H 07 RN-F oder durch Isolierstoffrohre mit der Kennzeichnung ACF geführte PVC-Aderleitungen H 07 V-U (NYA) zu verwenden. Sie sind mit Isolierstoffschellen so zu verlegen, daß Beschädigungen nicht zu erwarten sind. Abzweigdosen, Schalter und Steckdosen sind in Hohlwanddosen mit Kennzeichen ▽H nach DIN VDE 0606 einzubauen. Die Installationsgeräte dürfen nicht mit Krallen befestigt werden. Wird Installationsmaterial für Aufputzmontage auf brennbarer Unterlage befestigt, so ist es davon feuersicher zu trennen, z. B. durch eine Unterlage von mindestens 1,5 mm Dicke aus
Hartpapier auf Phenolharz-Basis, DIN 7735, Hp 2063,
Hartpapier auf Epoxidharz-Basis, DIN 7735, Hp 2361.1,
Hartglasgewebe auf Epoxidharz-Basis, DIN 7735, Hgw 2372.1,
Glashartmatte auf Polyester-Basis, DIN 7735, Hm 2471.
Leuchten müssen mit Gehäusen aus schwer entflammbaren Werkstoffen versehen sein. Durch Luftabstand, Wärmedämmstoffe oder Wärmebleche ist zu gewährleisten, daß brennbare Stoffe der Umgebung, z. B. Holz, Vorhänge, keine höhere Temperatur als 95 °C annehmen können. Diese Forderung gilt auch für den z. B. mit Büchern oder Kleidern gefüllten Schrank und für das Fach für den Fernseher, sowie beim Einbau von Elektrowärmegeräten.
In Schränken mit Klappbetten sind Tastschalter einzubauen, die die Beleuchtung abschalten, wenn das Bett eingeklappt wird. In Schreibfächern, Barfächern, Fonoschränken dürfen nur Leuchten eingebaut werden, die dafür ausgelegt sind. Wenn Leuchten oder Fassungen zu Lichtbändern zusammengeschaltet werden sollen, müssen entweder Steckverbindungen oder Verbindungsklemmen in Verbindungsdosen vorhanden sein. Falls bei Fassungen E 14 oder B 15 kleinere Leistungen als 40 W und bei Fassungen E 27 oder B 22 kleinere Leistungen als 60 W vorgeschrieben werden, muß diese Angabe besonders deutlich auf der Leuchte angegeben sein.
Allen Verbrauchsmitteln, z. B. Leuchten, die in Möbel eingebaut werden sollen, muß eine Montageanleitung beigefügt sein. Für Leuchten in und an Einrichtungsgegenständen (Möbeln) gilt DIN VDE 0100 Teil 559. Demnach brauchen Glühlampen stets das Kennzeichen ▽M ▽M, Leuchtstofflampen auf schwer- oder normalentflammbaren Baustoffen im Sinne von DIN 4102 Teil 1, z. B. Holz oder Holzwerkstoffen müssen mit ▽M oder ▽M ▽M gekennzeichnet sein. Auf Werkstoffen, deren Brandverhalten nicht bekannt ist, sind nur Leuchten mit dem Kennzeichen ▽M ▽M zulässig.
Der Kupferquerschnitt darf 0,75 mm² betragen, wenn die Gesamtlänge der Leitung 10 m nicht überschreitet und keine Steckdosen zum Anschließen weiterer Verbrauchsmittel vorhanden sind. Andernfalls muß der Querschnitt

mindestens 1,5 mm² betragen. Am Verbrauchsmittel und an der Einführungsstelle in das Möbelstück muß eine Zugentlastungsvorrichtung vorhanden sein. Die Leitung muß zwischen der Leitungseinführung und dem Verbrauchsmittel festverlegt werden, wobei Isolierstoffschellen verwendet werden können. Ein Verlegen in Hohlräumen mit ausreichendem Platz ist zulässig, der Schutz gegen mechanische Beschädigung notwendig.

11.33 Campingplätze, Caravans, Boote und Jachten
(DIN VDE 0100 Teil 721)

11.33.1 Camping- und Liegeplätze

Der netzseitige Anschluß über Kabel geschieht, wie bei Baustellen, durch einen Speisepunkt. Die Verteilungstafel ist in einem trockenen Raum oder in Schutzart IP 43 und im 20-m-Bereich eines jeden Stell- oder Liegeplatzes anzuordnen. Für jeden Stell- oder Liegeplatz muß eine eigene Steckdose mit Schutzkontakt nach DIN 49462 Teil 1,2 + ⏚ Pole, 220 bis 240 V, 16 A, spritzwassergeschützt ⚠, vorhanden sein. Bis zu sechs Steckdosen dürfen in einer Verteilung zusammengefaßt sein. Jede Steckdose muß ein oder zwei Überstromschutzorgane (Leitungsschutzschalter oder Schmelzsicherungen) für höchstens 16 A und jede Steckdosengruppe einen Fehlerstrom-Schutzschalter $I_{\Delta N} \leqq 30$ mA erhalten.
Die weitere elektrische Ausrüstung, wie Kabelquerschnitt (Gleichzeitigkeitsfaktor 0,75), Hauptsicherung und Zähler, bestimmt das EVU.

11.33.2 Anschluß der Einheiten

Caravan, Boot, Jacht oder auch z. B. Rettungswagen werden als Einheit bezeichnet. Sie fallen nur dann unter die Bestimmungen von DIN VDE 0100 Teil 721, wenn sie weder fest am Netz angeschlossen sind noch einen Strombedarf von über 16 A haben. Festlegungen für Caravans mit einem größeren Leistungsbedarf sind in Vorbereitung.
Die *Anschlußleitung* muß eine dreiadrige Gummischlauchleitung mindestens des Typs H 07 RN-F 3 G 2,5 oder NGMH 11 Yö sein. Sie darf nicht länger als 25 m sein, aber auch nicht kürzer als 10 m. Verlängerungsleitungen sind zu vermeiden. Der Anschluß an die Einheit muß über einen Gerätestecker mit Schutzkontakt nach DIN 49462 Teil 2, 220 bis 240 V, 16 A, 2 + ⏚ Pole, spritzwassergeschützt ⚠ vorgenommen werden. Das Steckersystem ist weltweit genormt *(Bild 11-31)*. Am Gehäuse des Steckers befindet sich eine Nase, die nur

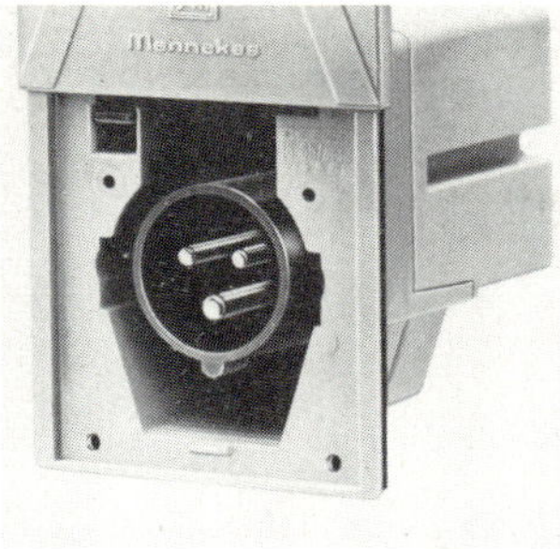

Bild 11-31: Steckvorrichtung für Caravans

in die entsprechende Nut der Steckdose eingeführt werden kann (VDE 0623). Außerdem ist der Schutzkontakt (Stift und Buchse) stärker als die anderen Kontakte. Bestehende Anlagen mußten bis 31. 10. 1986 umgerüstet werden. Durch die Verwendung von Adaptern können für eine begrenzte Zeit Übergangsschwierigkeiten vermieden werden.
Am Caravan muß der Gerätestecker außen in einer Vertiefung angeordnet und durch einen Deckel geschützt sein. Für Boote siehe DIN VDE 0100 Teil 721.

11.33.3 Inneninstallation

Als Leitungen sind PVC-Aderleitung H07V-K 1,5 (NYAF) in Isolierrohr oder Gummischlauchleitungen H07RN-F 3 G 1,5 zulässig. Anschlüsse und Verbindungen müssen in mechanisch geschützten Dosen ausgeführt werden. Es müssen Rohre mit dem Kennzeichen ACF oder BCF (siehe 4.2.9) und Dosen aus flammwidrigem Werkstoff DIN VDE 0606 verwendet werden.
Berührbare leitfähige Teile der Einheit, die Fehlerspannung oder Erdpotential annehmen können, z. B. Fahrgestell, Oberbau, Rohrsysteme, müssen über Potentialausgleichsleiter miteinander und mit dem Schutzleiter verbunden werden. Der feindrähtige Leiter, z. B. H07V-K (NYAF) muß mindestens 4 mm^2 Cu Nennquerschnitt haben. In den Stromkreisen ist ein Schutzleiter mitzuführen. Soweit möglich sollten nur Verbrauchsmittel der Schutzklasse II (schutzisolierte Geräte) verwendet werden. Im übrigen stellt der im Speisepunkt angeordnete FI-Schutzschalter einen ausreichenden Schutz dar. Die Schutzmaßnahmen sind gemäß Abschnitt 12 zu prüfen, desgleichen die Isolationswiderstände.
Weitergehende Maßnahmen bietet der Handel an. So z. B. „Netzfrei-Schaltautomaten", die die Verbraucheranlage freischalten solange kein Verbraucher eingeschaltet ist *(Bild 11-32)* und geschirmte Leitungen NYM (St), die die

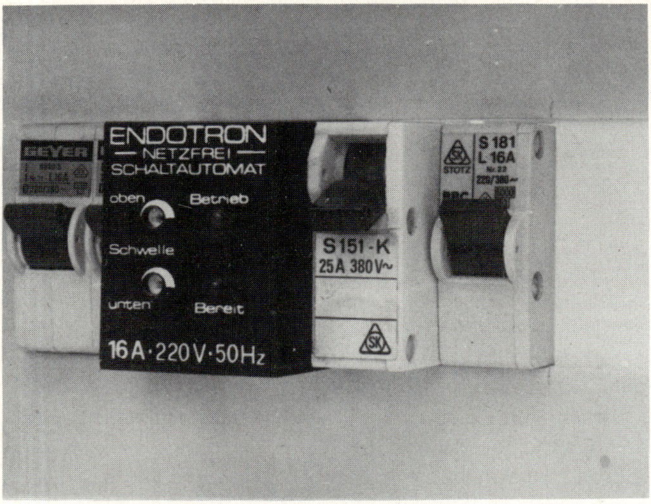

Bild 11-32: Netzfrei-Schaltautomat

elektrischen Felder dämpfen. Allerdings ist zu beachten, daß geschirmte Leitungen und Dosen in einigen Bereichen, z. B. im Badezimmer, nicht installiert werden dürfen.

11.34 Elektroinstallation in Bereichen mit erhöhten biologischen Anforderungen

(siehe auch 9.1.9)

Überall, wo positive und negative Ladungen räumlich getrennt sind, baut sich eine Spannung auf – und damit ein elektrisches Feld. Sobald Strom fließt, bildet sich auch ein magnetisches Feld. In der Regel treten beide gleichzeitig auf, weshalb man von elektromagnetischen Feldern spricht. Die elektrische Komponente des Feldes wird in Volt pro Meter (V/m), die magnetische in Tesla (T) angegeben. Für die 50-Hz-Energieversorgung gelten derzeit in Deutschland die Grenzwerte nach DIN VDE 0848 Teil 4, die 20 kV/m und 3 mT betragen. Ein Europäischer Normenentwurf und die Weltgesundheitsorganisation empfehlen Grenzwerte von 5 kV/m bzw. 0,1 mT. Das Bundesamt für Strahlenschutz fordert, die Grenzwerte auf 2,5 kV/m und 0,1 mT zu senken, weil bei den aktuellen Grenzwerten beispielsweise Menschen mit Herzschrittmachern gefährdet sein könnten.

Bei den üblichen Elektroinstallationen liegt man im allgemeinen noch weit unter den empfohlenen Grenzwerten. So beträgt beispielsweise das Feld um einen Kühlschrank im Abstand von 30 cm etwa 100 V/m bzw. 0,001 mT. Die Feldstärke nimmt dabei rasch mit dem Abstand zur Quelle ab. Trotzdem muß man in der Praxis auf das Individuum bezogen gewisse Bedenken in Betracht ziehen. Auch lassen die bisherigen Forschungsergebnisse noch Fragen offen, inwieweit kleinere magnetische Felder Einfluß auf das Verhalten der Körperzellen nehmen. Gewisse Hinweise auf einen Zusammenhang zwischen Krebserkrankungen und der Einwirkung durch kleinerer insbesondere magnetische Felder gibt es bereits. Durch diese Entwicklung wächst die Angst in der Bevölkerung und auch ihr Sicherheitsbedürfnis, selbst wenn eine aktuelle Gefährdung noch nicht sicher nachgewiesen ist. Immer mehr Bauherren fordern deswegen zusätzliche Maßnahmen zur Vermeidung und Abschirmung elektromagnetischer Felder.
Leitungen sollten in einem solchen Fall nicht in Bereichen verlegt werden, in denen man sich über längere Zeit aufhält, z. B. im Bereich der Betten. Zu berücksichtigen ist auch, daß magnetische Felder kaum abgeschirmt werden können. Stromstarke Leitungen, die hohe magnetische Flußdichten verursachen, sind deshalb weit außerhalb der Aufenthaltsbereiche zu verlegen. Von Vorteil sind beispielsweise NYCWY-Kabel, bei denen der Schirm keinesfalls als PEN-Leiter verwendet werden darf. Dies würde sich in Verbindung mit einer asymmetrischen Belastung sehr negativ auswirken.

12 Prüfungen von Anlagen und Verbrauchsmitteln

12.1 Grundsätzliche Anforderungen
(DIN VDE 0100 Teil 600, UVV VBG 4)

Prüfungen sind vor der erstmaligen Inbetriebnahme, nach einer Änderung oder Instandsetzung vor der Wiederinbetriebnahme und in wiederkehrenden Zeitabständen erforderlich. Die Prüfungen dienen in erster Linie der Feststellung, ob der Schutz von Personen und Sachen sichergestellt ist. Sie sollen Mängel aufdecken, die beim Errichten oder im Betrieb entstanden sind. Geprüft wird durch *Besichtigen* und *Messen* des Zustandes der Anlagen und Betriebsmittel sowie durch *Erproben* der Sicherheitseinrichtungen.

12.1.1 Besichtigen

Das *Besichtigen* als wesentlicher Teil der Prüfung der elektrischen Anlagen und Betriebsmittel erfordert eine hohe Fachkenntnis vom Prüfer. Soll er doch durch das Besichtigen kontrollieren, ob die Ausführung der elektrischen Anlagen den Errichtungsbestimmungen genügt. Ist Errichter und Prüfer ein- und derselbe, so beginnt das Besichtigen als Prüfung bereits bei der richtigen Auswahl des Materials und begleitet die gesamten Arbeiten.
Durch *Besichtigen* ist z. B. zu prüfen, ob:

a) *Der Schutz gegen direktes Berühren sichergestellt ist.*
Sind alle aktiven Teile durch Isolierung oder Abdeckung gegen direktes Berühren geschützt. Weisen Isolierung oder Abdeckung Beschädigungen auf. Sind die Abdeckungen ordnungsgemäß befestigt. Ist der Schutz gegen elektrischen Schlag sichergestellt (siehe 3.8.2.4.2). Ist der Schutz durch Hindernisse oder Abstand erfüllt.

b) *Der Schutz bei Überlast und Kurzschluß erfüllt ist.*
Sind die Überstrom- und Kurzschluß-Schutzeinrichtungen den Leiterquerschnitten und der Strombelastbarkeit richtig zugeordnet. Ist die Motorschutzeinrichtung bezogen auf den Motor richtig eingestellt. Sind die Schutzeinrichtungen selektiv gestaffelt. Ist das Ausschaltvermögen der Schutzeinrichtungen ausreichend.

c) *Leitung, -art, -isolierung, -querschnitt, -verlegung und -kennzeichnung den Anforderungen entsprechen.*
Ist die Leitung für den verwendeten Zweck geeignet. Weist sie Beschädigungen oder Zeichen thermischer Überbeanspruchung an ihrer Isolierung auf. Ist der Querschnitt unter Berücksichtigung der Verlegebedingungen, z. B. Häufung, für den Betriebsstrom ausreichend dimensioniert. Ist die Leitung ordnungsgemäß verlegt, führt sie über scharfe Kanten, ist sie geknickt, ist sie richtig befestigt, ist sie zugentlastet. Sind Leitungs- und Kabeldurchführungen ordnungsgemäß geschottet.

d) *Die Betriebsmittel den örtlichen Anforderungen an Schutzart und Brandschutz genügen.*
Sind die Betriebsmittel ausreichend gegen mögliche Einwirkungen von Feuchte und Staub geschützt. Sind die Abstände von wärmeerzeugenden Betriebsmitteln gegenüber entzündlichen Stoffen ausreichend. Sind die Betriebsmittel für die Betriebsstätten geeignet und zulässig.

e) *Betriebsmittel äußerlich erkennbare Schäden und Mängel aufweisen.*
Sind die Betriebsmittel stark verschmutzt oder verrostet. Sind Abdeckungen locker oder beschädigt. Sind nicht benutzte Leitungseinführungen verschlossen. Sind die Betriebsmittel ordnungsgemäß befestigt.

f) *Die eingesetzten Betriebsmittel richtig ausgewählt sind.*
Erfüllen die Betriebsmittel die Bedingungen der angewandten Schutzmaßnahme, z. B. für Schutzisolierung, Schutzkleinspannung, Schutztrennung. Sind die für unterschiedliche Spannungen verwendeten Steckvorrichtungen unverwechselbar.

g) *Schutzleiter, PEN-Leiter, Potentialausgleichsleiter und Erdungsleiter richtig verlegt, bemessen und gekennzeichnet sind.*
Sind die Leiter in den Verteilungen einzeln angeschlossen. Sind die Anschluß- und Verbindungsstellen gegen Selbstlockern gesichert. Sind die Schutzkontakte der Steckvorrichtungen nicht verbogen oder verschmutzt. Befinden sich keine Überstrom-Schutzeinrichtungen im Leitungszug. Sind Schutzleiter und PEN-Leiter für sich allein nicht schaltbar. Sind die Leiter nicht verwechselt. Ist der Hauptpotentialausgleich wirksam hergestellt.

h) *Schaltpläne, Betriebsanleitungen und Kennzeichnungen vorhanden und richtig sind.*
Stimmen Schalt- und Bestandspläne mit dem tatsächlichen Anlagenaufbau und der Stromkreiskennzeichnung überein.

i) *Schutzabstände, Luft- und Kriechstrecken eingehalten sind.*
Haben die aktiven Teile einen ausreichenden Abstand von fremden leitfähigen Teilen bzw. von Körpern. Sind insbesonders an den Anschlußstellen die Luft- und Kriechstrecken nach DIN VDE 0110 gegeben.

j) *Alle notwendigen Sicherheitseinrichtungen vorhanden sind.*
Sind die erforderlichen Not-Aus-Einrichtungen, Verriegelungen, Schutzeinrichtungen, Isolationsüberwachungsgeräte, Melde- und Anzeigeeinrichtungen richtig eingebaut und vollständig. Sind sonstige Sicherheitseinrichtungen, wie Sicherheitsbeleuchtung, Gefahrenmeldeanlagen bau- oder arbeitsrechtlich gefordert und wenn ja, vorhanden und richtig ausgelegt.

k) *Die speziellen Anforderungen für Anlagen und Räume besonderer Art und Nutzung eingehalten sind.*
Sind für die Anlage besondere Schutzmaßnahmen vorgeschrieben und berücksichtigt. Gelten für die Räume spezielle Bestimmungen und wurden diese eingehalten.

Den Prüfungen sind die jeweiligen Errichtungsbestimmungen zugrundezulegen, die zum Zeitpunkt der Errichtung der Anlage galten. Existieren in einer neueren Errichtungsbestimmung jedoch Anpassungsforderungen, so müssen bestehende Anlagen daraufhin untersucht werden, ob sie diesen Anforderungen entsprechen und andernfalls entsprechend hergerichtet werden.

12.1.2 Erproben

Im Anschluß an das Besichtigen der Anlage und der Betriebsmittel sind vorhandene Sicherheitseinrichtungen zu erproben. Durch das Erproben soll deren ordnungsgemäße Funktion festgestellt werden.
Erprobt werden müssen alle, für die Sicherheit dienenden Einrichtungen, wie z. B.

- Fehlerstrom-Schutzeinrichtungen
- Not-Aus-Einrichtungen
- Schutzeinrichtungen, z. B. Schutzrelais
- Isolationsüberwachungsgeräte
- Melde- und Anzeigeeinrichtungen
- Verriegelungen
- Sicherheitsbeleuchtung
- Ersatzstromversorgung
- Entrauchungsanlagen
- Gefahrenmeldeanlagen
- Alarmierungseinrichtungen.

Fehlerstrom-Schutzeinrichtungen und Isolationsüberwachungsgeräte werden durch Betätigen der Prüfeinrichtungen erprobt. Hierbei handelt es sich um eine reine Funktionsprüfung der Schutz- bzw. Überwachungseinrichtung. Die Wirksamkeit der Schutzmaßnahme wird durch das Drücken der Prüftaste nicht

festgestellt. Hierzu sind zusätzlich Messungen erforderlich. Not-Aus-Einrichtungen, Melde- und Anzeigeeinrichtungen sowie Verriegelungen werden durch Betätigen der entsprechenden Schalter und Taster auf ihre Wirksamkeit erprobt.
Die Sicherheitsbeleuchtung und Ersatzstromversorgung erprobt man am besten durch Simulation eines Netzausfalls; Gefahrenmeldeanlagen durch Auslösen der Melder.

12.1.3 Messen

Durch Besichtigen und Erproben allein ist der Zustand von elektrischen Anlagen und Betriebsmitteln nicht feststellbar. Erst durch ergänzende Messungen ist eine Beurteilung möglich. Gemessen werden muß der Isolationswert von Leitungen und Betriebsmitteln, die Impedanz der möglichen Fehlerschleifen, die Berührungsspannung der Schutzschaltungen, der Erdungswiderstand, die niederohmschen Schutzleiterverbindungen, das Drehfeld und unter Umständen die Übergangswiderstände von Fußböden und Wänden, die Spannung, der Strom, die Temperatur, die Beleuchtungsstärke. Die Messungen dienen in erster Linie zur Beurteilung der Wirksamkeit der angewendeten Schutzmaßnahmen. Die wichtigsten Meßmethoden sind in den folgenden Abschnitten beschrieben. Die in DIN VDE 0100 vorgeschriebenen Messungen können mit einem Universalmeßgerät durchgeführt werden *(Bild 12-1)*. In begründeten Fällen kann eine Messung durch eine Berechnung ersetzt werden, z. B. wenn bei kleinen Schleifenimpedanzen die Messung zu ungenau wäre. Zu jeder Messung gehört eine Abschätzung des möglichen Fehlers, der durch Meßgerät und Meßmethode bestimmt wird.

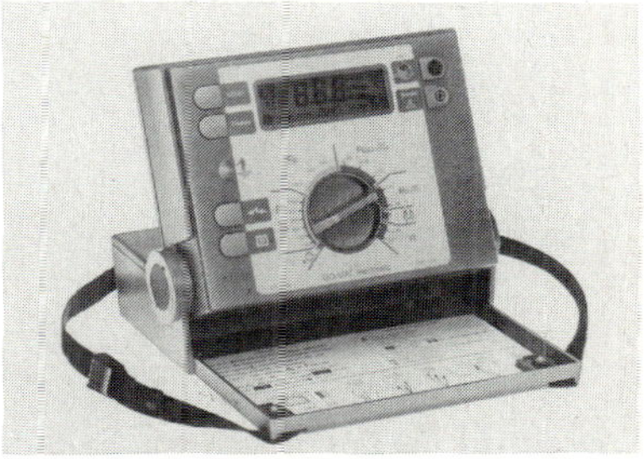

Bild 12-1: Universalmeßgerät (Werkbild: Gossen)

Über alle Prüfungen sollte ein schriftlicher Bericht mit Aufzeichnung der Meßergebnisse erstellt werden. Nur so kann sich der Elektro-Installateur im Schadensfall entlasten. Prüfprotokolle und Übergabeberichte sind über den Zentralverband der Deutschen Elektrohandwerke (ZVEH) erhältlich.

12.2 Messen des Isolationswiderstandes
(DIN VDE 0100 Teil 600)

Die Messung des Isolationswiderstandes dient der Feststellung, ob kein unzulässig hoher Strom durch die Isolierung der Leiterbahnen hindurchschlüpft. Durch Isolationsfehler hervorgerufene Fehlerströme von 100 mA können bereits Brände zünden. Zu Unfällen kann es schon bei weit niedrigeren Werten kommen.

Die heute verwendeten Isolierstoffe sind so gut, daß schlechte Isolationswerte nur noch an Stellen zu erwarten sind, an denen die Isolierung beschädigt wurde. Die meisten Fehler treten daher an durch Schrauben oder Nägel beschädigten Leitungen, an Schalterdosen, in denen die Leitungen durch die Krallenklemmen eingeklemmt wurden, und an durch Feuchte oder Hitze zerstörten Isolierstoffen auf.

Zum Messen des Isolationswiderstandes sind die betriebsbereiten Stromkreise durch ihre Überstrom-Schutzeinrichtungen bzw. sofern vorhanden durch ihre Fehlerstrom-Schutzeinrichtungen freizuschalten. Die Neutralleiter sind ebenfalls durch Betätigen des Fehlerstrom-Schutzschalters oder durch Abklemmen von ihrer Zuleitung zu trennen. Nun können die Isolationswerte zwischen den Außenleitern und dem Schutzleiter bzw. zwischen dem Neutralleiter und dem Schutzleiter gemessen werden *(Bild 12-2)*.

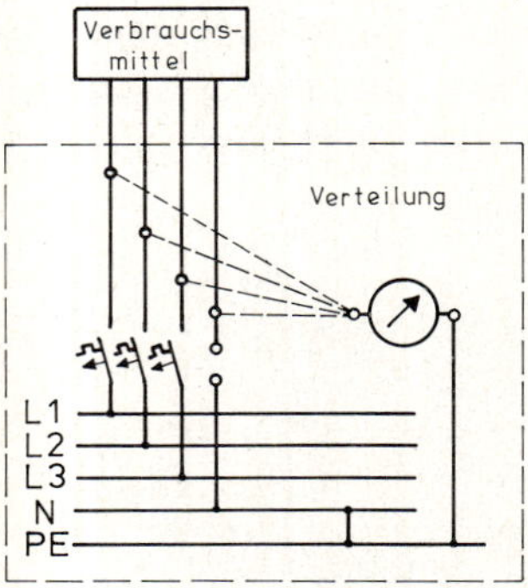

Bild 12-2: Isolationsmessung

Diese Prüfung kann auch mit angeschlossenen Verbrauchsmitteln erfolgen. Der so gemessene Wert muß größer oder gleich 0,5 MΩ sein. Liegt der Wert darunter, so ist die Messung mit abgeschalteten Verbrauchsmitteln zu wiederholen. Verbessert sich der Wert dadurch nicht auf mindestens 0,5 MΩ, dann liegt ein Isolationsfehler vor, der zu beseitigen ist. Ist in dem zu prüfenden Stromkreis kein Schutzleiter oder geerdeter Mantel mitgeführt, dann muß auch

der Isolationswert Außenleiter gegen Außenleiter bzw Außenleiter gegen Neutralleiter gemessen werden. Dazu sind alle Verbraucher abzuschalten oder herauszutrennen. Von dieser Forderung sind Schalterleitungen in Lichtstromkreisen ausgenommen.
In TN-C-Netzen ist das Messen des Isolationswiderstandes äußerst problematisch, da hier grundsätzlich die Verbraucher abgeschaltet bzw. herausgetrennt werden müssen. Zu beachten sind dabei besonders die Lichtdrücker mit Glimmlampen, die Klingeltransformatoren und die Antennenverstärker.
Die Prüfung muß mit Geräten nach DIN VDE 0413 Teil 1 durchgeführt werden *(Bild 12-3)*.

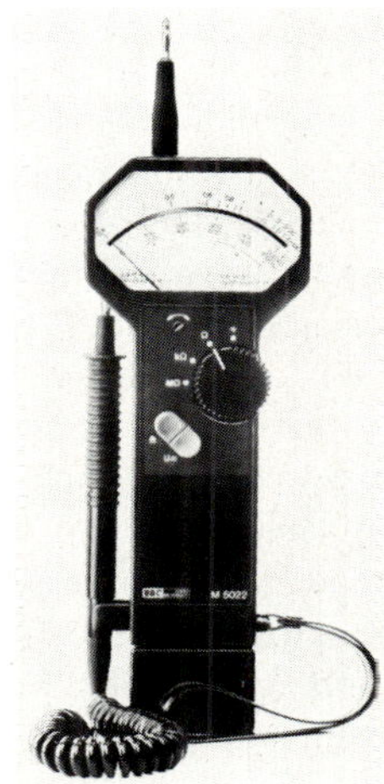

Bild 12-3: Isolations- und Widerstandsmesser

Die Prüfspannung muß 500-V-Gleichspannung betragen bei einem Prüfstrom von mindestens 1 mA. Für Schutz- und Funktionskleinspannungsstromkreise genügt eine Prüfspannung von 250 V und ein Isolationswert von 0,25 MΩ. Anlagen mit Betriebsspannungen über 500 V bis 1000 V sind mit Meßgeräten, deren Prüfspannung 1000 V_ beträgt, zu prüfen. Der Mindestwert des Isolationswiderstandes beträgt hier 1 MΩ. Für bestehende Anlagen gilt ein Isolationswiderstand von 1000 Ω je V Betriebsspannung als ausreichend. Bei Netzen 3 × 400/230 V ergibt sich also für jeden Außenleiter und den Neutralleiter gegen Erde ein Mindestwert von 230 000 Ω oder 0,23 MΩ. Für Stromkreise mit angeschlossenen und eingeschalteten Verbrauchsmitteln genügt ein Mindestwert von 300 Ω je Volt Nennspannung. Bei nassen Räumen und im Freien dürfen die genannten Werte halbiert werden. Die Praxis lehrt, daß bei Neuanlagen wesentlich höhere Werte erzielbar sind. Deshalb fordern

auch verschiedentlich Betreiber, z. B. die Staatsbauverwaltungen, Werte von 10 MΩ und mehr.
Isolationsmesser werden mit Kurbelinduktor, mit wiederaufladbarer Batterie oder mit nicht wiederaufladbarer Batterie angeboten. Da der Kurbelinduktor beide Hände des Prüfers bindet, haben sich die batteriegespeisten Geräte weithin durchgesetzt.

12.3 Messen der Schleifenimpedanz
(DIN VDE 0100 Teil 600)

Das Messen der Schleifenimpedanz dient in erster Linie zum Überprüfen der Schutzmaßnahmen Schutz durch Abschalten.
Unter Schleifenimpedanz – auch Schleifenwiderstand – versteht man die Impedanz der Netzschleife bzw. Fehlerschleife, durch die im Kurzschlußfall der Kurzschlußstrom fließt. Die Schleifenimpedanz ergibt sich aus der geometrischen Summe der Wirk- und Blindwiderstände des Hochspannungsnetzes, des Transformators und der Zu- und Rückleitungen. Sie muß so klein sein, daß bei einem satten Kurzschluß am Ende einer Leitung der Abschaltstrom der vorgeschalteten Schutzeinrichtung zum Fließen kommt. Der Wert kann errechnet oder bei unter Spannung stehenden Netzen mit Schleifenwiderstands-Meßgeräten gemessen werden. Die herkömmlichen Geräte enthalten als wesentliche Bestandteile einen Spannungsmesser und einen Prüfwiderstand *(Bild 12-4)*. Beim Ein- und Ausschalten des Prüfwiderstandes R_p wird die Spannungsänderung ΔU gemessen. Die Schleifenimpedanz Z_s ergibt sich aus

$$Z_s = \frac{\Delta U}{I_p} .$$

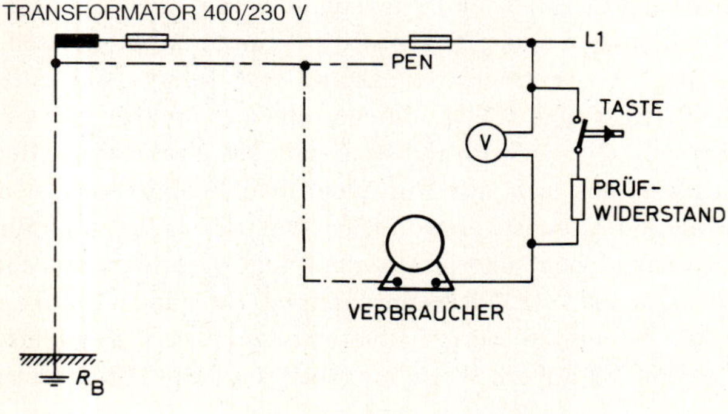

Bild 12-4: Schaltung des Schleifenwiderstands-Meßgerätes

I_p ist dabei der durch einen Festwiderstand vorgegebene Prüfstrom. Die Schleifenimpedanz ist durch das Ohmsche Gesetz mit dem Kurzschlußstrom I_K verknüpft:

$$I_K = \frac{U_N}{Z_s} \ .$$

Dadurch läßt sich am Meßgerät auch der Kurzschlußstrom angeben. Bei den heute üblichen Geräten wird der Prüfwiderstand R_p – meist 22 Ω – mittels einer Elektronik nur wenige Halbwellen lang in die Schleife gelegt *(Bilder 12-5* und *12-6)*.

Bild 12-5: Universalprüfgerät zur Messung von Schleifenwiderstand, Erdungswiderstand und zum Prüfen von Fehlerstrom-Schutzeinrichtungen

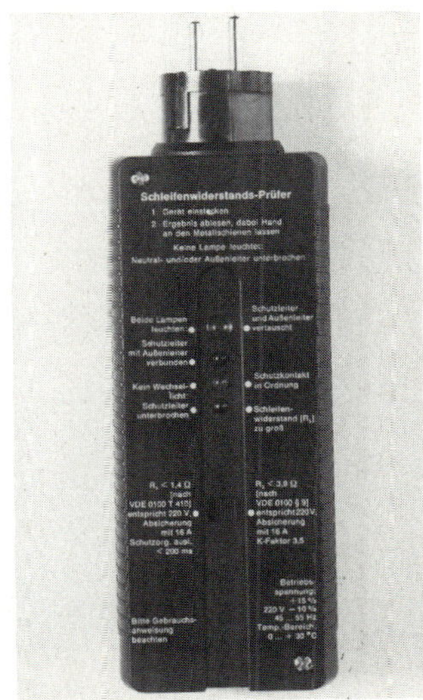

Bild 12-6: Schleifenwiderstandsprüfer UNI-AZ 3 (Werkbild: Zettler)

Dadurch wird sichergestellt, daß bei einer etwaigen Schutzleiterunterbrechung die gefährliche Berührungsspannung nicht länger als 0,2 s am Schutzleiter ansteht. Bei alten Geräten werden die Prüfwiderstände durch Drücken der Prüftaste eingeschaltet. Um bei einer Schutzleiterunterbrechung keine gefährliche Berührungsspannung zu verschleppen, ist durch Betätigen der Vorprüftaste der Schutzleiterdurchgang zu prüfen. Durch die Vorprüftaste wird ein Prüfwiderstand von etwa 22 kΩ, der den Fehlerstrom auf 10 mA begrenzt, in die Schleife gelegt. Ist erkennbar, daß dieser Prüfwiderstand ohne Erzeugen einer gefährlichen Berührungsspannung verringert werden darf, kann der eigentliche Prüfwiderstand, z. B. 22 Ω, zugeschaltet werden. Derartige Geräte dürfen nur noch dort eingesetzt werden, wo der Prüfer den Gefahrenbereich überblicken kann.

Das Messen der Schleifenimpedanz ist mit hohen Meßfehlern behaftet. Bei dem Messen mit herkömmlichen Geräten werden die Blindwiderstände des Netzes nicht berücksichtigt. Ein Meßfehler kann außerdem durch ein mit Blindlast vorbelastetes Netz auftreten. Während dem Messen ist auf Spannungsschwankungen im Netz zu achten. Gegebenenfalls sind die Messungen zu wiederholen oder es ist ein Mittelwert aus mehreren Messungen zu bilden. DIN VDE 0413 Teil 3 läßt für Schleifenwiderstands-Meßgeräte einen Fehler von ± 30% bezogen auf den angegebenen Meßbereich zu. Bei den meisten Geräten geht

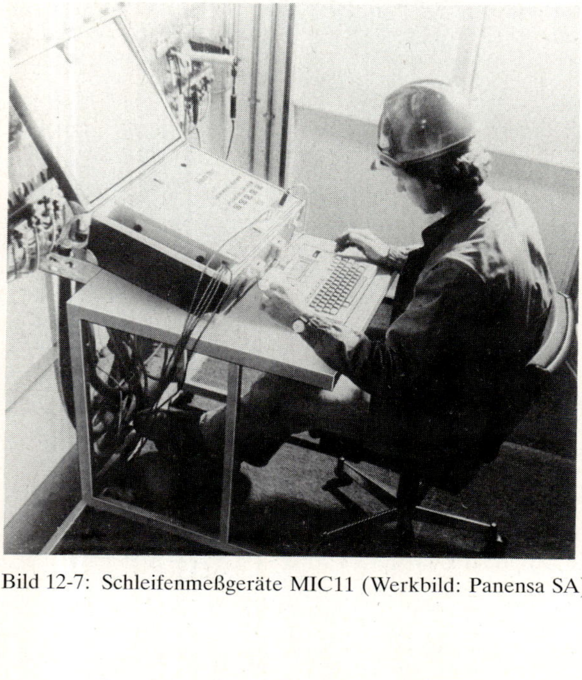

Bild 12-7: Schleifenmeßgeräte MIC11 (Werkbild: Panensa SA)

der Meßbereich nur bis zu Kurzschlußströmen von 500 A oder 1000 A. Bei höheren Werten ist zu rechnen oder mit Sondergeräten zu messen. Bei den Sondergeräten, die sehr teuer sind, gibt es zwei Arten. Das eine erfaßt die Schleifenimpedanz über einen satten Kurzschluß, der zeitlich eng begrenzt durch eine Schaltautomatik verursacht wird. Der tatsächliche Kurzschlußstrom, bei dem die Induktivitäten des Netzes natürlich berücksichtigt sind, wird gemessen und gespeichert sowie zur Anzeige gebracht. Die Messung ist problematisch, so können vorgeschaltete Überstrom-Schutzeinrichtungen mit Nennströmen bis 80 A eventuell ansprechen. Ohne diese Nachteile arbeitet ein mikroprozessorgesteuertes Meßgerät, das den Phasenwinkel sowie die Änderung des Phasenwinkels bei Belastung mit einem Prüfwiderstand, den Spannungsfall und den Prüfstrom mißt und daraus den Kurzschlußstrom bis zu Werten von 99 kA errechnet (Bild 12-7). Diese Geräte verwendet man auch zum Messen des größten Kurzschlußstromes, um die Kurzschlußfestigkeit von Anlagen nachzuprüfen (siehe 3.3.2).

12.4 Prüfen der Fehlerstrom-Schutzschaltung
(DIN VDE 0100 Teil 600)

Die Prüfung der Fehlerstrom-Schutzschaltung beginnt mit der Erprobung der Fehlerstrom-Schutzeinrichtung. Dies geschieht durch Betätigen der durch P oder T gekennzeichneten Prüftaste, wodurch ein Strom am Summenstromwandler vorbeigeführt und somit ein Fehlerstrom simuliert wird. Man erfährt dadurch nur, ob der Schaltmechanismus arbeitet. Das Betätigen der Prüftaster gibt jedoch keinen Aufschluß über die Beschaffenheit des Erders, des Schutzleiters und der Erdungsleitung. Es gibt auch keinen Aufschluß darüber, ob die Einrichtung spätestens beim Erreichen des Nennfehlerstromes abschaltet, da der simulierte Strom ein mehrfaches des Nennfehlerstromes sein kann. Die Wirksamkeit der Fehlerstrom-Schutzeinrichtung kann nur durch eine ergänzende Messung geprüft werden. Wobei durch Erzeugen eines Fehlerstromes hinter der Fehlerstrom-Schutzeinrichtung der Nachweis zu führen ist, daß die Fehlerstrom-Schutzeinrichtung bei einem Fehlerstrom kleiner gleich dem Nennfehlerstrom auslöst und die beim Auslösestrom bzw. beim Nennfehlerstrom auftretende Berührungsspannung die zulässigen Werte nicht überschreitet. Durch das Meßgerät wird zwischen einem Außenleiter und dem Schutzleiter ein einstellbarer Prüfwiderstand geschaltet. Bei den meisten Geräten wird der Fehlerstrom durch Verringern des Prüfwiderstandes bis zum Auslösen des Schalters erhöht, wobei der Auslösestrom und die dabei auftretende Fehlerspannung ($U_F = U_0 - U_V$) gemessen werden (Bild 12-8).

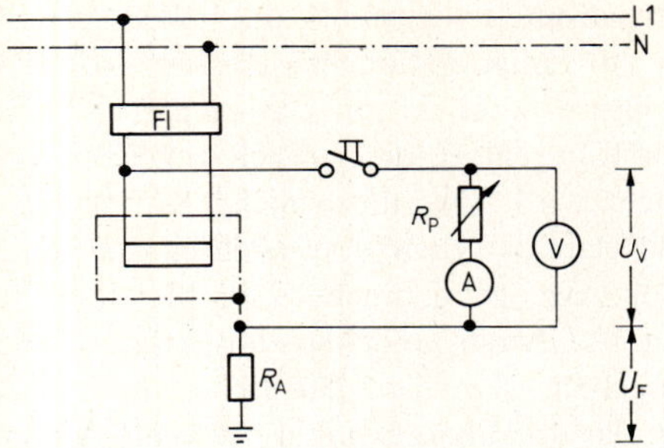

Bild 12-8: Prüfung der FI-Schaltung

Aus den so ermittelten Werten muß die Berührungsspannung beim Nennfehlerstrom berechnet werden. Neuere Meßgeräte nehmen einem diese Arbeit ab, indem sie die auf den Nennfehlerstrom hochgerechnete Berührungsspannung direkt anzeigen (Bild 12-5).

Die Schutzmaßnahme wird bei diesen Meßgeräten während des Meßvorgangs nur mit einer geringen Fehlerspannung beaufschlagt, beträgt doch die tatsächliche Meßspannung bei einem Prüfstrom von nur einem Drittel des Nennauslösestroms auch nur ein Drittel der angezeigten Berührungsspannung. Ist die Schutzmaßnahme mit einem Vorstrom belastet, beispielsweise durch ein Elektrowerkzeug, so fälscht dieser Vorstrom die Messung nicht, wie dies bei der früher angewandten Methode des ansteigenden Stromes der Fall ist.

Bei der Überprüfung ist zu unterscheiden, ob die Fehlerstrom-Schutzeinrichtung in einem TT-Netz oder TN-Netz eingebaut ist. In einem TT-Netz wird die Bedingung überprüft

$$R_A \leqq \frac{U_L}{I_{\Delta N}} \text{ (siehe auch 9.3.4.1).}$$

Dabei ist:

R_A Erdungswiderstand der Schutzerdung

U_L Grenze der dauernd zulässigen Berührungsspannung (50 V bzw. 25 V)

$I_{\Delta N}$ Nennfehlerstrom der Fehlerstrom-Schutzeinrichtung.

Im TN-Netz wird festgestellt, ob

$$Z_s \leqq \frac{U_0}{I_{\Delta N}} \text{ ist, (siehe auch 9.3.3.5).}$$

Dabei ist:

Z_s Impedanz der Fehlerschleife

U_0 Nennspannung gegen Erde

$I_{\Delta N}$ Nennfehlerstrom der Fehlerstrom-Schutzeinrichtung.

Die durch ein FI-Prüfgerät angezeigte Berührungsspannung ist im TN-Netz nur der durch den Nennfehlerstrom bewirkte Spannungsfall am Schutzleiter. Im allgemeinen ist der Wert so klein, daß es zu keiner Anzeige oder zu einer ein bis zwei Volt Anzeige kommt.
Sowohl im TT-Netz wie auch im TN-Netz braucht die Wirksamkeit der Schutzmaßnahme mit Fehlerstrom-Schutzeinrichtung nur an einer Stelle der angeschlossenen Stromkreise nachgewiesen werden. Darüber hinaus genügt es zu überprüfen, ob alle anderen zu schützenden Anlagenteile über den Schutzleiter mit dieser Meßstelle niederohmig verbunden sind.
Anstatt der beschriebenen Prüfung kann auch der Erdungswiderstand des zu schützenden Betriebsmittels, z. B. mit einer Erdungsbrücke, gemessen werden (siehe 12.7). Ein gewissenhafter Fachmann wird sich damit jedoch kaum begnügen, sondern zusätzlich die oben geschilderte Funktionsprüfung durchführen.
Eine Prüfung über Glühlampen, die man zwischen Außenleiter und Gerätegehäuse schaltet, ist sinnlos, da die hohen Einschaltströme eine Tauglichkeit der Schaltung vortäuschen können, obwohl sie nicht vorhanden zu sein braucht.
Bei Baustellenverteilern, die häufig ihren Standort wechseln, wird der Erder nicht selten durch einen elektrotechnischen Laien hergestellt. In der Regel unterbleibt dann eine Prüfung der FI-Schaltung. Zur Abhilfe dieses Mangels eignen sich Erdungsprüfschalter. Alle Baustellen und landwirtschaftlichen Betriebe sollten einen in die Verteilungstafel fest eingebauten Prüfschalter besitzen. Eine regelmäßige Überprüfung der Fehlerstrom-Schutzeinrichtung auf ihre Wirksamkeit ist angebracht.

12.5 Prüfen der Fehlerspannungs-Schutzeinrichtung
(siehe auch 9.3.4.3)

Zuerst ist durch Betätigen der durch T gekennzeichneten Prüftaste festzustellen, ob der Schaltermechanismus arbeitet. Ein positives Ergebnis besagt noch nicht, ob der K-Leiter in Ordnung ist. Deshalb wird nun der K-Leiter auf Durchgang geprüft. Dazu kann über eine 25-W-Lampe am Gerät ein künstlicher Körperschluß hergestellt werden. Löst der Schalter nicht aus, so muß eine Erdverbindung am Gerät oder am K-Leiter vermutet werden.
Fabrikmäßige Prüfgeräte für die Schutzschaltungen nach DIN VDE 0413 Teil 6 sind der geschilderten behelfsmäßigen Prüfung vorzuziehen.

12.6 Prüfen der niederohmschen Verbindungen des Schutzleiters und Potentialausgleichsleiters
(DIN VDE 0100 Teil 600)

Durch Messen ist festzustellen, ob der Schutzleiterwiderstand und der Potentialausgleichsleiter-Widerstand ausreichend niederohmig sind. Für die Messung verwendet man am besten Widerstands-Meßgeräte nach DIN VDE 0413 Teil 4, die mit einer Spannung von meist 6 bis 12 V arbeiten. Die Geräte sind in der Regel mit einem Isolationsmeßgerät kombiniert *(Bild 12-9)*.

Bild 12-9: Widerstandsmesser mit digitaler Anzeige

Die Prüfung der niederohmschen Verbindung des Schutzleiters ergänzt die unter 12.3 und 12.4 beschriebenen Prüfungen der Schleifenimpedanz und der Fehlerstrom-Schutzschaltung. Im allgemeinen genügt es, die Schleifenimpedanz an der Stelle des Stromkreises zu prüfen, die von der Verteilung am weitesten entfernt ist. Alle anderen Schutzleiter brauchen dann nur noch auf ihre niederohmsche Verbindung untersucht zu werden.

Ähnliches gilt bei der Prüfung der Fehlerstrom-Schutzschaltung, die ja auch nur von einer Stelle aus mit dem FI-Gerät geprüft werden muß. Die niederohmsche Prüfung kann bereits zu einem Zeitpunkt durchgeführt werden, zu dem noch keine Netzspannung zur Verfügung steht. Sie läßt sich sehr schnell durchführen, wenn man mit Hilfe einer Verlängerungsleitung von Schutzkontakt zu Schutzkontakt sowie zu den Körpern von angeschlossenen Geräten und sonstigen in den Potentialausgleich einbezogenen Metallteilen geht. Entfernt man im TN-S-Netz während des Messens die Verbindung von der Neutralleiterschiene, so wird durch die Messung gleichzeitig überprüft, ob Schutzleiter und Neutralleiter in ihrem Verlauf nicht verwechselt wurden.

Während der Messungen ist darauf zu achten, ob der gemessene Widerstandswert mit dem abgeschätzten Wert übereinstimmt. Üblich sind Werte um 1 Ω, wobei der Widerstand der Meßleitung zu berücksichtigen ist. Der Meßbereich der Widerstand-Meßgeräte muß 0 bis 3 Ω betragen.

Durchgangsprüfer nach DIN VDE 0403 ermöglichen die Zuordnung von Leitungspaaren bei Verdrahtungsarbeiten. Der Prüfstromkreis ist in der Regel niederohmig bis 100 Ω. Die Anzeige kann optisch (je nach Widerstand verschieden hell), akustisch (verschieden hoher oder lauter Ton) oder durch Zeigerausschlag erfolgen. Auch z. B. Sicherungen oder Transistoren können so auf Durchgang geprüft werden.
Es gibt auch Durchgangsprüfer für hochohmschen Durchgang, z. B. bis 50 kΩ, die dann auch als Isolationsprüfer eingesetzt werden können.

12.7 Messen des Erdungswiderstandes

Durch Messen ist festzustellen, ob die Grenzwerte, die je nach Netzform und Schutzeinrichtung für die Schutz- oder Funktionserder vorgeschrieben sind, eingehalten werden. Die Erdungswiderstände können mit hierzu geeigneten Meßgeräten (Meßbrücken) oder nach der Strom-Spannungs-Methode ermittelt werden. Für die Messung mittels Meßbrücke bedient man sich solcher Instrumente, die den Widerstand ohne Rechnung abzulesen gestatten. Dazu werden meist zwei Erdspieße (Gegenerder und Sonde) benötigt, die man in genügendem Abstand vom Gerät mindestens 0,5 m tief in die Erde schlägt oder schraubt. Am besten sind Meßinstrumente, die z. B. nach der sog. Behrend-Schaltung arbeiten, weil sie vom Sondenwiderstand weitgehend unabhängig sind *(Bild 12-10)*. Das Verfahren ist sehr genau (± 1% Fehler); Fremdspannungen bis 15 V beeinflussen das Meßergebnis nicht. Das Meßgerät muß DIN VDE 0413, Teil 5 bzw. Teil 7, entsprechen.
Die Ströme im Erder, Gegenerder und in der Sonde dürfen sich gegenseitig nicht stören. Deshalb müssen diese drei Erder so weit voneinander entfernt sein, daß jeder seinen „Spannungstrichter" ungestört ausbilden kann. Ist der unbekannte Erder R_x ein Staberder von vielleicht 2 m Länge, dann geht dies ohne Schwierigkeit, wenn Sonde und Gegenerder je etwa $5 \times l = 5 \times 2 = 10$ m

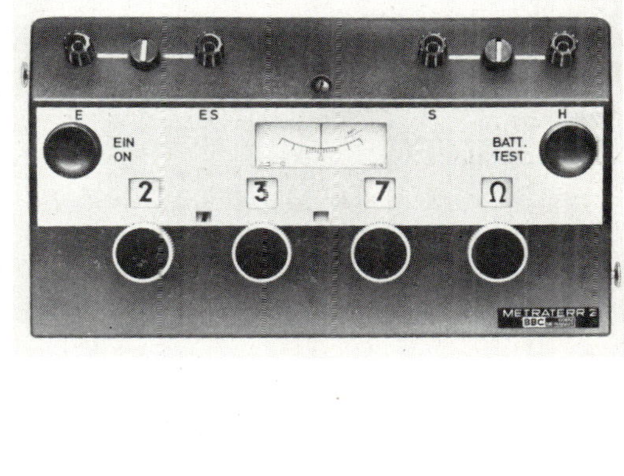

Bild 12-10: Erdungsmeßbrücke

voneinander und von R_x entfernt sind. Ist R_x ein längerer Banderder, so wird man Sonde und Gegenerder je etwa 10 bis 20 m senkrecht zur Längsachse des Erders ausstecken. Handelt es sich bei dem zu messenden Erder vielleicht um eine Freiluftanlage mit einem Erdernetz von 100 m × 100 m, dann muß der Gegenerder mindestens $5 \times l = 500$ m entfernt eingebracht werden. Die Sonde wäre etwa in der Mitte zwischen R_x und dem Gegenerder einzusetzen, wobei durch öfteres Umstecken zu probieren wäre, ob sich die Messungen nicht ändern. Man muß bei der Messung stets beachten, daß sich der Erdungswiderstand je nach der Witterung erheblich ändert. Er ist bei gefrorenem oder trockenem Boden am höchsten. Angenommen, es sei bei einer Anlage ein Erdungswiderstand von 2 Ω erforderlich, der an einem Junitag nach wochenlangem Regen auch tatsächlich gemessen würde. In diesem Fall wäre zu bedenken, daß der Widerstand z. B. im Februar bei gefrorenem Boden vielleicht dreimal so hoch wäre, also etwa 6 Ω betrüge. Der Erder sollte daher verbessert werden.

Der Erdungsmesser kann auch zum Ermitteln des spezifischen Erdwiderstandes und zur Untersuchung der Bodenbeschichtung herangezogen werden. Einzelheiten vermitteln die Druckschriften der Gerätehersteller.

Der Erdungswiderstand großer Gebäude oder großer Erdungsanlagen und in dichtbebauten Gebieten ist praktisch nicht meßbar. Bei durchgeführtem Potentialausgleich spielt er auch nur eine untergeordnete Rolle und braucht daher auch nicht gemessen zu werden.

Beim Strom-Spannungs-Meßverfahren wird der Netzstrom des TN- oder TT-Netzes über einen Vorwiderstand R_V in den unbekannten Erder eingeleitet und gemessen. In einem Abstand von 50–100 m zum unbekannten Erder wird im neutralen Gelände eine Sonde gesetzt, zu der der Spannungsfall am Erder mit einem hochohmschen Spannungsmesser festgestellt wird *(Bild 12-11)*.

Nach dem Ohmschen Gesetz kann dann der Erdungswiderstand errechnet werden. Zu beachten ist, daß nicht nur am zu prüfenden Erder, sondern auch am Betriebserder ein Spannungsfall auftritt. Um eine gefährliche Spannungsanhebung am Betriebserder auszuschließen, sollte der Vorwiderstand R_V nie kleiner als 10 Ω gewählt werden.

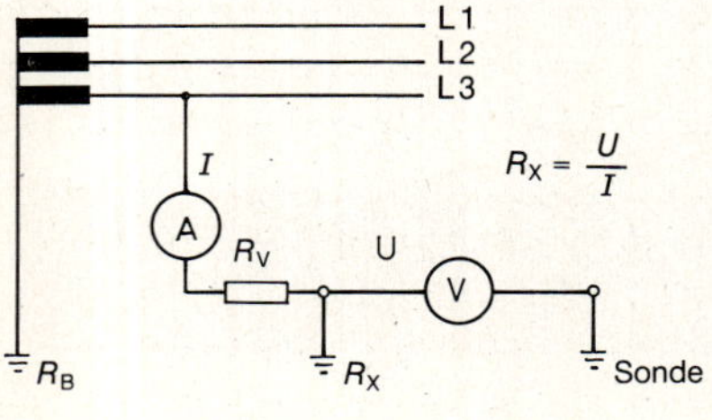

Bild 12-11: Strom-Spannungs-Meßverfahren

12.8 Prüfen des Drehfeldes

An Drehstrom-Steckdosen ist zu prüfen, ob ein Rechtsdrehfeld vorhanden ist. Die Steckdosen werden dabei von vorn im Uhrzeigersinn betrachtet. Für die Messung verwendet man Drehfeldrichtungsanzeiger nach DIN VDE 0413 Teil 9. Phasenfolge, Drehrichtung und Phasenausfall werden über Glimmlampen angezeigt *(Bild 12-12)*.

Bild 12-12: Drehfeldmesser

Bei anderen Geräten dreht sich eine Scheibe entsprechend dem Drehfeld. Ist die Drehrichtung verkehrt, müssen zwei Außenleiter miteinander vertauscht werden.

12.9 Prüfen der Übergangswiderstände von Fußböden und Wänden
(DIN VDE 0100 Teil 600)

Wenn man sich bei der Maßnahme „Schutz durch nichtleitende Räume" (9.3.10) im unklaren ist, ob der Fußboden und die Wände zu isolieren sind oder nicht, muß man messen. Dazu ist der Fußboden bzw. die Wand an ungünstigen Stellen, z. B. an Fugen oder Stoßstellen von Fußbodenbelägen mit einem feuchten Tuch von 270 mm × 270 mm zu bedecken *(Bild 12-13)*. Auf das Tuch ist eine Metallplatte von etwa 250 mm × 250 mm und 2 mm stark zu legen und mit einer Kraft von etwa 750 N (etwa 75 kp) bei Fußböden und etwa 250 N bei Wänden zu belasten.
Die Messung des Widerstandes kann mit Wechselspannung oder einem Isolationsmeßgerät nach DIN VDE 0413 Teil 1 geschehen. Sie ist mit den

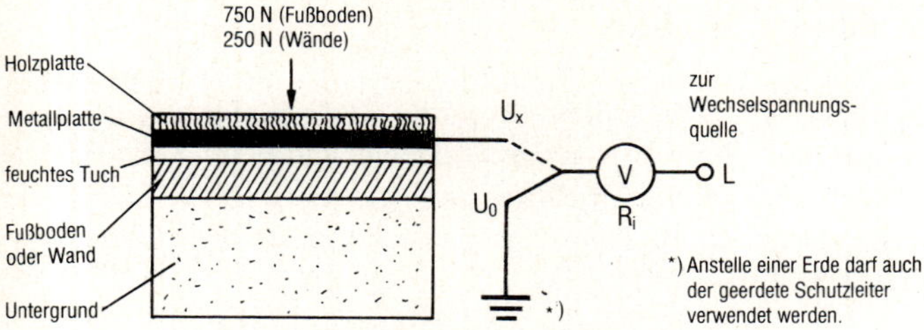

Bild 12-13: Meßanordnung zum Messen des Widerstandes von Fußböden und Wänden mit Wechselspannung

vorkommenden Netzspannungen und Netzfrequenzen gegen Erde durchzuführen. Als Spannungsquelle kann dienen:

a) das am Meßort vorhandene geerdete Netz (Spannung gegen Erde),
b) die Sekundärspannung eines Transformators mit sicher getrennten Wicklungen,
c) eine unabhängige Spannungsquelle.

In den Fällen b) und c) ist für die Messung ein Leiter zu erden. Der Innenwiderstand des Spannungsmessers darf 700 Ω/V Meßbereichsendwert nicht unterschreiten und sollte 500 kΩ für Meßbereiche bis 500 V bzw. 1 MΩ für Meßbereiche bis 1000 V nicht überschreiten.
Der Widerstand darf an keiner Stelle die folgenden Werte unterschreiten:
50 kΩ, wenn die Nennspannung 500-V-Wechselspannung oder 750-V-Gleichspannung nicht überschreitet,
100 kΩ, wenn die Nennspannung 500-V-Wechselspannung oder 750-V-Gleichspannung überschreitet.
Der Widerstand zwischen der belasteten Metallplatte und Erde ergibt sich aus der Gleichung

$$R_x = R_i \left(\frac{U_0}{U_x} - 1 \right) .$$

Dabei ist
R_x gesuchter Widerstand gegen Erde,
R_i Innenwiderstand des Spannungsmessers,
U_0 die gemessene Spannung gegen Erde,
U_x die gemessene Spannung gegen die Metallplatte.

Beispiel: $R_i = 3000\ \Omega$, $U_0 = 230$ V, $U_x = 12$ V : $R_x =$ etwa 54 kΩ.

Bei Messen mit Gleichspannung mit einem Isolationsmeßgerät ist der gesuchte Widerstand des Fußbodens oder der Wand am Meßgerät abzulesen.
Die Messungen zum Feststellen des Widerstandes sind an so vielen beliebig gewählten Stellen auszuführen, daß eine ausreichende Beurteilung möglich ist.

12.10 Prüfen elektrischer Geräte nach Instandsetzung und Änderung

(DIN VDE 0701 Teil 1 bis 260)

Elektrische Geräte, vom Elektrowerkzeug bis zur Büromaschine, müssen nach einer Instandsetzung oder Änderung daraufhin überprüft werden, ob keine Gefahr für den Benutzer oder die Umgebung bei bestimmungsgemäßem Gebrauch der Geräte bestehen. Dazu sind die Geräte einer Sicht- und Funktionsprüfung sowie einer Reihe von Messungen zu unterziehen. Für die Sicht- und Funktionsprüfung gelten die in 12.2 beschriebenen Grundsätze. Der Widerstand des Schutzleiters zwischen dem Gehäuse und dem Schutzleiter am Anfang der Geräteanschlußleitung darf 0,3 Ω bei einer Leitungslänge bis 5 m nicht überschreiten. Bei Anschlußleitungen mit einer Länge über 5 m darf dem Eigenwiderstand der Leitung 0,1 Ω für Kontaktwiderstände hinzugerechnet werden. Bei dem Prüfen ist die Anschlußleitung zu bewegen, um beschädigte Schutzleiter oder Wackelkontakte festzustellen. Bei Geräten mit Wasser bzw. Gasanschluß kann es beim Messen notwendig sein, den Schutzleiter an der Netzanschlußstelle abzutrennen, um eine Verfälschung des Meßergebnisses zu vermeiden.
Bei handgeführten Elektrowerkzeugen der Schutzklasse I ist das Messen mit mindestens 10 A durchzuführen, wobei der Spannungsfall zwischen Schutzkontakt und berührbaren Metallteilen zu messen ist. Aus Spannungsfall und Strom ist der Widerstand zu berechnen, der nicht größer als 0,3 Ω sein darf. Bei Anschlußleitungen von mehr als 5 m, erhöht sich dieser Wert um 0,12 Ω für jede weitere 5 m. Das Meßgerät muß eine Wechselstromquelle mit einer Spannung von höchstens 12 V enthalten.
Der Isolationswiderstand aller Geräte ist mit einem Isolationsmeßgerät nach DIN VDE 0413 Teil 1 zu messen.
Die Ausgangsgleichspannung des Isolationsmeßgerätes nach DIN VDE 0413 Teil 1 muß bei einem Belastungswiderstand von 0,5 MΩ mindestens 500 V_ betragen. Der Isolationswiderstand von Geräten der Schutzklasse III ist mit einem niederohmschen Widerstandsmeßgerät zu messen. Diese Messung entfällt bei Geräten, die die beiden folgenden Bedingungen erfüllen:

Nennleistung ≦ 20 VA
Nennspannung ≦ 42 V.

Der *Isolationswiderstand* darf die folgenden Widerstandswerte nicht unterschreiten:

bei Geräten der Schutzklasse I	0,5 MΩ
bei Geräten der Schutzklasse II	2,0 MΩ
bei Geräten der Schutzklasse III bzw. bei batteriegespeisten Geräten	1000 Ω/V .

Wird bei Geräten der Schutzklasse I, die Heizkörper enthalten, der o. g. Wert unterschritten oder wurden in das Gerät im Zuge der Instandsetzung oder Änderung Funk-Entstörkondensatoren eingebaut oder ersetzt, dann ist eine Ersatz-Ableitstrommessung durchzuführen, die dann bestanden werden muß.
Die Ersatz-*Ableitstrommessung* ist mit einer Wechselspannung von 50 Hz und einer Leerlaufspannung von mindestens 25 V und höchstens 250 V durchzuführen. Der Kurzschlußstrom darf bei Leerlaufspannungen über 50 V den Wert 5 mA nicht überschreiten. Der angezeigte Strom zwischen betriebsmäßig unter Spannung stehenden Teilen und berührbaren Metallteilen, darf 7 mA, bei Geräten mit einer Heizleistung ≧ 6 kW den Wert von 15 mA nicht überschreiten.
Bei handgeführten Elektrowerkzeugen ist an Stelle der Ersatz-Ableitstrommessung eine Spannungsfestigkeitsprüfung durchzuführen. Dazu ist eine Prüfspannung von 1000 V, 50 Hz, 3 s lang zwischen den aktiven Teilen und den Körpern anzulegen. Für handgeführte Elektrowerkzeuge der Schutzklasse II ist die Prüfspannung für das Messen zwischen den aktiven Teilen und berührbaren Teilen auf 3500 V zu erhöhen.
Schutzleiter, Isolationswiderstand und Ersatz-Ableitstrom können mit einem handelsüblichen Vielfachmesser überprüft werden (*Bild 12-14*).

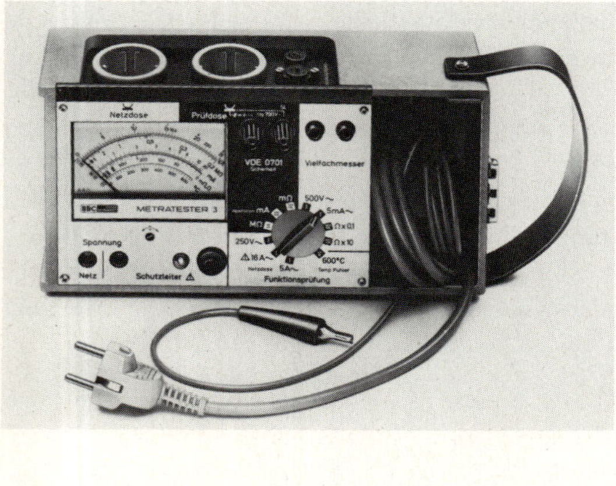

Bild 12-14: Geräteprüfer nach DIN VDE 0701

Die in DIN VDE 0701 beschriebenen Prüfungen mit Ausnahme der Prüfung auf Spannungsfestigkeit gelten auch für die sicherheitstechnische Beurteilung und für Wiederholungsprüfungen von im Betrieb befindlichen Geräten.

12.11 Wiederkehrende Prüfungen

(DIN VDE 0105 Teil 1 und UVV VBG 4, siehe auch 12.1)

Wiederkehrende Prüfungen sollen Mängel an den elektrischen Anlagen und Betriebsmitteln aufdecken, die während des Betriebes durch Beschädigung, Alterung oder Verschleiß aufgetreten sein können. Bei der Prüfung darf vorausgesetzt werden, daß die Anlagen vor ihrer Inbetriebnahme einer Abnahmeprüfung unterzogen wurden. Es ist jedoch zu beachten, daß auch durch Nutzungsänderung, Erweiterung oder Umbau der ursprünglich ordnungsgemäße Zustand der Anlage verändert werden kann. Deshalb sollten von Zeit zu Zeit all die unter 12.1 beschriebenen grundsätzlichen Prüfungen durchgeführt werden. DIN VDE 0105 Teil 1 fordert für alle Starkstromanlagen – mit Ausnahme solcher in Wohnungen – wiederkehrende Prüfungen. Die Fristen sind so zu bemessen, daß entstehende Mängel, mit deren gerechnet werden muß, rechtzeitig festgestellt werden. Die Durchführungsanweisung zur Unfallverhütungsvorschrift VBG4 sagt dazu Näheres aus. Danach sind die elektrischen Anlagen und die ortsfesten elektrischen Betriebsmittel mindestens alle vier Jahre zu prüfen. Für nicht ortsfeste elektrische Betriebsmittel, Anschlußleitungen mit Steckern sowie Verlängerungs- und Geräteanschlußleitungen mit ihren Steckvorrichtungen gilt eine Frist von 6 Monaten. Die angegebenen Prüffristen sind Mittelwerte. Je nach den Betriebsverhältnissen und der Nutzung können kürzere Abstände erforderlich oder längere erlaubt sein. Elektrohandwerkzeuge auf Baustellen wird man längstens alle 6 Monate, ortsveränderliche Büromaschinen nur alle 1 bis 2 Jahre prüfen. Fehlerstrom-Schutzeinrichtungen sind bei nichtstationären Anlagen arbeitstäglich ansonsten alle 6 Monate zu erproben. Bei nicht stationären Anlagen ist außerdem monatlich die Schutzwirkung der Schutzmaßnahme mit Fehlerstrom-Schutzeinrichtung zu messen. Weitere Prüffristen sind für bestimmte Anlagen im Gewerbe und Baurecht sowie in den Unfallverhütungsvorschriften und in den Versicherungsbedingungen vorgeschrieben. Die meisten dieser Prüfungen dürfen jedoch nur von anerkannten Sachverständigen und Prüforganisationen durchgeführt werden.

Das Ergebnis der Prüfungen sollte grundsätzlich in einem Prüfbuch oder Protokoll niedergelegt werden. Unternehmer wie Elektrofachkraft können im Bedarfsfall nur so nachweisen, daß sie die erforderlichen Maßnahmen zur Sicherheit ergriffen haben. Für ortsveränderliche Betriebsmittel empfiehlt sich deren Kennzeichnung nach erfolgter Prüfung durch Aufkleber.

13 Betrieb elektrischer Anlagen

(DIN VDE 0105 Teil 1, UVV VBG 4)

Für das Arbeiten an elektrischen Betriebsmitteln und in elektrischen Anlagen und das Bedienen elektrischer Betriebsmittel nennt die DIN VDE 0105 Teil 1 den Oberbegriff „Betrieb von Starkstromanlagen“. Für den Betrieb von Starkstromanlagen sind die hier ausschnittsweise erläuterten Sicherheitsbestimmungen DIN VDE 0105 Teil 1 und die Unfallverhütungsvorschriften VBG 4 zu beachten, um Stromunfälle zu vermeiden. Elektrofachkräfte verstoßen nicht selten gegen diese Bestimmungen, wie die Unfallstatistik lehrt. Etwa 22% aller tödlichen Unfälle durch Elektrizität entfallen auf Elektrofachkräfte.

13.1 Einsatz von Arbeitskräften

Elektrische Anlagen und Betriebmittel dürfen nur von einer Elektrofachkraft (Elektro-Handwerker) oder unter Leitung und Aufsicht einer Elektrofachkraft errichtet, geändert und instand gehalten werden. Die Elektrofachkraft muß für die Arbeiten über spezielle Fachkunde verfügen. So darf z. B. eine Fachkraft für Niederspannungsinstallation nicht ohne weiteres Arbeiten in Hochspannungsanlagen übernehmen. Neben einer Fachausbildung, z. B. zum Elektromeister oder Elektrogesellen, kann auch eine mehrjährige Tätigkeit auf einem bestimmten Arbeitsgebiet der Elektrotechnik die erforderlichen Kenntnisse vermitteln. Grundsätzlich sind alle Arbeitskräfte, die mit Arbeiten an elektrischen Anlagen betraut sind, von Zeit zu Zeit in den für ihre Arbeit geltenden Sicherheitsbestimmungen und Unfallverhütungsvorschriften zu unterrichten. Wenn in einem Betrieb darüber hinaus besondere Betriebsanordnungen existieren, so ist deren Befolgung ebenfalls zur Pflicht zu machen.
Führen mehrere Personen gemeinschaftlich eine Arbeit aus, dann muß einer die Aufsicht übernehmen. Diese aufsichtsführende Person hat sich vor Beginn der Arbeiten von dem Einhalten der Sicherheitsbestimmungen zu überzeugen. Gegebenenfalls müssen von ihr die Mitarbeiter auf besondere Gefahren hingewiesen werden, wenn diese nicht ohne weiteres erkennbar sind.
Für Arbeiten, die eine eigenverantwortliche Beurteilung und das Erkennen der möglichen Gefahren nicht erfordern, dürfen auch elektrotechnisch unterwiesene Personen herangezogen werden. Diese müssen durch eine Elektrofachkraft über die möglichen Gefahren bei unsachgemäßem Verhalten unterrichtet sowie über die notwendigen Schutzeinrichtungen und Schutzmaßnahmen, die bei den übertragenen Aufgaben von Bedeutung sind, belehrt werden. Zudem ist in der Regel die elektrotechnisch unterwiesene Person durch die Elektrofach-

kraft auf die ihr übertragenen Arbeiten anzulernen. So belehrte und angelernte Personen dürfen dann Tätigkeiten, wie das Betätigen von Stellgliedern, das Arbeiten in der Nähe unter Spannung stehender Teile oder kleinere Reparaturen, durchführen. Da von einer elektrotechnisch unterwiesenen Person lediglich fachgerechtes Verhalten und Arbeiten im vorgegebenen Rahmen verlangt und erwartet werden kann, darf sie *nicht* selbständig elektrische Anlagen errichten, ändern und instandhalten. Dies darf nur unter Leitung und Aufsicht einer Elektrofachkraft geschehen.

Elektrotechnische Laien dürfen nur unter ständiger Aufsicht einer Elektrofachkraft in der Nähe unter Spannung stehender Teile arbeiten. In einer Arbeitsgruppe, die unter Leitung und Aufsicht einer Elektrofachkraft steht, dürfen sie auch beim Errichten, Ändern und Instandhalten elektrischer Anlagen und Betriebsmittel mitwirken. Ansonsten darf der elektrische Laie nur elektrische Betriebsmittel, die einen vollständigen Berührungsschutz aufweisen, bestimmungsgemäß verwenden.

13.2 Bedienen elektrischer Betriebsmittel

Werden elektrische Betriebsmittel lediglich beobachtet, geschaltet, eingestellt oder gesteuert, so spricht man vom Bedienen elektrischer Betriebsmittel. Betriebsmittel mit Betätigungselementen, die für das Bedienen bei betriebsmäßigen Vorgängen bestimmt sind, weisen im allgemeinen einen vollständigen Berührungsschutz auf. Somit darf auch der elektrotechnische Laie diese Betriebsmittel bedienen. Sind Betätigungselemente, mit denen geschaltet oder gesteuert wird oder an denen Einstellungen vorgenommen werden können, wie Schutzschalter, Relais und dgl., in der Nähe spannungsführender Teile angeordnet, so daß nur ein teilweiser Schutz gegen direktes Berühren besteht, dürfen sie nur durch mindestens elektrotechnisch unterwiesene Personen betätigt werden (siehe auch 3.8.2.4).

Abgeschlossene elektrische Betriebsstätten dürfen, auch zum Bedienen der elektrischen Anlagen, nur von Elektrofachkräften oder elektrotechnisch unterwiesenen Personen betreten werden. Laien ist der Zutritt nur unter Aufsicht von Elektrofachkräften oder elektrotechnisch unterwiesenen Personen gestattet. Beim Schalten von Trennschaltern dürfen nur Personen zugegen sein, die mit der Schalthandlung zu tun haben, wenn eine Gefährdung durch Kurzschlußlichtbögen oder Fehlschaltungen möglich ist.

Anlagen oder Anlagenteile, die aus betrieblichen Gründen nicht betrieben werden dürfen, sind auszuschalten und gegen Wiedereinschalten zu sichern. An den Schaltern müssen Verbotsschilder „Nicht schalten“ angebracht werden (siehe Bild 13-3).

Die elektrischen Betriebsmittel mit Anzeigevorrichtungen oder Stellteilen müssen zum Bedienen leicht zugänglich sein. Die Zugänge zu den Betriebsmitteln sind stets freizuhalten. Die Betätigungselemente müssen knieend oder stehend von einer sicheren Standfläche aus erreicht werden. Dies bedeutet, daß die Einbauhöhe 200 mm nicht unterschreiten und 2100 mm nicht überschreiten darf. Empfehlenswert sind Einbauhöhen zwischen 850 mm und 1700 mm.

13.3 Arbeiten an elektrischen Betriebsmitteln und in elektrischen Anlagen

Entsprechend DIN VDE 0105 umfaßt der Betrieb von Starkstromanlagen das Bedienen und das Arbeiten. Unter den Begriff „Arbeiten" fallen alle Tätigkeiten, die zur Instandhaltung der elektrischen Betriebsmittel und Anlagen gehören. Das Ändern, z. B. das Erweitern oder Verkleinern einer elektrischen Anlage, und das Inbetriebnehmen fallen ebenso unter diesen Begriff. Da diese Tätigkeiten für die Sicherheit und Funktion des Betriebsmittels bzw. der elektrischen Anlage entscheidend sind und vielfach ohne vollständigen Schutz gegen direktes Berühren ausgeführt werden müssen, sind sie Elektro-Handwerkern bzw. elektrotechnisch unterwiesenen Personen vorbehalten.
Der Begriff „Arbeiten" ist gegenüber dem Begriff „Bedienen" nicht immer klar abzugrenzen. So gibt es Tätigkeiten, die sowohl „Bedienen" als auch „Arbeiten" sind.

13.3.1 Arbeiten an freigeschalteten Anlagen

Bei Arbeiten an aktiven Teilen elektrischer Anlagen und Betriebsmittel müssen geeignete Sicherheitsvorkehrungen angewendet werden, um Gefahren durch elektrischen Strom zu verhindern. Dies geschieht am besten durch Herstellen und Sicherstellen des spannungsfreien Zustands vor Beginn der Arbeiten. Jeder Unternehmer und Elektro-Handwerker sollte sich zum obersten Grundsatz machen, nur an freigeschalteten Anlagen zu arbeiten bzw. arbeiten zu lassen. Arbeiten an aktiven Teilen elektrischer Anlagen, deren spanungsfreier Zustand nicht hergestellt ist, sind nur in den unter 13.3.3 beschriebenen Sonderfällen zulässig.
Das Herstellen und Sicherstellen des spannungsfreien Zustandes geschieht durch Anwendung der *fünf Sicherheitsregeln*. Diese lauten:

1. Freischalten
2. Gegen Wiedereinschalten sichern
3. Spannungsfreiheit feststellen

4. Erden und Kurzschließen
5. Benachbarte, unter Spannung stehende Teile abdecken oder abschranken.

Mit den Arbeiten darf erst begonnen werden, wenn die fünf Sicherheitsregeln ordnungsgemäß angewendet worden sind. Im allgemeinen ist die Reihenfolge der ersten vier Sicherheitsregeln einzuhalten. Die 5. Sicherheitsregel kann zu einem beliebigen Zeitpunkt durchgeführt werden. Es kann zweckmäßig sein, diese Maßnahme zuerst durchzuführen. In Anlagen mit Nennspannungen unter 1000 V – mit Ausnahme von Freileitungen – darf vom Erden und Kurzschließen abgesehen werden.
Nach beendeter Arbeit werden im allgemeinen die Sicherheitsmaßnahmen in der umgekehrten Reihenfolge ihrer Anbringung beseitigt und die Anlage wieder unter Spannung gesetzt.

13.3.1.1 Freischalten

Freischalten ist das allseitige Abschalten oder Abtrennen einer Anlage, eines Teiles einer Anlage oder eines Betriebsmittels von allen nicht geerdeten Leitern. In der Regel wird man sich vorweg an Hand eines gültigen Schaltplanes über den Schaltzustand der Teile der Anlage, an denen gearbeitet werden soll und die somit freigeschaltet werden müssen, unterrichten.
Zum Freischalten können Steckvorrichtungen, Schmelzsicherungen, LS-Schalter, Leistungsschalter, Lastschalter, Trennschalter und Fehlerstrom-Schutzschalter dienen. Schütze können dagegen nur bedingt und in Ausnahmefällen zum Freischalten verwendet werden.
Das Entladen von Kondensatoren gehört auch zum Freischalten. Meist verfügen Kondensatoren über Einrichtungen, die für ein selbsttätiges Entladen sorgen. Dies können unmittelbar an die Kondensatoren angeschlossene Induktivitäten oder Widerstände sein. Auch Entladewiderstände, die mit dem Kondensator verbunden werden, wenn dieser ausgeschaltet wird, sind möglich. Ist die Entladezeit länger als 1 min, sind an Schaltfeldern und Betriebsstätten von Kondensatoranlagen Hinweisschilder H 1 nach DIN 40 008 Teil 6 anzubringen *(Bild 13-1)*.

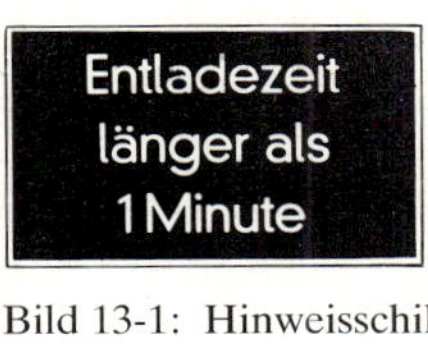

Bild 13-1: Hinweisschild H 1

Bild 13-2: Gebotsschild G 1

Bei Kondensatoren, die nicht selbsttätig entladen werden, muß zum Entladen ein geerdetes Seil mit einer Isolierstange an die Außenleiter angelegt werden. Durch gut sichtbar angebrachte Gebotsschilder G 1 nach DIN 40 008 Teil 5 ist darauf zu verweisen *(Bild 13-2)*.
Wurde die Freischaltung nicht durch die allein arbeitende oder aufsichtsführende Person ausgeführt, so muß die Meldung der Freischaltung abgewartet werden, bevor die nächsten Sicherheitsregeln angewendet werden. Die Meldung kann mündlich, fernmündlich, schriftlich oder fernschriftlich erfolgen. Das Fehlen der Spannung darf nicht als Bestätigung einer vollzogenen Freischaltung gewertet werden.

13.3.1.2 Gegen Wiedereinschalten sichern

Die Betriebsmittel, mit denen freigeschaltet worden ist, sind gegen Wiedereinschalten zu sichern. Das Sichern gegen Wiedereinschalten erfolgt z. B. durch Herausnahme und sicheres Verwahren der Sicherungseinsätze, durch Steckkappen oder Klebefolien über die Handhabe von Schaltern oder durch mechanische Verriegelungseinrichtungen. Bei Kraftantrieben, z. B. Motor- oder Druckluftschalter, ist die Antriebskraft unwirksam zu machen.
Zudem muß an Schaltgriffen oder Antrieben von Schaltern, an Sicherungsunterteilen, an Steuerorganen, mit denen ein Anlagenteil freigeschaltet worden ist oder mit denen es unter Spannung gesetzt werden kann, für die Dauer der Arbeit ein Verbotsschild VS 1 nach DIN 40 008 Teil 2 angebracht werden *(Bild 13-3)*.

Bild 13-3: Verbotsschild VS zum Sichern gegen Wiedereinschaltung (Ring ist im Original rot)

Ein Verbotsschild ist grundsätzlich, also auch an verriegelten oder anderweitig gegen Wiedereinschalten gesicherten Schaltern, anzubringen.

13.3.1.3 Spannungsfreiheit feststellen

Die Spannungsfreiheit ist immer an der Arbeitsstelle selbst festzustellen, um sicherzugehen, daß nicht der falsche Anlagenteil freigeschaltet wurde.

Ausnahmen sind bei Kabeln und isolierten Leitungen erlaubt, wenn an den Ausschaltstellen die Spannungsfreiheit festgestellt worden ist und das Kabel oder die isolierte Leitung eindeutig identifiziert wurde, z. B. durch Sichtkontrolle, Kabelsuchgerät oder Kabelschneidegerät.
Die Spannungsfreiheit darf nur durch eine mindestens elektrotechnisch unterwiesene Person festgestellt werden. Sie kann dazu Spannungsprüfer, Meßgeräte oder unter bestimmten Voraussetzungen Erdungseinrichtungen verwenden. In Niederspannungsanlagen werden meist ein- oder zweipolige Spannungsprüfer dazu verwendet.
Der einpolige Spannungsprüfer bis 250 V muß DIN VDE 0680 Teil 6 entsprechen, der zweipolige DIN VDE 0680 Teil 5. Der einpolige Spannungsprüfer darf keine außenliegenden Leitungen oder Anschlußmöglichkeiten für solche haben. Eine als Schraubendrehklinge ausgebildete Prüfelektrode darf nur an nicht unter Spannung stehenden Betriebsmitteln als Schraubenzieher benützt werden. Die Nennspannung oder der Nennspannungsbereich „. . .V~ " ist als Aufschrift anzugeben. Spannungen vom 0,85-fachen der Nennspannung müssen zweifelsfrei wahrnehmbar angezeigt werden. Der Strom darf bei Nennspannung nicht größer als 0,5 mA sein.
Wegen der hohen Widerstände im Prüfstift-Stromkreis muß man sehr darauf achten, keine falschen Schlüsse aus der Anzeige oder auch Nichtanzeige durch die Glimmlampe zu ziehen. In der Größe dieser Widerstände von 1,5 bis 3 MΩ liegen beim Wechselstromnetz auch induktive oder kapazitive Widerstände von Installationsanlagen und Geräten. Da manche Glimmlampe schon bei etwa 0,05 mA sichtbar leuchtet, können Fehlerspannungen vorgetäuscht werden (Blindspannungen). Umgekehrt können dem Strompfad „Glimmlampe-Mensch" ein Ableitwiderstand parallel und ein Isolationswiderstand (Holzboden) in Reihe geschaltet sein, so daß trotz bestehendem Körperschluß die Glimmlampe nicht zündet, weil ihre Zündspannung von etwa 70 V nicht erreicht wird.
Zündet die Glimmlampe und handelt es sich bei dem vermuteten Fehler um kapazitive Aufladung oder induktive Beeinflussung, dann bricht diese Blindspannung zusammen, wenn der Glimmlampe ein ohmscher Belastungswiderstand von z. B. 30 W parallelgeschaltet wird. Bei echter Fehlerspannung (z. B. Betriebsspannung, Wirkspannung) dagegen leuchtet die Glimmlampe auch nach Einschalten des Parallelwiderstandes auf. Derartige Spannungsprüfer mit Belastungswiderstand sind handelsüblich.
Bei kleinen Stromkreisen ohne Erdverbindung (Trenntransformator) zeigt der einpolige Spannungsprüfer nicht an.
Es gibt Mikroprozessor-gesteuerte Digital*spannungsprüfer* mit VDE-Prüfzeichen *(Bild 13-4)*. Sie eignen sich für Gleich- und Wechselspannung bis 999 V.

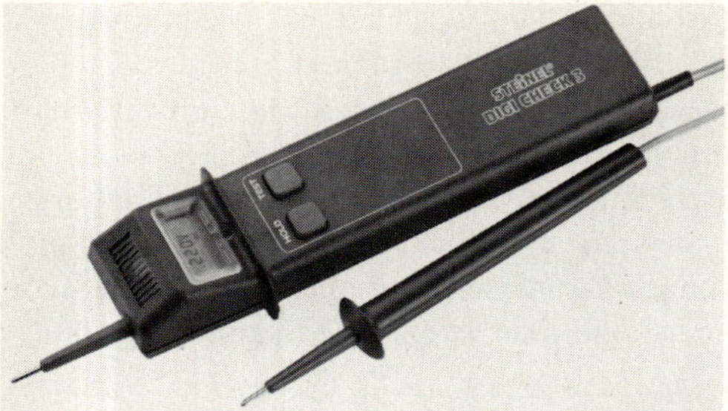

Bild 13-4:
Digital-Spannungsprüfer

13.3.1.4 Erden und Kurzschließen

Das Erden und Kurzschließen ist nur an nicht schutzisolierten Freileitungen mit Nennspannungen bis 1000 V sowie an allen Anlagen mit Nennspannungen über 1 kV erforderlich.
Geerdet und kurzgeschlossen muß an der Arbeitsstelle selbst werden, so daß die Erdung und Kurzschließung von der Arbeitsstelle aus sichtbar ist. Die Vorrichtungen müssen immer zuerst mit der Erdungsanlage oder mit einem Erder und dann mit den zu erdenden Leitern verbunden werden.
Wird bei der Arbeit ein Leitungszug unterbrochen, so muß an beiden Seiten der Unterbrechungsstelle geerdet und kurzgeschlossen werden.
Die Erdungs- und Kurzschließeinrichtungen müssen entsprechend dem an der Einsatzstelle auftretenden Kurzschlußstrom dimensioniert werden. Näheres ist aus DIN VDE 0105 Teil 1 Abs. 9.7 zu entnehmen.

13.3.1.5 Benachbarte, unter Spannung stehende Teile abdecken oder abschranken

Ist nur ein Teil der elektrischen Anlage, z. B. eines Schaltfeldes, freigeschaltet worden und besteht dadurch die Gefahr des Berührens von benachbarten unter Spannung stehenden Teilen, so müssen vor Aufnahme der Arbeit die unter Spannung stehenden Teile durch hinreichend feste und zuverlässig angebrachte isolierende Abdeckungen gegen zufälliges Berühren geschützt werden. Zur Erfüllung dieser Sicherheitsregel sind die unter 13.3.2 getroffenen Aussagen für das Arbeiten in der Nähe unter Spannung stehender Teile zu beachten.

13.3.2 Arbeiten in der Nähe unter Spannung stehender Teile

Wenn Arbeiten in der Nähe von aktiven Teilen verrichtet werden müssen, sollte grundsätzlich deren spannungsfreier Zustand hergestellt und für die Dauer der

Arbeiten sichergestellt werden. Nur so ist eine vollständige Sicherheit zu erreichen. Können aus betrieblichen Gründen die aktiven Teile, die sich in der Nähe der Arbeitsstelle befinden, nicht freigeschaltet werden, so sind sie durch Abdecken oder Abschranken gegen direktes Berühren zu schützen. Der Schutz ist je nach Art, Umfang und Dauer der durchzuführenden Arbeiten sowie nach Qualifikation der Arbeitskräfte auszuführen. Ist auch der Schutz durch Abdecken oder Abschranken nicht durchführbar, so muß ein Schutz durch Abstand sichergestellt werden. Da dies nur eine Verhaltensvorschrift ist und somit Achtsamkeit und guter Wille erforderlich sind, sollte diese Sicherheitsmaßnahme nur in Ausnahmefällen angewendet werden. Bei Nennspannungen bis 1000 V ist der Schutz durch Abstand sichergestellt, wenn der Arbeitende auch durch unbeabsichtigte und unbewußte Bewegungen die unter Spannung stehenden Teile nicht berührt. Bei Arbeiten an aktiven bzw. freigeschalteten aktiven Teilen in Schaltanlagen sollten benachbarte unter Spannung stehende Teile einen Abstand von mindestens 25 cm haben, sofern nicht die Bedingungen von DIN VDE 0106 Teil 100 eingehalten sind (siehe 3.8.2.4.2).
Für Arbeiten an Freiluftanlagen und Freileitungen bis 1000 V, die unter Aufsicht von mindestens elektrotechnisch unterwiesenen Personen ausgeführt werden, ist ein Schutzabstand von unter Spannung stehenden Teilen ohne Schutz gegen direktes Berühren von mindestens 0,5 m erforderlich. Bei Arbeiten mit Baumaschinen sowie bei Anstricharbeiten usw., die nicht unter ständiger Aufsicht von Elektrofachkräften oder elektrotechnisch unterwiesenen Personen erfolgen, ist ein Abstand von mindestens 1 m erforderlich. Für Spannungen über 1 kV gelten entsprechend höhere Werte. Näheres dazu siehe DIN VDE 0105 Teil 1 Abs. 11.

13.3.3 Arbeiten an unter Spannung stehenden Teilen

Tätigkeiten, die ein Berühren an unter Spannung stehenden Teilen unmittelbar mit Körperteilen, z. B. mit der Hand, oder mittelbar mit Werkzeugen erfordern, bezeichnet man als „Arbeiten an unter Spannung stehenden Teilen". Diese sind nur dann erlaubt, wenn durch die Art der Anlage, z. B. ungefährliche Spannung, eine Gefährdung durch Körperdurchströmung oder durch Lichtbogenbildung ausgeschlossen ist. Weitere Ausnahmen sind möglich, wenn aus zwingenden Gründen die Anlage nicht freigeschaltet werden kann und Hilfsmittel oder Werkzeuge verwendet werden, die eine Gefährdung des Arbeitenden ausschließen.
Eine Gefährdung durch Körperdurchströmung oder durch Lichtbogenbildung kann ausgeschlossen werden, wenn die Nennspannung zwischen aktiven Teilen als auch die Spannung zwischen aktiven Teilen und Erde nicht höher als 50-V-Wechselspannung oder 120-V-Gleichspannung ist. Es spielt dabei keine

Rolle, ob es sich dabei um Schutzkleinspannung oder um Funktionskleinspannung handelt. Bei höheren Spannungen ist eine Gefährdung nur dann auszuschließen, wenn an der Arbeitsstelle der Kurzschlußstrom 3-mA-Wechselstrom oder 12-A-Gleichstrom, bei Fernmeldeanlagen mit Ferneinspeisung 9-mA-Wechselstrom oder 60-mA-Gleichstrom nicht übersteigt. Gleiches gilt, wenn die Energie an der Arbeitsstelle nicht größer als 350 mJ ist. Werden diese Werte überschritten, so muß ein zwingender Grund für das Arbeiten an unter Spannung stehenden Teilen vorliegen. Ein zwingender Grund ist gegeben, wenn Leben und Gesundheit von Personen gefährdet sind, z. B. durch Freischalten eines Krankenhauses, oder wenn in Betrieben oder beim Stromabnehmer ein erheblicher wirtschaftlicher Schaden entstehen würde. Darüber hinaus gibt es Arbeiten, für die das Anstehen der Spannung Voraussetzung ist, wie z. B. bei der Fehlersuche. Die Entscheidung, ob ein zwingender Grund vorliegt, muß normalerweise der Betreiber bzw. Unternehmer fällen. Mit den Arbeiten unter Spannung dürfen nur Personen beauftragt werden, die fachlich geeignet, zuverlässig und verantwortungsbewußt sind. Für umfangreiche Tätigkeiten sollte die ständige Anwesenheit einer zweiten Person vorgeschrieben werden, die in der Herz-Lungen-Wiederbelebung ausgebildet ist. Den Elektrofachkräften, die mit Arbeiten unter Spannung betraut werden, müssen geeignete Hilfsmittel wie isolierendes Werkzeug, isolierende Schutzvorrichtungen und isolierende Schutzbekleidung zur Verfügung gestellt werden.

Seit 1971 gibt es die DIN VDE-Bestimmungen 0680 Teil 1 bis 7 über isolierende Schutzbekleidung und isolierende Schutzvorrichtungen. Der Schutzanzug enthält Jacke, Hose, Kopfbedeckung, Gesichtsschutz, Handschuhe und Fußbekleidung. Schutzvorrichtungen sind Matten, Abdecktücher, Umhüllungen oder Platten zum Abdecken unter Spannung stehender Teile. Nach VBG 4 muß die isolierende Schutzbekleidung, soweit sie benutzt wird, alle sechs Monate durch eine Elektrofachkraft auf ihren einwandfreien Zustand hin geprüft werden.

DIN VDE 0680 Teil 2 behandelt Werkzeuge bis 1000 V, Teil 3 Betätigungsstangen bis 1000 V, Teil 4 NH-Sicherungs-Aufsteckgriffe zum Einsetzen und Herausnehmen von NH-Sicherungseinsätzen, Teil 7 Paßeinsatzschlüssel.

Isolierende Werkzeuge sind getrennt von anderen Werkzeugen aufzubewahren und in einwandfreiem Zustand zu halten.

All diese Hilfsmittel müssen mit dem graphischen Symbol des Isolators nach DIN 48 699 und der zugeordneten Spannungs- oder Spannungsbereichsangabe gekennzeichnet sein *(Bild 13-5)*.

Bild 13-5: Zeichen auf isolierenden Hilfsmitteln

Hilfsmittel müssen vor jeder Benutzung auf augenfällige Mängel geprüft werden.
Arbeiten an unter Spannung stehenden Teilen in feuer- und explosionsgefährdeten Betriebsstätten und Lagerräumen sind nur dann erlaubt, wenn jede Feuer- und Explosionsgefahr während der Dauer der Arbeiten beseitigt ist. Diese Vorsicht ist z. B. auch bei Messungen, etwa mit dem Schleifenwiderstands-Meßgerät (12.3), geboten.

13.4 Auswechseln von Sicherungen

In Wechselstromanlagen mit Spannungen bis 400 V dürfen Schraubsicherungen ohne Hilfsmittel ausgewechselt werden, wenn der über die Sicherung fließende Betriebsstrom nicht höher als 63 A ist. Bei höheren Strömen müssen die Verbraucher vor dem Auswechseln der Sicherung abgeschaltet werden. In Gleichstromanlagen mit Spannungen über 110 V muß unabhängig von der Stromstärke vor dem Auswechseln der Schraubsicherung der stromlose Zustand hergestellt werden. Bei Gleichspannungen von über 24 V bis 60 V dürfen 6 A, bei über 60 V bis 110 V 2 A fließen. NH-Sicherungseinsätze dürfen nur mit NH-Sicherungsaufsteckgriffen ausgewechselt werden, ausgenommen solche in Einschüben oder Sicherungstrennschaltern. In stromführenden Stromkreisen dürfen NH-Sicherungseinsätze nur durch besonders geschultes Personal unter Verwenden von NH-Sicherungsaufsteckgriffen mit Unterarmstulpe und Schutzhelm mit Gesichtsschutz ausgewechselt werden *(Bilder 13-6 und 13-7)*.

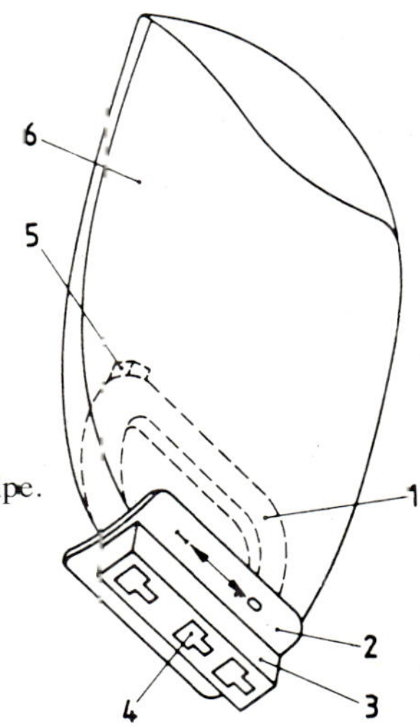

Bild 13-6: NH-Sicherungsaufsteckgriff mit Unterarmstulpe.
1 Griffbügel
2 Begrenzungsscheibe
3 Aufsetzteil
4 Halteteil
5 Betätigungseinrichtung für die Entriegelungsteile
6 Stulpe

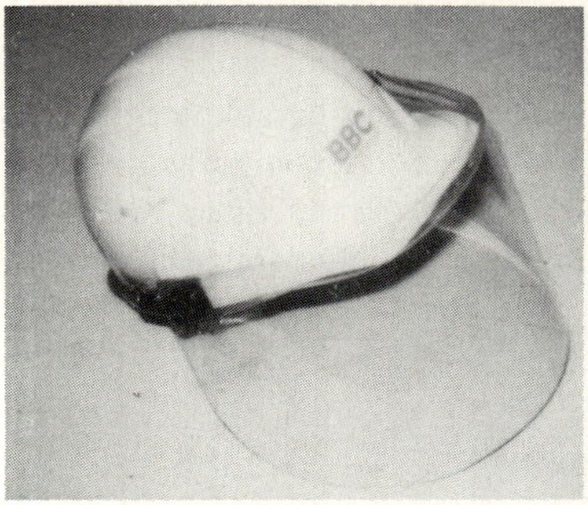

Bild 13-7: Schutzhelm mit Gesichtsschutz

NH-Sicherungseinsätze in Sicherungslasttrennschaltern können gefahrlos ohne Einhalten besonderer Bedingungen ausgewechselt werden. Beim Auswechseln von NH-Sicherungseinsätzen in Sicherungstrennschaltern ohne Lastschaltvermögen muß der betreffende Stromkreis vor dem Ziehen des Trennschalters stromlos geschaltet werden.

13.5 Auswechseln von Lampen

Lampen mit Leistungen über 200 W bis 1000 W dürfen nur von Elektrofachkräften oder elektrotechnisch unterwiesenen Personen ausgewechselt werden. Wobei zu beachten ist, daß bei dem für diesen Leistungsbereich üblichen Lampensockel E 40 der Gewindekorb zur Stromzuführung verwendet werden darf. Beim Einsetzen oder Entfernen der Lampe kann somit der berührbare Lampensockel unter Spannung stehen. Die Lampen sollten daher mit besonderer Vorsicht oder im spannungsfreien Zustand gewechselt werden. Lampen mit einer Leistung über 1000 W dürfen nur in spannungsfreiem Zustand gewechselt werden. Gleiches gilt für Lampen mit Nennspannungen über 250 V.

13.6 Erhalten des ordnungsgemäßen Zustandes

Ein sicherer Betrieb setzt den ordnungsgemäßen Zustand der elektrischen Anlagen und Betriebsmittel voraus.
Durch Beschädigen, Verschleiß oder natürliche Alterung kann sich der Zustand einer elektrischen Anlage oder eines Teils davon soweit verschlechtern, daß ein

sicherer Betrieb nicht mehr gewährleistet ist. Die Anlage weist dann einen Mangel auf, der sobald wie möglich zu beseitigen ist. Stellt der Mangel eine unmittelbare Gefahr für Personen oder Sachen dar, so ist er unverzüglich zu beseitigen. Eine unmittelbare Gefahr ist z. B. gegeben, wenn der Schutz gegen direktes Berühren aufgehoben ist oder der Körper eines elektrischen Betriebsmittels unter Spannung steht. In solchen Fällen ist der gefahrdrohende Zustand sofort nach bekanntwerden zu beseitigen. Dies kann auch durch Außerbetriebnehmen des Stromkreises oder Betriebsmittels geschehen. Die eigentliche Reparatur kann dann zu einem späteren Zeitpunkt erfolgen. Mängel, von denen keine unmittelbare Gefahr ausgeht, sollten innerhalb von 6 Wochen beseitigt werden.
Maßgebend für den ordnungsgemäßen Zustand einer Anlage sind die Bestimmungen, die zum Errichtungszeitpunkt der Anlage galten. Haben sich die Anforderungen zwischenzeitlich geändert, so ist in der Regel kein Anpassen der bestehenden Anlage an die neuen Normen erforderlich (Bestandsschutz), es sei denn, ein Anpassen wird in der neuen Norm ausdrücklich gefordert. Anpassungsforderungen sind in den Rechtsvorschriften und -bestimmungen sehr selten zu finden. In DIN VDE 0100 gibt es drei Anpassungsforderungen, und zwar für CEE-Steckvorrichtungen (§ 31 a), für Schwimmbäder (siehe 11.4) und für Saunen (siehe 11.29). Darüber hinaus sind Anpassungen notwendig, wenn sich die Umgebungsbedingungen ändern. Soll z. B. ein altes Wohnhaus als landwirtschaftliche Lagerstätte genutzt werden, so ist die elektrische Anlage auf die heute geltenden Bestimmungen für landw. Betriebsstätten abzuändern.
Zum Erhalten des ordnungsgemäßen Zustandes gehört auch das Reinigen der elektrischen Geräte. Können beim Reinigen aktive Teile berührt werden, muß der spannungsfreie Zustand hergestellt werden.
Der Nachweis, ob sich die elektrischen Anlagen und Betriebsmittel im ordnungsgemäßen Zustand befinden, ist durch wiederkehrende Prüfungen (siehe 12.11) zu erbringen.

13.7 Arbeitsgerät

1. Leitern und Gerüste müssen den Unfallverhütungsvorschriften entsprechen. Man verwende in Innenanlagen keine Leitern aus Metall. Leitern mit nur aufgenagelten, aufgeschraubten, schadhaften oder sogar fehlenden Sprossen, geflickten Holmen oder Wangen dürfen auch nicht für kleinere Arbeiten benutzt werden.
   Behelfsgerüste sind nur für kleinere Arbeiten, z. B. Anbringen von Reklamebeleuchtung, zulässig. Bretter oder Bohlen werden auf standsichere und

tragfähige Unterlagen, z. B. Böcke oder Stehleitern, gelegt. Fässer, Kisten, Eimer, lose Ziegelsteine dürfen nicht als Unterlagen verwendet werden. Die Standfläche darf bei Behelfsgerüsten nicht höher als 3 m über dem Boden, bei Stehleitern höchstens auf der drittobersten Sprosse liegen.

2. Werkzeuge müssen einwandfrei sein. Schraubenzieher und -schlüssel müssen zu den Schrauben und Muttern passen. Meißel sind rechtzeitig vom Grat zu befreien. Hammerkopf und -stiel müssen gut miteinander verkeilt sein. Man lasse keine Werkzeuge auf Leitern oder Gerüsten liegen.
   Isolierte Werkzeuge, die zum Arbeiten unter Spannung stehen, sind vor Gebrauch auf offensichtliche Beschädigungen zu prüfen. Sie sind getrennt von anderen Werkzeugen aufzubewahren, um Verwechslungen, Verschmutzung und Beschädigung zu vermeiden.
3. Bolzensetzgeräte dürfen nur von zuverlässigen und umsichtigen, mindestens 18 Jahre alten Personen benutzt werden, die eine Ausbildungs- und Belehrungsbescheinigung ihres Arbeitgebers besitzen. Bedienungsanweisung und Richtlinien sind ihnen gegen schriftliche Bestätigung auszuhändigen. Der Bedienungsmann muß eine splittersichere Schutzbrille, einen Spezialhelm und erforderlichenfalls auch Körper- und Gehörschutz tragen. Hilfskräfte dürfen nur hinter ihm stehen. Der Gefahrenbereich ist zuverlässig abzusperren.
   Bolzensetzgeräte dürfen nur von einem standsicheren Arbeitsplatz aus bedient werden. Nur für das Gerät zugelassene Bolzen dürfen verwendet werden. Geladene Bolzensetzgeräte dürfen nicht aus der Hand gelegt werden.
   Die Eintreibestellen müssen aus weicherem Material als die Bolzen bestehen. Das ist dann der Fall, wenn sich das Material mit dem Bolzen ritzen läßt, ohne dessen Spitze zu beschädigen.
   In explosionsgefährdeten Betriebsräumen dürfen *keine* Bolzensetzgeräte verwendet werden.

13.8 Aushänge

Sicherheitsschilder

In ausreichender Zahl und Größe sind die Verbotsschilder VS 1 und VS 2 nach DIN 40 008 Teil 2 bereitzuhalten (siehe Bild 13-3). Ältere Schilder, die dieser Norm nicht entsprechen, aber die gleiche Sachaussage enthalten, dürfen weiterverwendet werden.

Sicherheitsschilder, die auf die Befolgung der fünf Sicherheitsregeln hinweisen, sind nicht mehr erforderlich.

Schaltpläne
In Starkstromanlagen mit Nennspannungen bis 1000 V sind Schaltpläne im allgemeinen nicht erforderlich, wenn die an eine Schaltanlage oder einen Verteiler angeschlossenen Stromkreise aus der Beschriftung ausreichend ersichtlich sind. Es können auch Tabellen verwendet werden, welche die zur Identifizierung der Stromkreise einschl. ihrer Schutz-, Trenn- und Schalteinrichtungen erforderlichen Kennbuchstaben enthalten. Sind Schaltpläne erforderlich, so sollen diese DIN 40719 entsprechen (siehe auch 1.13 und Bild 5-2).

VDE-Bestimmungen und Merkblätter
In elektrischen Betriebsstätten, die ständig besetzt sind, z. B. eine Schaltwarte eines Kraftwerkes, muß die DIN VDE 0105 Teil 1 und die DIN VDE 0132, Merkblatt für die Bekämfung von Bränden in elektrischen Anlagen und in deren Nähe, ausgelegt oder aufgehängt werden.
Das Merkblatt ZH 1/403 oder der Aushang ZH 1/404, die beide Anweisungen über die Erste Hilfe bei Unfällen geben, ist in allen elektrischen Betriebsstätten und in allen abgeschlossenen elektrischen Betriebsstätten auszulegen oder auszuhängen. Befinden sich in einem Gebäude mehrere elektrische Betriebsstätten, genügt es in der Regel, das Merkblatt oder den Aushang an einer Stelle anzubringen. An einzelnen Schaltschränken oder in untergeordneten kleinen Schalträumen darf auf das Merkblatt bzw. den Aushang verzichtet werden.

13.9 Brandbekämpfung und Erste Hilfe

Das VDE-Merkblatt 0132 gibt Hinweise zur Bekämpfung von *Bränden* in elektrischen Anlagen und deren Nähe. Feuerlöscher müssen immer griffbereit und einsatzbereit sein.
Die unbegründete Angst vor dem Einsatz des Löschmittels Wasser ist abzubauen. In Kabelstrecken z. B. kann mit Sprinkler- und Sprühwasser-Löschanlagen Hervorragendes erreicht werden. Für wasserempfindliche elektrische Anlagen, z. B. Elektronik, gibt es ,,vorgesteuerte'' Sprinkleranlagen. Dabei wird frühzeitig von Rauchmeldern Alarm ausgelöst und gezielt nur unmittelbar im Brandbereich dann Wasser freigegeben, wenn ein Brand nicht rechtzeitig gelöscht wird. In extrem wasserempfindlichen Bereichen ist an den Einsatz von CO_2 zu denken. Pulver und Schaum sollten nur in Sonderfällen verwendet werden.
Bei Bränden von Gasen oder Leichtmetallen eignen sich Halone, die frostbeständig sind. Sie haben hohe Löschkraft bei schlagartiger Wirkung, jedoch dürfen sie nicht in schlecht belüfteten Räumen verwendet werden.

Anleitungen zur Ersten Hilfe bei *Unfällen* enthält das Merkblatt ZH1/403 des Hauptverbandes der gewerblichen Berufsgenossenschaften UVV 98.0 (VBG 109).
Ausschalten oder den Verunglückten sofort mit einem Nichtleiter, z. B. einer trockenen Holzlatte, von den unter Spannung stehenden Teilen trennen! An trockenen Kleidungsstücken wegziehen! (Nur bei Niederspannung!).
Bei Atemstillstand mit Wiederbelebung beginnen. Die ersten Minuten nach einem solchen Unfall können über Leben und Tod entscheiden. Bei Herzkammerflimmern gibt es nur ein zuverlässiges Mittel: den Gegenschock durch einen Defibrillator innerhalb von 1 Minute. Da dies in der Praxis unmöglich ist, muß sofort mit der herkömmlichen „Ersten Hilfe" begonnen werden.
Die Berufsgenossenschaft der Feinmechanik und Elektrotechnik bietet allen Beschäftigten ihrer Mitgliedsbetriebe eine kostenlose Ausbildung in der Ersten Hilfe an.
VBG 109 führt den Begriff des ,,Ersthelfers'' ein. Ersthelfer sind Laienhelfer, die in einem mindestens acht Stunden umfassenden Lehrgang ,,Grundausbildung in Erster Hilfe'' ausgebildet werden. Eine höhere Ausbildungsstufe hat der Betriebssanitäter, der als haupt- oder nebenberuflicher Helfer eine Fachausbildung für den Sanitätsdienst mitgemacht hat. In jedem Betrieb müssen Ersthelfer zur Verfügung stehen, wobei § 8 von VBG 109 die Mindestzahlen festlegt. Auf jeder Baustelle und bei allen Montagearbeiten muß jederzeit mindestens ein Ersthelfer anwesend sein. Der Unternehmer kann Versicherte seines Betriebes verpflichten, sich zu Ersthelfern ausbilden zu lassen. Er hat ferner dafür zu sorgen, daß die Ersthelfer in angemessenen Zeitabständen fortgebildet werden.

14 Blitzschutz und Überspannungsschutz

(DIN VDE 0185 Teil 1 und 2)

Die Landesbauverordnungen fordern „bauliche Anlagen, bei denen nach Lage, Bauart oder Nutzung Blitzeinschlag leicht eintreten oder zu schweren Folgen führen kann, sind mit dauernd wirksamen Blitzableitern zu versehen." Die Bauaufsichtsbehörde entscheidet im Einzelfall, ob eine Blitzschutzanlage aus ihrer Sicht erforderlich ist. Etwaige Auflagen sind im allgemeinen im Baugenehmigungsbescheid aufgeführt.

Die Kenntnisse über den Gebäude-Blitzschutz gehören zum Berufsbild des Elektro-Installateurs. Der ABB (Ausschuß für Blitzschutz und Blitzforschung) fördert und steuert über verschiedene Ausbildungsstätten die Ausbildung zur Fachkraft für Blitzschutzanlagen. Neben einem fünftägigen Grundlagenseminar ist ein Aufbauseminar A, das bei erfolgreich bestandener Prüfung zur Anerkennung als „ABB-geprüfter Blitzableitersetzer für äußeren Blitzschutz" führt, und ein Aufbauseminar B, das nach erfolgreichem Abschluß zur Berufsbezeichnung „ABB-geprüfte Fachkraft für äußeren und inneren Blitzschutz" berechtigt, vorgesehen.

Alljährlich werden in der Bundesrepubik Deutschland etwa 10 Menschen vom Blitz getötet. Der Verlust an Sachwerten wird auf 100 Millionen DM geschätzt. Die Anzahl der Gewittertage beträgt 15 bis 35 im Jahr. Die Einschlagwahrscheinlichkeit liegt bei einem bis fünf Einschlägen je Quadratkilometer im Jahr. Im Rahmen dieses Nachschlagebuchs können nur die Grundsätze für die Errichtung von Blitzschutzanlagen erwähnt werden.

14.1 Der Blitz

Der Blitz kann in Annäherung als eine Gleichstrom-Stoßentladung nach *Bild 14-1* dargestellt werden. Er erreicht beispielsweise in 20 µs (Millionstel Sekunden) seinen Höchstwert von etwa 100 kA. Seine Halbwertzeit mag 50 µs

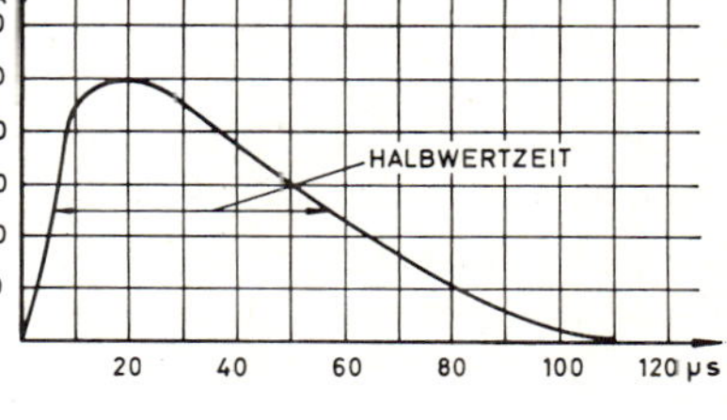

Bild 14-1: Blitzentladung

betragen. Am häufigsten sind Blitze mit weniger als 20 kA Scheitelwert. Grenzwerte von 1 kA und 400 kA wurden ebenfalls gemessen.
Wegen des ungewöhnlich steilen zeitlichen Anstiegs des Blitzstromes von 0 A bis zu seinem Scheitelwert von z. B. 50 kA verhält sich der Blitz anders wie die üblichen technischen Ströme. So richtet sich der Leitungswiderstand im wesentlichen nicht nach der Leitfähigkeit des Werkstoffes, sondern nach dem sog. Wellenwiderstand, der vor allem von der Höhe der Leitung über dem Erdboden abhängt. So hätte z. B. ein 20 m langer Blitzableiterdraht von 50 mm^2 Kupfer auf dem First eines 10 m hohen Gebäudes bei Gleichstrom von 50 kA einen Spannungsfall von rund 36 V. Bei einem Blitzeinschlag in dieselbe Leitung ergäbe sich bei 50 kA Scheitelwert ein Spannungsfall von 85 kV, also mehr als 2000mal soviel. Dementsprechend ist insbesondere bei hohen Gebäuden mit einem Abspringen des Blitzes vom Blitzableiter auf andere geerdete Teile, wie Wasserleitungen, Stahlkonstruktionen oder elektrische Installationsanlagen zu rechnen, wenn der Blitzableiter nicht fachgerecht installiert wurde. Dieses mögliche Abspringen des Blitzes von seiner ihm zugedachten metallenen Leiterbahn stellt die eine große Gefahr bei nicht fachgerecht gebauten Blitzableiter-Anlagen dar.
Die andere besteht in einem punktförmig konzentrierten Wärmeumsatz bei schlechten Leiterverbindungen. So kann eine nicht sorgfältig hergestellte Leiterklemme von nur 0,1 Ω Übergangswiderstand nicht weniger als 7,5 kWs Wärme erzeugen und damit rund 800 mm^3 Kupfer schmelzen. Befinden sich in der Nähe solcher Klemmen leicht entzündliche Stoffe oder auch Holz, so kann das Anwesen trotz des Blitzableiters abbrennen. Auf solche Wärmewirkungen sind die meisten typischen Blitzschäden zurückzuführen. Im Holz, in Mauerfugen, in Bäumen befindet sich Wasser. Strömt der Blitz durch solche Gegenstände hindurch, so wird infolge starker Erwärmung (hoher elektrischer Widerstand) das Wasser nicht nur erhitzt, sondern in Bruchteilen von Sekunden verdampft. Aus 1 l Wasser entstehen 1300 l Dampf. Die Folge ist ein explosionsartiges Zersprengen der Dachbalken, des Mauerwerkes oder der Bäume.
Die Elektroinstallationen in den Gebäuden werden immer umfangreicher und die besonders überspannungsempfindlichen elektronischen Geräte werden in immer stärkerem Maße eingesetzt. So haben in den letzten Jahren die Gewitter-Überspannungsschäden, also die indirekten Blitzschäden, bereits ein Vielfaches der direkten Blitzschäden erreicht.
Eine wirkungsvolle Blitzschutzanlage besteht aus dem äußeren und inneren Blitzschutz. Der äußere Blitzschutz umfaßt Fangeinrichtungen, Ableitungen und Erdungsanlage. Der innere Blitzschutz trifft Maßnahmen gegen die Auswirkungen des Blitzstromes und seiner elektrischen und magnetischen Felder auf metallene und elektrische Leitungen und Anlagen. Das bedeutet im

wesentlichen einen konsequent durchgeführten Potentialausgleich, d. h. einen Zusammenschluß aller Metallteile, sei es direkt über Leitungen oder indirekt über Funkenstrecken oder Überspannungsableiter. Meß-, Steuer- und Regelleitungen sind abzuschirmen, desgleichen die elektronischen Geräte oder die gesamten Räume, z. B. durch Metallfassaden. Beim äußeren Blitzschutz sind dann zusätzlich die Maschenweite der Fangeinrichtungen zu verringern und die Anzahl der Ableitungen zu erhöhen.

14.2 Der äußere Blitzschutz

14.2.1 Die Fangeinrichtungen

Wenn ein Gebäude gegen Blitzschlag geschützt werden soll, muß es in eine Art von Metallkäfig gesetzt werden, der möglichst gut geerdet sein muß. Zu diesem Zweck errichtet man zunächst auf dem Dach ein System von Blitz-Fangleitungen. Diese wird man dort anordnen, wo nach physikalischen Gesetzen am ehesten mit einem Blitzeinschlag zu rechnen ist, nämlich an Orten hoher elektrischer Feldstärke. Daher erhalten Spitzen und Kanten Fangleitungen, also zum Beispiel Turm- und Giebelspitzen, Schornsteine, Dunstschlote, Firste, Grate, Giebel- und Traufkanten. Kein Punkt der Dachfläche soll mehr als 5 m von einer Fangleitung entfernt sein *(Bild 14-2)*.

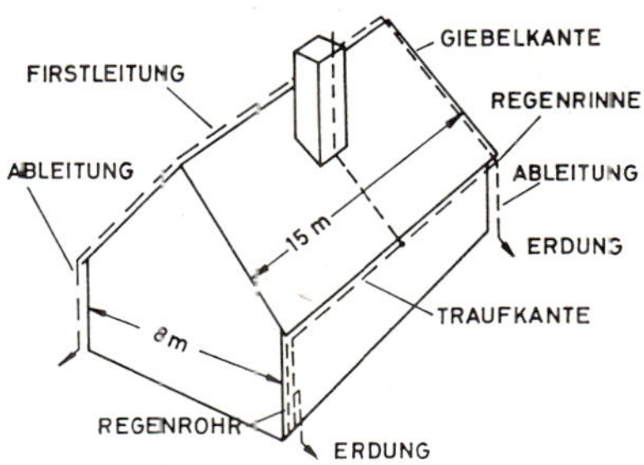

Bild 14-2: Blitzschutzanlage

14.2.2 Die Ableitungen

Die Fangeinrichtungen werden mit Ableitungen zur Erde geführt. In Bild 14-2 erkennen wir drei Stück. Mindestens zwei Ableitungen sollte man bei jedem Gebäude vorsehen. Im übrigen ist je 20 m Umfang der Dachaußenkanten eine Ableitung anzuordnen. Ergibt sich daraus eine ungerade Zahl, so ist diese bei symmetrischen Gebäuden um eine Ableitung zu erhöhen. Bei Gebäuden bis 12 m Länge oder Breite darf dagegen eine ungerade Zahl um eine Ableitung vermindert werden. In Bild 14-2 hätten also zwei Ableitungen genügt. Sie dürfen auch unter Putz, in Beton, in Fugen, in Schlitzen oder Schächten verlegt werden. Von Türen, Fenstern und sonstigen Öffnungen sollen sie einen Abstand von mindestens 0,5 m einhalten. Regenfallrohre dürfen als Ableitungen verwendet werden, wenn die Stoßstellen gelötet oder mit gelöteten oder genieteten Laschen verbunden sind.

Ableitungen müssen Trennstellen erhalten. Diese sind möglichst oberhalb der Erdeinführung vorzusehen.

14.2.3 Die Erdungsanlage

Für jede Blitzschutzanlage muß eine Erdungsanlage errichtet werden, sofern nicht schon ausreichende Erder, z. B. Fundamenterder, Bewehrungen von Stahlbeton-Fundamenten, Stahlteile von Stahlskelettbauten vorhanden sind. Die Erdung muß ohne Mitverwendung von metallenen Wasserleitungen, anderen Rohrleitungen und geerdeten Leitern der elektrischen Anlage voll funktionsfähig sein. Durch Bandstahl-Erder um das Gebäude herum *(Bild 14-3)* oder die Herstellung eines Fundamenterders (siehe 6.3) wird ein vorzüglicher Ringerder geschaffen, der in allen Fällen anzustreben ist. An diesen 0,5 bis 1,0 m tief verlegten Erder sind möglichst alle bis 20 m entfernten sonstigen Erder mit anzuschließen, wie Pumpenrohre, Stahlgerüste, Blitzschutzerder benachbarter Gebäude. Die Erdungsanlage ist auf möglichst kurzem Wege an die Potentialausgleichsschiene anzuschließen, z. B. mit NYY-Kabel 16 mm² Cu. Auch die Betriebs- bzw. Schutzerder des TN-, TT- und IT-Netzes, der Antennen, der Metallmäntel von Niederspannungs-Kabeln, der Überspannungsableiter können unbedenklich mit dem Gebäude-Blitzschutzerder an der Potentialausgleichsschiene (siehe 6.1) verbunden werden. Dagegen dürfen Dachständerrohre nur im Einvernehmen mit dem Elektrizitätswerk und nur über eine geschlossene Funkenstrecke an die Blitzschutzanlage angeschlossen werden.

Gebäude aus Stahlbeton oder mit Stahlträgern in Betonfundamenten besitzen häufig einen so niedrigen Erdungswiderstand, daß sich zusätzliche Erder

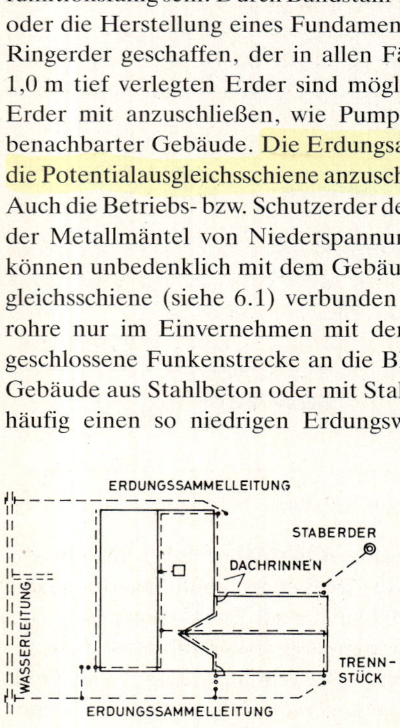

Bild 14-3: Erdungsanlage

erübrigen. Hohe Erdungswiderstände und hohe Gebäude erfordern zusätzliche Überlegungen, ob der Blitz nicht von seiner ihm zugewiesenen Leitung abspringen könnte. Auf diese sog. „Näherungs-Berechnungen" soll hier nicht eingegangen werden. Sie laufen darauf hinaus, daß – wie bei der Starkstromanlage – der Potentialausgleich auch den besten Blitzschutz ergibt.

14.2.4 Werkstoffe

Für die *Fangeinrichtung* auf dem Dach und die *Ableitungen* gelten Mindest-Querschnitte nach *Tabelle 14-1* als zulässig (DIN VDE 0185 Teil 100, Entwurf).

Mindest-Querschnitt von Blitzschutz-Fangeinrichtungen und Ableitungen

Tabelle 14-1

Fangeinrichtungen	Kupfer 35 mm^2 Aluminium 70 mm^2 Stahl 50 mm^2
Ableitungen	Kupfer 16 mm^2 Aluminium 25 mm^2 Stahl 50 mm^2

Für die Erder sind Werkstoffe und Querschnitte nach *Tabelle 14-2* zu wählen.

Mindest-Querschnitt von Blitzschutz-Erdern Tabelle 14-2

Stahl 8 mm Durchmesser bis 100 mm^2 Querschnitt je nach Beschaffenheit Kupfer 35 bis 50 mm^2 Querschnitt je nach Beschaffenheit (siehe DIN VDE 0185 Teil 100)

Leitungshalter, T-Stücke, Dachrinnenklemmen, Regenrohrschellen, Klemmen u. dgl. liefert jede Fabrik für Blitzableitermaterial.
Größter Wert ist auf sorgfältig hergestellte Leitungsverbindungen zu legen. Würgeverbindungen sind unzulässig. Oberirdische Leitungen können beliebige Anstriche erhalten, die gerade für feuerverzinkte Leitungen sehr zu empfehlen sind.

14.3 Überspannungsschutz
(Innerer Blitzschutz)

In den letzten Jahren haben Überspannungsschäden besorgniserregend zugenommen. Besonders betroffen sind davon die Computer-Technik und die elektronischen Meß-, Steuer- und Regel-Stromkreise (MSR-Anlagen), aber auch die vollelektronische Waschmaschine, die Kühltruhe oder der Mikrowellenherd.
Die dafür einschlägige Schadensverhütungs-Technik ist sehr umfangreich; daher muß auf die Literatur verwiesen werden, z. B. DIN VDE 0185, und 0845, VdS-Merkblatt „Überspannungsschutz“, Hasse, P., Wiesinger, J.: Handbuch für Blitzschutz und Erdung (R. Pflaum Verlag, München) und die Schriften der Geräte-Hersteller.
Im folgenden werden einige Hinweise gegeben. Die Ursachen von *Gewitter-Überspannungsschäden* sind im Direkt-(Nah-)Einschlag oder im Ferneinschlag zu finden.

14.3.1 Direkteinschlag, Naheinschlag

Bei einem *Direkteinschlag* trifft der Blitz das zu schützende Gebäude. Von einem *Naheinschlag* spricht man, wenn der Blitz in eine zum Gebäude führende Leitung (elektrische Freileitung oder Kabel, Rohrleitung) einschlägt. Für die Höhe der elektromagnetisch induzierten Spannungen und Ströme in den elektrischen Installationen, die sich in der Umgebung der vom Blitzstrom durchflossenen Leitungen befinden, ist der Maximalwert der Blitzstromsteilheit di/dt verantwortlich, die Überspannung kann bis 100 kV betragen.

Bild 14-4: Schutzfunkenstrecke am Dachständer montiert

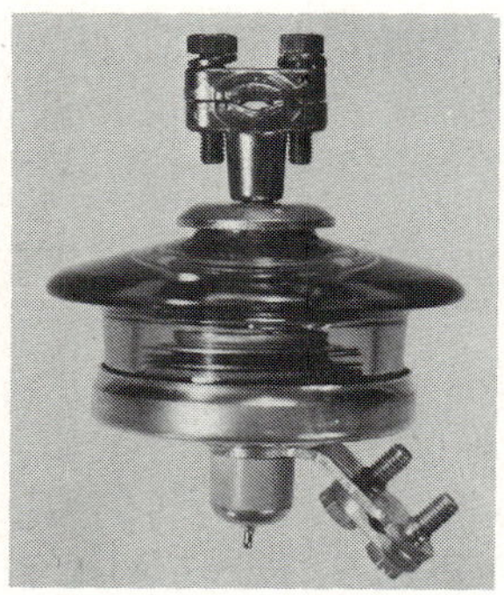

Bild 14-5: Ventilableiter für Freileitungen

Schutzmaßnahmen

Die das Dach überragende Antenne ist direkt zu erden. Wenn das EVU zustimmt, ist der Dachständer über eine Schutzfunkenstrecke zu erden *(Bild 14-4)*.

An geeigneten Stellen im Freileitungsnetz werden vom EVU Ventilableiter *(Bild 14-5)* eingebaut.

Naturgemäß hat jeder Ventilableiter jedoch nur einen begrenzten Schutzbereich (DIN VDE 0675 Teil 2), so daß es oft notwendig ist, zusätzlich in der zu schützenden Verbraucheranlage Innenraum-Ventilableiter einzubauen *(Bild 14-6)*.

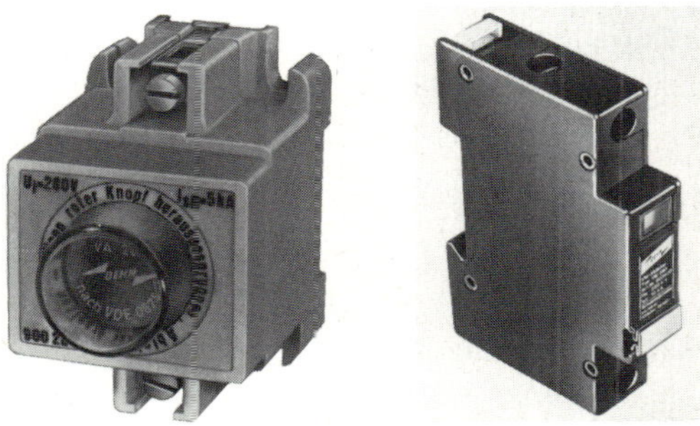

Bild 14-6: Ventilableiter nach DIN VDE 0675

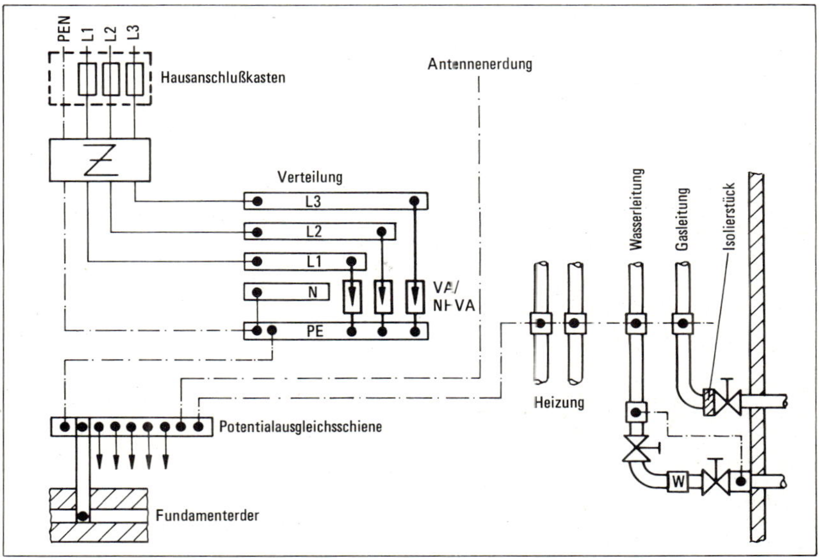

Bild 14-7: Potentialausgleich und Ventilableiter

In den VDE-Richtlinien 0185 wird im Rahmen des inneren Blitzschutzes auch der konsequente Potentialausgleich zusammen mit Ventilableitern vorgeschrieben (Abschnitt 6 und *Bild 14-7*).
In TN-Netzen ist eine direkte Verbindung zum PEN-Leiter herzustellen (Bild 14-7), d.h. es sind 3 Ventilableiter einzubauen. In TT-Netzen, z.B. mit Fehlerstrom-Schutzeinrichtungen, ist auch am Neutralleiter N ein Ableiter anzuordnen, also Einbau von 4 Ventilableitern. Der dem Verteiler vorgeschaltete FI-Schutzschalter ist abschaltverzögert (selektiv, mit [S] gekennzeichnet) zu wählen und mit einem Überspannungsschutz-Adapter auszurüsten (siehe 9.3.8.4 und 9.3.8.5).
Durch die genannten Schutzmaßnahmen wird die Restspannung nach Blitzeinschlag auf etwa 1,3 kV begrenzt, die für die Starkstrom-Installationsanlage nicht mehr gefährlich ist.

14.3.2 Ferneinschläge

Bei *Ferneinschlägen* wird z.B. die Mittelspannungs-Freileitung getroffen oder durch Blitze von Wolke zu Wolke breiten sich Ladungen auf der Niederspannungs-Freileitung aus. Auch durch Blitzeinschläge in der Umgebung von zu schützenden Anlagen werden in diesen Überspannungen induziert. Darüber hinaus werden durch *Schalthandlungen* in Hochspannungsanlagen Überspannungen an den Geräten der Niederspannungsanlage erzeugt. Auf diese Art entstehen Überspannungen bis 10 kV, denen Starkstrom- und Fernmeldebetriebsmittel nicht immer standhalten. Vor allem aber beträgt die Spannungsfestigkeit der in diese Betriebsmittel eingebauten elektronischen Geräte nur einige 10 V.
Zur Abwehr dieser Gefahren müssen die Ventilableiter außer der blitzstromtragfähigen Gleitfunkenstrecke auch Varistoren erhalten. Dies sind stark spannungsabhängige Widerstände. Die Ansprechspannungen liegen bei einigen 10 bis nahe 2000 V. Bei energiearmen Überspannungen sind nur die Varistoren wirksam *(Bilder 14-8 und 14-9)*.

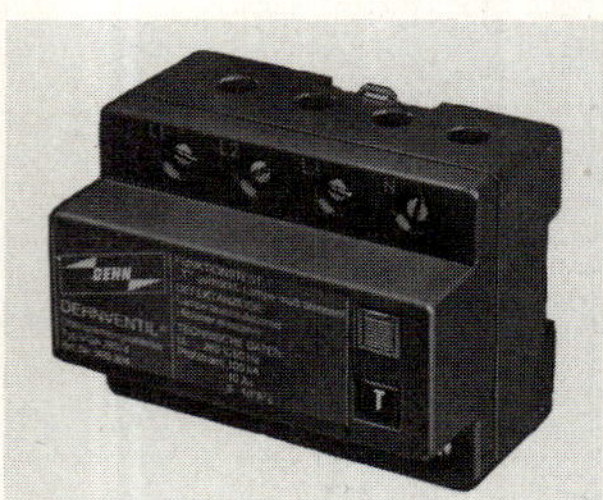

Bild 14-8: Überspannungs-Schutzgerät für Fern- und Direkteinschläge

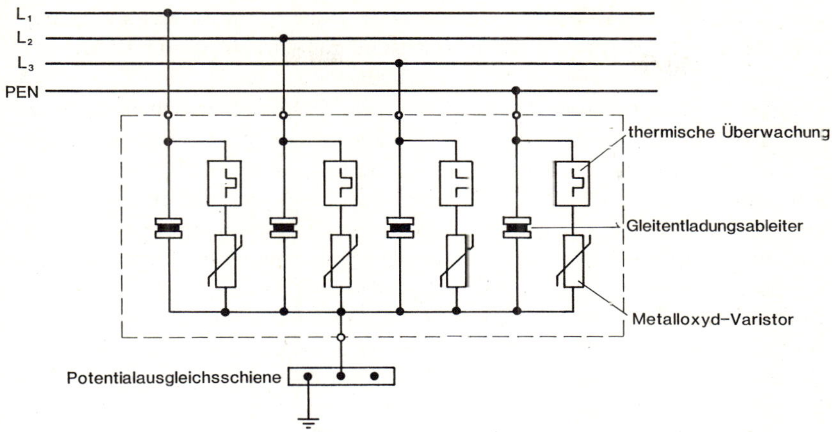

Bild 14-9: Schaltung eines Überspannungsschutzgerätes für ferne und direkte Blitzschläge

Bei Ferneinschlägen begrenzen die Varistoren auf Stoßspannungswerte unter 2 kV, bei Direkteinschlägen die Gleitfunkenstrecken auf Werte unter 3 kV, wobei Teilblitzströme bis 100 kA zerstörungsfrei abgeleitet werden müssen. Die Löschspannung muß höher sein als die Betriebsspannung gegen Erde, z. B. 280 V/50 Hz.

14.3.3 Überspannungsschutz für Fernmeldeanlagen

Von besonderer Bedeutung ist der Überspannungsschutz in elektronischen Anlagen. Schutzmaßnahmen sind grundsätzlich erforderlich, wenn die elektronischen Stromkreisleitungen verschiedene Gebäude miteinander verbinden. Dies ist insbesondere der Fall bei elektronischen Meß-, Steuer- und Regel-Stromkreisen (MSR-Anlagen), sowie bei Fernmelde- und EDV-Anlagen. Eine sehr wirkungsvolle und einfache Schutzmaßnahme ist das Schirmen der elektronischen Leitungen und Kabel. Als Abschirmung kommen z. B. in Frage: Kabelmäntel aus Metall, Verlegen der Kabel in Stahlrohren, in Stahlbetonkanälen oder auf Kabelbühnen aus Blech. Die Kabelabschirmungen sind an beiden Enden mit dem Gehäuse oder dem Gestell der zugehörigen Geräte zu verbinden, bzw. bei Gebäudeeinführungen an den Gebäudepotentialausgleich anzuschließen. Bei langen Kabelstrecken ist darauf zu achten, daß der Kopplungswiderstand zwischen Kabelschirm und Kabelader möglichst klein ist. Das heißt, es ist ein Kabel mit Doppelschirm oder ein Kabel in Stahlrohr zu

verwenden. Außerdem sollten die Adern paarverseilt sein. Durch diese Maßnahmen werden die durch Blitzteilströme induzierten Spannungen in den Adern der Kabel (Querspannung) in vielen Fällen auf ungefährliche Werte reduziert. Die Längsspannung, das ist die Spannung zwischen Kabelschirm und Kabelader, läßt sich ebenfalls durch umfangreiche Abschirmmaßnahmen begrenzen.
Bei besonders langen Kabelstrecken oder besonders empfindlichen elektronischen Bauteilen (Querspannungen von wenigen Volt können bereits Schaden anrichten) empfiehlt sich der Einbau von Überspannungsschutzgeräten. Als Überspannungsschutzgeräte können sowohl spezielle Vierpole, die zugleich die Längs- und Querspannung auf ungefährliche Werte reduzieren, als auch Z-Dioden, Zinkoxid-Varistoren und gasgefüllte Funkenstrecken verwendet werden. Sie sind in enger Zusammenarbeit mit dem Hersteller der elektronischen Anlage auszuwählen, um die Betriebseigenschaften der Anlagen nicht zu verändern (siehe *Bild 14-10*).

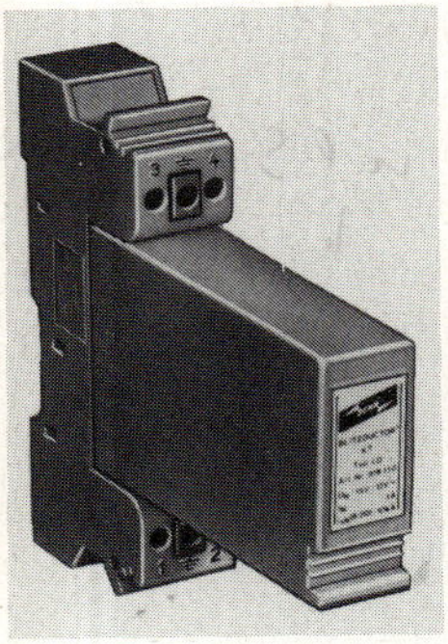

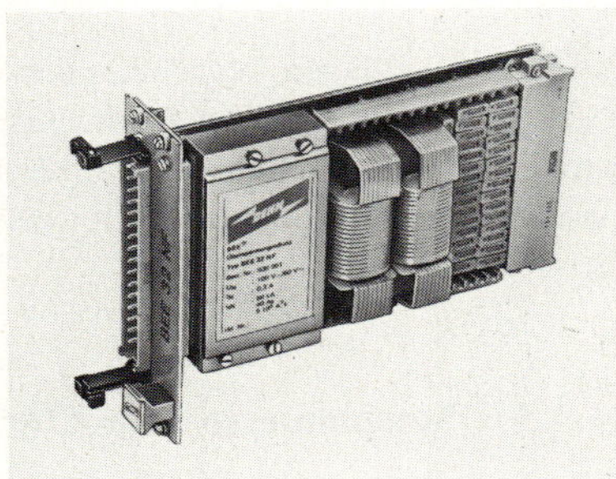

Bild 14-10: Überspannungsfeinschutzgeräte für MSR-Anlagen. Links: Blitzductor (2-polig) und rechts 32-polige Ausführung im Europakartenformat

Gegen *Schaltüberspannungen*, die in Niederspannungsanlagen durch Schalten in Hochspannungsanlagen verursacht werden, kann ebenso der Überspannungsschutz helfen (siehe auch 9.3.8.4).

14.3.4 Überspannungsschutz für Antennenanlagen

Trotz vorschriftsmäßiger Antennenerdung kommt es infolge von Blitzeinschlägen in die Antennenanlage immer wieder zu Zerstörungen von Verstärkern und Empfangsgeräten.

Durch ein geeignetes Überspannungsschutzgerät, das unmittelbar vor den Antennenverstärker bzw. vor das zu schützende netzbetriebene Gerät geschaltet wird, kann ein ausreichender Schutz gewährleistet werden.
Bild 14-11 zeigt ein derartiges Schutzgerät, das in die Schutzkontaktsteckdose eingesteckt und mit einem Koaxialkabel mit der Antennensteckdose verbunden wird. Antennen- und Neztanschluß des zu schützenden Gerätes (Fernseh-, Video- und HiFi-Geräte) werden direkt in die entsprechenden Anschlußbuchsen des Schutzgerätes gesteckt.

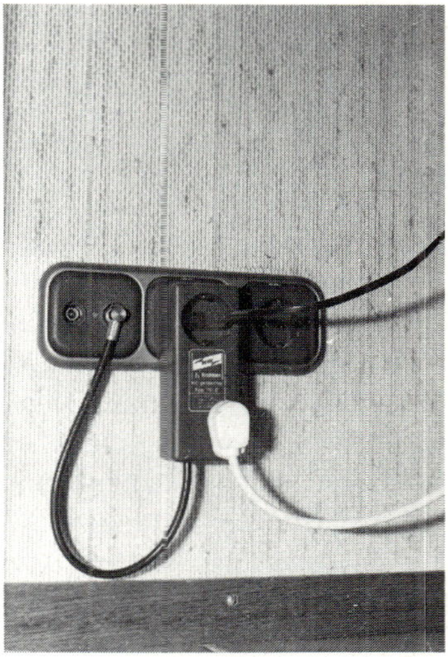

Bild 14-11:
Schutzgerät für Fernseh- und HiFi-Geräte

15 Fernmeldetechnik

Es überschreitet den Rahmen dieses Buches, ausführlich auf die gesamte Fernmeldetechnik einzugehen. Auf die Fachliteratur und Gruppe 8 der VDE-Bestimmungen wird verwiesen. Bei der Planungsvorbereitung sind die Anschlußvoraussetzungen für Fernmelde- und Breitband-Kommunikationsanlagen sowie die Errichtungsmöglichkeit von Gemeinschaftsantennenanlagen mit dem zuständigen Fernmeldeamt der Deutschen Bundespost zu klären.

15.1 Allgemeines

Zur Fernmeldeanlage gehören alle Einrichtungen zur Übermittlung und zur Verarbeitung von Nachrichten und Informationen, einschließlich Fernwirkinformationen wie Meßwerte, Meldungen oder Befehle. Für die Sicherheit dieser Anlagen und Geräte in bezug auf das Abwenden von Gefahren für Leben und Gesundheit sowie für Sachen gelten die Normen DIN VDE 0800 Teil 1–10 und 0804. Für Fernmeldeanlagen, die in erster Linie zum Schutz von Leben oder Sachen dienen, gelten hinsichtlich Zuverlässigkeit und funktionaler Sicherheit die zusätzlichen Festlegungen, z. B. von DIN VDE 0833 Teil 1–3 über Gefahrenmeldeanlagen für Brand, Einbruch und Überfall. Wenn Fernmeldeanlagen über posteigene Leitungen oder posteigene Stromwege betrieben werden, sind die „Technischen Bedingungen für private Nebenstellenanlagen" und die FTZ-Richtlinien 1 R8-3 sowie 1 R8-6 und TV 1 zu beachten. Für die Rohrnetze und andere verdeckte Führungen (Kabelschächte, Unterflur-, Wand- und Deckeninstallationssysteme) zur Aufnahme von Fernmeldeleitungen der DBP ist die FTZ-Richtlinie 731 TR 1 zu beachten.
Verteiler für Fernmeldeanlagen können mit Verteilern der Starkstromanlagen zusammengebaut werden. Die verschiedenen Anlageteile sind durch eine Trennwand abzuteilen. Bei gemeinsamen Außentüren ist der Starkstromteil berührungssicher abzudecken und der Fernmeldeverteiler mit einem gesonderten Innenabschluß zu versehen.
Wie für Starkstromanlagen nach Abschnitt 9 so muß auch für Fernmeldeanlagen ein Schutz von Personen und Nutztieren gegen gefährliche Körperströme sichergestellt werden. Näheres regelt DIN VDE 0800 Teil 1. Danach kann sowohl ein Schutz gegen direktes als auch bei indirektem Berühren durch Begrenzen des Körperstromes oder der Berührungsspannung erzielt werden. Entsprechend einer möglichen Gefährdung sind *Bemessungsklassen* für Gleich-

und Wechselströme sowie für Gleich- und Wechselspannungen vorgegeben, die zudem abhängig sind von der Frequenz und Einwirkdauer.
Für aktive Teile mit Strömen und Spannungen der Bemessungsklasse 1 A ist ein Schutz gegen direktes Berühren entbehrlich. Bemessungsklasse 1 A gilt für Gleichströme bis 2 mA, Gleichspannungen bis 30 V, Wechselströme bis 0,5 mA bei 50 Hz und bis 3,75 mA bei 10 kHz sowie für Wechselspannungen bis 12 V bei 50 Hz und 60 V bei 10 kHz.
Für aktive Teile mit Strömen und Spannungen der Bemessungsklasse 1 B genügt ein vereinfachter Schutz gegen direktes Berühren, an den keine besonderen Anforderungen an Isolierung oder Abdeckung gestellt werden. Bemessungsklasse 1 B bedeutet: Gleichströme von 2 bis 20 mA, Gleichspannungen von 30 bis 60 V, Wechselströme von 0,5 bis 3,5 mA bei 50 Hz und von 3,75 bis 49 mA bei 10 kHz sowie Wechselspannungen von 12 bis 25 V bei 50 Hz und von 60 bis 150 V bei 10 kHz.
Für die Bemessungsklassen 2 und 3 ist dagegen ein Schutz gegen direktes Berühren erforderlich, wie in Abschnitt 9.2 beschrieben. Bemessungsklasse 2 bedeutet: Gleichströme von 10 bis 30 mA, Gleichspannungen von 60 bis 120 V, Wechselströme von 3,5 bis 10 mA bei 50 Hz und 49 bis 140 mA bei 10 kHz sowie Wechselspannungen von 25 bis 50 V bei 50 Hz und von 150 V bis 300 V bei 10 kHz. Bemessungsklasse 3 gilt für alle Werte, die die der Bemessungsklasse 2 überschreiten.
Für den Schutz bei indirektem Berühren gelten die Anforderungen nach Abschnitt 9.3, die verhindern, daß im Fehlerfall die für die Bemessungsklasse 2 zulässigen Ströme und Spannungen überschritten werden. Darüber hinaus müssen in der Fernmeldetechnik Maßnahmen zum Schutz bei indirektem Berühren für Ströme und Spannungen der Bemessungsklasse 2 und in Sonderfällen auch für Ströme und Spannungen der Bemessungsklasse 2 B ergriffen werden. Bei Bemessungsklasse 2 genügt dafür eine Basisisolierung, bei Bemessungsklasse 1 B eine geringerwertige Isolierung als Basisisolierung. In diesem Zusammenhang wurden *KU-Werte* eingeführt. Mit dem *KU*-Wert werden Isolierungen und dgl. hinsichtlich ihrer Sicherheit eingestuft. Zum Beispiel wird das Basisisolierung der Wert $KU = 3$ zugeordnet, ebenso einem Funk-Entstörkondensator oder Klasse Y. Für Bemessungsklasse 1 B genügt ein *KU*-Wert von 1,5, für Bemessungsklasse 2 ist ein *KU*-Wert von 3 und für Bemessungsklasse 3 ein *KU*-Wert von 6 erforderlich. $KU = 6$ ist z. B. eine verstärkte oder doppelte Isolierung, die im ersten Fehlerfall keine Gefahr verursacht. Ein Wert $KU = 6$ kann bei redundanter Verwendung durch mehrere geringwertige Bauelemente erreicht werden, z. B. mit 4 Bauelementen mit $KU = 1{,}5$ (Näheres siehe DIN VDE 0800 Teil 1 und 8).
Für Signal- und Fernsprechanlagen werden *Installations-Leitungen* des Typs Y offen oder in Rohren für trockene oder feuchte Betriebsstätten verwendet. Y

bedeutet, daß die Isolierhülle aus Polyvinylchlorid (PVC), 2 Y, daß sie aus Polyäthylen hergestellt ist. Bei Fernmeldeleitungen wird der Durchmesser, z. B. 0,6 mm oder 0,8 mm, nicht der Querschnitt angegeben. Die Farben der Adern sind weiß, braun, grün, gelb, grau, rot oder schwarz.

Installationskabel J-2 Y (St) Y, J-YY und Installationskabel mit Zugentlastung J-2 Y (St) (Zg) 2 Y werden im Sprechstellen- und Nebenstellenbau in trockenen und feuchten Betriebsstätten verwendet. Die ersteren Kabel können auch im Freien zum festen Verlegen an Gebäuden, das letztere im Freien oberirdisch und auf kurze Strecken in der Erde eingesetzt werden. Das Kurzzeichen (St) bedeutet „statischer Schirm", das Zeichen (Zg) „zugfestes Traggeflecht". Bei einpaarigen Kabeln ist die a-Ader weiß, die b-Ader schwarz. Beim Installationskabel J-2 Y (St) Y mit 2 Doppeladern als Stern-Vierer ist im Stamm 1 die Farbe der a-Ader rot, die Farbe der b-Ader schwarz; im Stamm 2 die Farbe der a-Ader weiß, die Farbe der b-Ader gelb. Der Mantel ist grau.

Stegleitungen J-FY mit 0,6 mm Durchmesser sind im Putz, unter Putz oder unter der Wandoberfläche zu verlegen. Sie dürfen nur waagrecht oder senkrecht geführt werden. Schnüre als Teilnehmeranschlußleitungen sind DIN VDE 0814 zu entnehmen.

Für Bereiche, an die erhöhte brandschutztechnische Anforderungen gestellt werden, sollten Installationskabel verwendet werden, die ein besseres Verhalten im Brandfall zeigen. Dafür wurde in DIN VDE 0815 das Kurzzeichen „H" festgelegt, das besagt, daß Isolierhüllen und Mäntel oder derart gekennzeichnete Kabel aus halogenfreien Isolierstoffen bestehen, die im Brandfall eine Brandfortleitung verhindern (z. B. JE-H (St) H, J-HH). Soll das Installationskabel zudem bei Beflammung einen Isolationserhalt von mindestens 20 min gewähren, so sind Kabel mit der Kennzeichnung „FE" zu verwenden (z. B. JE-H (St) H···FE).

Für *Erdverlegung* auf größere Strecken gibt es die Signal- und Meßkabel (Außenkabel) YM mit Kunststoffisolierung und Bleimantel sowie A-2 Y F (L) 2 Y mit Kunststoffisolierung und Kunststoffmantel, wobei die Aderdurchmesser 0,9 mm oder 1,4 mm betragen. Eigentliche Fernsprechkabel mit trockener Papierisolierung und Bleimantel tragen die Bezeichnung PM. Sie werden mit den Durchmessern 0,4 mm, 0,6 mm, 0,8 mm, 0,9 mm, 1,2 mm und 1,4 mm hergestellt. Fernmelde-Außenkabel haben schwarze Außenmäntel.

Beim Zusammentreffen unterirdischer Fernmelde-Kabellinien mit unterirdischen Starkstromkabeln, auch beim Verlegen von Fernmeldekabeln und Starkstromkabeln im selben Graben, soll ein Mindestabstand von 0,3 m eingehalten werden. Wird dieser Abstand unterschritten, so ist entweder beim Starkstromkabel oder beim Fernmeldekabel ein mechanischer und Wärme-(Lichtbogen-) Schutz anzubringen. Dieser kann aus Kabelschutzhauben, Formsteinen, Ziegelsteinen oder Kabelschutzrohren bestehen und muß über

die Annäherungs- oder Kreuzungsstelle beiderseits mindestens 0,5 m hinausreichen. Größere Fugen sind zu vermeiden, ebenso Parallelführen beider Kabel lotrecht übereinander.
Leitungen für Fernmeldestromkreise dürfen mit *Starkstromleitungen* nur dann in einer gemeinsamen Umhüllung (Kabel oder Rohr) geführt werden, wenn sie dem gleichen Betreiber zugehören und besondere Schutzmaßnahmen angewendet werden. Als solche Schutzmaßnahmen sind z. B. anzusehen:

a) Anordnen eines leitfähigen Schirmes zwischen den Leitergruppen, der entweder in seinem Querschnitt den Bestimmungen für Schutzleiter entspricht und in die Schutzmaßnahmen des Starkstromnetzes einbezogen ist oder durch eine Schutzschaltung, z. B. Fehlerstrom-Schutzschaltung, überwacht wird.

b) Verstärkte Isolierung zwischen den beiden Leitungsgruppen.

Sonst ist bei Kreuzungen oder Näherungen zwischen Starkstrom- und Fernmelde-Installationen ein Mindestabstand von 10 mm einzuhalten oder es ist ein Trennsteg erforderlich. Mantelleitungen und Kabel dürfen ohne Abstand oder ohne Trennsteg verlegt werden, da sie schutzisoliert sind.
Nebeneinander liegende Klemmen der Starkstrom- und Fernmeldeanlage sind getrennt anzuordnen oder sie müssen sich durch verschiedene Ausführungsformen oder Farbgebung deutlich voneinander unterscheiden. Ferner muß verhindert werden, daß bei Arbeiten unter Spannung durch Schraubenzieher, Lötkolben oder dgl. die Starkstromklemme zum Fernmeldeanschluß hin versehentlich überbrückt wird. Deshalb müssen Dosen oder Kästen zwei getrennte Abdeckplatten erhalten. Als Abstand von Dosenmitte zu Dosenmitte sind mindestens 80 mm vorzusehen. Dies gilt z. B. auch für den Abstand der Antennensteckdose zur Schutzkontakt-Steckdose.
Erdung und *Potentialausgleich* in der Fernmeldetechnik sind nach DIN VDE 0800 Teil 2 auszuführen. Als Beispiel sei die Verbraucheranlage betrachtet, die Teil eines TN-Netzes ist *(Bild 15-1)*.
Zwischen dem PEN-Leiter am Hausanschluß (H) und dem Erdungssammelleiter (A) muß eine Verbindung hergestellt werden. In der Fernmeldeanlage gelten dann die Anforderungen nach DIN VDE 0100 Teil 410 für ein TN-S-Netz (siehe 9.3.3). Weitere Verbindungen zwischen dem PEN-Leiter und der Fernmelde-Erdungsanlage (Funktionserdung) an anderen Stellen in der Verbraucheranlage dürfen nicht hergestellt werden, weil sonst die Gefahr von Störungen der Fernmeldeanlage besteht. Der Querschnitt der Verbindungsleitung muß mindestens 10 mm^2 Kupfer betragen. Die Schutzleiteranschlüsse benachbarter elektrischer Betriebsmittel (E) sind entweder mit dem Funktions- und Schutzleiter (FPE) der Fernmeldeanlage oder mit dem Schutzleiter (PE) der übrigen Verbraucheranlage zu verbinden.

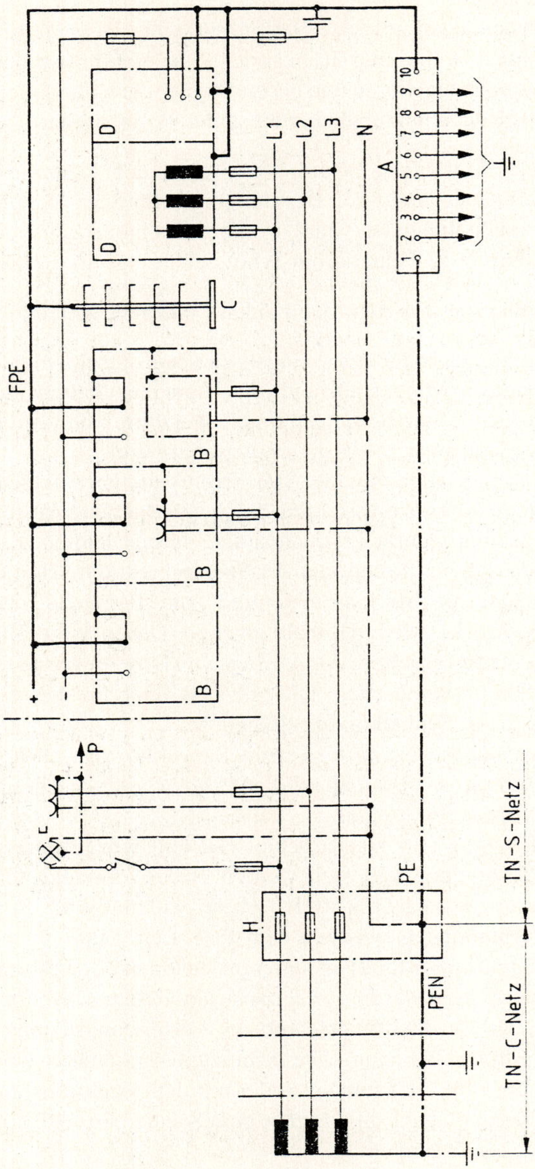

Bild 15-1: Erdung von Fernmeldeanlagen im TN-C-S-Netz

Ist die Verbraucheranlage Teil eines IT-Netzes, so gelten in der Fernmeldeanlage die Anforderungen nach DIN VDE 0100 Teil 410 für ein IT-Netz (siehe 9.3.5).
Der Schutz von Fernmeldeanlagen gegen Überspannungen wird in DIN VDE 0845 behandelt (siehe auch 14.3), und gegen Blitz in DIN VDE 0185.
Bei *Wohnungsinstallationen* sind für die Fernmeldeleitungen durch das Treppenhaus Isolierrohre mit 29 mm ∅ (bis zu 12 Wohnungen) und in jedem Stockwerk für die waagrechten Abzweigungen in die Innenräume der Wohnungen bis zur 1. Abzweigdose Leerrohre mit 23 mm ∅ unter Putz zu verlegen.
Bei Parallelführen mit der Starkstrom-Hauptleitung soll die Hauptleitung der Fernsprechanlage mindestens 30 cm von ihr entfernt verlegt werden. Schlitze für Fernsprech-Hauptleitungen sollen 6 cm × 6 cm groß sein.
Der Schlitz für die Abzweigung ist 3 cm × 3 cm groß. An seinem Ende an der Innenseite der Wohnungsabschlußwand in 2,25 m Höhe über fertiger Fußboden-Oberkante ist eine Aussparung 10 cm × 5 cm für eine postseitig gestellte Abzweigdose, Größe IV, zur Aufnahme der Trenndose vorzusehen. Dieses Rohr ist als Leerrohr auch dann zu verlegen, wenn zunächst ein Fernsprechanschluß noch nicht vorgesehen ist. Von der Trenndose bis zu dem Aufstellungsort des Fernsprechapparates ist ein Isolierrohr, 16 mm Durchmesser, unter Putz zu verlegen. Bei größeren Bauvorhaben ist es angebracht, das zuständige Fernmeldeamt bei der Planung hinzuzuziehen. Vgl. auch DIN 18015. Fernmeldeanlagen dürfen nur dann im Schlitz der Starkstromleitung untergebracht werden, wenn die sichere elektrische Trennung gewährleistet ist und keine schädliche induktive oder kapazitive Beeinflussung durch die Starkstromleitung erfolgen kann.
Das starke Wachstum der *Bürokommunikation* führt zu zahlreichen Verbindungen zwischen computer-unterstützten Arbeitsplätzen. Dabei sind Spezialkabel und besondere Zubehörteile[1] erforderlich. Die Auswahl hängt von den funktionellen Anforderungen und von der Umgebung ab. Der Elektro-Installateur wird sich mit entsprechenden Lieferfirmen in Verbindung setzen müssen (siehe auch „Lichtwellenleiter für die Nachrichtentechnik", DIN VDE 0888, Teil 2).

---

[1] Best, S. W.: Nachrichtenübertragung mit Lichtwellenleitern. Hüthig Buch Verlag Heidelberg.

15.2 Klingeltransformatoren
(DIN VDE 0551)

Häufig werden zur Stromversorgung von Fernmeldeanlagen Klingeltransformatoren bis 24 V *(Bild 15-2)* verwendet. Nicht jeder beliebige Kleintransformator ist dafür geeignet, sondern nur solche, die das Symbol [Symbol] oder [Symbol] tragen und daneben möglichst auch das VDE-Prüfzeichen aufweisen. Klingeltransformatoren, nach DIN VDE 0551, sind kurzschlußfest. Je nach Raum, in dem der Klingeltransformator angebracht wird, muß seine Schutzart gewählt werden. Für die Klingelanlage werden Leerrohre (13,5 mm Isolierrohr) in den Wänden, gegebenenfalls auch entsprechende Stahlrohre in Decken so verlegt, daß die Installation von Klingelleitungen an den verschiedenen Stellen möglich ist. Die senkrecht im Treppenhaus zu verlegenden Rohrleitungen oder Kabel dürfen im Schlitz für die Starkstromleitung mitverlegt werden.

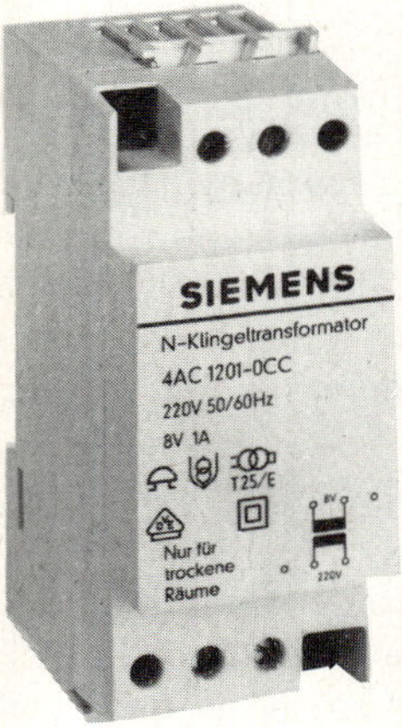

Bild 15-2: Klingeltransformator
(Werkbild: Siemens)

Die Rohre enden jeweils in Verbindungsdosen. Auch für die Klingel selbst und vielleicht auch für den Klingeltransformator sind Unterputzdosen einzuplanen. Das Verlegen von Klingel-Stegleitungen unter Putz ist ebenso richtig. Als Leitungen kommen die Typen YV, J-FY oder YR in Betracht.

15.3 Türsprechanlagen

Sie dienen dem Sprechverkehr zwischen einer Türstation und zugehörigen Wohnungen. Es wird unterschieden zwischen Gegensprechanlage und Wechselsprechanlage.

Bei Gegensprechanlagen sind beide Sprechrichtungen gleichzeitig eingeschaltet *(Bild 15-3a)*. Da sie keine Gesprächssteuerung benötigen, sind sie einfach zu bedienen.
Anlagen mit Haustelefonen arbeiten im Gegensprechbetrieb.
Es gibt Anlagen die neben der Sprechverbindung zwischen der Türstation und der Wohnungssprechstelle auch den Sprechverkehr der Wohnungssprechstellen untereinander ermöglichen.
Dagegen ist bei Wechselsprechanlagen immer nur eine Sprechrichtung eingeschaltet *(Bild 15-3b)*. Die Umschaltung erfolgt durch die Sprechtaste, die immer der Wohnungssprechstelle zugeordnet ist.

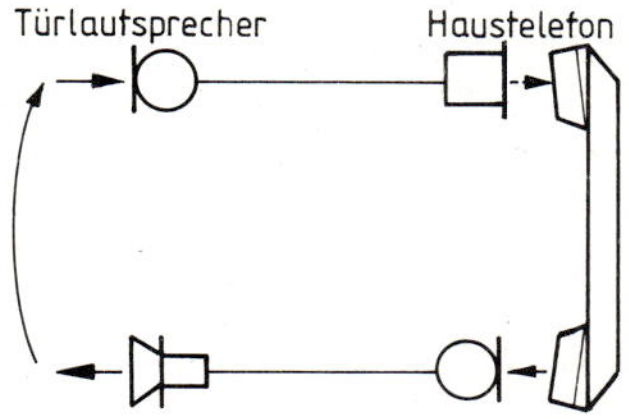

Bild 15-3 a: Gegensprechanlage

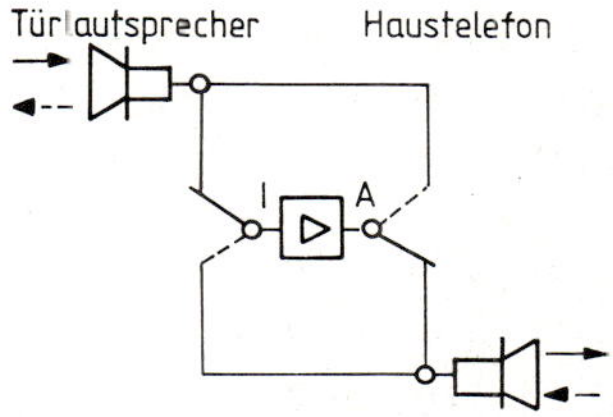

Bild 15-3 b: Wechselsprechanlage

Die Türsprechanlagen sind kombiniert mit der Klingel- und Türöffneranlage.
Soll das Mithören Dritter vermieden werden, so können Türsprechanlagen auf Wunsch mit Mithörsperren ausgerüstet werden.
Die Versorgung der Türsprechanlagen erfolgt über ein Netzgerät (230 V/8 V), dessen Schwachstromteil die Versorgung des Rufstroms, des Sprechverkehrs und des Türöffners übernimmt *(Bild 15-4)*.

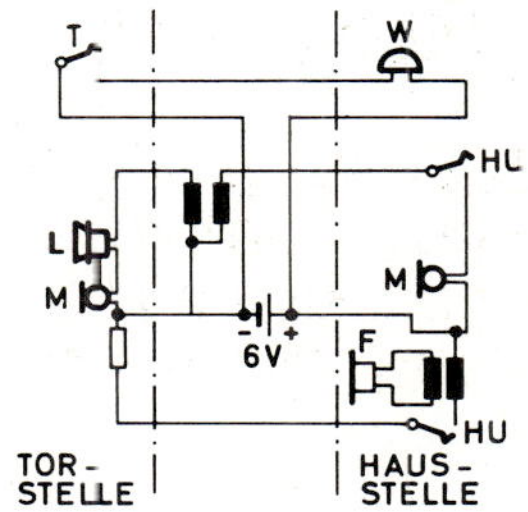

Bild 15-4: Wirkschaltplan einer Sprechanlage

15.3.1 Leitungsmaterial
(DIN VDE 0800 und 0891)

Für das Verlegen in Gebäuden über oder unter Putz wird zweckmäßigerweise Installationskabel J-2Y(St)Y mit der erforderlichen Anzahl von Adern

verwendet. Für Verlegungen in der Erde kommt Kabel des Typs A-2 YF (L) 2 Y in Betracht. Um Störbeeinflussungen zu vermeiden, soll bei gemeinsamem Führen von Stark- und Schwachstromleitungen ein Abstand von 10 cm eingehalten werden.
Der Durchmesser der Leitungsadern richtet sich nach der Entfernung der Sprechstellen. Der Widerstand je Ader von Sprechstelle zu Sprechstelle darf höchstens 10 Ω betragen. Damit ergibt sich bei einer Entfernung der Sprechstellen und bei 6 V Betriebsspannung

bis 150 m ein Aderdurchmesser 0,6 mm
bis 270 m ein Aderdurchmesser 0,8 mm
bis 625 m ein Aderdurchmesser 1,2 mm
bis 900 m ein Aderdurchmesser 1,4 mm

15.3.2 Wechselsprechen über das Starkstrom-Installationsnetz

Seit Jahren werden Wechselsprechanlagen angeboten, die das vorhandene Starkstromleitungsnetz für die Sprachübertragung nutzen. Die Geräte können innerhalb einer Niederspannungsanlage an jede Schutzkontaktsteckdose angesteckt werden. Sind die Steckdosen auf verschiedene Außenleiter aufgeteilt, so muß ein „Phasenkoppler“ eingebaut werden, der die Übertragung der Signale auf die verschiedenen Außenleiter des Drehstromnetzes übernimmt. Der Phasenkoppler ist in die Wohnungsverteilung einzubauen und an alle 3 Außenleiter anzuschließen.
Angewendet werden diese Systeme in Häusern und Wohnungen, in denen eine Haustelefonanlage auf Grund des fehlenden Leitungsnetzes nicht mehr installiert werden kann.

Wirkungsweise

Das zu übertragende Signal (Sprache) wird in der sendenden Stelle einer hochfrequenten Schwingung (30 kHz···146 kHz), dem sogenannten Träger, aufgeprägt. Die Trägerschwingung wird in das Niederspannungsnetz als Übertragungsweg eingekoppelt, in dem es sich in alle Richtungen ausbreitet. Im Empfangsgerät wird der modulierte Träger empfangen, durch Demodulation das Signal abgetrennt und danach weiterverarbeitet.
Das EVU ist zu befragen, denn grundsätzlich dürfen (TAB) Versorgungsanlagen des EVU vom Kunden nicht zur trägerfrequenten Übertragung benutzt werden. In kundeneigenen Anlagen ist die trägerfrequente Übertragung so zu betreiben, daß störende Beeinflussungen anderer Kundenanlagen sowie Versorgungsanlagen, z. B. auch deren nachrichtentechnische Einrichtungen, vermieden werden.

15.4 Empfangsantennen

(DIN VDE 0185, 0855 und 0860). (Siehe auch „Technische Vorschriften für Rundfunk-Empfangsantennenanlagen", auch Satelliten-Empfangseinrichtungen, Vfg. 983, 984 und 985/1986, Bundespostministerium)

Um einen guten Empfang zu erreichen, wird man die Antenne hoch über dem Dach oder weit ab von der Hauswand und z. B. Aufzugsmotoren anbringen. Dabei kann durch Bruch irgendwelcher Anlagen- oder Befestigungsteile u. U. die ganze Antenne herabstürzen. Die Antennenanlage muß also eine ausreichende *mechanische Festigkeit* haben.
Durch die Antenne wird die Blitzeinschlagsgefahr erhöht. Die Bayerische Versicherungskammer zählt jährlich rund 350 Blitzeinschläge in Antennen. Die Einschlagwahrscheinlichkeit nimmt etwa mit dem Quadrat aus der Höhe des betreffenden Objektes zu. „Doppelt so hoch – viermal getroffen." Daher muß das Antennengestänge eine zuverlässige Blitzschutzerdung erhalten.
Für den heute immer wichtigeren Empfang von Ton-Sendungen, die von Spezialsatelliten, bzw. Nachrichtensatelliten ausgestrahlt werden, kommen zusätzliche Empfangseinrichtungen zum Tragen. Sind bereits Außenantennen vorhanden, werden am Antennenmast entsprechende „Schüsseln" angebracht. Diese Einrichtungen werden ebenfalls von Elektro-Installateuren ausgeführt.
Material, Montage usw., die den zu empfangenden Satelliten angepaßt sein müssen, werden ausführlich in den Büchern [2] und [3] des Schrifttums, Seite 627 erklärt. Im Prinzip gelten alle zu den im Abschnitt 15.4 behandelten Empfangsantennen gegebenen Erläuterungen.
Die oben erwähnten Forderungen erfüllt der Elektro-Installateur dann, wenn er DIN VDE 0855 Teil 1 beachtet. Im folgenden werden dazu einige Hinweise gegeben.

15.4.1 Mechanische Festigkeit

Die Berechnung der Windlast und des sich daraus ergebenden Einspannmomentes ist nach den VDE-Bestimmungen durchzuführen. Es wird angestrebt, daß alle Antennen-Hersteller die Windlast für ihre verschiedenen Modelle listenmäßig angeben. Nach diesen Unterlagen ist das Standrohr auszuwählen, wobei genormte Rohre mit einem vom Hersteller angegebenen Festigkeitswert zu verwenden sind. Gewindemuffen dürfen wegen der erheblichen Querschnittsverringerung nicht zum Zusammensetzen von Rohren verwendet werden.
Weiterhin ist ein sicheres Befestigen der Antennenträger ausschlaggebend. Das Anbringen am Dachgebälk so nah wie möglich unterhalb der Durchführung mit

mindestens 8 mm starken Schlüsselschrauben ist gut und zuverlässig möglich. Dagegen ist eine Befestigung an oder in der Nähe von Schornsteinen oder Dachständern nur zulässig, wenn die Bauaufsichtsbehörde, der Bezirksschornsteinfegermeister bzw. das Elektrizitätswerk dies genehmigen. Befestigungen in Mauerwerk, Beton oder Stahlkonstruktionen dürfen nicht durch Eingipsen erfolgen, sondern durch mindestens M-8-Schrauben.

15.4.2 Elektrische Sicherheit

Auf weichgedeckten Dächern dürfen keine Antennenanlagen angebracht werden. Es ist auch nicht zulässig, Antennen, Antennenzuleitungen und Abspannseile über, an oder durch Weichdächer zu führen. Sie sind vom Gebäude abgesetzt oder unter dem Dach zu errichten. Im ersten Fall muß der waagrechte Abstand zwichen Antenne oder Antennenzuleitung und dem Dach mindestens 1 m betragen. Antennen oder Antennenleitungen dürfen auch nicht in Räumen installiert werden, die der Lagerung oder Verarbeitung von leichtentzündlichen Stoffen wie Heu, Stroh, Schaumstoffen, losem Papier, Baumwollfasern, brennbaren Flüssigkeiten, dienen oder in Räumen, in denen sich explosionsfähige Atmosphäre bilden kann.

Kreuzungen von Antennen mit anderen Leitungen sollen vermieden werden. Antennenanlagen müssen von Niederspannungsfreileitungen (Ortsnetz) mindestens 1 m entfernt bleiben. Dies gilt auch für Antennenzuleitungen. Der Abstand ist um 0,3 m zu vergrößern, wenn Durchhängen und Ausschwingen der Freileitungen zu berücksichtigen sind. Er darf bei isolierten Freileitungsseilen, z. B. NFA 2 X, verringert werden, jedoch muß eine mechanische Beschädigung der Isolierung beim Ausschwingen der Leiterseile ausgeschlossen sein. Mit Rücksicht auf Empfangsstörungen wird beim Parallelverlegen von Antennen- und Starkstromleitungen ein Mindestabstand von 30 cm empfohlen.

Antennensteckdosen sollen stets mit mindestens drei Schutzkontakt-Steckdosen kombiniert werden, damit z. B. Ton- und Fernseh-Rundfunkgeräte sowie Fonogeräte gemeinsam betrieben werden können. Abstand siehe 15.1.

Außerhalb von Bauwerken angebrachte leitfähige Teile von Antennenanlagen (auch die Schirme von Koaxialkabeln) sowie metallene Dachaufbauten, die zum Tragen oder Befestigen von Antennen verwendet werden, müssen über eine Erdungsleitung mit einem Erder verbunden werden. Dies sei an einem Beispiel erläutert.

Es handle sich um eine Dachantenne *(Bilder 15-5 a–c)*. Im Anwesen mögen sich *gut geerdete Installationen* oder Gebäudeteile befinden, wie z. B. ein Fundamenterder, ein weiträumig in Erde verlegtes metallisches Wasserrohrnetz, eine neuzeitliche Blitzableiteranlage oder Stahlskelette.

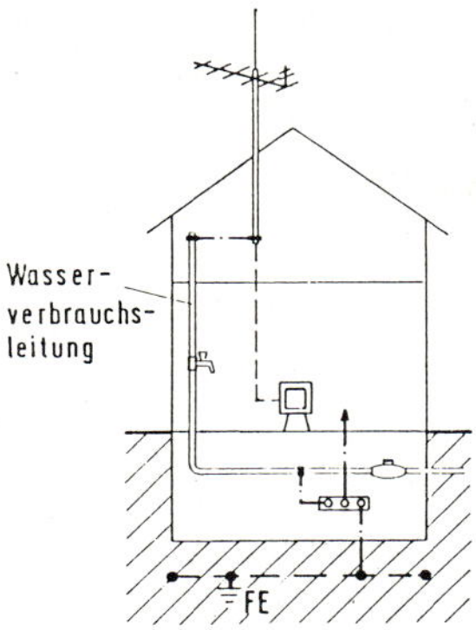

Bild 15-5 a: Wasserverbrauchsleitung als Erdungsleiter und Fundamenterder als Antennenerder

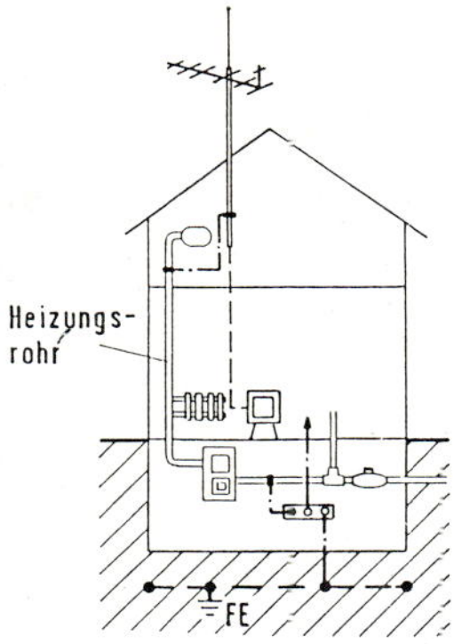

Bild 15-5 b: Heizungsrohr als Erdungsleiter und Fundamenterder als Antennenerder

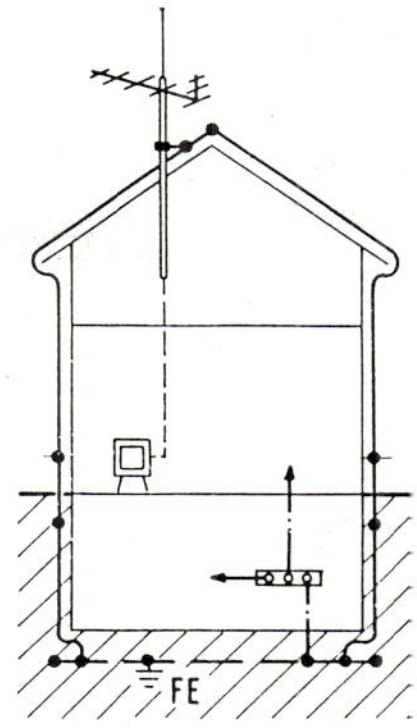

Bild 15-5 c: Ableitung von Blitzschutzanlage als Erdungsleiter und Blitzschutzerder als Antennenerder

In diesen Fällen kann der Antennenträger innerhalb oder besser außerhalb des Gebäudes nach Genehmigung durch das Wasserwerk mit der Wasserleitung bzw. mit einem anderen der genannten Erder durch eine Kupfer- oder Aluminiumleitung verbunden werden. Dabei muß der Aluminium-Querschnitt mindestens 25 mm^2, der Kupferquerschnitt mindestens 16 mm^2 betragen. Werden die Leitungen auf längere Strecken außerhalb des Gebäudes geführt, dann empfiehlt sich Rundstahl verzinkt mit 8 mm Durchmesser oder Aluminium-Knetlegierung gleichen Durchmessers. An Stelle dessen darf auch NYM, H07V-U, H07V-R oder NYY 16 mm^2 bzw. NAYY 25 mm^2 verlegt werden. Feindrahtige Leiter sind nicht zugelassen. Ein Verlegen außerhalb des Gebäudes ist der Verlegung im Innern vorzuziehen. Ausgleichsleitungen zwischen den Betriebsmitteln der Antennenanlage sind mit mindestens 4 mm^2 Cu blank oder isoliert zu installieren. Die Kennzeichnung für isolierte Leiter ist grün-gelb.

Stehen die im vorstehenden genannten *guten Erder nicht zur Verfügung,* dann müssen für die Antennenanlage besondere Erder in das Erdreich eingebracht werden. Hierzu kann Bandstahl von 100 mm^2, ein nicht feindrähtiges Leitungsseil aus Stahl von 95 mm^2, ein Kupferband von 50 mm^2 oder ein nicht feindrähtiges Leitungsseil von 35 mm^2 Kupfer dienen. Ein solcher Banderder muß mindestens 3 bis 5 m lang und 0,5 m tief im Erdboden verlegt werden. An Stelle des Banderders kann auch ein Staberder (Flußstahlrohr von 1 Zoll) 1,5 bis 3 m tief verwendet werden *(Bild 15-6 a),* Abstand *l* mindestens 3 m.

In TN-Netzen muß der Erder der Antennenanlage mit dem PEN-Leiter an der Potentialausgleichsschiene durch einen dazu berechtigten Elektro-Installateur

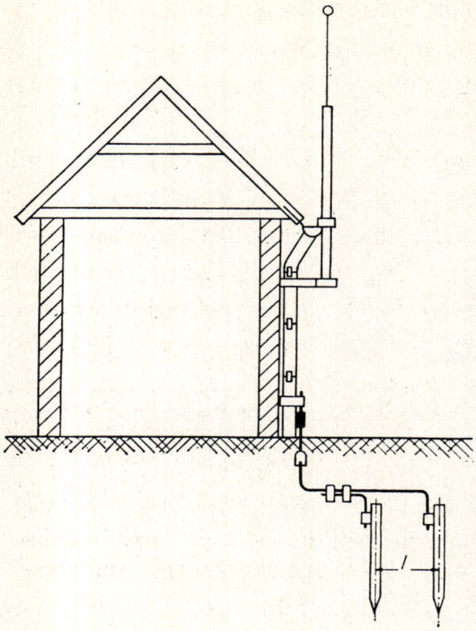

Bild 15-6 a: Blitzschutz einer Dachantenne mit besonderen Erdern

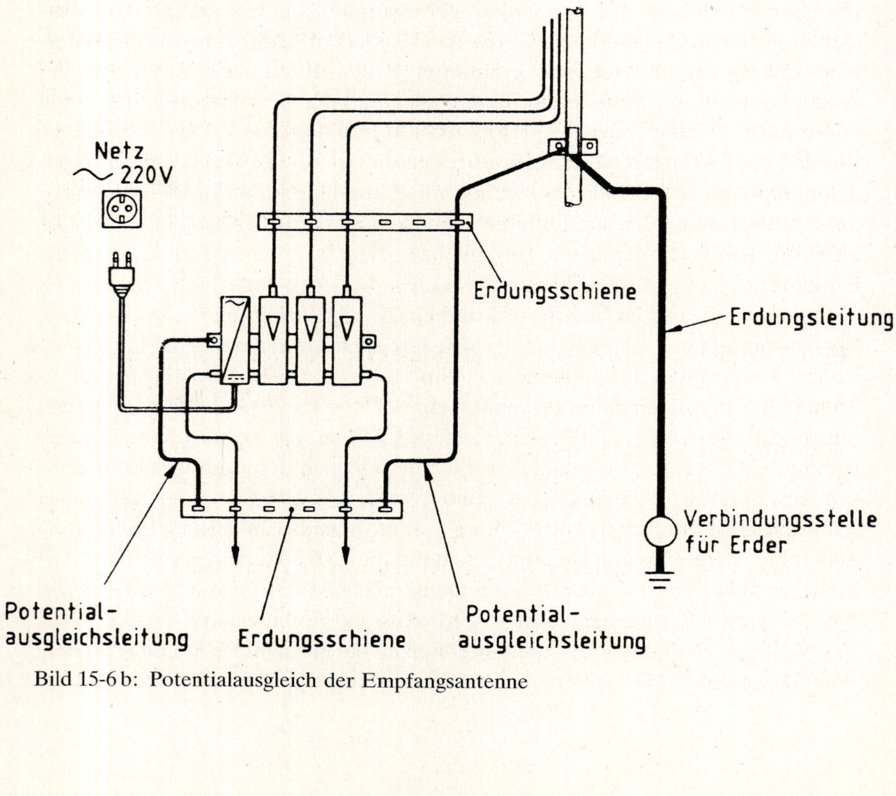

Bild 15-6 b: Potentialausgleich der Empfangsantenne

verbunden werden. Das gleiche gilt im TT-Netz, wo auch die Erdungsanlage der Antenne mit der Potentialausgleichsschiene verbunden werden muß. Desgleichen muß der Metallmantel der Antennenleitung mit dem Antennenerder verbunden werden *(Bild 15-6 b)*.
Erdungsleitungen sind auf möglichst kurzem Weg zum Erder zu führen. Eine annähernd senkrechte Führung ist zu bevorzugen. Sie müssen sichtbar verlegt sein oder in Kunststoffrohren ohne andere Leitungen liegen. Kurze Wand- oder Deckendurchführungen sind zulässig. Erdungsleitungen können unbedenklich ohne Abstandschellen auf Holz verlegt werden. Leitungsverbindungen sind möglichst zu vermeiden. Wenn sie nicht zu umgehen sind, dann müssen sie besonders sorgfältig und gegen Lockern gesichert hergestellt werden. Sie müssen zugänglich sein und dürfen nicht auf Holz oder in der Nähe von leicht entzündlichen Stoffen liegen. An den Verbindungsstellen sind Metalle zu vermeiden, die sich durch Elementbildung zerstören (z. B. Kupfer und Aluminium), DIN VDE 0190 ist zu beachten (vgl. 6). Ableitungen von Blitzschutzanlagen, metallene Rohre oder Konstruktionsteile des Gebäudes mit ausreichendem Querschnitt, z. B. Feuerleitern, Eisentreppen, sind als Teile der Erdungsleiter zulässig.
Bei *direkten Blitzeinschlägen in Außenantennen* kann es vorkommen, daß trotz guter Blitzerde ein Teil des Blitzstromes sich einen Weg über die Antennenleitungen oder die Abschirmung zum Starkstromteil der Verstärker oder der angeschlossenen Empfangsgeräte sucht. Dabei können Beschädigungen nicht nur an den Verstärkern oder Empfangsgeräten, sondern auch an sonstigen an das Starkstromnetz angeschlossenen Geräten, wie Klingeltrafos und Regeleinrichtungen für Ölfeuerungen usw. auftreten. Daher empfiehlt sich ein Überspannungsschutz nach 14.2 und die Trennung der Empfangsgeräte vom Netz während eines Gewitters.

15.4.3 Innenantennen und diesen gleichzusetzende Antennen

Auf eine Erdung der Antennenträger darf verzichtet werden bei

a) Zimmerantennen und Antennen, die im Gerät eingebaut sind,
b) Antennen mindestens 1 m unter der Dachhaut im Dachboden,
c) Außenantennen, deren höchster Punkt mindestens 2 m unterhalb der Dachrinne (Haupttraufenhöhe) und deren äußerster Punkt nicht mehr als 1,5 m von der Außenwand des Gebäudes entfernt liegt (sog. Fensterantennen).

Solche Antennen und ihre Niederführung in Gebäuden sollen jedoch von Teilen einer Blitzableiteranlage mindestens 0,5 m entfernt sein. Wo dieser Abstand

unterschritten werden muß, ist eine Trennfunkenstrecke mit nicht mehr als 30 mm Schlagweite einzubauen.
Werden an Antennen, die unter die o. g. Ausnahmen fallen, mehr als fünf Geräte betrieben, so müssen die Antennenträger an den Potentialausgleich angeschlossen werden.

15.4.4 Sonderfälle

Auf strohgedeckten Dächern ist das Errichten von Antennenanlagen nicht zulässig.
Bei Schiffs- und Fahrzeug-Antennen ist als Erder die Masse des Schiffes oder Fahrzeuges zu verwenden.
Netzbetriebene Geräte in Antennenanlagen, z. B. Antennenverstärker, geben bei Betrieb und im Fehlerfall u. U. verstärkt Wärme ab. Sie sind deshalb so zu befestigen, daß die auftretende Wärme leicht abströmen kann. Ein Luftspalt von 30 mm stellt die billigste und sicherste Maßnahme dar.

15.5 Gemeinschaftsantennen

Wirksame Gemeinschaftsantennen für Ton- und Fernsehrundfunk in Mehrfamilienwohn- und in Geschäftshäusern verbessern entscheidend die Rundfunkversorgung. Sie mindern in ihrer übersichtlichen Anordnung Unfallschäden und Rundfunkstörungen, verhindern eine Verunstaltung der Gebäude und tragen zu einer ansprechenden Gestaltung des Orts- und Straßenbildes bei. In Wohn- und Geschäftsbauten können Anlagen installiert werden, die für Ton-Rundfunk oder für Fernseh-Rundfunk, auch auf mehreren Bildkanälen, oder für beides gleichzeitig eingerichtet sind. Die Anzahl der anzuschließenden Geräte ist dabei ohne erhebliche Bedeutung und hat keinen Einfluß auf die Empfangsergebnisse. Es gibt also Anlagen bis zu etwa 250 Anschlüssen, die ihre Energie alle vom gleichen Antennensystem empfangen *(Bild 15-7 a)*.
Für Gemeinschafts-Antennen-Anlagen ist lt. Verfügung Nr. 191/1986 des Bundespostministeriums vom Errichter die Genehmigung bei der Deutschen Bundespost einzuholen. Genehmigungspflichtige Antennenanlagen dürfen nur mit aktiven elektronischen Baueinheiten (Antennenverstärker, Umsetzer usw.) ausgerüstet werden, die eine FTZ-Prüfnummer besitzen. Das gesamte Leitungsnetz der Antennenanlage muß zusammen mit den anderen Antennenbaueinheit durchgehend geschirmt sein. Die Deutsche Bundespost veröffentlichte im Amtsblatt 99/82, Verfügung 647, eine Zusammenfassung der gültigen „Genehmigungsbestimmungen für Gemeinschaftsantennenanlagen (GA) mit aktiven elektronischen Bauelementen“.

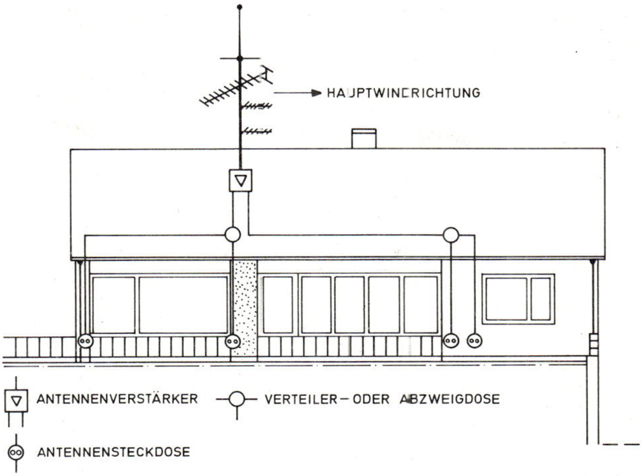

Bild 15-7 a: Gemeinschats-antennen

Gemeinschafts-Antennen-Anlagen erfordern umfangreiche Spezialerfahrung!
Das mindestens 2,5 m hohe Antennenstandrohr soll auf dem der Straße abgewandten Teil des Daches mechanisch fest, also nicht an einem Schornstein, angebracht werden. Bei mehreren Antennen soll der Abstand von Mast zu Mast mindestens 6 m betragen. Die gleiche Entfernung soll auch von Dachständern eingehalten werden. Die Antennen-Masten mit UHF-Dipol sollen einen Abstand von 8 bis 10 m haben. Dieser UHF-(VHF-)Dipol ist in jedem Falle für den Empfang des zweiten, gegebenenfalls mehrere Programme erforderlich. Von Aufzugsanlagen ist genügend Abstand zu halten. In der Nähe der Standrohr-Einführung muß die Möglichkeit bestehen, die Antennenspannung zu messen. Die Störaufnahme des Antennenteils ist durch geeignete Maßnahmen zu unterdrücken. Die nach den Richtlinien für Gemeinschafts-Antennen-Anlagen erforderlichen Mindest- und Höchstspannungen am Empfängereingang sowie die Kopplungsdämpfungen sind zu beachten. Die Anlage muß alterungsbeständig sein. Es darf nicht dort verlegt werden, wo die umgebende Temperatur auf mehr als 55 °C ansteigt. Krampenbefestigung ist unzulässig. Antennenverstärker sind auf feuerhemmender Unterlage (z. B. Mauer oder 20 mm starker Fiber-Silikatplatte) so anzuordnen, daß der Zutritt kühlender Frischluft nicht behindert wird. Nischen sind mit entsprechend großen Lüftungsöffnungen zu versehen.
Ebenso wie der Schirm des HF-Kabelnetzes ist auch der Antennenverstärker über seinen Erderanschluß mit dem Erder der Antennenanlage zu verbinden. Er darf nicht mit dem Schutzleiter verbunden werden, der im Starkstromnetz mitgeführt wird. Erst in unmittelbarer Nähe des Antennen-Erders, z. B. im

Keller bei der Potential-Ausgleichsschiene, wird die Verbindung zwischen dem PEN-Leiter bzw. Schutzleiter des Starkstromnetzes und der Antennen-Erdungsanlage hergestellt. Diese Verbindungsleitung muß den Anforderungen für Schutzleiter nach DIN VDE 0100 entsprechen (vgl. auch 6.1 Potentialausgleich).

Antennenleitungen in Neubauten sind nach Möglichkeit unter oder im Putz zu verlegen. Antennenleitungen dürfen im selben Kabelschacht zusammen mit Starkstromleitungen verlegt werden, wobei man jedoch den Abstand 10 mm nicht unterschreiten soll. Wenn besonders hohe Störungen aus anderen Leitungen zu erwarten sind, z. B. bei Aufzugsanlagen, ist die Antennenleitung in einem Abstand von mindestens 0,3 m, gegebenenfalls in Stahlpanzerrohr, zu verlegen. Als Leitung ist Hochfrequenz-Kabel zu installieren (75-Ω-Koaxialkabel). Die Antennensteckdosen sind so anzuordnen, daß sich zwischen den einzelnen Teilnehmeranschlüssen und insgesamt möglichst kurze Kabellängen ergeben.

Es ist dringend zu empfehlen, die Antennenanlage *mit* Verstärker halbjährlich, *ohne* Verstärker jährlich zu überprüfen und zu warten. Der Wortlaut eines Wartungsvertrages ist in den o. g. Richtlinien enthalten.

15.5.1 Antennen-Verteilungsnetz

Ist ein geerdetes Antennenkabel (Breitbandkabel) in ein Gebäude eingeführt, so ist der Außenleiter (Schirm) des Antennenkabels und, falls vorhanden, seine Armierung an der nächsten geeigneten Stelle (z. B. Haus-Abzweiger der Antennenanlage) über eine Ausgleichsleitung in den geerdeten Potentialausgleich jedes Gebäudes einzubeziehen *(Bild 15-7b)*.

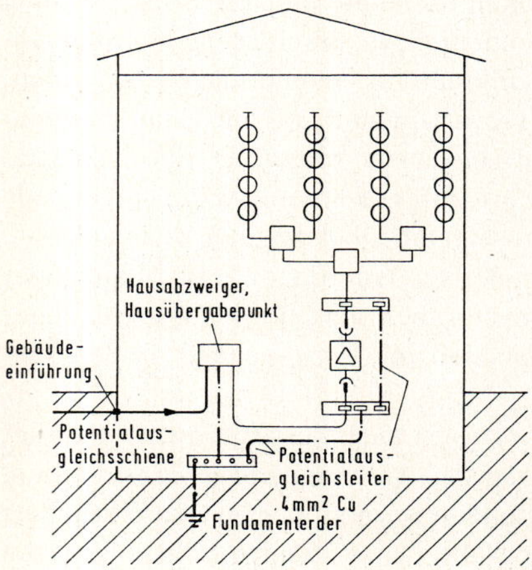

Bild 15-7b: Beispiel für Hauseinführung eines Antennenkabels und Anschluß des Hausabzweigers sowie Verstärkers an die Potentialausgleichsschiene

Bei fehlendem oder nicht geerdetem Potentialausgleich ist eine Ausgleichsleitung nach Erde zu legen (siehe 15.4.2).
Rohrnetze und andere verdeckte Führung für das Breitbandverteilnetz in Gebäuden siehe FTZ 731 TR 1.

15.6 Funk-Entstörung

(DIN VDE 0871 bis 0879)

Funkstörungen sind hochfrequente Störungen des Funkempfangs, die durch elektrische Vorgänge in der Natur (atmosphärische Entladungen) sowie durch rasch verlaufende elektrische Vorgänge in Geräten, Maschinen und Anlagen verursacht werden (z. B. Ein- und Ausschaltvorgänge in elektrischen Stromkreisen, Kommutierungsvorgänge an Maschinen, Gasentladungen usw.). Funk-Entstörung ist die Schwächung solcher Störungen.
Zur Beseitigung von Funkstörungen durch abnehmereigene Anlagen, die an die Niederspannungsnetze der EVU angeschlossen sind, haben im Oktober 1957 die Deutsche Bundespost und die VDEW sich gegenseitig Unterstützung zugesagt. Demnach werden die Arbeiten in den Abnehmeranlagen zur Ermittlung von funkstörenden Maschinen, Geräten und Anlagen sowie die Arbeiten zur Erprobung oder zum Durchführen von Maßnahmen, die eine Beseitigung von Funkstörungen zum Ziel haben, von Angehörigen des Funkstörungs-Meßdienstes der Deutschen Bundespost ausgeführt. Das EVU hält seine Abnehmer an, VDE-widrige Zustände in ihren Anlagen und Verbrauchsgegenständen, die Funkstörungen bewirken, abzustellen. EVU und Bundespost werden jede ihnen mögliche Beratung der Öffentlichkeit, insbesondere aber der Abnehmer vornehmen, damit diese nur solche Anlagen erstellen lassen und nur solche Geräte verwenden, die entsprechend den geltenden DIN VDE-Bestimmungen 0875 funk-entstört sind.
Auch der Elektro-Installateur kann durch Errichten VDE-gemäßer Antennen und elektrischer Anlagen wesentlich dazu beitragen, Funkstörungen zu beseitigen. Dabei sind insbesondere DIN VDE 0874 und 0875 zu beachten.
So muß z. B. Freiantennen vor Innenantennen der Vorzug gegeben werden. Bei ersteren kann die wirksame Antennenhöhe beispielsweise 1 bis 5 m betragen, während sie bei Zimmerantennen auf 0,1 bis 0,5 m zusammenschrumpft.
Eine abgeschirmte Niederführung mit kleinem Wirkwiderstand von der Freiantenne zum Empfänger durch Einbetten in einen Metallmantel vereint große Bezugshöhe mit weitgehender Unabhängigkeit von Störungsträgern.
Bleibt der Empfang gestört, dann muß der Funkstörer nach DIN VDE 0871 bis 0879 entstört werden. Die Bundespost hat dazu eigene Entstördienste einge-

richtet, die dem Elektro-Installateur kostenlos zur Verfügung stehen und ihm nach Feststellen der günstigsten Entstörungsmöglichkeit die nötigen Anweisungen geben.

Kleingeräte in Haushaltungen, wie Staubsauger oder Haartrockner, sollen schon beim Hersteller entstört und entsprechend bestellt werden. Die Funk-Entstörung nach DIN VDE 0875 wird z. B. in folgenden VDE-Bestimmungen gefordert: DIN VDE 0131 für Elektrozäune, DIN VDE 0530 für elektrische Maschinen, DIN VDE 0550 Teil 1 für Kleintransformatoren, DIN VDE 0686 Teil 1 für Elektrofischereigeräte, DIN VDE 0710 für Leuchten, DIN VDE 0720 für Elektrowärmegeräte, DIN VDE 0730 für elektromotorische Haushaltgeräte, DIN VDE 0740 für Elektrowerkzeuge, DIN VDE 0750 für elektromedizinische Geräte, DIN VDE 0800 für Fernmeldeanlagen.

Bei nachträglich zu entstörenden Betriebsmitteln ist besonders darauf zu achten, daß dadurch weder der Sicherheitsgrad noch der technische Wirkungsgrad der zu schützenden Maschinen und Geräte beeinträchtigt werden darf. Die Schwierigkeit, diesen Anforderungen gleichzeitig zu genügen, besteht in deren Gegenläufigkeit.

Eine zu große Leistung des Berührungsschutzkondensators ist, z. B. in ungeerdeten Geräten, gefährlich, weil das Maschinengehäuse schädliche Berührungsspannungen aufnehmen kann. Berührungsschutzkondensatoren sind mit ⓑ gekennzeichnet. Belag gegen Gehäuse wird mit mindestens 2500 $V_{\sim}$ geprüft. Wenn in den VDE-Bestimmungen nichts anderes vorgesehen ist, beträgt der höchstzulässige Ableitstrom bei Geräten der Schutzklasse II 0,1 mA, bei ortsveränderlichen Geräten und Maschinen der Schutzklasse I 0,5 mA. Dieser letztere Wert darf sich bei nachträglicher Entstörung bereits im Betrieb befindlicher Geräte und Maschinen auf 1 mA erhöhen.

Bei ortsfesten Geräten und Maschinen mit Schutzleiter-Schutzmaßnahmen sind keine Berührungsschutzkondensatoren erforderlich.

Die meist verwendeten Kondensatorengrößen liegen bei 5 bis 10 nF. Als Richtzahl kann man sich merken, daß 1 nF an 220 $V_{\sim}$, 50 Hz rund 0,07 mA Ableitstrom bedeutet. 10 nF entsprechen also 0,7 mA. Außer Kondensatoren werden auch Entstördrosseln und ausreichend spannungsfeste Entstörwiderstände (z. B. in Zündanlagen von Otto-Motoren) verwendet. Die gebräuchlichen Entstörschaltungen sind aus DIN VDE 0875 und [5] zu entnehmen. Funk-Entstörmittel müsen DIN VDE 0565 entsprechen.

Nach dem Gesetz über den Betrieb von Hochfrequenzgeräten vom 9. 8. 1949 in der Fassung vom 1. 10. 1968 (Hochfrequenzgerätegesetz = HfrGerG) müssen ab 1. 1. 1971 alle Geräte, Maschinen und Anlagen des Geltungsbereichs von DIN VDE 0875 (mit Ausnahme von Geräten zur fernmeldemäßigen Übermittlung) das Funkschutzzeichen des VDE tragen: Dem Funkschutzzeichen werden als Kurzzeichen die Funkstörgrade G (grobentstört), N (normalentstört), K

(kleingestört) und 0 (störfrei) beigefügt. Der Grad G kann i. a. nur für Baustellen und Industriegebiete gelten.
Die VDE-Prüfstelle erteilt auf Antrag gemäß ihrer Prüfordnung die Berechtigung zum Anbringen dieses Schutzzeichens:

Schrifttum

[1] Goetsch, H.: Taschenbuch für Fernmeldetechnik. R. Oldenbourg, München.
[2] Zwaraber, H.: Praktischer Aufbau und Prüfung von Antennenanlagen. Hüthig Buch Verlag Heidelberg.
[3] Liesenkötter, B.: 12- GHz-Satellitenempfang. Hüthig Buch Verlag Heidelberg.
[4] Boggel, G. C.: Satellitenrundfunk. Hüthig Buch Verlag Heidelberg.
[5] Kaden, H.: Wirbelströme und Schirmung in der Nachrichtentechnik. Verlag Springer Heidelberg.
[6] Warner, A.: Taschenbuch der Funk-Entstörung. VDE-Verlag GmbH, Berlin.

15.7 Gefahren-Meldeanlagen
(Brand- und Einbruch-Meldeanlagen)

Der moderne Elektro-Installateur sollte auch über die Grundzüge der Technik bei Brand- und Einbruch-Meldeanlagen Bescheid wissen. In der Praxis wird er mit erfahrenen Herstellern solcher Meldegeräte zusammenarbeiten.

15.7.1 Brandmeldeanlagen
(DIN VDE 0833 Teil 2, DIN 14675)

Brandmeldeanlagen können in verschiedenen Bauverordnungen (z. B. Geschäftshaus- und Versammlungsstätten-Verordnung), vom Feuerversicherer und von den Feuerwehren gefordert werden. Grundsätzlich ist zwischen öffentlicher und privater Brandmeldeanlage zu unterscheiden. Während öffentliche Brandmeldeanlagen im ausschließlichen Eingriffsbereich der jeweiligen Feuerwehr liegen, sind private Brandmeldeanlagen interne Anlagen, deren Brandmelder auf Grundstücken und in Gebäuden zum Schutz bestimmter, begrenzter Objekte errichtet werden. Geben diese die Brandmeldung an eine öffentliche Brandmeldeanlage (Feuerwehr) weiter, so werden sie als „Nebenbrandmeldeanlagen" bezeichnet. Nebenbrandmeldeanlagen sind somit grundsätzlich über einen Hauptbrandmelder, der in der Schleife einer öffentlichen Brandmeldeanlage liegt, mit der Feuerwehr verbunden. Hauptbrandmelder haben einen Impulsgeber, dessen Takt nach Auslösen bei der Feuerwehr decodiert wird und somit den Einsatzort verrät. Durch dieses System können beliebig viele Hauptmelder in einer Schleife untergebracht werden.

Bei Nebenbrandmeldeanlagen wird in der Regel, seiner Einfachheit wegen, das Liniensystem angewendet. Unter Liniensystem versteht man einen Stromkreis, der ständig von einem Ruhestrom durchflossen wird und bei dem die Meldung durch Stromänderung geschieht, wobei gewöhnlich keine Meldung erfolgt, welcher Melder der Linie betätigt wurde. Unterschieden wird in Stromverstärkungsprinzip *(Bild 15-8)* und Stromschwächungsprinzip *(Bild 15-9)*.

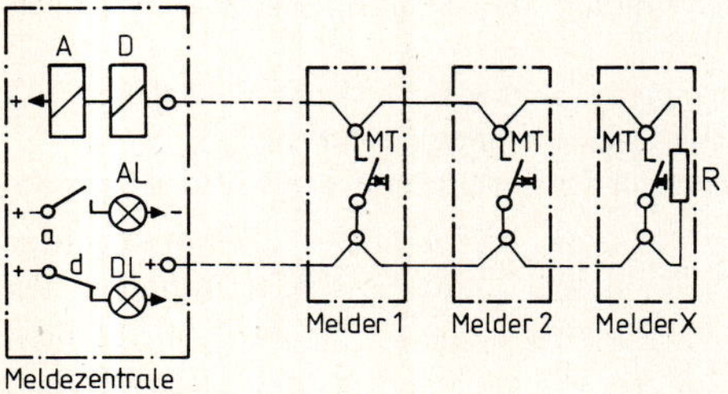

Bild 15-8: Stromverstärkungsprinzip (Zeichenerklärung siehe Bild 15-9)

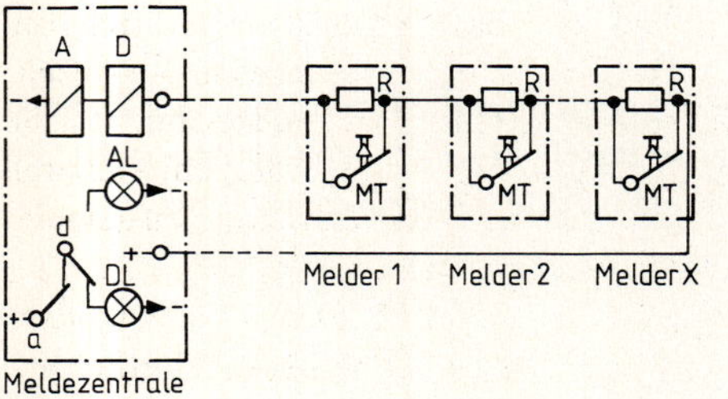

Bild 15-9: Stromschwächungsprinzip; Zeichenerklärung: A Relais für Brandmeldung, D Relais für Drahtbruchmeldung, AL Signallampe für Brandmeldung, DL Signallampe für Drahtbruchmeldung, a Kontakt von Relais A, d Kontakt von Relais D, MT Meldetaste, R Widerstand

Moderne Anlagen arbeiten auch mit Einzelmelderkennung. Durch eine jedem Melder zugeordnete Impulsfolge erkennt die Nebenmelderzentrale welcher Melder angesprochen hat. Der Vorteil dieser Anlagen liegt in der besseren und somit rascheren Lokalisierung des Brandes.

15.7.1.1 Brandmelderzentrale (Nebenmelderzentrale)

In der Brandmelderzentrale werden die Meldungen der angeschlossenen Melder aufgenommen. Zugleich erfolgt die akustische Alarmierung, die optische Anzeige der angesprochenen Linie mit Angabe des Ortes der Melder und die Weiterleitung der Meldung an den Hauptfeuermelder. Durch die Brandmeldezentrale können auch elektrisch gesteuerte Löschanlagen ausgelöst werden, z. B. Sprühwasser-, Pulver- und CO_2-Löschanlagen. Daneben überwachen die Brandmelderzentralen ihre angeschlossenen Linien auf Erdschluß,

Kurzschluß und Drahtbruch sowie ihre Stromversorgung auf Ausfall. Diesbezügliche Fehler werden optisch und akustisch angezeigt. Ist die Melderzentrale in einen nicht durch unterwiesene Personen ständig besetzten Raum installiert, so muß zu einer ständig besetzten Stelle mindestens eine Sammelanzeige weitergeleitet werden. Um auch bei Netzausfall die Energieversorgung der Brandmelderzentrale zu gewährleisten, muß eine Batterie mit Erhaltungsladung vorgesehen werden. Die Kapazität der Batterie muß für einen 72-stündigen Weiterbetrieb ausgelegt sein. Kürzere Zeiten sind nach DIN VDE 0833 nur in Ausnahmefällen zulässig.

15.7.1.2 Leitungsnetz

Das zu verwendende Leitungsmaterial unterliegt DIN VDE-Bestimmung 0815. Die Leitungen müssen einen Durchmesser von mindestens 0,6 mm haben. Ihr Isolationswiderstand Ader gegen Ader und Ader gegen Erde darf 500 kΩ nicht unterschreiten. Verschiedene Feuerwehren fordern über ihre „Technischen Anschlußbedingungen für die Errichtung von Brandmeldeanlagen" die Kennzeichnung der Brandmeldeleitungen. Meist muß der Leitungsmantel durch rote Farbbänder oder Beschriftung in gewissen Abständen gekennzeichnet werden. Abzweig- und Verteilerdosen sind innen und außen rot zu kennzeichnen. Eine Rücksprache mit der jeweils zuständigen Feuerwehr ist erforderlich. Generell müssen Leitungen von Brandmeldeanlagen, die mit anderen Leitungen gemeinsam verlegt sind, in Verteilern besonders gekennzeichnet werden.
Als Meldeleitungen eignen sich J-YY $1 \times 2 \times 0{,}8$ und J-Y(St)Y... $\times 2 \times 0{,}6/0{,}8$, die bereits mit der Kennzeichnung „Brandmeldekabel" im Handel erhältlich sind. Daneben hat sich die NYM-Leitung, die einen besonders guten mechanischen Schutz aufweist, als Meldeleitung eingebürgert
Wird für die Meldeleitungen ein Funktionserhalt im Brandfall gefordert, so ist das Installationskabel JE-H (St) H···Bd FE zu verwenden. Dieses bietet ein verbessertes Verhalten im Brandfall und Isolationserhalt bei Flammeneinwirkung über mindestens 20 min. Installationskabel mit verbessertem Verhalten im Brandfall sind alle 250 mm auf der Mantellinie mit „H" gekennzeichnet. Solche die zusätzlich einen Isolationserhalt bei Flammeneinwirkung gewährleisten mit „H FE". Es ist zu erwarten, daß zukünftig für Meldeleitungen von Brandmeldeanlagen grundsätzlich derartige Installationskabel zu verwenden sind.
Die Brandmeldeleitungen sind möglichst unterbrechungsfrei von Melder zu Melder bzw. vom Verteiler zum Melder zu führen. Leitungsverlängerungen und -verteilungen dürfen nur in Verbindung mit Durchgangsdosen bzw. Verteiler ausgeführt werden.
Bei Erweiterung bestehender Anlagen ist darauf zu achten, daß bei Meldelinien nach dem Stromverstärkungsprinzip keine sogenannten Stichleitungen abge-

zweigt werden, da eine Leitungsunterbrechung in diesen Stichleitungen in der Zentrale nicht erkannt wird. Stattdessen muß der hinzukommende Melder in die Linie eingeschleift werden *(Bild 15-10)*.

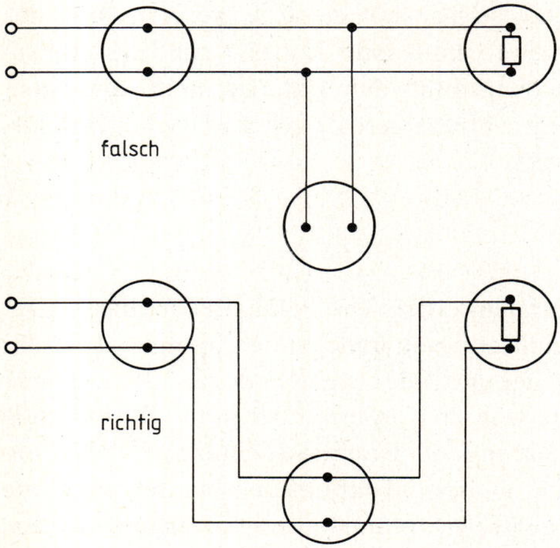

Bild 15-10: Erweiterung von Stromverstärkungslinien

15.7.1.3 Brandmelder

Brandmelder werden unterteilt in automatische Brandmelder, dies sind Melder, die ohne menschliches Zutun entweder auf Wärme, Rauch oder Strahlung ansprechen, und in nichtautomatische Brandmelder, bei denen die Brandmeldung von Hand eingeleitet wird. Die Frage der Auswahl der Brandmelder, ihre Anzahl und Anordnung ist mit der zuständigen Feuerwehr und ggf. mit dem Feuerversicherer zu klären. Dabei sollte man die Richtlinien für automatische Brandmeldeanlagen vom Verband der Sachversicherer (Form 3306) beachten. Als automatische Brandmelder werden in der Reihenfolge ihrer Ansprech-Empfindlichkeit verwendet:

Ionisations-Rauchmelder	Flammenmelder
Optische Rauchmelder	Wärmemelder

Die *Ionisations-Rauchmelder* ermöglichen ein frühzeitiges Feststellen von Brandausbrüchen, z. B. Schwelbrände, lange bevor sich Flammen bilden oder die Temperatur stark ansteigt. Der Melder wird sehr häufig in der Fertigung, in Lagern, Büroräumen usw. eingesetzt.

Der *optische Rauchmelder* reagiert besonders gut auf hellen, sichtbaren Rauch. Er ist zur Überwachung von Räumen mit elektrischen Brandrisiken geeignet, z. B. EDV-Räumen, in Kabelkanälen und ähnlichem. Der optische Rauchmel-

der wird im allgemeinen zusammen mit dem Ionisations-Rauchmelder eingesetzt.
Der *Flammenmelder* ermöglicht das Feststellen von Brandausbrüchen mit offener Flammenbildung, z. B. Flüssigkeitsbrände. Er wird meist kombiniert mit Ionisations-Rauchmeldern zum Überwachen von Räumen mit leicht entflammbaren Stoffen eingesetzt.
Der *Wärmemelder* (Wärmedifferential- und -maximalmelder) reagiert bei Überschreitung einer Maximal- bzw. Differenztemperatur. Er findet Anwendung in Räumen, in denen wegen betriebsbedingter Störeinflüsse der Einsatz von empfindlichen Frühwarnmeldern nicht möglich ist, z. B. in Werkstätten, in Schweißereien und dergleichen.
Die Anzahl und Anordnung der automatischen Brandmelder richtet sich nach der Art der verwendeten Melder und nach den Raumgeometrien. Die Überwachungsfläche je Melder betragen für den:

Rauchmelder	$60 \cdots 120\ m^2$
Flammenmelder	$10 \cdots 1000\ m^2$ (je nach Sichtbehinderung)
Wärmemelder	$20 \cdots 30\ m^2$

In jedem Raum des Übergangsbereichs muß in der Regel mindestens ein automatischer Brandmelder installiert werden.
Nichtautomatische Brandmelder (Druckknopfmelder) dienen meist zur Ergänzung der automatischen Brandmeldeanlage. Die Druckknopfmelder sollten vorwiegend an gut sichtbaren und erreichbaren Stellen in Fluren, Treppenhäusern und an Ausgängen von Hallen und dergleichen angebracht werden. Sie sind in einer Höhe von etwa 150 cm zu montieren. Für Druckknopfmelder müssen eigene Meldelinien verwendet werden.

15.7.1.4 Prüfungen

Um die ständige Betriebsbereitschaft von Brandmeldeanlagen zu garantieren, sind regelmäßige Prüfungen und Inspektionen erforderlich. Mindestens einmal jährlich muß die Funktion sämtlicher Melder überprüft werden. Die Funktionen der Zentrale und deren Energieversorgung sind viermal jährlich zu kontrollieren.

15.7.2 Einbruchmeldeanlagen
(DIN VDE 0833 Teil 3)

Der Objektschutz durch elektrische Systeme findet eine immer breitere Anwendung. Elektro-Installateure werden somit oft mit der Aufgabenstellung oder Notwendigkeit konfrontiert, elektrische und elektronische Sicherheits-

maßnahmen gegen Diebstahl und Einbruch im Gewerbe- und Wohnungsbau zu errichten. Neben den VDE-Bestimmungen 0833 müssen dabei die Richtlinien für Einbruchmeldeanlagen beachtet werden, die der VdS für Hausratrisiken (Form 3009) und gewerbliche Risiken (Form 3007) herausgegeben hat.
Bei einer Einbruchmeldeanlage wird der von einem Melder (z. B. Glasbruchmelder) ausgelöste Alarm über die Meldelinie zur Meldezentrale weitergeleitet. Die Meldezentrale gibt den Alarm über eine Hauptmeldeanlage, z. B. zur Polizei, weiter oder, wenn keine Hauptmelderanlage vorhanden ist, zu akustischen und optischen Signalgebern, die an geeigneter Stelle am zu schützenden Objekt angebracht sind.
Es ist anzustreben, Einbruchmeldeanlagen an die Hauptmelderanlage der Polizei anzuschalten. Ist dies nicht möglich, dann müssen mindestens zwei akustische und ein optischer Signalgeber, schwer zugänglich und räumlich getrennt, vorgesehen werden.
Für die Meldelinien bzw. das Leitungsnetz gelten die gleichen Anforderungen wie für Brandmeldeanlagen (siehe 15.7.1).
Bei der Planung einer Einbruchmeldeanlage ist ein Sicherungskonzept zu erstellen, mit dem unter Zusammenwirken eines mechanischen Schutzes und der elektrischen Überwachung eine bestmögliche Sicherung und rechtzeitige Gefahrenabwehr ermöglicht wird. Es ist zu entscheiden, ob eine Rundum- bzw. Außenhautsicherung, eine Objektsicherung, eine Raum- bzw. Fallensicherung oder deren Kombination in Frage kommt. Im Wohnungsbau bedient man sich in erster Linie der Rundumsicherung für Türen, Fenster, Oberlichter usw.

15.7.2.1 Einbruchmelderzentrale

Die Einbruchmelderzentrale *(Bild 15-11)* ist im Aufbau identisch mit einer Brandmelderzentrale (siehe 15.7.1.1). Durch eine Meldeortkennzeichnung

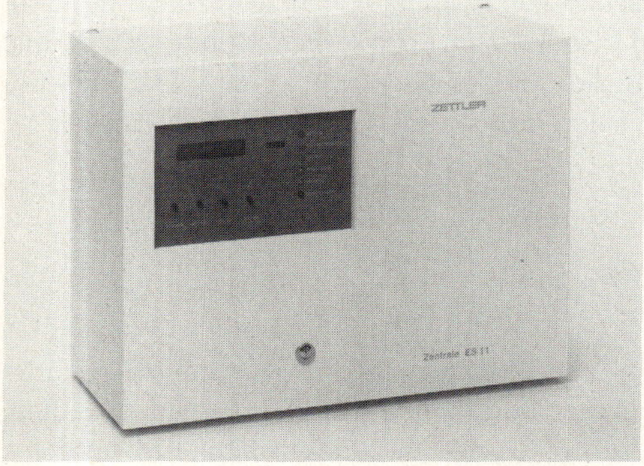

Bild 15-11: Einbruchsicherungszentrale ES 11 (Werkbild: Zettler)

muß der Bereich gekennzeichnet werden, in den der Einbrecher einzudringen versucht. Die ruhestromüberwachten Meldelinien müssen beim Manipulieren am Leitungsnetz Alarm auslösen. Die Stromversorgung ist bei Ausfall der Netzversorgung mindestens 60 Stunden über eine Batterie zu gewährleisten. Es dürfen nur Batterien verwendet werden, die für stationären Betrieb und für Erhaltungsladen geeignet sind. Der Ausfall einer Energiequelle ist anzuzeigen. Die Energieversorgung der Einbruchmeldeanlage darf nicht zur Versorgung anderer Anlagen benutzt werden.

15.7.2.2 Einbruch- und Überfallmelder

Bei automatischen Einbruchmeldern hat sich in den letzten Jahren ein technologischer Wandel vollzogen. Die früher überwiegend verwendeten elektromechanischen Meldungsgeber, wie Erschütterungsmelder, Falz- und Fadenzugkontakte, wurden durch elektronische Sensoren und Detektoren, wie Ultraschall-, Mikrowellen-, passive Infrarot-, Körperschall- und Glasbruchmelder, ersetzt.
Da die Melder durch Umgebungseinflüsse nicht fehlauslösen sollen, sind je nach Art des angewandten Funktionsprinzips die vom Hersteller genannten Anwendungsgrenzen, in bezug auf Temperatur, Feuchte, Luftdruckänderungen, Vibrationen, Einstrahlung, Reflexionen und elektromagnetische Einflüsse, zu berücksichtigen.
Die Funktionsweise der Melder beruht beim Infrarot-Melder auf der Oberflächentemperatur einer eintretenden Person, beim Ultraschall-Melder auf Frequenzänderungen durch Bewegungen im Sicherheitsbereich und beim Körperschall-Melder auf mechanischen Schwingungen, wie sie beim Bohren, Schlagen, usw. entstehen.
Für Überfall-Alarmanlagen können hand- bzw. fußbediente Druckknopfschalter als Melder verwendet werden. Der Einbau von Überfall-Kameras für Serien- und Einzelaufnahmen ist möglich.

15.7.2.3 Signalgeber

Als akustische Signalgeber können Wecker, Sirenen und Hupen verwendet werden. Die Lautstärke muß im Abstand von 1 m zum Signalgeber mind. 100 dB(A) betragen.

Zum Vergleich:
Ein Preßlufthammer hat in 3 m Abstand einen Schalldruckpegel von 100 dB(A). Messung mit einem Präzisions-Schallpegelmesser nach DIN 45 633.

Als optische Signalgeber können Rundumleuchten, Blitzleuchten und Blinkleuchten verwendet werden. Als Signalfarbe sollte die Farbe rot gewählt werden.
Inspektionen sind mindestens viermal jährlich in etwa gleichen Zeitabständen durchzuführen (siehe auch 15.7.1.4).

Schrifttum

Richtlinien des Verbandes der Sachversicherer, Postfach 102024, 5000 Köln 1.

16 Stichwortverzeichnis

C

D

E

F

G

Hüthig

Udo Markgraf, Hermann Fr. Wend

Erlaubt? - Verboten?

Schulungsfragen für den Elektroinstallateur zu den wichtigsten Vorschriften und Normen DIN, VDE, TAB, AVBEltV, Elex-V, GBN u. a.

14., überarbeitete und erweiterte Auflage 1991,
546 S., kart., DM 42,—
ISBN 3-7785-2040-7

Dieses Frage- und Antwortbuch bietet viel fundiertes Wissen auf kleinstem Raum. Es ist das ideale Werk zur Prüfungsvorbereitung und zum Nachschlagen bei Problemen aus der Praxis.

Nach einer Einleitung „Einteilung der DIN VDE-Bestimmungen" folgen in 20 Kapiteln Fragen mit Antworten zu den Themen:

- Allgemeine Schutzbestimmungen · Schutzleiter
- Erdungen · Potentialausgleich · Blitzschutz
- Schutzmaßnahmen im TN-, TT- und IT-Netz
- Schutz-Isolierung, -Trennung, -Kleinspannung und Funktionskleinspannung
- Verteilungen · Leitungsbemessung · Geräteanschluß
- Trockene, feuchte, nasse, heiße Räume · Isolationsmessungen
- Bade- und Duschräume
- Feuergefährdete Betriebsstätten
- Explosionsgefährdete Bereiche
- Baustellen
- Landwirtschaftliche Betriebsstätten
- Versammlungsstätten · Großbauten · Sicherheitsbeleuchtung
- Leuchtröhrenanlagen
- Medizinisch genutzte Räume
- Betrieb von Starkstromanlagen · Bekämpfung von Bränden
- Allgemeine Versorgungsbedingungen · Technische Anschlußbedingungen
- Prüfen elektrischer Anlagen
- Elektrische Betriebsstätten
- Kleinkraftwerke
- Netzrückwirkungen

Durch die lebendige Form der Darstellung durch Fragen und Antworten, zahlreiche Abbildungen, praxisbezogene Rechenbeispiele und ausführliche Tabellen im Anhang, ist der allgemein eher als „trocken" empfundene Stoff der Normen so aufgelockert worden, daß das Erarbeiten dieses umfangreichen Fachwissens sehr erleichtert wird.

In der 14. Auflage wurde insbesondere der Teil „Medizinisch genutzte Räume" stark erweitert.

0811756

Hüthig Buch Verlag
Im Weiher 10
6900 Heidelberg 1